I0034725

David Patterson, John LeRoy Hennessy
Rechnerorganisation und Rechnerentwurf
De Gruyter Studium

Weitere empfehlenswerte Titel

Rechnerarchitektur
Einführung in den Aufbau moderner Computer
Roland Hellmann, 2021
ISBN 978-3-11-074169-8, e-ISBN 978-3-11-074179-7

Mainframe System z Computing
Hardware, Software und Anwendungen
Paul Herrmann, 2023
ISBN 978-3-11-101522-4, e-ISBN 978-3-11-101552-1

Eingebettete Systeme
Entwurf, Synthese und Edge AI
Oliver Bringmann, Walter Lange, Martin Bogdan, 2022
ISBN 978-3-11-070205-7, e-ISBN 978-3-11-071784-6

Elektronik für Informatiker
Von den Grundlagen bis zur Mikrocontroller-Applikation
Manfred Rost, Sandro Wefel, 2021
ISBN 978-3-11-060882-3, e-ISBN 978-3-11-060906-6

Grundlagen der Informatik
Heinz-Peter Gumm, Manfred Sommer
Band 1 Programmierung, Algorithmen und Datenstrukturen, 2016
ISBN 978-3-11-044227-4, e-ISBN 978-3-11-044226-7
Band 2 Rechnerarchitektur, Betriebssysteme, Rechnernetze, 2017
ISBN 978-3-11-044235-9, e-ISBN 978-3-11-044236-6
Band 3 Formale Sprachen, Compilerbau, Berechenbarkeit und
Komplexität, 2019
ISBN 978-3-11-044238-0, e-ISBN 978-3-11-044239-7

David Patterson, John LeRoy Hennessy

Rechnerorganisation und Rechnerentwurf

Die Hardware/Software-Schnittstelle - MIPS Edition

6., aktualisierte und erweiterte Auflage

DE GRUYTER
OLDENBOURG

Autoren
Prof. Dr. David A. Patterson
University of California, Berkeley
USA

Prof. Dr. John L. Hennessy
Stanford University
USA

Copyright © 2021 Elsevier Inc. All rights reserved
This 6th edition of Computer Organization and Design, ISBN 978-0-12-820109-1 by David Patterson
and John Hennessy is published by arrangement with ELSEVIER INC.

Diese 6. Ausgabe von Computer Organization and Design, ISBN 978-0-12-820109-1 von David Patterson und John Hennessy wird veröffentlicht nach Vereinbarung mit ELSEVIER INC.

Aus dem Englischen übersetzt von Karen Lippert

ISBN 978-3-11-135264-0
e-ISBN (PDF) 978-3-11-135273-2
e-ISBN (EPUB) 978-3-11-135310-4

Library of Congress Control Number: 2023950191

Bibliografische Information der Deutschen Nationalbibliothek
Die Deutsche Nationalbibliothek verzeichnet diese Publikation in der Deutschen
Nationalbibliografie; detaillierte bibliografische Daten sind im Internet über
http://dnb.dnb.de abrufbar.

© 2024 Walter de Gruyter GmbH, Berlin/Boston
Einbandabbildung: icimage / iStock / Getty Images Plus
Druck und Bindung: CPI books GmbH, Leck

www.degruyter.com

Vorwort zur englischsprachigen Originalausgabe

Die schönste Sache, die wir erleben können, ist das Geheimnisvolle. Es ist die Quelle aller wahren Kunst und Wissenschaft.

Albert Einstein, *What I Believe*, 1930

Zu diesem Buch

Wir sind der Meinung, dass das Studium der Informatik und der Ingenieurwissenschaften den aktuellen Stand des Forschungsgebietes widerspiegeln sollte, und dazu gehört auch die Einführung in die Prinzipien des modernen Computings. Wir meinen außerdem, dass die Leser die Organisationsprinzipien der Hardware und der Software kennen sollten, die über Kapazität, Leistung und letztendlich den Erfolg von Computersystemen entscheiden.

In der modernen Computertechnologie benötigt man in jedem Teilgebiet der Informatik professionelles Wissen, um sowohl Hardware als auch Software verstehen zu können. Das Zusammenspiel zwischen Hardware und Software auf den unterschiedlichsten Ebenen bildet das Grundgerüst, auf dem die Informatik aufgebaut ist. Egal, ob Sie hauptsächlich an Hardware oder an Software, am Computing oder an Elektrotechnik interessiert sind, die zentralen Konzepte beim Aufbau und Entwurf von Computern sind überall dieselben. Wir versuchen deshalb in diesem Buch, die Beziehung zwischen Hardware und Software aufzuzeigen und uns auf die Konzepte zu konzentrieren, die die Grundlage für moderne Computer bilden.

Der Wechsel von Einzelprozessoren zu Multicore-Mikroprozessoren und das aktuelle Interesse an domänenspezifischen Architekturen bestätigen die Stichhaltigkeit dieser Aussage, an der sich seit der ersten Auflage nichts geändert hat. Die Programmierer sind möglicherweise versucht, diesen Hinweis zu ignorieren und sich darauf zu verlassen, dass ihre Programme dank der Entwicklungen in der Computerarchitektur, beim Compilerbau und in der Siliziumtechnologie immer schneller werden, ohne dass sie etwas dafür tun müssen. Doch diese Zeiten sind vorbei. Damit Programme schneller laufen, müssen sie parallel arbeiten. Viele Forscher verfolgen immer noch das Ziel, dass die Programmierer die zugrundeliegende parallele Natur der von ihnen pro-

https://doi.org/10.1515/9783111352732-202

grammierten Hardware nicht kennen müssen, aber es wird noch viele Jahre dauern, bis diese Vision Wirklichkeit werden kann. Unserer Meinung nach müssen zumindest in den nächsten 10 Jahren die meisten Programmierer die Hardware/Software-Schnittstelle verstehen, wenn sie wollen, dass ihre Programme effizient auf parallelen Computern laufen.

Dieses Buch richtet sich sowohl an Leser, die den grundlegenden Aufbau von Computern kennenlernen wollen und wenig Erfahrungen mit Assemblersprachen oder Logikdesign besitzen, als auch an Leser, die lernen wollen, wie man einen Computer entwirft, oder verstehen wollen, wie ein System funktioniert und warum es sich so verhält, wie es sich verhält.

Das andere Buch

Einige Leser kennen möglicherweise schon das Buch *Computer Architecture: A Quantitative Approach*, auch als „Hennessy und Patterson" bezeichnet. (Das vorliegende Buch dagegen heißt „Patterson und Hennessy".) Unsere Motivation für das ältere Buch war, die Prinzipien der Rechnerarchitektur zu beschreiben und dazu fundierte Grundlagen aus den Ingenieurwissenschaften zu verwenden und quantitative Kosten-Leistungs-Abwägungen zu zeigen. Wir haben einen Ansatz verfolgt, der Beispiele und Messungen von kommerziellen Systemen verwendet, um realistische Entwurfserfahrungen aufzuzeigen. Unser Ziel war es zu zeigen, dass die Rechnerarchitektur besser unter Verwendung quantitativer Methodologie anstatt nur über einen deskriptiven Ansatz vermittelt wird. Diese Herangehensweise richtet sich an den ernsthaften IT-Profi, der sich detailliertes Wissen über Computern aneignen will.

Ein Großteil der Leser dieses Buches hat nicht vor, Rechnerarchitekt zu werden. Die Performanz und die Energieeffizienz zukünftiger Softwaresysteme wird jedoch ganz wesentlich davon beeinflusst, wie gut Softwaredesigner die grundlegende, in einem System eingesetzte Hardware verstehen. Compilerentwickler, Betriebssystemdesigner, Datenbankprogrammierer und die meisten anderen Software-Ingenieure benötigen fundierte Kenntnisse der in diesem Buch vorgestellten Konzepte. Analog müssen Hardwaredesigner in der Lage sein, die Auswirkung ihrer Arbeit auf Softwareanwendungen genau zu verstehen.

Wir wussten, dass dieses Buch sehr viel mehr als eine Teilmenge der Informationen aus *Computer Architecture* sein musste, und es wurde umfassend überarbeitet, um ein weiter gefasstes Publikum anzusprechen. Wir waren mit dem Ergebnis so zufrieden, dass die nachfolgenden Auflagen von *Computer Architecture* überarbeitet wurden, um einen Großteil der einführenden Informationen zu entfernen. Damit gibt es heute viel weniger Überlappungen als bei den ersten beiden Auflagen beider Bücher.

Änderungen für die 6. Auflage

Seit der 5. Auflage hat es vermutlich mehr technologische und kommerzielle Veränderungen im Bereich der Computerarchitektur gegeben als während der ersten fünf Auflagen:

- *Verlangsamung des Moore'schen Gesetzes.* Nachdem 50 Jahre lang eine Verdopplung der Anzahl der Transistoren pro Chip zu beobachten war, ist Gordon Moores Vorhersage mittlerweile nicht mehr gültig. Es wird auch weiterhin Verbesserungen in der Halbleitertechnologie geben, doch sie werden langsamer vonstatten gehen und nicht mehr so gut vorhersagbar sein.

- *Domänenspezifische Architekturen (DSA).* Die Verlangsamung des Moore'schen Gesetzes und das Ende der Dennard-Skalierung haben dazu geführt, dass sich Allzweckprozessoren heute nur noch um wenige Prozent pro Jahr verbessern. Zudem limitiert das Amdahl'sche Gesetz den praktischen Nutzen, der sich aus der wachsenden Zahl der Prozessoren pro Chip ziehen lässt. Im Jahr 2020 wird allgemein angenommen, dass die Entwicklung von domänenspezifischen Architekturen für die Zukunft der erfolgversprechendste Weg ist. Bei diesem Ansatz wird im Unterschied zu Allzweckprozessoren nicht angestrebt, dass auf der Architektur *alles* gut läuft. Vielmehr fokussiert sich jede solche Architektur auf einen bestimmten Anwendungsbereich, in dem sie viel besser als konventionelle Architekturen ist.

- *Mikroarchitektur als Angriffsfläche.* Das Angriffsszenario Spectre zeigte auf, dass spekulative Out-of-Order-Ausführung und Hardware-Multithreading zeitbasierte Seitenkanalattacken möglich machen. Dabei handelt es sich nicht um Bugs, die sich beheben lassen, sondern um eine fundamentale Herausforderung für diese Art des Prozessordesigns.

- *Offene Befehlssätze und Open-Source-Implementierungen.* Die Möglichkeiten und der Auswirkungen von Open-Source-Software schlagen sich mittlerweile auch in der Computerarchitektur nieder. Offene Standards für Befehlssätze wie RISC-V versetzen Organisationen in die Lage, ihre eigenen Prozessoren zu entwickeln, ohne zuerst Lizenzverhandlungen zu führen. Dadurch sind sowohl Open-Source-Implementierungen möglich geworden, die frei heruntergeladen und genutzt werden können, als auch proprietäre Implementierungen von RISC-V. Open-Source-Software und -Hardware sind ein Segen für die akademische Forschung und die Lehre, da sie es den Studenten erlauben, leistungsstarke Technolgie direkt zu betrachten und zu verbessern.

- *Re-Vertikalisierung der IT-Industrie.* Das Cloud-Computing wird von einer kleinen Zahl von Unternehmen – nicht mehr als ein halbes Dutzend – dominiert, die Computer-Infrastruktur und Rechenleistung als Dienstleistung anbieten. Ähnlich wie IBM in den 1960er- und 1970er-Jahren legen diese Unternehmen sowohl die Auswahl an Software als auch die verwendete Hardware fest. Die zuvor angesprochenen Veränderungen haben dazu geführt, dass einige dieser „Hyperscaler" ihre eigenen DSA- und RISC-V-Chips entwickelt haben, um sie in ihren Clouds einzusetzen.

Die 6. Auflage spiegelt diese neuen Entwicklungen wider. Außerdem wurden viele Beispiele und Abbildungen aktualisiert, kleine Änderungen in Reaktion auf Anfragen von Lehrenden vorgenommen und eine didaktische Verbesserung eingeführt, zu der mich die Lehrbücher inspiriert haben, die ich verwende, um meinen Enkeln bei ihren Matheaufgaben zu helfen.

- Abschnitte zur Beschleunigung gibt es nun in jedem Kapitel. Den Anfang bildet eine Python-Version der Matrixmultiplikation, die in Kapitel 1 vorgestellt wird und deren schlechte Performanz Grund genug ist, C zu lernen. Die in C umgeschriebene Matrixmultiplikation wird dann in Kapitel 2 betrachtet. In den verbleibenden Kapiteln wird die Matrixmultiplikation beschleunigt, indem die Parallelität auf Datenebene, die Parallelität auf Befehlsebene und die Parallelität auf Thread-Ebene ausgenutzt und der Speicherzugriff an die Speicherhierarchie eines modernen Servers angepasst wird. Dieser Computer hat 521-Bit SIMD-Operationen, spekulative Out-of-Order-Ausführung, drei Cache-Levels und 48 Cores. Insgesamt umfassen diese vier Optimierungen nur 21 Zeilen C-Code, doch sie beschleunigen die Matrixmultiplikation fast auf das 50 000-Fache. Aus beinahe sechs Stunden in der Python-Version kommen wir so auf weniger als eine Sekunde für die optimierte C-Version. Wäre ich noch mal Student, dann würde mich dieses Beispiel dazu bewegen, C zu verwenden und mir die in diesem Buch besprochenen Hardwarekonzepte anzueignen, die den Optimierungen zugrunde liegen.

- In dieser Auflage enthält jedes Kapitel einen Abschnitt mit Fragestellungen, die das Nachdenken anregen sollen. Im Anschluss an die Fragestellungen werden Antworten vorgestellt, so dass Sie Ihre eigenen Antworten evaluieren können.

- Zusätzlich zu der Erklärung, dass das Moore'sche Gesetz und die Dennard-Skalierung nicht mehr gelten, haben wir unsere Hervorhebung des Moore'schen Gesetzes als treibende Kraft zurückgenommen, die in der 5. Auflage sehr betont wurde.

- In Kapitel 2 wird ausführlicher erläutert, dass binäre Daten keine inhärente Bedeutung haben, sondern dass es das Programm ist, das den Datentyp bestimmt. Erfahrungsgemäß ist dieses Konzept für Anfänger nicht ganz einfach zu verstehen.

- Kapitel 2 enthält außerdem eine kurze Beschreibung von RISC-V als einem Befehlssatz neben und in Konkurrenz zu ARMv7, ARMv8 und x86. (Es gibt auch eine Begleitversion zu diesem Buch, die auf RISC-V anstatt auf MIPS basiert und die wir parallel aktualisieren.)

- Das Benchmark-Beispiel in Kapitel 2 wurde auf SPEC2017 aktualisiert.

- Auf Anfrage von Lehrenden haben wir die Mehrtaktimplementierung von MIPS in Kapitel 4 wieder aufgenommen, und zwar in Form eines Online-Abschnitts zwischen der Eintaktimplementierung und der Pipeline-Implementierung. Einige Lehrende finden den Zugang über diese drei Schritte didaktisch hilfreich, um die Idee des Pipelinings zu vermitteln.

- Die Fallbeispiele in den Kapiteln 4 und 5 wurden auf die modernen Mikroarchitekturen des ARM A53 und des Intel i7 6700 Skylake aktualisiert.

- In den Abschnitten zu Fallstricken und Trugschlüssen in den Kapiteln 5 und 6 wurden neuere Sicherheitsprobleme aufgenommen, die unter den Namen *Rowhammer* und *Spectre* bekannt geworden sind.

- Kapitel 6 enthält einen neuen Abschnitt, in dem Googles Tensorprozessor TPUv1 als Beispiel einer domänenspezifischen Architektur eingeführt wird. Das Fallbeispiel in diesem Kapitel wurde dahingehend aktualisiert, dass es Googles TPUv3-Supercomputer mit einem Cluster aus NVIDIA Volta GPUs vergleicht.

- Schließlich haben haben wir in allen Kapiteln die Aufgaben aktualisiert.

Obwohl sich einige Elemente geändert haben, ist doch ein großer, weiterhin nützlicher Teil erhalten geblieben. Damit das Buch gut als Referenz verwendet werden kann, stehen in der Randspalte auch weiterhin Kurzdefinitionen neu eingeführter Begriffe. Nach wie vor gibt es eine Reihe von wiederkehrenden Elementen. Das Element „Zur Programmperformanz" soll den Lesern dabei helfen, die Performanz ihrer eigenen Programme zu verstehen und zu verbessern. Das Element „Hardware-Software-Schnittstelle" ist den Beziehungen an dieser Schnittstelle gewidmet. In grau hinterlegten Boxen ist „Das Wesentliche" kurz zusammengefasst, damit es nicht passiert, dass der Leser den Wald vor lauter Bäumen nicht mehr sieht. Am Ende der meisten Abschnitte gibt es einen „Selbsttest", der dem Leser Gelegenheit gibt, sein Wissen über den behandelten Stoff zu überprüfen. Zur Kontrolle stehen die Antworten jeweils am Ende des Kapitels. Auch in dieser Auflage finden Sie die MIPS-Zusammenfassung, die durch die „Green Card" des IBM System/360 inspiriert wurde. Die Karte soll eine praktische Referenz darstellen, wenn Sie Programme in MIPS-Assemblersprache schreiben.

Unterstützung für Lehrende

Wir haben eine große Menge an Material gesammelt, um Lehrende zu unterstützen, die dieses Buch in ihren Kursen einsetzen. Lösungen zu den Aufgaben, Abbildungen aus dem Buch, Vorlesungsfolien und anderes Material kann zu diesem Zweck vom Verlag der US-Ausgabe übernommen werden. Hier finden Sie weitere Informationen:

`www.degruyter.com`

Abschließende Bemerkungen

Wenn Sie den nachfolgenden Abschnitt mit den Danksagungen lesen, werden Sie feststellen, dass wir uns größte Mühe gegeben haben, Fehler zu korrigieren. Weil dieses Buch häufig nachgedruckt wird, haben wir die Gelegenheit, immer mehr Korrekturen auszuführen. Falls Sie weitere, bisher nicht entdeckte Fehler finden, wenden Sie sich bitte an den Verlag.

Kapitel oder Anhang	Abschnitte	Fokus auf Software	Fokus auf Hardware
1. Abstraktionen und Technologien	1.1 bis 1.12	*****	*****
	1.13 (Geschichte)	**	**
2. Befehle: Die Sprache der Computer	2.1 bis 2.14	*****	****
	2.15 (Compiler und Java)	***	
	2.16 bis 2.22	*****	****
	2.23 (Geschichte)	**	**
E. RISC-Architektur	E.1 bis E.6	***	
3. Rechnerarithmetik	3.1 bis 3.5	****	****
	3.6 bis 3.8 (Subwort-Parallelität)	*****	*****
	3.9 bis 3.10 (Fallstricke)	****	****
	3.11 (Geschichte)	**	**
B. Grundlagen des Logikdesigns	B.1 bis B.13		****
4. Der Prozessor	4.1 (Überblick)	*****	*****
	4.2 (Logik-Konventionen)		*****
	4.3., 4.4 (Einfache Implementierung)	****	*****
	4.5 (Mehrtaktimplementierung)		***
	4.6 (Pipelining Überblick)		*****
	4.7 (Pipeline Datenpfad)	****	*****
	4.8 bis 4.10 (Konflikte, Ausnahmen)		*****
	4.11 bis 4.13 (Parallität, Fallstudie)	*****	*****
	4.14 (Verilog Pipeline Control)		***
	4.15 bis 4.16 (Fallstricke)	*****	*****
	4.17 (Geschichte)	**	**
D. Mapping Control to Hardware	D.1 bis D.6	*****	*****
5. Schnell und groß: Ausnutzung der Speicherhierarchie	5.1 bis 5.10	**	**
	5.11 (Parallelism & Memory Hierarchy)	***	***
	5.12 (Verilog Cache Controller)		***
	5.13 bis 5.16	*****	*****
	5.17 (Geschichte)	**	**
6. Parallele Prozessoren: vom Client zur Cloud	6.1 bis 6.9	*****	*****
	6.10 (Cluster)	***	***
	6.11 bis 6.15	*****	*****
	6.16 (Geschichte)	**	**
A. Assembler, Binder und SPIM-Simulator	A.1 bis A.11	***	***
C. Graphics Processor Units	C.1 bis C.11	*	*

Hinweise: Mit dem Symbol 🌐 gekennzeichnete Themen sind im Buch nicht enthalten, sondern als Online-Ressourcen verfügbar. Die Anhänge A und B wurden ohne Übersetzung aus der amerikanischen Originalfassung übernommen. Die verwendeten Symbole haben folgende Bedeutung: ***** Abschnitte, die intensiv studiert werden sollten; **** Abschnitte, die zumindest quergelesen werden sollten; *** kann zunächst ausgelassen und bei Gelegenheit nachgeholt werden; ** historisch interessant; * Referenz

Diese Auflage markiert die dritte Unterbrechung der langjährigen Zusammenarbeit zwischen Hennessy und Patterson, die 1989 begann. Als Leiter einer der bedeutendsten Universitäten der Welt war es Präsident Hennessy nicht mehr möglich, substanziell zu einer Neuauflage beizutragen. Der verbliebene Autor fühlte sich einmal mehr wie ein Drahtseilkünstler ohne Sicherheitsnetz. Aus diesem Grund haben die in der Danksagung erwähnten Personen und die Kollegen in Berkeley diesmal eine noch größere Rolle bei der Gestaltung der Inhalte in diesem Buch gespielt. Nichtsdestotrotz hat diesmal nur ein Autor allein den neuen Stoff zu verantworten, den Sie in diesem Buch lesen werden.

Danksagungen für die 6. Auflage

Bei jeder Auflage dieses Buches haben wir das große Glück, Unterstützung von vielen Lesern, Rezensenten und Mitarbeitern zu bekommen. Jeder dieser Menschen hat dazu beigetragen, das Buch besser zu machen.

Ein besonderes Dankeschön geht an Dr. Rimas Avizenis, der verschiedene Versionen der Matrixmultiplikation entwickelt hat und von dem ich außerdem Leistungskennzahlen erhalten habe. Da ich als graduierter Student an der University of California, Los Angeles, mit seinem Vater zusammengearbeitet habe, hat sich durch die Zusammenarbeit mit Rimas eine schöne Symmetrie ergeben.

Ich möchte auch meinem langjährigen Mitarbeiter **Randy Katz** an der University Berkeley danken, der mir dabei geholfen hat, das System der acht wichtigen Konzepte der Computerarchitektur zu entwickeln. Diese Arbeit war Teil einer intensiven Überarbeitung eines Grundkurses, den wir gemeinsam gehalten haben.

Ich danke **David Kirk, John Nickolls** und ihren Kollegen bei NVIDIA (Michael Garland, John Montrym, Doug Voorhies, Lars Nyland, Erik Lindholm, Paulius Micikevicius, Massimiliano Fatica, Stuart Oberman und Vasily Volkov) für den ersten detaillierten Anhang über GPUs. Und ich möchte **Jim Larus**, inzwischen Dekan der School of Computer and Communications Science an der EPFL, für seine Bereitschaft danken, seine Erfahrung in der Assemblerprogrammierung beizutragen, und den Lesern dieses Buches den von ihm entwickelten und unterhaltenen Simulator bereitzustellen.

Ebenso dankbar bin ich **Jason Bakos** von der University of South Carolina, der das Update der Übungsaufgaben übernommen hat und darüber hinaus neue Aufgaben für die vorliegende Auflage beigesteuert hat. Ausgangsbasis waren die Aufgaben der 4. Auflage, aufbereitet von **Perry Alexander** (The University of Kansas), **Javier Bruguera** (Universidade de Santiago de Compostela), **Matthew Farrens** (University of California, Davis), **David Kaeli** (Northeastern University), **Nicole Kaiyan** (University of Adelaide), **John Oliver** (Cal Poly, San Luis Obispo), **Milos Prvulovic** (Georgia Tech) sowie **Jichuan Chang, Jacob Leverich, Kevin Lim** und **Partha Ranganathan** (alle von Hewlett-Packard). Außerdem danke ich **Peter J. Ashden** (Ashden Design Pty Ltd) für seine Mitwirkung an vorherigen Auflagen.

Ein zusätzliches Dankeschön geht an **Jason Bakos** für die Ausarbeitung der neuen Vorlesungsfolien.

Sehr dankbar bin ich den vielen Dozenten, die Anfragen des Verlags beantwortet, unsere Vorschläge gesichtet und an Testgruppen teilgenommen haben, um unsere Pläne für die vorliegende und vorherige Auflagen zu analysieren. Zu ihnen gehören die folgenden Personen: Testgruppe in 2012: Bruce Barton (Suffolk County Community College), Jeff Braun (Montana Tech), Ed Gehringer (North Carolina State), Michael Goldweber (Xavier University), Ed Harcourt (St. Lawrence University), Mark Hill (University of Wisconsin, Madison), Patrick Homer (University of Arizona), Norm Jouppi (HP Labs), Dave Kaeli (Northeastern University), Christos Kozyrakis (Stanford University), Zachary Kurmas (Grand Valley State University), Jae C. Oh (Syracuse University), Lu Peng (LSU), Milos Prvulovic (Georgia Tech), Partha Ranganathan (HP Labs), David Wood (University of Wisconsin), Craig Zilles (University of Illinois at Urbana-Champaign). Surveys and Reviews: Mahmoud Abou-Nasr (Wayne State University), Perry Alexander (The University of Kansas), Hakan Aydin (George Mason University), Hussein Badr (State University of New York at Stony Brook), Mac Baker (Virginia Military Institute), Ron Barnes (George Mason University), Douglas Blough (Georgia Institute of Technology), Kevin Bolding (Seattle Pacific University), Miodrag Bolic (University of Ottawa), John Bonomo (Westminster College), Jeff Braun (Montana Tech), Tom Briggs (Shippensburg University), Scott Burgess (Humboldt State University), Fazli Can (Bilkent University), Warren R. Carithers (Rochester Institute of Technology), Bruce Carlton (Mesa Community College), Nicholas Carter (University of Illinois at Urbana-Champaign), Anthony Cocchi (The City University of New York), Don Cooley (Utah State University), Robert D. Cupper (Allegheny College), Edward W. Davis (North Carolina State University), Nathaniel J. Davis (Air Force Institute of Technology), Molisa Derk (Oklahoma City University), Nathan B. Dodge (The University of Texas at Dallas), Derek Eager (University of Saskatchewan), Ernest Ferguson (Northwest Missouri State University), Rhonda Kay Gaede (The University of Alabama), Etienne M. Gagnon (UQAM), Costa Gerousis (Christopher Newport University), Paul Gillard (Memorial University of Newfoundland), Michael Goldweber (Xavier University), Georgia Grant (College of San Mateo), Merrill Hall (The Master's College), Tyson Hall (Southern Adventist University), Ed Harcourt (St. Lawrence University), Justin E. Harlow (University of South Florida), Paul F. Hemler (Hampden-Sydney College), Martin Herbordt (Boston University), Steve J. Hodges (Cabrillo College), Kenneth Hopkinson (Cornell University), Dalton Hunkins (St. Bonaventure University), Baback Izadi (State University of New York – New Paltz), Reza Jafari, Robert W. Johnson (Colorado Technical University), Bharat Joshi (University of North Carolina, Charlotte), Nagarajan Kandasamy (Drexel University), Rajiv Kapadia, Ryan Kastner (University of California, Santa Barbara), E.J. Kim (Texas A&M University), Jihong Kim (Seoul National University), Jim Kirk (Union University), Geoffrey S. Knauth (Lycoming College), Manish M. Kochhal (Wayne State), Suzan Koknar-Tezel

(Saint Joseph's University), Angkul Kongmunvattana (Columbus State University), April Kontostathis (Ursinus College), Christos Kozyrakis (Stanford University), Danny Krizanc (Wesleyan University), Ashok Kumar, S. Kumar (The University of Texas), Zachary Kurmas (Grand Valley State University), Robert N. Lea (University of Houston), Baoxin Li (Arizona State University), Li Liao (University of Delaware), Gary Livingston (University of Massachusetts), Michael Lyle, Douglas W. Lynn (Oregon Institute of Technology), Yashwant K Malaiya (Colorado State University), Bill Mark (University of Texas at Austin), Ananda Mondal (Claflin University), Euripides Montagne (University of Central Florida), Tali Moreshet (Boston University), Alvin Moser (Seattle University), Walid Najjar (University of California, Riverside), Danial J. Neebel (Loras College), John Nestor (Lafayette College), Jae C. Oh (Syracuse University), Joe Oldham (Centre College), Timour Paltashev, James Parkerson (University of Arkansas), Shaunak Pawagi (SUNY at Stony Brook), Steve Pearce, Ted Pedersen (University of Minnesota), Lu Peng (Louisiana State University), Gregory D Peterson (The University of Tennessee), Milos Prvulovic (Georgia Tech), Partha Ranganathan (HP Labs), Dejan Raskovic (University of Alaska, Fairbanks) Brad Richards (University of Puget Sound), Roman Rozanov, Louis Rubinfield (Villanova University), Md Abdus Salam (Southern University), Augustine Samba (Kent State University), Robert Schaefer (Daniel Webster College), Carolyn J. C. Schauble (Colorado State University), Keith Schubert (CSU San Bernardino), William L. Schultz, Kelly Shaw (University of Richmond), Shahram Shirani (McMaster University), Scott Sigman (Drury University), Bruce Smith, David Smith, Jeff W. Smith (University of Georgia, Athens), Mark Smotherman (Clemson University), Philip Snyder (Johns Hopkins University), Alex Sprintson (Texas A&M), Timothy D. Stanley (Brigham Young University), Dean Stevens (Morningside College), Nozar Tabrizi (Kettering University), Yuval Tamir (UCLA), Alexander Taubin (Boston University), Will Thacker (Winthrop University), Mithuna Thottethodi (Purdue University), Manghui Tu (Southern Utah University), Dean Tullsen (UC San Diego), Rama Viswanathan (Beloit College), Ken Vollmar (Missouri State University), Guoping Wang (Indiana-Purdue University), Patricia Wenner (Bucknell University), Kent Wilken (University of California, Davis), David Wolfe (Gustavus Adolphus College), David Wood (University of Wisconsin, Madison), Ki Hwan Yum (University of Texas, San Antonio), Mohamed Zahran (City College of New York), Amr Zakr (Santa Clara University), Gerald D. Zarnett (Ryerson University), Nian Zhang (South Dakota School of Mines & Technology), Jiling Zhong (Troy University), Huiyang Zhou (The University of Central Florida), Weiyu Zhu (Illinois Wesleyan University).

Ein besonderes Dankeschön geht außerdem an Mark Smotherman, der das Manuskript mehrmals gelesen hat, um typografische Fehler und Tippfehler zu finden. Durch seinen Einsatz konnte die Qualität der vorliegenden Auflage signifikant verbessert werden.

Wir danken der großen Familie bei Morgan Kaufmann für die Bereitschaft, dieses Buch wieder unter der fähigen Leitung von **Steve Merken** und **Beth**

LoGiudice zu veröffentlichen – ohne sie hätte ich es nicht geschafft, das Buch fertigzustellen. Unser Dank geht auch an **Beula Christopher,** die den Herstellungsprozess koordiniert hat, sowie an **Patrick Ferguson** für die Gestaltung des Covers. Sein Cover verbindet auf geschickte Weise die Inhalte der PostPC-Ära, die für diese Auflage maßgeblich sind, mit dem Cover der ersten Auflage.

Die Mitwirkung der fast 150 Menschen, die wir hier erwähnt haben, hat dazu beigetragen, diese 6. Auflage zu unserem hoffentlich bisher besten Buch zu machen. Viel Spaß beim Lesen!

David A. Patterson

Inhaltsverzeichnis

1 Abstraktionen und Technologien

1.1 Einführung

Herzlich willkommen in diesem Buch! Die Autoren freuen sich, Sie auf den kommenden Seiten in die aufregende Welt der Computersysteme einzuführen. Hierbei handelt es sich durchaus nicht um ein trockenes und eintöniges Gebiet, in dem der Fortschritt erstarrt ist und kaum neue Ideen zu sehen sind. Ganz im Gegenteil! Computer sind das Produkt einer unglaublich dynamischen IT-Industrie, die in ihrer Gesamtheit etwa 10 % des Bruttosozialprodukts der Vereinigten Staaten ausmacht und deren Wirtschaftlichkeit nicht zuletzt von den rasend schnellen Fortschritten der Informationstechnologie abhängig ist. In dieser außergewöhnlichen Branche werden mit atemberaubender Geschwindigkeit Innovationen vorangetrieben. In den letzten 40 Jahren gab es mehrere neue, scheinbar revolutionäre Computertypen. Die Neuerungen hielten sich aber jedes Mal nur kurz, weil immer irgendjemand einen noch besseren Computer baute.

Der regelrechte Innovationswettlauf brachte seit der Einführung der elektronischen Computertechnik Ende der 1940er-Jahre eine noch nie dagewesene Entwicklung mit sich. Führen wir uns einmal vor Augen, wozu eine vergleichbare Entwicklung im Verkehrswesen geführt hätte. Wir könnten heute beispielsweise für ein paar Cent von New York nach London reisen und bräuchten dafür gerade einmal eine Sekunde. Ein solcher Fortschritt würde zweifellos zu gravierenden gesellschaftlichen Veränderungen führen: Sie könnten in Tahiti leben, in San Francisco arbeiten und abends das Ballett des Bolschoi-Theaters in Moskau besuchen. Dieses Beispiel soll Ihnen die Bedeutung einer Entwicklung veranschaulichen, die in den letzten Jahrzehnten in der Computerindustrie stattgefunden hat.

Computer haben zu einer dritten Revolution der Zivilisation geführt, wobei die Informationsrevolution ihren Platz neben der Agrarrevolution und der industriellen Revolution einnimmt. Die daraus resultierende Vervielfachung der intellektuellen Leistungsfähigkeit und Einflussmöglichkeit der Menschheit hat tief greifende Auswirkungen auf unser tägliches Leben und verändert auch die Art und Weise, wie wir neues Wissen erschließen. Es gibt heute eine neue Form des wissenschaftlichen Arbeitens, bei der Computerwissenschaftler gemeinsam mit theoretisch und experimentell arbeitenden Wissenschaftlern zu neuen Grenzen unter anderem in der Astronomie, der Biologie, der Chemie und der Physik vorstoßen.

https://doi.org/10.1515/9783111352732-001

Die Computerrevolution ist längst noch nicht abgeschlossen. Mit jeder weiteren Kostenreduzierung im Computerbereich um den Faktor 10 vervielfachen sich die Möglichkeiten für Computer. Anwendungen, die eben noch wirtschaftlich unrentabel waren, lassen sich plötzlich realisieren. Vor nicht allzu langer Zeit gehörten folgende Anwendungen in den Bereich der „Computer-Science-Fiction":

- *Computer in Fahrzeugen:* Die Computersteuerung in Fahrzeugen wurde erst interessant, als Anfang der 1980er-Jahre die Preise für Mikroprozessoren deutlich sanken und die Leistungsfähigkeit erheblich zunahm. Heute senken Computer den Schadstoffausstoß und sorgen mittels Motorsteuerung für einen kraftstoffsparenden Betrieb. Sie erhöhen die Sicherheit durch hochautomatisiertes Fahren und indem sie die Insassen im Falle eines Aufpralls durch automatisches Auslösen des Airbags schützen.

- *Mobiltelefone:* Wer hätte sich träumen lassen, dass die Fortschritte bei Computersystemen dazu führen würden, dass mehr als die Hälfte der Weltbevölkerung Mobiltelefone besitzt, die eine Kommunikation zwischen fast allen Menschen an nahezu jedem beliebigen Ort der Erde gestattet?

- *Humangenomprojekt:* Die Ausstattung der Computer, die notwendig ist, Sequenzen der menschlichen DNA zu identifizieren und zu analysieren, kostet Hunderte Millionen Euro. Es hätte wohl nie jemand ernsthaft daran gedacht, das menschliche Genom zu erforschen, wenn die Kosten für Computer zehnmal oder hundertmal so hoch gewesen wären, wie dies noch vor 15 bis 25 Jahren der Fall war. Darüber hinaus sinken die Kosten weiterhin; bald wird es möglich sein, das eigene Genom bestimmen zu lassen, so dass Ihre Medikamente genau auf Sie zugeschnitten werden können.

- *World Wide Web:* Als die erste Auflage dieses Buches in den USA auf den Markt kam, gab es das Web noch nicht. Mittlerweile hat es unsere Gesellschaft verändert. Für viele Menschen hat das Web Bibliotheken und Zeitungen ersetzt.

- *Suchmaschinen*: Nachdem der Inhalt des Web immer größer und interessanter geworden ist, hat die Suche nach relevanten Informationen immer größere Bedeutung gewonnen. Heute vertrauen viele Menschen den Suchmaschinen in so vielen Bereichen ihres Lebens, das es schwer wäre, wieder darauf zu verzichten.

Die Fortschritte in der Informationsverarbeitung haben einen deutlichen Einfluss auf nahezu alle Bereiche unserer Gesellschaft. Die Entwicklungen in der Computertechnik lassen Programmierer heute wunderbar hilfreiche Software erstellen und erklären auch, warum Computer heute allgegenwärtig sind. Was heute noch Science Fiction ist, kann morgen schon hypermoderne Wirklichkeit sein. Bereits abzusehen sind am Kopf getragene Minicomputer zur Erweiterung der Realität, die bargeldlose Gesellschaft und autonome Fahrzeuge.

Computerklassen und ihre Eigenschaften

Obgleich in allen Computersystemen angefangen bei intelligenten Haushaltsgeräten über Mobiltelefone bis hin zu den größten Supercomputern die gleichen Hardwaretechnologien (siehe die Abschnitte 1.4 und 1.5) verwendet werden, stellen diese verschiedenartigen Anwendungen unterschiedliche Anforderungen an den Entwurf und setzen die grundlegenden Hardwaretechnologien auf eine jeweils andere Weise ein. Im Allgemeinen lassen sich Computer in drei verschiedene Klassen einteilen.

Personalcomputer (PCs) in Form von Laptops sind die wohl bekannteste Form des Computers und wurden von den Lesern dieses Buches sicher schon in großem Umfang benutzt. PCs sind in erster Linie so ausgelegt, dass sie einem einzelnen Benutzer eine gute Leistung zu akzeptablen Preisen bieten. Hauptsächlich wird auf ihnen Software von Drittanbietern ausgeführt. Diese Klasse von Computersystemen, die erst 40 Jahre alt ist, hat die Entwicklung vieler Technologien im IT-Bereich vorangetrieben.

Server sind die moderne Form dessen, was früher sehr viel größere Computer waren. Der Zugriff erfolgt in der Regel ausschließlich per Netzwerk. Server sind dafür ausgelegt, große Lasten zu bewältigen. Diese können entweder aus einer komplexen Anwendung bestehen, beispielsweise aus dem technisch-wissenschaftlichen Bereich, oder aus vielen kleinen Jobs, wie etwa bei einem großen Web-Server. Diese Anwendungen basieren normalerweise auf Softwarepaketen aus anderen Quellen (zum Beispiel auf einer Datenbank oder auf einem Simulationssystem), werden jedoch vielfach für eine bestimmte Funktion geändert oder angepasst. Server benutzen die gleiche Basistechnologie wie PCs, bieten jedoch eine höhere Rechenleistung, mehr Speicher und eine größere Ein- und Ausgabekapazität. Im Allgemeinen spielt bei Servern die Zuverlässigkeit eine größere Rolle, da der Ausfall eines Servers wesentlich teurer zu stehen kommt als der eines PCs, der nur von einer einzelnen Person benutzt wird.

Server bieten die größte Variationsbreite hinsichtlich Kosten und Funktionalität. Am unteren Ende der Preisskala befinden sich Server für etwa Tausend Dollar, die nur mit geringfügig leistungsfähigeren Komponenten ausgestattet sind als ein PC und weder Bildschirm noch Tastatur besitzen. Diese Server der unteren Preisklasse werden in der Regel für die Speicherung von Dateien, für kleine Unternehmensanwendungen oder als einfache Web-Server eingesetzt (siehe Abschnitt 6.11). Am oberen Ende der Skala stehen die **Supercomputer**, die derzeit aus Zehntausenden Prozessoren bestehen und Arbeitsspeicher meist im **Terabyte**-Bereich aufweisen und die zwei- bis dreistellige Millionenbeträge kosten. Supercomputer werden üblicherweise für anspruchsvolle Aufgaben aus dem technisch-wissenschaftlichen Bereich wie für Wettervorhersagen, für die Erkundung neuer Erdölfelder, für die Bestimmung von Proteinstrukturen und für andere Problemstellungen mit hohem Rechenaufwand verwendet.

Eingebettete Computer (*embedded computer*) stellen die größte Klasse von Computersystemen, sowohl, was die Bandbreite an Anwendungen betrifft, als auch hinsichtlich Leistungsfähigkeit. Eingebettete Computer finden sich

---

PC Ein Computer, der für die Verwendung durch einen einzelnen Benutzer konzipiert ist. Er verfügt i. d. R. über eine grafische Anzeige, eine Tastatur und eine Maus.

Server Ein Computer, auf dem simultan größere Programme von mehreren Benutzern laufen. Der Zugriff erfolgt i. d. R. per Netzwerk.

Supercomputer Computer der höchsten Leistungs- und Preisklasse. Sie sind als Server konfiguriert und kosten i. d. R. einen zwei- bis dreistelligen Millionenbetrag.

Terabyte Ursprünglich 1099511627776 (2^{40}) Byte. Bei manchen Datenübertragungssystemen und Massenspeichern wurde der Wert jedoch mit 1000000000000 (10^{12}) Byte neu definiert. Im Interesse der Klarheit verwenden wir hier die Einheit **Tebibyte** (**TiB**) für 2^{10} Byte, so dass ein Terabyte als 10^{12} Byte definiert ist. Tabelle 1.1 listet alle Dezimal- und Binärnamen sowie die zugehörigen Werte auf.

eingebetteter Computer Ein in einem anderen Gerät integrierter Computer zum Ausführen einer bestimmten Anwendung oder Softwarezusammenstellung.

Tab. 1.1: Die Unklarheit bei Bytangaben, ob Zweierpotenzen oder Zehnerpotenzen gemeint sind, wurde durch die Einführung einer binären Notation beseitigt. In der letzten Spalte ist angegeben, um wie viel größer der binäre Term gegenüber dem entsprechenden dezimalen Term ist. Offensichtlich wird diese Abweichung nach unten hin immer größer. Die Präfixe gelten für Bits genauso wie für Bytes, so dass also ein Gigabit (Gb) 10^9 Bit sind, und ein Gibibit sind 2^{30} Bit. Die für das metrische System zuständige Organisation, das BIPM (Abk. für franz. Bureau International des Poids et Mesures), hat Bezeichnungen für die Präfixe festgelegt, wobei die beiden letzten 2019 in Erwartung der Gesamtentwicklung von Speichersystemen vorgeschlagen wurden.

Einheit	Symbol	Wert	Einheit	Symbol	Wert	größer um
Kilobyte	kB	1000^1	Kibibyte	KiB	2^{10}	2 %
Megabyte	MB	1000^2	Mebibyte	MiB	2^{20}	5 %
Gigabyte	GB	1000^3	Gibibyte	GiB	2^{30}	7 %
Terabyte	TB	1000^4	Tebibyte	TiB	2^{40}	10 %
Petabyte	PB	1000^5	Pebibyte	PiB	2^{50}	13 %
Exabyte	EB	1000^6	Exbibyte	EiB	2^{60}	15 %
Zettabyte	ZB	1000^7	Zebibyte	ZiB	2^{70}	18 %
Yottabyte	YB	1000^8	Yobibyte	YiB	2^{80}	21 %
Ronnabyte	RB	1000^9	Robibyte	RiB	2^{90}	24 %
Queccabyte	QB	1000^{10}	Quebibyte	QiB	2^{100}	27 %

in Autos, in TV-Geräten und in den Steuersystemen moderner Flugzeuge und Frachtschiffe. Unter dem Schlagwort „Internet der Dinge" ist in den vergangenen Jahren die Idee populär geworden, dass viele kleine Geräte drahtlos über das Internet miteinander kommunizieren. Eingebettete Systeme sind zum Ausführen einer speziellen Anwendung oder mehrerer zusammengehöriger Anwendungen konzipiert und normalerweise in einem System integriert, das als ein Komplettgerät ausgeliefert wird. So kommt es, dass die meisten Benutzer trotz der hohen Anzahl an eingebetteten Computern meist gar nicht merken, dass sie einen Computer benutzen!

Für eingebettete Anwendungen ist es häufig notwendig, die Rechenleistung mit strengen Vorgaben bezüglich der Kosten und des Energieverbrauchs abzuwägen. Beispielsweise muss der Prozessor in einem Musik-Player leistungsfähig genug sein, um die vorgegebenen Funktionen ausführen zu können. Daneben ist es wichtig, die Kosten und den Stromverbrauch möglichst gering zu halten. Trotz der geringen Kosten erfordern eingebettete Computer eine hohe Ausfallsicherheit, da Fehler zu Ereignissen führen können, die von „einfach nur ärgerlich" (wenn beispielsweise das neue Fernsehgerät defekt ist) bis hin zu „verheerend" reichen (beispielsweise ein Computerabsturz in einem Flugzeug oder in einem Frachtschiff). Bei verbraucherorientierten eingebetteten Systemen wie bei digitalen Haushaltsgeräten wird die Zuverlässigkeit durch Einfachheit erreicht: Der Fokus liegt auf der möglichst perfekten Ausführung einer speziellen Funktion. Bei komplexen eingebetteten Systemen kommen wie in der Server-Welt häufig Fehlertoleranztechniken, beispielsweise der Einbau redundanter Teilsysteme, zum Einsatz. In diesem Buch geht es in erster Linie um Allzweck-Computer. Dennoch gelten die meisten Konzepte direkt oder mit geringfügigen Abweichungen auch für eingebettete Computer.

Anmerkung: Viele eingebettete Systeme sind so entworfen, dass sie mit *Prozessorkernen* arbeiten. Die Beschreibung eines Prozessors liegt hierbei zunächst in einer Hardware-Beschreibungssprache wie Verilog oder VHDL vor (siehe Kapitel 4). Dies gestattet es dem Entwickler, anwendungsspezifische Hardwarekomponenten an einen Prozessorkern anzubinden und bei der Herstellung zusammen auf einem Chip zu integrieren.

Willkommen in der Post-PC-Ära

Der anhaltende technologische Fortschritt bringt Generationswechsel in der Computerhardware mit sich, die die gesamte IT-Branche erschüttern. Seit der vierten Auflage dieses Buches haben wir eine solche Veränderung erlebt, die ähnlich umwälzend ist wie das Aufkommen des PCs vor nunmehr 40 Jahren. Heute erleben wir, dass PCs mehr und mehr durch **Mobilgeräte** ersetzt werden. Mobilgeräte arbeiten netzunabhängig und ermöglichen den drahtlosen Internetzugang. Sie kosten typischerweise ein paar hundert Dollar, und ähnlich wie beim PC kann der Benutzer Software („Apps") herunterladen, um sie auf dem Gerät laufen zu lassen. Anders als PCs haben sie jedoch weder Tastatur noch Maus. Stattdessen kommuniziert der Benutzer mit dem Gerät vor allem über berührungsempfindliche Bildschirme (Touchscreens) sowie teilweise auch per Spracheingabe. Die meisten heutigen Mobilgeräte sind Smartphones oder Tablet-Computer, doch bald schon könnten am Kopf zu tragende Minicomputer („elektronische Brillen") ein gewohnter Anblick werden. Abbildung 1.1 zeigt die enormen Wachstumsraten bei Tablets und Smartphones im Vergleich zu denen von PCs und herkömmlichen Mobiltelefonen.

Eine von den traditionellen Servern abgeleitete neue Entwicklung ist das **Cloud Computing.** Diese Technologie stützt sich auf gigantische Datenzentren, die als *Warehouse Scale Computer (WSC)* bezeichnet werden. Firmen wie Amazon und Google errichten solche Datenzentren mit 50 000 Servern. Andere Firmen können Anteile von deren Rechenleistung mieten und somit Softwaredienstleitungen für Mobilgeräte anbieten ohne selbst Datenzentren bauen zu müssen. In der Tat ist die als **Software as a Service** (kurz SaaS) bezeichnete Idee, Software als Dienstleistung über die Cloud anzubieten, gerade dabei, die Software-Industrie zu revolutionieren, ebenso wie Mobilgeräte und Datenzentren die Hardware-Industrie revolutionieren. Für den Software-Entwickler von heute ist es oftmals so, dass ein Teil seiner Applikation auf dem Mobilgerät läuft und ein anderer Teil in der Cloud.

Was Sie in diesem Buch lernen können

Gute Programmierer waren schon immer um die Performanz ihrer Programme bemüht, da es für den Erfolg von Software von entscheidender Bedeutung ist, dass sie den Anwendern möglichst schnell Ergebnisse liefert. In den 1960er-

Mobilgeräte Kleine, portable Geräte mit drahtlosem Internetzugang. Software wird in Form von Apps installiert, die aus dem Internet heruntergeladen werden. Die gebräuchlichsten Mobilgeräte sind Smartphones und Tablets.

Cloud Computing Technologie, bei der eine große Anzahl von Servern über das Internet Dienste anbietet. Manche Anbieter mieten dafür eine dynamisch variierende Anzahl von Servern.

Software as a Service Das Prinzip, Software und Daten als Dienstleistung über das Internet zu liefern. Anstatt einen Binärcode zu installieren, erfolgt der Zugriff gewöhnlich über ein schlankes Programm, etwa einen Browser, das auf dem lokalen Client läuft. Beispiele sind Suchanfragen und Aktivitäten in sozialen Netzwerken.

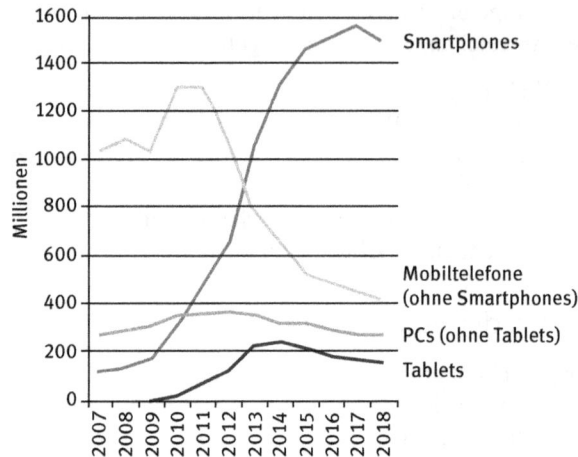

Abb. 1.1: Anzahl der pro Jahr hergestellten Tablets und Smartphones, die für die Post-PC-Ära stehen, im Vergleich zu den Absatzzahlen von PCs und herkömmlichen Mobiltelefonen. Smartphones dominieren das gegenwärtige Wachstum bei den Mobiltelefonherstellern, und die Anzahl der verkauften Geräte hat bereits 2011 die der verkauften PCs überschritten. Die Zahlen für PCs, Tablets und herkömmliche Mobiltelefone sind gesunken. Das Maximum war für Mobiltelefone 2011 erreicht, für PCs 2013 und für Tablets 2014. Der Anteil von PCs an der Gesamtzahl fiel von 20 % im Jahr 2007 auf 10 % im Jahr 2018.

und 1970er-Jahren war die beschränkte Kapazität des Arbeitsspeichers (auch Hauptspeicher genannt) einer der entscheidenden Faktoren, der die Leistungsfähigkeit eines Rechners bestimmt hat. Programmierer befolgten daher oft den einfachen Leitsatz: Minimiere den Speicherbedarf für schnelle Programme. In den letzten zwanzig Jahren führten die Fortschritte beim Rechnerentwurf und in der Speichertechnologie dazu, dass – außer bei eingebetteten Systemen – der limitierende Einfluss geringer Speicherkapazitäten für die meisten Anwendungen an Bedeutung verloren hat.

Programmierer, für die Performanz wichtig ist, müssen sich heute mit den komplexen Speichersystemen auskennen, die das einfache Speichermodell aus den 1960er-Jahren abgelöst haben: die parallele Struktur der Prozessoren und die hierarchische Organisation der Speicher. Außerdem müssen sich Programmierer heute Gedanken über die Energieeffizienz ihrer Programme machen (siehe Abschnitt 1.7), die entweder auf Mobilgeräten oder in der Cloud laufen. Dazu müssen sie verstehen, was auf der Ebene unterhalb des Programms geschieht. Programmierer müssen ihre Kenntnisse im Bereich der Rechnerorganisation erweitern, wenn sie erfolgreiche Software entwickeln möchten.

Es ist uns eine Ehre, Ihnen mit dem vorliegenden Buch einen Einblick in die gegenwärtig stattfindende Revolution zu vermitteln. Dabei dringen wir in die komplexen Ebenen der Software unter Ihrem Anwendungsprogramm ein und untersuchen die Hardware im Gehäuse Ihres Rechners. Wenn Sie dieses Buch gelesen haben, werden Sie folgende Fragen beantworten können:

- Wie werden Programme, die in einer höheren Programmiersprache wie C oder Java geschrieben sind, in die Sprache der Hardware übersetzt, und wie führt die Hardware das daraus resultierende Programm aus? Das Verständnis dieser Konzepte bildet die Grundlage, um die Aspekte der Software und der Hardware nachvollziehen zu können, die die Performanz von Programmen beeinflussen.

- Was ist die Schnittstelle zwischen der Software und der Hardware, und wie bringt die Software die Hardware dazu, die gewünschten Funktionen auszuführen? Diese Konzepte sind entscheidend für das Verständnis, wie unterschiedliche Arten von Software zu schreiben sind.

- Was bestimmt die Performanz eines Programms, und wie kann ein Programmierer die Leistung verbessern? Wie wir noch sehen werden, hängt dies vom Originalprogramm, von der Übersetzung dieses Programms in die Sprache des Rechners und der Leistungsfähigkeit der Hardware bei der Ausführung des Programms ab.

- Welche Techniken können Rechnerarchitekten eingesetzen, um die Leistung zu verbessern? Dieses Buch führt in die grundlegenden Konzepte des modernen Rechnerentwurfs ein. Der interessierte Leser findet ausführlicheres Material zu diesem Thema in dem von denselben Autoren verfassten weiterführenden Buch *Computer Architecture: A Quantitative Approach.*

- Welche Techniken stehen Hardware-Designern zur Verfügung, um die Energieeffizienz zu verbessern? Was kann der Programmierer für die Energieeffizienz tun?

- Welche Gründe und Konsequenzen hat der Wechsel von der sequentiellen Verarbeitung zur parallelen Verarbeitung? Dieses Buch beschreibt die Motivation, stellt aktuelle Hardwaremechanismen vor, die die Parallelverarbeitung unterstützen, und bietet einen Überblick über die neue Generation der „Multicore"-Mikroprozessoren (siehe Kapitel 6).

> **Multicore-Mikroprozessor** Ein Mikroprozessor, der mehrere Prozessoren („Cores") innerhalb eines einzigen Chips enthält.

- Was waren die großen Ideen und Konzepte des modernen Rechnens, die von den Computerarchitekten seit der Inbetriebnahme des ersten kommerziellen Rechners im Jahr 1951 ersonnen wurden?

Ohne die Antworten auf diese Fragen verstanden zu haben, wird es ein mühsamer Prozess mit Versuchen und Fehlern sein, der nichts mit einer auf Erkenntnissen und Analysen beruhenden wissenschaftlichen Vorgehensweise zu tun hat, wenn Sie die Performanz Ihres Programms auf einem modernen Computer verbessern wollen oder beurteilen wollen, aufgrund welcher Eigenschaften ein bestimmter Rechner für eine Anwendung besser geeignet ist als ein anderer.

In diesem ersten Kapitel wird der Grundstein für den Rest des Buches gelegt. Wir führen hier die grundlegenden Konzepte und Definitionen ein, stellen die wichtigsten Komponenten der Software und Hardware vor, erklären, wie Leistung und Stromverbrauch ermittelt werden, beschreiben integrierte Schaltkreise (die Technologie, die die Computerrevolution vorantreibt), und gehen auf die Bedeutung von Multicore-Prozessoren ein.

In diesem Buch werden Sie wahrscheinlich eine Menge neuer Wörter kennenlernen; ebenso Wörter, die Sie zwar schon einmal gehört haben, aber deren Bedeutung nicht klar ist. Aber keine Sorge! Ja, es gibt eine Menge Fachbegriffe bei der Beschreibung moderner Computer. Aber diese Fachbegriffe helfen uns, eine Funktion präzise zu beschreiben. Daneben *lieben* Rechnerarchitekten (so auch die Autoren) die Verwendung von **Akronymen**, die leicht verständlich sind, wenn man erst einmal weiß, wofür die Buchstaben stehen! Damit Sie sich die Fachbegriffe besser merken und leichter wiederfinden können, wird jeder Begriff bei seinem ersten Auftreten im Buch durch eine Definition in der Randspalte erklärt. Sie werden sehen, schon nach kurzer Zeit werden Sie mit der Terminologie vertraut sein. Außerdem werden Ihre Freunde beeindruckt sein, wenn Sie Abkürzungen wie BIOS, CPU, DIMM, DRAM, PCIe, SATA und viele andere mehr plötzlich korrekt benutzen.

Akronym Ein aus den Anfangsbuchstaben einer Wortfolge zusammengesetztes Wort. Beispiel: RAM ist ein Akronym und steht für Random Access Memory (Speicher mit wahlfreiem Zugriff, Haupt- oder Arbeitsspeicher). CPU ist ein weiteres Akronym und steht für Central Processing Unit (zentrale Verarbeitungseinheit, kurz Prozessor).

Über das gesamte Buch verteilt finden Sie spezielle Abschnitte mit der Überschrift „Zur Programmperformanz", in denen wir darauf eingehen, wie die behandelten Konzepte die Performanz von Programmen beeinflussen. Den ersten Abschnitt mit dieser Überschrift finden Sie gleich im Folgenden.

Zur Programmperformanz

Die Performanz eines Programms hängt vom Zusammenspiel mehrerer Faktoren ab. Zum einen spielt die Leistungsfähigkeit des dem Programm zugrunde liegenden Algorithmus eine Rolle, zum anderen die Softwaresysteme, mit denen das Programm erstellt und in Maschinenbefehle übersetzt wird. Und natürlich ist die Leistungsfähigkeit des Computers bei der Abarbeitung dieser Befehle, die auch Ein-/Ausgabeoperationen einschließen können, von Bedeutung. Die folgende Zusammenstellung gibt einen Überblick, wie die verschiedenen Hardware- und die Softwarekomponenten die Performanz beeinflussen.

Algorithmen bestimmen sowohl die Anzahl der Anweisungen im Quellprogramm als auch die Anzahl der ausgeführten Ein-/Ausgabeoperationen. Dieses Thema ist nicht Gegenstand des vorliegenden Buches.

Programmiersprache, Compiler und Architektur bestimmen die Anzahl der Maschinenbefehle für jede Anweisung des Quellprogramms. Siehe Kapitel 2 und 3.

Prozessor und Speichersystem bestimmen, wie schnell Befehle ausgeführt werden können. Siehe Kapitel 4, 5 und 6.

Das Ein-/Ausgabesystem bestimmt, wie schnell Ein-/Ausgabeoperationen ausgeführt werden können. Siehe Kapitel 4, 5 und 6.

Selbsttest

Die mit „Selbsttest" überschriebenen Abschnitte geben Ihnen die Möglichkeit zu überprüfen, ob Sie die wichtigsten in einem Kapitel vorgestellten Konzepte und deren Bedeutung verstanden haben. Zu manchen Selbsttest-Fragen gibt es einfache Antworten. Bei anderen Fragen empfiehlt es sich, sie in der Gruppe zu diskutieren. Die Lösungen zu den Fragen finden Sie jeweils am Ende des Kapitels. Der Selbsttest befindet sich immer am Ende eines Abschnitts. So können Sie diese Fragen leicht überspringen, wenn Sie sicher sind, dass Sie den Inhalt des Abschnitts verstanden haben.

1. Die Anzahl der eingebetteten Prozessoren, die pro Jahr verkauft werden, übersteigt die Anzahl der Prozessoren in PCs und sogar die der Post-PCs bei weitem. Können Sie diese Erkenntnis aus eigener Erfahrung bestätigen oder widerlegen? Versuchen Sie, die Anzahl der eingebetteten Prozessoren in Ihrem Haushalt zu ermitteln. Vergleichen Sie diese Zahl mit der Anzahl der herkömmlichen Computer in Ihrem Haushalt.

2. Wie bereits erwähnt, haben sowohl die Software als auch die Hardware Auswirkungen auf die Performanz eines Programms. Nennen Sie Beispiele für Situationen, in denen sich die folgenden Komponenten als Flaschenhals für die Performanz erweisen können:

- der gewählte Algorithmus,
- die Programmiersprache oder der Compiler,
- das Betriebssystem,
- der Prozessor,
- das Ein-/Ausgabesystem einschließlich der hierfür verwendeten Geräte.

1.2 Sieben große Ideen in der Computerarchitektur

Wir wollen nun sieben Konzepte vorstellen, die von den Computerarchitekten in den letzten 60 Jahren ersonnen wurden. Diese Konzepte sind so mächtig, dass sie den ersten Computer, in dem sie verwendet wurden, lange überlebt haben und von jüngeren Computerarchitekten immer wieder nachgeahmt wurden. Auf diese Konzepte werden wir in diesem und den nachfolgenden Kapiteln immer wieder zurückkommen, wenn wir Beispiele besprechen. Um auf ihren Einfluss hinzuweisen, verwenden wir eine Reihe von Icons, die wir in diesem Abschnitt einführen. Insgesamt gibt es im Buch fast 100 Abschnitte, in denen diese grundlegenden Konzepte eine Rolle spielen.

Vereinfachung des Designs durch Abstraktion

Sowohl Computerarchitekten als auch Programmierer mussten sich Methoden überlegen, um ihre Produktivität zu steigern, da sich sonst die Entwurfszeit mit dem Ressourcenwachstum drastisch verlängert hätte. Eine wichtige Methode zur Steigerung der Produktivität für die Hardware wie für die Software ist die Verwendung von **Abstraktionen** zur Darstellung des Designs auf verschiedenen Ebenen; auf niedrigeren Darstellungsebenen sind Details verborgen, so dass ein einfacheres Modell verwendet werden kann als auf höheren Darstel-

ABSTRAKTION

lungsebenen. Um auf dieses Konzept hinzuweisen, verwenden wir das Icon mit dem abstrakten Bild.

Beschleunigen des häufigen Falls

Das **Beschleunigen** des häufigen Falls bringt für die Performanz tendenziell mehr als die Optimierung seltener Fälle. Zum Glück ist der häufige Fall oft einfacher als der seltene, und deshalb ist es oft auch einfacher, ihn zu verbessern. Dieser Ratschlag setzt natürlich voraus, dass Sie wissen, was der häufige Fall ist. Herauszufinden ist nur durch sorgfältiges Experimentieren und Messen (siehe Abschnitt 1.6). Wir verwenden das Icon mit dem Sportwagen, um auf des Beschleunigen des häufigen Falls hinzuweisen, denn es ist sicher einfacher, einen schnellen Sportwagen zu bauen als einen schnellen Minivan!

HÄUFIGER FALL

Performanz durch Parallelität

Seit es Computer gibt, haben Computerarchitekten Designs vorgelegt, die mehr Leistung ermöglichen, indem sie Operationen parallel ausführen. Wir werden in diesem Buch viele Beispiele für Parallelität kennenlernen. Wir verwenden ein vierstrahliges Flugzeug als Icon, um auf Ansätze zur **Parallelisierung** hinzuweisen.

PARALLELITÄT

Performanz durch Pipelining

Ein spezielles Muster der Parallelität ist in der Computerarchitektur so geläufig, dass es einen eigenen Namen bekommen hat: das **Pipelining.** Beispielsweise rückten, bevor es Löschfahrzeuge gab, Eimerbrigaden dem Brand zu Leibe, wie man in vielen Cowboyfilmen sehen kann, in denen ein Schurke heimtückisch Feuer gelegt hat. Die Einwohner bilden dabei eine Menschenkette, weil sie das Löschwasser viel schneller von der Quelle bis zum Feuer befördern können, wenn sie es in Eimern die Kette entlang befördern, anstatt einzeln mit den Eimern zwischen Wasserquelle und Feuer hin und her zu rennen. Unser Icon für das Pipelining besteht aus einer Reihe von Röhren, von denen jede eine bestimmte Phase des Prozesses repräsentiert.

PIPELINING

Performanz durch Vorhersagen

Das nächste Konzept folgt dem Motto, dass es manchmal besser ist, um Entschuldigung zu bitten als um eine Erlaubnis. In einigen Fällen ist man im Mittel schneller, wenn man einfach rät und mit der Arbeit beginnt, anstatt solange zu warten, bis man sich sicher ist, was richtig ist. Dies funktioniert unter der Voraussetzung, dass die Kosten für die Korrektur einer Fehleinschätzung nicht zu hoch sind und dass die Vorhersage einigermaßen richtig ist. Das Icon, das wir für das Prinzip des **Vorhersagens** verwenden, zeigt eine Glaskugel.

VORHERSAGE

Speicherhierarchie

Programmierer möchten, dass Speicher schnell, groß und billig sind, denn die Speichergeschwindigkeit bestimmt oft die Performanz. Die Speicherkapazität limitiert die Größe der Probleme, die gelöst werden können und die Speicherkosten machen heute oft den Hauptteil der Gesamtkosten eines Computers aus. Computerarchitekten haben herausgefunden, dass sie diese konkurrierenden Anforderungen durch eine **Speicherhierarchie** miteinander in Einklang bringen können. In dieser Hierarchie steht der pro Bit schnellste, kleinste und teuerste Speicher an der Spitze und der pro Bit langsamste, größte und billigste ganz unten. Wie wir in Kapitel 5 sehen werden, geben Caches den Programmierern die Illusion, dass der Arbeitsspeicher fast so schnell ist wie der Speicher an der Spitze der Hierarchie und dabei fast so groß und billig wie der Speicher ganz unten. Wir verwenden ein aus drei Schichten zusammengesetztes Dreieck als Symbol für das Konzept der Speicherhierarchie. Die Form der einzelnen Schichten verweist auf die Speichergröße der jeweiligen Hierarchie: Die oberste Schicht ist am kleinsten (und am schnellsten, aber auch am teuersten) und die unterste am größten (und am langsamsten und billigsten).

HIERARCHIE

Zuverlässigkeit durch Redundanz

Computer sollen nicht nur schnell, sondern gleichzeitig auch zuverlässig sein. Da jedes physische Gerät Fehler machen kann, werden Systeme **zuverlässig** gemacht, indem man redundante Komponenten einfügt, die einspringen, wenn ein Fehler auftritt, *und* die dabei helfen, Fehler aufzuspüren. Wir verwenden einen Sattelschlepper als Symbol für dieses Prinzip, denn dank der Doppelbereifung an den beiden hinteren Achsen kann der Truck auch dann weiterfahren, wenn ein Reifen platzt. (Vermutlich wird der Fahrer so schnell wie möglich eine Werkstatt aufsuchen, wo die Redundanz wieder hergestellt wird!)

ZUVERLÄSSIGKEIT

In der vorherigen Auflage hatten wir unter der Überschrift Design und Moore'sches Gesetz eine weitere große Idee besprochen. Gordon Moore, einer der Gründer von Intel, hatte 1965 eine bemerkenswerte Vorhersage getroffen, nämlich dass sich die auf einem integrierten Schaltkreis untergebrachten Ressourcen jedes Jahr verdoppeln würden. Zehn Jahre später modifizierte er seine Vorhersage und prognostizierte eine Verdopplung alle zwei Jahre.

Seine Vorhersage erwies sich als zutreffend, und 50 Jahre lang prägte das Moore'sche Gesetz die Computerarchitektur. Da das Design von Computern Jahre dauern kann, ist es gut möglich, dass sich die Zahl der pro Chip verfügbaren Ressourcen („Transistoren", siehe Seite 25) zwischen Beginn und Ende des Projekts verdoppeln oder verdreifachen kann. Wie beim Tontaubenschießen muss beim Design von Computern antizipiert werden, wie weit der Stand der Kunst bis zu dem Zeitpunkt vorangeschritten sein wird, zu dem der Entwurf voraussichtlich abgeschlossen sein wird, anstatt den Entwurf auf den Stand zu Beginn des Entwicklungszyklus auszurichten.

Doch kein exponentielles Wachstum währt für immer, und so ist auch das Moore'sche Gesetz nicht mehr adäquat. Die Verlangsamung des Moore'schen Gesetzes ist ein Problem für Computerdesigner, deren langfristige Investitionen sich darauf stützen. Manche wollen nicht glauben, dass es vorbei ist, obwohl die Evidenz eindeutig ist. Zum Teil liegt das daran, dass die Aussage, Moores Vorhersage einer Verdopplungszeit von zwei Jahren sei mittlerweile nicht mehr korrekt, durcheinandergebracht wird mit der Behauptung, dass es keine Fortschritte in der Halbleitertechnologie mehr gäbe. Halbleiter *werden* sich auch weiterhin verbessern, aber langsamer als in der Vergangenheit. Beginnend mit dieser Auflage werden wir die Konsequenzen aus der Verlangsamung des Moore'schen Gesetzes diskutieren, vor allem in Kapitel 6.

Anmerkung: Während der Blütezeit des Moore'schen Gesetzes fielen die Kosten pro Chip mit jeder technologischen Generation. Doch innerhalb der neuesten Technologien verlaufen die Kosten pro Ressource flach oder steigen sogar mit jeder neuen Generation an. Gründe dafür sind die Kosten für neue Geräte und aufwendigere Fertigungsprozesse aufgrund der Miniaturisierung sowie die Tatsache, dass die Anzahl der Unternehmen abnimmt, die in diese neuen Technologien investieren und dadurch das Niveau vorantreiben. Weniger Wettbewerb führt naturgemäß zu höheren Preisen.

1.3   Was sich hinter einem Programm verbirgt

In Paris haben mich die Leute immer nur angestarrt, wenn ich Französisch mit ihnen gesprochen habe; ich habe diese Idioten nie dazu bringen können, ihre eigene Sprache zu verstehen.

Mark Twain, *Die Arglosen im Ausland*, 1869

ABSTRAKTION

Systemsoftware Software, die allgemein nützliche Dienste bereitstellt, wie z. B. Betriebssysteme, Compiler und Assembler.

Betriebssystem Programm mit Überwachungsfunktion, das die Ressourcen des Rechners für die auf ihm ausgeführten Programme verwaltet.

Eine typische Anwendung wie etwa ein Textverarbeitungsprogramm oder ein großes Datenbanksystem besteht aus Millionen von Codezeilen und nutzt umfangreiche Softwarebibliotheken, die komplexe Funktionen zur Unterstützung der Anwendung implementieren. Wie wir noch sehen werden, kann die Hardware in einem Computer nur sehr einfache maschinenorientierte Befehle ausführen. Von einer komplexen Anwendung hin zu den einfachen Befehlen sind mehrere Softwareebenen erforderlich, von denen aus die Anweisungen höherer Programmiersprachen in einfache Maschinenbefehle übersetzt werden. Dies ist ein Beispiel für das Konzept der **Abstraktion.**

Abbildung 1.2 zeigt, dass diese Softwareebenen im Wesentlichen hierarchisch organisiert sind. Der äußere Ring entspricht der Anwendungssoftware, und zwischen dieser und der Hardware befindet sich die **Systemsoftware**. Es gibt viele Arten von Systemsoftware, wobei zwei grundsätzlich auf jedem modernen Computersystem zu finden sind: ein Betriebssystem und ein Compiler. Das **Betriebssystem** ist die Schnittstelle zwischen der Benutzersoftware und der Hardware und stellt eine Vielzahl von Diensten und Überwachungsfunktionen bereit. Zu den wichtigsten Aufgaben des Betriebssystems zählen:

- die Verarbeitung grundlegender Ein- und Ausgabeoperationen,
- die Allokation von Massen- und Arbeitsspeicher
- die Bereitstellung der Funktionen und Dienste für die gemeinsame Nutzung des Computers durch mehrere Anwendungen gleichzeitig.

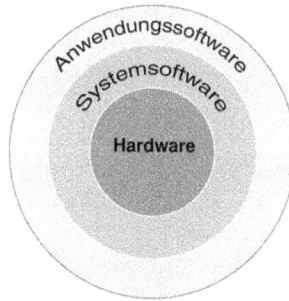

Abb. 1.2: Vereinfachte Darstellung der Hardware und Software als hierarchische Ebenen in Form von konzentrischen Kreisen, wobei sich die Hardware im Mittelpunkt und die Anwendungssoftware im äußeren Ring befindet. Komplexe Anwendungen bestehen häufig aus mehreren Softwareebenen. So kann eine Datenbank beispielsweise auf der Systemsoftware aufsetzen, die eine Anwendung bereitstellt, die wiederum auf der Datenbank aufsetzt.

Linux, iOS, Android und Windows sind Beispiele für heute gebräuchliche Betriebssysteme.

Compiler nehmen eine andere wichtige Funktion wahr: Sie übersetzen ein in einer höheren Programmiersprache wie etwa C, C++, Java oder Visual Basic geschriebenes Programm in Befehle, die von der Hardware ausgeführt werden können. Angesichts der Komplexität moderner Programmiersprachen im Vergleich zu den einfachen Befehlen, die von der Hardware ausgeführt werden, stellt die Übersetzung von Code, der in einer höheren Programmiersprache geschrieben ist, in einfache Hardwarebefehle eine echte Herausforderung dar. Dieser Vorgang ist im Folgenden kurz im Überblick beschrieben. Ausführlichere Informationen zu diesem Thema finden Sie in Kapitel 2 und in Anhang A.

> **Compiler** Ein Programm, das Anweisungen in einer höheren Programmiersprache in Anweisungen der Assemblersprache übersetzt.

Höhere Programmiersprachen und Maschinensprache

Um mit einer elektronischen Maschine kommunizieren zu können, müssen elektrische Signale gesendet werden. *Ein* und *Aus* sind die Signale, die Computer am leichtesten verstehen, weshalb das Alphabet der Maschinensprache aus nur zwei „Buchstaben" besteht. Ebensowenig wie die 26 Buchstaben unseres Alphabets limitieren, wie viel Text geschrieben werden kann, limitieren auch die beiden Buchstaben des Computeralphabets nicht, was Computer tun können. Diese beiden Buchstaben werden durch die Ziffern 0 und 1 symbolisiert und wir stellen uns Elemente der Maschinensprache als Zahlen zur Basis 2 oder *Binärzahlen* vor. Ein „Buchstabe" wird als **Binärziffer** oder **Bit** (Abk. für engl. Binary digIT) bezeichnet. Computer gehorchen bedingungslos unseren Kommandos, die als **Befehle** bezeichnet werden. Befehle sind einfach nur Folgen von Bits, die der Computer versteht – und somit nichts anderes als Zahlen. Die Bitfolge

> **Binärziffer** oder **Bit.** Eine der beiden Ziffern zur Basis 2 (0 oder 1), aus denen Informationen bestehen.

> **Befehl** Eine Anweisung, die die Computerhardware versteht und ausführt.

```
1000110010100000
```

teilt einem Rechner beispielsweise mit, dass zwei Zahlen addiert werden sollen. In Kapitel 2 wird erläutert, warum *sowohl* für Befehle *als auch* für Daten Zahlen verwendet werden. Wir möchten hier nicht vorgreifen, aber so viel lässt sich schon sagen: Die Verwendung von Zahlen für Befehle und Daten machen den Erfolg von Computern überhaupt erst möglich.

Die ersten Programmierer verwendeten für die Kommunikation mit dem Computer Binärzahlen. Das war jedoch recht mühselig. Und so dauerte es nicht lange, bis sie sich neue Notationen ausdachten, die der Art und Weise, wie Menschen denken, stärker entgegenkamen. Zu Beginn wurden diese Schreibweisen von Hand in Binärform übersetzt, was jedoch immer noch recht mühselig war. Die Pioniere des Programmierens verwendeten den Computer selbst zum Programmieren und entwickelten Programme zum Übersetzen der symbolischen Darstellung in die Binärsprache. Das erste dieser Programme wurde **Assembler** genannt. Dieses Programm übersetzt die symbolische Version eines Befehls in die binäre Form. So würde der Programmierer beispielsweise

```
add A, B
```

schreiben und der Assembler würde diese Darstellung übersetzt in

```
0001100010100000
```

> **Assembler** Ein Programm, das eine symbolische Version von Befehlen in eine binäre Form übersetzt.

Mit diesem Befehl wird dem Computer mitgeteilt, dass die beiden Zahlen A und B addiert werden sollen. Diese heute noch verwendete Symbolsprache wird als **Assemblersprache** bezeichnet. In Abgrenzung dazu nennt man die Binärsprache, die von der Maschine verstanden wird, die **Maschinensprache.**

Die Assemblersprache war ein enormer Fortschritt und dennoch weit von einer Notation entfernt, die ein Wissenschaftler sich vorstellt, um Flüssigkeitsströmungen zu simulieren, oder die ein Buchhalter zur Saldierung verwenden möchte. Bei der Assemblersprache muss der Programmierer für jeden vom Computer auszuführenden Befehl eine Codezeile schreiben. Dadurch wird der Programmierer gezwungen, wie der Computer zu denken.

Die Erkenntnis, dass ein Programm zum Übersetzen einer mächtigeren Sprache in Maschinenbefehle geschrieben werden kann, war ein Meilenstein in der Anfangszeit der Computertechnik. Programmierer von heute verdanken ihre Produktivität (und ihre Gesundheit) der Entwicklung von **höheren Programmiersprachen** und Compilern, die in diesen Sprachen geschriebene Programme in Befehle übersetzen können. Abbildung 1.3 zeigt die Beziehungen zwischen diesen Programmen und Sprachen. Dies ist ein weiteres Beispiel für die Mächtigkeit des Prinzips der **Abstraktion.**

Mithilfe eines Compilers kann ein Programmierer den folgenden Ausdruck in höherer Programmiersprache schreiben:

```
A + B
```

Der Compiler kompiliert dies in die folgende Anweisung in Assemblersprache:

```
add A, B
```

> **Assemblersprache** Eine symbolische Darstellung von Maschinenbefehlen.
>
> **Maschinensprache** Eine binäre Darstellung von Maschinenbefehlen.
>
> **höhere Programmiersprache** Eine portierbare Sprache wie C, C++, Java oder Visual Basic, bestehend aus Wörtern und einer algebraischen Notation, die vom Compiler in Assemblersprache übersetzt werden kann.

ABSTRAKTION

Programm in
einer höheren
Programmiersprache
(in C)

```
swap(int v[], int k)
{int temp;
   temp = v[k];
   v[k] = v[k+1];
   v[k+1] = temp;
}
```

Compiler

Programm in
Assemblersprache
(für MIPS)

```
swap:
     muli  $2, $5,4
     add   $2, $4,$2
     lw    $15, 0($2)
     lw    $16, 4($2)
     sw    $16, 0($2)
     sw    $15, 4($2)
     jr    $31
```

Assembler

Programm in bi-
närer Maschinen-
sprache
(für MIPS)

```
00000000101000010000000000011000
00000000000110000001100000100001
10001100011000100000000000000000
10001100111100100000000000000100
10101100111100100000000000000000
10101100011000100000000000000100
00000011111000000000000000001000
```

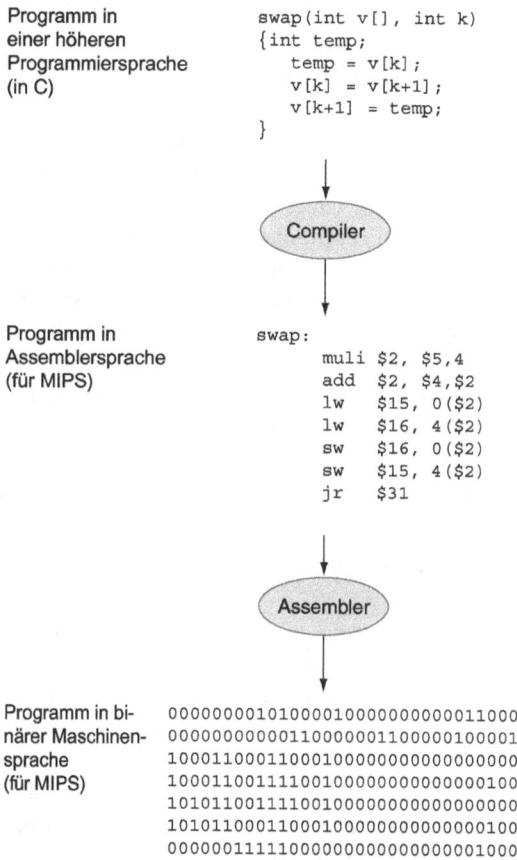

Abb. 1.3: Übersetzung eines C-Programms in Assemblersprache und anschließend in Maschinensprache. Die Übersetzung von einer höheren Programmiersprache in die binäre Maschinensprache ist in zwei Schritten dargestellt. Einige Compiler lassen den Zwischenschritt aus und übersetzen direkt in die binäre Maschinensprache. Diese Sprachen und dieses Programm werden in Kapitel 2 ausführlicher behandelt.

Wie oben gezeigt, übersetzt der Assembler diese Anweisung in den binären Maschinenbefehl, der dem Computer mitteilt, dass die beiden Zahlen A und B addiert werden sollen.

Höhere Programmiersprachen haben eine Reihe von Vorteilen. Sie ermöglichen es dem Programmierer, in einer natürlicheren Sprache zu denken und dabei englische oder auch deutsche Wörter und eine algebraische Notation zu verwenden. Dadurch entstehen Programme, die nicht mehr wie kryptische Listen mit geheimnisvollen Symbolen, sondern eher wie normaler Text aussehen (siehe Abbildung 1.3). Darüber hinaus ist es mithilfe höherer Programmiersprachen möglich, Sprachen entsprechend ihres Verwendungszwecks zu konzipieren. Fortran wurde beispielsweise für wissenschaftliche Berechnungen entwickelt, Cobol für die Datenverarbeitung, Lisp für die Verarbeitung von Symbolen usw. Es gibt auch anwendungsspezifische Sprachen für noch kleinere Benutzergruppen, beispielsweise für diejenigen, die an der Simulation von Flüssigkeiten interessiert sind.

Die erhöhte Produktivität von Programmierern stellt einen weiteren Vorteil von Programmiersprachen dar. Denn darin sind sich im Bereich der Softwareentwicklung wenigstens alle einig: Programme lassen sich schneller entwickeln, wenn sie in Sprachen geschrieben werden, mit denen sich Gedanken in weniger Zeilen ausdrücken lassen. Und die Prägnanz ist ein eindeutiger Vorteil höherer Programmiersprachen gegenüber der Assemblersprache.

Schließlich haben Programmiersprachen noch den Vorteil, dass Programme unabhängig von dem Computer sind, auf dem sie erstellt worden sind. Ein in einer höheren Programmiersprache geschriebenes Programm kann mithilfe eines Compilers und eines Assemblers in binäre Befehle einer beliebigen Maschine übersetzt werden. Diese drei Vorteile fallen so stark ins Gewicht, dass heute nur noch sehr wenig in Assemblersprache programmiert wird.

1.4   Unter der Haube

Nachdem wir einen Blick auf die Software eines Computes geworfen haben, wollen wir nun das Computergehäuse öffnen, um uns die Hardware genauer anzusehen. Die einem Computer zugrunde liegende Hardware führt immer die gleichen Grundfunktionen aus: das Ein- und Ausgeben von Daten, die Verarbeitung von Daten und die Speicherung von Daten. Wie diese Funktionen ausgeführt werden, ist das zentrale Thema dieses Buchs, und die nachfolgenden Kapitel behandeln die verschiedenen Aspekte dieser vier Aufgaben.

Wenn wir in diesem Buch an eine Stelle gelangen, die uns so wichtig scheint, dass Sie sich immer daran erinnern sollten, heben wir den entsprechenden Abschnitt durch ein graue Box und die Überschrift „Grundwissen" hervor. Im ersten dieser Abschnitte werden die fünf Komponenten eines Computers genannt, deren Funktion die Eingabe, die Ausgabe, das Verarbeiten und Speichern von Daten ist.

Eingabegerät Eine Vorrichtung, wie z. B. die Tastatur oder die Maus, über die Daten in den Computer eingegeben werden.

Zwei entscheidende Komponenten eines jeden Computers sind **Eingabegeräte**, etwa Mikrofone, und **Ausgabegeräte**, beispielsweise Lautsprecher. Wie die Bezeichnungen nahe legen, ist die Eingabe das, womit der Computer gefüttert wird, während die Ausgabe das an den Benutzer zurückgegebene Ergebnis der Berechnung ist. Manche Geräte wie etwa Drahtlosnetzwerke dienen gleichzeitig der Ein- und Ausgabe.

Ausgabegerät Eine Vorrichtung, die das Ergebnis einer Verarbeitung an einen Benutzer oder einen anderen Computer übermittelt.

In den Kapiteln 5 und 6 werden Ein- und Ausgabegeräte ausführlich behandelt. Hier geben wir einen Überblick über die Hardware des Computers und beginnen diesen Exkurs mit den externen Ein- und Ausgabegeräten.

Grundwissen

Zu den fünf klassischen Komponenten eines Computers gehören die
Eingabe und die Ausgabe, der Hauptspeicher, der Datenpfad sowie das
Leitwerk, wobei die letzten beiden Komponenten zusammengefasst und
als „Prozessor" bezeichnet werden. Abbildung 1.4 zeigt die Standard-
organisation eines Computers. Diese Organisation ist unabhängig von
der Hardwaretechnologie, d. h., man kann jeden Bestandteil eines jeden
Computers, ob er nun alt oder neu ist, einer dieser fünf Kategorien zuordnen.

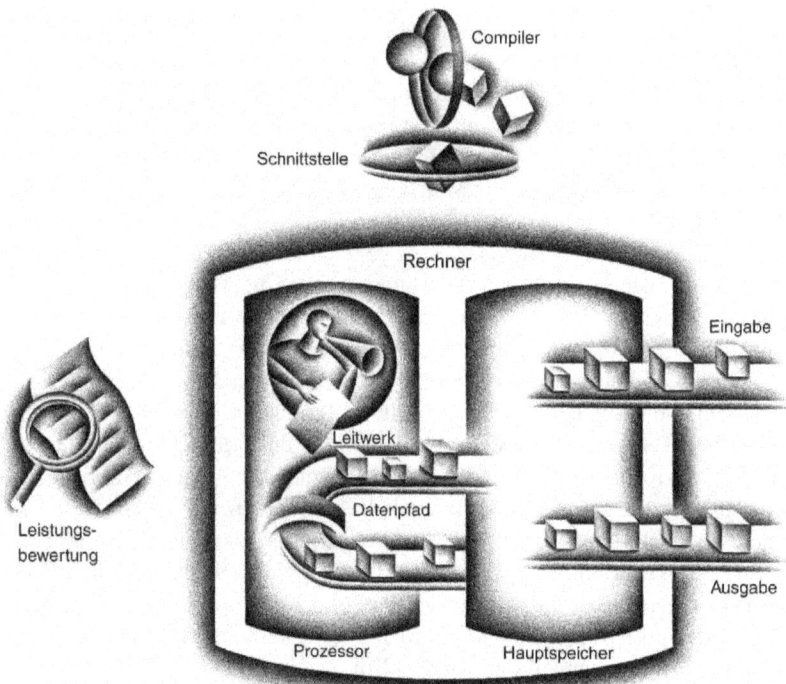

Abb. 1.4: Die Organisation eines Computers mit den fünf klassischen Komponenten. Der
Prozessor erhält die Befehle und die Daten aus dem Hauptspeicher. Über die Eingabe werden
die Daten in den Hauptspeicher geschrieben und über die Ausgabe werden die Daten aus dem
Hauptspeicher gelesen. Das Leitwerk sendet die Signale, welche die Operationen im Datenpfad,
im Hauptspeicher sowie in der Ein- und Ausgabe bestimmen.

*Auf einem Computerdis-
play habe ich ein Flug-
zeug auf einem Flugzeug-
träger landen lassen;
ich habe beobachtet, wie
ein Nuklearteilchen ge-
gen einen Potentialwall
prallt; ich bin in einer
Rakete nahezu mit Licht-
geschwindigkeit geflogen;
und ich habe in das Innere
eines Computer geblickt
und ihm beim Arbeiten
zugeschaut.*

Ivan Sutherland, „Vater"
der Computergrafik in
„Computer Software
for Graphics", *Scientific
American*, 1984

**Flüssigkristallanzeige
(LCD)** Eine Anzeige-
technologie, bei der eine
dünne Schicht flüssiger
Polymere das Licht ab-
hängig von der angelegten
Spannung durchlässt oder
blockiert.

**Anzeige mit aktiver
Matrix** Eine Flüssigkristallanzeige, die mit Hilfe
eines Transistors die
Lichtdurchlässigkeit an
jedem einzelnen Pixel
steuert.

Pixel Das kleinste Ein-
zelbildelement. Ein Bild-
schirmbild setzt sich aus
Hunderttausenden oder
Millionen von Pixeln
zusammen, die in einer
Matrix angeordnet sind.

Hinter dem Spiegel

Das faszinierendste Ein-/Ausgabegerät ist wahrscheinlich die grafische Anzeige. Die meisten Mobilgeräte verwenden **Flüssigkristallanzeigen** (LCD, Li-
quid Crystal Display), um eine flache, energiesparende Anzeige zu bieten. Das
LCD ist nicht die Lichtquelle. Stattdessen steuert es die Lichtdurchlässigkeit.
Ein typisches LCD beinhaltet eine Flüssigkeit aus stäbchenförmigen Molekü-
len, die eine gedrehte Helix bilden und das in die Anzeige eintretende Licht ab-
lenken. Dieses Licht stammt von einer Lichtquelle hinter der Anzeige, manchmal handelt es sich auch um reflektiertes Licht. Die Stäbchen richten sich aus,
wenn eine Spannung angelegt wird, und das Licht wird nicht mehr abgelenkt.
Weil das Flüssigkristallmaterial zwischen zwei um 90 Grad gegeneinander ge-
drehten Polarisationsfiltern liegt, kann das Licht nicht durchdringen, wenn es
nicht abgelenkt wird. Heute verwenden die meisten LCD-Anzeigen eine **aktive
Matrix**, die einen winzigen Transistorschalter für jedes Pixel hat, um die Spannung präzise zu steuern und schärfere Bilder zu erzeugen. Jedem Punkt der Anzeige ist eine Rot-Grün-Blau-Maske zugeordnet, die die die Intensität der drei
Farbkomponenten im endgültigen Bild bestimmt. Bei einer LCD-Farbanzeige
mit aktiver Matrix gibt es für jeden Punkt drei Transistorschalter.

Das Bild setzt sich aus einer Matrix aus Bildelementen oder **Pixeln** (engl.
PICture ELements) zusammen. Diese Bildpunkte lassen sich in einer Matrix
aus Bits darstellen, die auch als *Bitmap* bezeichnet wird. In Abhängigkeit von
der Größe des Bildschirms und der Auflösung liegt die Matrixgröße bei einem
typischen Tablet zwischen 1024×768 und 2048×1536 Pixeln. Ein Farbbildschirm kann für jede der drei Farben (Rot, Blau, Grün) 8 Bit verwenden. Mit
24 Bit pro Pixel können Millionen verschiedene Farben dargestellt werden.

Die Unterstützung der Computerhardware für die Grafik besteht hauptsächlich in einem *Bildspeicher* oder *Framebuffer*, der die Bitmap speichert. Das auf
dem Bildschirm anzuzeigende Bild wird im Framebuffer abgelegt, und das Bitmuster pro Pixel wird gemäß der Bildwiederholfrequenz auf die Grafikanzeige
ausgelesen. Abbildung 1.5 zeigt einen Framebuffer mit einem vereinfachten
Entwurf von nur 4 Bit pro Pixel. Die Bitmap dient dazu, das auf dem Bildschirm Dargestellte genau wiederzugeben. Die Herausforderungen bei grafischen Systemen ergeben sich dadurch, dass das menschliche Auge selbst geringfügige Änderungen auf dem Bildschirm erkennen kann.

Touchscreen

Während die LCD-Technik seit Jahren auch für PCs verwendet wird, sind bei
den Tablets und Smartphones der Post-PC-Ära Tastatur und Maus durch berührungsempfindliche Bildschirme (Touchscreens) ersetzt worden. Diese Schnittstellen haben den großen Vorteil, dass der Benutzer direkt auf einen Bildschir-
mausschnitt zeigen kann, anstatt dies indirekt mit der Maus zu tun.

Es gibt eine Vielzahl von Möglichkeiten zur Implementierung von Touchscreens, doch die Bildschirme der meisten heutigen Tablets arbeiten kapazitiv.

Bildwiederholspeicher

Kathodenstrahl-Rasterbildschirm

Y_0
Y_1

Y_0
Y_1

X_0 X_1

X_0 X_1

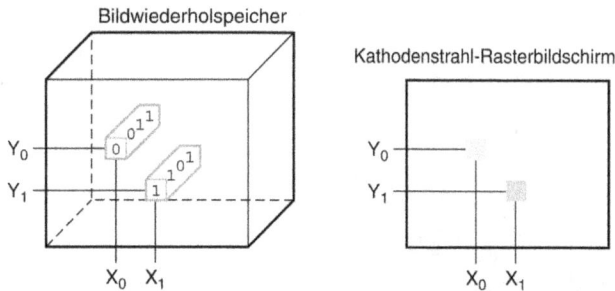

Abb. 1.5: Jede Koordinate im Bildspeicher auf der linken Seite bestimmt die Schattierung der entsprechenden Koordinate für den Kathodenstrahl-Rasterbildschirm auf der rechten Seite. Pixel (X_0, Y_0) enthält das Bitmuster 0011, das auf dem Bildschirm eine helleres Grau ergibt als das Bitmuster 1101 in Pixel (X_1, Y_1).

Da der menschliche Körper ein elektrischer Leiter ist, führt das Berühren eines Isolators wie Glas, der mit einem transparenten Leiter bedeckt ist, zu einem elektrostatischen Feld auf dem Schirm, was wiederum zu einer Kapazitätsänderung führt. Da es diese Technologie erlaubt, mehrere Berührungen gleichzeitig zu erkennen, können auch Gesten erkannt werden, wodurch sehr attraktive Benutzeroberflächen möglich werden.

Öffnen des Gehäuses

Abbildung 1.6 zeigt das Innenleben des Apple-Smartphones iPhone Xs Max. Es dürfte nicht überraschen, dass bei diesem Gerät von den fünf klassischen Komponenten eines Computers die Ein-/Ausgabe dominiert. Die Liste der Ein-/Ausgabe-Geräte umfasst eine kapazitive Multitouch-LCD-Anzeige, eine Front- und eine Rückkamera, Kopfhöreranschluss, Lautsprecher, Beschleunigungsmesser, Gyroskop, Wi-Fi- und Bluetooth-Netzwerk. Datenpfad, Leitwerk und Speicher nehmen nur einen winzigen Teil der Komponenten ein.

integrierter Schaltkreis oder **Chip** Ein Bauteil, auf dem Dutzende bis Millionen Transistoren kombiniert sind.

Die kleinen Rechtecke in Abbildung 1.7 enthalten die Einheiten, die unsere anspruchsvolle Technologie vorantreiben: **integrierte Schaltkreise** oder **Chips**. Der A12-Chip, der in der Mitte von Abbildung 1.7 zu sehen ist, enthält zwei große ARM-Prozessoren und vier kleine ARM-Prozessoren, die mit einer Taktfrequenz von 2,5 GHz arbeiten. Der **Prozessor** ist der aktive Teil des Computers, der den Anweisungen eines Programms buchstabengetreu folgt. Er addiert und prüft Zahlen, sendet Signale an Ein-/Ausgabegeräte usw. Der Prozessor wird auch **CPU** genannt, was die Abkürzung für die technischer klingende englische Bezeichnung *Central Processing Unit* (zentrale Verarbeitungseinheit oder kurz **Zentraleinheit**) ist.

Prozessor, auch **CPU** oder **Zentraleinheit** genannt. Der aktive Teil des Computers, der den Datenpfad und das Leitwerk enthält und Zahlen addiert, Zahlen vergleicht, Signale zum Aktivieren der Ein-/Ausgabegeräte sendet usw.

In Abbildung 1.8 begeben wir uns noch tiefer in die Hardware hinein und betrachten die Details eines Mikroprozessors. Logisch umfasst der Prozessor zwei Hauptkomponenten: den Datenpfad und das Leitwerk, die sozusagen die Muskeln und das Gehirn des Prozessors bilden. Der **Datenpfad** führt die arith-

Datenpfad Die Komponente des Prozessors, die arithmetische Operationen ausführt.

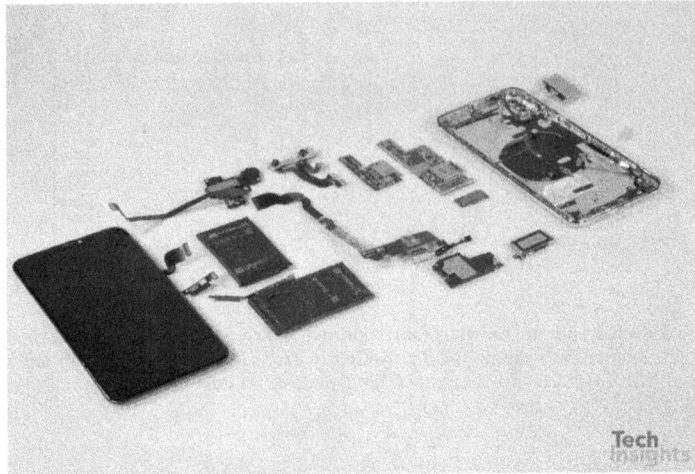

Abb. 1.6: Komponenten des Apple iPhone Xs Max. Links das kapazitive Multitouch-Display, daneben die Batterie. Ganz rechts liegt der Metallrahmen, der das Display an der Rückwand des iPhones fixiert. Die kleinen Komponenten in der Mitte bilden das, was wir uns unter einem Computer vorstellen; sie sind nicht als Rechtecke ausgeführt, damit sie kompakt neben der Batterie ins Gehäuse passen. Abbildung 1.7 zeigt einen genaueren Blick auf die Hauptplatine (links neben dem Metallgehäuse), die den Prozessor und den Speicher enthält. (TechInsights, www.techInsights.com)

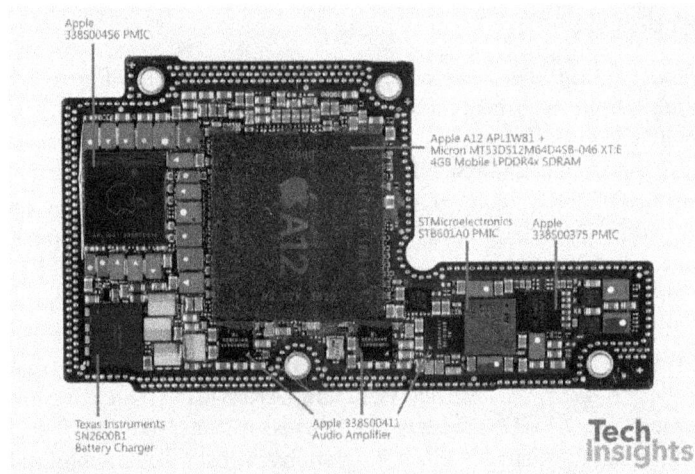

Abb. 1.7: Die Hauptplatine des iPhone Xs Max. Der große Chip in der Mitte ist der Apple A12-Chip. Er enthält zwei große ARM-Cores und vier kleine ARM-Cores, die mit einer Taktfrequenz von 2,5 GHz laufen, sowie 2 GiB Arbeitsspeicher. Abbildung 1.8 zeigt den Prozessorchip innerhalb des A12-Packages. Ein Chip von etwa der gleichen Größe auf einem symmetrischen Board, das an der Rückseite angebracht ist, ist der 64 GiB-Flashspeicher für die nichtflüchtige Speicherung. Die anderen Chips auf der Hauptplatine umfassen integrierte Power-Management-Controller (PMIC) und Audioverstärker. (TechInsights, www.techInsights.com)

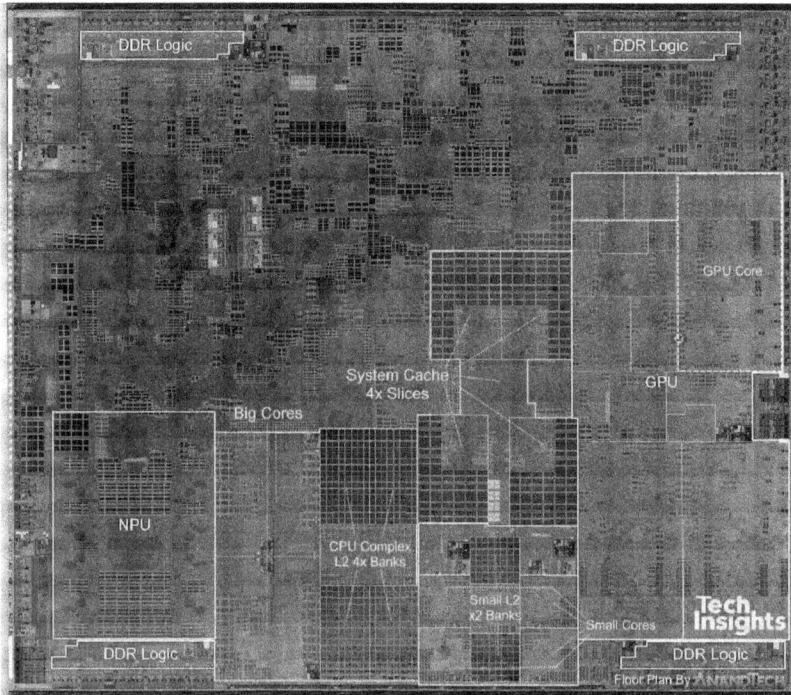

Abb. 1.8: Der im A12-Package enthaltene Prozessorchip. Die Größe des Chips, der in einem 7 nm-Prozess hergestellt wurde (siehe Abschnitt 1.5), beträgt 8,4 × 9,91 mm. Er hat zwei identische, große ARM-Prozessoren oder Cores (in der Mitte unten), rechts daneben vier kleine Cores, rechts außen einen Grafikprozessor (GPU, siehe Abschnitt 6.6) und einen speziellen Beschleuniger für neuronale Netze (siehe Abschnitt 6.7), die sogenannte NPU, im Bild ganz links. Die Komponenten in der Mitte sind L2-Caches für die großen und die kleinen Cores (siehe Kapitel 5). Ganz oben und ganz unten auf dem Chip befinden sich Schnittstellen zum Hauptspeicher (DDR DRAM). (TechInsights, www.techInsights.com)

metischen Operationen aus, während das **Leitwerk** oder **Steuerwerk** dem Datenpfad, dem Hauptspeicher und den Ein-/Ausgabegeräten mitteilt, was entsprechend den den Befehlen des Programms zu tun ist. In Kapitel 4 werden Datenpfad und Leitwerk für ein leistungsfähiges Design erläutert.

Das Package des iPhone Xs Max in Abbildung 1.7 umfasst auch einen Speicherchip mit einer Kapazität von 32 Gibibit oder 2 GiB. Der **Hauptspeicher** oder **Arbeitsspeicher** ist der Ort, an dem die Programme gehalten werden, während sie laufen; er beinhaltet auch die Daten, die von den laufenden Programmen benötigt werden. Der Speicher ist ein DRAM-Chip. **DRAM** ist die Abkürzung für engl. Dynamic Random Access Memory (dynamischer Speicher mit wahlfreiem Zugriff). Multiple DRAMs werden zusammen verwendet, um die Befehle und Daten eines Programms aufzunehmen. Der in der Abkürzung DRAM enthaltene Bestandteil RAM (Speicher mit wahlfreiem Zugriff) bedeutet, dass im Unterschied zu Speichern mit sequentiellem Zugriff, etwa

Leitwerk oder **Steuerwerk** Die Komponente des Prozessors, die den Datenpfad, den Hauptspeicher und die Ein-/Ausgabegeräte entsprechend der Programmbefehle ansteuert.

Hauptspeicher oder **Arbeitsspeicher** Der Speicher, in dem sich Programme befinden, wenn sie ausgeführt werden. Daneben befinden sich im Hauptspeicher die Daten, die von diesen Programmen benötigt werden.

DRAM Arbeitsspeicher in Form eines Chips; wahlfreier Zugriff, Zugriffszeit 50 ns, Kosten pro GB 3–6 Euro (2020).

Cache Ein schneller, kleiner Speicher, der als Puffer für einen langsameren, größeren Speicher dient.

SRAM Arbeitsspeicher in Form eines Chips; schneller und weniger dicht als DRAM.

HIERARCHIE

ABSTRAKTION

Befehlssatzarchitektur Auch als **Architektur** bezeichnet. Eine abstrakte Schnittstelle zwischen der Hardware und der untersten Softwareebene einer Maschine.

Application Binary Interface (ABI) Der Benutzerteil des Befehlssatzes und die Betriebssystemschnittstellen, die von Anwendungsprogrammierern verwendet werden. Definiert einen Standard für binäre Portierbarkeit zwischen Computern.

Implementierung Hardware, die der Architekturabstraktion genügt.

Magnetbändern, der Speicherzugriff im Wesentlichen immer die gleiche Zeit in Anspruch nimmt, egal welcher Abschnitt des Speichers ausgelesen wird.

Indem wir uns mit den Details der einzelnen Hardwarekomponenten befassen, gewinnen wir tiefere Einsichten in die Arbeitsweise eines Computers. Innerhalb des Prozessors befindet sich ein weiterer Speichertyp – der **Cache.** Der Cache ist ein kleiner, schneller Speicher, der als Puffer für den DRAM-Speicher dient. (Das Wort *Cache* kommt aus dem Französischen und bedeutet Versteck. Diese Bezeichnung ist dem Umstand zu verdanken, dass der Cache vom Benutzer nicht direkt angesprochen wird, sondern sozusagen im Verborgenen wirkt.) Der Cache beruht auf einer anderen Speichertechnologie, dem **SRAM-Speicher** (Static Random Access Memory, statischer Speicher). Der SRAM-Speicher ist schneller, weist jedoch eine geringere Dichte auf und ist somit teurer als der DRAM-Speicher (siehe Kapitel 5). SRAM und DRAM sind zwei Schichten der **Speicherhierarchie.**

Wie bereits erwähnt, besteht eines der Konzepte zur Verbesserung des Designs in der Abstraktion. Eine der wichtigsten **Abstraktionen** stellt die Schnittstelle zwischen der Hardware und der untersten Softwareebene dar. Die Software kommuniziert mit der Hardware über ein Vokabular. Die Wörter dieses Vokabulars werden Befehle genannt, und das Vokabular selbst bildet die sogenannte **Befehlssatzarchitektur** oder einfach **Architektur** eines Rechners. Die Befehlssatzarchitektur beinhaltet sämtliche Informationen wie die Befehle, die Ein-/Ausgabeorganisation usw., die ein Programmierer wissen muss, um zu einem korrekt arbeitenden Programm in binärer Maschinensprache zu kommen. Normalerweise sind die Details der Ein- und Ausgabe, der Speicherverwaltung und anderer maschinenorientierter Systemfunktionen im Betriebssystem integriert, so dass sich Anwendungsprogrammierer um diese Dinge nicht zu kümmern brauchen. Die Kombination des allgemeinen Befehlssatzes und der Betriebssystemschnittstelle für Anwendungsprogrammierer wird als **Application Binary Interface** (**ABI**) bezeichnet.

Dank der Befehlssatzarchitektur können Rechnerarchitekten Funktionen unabhängig von der Hardware betrachten, die diese Funktionen ausführt. So können wir beispielsweise über die Funktionen einer Digitaluhr (Zeit messen, Zeit anzeigen, Alarmfunktion aktivieren) unabhängig von der Hardware der Uhr (Quarz, LED-Anzeige, Kunststoffknöpfe) sprechen. Analog dazu unterscheiden Computerentwickler zwischen der Architektur und der **Implementierung** einer Architektur: Eine Implementierung ist die Hardware, die der Architekturabstraktion genügt.

Grundwissen

Sowohl die Hardware als auch die Software lässt sich in hierarchische Ebenen mit unterschiedlichem Grad der Abstraktion ordnen, wobei jeweils die untere Ebene mehr Details enthält als die über ihr liegende.

Eine wichtige Schnittstelle zwischen den Abstraktionsebenen stellt die *Befehlssatzarchitektur* dar. Hierbei handelt es sich um die Schnittstelle zwischen der Hardware und der Software auf Maschinenebene. Diese abstrakte Schnittstelle ermöglicht viele *Implementierungen,* die sich in den Kosten und der Leistung unterscheiden, aber die gleiche Software ausführen können.

Ein sicherer Ort für Daten

Bisher haben wir gesehen, wie Daten eingegeben, verarbeitet und angezeigt werden. Wenn es beim Computer zu einem Stromausfall kommen würde, wäre alles verloren, weil der Arbeitsspeicher im Rechner **flüchtig** (volatil) ist, d. h., wenn die Stromzufuhr unterbrochen wird, gehen die gespeicherten Daten verloren. Im Gegensatz dazu vergisst eine DVD den aufgezeichneten Film nicht, wenn Sie den DVD-Player ausschalten. Bei der DVD handelt es sich also um einen **nichtflüchtigen** Speicher.

Zur Unterscheidung zwischen dem flüchtigen Speicher zum Speichern von Programmen während der Ausführung und diesem nichtflüchtigen Speicher zur Ablage von Programmen zwischen Ausführungsvorgängen werden die Ausdrücke **Primärspeicher** (Hauptspeicher oder Arbeitsspeicher) und **Sekundärspeicher** gebraucht. Sekundärspeicher bilden die nächstniedrige Schicht der **Speicherhierarchie**. Als Primärspeicher werden seit 1975 überwiegend DRAM-Speicherbausteine verwendet. Die Dominanz der **Festplatten** bei den Sekundärspeichern begann sogar noch früher. Mobilgeräte verwenden wegen ihrer Größe und ihres Formfaktors anstelle von Festplatten so genannte **Flash-Speicher**, eine Form von nichtflüchtigen Halbleiterspeichern. Abbildung 1.7 zeigt den Chip, der den 64 GiB-Flashspeicher des iPhone Xs enthält. Flash-Speicher sind zwar langsamer als DRAM, dafür aber billiger und außerdem nichtflüchtig. Sie sind pro Bit teurer als Magnetspeicher, haben wesentlich geringere Speicherkapazitäten, aber auch kleinere Abmessungen, sie sind robuster und haben eine bessere Energieeffizienz als Festplatten. Aus diesen Gründen sind Flash-Speicher die Standardausführung für Sekundärspeicher in Mobilgeräten. Allerdings verschleißen Flash-Speicher nach 100 000 bis 1 000 000 Schreibvorgängen. Deshalb muss das Dateisystem die Anzahl der Schreibvorgänge überwachen und eine Strategie haben, um Datenverluste zu vermeiden, etwa durch das Verschieben von oft benötigten Daten. In Kapitel 5 werden Festplatten und Flash-Speicher ausführlich beschrieben.

Kommunikation mit anderen Computern

Bis jetzt haben wir erklärt, wie Daten eingegeben, verarbeitet, angezeigt und gespeichert werden können. Es fehlt aber noch ein Element heutiger Compu-

---

flüchtiger Speicher Speichert Daten nur so lange, wie Spannung anliegt; z. B. DRAM.

nichtflüchtiger Speicher Behält gespeicherte Daten auch dann, wenn keine Spannung anliegt; z. B. DVD.

Primärspeicher Flüchtiger Speicher zum Speichern von Programmen während der Ausführung; bei heutigen Computern i. d. R. DRAM.

Sekundärspeicher Nichtflüchtiger Speicher für das Speichern von Programmen und Daten zwischen Ausführungsvorgängen; z. B. Flash-Speicher (Mobilgeräte) und Festplatten (Server).

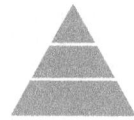

HIERARCHIE

Festplatte Ein Sekundärspeicher, bestehend aus rotierenden, mit einem magnetisierbaren Material beschichteten Platten. Die rotierenden Bauteile bedingen Zugriffszeiten von 5 bis 20 ms. Die Kosten pro GB betrugen 2020 ca. 0,01 $ bis 0,02 $.

Flash-Speicher Ein nichtflüchtiger Halbleiterspeicher. Billiger und schneller als DRAM, aber teurer pro Bit und schneller als Festplatten. Die Zugriffszeiten liegen bei 5 bis 50 ms und die Kosten pro GB betrugen 2020 zwischen 0,06 $ und 0,12 $.

ter: Netzwerke. So wie der Prozessor in Abbildung 1.4 mit dem Hauptspeicher und Ein-/Ausgabegeräten verbunden ist, verbinden Netzwerke unterschiedliche Computer miteinander, wodurch sich für den Benutzer die Funktionen der Computertechnik um die Kommunikation erweitert. Netzwerke sind inzwischen so weit verbreitet, das sie quasi das Rückgrat moderner Computersysteme bilden. Ein neuer Computer ohne optionale Netzwerkschnittstelle wäre lächerlich. Computer in einem Netzwerk haben einige wichtige Vorteile:

- *Kommunikation:* Informationen werden mit hohen Geschwindigkeiten zwischen Computern ausgetauscht.

- *Gemeinsame Nutzung von Ressourcen:* Es ist nicht nötig, dass jeder Computer über eigene Ein-/Ausgabegeräte verfügt, sondern diese können in einem Netzwerk von mehreren Computern gemeinsam genutzt werden.

- *Nicht lokaler Zugriff:* Durch die Verbindung von Computern über große Entfernungen hinweg brauchen Benutzer nicht mehr in der Nähe des Computers zu sein, den sie gerade nutzen.

Netzwerke gibt es mit unterschiedlichen räumlichen Ausdehnungen und mit unterschiedlicher Leistungsfähigkeit, wobei die Kosten der Kommunikation mit der Übertragungsrate und der zu überwindenden Entfernung steigen. Der wohl bekannteste Netzwerktyp ist das *Ethernet*. Es kann bis zu einem Kilometer lang sein und hat eine Übertragungsrate von bis zu 100 Gigabit pro Sekunde. Aufgrund seiner räumlichen Ausdehnung und seiner Übertragungsrate eignet sich das Ethernet beispielsweise zum Verbinden von Computern auf einer Etage eines Gebäudes. Ein solches Netzwerk wird allgemein als **lokales Netz** oder **LAN** (Local Area Network) bezeichnet. Lokale Netzwerke werden über Switches miteinander verbunden, die außerdem Routing-Aufgaben übernehmen und Sicherheitsdienste bereitstellen. **Weitverkehrsnetze** oder **WAN** (Wide Area Network) erstrecken sich über Kontinente und sind quasi das Rückgrat des Internet, auf dem das Web basiert. Technisch basieren sie in der Regel auf Glasfaserkabeln und werden von Telekommunikationsunternehmen vermietet.

Netzwerke haben dadurch, dass sie nahezu allgegenwärtig sind und ihre Leistungsfähigkeit enorm zugenommen hat, das Gesicht der Rechnertechnik in den letzten 40 Jahren vollkommen verändert. In den 1970er-Jahren hatten nur sehr wenige Menschen Zugriff auf E-Mail, das Internet und das Web gab es noch nicht und große Datenmengen wurden mittels Postversand von Magnetbändern von einem Standort an einen anderen übertragen. Damals waren lokale Netze noch nahezu unbekannt, und die wenigen bereits existierenden Weitverkehrsnetze hatten nur beschränkte Kapazitäten und eingeschränkten Zugriff.

Je besser die Netzwerktechnologie wurde, umso billiger wurde sie und umso höhere Kapazitäten wurden erreicht. Bei der ersten standardisierten LAN-Technologie, die vor etwa 40 Jahren entwickelt wurde, handelte es sich beispielsweise um eine Ethernet-Version mit einer maximalen Kapazität (auch als *Bandbreite* bezeichnet) von 10 Millionen Bit pro Sekunde, die meist von einigen Dutzend bis Hundert Computern gemeinsam genutzt wurde. Heute stellt die LAN-Technologie eine Kapazität zwischen 1 und 100 Gigabit pro Sekun-

lokales Netz, LAN Ein Netzwerk zum Übertragen von Daten innerhalb eines räumlich begrenzten Bereichs, i. d. R. eines Gebäudes.

Weitverkehrsnetz, WAN Ein Netzwerk, das sich über Hunderte von Kilometern erstreckt.

de bereit, die sich in der Regel nur einige wenige Computer teilen. Die optische Kommunikationstechnologie hat zu einem ähnlichen Kapazitätsanstieg bei Weitverkehrsnetzen geführt, von ein paar Hundert Kilobit bis hin zu Gigabit, und von ein paar Hundert verbundener Computer hin zu einem weltweiten Netzwerk aus Millionen miteinander verbundenen Computern. Diese Kombination aus dramatischem Anstieg beim Einsatz von Netzwerken und Kapazitätssteigerungen hat die Netzwerktechnologie zum zentralen Element für die Revolution in der Informationstechnologie gemacht, die wir in den letzten 30 Jahren erlebt haben.

Seit 15 Jahren erfährt die Computerkommunikation mit einer neuen Netzwerktechnologie eine weitere Innovation. Die drahtlose Kommunikations- oder WLAN-Technologie ist heute weit verbreitet und hat die Post-PC-Ära erst möglich gemacht. Die Tatsache, dass Funkeinheiten mit derselben kostengünstigen Halbleitertechnologie (CMOS) hergestellt werden können, die auch für Arbeitsspeicher und Mikroprozessoren verwendet wird, hat zu einer erheblichen Preissenkung und damit zu einer explosionsartigen Verbreitung geführt. Derzeit verfügbare WLAN-Technologien, nach dem IEEE-Standard als 802.11ac bezeichnet, ermöglichen Übertragungsraten von 1 bis 1300 Millionen Bit pro Sekunde. Netzwerke mit WLAN-Technologie unterscheiden sich von drahtgebundenen Netzwerken insofern, als alle Benutzer in einer direkten Umgebung dieselben Funkwellen gemeinsam nutzen.

Selbsttest

DRAMs, Flash-Speicher und Festplatten unterscheiden sich erheblich voneinander. Nennen Sie die Eigenschaften jeder einzelnen Technologie hinsichtlich Flüchtigkeit, Zugriffszeit und Kosten und vergleichen Sie diese.

1.5 Prozessorherstellung und Speichertechnologien

Prozessoren und Speicher haben sich mit einer unglaublichen Geschwindigkeit verbessert, da sich die Rechnerarchitekten und Ingenieure in dem Versuch, den Wettlauf bei der Entwicklung eines besseren Computers zu gewinnen, seit langem mit der neuesten Halbleitertechnologie auseinandersetzen. In Tabelle 1.2 sind die Technologien, die im Laufe der Zeit eingesetzt wurden, sowie eine Schätzung der relativen Leistung pro Einheit für die jeweilige Technologie aufgeführt. Da diese Technologie dafür verantwortlich ist, was Computer tun können und wie schnell sie sich entwickeln, meinen wir, dass Computerexperten mit den Grundlagen der integrierten Schaltkreise vertraut sein sollten.

Ein **Transistor** ist einfach ein Ein-/Ausschalter, der elektrisch gesteuert wird. Ein *integrierter Schaltkreis* (IC) fasst einige Dutzend bis Hunderte von Transistoren auf einem einzigen Chip zusammen. Als Gordon Moore die stetige Verdopplung von Ressourcen vorhersagte, bezog sich diese Vorhersage auf die Wachstumsrate der Anzahl der Transistoren pro Chip. Um die enorme Zunahme der Anzahl an Transistoren von Hunderten zu Millionen auszudrücken,

Transistor Ein-/Ausschalter, der über ein elektrisches Signal gesteuert wird.

Tab. 1.2: Relative Leistung pro Einheit für die in Computern im Laufe der Jahre verwendeten Technologien. Quelle: Computer Museum, Boston, von den Autoren für 2020 hochgerechnet. Siehe Online-Abschnitt 1.13.

Jahr	Technologie	Leistung/Einheit
1951	Elektronenröhre	1
1965	Transistor	35
1975	Integrierter Schaltkreis	900
1995	VLSI-Schaltkreis	2 400 000
2020	ULSI-Schaltkreis	500 000 000 000

VLSI-Schaltkreis Ein höchstintegrierter Schaltkreis, umfasst Hunderttausende oder Millionen von Transistoren.

Silizium Ein chemisches Element, das die Eigenschaft hat, ein Halbleiter zu sein.

Halbleiter Eine Substanz, deren elektrische Leitfähigkeit zwischen der von Leitern und Isolatoren liegt. In der Elektrotechnik wird ausgenutzt, dass ihre Leitfähigkeit durch Dotieren beeinflusst werden kann.

wurde der englische Ausdruck für integrierten Schaltkreis um den Zusatz *very large scale* (dt. höchst-) erweitert und die Abkürzung **VLSI** dafür eingeführt.

Diese Steigerungsrate bei der Integration war über lange Zeit hinweg bemerkenswert stabil. In Abbildung 1.9 ist die Zunahme der DRAM-Kapazität seit 1977 dargestellt. Jahrzehntelang lang hat die Industrie die Kapazität beständig alle drei Jahre vervierfacht. Das bedeutet, dass die Kapazität um mehr als den Faktor 16 000 zugenommen hat! Abbildung 1.9 zeigt auch die Verlangsamung aufgrund des Moore'schen Gesetzes: Die Vervierfachung der Kapazität hat zuletzt sechs Jahre gedauert.

Die Herstellung eines Chips beginnt mit **Silizium**, einem häufig vorkommenden chemischen Element, das zum Beispiel in Sand zu finden ist. Da Silizium je nach den Umständen den elektrischen Strom gut oder schlecht leitet, wird es als **Halbleiter** bezeichnet. Mithilfe spezieller chemischer Prozesse und unter Zugabe weiterer Materialien können auf dem Siliziumchip winzige Bereiche mit je einer von drei Eigenschaften erzeugt werden:

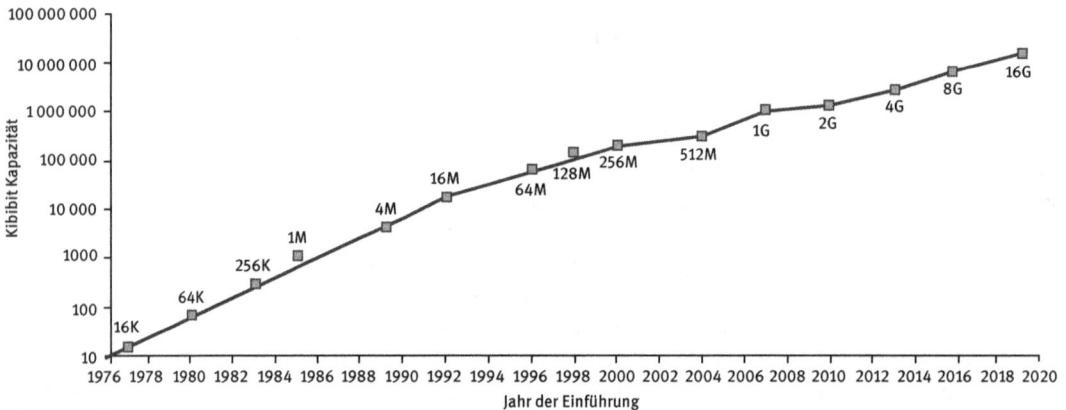

Abb. 1.9: Zunahme der Kapazität pro DRAM-Chip im Laufe der Jahre. Die DRAM-Industrie vervierfachte die Kapazität nahezu alle drei Jahre, was eine Steigerung um 60 % pro Jahr über einen Zeitraum von 20 Jahren bedeutet. In den letzten Jahren hat sich die Rate etwas verlangsamt. Aufgrund der Verlangsamung des Moore'schen Gesetzes und von Schwierigkeiten bei der zuverlässigen Fertigung kleinerer DRAMs sind inzwischen etwa drei Jahre für eine Verdopplung nötig.

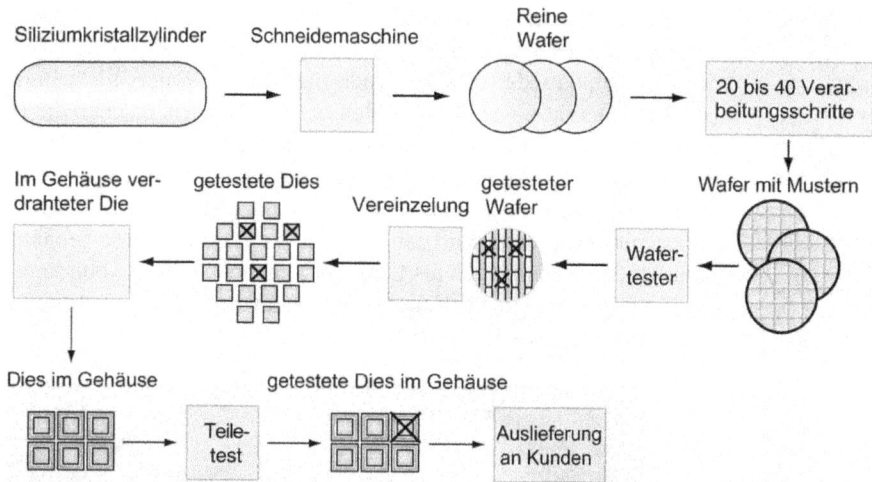

Abb. 1.10: Der Herstellungsprozess von Chips. Nach dem Absägen von einem Siliziumkristallzylinder durchlaufen die reinen Wafer 20 bis 40 Verarbeitungsschritte bis Wafer mit Muster entstanden sind (siehe Abbildung 1.11). Diese Wafer mit dem Muster werden mit einem Wafertester geprüft, und es wird eine Karte der fehlerfreien Teile erstellt. Anschließend werden die Wafer in kleine Plättchen (Dies) geschnitten (siehe Abbildung 1.8). In der Abbildung ist ein Wafer dargestellt, der 22 Dies ergibt, von denen 19 den Test bestanden haben (mit einem × gekennzeichnete Dies sind Ausschuss.) Die Ausbeute fehlerfreier Dies beträgt in diesem Beispiel 19/22 oder 86 %. Die fehlerfreien Dies werden anschließend in ein Gehäuse gepackt und vor der Auslieferung an den Kunden noch einmal getestet. Bei diesem letzten Test wurde ein Ausschussteil gefunden.

- Hervorragende elektrische Leiter (mithilfe von mikroskopisch kleinen Kupfer- oder Aluminiumleitungen)
- Hervorragende elektrische Isolatoren (z. B. Kunststoffe oder Glas)
- Bereiche, die in Abhängigkeit von den Bedingungen entweder Leiter *oder* Isolatoren sind (Schalter)

Transistoren zählen zur letzten Kategorie. Ein VLSI-Schaltkreis besteht somit einfach nur aus Milliarden von Kombinationen aus Leitern, Isolatoren und Schaltern, die alle in einem einzigen kleinen Gehäuse untergebracht sind.

Der Herstellungsprozess für integrierte Schaltkreise ist für die Kosten der Chips von entscheidender Bedeutung und spielt somit auch für die Rechnerarchitekten eine wichtige Rolle. In Abbildung 1.10 ist dieser Prozess dargestellt. Der Prozess beginnt mit einem **Siliziumkristallzylinder,** der wie eine große Wurst aussieht. Heute haben die Zylinder einen Durchmesser von 200 bis 300 mm und eine Länge von etwa 300 bis 600 mm. Der Zylinder wird in feine Scheiben, so genannte **Wafer**, mit einer Stärke von maximal 2,5 mm zersägt. Diese Wafer durchlaufen eine Reihe von Verarbeitungsschritten, in deren Verlauf Muster aus Chemikalien auf die einzelnen Wafer aufgetragen werden und die weiter oben beschriebenen Transistoren, Leiter und Isolatoren entstehen. Moderne integrierte Schaltkreise haben nur eine Schicht mit Transistoren, können jedoch zwischen zwei und acht Ebenen mit Metallleitern aufweisen, die durch Ebenen mit Isolatoren voneinander getrennt sind.

Siliziumkristallzylinder Ein Stab aus Siliziumkristall mit einem Durchmesser von 150 bis 300 mm und einer Länge von etwa 300 bis 600 mm.

Wafer Eine Scheibe eines Siliziumkristallzylinders mit einer maximalen Stärke von 2,5 mm zum Herstellen von Chips.

Defekt Eine mikroskopisch kleine Fehlstelle in einem Wafer oder ein winziger Fehler, der bei der Verarbeitung auftritt, kann dazu führen, dass der Die mit dem Defekt nicht funktionsfähig ist.

Die Die einzelnen rechteckigen Plättchen, die aus einem Wafer ausgeschnitten werden; salopp auch als **Chips** bezeichnet.

Eine einzige, mikroskopisch kleine Fehlstelle im Wafer selbst oder ein winziger Fehler, der während einer der vielen Verarbeitungsschritte auftritt, kann dazu führen, dass der entsprechende Bereich des Wafers nicht funktionsfähig ist. Diese **Defekte**, wie diese Stellen genannt werden, machen die Herstellung eines perfekten Wafers praktisch unmöglich. Im Umgang mit Fehlstellen werden verschiedene Strategien angewendet. Am einfachsten ist es jedoch, viele unabhängige Komponenten auf einem einzigen Wafer unterzubringen. Der Wafer mit dem Muster wird dann in einzelne Plättchen, in so genannte **Dies** geschnitten, die salopp auch als **Chips** bezeichnet werden. Abbildung 1.11 zeigt das Foto eines Wafers vor dem Schneiden. In Abbildung 1.8, hatten wir bereits einen einzelnen Mikroprozessor-Die gesehen.

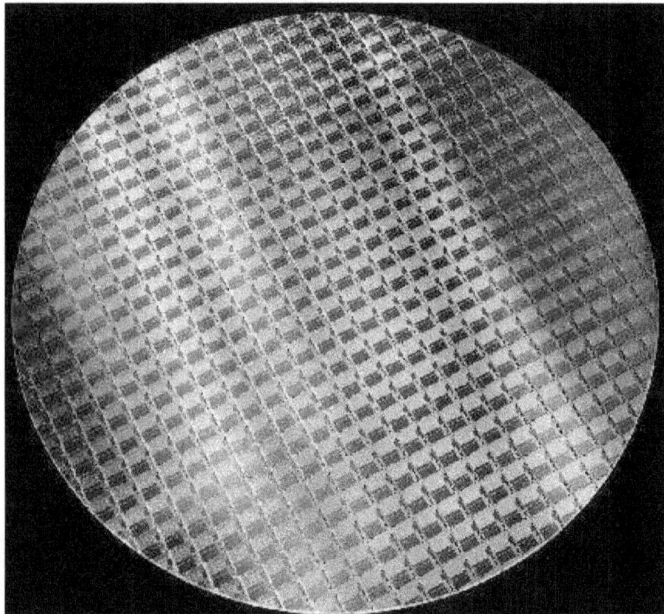

Abb. 1.11: Ein 12 Zoll (300 mm) großer, in 10 nm-Technologie gefertigter Wafer, der Intel®
Core™ Prozessoren der zehnten Generation enthält, Codename „Ice Lake" (mit freundlicher Genehmigung von Intel). Bei einer Ausbeute von 100 % erhält man aus diesem Wafer 506 Dies. Laut AnandTech[1] hat jeder Die des Ice Lake eine Abmessung von 11,4 × 10,7 mm. Die unvollständigen Dies am Rand des Wafers (es sind mehrere Dutzend), sind Verschnitt. Sie werden nur deshalb mitbearbeitet, weil es auf diese Weise einfacher ist, die Masken anzulegen, mit deren Hilfe das Muster auf das Silizium aufgebracht wird. Die Dies werden in 10 nm-Technologie gefertigt, d. h., die kleinsten Einheiten sind etwa 10 nm groß. Gewöhnlich sind die Transistoren jedoch etwas kleiner als diese Einheit, weil diese die „gezeichneten" Transistoren bezeichnet, und nicht die letztendlich hergestellte Größe.

---

[1] Ian Cutress, *I Ran Off with Intel's Tiger Lake Wafer. Who Wants a Die Shot?* Januar 2020, https://www.anandtech.com/show/15380/i-ran-off-with-intels-tiger-lake-wafer-who-wants-a-die-shot

Durch das Schneiden ist es möglich, nur die Dies auszusortieren, die Fehlstellen enthalten, anstatt ganze Wafer zu verwerfen. Dieses Konzept wird durch die **Ausbeute** eines Prozesses quantifiziert. Die Ausbeute ist als Anteil fehlerfreier Dies an der Gesamtzahl der Dies auf dem Wafer definiert.

Die Kosten integrierter Schaltkreise steigen mit zunehmender Die-Größe rasch an, zum einen wegen der damit verbundenen geringeren Ausbeute, zum anderen, weil auf einen Wafer nicht so viele Dies passen. Um die Kosten zu senken, wird ein großer Die mithilfe einer neuen Technologie „verkleinert", mit der sich sowohl Transistoren als auch elektrische Verbindungen kleiner fertigen lassen. Damit werden die Ausbeute und die Anzahl der Dies pro Wafer erhöht. Im Jahr 2020 war ein 7-Nanometer-Prozess üblich, was grob gesagt bedeutet, dass die kleinstmögliche Funktionseinheit auf diesem Die 7 nm beträgt.

Nachdem die fehlerfreien Dies herausgesucht wurden, werden sie mit den Ein-/Ausgabepins eines Gehäuses verdrahtet. Dieser Vorgang wird als *Bonding* bezeichnet. Die im Gehäuse verdrahteten Teile werden noch ein letztes Mal getestet, da auch hierbei Fehler vorkommen können. Anschließend werden die Teile an den Kunden ausgeliefert.

Wenn wir von den Kosten von Chips sprechen, dürfen wir nicht vergessen, dass es einen Unterschied zwischen Kosten und Preis gibt. Unternehmen verlangen, was der Markt hergibt, da sie ihren Gewinn maximieren wollen; zumindest aber müssen sie ihre Kosten decken, etwa für Forschung und Entwicklung, Marketing, Vertrieb, Wartung der Fertigungsanlagen, Mieten, Zinsen und Steuern. Gewinnspannen für Chips, die nur von einer einzigen Firma hergestellt werden (zum Beispiel Mikroprozessoren), können höher ausfallen als für solche, für die es mehrere Hersteller gibt (zum Beispiel DRAMs). Der Preis schwankt mit dem Verhältnis von Angebot und Nachfrage, und es ist für einige Firmen einfach, mehr Chips zu produzieren, wenn der Markt danach verlangt.

Anmerkung: Die Kosten für einen integrierten Schaltkreis können durch drei Gleichungen ausgedrückt werden:

$$\text{Kosten pro Die} = \frac{\text{Kosten pro Wafer}}{\text{Dies pro Wafer} \times \text{Ausbeute}}$$

$$\text{Dies pro Wafer} \approx \frac{\text{Wafer-Fläche}}{\text{Die-Fläche}}$$

$$\text{Ausbeute} = \frac{1}{(1 + (\text{Defekte pro Fläche} \times \text{Die-Fläche}/2))^2}$$

Die erste Gleichung ist ganz einfach herzuleiten. Die zweite ist eine Näherung, weil sie die Fläche am Rand des runden Wafers nicht subtrahiert, wo die eigentlich rechteckigen Dies nicht mehr vollständig untergebracht werden können (siehe Abbildung 1.11). Die letzte Gleichung basiert auf empirischen Beobachtungen der Ausbeuten in Chipfabriken, wobei sich der Exponent auf die Anzahl der kritischen Verarbeitungsschritte bezieht.

Abhängig von der Defektrate und der Größe von Die und Wafer sind die Kosten also im Allgemeinen nicht proportional zur Die-Fläche.

Ausbeute Der Anteil fehlerfreier Dies an der Gesamtzahl der Dies auf dem Wafer.

Selbsttest

Ein Schlüsselfaktor bei der Bestimmung der Kosten für einen integrierten Schaltkreis ist die Produktionsmenge. Welche der folgenden Aussagen sind korrekte Begründungen, warum ein Chip, der in hoher Stückzahl produziert wird, weniger kostet?

1. Bei hohen Produktionsmengen kann der Herstellungsprozess auf ein bestimmtes Design feineingestellt werden, so dass die Ausbeute zunimmt.

2. Es macht weniger Arbeit, ein Stück aus einer hohen Produktionsmenge zu entwerfen, als ein Stück aus einer kleinen Produktionsmenge.

3. Die für die Erstellung des Chips verwenden Masken sind teuer, deshalb sind bei hohen Produktionsmengen die Kosten pro Chip niedriger.

4. Die technischen Entwicklungskosten sind hoch und größtenteils unabhängig von der Produktionsmenge. Daher sind die Entwicklungskosten pro Die bei hoher Stückzahl niedriger.

5. Die Stücke einer hohen Produktionsmenge haben in der Regel kleinere Die-Größen als Stücke aus einer niedrigen Produktionsmenge, und deshalb haben sie eine höhere Ausbeute pro Wafer.

1.6   Leistung

Die Leistungsbewertung von Computern kann relativ schwierig sein. Die Größenordnung und die Komplexität moderner Softwaresysteme sowie die umfassenden Techniken zur Leistungssteigerung, die von den Hardwaredesignern eingesetzt werden, haben die Leistungsbewertung noch viel schwieriger gemacht.

Will man zwischen mehreren unterschiedlichen Computern eine Auswahl treffen, ist die Leistung ein wichtiges Attribut. Tatsächlich sind die Bewertung und der Vergleich unterschiedlicher Computer kritisch für die Käufer und damit auch für die Designer. Das wissen auch die Computerverkäufer. Natürlich stellen die Verkäufer ihre Computer im bestmöglichen Licht dar. Manchmal kommt es jedoch vor, dass dieses Licht nicht die tatsächlichen Anforderungen des Käufers widerspiegelt. Bei der Auswahl eines Computers ist es also wichtig, zu verstehen, wie man die Leistung am besten bestimmt, und welche Grenzen die Leistungsmessung hat.

Der Rest dieses Abschnitts beschreibt verschiedene Methoden, wie Leistung bestimmt werden kann. Anschließend befassen wir uns mit Kennzahlen für die Leistungsmessung aus Perspektive sowohl eines Computerbenutzers als auch eines Designers. Wir untersuchen auch, wie diese Kennzahlen zusammenhängen, und stellen die klassische Gleichung für die Prozessorleistung vor, die wir im gesamten Buch verwenden werden.

Leistung definieren

Was meinen wir damit, wenn wir sagen, ein Computer hat eine bessere Leistung als ein anderer? Diese Frage scheint ganz einfach zu sein, aber eine Analogie mit Passagierflugzeugen verdeutlicht, wie entscheidend die Frage nach der Leistung sein kann. In Tabelle 1.3 sind für einige typische Passagierflugzeuge Reisegeschwindigkeit, Reichweite und Passagierkapazität angegeben. Wenn wir wissen wollen, welches der Flugzeuge aus dieser Tabelle die beste Leistung aufzeigt, müssen wir die Leistung zuerst definieren. Laut Tabelle ist die Concorde (2003 außer Dienst gestellt) das Flugzeug mit der höchsten Reisegeschwindigkeit, die Boeing 777-200LR ist das Flugzeug mit der größten Reichweite und der Airbus A380-800 ist das Flugzeug mit der größten Passagierkapazität.

Tab. 1.3: Passagierkapazität, Reichweite und Geschwindigkeit verschiedener Verkehrsflugzeuge. Die letzte Spalte zeigt die Geschwindigkeit, in der das Flugzeug Passagiere transportiert, nämlich die Passagierkapazität multipliziert mit der Reisegeschwindigkeit (wobei Reichweite sowie normale Start- und Landezeiten ignoriert werden).

Flugzeug	Passagier-kapazität	Reichweite (Meilen)	Reisegeschwindigkeit (mph)	Passagierdurchsatz (Passagiere × mph)
Boeing 737	240	3000	564	135 360
BAC/Sud Concorde	132	4000	1350	178 200
Boeing 777-200LR	301	9395	554	166 761
Airbus A380-800	853	8477	587	500 711

Angenommen, wir definieren Leistung im Sinne von Geschwindigkeit. Damit gibt es immer noch zwei mögliche Definitionen. Wir könnten das schnellste Flugzeug als dasjenige mit der höchsten Reisegeschwindigkeit definieren, also jenes, das einen einzigen Passagier innerhalb der kürzesten Zeit von einem Punkt an einen anderen bringt. Wenn Sie dagegen daran interessiert sind, 500 Passagiere von einem Punkt an einen anderen zu transportieren, ist offensichtlich der Airbus A380-800 das schnellste Flugzeug, wie die letzte Spalte der Tabelle zeigt. Analog dazu können wir auch die Computerleistung auf verschiedene Arten definieren.

Wenn Sie ein Programm auf zwei unterschiedlichen PCs ausführen, würden Sie sagen, dass derjenige Rechner der schnellere ist, auf dem das Programm am schnellsten ausgeführt wird. Bei einem Datenzentrum, in dem auf mehreren Servern Programme von mehreren Benutzern ausgeführt werden, würden Sie sagen, dass derjenige Rechner der schnellere ist, der die meisten Programme pro Tag ausführt. Als Einzelbenutzer von Computern sind Sie daran interessiert, die **Antwortzeit** oder **Ausführungszeit** zu reduzieren. Die Betreiber von Datenzentren sind häufig daran interessiert, den **Durchsatz** oder die **Bandbreite** zu steigern – die gesamte Arbeit, die innerhalb einer bestimmten Zeit erledigt werden kann. Wir brauchen also für eingebettete Computer und PCs, bei denen der Schwerpunkt eher auf der Antwortzeit liegt, andere Leistungskennzahlen und Benchmarks als für Server, wo es eher um den Durchsatz geht.

Antwortzeit oder **Ausführungszeit** Die Zeit, die der Computer insgesamt benötigt, um eine Aufgabe zu erledigen.

Durchsatz oder **Bandbreite** Ein weiteres Leistungsmaß. Die Anzahl der Aufgaben, die pro Zeiteinheit ausgeführt werden.

Beispiel: Durchsatz und Antwortzeiten

Kann man durch die folgenden Anpassungen den Durchsatz eines Computer-systems steigern, die Antwortzeit senken oder beides?

1. Ersetzen des Prozessors durch eine schnellere Version

2. Hinzufügen zusätzlicher Prozessoren zu einem System, das mehrere Prozessoren für separate Aufgaben verwendet, beispielsweise für Websuchen

Lösung: Eine Senkung der Antwortzeit verbessert fast immer den Durchsatz. Im ersten Fall werden deshalb sowohl die Antwortzeit als auch der Durchsatz verbessert. Im zweiten Fall werden die einzelnen Aufgaben nicht schneller erledigt, so dass nur der Durchsatz steigt.

Wären jedoch die angeforderten Verarbeitungen im zweiten Fall fast so hoch wie der Durchsatz, könnte das System gezwungen sein, Anfragen in eine Warteschlange zu stellen. In diesem Fall könnte der gesteigerte Durchsatz auch die Antwortzeit verbessern, weil die Wartezeit in der Warteschlange reduziert würde. In vielen realen Computersystemen wirkt sich eine Veränderung der Ausführungszeit oder des Durchsatzes deshalb häufig auch auf die jeweils andere Komponente aus.

Bei der Diskussion der Leistung von Computern beschäftigen wir uns in den ersten Kapiteln hauptsächlich mit der Antwortzeit. Um die Leistung zu maximieren, wollen wir die Antwortzeit oder Ausführungszeit für eine Aufgabe minimieren. Wir können also Leistung und Ausführungszeit für einen Computer X zueinander ins Verhältnis setzen:

$$\text{Leistung}_X = \frac{1}{\text{Ausführungszeit}_X}$$

Für zwei Computer X und Y, von denen X die größere Leistung hat, gilt also:

$$\frac{1}{\text{Ausführungszeit}_X} > \frac{1}{\text{Ausführungszeit}_Y}$$

$$\text{Ausführungszeit}_Y > \text{Ausführungszeit}_X$$

Die Ausführung dauert auf Y länger, wenn X die größere Leistung hat.

Bei der Diskussion eines Computerdesigns wollen wir häufig die Leistung zweier unterschiedlicher Computer quantitativ vergleichen. Wir verwenden die Aussage „X ist n-mal so schnell wie Y", d. h.

$$\frac{\text{Leistung}_X}{\text{Leistung}_Y} = n$$

Wenn X n-mal so schnell wie Y ist, ist die Ausführungszeit auf Y n-mal so lang wie auf X:

$$\frac{\text{Leistung}_X}{\text{Leistung}_Y} = \frac{\text{Ausführungszeit}_Y}{\text{Ausführungszeit}_X} = n$$

Beispiel: Relative Leistung

Wenn Computer A ein Programm in 10 Sekunden ausführt, und Computer B dasselbe Programm in 15 Sekunden ausführt, um wie viel ist A dann schneller als B?

Lösung: Wir wissen, dass A n-mal so schnell ist wie B, wenn

$$\frac{\text{Leistung}_A}{\text{Leistung}_B} = \frac{\text{Ausführungszeit}_B}{\text{Ausführungszeit}_A} = n$$

Das Leistungsverhältnis ist also

$$\frac{10}{15} = 1,5$$

Aus diesem Grund ist A 1,5-mal so schnell wie B.

Im obigen Beispiel könnten wir auch sagen, dass der Computer B um den Faktor 1,5 langsamer ist als Computer A, weil

$$\frac{\text{Leistung}_A}{\text{Leistung}_B} = 1,5$$

bedeutet, dass

$$\frac{\text{Leistung}_A}{1,5} = \text{Leistung}_B$$

Der Einfachheit halber verwenden wir normalerweise den Begriff *schneller als*, wenn wir versuchen, Computer quantitativ zu vergleichen. Weil Leistung und Ausführungszeit sich reziprok zueinander verhalten, ist eine Steigerung der Leistung gleichbedeutend mit einer Senkung der Ausführungszeit. Um eine mögliche Verwechslung zwischen den Begriffen *Steigerung* und *Senkung* zu vermeiden, sagen wir normalerweise „Leistung verbessern" oder „Ausführungszeit verbessern", wenn wir „Leistung steigern" und „Ausführungszeit senken" meinen.

Leistung messen

Das Maß für die Computerleistung ist Zeit: Der Computer, der dieselbe Menge Arbeit in weniger Zeit ausführt, ist der schnellste. Die *Ausführungszeit* eines Programms wird in Sekunden pro Programm gemessen. Abhängig davon, was wir messen, kann jedoch Zeit unterschiedlich definiert sein. Die einfachste Definition der Zeit heißt *Uhrzeit*, *Antwortzeit* oder *vergangene Zeit*. Diese Begriffe bezeichnen die insgesamt benötigte Zeit, um eine Aufgabe auszuführen, inklusive Festplattenzugriffe, Speicherzugriffe, Ein-/Ausgabeaktivitäten, Zusatzaufwand durch das Betriebssystem – alles.

Computer werden jedoch häufig gemeinsam genutzt, und ein Prozessor muss möglicherweise mehrere Programme gleichzeitig ausführen. In diesen Fällen kann das System versuchen, den Durchsatz zu optimieren, statt die für ein Programm vergangene Zeit zu minimieren. Daher wäre es für viele Betrachtungen gut, zwischen der vergangenen Zeit und der Zeitdauer, während der der Prozessor für uns arbeitet, zu unterscheiden. Die **CPU-Ausführungszeit** oder einfach **CPU-Zeit**, die diesen Unterschied berücksichtigt, ist die Zeit, die die CPU für die Bearbeitung dieser Aufgabe benötigt. Sie beinhaltet keine Zeiten, die für das Warten auf Ein-/Ausgaben oder die Ausführung anderer Programme aufgewendet wurden. (Beachten Sie jedoch, dass die vom Benutzer wahrgenommene Antwortzeit die für die Programmausführung vergangene Zeit ist, nicht die CPU-Zeit.) Die CPU-Zeit kann weiter unterteilt werden in die im Programm verbrachte CPU-Zeit, die so genannte **Benutzer-CPU-Zeit**, und die im Betriebssystem verbrachte CPU-Zeit, die so genannte **System-CPU-Zeit**. Es ist schwierig, die Unterscheidung zwischen System- und Benutzer-CPU-Zeit präzise auszuführen, weil es häufig nicht ganz einfach ist, eine Betriebssystemaktivität einem bestimmten Benutzerprogramm zuzuordnen, und weil es häufig auch Funktionsunterschiede zwischen Betriebssystemen gibt.

Um konsistent zu bleiben, unterscheiden wir weiter zwischen der Leistung, die auf vergangener Zeit basiert, und der Leistung, die auf der CPU-Ausführungszeit basiert. Wir verwenden den Begriff *Systemleistung*, um vergangene Zeit in einem nicht ausgelasteten System zu bezeichnen, und *CPU-Leistung*, um auf die Benutzer-CPU-Zeit zu verweisen. In diesem Kapitel geht es hauptsächlich um CPU-Leistung, obwohl unsere Diskussion, wie Leistung zusammengefasst werden kann, auf die Messungen sowohl vergangener Zeit als auch von CPU-Zeit angewendet werden kann.

CPU-Ausführungszeit oder **CPU-Zeit** Die tatsächliche Zeit, die die CPU für die Bearbeitung einer bestimmten Aufgabe benötigt.

Benutzer-CPU-Zeit Die CPU-Zeit, die innerhalb eines Programms aufgewendet wird.

System-CPU-Zeit Die CPU-Zeit, die für die Ausführung von Betriebssystemaufgaben für das Programm aufgewendet wird.

Zur Programmperformanz

Der Einfluss der verschiedenen Leistungsaspekte eines Computersystems hängt auch von der Art der Anwendung ab. Viele Anwendungen, insbesondere solche, die auf Servern ausgeführt werden, sind ebenso von der Ein-/Ausgabeleistung abhängig, die wiederum sowohl von der Hardware als auch von der Software abhängig ist. Interessant ist die gesamte vergangene Zeit, gemessen mit einer Uhr. In einigen Anwendungsumgebungen geht es dem Benutzer möglicherweise um Durchsatz, Antwortzeit oder eine komplexe Kombination aus beidem (z. B. maximaler Durchsatz mit der schlechtesten möglichen Antwortzeit). Um die Leistung eines Programms zu verbessern, braucht man eine klare Definition, welche Leistungskennzahlen relevant sind. Anschließend muss man nach Leistungsengstellen suchen, indem die Programmausführung gemessen und auf die möglichen Engstellen geachtet wird. In den folgenden Kapiteln beschreiben wir, wie nach Engstellen zu suchen ist, und wie die Leistung in verschiedenen Systembereichen verbessert werden kann.

Obwohl wir als Computerbenutzer an der Zeit interessiert sind, ist es prakti-
scher, andere Kennzahlen für die Leistungsbewertung zu verwenden. Insbesondere sollten die Computerdesigner einen Computer entwickeln, indem sie eine
Kennzahl anwenden, die sich darauf bezieht, wie schnell die Hardware grundlegende Funktionen ausführen kann. Fast alle Computer werden unter Verwendung eines Taktgebers entwickelt, der festlegt, wann Ereignisse innerhalb der
Hardware stattfinden. Diese diskreten Zeitintervalle werden als **Taktzyklen**
(auch **Taktintervalle** oder einfach **Takte**) bezeichnet. Die Designer verwenden zur Charakterisierung eines Taktintervalls entweder die *Taktdauer*, d. h.
die Zeit für einen vollständigen Taktzyklus (z. B. 250 Picosekunden), oder die
Taktfrequenz (z. B. 4 Gigahertz oder 4 Gigahertz), also den Kehrwert der Taktdauer. Im nächsten Unterabschnitt formalisieren wir die Beziehung zwischen
den Taktzyklen des Hardwaredesigners und den Sekunden des Computerbenutzers.

Taktzyklus Auch als **Taktintervall** oder ein-fach **Takt** bezeichnet. Die Zeit für ein Taktintervall, i. d. R. des Prozessor-takts, der mit konstanter Geschwindigkeit läuft.

Selbsttest

1. Angenommen, wir wissen, dass eine Anwendung, die sowohl ein Mobilgerät als auch die Cloud benutzt, durch die Netzwerkleistung beschränkt ist.
   Geben Sie für die folgenden Anpassungen an, ob nur der Durchsatz verbessert wird, ob sowohl die Antwortzeit als auch der Durchsatz verbessert
   werden oder ob keines von beiden verbessert wird.

   (a) Zwischen dem Mobilgerät und der Cloud wird ein zusätzlicher Netz-
       werkkanal eingefügt, so dass der Gesamtdurchsatz des Netzwerks zu-
       nimmt und die Verzögerungen für den Netzwerkzugriff reduziert wer-
       den (weil es jetzt zwei Kanäle gibt).

   (b) Die Netzwerksoftware wird verbessert, was die Verzögerung der Netz-
       werkkommunikation reduziert, ohne den Durchsatz zu erhöhen.

   (c) Dem Computer wird mehr Arbeitsspeicher hinzugefügt.

2. Computers C ist viermal so schnell wie Computer B, der eine bestimmte
   Anwendung innerhalb von 28 Sekunden ausführt. Wie lange braucht Computer C für diese Anwendung?

CPU-Leistung und ihre Parameter

Benutzer und Designer verwenden unterschiedliche Kennzahlen für die Leistungsbewertung. Wenn wir diese verschiedenen Kennzahlen in ein Verhältnis
stellen könnten, könnten wir die Wirkung einer Entwurfsänderung auf die Leistung bestimmen, wie sie vom Benutzer wahrgenommen wird. Weil wir uns an
dieser Stelle auf die CPU-Leistung beschränken, ist der Maßstab für die Leistung die CPU-Ausführungszeit. Eine einfache Formel stellt die grundlegenden
Kennzahlen (Taktzyklen und Taktdauer) in ein Verhältnis zur CPU-Zeit:

CPU-Zeit = Anzahl der CPU-Taktzyklen × Taktdauer

Weil Taktfreqenz und Taktdauer invers zueinander sind, gilt alternativ

$$\text{CPU-Zeit} = \frac{\text{Anzahl der CPU-Taktzyklen}}{\text{Taktfrequenz}}$$

Diese Formel verdeutlicht, dass der Hardwaredesigner die Leistung verbessern kann, indem er die Anzahl der Takte reduziert, die für ein Programm erforderlich sind, oder indem er die Taktdauer reduziert. Wie wir noch sehen werden, muss der Designer oft abwägen zwischen der Anzahl der für ein Programm benötigten Taktzyklen und der Taktdauer. Viele Methoden, die die Anzahl der Taktzyklen senken, erhöhen möglicherweise gleichzeitig die Taktdauer.

Beispiel: Leistung verbessern

Unser Lieblingsprogramm wird auf Computer A innerhalb von 10 Sekunden ausgeführt, der eine Taktfrequenz von 2 GHz hat. Wir versuchen, einem Computerdesigner beim Bau eines Computers B zu helfen, der dieses Programm in 6 Sekunden ausführen soll. Der Designer hat festgestellt, dass eine deutliche Steigerung der Taktfrequenz möglich ist, aber diese Steigerung wirkt sich auf das restliche CPU-Design aus und führt dazu, dass Computer B 1,2-mal so viele Taktzyklen wie Computer A für dieses Programm benötigt. Zu welcher Taktfrequenz sollten wir dem Designer raten?

Lösung: Zuerst betrachten wir die Anzahl der Taktzyklen, die für das Programm auf A erforderlich sind:

$$\text{CPU-Zeit}_A = \frac{\text{CPU-Taktzyklen}_A}{\text{Taktfrequenz}_A}$$

$$10 \text{ Sekunden} = \frac{\text{CPU-Taktzyklen}_A}{2 \times 10^9 \dfrac{\text{Zyklen}}{\text{Sekunde}}}$$

$$\text{CPU-Taktzyklen}_A = 10 \text{ Sekunden} \times 2 \times 10^9 \frac{\text{Zyklen}}{\text{Sekunde}} = 20 \times 10^9 \text{ Zyklen}$$

Die CPU-Zeit für B kann nach der folgenden Gleichung ermittelt werden:

$$\text{CPU-Zeit}_B = \frac{1{,}2 \times \text{CPU-Taktzyklen}_A}{\text{Taktfrequenz}_B}$$

$$6 \text{ Sekunden} = \frac{1{,}2 \times 20 \times 10^9 \text{ Zyklen}}{\text{Taktfrequenz}_B}$$

$$\text{Taktfrequenz}_B = \frac{1{,}2 \times 20 \times 10^9 \text{ Zyklen}}{6 \text{ Sekunden}} = \frac{0{,}2 \times 20 \times 10^9 \text{ Zyklen}}{\text{Sekunde}}$$

$$= \frac{4 \times 10^9 \text{ Zyklen}}{\text{Sekunde}} = 4 \text{ GHz}$$

Um das Programm in 6 Sekunden auszuführen, muss B die doppelte Taktfrequenz von A erhalten.

Befehlsleistung

Die obigen Gleichungen für die Leistung enthalten keinerlei Hinweis auf die Anzahl der Befehle, die für das Programm benötigt werden. Weil der Compiler jedoch offensichtlich auszuführende Befehle erzeugt hat und der Computer die Befehle für die Ausführung des Programms abarbeiten musste, muss die Ausführungszeit von der Anzahl der Befehle in einem Programm abhängig sein. Man kann sich die Ausführungszeit auch gleich der Anzahl der ausgeführten Befehle multipliziert mit der durchschnittlichen Zeit pro Befehl vorstellen. Die Anzahl der für ein Programm benötigten Taktzyklen kann also auch dargestellt werden als

CPU-Taktzyklen = Befehle für ein Programm

$\qquad \times$ Durchschnittliche Taktzyklen pro Befehl

Die Größe **CPI** (Clock Cycles Per Instruction) gibt die durchschnittliche Anzahl der Taktzyklen an, die für die Ausführung eines Befehls erforderlich sind. Weil unterschiedliche Befehle unterschiedlich lang dauern können, abhängig davon, was sie erledigen, ist CPI ein Mittelwert über alle im Programm ausgeführten Befehle. CPI stellt eine Möglichkeit dar, zwei verschiedene Implementierungen derselben Befehlssatzarchitektur zu vergleichen, weil die Anzahl der für ein Programm ausgeführten Befehle natürlich gleich bleibt.

CPI Durchschnittliche Anzahl der Taktzyklen pro Befehl für ein Programm oder einen Programmabschnitt.

Beispiel: Anwendung der Leistungsgleichung

Angenommen, wir haben zwei Implementierungen derselben Befehlssatzarchitektur. Computer A hat eine Taktdauer von 250 ps und einen CPI-Wert von 2,0 für ein bestimmtes Programm. Computer B hat eine Taktdauer von 500 ps und einen CPI von 1,2 für dasselbe Programm. Welcher Computer ist für dieses Programm schneller und um wie viel?

Lösung: Wir wissen, dass jeder Computer dieselbe Anzahl an Befehlen für das Programm ausführt, sagen wir I. Zunächst bestimmen wir die Anzahl der CPU-Taktzyklen für jeden Computer:

$\text{CPU-Taktzyklen}_A = I \times 2{,}0$

$\text{CPU-Taktzyklen}_B = I \times 1{,}2$

Dann berechnen wir die CPU-Zeit für Computer A:

$\text{CPU-Zeit}_A = \text{CPU-Taktzyklen}_A \times \text{CPU-Taktzykluszeit}$

$\qquad = I \times 2{,}0 \times 250\,\text{ps} = 500 \times I\,\text{ps}$

und entsprechend für B:

$\text{CPU-Zeit}_B = I \times 1{,}2 \times 500\,\text{ps} = 600 \times I\,\text{ps}$

Offensichtlich ist Computer A schneller. Um wie viel er schneller ist, ist durch das Verhältnis der Ausführungszeiten gegeben:

$$\frac{\text{CPU-Leistung}_A}{\text{CPU-Leistung}_B} = \frac{\text{Ausführungszeit}_B}{\text{Ausführungszeit}_A} = \frac{600 \times I \,\text{ps}}{500 \times I \,\text{ps}} = 1{,}2$$

Wir können daraus schließen, dass Computer A für dieses Programm 1,2-mal schneller als Computer B ist.

Die klassische Gleichung für die CPU-Leistung

Befehlszähler Die Anzahl der durch das Programm ausgeführten Befehle.

Jetzt können wir diese grundlegende Gleichung unter Verwendung des **Befehlszählers** (Anzahl der durch das Programm ausgeführten Befehle), den CPI und die Taktdauer schreiben:

CPU-Zeit = Befehlszähler × CPI × Taktdauer.

Weil die Taktfrequenz das Inverse der Taktdauer ist, erhalten wir:

$$\text{CPU-Zeit} = \frac{\text{Befehlszähler} \times \text{CPI}}{\text{Taktfrequenz}}$$

Diese Formeln sind vor allem deshalb praktisch, weil sie die drei Leistungsparameter voneinander trennen. Wir können diese Formeln nutzen, um zwei verschiedene Implementierungen zu vergleichen oder um eine Designalternative zu bewerten, wenn wir ihren Einfluss auf diese Parameter kennen.

Beispiel: Codesegmente vergleichen

Ein Compilerentwickler versucht, sich zwischen zwei Codesequenzen für einen bestimmten Computer zu entscheiden. Die Hardwaredesigner haben die folgenden Fakten vorgegeben:

	CPI für jede Befehlsklasse		
	A	B	C
CPI	1	2	3

Für einen Befehl einer höheren Programmiersprache betrachtet der Compiler-Entwickler zwei Codesequenzen, die die folgenden Befehlszähler benötigen:

	CPI für jede Befehlsklasse		
Codesequenz	A	B	C
1	2	1	2
2	4	1	1

Welche Codesequenz führt die meisten Befehle aus? Welche ist schneller? Welchen CPI haben die beiden Sequenzen?

Lösung: Sequenz 1 führt $2 + 1 + 2 = 5$ Befehle aus. Sequenz 2 führt $4 + 1 + 1 = 6$ Befehle aus. Sequenz 1 führt also weniger Befehle aus. Wir können die Gleichung anwenden, die die Zahl der CPU-Taktzyklen, den Befehlszähler und den CPI verbindet, um die Gesamtzahl der Taktzyklen für jede Sequenz zu bestimmen:

$$\text{CPU-Taktzyklen} = \sum_{i=1}^{n} (\text{CPI}_i \times \text{C}_i)$$

Damit ergibt sich

$$\text{CPU-Taktzyklen}_1 = (2 \times 1) + (1 \times 2) + (2 \times 3) = 2 + 2 + 6 = 10$$

$$\text{CPU-Taktzyklen}_2 = (4 \times 1) + (1 \times 2) + (1 \times 3) = 4 + 2 + 3 = 9$$

Codesequenz 2 ist also schneller, obwohl sie einen zusätzlichen Befehl ausführt. Weil Codesequenz 2 insgesamt weniger Taktzyklen benötigt, aber mehr Befehle enthält, muss sie einen niedrigeren CPI haben. Die CPI-Werte können folgendermaßen berechnet werden:

$$\text{CPI} = \frac{\text{CPU-Taktzyklen}}{\text{Befehlszähler}}$$

$$\text{CPI}_1 = \frac{\text{CPU-Taktzyklen}_1}{\text{Befehlszähler}_1} = \frac{10}{5} = 2{,}0$$

$$\text{CPI}_2 = \frac{\text{CPU-Taktzyklen}_2}{\text{Befehlszähler}_2} = \frac{9}{6} = 1{,}5$$

Grundwissen

Tabelle 1.4 zeigt die grundlegenden Messungen auf unterschiedlichen Ebenen im Computer und was dabei jeweils gemessen wird. Wir sehen, wie diese Faktoren zu kombinieren sind, um die Ausführungszeit in Sekunden pro Programm zu erhalten:

$$\text{Zeit} = \text{Sekunden/Programm}$$

$$= \frac{\text{Befehle}}{\text{Programm}} \times \frac{\text{Taktzyklen}}{\text{Befehl}} \times \frac{\text{Sekunden}}{\text{Taktzyklus}}$$

Denken Sie immer daran, dass das einzige vollständige und zuverlässige Maß für Computerleistung die Zeit ist. Ändert man beispielsweise den Befehlssatz, um den Befehlszähler zu verringern, kann das zu einer Konstellation mit längerer Taktdauer oder höherem CPI führen, die die Verbesserungen im Befehlssatz zunichtemacht. Entsprechend muss der Code, der die wenigsten Befehle ausführt, nicht unbedingt der schnellste sein, weil der CPI von der Art der ausgeführten Befehle abhängig ist.

Tab. 1.4: Die grundlegenden Leistungsparameter und wie sie gemessen werden.

Leistungsparameter	Maßeinheit
CPU-Ausführungszeit für ein Programm	Sekunden für das Programm
Befehlszähler	für das Programm ausgeführte Befehle
Taktzyklen pro Befehl (CPI)	durchschnittliche Anzahl Taktzyklen pro Befehl
Taktdauer	Sekunden pro Taktzyklus

Wie können wir den Wert dieser Faktoren in der Leistungsgleichung bestimmen? Wir können die CPU-Ausführungszeit messen, indem wir das Programm ausführen, und die Taktdauer wird normalerweise in der Dokumentation des Computers angegeben. Der Befehlszähler und der CPI sind womöglich schwieriger zu bestimmen. Wenn wir aber die Taktfrequenz und die CPU-Ausführungszeit kennen, brauchen wir nur entweder den Befehlszähler oder den CPI, um das jeweils andere zu bestimmen.

Den Befehlszähler können wir mit Hilfe von Softwarewerkzeugen messen, die die Ausführung nachbilden, oder durch Verwendung eines Simulators für die Architektur. Alternativ können wir Hardwarezähler verwenden, die in den meisten Prozessoren enthalten sind, um die unterschiedlichsten Messungen aufzuzeichnen, unter anderem die Anzahl der ausgeführten Befehle, den durchschnittlichen CPI und häufig auch die Ursachen für einen Leistungsverlust. Weil der Befehlszähler von der Architektur, aber nicht von der genauen Implementierung abhängig ist, können wir den Befehlszähler messen, ohne alle Details der Implementierung zu kennen. Der CPI dagegen ist von zahlreichen Designdetails im Computer abhängig, unter anderem sowohl vom Speichersystem als auch vom Prozessoraufbau (wie wir in den Kapiteln 4 und 5 noch sehen werden), ebenso wie von der Mischung der in einer Anwendung ausgeführten Befehlsarten. Der CPI variiert deshalb in Abhängigkeit von der Anwendung, ebenso wie zwischen verschiedenen Implementierungen mit demselben Befehlssatz.

Das obige Beispiel zeigt, wie irreführend es sein kann, nur einen einzigen Parameter (den Befehlszähler) für die Leistungsbewertung heranzuziehen. Beim Vergleich von zwei Computern müssen Sie alle drei Parameter berücksichtigen, die in ihrer Kombination die Ausführungszeit bilden. Wenn einige Parameter identisch sind, wie etwa im obigen Beispiel die Taktfrequenz, kann die Leistung bestimmt werden, indem alle nicht identischen Parameter verglichen werden. Weil der CPI abhängig vom **Befehlsmix** variiert, müssen sowohl Befehlszähler als auch CPI verglichen werden, selbst wenn die Taktfrequenzen identisch sind. In mehreren Aufgaben am Ende dieses Kapitels werden Sie verschiedene Verbesserungen am Computer und am Compiler bewerten, die sich auf Taktfrequenz, CPI und Befehlszähler auswirken. Im Online-Abschnitt 1.13 untersuchen wir ein allgemeines Leistungsmaß, das nicht alle Komponenten beinhaltet und deshalb irreführend sein kann.

Befehlsmix Ein Maß für die dynamische Frequenz der Befehle innerhalb eines oder mehrerer Programme.

Zur Programmperformanz

Die Performanz eines Programms ist vom Algorithmus, der Sprache, dem Compiler, der Architektur und der verwendeten Hardware abhängig. Die folgende Liste fasst zusammen, wie sich diese Komponenten auf die Parameter in der CPU-Leistungsgleichung auswirken.

Algorithmus Der Algorithmus hat Auswirkungen auf den Befehlszähler und möglicherweise den CPI. Er bestimmt die Anzahl der im Quellprogramm auszuführenden Befehle und damit die Anzahl der ausgeführten Prozessorbefehle. Der Algorithmus kann sich auch auf den CPI auswirken, indem er langsamere oder schnellere Befehle favorisiert. Verwendet der Algorithmus beispielsweise mehr Gleitkommaoperationen, hat er im Allgemeinen einen höheren CPI.

Programmiersprache Die Programmiersprache wirkt sich auf den Befehlszähler und den CPI aus. Zum einen werden die Anweisungen der Programmiersprache in Prozessorbefehle übersetzt, die wiederum den Befehlszähler bestimmen. Zum anderen kann sich die Sprache auch aufgrund ihrer Funktionen auf den CPI auswirken; beispielsweise verursacht eine Sprache mit einer sehr hohen Datenabstraktion (z. B. Java) indirekte Aufrufe, die Befehle mit höherem CPI verwenden.

Compiler Die Effizienz des Compilers wirkt sich sowohl auf den Befehlszähler als auch auf den durchschnittlichen CPI aus, weil der Compiler die Übersetzung der Programmbefehle in Computerbefehle bestimmt. Die Rolle des Compilers kann sehr komplex sein und sich auf komplexe Weise auf den CPI auswirken.

Befehlssatzarchitektur Der Befehlssatz wirkt sich auf alle drei Parameter der CPU-Leistung (Befehlszähler, Taktfrequenz, CPI) aus. Er beeinflusst, welche Befehle für eine Funktion benötigt werden, wie viele Zyklen für jeden Befehl nötig sind und welche allgemeine Taktfrequenz der Prozessor hat.

Anmerkungen: 1) Sie erwarten vielleicht, dass das Minimum für den CPI 1,0 ist, wie wir in Kapitel 4 zeigen werden. Doch einige Prozessoren laden mehrere Befehle pro Taktzyklus und führen diese aus. Um diesen Ansatz zu berücksichtigen, kehren einige Designer den CPI um und sprechen von IPC (Instructions Per Clock Cycle), also Befehle pro Taktzyklus. Wenn ein Prozessor durchschnittlich 2 Befehle pro Taktzyklus ausführt, hat er den IPC-Wert 2 und damit einen CPI von 0,5.

2) Traditionell ist die Taktdauer eine feste Größe, jedoch sind moderne Prozessoren in der Lage, ihre Taktfrequenz zu variieren, um entweder Energie zu sparen oder die Leistung temporär zu steigern. Für ein Programm müssen wir daher die *mittlere* Taktfrequenz verwenden. Beispielsweise erhöht der Intel Core i7 die Taktfreqenz um ca. 10 %, bis der Chip zu heiß wird. Intel nennt dies den *Turbo Mode*.

Selbsttest

Eine in Java geschriebene Applikation wird auf einem PC-Prozessor in 15 Sekunden ausgeführt. Ein neuer Java-Compiler wird veröffentlicht, der nur 0,6-mal so viele Befehle wie der alte Compiler benötigt. Leider erhöht er den CPI um 1,1. Welche Ausführungszeit können wir für die Applikation erwarten, wenn der neue Compiler verwendet wird? Wählen Sie die richtige Antwort aus den folgenden drei Möglichkeiten aus:

(a) $\dfrac{15 \times 0,6}{1,1} = 8,2\,\text{s}$

(b) $15 \times 0,6 \times 1,1 = 9,9\,\text{s}$

(c) $\dfrac{15 \times 1,1}{0,6} = 27,5\,\text{s}$

1.7   Die Hürde des Stromverbrauchs

Abbildung 1.12 zeigt die Steigerungen der Taktfrequenz und des Stromverbrauchs von acht Generationen Intel-Mikroprozessoren im Verlaufe von 36 Jahren. Sowohl die Taktfreqenz als auch der Stromverbrauch sind jahrzehntelang steil angestiegen, doch seit einigen Jahren flachen die Kurven ab. Sie sind gemeinsam so stark angewachsen, weil sie miteinander zusammenhängen, und der Grund für die jüngste Abflachung ist, dass wir aufgrund der Kühlung von handelsüblichen Mikroprozessoren an der praktischen Grenze für den Stromverbrauch angekommen sind.

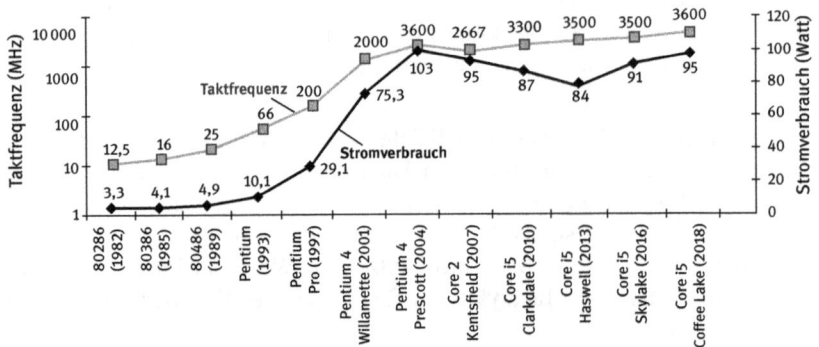

Abb. 1.12: Taktfrequenz und Stromverbrauch für die Intel x86-Mikroprozessoren für acht Generationen innerhalb von 36 Jahren. Der Pentium 4 hat einen dramatischen Sprung bei der Taktfrequenz und beim Stromverbrauch gemacht, weniger dagegen in Hinblick auf die Rechenleistung. Die thermischen Probleme des Prescott führten zur Einstellung der Pentium-4-Serie. Die Core-2-Serie greift wieder auf eine einfachere Pipeline mit niedrigeren Taktfrequenzen und mehreren Prozessoren pro Chip zurück. Die Core-i5-Pipelines folgen dieser Entwicklung.

Während der Stromverbrauch dem Kühlen eine Grenze setzt, ist in der Post-PC-Ära die Energie die kritische Größe. Die Akkulaufzeit kann bei Smartphones die Leistung dominieren, und die Architekten von Warehouse Scale Computern versuchen, die Kosten für die Stromversorgung und das Kühlen von 50 000 Servern zu reduzieren, da die Kosten bei diesen Größenordnungen sehr hoch sind. So wie das Messen der Zeit in Sekunden ein besseres Maß für die Performanz eines Programms ist als eine Rate wie MIPS (Abschnitt 1.11), ist die Energie in Joule ein besseres Maß als die Leistung in Watt.

Die vorherrschende Technologie für integrierte Schaltkreise heißt CMOS (Complementary Metal Oxide Semiconductor). Bei CMOS ist die primäre Ursache für den Energieverlust die so genannte dynamische Energie – d. h. Energie, die verbraucht wird, wenn Transistoren von 0 auf 1 und umgekehrt umschalten. Die dynamische Energie hängt von der kapazitiven Last jedes Transistors sowie von der angelegten Spannung ab:

Energie $\propto$ kapazitive Last $\times$ Spannung^2

Diese Gleichung beschreibt die Energie eines Pulses während des logischen Übergangs $0 \rightarrow 1 \rightarrow 0$ oder $1 \rightarrow 0 \rightarrow 1$. Die Energie eines einzelnen Übergangs ist dann

Energie $\propto \dfrac{1}{2} \times$ kapazitive Last $\times$ Spannung^2

Die pro Transistor erforderliche Leistung ist einfach das Produkt aus der Energie eines Übergangs und der Frequenz der Schaltvorgänge:

Leistung $\propto \dfrac{1}{2} \times$ kapazitive Last $\times$ Spannung$^2 \times$ Schaltfrequenz

Die Schaltfrequenz ist eine Funktion der Taktfrequenz. Die kapazitive Last pro Transistor ist eine Funktion der mit einem Ausgang verbundenen Transistoren (auch *Ausgangsverzweigung* genannt) sowie von der Technologie, die die Kapazität der Drähte und Transistoren bestimmt.

Wie ist es unter Berücksichtigung von Abbildung 1.12 möglich, dass die Taktfrequenz um den Faktor 1000 ansteigt, der Stromverbrauch jedoch nur um den Faktor 30? Die Energie und somit der Stromverbrauch kann durch Senkung der Spannung reduziert werden, was in jeder neuen Technologiegeneration stattgefunden hat, und der Stromverbrauch ist eine Funktion der quadrierten Spannung. In der Regel wurde die Spannung pro Generation um 15 % reduziert. Innerhalb von 20 Jahren sind die Spannungen von 5 V auf 1 V gesunken, weshalb der Stromverbrauch nur um das 30-Fache stieg.

Beispiel: Relativer Stromverbrauch

Angenommen, wir haben einen neuen, einfacheren Prozessor entwickelt, der 85 % der kapazitiven Last des komplexeren älteren Prozessors aufweist. Darüber hinaus wollen wir davon ausgehen, dass er eine einstellbare Spannung

besitzt, so dass er die Spannung im Vergleich zu Prozessor B um 15 % reduzieren kann, wodurch die Frequenz um 15 % sinkt. Welchen Einfluss hat dies
auf den dynamischen Stromverbrauch?

Lösung:

$$\frac{\text{Leistung}_{\text{neu}}}{\text{Leistung}_{\text{alt}}} = \frac{\left(\text{kap. Last} \times 0{,}85\right)\left(\text{Spannung} \times 0{,}85^2\right) \times \left(\text{Frequenz} \times 0{,}85\right)}{\text{kap. Last} \times \text{Spannung}^2 \times \text{Frequenz}}$$

Damit ist das Verhältnis des Stromverbrauchs $0{,}85^4 = 0{,}52$; d. h., der neue
Prozessor verbraucht etwa halb so viel Strom wie der alte Prozessor.

Das Problem heute ist, dass eine weitere Senkung der Spannung anscheinend
Lecks in den Transistoren verursacht, wie bei einem Wasserhahn, der nicht
vollständig geschlossen werden kann. Selbst heute werden 40 Prozent des
Stromverbrauchs durch Leckströme verursacht. Wenn die Transistoren plötzlich noch mehr lecken würden, könnte der gesamte Prozess schwer in den Griff
zu bekommen sein.

Um das Problem des Stromverbrauchs anzugehen, haben die Designer bereits große Geräte angebracht, um die Kühlung zu verbessern, und sie schalten
Teile des Chips ab, die innerhalb eines bestimmten Taktzyklus nicht benötigt
werden. Es gibt zahlreiche aufwändigere Verfahren, Chips zu kühlen und die
für sie mögliche Leistungsaufnahme dadurch beispielsweise auf 300 Watt zu
steigern, aber diese Verfahren sind zu teuer für PCs.

Als die Computerdesigner vor der Hürde des Stromverbrauchs standen,
brauchten sie eine völlig neue Methode, um eine Weiterentwicklung zu erreichen. Sie beschlossen, die Mikroprozessoren nicht mehr wie in den 30 Jahren
zuvor zu entwickeln, sondern einen anderen Weg zu gehen.

Anmerkungen: 1) Obwohl der dynamische Stromverbrauch die primäre Ursache für Verlustleistung im CMOS ist, tritt auch eine statische Verlustleistung
auf, weil die Leckströme sogar fließen, wenn der Transistor ausgeschaltet ist.
Wie oben erwähnt, war die Verlustleistung im Jahr 2008 für 40 Prozent des
Stromverbrauchs verantwortlich. Mit der Verwendung von mehr Transistoren
nimmt auch die Verlustleistung zu, selbst wenn die Transistoren immer ausgeschaltet sind. Es werden die unterschiedlichsten Designtechniken und technologischen Innovationen eingesetzt, um die Verlustleistung zu kontrollieren,
aber es ist schwierig, die Spannung weiter zu verringern.

2) Der Stromverbrauch ist aus zwei Gründen eine Herausforderung beim Chip-
entwurf. Erstens muss die aufgenommene Leistung auf dem Chip verteilt werden. Moderne Mikroprozessoren haben Hunderte von Pins allein für Leistungsaufnahme und Masse! Zweitens wird Energie in Form von Wärme dissipiert
und muss abgeleitet werden. Serverchips können mehr als 100 Watt verbren-
nen, weshalb das Kühlen des Chips und seiner Umgebung ein wesentlicher
Kostenfaktor bei Warehouse Scale Computern ist (siehe Kapitel 6).

1.8 Eine grundlegende Veränderung: Der Wechsel von Einzelprozessoren zu Multiprozessoren

Die Hürde des Stromverbrauchs hat – was das Design von Mikroprozessoren betrifft – einen dramatischen Wandel erzwungen. Abbildung 1.13 zeigt die Verbesserungen der Antwortzeiten bei PC-Mikroprozessen im Laufe der Zeit. Seit 2002 hat sich die Geschwindigkeit von einem Faktor von 1,5 pro Jahr auf einen Faktor von weniger als 1,03 pro Jahr verringert.

Statt die Antwortzeit eines einzelnen Programms auf dem Einzelprozessor weiter zu senken, verkauften ab 2006 alle PC- und Serveranbieter Mikroprozessoren mit mehreren Prozessoren pro Chip, wobei der Vorteil häufiger ein höherer Durchsatz und nicht eine verbesserte Antwortzeit ist. Um die Verwirrung um die Begriffe Prozessor und Mikroprozessor zu umgehen, bezeichneten die Unternehmen die Prozessoren als „Cores", und solche Mikroprozessoren werden generisch als Multicore-Prozessoren bezeichnet. Ein „Quadcore"-Prozessor ist also ein Chip mit vier Prozessoren oder Cores.

Bis jetzt war die meiste Software wie [Musik], die für einen Solisten geschrieben wurde. Mit der aktuellen Generation von Chips werden wir erste Erfahrungen mit Duetten und Quartetten und anderen Stücken für kleine Ensemble sammeln; aber das Komponieren eines Werkes für großes Orchester und Chor ist eine Herausforderung von anderer Qualität.

Brian Hayes, *Computing in a Parallel Universe*, 2007

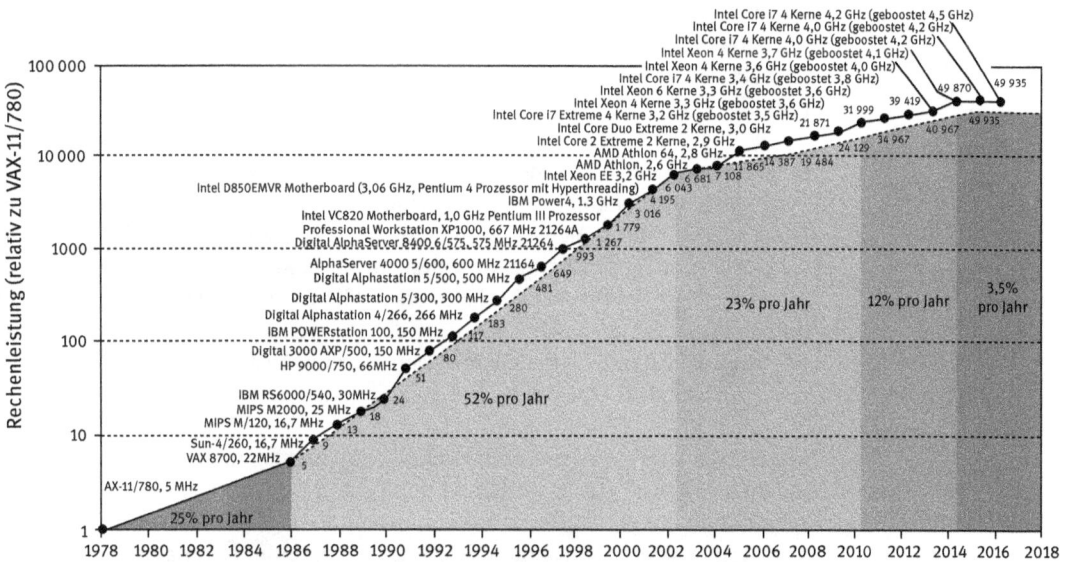

Abb. 1.13: Zunahme der Prozessorrechenleistung seit Mitte der 1980er-Jahre. Dargestellt ist die Rechenleistung im Vergleich zur VAX 11/780, gemessen mit den SPECint-Benchmarks (Abschnitt 1.9). Vor Mitte der 1980er-Jahre war die Zunahme der Prozessorrechenleistung größtenteils technologiegesteuert und betrug durchschnittlich 25 % pro Jahr. Die Steigerung auf etwa 52 % seit diesem Zeitpunkt ist neuen Architekturkonzepten zu verdanken. Der jährliche Leistungszuwachs seit Mitte der 1980er-Jahre bedeutet, dass die Leistung im Jahr 2002 um den Faktor 7 größer war, als sie es bei einer Zunahme von weiterhin 25 % gewesen wäre. Die Rechenleistung für Gleitkommaberechnungen hat noch schneller zugenommen. Seit 2002 haben die Hürde des Stromverbrauchs, die Verfügbarkeit von Parallelität auf Befehlsebene und die lange Speicherlatenz die Zunahme der Rechenleistung von Einzelprozessoren auf etwa 3,5 % pro Jahr verlangsamt. (Aus Hennessy JL, Patterson DA: Computer Architectur: A Qualtitative Approach, ed 6, Waltham, MA: Elesevier, 2017.)

In der Vergangenheit konnten sich die Programmierer auf Innovationen bei Hardware, Architektur und Compilern verlassen, die die Performanz ihrer Programme alle 18 Monate verdoppelten, ohne dass sie eine Zeile Code neu schreiben mussten. Heute müssen Programmierer ihre Programme umschreiben, um die Mehrfachprozessoren zu nutzen, wenn sie eine wesentliche Verbesserung der Antwortzeit erzielen wollen. Darüber hinaus müssen Programmierer die Performanz ihrer Codes angesichts der Verdopplung der Cores weiterhin optimieren, wenn sie die historischen Werte der Leistungsverbesserung auf neuen Mikroprozessoren weiterhin erreichen wollen.

Um zu verdeutlichen, wie Software- und Hardwaresysteme Hand in Hand arbeiten, verwenden wir in diesem Buch spezielle Abschnitte mit der Überschrift *Hardware-Software-Schnittstelle*. Hier der erste dieser Abschnitte.

Hardware-Software-Schnittstelle

Parallelität war immer schon kritisch für die Programmierleistung, aber oft blieb sie verborgen. Kapitel 4 erklärt das **Pipelining,** ein elegantes Konzept, das Programme durch überlappende Befehlsausführungen schneller macht. Das Pipelining ist ein Beispiel für Parallelität auf Befehlsebene. Dabei wird die parallele Natur der Hardware abstrahiert, d. h., Programmierer und Compiler betrachten die Hardware so, als würde sie die Befehle sequentiell ausführen.

PARALLELITÄT

Die Forderung, dass die Programmierer die Parallelität der Hardware ausnutzen und ihre Programme explizit umschreiben sollten, damit diese parallel verarbeitet werden können, war das „Tabu" der Computerarchitektur, weil alle Unternehmen, die in der Vergangenheit auf einen solchen Paradigmenwechsel gezählt hatten, gescheitert waren (siehe Abschnitt 6.16, online). Angesichts dieser historischen Perspektive ist es erstaunlich, dass die gesamte IT-Industrie ihre Zukunft darauf gesetzt hat, dass die Programmierer irgendwann erfolgreich auf die explizite parallele Programmierung umsteigen würden.

PIPELINING

Warum war es für die Programmierer so schwierig, explizit parallele Programme zu schreiben? Der erste Grund dafür ist, dass die parallele Programmierung definitionsgemäß Performanzprogrammierung ist, wodurch es sehr viel schwieriger wird, zu programmieren. Das Programm muss nicht nur korrekt sein, ein wichtiges Problem lösen und eine sinnvolle Schnittstelle zu Benutzern oder anderen Programmen aufweisen, sondern es muss auch schnell sein. Andernfalls brauchen Sie keine Performanz und können einfach ein sequentielles Programm schreiben.

Der zweite Grund ist, dass „schnell" für parallele Hardware bedeutet, dass der Programmierer eine Anwendung so in Teilaufgaben gliedern muss, dass alle Prozessoren immer etwa gleich viel zu tun haben und dass der Koordinationsaufwand die möglichen Leistungsvorteile durch Parallelität nicht aufzehrt.

Betrachten wir eine Analogie: Die Aufgabe besteht darin, einen Zeitungsartikel zu schreiben. Acht Journalisten arbeiten an derselben Geschichte und könnten theoretisch den Artikel achtmal so schnell schreiben wie einer allein. Um diese Beschleunigung tatsächlich zu erreichen, muss die Aufgabe so zerlegt werden, dass jeder Journalist gleichzeitig etwas bearbeiten kann. Wir müssen also die Teilaufgaben planen und zuordnen. Wenn etwas schief geht und nur ein Journalist länger braucht als die sieben anderen, sind die Vorteile durch die Aufteilung in acht Teilaufgaben dahin. Wir müssen also die *Last gleichmäßig ausbalancieren*, um die gewünschte Beschleunigung zu erhalten. Ein weiteres Problem ergibt sich, wenn die Journalisten viel Zeit aufwenden müssten, um sich beim Schreiben ihrer Textabschnitte abzustimmen. Es wäre auch fatal, wenn ein Teil des Artikels, wie beispielsweise das Fazit, nicht geschrieben werden könnte, bis alle anderen Teile fertig sind. Es muss also sorgfältig darauf geachtet werden, den *Zusatzaufwand für die Kommunikation und die Synchronisation zu reduzieren*. Sowohl bei dieser Analogie als auch bei der parallelen Programmierung müssen folgende Aufwände einkalkuliert werden: Planung und Zuordnung der Teilaufgaben, Lastausgleich, Synchronisierung und Kommunikation zwischen allen Beteiligten. Wie Sie sich denken können, ist die Herausforderung um so größer, je mehr Journalisten an einem Artikel arbeiten bzw. je mehr Prozessoren für die parallele Programmierung eingesetzt werden.

Um diesen grundsätzlichen technologischen Wandel aufzuzeigen, widmen wir in den folgenden Kapiteln mehrere Abschnitte den Auswirkungen der parallelen Revolution:

- *Abschnitt 2.11: Parallelität und Befehle: Synchronisierung.* Normalerweise müssen sich unabhängige parallele Aufgaben immer wieder koordinieren, um sich beispielsweise mitzuteilen, wann sie ihre Arbeit abgeschlossen haben. Dieses Kapitel erklärt die Befehle, die Multicore-Prozessoren für die Synchronisierung von Aufgaben verwenden.
- *Abschnitt 3.6: Parallelität und Computerarithmetik: Subwort-Parallelität.* Bei der vielleicht einfachsten Form der Parallelität, die man konstruieren kann, werden Elemente parallel berechnet, so wie beim Multiplizieren zweier Vektoren. Subwort-Parallelität basiert auf größeren Arithmetikeinheiten, die viele Operanden simultan verarbeiten können.
- *Abschnitt 4.11: Parallelität auf Befehlsebene.* Angesichts der Schwierigkeit der expliziten parallelen Programmierung wurden in den 1990er-Jahren enorme Anstrengungen unternommen, die implizite Parallelität offenzulegen, welche der Hardware und dem Compiler innewohnt. Anfangs wurde hierfür die Technik des **Pipelinings** genutzt. Dieses Kapitel beschreibt einige dieser offensiven Methoden, unter anderem das Laden und Ausführen mehrerer Anweisungen gleichzeitig und das Erraten der Ergebnisse von Entscheidungen sowie die spekulative Ausführung von Befehlen auf der Grundlage von **Vorhersagen**.

PIPELINING

VORHERSAGE

HIERARCHIE

- *Abschnitt 5.10: Parallelität und Speicherhierarchien: Cache-Kohärenz.* Als Möglichkeit, die Kosten für die Kommunikation zu senken, können alle Prozessoren denselben Adressraum verwenden, so dass jeder Prozessor alle Daten lesen oder schreiben kann. Angesichts der Tatsache, dass alle modernen Prozessoren Caches nutzen, um eine temporäre Kopie der Daten in einen schnellerem Speicher in der Nähe des Prozessors zu haben, kann man sich gut vorstellen, dass die parallele Programmierung noch schwieriger wäre, wenn die jedem Prozessor zugeordneten Caches inkonsistente Werte der gemeinsam genutzten Daten enthielten. Dieses Kapitel beschreibt die Mechanismen, die dafür sorgen, dass die Daten in allen Caches konsistent bleiben.

- *Abschnitt 5.11: Parallelität und Speicherhierarchie. RAID (Redundant Arrays of Inexpensive Disks).* In diesem Abschnitt wird beschrieben, wie sich durch die Verbindung vieler Platten ein wesentlich höherer Durchsatz erreichen lässt. Dies war der ursprüngliche Gedanke hinter so genannten RAID-Systemen. Tatsächlich wurden RAID-Systeme vor allem deshalb so populär, weil sich durch Hinzufügen einer bescheidenen Anzahl von redundanten Platten eine sehr viel größere Zuverlässigkeit erreichen lässt. Der Abschnitt befasst sich mit den Unterschieden zwischen den verschiedenen RAID-Levels bezüglich Leistung, Kosten, und Zuverlässigkeit.

Neben diesen Abschnitten gibt es ein ganzes Kapitel über Parallelverarbeitung. Kapitel 6 beschäftigt sich detailliert mit den Herausforderungen der parallelen Programmierung. Es stellt die beiden unterschiedlichen Ansätze für die Kommunikation bei gemeinsamer Adressierung und expliziter Nachrichtenübergabe vor. Es beschreibt ein eingeschränktes Modell der Parallelität, das einfacher zu programmieren ist. Es beschreibt die Schwierigkeit des Benchmarkings für parallele Prozessoren. Es führt ein neues, einfacheres Performanzmodell für Multicore-Mikroprozessoren ein und bietet schließlich vier Beispiele für Multicore-Mikroprozessoren, die dieses Modell verwenden, und wertet sie aus.

Wie schon erwähnt, werden wir in den Kapiteln 3 bis 6 immer wieder auf das Beispiel der Matrixmultiplikation zurückkommen um zu zeigen, wie die verschiedenen Prinzipien der Parallelverarbeitung die Rechenleistung signifikant steigern können.

In Anhang C (online) wird eine Hardwarekomponente von PCs beschrieben, die sich wachsender Beliebtheit erfreut, und zwar der Grafikprozessor (GPU, Graphics Processing Unit). Ursprünglich gedacht zum Beschleunigen der Grafik, sind GPUs inzwischen eigenständige Programmierplattformen geworden. Wie Sie sich denken können, basieren GPUs auf Prinzipien der **Parallelverarbeitung.** In Anhang C (online) wird der NVIDIA-Grafikprozessor beschrieben, wobei der Fokus auf Aspekten seiner parallelen Programmierumgebung liegt.

PARALLELITÄT

1.9 Fallstudie: Benchmarking des Intel Core i7

In jedem Kapitel finden Sie einen Abschnitt mit der Überschrift „Fallstudie". Hier werden die Konzepte im Buch mit einem Ihnen möglicherweise durch die tägliche Arbeit vertrauten Computer zusammengefasst und vertieft. Diese Abschnitte behandeln die Technologie, die modernen Computern zugrunde liegt. In dieser ersten „Fallstudie" schauen wir uns am Beispiel des Intel Core i7 an, wie integrierte Schaltkreise hergestellt werden und wie Rechenleistung und Stromverbrauch gemessen werden.

SPEC-CPU-Benchmark

Ein Computerbenutzer, der täglich dieselben Programme verwendet, wäre der perfekte Kandidat für die Bewertung eines neuen Computers. Die täglich ausgeführten Programme bilden eine **Arbeitslast**. Um zwei Computersysteme zu bewerten, würde der Benutzer einfach die Ausführungszeit der Arbeitslast auf den beiden Computern vergleichen. Die meisten Benutzer sind jedoch nicht dazu in der Lage. Stattdessen müssen sie auf andere Methoden vertrauen, die die Rechenleistung des betrachteten Computers messen – in der Hoffnung, dass die Methoden feststellen, wie gut die Leistung des Computers unter der Arbeitslast des Benutzers ist. Dieser Alternative folgt normalerweise die Bewertung des Computers unter Verwendung einer Reihe von **Benchmarks** – Programmen, die speziell für die Leistungsbewertung ausgewählt werden. Die Benchmarks bilden eine Arbeitslast, von denen der Benutzer hofft, dass sie die Leistung für die reale Arbeitslast widerspiegeln. Wie wir weiter vorn bereits ausgeführt haben, muss man, um den den **häufigen Fall schnell** zu machen, zunächst einmal genau wissen, was der häufige Fall ist. Aus diesem Grund spielen Benchmarks in der Computerarchitektur eine entscheidende Rolle.

SPEC (System Performance Evaluation Corporative) ist eine Initiative, die von mehreren Computeranbietern finanziert und unterstützt wird. Sie hat das Ziel, eine Standardmenge an Benchmarks für moderne Computersysteme zu erstellen. 1989 erzeugte die SPEC zum ersten Mal eine Benchmark mit dem Schwerpunkt auf der Prozessorleistung (heute als SPEC89 bezeichnet), die sich über fünf Generationen weiterentwickelt hat. Die neueste ist SPEC CPU2017, die aus zehn Integer-Benchmarks (SPECspeed 2017 Integer) und 13 Gleitkomma-Benchmarks (SPECspeed 2017 Floating Point) besteht. Die Integer-Benchmarks reichen von einem Teil eines C-Compilers bis hin zu einem Schachprogramm und einer Quanten-Computersimulation. Die Gleitkomma-Benchmarks beinhalten strukturierte Rastercodes für die Finite-Elemente-Modellierung, Partikelmethoden-Codes für die Molekulardynamik und Sparse Linear Algebra-Codes für die Flüssigkeitsdynamik.

In Tabelle 1.5 sind die Ausführungszeiten der Integer-Benchmarks des SPEC auf dem Intel Core i7 aufgelistet, dazu die Parameter, die die Ausführungszeit bestimmen: Befehlszähler, CPI und Taktdauer. Beachten Sie, dass der CPI-Wert um mehr als den Faktor 4 variiert.

Ich habe erwartet, dass Computer ein universell anwendbares Konzept sein würden, ähnlich wie zuvor das Buch. Aber ich hätte nicht gedacht, dass die Entwicklung so schnell gehen würde, weil ich mir nicht vorstellen konnte, dass wir so viele Bauteile auf einem Chip unterbringen könnten, wie wir es letzten Endes geschafft haben. Der Transistor kam unerwartet. Es ging alles viel schneller, als wir erwartet hatten.

J. Presper Eckert, Miterfinder des ENIAC, in einer Rede von 1991

Arbeitslast Eine Menge an Programmen, die auf einem Computer ausgeführt wird, und bei der es sich entweder um eine echte Sammlung von Programmen handelt, die ein Benutzer ausführt, oder die aus realen Programmen konstruiert wird, um eine solche Mischung zu erzeugen. Eine typische Arbeitslast gibt die Programme und die relativen Häufigkeiten an.

Benchmark Ein Programm, das für Performanzvergleiche von Computern verwendet wird.

HÄUFIGER FALL

Tab. 1.5: SPECspeed 2017 Integer-Benchmarks auf einem 1,8 GHz Intel Core i7-7700K. Wie die Gleichung auf Seite 38 erklärt, ist die Ausführungszeit das Produkt aus den drei Faktoren in dieser Tabelle: Befehlszähler in Milliarden, CPI und Taktdauer in Nanosekunden. SPECratio ist einfach die Referenzzeit, die von SPEC angegeben wird, dividiert durch die gemessene Ausführungszeit. Die Zahl, die als SPECspeed 2017 Integer angegeben wird, ist das geometrische Mittel der SPECratios. SPECspeed 2017 hat mehrere Eingabedateien für perlbench, gcc, x264 und xz. Die in dieser Tabelle angegebenen Ausführungszeiten sind die Summen der jeweiligen Programmläufe für alle Eingaben.

Beschreibung	Name	Befehlszähler (Mrd.)	CPI	Taktdauer (ns)	Ausführungs- zeit (Sek.)	Referenz- zeit (Sek.)	SPECratio
Perl Interpreter	perlbench	2684	0,42	0,556	627	1774	2,83
GNU C Compiler	gcc	2322	0,67	0,556	863	3976	4,61
Routenplaner	mcf	1786	1,22	0,556	1215	4721	3,89
Simulation diskreter Ereignisse	omnetpp	1107	0,82	0,556	507	1630	3,21
XML –> HTML mittels XSLT	xalancbmk	1314	0,75	0,556	549	1417	2,58
Videokompression	x264	4488	0,32	0,556	813	1763	2,17
KI: alpha-beta-Baumsuche (Schach)	deepsjeng	2216	0,57	0,556	698	1432	2,05
KI: Monte-Carlo-Baumsuche (Go)	leela	2236	0,79	0,556	987	1703	1,73
KI: rekursive Lösung (Sudoku)	exchange2	6683	0,46	0,556	1718	2939	1,71
Datenkompression	xz	8533	1,32	0,556	6290	6182	0,98
geometrisches Mittel							2,36

Um das Marketing von Computern zu vereinfachen, hat SPEC beschlossen, alle Werte der 10 Integer-Benchmarks zu einer einzigen Zahl zusammenzufassen. Die Messungen für die Ausführungszeit werden zuerst normalisiert, indem die Ausführungszeit auf einem Referenzprozessor durch die Ausführungszeit auf dem gemessenen Computer dividiert wird. Diese Normalisierung ergibt ein Maß, das als SPECratio bezeichnet wird und das den Vorteil hat, dass größere Zahlenwerte eine höhere Leistung bedeuten (d. h. SPECratio ist das Inverse der Ausführungszeit.) Eine zusammengefasste Maßzahl aus SPECspeed 2017 wird durch Berechnung des geometrischen Mittels der SPECratios ermittelt.

Anmerkung: Beim Vergleich zweier Computer mithilfe von SPECratios verwenden wir das geometrische Mittel, damit immer dieselbe relative Aussage entsteht, unabhängig davon, welcher Computer für die Normalisierung der Ergebnisse verwendet wird. Wenn wir den Durchschnitt der normalisierten Ausführungszeiten unter Verwendung eines arithmetischen Mittels bilden würden, wäre das Ergebnis abhängig von dem als Referenz verwendeten Computer.

Die Formel für das geometrische Mittel lautet

$$\sqrt[n]{\prod_{i=1}^{n} \text{Ausführungszeitquotient}_i}$$

Dabei ist der Ausführungszeitquotient die Ausführungszeit, normalisiert unter Verwendung des Referenzcomputers, für das i-te Programm von insgesamt n Programmen aus der Arbeitslast, und $\prod_{i=1}^{n} a_i$ ist das Produkt $a_1 \times a_2 \times \cdots \times a_n$.

Eine Benchmark für die Energieeffizienz: SPECpower

In Anbetracht der wachsenden Bedeutung von Energie und Stromverbrauch hat SPEC eine Benchmark zur Messung des Stromverbrauchs hinzugefügt. Sie gibt – gemessen über einen bestimmten Zeitraum – den Stromverbrauch von Servern bei unterschiedlichen Niveaus der Arbeitslast an, die in Schritten von 10 Prozent erhöht werden. Tabelle 1.6 zeigt die Ergebnisse für einen Server, der Intel Nehalem Prozessoren ähnlich den obigen verwendet.

Tab. 1.6: SPECpower_ssj2008 auf einem 2,2 GHz Intel Xeon Platinum 8276L mit 192 GiB DRAM und einer 80 GB SSD-Karte.

Ziellast	Performanz	Durchschnittl. Leistung (Watt)
100 %	4 864 136	347
90 %	4 389 196	312
80 %	3 905 724	278
70 %	3 418 737	241
60 %	2 925 811	212
50 %	2 439 017	183
40 %	1 951 394	160
30 %	262 071	141
20 %	974 045	128
10 %	485 973	115
0 %	0	48
Gesamtsumme	26 815 444	2 165
$\sum$ ssj_ops/ $\sum$ Leistung		12 385

SPECpower begann mit der SPEC-Benchmark für Java-Unternehmenssoftware (SPECJBB2005), wofür die Prozessoren, Caches und der Hauptspeicher sowie die virtuelle Java-Maschine, der Compiler, der Papierkorb und Teile des Betriebssystems herangezogen werden. Die Performanz wird als Durchsatz gemessen, und die Einheit sind Operationen pro Sekunde. Auch fasst SPEC diese Zahlen zur Vereinfachung des Computer-Marketings zu einer einzigen Zahl zusammen, der sogenannten „Gesamt-ssj_ops pro Watt". Die Formel für diese Gesamtkennzahl lautet

$$\text{Gesamt-ssj\_ops pro Watt} = \left(\sum_{i=0}^{10} \text{ssj\_ops}_i\right)\bigg/\left(\sum_{i=0}^{10} \text{Leistung}_i\right)$$

Dabei ist ssj_ops$_i$ die Performanz im i-ten Niveau, und die Leistung ist die auf jedem Performanzniveau verbrauchte Leistung.

1.10 Beschleunigung: Matrixmultiplikation in Python

Um die Auswirkungen der Ideen in diesem Buch zu demonstrieren, enthält jedes Kapitel einen Abschnitt „Beschleunigung" mit Modifikationen, welche die Performanz eines Programms zur Multiplikation einer Matrix mit einem Vektor verbessern. Wir beginnen mit dem folgenden Python-Programm:

```
for i in xrange(n):
    for j in xrange(n):
        for k in xrange(n):
            C[i][j] += A[i][k] * B[k][j]
```

Wir verwenden den n1-standard-96-Server in der Google Cloud Engine, der zwei Intel Skylake Xeon Chips hat, wobei jeder Chip 24 Prozessoren (auch Cores oder Kerne genannt) besitzt, und Phython, Version 3.1. Wenn die Matrizen die Dimension 960×960 haben, dauert die Berechnung mit Python 2.7 fünf Minuten. Da der Umfang der Gleitkommaberechnungen kubisch mit der Matrixdimension wächst, würde es fast sechs Stunden dauern, die Berechnung für Matrizen der Dimension 4096×4096 auszuführen. Zwar ist es schnell getan, die Anweisungen für die Matrixmultiplikation in Python aufzuschreiben, doch wer möchte schon so lange auf das Ergebnis warten?

In Kapitel 2 werden wir den Python-Code für die Matrixmultiplikation in C überführen, was die Performanz um den Faktor 200 steigern wird. Die Abstraktion der C-Programmierung liegt viel näher an der Hardware als bei Python, weshalb wir sie in diesem Buch für die Programmierbeispiele verwenden. Das Schließen der Abstraktionslücke macht C auch viel schneller als Python [Leiserson, 2020].

- In der Kategorie der Parallelität auf Datenebene, Kapitel 3, verwenden wir die Subwort-Parallelität durch intrinsische C-Funktionen, um die Performanz um einen Faktor von etwa 8 zu erhöhen.

- In der Kategorie der Parallelität auf Befehlsebene, Kapitel 4, nutzen wir das Schleifenabrollen und Hardware mit Out-of-Order-Ausführung, wodurch wir die Performanz um einen weiteren Faktor von etwa 2 erhöhen können.

- In der Kategorie der Optimierung der Speicherhierarchie, Kapitel 5, benutzen wir Cache-Blocking, um die Performanz für großen Matrizen nochmals um einen Faktor von etwa 1,5 zu erhöhen.

- In der Kategorie der Parallelität auf Thread-Ebene, Kapitel 6, verwenden wir Parallelität für Schleifen in OpenMP, um die Multicore-Hardware auszunutzen. Dadurch kann die Performanz um einen weiteren Faktor von 12 bis 17 verbessert werden.

Die letzten vier Schritte fördern das Verständnis, wie die zugrunde liegende Hardware in einem modernen Mikroprozessor arbeitet. Insgesamt werden wir hierfür nur 21 Zeilen C-Code benötigen. Abbildung 1.14 zeigt die Beschleunigung – insgesamt um einen Faktor von fast 50 000 gegenüber dem ursprünglichen Python-Code – auf einer logarithmischen Skala. Anstatt fast sechs Stunden warten zu müssen, erhalten wir das Ergebnis in weniger als einer Sekunde!

Anmerkung: Um Python schneller zu machen, rufen Programmierer oft hoch optimierte Bibliotheken auf, anstatt den Python-Code selbst zu schreiben. Da es uns aber darum geht, die inhärente Geschwindigkeit von Python gegenüber

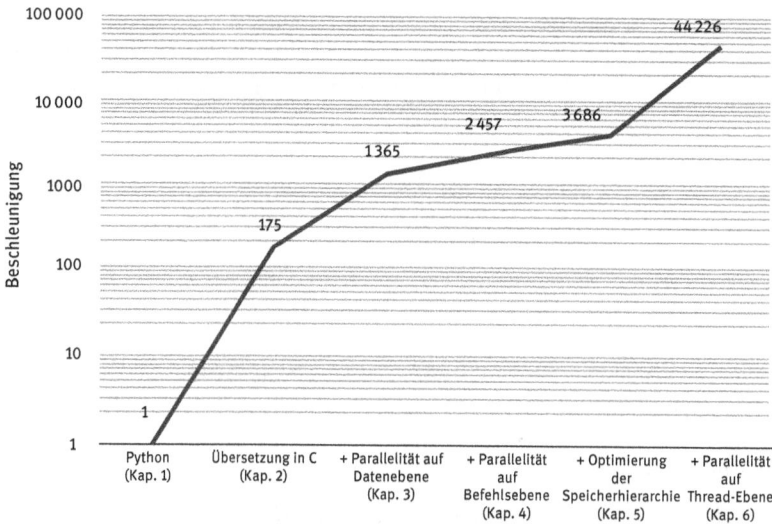

Abb. 1.14: Optimierungsschritte für das Python-Programm zur Matrixmultiplikation. Jeder Schritt wird in einem der nächsten fünf Kapitel behandelt.

C aufzuzeigen, stellen wir die Matrixmultiplikation in Python selbst dar. Hätten wir stattdessen die NumPy-Bibliothek benutzt, würde die Matrixmultiplikation mit eine 960×960-Matrix weniger als eine Sekunde dauern anstatt fünf Minuten.

1.11 Fallstricke und Trugschlüsse

Jedes Kapitel enthält einen Abschnitt mit der Überschrift „Fallstricke und Trugschlüsse". Darin setzen wir uns mit einigen weit verbreiteten, jedoch irrigen Vorstellungen auseinander, denen Sie möglicherweise begegnen werden. Wir nennen solche irrigen Vorstellungen *Trugschlüsse*. Bei der Diskussion eines Trugschlusses versuchen wir, ein Gegenbeispiel zu geben. Wir beschreiben außerdem *Fallstricke*. Hierbei handelt es sich häufig um Verallgemeinerungen von Prinzipien, die nur in einem ganz bestimmten Kontext gelten. Diese Abschnitte sollen Ihnen deshalb helfen, bestimmte Fehler beim Entwurf oder Verwenden von Rechnern zu vermeiden. Die aufgeführten Fallstricke und Trugschlüsse in Bezug auf das Kosten-Leistungs-Verhältnis haben so manchen Computerarchitekten genarrt – auch uns.

Wir beginnen mit einem Fallstrick, in dem sich viele Designer verfangen, und der sich als wichtige Beziehung im Computerdesign erweist.

Fallstrick: Die Verbesserung eines Leistungsparameters eines Computers steigert die Gesamtleistung proportional zum Umfang der Verbesserung.

Wissenschaft muss mit Mythen beginnen – und mit der Kritik der Mythen.

Sir Karl Popper, *The Philosophy of Science,* 1957

HÄUFIGER FALL

Das Konzept, **den häufigen Fall schnell zu machen** hat eine entmutigende Konsequenz, mit der sich die Designer von Hardware und Software herumärgern mussten. Diese Schwierigkeit erinnert uns daran, dass das Potential für Performanzsteigerungen stark davon abhängen, wie viel Zeit das fragliche Ereignis in Anspruch nimmt.

Ein einfaches Designproblem verdeutlicht dies hinreichend. Angenommen, ein Programm wird in 100 Sekunden auf einem Computer ausgeführt, wobei Multiplikationen 80 Sekunden dieser Zeit in Anspruch nehmen. Um wie viel muss ich die Mulitplikationsgeschwindigkeit erhöhen, wenn mein Programm fünfmal so schnell laufen soll?

Amdahl's sches Gesetz Es besagt, dass die durch eine bestimmte Verbesserung möglichen Performanzsteigerungen durch den Umfang begrenzt sind, in dem die verbesserte Funktion genutzt wird. Dies ist eine quantitative Version des Gesetzes der abnehmenden Erträge.

Die Ausführungszeit des Programms nach der Verbesserung ist gegeben durch die folgende einfache Gleichung, die auch als **Amdahl's sches Gesetz** bezeichnet wird:

Ausführungszeit nach der Verbesserung

$$= \frac{\text{durch die Verbesserung betroffene Ausführungszeit}}{\text{Umfang der Verbesserung}}$$

$$+ \text{nicht betroffene Ausführungszeit}$$

Für unsere Aufgabenstellung bedeutet dies:

$$\text{Ausführungszeit nach Verbesserung} = \frac{80\,\text{s}}{n} + (100 - 80)\,\text{s}$$

Weil die Performanz fünfmal so gut sein soll, sollte die neue Ausführungszeit 20 Sekunden betragen. Damit erhalten wir:

$$20\,\text{s} = \frac{80\,\text{s}}{n} + 20\,\text{s}$$
$$0 = \frac{80\,\text{s}}{n}$$

Es gibt also *keinen Wert* für den Umfang der Verbesserung, mit dem wir multiplizieren können, um eine Performanzsteigerung um das Fünffache zu erhalten, wenn die Multiplikation nur 80 Prozent der Arbeitslast ausmacht. Die Performanzsteigerung, die mit einer bestimmten Verbesserung möglich ist, ist durch den Umfang limitiert, in dem die verbesserte Funktion genutzt wird. Dieses Konzept führt auch zu dem so genannten Gesetz der abnehmenden Erträge, das wir aus unserem Alltagsleben kennen.

Anhand des Amdahl'schen Gesetzes können wir die Performanzsteigerungen abschätzen, wenn wir die für eine bestimmte Funktion und ihre mögliche Beschleunigung verbrauchte Zeit kennen. Das Amdahl'sche Gesetz ist zusammen mit der CPU-Leistungsgleichung ein praktisches Werkzeug, um mögliche Verbesserungen zu bewerten. Das Amdahl'sche Gesetz wird im Aufgabenteil detaillierter beschrieben.

Das Amdahl'sche Gesetz wird auch verwendet, um die praktischen Beschränkungen für die Anzahl der eingesetzten parallelen Prozessoren darzulegen. Wir untersuchen dieses Argument im Abschnitt *Fallstricke und Trugschlüsse* von Kapitel 6.

Trugschluss: Computer mit geringem Nutzungsgrad verbrauchen wenig Strom.

Die Energieeffizienz spielt bei einem geringem Nutzungsgrad eine Rolle, weil die Server-Arbeitslasten variieren. Beispielsweise liegt die CPU-Auslastung der Server von Googles Warehouse Scale Computern die meiste Zeit über zwischen 10 und 50 % und zu weniger als 1 % der Zeit bei 100 %. Selbst nach fünf Jahren, in denen Computer lernen konnten, bei der SPECpower-Benchmark gut abzuschneiden, verbraucht der speziell konfigurierte Computer mit den besten Ergebnissen im Jahr 2020 bei 10 % der Arbeitslast noch immer 33 % des Spitzenstromverbrauchs.

Weil die Arbeitslasten von Servern variieren, aber einen Großteil des Spitzenstromverbrauchs benötigen, argumentieren Luiz Barroso und Urs Hölzle [2007], dass wir die Hardware so neu gestalten sollten, dass wir eine „energieproportionale Programmierung" erzielen. Wenn zukünftige Server beispielsweise bei 10 % Arbeitslast 10 % des Spitzenstromverbrauchs verbrauchen, könnten die Betreiber von Datenzentren ihre Stromrechnung deutlich senken und gleichzeitig einen Beitrag zum Klimaschutz leisten.

Trugschluss: Performanz und Energieeffizienz sind unabhängige Zielsetzungen des Designs.

Da die Energie Leistung mal Zeit ist, kommt es häufig vor, dass Optimierungen von Hardware oder Software, die zu Zeiteinsparungen führen, insgesamt den Energieverbrauch verringern, obwohl die optimierte Lösung an sich etwas mehr Energie erfordert. Ein Grund hierfür ist, dass der gesamte Rest des Computers Energie verbraucht, während das Programm läuft, so dass das Gesamtsystem wegen der eingesparten Zeit weniger Energie verbraucht, obwohl der Energieverbrauch des optimierten Teils etwas höher ist.

Fallstrick: Verwendung einer Untermenge der Leistungsgleichung als Leistungskennzahl.

Wir haben bereits über den Fallstrick gesprochen, die Leistung nur auf der Basis von Taktfrequenz, Befehlszähler oder CPI anzugeben. Ein weiterer häufiger Fehler ist es, für den Leistungsvergleich nur zwei der drei Parameter zu nutzen. Dies kann zwar in begrenztem Kontext richtig sein, aber auch leicht in die Irre führen. Fast alle vorgeschlagenen Alternativen zur Verwendung der Zeit als Leistungskennzahl haben irgendwann zu falschen Behauptungen, verzerrten Ergebnissen oder fehlerhaften Interpretationen geführt.

Eine Alternative zur Zeit ist **MIPS** (million instructions per second):

$$MIPS = \frac{\text{Befehlszähler}}{\text{Ausführungszeit} \times 10^6}$$

MIPS Ein Maß für die Rechenleistung von Computern, das auf der Anzahl der pro Sekunde ausgeführten Befehle basiert.

Weil MIPS eine Ausführungsgeschwindigkeit ist, ist das Maß umgekehrt proportional zur Ausführungszeit. Ein Vorteil von MIPS ist, dass es der Intuition entgegenkommt: Schnellere Computer haben einen höheren MIPS-Wert.

Bei der Verwendung von MIPS als Vergleichsmaß für Computer gibt es drei Probleme. Erstens gibt MIPS die Befehlsausführungsgeschwindigkeit an, berücksichtigt aber nicht den Inhalt der verschiedenen Befehle. Anhand von MIPS können keine Computer mit unterschiedlichen Befehlssätzen verglichen werden, weil deren Befehlszähler sich normalerweise unterscheiden. Zweitens variiert MIPS zwischen Programmen auf demselben Computer. Ein Computer kann also keine eindeutige MIPS-Bewertung haben. Substituiert man beispielsweise die Ausführungszeit, erkennt man die Beziehung zwischen MIPS, Taktfrequenz und CPI:

$$\text{MIPS} = \frac{\text{Befehlszähler}}{\dfrac{\text{Befehlszähler} \times \text{CPI}}{\text{Taktfrequenz}} \times 10^6} = \frac{\text{Taktfrequenz}}{\text{CPI} \times 10^6}$$

Gemäß Tabelle 1.5 variiert der CPI-Wert für SPECspeed 2017 auf einem Computer mit einem Intel Xeon um den Faktor 4, und dasselbe gilt für MIPS. Und was schließlich am wichtigsten ist: Wenn ein neues Programm mehr Befehle ausführt, aber jeder einzelne Befehl schneller ist, kann MIPS unabhängig von der Performanz variieren!

Selbsttest

Betrachten Sie die folgende Leistungsmessung für ein Programm:

Messung	Computer A	Computer B
Befehlszähler	10 Mrd.	8 Mrd.
Taktfrequenz	4 GHz	4 GHz
CPI	1,0	1,1

a) Welcher Computer hat die höhere MIPS-Bewertung?

b) Welcher Computer ist schneller?

1.12   Schlussbetrachtungen

Während der ENIAC mit 18 000 Vakuumröhren ausgestattet ist und 30 Tonnen wiegt, werden die Computer der Zukunft vielleicht mit 1 000 Vakuumröhren auskommen und nur 1,5 Tonnen wiegen.

Sir Karl Popper, *Popular Mechanics*, März 1949

Es ist zwar schwierig, das Kosten-Leistungs-Verhältnis zukünftiger Computer exakt vorherzusagen, doch es ist ziemlich sicher abzusehen, dass sie wesentlich besser sein werden, als sie es heute sind. Um an diesem Fortschritt teilhaben zu können, müssen Rechnerarchitekten und Programmierer die Dinge in einem breiteren Blickwinkel betrachten.

Sowohl Hardware- als auch Softwareentwickler entwerfen hierarchische Systeme, wobei die unteren Ebenen jeweils mehr Details enthalten als die oberen Ebenen. Das Konzept der **Abstraktion** ist wichtig für das Verständnis moderner Computersysteme. Es bedeutet jedoch nicht, dass es für Entwickler genügt, sich mit einer einzigen Technologie auszukennen. Das vielleicht wichtigste Beispiel für die Abstraktion ist die Schnittstelle zwischen der Hardware und der Software auf Maschinenebene, der so genannten *Befehlssatzarchitektur*. Wenn die Befehlssatzarchitektur beibehalten wird, sind viele Implementierungen dieser Architektur mit unterschiedlichen Kosten und unterschiedlichem Leistungsverhalten zum Ausführen identischer Software möglich. Der Nachteil ist, dass diese Architektur unter Umständen die Einführung von Innovationen verhindert, weil eine Änderung der Schnittstelle erforderlich ist.

Es gibt eine zuverlässige Methode, Leistung unter Verwendung der Ausführungszeit realer Programme als Kennzahl zu bestimmen und zurückzumelden. Diese Ausführungszeit hängt mit anderen wichtigen Messungen zusammen, die wir anhand der folgenden Gleichung vornehmen können:

$$\frac{\text{Sekunden}}{\text{Programm}} = \frac{\text{Befehle}}{\text{Programm}} \times \frac{\text{Taktzyklen}}{\text{Befehl}} \times \frac{\text{Sekunden}}{\text{Taktzyklus}}$$

Wir verwenden diese Gleichung und ihre Faktoren sehr häufig. Beachten Sie jedoch, dass die Faktoren als einzelner Wert die Leistung nicht bestimmen können. Nur das Produkt, das gleich der Ausführungszeit ist, ist ein zuverlässiges Leistungsmaß.

Grundwissen

Die Ausführungszeit ist das einzige absolut zuverlässige Leistungsmaß. Viele andere Kennzahlen wurden vorgeschlagen und als unzulänglich befunden. Manche diese Kennzahlen waren von Anfang an fehlerhaft, da sie die Ausführungszeit nicht widerspiegelen. Andere, die in einem begrenzten Kontext aussagekräftig sind, werden auch außerhalb des Kontexts verwendet, oder es wird nicht für die Präzisierung gesorgt, die notwendig wäre, um die Gültigkeit der Kennzahl entsprechend zu erweitern.

Die Schlüsseltechnologie für moderne Prozessoren ist die Siliziumtechnologie. Während Silizium den schnellen Fortschritt der Hardware antreibt, haben die neuen Konzepte im Computeraufbau das Preis-Leistungs-Verhältnis verbessert. Zwei der wichtigsten Konzepte sind die Ausnutzung der Parallelität im Programm, was heute typischerweise über mehrere Prozessoren passiert, sowie die Ausnutzung der Lokalität der Zugriffe auf eine **Speicherhierarchie**, wofür üblicherweise Caches eingesetzt werden.

Die Energieeffizienz hat die Die-Fläche als kritischste Ressource beim Mikroprozessor-Design abgelöst. Das Bestreben, Strom zu sparen und gleichzeitig die Leistung zu steigern, hat die Hardware-Industrie gezwungen, auf Multicore-Prozessoren umzusteigen, wodurch wiederum die Software-Industrie gezwungen wurde, auf die Programmierung paralleler Hardware umzusteigen. **Parallelität** ist nun eine notwendige Eigenschaft für Performanz.

ABSTRAKTION

HIERARCHIE

PARALLELITÄT

Computer-Designs wurden immer schon nach Kosten und Leistung bewertet, ebenso wie nach weiteren wichtigen Faktoren, wie etwa Energieverbrauch, Zuverlässigkeit, Betriebskosten und Skalierbarkeit. Obwohl wir uns in diesem Kapitel den einzelnen Faktoren – Kosten, Leistung und Energieverbrauch – konzentriert haben, sei an dieser Stelle ausdrücklich darauf hingewiesen, dass die besten Designs immer noch versuchen, für ein gegebenes Marktsegment ein sinnvolles Gleichgewicht aus allen Faktoren zu erzielen.

Übersicht über dieses Buch

Die Grundlage der in diesem Buch behandelten Abstraktionen bilden die fünf klassischen Komponenten eines Computers: Datenpfad, Leitwerk, Hauptspeicher, Eingabe und Ausgabe (siehe Abbildung 1.4). Diese fünf Komponenten geben auch die grobe Gliederung dieses Buches vor:

- *Datenpfad:* Kapitel 3, 4, 6 und Anhang C (online)
- *Leitwerk:* Kapitel 4, 6 und Anhang C (online)
- *Hauptspeicher:* Kapitel 5
- *Eingabe:* Kapitel 5 und 6
- *Ausgabe:* Kapitel 5 und 6

Wie bereits erwähnt, beschreibt Kapitel 4, wie Prozessoren implizite Parallelität ausnutzen. Kapitel 6 beschreibt explizit parallele Multicore-Mikroprozessoren, die das Herzstück der parallelen Revolution darstellen. Anhang C (online) beschreibt den extrem parallel ausgelegten Grafikprozessor. In Kapitel 5 wird erläutert, wie bei Speicherhierarchien die Lokalität ausgenutzt wird. Kapitel 2 beschreibt Befehlssätze – die Schnittstelle zwischen Compilern und dem Computer –, wobei der Schwerpunkt darauf liegt, wie Compiler und Programmiersprachen die Funktionen des Befehlssatzes verwenden. Anhang A enthält eine Referenz für den Befehlssatz aus Kapitel 2. Kapitel 3 ist der Computerarithmetik gewidmet. In Anhang B wird das Logikdesign eingeführt.

1.13   Historische Perspektiven und Literaturhinweise

Ein aktives Forschungsgebiet ist wie ein riesiger Ameisenhaufen; die Individuen verschwinden fast in der Masse der sich überschlagenden Gedanken, doch sie tragen Informationen von einem Ort zum anderen und sorgen dafür, dass sie sich mit Lichtgeschwindigkeit ausbreiten.

Lewis Thomas, „Natural Science" in *The Lives of a Cell*, 1974

Jedem Kapitel in diesem Buch ist ein Abschnitt mit einem geschichtlichen Rückblick gewidmet, den wir online zur Verfügung stellen. Hier wird beispielsweise die Entwicklung einer Idee anhand einer Computerreihe aufgezeigt oder es werden einige wichtige Projekte beschrieben. Außerdem finden Sie hier Literaturhinweise für den Fall, dass Sie Ihr Wissen noch vertiefen möchten.

Der historische Rückblick für dieses Kapitel enthält Hintergrundinformationen zu einigen zentralen Ideen aus diesem Eröffnungskapitel. Ziel ist es, Ihnen die menschliche Seite hinter dem technologischen Fortschritt zu vermitteln und die Errungenschaften in ihren historischen Kontext einzuordnen. Wenn Sie die Vergangenheit verstehen, wird es Ihnen leichter fallen, die Kräfte zu verstehen, die die Welt der Computer in Zukunft gestalten werden. Jeder dieser historischen Abschnitte endet mit Vorschlägen für weiterführende Literatur. Den Rest von Abschnitt 1.13 finden Sie ebenfalls online.

1.14 Fragestellungen für das Selbststudium

In der vorliegenden 6. Auflage des Buches enthält jedes Kapitel erstmals einen Abschnitt, in dem Fragestellungen zusammen mit Lösungen präsentiert werden. Diese sollen das Nachdenken über den behandelten Stoff anregen und den Lesern die Möglichkeit geben zu prüfen, inwieweit sie diesem folgen konnten.

Übertragung der großen Ideen der Computerarchitektur in die reale Welt. Finden Sie unter den sieben großen Ideen der Computerarchitektur das jeweils am besten passende Gegenstück zu den folgenden Beispielen aus der realen Welt:

1. Reduzieren der Gesamtzeit für das Wäsche waschen, indem die nächste Ladung bereits gewaschen wird, während die vorherige noch trocknet;

2. Verstecken eines Ersatzschlüssels für den Fall, dass Sie Ihren Wohnungsschlüssel verlieren;

3. Prüfen der Wettervorhersage für Städte, durch die Sie eventuell fahren werden, wenn Sie eine lange Autofahrt im Winter planen und sich für eine Route entscheiden müssen;

4. Schnellkassen in Supermärkten für Kunden mit maximal zehn Artikeln;

5. Die Zweigstelle der öffentlichen Bibliothekssystems einer Großstadt;

6. Elektroauto mit Allradantrieb;

7. Auto mit optionalem Selbstfahrmodus, der den Zukauf von Einpark- und Navigationshilfen erfordert.

Wie messen Sie, was „am schnellsten" ist? Betrachten wir drei verschiedene Prozessoren, P1, P2 und P3, die die gleiche Befehlssatzarchitektur haben. P1 hat eine Taktzeit von 0,33 ns und einen CPI von 1,5; P2 hat eine Taktzeit von 0,40 ns und einen CPI von 1,0; P3 hat eine Taktzeit von 0,25 ns und einen CPI von 2,2.

1. Welcher Prozessor hat die höchste Taktrate und wie groß ist diese?

2. Welcher Computer ist der schnellste? Falls sich die Antwort von der vorherigen unterscheidet, erklären Sie, warum das so ist.

3. Inwiefern spiegeln die Antworten auf (1) und (2) die Bedeutung von Benchmarks wider?

Amdahl'sches Gesetz und Brüder. Das Amdahl'sche Gesetz entspricht im Wesentlichen dem Gesetzt des abnehmenden Grenzertrags, das für Investitionen ebenso wie für Computerarchitekturen gilt. Betrachten wir ein Beispiel, das dabei helfen soll, das Gesetz zu erklären. Angenommen, Ihr Bruder fühlt sich einem Start-up verbunden und versucht, Sie davon zu überzeugen, einen

Teil Ihrer Ersparnisse in das Start-up zu investieren. Denn, so behauptet er: „Das ist eine sichere Sache!"

1. Sie entscheiden sich, 10 % Ihrer Ersparnisse zu investieren. Wie groß muss der Return on Investment (ROI) für Ihre Investition in das Start-up sein, damit sich Ihr Gesamtvermögen verdoppelt, vorausgesetzt, dass das Start-up Ihre einzige Investition ist?

2. Angenommen, die Investition in das Start-up liefert den in (1) berechneten Gewinn. Welchen Anteil Ihrer Ersparnisse müssten Sie dann investieren, um 90 % bzw. 95 % des Gewinns zu realisieren, den Sie erzielen würden, wenn Sie alles in das Start-up investieren?

3. In welcher Beziehung stehen die Ergebnisse zu Amdahls Beobachtung über Computer? Was sagt uns das über Brüder?

DRAM-Preis vs. Kosten. Abbildung 1.15 zeigt die Preisentwicklung von DRAM-Chips von 1975 bis 2020. Im gleichen Zeitraum stiegt die Kapazität pro DRAM-Chip gemäß Abbildung 1.9. Die Graphen zeigen einen 1 000 000-fachen Anstieg der Kapazität (von 16 Kbit auf 16 Gbit) und eine Reduktion des Preises pro Gigabyte um den Faktor 1/25 000 000 (von 100 Millionen Dollar auf 4 Dollar). Man beachte, dass der Preis pro GiB nicht kontinuierlich fällt; vielmehr ist die allgemeine, sinkende Tendenz von Fluktuationen überlagert. Dagegen folgt die Kapazität pro Chip einer glatten, wachsenden Kurve.

1. Finden Sie in Abbildung 1.15 Hinweise auf die Verlangsamung des Moore'schen Gesetzes?

2. Warum fällt die Preisreduktion um einen Faktor von 25 stärker aus als die Verbesserung der Kapazität pro Chip? Welche anderen Gründe als die wachsende Chipkapazität könnte es geben?

3. Was könnte der Grund dafür sein, dass der Preis pro Gigabyte auf einer Zeitskala von 3 bis 5 Jahren fluktuiert? Hängt dies mit den Chipkosten (siehe Seite 29) zusammen oder mit anderen Kräften des Marktes?

Antworten

Übertragung großer Ideen der Computerarchitektur in die reale Welt

1. Performanz durch Pipelining
2. Zuverlässigkeit durch Redundanz (wobei man auch sagen könnte, dass dies ebenfalls ein Fall von Performanz durch Pipelining ist)
3. Performanz durch Vorhersagen
4. Beschleunigen des häufigen Falls
5. Speicherhierarchie
6. Performanz durch Parallelität (wobei man hier auch von einem Fall von Zuverlässigkeit durch Redundanz sprechen könnte)
7. Vereinfachung des Designs durch Abstraktion

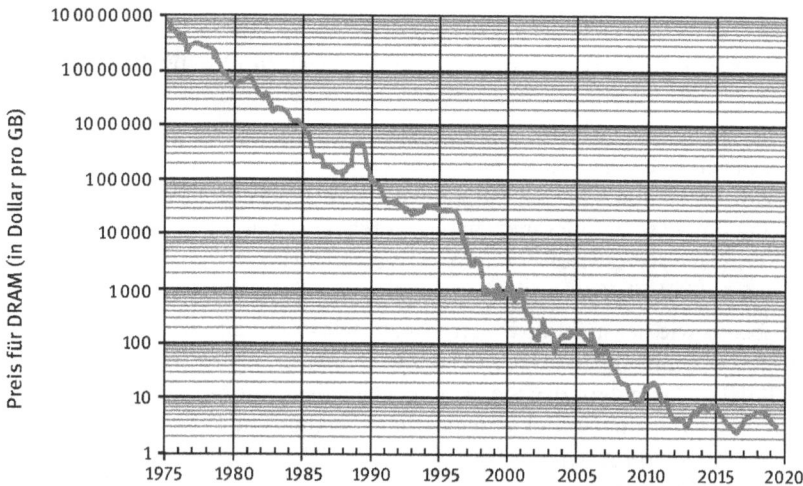

Abb. 1.15: Preisentwicklung für Speicher pro Gigabyte zwischen 1975 und 2020. (Quelle: https://jcmit.net/memoryprice.htm)

Wie messen Sie, was „am schnellsten" ist?

1. Die Taktrate ist der Kehrwert der Taktzeit. $P1 = 1/(0{,}33 \times 10^{-9}\,s) = 3\,GHz$; $P2 = 1/(0{,}40 \times 10^{-9}\,s) = 2{,}5\,GHz$; $P3 = 1/(0{,}25 \times 10^{-9}\,s) = 4\,GHz$. P3 hat die höchste Taktrate.

2. Da sie alle die gleiche Befehlssatzarchitektur haben, haben ihre Programme alle den gleichen Befehlszähler. Als Leistungsmaß können wir daher das Produkt aus der mittleren Zahl der Taktzyklen pro Befehl (CPI) und der Taktzeit verwenden. Letztere ist auch die mittlere Zeit für einen Befehl:

   (a) $P1 = 1{,}5 \times 0{,}33\,ns = 0{,}495\,ns$
   (Sie können die mittlere Befehlszeit auch durch das Verhältnis von CPI zu Taktrate berechnen, also $1{,}5/3{,}0\,GHz = 0{,}495\,ns$.)

   (b) $P2 = 1{,}0 \times 0{,}40\,ns = 0{,}40\,ns$ (oder $1{,}0/2{,}5\,GHz = 0{,}400\,ns$)

   (c) $P3 = 2{,}3 \times 0{,}25\,ns = 0{,}550\,ns$ (oder $1{,}0/4{,}0\,GHz = 0{,}550\,ns$)
   P2 ist der schnellste Prozessor und P3 der langsamste. Zwar hat er die höchste Taktrate, doch benötigt P3 im Mittel so viel mehr Taktzyklen, dass dies den Vorteil der höheren Taktrate zunichte macht.

3. Die Berechnung des CPI beruht auf einer Reihe von Benchmarks. Falls diese repräsentativ für reale Arbeitsbelastungen sind, sind die Antworten auf diese Fragen korrekt. Doch wenn die Benchmarks nicht realistisch sind, sind sie es womöglich nicht. Der Unterschied zwischen Parametern, die leicht zu bewerben sind, wie etwa zwischen Taktrate und der tatsächlichen Leistung, unterstreicht, wie wichtig die Entwicklung guter Benchmarks ist.

Amdahl'sches Gesetz und Brüder

1. Es braucht einen ROI von 11, um Ihr Vermögen zu verdoppeln: $90\% \times 1 + 10\% \times 11 = 2{,}0$.

2. Sie müssen 89 % Ihres Vermögens investieren, um 90 % des Gewinns zu realisieren, der bei einer vollständigen Investition in das Start-up erzielt wird: 90 % von 11 sind 9,9 und 11 % von 1 plus 89 % von 11 sind 9,9. Und um 95 % des Gesamtgewinns zu realisieren, müssen Sie 94,5 % Ihres Vermögens investieren: 95 % von 11 sind 10,45 und 5,5 % von 1 plus 94,5 % von 11 sind 10,45.

3. Ebenso wie der nicht investierte Anteil selbst im Falle eines erfolgreichen Start-ups mit hohem ROI den Vermögenszuwachs schmälert, beschränkt der Teil des Computers, den Sie nicht beschleunigen, die Vorteile der Beschleunigung, egal um wie viel schneller Sie die verbesserte Komponente machen. Der investierte Anteil wird sicher davon abhängen, wie groß Ihr Vertrauen in das Urteilsvermögen Ihres Bruders ist, zumal 90 % aller Start-ups nicht erfolgreich sind.

DRAM-Preis vs. Kosten

1. Auch wenn die Preise fluktuieren, sieht es danach aus, dass die Preisentwicklung seit 2013 abflacht, was im Einklang mit dem Verlangsamen des Moore'schen Gesetzes steht. Beispielsweise lag der DRAM-Preis 2013 bei 4 $ pro GB, ebenso 2016 und 2019. Es gab in der Vergangenheit keine andere derart lange Periode, in der die Kurve so flach war.

2. In keiner der beiden Abbildungen wird das Produktionsvolumen der DRAM-Chips erwähnt, was eine Erklärung dafür sein kann, warum die Preisentwicklung stärker ausfällt als die der Kapazität pro Chip. Bei der Herstellung gibt es gewöhnlich Lernkurven, wobei jeder Faktor 10 bei der Stückzahl zu einem Faktor von etwa 2 bei der Kostenreduktion führt. Außerdem gibt es Innovationen beim Packaging der Chips, welche die Kosten senken können und sich entsprechend auf die längerfristige Preisentwicklung auswirken.

3. DRAMs sind Massenartikel, und da mehrere Firmen ähnliche Produkte herstellen, sind diese dem Druck des Marktes und Preisschwankungen unterworfen. Die Preise steigen, wenn die Nachfrage das Angebot übersteigt, und sie sinken im umgekehrten Fall. Es gab mehrere Phasen, in denen DRAMs sehr profitabel waren. In diesen Phasen bauten die Hersteller die Fertigungskapazitäten aus, bis es ein Überangebot gab und die Preise fielen. Dann wurden die neuen Fertigungskapazitäten wieder zurückgefahren.

1.15 Aufgaben

Allgemeine Hinweise: Der relative Zeitaufwand, der für die einzelnen Aufgaben benötigt wird, ist jeweils in der eckigen Klammer hinter der Aufgabennummer angegeben. Im Durchschnitt werden Sie für eine Aufgabe, die mit [10] bewertet ist, doppelt so lange brauchen, wie für eine Aufgabe mit der Bewertung [5]. Die Abschnitte dieses Kapitels, die Sie gelesen haben sollten, bevor Sie versuchen, die Aufgabe zu lösen, sind in spitzen Klammern angegeben.

Aufgabe 1.1

[2] <1.1> Nennen und beschreiben Sie drei Typen von Computern.

Aufgabe 1.2

[5] <1.2> Die sieben wichtigen Konzepte in der Computerarchitektur finden sich in ähnlicher Form in anderen Gebieten wieder. Ordnen Sie die sieben Konzepte, von denen sich die Computerarchitektur leiten lässt, also Vereinfachung durch Abstraktion, Beschleunigen des häufigen Falls, Performanz durch Parallelität, Performanz durch Pipelining, Performanz durch Vorhersagen, Speicherhierarchie sowie Zuverlässigkeit durch Redundanz, den folgenden Ideen aus anderen Gebieten zu:

a. Fertigungsstraßen in der Automobilindustrie

b. Tragseile von Hängebrücken

c. Navigationssysteme für Luftfahrt und Marine, die Windinformationen berücksichtigen

d. Expressaufzüge in Gebäuden

e. Bestellschalter in Bibliotheken

f. Vergrößern der Gate-Fläche auf einem CMOS-Transistor, um dessen Schaltzeit zu verkürzen

g. Konstruktion autonomer Fahrzeuge, deren Kontrollsysteme zum Teil auf existierenden Sensorsystemen basieren, die bereits in der Basisversion des Fahrzeugs eingebaut sind, wie etwa Spurhaltesysteme oder Abstands- und Geschwindigkeitsregler

Aufgabe 1.3

[2] <1.3> Beschreiben Sie die Schritte, die ein in einer höheren Programmiersprache wie C geschriebenes Programm in eine Darstellung überführen, die von einem Prozessor direkt ausgeführt werden kann.

Aufgabe 1.4

[2] <1.4> Betrachten Sie einen Farbbildschirm von 1280×1024 Pixeln, der für jede Primärfarbe (Rot, Grün, Blau) 8 Bit pro Pixel verwendet.

a. Wie groß (ausgedrückt in Byte) muss der Bildspeicher mindestens sein, um ein Bild speichern können?

b. Wie lange dauert es mindestens, ein Bild über ein 100 MBit/s-Netzwerk zu übertragen?

Aufgabe 1.5

[4] <1.6> Betrachten Sie drei verschiedene Prozessoren, P1, P2 und P3, die alle den gleichen Befehlssatz ausführen. P1 hat eine Taktfrequenz von 3 GHz und einen CPI von 1,5. P2 hat eine Taktfrequenz von 2,5 GHz und einen CPI von 1,0. P3 hat eine Taktfrequenz von 4,0 GHz und einen CPI von 2,2.

a. Welcher Prozessor hat die größte Leistung, ausgedrückt in Befehlen pro Sekunde?

b. Angenommen, jeder der Prozessoren führt ein Programm in 10 Sekunden aus. Bestimmen Sie jeweils die Anzahl der Zyklen und die Anzahl der Befehle.

c. Wir versuchen, die Ausführungszeit um 30 % zu reduzieren, doch das führt zu einem Anstieg des CPI-Werts um 20 %. Welche Taktfrequenz haben wir also, wenn wir diese Zeitverkürzung erreichen?

Aufgabe 1.6

[5] In der Tabelle oben auf der nächsten Seite sind verschiedene Leistungsindikatoren für Desktop-Prozessoren angegeben, die Intel seit 2010 herausgebracht hat.

In der mit „Tech" überschriebenen Spalte ist die Größe der kleinsten Funktionseinheit beim Fertigungsprozess des jeweiligen Prozessors angegeben. Nehmen Sie an, dass die Größe der Dies relativ konstant geblieben ist und die Anzahl der auf dem Chip enthaltenen Transistoren wie $(1/t)^2$ skaliert, wobei t die Größe der kleinsten Funktionseinheit ist.

Berechnen Sie für jeden Leistungsindikator die durchschnittliche Verbesserungsrate in den Jahren 2010 bis 2019 sowie die Anzahl der Jahre, die für eine Verdopplung der jeweiligen Rate nötig waren.

Aufgabe 1.7

[20] <1.6> Betrachten wir zwei verschiedene Implementierungen der gleichen Befehlssatzarchitektur. Die Befehle können anhand ihres CPI-Werts in vier Klassen (A, B, C und D) unterteilt werden. P1 hat eine Taktfrequenz von 2,5 GHz und die CPI-Werte 1, 2, 3 und 3 für die vier Klassen. P2 hat eine Taktfrequenz von 3 GHz und die CPI-Werte 2, 2, 2 und 2.

Gegeben sei ein Programm mit einem dynamischen Befehlszähler von 1,6E6 Befehlen, die wie folgt auf die Klassen verteilt sind: 10 % in Klasse A, 20 % in Klasse B, 50 % in Klasse C und 20 % in Klasse D. Welcher Prozessor ist schneller, P1 oder P2?

a. Was sind die globalen CPI-Werte der beiden Implementierungen?

b. Bestimmen Sie für beide Fälle die erforderlichen Taktzyklen.

Desktop-Prozessor	Jahr	Tech	max. Taktfrequenz (GHz)	Integer IPC/Core	Cores	max. DRAM Bandbr. (GB/s)	SP Gleitk. (Gflops/s)	L3-Cache (MiB)
Westmere i7-620	2010	32	3,33	4	2	17,1	107	4
Ivy Bridge i7-3770K	2013	22	3,90	6	4	25,6	250	8
Broadwell i7-6700K	2015	14	4,20	8	4	34,1	269	8
Kaby Lake i7-7700K	2017	14	4,50	8	4	38,4	288	8
Coffee Lake i7-9700K	2019	14	4,90	8	8	42,7	627	12
Verbesserung/Jahr		__ %	__ %	__ %	__ %	__ %	__ %	
Verdopplungszeit		__ Jahre	__ Jahre	__ Jahre	__ Jahre	__ Jahre	__ Jahre	

Aufgabe 1.8

[15] <1.6> Compiler können einen erheblichen Einfluss auf die Performanz einer Applikation haben. Nehmen Sie an, dass Compiler A für ein Programm einen dynamischen Befehlszähler von 1,0E9 ergibt und eine Ausführungszeit von 1,1 s hat, während Compiler B einen dynamischen Befehlszähler von 1,2E9 ergibt und eine Ausführungszeit von 1,5 s hat.

a. Bestimmen Sie unter der Annahme, dass der Prozessor eine Taktzeit von 1 ns hat, den mittleren CPI-Wert für jedes Programm.

b. Angenommen, das kompilierte Programm läuft auf zwei verschiedenen Prozessoren. Wenn die Ausführungszeiten auf den beiden Prozessoren gleich sind, um wie viel schneller ist dann die Taktung des Prozessors, auf dem der Code von Compiler A läuft gegenüber der Taktung des Prozessors, auf dem der Code von Compiler B läuft?

c. Es ist ein neuer Compiler entwickelt worden, der nur 6,0E8 Befehle verwendet und einen mittleren CPI-Wert von 1,1 hat. Wie groß ist die Beschleunigung, die sich durch Verwendung dieses neuen Compilers anstelle von A oder B auf dem gleichen Prozessor erreichen lässt?

Aufgabe 1.9

Der 2004 vorgestellte Prozessor Pentium 4 Prescott hatte eine Taktfrequenz von 3,6 GHz und eine Spannung von 1,25 V. Wir nehmen an, dass er im Durchschnitt 10 W statische Leistung und 90 W dynamische Leistung aufnimmt. Der 2012 vorgestellte Core i5 Ivy Bridge hatte eine Taktfrequenz von 3,4 GHz und eine Spannung von 0,9 V. Wir nehmen an, dass er im Durchschnitt 30 W statische Leistung und 40 W dynamische Leistung aufnimmt.

1.9.1 [5] <1.7> Bestimmen Sie für jeden Prozessor die kapazitive Last.

1.9.2 [5] <1.7> Bestimmen Sie jeweils den Prozentsatz der insgesamt verbrauchten Leistung, der in der statischen Leistung und dem Verhältnis von statischer zu dynamischer Leistung enthalten ist.

1.9.3 [15] <1.7> Wenn die insgesamt verbrauchte Leistung um 10 % verringert wird, um wie viel sollte dann die Spannung verringert werden, um den gleichen Leckstrom zu halten? *Hinweis:* Die Leistung ist definiert als das Produkt aus Spannung und Strom.

Aufgabe 1.10

Wir betrachten einen Prozessor mit den CPI-Werten 1, 12 und 5 für arithmetische Befehle, Lade-/Speicherbefehle bzw. Sprungbefehle. Außerdem nehmen wir an, dass ein auf einem einzelnen Prozessor laufendes Programm die Ausführung von 2,56E9 arithmetischen Befehlen, 1,28E9 Lade-/Speicherbefehlen und 256 Millionen Sprungbefehlen erfordert. Jeder Prozessor habe eine Taktfrequenz von 2 GHz. Das Programm wird parallelisiert, so dass es auf mehreren Kernen läuft, wobei wir annehmen, dass die Anzahl der arithmetischen Befehle und der Lade- und Speicherbefehle je Prozessor durch $0,5 \times p$ geteilt wird (p ist die Anzahl der Prozessoren), während die Anzahl der Sprungbefehle auf jedem Prozessor gleich bleibt.

1.10.1 [5] <1.7> Bestimmen Sie die Gesamtausführungszeit für dieses Programm auf 1, 2, 4 bzw. 8 Prozessoren. Um wie viel wird die Ausführung schneller, wenn statt einem einzigen Prozessor 2, 4 bzw. 8 Prozessoren verwendet werden?

1.10.2 [10] <1.6, 1.8> Welchen Einfluss hätte es auf die Ausführungzeit des Programms auf 1, 2, 4 bzw. 8 Prozessoren, wenn der CPI der arithmetischen Befehle verdoppelt würde?

1.10.3 [10] <1.6, 1.8> Auf welchen Wert müsste der CPI-Wert der Lade- und Speicherbefehle reduziert werden, um mit einem einzelnen Prozessor die Leistung von vier Prozessoren mit den ursprünglichen CPI-Werten zu erreichen?

Aufgabe 1.11

Angenommen, ein Wafer von 15 cm Durchmesser hat Kosten von 12, enthält 84 Dies und weist 0,02 Defekte pro cm^2 auf. Ein anderer Wafer habe einen Durchmesser von 20 cm, Kosten von 15, 100 Dies und eine Rate von 0,031 Defekten pro cm^2.

1.11.1 [10] <1.5> Bestimmen Sie für beide Wafer die Ausbeute.

1.11.2 [5] <1.5> Bestimmen Sie für beide Wafer die Kosten pro Die.

1.11.3 [5] <1.5> Bestimmen Sie die Die-Fläche und die Ausbeute für den Fall, dass die Anzahl der Dies um 10 % erhöht wird und die Anzahl der Defekte pro Flächeneinheit um 15 % steigt.

1.11.4 [5] <1.5> Angenommen, durch den Herstellungsprozess wird die Ausbeute von 0,92 auf 0,95 erhöht. Bestimmen Sie bei einer gegebenen Die-Fläche von 200 mm für jede Technologie die Anzahl der Defekte pro Flächeneinheit.

Aufgabe 1.12

Die SPEC CPU2006 Benchmark bzip2 auf einem AMD Barcelona ergab einen Befehlszähler von 2,389E12, eine Ausführungszeit von 750 s und eine Referenzzeit von 9650 s.

1.12.1 [5] <1.6, 1.9> Bestimmen Sie den CPI-Wert für eine Taktzeit von 0,333 ns.

1.12.2 [5] <1.9> Bestimmen Sie den SPECratio.

1.12.3 [5] <1.6, 1.9> Um wie viel steigt die CPU-Zeit, wenn die Anzahl der Benchmarkbefehle um 10 % erhöht wird ohne den CPI zu beeinflussen?

1.12.4 [5] <1.6, 1.9> Um wie viel steigt die CPU-Zeit, wenn die Anzahl der Benchmarkbefehle um 10 % und der CPI um 5 % erhöht wird?

1.12.5 [5] <1.6, 1.9> Wie ändert sich der SPECratio bei dieser Änderung?

1.12.6 [10] <1.6> Angenommen, wir entwickeln eine neue Version des AMD Barcelona mit einer Taktfrequenz von 4 GHz. Wir haben ein paar zusätzliche Befehle in den Befehlssatz aufgenommen, wodurch die Anzahl der Befehle um 15 % reduziert wurde. Die Ausführungszeit wurde auf 700 s reduziert und der neue SPECratio ist 13,7. Bestimmen Sie den neuen CPI.

1.12.7 [10] <1.6> Dieser CPI-Wert ist größer als der in Aufgabenteil 1.12.1 erhaltene, da die Taktfrequenz von 3 auf 4 GHz erhöht wurde. Finden Sie heraus, ob der Anstieg des CPI ähnlich dem der Taktfrequenz ist. Falls sie unähnlich sind: Warum ist das so?

1.12.8 [5] <1.6> Um wie viel ist die CPU-Zeit gesunken?

1.12.9 [10] <1.6> Für eine zweite Benchmark, libquantum, sei die Ausführungszeit 960 ns, der CPI 1,61 und die Taktfrequenz 3 GHz. Bestimmen Sie die Anzahl der Befehle für den Fall, dass die Ausführungszeit um weitere 10 % reduziert wurde, ohne den CPI zu beeinflussen und mit einer Taktfrequenz von 4 GHz.

1.12.10 [10] <1.6> Bestimmen Sie die Taktfrequenz, die für eine Verkürzung der CPU-Zeit um weitere 10 % erforderlich ist, wenn die Anzahl der Befehle und der CPI-Wert unverändert bleiben sollen.

1.12.11 [10] <1.6> Bestimmen Sie die Taktfrequenz, wenn der CPI-Wert um 15 % und die CPU-Zeit um 20 % reduziert werden, während die Anzahl der Befehle unverändert bleibt.

Aufgabe 1.13

In Abschnitt 1.11 wurde erwähnt, dass die Verwendung einer Untermenge der Leistungsgleichung als Leistungskennzahl einen möglichen Fallstrick darstellt. Um das zu illustrieren, betrachten wir die beiden folgenden Prozessoren. P1 hat eine Taktfrequenz von 4 GHz, einen mittleren CPI von 0,9 und erfordert die Ausführung von 5,0E9 Befehlen. P2 hat eine Taktfrequenz von 3 GHz, einen mittleren CPI von 0,75 und erfordert die Ausführung von 1,0E9 Befehlen.

1.13.1 [5] <1.6, 1.11> Ein häufiger Fallstrick besteht darin, den Computer mit der größeren Taktfrequenz für den leistungsstärkeren zu halten. Prüfen Sie, ob dies für P1 und P2 der Fall ist.

1.13.2 [10] <1.6, 1.11> Ein weiterer Fallstrick besteht in der Annahme, dass der Prozessor, der die meisten Befehle ausführt, die meiste CPU-Zeit benötigt. Nehmen Sie an, dass Prozessor P1 eine Folge von 1,0E9 Befehlen ausführt und dass sich die CPI-Werte der Prozessoren P1 und P2 nicht ändern. Bestimmen Sie unter dieser Annahme die Anzahl der Befehle, die P2 in der gleichen Zeit ausführen kann, die P1 für die Ausführung von 1,0E9 Befehlen benötigt.

1.13.3 [10] <1.6, 1.11> Ein häufiger Fallstrick ist es, die Größe MIPS für den Vergleich zweier verschiedener Prozessoren heranzuziehen und zu schließen, dass der Prozessor nit dem größeren MIPS-Wert der leistungsstärkere ist. Überprüfen Sie, ob dies für P1 und P2 richtig ist.

1.13.4 [10] <1.11> Ein anderes Maß, das oft zur Leistungsbeurteilung herangezogen wird, ist MFLOPS (Million Floating Point Operations per Second). Es ist definiert als die Anzahl der Gleitkommaoperationen (in Millionen) pro Sekunde. Bei diesem Maß tritt jedoch das gleiche Problem auf wie bei MIPS. Angenommen, 40 % der Befehle, die auf P1 und P2 ausgeführt werden, sind Gleitkommaoperationen. Bestimmen Sie die MFLOPS-Werte für die beiden Prozessoren.

Aufgabe 1.14

Ein anderer Fallstrick, der in Abschnitt 1.11 genannt ist, besteht in der Erwartung, dass sich die Gesamtleistung eines Computers verbessert, wenn nur ein einzelner Leistungsparameter verbessert wird. Betrachten wir einen Computer, auf dem ein Programm läuft, welches insgesamt 250 s benötigt, wobei 70 s für das Ausführen von Gleitkommaoperationen aufgewendet werden, 85 s für Lade-/Speicherbefehle und 40 s für Sprungbefehle.

1.14.1 [5] <1.11> Um wie viel wird die Gesamtzeit reduziert, wenn der Zeitaufwand für Gleitkommaoperationen um 20 % reduziert wird?

1.14.2 [5] <1.11> Um wie viel wird der Zeitaufwand für Ganzzahloperationen reduziert, wenn die Gesamtzeit um 20 % reduziert wird?

1.14.3 [5] <1.11> Kann die Gesamtzeit um 20 % reduziert werden, indem man lediglich die Zeit für Sprungbefehle reduziert?

Aufgabe 1.15

Angenommen, ein Programm erfordert die Ausführung von $50 \cdot 10^6$ Gleitkommaoperationen und 110×10^6 Ganzzahloperationen, 80×10^6 Lade-/Speicherbefehlen und 16×10^6 Sprungbefehlen. Die CPI-Werte der verschiedenen Befehlstypen sind 1, 1, 4 und 2. Der Prozessor habe eine Taktfrequenz von 2 GHz.

1.15.1 [10] <1.11> Um wie viel müssen wir den CPI für die Gleitkommaoperationen verbessern, wenn wir wollen, dass das Programm doppelt so schnell läuft?

1.15.2 [10] <1.11> Um wie viel müssen wir den CPI für die Lade- und Speicherbefehle verbessern, wenn wir wollen, dass das Programm doppelt so schnell läuft?

1.15.3 [5] <1.11> Um wie viel wird die Ausführungszeit des Programms verbessert, wenn die CPI-Werte von Ganzzahl- und Gleitkommaoperationen um 40 % und die CPI-Werte von Lade-/Speicherbefehlen sowie von Sprungbefehlen um 30 % reduziert werden?

Aufgabe 1.16

[5] <1.8> Wenn ein Programm so angepasst wird, dass es auf mehreren Prozessoren in einem Multiprozessorsystem läuft, dann beinhaltet die Ausführungszeit auf jedem Prozessor die Rechenzeit und die zusätzliche Zeit, die für gesperrte kritische Abschnitte und/oder den Austausch von Daten zwischen den einzelnen Prozessoren erforderlich ist.

Angenommen, ein Programm braucht eine Ausführungszeit von $t = 100\,\mathrm{s}$ auf einem Prozessor. Wenn p Prozessoren eingesetzt werden, braucht jeder Prozessor die Zeit t/p und, unabhängig von der Anzahl der Prozessoren, zusätzlich 4 s für Kommunikation und Synchronisation. Berechnen Sie die pro Prozessor benötigte Ausführungszeit für ein System mit 2, 4, 8, 16, 32, 64 und 128 Prozessoren. Listen Sie für jeden dieser Fälle die Beschleunigung sowie das Verhältnis zwischen tatsächlicher Beschleunigung und idealisierter Beschleunigung (Vernachlässigung des Overheads) gegenüber dem System mit nur einem Prozessor auf.

Antworten zu den Selbsttests

Abschnitt 1.1, Seite 9: Diskussionsfragen; es gibt viele mögliche Antworten.

Abschnitt 1.4, Seite 25: DRAM-Speicher: flüchtig, kurze Zugriffszeit von 50 bis 70 Nanosekunden und Kosten pro GB von 5 bis 10 Dollar. Festplattenspeicher: nichtflüchtig, die Zugriffszeiten sind 100 000- bis 400 000-mal so lang wie bei DRAM, während die Kosten nur ein Hunderstel betragen. Flash-Speicher: nichtflüchtig, Zugriffszeit 100- bis 1000-mal so lang wie bei DRAM, Kosten pro GB ein Zehntel bis ein Siebentel der entsprechenden Kosten bei DRAM.

Abschnitt 1.5, Seite 30: Die Begründungen 1, 3 und 4 sind richtig. Die Aussage 5 ist nicht allgemeingültig, auch wenn sie im konkreten Fall zutreffen kann. Es ist möglich, dass sich aufgrund der hohen Stückzahl die zusätzliche Investition in die Reduktion der Die-Größe, sagen wir um 10 %, als gute ökonomische Entscheidung erweist; es muss jedoch nicht zwingend so sein.

Abschnitt 1.6, Seite 35: 1. a): beide, b): die Antwortzeit, c): nichts von beiden; 2. 7 Sekunden.

Abschnitt 1.6, Seite 42; b)

Abschnitt 1.11, Seite 56: a): Computer A hat die höhere MIPS-Bewertung. b): Computer B ist schneller.

2 Befehle: Die Sprache des Rechners

2.1 Einführung

Um die Hardware eines Rechners zu steuern, müssen Sie die Sprache des Computers sprechen. Die Wörter der Sprache eines Rechners werden *Befehle* genannt und der Wortschatz wird als **Befehlssatz** bezeichnet. In diesem Kapitel werden Sie den Befehlssatz eines realen Computers kennenlernen, sowohl in der von Menschen geschriebenen Form als auch in der Form, wie er vom Computer gelesen wird. Die Befehle werden zunächst in Top-Down-Vorgehensweise eingeführt. Wir beginnen zunächst mit einer Notation, die an eine eingeschränkte Programmiersprache erinnert. Dann werden wir die Darstellung schrittweise verfeinern, bis Sie die echte Sprache eines realen Computers vor sich haben. In Kapitel 3 werden wir in der Hierarchie weiter nach unten vordringen und die Darstellung von Ganzzahlen und Gleitkommazahlen näher betrachten, ebenso die Hardware, die mit diesen Zahlen arbeitet.

Befehlssatz Der Wortschatz mit den Befehlen, die eine bestimmte Architektur versteht.

Möglicherweise stellen Sie sich die Sprachen der Computer so vielfältig wie die Sprachen der Menschen vor. Tatsächlich ist es jedoch so, dass die Sprachen der Rechner einander sehr ähnlich sind. In dieser Hinsicht lassen sie sich eher mit Dialekten als mit eigenständigen Sprachen vergleichen. Wenn Sie also eine Sprache erlernt haben, ist es einfach, eine weitere zu erlernen.

Der gewählte Befehlssatz stammt von MIPS Technologies und ist ein elegantes Beispiel für die seit den 1980er-Jahren entworfenen Befehlssätze. Um zu demonstrieren, wie einfach es ist, andere Befehlssätze zu verstehen, werfen wir einen kurzen Blick auf drei andere verbreitete Befehlssätze.

1. ARMv7 ähnelt MIPS. Zwischen 2017 und 2020 wurden mehr als 100 Milliarden Chips mit ARM-Prozessoren hergestellt, wodurch ARMv7 zu dem weltweit meistgenutzten Befehlssatz wurde.

2. Das zweite Beispiel ist der Intel-x86-Befehlssatz, der sowohl in den Prozessoren der PC-Ära als auch den Clouds der Post-PC-Ära steckt.

3. Das dritte Beispiel ist der ARMv8-Befehlssatz, der die Adresslänge der ARMv7-Architektur von 32 auf 64 Bit erweitert. Wie wir sehen werden, ist dieser im Jahr 2013 eingeführte Befehlssatz näher an MIPS als an ARMv7.

Die Ähnlichkeiten der Befehlssätze resultieren aus der Tatsache, dass alle Rechner mit Hardware-Techniken aufgebaut werden, denen ähnliche Prinzipien zugrunde liegen, und es einige wenige elementare Operationen gibt, die alle Rechner anbieten müssen. Darüber hinaus verfolgen Rechnerarchitekten

https://doi.org/10.1515/9783111352732-002

ein gemeinsames Ziel: Eine Sprache zu finden, die das Konstruieren der Hardware und des Compilers erleichtert und dabei die Leistung maximiert und die Kosten und den Energieverbrauch minimiert. Dies ist ein althergebrachtes Ziel. Das folgende Zitat wurde niedergeschrieben, bevor es den ersten Computer zu kaufen gab, und es gilt heute noch genauso wie 1946:

> *Mit Methoden der formalen Logik ist es leicht zu erkennen, dass gewisse [Befehlssätze] existieren, die die abstrakte Entsprechung für das Steuern und Auslösen einer beliebigen Folge von Operationen darstellen. [..] Die aus heutiger Sicht wirklich entscheidenden Punkte bei der Auswahl [eines Befehlssatzes] sind eher von praktischer Natur: Einfachheit der Ausstattung, die der Befehlssatz erfordert, sowie Klarheit darüber, dass damit die heute wirklich wichtigen Probleme mit überzeugender Geschwindigkeit behandelt werden können.*

Burks, Goldstine und von Neumann, 1946

Diese „simplicity of equipment", womit die Einfachheit des Systemaufbaus bedingt durch den Befehlssatz gemeint ist, ist als Entwurfsziel für die heutigen Rechner noch genauso wichtig wie in den 1950er-Jahren. In diesem Kapitel soll ein Befehlssatz eingeführt werden, der dieser Zielsetzung folgt, wobei zum einen seine Repräsentation in der Hardware und zum anderen die Beziehung zwischen höheren Programmiersprachen und dieser eher primitiveren Sprache aufgezeigt wird. Die Beispiele sind in der Programmiersprache C geschrieben. In Abschnitt 2.15 (online) ist dargestellt, wie sich diese mit einer objektorientierten Sprache wie Java ändern.

Von-Neumann-Konzept Die Idee, dass Befehle und Daten im Speicher als Zahlen gespeichert werden können. Sie führt zum Von-Neumann-Rechner.

Während Sie etwas über die Befehle und ihre Repräsentation lernen, werden Sie gleichzeitig das Geheimnis der Rechnerorganisation entdecken: das **Von-Neumann-Konzept**. Darüber hinaus werden Sie Ihre „fremdsprachlichen" Fähigkeiten üben und Programme in der Sprache des Rechners schreiben. Sie werden außerdem den Einfluss von Programmiersprachen und Compileroptimierungen auf die Leistung kennenlernen. Das Kapitel schließt mit einem Blick auf die historische Entwicklung von Befehlssätzen und einer Übersicht über andere Sprachdialekte, die bei Rechnern zu finden sind.

Wir legen schrittweise den MIPS-Befehlssatz dar und zeigen dabei die Grundprinzipien der Rechnerorganisation auf. In diese schrittweise Untersuchung von oben nach unten werden die Komponenten mit den entsprechenden Erläuterungen so eingebunden, dass die Assemblersprache besser verständlich wird. Tabelle 2.1 bietet einen kurzen Überblick über den in diesem Kapitel beschriebenen Befehlssatz.

Tab. 2.1: Die in diesem Kapitel vorgestellte MIPS-Assemblersprache. Diese Information finden Sie auch in Spalte 1 der MIPS-Zusammenfassung hinten im Buch.

MIPS-Operanden		
Name	Beispiel	Anmerkung
32 Register	$s0-$s7, $t0-$t9, $zero, $a0-$a3, $v0-$v1, $gp, $fp, $sp, $ra, $at	Schnelle Positionen für Daten. In MIPS müssen sich Daten in Register befinden, um arithmetische Operationen damit durchführen zu können. $zero ist immer 0, und Register $at ist vom Assembler für große Konstanten reserviert.
2^{30} Speicherwörter	Memory[0], Memory[4], ..., Memory[4294967292]	Werden nur von Datentransferbefehlen verwendet. MIPS verwendet Byteadressen, so dass sich die sequentiellen Wortadressen um 4 unterscheiden. Der Speicher enthält Datenstrukturen, Arrays und übergelaufene Register.

MIPS-Assembler				
Kategorie	Befehl	Beispiel	Bedeutung	Anmerkung
arithmetisch	add	add $s1,$s2,$s3	$s1=$s2+$s3	Drei Register-Operanden
	subtract	sub $s1,$s2,$s3	$s1=$s2-$s3	Drei Register-Operanden
	add immediate	addi $s1,$s2,20	$s1=$s2+20	Zum Addieren von Konstanten
Datentransfer	load word	lw $s1,20($s2)	$s1= Memory[$s2+20]	Wort aus dem Speicher ins Register
	store word	sw $s1,20($s2)	Memory[$s2+20]=$s1	Wort aus dem Register in den Speicher
	load half	lh $s1,20($s2)	$s1=Memory[$s2+20]	Halbwort aus dem Speicher ins Register
	load half unsigned	lhu $s1,20($s2)	$s1=Memory[$s2+20]	Halbwort aus dem Speicher ins Register
	store half	sh $s1,20($s2)	Memory[$s2+20]=$s1	Halbwort aus dem Register in den Speicher
	load byte	lb $s1,20($s2)	$s1=Memory[$s2+20]	Byte aus dem Speicher ins Register
	load byte unsigned	lbu $s1,20($s2)	$s1 = Memory[$s2+20]	Byte aus dem Speicher ins Register
	store byte	sb $s1,20($s2)	Memory[$s2+20]=$s1	Byte aus dem Register in den Speicher
	load linked word	ll $s1,20($s2)	$s1=Memory[$s2+20]	Wort als 1. Hälfte eines atomaren Vertauschens laden
	store condition. word	sc $s1,20($s2)	Memory[$s2+20=$s1; $s1=0 or 1	Byte aus dem Speicher ins Register
	load upper immed.	lui $s1,20	$s1=20*$2^{16}$	Lädt eine Konstante in die oberen 16 Bit
logisch	and	and $1s,$s2,$s3	$s1=$s2 & $s3	Drei Register-Operanden, bitweises AND
	or	or $1s,$s2,$s3	$s1=$s2	$s3	Drei Register-Operanden, bitweises OR
	nor	nor $1s,$s2,$s3	$s1=~($s2 | $s3)	Drei Register-Operanden, bitweises NOR
	and immediate	andi $s1,$s2,20	$s1=$s2 & 20	Bitweises AND für Register unt Konstante
	or immediate	ordi $s1,$s2,20	$s1=$s2	20	Bitweises OR für Register und Konstante
	shift left logical	sll $s1,$s2,10	$s1=$s2<<10	Linksverschieben um eine Konstante
	shift rigth logical	srl $s1,$s2,10	$s1=$s2>>10	Rechtsverschieben um eine Konstante
bedingte Verzweigung	branch on equal	beq $s1,$s2,25	if ($s1==$s2) go to PC+4+100	Test auf Gleichheit; PC-abhängige Verzweigung
	branch on not equal	bne $s1,$s2,25	if ($s1!=$s2) go to PC+4+100	Test auf Ungleichheit; PC-abhängige Verzweigung
	set on less than	slt $s1,$s2,$s3	if ($s2<$s3) $s1=1; else $s1=0	Vergleich auf kleiner; für beq, bne
	set on less than unsigned	sltu $s1,$s2,$s3	if ($s2<$s3) $s1=1; else $s1=0	Vergleich auf kleiner, vorzeichenlos
	set less than immediate	slti $s1,$s2,20	if ($s2<20) $s1=1; else $s1=0	Vergleich auf kleiner als eine Konstante
	set less than immediate unsigned	sltiu $s1,$s2,20	if ($s2<20) $s1=1; else $s1=0	Vergleich auf kleiner als eine Konstante, vorzeichenlos
unbedingter Sprung	jump	j 2500	go to 10000	Sprung an Zieladresse
	jump register	jr $ra	goto $ra	Für Vertauschen, Prozedurrücksprung
	jump and link	jal 2500	$ra=PC+4; goto 10000	Für Prozeduraufruf

2.2 Operationen der Rechnerhardware

Was es unbedingt geben muss, sind Befehle zum Ausführen elementarer arithmetischer Operationen.

Burks, Goldstine und von Neumann, 1946

Jeder Rechner muss arithmetische Operationen ausführen können. In der Notation der MIPS-Assemblersprache wird mit

```
add a, b, c
```

ein Rechner angewiesen, die Variablen b und c zu addieren und das Ergebnis in a zu speichern. Diese Notation legt genau fest, dass jeder arithmetische MIPS-Befehl nur eine Operation ausführt und immer genau drei Variablen enthalten muss. Nehmen wir beispielsweise an, wir möchten die Summe der Variablen b, c, d und e in der Variablen a speichern. (In diesem Abschnitt nehmen wir es bewusst noch nicht ganz so genau damit, was eine „Variable" ist. Das werden wir im nächsten Abschnitt nachholen.)

Mit der folgenden Befehlsfolge werden die vier Variablen addiert:

```
add a, b, c    # a wird die Summe aus b und c zugewiesen
add a, a, d    # addiere d zu a
add a, a, e    # a ist nun die Summe aus b, c, d und e
```

Es werden also drei Befehle benötigt, um vier Variablen zu addieren. Der Text nach dem Rautensymbol (#) in den Zeilen oben ist ein *Kommentar* für den menschlichen Leser und wird vom Rechner ignoriert. Im Gegensatz zu anderen Programmiersprachen kann bei dieser Sprache jede Zeile maximal einen Befehl enthalten. Ein weiterer Unterschied zu C besteht darin, dass Kommentare immer mit dem Zeilenende abschließen.

Die natürliche Anzahl von Operanden – eine Operation wie die Addition – ist drei: die beiden Zahlen, die addiert werden, und eine Zahl für den Ort, an dem das Ergebnis gespeichert wird. Die Tatsache, dass jeder Befehl aus genau drei Operanden bestehen muss, entspricht der Philosophie, die Hardware möglichst einfach zu halten: Die Hardware für eine variable Anzahl von Operanden ist komplexer als die Hardware für eine feste Anzahl von Operanden. Damit wird das erste der vier grundlegenden Prinzipien für den Hardwareentwurf deutlich:

Entwurfsprinzip 1: Einfachheit begünstigt Regelmäßigkeit.

Anhand der beiden folgenden Beispiele können wir Programme, die in einer höheren Programmiersprache geschrieben werden, mit Programmen vergleichen, die mit dieser maschinennahen Notation geschrieben werden.

Beispiel: Übersetzen von zwei C-Anweisungen nach MIPS

Dieser Ausschnitt aus einem C-Programm enthält die fünf Variablen a, b, c, d und e. Da Java aus C hervorgegangen ist, stehen dieses und die nächsten Beispiele für beide höheren Programmiersprachen:

```
a = b + c;
d = a - e;
```

Die C-Befehle werden vom *Compiler* in MIPS-Befehle übersetzt. Geben Sie den von einem Compiler generierten MIPS-Code an.

Lösung: Ein MIPS-Befehl verarbeitet zwei Quelloperanden und legt das Ergebnis in einem Zieloperanden ab. Somit werden die beiden einfachen Anweisungen direkt in diese beiden Befehle in MIPS-Assemblersprache kompiliert:

```
add a, b, c
sub d, a, e
```

Beispiel: Übersetzen einer komplexen C-Zuweisung nach MIPS

Eine etwas komplexere Anweisung enthält die fünf Variablen f, g, h, i und j:

```
f = (g + h) - (i + j);
```

Was wird ein C-Compiler daraus generieren?

Lösung: Der Compiler muss diese Anweisung in mehrere Assemblerbefehle aufteilen, da mit einem MIPS-Befehl nur eine Operation ausgeführt werden kann. Mit dem ersten MIPS-Befehl wird die Summe aus g und h berechnet. Das Ergebnis muss irgendwo abgelegt werden. Daher generiert der Compiler eine temporäre Variable t0:

```
add t0,g,h    # die temporäre Variable t0 enthält g + h
```

Bevor die Subtraktion durchgeführt werden kann, muss zunächst die Summe aus i und j berechnet werden. Mit dem zweiten Befehl wird deshalb die Summe i und j in einer weiteren temporären Variablen abgelegt, die ebenfalls vom Compiler generiert und mit t1 bezeichnet wird:

```
add t1,i,j    # die temporäre Variable t1 enthält i + j
```

Schließlich wird mit dem Subtraktionsbefehl die zweite Summe von der ersten subtrahiert. Die Differenz wird in der Variablen f gespeichert. Der kompilierte Code sieht somit wie folgt aus:

```
sub f,t0,t1  # f wird t0-t1 zugewiesen, also (g+h)-(i+j)
```

Selbsttest

Welche Programmiersprache benötigt für eine gegebene Funktion wahrscheinlich mehr Codezeilen? Geben Sie die nachfolgenden drei Sprachen in der entsprechenden Reihenfolge an.

1. Java
2. C
3. MIPS-Assemblersprache

Anmerkung: Ein wesentliches Merkmal von Java ist die Portierbarkeit, die durch die Verwendung eines Software-Interpreters erreicht wird. Der Befehlssatz dieses Interpreters wird als Java-Bytecode bezeichnet (siehe Abschnitt 2.15, online) und unterscheidet sich erheblich vom MIPS-Befehlssatz. Um der Leistungsfähigkeit eines entsprechenden C-Programms möglichst nahe zu kommen, übersetzen heute Java-Systeme den Java-Bytecode direkt in die Zielsprache, in unserem Fall den MIPS-Befehlssatz. Da dieser Übersetzungsvorgang meist zu einem späteren Zeitpunkt als bei C-Programmen erfolgt, werden derartige Java-Compiler häufig als *JIT-Compiler* (*Just In Time*) bezeichnet. In Abschnitt 2.12 wird gezeigt, wie JIT-Compiler beim Startvorgang zu einem späteren Zeitpunkt als C-Compiler angestoßen werden, und in Abschnitt 2.13 wird beschrieben, wie sich bei Java-Programmen das Kompilieren im Vergleich zum Interpretieren auf die Leistungsfähigkeit auswirkt.

2.3   Operanden der Rechnerhardware

Im Unterschied zu Programmen in höheren Programmiersprachen gelten für die Operanden arithmetischer Befehle bestimmte Einschränkungen. Sie müssen an speziellen Stellen im Rechner gehalten werden, die jedoch nur in einer beschränkten Anzahl zur Verfügung stehen: den *Registern*. Register sind elementare Komponenten beim Hardwareentwurf und bilden die Grundbausteine für den Aufbau von Rechnern. Nach der Fertigstellung des Rechners sind sie auch für den Programmierer sichtbar. Die Größe eines Registers bei der MIPS-Architektur beträgt 32 Bit. Die Zusammenfassung von 32 Bit zu einer Einheit geschieht sehr häufig, weshalb eine solche Einheit bei der MIPS-Architektur die Bezeichnung **Wort** erhalten hat.

Wort Die natürliche Zugriffseinheit in einem Rechner, meist eine 32 Bit umfassende Einheit; entspricht der Größe eines Registers in der MIPS-Architektur.

Ein wesentlicher Unterschied zwischen den Variablen einer Programmiersprache und Registern ist die begrenzte Anzahl der Register. Bei aktuellen Rechnern beträgt sie gewöhnlich 32. Der MIPS-Prozessor verfügt über 32 Register. (Die Geschichte zur Anzahl der Register finden Sie online im Abschnitt 2.23.) Daher haben wir, der schrittweisen Entwicklung der symbolischen Darstellung der MlPS-Sprache folgend, in diesem Abschnitt die Einschränkung hinzuzufügen, dass für die drei Operanden eines arithmetischen MIPS-Befehls jeweils eines der 32 32-Bit-Register ausgewählt werden muss.

Der Grund für die Beschränkung auf 32 Register liegt im zweiten unserer vier grundlegenden Entwurfsprinzipien:

Entwurfsprinzip 2: Kleiner ist schneller.

Eine große Anzahl von Registern kann zu einer längeren Taktdauer führen, da die elektronischen Signale für den weiteren Weg mehr Zeit benötigen.

Prinzipien wie „kleiner ist schneller" gelten nicht absolut. 31 Register sind nicht zwangsläufig schneller als 32 Register. Den wahren Kern hinter solchen Beobachtungen muss der Rechnerarchitekt jedoch ernsthaft berücksichtigen. In diesem Fall muss er seinen Wunsch nach einem schnelleren Takt gegen das Bestreben nach Programmen mit mehr Registern abwägen. Ein weiterer Grund dafür, dass nicht mehr als 32 Register verwendet werden, ist die hierfür erforderliche Anzahl von Bits im Befehlsformat, wie in Abschnitt 2.5 gezeigt wird.

In Kapitel 4 wird die zentrale Rolle der Register beim Hardwareentwurf demonstriert. In diesem Kapitel werden wir dagegen sehen, dass die effektive Nutzung von Registern von besonderer Bedeutung für die Performanz von Programmen ist.

Obwohl wir in den Befehlen einfach die Registernummern schreiben könnten, wollen wir uns an die MIPS-Konvention halten und für die Bezeichnung von Registern das Dollarzeichen, gefolgt von zwei Zeichen, verwenden. In Abschnitt 2.8 werden die Gründe für diese Konvention erklärt. Im Moment verwenden wir $s0, $s1, ... für Register, die einer Variablen in C- und Java-Programmen entsprechen, und $t0, $t1, ... für temporäre Register, die zum Kompilieren des Programms in MIPS-Befehle benötigt werden.

Beispiel: Übersetzung einer Zuweisung in C mithilfe von Registern

Die Aufgabe des Compilers besteht darin, Programmvariablen Registern zuzuweisen. Nehmen wir beispielsweise die Zuweisung aus unserem obigen Beispiel:

```
f = (g + h) - (i + j);
```

Die Variablen f, g, h, i und j werden jeweils den Registern $s0, $s1, $s2, $s3 und $s4 zugewiesen. Wie sieht der kompilierte MIPS-Code aus?

Lösung: Das kompilierte Programm ist dem vorigen Beispiel sehr ähnlich. Es unterscheidet sich lediglich dadurch, dass die Variablen durch die oben erwähnten Registernamen und die temporären Variablen durch die beiden temporären Register $t0 und $t1 ersetzt werden:

```
add $t0, $s1, $s2    # Register $t0 enthält g + h
add $t1, $s3, $s4    # Register $t1 enthält i + j
sub $s0, $t0, $t1    # f erhält $t0-$t1, also (g+h)-(i+j)
```

Speicheroperanden

Programmiersprachen verfügen über einfache Variablen, die wie in diesen Beispielen einzelne Datenelemente enthalten; sie verfügen jedoch auch über komplexere Datenstrukturen: Felder und Strukturen. Diese komplexen Datenstrukturen können wesentlich mehr Datenelemente enthalten, als es Register in einem Computer gibt. Wie kann ein Computer nun diese komplexen Strukturen darstellen und auf diese zugreifen?

Erinnern Sie sich an die fünf Komponenten eines Rechners, die in Kapitel 1 vorgestellt wurden. Im Prozessor kann nur eine kleine Menge von Daten in den Registern gehalten werden. Im Hauptspeicher können dagegen Millionen von Datenelementen gespeichert werden. Daher werden Datenstrukturen (Felder und Strukturen) im Hauptspeicher abgelegt.

Wie weiter oben bereits erläutert, treten bei arithmetischen Operationen im MIPS-Befehlssatz nur Register auf, weshalb dieser auch Befehle zum Transport von Daten zwischen Hauptspeicher und Register enthalten muss. Diese

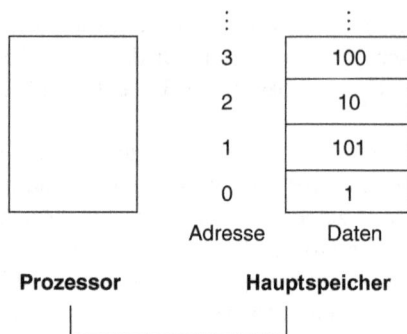

Abb. 2.1: Speicheradressen und Inhalt des Speichers an diesen Stellen. Wären diese Elemente Wörter, wären die Adressen falsch, weil MIPS eine Byteadressierung verwendet, wobei jedes Wort vier Bytes darstellt. Abbildung 2.2 zeigt die Speicheradressierung für sequentielle Wortadressen.

Datentransfer-Befehl Ein Befehl, mit dem Daten zwischen Speicher und Register transportiert werden.

Adresse Ein Wert zur Angabe der Stelle eines bestimmten Datenelements innerhalb eines Speicherfelds.

Befehle werden als **Datentransfer-Befehle** bezeichnet. Für den Zugriff auf ein Wort im Hauptspeicher muss im Befehl die **Speicheradresse** angegeben sein. Der Hauptspeicher ist ein großes, eindimensionales Feld, wobei die Adresse beginnend bei 0 als Index für das Feld dient. Beispiel: In Abbildung 2.1 lautet die Adresse des dritten Datenelements 2 und der Wert von Speicher[2] ist 10.

Der Datentransfer-Befehl, mit dem Daten vom Speicher in ein Register kopiert werden, wird als *Ladebefehl* bezeichnet. Das Format des Ladebefehls setzt sich aus dem Namen der Operation, dem zu ladenden Register sowie einer Konstanten und einem Register für den Speicherzugriff zusammen. Die Summe der Konstanten des Befehls und der Inhalt des zweiten Registers bilden die Speicheradresse. Der eigentliche MIPS-Name für diesen Befehl lautet lw, was für *load word* (Wort laden) steht.

Beispiel: Zuweisung mit einem Operanden im Speicher übersetzen

Nehmen wir an, A sei ein Feld mit 100 Wörtern, und der Compiler weise wie zuvor die Variablen g und h den Registern $s1 und $s2 zu. Nehmen wir weiter an, die Startadresse oder *Basisadresse* des Felds befinde sich in $s3. Übersetzen Sie diese C-Zuweisung:

```
g = h + A[8];
```

Lösung: Diese Zuweisung enthält zwar nur eine Operation, aber einer der Operanden befindet sich im Hauptspeicher. Daher müssen wir zunächst A[8] in ein Register übertragen. Die Adresse dieses Feldelements ist die Summe der Basisadresse von Feld A, die im Register $s3 steht, und dem Index für die Auswahl von Element 8. Damit die Daten im nächsten Befehl verwendet werden können, müssen sie in einem temporären Register gespeichert werden. Auf der Grundlage von Abbildung 2.1 lautet der erste übersetzte Befehl wie folgt:

```
lw $t0,8($s3)    # temporäres Register t0 erhält A[8]
```

(Wir werden später an diesem Befehl eine geringfügige Änderung vornehmen, doch im Moment verwenden wir diese vereinfachte Version.) Der folgende Befehl kann auf dem Wert in $t0, der gleich A[8] ist, eine Operation durchführen, da dieser sich in einem Register befindet. Der Befehl muss h (steht in $s2) zu A[8] (steht in $t0) addieren und das Ergebnis in das Register speichern, das der Variablen g zugeteilt ist ($s1):

```
add $s1, $s2, $t0    # g = h + A[8]
```

Die Konstante in einem Datentransfer-Befehl wird als *konstante Abstandsgröße* oder *Offset* bezeichnet, und das Register, dessen Inhalt zur Adressbildung addiert wird, heißt Basisregister.

Hardware-Software-Schnittstelle

Der Compiler bindet nicht nur Variablen an Register, er ordnet darüber hinaus auch Datenstrukturen wie Felder und Strukturen Plätze im Hauptspeicher zu. So kann der Compiler dann die richtige Startadresse in die Datentransfer-Befehle einfügen.

Da in vielen Programmen sinnvollerweise Byte (8 Bit) verwendet werden, adressieren die meisten Architekturen Bytes. Daher entspricht die Adresse eines Wortes der Adresse eines der 4 Bytes im Wort. Die Adressen von aufeinander folgenden Wörtern unterscheiden sich somit um 4. In Abbildung 2.2 sind beispielsweise die tatsächlichen MIPS-Adressen für Abbildung 2.1 dargestellt. Die Byteadresse des dritten Wortes ist 8.

Beim MIPS-Befehlssatz müssen Wörter bei Adressen beginnen, die ein Vielfaches von 4 sind. Dieses Prinzip wird als **Ausrichtung an Wortgrenzen** bezeichnet. Viele Architekturen wichten sich danach. (In Kapitel 4 wird

Ausrichtung an Wortgrenzen Das Prinzip, Daten im Hauptspeicher an Wortgrenzen auszurichten.

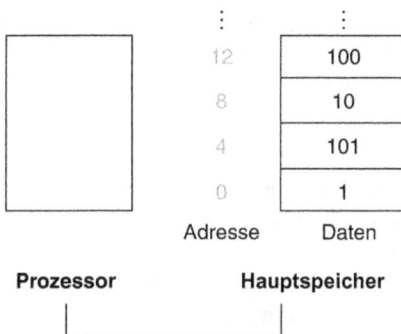

Adresse   Daten

Prozessor   Hauptspeicher

Abb. 2.2: Tatsächliche MIPS-Speicheradressen und Speicherinhalte für diese Wörter. Die geänderten Adressen sind zum Vergleich mit Abbildung 2.1 grau hervorgehoben. MIPS unterstützt die Byteadressierung. Weshalb Wortadressen Vielfache von 4 sind: Ein Wort besteht aus vier Byte.

beschrieben, warum die Ausrichtung an Wortgrenzen eine schnellere Datenübertragung ermöglicht.)

Bezüglich der Adressierung eines Wortes im Speicher lassen sich Rechner
in zwei Gruppen aufteilen. Eine Gruppe verwendet die Adresse des linken oder
„big end"-Byte als Wortadresse, bei der anderen Gruppe gilt die Adresse des
rechten oder „little end"-Byte als Wortadresse. Der MIPS-Befehlssatz gehört
zur *Big-Endian*-Gruppe. (Anhang A zeigt die beiden Möglichkeiten zur Nummerierung der Bytes in einem Wort.)

Die Byteadressierung wirkt sich auch auf den Feldindex aus. Um die richtige Byteadresse im obigen Code zu erhalten, *muss der zum Basisregister* $s3
addierte Offset 4 × 8 und 32 betragen, so dass die Ladeadresse nicht A[8/4],
sondern A[8] auswählt. (Siehe hierzu den Fallstrick auf Seite 177.)

Das Befehlspendant zum Ladebefehl ist der *Speicherbefehl*, mit dem Daten
aus einem Register in den Hauptspeicher kopiert werden. Der Speicherbefehl
weist ein ähnliches Format wie der Ladebefehl auf: Auf den Namen der Operation folgt das zu speichernde Register, der Offset zur Auswahl des Feldelements und schließlich das Basisregister. Auch hier wird die MIPS-Adresse zum
einen durch eine Konstante und zum anderen durch den Inhalt eines Registers
spezifiziert. Der eigentliche MIPS-Name für diesen Befehl lautet sw, was für
store word (Wort speichern) steht.

Hardware-Software-Schnittstelle

Weil die Adressen beim Laden und Speichern Binärzahlen sind, ist klar, warum
die Größe von DRAM für den Hauptspeicher binär und nicht dezimal angegeben wird, d. h. in Gibibyte (2^{30}) oder Tebibyte (2^{40}) anstatt in Gigabyte (10^9)
oder Terabyte (10^{12}). Siehe Tabelle 1.1.

Beispiel: Übersetzen mit Lade- und Speicherbefehlen

Angenommen, die Variable h ist an das Register $s2 gebunden und die Basis-
adresse von Feld A steht in $s3. Wie lautet dann der MIPS-Assemblercode für
die folgende Zuweisung in C?

```
A[12] = h + A[8];
```

Lösung: Diese C-Anweisung enthält zwar nur eine Operation, aber nun befinden sich zwei Operanden im Hauptspeicher. Daher benötigen wir noch mehr
MIPS-Befehle. Die ersten beiden Befehle sind dieselben wie im Beispiel weiter oben, außer dass hier nun der korrekte Offset für die Byteadressierung im
lw-Befehl für den Zugriff auf A[8] verwendet wird, und mit dem add-Befehl
wird das Ergebnis in $t0 gespeichert:

```
lw  $t0,32($s3)     # temp. Reg. $t0 erhält A[8]
add $t0,$s2,$t0     # temp. Reg. $t0 erhält h + A[8]
```

Mit dem letzten Befehl wird das Ergebnis in `A[12]` gespeichert, wobei 48 als Offset und Register `$s3` als Basisregister verwendet wird.

```
sw $t0,48($s3)    # speichert h + A[8] in A[12]
```

`lw` (load word) und `sw` (store word) sind die Befehle, die Wörter zwischen dem Speicher und den Registern der MIPS-Architektur kopieren. Die Computer anderer Hersteller verwenden andere Befehle zum Laden und Speichern für die Übertragung von Daten. Ein Beispiel für eine solche alternative Architektur ist Intels x86, wie in Abschnitt 2.19 beschrieben.

Hardware-Software-Schnittstelle

Viele Programme enthalten mehr Variablen als es Register in einem Rechner gibt. Folglich versucht der Compiler, die am häufigsten verwendeten Variablen in Registern zu halten, während der Rest im Hauptspeicher abgelegt wird, wobei die Variablen mithilfe von Lade- und Speicherbefehlen zwischen den Registern und dem Hauptspeicher hin und her transportiert werden. Das Prinzip, weniger häufig verwendete Variablen (oder Variablen, die erst später benötigt werden) im Hauptspeicher abzulegen, wird als Registerauslagerung *(Spilling)* bezeichnet.

Das Hardwareentwurfsprinzip, nach dem Größe und Geschwindigkeit zusammenhängen, legt nahe, dass der Hauptspeicher langsamer sein muss als die Register, da die Register kleiner sind. Das trifft auch tatsächlich zu. Der Zugriff auf Daten in Registern ist schneller als der auf Daten im Hauptspeicher.

Zudem sind die Daten nützlicher, wenn sie sich in einem Register befinden. Ein arithmetischer MIPS-Befehl kann zwei Register lesen, die Operanden miteinander verknüpfen und das Ergebnis schreiben. Ein MIPS-Datentransfer-Befehl liest nur einen Operanden oder schreibt einen Operanden, ohne eine Operation darauf auszuführen.

Im Vergleich zum Hauptspeicher kann auf die Register schneller zugegriffen werden, außerdem wird mit ihnen ein höherer Durchsatz erzielt. Für den Zugriff auf Register benötigt man zudem weniger Energie als für den Zugriff auf den Hauptspeicher. Um ein Höchstmaß an Performanz zu erzielen, müssen Compiler Register effizient nutzen.

Konstanten oder Direktoperanden

In Programmen werden in Operationen häufig Konstanten verwendet, z. B. beim Inkrementieren eines Index, damit dieser auf das nächste Element eines Feldes zeigt. Mehr als die Hälfte der arithmetischen MIPS-Befehle verwenden beim Ausführen der SPEC-CPU2006-Benchmarks eine Konstante als Operand.

Wenn wir nur die bisher bekannten Befehle verwenden würden, müssten wir eine Konstante aus dem Hauptspeicher laden, wenn wir sie brauchen. (Die Konstanten müssten im Speicher abgelegt werden, wenn das Programm geladen wird.) Um beispielsweise die Konstante 4 zum Inhalt des Registers $s3 zu addieren, könnten wir das Programm

```
lw $t0, AddrConstant4($s1)   # $t0 = 4
add $s3, $s3, $t0            # $s3 = $s3 + $t0 ($t0 == 4)
```

verwenden, wobei `AddrConstant4` die Speicheradresse der Konstante 4 ist.

Eine Alternative, die keinen Ladebefehl erfordert, besteht darin, Versionen der arithmetischen Befehle bereitzustellen, bei denen ein Operand eine Konstante ist. Dieser schnelle Additionsbefehl mit einer Konstante als Operand wird als *add immediate* („addiere direkt") oder **addi** bezeichnet. Um die Konstante 4 zum Inhalt des Registers $s3 zu addieren, schreiben wir einfach

```
addi $s3, $s3, 4    # $s3 = $s3 + 4
```

Konstanten werden häufig als Operanden verwendet. Durch ihre Verwendung in arithmetischen Befehlen können diese viel schneller ausgeführt werden und verbrauchen weniger Energie, als wenn die Konstanten erst aus dem Hauptspeicher geladen werden müssten.

Die Konstante Null spielt eine andere Rolle. Sie soll den Befehlssatz vereinfachen, indem sie praktische Variationen gestattet. Beispielsweise ist der `move`-Befehl einfach nur ein Additionsbefehl, wobei ein Operand Null ist. Aus diesem Grund ordnet MIPS einem Register `zero` den Wert Null fest zu. (Wie Sie vielleicht schon erwartet haben, ist dies das Register mit der Nummer 0.) Die Einbeziehung von Konstanten in Abhängigkeit von der Häufigkeit, mit der sie auftreten, ist ein weiteres Beispiel für die große Idee, den **häufigen Fall schnell** zu machen.

HÄUFIGER FALL

Selbsttest

Angesichts der Bedeutung der Register stellt sich die Frage, wie schnell sich die Anzahl der Register im Laufe der Zeit erhöht hat.

1. Sehr schnell: Die Anzahl der Register nimmt gemäß dem Moore'schen Gesetz zu, das eine Verdopplung der Anzahl der Transistoren auf einem Chip alle 24 Monate voraussagt.

2. Sehr langsam: Da Programme normalerweise in der Sprache des Computers verbreitet werden, ist für die Befehlssatzarchitektur eine gewisse Trägheit zu beobachten. Daher nimmt die Anzahl der Register lediglich mit der Verfügbarkeit neuer Befehlssätze zu.

Anmerkungen: 1) Die MIPS-Register in diesem Buch sind 32 Bit breit. Es gibt auch eine 64-Bit-Version des MIPS-Befehlssatzes mit 32 64-Bit-Registern. Um die beiden Versionen des MIPS-Befehlssatzes auseinander zu halten, werden sie offiziell als MIPS-32 und MIPS-64 bezeichnet. In diesem Kapitel verwenden wir eine Teilmenge von MIPS-32. In Anhang E (online) werden die Unterschiede zwischen MIPS-32 und MIPS-64 erläutert. In den Abschnitten 2.16 und 2.17 werden die wesentlich größeren Unterschiede zwischen dem mit 32-Bit-Adressierung arbeitenden ARMv7 und seinem 64-Bit-Nachfolger ARMv8 beschrieben.

2) Die Adressierungsart bei MIPS mit Offset und Basisregister ermöglicht in exzellenter Weise, Strukturen und Felder nachzubilden. Ein Beispiel hierfür finden Sie in Abschnitt 2.13.

3) Ursprünglich wurde das Register in den Datentransfer-Befehlen eingeführt, um einen Feldindex zu speichern, wobei der Offset für die Anfangsadresse eines Felds verwendet wird. Daher wird das Basisregister auch als *Indexregister* bezeichnet. Die Hauptspeicher von heute sind wesentlich größer und das Softwaremodell der Datenzuordnung ist komplexer. Daher wird die Basisadresse des Felds normalerweise in einem Register gespeichert, da sie, wie wir noch sehen werden, in das Feld des Offsets nicht mehr passt.

4) Da der MIPS-Befehlssatz negative Konstanten unterstützt, ist ein Subtract-immediate-Befehl nicht notwendig.

2.4 Vorzeichenbehaftete und nicht vorzeichenbehaftete Zahlen

Schauen wir uns zunächst an, wie ein Computer Zahlen darstellt. Weil Menschen zehn Finger haben, lernen wir, in der Basis 10 zu denken, aber Zahlen können mit beliebiger Basis dargestellt werden. Beispielsweise ist 123 Basis 10 = 1111011 Basis 2.

Zahlen werden in der Computerhardware als Folge der elektronischen Signale mit hohem („high") bzw. niedrigem („low") elektrischen Potential verwaltet, deshalb werden sie als Zahlen der Basis 2 betrachtet. (So wie Zahlen der Basis 10 als *Dezimalzahlen* bezeichnet werden, heißen Zahlen der Basis 2 *Binärzahlen*.)

Eine einzelne Ziffer einer Binärzahl ist damit das „Atom" der Programmierung, weil die gesamte Information aus **Binärziffern** oder **Bits** zusammengesetzt ist. Dieser Grundbaustein kann einen von zwei Werten annehmen, die man sich auch auf andere Weisen vorstellen kann: high oder low, ein oder aus, wahr oder falsch, 1 oder 0. Wenn wir diesen Gedanken verallgemeinern, können wir festhalten, dass der Wert der *i*-ten Ziffer für jede Basis geschrieben werden kann als

Binärziffer oder **Bit** Eine der beiden Ziffern 0 oder 1 der Basis 2, aus denen sich die Information zusammensetzt.

$$d \times \text{Basis}^i,$$

wobei *i* bei 0 beginnt und von rechts nach links zunimmt. Dies führt zu einer naheliegenden Art und Weise, die Bitstellen im Wort zu nummerieren: nämlich die Verwendung der Potenz der Basis für dieses Bit. Wir kennzeichnen Dezimalzahlen mit einem tiefgestellten D, Binärzahlen mit einem tiefgestellten B. Zum Beispiel steht 1011_B für

$$(1 \times 2^3) + (0 \times 2^2) + (1 \times 2^1) + (1 \times 2^0)_D$$
$$= (1 \times 8) + (0 \times 4) + (1 \times 2) + (1 \times 1)_D$$
$$= 8 + 0 + 2 + 1_D$$
$$= 11_D$$

Die Bitstellen in einem Wort werden also mit $0, 1, 2, 3, \ldots$ von *rechts nach links* durchnummeriert. In der folgenden Abbildung ist die Nummerierung der Bitstellen in einem MIPS-Wort und die Position der Zahl 1011_B dargestellt:

31 30 29 28	...	15 14 13 12	11 10 9 8	7 6 5 4	3 2 1 0
0 0 0 0	...	0 0 0 0	0 0 0 0	0 0 0 0	1 0 1 1

niedrigstwertiges Bit Das Bit ganz rechts in einem MIPS-Wort.

höchstwertiges Bit Das Bit ganz links in einem MIPS-Wort.

Da Wörter sowohl vertikal als auch horizontal dargestellt werden können, sind die Bezeichnungen *links* und *rechts* möglicherweise nicht eindeutig. Daher wird das Bit ganz rechts im Wort (obiges Bit 0) als **niedrigstwertiges Bit** und das Bit ganz links im Wort (obiges Bit 31) als **höchstwertiges Bit** bezeichnet.

Das MIPS-Wort ist 32 Bit lang und kann somit 2^{32} verschiedene 32-Bit-Muster darstellen. Es ist naheliegend, mit diesen Kombinationen die Zahlen von 0 bis $2^{32} - 1$ ($4\,294\,967\,295_D$) darzustellen:

$$0000\ 0000\ 0000\ 0000\ 0000\ 0000\ 0000\ 0000_B = 0_D$$
$$0000\ 0000\ 0000\ 0000\ 0000\ 0000\ 0000\ 0001_B = 1_D$$
$$0000\ 0000\ 0000\ 0000\ 0000\ 0000\ 0000\ 0010_B = 2_D$$

$$\ldots$$

$$1111\ 1111\ 1111\ 1111\ 1111\ 1111\ 1111\ 1101_B = 4\,294\,967\,293_D$$
$$1111\ 1111\ 1111\ 1111\ 1111\ 1111\ 1111\ 1110_B = 4\,294\,967\,294_D$$
$$1111\ 1111\ 1111\ 1111\ 1111\ 1111\ 1111\ 1111_B = 4\,294\,967\,295_D$$

Das bedeutet, dass 32-Bit-Binärzahlen in Form von Bitwert mal einer Potenz von 2 (hier steht xi für das i-te Bit von x) dargestellt werden kann:

$$x31 \times 2^{31} + x30 \times 2^{30} + x29 \times 2^{29} + \ldots + x1 \times 2^1 + x0 \times 2^0$$

Aus Gründen, die wir in Kürze verstehen werden, nennt man diese positiven Zahlen auch vorzeichenlose Zahlen.

Hardware-Software-Schnittstelle

Die Basis 2 ist für Menschen nicht die natürliche Wahl, da wir zehn Finger haben und deshalb die Basis 10 natürlich erscheint. Warum also verwenden Computer nicht auch das Dezimalsystem? Tatsächlich war im ersten kommerziellen Computer die Dezimalarithmetik vorgesehen. Das Problem war, dass der Computer weiterhin binäre Signale verwendete, d. h., eine Dezimalziffer wurde einfach durch mehrere Binärziffern dargestellt. Damit erwies sich die eingebaute Dezimalarithmetik als so ineffizient, dass sie in nachfolgenden Computern zugunsten der Binärarithmetik aufgegeben wurde und lediglich für die relativ seltenen Ein-/Ausgabeereignisse eine Konvertierung zur Basis 10 erfolgt.

Denken Sie daran, dass die oben vorgestellten binären Bitmuster lediglich *Darstellungen* von Zahlen sind. Tatsächlich besitzen Zahlen unendlich viele Ziffern, von denen außer den Ziffern ganz rechts alle 0 sind. Führende Nullen werden normalerweise nur nicht dargestellt.

Zum Addieren, Subtrahieren, Multiplizieren und Dividieren dieser binären Bitmuster kann Hardware entworfen werden. Wenn sich die Zahl, die sich aus Operationen dieser Art ergibt, nicht durch die Hardwarebits ganz rechts darstellen lässt, spricht man von einem *Überlauf*. Es bleibt dem Betriebssystem und dem Programm überlassen, in geeigneter Weise auf einen solchen Überlauf zu reagieren.

Überlauf Das Ergebnis einer Operation ist größer, als es die Darstellung in einem Register erlaubt.

Computerprogramme berechnen sowohl positive als auch negative Zahlen. Daher benötigen wir eine Darstellung, mit der positive von negativen Zahlen unterschieden werden können. Die naheliegende Lösung besteht darin, ein spezielles Zeichen einzufügen, das sich in geeigneter Weise mit einem einzigen Bit darstellen lässt. Diese Darstellung wird als *Vorzeichen-Betrag-Darstellung* bezeichnet.

Die Vorzeichen-Betrag-Darstellung weist jedoch einige Nachteile auf. Zum einen ist nicht klar, an welcher Stelle das Vorzeichen eingefügt werden soll: rechts oder links? Bei den ersten Computern wurde das eine wie das andere versucht. Zum anderen benötigen Addierer für Vorzeichen und Betrag möglicherweise einen zusätzlichen Schritt zum Setzen des Vorzeichens, da das richtige Vorzeichen nicht im Voraus bekannt ist. Schließlich bedeutet ein separates Vorzeichenbit, dass es sowohl eine positive als auch eine negative Null gibt, was beim Programmieren leicht zu Fehlern führen kann. Aufgrund dieser Nachteile wurde die Vorzeichen-Betrag-Darstellung nicht weiter verfolgt. Auf der Suche nach einer besseren Alternative stellte sich die Frage, was das Ergebnis für Zahlen ohne Vorzeichen sein würde, wenn man eine große Zahl von einer kleinen subtrahiert. Die Antwort lautet: Bei der Subtraktion würde wegen der führenden Nullen jeweils eine Eins weitergegeben, so dass das Ergebnis eine Folge aus führenden Einsen enthalten würde. Da es keine naheliegende bessere Alternative gab, bestand die endgültige Lösung darin, sich für eine Darstellung zu entscheiden, die die Hardware vereinfacht: Führende Nullen stehen für positive Zahlen, führende Einsen für negative. Diese Konvention für die Darstellung von vorzeichenbehafteten Binärzahlen wird als *Zweierkomplement*-Darstellung bezeichnet (der ungewöhnliche Name wird auf Seite 90 in einer Anmerkung erklärt):

```
0000 0000 0000 0000 0000 0000 0000 0000_B = 0_D
0000 0000 0000 0000 0000 0000 0000 0001_B = 1_D
0000 0000 0000 0000 0000 0000 0000 0010_B = 2_D
...
0111 1111 1111 1111 1111 1111 1111 1101_B = 2 147 483 645_D
0111 1111 1111 1111 1111 1111 1111 1110_B = 2 147 483 646_D
0111 1111 1111 1111 1111 1111 1111 1111_B = 2 147 483 647_D
1000 0000 0000 0000 0000 0000 0000 0000_B = -2 147 483 648_D
1000 0000 0000 0000 0000 0000 0000 0001_B = -2 147 483 647_D
1000 0000 0000 0000 0000 0000 0000 0010_B = -2 147 483 646_D
...
1111 1111 1111 1111 1111 1111 1111 1101_B = -3_D
1111 1111 1111 1111 1111 1111 1111 1110_B = -2_D
1111 1111 1111 1111 1111 1111 1111 1111_B = -1_D
```

Die positiven Zahlen in der ersten Hälfte von 0 bis $2\,147\,483\,647_D$ $(2^{31} - 1)$ werden wie bisher dargestellt. Das nachfolgende Bitmuster ($1000 \ldots 0000_B$) stellt die kleinste negative Zahl, nämlich $-2\,147\,483\,648_D$ (-2^{31}) dar. Dieser folgt eine Reihe von größer werdenden negativen Zahlen: $-2\,147\,483\,647_D$ ($1000 \ldots 0001_B$) bis -1_D ($1111 \ldots 1111_B$).

Bei der Zweierkomplement-Darstellung gibt es eine negative Zahl, nämlich $-2\,147\,483\,648_D$, für die es keine positive Entsprechung gibt. Diese Asymmetrie mag für unaufmerksame Programmierer ärgerlich gewesen sein. Die Vorzeichen-Betrag-Darstellung war jedoch nicht nur für Programmierer, sondern auch für Hardwareentwickler problematisch. Daher wird bei Rechnern heute die Zweierkomplement-Darstellung für vorzeichenbehaftete Zahlen verwendet.

Die Zweierkomplement-Darstellung hat den Vorteil, dass sich bei allen negativen Zahlen an der Stelle des höchstwertigen Bits eine Eins befindet. Die Hardware muss nur dieses Bit überprüfen, um festzustellen, ob eine Zahl positiv oder negativ ist (wobei 0 als positiv betrachtet wird). Dieses Bit wird auch als *Vorzeichenbit* bezeichnet. Unter Beachtung des Vorzeichenbits können wir positive und negative 32-Bit-Zahlen in der Form „Bitwert mal einer Potenz von 2" darstellen:

$$x31 \times \left(-2^{31}\right) + x30 \times 2^{30} + x29 \times 2^{29} + \ldots + x1 \times 2^1 + x0 \times 2^0$$

Das Vorzeichenbit wird mit -2^{31} multipliziert und die restlichen Bits werden mit den positiven Versionen ihrer jeweiligen Basiswerte multipliziert.

Beispiel: Umrechnung von Binärwerten in Dezimalwerte

Wie lautet der Dezimalwert der folgenden 32-Bit-Zweierkomplementzahl?

```
1111 1111 1111 1111 1111 1111 1111 1100_B
```

Lösung: Wenn wir die Bitwerte der Zahl in die obige Formel einsetzen, erhalten wir:

$$(1 \times -2^{31}) + 1 \times 2^{30} + 1 \times 2^{29} + \ldots + 1 \times 2^2 + 0 \times 2^1 + 0 \times 2^0$$

$$= -2^{31} + 2^{30} + 2^{29} + \ldots + 2^2 + 0 + 0$$

$$= -2\,147\,483\,648_D + 2\,147\,483\,644_D$$

$$= -4_D$$

Eine Möglichkeit zur Vereinfachung der Umrechnung werden wir in Kürze kennenlernen.

Wie bei der Verarbeitung von vorzeichenlosen Zahlen die Kapazität der Hardware zur Darstellung des Ergebnisses nicht ausreichen kann, ist auch bei einer Operation mit Zweierkomplementzahlen ein Überlauf des darstellbaren Zahlenbereichs möglich. Ein solcher Überlauf tritt auf, wenn das am weitesten links stehende Bit des binären Bitmusters verschieden ist von den (gedachten) links davon stehenden Ziffern (das Vorzeichenbit ist falsch): eine Null links im Bitmuster, wenn es sich um eine negative Zahl handelt, oder eine Eins, wenn es sich um eine positive Zahl handelt.

Hardware-Software-Schnittstelle

1) Die Frage vorzeichenbehaftet vs. vorzeichenlos betrifft Ladeoperationen ebenso wie arithmetische Operationen. Die *Funktionsweise* einer vorzeichenbehafteten Ladeoperation besteht darin, das Vorzeichen wiederholt zu kopieren, um den Rest des Registers zu füllen – man nennt dies *Vorzeichenerweiterung* – doch ihr *Zweck* ist es, eine korrekte Darstellung der Zahl im Register zu platzieren. Bei einer vorzeichenlosen Ladeoperation wird einfach von links mit Nullen aufgefüllt.

Wenn ein 32-Bit-Wort in ein 32-Bit-Register geladen wird, ist die Frage irrelevant; vorzeichenbehaftete und vorzeichenlose Ladeoperationen sind identisch. MIPS bietet zwei Varianten von Byte-Ladebefehlen an: *load byte* (`lb`) behandelt das Byte als vorzeichenbehaftete Zahl und führt daher eine Vorzeichenerweiterung für die (von links gesehen) ersten 24 Bit des Registers aus. Im Gegensatz dazu arbeitet *load byte unsigned* (`lbu`) mit vorzeichenlosen Ganzzahlen. Da C-Programme fast immer Bytes verwenden, um Zeichen darzustellen, anstatt Bytes als sehr kurze vorzeichenbehaftete Ganzzahlen zu betrachten, wird `lbu` praktisch nur für das Laden von Bytes verwendet.

2) Im Gegensatz zu den oben diskutierten Zahlen beginnen Speicheradressen bei Null und gehen bis zur größten Adresse. Anders ausgedrückt: Negative Adressen ergeben keinen Sinn. Daher arbeiten Programme manchmal mit Zahlen, die positiv oder negativ sein können, und gelegentlich mit Zahlen, die nur

positiv sein können. Manche Programmiersprachen berücksichtigen diese Unterscheidung. Bei C wird beispielsweise die erste Klasse von Zahlen als *Integer* (Ganzzahlen, im Programm als `int` deklariert) und die zweite Klasse von Zahlen als *vorzeichenlose Ganzzahlen* (`unsigned int`) bezeichnet. In einigen C-Styleguides wird sogar empfohlen, die erste Gruppe als `signed int` zu deklarieren, um Verwechslungen auszuschließen.

Betrachten wir nun zwei praktische Abkürzungen für den Umgang mit Zweierkomplementzahlen. Die erste einfache Lösung stellt eine schnelle Möglichkeit zum Negieren einer binären Zweierkomplementzahl dar. Invertieren Sie einfach jede 0 in eine 1 und jede 1 in eine 0 und addieren Sie anschließend eine 1 zum Ergebnis. Diese einfache Lösung beruht auf der Beobachtung, dass die Summe einer Zahl mit deren inverser Darstellung gleich $111 \ldots 111_B$ sein muss, was für -1 steht. Da $x + \bar{x} = -1$, ergibt sich $x + \bar{x} + 1 = 0$ oder $\bar{x} + 1 = -x$. Die Notation $\bar{x}$ bedeutet, dass jedes in x enthaltene Bit invertiert wird.

Beispiel: Einfache Lösung für die Negation

Negieren Sie 2_D und überprüfen Sie anschließend das Ergebnis, indem Sie -2_D invertieren.

$$2_D = 0000\ 0000\ 0000\ 0000\ 0000\ 0000\ 0000\ 0010_B$$

Lösung: Wenn diese Zahl durch Invertieren der Bits und Addieren mit 1 negiert wird, ergibt sich:

$$
\begin{aligned}
&\ 1111\ 1111\ 1111\ 1111\ 1111\ 1111\ 1111\ 1101_B \\
&+ 1_B \\
\hline
&=\ 1111\ 1111\ 1111\ 1111\ 1111\ 1111\ 1111\ 1110_B \\
&=\ 2_D
\end{aligned}
$$

In umgekehrter Richtung wird zunächst

$$1111\ 1111\ 1111\ 1111\ 1111\ 1111\ 1111\ 1110_B$$

invertiert und dann inkrementiert:

$$
\begin{aligned}
&=\ 0000\ 0000\ 0000\ 0000\ 0000\ 0000\ 0000\ 0001_B \\
&+ 1_B \\
\hline
&=\ 0000\ 0000\ 0000\ 0000\ 0000\ 0000\ 0000\ 0010_B \\
&=\ 2_D
\end{aligned}
$$

Unsere nächste einfache Lösung betrachtet die Konvertierung einer mit n Bit dargestellten Binärzahl in eine Binärzahl, die mehr als n Bit enthält. Beispielsweise enthält das Immediate-Feld in den Load-, Store-, Branch-, Add- und Set-on-less-than-Befehlen eine 16-Bit-Zweierkomplementzahl, die einen Wertebereich von -32768_D (-2^{15}) bis 32767_D ($2^{15} - 1$) umfasst. Um die Konstante im

Immediate-Feld zum Inhalt eines 32-Bit-Registers addieren zu können, muss
der Rechner diese 16-Bit-Zahl in die äquivalente 32-Bit-Darstellung konvertieren. Die Lösung besteht darin, das höchstwertige Bit (also das Vorzeichenbit)
der kurzen Binärzahl zu replizieren und die neuen Bits der längeren Binärzahl
aufzufüllen. Die alten Bits werden einfach in den rechten Teil des neuen Worts
kopiert. Diese einfache Lösung wird als Vorzeichenerweiterung bezeichnet.

Beispiel: Einfache Lösung für die Vorzeichenerweiterung

Konvertieren Sie die 16-Bit-Versionen von 2_D und -2_D in 32-Bit-Binärzahlen.

Lösung: Die 16-Bit-Binärversion der Zahl 2 lautet

`0000 0000 0000 0010`$_B$ = 2_D

Sie wird in eine 32-Bit-Zahl konvertiert, indem der Wert an der Stelle des
höchstwertigen Bits (0) 16-mal kopiert und in der linken Hälfte des Worts eingefügt wird. In der rechten Hälfte des Worts wird der alte Wert gespeichert:

`0000 0000 0000 0000 0000 0000 0000 0010`$_B$ = 2_D

Nun negieren wir die 16-Bit-Version der Zahl 2 mithilfe der weiter oben beschriebenen einfachen Lösung für die Negation. Somit wird

`0000 0000 0000 0010`$_B$

zu

$$
\begin{array}{rl}
 & \texttt{1111 1111 1111 1101}_B \\
+ & \texttt{1}_B \\
\hline
= & \texttt{1111 1111 1111 1110}_B
\end{array}
$$

Wenn aus der negativen Zahl die 32-Bit-Version ermittelt werden soll, muss
also das Vorzeichenbit 16-mal kopiert und auf der linken Seite eingefügt werden:

`1111 1111 1111 1111 1111 1111 1111 1110`$_B$ = -2_D

Dieser Trick funktioniert, weil bei positiven Zweierkomplementzahlen links
unendliche viele Nullen stehen, während negative Zweierkomplementzahlen
unendlich viele Einsen haben. Die binären Bitmuster, die eine Zahl darstellen,
verbergen die führenden Bits entsprechend der Breite der Hardware. Bei der
Vorzeichenerweiterung werden lediglich einige dieser Bits wiederhergestellt.

Zusammenfassung

Der wesentliche Punkt in diesem Abschnitt ist, dass es möglich sein muss, mit
einem Wort im Rechner sowohl negative als auch positive Zahlen darzustellen.
Und obwohl jede Darstellungsmöglichkeit Vor- und Nachteile hat, wird seit
1965 überwiegend die Zweierkomplement-Darstellung verwendet.

Anmerkung: Bei vorzeichenbehafteten Dezimalzahlen stellen wir negative Zahlen mit „–" dar, da es für die Darstellung einer Dezimalzahl keine Größenbeschränkung gibt. Aufgrund der festen Wortgröße kann bei binären und hexadezimalen Bitfolgen das Vorzeichen kodiert werden (siehe Tabelle 2.2). Daher werden bei der Binär- oder Hexadezimaldarstellung normalerweise weder „+" noch „–" verwendet.

Selbsttest

Welchen Dezimalwert hat die folgende 64-Bit-Zweierkomplementzahl?

1111 1111 1111 1111 1111 1111 1111 1111 1111 1111 1111 1111 1111 1111 1111 1000$_B$

1. -4_D
2. -8_D
3. -16_D
4. $18\,446\,744\,073\,709\,551\,609_D$

Was ist der Dezimalwert, wenn es sich stattdessen um eine vorzeichenlose 64-Bit-Zahl handelt?

Einerkomplement Eine Notation, die den betragsgrößten negativen Wert durch 10…000$_B$ darstellt und den betragsgrößten Wert durch 01…11$_B$, was zu gleich vielen negativen und positiven Zahlen führt, jedoch zu zwei Nullen, eine positive (00…00$_B$) und eine negative (11…11$_B$). Die Bezeichnung wird auch für die bitweise Inversion eines Musters, d. h. den Austausch aller Nullen gegen Einsen und aller Einsen gegen Nullen, verwendet.

Charakteristik Eine Darstellung, bei der der kleinste negative Wert durch 00…000$_B$ und der größte positive Wert durch 11…11$_B$ dargestellt wird, wobei 0 in der Regel den Wert 10…00$_B$ hat. Mit der Addition der Charakteristik auf die darzustellende Zahl ist das Ergebnis positiv.

Anmerkung: Die Bezeichnung Zweierkomplement rührt daher, dass die vorzeichenlose Summe einer n-Bit-Zahl und ihrer n-Bit-Negation 2^n ist. Somit ist das Komplement einer Zahl x gleich $2^n - x$, also das „Zweierkomplement".

Eine dritte Darstellungsmöglichkeit wird als **Einerkomplement** bezeichnet. Der negative Wert eines Einerkomplements ergibt sich aus der Invertierung der einzelnen Bits von 0 in 1 und von 1 in 0, was die Bezeichnung erklärt: Das Komplement von x ist $2^n - x - 1$. Diese Darstellung war ebenfalls ein Versuch, eine bessere Lösung als die Vorzeichen-Betrag-Darstellung zu finden. Für verschiedene wissenschaftliche Rechner wurde diese Darstellung tatsächlich verwendet. Diese Darstellung ist der Zweierkomplement-Darstellung ähnlich und unterscheidet sich von dieser nur dadurch, dass sie zwei Nullen enthält: 00…00$_B$ ist eine positive 0 und 11…11$_B$ ist eine negative 0. Die kleinste negative Zahl ist 10…000$_B$ und steht für $-2\,147\,483\,647_D$, es gibt also gleich viele positive wie negative Zahlen. Einerkomplementaddierer benötigen einen zusätzlichen Schritt zum Subtrahieren einer Zahl. Daher wird heute die Zweierkomplement-Darstellung häufiger verwendet.

Eine letzte Darstellungsmöglichkeit, die wir bei der Diskussion der Gleitkommaarithmetik in Kapitel 3 betrachten werden, besteht darin, den kleinsten negativen Wert durch 00…000$_B$ und den größten positiven Wert durch 11…11$_B$ darzustellen, wobei 0 in der Regel den Wert 10…00$_B$ hat. Diese Darstellung wird als **Charakteristik** bezeichnet. Dabei wird eine Konstante (Bias, Charakteristik) addiert, so dass das Ergebnis einen positiven Wert aufweist.

2.5 Darstellung von Befehlen im Rechner

Nun ist es soweit, dass wir den Unterschied zwischen der Art und Weise, wie Menschen Rechnern Befehle erteilen, und der Art und Weise, wie Rechner die Befehle sehen, erklären können.

Befehle werden im Rechner ebenfalls als Folge elektronischer Signale mit jeweils hohem und niedrigem Potenzial betrachtet und können somit auch als Zahlen interpretiert werden. So kann jeder Teil eines Befehls als eine Zahl betrachtet werden. Die Aneinanderreihung der einzelnen Zahlen ergibt den Befehl.

Da Register fast von allen Befehlen verwendet werden, muss es eine Konvention geben, wie Registernamen Zahlen zugeordnet werden. In der MIPS-Assemblersprache werden die Register $s0 bis $s7 den Registern 16 bis 23 und die Register $t0 bis $t7 den Registern 8 bis 15 zugeordnet. Die Konvention für die restlichen der 32 Register wird in den folgenden Abschnitten beschrieben.

Beispiel: MIPS-Assemblerbefehl in Maschinenbefehl übersetzen

Den nächsten Schritt bei der Erarbeitung der MIPS-Sprache demonstrieren wir anhand eines Beispiels. Wir zeigen den Befehl mit der symbolischen Darstellung

```
add $t0,$s1,$s2
```

in der tatsächlichen MIPS-Sprache zunächst als Kombination von Dezimalzahlen und anschließend als Folge von Binärzahlen.

Lösung: Die Darstellung mit Dezimalzahlen sieht wie folgt aus:

0	17	18	8	0	32

Jedes dieser Segmente eines Befehls wird als Feld bezeichnet. Das erste und das letzte Feld (hier mit den Zahlen 0 und 32) teilen dem MIPS-Computer mit, dass mit diesem Befehl eine Addition durchzuführen ist. Das zweite Feld enthält die Nummer des Registers, das den ersten Quelloperanden der Addition enthält (17 = $s1), und das dritte Feld enthält den zweiten Quelloperanden für die Addition (18 = $s2). Das vierte Feld enthält die Nummer des Registers, in dem das Ergebnis gespeichert werden soll (8 = $t0). Das fünfte Feld wird in diesem Befehl nicht genutzt, daher ist es auf 0 gesetzt. Somit werden mit diesem Befehl die Inhalte der Register $s1 und $s2 addiert und das Ergebnis in das Register $t0 gespeichert.

Statt mit Dezimalzahlen in den einzelnen Feldern kann der Befehl auch mit Binärzahlen dargestellt werden:

000000	10001	10010	01000	00000	100000
6 Bit	5 Bit	5 Bit	5 Bit	5 Bit	6 Bit

Befehlsformat Eine Darstellungsform für Befehle, zusammengesetzt aus Feldern mit Binärzahlen.

Diese Darstellungsform des Befehls wird als **Befehlsformat** bezeichnet. Wenn Sie die Anzahl der Bits zusammenzählen, erhalten Sie genau 32, exakt die Breite eines Datenworts. Entsprechend unserem Entwurfsprinzip bezüglich der Einfachheit und Regelmäßigkeit sind alle MIPS-Befehle 32 Bit lang.

Maschinensprache Binäre Darstellung für die Kommunikation in einem Rechnersystem.

Um diese Darstellung von der Assemblersprache zu unterscheiden, bezeichnen wir diese numerische Version von Befehlen als **Maschinensprache** und eine Folge von Befehlen dieser Art als *Maschinencode*.

Es könnte nun der Eindruck entstehen, dass Sie endlose, langweilige Folgen mit Binärzahlen lesen und schreiben müssten. Um dies zu vermeiden, nehmen wir eine höhere Basis als 2, die sich aber leicht in die binäre Darstellung umrechnen lässt. Da praktisch alle Datenformate in einem Rechner ein Vielfaches von 4 sind, werden **Hexadezimalzahlen** (Basis 16) verwendet. Die Basis 16 ist eine Potenz von 2, weshalb man einfach jede Gruppe mit vier Binärziffern durch eine hexadezimale Ziffer ersetzen kann und umgekehrt. Tabelle 2.2 zeigt die Umrechnung zwischen der hexadezimalen in der binären Darstellung.

Hexadezimalzahlen Zahlen zur Basis 16.

Tab. 2.2: Tabelle zur Umrechnung von Hexadezimal- in Binärzahlen und umgekehrt. Ersetzen Sie einfach eine Hexadezimalziffer durch die entsprechenden vier Binärziffern und umgekehrt. Wenn die Länge der Binärzahl kein Vielfaches von 4 ist, beginnen Sie rechts.

Hexadezimal	Binär	Hexadezimal	Binär	Hexadezimal	Binär	Hexadezimal	Binär
0_H	0000_B	4_H	0100_B	8_H	1000_B	c_H	1100_B
1_H	0001_B	5_H	0101_B	9_H	1001_B	d_H	1101_B
2_H	0010_B	6_H	0110_B	a_H	1010_B	e_H	1110_B
3_H	0011_B	7_H	0111_B	b_H	1011_B	f_H	1111_B

Da wir häufig mit unterschiedlichen Zahlenbasen zu tun haben, werden wir, um Verwechslungen zu vermeiden, Dezimalzahlen mit dem Index 10 (oder D), Binärzahlen mit dem Index 2 (oder B) und Hexadezimalzahlen mit dem Index 16 (oder H) versehen. (Wenn kein Index angegeben wird, gilt Basis 10 als Standard.) Bei C und Java wird übrigens für Hexadezimalzahlen die Schreibweise 0x*nnnn* verwendet.

Beispiel: Umrechnung von Binärzahlen in Hexadezimalzahlen

Rechnen Sie die folgenden Hexadezimal- und Binärzahlen in Zahlen der jeweils anderen Basis um:

`eca8 6420`$_H$ `0001 0011 0101 0111 1001 1011 1101 1111`$_B$

Lösung: Gehen Sie gemäß Tabelle 2.2 schrittweise in der einen Richtung vor:

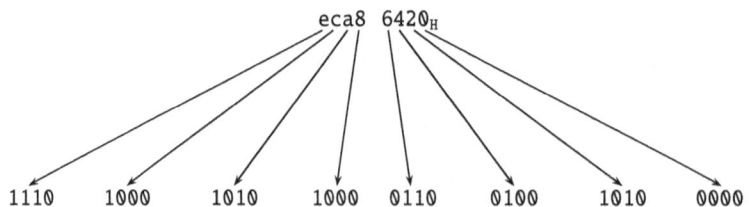

Und dann in der anderen Richtung:

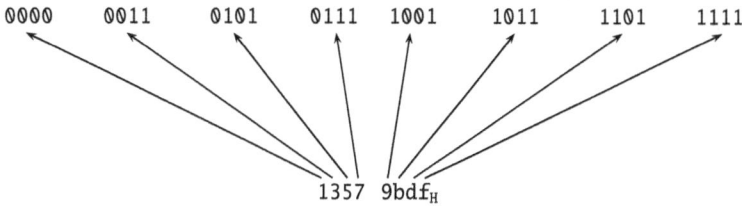

```
0000    0011    0101    0111    1001    1011    1101    1111
```

$$1357\ 9\mathrm{bdf}_H$$

Die Felder im MIPS-Befehlsformat

Um die Diskussion zu vereinfachen, erhalten die Felder im MIPS-Befehlsformat Namen:

op	rs	rt	rd	shamt	funct
6 Bit	5 Bit	5 Bit	5 Bit	5 Bit	6 Bit

Die Namen der Felder im MIPS-Befehlsformat haben folgende Bedeutung:

- *op:* Basisoperation des Befehls, üblicherweise als **Opcode** (auch Operationscode) bezeichnet

> **Opcode** Das Feld, das die Operation und das Format eines Befehls angibt.

- *rs:* das Register des ersten Quelloperanden
- *rt:* das Register des zweiten Quelloperanden
- *rd:* das Zielregister, in dem das Ergebnis der Operation gespeichert wird
- *shamt:* Abkürzung für *Shift Amount* („Anzahl der Stellen, um die verschoben wird"). (In Abschnitt 2.6 werden Schiebebefehle und dieser Begriff erläutert. Bis dahin wird dieser Ausdruck nicht verwendet, weshalb das Feld den Wert Null enthält.)
- *funct:* Dieses Feld wählt die spezielle Variante der Operation im op-Feld aus und wird auch als *Funktionscode (function)* bezeichnet.

Ein Problem entsteht, wenn ein Befehl längere Felder als die oben abgebildeten benötigt. Beispiel: Im Load-word-Befehl müssen zwei Register und eine Konstante angegeben werden. Wenn für die Adresse eines der 5-Bit-Felder im obigen Format verwendet würde, wäre die Konstante im Load-word-Befehl auf nur $2^5 = 32$ begrenzt. Die Konstante wird zum Auswählen von Elementen in Feldern oder Datenstrukturen verwendet und muss daher häufig wesentlich größer als 32 sein. Dieses 5-Bit-Feld ist somit einfach zu klein.

Wir haben also einen Konflikt zwischen dem Wunsch, für alle Befehle dieselbe Länge zu verwenden, und dem Wunsch nach einem einheitlichen Befehlsformat. Dies führt zum letzten Prinzip für den Hardwareentwurf:

Entwurfsprinzip 3: Ein guter Entwurf erfordert gute Kompromisse.

Der von den MIPS-Entwicklern gewählte Kompromiss besteht darin, für alle Befehle dieselbe Länge und dafür für die verschiedenen Befehlsarten unterschiedliche Befehlsformate zu verwenden. So wird das obige Format beispielsweise als *R-Typ* (für Register) oder als *R-Format* bezeichnet. Ein weiterer Befehlsformattyp wird als *I-Typ* (für *immediate* = direkt) oder *I-Format* bezeichnet und für Immediate- und Datentransfer-Befehle verwendet. Für das I-Format gibt es folgende Felder:

op	rs	rt	constant oder address
6 Bit	5 Bit	5 Bit	16 Bit

Die 16-Bit-Adresse bedeutet, dass mit einem Load-word-Befehl ein beliebiges Wort in einem Bereich von $\pm 2^{15}$ oder 32 768 Byte ($\pm 2^{13}$ oder 8192 Wörter) ab der Adresse im Basisregister `rs` geladen werden kann. Entsprechend ist der Add-immediate-Befehl auf Konstanten im Bereich von $\pm 2^{15}$ beschränkt. Wie wir sehen, wären mehr als 32 Register in diesem Format schwierig zu handhaben, da die Felder `rs` und `rt` jeweils ein weiteres Bit benötigten, wodurch es schwieriger wird, alles in einem Wort unterzubringen.

Betrachten wir noch einmal den Load-word-Befehl von Seite 78:

```
lw $t0,32($s3)    # temp. Register $t0 erhält A[8]
```

Hier wird in das `rs`-Feld 19 (für `$s3`), in das `rt`-Feld 8 (für `$t0`) und in das Adressfeld 32 gesetzt. Die Bedeutung des `rt`-Felds hat sich bei diesem Befehl geändert: In einem Ladebefehl gibt das `rt`-Feld das *Ziel*register an, in dem das Ergebnis des Ladevorgangs gespeichert wird.

Mehrere Formate führen zwar zu einer komplizierteren Hardware, aber die Komplexität lässt sich reduzieren, wenn ähnliche Formate verwendet werden. So sind etwa die ersten drei Felder der R- und I-Formate gleich groß und haben die gleichen Namen. Und das vierte Feld im I-Format ist gleich lang wie die letzten drei Felder im R-Format. Falls Sie sich wundern: Die Formate unterscheiden sich durch die Werte im ersten Feld. Jedem Format ist eine Reihe von Werten im ersten Feld (`op`) zugewiesen, so dass die Hardware weiß, ob die zweite Hälfte des Befehls als drei Felder (R-Typ) oder als ein Feld (I-Typ) behandelt werden muss. In Tabelle 2.3 sind die in den einzelnen Feldern für die hier beschriebenen MIPS-Befehle verwendeten Zahlen dargestellt.

Tab. 2.3: MIPS-Befehlscodierung. In der Tabelle steht `reg` für eine Registernummer zwischen 0 und 31 und `address` für eine 16-Bit-Adresse. „entfällt" bedeutet, dass es dieses Feld in dem jeweiligen Format nicht gibt. Die Befehle `add` und `sub` haben im `op`-Feld denselben Wert. Die Hardware entscheidet mithilfe des `funct`-Felds, welche Variante der Operation verwendet wird: `add` (32) oder `subtract` (34).

Befehl	Format	op	rs	rt	rd	shamt	funct	address
add	R	0	reg	reg	reg	0	32_D	entfällt
sub (subtract)	R	0	reg	reg	reg	0	34_D	entfällt
add immediate	I	8_D	reg	reg	entfällt	entfällt	entfällt	constant
lw (load word)	I	35_D	reg	reg	entfällt	entfällt	entfällt	address
sw (store word)	I	43_D	reg	reg	entfällt	entfällt	entfällt	address

Beispiel: MIPS-Assemblersprache in Maschinensprache übersetzen

Wir können nun an einem Beispiel den ganzen Weg von dem, was der Programmierer schreibt, hin zu dem, was der Rechner ausführt, aufzeigen. Wenn $t1 auf die Basis des Felds A zeigt und $s2 h entspricht, wird die Zuweisung

```
A[300] = h + A[300];
```

übersetzt in

```
lw $t0,1200$($t1)    # temp. Reg. $t0 erhält A[300]
add $t0,$s2,$t0      # temp. Reg. $t0 erhält h+A[300]
sw $t0,1200$($t1)    # h+A[300] wird in A[300] gespeichert
```

Wie lautet der Code in MIPS-Maschinensprache für diese drei Befehle?

Lösung: Der Einfachheit halber schreiben wir die Befehle in Maschinensprache zunächst als Dezimalzahlen. Aus Tabelle 2.3 können wir die drei Befehle in Maschinensprache ermitteln:

op	rs	rt	rd	address/shamt	funct
35	9	8		1200	
0	18	8	8	0	32
43	9	8		1200	

Der lw-Befehl wird durch die 35 im ersten Feld (op) (siehe Tabelle 2.3) angezeigt. Das Basisregister 9 ($t1) wird im zweiten Feld (rs) und das Zielregister 8 ($t0) im dritten Feld (rt) angegeben. Der Offset zum Auswählen von A[300] ($1200 = 300 \times 4$) steht im letzten Feld (address).

Der nachfolgende add-Befehl wird durch die 0 im ersten Feld (op) und die 32 im letzten Feld (funct) spezifiziert. Die drei Registeroperanden (18, 8 und 8) stehen im zweiten, dritten und vierten Feld und entsprechen den Registern $s2, $t0 und $t0. Der sw-Befehl wird durch 43 im ersten Feld spezifiziert. Der Rest dieses letzten Befehls ist mit dem lw-Befehl identisch.

Die folgende Tabelle zeigt die zur Dezimaldarstellung äquivalente Binärform (1200 zur Basis 10 entspricht **0000 0100 1011 0000** zur Basis 2):

100011	01001	01000	0000 0100 1011 0000		
000000	10010	01000	01000	00000	100000
101011	01001	01000	0000 0100 1011 0000		

Beachten Sie die Ähnlichkeit der Binärdarstellung des ersten und letzten Befehls. Beide unterscheiden sich nur im dritten Bit von links.

Hardware-Software-Schnittstelle

Der Wunsch, dass alle Befehle die gleiche Länge haben sollen, steht im Widerstreit mit dem Wunsch, so viele Register wie möglich zu haben. Jeder Anstieg der Zahl der Register verbraucht mindestens ein Bit mehr in jedem Registerfeld des Befehlsformates. Angesichts dieser Limitierungen und des Entwurfsprinzips, dass kleiner schneller bedeutet, haben die meisten Befehlssätze heute 16 oder 32 Allzweckregister.

In Tabelle 2.4 sind die in diesem Abschnitt beschriebenen Teile der MIPS-Assemblersprache zusammenfassend dargestellt. Wie wir in Kapitel 4 noch sehen werden, wird der Hardwareentwurf durch die Ähnlichkeit der Binärdarstellungen von ähnlichen Befehlen vereinfacht. Diese Befehle sind ein weiteres Beispiel für die Regelmäßigkeit in der MIPS-Architektur.

Tab. 2.4: Die bis Abschnitt 2.5 bearbeitete MIPS-Architektur. Die beiden bisher eingeführten MIPS-Befehlsformate sind R und I. Die ersten 16 Bit sind gleich: Sie enthalten ein **op**-Feld, das die Grundoperation angibt, ein **rs**-Feld, das einen Quelloperanden angibt, und das **rt**-Feld, das den anderen Quelloperanden angibt, außer beim Load-word-Befehl, bei dem es das Zielregister angibt. Beim R-Format sind die letzten 16 Bit auf drei Felder verteilt: Das **rd**-Feld, das das Zielregister angibt, das **shamt**-Feld, das in Abschnitt 2.6) erläutert wird, und das **funct**-Feld, das die spezifische Operation eines R-Formatbefehls angibt. Beim I-Format bilden die letzten 16 Bit ein **address**-Feld.

MIPS-Maschinensprache

Name	Format	Beispiel						Anmerkungen
add	R	0	18	19	17	0	32	add $s1, $s2, $s3
sub	R	0	18	19	17	0	34	sub $s1, $s2, $s3
addi	I	8	18	17	100			addi $s1, $s2, 100
lw	I	35	18	17	100			lw $s1, 100($s2)
sw	I	43	18	17	100			sw $s1, 100($s2)
Feldgröße		6 Bit	5 Bit	5 Bit	5 Bit	5 Bit	6 Bit	alle MIPS-Befehle 32 Bit lang
R-Format	R	op	rs	rt	rd	shamt	funct	Format für arithm. Befehle
I-Format	I	op	rs	rt	address			Format für Datentransport

Grundwissen

Computer von heute beruhen auf zwei Grundprinzipien:

1. Befehle werden in Form von Zahlen dargestellt.
2. Programme werden wie Zahlen im Hauptspeicher gespeichert, um gelesen oder geschrieben werden zu können.

Diese Prinzipien führen zum *Von-Neumann-Konzept*. In Abbildung 2.3 wird die Leistungsfähigkeit dieses Konzepts deutlich: Im Hauptspeicher kann der Quellcode für einen Editor, der kompilierte Maschinencode, der Text, der vom kompilierten Programm verwendet wird, und sogar der Compiler, der den Maschinencode generiert, gespeichert werden.

Da Befehle in Form von Zahlen dargestellt werden können, werden Programme oft als Dateien mit Binärzahlen ausgeliefert. Die kommerzielle Folge hiervon ist, dass Rechner fertige Programme übernehmen können, vorausgesetzt sie sind zu einem vorhandenen Befehlssatz kompatibel. Diese „Binärkompatibilität" führt dazu, dass sich die Industrie auf wenige Befehlssatzarchitekturen konzentriert.

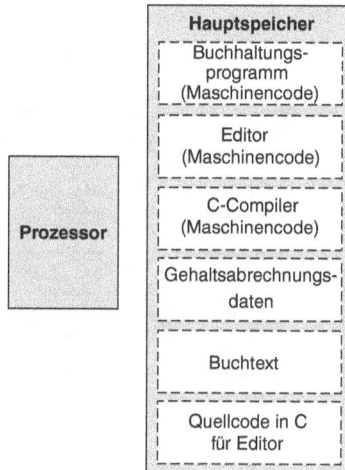

Abb. 2.3: Das Von-Neumann-Konzept. Mithilfe von gespeicherten Programmen kann ein Rechner, der ein Buchhaltungsprogramm ausführt, im nächsten Augenblick zu einem Rechner werden, der einem Autor hilft, ein Buch zu schreiben. Dieser Wechsel erfolgt durch Laden von Programmen und Daten in den Speicher und durch Anweisen des Rechners, an einer bestimmten Position im Speicher mit der Ausführung zu beginnen. Dadurch, dass Befehle wie Daten behandelt werden, wird sowohl die Speicherhardware als auch die Software erheblich vereinfacht. So kann insbesondere die für Daten erforderliche Speichertechnologie auch für Programme verwendet werden, und Programme – wie z. B. Compiler – können Code, der in einer für Menschen einfacheren Form geschrieben ist, in einen Code übersetzen, der vom Rechner verstanden wird.

Selbsttest

Welcher MIPS-Befehl ist nachfolgend dargestellt?

op	rs	rt	rd	shamt	funct
0	8	9	10	0	34

1. sub $t0, $t1, $t2
2. add $t2, $t0, $t1
3. sub $t2, $t1, $t0
4. sub $t2, $t0, $t1

Wenn eine Person 40_D Jahre alt ist, wie ist ihr Alter dann in Hexadezimaldarstellung?

„Im Gegenteil,“ fuhr Tweedledee fort, „wenn es so war, könnte es so sein; und wenn es so wäre, würde es so sein, aber da es nicht so ist, ist es nicht so. Das ist Logik.“

Lewis Carroll, *Alice's Adventures in Wonderland*, 1865

2.6 Logische Operationen

Obwohl bei den ersten Rechnern vornehmlich ganze Wörter betrachtet wurden, stellte sich rasch heraus, dass es sinnvoll ist, auf Bitfelder in einem Wort oder auch auf einzelne Bits zugreifen zu können. Die Überprüfung von Zeichen in einem Wort, die mit jeweils 8 Bit gespeichert sind, ist ein Beispiel für eine Operation dieser Art (siehe Abschnitt 2.9). Dies führte dazu, dass Operationen hinzugefügt wurden, mit denen unten anderem das Setzen und Zurücksetzen von Bits in einem Wort vereinfacht wurde. Diese Befehle werden als logische Operationen bezeichnet. In Tabelle 2.5 sind logische Operationen in C und Java dargestellt.

Tab. 2.5: Logische C- und Java-Operatoren und die entsprechenden MIPS-Befehle. MIPS verwendet NOR mit einem Operanden gleich null, um NOT zu implementieren.

Logische Operationen	C-Operatoren	Java-Operatoren	MIPS-Befehle
Linksschieben	≪	≪	sll
Rechtsschieben	≫	≫≫	srl
bitweise AND-Verknüpfung	&	&	and, andi
bitweise OR-Verknüpfung	|	|	or, ori
bitweise NOT	~	~	nor

Die erste Klasse von Operationen dieser Art sind *Schiebeoperationen*. Sie schieben alle Bits in einem Wort nach links oder nach rechts, wobei die frei werdenden Bits mit einer Null aufgefüllt werden. Beispiel: Wenn Register $s0 die Bitfolge

$$0000\ 0000\ 0000\ 0000\ 0000\ 0000\ 0000\ 1001_B = 9_D$$

enthält und der Befehl zum Schieben um 4 nach links ausgeführt wird, ergibt sich folgender neuer Wert:

$$0000\ 0000\ 0000\ 0000\ 0000\ 0000\ 1001\ 0000_B = 144_D$$

Die duale Operation zum Schieben nach links ist das Schieben nach rechts. Die beiden MIPS-Schiebebefehle heißen *Shift Left Logical* (logisches Linksschieben, sll) und *Shift Right Logical* (logisches Rechtsschieben, srl).

Mit dem folgenden Befehl wird die obige Operation ausgeführt und das Ergebnis in Register $t2 gespeichert:

```
sll $t2, $s0,4     # Reg. $t2 = Reg. $s0 << 4Bit
```

Das shamt-Feld im R-Format haben wir nicht gleich beim ersten Auftreten des Ausdrucks erläutert. Der Ausdruck *shamt* steht für *Shift Amount* (Anzahl der Stellen, um die verschoben wird) und wird in Schiebebefehlen verwendet. Die Version des obigen Befehls in Maschinensprache lautet somit wie folgt:

op	rs	rt	rd	shamt	funct
0	0	16	10	4	0

Der Code von `sll` lautet sowohl im `op`- als auch im `funct`-Feld 0, das `rd`-Feld enthält 10 (Register `$t2`), das `rt`-Feld enthält 16 (Register `$s0`) und das `shamt`-Feld enthält 4. Das `rs`-Feld wird nicht verwendet und ist daher auf 0 gesetzt.

Das logische Schieben nach links bringt einen weiteren Vorteil mit sich. Wenn um i Bit nach links verschoben wird, ergibt dies dasselbe Ergebnis wie die Multiplikation mit 2^i, genau wie das Verschieben einer Dezimalzahl um i Ziffern äquivalent mit der Multiplikation mit 10^i ist. Beispiel: Mit dem obigen `sll`-Befehl wird um 4 Stellen verschoben, was dasselbe ergibt wie die Multiplikation mit 2^4 oder mit 16. Das erste Bitmuster oben stellt 9 dar und $9 \times 16 = 144$ den Wert des zweiten Bitmusters.

Eine weitere sinnvolle Operation zum Isolieren von Feldern ist die **AND-Verknüpfung** (logisches und). (Um eine Verwechslung mit der natürlich-sprachlichen Konjunktion zu vermeiden, werden die Namen der Verknüpfungs-operationen in Großbuchstaben geschrieben.) Bei der AND-Verknüpfung handelt es sich um eine bitweise Operation, bei der das Ergebnis nur dann eine 1 ist, wenn an den entsprechenden Bitstellen der Operanden jeweils der Wert 1 steht. Beispiel: Wenn Register `$t2` nach wie vor die Bitfolge

> **AND** Eine logische bitweise Operation mit zwei Operanden, die 1 ergibt, wenn *beide* Operanden jeweils eine 1 enthalten.

```
0000 0000 0000 0000 0000 1101 1100 0000ᴮ
```

enthält und Register `$t1` die Bitfolge

```
0000 0000 0000 0000 0011 1100 0000 0000ᴮ
```

enthält, ergibt sich nach dem Ausführen des MIPS-Befehls

```
and $t0, $t1, $t2   # Reg. $t0 = Reg. $t1 & Reg. $t2
```

für den Wert von Register `$t0` die Bitfolge

```
0000 0000 0000 0000 0000 1100 0000 0000ᴮ
```

Mit der AND-Verknüpfung kann ein Bitmuster auf eine Menge von Bits an-gewendet werden, um an den Stellen jeweils eine Null zu erzwingen, an de-nen sich im Bitmuster eine Null befindet. Ein derartiges Bitmuster mit einer AND-Verknüpfung wird als „Maske" bezeichnet, da die Maske einige Bits „verbirgt".

Um einer Menge von Bitstellen mit einer Null einen Wert zuzuweisen, gibt es die duale Operation zur AND-Verknüpfung, die **OR-**Verknüpfung (logi-sches oder). Hierbei handelt es sich um eine bitweise Operation, bei der das Ergebnis 1 ist, wenn *eines* der Operandenbits eins ist. Mit dem obigen Bei-spiel kann die Wirkungsweise der OR-Verknüpfung verdeutlicht werden. Wenn die Register `$t1` und `$t2` aus diesem Beispiel unverändert bleiben, ergibt der MIPS-Befehl

> **OR** Eine logische bit-weise Operation mit zwei Operanden, die 1 ergibt, wenn *einer* der beiden Operanden eine 1 enthält.

```
or $t0, $t1, $t2    # Reg. $t0 = Reg. $t1 | Reg. $t2
```

den folgenden Wert in Register $t0:

```
0000 0000 0000 0000 0011 1101 1100 0000_B
```

NOT Eine logische bitweise Operation, bei der ein Operand die Bitwerte invertiert, d. h., er ersetzt jede 1 durch eine 0 und jede 0 durch eine 1.

Bei der letzten logischen Operation handelt es sich um die Negation. **NOT** ergibt 1, wenn ein Operandenbit den Wert 0 hat und umgekehrt. Mit unserer zuvor eingeführten Notation können wir dies schreiben als $\overline{x}$.

Um das Format mit drei Operanden beizubehalten, haben sich die Entwickler von MIPS für die Aufnahme des Befehls **NOR** anstelle der Negation entschieden. Wenn ein Operand null ist, entspricht er einem NOT. Beispiel: A NOR 0 = NOT (A OR 0) = NOT (A). Wenn das Register $t1 aus dem vorhergehenden Beispiel unverändert bleibt und Register $t3 den Wert 0 hat, ergibt der MIPS-Befehl

NOR Eine logische bitweise Operation mit zwei Operanden, mit der die Negation des Ergebnisses einer OR- Verknüpfung von zwei Operanden berechnet wird.

```
nor $t0, $t1, $t3    # Reg. $t0=~(Reg. $t1|Reg. $t3)
```

den folgenden Wert in Register $t0:

```
1111 1111 1111 1111 1100 0011 1111 1111_B
```

Tabelle 2.5 zeigt die Beziehungen zwischen C- und Java-Operatoren und den MIPS-Befehlen. Konstanten sind sowohl in logischen AND- und OR-Operationen als auch in arithmetischen Operationen hilfreich. Daher gibt es im MIPS-Befehlssatz auch die Befehle *and immediate* (andi) und *or immediate* (ori).

Anmerkungen: 1) Der vollständige MIPS-Befehlssatz beinhaltet auch Exklusiv-OR (XOR), das das Bit auf 1 setzt, wenn sich zwei einander entsprechende Bits unterscheiden, und auf 0, wenn sie gleich sind. C gestattet, innerhalb von Wörtern *Bitfelder* oder *Felder* zu definieren, die beide ermöglichen, Objekte in ein Wort zu packen und mit einer extern erzwungenen Schnittstelle übereinzustimmen, wie beispielsweise einem Ein-/Ausgabegerät. Alle Felder müssen in ein einziges Wort passen. Felder sind vorzeichenlose Ganzzahlen, die bis zu 1 Bit kurz sein können. C-Compiler verwenden die logischen Anweisungen in MIPS, um Felder einzufügen und zu extrahieren: and, or, sll und srl.

2) Das logische AND-immediate und das logische OR-immediate setzt Nullen in die oberen 16 Bit, um eine 32-Bit-Konstante zu bilden. Im Unterschied dazu bewirkt add-immediate eine Vorzeichenerweiterung.

Selbsttest

Welche Operationen können ein Feld in einem Wort isolieren?

1. AND
2. eine Linksverschiebung gefolgt von einer Rechtsverschiebung

2.7 Befehle zum Treffen von Entscheidungen

Ein Computer unterscheidet sich von einem einfachen Taschenrechner dadurch, dass er Entscheidungen treffen kann. Abhängig von den Eingabedaten und den während der Berechnung erhaltenen Werten werden unterschiedliche Befehle ausgeführt. Entscheidungen werden in Programmiersprachen in der Regel mithilfe der if-Anweisung, gelegentlich zusammen mit goto-Anweisungen und Sprungmarken dargestellt. Die MIPS-Assemblersprache enthält zwei Entscheidungsbefehle ähnlich einer if-Anweisung mit goto. Der erste Befehl lautet

```
beq register1, register2, L1
```

Bei der Ausführung dieses Befehls wird zur Anweisung an der Marke L1 verzweigt, wenn der Wert in register1 gleich dem Wert in register2 ist. Die mnemonische Bezeichnung beq steht für *branch if equal* („verzweige, wenn gleich"). Der zweite Befehl lautet

```
bne register1, register2, L1
```

Dieser Befehl verzweigt zur Anweisung an der Marke L1, wenn der Wert in register1 *nicht gleich* dem Wert in register2 ist. Die mnemonische Bezeichnung bne steht für *branch if not equal* („verzweige, wenn nicht gleich"). Diese beiden Befehle werden als **bedingte Verzweigungen** bezeichnet.

Beispiel: if-then-else in bedingte Verzweigung übersetzen

Im folgenden Codesegment sind f, g, h, i und j Variablen. Wenn die fünf Variablen f bis j den fünf Registern $s0 bis $s4 entsprechen, wie lautet dann der übersetzte MIPS-Code für diese if-Anweisung in C?

```
if (i == j) f = g + h; else f = g - h;
```

Lösung: Abbildung 2.4 zeigt in Form eines Flussdiagramms, was der MIPS-Code bewirken soll. Mit dem ersten Ausdruck wird auf Gleichheit geprüft, weshalb beq der geeignete Befehl zu sein scheint. Im Allgemeinen wird der Code effizienter, wenn wir prüfen, ob die gegenteilige Bedingung erfüllt ist, um den Code so zu verzweigen, dass der then-Zweig der if-Anweisung ausgeführt wird (die Marke else wird unten definiert), deshalb verwenden wir den Befehl bne, verzweigen also, wenn die Register nicht gleich sind:

```
bne $s3, $s4, else  # verzweige zu else, wenn i ≠ j
```

Die nächste Zuweisung führt eine Operation aus und, wenn alle Operanden bereits den Registern zugeteilt sind, wird dafür nur ein Befehl benötigt:

```
add $s0, $s1, $s2  # f = g + h (entfällt, wenn i ≠ j)
```

Der Nutzwert eines Rechenautomaten liegt in der Möglichkeit, eine gegebene Folge von Befehlen wiederholt anzuwenden, wobei die Anzahl der Iterationen vom Ergebnis der Berechnung abhängt. Wenn die Iteration abgeschlossen ist, wird eine andere Folge [von Befehlen] ausgeführt, weshalb wir in den meisten Fällen zwei parallele Züge [von Befehlen] vorgeben müssen, denen ein Befehl vorangestellt ist, der festlegt, welcher der Routinen gefolgt werden soll. Diese Entscheidung kann vom Vorzeichen einer Zahl abhängig sein [..]. Daher führen wir einen Befehl ein [..], der in Abhängigkeit vom Vorzeichen einer gegebenen Zahl bewirkt, dass die richtige von zwei alternativen Routinen ausgeführt wird.

Burks, Goldstine und von Neumann, 1946

bedingte Verzweigung Ein Befehl, bei dem zunächst zwei Werte verglichen werden, um in Abhängigkeit vom Ergebnis dieses Vergleichs den Kontrollfluss zu ändern.

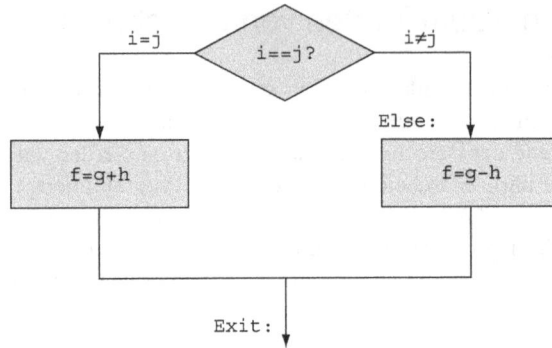

Abb. 2.4: Darstellung der Alternativen der obigen if-Anweisung. Das linke Kästchen entspricht dem then-Teil der if-Anweisung und das rechte Kästchen dem else-Teil.

Nach diesem Befehl muss das Ende der if-Anweisung erreicht werden. Mit diesem Beispiel lernen wir eine weitere Art der Verzweigung kennen, die als *unbedingte Verzweigung* bezeichnet wird. Diese Bezeichnung drückt aus, dass der Prozessor die Verzweigung immer ausführt. Um zwischen bedingten und unbedingten Verzweigungen zu unterscheiden, wird diese Art des Befehls in der MIPS-Assemblersprache als *Sprung* bezeichnet und mit j (Abkürzung für jump, engl. Sprung) abgekürzt. (Die Marke Exit wird unten definiert.)

```
j Exit     # springe zu Exit
```

Die Zuweisung im else-Teil der if-Anweisung kann wieder mit einem Befehl übersetzt werden. Darüber hinaus muss bei diesem Befehl die Marke else stehen. Wir zeigen außerdem die Marke Exit, die nach diesem Befehl steht und damit das Ende des übersetzten Codes für eine if-then-else-Anweisung anzeigt:

```
else:sub $s0,$s1,$s2    # f = g - h (entfällt, wenn i=j)
Exit:
```

Der Assembler nimmt dem Compiler und dem in Assemblersprache Programmierenden die Arbeit ab, Adressen für Verzweigungen berechnen zu müssen, ebenso wie der Assembler auch die Adressen der Daten für die Lade- und Speicherbefehle berechnet (siehe Abschnitt 2.12).

Hardware-Software-Schnittstelle

Compiler erzeugen häufig Verzweigungen und Sprungmarken an Stellen, an denen diese in der Programmiersprache nicht vorkommen. Dass Sprungmarken und Verzweigungen nicht explizit geschrieben werden müssen, ist einer der Vorteile höherer Programmiersprachen und ein Grund dafür, warum sich Code auf dieser Ebene schneller schreiben lässt.

Schleifen

Abfragen sind sowohl für die Wahl zwischen zwei Alternativen (bei `if`-Anweisungen) als auch für die Iteration einer Berechnung (bei Schleifen) wichtig. In beiden Fällen dienen dieselben Assemblerbefehle als Grundbausteine.

Beispiel: Eine `while`-Schleife in C übersetzen

So sieht eine typische Schleife in C aus:

```
while (save[i] == k)
    i += 1;
```

Nehmen wir an, dass `i` und `k` den Registern `$s3` und `$s5` zugeteilt sind und dass die Basis des Felds `save` in `$s6` gespeichert ist. Wie lautet der in MIPS-Assemblersprache geschriebene Code für diesen C-Code?

Lösung: Im ersten Schritt muss das Element `i` des Felds `save`, also `save[i]` in ein temporäres Register geladen werden. Hierfür benötigen wir zunächst die Adresse der Speicherzelle von `save[i]`. Zur Bildung der Adresse muss der Index `i` wegen des Byteadressierungsproblems mit 2^2 oder 4 multipliziert werden und kann dann zur Basis des Feldes `save` addiert werden. Für die Multiplikation mit 4 können wir die logische Schiebeoperation nach links verwenden, da ein Schieben um zwei Bit nach links das gleiche Ergebnis liefert wie die Multiplikation mit 4 (siehe Seite 99). Wir müssen die Marke `Loop` setzen, so dass am Ende der Schleife zu diesem Befehl zurückgesprungen werden kann:

```
Loop: sll $t1,$s3,2    # temp. Reg. $t1 = 4 * i
```

Um die Adresse von `save[i]` zu erhalten, müssen wir `$t1` und die Basis von `save` in `$s6` addieren:

```
add $t1,$t1,$s6        # $t1 = Adresse von save[i]
```

Nun können wir mithilfe dieser Adresse `save[i]` in ein temporäres Register laden:

```
lw $t0,0($t1)          # temp. Reg. $t0 =save[i]
```

Mit dem nächsten Befehl wird die Schleifenabbruchbedingung geprüft. Im Falle `save[i]` ≠ `k` wird die Schleife verlassen:

```
bne $t0,$s5,Exit       # springe zu Exit, wenn save[i] ≠ k
```

Der nächste Befehl addiert 1 und i:

```
addi $s3,$s3,1         # i = i + 1
```

Am Ende der Schleife wird zurück an den Anfang der Schleife gesprungen. Danach brauchen wir nur noch die `Exit`-Marke einzufügen, und schon sind wir fertig:

```
    j Loop             # springe zu Loop
Exit:
```

(Eine Optimierung dieses Codes finden Sie in den Aufgaben.)

Hardware-Software-Schnittstelle

Grundblock oder **Basis-block** Eine Befehlsfolge ohne Sprünge (außer möglicherweise am Ende der Befehlsfolge) und ohne Sprungziel oder Sprungmarke (außer möglicherweise am Anfang der Befehlsfolge).

Befehlsfolgen, die mit einem Sprung enden, spielen beim Übersetzungsvorgang eine zentrale Rolle, weshalb sie einen eigenen Namen erhalten haben: So wird eine Befehlsfolge ohne Sprünge, außer möglicherweise am Ende der Befehlsfolge, und ohne Sprungziel oder Sprungmarke, außer möglicherweise am Anfang der Befehlsfolge, als **Grundblock** oder **Basisblock** bezeichnet. Einer der ersten Schritte beim Kompilieren besteht darin, das Programm in Grundblöcke zu zerlegen.

Am häufigsten wird wohl die Gleichheit oder Ungleichheit zweier Werte geprüft. Manchmal ist es jedoch hilfreich festzustellen, ob eine Variable kleiner als eine andere ist. Beispielsweise kann bei einer **for**-Schleife die Abfrage sinnvoll sein, ob die Index-Variable kleiner als 0 ist. Vergleiche dieser Art werden in der MIPS-Assemblersprache mit einem Befehl durchgeführt, der die Inhalte zweier Register miteinander vergleicht und ein drittes Register auf 1 setzt, wenn der Wert im ersten Register kleiner als der im zweiten ist. Wenn das erste Register nicht kleiner als das zweite ist, wird das dritte Register auf 0 gesetzt. Dieser MIPS-Befehl lautet *set on less than* oder **slt**. Beispiel:

```
slt $t0, $s3, $s4    # $t0 = 1, wenn $s3 < $s4
```

bedeutet, dass Register $t0 auf 1 gesetzt wird, wenn der Wert in Register $s3 kleiner ist als der in Register $s4. Andernfalls wird Register $t0 auf 0 gesetzt.

Konstanten als Operanden werden gerne für Vergleiche herangezogen. Deshalb gibt es eine Immediate-Version des Set-on-less-than-Befehls. Um zu prüfen, ob Register $s2 kleiner als die Konstante 10 ist, können wir einfach Folgendes schreiben:

```
slti $t0, $s2, 10    # $t0 = 1, wenn $s2 < 10
```

Hardware-Software-Schnittstelle

MIPS-Compiler erstellen mithilfe der Befehle **slt**, **slti**, **beq**, **bne** und dem Wert 0 (immer verfügbar durch Lesen des Registers $zero) alle relativen Bedingungen: ist gleich, ist nicht gleich, kleiner als oder gleich, größer als, größer als oder gleich.

Von Neumanns Warnung hinsichtlich der Einfachheit des Systems berücksichtigend enthält die MIPS-Architektur keinen **branch-on-less-than**-Befehl, da dieser zu kompliziert ist. Für einen solchen Befehl wäre es entweder notwendig, die Taktzykluszeit zu verlängern oder es würden zusätzliche Taktzyklen pro Maschinenbefehl erforderlich sein. Zwei schnellere Befehle sind hier sinnvoller.

Hardware-Software-Schnittstelle

Vergleichsbefehle müssen mit der Gegensätzlichkeit zwischen vorzeichenbehafteten und vorzeichenlosen Zahlen zurechtkommen. Manchmal stellt ein Bitmuster mit einer 1 als höchstwertigem Bit eine negative Zahl dar und ist dann
natürlich kleiner als jede positive Zahl, die eine 0 als höchstwertiges Bit haben
muss. Bei vorzeichenlosen Ganzzahlen dagegen stellt eine 1 als höchstwertiges Bit eine Zahl dar, die *größer* als alles andere ist, was mit einer 0 beginnt.
(Wir werden diese duale Bedeutung des höchstwertigen Bit demnächst nutzen,
um die Kosten für die Überprüfung der Arraygrenzen zu verringern.) MIPS
unterstützt zwei Versionen des Set-on-less-than-Vergleichs, um diese Alternativen zu berücksichtigen. *Set on less than* (slt) und *Set on less than immediate*
(slti) arbeiten mit vorzeichenbehafteten Ganzzahlen. Vorzeichenlose Ganzzahlen werden unter Verwendung von *Set on less than unsigned* (sltu) und *Set
on less than immediate unsigned* (sltiu) verglichen.

Beispiel: Vorzeichenbehafteter vs. vorzeichenloser Vergleich

Angenommen, Register $s0 enthält die Binärzahl

$$1111\ 1111\ 1111\ 1111\ 1111\ 1111\ 1111\ 1111_B$$

und Register $s1 enthält die Binärzahl

$$0000\ 0000\ 0000\ 0000\ 0000\ 0000\ 0000\ 0001_B$$

Welche Werte enthalten die Register $t0 und $t1 nach Ausführung der beiden
folgenden Befehle:

```
slt  $t0, $s0, $s1    # vorzeichenbehafteter Vergleich
sltu $t1, $s0, $s1    # vorzeichenloser Vergleich
```

Lösung: Der Wert in Register $s0 ist -1_D, wenn es sich um eine Ganzzahl
handelt, und $4\,294\,967\,295_D$, wenn es eine vorzeichenlose Ganzzahl ist. Der
Wert im Register $s1 stellt in jedem Fall 1_D dar. Dann enthält das Register
$t0 den Wert 1, weil $-1_D < 1_D$, und Register $t1 enthält den Wert 0, weil
$4\,294\,967\,295_D > 1_D$.

Behandeln wir vorzeichenbehaftete Zahlen so, als wären sie vorzeichenlose
Zahlen, dann erhalten wir eine kostengünstigere Möglichkeit, zu prüfen, ob
$0 <= x < y$, was der Prüfung der Indexgrenzen bei Arrays entspricht. Der
Schlüssel dabei ist, dass negative Ganzzahlen in der Zweierkomplementno-
tation wie große Zahlen in der vorzeichenlosen Notation aussehen, d. h., das
höchstwertige Bit ist ein Vorzeichenbit in der ersten Notation, aber ein großer
Teil der Zahl in der zweiten. Ein vorzeichenloser Vergleich von $x < y$ prüft also
sowohl, ob x negativ ist, als auch, ob x kleiner y ist.

Beispiel: Abkürzung für die Überprüfung von Grenzen

Wenden Sie die folgende abkürzende Vorgehensweise an um zu prüfen, ob
ein Index außerhalb der Arraygrenzen liegt: springen Sie zu `IndexOtOfBounds`,
wenn `$s1 >= t2` ist oder wenn `$si` negativ ist.

Lösung: Der Code für die Prüfung verwendet in beiden Fällen einfach `sltu`:

```
sltu  $t0,$s1,$t2   # $t0=0 wenn $s1>= Länge oder $s1<0
beq   $t0,$zero,IndexOutOfBounds   # falls neg., goto Error
```

Die `case-`/`switch`-Anweisung

Die meisten Programmiersprachen enthalten eine `case`- oder `switch`-Anwei-
sung, mit deren Hilfe der Programmierer auf der Grundlage eines Wertes eine
von mehreren Alternativen auswählen kann. Die `switch`-Anweisung lässt sich
am einfachsten über eine Folge von Bedingungsabfragen implementieren, wodurch die `switch`-Anweisung zu einer Kette von `if-then-else`-Anweisungen
wird.

Manchmal können die Alternativen effizienter in Form einer Tabelle mit
Adressen von alternativen Befehlsfolgen kodiert werden. Diese Tabelle wird

Sprungadresstabelle
Auch als *Sprungtabelle*
bezeichnet. Eine Tabelle
mit Adressen von alterna-
tiven Befehlsfolgen.

als **Sprungadresstabelle** oder *Sprungtabelle* bezeichnet, und das Programm
muss dann nur noch die Tabelle indizieren und zur entsprechenden Befehlsfolge springen. Somit handelt es sich bei der Sprungadresstabelle einfach um
ein Feld von Wörtern mit Adressen, die Marken im Programm entsprechen.
Das Programm lädt den entsprechenden Eintrag aus der Sprungtabelle in ein
Register. Anschließend muss es unter Verwendung der Adresse in das Register springen. Um solche Situationen zu unterstützen, beinhalten Computer wie
MIPS einen Jump-Register-Befehl (`jr`), der einen unbedingten Sprung zu der
in einem Register angegebenen Adresse ausführt. Anschließend springt er unter Verwendung dieses Befehls an die richtige Adresse. Im nächsten Abschnitt
werden wir eine noch häufiger anzutreffende Anwendung von `jr` kennenlernen.

Hardware-Software-Schnittstelle

Obwohl Programmiersprachen wie C und Java viele Anweisungen für Entscheidungen und Schleifen enthalten, ist die zugrundeliegende Anweisung, mit
der diese Anweisung auf der nächst tieferen Ebene implementiert wird, eine
bedingte Verzweigung.

Anmerkung: Wenn Sie von *verzögerten Sprüngen* (siehe Kapitel 4) gehört haben, brauchen Sie sich keine Sorgen zu machen: Der MIPS-Assembler blendet
diese für die in Assemblersprache Programmierenden aus.

Selbsttest

I. In C gibt es viele Anweisungen für Abfragen und Schleifen, während MIPS nur wenige kennt. Welche der folgenden Argumente liefern eine gültige Erklärung für diesen Unterschied und welche nicht? Warum?

   1. Je mehr Abfrageanweisungen, umso einfacher ist der Code zu lesen und zu verstehen.

   2. Je weniger Entscheidungsanweisungen, umso leichter hat es die darunter liegende Schicht, die für die Ausführung verantwortlich ist.

   3. Je mehr Entscheidungsanweisungen, umso weniger Codezeilen sind erforderlich, wodurch sich Code schneller schreiben lässt.

   4. Je mehr Entscheidungsanweisungen, umso weniger Codezeilen, und umso weniger Operationen müssen ausgeführt werden.

II. Warum gibt es bei C zwei Operatoren für AND (**&** und **&&**) und zwei Operatoren für OR (| und ||), bei MIPS jedoch nicht?

   1. Mit den logischen Operationen AND und OR werden die Operatoren **&** und | implementiert, während mit bedingten Verzweigungen die Operatoren **&&** und || implementiert werden.

   2. Es gilt die Umkehrung der obigen Aussage: **&&** und || entsprechen logischen Operationen, **&** und | entsprechen bedingten Verzweigungen.

   3. Die zweiten Operatoren sind redundant und bedeuten dasselbe wie die ersten: **&&** und || wurden einfach aus der Programmiersprache B, der Vorgängersprache von C, übernommen.

2.8   Unterstützung von Prozeduren durch die Rechnerhardware

Eine **Prozedur** oder Funktion stellt für Programmierer ein Hilfsmittel zur Strukturierung von Programmen dar, was dazu beiträgt, dass diese einfacher zu verstehen sind. Prozeduren unterstützen die Wiederverwendung von Code und erlauben es dem Programmierer, sich zu einem bestimmten Zeitpunkt jeweils auf nur einen Teil der Aufgabe zu konzentrieren. Parameter dienen als Bindeglieder zwischen der Prozedur und dem übrigen Programm, indem sie Werte übergeben und Ergebnisse zurückgeben. In Abschnitt 2.15 (online) werden die entsprechenden Methoden für Java beschrieben, wobei für Java vom Rechner all das bereitgestellt werden muss, was auch C benötigt. Prozeduren sind eine Möglichkeit, mit der **Abstraktion** in der Software implementiert werden kann.

Sie können sich eine Prozedur wie einen Spion vorstellen, der mit einem geheimen Plan loszieht, Ressourcen bereitgestellt bekommt, die Aufgabe ausführt, seine Spuren verwischt und dann mit dem gewünschten Ergebnis an den Ausgangspunkt zurückkehrt. Nach Abschluss des Auftrags soll nichts mehr

Prozedur Eine gespeicherte Subroutine, die auf Basis der ihr übergebenen Parameter eine bestimmte Aufgabe ausführt.

ABSTRAKTION

darauf hinweisen. Außerdem weiß ein Spion nur das, was er unbedingt wissen muss, so dass er keinerlei Rückschlüsse auf seinen Auftraggeber ziehen kann.

In ähnlicher Weise muss das Programm beim Ausführen einer Prozedur die folgenden sechs Schritte beachten:

1. Die Parameter sind an einer Stelle abzulegen, wo die Prozedur darauf zugreifen kann.

2. Die Programmsteuerung ist an die Prozedur zu übergeben.

3. Die für die Prozedur benötigten Speicherressourcen müssen bereitgestellt werden.

4. Die Prozedur führt die gewünschte Aufgabe aus.

5. Das Ergebnis ist an einer Stelle abzulegen, auf die das aufrufende Programm zugreifen kann.

6. Die Ablaufsteuerung muss an die Stelle zurückkehren, an der die Prozedur aufgerufen wurde, da eine Prozedur an unterschiedlichen Punkten in einem Programm aufgerufen werden kann.

Wie bereits erwähnt, bieten Register in einem Rechner die schnellste Möglichkeit des Datenzugriffs und sollten daher so oft wie möglich verwendet werden. Die MIPS-Software befolgt beim Reservieren der 32 Register für Prozeduraufrufe die folgende Konvention:

- $a0-$a3: vier Argumentregister für die Übergabe der Parameter
- $v0-$v1: zwei Register für Rückgabewerte
- $ra: ein Register für die Rücksprungadresse, um zum Ausgangspunkt zurückzukehren

Zusätzlich zur Bindung dieser Register enthält die MIPS-Assemblersprache auch einen speziellen Befehl für die Prozeduraufrufe: Dieser Befehl springt zu einer Adresse und speichert dabei die Adresse des nachfolgenden Befehls im Register $ra. Der **Jump-and-Link-Befehl** (auch Unterprogrammaufruf genannt) wird wie folgt geschrieben:

```
jal ProcedureAddress
```

Der *Link*-Teil des Namens bedeutet, dass eine Adresse bzw. ein Verweis auf die Stelle des Aufrufs gebildet wird, so dass die Prozedur an die richtige Adresse zurückkehren kann. Dieser in Register $ra (Register 31) gespeicherte Verweis (bzw. „Link") wird als **Rücksprungadresse** bezeichnet. Die Rücksprungadresse wird benötigt, weil eine Prozedur von verschiedenen Stellen des Programms aus aufgerufen werden kann.

Prozessoren wie MIPS unterstützen einen Rücksprung aus einer Prozedur oder ähnliche Fälle mit einem *Jump-Register*-Befehl (jr). Dieser Befehl führt einen unbedingten Sprung zu der in einem Register angegebenen Adresse aus:

```
jr $ra
```

Jump-and-Link-Befehl Ein Befehl, der zu einer Adresse springt und dabei die Adresse des nachfolgenden Befehls in einem Register ($ra bei MIPS) speichert.

Rücksprungadresse Ein Verweis auf die Stelle des Prozeduraufrufs, damit die Prozedur nach ihrer Beendigung wieder zur richtigen Adresse zurückkehren kann; wird in MIPS im Register $ra gespeichert.

Der Jump-Register-Befehl springt zu der in Register $ra gespeicherten Adresse, was genau das ist, was wir wollen. Die aufrufende Prozedur, auch **Caller** genannt, speichert die Parameterwerte in $a0– $a3 und springt mithilfe des Befehls jal X zur Prozedur X (aufgerufene Prozedur oder **Callee** genannt). Der Callee führt dann die Berechnungen durch, speichert das Ergebnis in den Registern $v0 - $v1 und übergibt anschließend mithilfe des Befehls jr $ra die Steuerung wieder an den Caller.

Nach dem Von-Neumann-Prinzip ist ein Register für die Adresse des gerade auszuführenden Befehls notwendig. Aus historischen Gründen wird dieses Register in der MIPS-Architektur als **Befehlszähler** oder auch *Befehlszeiger* (abgekürzt: PC) bezeichnet, obwohl *Befehlsadressregister* eine treffendere Bezeichnung wäre. Der jal-Befehl sichert den Befehlszählerwert + 4 in Register $ra, das damit auf den nachfolgenden Befehl zeigt, zu dem der Rücksprung aus der Prozedur erfolgen soll.

Caller Das Programm, das eine Prozedur aufruft und die erforderlichen Parameter bereitstellt.

Callee Eine Prozedur, die eine Reihe gespeicherter Befehle auf den Parametern ausführt, die vom Caller bereitgestellt werden. Anschließend übergibt sie die Steuerung wieder an den Caller.

Befehlszähler Das Register, das die Adresse des Befehls im Programm enthält, der gerade ausgeführt wird.

Verwendung weiterer Register

Nehmen wir an, ein Compiler benötigt für eine Prozedur mehr als die für die Argumente und die Rückgabewerte vorgesehenen Register. Da wir unsere Spuren nach Erledigung des Auftrags verwischen müssen, muss jedes Register, das der Caller benötigt, wieder mit den Werten belegt werden, die vor dem Aufruf einer Prozedur in den Registern enthalten waren. Dies ist ein Beispiel für eine Situation, in der Register in den Hauptspeicher ausgelagert werden müssen (siehe Abschnitt „Hardware-Software-Schnittstelle").

Die ideale Datenstruktur zum Auslagern von Registern ist ein **Keller** (Stack), der als LIFO-Warteschlange (Last In First Out) organisiert ist. Ein Keller benötigt einen Zeiger auf die zuletzt reservierte Adresse im Keller, um anzuzeigen, von welcher Position an die nächste Prozedur auszulagernde Register speichern soll bzw. wo alte Registerwerte gefunden werden können. Der **Kellerzeiger** wird jeweils um ein Wort für jedes gesicherte oder wiederhergestellte Register verändert. MIPS-Software reserviert Register 29 für den Kellerzeiger und gibt ihm den Namen $sp (für Stack Pointer). Keller werden so häufig verwendet, dass es einen eigenen Ausdruck für die Übertragung von Daten auf den und von dem Keller gibt: Das Ablegen von Daten auf den Keller wird als **Push**-Operation bezeichnet und das Entfernen von Daten vom Keller als **Pop**-Operation.

Aus historischen Gründen „wachsen" Keller von höheren Adressen zu niedrigeren hin an. Diese Konvention bedeutet, dass Sie Werte auf den Keller schieben, indem Sie vom Kellerzeiger subtrahieren. Durch Addieren zum Kellerzeiger nimmt der Keller ab, d. h., es werden Werte aus dem Keller geholt.

Keller Eine als LIFO-Warteschlange organisierte Datenstruktur zum Auslagern von Registern.

Kellerzeiger Ein Wert, der die in einem Keller zuletzt reservierte Adresse angibt und anzeigt, von welcher Position an auszulagernde Register gespeichert werden müssen oder wo alte Registerwerte gefunden werden können. In MIPS ist dies das Register $sp.

Push Hinzufügen eines Elementes zu einem Keller.

Pop Entfernen eines Elementes aus einem Keller.

Beispiel: C-Prozedur übersetzen, die keine andere Prozedur aufruft

Das Beispiel auf Seite 75 in Abschnitt 2.2 lässt sich als C-Prozedur folgendermaßen darstellen:

```
int leaf_example (int g, int h, int i, int j)
{
    int f;
    f = (g + h) - (i + j);
    return f;
}
```

Wie lautet der übersetzte MIPS-Assemblercode?

Lösung: Die Parametervariablen g, h, i und j sind den Argumentregistern $a0,
$a1, $a2 und $a3 zugeordnet, und f entspricht Register $s0. Das kompilierte
Programm beginnt mit der Marke der Prozedur:

```
leaf_example:
```

Der nächste Schritt besteht darin, die von der Prozedur verwendeten Register zu sichern. Die C-Zuweisung im Prozedurkörper ist mit dem Beispiel auf
Seite 75 identisch, bei dem zwei temporäre Register verwendet werden. Somit
müssen drei Register gespeichert werden: $s0, $t0 und $t1. Wir legen die alten
Werte auf dem Keller ab, indem wir Platz für drei Wörter im Keller schaffen
und diese dann speichern:

```
addi $sp,$sp,-12    # schaffe im Keller Platz für 3 Register
sw $t1, 8($sp)      # speichere Register $t1
sw $t0, 4($sp)      # speichere Register $t0
sw $s0, 0($sp)      # speichere Register $s0
```

In Abbildung 2.5 ist der Keller vor, während und nach dem Prozeduraufruf
dargestellt. Die nächsten drei Anweisungen entsprechen dem Prozedurkörper
nach dem Beispiel auf Seite 75:

```
add $t0,$a0,$a1     # Register $t0 enthält g + h
add $t1,$a2,$a3     # Register $t1 enthält i + j
sub $s0,$t0,$t1     # f = $t0 - $t1, was (g + h) - (i + j) ist
```

Um den Wert von f zurückzugeben, kopieren wir ihn in ein Register für
Rückgabewerte:

```
add $v0,$s0,$zero   # Rückgabe von f ($v0 = $s0 + 0)
```

Vor dem Rücksprung werden die drei alten Werte der gesicherten Register wiederhergestellt, indem sie vom Keller gelesen und in die Register geladen werden. Der Kellerzeiger wird auf den Wert von vor dem Prozeduraufruf gesetzt:

```
lw $s0,0($sp)       # Wiederherstellung von $s0 für Caller
lw $t0,4($sp)       # Wiederherstellung von $t0 für Caller
lw $t1,8($sp)       # Wiederherstellung von $t1 für Caller
addi $sp,$sp,12     # entferne drei Werte vom Stapel
```

Die Prozedur endet mit einem *Jump-Register*-Befehl mit der Rücksprungadresse im Register:

```
jr $ra    # springe zurück zur aufrufenden Routine
```

Hohe Adresse

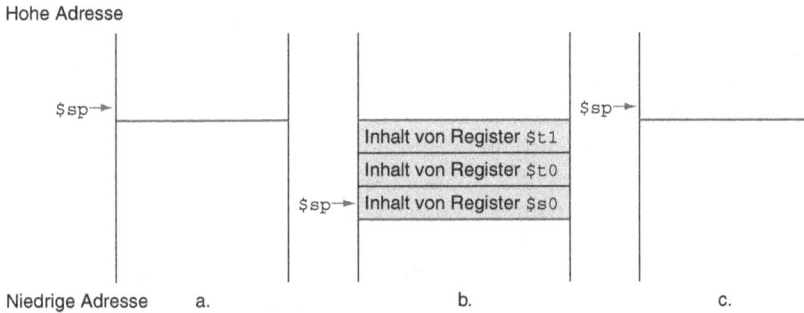

Niedrige Adresse   a.   b.   c.

Abb. 2.5: Die Werte des Kellerzeigers und des Kellers (a) vor, (b) während und (c) nach dem Prozeduraufruf. Der Kellerzeiger zeigt immer auf das „oberste" Element des Kellers bzw. in dieser Abbildung auf das letzte Wort im Keller.

Im obigen Beispiel wurden temporäre Register verwendet und angenommen, dass deren alte Werte gesichert und wiederhergestellt werden müssen. Damit ein Register, dessen Wert im weiteren Programmverlauf nicht mehr verwendet wird, was bei einem temporären Register durchaus vorkommen kann, nicht gesichert und wiederhergestellt werden muss, teilt die MIPS-Software 18 der Register in zwei Gruppen:

- $t0-$t9: 10 temporäre Register, die vom Callee bei einem Prozeduraufruf *nicht* gesichert werden müssen.

- $s0-$s7: 8 zu sichernde Register (saved registers), die bei einem Prozeduraufruf gesichert werden müssen (der Callee sichert nur die von ihm verwendeten Register und stellt diese wieder her).

Durch diese einfache Konvention reduziert sich der Aufwand für das Auslagern der Register, da nicht unbedingt alle gesichert werden müssen. Im obigen Beispiel geht der Caller nicht davon aus, dass die Register $t0 und $t1 über den Prozeduraufruf hinweg beibehalten werden, weshalb zwei Speicher- und zwei Ladebefehle im Code weggelassen werden können. Das Register $s0 muss jedoch gesichert und wiederhergestellt werden, da der Callee annehmen muss, dass der Caller den darin enthaltenen Wert weiter benötigt.

Geschachtelte Prozeduren

Prozeduren, die keine anderen Prozeduren aufrufen, werden als *Blattprozeduren* bezeichnet. Das Leben wäre einfach, wenn alle Prozeduren Blattprozeduren wären. Das ist jedoch nicht der Fall. So, wie ein Spion im Rahmen eines Auftrags andere Spione engagiert, die ihrerseits wieder andere Spione einsetzen können, so rufen Prozeduren andere Prozeduren auf. Zudem rufen rekursive Prozeduren „Klone" von sich selbst auf. Wir müssen schon Acht geben, wenn wir in Prozeduren Register verwenden. Noch mehr Sorgfalt müssen wir

jedoch walten lassen, wenn Prozeduren aufgerufen werden, die keine Blattprozeduren sind.

Nehmen wir beispielsweise an, das Hauptprogramm ruft Prozedur A mit
dem Argument 3 auf, indem es den Wert 3 im Register $a0 ablegt und da-
nach den Befehl jal A ausführt. Nehmen wir weiter an, dass Prozedur A mit
dem Befehl jal B Prozedur B mit dem Argument 7 aufruft, das ebenfalls in
Register $a0 übergeben wird. Da Prozedur A die Aufgabe noch nicht erledigt
hat, kommt es hinsichtlich der Verwendung von Register $a0 zu einem Kon-
flikt. Entsprechend kommt es hinsichtlich der Rücksprungadresse in Register
$ra zu einem Konflikt, da sich dort nun die Rücksprungadresse für B befindet.
Wenn wir keine Maßnahmen zum Beheben des Problems ergreifen, führt dieser
Konflikt dazu, dass die Prozedur A nicht mehr zu ihrem Caller zurückspringen
kann.

Eine Lösungsmöglichkeit besteht darin, alle weiteren Register, die gehalten
werden müssen, mit den zu sichernden Registern auf dem Keller abzulegen.
Der Caller sichert sämtliche Argumentregister ($a0 – $a3) sowie temporäre
Register ($t0 – $t9), die nach dem Prozeduraufruf benötigt werden, auf dem
Keller. Ebenso speichert der Callee das Rücksprungadressregister $ra sowie
alle zu sichernden Register, die vom Callee verwendet werden ($s0 – $s7), auf
dem Keller. Der Kellerzeiger $sp wird entsprechend der Anzahl der auf dem
Keller abgelegten Register eingestellt. Beim Rücksprung werden die Register
aus dem Hauptspeicher wiederhergestellt und der Kellerzeiger wird zurückgesetzt.

Beispiel: Übersetzung einer rekursiven C-Prozedur und Darstellung der Verknüpfung geschachtelter Prozeduren

Das Beispiel zeigt eine rekursive Prozedur zur Berechnung der Fakultät:

```
int fact (int n)
{
    if (n < 1) return (1);
      else return (n * fact(n-1));
}
```

Wie lautet der MIPS-Assemblercode?

Lösung: Die Parametervariable n entspricht dem Argumentregister $a0. Das
kompilierte Programm beginnt mit der Marke der Prozedur und sichert zwei
Register auf den Keller: die Rücksprungadresse und das Register $a0:

```
fact:
    addi $sp,$sp,-8    # schaffe auf dem Keller Platz für
                       # 2 Registerwerte
    sw $ra, 4($sp)     # speichere die Rücksprungadresse
    sw $a0, 0($sp)     # speichere das Argument n
```

Wenn `fact` zum ersten Mal aufgerufen wird, sichert `sw` eine Adresse in dem Programm, das `fact` aufgerufen hat. Die nächsten beiden Befehle überprüfen, ob n kleiner als 1 ist, und springen zu `L1`, wenn n ≥ 1.

```
slti $t0,$a0,1      # prüfe, ob n < 1
beq  $t0,$zero,L1   # wenn n >= 1, verzweige nach L1
```

Wenn n kleiner als 1 ist, gibt `fact` den Wert 1 zurück, indem 1 in einem Register für Rückgabewerte gespeichert wird. In unserem Beispiel wird die 1 zur 0 addiert und das Ergebnis in Register `$v0` gespeichert. Anschließend werden die beiden gespeicherten Werte durch das Versetzen des Kellerzeigers aus dem Keller entfernt, und die Prozedur springt an die Rücksprungadresse:

```
addi $v0,$zero,1    # gib 1 zurück
addi $sp,$sp,8      # entferne zwei Werte vom Keller
jr   $ra            # Rücksprung zum Caller
```

Vor dem Versetzen des Kellerzeigers und damit vor dem Entfernen der zwei Elemente aus dem Keller, müssten diese wieder in die Register `$a0` und `$ra` geladen werden. Da `$a0` und `$ra` nicht verändert werden, wenn n kleiner als 1 ist, können wir diese Befehle weglassen.

Wenn n nicht kleiner als 1 ist, wird das Argument n dekrementiert. Anschließend wird `fact` noch einmal mit dem dekrementierten Wert aufgerufen:

```
L1: addi $a0,$a0,-1   # n >= 1: dekrementiere n
    jal  fact         # rufe fact mit (n - 1) auf
```

Der nächste Befehl folgt auf den Rücksprung aus `fact`. Nun werden die alte Rücksprungadresse und das alte Argument zusammen mit dem Kellerzeiger wiederhergestellt:

```
lw   $a0, 0($sp)    # zurück von fact: stelle n wieder her
lw   $ra, 4($sp)    # stelle Rücksprungadresse wieder her
addi $sp, $sp,8     # aktualisiere den Kellerzeiger
```

Als Nächstes wird im Rückgabewertregister `$v0` das Produkt aus dem alten Argument in `$a0` und dem aktuellen Wert im Rückgabewertregister gespeichert. Wir nehmen an, es gibt einen Multiplikationsbefehl, auch wenn wir diesen erst in Kapitel 3 kennenlernen werden:

```
mul $v0,$a0,$v0    # gib n * fact (n - 1) zurück
```

Und abschließend springt `fact` wieder an die Rücksprungadresse:

```
jr $ra             # kehre zum Caller zurück
```

Hardware-Software-Schnittstelle

Eine C-Variable ist ganz allgemein eine Stelle im Speicher, und ihre Interpretation hängt sowohl vom *Typ* als auch von der *Speicherklasse* ab. Beispiele für Variablentypen sind Integer (Ganzzahlen) und Character (Zeichen, siehe Abschnitt 2.9). Bei C gibt es zwei Speicherklassen: *automatic* und *static*.

Variablen der Speicherklasse *automatic* sind für eine Prozedur lokale Variablen, die nach Beenden der Prozedur nicht weiter verwendet werden. Variablen der Speicherklasse *static* (statische Variablen) existieren über das Ende und den Anfang von Prozeduren hinweg. Außerhalb der Prozeduren deklarierte C-Variablen sind ebenso statische Variablen wie alle Variablen, die mit dem Schlüsselwort `static` deklariert werden. Alle anderen Variablen gehören zur Speicherklasse *automatic*. Um den Zugriff auf statische Daten zu vereinfachen, reserviert die MIPS-Software ein weiteres Register, das so genannte **globale Zeigerregister** oder `$gp`.

globales Zeigerregister Reserviertes Register, das auf statische Daten zeigt.

In Tabelle 2.6 ist zusammenfassend dargestellt, was über einen Prozeduraufruf hinweg gesichert wird. Beachten Sie, dass mit mehreren Methoden dafür gesorgt wird, den Keller zu sichern. Diese Aktionen garantieren, dass der Caller beim Laden seiner Register vom Keller auch wieder dieselben Daten zurückbekommt, die zuvor von ihm im Keller gesichert wurden. Der Keller über `$sp` wird bewahrt, indem sichergestellt wird, dass der Callee nicht über `$sp` schreibt; `$sp` selbst wird bewahrt, indem der Callee genau denselben Betrag addiert, der zuvor subtrahiert wurde; und die anderen Register werden bewahrt, indem sie auf dem Keller gespeichert werden (falls sie benutzt werden) bzw. von dort wiederhergestellt werden.

Tab. 2.6: Was über einen Prozeduraufruf hinweg beibehalten wird und was nicht. Wenn sich die Software auf das Rahmenzeigerregister oder auf das globale Zeigerregister bezieht, die beide im nachfolgenden Abschnitt beschrieben werden, werden diese ebenfalls beibehalten.

Beibehalten	Nicht beibehalten
gesicherte Register: `$s0 - $s7`	temporäre Register: `$t0 -$t9`
Kellerzeigerregister: `$sp`	Argumentregister: `$a0 - $a3`
Rücksprungadressregister: `$ra`	Rückgabewertregister: `$v0 - $v1`
Keller über dem Kellerzeiger	Keller unter dem Kellerzeiger

Speicherallokation für neue Daten im Keller

Schließlich ist noch zu beachten, dass der Keller auch zum Speichern von Variablen verwendet wird, die für die Prozedur lokal sind und nicht in Register passen. Beispiele hierfür sind lokale Felder und Strukturen. Das Segment im Keller, das die gesicherten Register und lokalen Variablen einer Prozedur enthält, wird als **Prozeduraufrufrahmen** bezeichnet. In Abbildung 2.6 ist der Zustand des Kellers vor, während und nach dem Prozeduraufruf dargestellt.

Prozeduraufrufrahmen Das Segment im Keller, das die gesicherten Register und lokalen Variablen einer Prozedur enthält.

Rahmenzeiger Ein Wert, der die Position der gesicherten Register und lokalen Variablen einer Prozedur anzeigt.

Manche MIPS-Software verwendet einen **Rahmenzeiger** (`$fp`), der auf das erste Wort in einem Prozedurrahmen zeigt. Weil sich ein Kellerzeiger im Laufe der Prozedur verändern kann, ist es unter Umständen schwierig, den Offset zum Kellerzeiger für eine lokale Variable im Hauptspeicher zu bestimmen. Im Gegensatz dazu stellt ein Rahmenzeiger ein festes Basisregister für lokale Speicherreferenzen innerhalb einer Prozedur dar. Ein Prozeduraufrufrahmen

Hohe Adresse

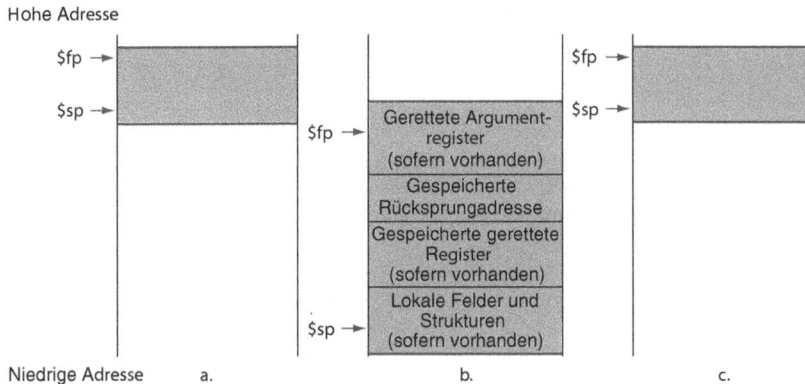

Abb. 2.6: Darstellung der Kellerzuordnung (a) vor, (b) während und (c) nach dem Prozeduraufruf. Der Rahmenzeiger ($fp) zeigt auf das erste Wort im Rahmen, häufig ein gesichertes Argumentregister, und der Kellerzeiger ($sp) zeigt auf das oberste Element des Kellers. Der Keller wird so angepasst, dass für alle gesicherten Register und alle speicherresidenten lokalen Variablen genügend Platz vorhanden ist. Da sich der Kellerzeiger während der Programmausführung ändern kann, ist es für Programmierer einfacher, Variablen mithilfe des festen Rahmenzeigers zu referenzieren, auch wenn dies mithilfe des Kellerzeigers und etwas Adressberechnung durchgeführt werden könnte. Falls für eine Prozedur keine lokalen Variablen auf dem Keller abgelegt werden, kann der Compiler Zeit sparen, wenn er den Rahmenzeiger *nicht* einstellt und wiederherstellt. Bei Verwendung eines Rahmenzeigers wird dieser beim Prozeduraufruf mit der Adresse in $sp initialisiert und $sp mithilfe von $fp wiederhergestellt. Diese Information finden Sie auch in Spalte 4 der MIPS-Zusammenfassung zum Nachschlagen hinten im Buch.

erscheint im Keller unabhängig davon, ob ein Rahmenzeiger verwendet wird oder nicht. Wir haben $fp nicht verwendet, da wir $sp in keiner Prozedur ändern: In unseren Beispielen wird der Keller nur am Anfang und am Ende der Prozedur geändert.

Speicherallokation für neue Daten auf der Halde

Neben den für Prozeduren lokalen Variablen vom Typ automatic benötigen C-Programmierer Speicherplatz für statische Variablen und für dynamische Datenstrukturen. In Abbildung 2.7 ist die MIPS-Konvention für die Speicherbelegung dargestellt. Der Keller beginnt am oberen Speicherende und wächst nach unten. Der erste Teil am unteren Speicherende ist reserviert. Diesem Teil folgt der Bereich mit dem MIPS-Maschinencode, der als **Textsegment** bezeichnet wird. Über dem Code befindet sich das *statische Datensegment*, in dem Konstanten und andere statische Variablen abgelegt werden. Felder haben eine feste Länge und werden im statischen Datensegment abgelegt. Datenstrukturen wie z. B. verkettete Listen verändern dagegen im Laufe ihrer Lebensdauer ihre Länge. Das für solche Datenstrukturen reservierte Segment wird als *Halde* bezeichnet und kommt im Speicher nach dem statischen Datensegment. Aufgrund dieser Zuordnung wachsen Keller und Halde einander entgegen, wodurch der Speicher effizient genutzt werden kann.

Textsegment Das Segment einer Unix-Objektdatei, der den Maschinencode für Routinen in der Quelldatei enthält.

$sp $\rightarrow$ 7fff fffc$_H$ — Keller $\downarrow$

$\uparrow$

Dynamische Daten

$gp $\rightarrow$ 1000 8000$_H$ — Statische Daten

1000 0000$_H$

Text

pc $\rightarrow$ 0040 0000$_H$ — Reserviert

0

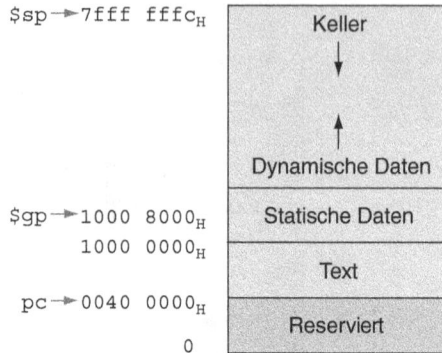

Abb. 2.7: Die MIPS-Speicheraufteilung für Programme und Daten. Diese Adressen wurden nur gemäß einer Softwarekonvention festgelegt und sind nicht Teil der MIPS-Architektur. Im oberen Speicherbereich wird der Kellerzeiger mit 7fff fffc$_H$ initialisiert und wächst nach unten in Richtung Datensegment. Am unteren Ende beginnt der Programmcode („Text") bei 0040 0000$_H$. Die statischen Daten beginnen bei 1000 0000$_H$. Der Bereich für die dynamischen Daten, der als Halde bezeichnet wird und in C mit malloc und in Java mit new reserviert wird, folgt als Nächstes und wächst nach oben zum Keller. Der globale Zeiger $gp wird auf eine Adresse gesetzt, mit der ein einfacher Zugriff auf die Daten ermöglicht wird. Er wird mit 1000 8000$_H$ initialisiert, so dass mit positiven und negativen 16-Bit-Offsets zum $gp auf den Bereich zwischen 1000 0000$_H$ und 1000 ffff$_H$ zugegriffen werden kann (siehe die Zweierkomplementadressierung in Kapitel 4).

In C wird der Speicherplatz auf der Halde mit speziellen Funktionen reserviert und freigegeben. Mit malloc() wird Speicherplatz auf der Halde reserviert und ein Zeiger auf den Speicherplatz zurückgegeben. Mit free() wird Speicherplatz auf der Halde freigegeben, auf den der Zeiger zeigt. Die Speicherbelegung wird in C von den Programmen verwaltet, was die Ursache für viele allgemeine und schwerwiegende Fehler ist. Wenn vergessen wird, Speicherplatz freizugeben, führt dies zu einem *Speicherleck*. Irgendwann ist so viel Speicher belegt, dass das Betriebssystem abstürzt. Wenn Speicherplatz zu früh freigegeben wird, führt das zu *hängenden Zeigern (dangling pointers)* mit Verweisen, die vom Programm so nie beabsichtigt waren. Java verwendet eine automatische Speicherbelegung und Speicherbereinigung, um diese Fehler zu vermeiden.

Tabelle 2.7 fasst die Konventionen für die Registerbelegungen für die MIPS-Assemblersprache zusammen. Diese Konvention ist ein weiteres Beispiel dafür, wie der **häufige Fall schneller** gemacht werden kann: Für die meisten Prozeduren genügen vier Argumente, zwei Register für den Rückgabewert, acht Speicherregister und zehn temporäre Register, die nie in den Speicher gehen.

HÄUFIGER FALL

Anmerkungen: 1) Was, wenn mehr als vier Parameter zu übergeben sind? Gemäß der MIPS-Konvention werden zusätzliche Parameter im Keller direkt über dem Rahmenzeiger abgelegt. Die Prozedur erwartet, dass sich die ersten vier Parameter in den Registern $a0 bis $a3 und alle anderen Parameter im Hauptspeicher befinden und über den Rahmenzeiger adressierbar sind.

Tab. 2.7: MIPS-Registerkonventionen. Register 1, $at, ist für den Assembler reserviert (siehe Abschnitt 2.12), und die Register 26 und 27, $k0 und $k1, sind für das Betriebssystem reserviert. Diese Information finden Sie auch auf in der MIPS-Zusammenfassung hinten im Buch.

Name	Reg.-Nummer	Nutzung	Bei Aufruf beibehalten?
$zero	0	der konstante Wert 0	–
$v0-$v1	2–3	Werte für Ergebnisse und für die Auswertung von Ausdrücken	nein
$a0-$a3	4–7	Argumente	nein
$t0-$t7	8–15	temporäre Variablen	nein
$s0-$s7	16–23	gespeicherte Variablen	ja
$t8-$t8	24–25	weitere temporäre Variablen	nein
$gp	28	globaler Zeiger	ja
$sp	29	Kellerzeiger	ja
$fp	30	Rahmenzeiger	ja
$ra	31	Rücksprungadresse	ja

Wie in der Bildunterschrift von Abbildung 2.6 bereits erwähnt, ist der Rahmenzeiger deshalb so praktisch, weil sich die Offsets der Referenzen auf die Variablen im Kellerspeicher während der Prozedur nicht verändern. Ein Rahmenzeiger ist jedoch nicht unbedingt notwendig. Der GNU MIPS C-Compiler verwendet einen Rahmenzeiger, der C-Compiler von MIPS/Silicon Graphics jedoch nicht. Dieser nutzt Register 30 als weiteres gesichertes Register ($s8).

2) Einige rekursive Prozeduren können iterativ implementiert werden, ohne dass eine Rekursion eingesetzt wird. Die Iteration kann die Leistung deutlich verbessern, weil so der Zusatzaufwand für die Prozeduraufrufe wegfällt. Betrachten Sie beispielsweise folgende Prozedur zur Berechnung einer Summe:

```
int sum (int n, int acc) {
  if (n > 0)
      return sum(n - 1, acc + n);
  else
      return acc;
}
```

Betrachten wir den Prozeduraufruf sum(3,0). Dieser bewirkt rekursive Aufrufe von sum(2,3), sum(1,5) und sum(0,6). Das Ergebnis, 6, wird viermal zurückgegeben. Dieser rekursive Aufruf von sum wird als *Endrekursion* bezeichnet, und die im Beispiel gezeigte Endrekursion kann sehr effizient implementiert werden (angenommen, $a0 = n und $a1 = acc):

```
sum: slti$a0,1            # testen, ob n <= 0
     beq$a0,$zero,sum_exit # gehe zu sum_exit, wenn n <= 0
     add$a1,$a1,$a0       # n zu acc addieren
     addi$a0,$a0,-1       # 1 von n subtrahieren
     j sum               # gehe zu sum
sum_exit:
     add $v0,$a1,$zero    # Rückgabewert acc
     jr  $ra              # zurück zum Caller
```

Selbsttest

Welche der folgenden Aussagen über C und Java treffen allgemein zu?

1. C-Programmierer verwalten Daten explizit, während dies in Java automatisch erfolgt.
2. C verursacht mehr Zeigerfehler und Speicherleckfehler als Java.

2.9   Kommunikation mit Menschen

Computer wurden ursprünglich als schnelle Rechenmaschinen erfunden. Mit der kommerziellen Verbreitung wurden sie auch für die Verarbeitung von Text eingesetzt. Die meisten modernen Computer verwenden zur Darstellung von Zeichen 8-Bit-Bytes, wobei der ASCII-Code (American Standard Code for Information Interchange) der allgemein anerkannte Standard für die Zeichenkodierung ist. Tabelle 2.8 bietet einen Überblick über den ASCII-Code.

Beispiel: ASCII und Binärzahlen

Wir könnten als Datentyp für Zahlen anstelle von Integer auch ASCII-Zeichenketten verwenden. Wie viel mehr Speicherplatz benötigt man, wenn die Zahl 1 Milliarde statt als 32-Bit-Integer in ASCII dargestellt wird?

Lösung: Eine Milliarde ist 1 000 000 000, man braucht also zehn ASCII-Zeichen, die jeweils 8 Bit lang sind. Der Speichermehraufwand beträgt also $(10 \times 8)/32$ oder 2,5. Neben dem Speichermehraufwand ist auch die Hardware für die Addition, Subtraktion, Multiplikation und Division solcher Dezimalzahlen kompliziert. Diese Schwierigkeiten erklären, warum Programmierprofis zu der Überzeugung gelangt sind, dass für Computer die Binärdarstellung die natürliche Wahl ist und die gelegentlich anzutreffende Dezimaldarstellung exotisch.

Mit einer Reihe von Befehlen kann ein Byte aus einem Wort extrahiert werden, womit *Load-word-* und *Store-word*-Befehle ausreichen, um sowohl Bytes als auch Wörter zu übertragen. Wegen der Bedeutung der Verarbeitung von Text in vielen Programmen, stellt MIPS jedoch auch Befehle zum Transport von Bytes bereit. Der *Load-byte*-Befehl (lb) lädt ein Byte aus dem Hauptspeicher und legt es in den am weitesten rechts stehenden 8 Bit eines Registers ab. Der *Store-byte*-Befehl (sb) nimmt ein Byte aus den am weitesten rechts stehenden 8 Bit eines Registers und schreibt es in den Hauptspeicher. Somit lässt sich ein Byte mit der folgenden Befehlsfolge kopieren:

```
lb $t0,0($sp)    # lies Byte aus Speicher
sb $t0,0($gp)    # schreibe Byte in Speicher
```

Tab. 2.8: ASCII-Darstellung von Zeichen. Groß- und Kleinbuchstaben unterscheiden sich exakt um den Wert 32. Damit lassen sich Groß- und Kleinbuchstaben schneller überprüfen oder ändern. Zu den hier nicht aufgeführten Werten zählen Steuerzeichen. So stellt der Wert 8 beispielsweise die Rücktaste dar, der Wert 9 das Tabulatorzeichen und der Wert 13 das Zeichen für Zeilenumbruch. Ein weiterer nützlicher Wert ist der Wert 0 für Null, mit dem die Programmiersprache C das Ende einer Zeichenfolge kennzeichnet. Diese Information findet sich auch in Spalte 3 der MIPS-Zusammenfassung am Ende des Buchs.

ASCII Wert	Zeichen	ASCII Wert	Zeichen	ASCII Wert	Zeichen	ASCII Wert	Zeichen	ASCII Wert	Zeichen	ASCII Wert	Zeichen
32	Leerzeichen	48	0	64	@	80	P	96	`	112	p
33	!	49	1	65	A	81	Q	97	a	113	q
34	"	50	2	66	B	82	R	98	b	114	r
35	#	51	3	67	C	83	S	99	c	115	s
36	$	52	4	68	D	84	T	100	d	116	t
37	%	53	5	69	E	85	U	101	e	117	u
38	&	54	6	70	F	86	V	102	f	118	v
39	'	55	7	71	G	87	W	103	g	119	w
40	(	56	8	72	H	88	X	104	h	120	x
41	)	57	9	73	I	89	Y	105	i	121	y
42	*	58	:	74	J	90	Z	106	j	122	z
43	+	59	;	75	K	91	[	107	k	123	{
44	,	60	<	76	L	92	\	108	l	124	|
45	-	61	=	77	M	93	]	109	m	125	}
46	.	62	>	78	N	94	^	110	n	126	~
47	/	63	?	79	O	95	_	111	o	127	DEL

Zeichen werden normalerweise zu Zeichenfolgen zusammengefasst, die eine variable Anzahl von Zeichen enthalten. Es gibt drei Möglichkeiten, eine Zeichenfolge darzustellen: (1) Die erste Position der Zeichenfolge ist für die Längenangabe der Zeichenfolge reserviert. (2) Die Länge der Zeichenfolge steht (wie in einer Struktur) in einer begleitenden Variablen. (3) Die letzte Position einer Zeichenfolge wird durch ein Zeichen angezeigt, das das Ende einer Zeichenfolge markiert. In C ist die dritte Möglichkeit realisiert. Eine Zeichenfolge wird mit einem Byte mit dem Wert 0 (in ASCII als Null bezeichnet) abgeschlossen. Die Zeichenfolge „Cal" wird somit in C durch die folgenden vier Bytes (in Dezimalschreibweise) dargestellt: 67, 97, 108, 0. (Wie wir noch sehen werden, verwendet Java die erste Option.)

Beispiel: Prozedur zum Kopieren einer Zeichenfolge übersetzen

Die Prozedur `strcpy` kopiert die Zeichenfolge `y` in die Zeichenfolge `x` und verwendet dabei die Nullterminierung von C:

```
void strcpy (char x[], char y[])
{
  int i;
  i = 0;
  while ((x[i]=y[i]) != '\0') /* kopiere & prüfe Byte */
  i += 1;
}
```

Wie lautet der kompilierte MIPS-Assemblercode?

Lösung: Unten ist das grundlegende Codesegment in der MIPS-Assembler-sprache dargestellt. Wir nehmen an, die Basisadressen für die Felder x und y befinden sich in `$a0` und `$a1`, während sich i in `$s0` befindet. `strcpy` stellt den Kellerzeiger ein und speichert das zu sichernde Register `$s0` auf dem Keller.

Um i mit 0 zu initialisieren, setzt der nächste Befehl das Register `$s0` durch die Addition von 0 und 0 und die Speicherung der Summe in `$s0` auf 0:

```
add $s0,$zero,$zero    # i = 0 + 0
```

Das ist der Beginn der Schleife. Die Adresse y[i] wird zunächst durch die Addition von i und y[] gebildet:

```
L1: add $t1,$s0,$a1    # Adresse von y[i] nach $t1
```

In diesem Fall muss i nicht mit 4 multipliziert werden, da das Feld y aus *Bytes* und nicht wie in den vorherigen Beispielen aus Wörtern besteht.

Load byte (`lb`) lädt das Byte mit Vorzeichenerweiterung, während load byte unsigned (`lbu`) ohne Vorzeichenerweiterung lädt.

Um das Zeichen in y[i] zu laden, verwenden wir den Befehl `lbu`, der das Zeichen nach `$t2` liest:

```
    lbu $t2, 0($t1)    # $t2 = y[i]
strcpy:
    addi $sp,$sp,-4    # setze Zeiger für ein zusätzl. Wort
    sw   $s0, 0($sp)   # speichere $s0
```

In ähnlicher Weise wird die Adresse von x[i] berechnet und in `$t3` geladen. Das Zeichen in `$t2` wird anschließend an dieser Adresse gespeichert.

```
    add $t3,$s0,$a0    # Adresse von x[i] in $t3
    sb  $t2, 0($t3)    # x[i] = y[i]
```

Falls das nächste Zeichen 0 ist, wenn es also das letzte Zeichen der Zeichen-folge ist, wird die Schleife verlassen:

```
    beq $t2,$zero,L2   # wenn y[i] == 0, verzweige zu L2
```

Wenn das nächste Zeichen nicht 0 ist, inkrementieren wir i und springen an den Anfang der Schleife:

```
    addi $s0, $s0,1    # i = i + 1
    j    L1            # springe zu L1
```

Wenn nicht an den Schleifenanfang gesprungen wird, wurde das letzte Zeichen der Zeichenfolge bearbeitet. Wir stellen `$s0` und den Kellerzeiger wieder her und springen dann aus der Prozedur zurück.

```
L2: lw   $s0, 0($sp)   # y[i] == 0: Ende der Zeichenkette
                       # Wiederherstellung des alten $s0
    addi $sp,$sp,4     # Wiederherstellung des alten $sp
    jr   $ra           # springe zurück
```

Beim Kopieren von Zeichenfolgen in C werden in der Regel Zeiger anstelle von Feldern verwendet, um die Operationen mit i wie im obigen Code zu vermeiden. Zur Erläuterung sei auf Abschnitt 2.14 verwiesen, in dem Felder und Zeiger einander gegenübergestellt werden.

Da die obige Prozedur `strcpy` eine Blattprozedur ist, könnte der Compiler i in einem temporären Register speichern und so vermeiden, dass `$s0` gesichert und wiederhergestellt werden muss. Daher sollte man die `$t`-Register nicht ausschließlich für temporäre Variablen vorsehen, sondern als Register betrachten, die der Callee wann immer möglich einsetzen sollte. Wenn ein Compiler auf eine Blattprozedur stößt, nutzt er alle temporären Register, bevor er Register verwendet, die er sichern muss.

Zeichen und Zeichenketten in Java

Unicode ist ein Standard für die Codierung der Zeichensätze der meisten natürlichen Sprachen. Tabelle 2.9 enthält eine Liste der Unicode-Alphabete. Es gibt in Unicode etwa so viele *Zeichensätze* wie es *Symbole* in ASCII gibt. Um möglichst umfassend zu sein, verwendet Java Unicode für die Zeichencodierung. Dabei wird ein Zeichen standardmäßig mit 16 Bit dargestellt.

Tab. 2.9: Beispiele für Zeichensätze in Unicode. Unicode Version 4.0 besteht aus mehr als 160 „Blöcken". So werden die Zusammenstellungen von Symbolen genannt. Jeder Block ist ein Vielfaches von 16. So beginnt Griechisch beispielsweise bei 0370_H und Kyrillisch bei 0400_H. In den ersten drei Spalten sind 48 Blöcke mit Schriftzeichen menschlicher Sprachen aufgeführt. Ihre Reihenfolge entspricht in etwa der numerischen Folge in Unicode. Die letzte Spalte enthält 16 Blöcke, die für mehrere Sprachen gelten und in keiner speziellen Folge aufgeführt sind. Die 16-Bit-Codierung UTF-16 wird standardmäßig verwendet. Die Codierung in variabler Länge (UTF-8) enthält die ASCII-Zeichen als 8 Bit und verwendet 16–32 Bit für andere Zeichen. UTF-32 verwendet 32 Bit pro Zeichen. Neue Unicode-Versionen werden jeweils im Juni veröffentlicht; die Version 13.0 stammt aus dem Jahr 2020. In den Versionen 9.0 bis 13.0 wurden verschiedene Emojis hinzugefügt, während in früheren Versionen neue Buchstaben und Hieroglyphen ergänzt wurden. Insgesamt sind es fast 150 000 Zeichen. Weiterführende Informationen finden Sie unter *www.unicode.org*.

Latein	Malayalam	Tagbanwa	Allgemeine Satzzeichen
Griechisch	Sinhala	Khmer	Zeichen zur Abstandsbestimmung
Kyrillisch	Thai	Mongolisch	Währungssymbole
Armenisch	Laotisch	Limbu	Kombinierte diakritische Zeichen
Hebräisch	Tibetanisch	Tai Le	Kombinierte Zeichen für Symbole
Arabisch	Myanmar (Burmesisch)	Kangxi Radikale	Hoch- und tiefgestellt
Syrisch	Georgisch	Hiragana	Nummernderivate
Thaana	Hangul Jamo (Koreanisch)	Katakana	Mathematical Operators
Devanagari	Äthiopisch	Bopomofo	Mathematische Zeichen
Bengali	Cherokee	Kanbun	Blindenschrift
Gurmukhi	Unified Canadian Aboriginal Syllabic	Shavian	OCR (Zeichenerkennung)
Gujarati	Ogham	Osmanya	Byzantinische Musiksymbole
Oriya	Runic	Zypriotische Silbentabelle	Musiksymbole
Tamil	Tagalog	Tai Xuan Jing-Symbole	Pfeile
Telugu	Hanunoo	Yijing-Hexagrammsymbole	Blockgrafiken
Kannada	Buhid	Ägäische Zahlen	Geometrische Formen

Beim MIPS-Befehlssatz gibt es spezielle Befehle zum Laden und Speichern dieser 16-Bit-Größen, die als *Halbwörter* bezeichnet werden. Der *Load-half*-Befehl (lh) lädt ein Halbwort aus dem Hauptspeicher und legt es in den am weitesten rechts stehenden 16 Bit eines Registers ab. Wie *load byte* behandelt *load half* (lh) das Halbwort als vorzeichenbehaftete Zahl und führt deshalb eine Vorzeichenerweiterung aus, um die 16 am weitesten links stehenden Bit des Registers aufzufüllen, während *load halfword unsigned* (lhu) mit vorzeichenlosen Ganzzahlen arbeitet. lhu ist deshalb der gebräuchlichere der beiden Befehle, ebenso wie lbu gebräuchlicher ist als lb. Der *Store-half*-Befehl (sh) nimmt ein Halbwort aus den am weitesten rechts stehenden 16 Bit eines Registers und schreibt es in den Hauptspeicher. Somit lässt sich ein Halbwort mit der folgenden Befehlsfolge kopieren:

```
lhu  $t0,0($sp)   # lies Halbwort (16 Bit) aus Speicher
sh   $t0,0($gp)   # schreibe Halbwort (16 Bit) in Speicher
```

Für Zeichenfolgen stellt Java eine Standardklasse mit spezieller Unterstützung und vordefinierten Methoden für Konkatenation, Vergleich und Konvertierung zur Verfügung. Im Gegensatz zu C wird in Java ein Wort mitgeführt, das die Länge einer Zeichenfolge ähnlich wie bei Java-Feldern angibt.

Anmerkungen: 1) MIPS-Software versucht, den Keller an Wortadressen auszurichten, so dass im Programm immer mit lw und sw (die ausgerichtet sein müssen) auf den Keller zugegriffen werden kann. Diese Konvention bedeutet, dass eine auf dem Keller abgelegte char-Variable 4 Byte belegt, auch wenn sie eigentlich weniger Speicherplatz benötigt. In C werden bei einer Variablen einer Zeichenfolge oder eines Felds mit Bytes 4 Byte pro Wort gepackt. In Java werden bei einer Variablen einer Zeichenfolge oder bei einem Feld mit Elementen vom Typ short 2 Halbwörter pro Wort zusammengefasst.

2) Da das Internet von seinem Wesen her international ist, verwenden die meisten Webseiten heutzutage Unicode anstatt ASCII.

Selbsttest

I. Welche der folgenden Aussagen über Zeichen und Zeichenfolgen in C und Java treffen zu?

1. Eine Zeichenfolge in C belegt etwa halb so viel Speicherplatz wie dieselbe Zeichenfolge in Java.

2. Zeichenfolge ist nur eine saloppe Bezeichnung für eindimensionale char-Felder in C und Java.

3. Bei Zeichenfolgen in C und Java wird das Ende einer Zeichenfolge mit Null (0) gekennzeichnet.

4. Operationen auf Zeichenfolgen, wie length, können in C schneller durchgeführt werden als in Java.

II. Welcher Variablentyp, der $10\ 0000\ 0000_B = 1_D$ aufnehmen kann, belegt den meisten Speicherplatz?

1. `int` in C
2. `string` in C
3. `string` in Java

Grundwissen

Neulinge der Informatik sind oft überrascht, wenn sie lernen, dass der Typ der Daten nicht innerhalb der Daten selbst codiert ist, sondern vielmehr in dem *Programm,* dass auf den Daten läuft.

Um dies zu illustrieren, wollen wir ein Beispiel aus dem Bereich der natürliche Sprache betrachten. Was bedeutet das Wort „won"? Diese Frage lässt sich nicht beantworten, ohne den Kontext zu kennen, insbesondere die Sprache, der das Wort entstammt. Hier einige Alternativen:

1. Im Englischen ist es die Vergangenheitsform des Verbs *win*, also *gewonnen.*
2. Im Koreanischen ist es ein Substantiv und bezeichnet die südkoreanische Währung.
3. Im Polnischen ist es ein Adjektiv, das *duftend* bedeutet.
4. Im Russischen ist es ein Adjektiv, das *stinkend* bedeutet.

Eine binäre Zahl kann ebenfalls Daten von unterschiedlichem Typ repräsentieren. Betrachten wir zum Beispiel das folgende 32-Bit-Muster:

`01100010 01100001 01010000 00000000`

Dieses Muster könnte Folgendes repräsentieren:

1. 1 650 544 640, falls das Programm das Muster als vorzeichenlose Ganzzahl behandelt;
2. + 1 650 544 640, falls das Programm das Muster als vorzeichenbehaftete Ganzzahl behandelt;
3. „baP", falls das Programm das Muster als nullterminierte ASCII-Zeichenkette behandelt;
4. einen grauen Farbton, falls das Programm das Muster als Mischung aus den Grundfarben Cyan, Magenta, Gelb und Schwarz behandelt.

Der Kasten auf Seite 96 erinnert uns daran, dass auch Befehle in Form von Zahlen dargestellt werden, weshalb das Bitmuster ebenso gut den MIPS-Maschinenbefehl

`011000 10011 00001 01010 00000 000000`

darstellen könnte, dem in Assemblersprache der Multiplikationsbefehl

`mult $t2, $s3, $at`

entspricht (siehe Kapitel 3).

Wenn man versehentlich einem Textverarbeitungsprogramm ein Bild gibt, wird es versuchen, dieses als Text zu interpretieren, und man wird bizarre Bilder auf dem Monitor sehen. Ähnliches wird passieren, wenn man einem Bildanzeigeprogramm einen Text gibt. Diese Unbeschränktheit von Programmen gegenüber Dateien ist der Grund, warum es Konventionen für Dateisuffixe gibt. Der Suffix zeigt Programmen, um was für eine Art von Datei es sich handelt (zum Beispiel .jpg, .pdf, .txt), was die Wahrscheinlichkeit für solche Unannehmlichkeiten reduziert.

2.10   Umgang mit 32-Bit-Direktoperanden und 32-Bit-Adressen

Obwohl ein festes 32-Bit-Format für alle Befehle die Hardware vereinfacht, gibt es Fälle, in denen es praktisch wäre, die Möglichkeit für 32-Bit-Konstanten oder 32-Bit-Adressen zu haben. Dieser Abschnitt beginnt mit der allgemeinen Lösung für lange Konstanten und zeigt Optimierungsmöglichkeiten für Befehlsadressen in Verzweigungen und Sprüngen auf.

32-Bit-Direktoperanden

In der Regel sind Konstanten kurz und passen in das 16-Bit-Feld. Gelegentlich sind sie jedoch etwas länger. Der MIPS-Befehlssatz enthält den Befehl lui (*load upper immediate, lade höherwertige Hälfte des Direktoperanden*), mit dem die höherwertigen 16 Bit einer Konstante in ein Register geladen werden, so dass in einem nachfolgenden Befehl die niederwertigen 16 Bit der Konstante spezifiziert werden können. Abbildung 2.8 zeigt die Funktionsweise des Befehls lui.

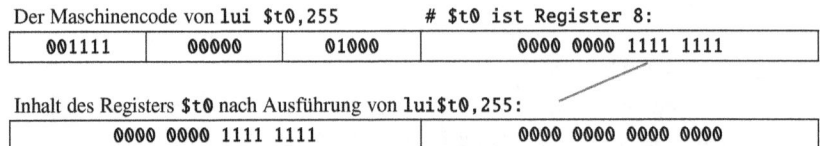

Der Maschinencode von lui $t0,255   # $t0 ist Register 8:

001111	00000	01000	0000 0000 1111 1111

Inhalt des Registers $t0 nach Ausführung von lui $t0,255:

0000 0000 1111 1111	0000 0000 0000 0000

Abb. 2.8: Die Wirkungsweise des Befehls lui. Der Befehl lui überträgt den Wert im 16-Bit-Direktoperandenfeld in die am weitesten links stehenden 16 Bit des Registers und füllt die unteren 16 Bit mit Nullen.

Beispiel: Laden einer 32-Bit-Konstante

Wie lautet der MIPS-Assemblercode zum Laden der folgenden 32-Bit-Konstante in Register $s0?

```
0000 0000 0011 1101 0000 1001 0000 0000
```

Lösung: Zunächst laden wir mit dem Befehl lui die oberen 16 Bit, die in Dezimalschreibweise dem Wert 61 entsprechen:

```
lui $s0, 61     # 61 dezimal = 0000 0000 0011 1101 binär
```

Der Wert von Register $s0 lautet danach

```
0000 0000 0011 1101 0000 0000 0000 0000
```

Im nächsten Schritt addieren wir die unteren 16 Bit, die in Dezimalschreibweise dem Wert 2304 entsprechen:

```
ori $s0,$s0,2304  # 2304 dezimal = 0000 1001 0000 0000 binär
```

Schließlich befindet sich in Register $s0 der gewünschte Wert:

```
0000 0000 0011 1101 0000 1001 0000 0000
```

Hardware-Software-Schnittstelle

Es ist die Aufgabe des Compilers oder des Assemblers, lange Konstanten aufzuteilen und anschließend in einem Register wieder zusammenzusetzen. Wie Sie vielleicht erwarten, kann die Größenbeschränkung des Direktoperandenfelds für Speicheradressen bei Lade- und Speichervorgängen sowie für Konstanten in Immediate-Befehlen ein Problem darstellen. Wenn diese Aufgabe der Assembler übernimmt, wie dies bei MIPS-Software der Fall ist, muss der Assembler über ein temporäres Register verfügen, in dem lange Werte gebildet werden können. Dies ist der Grund dafür, warum es das für den Assembler reservierte Register $at gibt.

Auf diese Weise wird die symbolische Darstellung der MIPS-Maschinensprache nicht mehr durch die Hardware beschränkt, sondern hängt davon ab, was der Entwickler eines Assemblers mit aufnehmen möchte (siehe Abschnitt 2.12). Wir orientieren uns bei der Erklärung der Architektur eines Rechners stark an der Hardware und weisen darauf hin, wenn wir die Konstrukte der erweiterten Sprache des Assemblers verwenden, die nicht vom Prozessor direkt unterstützt werden.

Anmerkung: Beim Zusammensetzen von 32-Bit-Konstanten muss mit Vorsicht vorgegangen werden. Der Befehl addi kopiert das höchstwertige Bit des 16-Bit-Immediate-Felds des Befehls in die oberen 16 Bit eines Wortes. Mit den *logischen Operationen oder Immediate-Befehlen* aus Abschnitt 2.6 werden dagegen Nullen in die oberen 16 Bit geladen und daher vom Assembler zusammen mit dem Befehl lui zum Bilden von 32-Bit-Konstanten verwendet.

Adressbildung bei Verzweigungen und Sprüngen

Die MIPS-Sprungbefehle verwenden die einfachste Adressierungsart. Für sie gibt es ein weiteres MIPS-Befehlsformat, das so genannte *J-Typ-Format*. Es setzt sich aus dem 6 Bit breiten Operationsfeld und dem Adressfeld zusammen, das die restlichen Bits umfasst. Somit könnte

```
j 10000    # springe an Stelle 10000
```

in folgendes Format assembliert werden. (Es ist etwas komplizierter, wie noch zu sehen sein wird.)

2	10000
6 Bit	26 Bit

Dabei beträgt der Wert für den Opcode des Sprungbefehls 2 und die Sprungadresse ist 10000.

Im Gegensatz zum Sprungbefehl müssen beim bedingten Verzweigungsbefehl neben der Sprungadresse zwei Operanden angegeben werden. Die Verzweigung

```
bne $s0,$s1,Exit   # verzweige nach Exit, wenn $s0 ≠ $s1
```

wird in folgendes Format assembliert, in dem nur noch 16 Bit für die Sprungadresse zur Verfügung stehen:

5	16	17	Exit
6 Bit	5Bit	5 Bit	16 Bit

Wenn die Programmadressen in dieses 16-Bit-Feld passen müssten, würde dies bedeuten, dass kein Programm größer als 2^{16} Bytes sein dürfte, was viel zu wenig ist, um heute eine realistische Option zu sein. Eine Alternative wäre die Festlegung eines Registers, das immer zur Sprungadresse addiert wird. Der Verzweigungsbefehl würde dann Folgendes berechnen:

Befehlszähler = Register + Sprungadresse

Auf diese Weise kann das Programm eine Größe von bis zu 2^{32} Bytes annehmen und dennoch bedingte Sprünge verwenden, womit das Größenproblem bei Sprungadressen gelöst ist. Es stellt sich die Frage, welches Register verwendet werden könnte.

Die Lösung finden wir, wenn wir uns anschauen, wie Verzweigungen bzw. bedingte Sprünge verwendet werden. Bedingte Sprünge findet man in Schleifen und in `if`-Anweisungen, d. h., bedingte Sprünge verweisen auf nahe gelegene Befehle. Beispielsweise verzweigt etwa die Hälfte aller bedingten Sprünge in SPEC-Benchmarks an Stellen, die nicht weiter als 16 Befehle entfernt sind. Da der Befehlszähler die Adresse des aktuellen Befehls enthält, können wir in einen Bereich von $\pm 2^{15}$ Wörtern vom aktuellen Befehl aus verzweigen, wenn wir den Befehlszähler als Register verwenden, das zur Adresse addiert wird. Fast alle Schleifen und `if`-Anweisungen sind wesentlich kleiner als 2^{16} Wörter, so dass der Befehlszähler hierfür die richtige Wahl darstellt.

Diese Art der Adressierung bei Sprüngen wird als **befehlszählerrelative Addressierung** bezeichnet. Wie in Kapitel 4 zu sehen sein wird, ist es von Vorteil, wenn der Befehlszähler frühzeitig inkrementiert wird, um auf den nächsten Befehl zu zeigen. Die Adresse bei MIPS ist damit relativ zur Adresse des

befehlszählerrelative Adressierung Eine Adressierungsart, bei der die Adresse durch die Summe von Befehlszähler und einer konstanten Abstandsgröße im Befehl gebildet wird.

nachfolgenden Befehls (Befehlszähler + 4) und nicht zum aktuellen Befehl (Befehlszähler). Das Adressieren benachbarter Befehle ist ein weiteres Beispiel für das **Beschleunigen des häufigen Falls.**

Wie die meisten modernen Prozessoren verwendet MIPS die befehlszählerrelative Adressierung für alle Verzweigungen bzw. bedingten Sprünge, da das Sprungziel bei diesen Befehlen mit großer Wahrscheinlichkeit nahe bei der Verzweigung ist. Dagegen rufen *Jump-and-Link*-Befehle Prozeduren auf, bei denen dies nicht der Fall ist. Daher werden für diese in der Regel andere Adressierungsarten verwendet. Die MIPS-Architektur stellt lange Adressen für Prozeduraufrufe mithilfe des J-Formats sowohl für Sprung- als auch für Jump-and-Link-Befehle bereit.

Da alle MIPS-Befehle 4 Byte lang sind, wird bei MIPS der Sprungbereich für eine Verzweigung vergrößert, in dem sich die befehlszählerrelative Adressierung auf die Anzahl der *Wörter* bis zum nächsten Befehl anstelle der Anzahl der Bytes bezieht. Mit einer konstanten Abstandsgröße im 16-Bit-Feld kann man viermal so weit verzweigen, wenn das Feld nicht als eine relative Byteadresse, sondern als relative Wortadresse interpretiert wird. Entsprechend ist auch das 26-Bit-Feld in Sprungbefehlen eine Wortadresse, d. h., es stellt eine 28-Bit-Byteadresse dar.

Anmerkung: Da der Befehlszähler 32 Bit umfasst, müssen 4 Bit für Sprünge von anderer Stelle bereitgestellt werden. Der MIPS-Sprungbefehl ersetzt nur die unteren 28 Bit des Befehlszählers und belässt die oberen 4 Bit des Befehlszählers unverändert. Der Lader und der Binder (Abschnitt 2.12) müssen darauf achten, dass kein Programm über die Adressgrenze von 256 MB (64 Millionen Befehle) hinweg geladen wird. Andernfalls muss der Sprungbefehl durch einen Jump-Register-Befehl ersetzt werden, wobei andere Befehle zum Laden der vollständigen 32-Bit-Adresse in ein Register vorangestellt werden müssen.

Beispiel: Sprung-Offset in Maschinensprache

Die `while`-Schleife auf Seite 103 wurde in den folgenden MIPS-Assemblercode kompiliert:

```
Loop:sll  $t1,$s3,2     # temp. Reg. $t1 = 4 * i
     add  $t1,$t1,$s6    # $t1 = Adresse von save[i]
     lw   $t0,0($t1)     # temp. Reg. $t0 = save[i]
     bne  $t0,$s5,Exit   # gehe zu Exit, wenn save[i]≠k
     addi $s3,$s3,1      # i = i + 1
     j    Loop           # springe zu Loop
Exit:
```

Angenommen, die Schleife beginnt an Stelle 80000 im Hauptspeicher. Wie sieht dann der MIPS-Maschinencode für diese Schleife aus?

Lösung: Die assemblierten Befehle und deren Adressen würden wie folgt aussehen:

80000	0	0	19	9	4	0
80004	0	9	22	9	0	32
80008	35	9	8		0	
80012	5	8	21		2	
80016	8	19	19		1	
80020	2			20000		
80024	...					

MIPS-Befehle stehen an Byteadressen, so dass sich aufeinanderfolgende Wörter um 4, also um die Anzahl der Bytes in einem Wort unterscheiden. Der Befehl bne in der vierten Zeile addiert 2 Wörter bzw. 8 Byte zur Adresse des *nachfolgenden* Befehls (80016) und spezifiziert das Sprungziel relativ zum nachfolgenden Befehl (8 + 80016) und nicht relativ zum Verzweigungsbefehl (12 + 80012) oder mithilfe der vollständigen Zieladresse (80024). Der Sprungbefehl in der letzten Zeile verwendet die vollständige Adresse (20000 × 4 = 80000), die der Marke Loop entspricht.

Hardware-Software-Schnittstelle

Die meisten bedingten Sprünge verzweigen innerhalb eines beschränkten Adressbereichs. Es gibt jedoch Situationen, in denen weiter verzweigt werden muss, als dies in den 16 Bit des bedingten Sprungbefehls dargestellt werden kann. Der Assembler löst dieses Problem auf ähnliche Weise wie das Problem mit den langen Adressen bzw. Konstanten: Er fügt einen unbedingten Sprung mit dem Sprungziel nach der Verzweigung ein und invertiert die Bedingung, so dass die Verzweigung entscheidet, ob der Sprung genommen wird.

Beispiel: Weite Verzweigung

Gegeben sei eine Verzweigung, die prüft, ob Register $s0 gleich Register $s1 ist:

```
beq $s0, $s1, L1
```

Ersetzen Sie die Verzweigung durch zwei Befehle, mit denen über eine wesentliche größere Distanz gesprungen werden kann.

Lösung: Diese Befehle ersetzen den bedingten Sprung mit kurzer Adresse:

```
        bne $s0, $s1, L2
        j L1
L2:
```

MIPS-Adressierungsarten – eine Übersicht

Verschiedene Formen der Adressberechnung werden im Allgemeinen als **Adressierungsarten** bezeichnet. Abbildung 2.9 zeigt, wie die Operanden für die einzelnen Adressierungsmodi spezifiziert werden. Die MIPS-Architektur kennt folgende Adressierungsarten:

Adressierungsart Eine von mehreren Möglichkeiten zur Adressberechnung. Die Adressierungsarten unterscheiden sich in der Verwendung von Operanden und/oder Adressen.

1. *Registeradressierung.* Der Operand steht in einem Register.
2. *Basis- oder Displacement-Adressierung.* Der Operand befindet sich im Speicher an einer Stelle, deren Adresse sich aus der Summe des Inhalts eines Registers und einer konstanten Abstandsgröße im Befehl ergibt.
3. *Direkte Adressierung.* Der Operand ist eine Konstante im Befehl selbst.
4. *Befehlszählerrelative Adressierung.* Die Adresse wird aus der Summe des Befehlszählers und einer konstanten Abstandsgröße im Befehl gebildet.
5. *Pseudo-direkte Adressierung.* Die Sprungadresse wird durch Konkatenation der 26 Bits des Befehls mit den oberen Bits des Befehlszählers gebildet.

Hardware-Software-Schnittstelle

Wir gehen bei der Beschreibung von MIPS von 32-Bit-Adressen aus. Nahezu alle Mikroprozessoren (auch MIPS-Prozessoren) verfügen über eine Erweiterung auf 64-Bit-Adressen (siehe Anhang E, online). Diese Erweiterungen sind die Antwort auf den Bedarf der Software im Hinblick auf größere Programme. Die Befehlssatzerweiterung macht es möglich, die Architekturen so weiterzuentwickeln, dass die Software unter Wahrung der Aufwärtskompatibilität auf die nächste Generation einer Architektur portiert werden kann.

Decodieren der Maschinensprache

Es gibt Situationen, in denen Maschinensprache in die ursprüngliche Assemblersprache „rückübersetzt" werden muss, etwa wenn Sie einen Hauptspeicherauszug betrachten möchten. In Tabelle 2.10 ist die MIPS-Codierung der Felder für die MIPS-Maschinensprache dargestellt. Diese Tabelle erleichtert das manuelle Übersetzen zwischen Assembler- und Maschinensprache.

Beispiel: Decodieren des Maschinencodes

Wie lautet die Anweisung in Assemblersprache, die diesem Befehl in Maschinensprache entspricht?

```
00af8020hex
```

Lösung: Der erste Schritt beim Konvertieren des Hexadezimalcodes in Binärcode besteht darin, die op-Felder zu suchen:

```
(Bits: 31 28 26                      5   2 0)
      0000 0000 1010 1111 1000 0000 0010 0000
```

1. Direkte Adressierung

op	rs	rt	Immediate

2. Registeradressierung

Register

Register

3. Basisadressierung

op	rs	rt	Adresse

Register   +   Byte Halbwort   Wort

Hauptspeicher

4. Befehlszählerrelative Adressierung

op	rs	rt	Adresse

Befehlszähler   +   Wort

Hauptspeicher

5. Pseudodirekte Adressierung

op	Adresse

Befehlszähler   :   Wort

Hauptspeicher

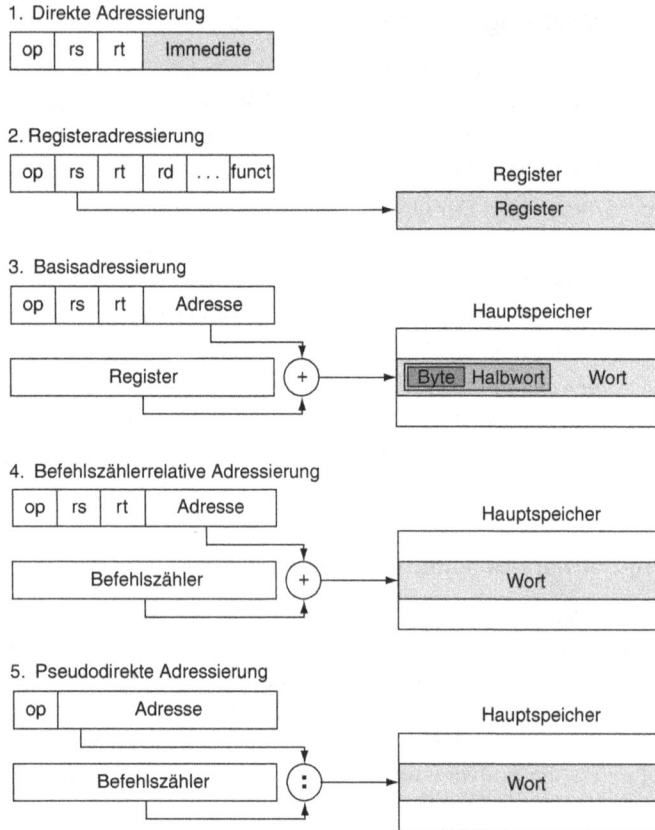

Abb. 2.9: Darstellung der fünf MIPS-Adressierungsarten. Die Operanden sind mit unterschiedlichen Grauwerten hervorgehoben. Der Operand der Adressierungsart 3 befindet sich im Hauptspeicher, während sich der Operand der Adressierungsart 2 in einem Register befindet. Die verschiedenen Versionen der Load- und Store-Befehle greifen auf Bytes, Halbwörter bzw. Wörter zu.
Bei der Adressierungsart 1 steht der Operand im 16-Bit-Feld des Befehls. Die Adressierungsarten 4 und 5 adressieren Befehle im Hauptspeicher, wobei bei der Adressierungsart 4 eine um 2 Bit
nach links zum Befehlszähler hin verschobene 16-Bit-Adresse addiert wird und bei der Adressierungsart 5 eine um 2 Bit nach links verschobene 26-Bit-Adresse mit den oberen 4 Bit des Befehlszählers verknüpft wird. Beachten Sie, dass eine einzelne Operation mehr als eine Adressierungsart
verwenden kann. Add zum Beispiel verwendet sowohl direkte Adressierung (addi) als auch Registeradressierung (add).

Über das op-Feld kann die Operation bestimmt werden. Nach Tabelle 2.10 handelt es sich um einen Befehl im R-Format, wenn die Bitstellen 31–29 und die
Bitstellen 28–26 jeweils 000 sind. Gemäß Tabelle 2.11 kann der binäre Befehl
in die Felder des R-Formats umgeformt werden:

op	rs	rt	rd	shamt	funct
000000	00101	01111	10000	00000	100000

Tab. 2.10: MIPS-Befehlscodierung. Diese Notation liefert den Wert eines Felds über die Zeilen- und Spaltennummer. Beispielsweise steht im oberen Teil der Tabelle `load word` in Zeile 4 (100_B für Bit 31–29 des Befehls) und Spalte 3 (011_B für Bit 28–26 des Befehls), so dass der entsprechende Wert des op-Felds (Bit 31–26) 100011_B lautet. Ein unterstrichener Name bedeutet, dass das Feld an anderer Stelle verwendet wird. `R-format` in Zeile 0 und Spalte 0 (op = 000000_B) ist beispielsweise im unteren Teil der Tabelle definiert. Somit bedeutet `subtract` in Zeile 4 und Spalte 2 im unteren Bereich, dass das `funct`-Feld (Bit 5–0) des Befehls 100010_B ist und das op-Feld (Bit 31–26) 000000_B ist. Der `FlPt`-Wert in Zeile 2, Spalte 1 ist in Tabelle 3.8 erklärt. `Bltz/gez` ist der Opcode für vier Anweisungen, die Sie in Anhang A finden: `blzt`, `bgez`, `bltzal` und `bgezal`.

op(31:26)								
28–26 / 31–29	0(000)	1(001)	2(010)	3(011)	4(100)	5(101)	6(110)	7(111)
0(000)	R-format	Bltz/gez	jump	jump & link	branch eq	branch ne	blez	bgtz
1(001)	add immediate	addiu	set less than imm.	set less less than immediate	andi	ori	xori	load upper immediate
2(010)	TLB	FlPt						
3(011)								
4(100)	load byte	load half	lwl	load word	lbu	lhu	lwr	
5(101)	sb	sh	swl	sw			swr	
6(110)	load linked word	lwc1						
7(111)	store cond. word	swc1						

op(31:26)=010000 (TLB), rs(25:21)								
23–21 / 25–24	0(000)	1(001)	2(010)	3(011)	4(100)	5(101)	6(110)	7(111)
0(00)	mfc0		cfc0		mtc0		ctc0	
1(01)								
2(10)								
3(11)								

op(31:26)=000000 (R-format), funct(5:0)								
2–0 / 5–3	0(000)	1(001)	2(010)	3(011)	4(100)	5(101)	6(110)	7(111)
0(000)	shift left logical		shift right logical	sra	sllv		srlv	srav
1(001)	jr	jarl			syscall	break		
2(010)	mfji	mthi	mflo	mtlo				
3(011)	mult	multu	div	divu				
4(100)	add	addu	subtract	subu	and	or	xor	nor
5(101)			slt	set l.t. unsigned				
6(110)								
7(111)								

Der untere Teil von Tabelle 2.10 bestimmt die Operation eines Befehls im R-Format. Die Bitstellen 5–3 enthalten in diesem Fall 100 und die Bitstellen 2–0 sind 0, d. h., dieses Binärmuster repräsentiert einen add-Befehl.

Durch Betrachtung der Werte in den Feldern wird der Rest des Befehls decodiert. Der Dezimalwert für das rs-Feld ist 5, der für das rt-Feld 15 und der für das rd-Feld 16. (shamt ist nicht belegt.) Nach Tabelle 2.7 stehen diese Zahlen für die Register $a1, $t7 und $s0. Der Assemblerbefehl ist:

```
add $s0,$a1,$t7
```

In Tabelle 2.11 sind alle MIPS-Befehlsformate dargestellt. Tabelle 2.1 zeigt die in diesem Kapitel vorgestellte MIPS-Assemblersprache. Der noch verbleibende, noch nicht erläuterte Teil der MIPS-Befehle umfasst hauptsächlich arithmetische Operationen, die im nächsten Kapitel behandelt werden.

Tab. 2.11: MIPS-Befehlsformate.

Name	Felder						Anmerkungen
Feldgröße	6 Bit	5 Bit	5 Bit	5 Bit	5 Bit	6 Bit	Alle MIPS-Befehle 32 Bit lang
R-Format	op	rs	rt	rd	shamt	funct	Format für arithmetische Befehle
I-Format	op	rs	rt	address/immediate			Datentransport, Sprung, Immediate-Format
J-Format	op	Zieladresse					Sprungbefehlsformat

Selbsttest

I. Wie lautet der Adressbereich für bedingte Sprünge bei MIPS (K = 1024)?

1. Adressen zwischen 0 und 64 K − 1
2. Adressen zwischen 0 und 256 K − 1
3. Adressen bis zu etwa 32 K vor der Verzweigung bis etwa 32 K nach der Verzweigung
4. Adressen bis zu etwa 128 K vor der Verzweigung bis etwa 128 K nach der Verzweigung

II. Wie lautet der Adressbereich für *Sprung-* und *Jump-and-Link*-Befehle bei MIPS (M = 1024 K)?

1. Adressen zwischen 0 und 64 M − 1
2. Adressen zwischen 0 und 256 M − 1
3. Adressen bis zu etwa 32 M vor und 32 M nach der Verzweigung
4. Adressen bis zu etwa 128 M vor und 128 M nach der Verzweigung
5. beliebige Stelle in einem Block von 64 M-Adressen, wobei der Befehlszähler die oberen 6 Bits bereitstellt

6. beliebige Stelle in einem Block von 256 M-Adressen, wobei der Befehlszähler die oberen 4 Bits bereitstellt

III. Wie lautet der MIPS-Befehl in Assemblersprache, der dem Maschinenbefehl mit dem Wert $0000\ 0000_H$ entspricht?

1. `j`
2. `R-format`
3. `addi`
4. `sll`
5. `mfc0`
6. Nicht definierter Opcode: Es gibt keinen zulässigen Befehl mit dem Wert 0.

2.11 Parallelität und Befehle: Synchronisierung

Die **Parallelisierung** ist einfacher, wenn die betreffenden Tasks voneinander unabhängig sind, doch oft müssen sie zusammenarbeiten. Zusammenarbeit bedeutet in der Regel, dass einige Tasks neue Werte schreiben, die die anderen lesen müssen. Um zu erkennen, wann eine Task mit dem Schreiben fertig ist, so dass eine andere sicher lesen kann, müssen sich die Tasks synchronisieren. Ohne Synchronisierung besteht die Gefahr eines **Datenwettlaufs**, wobei das Programmergebnis davon abhängen kann, welche Ereignisse zuerst auftreten.

Denken Sie beispielsweise an die in Kapitel 1, Seite 47 vorgestellte Analogie mit den acht Journalisten, die an einem gemeinsamen Artikel arbeiten. Angenommen, ein Journalist muss alle vorhergehenden Abschnitte lesen, bevor er sein Fazit schreiben kann. Dazu muss er wissen, wann die anderen Journalisten ihre Abschnitte fertig haben, so dass er sich keine Gedanken darüber machen muss, ob sie vielleicht nachträglich noch etwas geändert haben. Das bedeutet, sie müssen sich zum Schreiben und Lesen der einzelnen Abschnitte synchronisieren, so dass das Fazit zu den vorhergehenden Abschnitten konsistent ist.

Bei der Programmierung werden Synchronisierungsmechanismen in der Regel mit Hilfe von Softwareroutinen auf Anwenderebene realisiert, die die von der Hardware bereitgestellten Synchronisierungsbefehle nutzen. In diesem Abschnitt konzentrieren wir uns auf die Implementierung von *sperrenden* (*lock*) und *entsperrenden* (*unlock*) Synchronisierungsoperationen. Das Sperren und Entsperren kann genutzt werden, um auf einfache Weise Bereiche zu schaffen, in denen nur jeweils ein einziger Prozessor arbeiten kann, was auch als *wechselseitiger Ausschluss* bezeichnet wird. Aber auch die Implementierung komplexerer Synchronisierungsmechanismen ist damit möglich.

Für die Implementierung der Synchronisierung in einem Multiprozessor benötigen wir unbedingt einen Satz Hardwarefunktionen, die die Möglichkeit bieten, eine Speicherposition *atomar* zu lesen und zu ändern. Das bedeutet, nichts kann sich zwischen den Lese- oder Schreibvorgang der Speicherposition schieben. Ohne diese Möglichkeit wären die Kosten für die Umsetzung

PARALLELITÄT

Datenwettlauf Entsteht, wenn es zwei Speicherzugriffe von unterschiedlichen Threads aus auf dieselbe Position gibt, wobei mindestens einer ein Schreibzugriff ist und sie nacheinander stattfinden.

grundlegender Synchronisierungsfunktionen zu hoch und würden mit dem Prozessorzähler unverhältnismäßig wachsen.

Es gibt zahlreiche alternative Ansätze für grundlegende Hardwarefunktionen, die alle die Möglichkeit atomarer Lese- und Schreiboperationen von einer bzw. an eine Position bieten, ebenso wie eine Möglichkeit, festzustellen, ob die Lese- oder Schreiboperation atomar stattgefunden haben. Im Allgemeinen erwarten die Architekten nicht, dass diese grundlegenden Hardwarefunktionen von Anwendern benutzt werden, aber sehr wohl, dass Systemprogrammierer sie einsetzen, um Synchronisierungsbibliotheken zu schreiben, was häufig kompliziert und aufwändig ist.

Wir beginnen mit einer solchen Hardwarefunktion und zeigen, wie sie genutzt werden kann, um eine grundlegende Synchronisierungsfunktion zu schaffen. Eine typische Operation für die Realisierung synchronisierter Operationen ist der *unteilbare Austausch* (*atomic exchange* oder *atomic swap*), der einen Wert in einem Register mit einem Wert im Speicher tauscht.

Um nachzuvollziehen, wie dies genutzt werden kann, um eine grundlegende Synchronisierungsfunktion zu erstellen, nehmen wir an, wir wollen eine einfache Sperre erstellen, wobei der Wert 0 verwendet wird, um anzuzeigen, dass die Sperre zur Verfügung steht, und 1, um zu zeigen, dass die Sperre benutzt wird. Ein Prozessor versucht, die Sperre zu setzen, indem er den Wert 1, der sich in einem Register befindet, mit der der Sperre entsprechenden Speicheradresse tauscht. Der von dem Tauschbefehl zurückgegebene Wert ist 1 (gesperrt), wenn bereits ein anderer Prozessor Zugriff auf die Sperre angefordert hat, andernfalls 0 (frei). Im letzteren Fall wird der Wert außerdem auf 1 (gesperrt) gesetzt, um zu verhindern, dass eine konkurrierende Tauschoperation in einem anderen Prozessor ebenfalls die Antwort 0 (frei) erhält.

Betrachten wir beispielsweise zwei Prozessoren, die beide versuchen, den Tausch gleichzeitig auszuführen. Dieses Rennen ist entschieden, weil genau einer der Prozessoren zuerst den Austausch vornimmt, 0 (frei) zurückgibt, und der zweite Prozessor 1 (gesperrt) zurückgibt, wenn er den Austausch vornimmt. Der Schlüssel für die Verwendung der Tauschfunktion zur Implementierung einer Synchronisierung ist, dass die Operation atomar ist: der Tausch ist unteilbar, und zwei gleichzeitig stattfindende Tauschvorgänge werden von der Hardware in eine Reihenfolge gebracht. Es ist nicht möglich, dass zwei Prozessoren versuchen, die Synchronisierungsvariable auf diese Weise zu setzen, und beide anschließend der Meinung sind, sie hätten die Variable gesetzt.

Die Implementierung einer einzelnen atomaren Speicheroperation stellt eine gewisse Herausforderung an den Entwurf des Prozessors, weil sie eine Lese- und Schreiboperation innerhalb eines einzigen, unteilbaren Befehls bedingt.

Alternativ kann ein Befehlspaar verwendet werden, wobei der zweite Befehl einen Wert zurückgibt, der zeigt, ob das Befehlspaar so ausgeführt wurde, als wäre es atomar. Das Befehlspaar ist effektiv dann atomar, wenn sich erweist, dass alle anderen von einem Prozessor ausgeführten Operationen vor oder nach dem Befehlspaar stattgefunden haben. Wenn also ein Befehlspaar effektiv atomar ist, kann kein anderer Prozessor den Wert während der Ausführung des Befehlspaars geändert haben.

In MIPS beinhaltet dieses Befehlspaar einen speziellen Ladebefehl, einen so genannten *load linked*, und einen speziellen Speicherbefehl, ein so genanntes bedingtes Speichern (*store conditional*). Diese Befehle werden hintereinander ausgeführt. Wenn der Inhalt der im *load linked* angegebenen Speicherposition vor dem bedingten Speichern an derselben Adresse stattgefunden hat, schlägt das bedingte Speichern fehl. Das bedingte Speichern ist so definiert, dass es sowohl den Wert eines Registers im Speicher ablegt *als auch* den Wert dieses Registers auf 1 setzt, wenn es erfolgreich war, und auf 0 andernfalls. Weil der *load linked* den Ausgangswert zurückgibt und der *store conditional* nur im Erfolgsfall 1 zurückgibt, implementiert die folgende Befehlsfolge einen atomaren Austausch an der durch den Inhalt von $s1 angegebenen Speicherstelle:

```
again:
    addi $t0,$zero,1        #kopiere gesperrten Wert
    ll   $t1,0($s1)         #load linked
    sc   $t0,0($s1)         #store conditional
    beq  $t0,$zero,again    #Sprung, wenn Speichern fehlschl.
    add  $s4,$zero,$t1      #gelad. Wert in $s4 schreiben
```

Nach Ausführung dieser Folge wurden der Inhalt von $s4 und die durch $s1 angegebene Speicherposition atomar getauscht. Immer wenn ein Prozessor eingreift und den Wert im Speicher zwischen den Befehlen ll und sc verändert, gibt sc in $t0 den Wert 0 zurück, so dass der Code erneut versucht, die Befehlsfolge auszuführen.

Anmerkungen: 1) Der atomare Austausch wurde zwar für die Multiprozessor-Synchronisierung eingeführt, aber er ist auch praktisch, wenn es das Betriebssystem mit mehreren Prozessen innerhalb eines einzigen Prozessors zu tun hat. Um sicherzustellen, dass innerhalb eines einzelnen Prozessors nichts stört, schlägt das bedingte Speichern auch dann fehl, wenn der Prozessor zwischen zwei Befehlen eine Kontextumschaltung vornimmt (siehe Kapitel 5).

2) Ein Vorteil des Mechanismus *load linked/store conditional* ist, dass er für die Erstellung anderer Synchronisierungsfunktionen eingesetzt werden kann, wie etwa das *atomare Vergleichen und Tauschen* oder das *atomare Laden und Inkrementieren*, die in einigen Modellen für die parallele Programmierung eingesetzt werden. Sie beinhalten mehr Befehle zwischen dem ll und dem sc, jedoch nicht allzu viele.

Weil das bedingte Speichern nach entweder einem versuchten Speichern an der durch *load link* ermittelten Adresse oder einer Ausnahme fehlschlägt, muss genau darauf geachtet werden, welche Befehle zwischen die beiden Befehle gesetzt werden dürfen. Insbesondere können nur Register/Register-Befehle sicher zugelassen werden. Andernfalls könnten Deadlock-Situationen auftreten, wobei der Prozessor aufgrund der wiederholten Seitenfehler den sc nie abschließen kann. Darüber hinaus sollte die Anzahl der Befehle zwischen dem *load linked* und dem *store conditional* klein gehalten werden, um die Wahrscheinlichkeit zu verringern, dass ein nicht zugehöriges Ereignis oder ein konkurrierender Prozessor bewirken, dass das bedingte Speichern oft fehlschlägt.

Selbsttest

Wozu dienen elementare Funktionen wie *load linked* und *store conditional*?

1. Wenn kooperierende Threads eines parallelen Programms sich synchronisieren müssen, um das korrekte Verhalten für das Lesen und Schreiben gemeinsam genutzter Daten zu erhalten.

2. Wenn kooperierende Prozesse auf einem Einzelprozessor sich für das Lesen und Schreiben gemeinsam genutzter Daten synchronisieren müssen.

2.12   Übersetzen und Starten eines Programms

In diesem Abschnitt werden die vier Schritte beschrieben, die erforderlich sind, um ein C-Programm, das als Datei auf einem nichtflüchtigen Speicher vorliegt, in ein Programm umzuwandeln, das auf einem Computer laufen kann. In Abbildung 2.10 ist die Übersetzungshierarchie dargestellt. Bei einigen Systemen sind diese Schritte zusammengefasst, um die Übersetzungszeit zu reduzieren. Dennoch durchlaufen alle Programme diese vier logischen Phasen. Daher halten wir uns in diesem Abschnitt an diese Übersetzungshierarchie.

Compiler

Der Compiler wandelt das C-Programm in ein *Programm in Assemblersprache* um, d. h. in eine symbolische Darstellung dessen, was die Maschine versteht. Programme, die in einer höheren Programmiersprache geschrieben sind, brauchen deutlich weniger Codezeilen als Programme in Assemblersprache, weshalb die Produktivität der Programmierer weitaus höher ist.

Assemblersprache Eine symbolische Sprache, die in Binärcode übersetzt werden kann.

1975 waren viele Betriebssysteme und Assembler wegen der damals geringen Hauptspeicherkapazitäten und wegen ineffizienter Compiler in **Assemblersprache** geschrieben. Dank der millionenfachen Zunahme der Speicherkapazität pro DRAM-Chip ist die Größe von Programmen heute kein Problem mehr. Optimierende Compiler können heute fast so guten Code in Assemblersprache generieren wie ausgewiesene Experten in Assembler-Programmierung. Bei großen Programmen sind sie in vielen Fällen sogar besser.

Assembler

Da die Assemblersprache eine Schnittstelle hin zu den höheren Ebenen der Software darstellt, kann der Assembler auch allgemeine Variationen von Maschinenbefehlen behandeln, so als ob sie tatsächliche Befehle wären. Diese

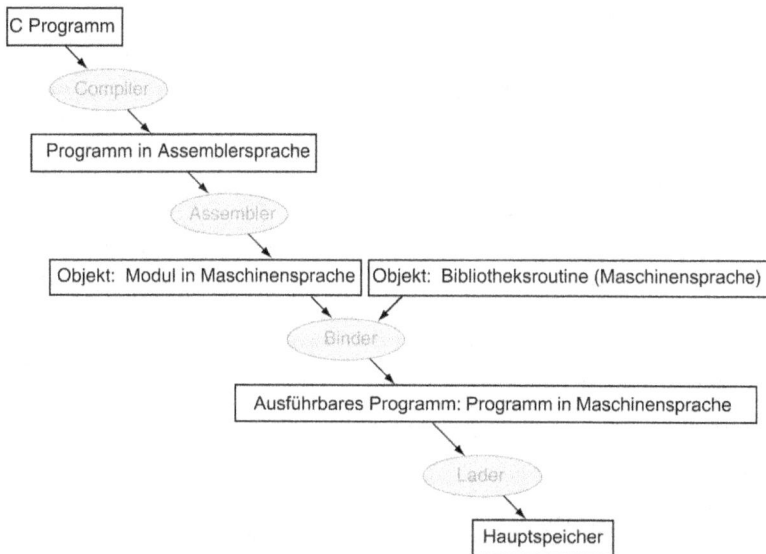

Abb. 2.10: Eine Übersetzungshierarchie für C. Ein Programm in einer höheren Programmiersprache wird zunächst in ein Programm in Assemblersprache übersetzt und anschließend in ein Objektmodul in Maschinensprache assembliert. Der Binder fügt mehrere Module mit Bibliotheksroutinen zusammen, um alle Referenzen aufzulösen. Der Lader lädt den Maschinencode an die entsprechende Stelle im Hauptspeicher für die Ausführung durch den Prozessor. Um die Übersetzung zu beschleunigen, werden einige Schritte übersprungen oder zusammengefasst. Manche Compiler erstellen Objektmodule direkt, manche Systeme führen die letzten beiden Schritte mithilfe von bindenden Ladern in einem Schritt aus. UNIX folgt zur Kennzeichnung der verschiedenen Typen der Dateien der folgenden Konvention für die Erweiterungen der Dateinamen: C-Quelldateien haben die Bezeichnung x.c, Assemblerdateien x.s, Objektdateien x.o, statisch gebundene Bibliotheksroutinen x.a, dynamisch gebundene Bibliotheksroutinen x.so, und ausführbare Programmdateien haben die Standardbezeichnung a.out. Bei MS-DOS werden die Erweiterungen .C, .ASM, .OBJ, .LIB, .DLL und .EXE entsprechend verwendet.

Befehle müssen nicht unbedingt in Hardware implementiert sein. Ihre Darstellung in der Assemblersprache erleichtert jedoch die Übersetzung und das Programmieren. Befehle dieser Art werden als **Pseudobefehle** bezeichnet.

Wie bereits erwähnt, ist durch die MIPS-Hardware sichergestellt, dass Register $zero immer den Wert 0 enthält. Register $zero liefert damit bei jeder Verwendung den Wert 0 und der Programmierer kann den Wert von Register $zero nicht ändern. Register $zero wird zur Bildung des Assembler-Befehls move verwendet, mit dem der Inhalt eines Registers in ein anderes kopiert wird. Der MIPS-Assembler akzeptiert somit den folgenden Befehl, obwohl dieser in der MIPS-Architektur nicht enthalten ist:

Pseudobefehle Eine allgemeine Variation von Befehlen in der Assemblersprache, die wie ein tatsächlicher Befehl behandelt wird.

```
move $t0,$t1        # Inhalt von Reg. $t1 nach Reg. $t0
```

Der Assembler wandelt diesen Befehl der Assemblersprache in die äquivalente Maschinendarstellung des folgenden Befehls um:

```
add $t0,$zero,$t1   # 0 + Reg. $t1 nach Reg. $t0
```

Der MIPS-Assembler wandelt ebenso den Pseudobefehl `blt` (branch on less than) in die beiden im Beispiel auf Seite 124 genannten Maschinenbefehle `slt` und `bne` um. Die Befehle `bgt`, `bge` und `ble` sind weitere Beispiele. Außerdem setzt er Sprünge an weit entfernte Stellen in eine Verzweigung und einen unbedingten Sprung um. Wie bereits erwähnt, ermöglicht der MIPS-Assembler das Laden von 32-Bit-Konstanten in ein Register trotz der bestehenden 16-Bit-Beschränkung bei Immediate-Befehlen.

Aufgrund der Pseudobefehle kann MIPS auf einen größeren Satz an Befehlen in Assemblersprache zurückgreifen als nur auf die durch die Hardware implementierten Befehle. Der einzige Nachteil dabei ist, dass ein Register, nämlich `$at`, für den Assembler reserviert werden muss. Wenn Sie Assemblerprogramme schreiben, erleichtern Sie sich diese Aufgabe durch die Verwendung von Pseudobefehlen. Um die MIPS-Architektur zu verstehen und die beste Leistung zu erzielen, sollten Sie jedoch die echten MIPS-Befehle in den Tabellen 2.1 und 2.10 beachten.

Assembler erlauben außerdem Zahlen mit unterschiedlicher Basis. Neben Binär- und Dezimalzahlen akzeptieren sie üblicherweise eine kürzere als die binäre Basis, die sich aber leicht in ein Bitmuster konvertieren lässt. MIPS-Assembler verwenden Hexadezimalzahlen.

Diese Eigenschaften sind praktisch, aber die Hauptaufgabe eines Assemblers besteht darin, Maschinencode zu erzeugen. Der Assembler übersetzt ein Programm in Assemblersprache in eine *Objektdatei*, die sich aus Befehlen in Maschinensprache, Daten und Informationen zum Ablegen der Befehle an den richtigen Positionen im Hauptspeicher zusammensetzt.

Symboltabelle Eine Tabelle, mit deren Hilfe die Namen der Marken den Adressen der Wörter im Speicher zugeordnet werden können.

Um die binäre Version für jeden Befehl im Assembler-Programm zu generieren, muss der Assembler die entsprechenden Adressen für alle Marken ermitteln. Assembler halten mithilfe einer **Symboltabelle** die in Sprüngen und Datentransfer-Befehlen verwendeten Marken fest. Die Tabelle enthält Paare aus jeweils einem Symbol und einer Adresse.

Die Objektdatei für UNIX-Systeme hat üblicherweise sechs Teile:

- Der *Header* beschreibt Größe und Position der anderen Teile.

- Das *Textsegment* enthält den Code in Maschinensprache.

- Das *statische Datensegment* enthält die Daten, die für die Dauer des Programms zugeteilt werden. (UNIX erlaubt Programmen die Verwendung entweder von *statischen Daten,* die für die Dauer der Programmausführung zugeteilt sind, oder von *dynamischen Daten*, die ihre Größe je nach Anforderung des Programms ändern. Siehe Abbildung 2.7.)

- Mit der *Relokationsinformation* werden Befehls- und Datenwörter identifiziert, die beim Laden des Programms in den Hauptspeicher von absoluten Adressen abhängen.

- Die *Symboltabelle* enthält die restlichen, nicht definierten Marken, wie z. B. externe Referenzen.

- Die *Debug-Informationen* enthalten eine kurze Beschreibung, wie die Module übersetzt wurden, so dass ein Debugger die Maschinenbefehle den C-Quelldateien zuordnen und Datenstrukturen lesbar machen kann.

Im nächsten Abschnitt wird beschrieben, wie bereits assemblierte Routinen wie Bibliotheksroutinen hinzugebunden werden.

Binder

Aus dem bisher Erläuterten kann der Eindruck entstehen, als müsse aufgrund einer einzigen Änderung in einer Zeile einer Prozedur das gesamte Programm neu übersetzt und assembliert werden. Eine vollständige Neuübersetzung ist eine unnötige Vergeudung von Rechenressourcen. Eine solche Wiederholung des Übersetzungsvorgangs stellt insbesondere bei Standardbibliotheksroutinen eine Verschwendung dar, da Programmierer Routinen kompilieren und assemblieren würden, die sich per definitionem praktisch nie ändern. Eine Alternative hierzu ist, jede Prozedur unabhängig zu übersetzen und zu assemblieren, so dass bei einer Änderung in einer Zeile nur eine Prozedur neu kompiliert und assembliert werden muss. Diese Möglichkeit erfordert jedoch ein neues Systemprogramm, das als **Binder** (*Linker*) bezeichnet wird und dafür verantwortlich ist, alle unabhängig voneinander assemblierten Maschinenprogramme zusammenzufügen.Dazu benötigt der Binder drei Schritte:

1. symbolisches Ablegen der Code- und Datenmodule in den Hauptspeicher
2. Bestimmen der Adressen der Marken für Daten und Befehle
3. Anpassen der internen und externen Referenzen

> **Binder** Ein Systemprogramm, das unabhängig voneinander assemblierte Maschinenprogramme zusammenfügt und alle nicht definierten Marken in einer ausführbaren Datei auflöst.

Der Binder löst mithilfe der Relokationsinformation und der Symboltabelle in jedem Objektmodul alle nicht definierten Marken auf. Referenzen dieser Art kommen in Verzweigungen, unbedingten Sprüngen und Datenadressen vor. Die Aufgabe dieses Programms gleicht somit der eines Editors: Es findet die alten Adressen und ersetzt diese gegen die neuen. Im Englischen enthält der Name dieses Programms auch einen Hinweis auf diese Aufgabe: „*link editor*". Der Einsatz eines Binders ist sinnvoll, da das Anpassen von Code viel schneller vonstatten geht als das erneute Kompilieren und Assemblieren.

Wenn alle externen Referenzen aufgelöst sind, legt der Binder als Nächstes die Speicherpositionen für die einzelnen Module fest. Zur Erinnerung sei auf Abbildung 2.7 verwiesen, in der nach der MIPS-Konvention die Speicherzuteilung von Programmen und Daten dargestellt ist. Da die Dateien unabhängig voneinander assembliert werden, kann der Assembler nicht wissen, an welcher Stelle sich die Befehle und Daten eines Moduls relativ zu den anderen Modulen befinden. Wenn der Binder ein Modul im Hauptspeicher ablegt, müssen alle *absoluten* Referenzen, d. h. Speicheradressen, die nicht relativ zu einem Register angegeben sind, *reloziert* werden, um so die tatsächliche Position anzugeben.

Der Binder erstellt eine **ausführbare Datei**, die auf einem Computer ausgeführt werden kann. Diese Datei hat in der Regel das Format einer Objektdatei,

> **ausführbare Datei** Ein funktionsfähiges Programm im Format einer Objektdatei, das keine nicht aufgelösten Referenzen, Relokationsinformation, Symboltabellen oder Debug-Informationen enthält. Eine „gestrippte" ausführbare Datei enthält diese Information nicht. Für den Lader kann Relokationsinformation enthalten sein.

enthält jedoch keine nicht aufgelösten Referenzen. Es gibt aber auch teilweise gebundene Dateien wie z. B. Bibliotheksroutinen, die noch nicht aufgelöste Adressen enthalten, und somit Objektdateien sind.

Beispiel: Objektdateien binden

Binden Sie die beiden folgenden Objektdateien. Geben Sie die aktualisierten Adressen der ersten Befehle der endgültigen ausführbaren Datei an. Wegen der besseren Lesbarkeit sind die Befehle in Assemblersprache dargestellt. In Wirklichkeit bestehen die Befehle aus Zahlen.

In den Objektdateien sind die Adressen und Symbole, die beim Binden aktualisiert werden müssen, hervorgehoben: die Befehle, die auf die Adressen der Prozeduren A und B verweisen, und die Befehle, die auf die Adressen der Datenwörter x und y verweisen.

Objektdatei-Header			
	Name	Prozedur A	
Textgröße	100_H		
	Datengröße	20_H	
Textsegment	Adresse	Befehl	
	0	lw $0, 0($gp)	
	4	jal 0	
	...	...	
Datensegment	0	(X)	
	...	...	
Relokationsinformation	Adresse	Befehlstyp	Abhängigkeit
	0	lw	X
	4	jal	B
Symboltabelle	Marke	Adresse	
	X	–	
	B	–	
Objektdatei-Header			
	Name	Prozedur B	
	Textgröße	200_H	
	Datengröße	30_H	
Textsegment	Adresse	Befehl	
	0	sw$al, 0($gp)	
	4	jal 0	
	...	...	
Datensegment	0	(Y)	
	...	...	
Relokationsinformation	Adresse	Befehlstyp	Abhängigkeit
	0	sw	Y
	4	jal	A
Symboltabelle	Marke	Adresse	
	Y	–	
	A	–	

Lösung: Prozedur A benötigt die Adresse der Variablen mit der Bezeichnung x für den *Load*-Befehl und die Adresse der Prozedur B für den jal-Befehl. Für Prozedur B ist die Adresse der Variablen mit der Bezeichnung y für den sw-Befehl und die Adresse der Prozedur A für den jal-Befehl zu bestimmen.

Der Abbildung 2.7 können wir entnehmen, dass das Textsegment bei Adresse 40 0000$_H$ und das Datensegment bei Adresse 1000 0000$_H$ beginnt. Der Text von Prozedur A wird an der ersten Adresse und die Daten an der zweiten Adresse abgelegt. Der Header für die Objektdatei der Prozedur A gibt die Länge seines Textes mit 100$_H$ Byte und die seiner Daten mit 20$_H$ Byte an. Somit liegt die Startadresse für den Text von Prozedur B bei 40 0100$_H$, und die Daten beginnen bei 1000 0020$_H$.

Header der ausführbaren Datei		
	Textgröße	300$_H$
	Datengröße	50$_H$
Textsegment	Adresse	Befehl
	0040 0000$_H$	lw $a0, 8000$_H$ ($gp)
	0040 0004$_H$	jal 40 0100$_H$
	...	...
	0040 0100$_H$	sw $a1, 8020$_H$ ($gp)
	0040 0104$_H$	jal 40 0000$_H$
	...	...
Datensegment	Adresse	
	1000 0000$_H$	(X)
	...	...
	1000 0020$_H$	(Y)
	...	...

Nun aktualisiert der Binder die Adressfelder der Befehle. Das Format der zu ersetzenden Adresse entnimmt er dem Feld für den Befehlstyp. In unserem Beispiel gibt es zwei Typen:

1. Die jal-Befehle sind wegen ihrer pseudodirekten Adressierung einfach. In das Adressfeld des jal-Befehls bei Adresse 40 0004$_H$ wird die Adresse 40 0100$_H$ (die Adresse von Prozedur B) geschrieben, und das Adressfeld des jal-Befehls bei Adresse 40 0104$_H$ erhält die Adresse 40 0000$_H$ (die Adresse von Prozedur A).

2. Die Load- und Store-Adressen sind schwieriger, da diese relativ zu einem Basisregister angegeben werden. In diesem Beispiel wird das globale Zeigerregister als Basisregister verwendet. Nach Abbildung 2.7 wird $gp mit 1000 8000$_H$ initialisiert. Um die Adresse 1000 0000$_H$ (die Adresse des Wortes x) zu erhalten, setzen wir 8000$_H$ in das Adressfeld von lw bei Adresse 40 0000$_H$. Das Adressfeld von lw ist vorzeichenerweitert, weshalb 8000$_H$ zu FFFF 8000$_H$ oder -32768$_B$ wird. Entsprechend erhält man mit 8020$_H$ im

Adressfeld des sw-Befehls bei Adresse 40 0100$_H$ die Adresse 1000 0020$_H$ (die Adresse des Wortes y).

Anmerkung: Sie wissen, dass MIPS-Befehle an Wortgrenzen ausgerichtet sind, deshalb verwirft jal die beiden rechten Bits, um den Adressbereich des Befehls zu vergrößern. Es verwendet also 26 Bits, um eine 28 Bit große Byteadresse zu erzeugen. Die tatsächliche Adresse in den unteren 26 Bit des Befehls jal in diesem Beispiel ist also 10 0040$_H$ statt 40 0100$_H$.

Lader

Die ausführbare Datei befindet sich nun auf der Festplatte, das Betriebssystem liest sie in den Hauptspeicher ein und startet das Programm. Bei UNIX-Systemen führt der **Lader** die folgenden Schritte aus:

> **Lader** Ein Systemprogramm, das ein Objektprogramm in den Hauptspeicher lädt, damit es ausgeführt werden kann.

1. Lesen des Headers der ausführbaren Datei, um die Größe der Text- und Datensegmente zu ermitteln

2. Festlegen eines ausreichend großen Adressbereichs für den Text und die Daten

3. Kopieren der Befehle und Daten aus der ausführbaren Datei in den Hauptspeicher

4. Kopieren der Parameter (sofern vorhanden) für das Hauptprogramm auf den Keller

5. Initialisieren der Maschinenregister und Setzen des Kellerzeigers auf die erste freie Position

6. Verzweigen zu einer Startroutine, die die Parameter in die Argumentregister kopiert und die Hauptroutine des Programms aufruft. Beim Rücksprung aus der Hauptroutine beendet die Startroutine das Programm mit dem Systemaufruf exit.

Im Anhang A.3 und A.4 werden Binder und Lader ausführlicher beschrieben.

Dynamisch gebundene Bibliotheken (DLLs)

> *So gut wie jedes Problem in der Computerwissenschaft kann durch Einführung einer neuen Ebene von Umwegen gelöst werden.*
>
> David Wheeler

Im ersten Teil dieses Abschnitts wird die herkömmliche Vorgehensweise beschrieben, bei der Bibliotheken vor dem Ausführen des Programms gebunden werden. Dieser statische Ansatz bietet die schnellste Möglichkeit, Bibliotheksroutinen aufzurufen, er bringt jedoch auch einige Nachteile mit sich:

- Die Bibliotheksroutinen werden Teil des ausführbaren Codes. Wenn eine neue Version der Bibliothek freigegeben wird, mit der Fehler behoben oder neue Hardwareeinheiten unterstützt werden, verwendet das statisch gebundene Programm weiterhin die alte Version.

- Es wird die gesamte Bibliothek geladen, auch wenn sie für die Ausführung des Programms nicht benötigt wird. Die Bibliothek kann im Verhältnis zum

Programm sehr groß sein. So umfasst die C-Standardbibliothek beispielsweise 2,5 MB.

Diese Nachteile führten zur Entwicklung **dynamisch gebundener Bibliotheken** (kurz DLLs für engl. dynamically linked libraries), bei denen die Bibliotheksroutinen erst zur Laufzeit des Programms gebunden und geladen werden.
Sowohl die Programm- als auch die Bibliotheksroutinen enthalten zusätzliche
Informationen zur Position von nicht lokalen Prozeduren sowie zu deren Namen. Bei der ersten Version von DLLs führte der Lader einen dynamischen
Binder aus, der mithilfe der zusätzlichen Informationen in der Datei die entsprechenden Bibliotheken gefunden und alle externen Referenzen aktualisiert
hat.

> **dynamisch gebun-
> dene Bibliotheken
> (DLLs)** Bibliotheks-
> routinen, die erst zur
> Laufzeit des Programm
> gebunden werden.

Diese erste Version von DLLs hatte jedoch den Nachteil, dass nach wie
vor alle möglicherweise benötigten Routinen der Bibliothek gebunden wurden,
und nicht nur die, die während der Programmausführung wirklich aufgerufen
wurden. Diese Beobachtung führte zur DLL-Version mit dynamischer Prozedurbindung (lazy procedure linkage), bei der die einzelnen Routinen nur *nach*
Aufruf gebunden werden.

Wie in vielen Fällen beruht der Trick hierbei auf Indirektion. In Abbildung 2.11 ist der Ablauf dargestellt. Zunächst rufen die nicht lokalen Routinen
eine Menge von Platzhalterroutinen am Ende des Programms auf, die jeweils
einen Eintrag für jede nicht lokale Routine enthalten. In jedem dieser Platzhalter steht ein indirekter Sprung.

Wenn die Bibliotheksroutine zum ersten Mal aufgerufen wird, verzweigt
das Programm zu dem Platzhalter und folgt dem indirekten Sprung. Dieser
zeigt auf den Programmabschnitt, in dem zur Identifikation der gewünschten
Bibliotheksroutine eine Nummer in einem Register ablegt und dann zum dynamischen Binde- und Laderprogramm gesprungen wird. Das Binde- und Laderprogramm findet die gewünschte Routine, bildet diese ab und ändert die
Adresse an der Stelle des indirekten Sprungs, so dass dieser auf eben diese
Routine zeigt. Anschließend springt das Programm zu dieser Routine. Wenn
die Routine ausgeführt ist, kehrt das Programm an die ursprünglich aufrufende
Instanz zurück. Bei nachfolgenden Aufrufen erfolgt der indirekte Sprung zu
der Bibliotheksroutine ohne die zusätzlichen Zwischenschritte.

Zusammenfassend sei angemerkt, dass mit DLLs zusätzlicher Speicherplatz
für die zum dynamischen Binden notwendigen Informationen erforderlich ist.
Dafür müssen nicht ganze Bibliotheken kopiert oder gebunden werden. Bei
DLLs kostet der erste Aufruf einer Routine einen erheblichen Aufwand, danach
jedoch nur noch einen indirekten Sprung. Der Rücksprung aus einer Bibliothek erfordert keinen zusätzlichen Aufwand. Bei Microsoft Windows werden
dynamische DLLs ausgiebig genutzt und auch bei UNIX-Systemen werden
Programme heute üblicherweise mithilfe von DLLs ausgeführt.

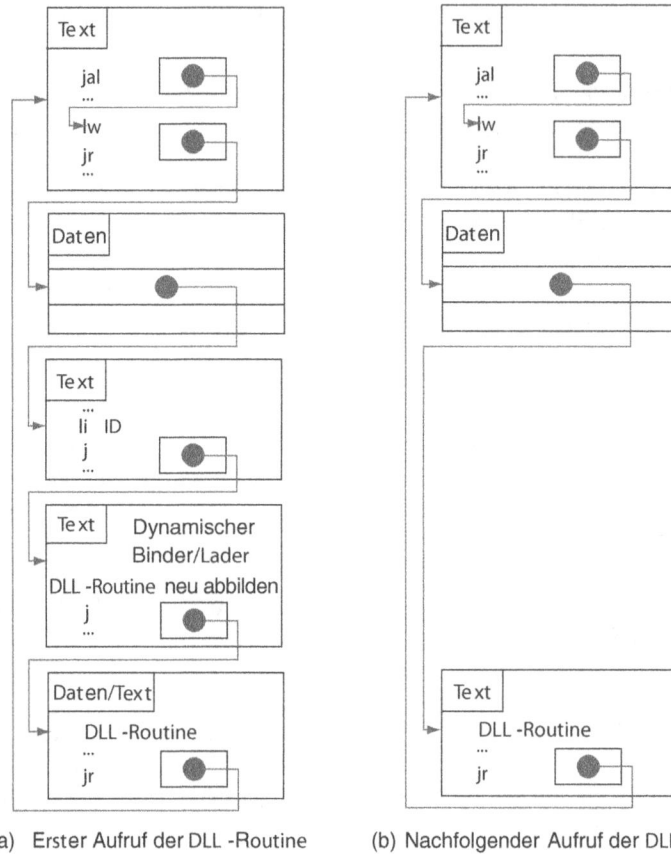

(a) Erster Aufruf der DLL -Routine   (b) Nachfolgender Aufruf der DLL -Routine

Abb. 2.11: DLL (*Dynamically Linked Library*) mittels dynamischer Prozedurbindung (*lazy procedure linkage*). (a) Schritte für den ersten Aufruf der DLL-Routine. (b) Die Schritte zum Suchen, Neuabbilden und Binden der Routine werden bei nachfolgenden Aufrufen übersprungen. Wie wir in Kapitel 5 sehen werden, kann das Betriebssystem verhindern, dass die gewünschte Routine kopiert werden muss, indem es diese mithilfe der virtuellen Speicherverwaltung neu abbildet.

Starten eines Java-Programms

Die Diskussion im vorangegangenen Abschnitt behandelt den traditionellen Ansatz für die Übersetzung eines Programms, wobei die Betonung auf der schnellen Ausführung eines Programms für eine spezielle Befehlssatzarchitektur oder einer speziellen Implementierung dieser Architektur liegt. Tatsächlich ist es möglich, Java-Programme wie C-Programme auszuführen, jedoch wurde Java mit anderen Zielsetzungen entwickelt. Eines der Ziele bei der Entwicklung von Java bestand darin, Programme auf jedem beliebigen Computer schnell und sicher ausführen zu können, auch wenn dies auf Kosten der Ausführungszeit geschieht.

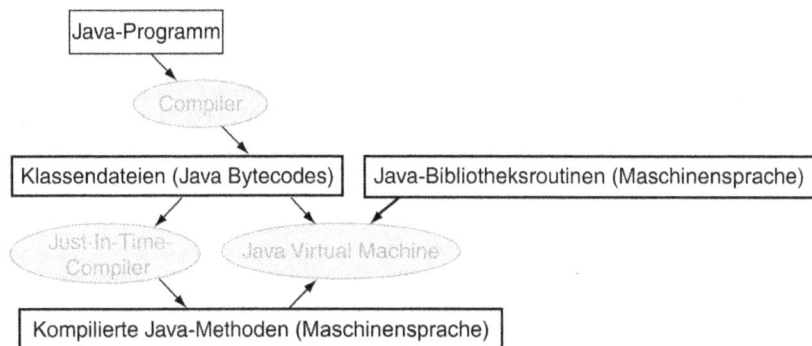

Abb. 2.12: Eine Übersetzungshierarchie für Java. Ein Java-Programm wird zunächst in eine binäre Version von Java-Bytecodes kompiliert, wobei alle Adressen vom Compiler definiert werden. Danach kann das Java-Programm auf dem Interpreter ausgeführt werden. Dieser Interpreter wird als Java Virtual Machine (JVM) bezeichnet. Die JVM verweist auf die gewünschten Methoden in der Java-Bibliothek, während das Programm ausgeführt wird. Um eine bessere Leistung zu erzielen, kann die JVM den Just-in-Time-Compiler (JIT) aufrufen, der wahlweise Methoden in die Maschinensprache der Maschine übersetzt, auf der die JVM ausgeführt wird.

Abbildung 2.12 zeigt die typischen Übersetzungs- und Ausführungsschritte für Java. Bei Java wird nicht in die Assemblersprache für einen Zielrechner übersetzt. Vielmehr werden bei Java Befehle generiert, die einfach zu interpretieren sind: der **Java-Bytecode** (siehe Abschnitt 2.15, online). Dieser Befehlssatz ist der Java-Sprache sehr ähnlich, weshalb dieser Übersetzungsschritt einfach ist. Es werden nahezu keine Optimierungen durchgeführt. Wie der C-Compiler so überprüft auch der Java-Compiler die Datentypen und generiert jeweils die für die einzelnen Typen entsprechende Operation. Java-Programme werden in der Binärversion dieser Bytecodes verbreitet.

Ein Software-Interpreter, der als **Java Virtual Machine (JVM)** bezeichnet wird, kann Java-Bytecodes ausführen. Ein Interpreter ist ein Programm, das eine Befehlssatzarchitektur simuliert. Der in diesem Buch verwendete MIPS-Simulator ist beispielsweise ein Interpreter. Ein eigener Assemblierschritt ist hier nicht erforderlich, da die Übersetzung so einfach ist, dass entweder der Compiler die Adressen einfügt oder die JVM diese zur Laufzeit ermittelt.

Die Interpretation hat den Vorteil der Portierbarkeit. Die Verfügbarkeit der Software der Java Virtual Machines bedeutete, dass die meisten Leute kurz nach der Ankündigung von Java bereits Java-Programme schreiben und ausführen konnten. Heute finden wir Java Virtual Machines in Millionen von Geräten, angefangen von Mobiltelefonen bis hin zu Internet-Browsern.

Der Nachteil der Interpretation ist die schwächere Leistungsfähigkeit. Aufgrund der unglaublichen Fortschritte hinsichtlich der Leistungsfähigkeit in den 1980er- und 1990er-Jahren ist die Interpretation für viele wichtige Anwendungen eine interessante Alternative. Aber der Faktor 10, um den die in herkömmlicher Weise übersetzten C-Programme schneller sind, macht Java für bestimmte Anwendungen wenig attraktiv.

Java-Bytecode Befehl aus einem Befehlssatz, der für die Interpretation von Java-Programmen entwickelt worden ist.

Java Virtual Machine (JVM) Das Programm, das Java-Bytecodes interpretiert.

Just-in-Time-Compiler (JIT-Compiler) Die Bezeichnung, die sich für einen Compiler eingebürgert hat, der zur Laufzeit die interpretierten Codesegmente in Ziel-Code für die Maschine übersetzt.

Um die Portierbarkeit zu gewährleisten und gleichzeitig die Ausführungsgeschwindigkeit zu steigern, ging es bei der Java-Entwicklung in einem nächsten Schritt darum, Compiler zu konzipieren, die übersetzen, *während* das Programm ausgeführt wird. Diese **Just-in-Time-Compiler (JIT-Compiler)**, auch *dynamische Übersetzer* genannt, erstellen ein Profil des Programms, das gerade ausgeführt wird, um so die relevanten Methoden zu finden und diese in den Befehlssatz des Computers zu übersetzen, auf dem die Virtual Machine läuft. Der kompilierte Teil wird für das nächste Mal gespeichert, wenn das Programm auszuführen ist. Bei der wiederholten Ausführung ist es damit schneller. Mit der Zeit entwickelt sich ein Gleichgewicht zwischen Interpretation und Übersetzung, so dass häufig ausgeführte Java-Programme kaum noch Einbußen aufgrund der Interpretation aufweisen.

Da Rechner immer schneller werden und damit auch Compiler immer aufwendigere Aufgaben erledigen können und da Forscher bessere Techniken entwickeln, um Java zur Laufzeit zu kompilieren, wird der Leistungsunterschied zwischen Java und C oder C++ immer geringer. In Abschnitt 2.15 (online) wird die Implementierung von Java, Java-Bytecodes, JVM und JIT-Compiler ausführlicher beschrieben.

Selbsttest

Welche Vorteile eines Interpreters gegenüber einem Übersetzer standen Ihrer Ansicht nach für die Entwickler von Java im Vordergrund?

1. leichteres Schreiben eines Interpreters
2. bessere Fehlermeldungen
3. kleinerer Objektcode
4. Dialektunabhängigkeit

2.13 Zusammenfassung am Beispiel eines Sortierprogramms in C

Wenn in Assemblersprache geschriebener Code nur in Ausschnitten dargestellt wird, besteht die Gefahr, dass Sie als Leser keine Vorstellung davon vermittelt bekommen, wie das gesamte Programm in Assemblersprache aussieht. In diesem Abschnitt werden wir den MIPS-Code von zwei in C geschriebenen Prozeduren ableiten: einer Prozedur zum Vertauschen und eine zum Sortieren von Feldelementen.

Die Prozedur swap

Beginnen wir mit dem Code für die Prozedur swap in Abbildung 2.13. Diese Prozedur tauscht einfach die Inhalte zweier Speicherzellen aus. Beim manuellen Übersetzen von C in Assemblersprache gehen wir wie folgt vor:

```
void swap(int v[], int k)
   {
     int temp;
     temp = v[k];
     v[k] = v[k+1];
     v[k+1] = temp;
   }
```

Abb. 2.13: Eine C-Prozedur, die die Inhalte zweier Speicherzellen vertauscht. Im nächsten Abschnitt wird diese Prozedur in einem Beispiel zum Sortieren verwendet.

1. Zuteilung von Registern an Programmvariablen

2. Generierung des Codes für den Rumpf der Prozedur

3. Beibehalten der Register über den Prozeduraufruf hinweg

Dieser Abschnitt beschreibt für die swap-Prozedur diese drei Schritten, wobei diese am Ende zusammengefasst werden.

Registerzuteilung für swap

Wie auf Seite 108 bereits erwähnt, werden gemäß der MIPS-Konvention die Register $a0, $a1, $a2 und $a3 zum Übergeben von Parametern verwendet. Da die swap-Prozedur nur die beiden Parameter v und k hat, befinden sich diese in den Registern $a0 und $a1. Die einzige weitere Variable ist die Variable temp, die wir dem Register $t0 zuordnen, da swap eine Blattprozedur ist (siehe Seite 111). Diese Registerzuteilung entspricht den Variablendeklarationen im ersten Teil der swap-Prozedur in Abbildung 2.13.

Code für den Rumpf der swap-Prozedur

Die restlichen Zeilen des C-Codes in der swap-Prozedur lauten:

```
temp = v[k];
v[k] = v[k+1];
v[k+1] = temp;
```

Beachten Sie, dass sich die Speicheradressen bei MIPS auf die *Byte*adresse beziehen, wodurch die Wörter jeweils um 4 Byte voneinander entfernt sind.

Daher muss der Index k vor der Addition mit 4 multipliziert werden. *Beim Assembler-Programmieren wird häufig vergessen, dass sich sequentielle Wortadressen nicht um 1, sondern um 4 unterscheiden.* Der erste Schritt besteht also darin, die Adresse von v[k] durch Multiplikation von k mit 4 über ein Linksschieben um 2 zu ermitteln:

```
sll $t1, $a1,2     # Reg. $t1 = k * 4
add $t1, $a0,$t1   # Reg. $t1 = v + (k * 4)
                   # Reg. $t1 enthält die Adresse von v[k]
```

Nun laden wir v[k] mithilfe von $t1, und anschließend v[k+1], indem wir 4
zu $t1 addieren:

```
lw  $t0, 0($t1)      # temp. Reg. $t0 = v[k]
lw  $t2, 4($t1)      # Reg. $t2 = v[k + 1]
                     # referenziert das nächste Element von v
```

Als Nächstes speichern wir $t0 und $t2 an den vertauschten Adressen:

```
sw  $t2, 0($t1)      # v[k] = Reg. $t2
sw  $t0, 4($t1)      # v[k+1] = temp. Reg. $t0
```

Nun haben wir Register zugewiesen und den Code so geschrieben, dass die
Operationen der Prozedur ausgeführt werden. Was noch fehlt, ist der Code zum
Beibehalten der zu sichernden Register, die in dieser swap-Prozedur verwendet
werden. Da wir allerdings in dieser Blattprozedur keine zu sichernden Register
verwenden, gibt es nichts beizubehalten.

Die vollständige Prozedur swap

Wir haben die gesamte Routine mit der Prozedurmarke und dem Rücksprung
vorbereitet. Damit alles besser nachvollziehbar wird, sind in Tabelle 2.12 die
einzelnen Codeblöcke mit ihren jeweiligen Aufgaben zusammengestellt.

Tab. 2.12: MIPS-Assemblercode der Prozedur swap in Abbildung 2.13.

Prozedurrumpf

```
swap:  sll  $t1!, $a1!, 2      # Reg. $t1 = k*4
       add  $t1, $a0, $t1      # Reg. $t1 = v + (k * 4)
                               # Reg. $t1 enthält die Adresse von v[k]
       lw   $t0, 0($t1)        # temp. Reg. $t0 = v[k]
       lw   $t2, 4($t1)        # temp. Reg. $t2 = v[k + 1]
                               # verweist auf nächstes Element von v
       sw   $t2, 0($t1)        # v[k] = Reg. $t2
       sw   $t0, 4($t1)        # v[k+1] = temp. Reg. $t0
```

Prozedurrücksprung

```
       jr   $ra               # springe zurück zur aufrufenden Routine
```

Die Prozedur sort

Damit Sie die Exaktheit der Assembler-Programmierung auch wirklich schätzen lernen, geben wir Ihnen ein zweites, ausführlicheres Beispiel. In diesem
Beispiel erstellen wir eine Routine, in der die Prozedur swap aufgerufen wird.
Dieses Programm sortiert ein Feld von Ganzzahlen mithilfe des Sortierverfah-
rens Bubble Sort bzw. Exchange Sort, einem der einfachsten Sortierverfahren.
In Abbildung 2.14 ist die C-Version des Programms beschrieben. Auch hier
werden die einzelnen Schritte und am Ende die ganze Prozedur dargestellt.

```
void sort (int v[], int n)
{
    int i, j;
    for (i = 0; i < n; i += 1)
    {
        for (j = i - 1; j >= 0 && v[j] > v[j + 1]; j += 1)
        {
            swap(v,j);
        }
    }
}
```

Abb. 2.14: Eine C-Prozedur zum Sortieren der Elemente des Felds v.

Registerzuteilung für sort

Die beiden Parameter v und n der Prozedur sort befinden sich in den Parameterregistern $a0 und $a1, und wir weisen Register $s0 i und Register $s1 j zu.

Code für den Rumpf der Prozedur sort

Der Prozedurrumpf besteht aus zwei geschachtelten for-Schleifen und einem Aufruf von swap mit Parametern. Untersuchen wir den Code von außen nach innen. Der erste Übersetzungsschritt beginnt mit der ersten for-Schleife:

```
for (i = 0; i < n; i += 1) {
```

Eine for-Anweisung in C besteht aus drei Teilen: Initialisierung, Schleifentest und Inkrementieren der Iteration. Zum Initialisieren von i mit 0, dem ersten Teil der for-Anweisung, ist nur ein Befehl erforderlich:

```
move $s0, $zero   # i = 0
```

(Denken Sie daran, dass move ein Pseudobefehl ist, der dem Programmierer vom Assembler zum leichteren Programmieren in Assemblersprache bereitgestellt wird, siehe Seite 103.) Es ist außerdem auch nur ein Befehl zum Inkrementieren von i, dem letzten Teil der for-Anweisung, erforderlich:

```
addi $s0, $s0     # i += 1
```

Die Schleife muss verlassen werden, wenn die Bedingung i < n *nicht* wahr ist, oder anders ausgedrückt; wenn i $\geq$ n. Mit dem *Set-on-less-than*-Befehl wird das Register $t0 auf 1 gesetzt, wenn $s0<$a1, andernfalls auf 0. Da wir überprüfen möchten, ob $s0>$a1, verzweigen wir, wenn Register $t0 0 ist. Für diesen Test sind zwei Befehle erforderlich:

```
for1tst:
    slt $t0,$s0,$a1 # Reg. $t0=0, wenn $s0≥$a1 (i≥n)
    beq $t0,$zero,exit1 # gehe zu exit1, wenn $s0≥$a1 (i≥n)
```

Am Schleifenende erfolgt der Sprung zurück zum Schleifentest:

```
        j  for1tst   # springe zurück zum äußeren Schleifentest
exit1:
```

Das Codegerüst der ersten for-Schleife lautet somit wie folgt:

```
        move $s0,$zero       # i = 0
for1tst:slt $t0,$s0,$a1      # Reg. $t0=0, wenn $s0≥$a1
        beq  $t0,$zero,exit1 # gehe zu exit1, wenn $s0≥$a1
        ...
        (Rumpf der ersten Schleife)
        ...
        addi $s0,$s0,1       # i += 1
        j    for1tst         # Sprung zum äuß. Schleifentest
exit1:
```

Voilà! (In den Übungen erfahren Sie, wie Sie schnelleren Code für ähnliche Schleifen schreiben.)

Die zweite for-Schleife sieht in C wie folgt aus:

```
for (j = i - 1; j >= 0 && v[j] > v[j + 1]; j -= 1){
```

Der Initialisierungsteil dieser Schleife besteht wiederum aus einem Befehl:

```
addi $s1, $s0, -1       # j = i - 1
```

Zum Dekrementieren von j am Ende der Schleife ist ebenfalls nur ein Befehl notwendig:

```
addi $s1, $s1, -1       # j -= 1
```

Der Schleifentest besteht aus zwei Teilen. Wir verlassen die Schleife, wenn eine der Bedingungen nicht zutrifft. Der erste Test muss somit die Schleife verlassen, wenn (j < 0) nicht wahr ist:

```
for2tst: slti $t0,$s1,0 # Reg. $t0 = 1, wenn $s1<0 (j<0)
    bne $t0,$zero,exit2  # gehe zu exit2, wenn $s1<0 (j<0)
```

Diese Verzweigung überspringt den Test der zweiten Bedingung. Falls nicht, ist j ≥ 0.

Der zweite Test verlässt die Schleife, wenn v[j]>v[j+1] *nicht* wahr ist oder wenn v[j]≤v[j+1]. Zuerst berechnen wir die Adresse durch Multiplikation von j mit 4 (da wir eine Byteadresse benötigen) und addieren das Ergebnis zur Basisadresse von v:

```
sll $t1, $s1, 2       # Reg. $t1 = j * 4
add $t2, $a0, $t1     # Reg. $t2 = v + (j * 4)
```

Nun laden wir v[j]:

```
lw $t3, 0($t2)        # Reg. $t3 = v[j]
```

Da wir wissen, dass das zweite Element einfach das nachfolgende Wort ist, addieren wir 4 zu der Adresse in Register $t2, um v[j+1] zu erhalten:

```
lw $t4, 4($t2)          # Reg. $t4 = v[j + 1]
```

Der Test von v[j]=v[j+1] ist derselbe wie von v[j+1]≥v[j], so dass die beiden Befehle des Tests zum Verlassen wie folgt lauten:

```
slt $t0,$t4,$t3          # Reg. $t0 = 0, wenn $t4 ≥ $t3
beq $t0,$zero,exit2      # springe zu exit2, wenn $t4 ≥ $t3
```

Am Schleifenende wird zum Test der inneren Schleife zurückgesprungen:

```
j for2tst               # springe zum inneren Schleifentest
```

Wenn wir die Teile zusammenfügen, ergibt sich für die zweite for-Schleife folgendes Gerüst:

```
        addi $s1, $s0, -1        # j = i - 1
for2tst:slti $t0, $s1, 0 # Reg. $t0 = 1, wenn $s1<0 (j<0)
        bne $t0,$zero,exit2      # gehe zu exit2, wenn $s1<0 (j<0)
        sll $t1, $s1, 2          # Reg. $t1 = j * 4
        dd  $t2, $a0, $t1        # Reg. $t2 = v + (j * 4)
        lw  $t3, 0($t2)          # Reg. $t3 = v[j]
        lw  $t4, 4($t2)          # Reg. $t4 = v[j + 1]
        slt $t0, $t4, $t3        # Reg. $t0 = 0 if $t4 ≥ $t3
        beq $t0,$zero,exit2      # gehe zu exit2, wenn $t4≥$t3
        ...
        (Rumpf der zweiten Schleife)
        ...
        addi $s1, $s1, -1        # j -= 1
        j    for2tst             # gehe zum inneren Schleifentest
exit2:
```

Der Prozeduraufruf in sort

Der nächste Schritt betrifft den Rumpf der zweiten for-Schleife:

```
swap(v,j);
```

Die Prozedur swap aufzurufen, ist einfach:

```
jal     swap
```

Übergabe von Parametern in sort

Schwieriger wird es, wenn wir Parameter übergeben möchten, da die Prozedur sort die Werte in den Registern $a0 und $a1 benötigt und die Prozedur swap ihre Parameter in genau denselben Registern erwartet. Eine Lösungsmöglichkeit besteht darin, die Parameter für die sort-Prozedur in anderen Registern weiter vorn in der Prozedur zu kopieren und die Register $a0 und $a1 für den Aufruf von swap zur Verfügung zu stellen. (Dieser Kopiervorgang ist schneller als das Speichern und Wiederherstellen im Keller.) Während der Prozedur kopieren wir zuerst $a0 und $a1 nach $s2 und $s3:

```
move $s2, $a0      # kopiere Parameter $a0 nach $s2
move $s3, $a1      # kopiere Parameter $a1 nach $s3
```

Anschließend übergeben wir mithilfe der folgenden zwei Befehle die Parameter an swap:

```
move $a0, $s2      # erster Parameter von swap ist v
move $a1, $s1      # zweiter Parameter von swap ist j
```

Beibehalten von Registern in sort

Nun verbleibt noch der Code zum Sichern und Wiederherstellen von Registern. Natürlich müssen wir die Rücksprungadresse in Register $ra speichern, da sort eine Prozedur ist und selbst aufgerufen wird. Die sort-Prozedur verwendet außerdem die zu sichernden Register $s0, $s1, $s2 und $s3, so dass diese gesichert werden müssen. Der Prolog der Prozedur sort lautet wie folgt:

```
addi $sp,$sp,-20 # schaffe Platz auf dem Keller für 5 Reg.
sw $ra,16($sp)     # speichere $ra auf dem Keller
sw $s3,12($sp)     # speichere $s3 auf dem Keller
sw $s2, 8($sp)     # speichere $s2 auf dem Keller
sw $s1, 4($sp)     # speichere $s1 auf dem Keller
sw $s0, 0($sp)     # speichere $s0 auf dem Keller
```

Am Ende der Prozedur stehen die entsprechenden Befehle zum Wiederherstellen der Register und der Befehl jr für den Rücksprung.

Die vollständige Prozedur sort

In Tabelle 2.13 fügen wir alle Teile zusammen, wobei wir sorgfältig darauf achten müssen, dass wir alle Referenzen auf die Register $a0 und $a1 in den for-Schleifen durch Referenzen auf die Register $s2 und $s3 ersetzen. Damit der Code besser nachvollziehbar wird, sind auch hier die einzelnen Programmabschnitte mit ihren jeweiligen Aufgaben in der Prozedur aufgeführt. In diesem Beispiel wurden aus 9 Zeilen der Prozedur sort in C 35 Zeilen in der MIPS-Assemblersprache.

Anmerkung: Eine Optimierungsmöglichkeit, die sich auf dieses Beispiel anwenden lässt, ist das *Inlining von Prozeduren*. Anstatt Argumente in Parametern zu übergeben und den Code mit einem jal-Befehl aufzurufen, kopiert der Compiler den Code im Rumpf der swap-Prozedur an die Stelle, an der sich der Aufruf von swap befindet. Mit dem Inlining können in diesem Beispiel vier Befehle gespart werden. Diese Optimierung hat jedoch den Nachteil, dass der kompilierte Code länger wird, wenn die eingefügte Prozedur an mehreren Stellen aufgerufen wird. Eine Codeerweiterung dieser Art kann zu einer Leistungs*beeinträchtigung* führen, wenn sich dadurch die Cache-Fehlzugriffsrate erhöht (siehe Kapitel 5).

Tab. 2.13: MIPS-Assemblerversion der Prozedur sort in Abbildung 2.14.

			Register sichern	
	sort:	addi	$sp, $sp, −20	# schaffe Platz auf dem Keller für 5 Reg.
		sw	$ra, 16($sp)	# sichere $ra auf dem Keller
		sw	$s3, 12($sp)	# sichere $s3 auf dem Keller
		sw	$s2, 8($sp)	# sichere $s2 auf dem Keller
		sw	$s1, 4($sp)	# sichere $s1 auf dem Keller
		sw	$s0, 0($sp)	# sichere $s0 auf dem Keller
			Prozedurrumpf	
Parameter		move	$s2, $a0	# kopiere Parameter $a0 in $s2 (sichere $a0)
		move	$s3, $a1	# kopiere Parameter $a1 in $s3 (sichere $a1)
äußere Schleife		move	$s0, $zero	# i = 0
	for1tst:	slt$t0, $s0, $s3		# Reg. $t0 = 0, wenn $s0 ≤ $s3 (i ≤ n)
		beq	$t0, $zero, exit1	# verzweige zu exit1, wenn $s0 ≤ $s3 (i ≤ n)
		addi	$s1, $s0, −1	# j = i − 1
	for2tst:	slti$t0, $s1, 0		# Reg. $t0 = 1, wenn $s1 < 0 (j < 0)
		bne	$t0, $zero, exit2	# verzweige zu exit2, wenn $s1 < 0 (j < 0)
innere Schleife		sll	$t1, $s1, 2	# Reg. $t1 = j*4
		add	$t2, $s2, $t1	# Reg. $t2 = v + (j * 4)
		lw	$t3, 0($t2)	# Reg. $t3 = v[j]
		lw	$t4, 4($t2)	# Reg. $t4 = v[j + 1]
		slt	$t0, $t4, $t3	# Reg. $t0 = 0, wenn $t4 ≥ $t3
		beq	$t0, $zero, exit2	# verzweige zu exit2, wenn $t4 ≥ $t3
Parameter übergeben und Aufruf		move	$a0, $s2	# 1. Parameter von swap ist v (alter Wert von $a0)
		move	$a1, $s1	# 2. Parameter von swap ist j
		jal	swap	# swap Code siehe Tabelle 2.12
innere Schleife		addi	$s1, $s1, −1	# j -= 1
		j	for2tst	# springe zum Test der inneren Schleife
äußere Schleife	exit2:	addi	$s0, $s0, 1	# i += 1
		j	for1tst	# springe zum Test der äußeren Schleife
			Register wiederherstellen	
	exit1:	lw	$s0, 0($sp)	# stelle $s0 wieder her
		lw	$s1, 4($sp)	# stelle $s1 wieder her
		lw	$s2, 8($sp)	# stelle $s2 wieder her
		lw	$s3,12($sp)	# stelle $s3 wieder her
		lw	$ra,16($sp)	# stelle $ra wieder her
		addi	$sp, $sp, 20	# stelle Kellerzeiger wieder her
			Prozedurrücksprung	
		jr	$ra	# springe zurück zur aufrufenden Routine

Zur Programmperformanz

In Tabelle 2.14 sind für ein Sortierprogramm die Auswirkungen der Compileroptimierung auf die Performanz, die Kompilierungszeit, die Anzahl der Taktzyklen, die Anzahl der ausgeführten Befehle und den CPI-Wert dargestellt. Nicht optimierter Code weist den besten CPI-Wert und O1-optimierter Code die geringste Anzahl der ausgeführten Befehle auf. O3-optimierter Code wird

Tab. 2.14: Vergleich von Leistung, Anzahl von Befehlen und CPI-Wert unter Verwendung von Compileroptimierungen für Bubblesort. Die Programme sortierten 100 000 Wörter, wobei das Feld mit zufälligen Werten initialisiert wurde. Diese Programme wurden auf einem Pentium 4 mit einer Taktfrequenz von 3,06 GHz und einem 533 MHz-Systembus mit einem PC2100 DDR SDRAM-Hauptspeicher mit 2 GB ausgeführt. Dabei wurde Linux 2.4.20 verwendet.

gcc-Optimierung	Relative Leistung	Taktzyklen (in Mio.)	Befehlszahl (in Mio.)	CPI-Wert
keine	1,00	158 615	114 938	1,38
O1 (mittel)	2,37	66 990	37 470	1,79
O2 (vollständig)	2,38	66 521	39 993	1,66
O3 (Prozedurintegration)	2,41	65 747	44 993	1,46

dagegen am schnellsten ausgeführt, was uns daran erinnert, dass Zeit das einzige genaue Maß für die Performanz von Programmen ist.

In Tabelle 2.15 wird der Einfluss der Programmiersprache, der Ausführungsmethode – Kompilieren und Interpretieren – sowie der Algorithmen auf die Performanz von Sortiervorgängen verglichen. Der vierten Spalte ist zu entnehmen, dass das nicht optimierte C-Programm für den Algorithmus Bubblesort 8,3-mal so schnell ist wie der interpretierte Java-Code. Mithilfe des Just-in-Time-Java-Compilers wird Java 2,1-mal so schnell wie der nicht optimierte C-Code und nur um den Faktor 1,13 langsamer als der maximal optimierte C-Code. In Abschnitt 2.15 (online) finden Sie ausführlichere Informationen zum Vergleich zwischen Interpretieren und Kompilieren von Java sowie zum Java- und MIPS-Code für Bubblesort.) Für Quicksort in Spalte 5 sind die Quotienten kleiner, wahrscheinlich weil es schwieriger ist, die Kosten für die Laufzeitkompilierung gegenüber der kürzeren Ausführungszeit auszugleichen. Die letzte Spalte zeigt, welche Auswirkungen es hat, wenn ein besserer Algorithmus verwendet wird. Hier ist beim Sortieren von 100 000 Elementen eine Performanzsteigerung um drei Größenordnungen zu verzeichnen. Sogar beim Vergleich von interpretiertem Java-Code in Spalte 5 mit dem C-Compiler bei maximaler Optimierung in Spalte 4 schlägt Quicksort Bubblesort um den Faktor 50 ($0,05 \times 2468/2,41$ oder 123 zu 2,41).

Anmerkung: Die MIPS-Compiler sparen auf dem Keller immer Platz für die Argumente auf, falls diese gespeichert werden müssen. In Wirklichkeit dekrementieren sie deshalb immer `$sp` um 16, um Platz für alle vier Argumentregister zu schaffen (16 Byte). Ein Grund dafür ist, dass C eine **vararg**-Option unterstützt, die einem Zeiger gestattet, beispielsweise das dritte Argument einer Prozedur auszuwählen. Wenn der Compiler auf das seltene **vararg** trifft, kopiert er die vier Argumentregister an den vier dafür reservierten Stellen auf den Keller.

Tab. 2.15: Performanz zweier Sortieralgorithmen in C und Java. In der letzten Spalte ist der Leistungsvorteil von Quicksort gegenüber Bubblesort für jede Sprache und Ausführungsmethode dargestellt. Diese Programme wurden auf demselben System wie die Programme in Tabelle 2.14 ausgeführt. Bei der JVM handelt es sich um die Sun-Version 1.3.1 und beim JIT-Compiler um die Sun Hotspot-Version 1.3.1.

Sprache	Methode	Optimierung	Bubblesort	Quicksort	Vorteil Quicksort
C	Compiler	keine	1,00	1,00	2468
	Compiler	O1	2,37	1,50	1562
	Compiler	O2	2,38	1,50	1555
	Compiler	O3	2,41	1,91	1955
Java	Interpreter	—	0,12	0,05	1050
	JIT-Compiler	—	2,13	0,29	338

2.14   Felder und Zeiger im Vergleich

Für Programmieranfänger in C stellen Zeiger eine besondere Herausforderung dar. Um den Umgang mit Zeigern verständlicher zu machen, wollen wir Assembler-Code, der Felder und Feldindizes verwendet, und Assembler-Code mit Zeigern gegenüberzustellen. In diesem Abschnitt werden die C- und MIPS-Assembler-Versionen von zwei Prozeduren zum Zurücksetzen einer Folge von Wörtern im Hauptspeicher beschrieben: Bei einer Version werden Feldindizes verwendet, bei der anderen Zeiger. In Abbildung 2.15 sind die beiden C-Prozeduren dargestellt.

```
clear1(int array[], int size)
{  int i;
    for (i = 0; i < size; i += 1)
        array[i] = 0;    }
clear2(int *array, int size)
{  int *p;
    for (p = &array[0]; p < &array[size]; p = p + 1)
        *p = 0;    }
```

Abb. 2.15: Zwei C-Prozeduren, mit denen die Elemente eines Feldes auf null gesetzt werden. `clear1` verwendet Indizes, während `clear2` Zeiger verwendet. Bei der zweiten Prozedur sind einige Erläuterungen für die Leser notwendig, die mit C weniger vertraut sind. Die Adresse einer Variablen wird mit **&** angegeben, und die Referenz auf das Objekt, auf das mit einem Zeiger gezeigt wird, wird durch ein ***** dargestellt. In der Deklaration werden `array` und `p` als Zeiger auf Zahlen vom Typ Integer deklariert. Im ersten Teil der `for`-Schleife in `clear2` wird dem Zeiger `p` die Adresse des ersten Elements von `array` zugewiesen. Mit dem zweiten Teil der `for`-Schleife wird geprüft, ob der Zeiger über das letzte Element von `array` hinaus zeigt. Im letzten Teil der `for`-Schleife wird der Zeiger um eins erhöht, d. h., der Zeiger verweist auf das als nächstes folgende Objekt des deklarierten Typs. Da `p` ein Zeiger auf Zahlen vom Typ Integer ist, generiert der Compiler MIPS-Befehle, mit denen `p` um vier erhöht wird, also um die Anzahl der Bytes für eine Zahl vom Typ Integer in MIPS. Mit der Referenzierung in der Schleife wird dem Objekt, auf das `p` zeigt, 0 zugewiesen.

In diesem Abschnitt geht es darum zu zeigen, wie Zeiger auf MIPS-Befehle abgebildet werden, und nicht darum, einen überholten Programmierstil zu propagieren. Am Ende des Abschnitts werden wir sehen, wie sich moderne Compileroptimierung auf diese beiden Prozeduren auswirkt.

Die Version von `clear` mit Feldern

Wir beginnen mit der Version `clear1`, die Felder verwendet. Dabei konzentrieren wir uns zunächst auf den Schleifenrumpf und lassen den Bindungscode der Prozedur vorerst außer Acht. Wir nehmen an, dass sich die beiden Parameter `array` und `size` in den Registern `$a0` und `$a1` befinden und dass i dem Register `$t0` zugeordnet ist.

Die Initialisierung von i, dem ersten Teil der `for`-Schleife, ist einfach:

```
move $t0,$zero          # i = 0 (Reg. $t0 = 0)
```

Um das Element `array[i]` auf 0 zu setzen, muss zuerst die Adresse von `array[i]` ermittelt werden. Hierfür muss i mit 4 multipliziert werden, um die Byteadresse zu erhalten:

```
loop1: sll $t1, $t0,2   # $t1 = i * 4
```

Da sich die Startadresse des Feldes in einem Register befindet, muss diese mithilfe eines Add-Befehls zum Index addiert werden, damit wir die Adresse von `array[i]` erhalten:

```
add $t2, $a0, $t1       # $t2 = Adresse von array[i]
```

Schließlich können wir unter dieser Adresse 0 speichern:

```
sw $zero, 0($t2)        # array[i] = 0
```

Dieser Befehl stellt das Ende des Schleifenrumpfs dar. Somit muss als Nächstes i inkrementiert werden:

```
addi $t0,$t0,1          # i = i + 1
```

Mit dem Schleifentest wird geprüft, ob i kleiner als `size` ist:

```
slt $t3,$t0,$a1    # $t3 = (i < size)
bne $t3,$zero,loop1  # wenn (i < size), gehe zu loop1
```

Nun sind alle Teile der Prozedur bekannt. Der MIPS-Code zum Zurücksetzen der Wörter eines Feldes mithilfe von Indizes lautet also hier:

```
       move $t0,$zero        # i = 0
loop1: sll  $t1,$t0,2        # $t1 = i * 4
       add  $t2,$a0,$t1      # $t2 = Adresse von array[i]
       sw   $zero, 0($t2)    # array[i] = 0
       addi $t0,$t0,1        # i = i + 1
       slt  $t3,$t0,$a1      # $t3 = (i < size)
       bne  $t3,$zero,loop1  # wenn i < size, gehe zu loop1
```

(Der Code arbeitet korrekt, falls `size` > 0. Bei ANSI C ist vor der Schleife ein entsprechender Test nötig, aber wir lassen diese Formalität hier weg.)

Die Version von `clear` mit Zeigern

Bei der zweiten Prozedur, bei der Zeiger verwendet werden, werden die beiden Parameter `array` und `size` den Registern `$a0` und `$a1` sowie `p` dem Register `$t0` zugeordnet. Der Code der zweiten Prozedur beginnt mit dem Setzen des Zeigers `p` auf die Adresse des ersten Feldelementes:

```
move $t0,$a0      # p = Adresse von array[0]
```

Der nächste Programmabschnitt ist der Rumpf der `for`-Schleife, mit dem einfach 0 in `p` gespeichert wird:

```
loop2: sw $zero,0($t0) # Speicher[p] = 0
```

Mit diesem Befehl wird der Schleifenrumpf implementiert, so dass das nächste Codestück das Inkrementieren der Iteration darstellt, mit dem `p` so geändert wird, dass der Zeiger auf das nächste Wort zeigt:

```
addi $t0,$t0,4    # p = p + 4
```

In C wird der Zeiger um eins erhöht, um auf das nächste folgende Objekt des deklarierten Typs zu verweisen. Da `p` ein Zeiger auf Zahlen vom Typ Integer ist, die jeweils aus 4 Byte bestehen, erhöht der Compiler `p` um vier.

Nun folgt der Schleifentest. Im ersten Schritt wird die Adresse des letzten Elements von `array` berechnet. Wir beginnen damit, `size` mit 4 zu multiplizieren, um so die Byteadresse zu ermitteln:

```
sll  $t1,$a1,2    # $t1 = size * 4
```

Anschließend addieren wir das Produkt zur Startadresse des Feldes, um die Adresse des ersten Wortes *nach* dem Feld zu ermitteln:

```
add $t2,$a0,$t1   # $t2 = Adresse von array[size]
```

Mit dem Schleifentest wird einfach überprüft, ob `p` kleiner als das letzte Element von `array` ist:

```
slt $t3,$t0,$t2     # $t3=(p<&array[size])
bne $t3,$zero,loop2 # wenn p<&array[size], gehe zu loop2
```

Wenn wir die Teile zusammensetzen, erhalten wird die Zeigerversion des Codes, mit dem die Elemente eines Feldes auf null gesetzt werden:

```
       move $t0,$a0        # p = Adresse von array[0]
loop2: sw   $zero,0($t0)   # Speicher[p] = 0
       addi $t0,$t0,4       # p = p + 4
       sll  $t1,$a1,2       # $t1 = size * 4
       add  $t2,$a0,$t1     # $t2 = Adresse of array[size]
       slt  $t3,$t0,$t2     # $t3 = (p<&array[size])
       bne  $t3,$zero,loop2 # wenn (p<&array[size]),
                            # gehe zu loop2
```

Wie beim ersten Beispiel wird auch hier angenommen, dass `size` größer 0 ist. Dieses Programm berechnet die Adresse des Feldendes in jeder Iteration

der Schleife, obwohl diese sich nicht ändert. Bei einer schnelleren Version des
Codes befindet sich diese Berechnung außerhalb der Schleife:

```
        move $t0,$a0          # p: Adresse von array[0]
        sll  $t1,$a1,2        # $t1: size * 4
        add  $t2,$a0,$t1      # $t2: Adresse von array[size]
loop2:  sw   $zero,0($t0)     # Speicher[p] = 0
        addi $t0,$t0,4        # p = p + 4
        slt  $t3,$t0,$t2      # $t3=(p<&array[size])
        bne  $t3,$zero,loop2  # wenn (p<&array[size]),
                              # gehe zu loop2
```

Vergleich der beiden Versionen von clear

Beim Vergleich der beiden Programmabschnitte wird der Unterschied zwischen Feldindizes und Zeigern deutlich (die sich durch die Zeigerversion er-
gebenden Änderungen sind halbfett hervorgehoben):

```
        move $t0,$zero        # i=0
loop1:  sll $t1,$t0,2         # $t1=i*4
        add  $t2,$a0,$t1      # $t2=&array[i]
        sw   $zero,0($t2)     # array[i]=0
        addi $t0,$t0,1        # i=i+1
        slt  $t3,$t0,$a1      # $t3=(i<size)
        bne  $t3,$zero,loop1  # wenn i=size, gehe zu loop1
```

```
        move $t0,$a0          # p=&array[0]
        sll  $t1,$a1,2        # $t1=size*4
        add  $t2,$a0,$t1      # $t2=&array[size]
loop2:  sw $zero,0($t0)       # Speicher[p]=0
        addi $t0,$t0,4        # p=p+4
        slt  $t3,$t0,$t2      # $t3=(p<&array[size])
        bne  $t3,$zero,loop2  # wenn i=size, gehe zu loop2
```

Bei der Version oben muss sich die Multiplikation und Addition innerhalb der
Schleife befinden, da i erhöht wird, und jede Adresse muss vom neuen Index
aus neu berechnet werden. Bei der Zeigerversion rechts wird der Zeiger p direkt
erhöht. Dabei werden pro Iteration statt 7 nur 4 Befehle ausgeführt. Diese ma-
nuelle Optimierung entspricht der Compileroptimierung Strength Reduction
(Verschieben statt Multiplizieren) und Eliminierung der Induktionsvariablen
(Ausgliedern der Berechnung von Feldadressen aus Schleifen). Im Online-
Abschnitt 2.15 werden diese und viele weitere Optimierungen beschrieben.

Anmerkung: Wie bereits erwähnt, könnte der C-Compiler einen zusätzlichen
Test durchführen, um sicherzustellen, dass size größer als 0 ist. Eine Mög-
lichkeit hierfür besteht darin, direkt vor dem ersten Befehl der Schleife einen
Sprung zum slt-Befehl einzufügen.

Zur Programmperformanz

Früher wurde gelehrt, in C Zeiger zu verwenden, um eine größere Effizienz als mit Feldern zu erzielen: „Verwenden Sie Zeiger, auch wenn Sie den Code nicht verstehen." Moderne optimierende Compiler können für die Feldversion einen ebenso guten Code generieren. Daher überlassen heute die meisten Programmierer dem Compiler die schwierige Aufgabe.

2.15 Fortgeschrittener Stoff: C-Compiler und Java-Interpreter

Dieser Abschnitt gibt einen Überblick, wie der C-Compiler arbeitet und wie Java ausgeführt wird. Weil sich der Compiler wesentlich auf die Leistung eines Computers auswirkt, ist das Verständnis der Compiler-Technologie heute kritisch für das Verständnis der Leistung. Immerhin wird das Thema Compilerbau in der Regel in einer ein- bis zweisemestrigen Vorlesung behandelt. Unsere Einführung kann also wirklich nur die Grundlagen berühren. Der zweite Teil des Abschnitts ist für Leser gedacht, die sich für die Ausführung einer **objektorientierten Sprache** wie Java auf einer MIPS-Architektur interessieren. Er zeigt die Java-Bytecodes für die Interpretation und den MIPS-Code für die Java-Version einiger der C-Codes, die wir in früheren Abschnitten behandelt haben, darunter der Code für Bubblesort. Er deckt sowohl die Java Virtual Machine als auch JIT-Compiler ab. Den Rest des Abschnitts finden Sie online.

objektorientierte Sprache Eine Programmiersprache, die nicht an Aktionen oder Daten und Logik, sondern an Objekten ausgerichtet ist.

2.16 Fallstudie: ARMv7-Befehle (32 Bit)

ARM ist die gebräuchlichste Befehlssatzarchitektur für eingebettete Geräte. Im Jahr 2016 gab es bereits mehr als 100 Milliarden Geräte, die ARM verwenden. Ursprünglich stand ARM für Acorn RISC Machine, was später zu Advanced RISC Machine wurde. ARM wurde im selben Jahr wie MIPS veröffentlicht und verfolgte vergleichbare Philosophien. Tabelle 2.16 listet die Ähnlichkeiten auf. Der wichtigste Unterschied ist, dass MIPS über mehr Register und ARM über mehr Adressierungsmodi verfügt.

Tab. 2.16: Ähnlichkeiten in den Befehlssätzen von ARM und MIPS

	ARM	MIPS
Einführungsdatum	1985	1985
Befehlsgröße (Bit)	32	32
Adressraum (Größe, Modell)	32 Bit, flach	32 Bit, flach
Datenausrichtung	ausgerichtet	ausgerichtet
Datenadressierungsmodi	9	3
Ganzzahlenregister (Anzahl, Modell, Größe	15 GPR × 32 Bit	31 GPR × 32 Bit
Ein-/Ausgabe	speicherabgebildet	speicherabgebildet

Wie Tabelle 2.17 zeigt, verwenden MIPS und ARM ähnliche Grundbefehls-
sätze für arithmetische/logische Befehle und Datentransferbefehle.

**Tab. 2.17: Zum MIPS-Kern äquivalente Register/Register-Befehle und Datentransferbefehle
von ARM.** Die Striche bedeuten, dass die Operation in dieser Architektur nicht zur Verfügung
steht oder nicht mit wenigen Befehlen nachgebildet werden kann. Wenn es mehrere Auswahlmöglichkeiten zwischen äquivalenten Befehlen zum MIPS-Kern gibt, sind sie durch Kommas getrennt.
ARM beinhaltet Verschiebungen als Teil aller Datenoperationsbefehle, die Verschiebungen mit
der hochgestellten 1 sind einfach nur eine Variation eines `move`-Befehls, wie etwa `lsr`[1]). Beachten Sie,
dass ARM keinen Divisionsbefehl unterstützt.

	Befehlsname	ARM	MIPS
Register/Register	Add	`add`	`addu, addiu`
	Add (trap if overflow)	`adds, swivs`	`add`
	Subtract	`sub`	`subu`
	Subtract (trap if overflow)	`subs, swivs`	`sub`
	Multiply	`mul`	`mult, multu`
	Divide	—	`div, divu`
	And	`and`	`and`
	Or	`orr`	`or`
	Xor	`eor`	`xor`
	Load high part register	—	`lui`
	Shift left logical	`lsl`[1]	`sllv, sll`
	Shift right logical	`lsr`[1]	`srlv, srl`
	Shift right arithmetic	`asr`[1]	`srav, sra`
	Compare	`cmp, cmn, tst, teq`	`slt/i, slt/iu`
Datentransfer	Load byte signed	`ldrsb`	`lb`
	Lad byte unsigned	`ldrb`	`lbu`
	Load halfword signed	`ldrsh`	`lh`
	Load halfword signed	`ldrh`	`lhu`
	Load word	`ldr`	`lw`
	Store byte	`strb`	`sb`
	Store halfword	`strh`	`sh`
	Store word	`str`	`sw`
	Read, write special registers	`mrs, msr`	`move`
	Atomic Exchange	`swp, swpb`	`ll, sc`

Adressierungsmodi

Tabelle 2.18 zeigt die von ARM unterstützten Datenadressierungsmodi. Anders als MIPS reserviert ARM kein Register für die 0. Während MIPS nur
drei einfache Datenadressierungsmodi unterstützt (siehe Abbildung 2.9), bietet ARM neun Modi, darunter relativ komplizierte Berechnungen. Beispielsweise unterstützt ARM einen Adressierungsmodus, der ein Register um einen
bestimmten Betrag verschiebt, es für die Adressbildung zu den anderen Registern addiert und dann ein Register mit dieser neuen Adresse aktualisiert.

Tab. 2.18: Überblick über die Datenadressierungsmodi. ARM unterstützt separate Adressierungsmodi für Register indirekt und Register + Offset, statt nur 0 in den Offset des letztgenannten Modus zu schreiben. Um einen größeren Adressierungsbereich zu erzielen, verschiebt ARM den Offset um 1 oder 2 Bit nach links, wenn die Daten ein Halbwort oder ein Wort groß sind.

Adressierungsmodus	ARM	MIPS
Register-Operand	x	x
Immediate-Operand	x	x
Register + Offest (Verschiebung oder basiert)	x	x
Register + Register (indiziert)	x	–
Register + skaliertes Register (skaliert)	x	–
Register + Offset und Registeraktualisierung	x	–
Register + Register und Registeraktualisierung	x	–
Autoinkrement, Autodekrement	x	–
PC-abhängige Daten	x	–

Vergleichen und bedingte Verzweigung

MIPS verwendet den Registerinhalt, um bedingte Verzweigungen auszuwerten. ARM nutzt die vier Bedingungscode-Bits, die im Programmstatuswort gespeichert sind: *negative, zero, carry, overflow*. Sie können für jeden arithmetischen oder logischen Befehl optional gesetzt werden. Eine explizite Option macht weniger Probleme bei Pipeline-Implementierungen (Kapitel 4). ARM verwendet bedingte Verzweigungen, um Bedingungscodes zu testen und alle möglichen vorzeichenlosen und vorzeichenbehafteten Beziehungen festzustellen.

CMP subtrahiert einen Operanden von dem anderen, und die Differenz bestimmt die Bedingungscodes. CMN (Compare Negative) *addiert* einen Operanden zum anderen, und die Summe bestimmt die Bedingungscodes. TST führt ein logisches UND für die beiden Operanden aus, um alle Bedingungscodes bis auf den Überlauf zu setzen, während TEQ das exklusive ODER verwendet, um die ersten drei Bedingungscodes zu setzen.

Eine Besonderheit von ARM ist, dass jeder Befehl die Option besitzt, abhängig von den Bedingungscodes bedingt ausgeführt zu werden. Jeder Befehl beginnt mit einem 4 Bit großen Feld, das abhängig von den Bedingungscodes festlegt, ob er als nop-Befehl (No Operation) oder als realer Befehl ausgeführt wird. Damit werden bedingte Verzweigungen korrekt als bedingte Ausführung des unbedingten Verzweigungsbefehls betrachtet. Die bedingte Ausführung gestattet, eine Verzweigung zu vermeiden, um einen einzelnen Befehl zu überspringen. Man benötigt einen kleineren Coderaum und weniger Zeit, um die bedingte Ausführung eines Befehls zu vereinfachen.

Abbildung 2.16 zeigt die Befehlsformate für ARM, MIPS und RISC-V. Die wichtigsten Unterschiede für ARM sind das 4-Bit-Feld für die bedingte Ausführung und das kleinere Registerfeld, da ARM nur halb so viele Register hat. MIPS und RISC-V sind ähnlich, jedoch hält RISC-V die Registerfelder (Rs1, Rs2, Rd) an denselben Bitpositionen, was Registerfilezugriffe erleichtert.

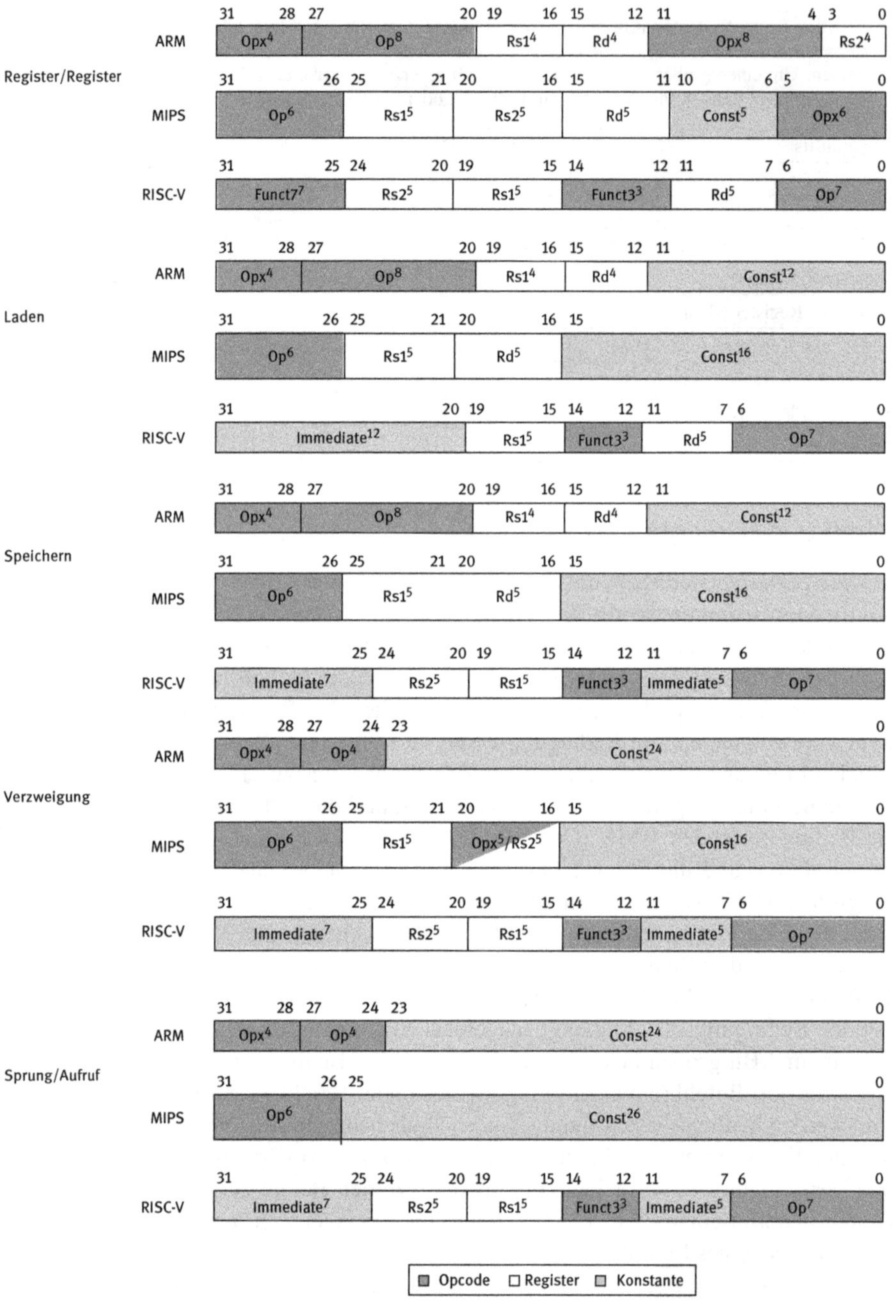

Abb. 2.16: Befehlsformate bei ARM, MIPS und RISC-V. Die Unterschiede resultieren daraus, dass die Architektur entweder 16 Register (ARM) oder 32 Register (MIPS und RISC-V) verwendet.

Spezielle Funktionen von ARM

Tabelle 2.19 zeigt einige arithmetische/logische Befehle, die es in MIPS nicht gibt. Weil es kein spezielles Register für 0 gibt, gibt es separate Opcodes für einige Operationen, die MIPS mit $zero erledigen kann. Darüber hinaus unterstützt ARM die Mehrwort-Arithmetik.

Tab. 2.19: Arithmetische/logische Befehle von ARM, die es in MIPS nicht gibt.

Name	Definition	ARM	MIPS
load immediate	Rd = Imm	mov	addi $0,
not	Rd = (Rs1)	mvn	nor $0,
move	Rd = Rs1	mov	or $0,
rotate right	Rd = Rs $i \gg i$ $Rd_{0...i-1} = Rs_{31-i...31}$	ror	
and not		bic	
reverse subtract		rsb, rsc	
support for multiword integer add	CarryOut,Rd=Rd+Rs1+OldCarryOut	adcs	–
support for multiword integer sub	CarryOut,Rd=Rd-Rs1+OldCarryOut	sbcs	–

Das 12 Bit große Direktfeld von ARM hat eine neue Interpretation erhalten. Die 8 niederwertigen Bits werden mit Nullen auf einen 32-Bit-Wert erweitert, dann wird die in den ersten 4 Bit des Feldes gegebene Bitzahl multipliziert mit 2 nach rechts rotiert. Ein Vorteil ist, dass damit alle Potenzen von 2 als 32-Bit-Wort dargestellt werden können. Ob diese Aufteilung wirklich mehr Direktbefehle als ein einfaches 12-Bit-Feld auffängt, ist eine interessante Frage.

Das Verschieben der Operanden beschränkt sich nicht auf Direktbefehle. Für das zweite Register aller arithmetischen und logischen Verarbeitungsoperationen gibt es die Option, vor der Verarbeitung verschoben zu werden. Die Verschiebeoperationen sind shift left logical, shift right logical, shift right arithmetic und rotate right.

ARM besitzt auch Befehle, um Registergruppen zu speichern, nämlich *block loads* und *block stores*. Unter der Kontrolle einer 16-Bit-Maske innerhalb der Befehle kann jedes der 16 Register durch einen einzigen Befehl in den Speicher geladen oder gespeichert werden. Diese Befehle können Register bei Eintritt in eine Prozedur speichern und beim Austritt aus einer Prozedur wiederherstellen. Sie können auch genutzt werden, um ein Blockkopieren des Speichers durchzuführen, was heute der wichtigste Verwendungszweck dieses Befehls ist.

2.17 Fallstudie: ARMv8-Befehle (64 Bit)

Von den vielen potentiellen Problemen, die in einem Befehlssatz auftreten können, gibt es eines, das nahezu unüberwindbar ist: das Problem zu kurzer Speicheradressen. Während der x86-Befehlssatz erfolgreich zunächst auf 32-Bit-Adressen und dann auf 64-Bit-Adressen erweitert wurde, blieben viele seiner

Brüder auf der Strecke. Der auf 16-Bit-Adressen beruhende Prozessor MOS Technology 6502 beispielsweise wurde im Apple II, dem ersten kommerziell erfolgreichen Personalcomputer, eingesetzt, verschwand aber trotz dieses Vorsprungs aufgrund des Mangels an Adressen auf der Müllhalde der Geschichte.

Die ARM-Entwickler erkannten das Problem, das auf ihre 32-Bit-Computer zu kam, und machten sich deshalb 2007 an den Entwurf der 64-Bit-Version von ARM. Diese wurde 2013 vorgestellt. Anstatt ein paar kleinere kosmetische Änderungen vorzunehmen, durch die alle Register 64 Bit breit werden – was im Wesentlichen der Ansatz bei x86 war – gab es bei ARM eine Komplettüberholung. Die gute Nachricht ist, dass es Ihnen, wenn Sie mit MIPS vertraut sind, sehr leicht fallen wird, mit der ARMv8 genannten 64-Bit-Version zurechtzukommen.

Erstens ist festzustellen, dass sämtliche Eigenschaften von ARMv7, die im Vergleich mit MIPS ungewöhnlich waren, in Version v8 aufgegeben wurden:

- Es gibt kein Feld für die bedingte Ausführung, wie es in v7 bei nahzu jedem Befehl der Fall war.
- Das Immediate-Feld ist einfach eine 12-Bit-Konstante, anstatt wie bei v7 eine Eingabe in eine Funktion, die eine Konstante erzeugt.
- Die Befehle Load Multiple und Store Multiple sind entfallen.
- Der Befehlszähler bezieht sich nicht mehr auf die Register, was beim Schreiben zu unerwarteten Verzweigen führte.

Zweitens wurden Funktionen aufgenommen, die bei ARM bisher fehlten und sich bei MIPS als nützlich erwiesen hatten:

- v8 hat 32 Allzweckregister, die Compilerentwickler sicherlich schätzen werden. Wie bei MIPS ist ein Register festverdrahtet auf 0, obwohl es bei Lade-/Speicherbefehlen stattdessen auf den Kellerzeiger verweist.
- Die Adressierungsarten funktionieren in ARMv8 für alle Wortgrößen, was bei ARMv7 nicht der Fall war.
- Es ist ein Divisionsbefehl enthalten, der in ARMv7 weggelassen wurde.
- Es wurde ein Äquivalent für die MIPS-Verzweigung if equal und if not equal aufgenommen.

Da die Philosophie des v8-Befehlssatzes offensichtlich viel näher an MIPS als an v7 ist, lautet unsere Schlussfolgerung, dass die wichtigste Ähnlichkeit zwischen ARMv7 und ARMv8 der Name ist.

2.18 Fallstudie: RISC-V-Befehle

Der Befehlssatz, der MIPS am ähnlichsten ist, ist ebenfalls akademischen Ursprungs. Die gute Nachricht ist, dass Sie sehr schnell mit RISC-V zurechtkommen werden, wenn Sie MIPS kennen. Allerdings ist RISC-V eine offene Architektur, die durch RISC-V International kontrolliert wird, und keine proprietäre Architektur wie ARM, MIPS oder x86, die Eigentum privatwirtschaftlicher

Unternehmen sind. MIPS und RISC-V teilen dieselbe Entwurfsphilosophie,
auch wenn MIPS 25 Jahre älter ist als RISC. Beide haben 32-Bit-Versionen
und 64-Bit-Versionen. Die Ähnlichkeiten zwischen beiden Befehlssatzarchitekturen werden in Abbildung 2.16 deutlich, wo die Befehlsformate für ARM,
MIPS und RISC-V gegenübergestellt werden. Die gemeinsamen Merkmale
von RISC-V und MIPS sind die folgenden:

- Alle Befehle sind in beiden Architekturen 32 Bit breit.
- Beide haben 32 Allzweckregister, wobei ein Register hart codiert mit 0 ist.
- Die einzige Möglichkeit des Speicherzugriffs ist bei beiden Architekturen
  das Laden und Speichern von Befehlen.
- Anders als bei einigen anderen Architekturen gibt es bei MIPS und RISC-V
  keine Befehle zum Laden oder Speichern vieler Register.
- In beiden Architekturen gibt es Befehle, die verzweigen, je nachdem, ob ein
  Register null oder ungleich null ist.
- Die Adressierung funktioniert für alle Datengrößen.

Einer der Hauptunterschiede zwischen MIPS und RISC-V betrifft andere Verzweigungen als null / ungleich null. Während RISC-V einfach Verzweigungs-
anweisungen bereitstellt, um zwei Register zu vergleichen, beruht MIPS auf
einer Vergleichsanweisung, die ein Register auf 0 oder 1 setzt, je nachdem, ob
die Vergleichsbedingung erfüllt ist oder nicht. Programmierer folgen dann dieser Vergleichsanweisung mit einer Verzweigung gleich bzw. ungleich null in
Abhängigkeit vom gewünschten Ausgang des Vergleichs. Gemäß seiner mini-
malistischen Philosophie führt MIPS nur kleiner-als-Vergleiche aus, und es ist
Sache des Programmierers, die Reihenfolge der Operanden oder die durch die
Verzweigung zu testende Bedingung so einzustellen, dass er die gewünschten
Ergebnisse bekommt.

2.19 Fallstudie: x86-Befehle

Die Schönheit liegt im
Auge des Betrachters.

Sprichwort

Entwickler von Befehlssätzen stellen häufig mächtigere Operationen bereit, als
jene, die bei der MIPS-Architektur zu finden sind. Das generelle Ziel besteht
darin, die Anzahl der Befehle, die von einem Programm ausgeführt werden, zu
reduzieren. Dabei besteht die Gefahr, dass diese Reduzierung auf Kosten der
Einfachheit geht und sich aufgrund langsamer Befehle die Ausführungszeit für
ein Programm erhöht. Diese Langsamkeit kann auf einen langsameren Taktzyklus oder darauf zurückzuführen sein, dass mehr Taktzyklen benötigt werden
als für eine einfachere Sequenz.

Der Weg hin zu komplexen Operationen ist also nicht ungefährlich. In Abschnitt 2.21 werden die Fallstricke der Komplexität diskutiert.

Die Entwicklung des Intel x86

ARM und MIPS war 1985 die Vision einer kleinen Gruppe. Die Teile dieser Architekturen passen problemlos zusammen und die gesamte Architektur kann kurz und bündig beschrieben werden. Dies ist für den x86 nicht der Fall. Hierbei handelt es sich um das Ergebnis mehrerer unabhängiger Gruppen, die diese Architektur über einen Zeitraum von 35 Jahren hinweg entwickelt und den ursprünglichen Befehlssatz um neue Funktionalitäten erweitert haben. Im Folgenden sind wichtige Stationen der Entwicklung des x86 aufgeführt:

1978   Die Intel 8086-Architektur wurde als eine zur Assemblersprache kompatible Erweiterung des bis dahin erfolgreichen Intel 8080 – einem 8-Bit-Mikroprozessor – angekündigt. Der Intel 8086 ist eine 16-Bit-Architektur, mit 16 Bit breiten internen Registern. Im Gegensatz zur MIPS-Architektur ist den Registern eine bestimmte Funktion zugeordnet. Somit ist die 8086-Architektur keine **Allzweckregister**-Architektur.

Allzweckregister Ein Register, das von den Befehlen für Adressen oder für Daten verwendet werden kann.

1980   Der Intel 8087 Gleitkomma-Coprozessor 8087 wird angekündigt. Mit dieser Architektur wird die 8086-Architektur um etwa 60 Gleitkommabefehle erweitert. Anstelle von Registern wird ein Keller verwendet (siehe Online-Abschnitt 2.23 und Abschnitt 3.7).

1982   Mit der 80286-Architektur wird die 8086-Architektur durch die Vergrößerung des Adressbereichs auf 24 Bit erweitert. Hierzu werden ein kompliziertes Speicherabbildungsmodell und Schutzmechanismen (siehe Kapitel 5) eingeführt und einige Befehle zum Vervollständigen des Befehlssatzes und zum Verwalten der Schutzmechanismen hinzugefügt.

1985   Mit dem 80386 wird die 80286-Architektur auf 32 Bit erweitert. Zu der 32-Bit-Architektur mit 32-Bit-Registern und einem 32-Bit-Adressraum kommen beim 80386 neue Adressierungsarten und weitere Operationen hinzu. Mit den zusätzlichen Befehlen ist der 80386 nahezu eine Allzweckregister-Maschine. Mit dem 80386 wird zusätzlich zur segmentierten Adressierung auch die Unterstützung für die Seitenverwaltung (siehe Kapitel 5) eingeführt. Wie der 80286 verfügt der 80386 über einen Modus, in dem 8086-Programme ohne Änderung ausgeführt werden können.

1989–95 Das Ziel der nachfolgenden Prozessoren 80486 im Jahr 1989, Pentium im Jahr 1992 und Pentium Pro im Jahr 1995 war es jeweils, eine höhere Leistung zu erzielen, wobei nur vier neue Befehle dem für den Benutzer sichtbaren Befehlssatz hinzugefügt worden sind: drei Befehle zur Unterstützung der Parallelverarbeitung (Kapitel 6) und ein bedingter Move-Befehl.

1997   Nachdem die Pentium- und Pentium-Pro-Architekturen auf dem Markt waren, kündigte Intel die Erweiterung dieser Architekturen mit MMX (Multi Media Extensions) an. Dieser neue Befehlssatz mit 57 Befehlen beschleunigt unter Verwendung der Kellerarchitektur der Gleitkommaeinheit Anwendungen aus dem Multimedia- und Kommunikationsbereich. MMX-Befehle arbeiten üblicherweise gemäß dem traditionellen SIMD-Prinzip (Single Instruction, Multiple Data, siehe Kapitel 6) auf jeweils mehreren kurzen Datenelementen. Mit der Pentium-II-Architektur wurden keine neuen Befehle eingeführt.

1999 Intel erweitert den Befehlssatz um weitere 70 Befehle und nennt diese SSE (Streaming SIMD Extensions). Sie sind Teil des Pentium-III-Befehlssatzes. Zu den wichtigsten Änderungen gehören die Erweiterung um acht getrennte Register, die Verdopplung der Registerbreite auf 128 Bit sowie der neue Gleitkommadatentyp mit einfacher Genauigkeit. Hiermit können vier 32-Bit-Gleitkommaoperationen parallel ausgeführt werden. Zur Verbesserung der Performanz des Hauptspeichers enthält die SSE-Architektur spezielle Befehle zum Laden des Caches im Voraus (Cache Prefetch) und Streaming-Store-Befehle, mit denen der Cache umgangen und direkt in den Hauptspeicher geschrieben wird.

2001 Intel erweitert den Befehlssatz um weitere 144 Befehle und nennt diese SSE2. Der neue Datentyp unterstützt die Arithmetik mit doppelter Genauigkeit, mit der Paare von 64-Bit-Gleitkommaoperationen parallel ausgeführt werden können. Bei nahezu allen 144 Befehlen handelt es sich um Versionen der MMX- und SSE-Befehle für die parallele Verarbeitung von 64-Bit-Daten. Diese Änderung erlaubt nicht nur mehr Multimediaoperationen, sondern eröffnet dem Compiler auch mehr Möglichkeiten für das Ziel von Gleitkommaoperationen als nur die Abbildung auf die eingeschränkte Kellerarchitektur. Compiler können die acht SSE-Register als Gleitkommaregister wählen, so wie sie auch in anderen Rechnern zu finden sind. Diese Änderung führte beim Pentium 4, dem ersten Mikroprozessor mit SSE2-Befehlen, zu einer enormen Verbesserung der Performanz bei der Gleitkommaverarbeitung.

2003 Diesmal ist ein anderes Unternehmen als Intel für die Erweiterung der x86-Architektur verantwortlich. AMD kündigte Architekturerweiterungen an, mit denen der Adressbereich von 32 auf 64 Bit erweitert wurde. Wie 1985 beim Übergang vom 16-Bit- zum 32-Bit-Adressbereich bei der 80386-Architektur wurden bei der AMD64-Architektur auch die Register auf 64 Bit erweitert. Zudem wurde die Anzahl der Register auf 16 und die Anzahl der 128-Bit-SSE-Register auf ebenfalls 16 erhöht. Die wichtigste Änderung der Befehlssatzarchitektur stellt jedoch der so genannte *Long Mode* dar, der die Ausführung aller x86-Befehle mit 64-Bit-Adressen und 64-Bit-Daten neu definiert. Zum Adressieren der zusätzlichen Register werden die Befehle mit einem neuen Präfix versehen. Je nachdem, wie gezählt wird, sind mit dem Long Mode vier bis zehn neue Befehle hinzugekommen. Dafür wurden 27 alte Befehle gestrichen. Die befehlszählerrelative Adressierung von Daten stellt eine zusätzliche Erweiterung dar. AMD64 verfügt weiterhin über einen Modus für den x86-Befehlssatz (*Legacy Mode*), sowie einen Modus, mit dem Benutzerprogramme auf die x86-Architektur beschränkt werden, Betriebssysteme jedoch den AMD64-Befehlssatz nutzen können (*Compatability Mode*). Diese Modi ermöglichen einen „weicheren" Übergang zur 64-Bit-Adressierung als die IA-64-Architektur von HP/Intel.

2004   Intel kapituliert, übernimmt die AMD64-Architektur und nennt sie EM64T (Extended Memory 64 Technology). Der Hauptunterschied zwischen den beiden Architekturen besteht in einem von Intel eingeführten atomaren 128-Bit-compare-and-swap-Befehl, der wohl bereits in der AMD64-Architektur enthalten hätte sein sollen. Zur selben Zeit hat Intel eine neue Generation Multimediaerweiterungen angekündigt. SSE3 enthält 13 neue Befehle für die Unterstützung von komplexer Arithmetik, Grafikoperationen auf Feldern von Strukturen, Video Encoding, Gleitkommakonvertierung und Thread-Synchronisierung (siehe Abschnitt 2.11). AMD hat bei nachfolgenden Prozessoren SSE3 hinzugefügt sowie bei AMD64 den fehlenden atomaren Swap-Befehl, um die Binärkompatibilität mit Intel zu gewährleisten.

2006   Intel kündigt als Teil der Erweiterungen des SSE4-Befehlssatzes 54 neue Befehle an. Eingeführt werden mit diesen Erweiterungen Besonderheiten wie etwa Summen absoluter Differenzen, Punktprodukte für Felder mit Strukturen, Vorzeichen- oder Nullerweiterungen gestapelter Daten mit geringer Bitanzahl zu ungestapelten Darstellungen sowie die Bestimmung der Anzahl gesetzter Bits in einem Binärwort (Population Count). Außerdem unterstützen sie jetzt virtuelle Maschinen (siehe Kapitel 5).

2007   AMD kündigt 170 Befehle als Teil von SSE5 an, darunter 46 Befehle des grundlegenden Befehlssatzes, der Drei-Operanden-Befehle wie MIPS unterstützt.

2011   Intel bringt die Advanced Vector Extension heraus, die die Breite des SSE-Registers von 128 auf 256 Bit erweitert. Damit werden etwa 250 Befehle neu definiert und 128 neue Befehle hinzugefügt.

2015   Intel bringt die Erweiterung AVX-512 aus, in der die Registerbreite auf 512 verdoppelt wurde. Nochmals wurden Hunderte von Befehlen umdefiniert und viele neue hinzugefügt.

Diese Entwicklung zeigt die Auswirkungen der „goldenen Handschellen" der Kompatibilität mit der x86-Architektur: Die existierende Softwarebasis war immer zu wichtig, um sie durch gravierende Änderungen der Architektur zu gefährden. Während seiner gesamten Lebensdauer wurde die Architektur des x86 durchschnittlich um einen Befehl pro Monat erweitert.

Bei allen Unzulänglichkeiten der x86-Architektur darf man nicht vergessen, dass es im Wesentlichen dieser Befehlssatz war, mit dem die Computer der PC-Ära gearbeitet haben, und dass er auch in der Post-PC-Ära zumindest den Bereich der Clouds dominiert. Eine Stückzahl von 250 000 x86-Chips pro Jahr mag gegenüber Milliarden von ARMv7-Chips verschwindend gering erscheinen, doch viele Unternehmen wären glücklich, einen solchen Markt zu kontrollieren, da die Chips viel teurer sind. Wie dem auch sei, diese bewegte Entwicklungsgeschichte hat eine Architektur hervorgebracht, die schwer zu erklären und unmöglich zu lieben ist.

Machen Sie sich auf etwas gefasst! Lesen Sie diesen Abschnitt *nicht* mit der Aufmerksamkeit, die Sie zum Schreiben von x86-Programmen aufbringen müssten. Ziel dieses Abschnitts ist es, Sie mit den Stärken und Schwächen der am weitesten verbreiteten Architektur für PCs vertraut zu machen.

Wir stellen Ihnen nicht den gesamten 16-Bit- und 32-Bit-Befehlssatz vor, sondern konzentrieren uns in diesem Abschnitt auf die 32-Bit-Teilmenge, die ihren Ursprung in der 80386-Architektur hat, da dies der Teil der Architektur ist, der verwendet wird. Wir beginnen mit den Registern und Adressierungsarten, fahren mit den Ganzzahloperationen fort und beschließen den Abschnitt mit einer Untersuchung der Befehlscodierung.

x86-Register und Datenadressierungsarten

Anhand der Register der 80386-Architektur wird die Entwicklung des Befehlssatzes deutlich (Abbildung 2.17). Bei der 80386-Architektur wurden (mit Ausnahme der Segmentregister) alle 16-Bit-Register auf 32 Bit erweitert und dem Namen wurde als Zeichen dafür, dass es sich um die 32-Bit-Version handelt, ein E vorangestellt. Wir bezeichnen diese als Allzweckregister (General Purpose Registers, GPR). Die 80386-Architektur enthält nur acht Allzweckregister. Das bedeutet, dass MIPS-Programme viermal so viele und ARMv7-Programme doppelt so viele nutzen können.

Die arithmetischen, logischen und Datentransfer-Befehle bestehen aus zwei Operanden mit den in Tabelle 2.20 dargestellten Kombinationsmöglichkeiten.

Tab. 2.20: Befehlstypen für arithmetische, logische und Datentransfer-Befehle. Die x86-Architektur erlaubt die angegebenen Kombinationen. Die einzige Einschränkung besteht darin, dass es keine Speicher-Speicher-Adressierung gibt. Konstante Werte können eine Länge von 8, 16 oder 32 Bit haben. Ein Register ist eines der 14 Register in Abbildung 2.17 (nicht EIP oder EFLAGS).

Quell-/Zieloperand	Zweiter Quelloperand
Register	Register
Register	Immediate
Register	Speicher
Speicher	Register
Speicher	Immediate

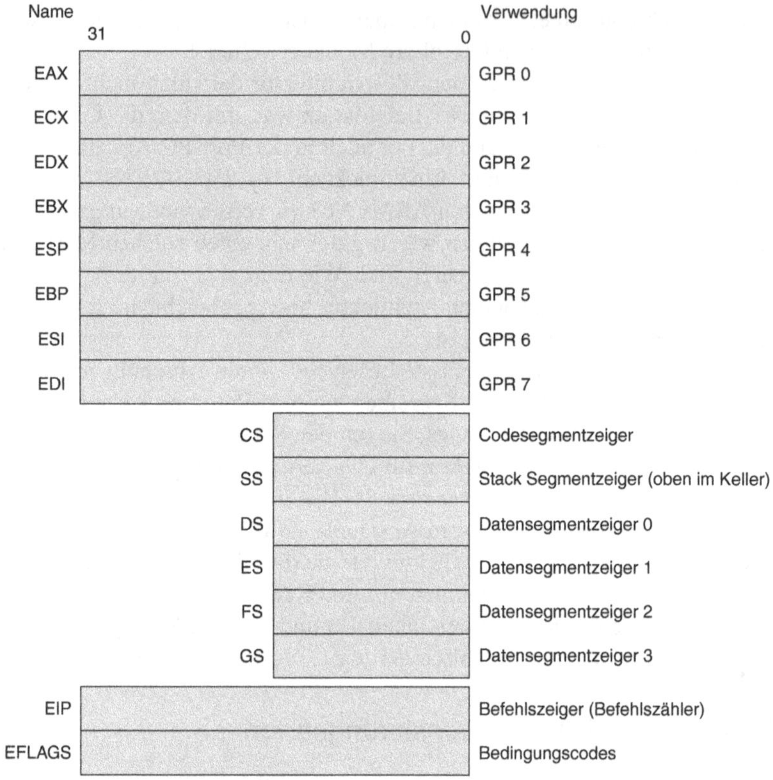

Name		Verwendung
	31 0	
EAX		GPR 0
ECX		GPR 1
EDX		GPR 2
EBX		GPR 3
ESP		GPR 4
EBP		GPR 5
ESI		GPR 6
EDI		GPR 7
CS		Codesegmentzeiger
SS		Stack Segmentzeiger (oben im Keller)
DS		Datensegmentzeiger 0
ES		Datensegmentzeiger 1
FS		Datensegmentzeiger 2
GS		Datensegmentzeiger 3
EIP		Befehlszeiger (Befehlszähler)
EFLAGS		Bedingungscodes

Abb. 2.17: Der 80386-Registersatz. Mit der 80386-Architektur wurden die oberen acht Register
auf 32 Bit erweitert und konnten als Allzweckregister verwendet werden.

Es gibt hier zwei wichtige Unterscheidungsmerkmale. Bei den arithmetischen
und logischen Befehlen der x86-Architektur überdecken sich ein Quelloperand
und das Ziel der Operation. Dies bedeutet, dass ein Quelloperand immer überschrieben wird und damit den Gebrauch der nur begrenzt zur Verfügung stehenden Register zusätzlich einschränkt. Dagegen können bei der MIPS- und
ARMv7-Architektur die Quelloperanden und das Ziel in getrennten Registern
stehen. Der zweite wichtige Unterschied ist, dass bei der x86-Architektur einer der Operanden im Hauptspeicher stehen darf. Somit kann im Gegensatz zu
MIPS und ARMv7 praktisch jeder Befehl Speicheroperanden haben.

Die Datenspeicher-Adressierungsarten, die im Folgenden im Detail besprochen werden, erlauben im Befehl die Angabe von Adressen in zwei Größen.
Diese so genannten *konstanten Abstandsgrößen (Displacements)* können 8 Bit
oder 32 Bit lang sein.

Ein Speicheroperand kann mit jeder Adressierungsart spezifiziert werden,
jedoch bestehen Einschränkungen hinsichtlich der *Verwendung der Register* in
einer Adressierungsart. In Tabelle 2.21 sind die Adressierungsarten der x86-

Tab. 2.21: Die 32-Bit-Adressierungsarten der x86-Architektur mit Registerbeschränkungen und dem entsprechenden MIPS-Code. Die indizierte Basisadressierung mit Skalierungsfaktor, die es bei der MIPS- oder ARM-Architektur nicht gibt, ist hinzugefügt worden, um die Multiplikationen mit 4 (Skalierungsfaktor 2) beim Umwandeln eines Index in einem Register in eine Byteadresse zu vermeiden (siehe Tabellen 2.12 und 2.13). Für 16-Bit-Daten wird der Skalierungsfaktor 1, für 64-Bit-Daten der Skalierungsfaktor 3 verwendet. Der Skalierungsfaktor 0 bedeutet, dass für die Adresse kein Skalierungsfaktor verwendet wird. Wenn das Displacement bei der zweiten oder vierten Adressierung mehr als 16 Bit umfasst, werden für den entsprechenden MIPS-Code zwei zusätzliche Befehle benötigt: lui zum Laden der oberen 16 Bit des Displacement und add, um die obere Adresse zum Basisregister $s1 zu addieren. (Intel verwendet für die Basisadressierung zwei verschiedene Bezeichnungen: Basisadressierung und indizierte Adressierung. Beides bedeutet im Prinzip dasselbe, so dass wir diese Unterscheidung nicht übernehmen.)

Adressierungsart	Beschreibung	Registerbeschränkungen	MIPS-Entsprechung
registerindirekte Adressierung	Adresse steht in einem Register	nicht ESP oder EBP	`lw $s0,0($s1)`
Basisadressierungmit 8- oder 32-Bit-Displacement	Die Adresse setzt sich aus dem Inhalt des Basisregisters + Displacement zusammen.	nicht ESP oder EBP	`lw $s0,100($s1)` `#=16 Bit Displacement`

Indizierte Basisadressierung mit Skalierungsfaktor	Die Adresse setzt sich zusammen aus: Basisregister + ($2^{\text{Skalierungsfaktor}}$ × Index), wobei der Skalierungsfaktor den Wert 0, 1, 2 oder 3 annimmt.	Index: nicht ESP
		Basisregister: beliebiges Allzweckregister
			`mul $t0,$s2,4`
			`add $t0,$t0,$s1`
			`lw $s0,0($t0)`

Indizierte Basisadressierung mit Skalierungsfaktor und 8- oder 32-Bit-Displacement	Die Adresse setzt sich zusammen aus: Basisregister + ($2^{\text{Skalierungsfaktor}}$ × Index) + Displacement, wobei der Skalierungsfaktor den Wert 0, 1, 2 oder 3 annimmt.	Basisregister: beliebiges Allzweckregister
		Index: nicht ESP
			`mul $t0,$s2,4`
			`add $t0,$t0,$s1`
			`lw $s0,100($t0)`
			`#=16 Bit Displacement`

Architektur aufgeführt. Zu jeder Adressierungsart ist angegeben, welche Allzweckregister nicht erlaubt sind. Zudem steht bei jeder Adressierungsart, wie sie bei MIPS nachgebildet werden kann.

x86-Integer-Operationen

Die 8086-Architektur unterstützt 8-Bit- (*Byte*) und 16-Bit-Datentypen (*Wort*). Mit dem 80386 sind 32-Bit-Adressen und 32-Bit-Daten (*Doppelwörter*) im x86 eingeführt worden. (AMD64 führt 64-Bit-Adressen und -Daten ein, so genannte *Quad-Wörter*. Hier bleiben wir beim 80386). Diese Unterscheidung bei den Datentypen gilt sowohl bei Registeroperationen als auch bei Speicherzugriffen.

Nahezu jede Operation kann auf 8-Bit-Daten und Daten eines längeren Typs ausgeführt werden. Die Größe hängt von der Betriebsart ab und ist entweder 16 Bit oder 32 Bit. Für viele Programme ist es wünschenswert, dass alle drei Formate für die Verarbeitung von Daten zur Verfügung stehen. Die Architekten des 80386 haben daher eine Möglichkeit vorgesehen, um die einzelnen Versionen festzulegen, ohne dass die Codegröße signifikant steigen muss. Unter der Annahme, dass in den meisten Programmen entweder 16-Bit-Daten oder 32-Bit-Daten vorherrschen, ist es sinnvoll, ein Format als Voreinstellung (default size) festzulegen. Die Voreinstellung für das Format wird durch ein Bit im Codesegmentregister getroffen. Um die Voreinstellung aufzuheben, wird der jeweilige Befehl um einen 8-Bit-*Präfix* ergänzt, das dem Rechner mitteilt, dass für diesen Befehl ein anderes Format gilt.

Die Präfixlösung wurde von der 8086-Architektur abgeleitet, bei der durch
Präfixe das Verhalten von Befehlen modifiziert werden kann. Eines der drei
ursprünglichen Präfixe hebt die Voreinstellung für das Segmentregister auf.
Ein weiteres Präfix sperrt den Bus zur Unterstützung von Semaphoren (siehe Abschnitt 2.11). Das dritte sorgt für die wiederholte Ausführung des dem
Präfix nachgestellten Befehls, wobei in jedem Schritt das als Zähler verwendete Register ECX dekrementiert und überprüft wird, ob das Abbruchkriterium
(Inhalt gleich 0) erreicht ist. Dieses Präfix ist dafür gedacht, zusammen mit
einem Byte-move-Befehl eine variable Anzahl von Byte zu kopieren. Beim
80386 wird ein weiteres Präfix für die Aufhebung der Voreinstellung für die
Adresslänge verwendet. Die Ganzzahloperationen der x86-Architektur lassen
sich in vier Hauptklassen unterteilen:

1. Datentransfer-Befehle wie move, push und pop

2. Arithmetische und logische Befehle, darunter Testoperationen und Operationen auf Ganzzahlen und Dezimalzahlen

3. Kontrollflussbefehle wie Verzweigungen, unbedingte Sprüngen, Aufrufe
   und Rücksprünge

4. String-Befehle, darunter string move und string compare

Zu den ersten beiden Kategorien gibt es nicht viel zu sagen, außer dass das Ziel
bei Operationen mit arithmetischen und logischen Befehlen ein Register oder
eine Speicherzelle sein kann. In Tabelle 2.22 sind einige typische x86-Befehle
sowie deren Funktion dargestellt.

Tab. 2.22: Einige typische x86-Befehle und ihre Funktion. Eine Liste mit typischen Operationen
finden Sie in Tabelle 2.23. Der CALL-Befehl legt den EIP des nächsten Befehls im Keller ab. (EIP
ist der Befehlszähler von Intel.)

Befehl	Funktion
JE Name	wenn = (Bedingungscode) {EIP=name}; EIP-128 ≤ name < EIP+128
JMP Name	EIP=name
CALL Name	SP=SP-4; M[SP]=EIP+5; EIP=name;
MOVW EBX,[EDI+45]	EBX=M[EDI+45]
PUSH ESI	SP=SP-4; M[SP]=ESI
POP EDI	EDI=M[SP]; SP=SP+4
ADD EAX, #6765	EAX=EAX+6765
TEST EDX, #42	Setzt Bedingungscode (Flags) mit EDX und 42
MOVSL	M[EDI]=M[ESI]; EDI=EDI+4; ESI=ESI+4

Bedingte Sprünge bzw. Verzweigungen beruhen bei der x86-Architektur auf
Flags, ebenso wie bei ARMv7. Bedingungscodes werden als Nebeneffekt einer Operation gesetzt, wobei die meisten dazu dienen, den Wert eines Ergebnisses mit 0 zu vergleichen. Verzweigungen überprüfen die Bedingungscodes.

Zum Befehlszähler relative Sprungadressen müssen mit der Anzahl der Bytes angegeben werden, da 80386-Befehle im Gegensatz zu ARMv7- und MIPS-Befehlen nicht immer 4 Byte lang sind.

String-Befehle sind Teil des 8080-Erbes der x86-Architektur und werden nur selten eingesetzt. Sie sind meist langsamer als die entsprechenden Softwareroutinen (siehe den Fallstrick auf Seite 177).

In Tabelle 2.23 sind einige der x86-Ganzzahlbefehle aufgeführt. Viele der Befehle sind sowohl im Byte- als auch im Wortformat verfügbar.

Tab. 2.23: Einige typische x86-Operationen. Viele Operationen verwenden das Register-Speicher-Format, wobei entweder die Quelle oder das Ziel im Speicher sein können und der andere Operand ein Register oder Direktoperand ist.

Befehl	Bedeutung
Kontrollstruktur	bedingte und unbedingte Sprünge
JNZ, JZ	Sprung, wenn Bedingung erfüllt, zu EIP + 8-Bit-Offset; JNE (für JNZ), JE (für JZ) sind alternative Bezeichnungen
JMP	unbedingter Sprung, 8-Bit- oder 16-Bit-Offset
CALL	Subroutinenaufruf, 16-Bit-Offset, Rücksprungadresse wird auf dem Keller abgelegt
RET	holt Rücksprungadresse vom Keller und springt zu dieser Adresse
Loop	Schleifenverzweigung: dekrementiert ECX; springt zu EIP + 8-Bit-Displacement, wenn ECX $\neq$ 0
Datentransport	**Transport von Daten zwischen Registern oder zwischen Register und Speicher**
MOV	transportiert Daten zwischen zwei Registern oder zwischen Register und Speicher
PUSH, POP	legt Quelloperand mittels **push**-Befehl im Keller ab; holt Operand mittels **pop**-Befehl vom obersten Kellerelement und legt ihn in einem Register ab
LES	lädt ES und eines der Allzweckregister aus dem Speicher
arithmetisch, logisch	**arithmetische und logische Operationen mit Datenregistern und Speicher**
ADD, SUB	addiert Quelle zum Ziel; subtrahiert Quelle vom Ziel; Register-Speicher-Format
CMP	vergleicht Quelle mit Ziel; Register-Speicher-Format
SHL, SHR, RCR	Linksschieben; logisches Rechtsschieben; Rotation nach rechts mit Carry-Flag-Bedingungscode zum Füllen
CBW	konvertiert Byte in den rechten 8 Bit von EAX in 16-Bit-Wort rechts in EAX
TEST	logische UND-Verknüpfung von Quelle und Ziel setzt Bedingungscodes
INC, DEC	inkrementiert Ziel, dekrementiert Ziel
OR, XOR	logische ODER-Verknüpfung; exklusive ODER-Verknüpfung; Register-Speicher-Format
String	**Transport zwischen String-Operanden, Länge durch ein Wiederholungspräfix gegeben**
MOVS	kopiert von Zeichenfolgenquelle in Ziel und inkrementiert ESI und EDI; kann wiederholt werden
LODS	lädt ein Byte, Wort oder Doppelwort einer Zeichenfolge in das EAX-Register

x86-Befehlscodierung

Das Schwierigste haben wir uns für den Schluss aufgehoben: Die Codierung von Befehlen ist in der 80386-Architektur wegen der vielen verschiedenen Befehlsformate ziemlich komplex. Die Länge der 80386-Befehle kann variieren, von einem Byte, wenn keine Operanden verwendet werden, bis zu 15 Byte.

In Abbildung 2.18 ist das Befehlsformat für verschiedene Beispielbefehle aus Tabelle 2.22 dargestellt. Das Opcode-Byte enthält üblicherweise ein Bit, das angibt, ob der Operand 8 Bit oder 32 Bit lang ist. Bei manchen Befehlen gibt der Opcode die Adressierungsart und das Register an. Dies trifft insbesondere auf viele Befehle der Form „register = register op immediate" zu. Andere Befehle enthalten das „Postbyte" oder das zusätzliche Opcode-Byte „mod, reg, r/m", das die Informationen zur Adressierungsart enthält. Dieses Postbyte wird bei vielen Befehlen für die Adressierung des Hauptspeichers verwendet. Bei der indizierten Basisadressierung mit Skalierungsfaktor wird ein zweites Postbyte („sc, index, base") verwendet.

In Tabelle 2.24 ist die Codierung der Adressangaben in den beiden Postbytes sowohl für die 16-Bit- als auch für die 32-Bit-Adressierung dargestellt. Um wirklich verstehen zu können, welche Register verfügbar sind und welche Adressierungsarten verwendet werden können, müssen Sie sich leider die Codierung aller Adressierungsarten und manchmal sogar die Codierung der Befehle anschauen.

Tab. 2.24: Die Codierung des ersten Adressbezeichners der x86-Architektur, „mod, reg, r/m". In den ersten vier Spalten befindet sich die Codierung des 3-Bit-reg-Felds, die vom w-Bit aus dem Opcode abhängt sowie davon, ob die 16-Bit-Adressierung (8086) oder die 32-Bit-Adressierung (80386) verwendet wird. In den restlichen Spalten werden die mod- und r/m-Felder erläutert. Die Bedeutung des 3-Bit-r/m-Felds hängt vom Wert im 2-Bit-mod-Feld und von der Adressgröße ab. Die in der Adressberechnung verwendeten Register sind im Wesentlichen in der sechsten und siebten Spalte unter mod = 0 aufgeführt, wobei je nach Adressierungsart mit mod = 1 ein 8-Bit-Displacement und mit mod = 2 ein 16-Bit- oder 32-Bit-Displacement addiert wird. Die Ausnahmen sind r/m = 6, wenn mit mod = 1 oder mod = 2 bei der 16-Bit-Adressierung BP plus Displacement ausgewählt wird, r/m = 5, wenn mit mod = 1 oder mod = 2 bei der 32-Bit-Adressierung EBP plus Displacement ausgewählt wird, und r/m = 4 bei der 32-Bit-Adressierung, wenn mod ≠ 3, wobei (sib) bedeutet, dass die in Tabelle 2.21 dargestellte indizierte Adressierung mit Skalierungsfaktor verwendet wird. Wenn mod = 3, gibt das r/m-Feld ein Register an, wobei dieselbe Codierung wie beim reg-Feld mit w-Bit verwendet wird.

reg	w = 0	w = 1		r/m	mod = 0		mod = 1		mod = 2		mod = 3
		16b	32b		16b	32b	16b	32b	16b	32b	
0	AL	AX	EAX	0	addr=BX+SI	=EAX	*same*	*same*	*same*	*same*	*same*
1	CL	CX	ECX	1	addr=BX+DI	=ECX	*addr as*	*addr as*	*addr as*	*addr as*	*as*
2	DL	DX	EDX	2	addr=BP+SI	=EDX	*mod=0*	*mod=0*	*mod=0*	*mod=0*	*reg*
3	BL	BX	EBX	3	addr=BP+SI	=EBX	*+ disp8*	+ disp8	*+ disp16*	+ disp32	*field*
4	AH	SP	ESP	4	addr=SI	= (sib)	SI+disp8	(sib)+disp8	SI+disp8	(sib)+disp32	"
5	CH	BP	EBP	5	addr=DI	=disp32	DI+disp8	EBP+disp8	DI+disp16	EBP+disp32	"
6	DH	SI	ESI	6	addr=disp16	=ESI	BP+disp8	ESI+disp8	BP+disp16	ESI+disp32	"
7	BH	DI	EDI	7	addr=BX	=EDI	BX+disp8	EDI+disp8	BX+disp16	EDI+disp32	"

a. JE EIP + Displacement

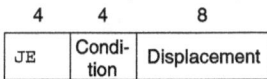

b. CALL

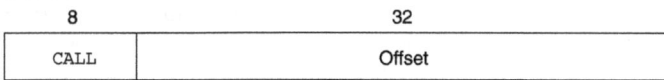

c. MOV EBX, [EDI + 45]

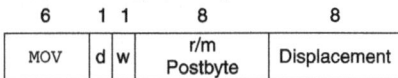

d. PUSH ESI

5	3
PUSH	Reg

e. ADD EAX, #6765

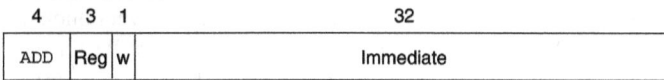

f. TEST EDX, #42

Abb. 2.18: Typische x86-Befehlsformate. In Tabelle 2.24 ist die Codierung des Postbyte darge-stellt. Viele Befehle enthalten das 1-Bit-Feld w, das angibt, ob die Operanden der Operation in Abhängigkeit der Voreinstellung für die Operandenlänge im Byte- oder im Doppelwort-Format spezifiziert sind. Das d-Feld in MOV wird allgemein zur Angabe der Transportrichtung in Befeh-len verwendet, die Daten in den Speicher schreiben oder aus dem Speicher lesen. Der ADD-Befehl benötigt 32 Bit für das Immediate-Feld, da die Direktoperanden bei der 32-Bit-Adressierung ent-weder 8 Bit oder 32 Bit umfassen. Das Immediate-Feld in TEST ist 32 Bit lang, da es bei der 32-Bit-Adressierung für den Test keinen 8-Bit-Direktoperanden gibt. Allgemein können Befehle zwischen 1 und 17 Byte lang sein. Eine Länge von 17 Byte kommt zustande, wenn der Befehl neben einem 1-Byte-Präfix eine 4-Byte-Konstante und eine 4-Byte-Displacement-Angabe enthält sowie einen Opcode mit 2 Byte und 1 Byte für die Spezifizierung der indizierten Adressierung mit Skalierungsfaktor verwendet.

x86 – Schlussbetrachtung

Intel brachte einen 16-Bit-Mikroprozessor zwei Jahre vor den eleganteren Ar-chitekturen der Konkurrenz (wie die des Motorola 68000) auf den Markt, was dazu führte, dass für den IBM PC der 8086–Prozessor gewählt wurde. Den In-genieuren bei Intel ist sehr wohl bewusst, dass die x86-Architektur schwieriger zu implementieren ist als beispielsweise die ARMv7- oder MIPS-Architektur, doch der große Markt in der PC-Ära bedeutete, dass AMD und Intel entsprechend große Ressourcen aufwenden konnten, um die zusätzliche Komplexität zu meistern. Was der x86-Architektur an Stil fehlt, wird durch Marktgröße wettgemacht, was ja auch nicht schlecht ist.

Das Versöhnende ist, dass die am häufigsten verwendeten x86-Architekturkomponenten nicht allzu schwierig zu implementieren sind, wie AMD und Intel durch die rasche Performanzsteigerung von Ganzzahlprogrammen seit 1978 bewiesen hat. Um diese Leistung zu erzielen, müssen Compiler die Teile der Architektur umgehen, für die eine schnelle Implementierung schwierig ist.

Bei den Mobilgeräten der Post-PC-Ära dagegen ist die x86-Architektur trotz der beträchtlichen Expertise in Architektur und Herstellung bisher nicht wettbewerbsfähig.

2.20   Beschleunigung: Matrixmultiplikation in C

Wir beginnen, indem wir das Python-Programm aus Abschnitt 1.10 umschreiben. Abbildung 2.19 zeigt eine C-Version der Matrixmultiplikation. Dieses Programm wird gewöhnlich DGEMM genannt, was für Double precision GEneral Matrix Multiply steht. Da wir die Matrixdimension n als Parameter übergeben, verwendet diese Version von DGEMM eindimensionale Versionen der Matrizen C, A und B und adressiert arithmetisch, um eine bessere Performanz zu erzielen, anstatt die intuitiveren zweidimensionalen Felder zu verwenden, die wir in der Python-Version hatten. Die Kommentare im Programmcode sollen an diese intuitivere Notation erinnern. Abbildung 2.20 zeigt die Ausgabe in x86-Assemblersprache für die innere Schleife in Abbildung 2.19. Die fünf Gleitkommabefehle beginnen jeweils mit v und enthalten sd im Namen, was für scalar double precision steht.

Tabelle 2.25 zeigt die Performanz des C-Programms bei Variation des Optimierungsparameters im Vergleich zum Python-Programm. Selbst das nicht optimierte C-Programm ist dramatisch schneller. Wenn wir das Optimierungsniveau erhöhen, wird es sogar noch schneller – auf Kosten einer längeren Kompilierzeit. Die Gründe für die Beschleunigung sind grundsätzlicher Art: Zum einen wird ein Compiler anstatt eines Interpreters verwendet, zum anderen erlauben die Typdeklarationen in C dem Compiler, deutlich effizienteren Code zu erstellen.

Tab. 2.25: Performanzsteigerung des C-Programms im Abbildung 2.19 gegenüber dem Python-Programm auf Seite, wenn die Optimierungsstufe des GCC-Compilers erhöht wird. Bei -O0 wird keine Optimierung der Codelänge oder der Performanz vorgenommen, was die Kompilierzeit verbessert; -O3 wirkt am aggressivsten auf Laufzeit und Codelänge. In unserem Fall erzeugen -O2 und -O3 denselben x86-Code. Die meisten Programmierer verwenden standardmäßig die Optimierungsstufe -O2. GCC bietet außerdem eine Optimierungsoption -Os an, die auf die kleinste Codelänge abzielt.

-O0 (kürzeste Kompilierzeit)	-O1	-O2	-O3 (kürzeste Laufzeit)
77	208	212	212

```
 1. void dgemm (int n, double* A, double* B, double* C)
 2. {
 3.    for (int i = 0; i < n; ++i)
 4.      for (int j = 0; j < n; ++j)
 5.      {
 6.        double cij = C[i+j*n];  /* cij = C[i][j] */
 7.        for (int k = 0; k < n; k++)
 8.          cij += A[i+k*n] * B[k+j*n];  /* cij += A[i][k]*B[k][j] */
 9.        C[i+j*n] = cij;  /* C[i][j] = cij  */
10.      }
11. }
```

Abb. 2.19: C-Version einer Matrixmultiplikation mit doppelter Genauigkeit, bekannt unter der Bezeichnung DGEMM für Double precision GEneral Matrix Multiply.

```
 1. vmovsd (%r10),%xmm0              # Lade 1 Element von C in %xmm0
 2. mov    %rsi,%rcx                 # Register %rcx = %rsi
 3. xor    %eax,%eax                 # Register %eax = 0
 4. vmovsd (%rcx),%xmm1              # Lade 1 Element von B in %xmm1
 5. add    %r9,%rcx                  # Register %rcx = %rcx + %r9
 6. vmulsd (%r8,%rax,8),%xmm1,%xmm1  # multipliziere %xmm1, Element von A
 7. add    $0x1,%rax                 # Register %rax = %rax + 1
 8. cmp    %eax,%edi                 # vergleiche %eax mit %edi
 9. vaddsd %xmm1,%xmm0,%xmm0         # addiere %xmm1, %xmm0
10. jg     30 <dgemm+0x30>           # Sprung falls %eax > %edi
11. add    $0x1,%r11                 # Register %r11 = %r11 + 1
12. vmovsd %xmm0,(%r10)              # speichere %xmm0 in C-Element
```

Abb. 2.20: Code in x86-Assemblersprache für den Rumpf der verschachtelten Schleifen. Er wird durch Kompilieren des nicht optimierten C-Codes in Abbildung 2.19 generiert, wobei gcc mit Optimierungsstufe -O3 verwendet wird.

2.21 Fallstricke und Trugschlüsse

Trugschluss: Leistungsfähigere Befehle bedeuten höhere Leistung.

Zur Leistungsfähigkeit der Intel x86-Architektur tragen die Präfixe bei, mit denen die Ausführung des nachfolgenden Befehls modifiziert werden kann. Ein Präfix kann den nachfolgenden Befehl wiederholen, bis ein Zähler auf 0 heruntergezählt hat. Wenn also Daten in den Speicher transportiert werden, scheint die natürliche Befehlsfolge darin zu bestehen, move mit dem Wiederholungspräfix zu verwenden, um 32-Bit-Speicher-Speicher-Transfers durchzuführen.

Eine alternative Methode, die die in allen Computern vorhandenen Standardbefehle verwendet, besteht darin, die Daten in die Register zu laden und dann die Register wieder in den Speicher zu schreiben. Diese zweite Version dieses Programms, bei der der Code zur Reduzierung des Schleifen-Overheads repliziert wird, kopiert etwa 1,5-mal so schnell. Eine dritte Version, bei der anstelle der Ganzzahlregister der x86-Architektur die größeren Gleitkomma-register verwendet werden, kopiert etwa 2,0-mal so schnell wie der komplexe Befehl.

Trugschluss: Programmieren in Assemblersprache erzielt die beste Leistung.

Früher generierten Compiler für Programmiersprachen einfache Befehlsfolgen. Die ständige Verfeinerung der Compilertechniken lässt die Lücke zwischen kompiliertem und von Hand erstelltem Code schnell kleiner werden. Um mit modernen Compilern konkurrieren zu können, muss der Assembler-Programmierer die in Kapitel 4 und 5 (Prozessor-Pipelining und Speicherhierarchie) vermittelten Grundlagen sehr gut verstanden haben.

Im Wettstreit zwischen Compiler und Assembler-Programmierer verliert der Mensch zunehmend an Boden. C bietet Programmierern beispielsweise die Möglichkeit, dem Compiler einen Hinweis darauf zu geben, welche Variablen in Registern gehalten und welche in den Speicher ausgelagert werden sollen. Als die Compiler hinsichtlich der Registerzuteilung noch nicht so gut waren, waren Hinweise dieser Art leistungsfördernd. In manchen Lehrbüchern über C wurden zahlreiche Beispiele für die Verwendung von Registerhinweisen angeführt. Moderne C-Compiler ignorieren Hinweise dieser Art im Allgemeinen, da der Compiler bei der Registerzuteilung besser ist als der Programmierer.

Selbst *wenn* das Schreiben von Hand einen schnelleren Code zum Ergebnis hätte, bringt das Schreiben in Assemblersprache einige Nachteile mit sich: höheren Zeitaufwand für das Programmieren und Debugging, Verlust der Portierbarkeit und das Problem, diesen Code zu warten. Einer der wenigen im Software-Engineering allgemein anerkannten Grundsätze besagt, dass das Erstellen von Programmen zeitaufwendiger ist, je mehr Zeilen geschrieben werden. Und ein Assembler-Programm besteht mit Sicherheit aus mehr Zeilen als ein Programm in C. Zudem ergeben sich Probleme, wenn das einmal geschriebene Programm ein Erfolg wird. Erfolgreiche Programme werden länger genutzt als ursprünglich angenommen, was bedeutet, dass der Code nach ein paar Jahren aktualisiert werden muss, damit er weiterhin mit neuen Versionen von Betriebssystemen und auf neuen Rechnermodellen ausgeführt werden kann. Programme, die in einer höheren Programmiersprache anstatt in Assemblersprache geschrieben sind, können von zukünftigen Compilern an neue Rechner angepasst werden. Ebenso ist die Software leichter zu pflegen und ein Programm kann auf Rechnern verschiedener Hersteller ausgeführt werden.

Trugschluss: Die Bedeutung kommerzieller Binärkompatibilität hat zur Folge, dass sich erfolgreiche Befehlssätze nicht ändern.

Während die Abwärts-Binärkompatibilität unantastbar ist, ist die x86-Architektur dramatisch angewachsen (siehe Abbildung 2.21). Der Durchschnitt liegt bei mehr als einem Befehl pro Monat in ihrer 40-jährigen Lebensdauer!

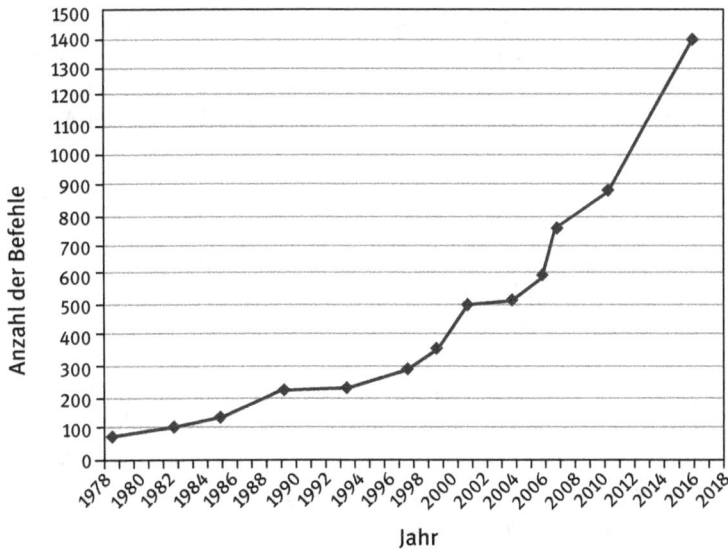

Abb. 2.21: Wachstum des x86-Befehlssatzes im Laufe der Zeit. Einerseits stellen einige dieser Erweiterungen einen deutlichen technologischen Vorteil dar, andererseits erhöht diese schnelle Änderung jedoch die Schwierigkeit für andere Unternehmen, kompatible Prozessoren zu bauen.

Fallstrick: Man vergisst leicht, dass aufeinanderfolgende Wortadressen in Rechnern mit Byteadressierung sich nicht um eins unterscheiden.

Viele Assembler-Programmierer haben sich mit Fehlern abgemüht, weil sie annahmen, dass die Adresse des nächsten Wortes durch Inkrementieren der Adresse in einem Register um eins bestimmt würde. Stattdessen muss die Adresse jedoch um die Bytezahl für ein Wort erhöht werden. Gefahr erkannt, Gefahr gebannt!

Fallstrick: Verwenden eines Zeigers auf eine Variable vom Typ automatic außerhalb der definierenden Prozedur.

Ein Fallstrick im Umgang mit Zeigern besteht darin, dass ein Ergebnis einer Prozedur mit einem Zeiger auf ein für diese Prozedur lokales Feld übergeben wird. Gemäß der Kellerzuordnung in Abbildung 2.6 wird die Speicherposition mit dem lokalen Feld wieder verwendet, sobald die Prozedur zurückspringt. Zeiger auf Variable vom Typ automatic können ein wahres Chaos anrichten.

2.22 Schlussbetrachtungen

Weniger ist mehr.

Robert Browning, *Andrea del Sarto*, 1855

Die beiden grundlegenden Prinzipien des *Von-Neumann*-Rechners bestehen in der Verwendung von Befehlen, die von Zahlen nicht zu unterscheiden sind, sowie in der Verwendung von änderbarem Speicher zum Laden von Programmen für unterschiedliche Anwendungen. Aufgrund dieser Prinzipien kann ein

Computer Wissenschaftler, Finanzberater oder Schriftsteller bei ihren jeweiligen Aufgaben unterstützen. Die Auswahl der Menge von Befehlen, die der Rechner versteht, erfordert ein sorgfältiges Abwägen zwischen der Anzahl der Befehle, die zum Ausführen eines Programms notwendig sind, der Anzahl der Taktzyklen pro Befehl und der Taktfrequenz. Beim Finden dieses Kompromisses lassen sich die Autoren von Befehlssätzen von vier Entwurfsprinzipien leiten:

1. *Einfachheit begünstigt Regelmäßigkeit.* Regelmäßigkeit kennzeichnet viele Merkmale des MIPS-Befehlssatzes: eine feste Länge für alle Befehle, drei Registeroperanden für jeden arithmetischen Befehl und eine feste Stelle für die Felder der Register in jedem Befehlsformat.

2. *Kleiner ist schneller.* Der Wunsch nach Geschwindigkeit ist der Grund dafür, dass die MIPS-Architektur 32 Register und nicht mehr hat.

3. *Ein guter Entwurf erfordert gute Kompromisse.* Ein Beispiel bei MIPS war der Kompromiss zwischen der Bereitstellung langer Adressen und Konstanten in Befehlen und der Beibehaltung der festen Länge für Befehle.

Ein anderer wichtiger Gedanke in diesem Kapitel ist, dass Zahlen keinen inhärenten Typ haben. Ein gegebenes Bitmuster kann eine Ganzzahl repräsentieren, oder auch eine Zeichenkette, eine Farbe oder sogar einen Befehl. Es ist das Programm, das den Typ der Daten bestimmt.

Wir haben außerdem gesehen, wie das Konzept, den **häufigen Fall** schnell zu machen, auf Befehlssätze wie auch auf die Computerarchitektur angewendet wird. Beispiele für das Beschleunigen des häufigen Falls bei MIPS umfassen die befehlszählerrelative Adressierung bei bedingten Sprüngen bzw. Verzweigungen und die direkte Adressierung für Konstanten als Operanden.

Über dieser Maschinenebene ist die Assemblersprache angesiedelt, eine Sprache die Menschen lesen können. Der Assembler übersetzt diese Sprache in binäre Zahlen, die der Rechner versteht, und „erweitert" darüber hinaus auch den Befehlssatz um symbolische Befehle, die es in der Hardware nicht gibt. So werden beispielsweise zu lange Konstanten oder Adressen in Teile mit der passenden Größe aufgebrochen, häufig verwendete Befehlsvarianten bekommen einen eigenen Namen usw. In Tabelle 2.26 sind die bisher beschriebenen MIPS-Befehle, sowohl die echten als auch die Pseudobefehle, aufgeführt. Das Verbergen von Details aus höheren Niveaus ist ein weiteres Beispiel für das Konzept der **Abstraktion**.

Jede Kategorie von MIPS-Befehlen ist mit bestimmten Konstrukten in Programmiersprachen verknüpft:

- Arithmetische Befehle entsprechen den Operationen in Zuweisungen.
- Datentransfer-Befehle werden am ehesten im Umgang mit Datenstrukturen wie Felder oder Strukturen verwendet.
- Bedingten Sprünge werden in `if`-Anweisungen und Schleifen verwendet.
- Unbedingten Sprünge werden in Prozeduraufrufen und Rücksprüngen sowie für `case-`/`switch`-Anweisungen verwendet.

Tab. 2.26: Der bisher beschriebene MIPS-Befehlssatz. Die echten MIPS-Befehle befinden sich auf der linken, die Pseudobefehle auf der rechten Seite. In Anhang A.10 ist die vollständige MIPS-Architektur beschrieben. In Tabelle 2.1 ist die in diesem Kapitel vorgestellte MIPS-Architektur ausführlicher dargestellt. Die hier gezeigten Informationen sind auch in den Spalten 1 und 2 der MIPS-Zusammenfassung hinten im Buch dargestellt.

MIPS-Befehle	Name	Format	Pseudo-MIPS	Name	Format
add	add	R	move	move	R
subtract	sub	R	multiply	mult	R
add immediate	addi	I	multiply immediate	multi	I
load word	lw	I	load immediate	li	I
store word	sw	I	branch less than	blt	I
load half	lh	I	branch less than or equal	ble	I
store half	sh	I	branch greater than	bgt	I
load byte	lb	I	branch greater than or equal	bge	I
store byte	sb	I			
load upper immediate	lui	I			
and	and	R			
or	or	R			
nor	nor	R			
and immediate	andi	I			
or immediate	ori	I			
shift left logical	sll	R			
shift right logical	srl	R			
branch on equal	beq	I			
branch on not equal	bne	I			
set less than	slt	R			
set less than immediate	slti	I			
jump	j	J			
jump register	jr	R			
jump and link	jal	J			

Diese Befehle sind nicht gleich gewichtig. Die Beliebtheit von wenigen übertrifft die von vielen. In Tabelle 2.27 ist beispielsweise die Häufigkeit der einzelnen Klassen von Befehlen für SPEC CPU2006 dargestellt. Die unterschiedliche Popularität der Befehle spielt in den Abschnitten zur Performanz, zum Datenpfad, zur Steuerung und zum Pipelining eine wichtige Rolle.

Wenn wir in Kapitel 3 die Rechnerarithmetik erläutern, werden wir weitere Teile des MIPS-Befehlssatzes offen legen.

2.23 Historische Perspektiven und Literaturhinweise

In diesem Abschnitt finden Sie eine Übersicht über die geschichtliche Entwicklung von Befehlssatzarchitekturen (ISAs, Instruction Set Architectures) sowie eine kurze Übersicht über die Entwicklung von Programmiersprachen und Compilern. Zu den Befehlssatzarchitekturen zählen Akkumulatorarchi-

Tab. 2.27: MIPS-Befehlsklassen, Beispiele, Entsprechungen zu Konstrukten in höherer Programmiersprache und Anteil der ausgeführten MIPS-Befehle nach Kategorie für durchschnittlich fünf SPEC CPU 2006-Ganzzahlprogramme und fünf SPEC-Gleitkommaprogramme. In Tabelle 3.11 in Kapitel 3 ist der Anteil der einzelnen ausgeführten MIPS-Befehle dargestellt.

Befehlsklasse	MIPS-Beispiel	Entsprechung in höherer Programmiersprache	Häufigkeit Ganzzahl	Häufigkeit Gleitkomma
Arithmetik	add, sub, addi	Operationen in Zuweisungen	16 %	48 %
Datentransfer	lw, sw, lb, sb, lui, lhu, sg, lui	Referenzen auf Datenstrukturen wie Felder	35 %	36 %
Logik	and, or, nor, andi, ori, sll, srl	Operationen in Zuweisungen	12 %	4 %
Verzweigung	beq, bne, slt, slti	if-Anweisungen und Schleifen	34 %	8 %
Sprung	j, jr, jal	Prozeduraufrufe, Rücksprünge, case-/switch-Anweisungen	2 %	0 %

tekturen, Allzweckregister-Architekturen und Stack-Architekturen. Außerdem finden Sie eine kurze Übersicht über die ARM- und x86-Architektur sowie eine Einführung in das kontrovers diskutierte Thema der sprachorientierten Rechnerarchitekturen im Vergleich zu Rechnerarchitekturen mit reduziertem Befehlssatz. Zur Geschichte der Programmiersprachen gehören Fortran, Lisp, Algol, C, Cobol, Pascal, Simula, Smalltalk, C++ und Java. Zur Geschichte der Compiler gehören die zentralen Meilensteine sowie die Pioniere, die diese Meilensteine erreicht haben. Den Rest dieses Abschnitts finden Sie online.

2.24   Fragestellungen für das Selbststudium

Befehle als Zahlen.   Gegeben sei die folgende binäre Zahl:

00000001010010110100100000100000$_B$

Wie sieht diese Zahl in Hexadezimaldarstellung aus?

Angenommen, es handelt sich um eine vorzeichenlose Zahl: Wie sieht sie in Dezimaldarstellung aus?

Ändert sich der Wert, wenn sie als vorzeichenbehaftete Zahl angesehen wird?

Welches Programm in Assemblersprache repräsentiert sie?

Befehle als Zahlen und Unsicherheit.   Obwohl Programme nichts anderes sind als Zahlen, ist es möglich, dem Computer beizubringen, ein Programm vor Änderungen zu schützen, indem man einen Teil des Adressraums als read-only markiert. Dies wird in Kapitel 5 erläutert. Schlaue Angreifer nutzen Bugs in C-Programmen aus, um während der Programmausführung trotzdem ihren eigenen Code in das Programm einzufügen, obwohl dieses geschützt ist.

Der folgende Code ist ein einfaches Programm zum Kopieren von Zeichenketten. Es kopiert das, was der Anwender eintippt, in eine lokale Variable im Stack.

```
#include <string.h>
void copyinput (char *input)
{
  charcopy[10];
  strcpy(copy,input); // keine Längenprüfung in strcpy
}
int main (int argc, char **argv)
{
  copyinput(argv[1]);
  return 0;
}
```

Was passiert, wenn der Anwender deutlich mehr als zehn Zeichen als Eingabe schreibt? Was könnte die Folge bei der Programmausführung sein? Wie kann ein Eingreifer dadurch die Programmausführung übernehmen?

Schnellere while-Schleife. Hier ist der MIPS-Code für die C-while-Schleife auf Seite 103:

```
Loop: sll  $t1,$s3,2      # Temp reg $t1 = i*4
      add  $t1,$t1,$s6     # $t1 = Addresse von save[i]
      lw   $t0,0($t1)      # Temp reg $t0=save[i]
      bne  $t0,$s5,Exit    # gehe zu Exit falls save[i]!=k
      addi $s3,$s3,1       # i=i+1
      j    Loop            # gehe zu Loop
Exit:
```

Angenommen, die Schleife wird typischerweise zehnmal ausgeführt. Machen Sie die Schleife schneller, indem Sie im Mittel einen Verzweigungsbefehl pro Schleifendurchlauf ausführen, anstatt jedes Mal einen Sprungbefehl und einen Verzweigungbefehl.

Der Anticompiler. Hier ein Stück Code in MIPS-Assemblersprache mit Kommentaren für die ersten fünf Befehle:

```
sll  $t0,$s0,2      # $t0 = f * 4
add  $t0,$s6,$t0    # $t0 = &A[f]
sll  $t1,$s1,2      # $t1 = g * 4
add  $t1,$s7,$t1    # $t1 = &B[g]
lw   $s0,0($t0)     # f = A[f]
addi $t2,$t0,4      #
lw   $t0,0($t2)     #
add  $t0,$t0,$s0    #
sw   $t0,0($t1)     #
```

Nehmen Sie an, dass die Variablen f, g, h, i und j den Registern $s0, $s1, $s2, $s3 bzw. $s4 zugeordnet sind. Nehmen Sie außerdem an, dass die Basisadressen der Felder A und B in den Registern $s6 und $s7 gespeichert sind. Ergänzen Sie die Kommentare für die letzten vier Befehle.

Antworten

Befehle als Zahlen.

binär: $00000001010010110100100000100000_B$

hexadezimal: $014B4820_H$

dezimal: 21710880_D

Da das führende Bit eine 0 ist, ist der Dezimalwert derselbe, egal ob es sich um eine vorzeichenlose oder eine vorzeichenbehaftete Ganzzahl handelt.

Assemblercode:

```
add t1, t2, t3
```

Maschinensprache:

31	2625	2120	1615	1110	65	0
SPECIAL	t2	t3	t1	0	ADD	
000000	01010	01011	01001	00000	100000	
6	5	5	5	5	6	

Befehle als Zahlen und Unsicherheit. Die lokale Variable copy kann Benutzereingaben von bis zu neun Zeichen, gefolgt vom Nullzeichen als Abschluss einer Zeichenkette, sicher kopieren. Alles, was länger ist, wird andere Werte auf dem Stapel überschreiben. Wenn der Stapel kleiner wird, enthalten die darunter liegenden Werte Stapelrahmen von früheren Prozeduraufrufen, darunter Rücksprungadressen. Ein geschickter Angreifer kann nicht nur Code auf dem Stapel ablegen, sondern auch Rücksprungadressen im Stapel überschreiben, so dass das Programm schließlich die Rücksprungadresse des Angreifers verwenden kann, um nach einigen zurückgegebenen Prozeduren damit zu beginnen, den auf dem Stapel platzierten Code auszuführen.

Schnellere while-Schleife. Der Trick besteht darin, die bedingte Verzweigung umzudrehen und sie zum Anfang der Schleife springen zu lassen, anstatt sie den Sprungbefehl am Ende der Schleife zu überspringen zu lassen. Damit das Ganze der Semantik der while-Schleife entspricht, muss der Code zuerst prüfen, ob save[i] == k gilt, bevor i inkrementiert wird.

```
       sll  $t1,$s3,2    # Temp reg $t1=i*4
       add  $t1,$t1,$t6  # $t1 = Adresse von save[i]
       lw   $t0,0($t1)   # Temp reg $t0=save[i]
       bne  $t0,$s5,Exit # gehe zu Exit falls save[i]!=k
Loop:  addi $s3,$s3,1    # i=i+1
       sll  $t1,$s3,2    # Temp reg $t1=i*4
       add  $t1,$t1,$s6  # $t1 = Adresse von save[i]
       lw   $t0,0($t1)   # Temp reg $t0 = save[i]
       beq  $t0,$s5,Loop # gehe zu Loop falls save[i]=k
Exit:
```

Der Anticompiler.

```
sll  $t0,$s0,2   # $t0 = f * 4
add  $t0,$s6,$t0 # $t0 = $A[f]
sll  $t1,$s1,2   # $t1 = g * 4
add  $t1,$s7,$t1 # $t1 = &B[g]
lw   $s0,0($t0)  # f = A[f]
addi $t2,$t0,4   # $t2=$t0+4 => $t2 zeigt jetzt auf A[f+1]
lw   $t0,0($t2)  # $t0=A[f+1]
add  $t0,$t0,$s0 # $t0=$t0+$s0 =>$t0 ist jetzt A[f]+A[f+1]
sw   $t0,0($t1)  # speichere das Ergebnis in B[g]
```

2.25 Aufgaben

Anhang A beschreibt den MIPS-Simulator, der für diese Übungen sehr hilfreich ist. Der Simulator akzeptiert zwar auch Pseudobefehle, aber versuchen
Sie, bei Übungen, in denen MIPS-Code erstellt werden soll, keine Pseudobefehle zu verwenden. Ihr Ziel sollte sein, den realen MIPS-Befehlssatz ken-
nenzulernen, und wenn Sie aufgefordert werden, Befehle zu zählen, sollte Ihr
Zähler die tatsächlich ausgeführten Befehle und nicht die Pseudobefehle darstellen.

Es gibt Situationen, in denen Pseudobefehle verwendet werden müssen (beispielsweise der Befehl la, wenn zum Zeitpunkt der Assemblierung kein echter
Wert bekannt ist). Oft sind sie ganz praktisch und führen zu in besser lesbarem
Code (wie die li- und die move-Befehle). Wenn Sie aus diesem Grund Pseudobefehle verwenden wollen, fügen Sie Ihrer Lösung bitte eine kurze Erklärung
hinzu, welche Pseudobefehle Sie verwendet haben und wo Sie sie verwendet
haben.

Aufgabe 2.1

[5] <2.2> Wie lautet der zu der folgenden C-Anweisung gehörende MIPS-
Assemblercode? Nehmen Sie an, dass die Variablen f, g, h und i gegeben sind
und als 32-Bit-Ganzzahlen betrachtet werden können, die wie üblich in einem
C-Programm deklariert sind. Verwenden Sie in Ihrem MIPS-Assemblercode
eine minimale Anzahl von Befehlen.

```
f = g + (h - 5);
```

Aufgabe 2.2

[5] <2.2> Wie lautet die zu dem folgenden MIPS-Assemblercode gehörende
C-Anweisung?

```
add f, g, h
add f, i, f
```

Aufgabe 2.3

[5] <2.2, 2.3> Wie lautet der zu der folgenden C-Anweisung gehörende MIPS-Assemblercode? Nehmen Sie an, dass die Variablen f, g, h, i und j den Registern $s0, $s1, $s2, $s3$ bzw. $s4 zugewiesen sind. Nehmen Sie außerdem an, dass sich die Basisadressen der Felder A und B in den Registern $s6 bzw. $s7 befinden.

```
B[8] = A[i-j];
```

Aufgabe 2.4

[5] <2.2, 2.3> Wie lautet die zu dem folgenden MIPS-Assemblercode gehörende C-Anweisung? Nehmen Sie an, dass die Variablen f, g, h, i und j den Registern $s0, $s1, $s2, $s3$ bzw. $s4 zugewiesen sind. Nehmen Sie außerdem an, dass sich die Basisadressen der Felder A und B in den Registern $s6 bzw. $s7 befinden.

```
sll    $t0, $s0, 2      # $t0 = f * 4
add    $t0, $s6, $t0    # $t0 = &A[f]
sll    $t1, $s1, 2      # $t1 = g * 4
add    $t1, $s7, $t1    # $t1 = &B[g]
lw     $s0, 0($t0)      # f = A[f]
addi   $t2, $t0, 4
lw     $t0, 0($t2)
add    $t0, $t0, $s0
sw     $t0, 0($t1)
```

Aufgabe 2.5

[5] <2.3> Zeigen Sie, wie der Wert 0xabcdef12 im Speicher einer Little-Endian- und einer Big-Endian-Maschine angeordnet wäre. Nehmen Sie an, dass die Daten beginnend mit der Adresse 0 gespeichert sind und dass die Wortlänge 4 Byte ist.

Aufgabe 2.6

[5] <2.4> Schreiben Sie 0xabcdef12 in Dezimaldarstellung.

Aufgabe 2.7

[5] <2.2, 2.3> Übersetzen Sie den folgenden C-Code in MIPS. Nehmen Sie an, dass die Variablen f, g, h, i und j den Registern $s0, $s1, $s2, $s3 bzw. $s4 zugeordnet sind. Nehmen Sie an, dass die Basisadressen der Felder A und B in den Registern $s6 bzw. $s7 stehen. Nehmen Sie an, dass die Elemente der Felder A und B 4-Byte-Wörter sind.

```
B[8] = A[i] + A[j];
```

Aufgabe 2.8

[5] <2.2, 2.3> Übersetzen Sie den folgenden MIPS-Code in C. Nehmen Sie an, dass die Variablen f, g, h, i und j den Registern $s0, $s1, $s2, $s3 bzw. $s4 zugeordnet sind. Nehmen Sie an, dass die Basisadressen der Felder A und B in den Registern $s6 bzw. $s7 stehen.

```
addi  $t0, $s6, 4
add   $t1, $s6, $0
sw    $t1, 0($t0)
lw    $t0, 0($t0)
add   $s0, $t1, $t0
```

Aufgabe 2.9

[5] <2.3, 2.5> Schreiben Sie für jeden MIPS-Befehl aus Aufgabe 2.8 die Werte für den Opcod (op), das Quellregister (rs) und das funct-Feld sowie das Zielregister (rd) auf. Wie lautet für jeden I-Typ-Befehl der Wert des Direktfeldes? Wie lautet für jeden R-Typ-Befehl der Wert des Zielregisterfelds?

Aufgabe 2.10

Nehmen Sie an, dass die Register $s0 und $s1 die Werte 0x80000000 bzw. 0xD0000000 enthalten.

2.10.1 [5] <2.4> Was ist der Wert von $t0 für den folgenden Assemblercode?

```
add $t0, $s0, $s1
```

2.10.2 [5] <2.4> Hat das Ergebnis in $t0 den gewünschten Wert oder gab es einen Überlauf?

2.10.3 [5] <2.4> Wie lautet für die oben spezifizierten Register $s0 und $s1 der Wert $t0 für den folgenden Assemblercode?

```
sub $t0, $s0, $s1
```

2.10.4 [5] <2.4> Hat das Ergebnis in $t0 den gewünschten Wert oder gab es einen Überlauf?

2.10.5 [5] <2.4> Wie lautet für die oben spezifizierten Register $s0 und $s1 der Wert $t0 für den folgenden Assemblercode?

```
add $t0, $s0, $s1
add $t0, $t0, $s0
```

2.10.6 [5] <2.4> Hat das Ergebnis in $t0 den gewünschten Wert oder gab es einen Überlauf?

Aufgabe 2.11

Nehmen Sie an, dass $s0 den Wert 128_D enthält.

2.11.1 [5] <2.4> Für welche(n) Wertebereich(e) von $s1 resultieren die An-
weisungen add $t0,$s0,$s1 in einem Überlauf?

2.11.2 [5] <2.4> Für welche(n) Wertebereich(e) von $s1 resultieren die An-
weisungen sub $t0,$s0,$s1 in einem Überlauf?

2.11.3 [5] <2.4> Für welche(n) Wertebereich(e) von $s1 resultieren die An-
weisungen sub $t0,$s1,$s0 in einem Überlauf?

Aufgabe 2.12

[5] <2.4, 2.5> Geben Sie den Typ und den Assemblerbefehl für den folgenden
Binärwert an: 0000 0100 0000 1000 0000 0010 0000$_B$. *Hinweis:* Tabelle 2.11
könnte hilfreich sein.

Aufgabe 2.13

[5] <2.4, 2.5> Geben Sie den Typ und die Hexadezimaldarstellung des folgenden Befehls an: sw $t1, 32($t2)

Aufgabe 2.14

[5] <2.5> Geben Sie den Typ, den Assemblerbefehl und die Binärdarstellung
des Befehls an, der durch die folgenden MIPS-Befehle beschrieben wird:

       op=0, rs=3, rt=2, rd=3, shamt=0, funct=34

Aufgabe 2.15

[5] <2.5> Geben Sie den Typ, den Assemblerbefehl und die Binärdarstellung
des Befehls an, der durch die folgenden MIPS-Befehle beschrieben wird:

       op=0x23, rs=1, rt=2, const=0x4

Aufgabe 2.16

Angenommen, das MIPS-Registerfile soll auf 128 Register erweitert werden
und der Befehlssatz soll so erweitert werden, dass er viermal so viele Befehle
umfasst.

2.16.1 [5] <2.5> Wie wirkt sich dies auf die Größe der einzelnen Bitfelder in
den R-Typ-Befehlen aus?

2.16.2 [5] <2.5> Wie wirkt sich dies auf die Größe der einzelnen Bitfelder in
den I-Typ-Befehlen aus?

2.16.3 [5] <2.5, 2.10> Beschreiben Sie für jede der beiden vorgeschlagenen
Änderungen, wie die Größe des MIPS-Assemblerprogramms verringert werden könnte. Wie wäre es andererseits möglich, dass die vorgeschlagenen Änderungen die Größe des MIPS-Assemblerprogramms erhöhen?

Aufgabe 2.17

Gegeben seien die folgenden Registerinhalte:

```
$t0=0xAAAAAAAA, $t1=0x12345678
```

2.17.1 [5] <2.6> Welchen Wert von $t2 liefern die oben angegebenen Registerwerte für die folgende Befehlssequenz?

```
sll $t2, $t0, 44
or $t2, $t2, $t1
```

2.17.2 [5] <2.6> Welchen Wert von $t2 liefern die oben angegebenen Registerwerte für die folgende Befehlssequenz?

```
sll $t2, $t0, 4
andi $t2, $t2, -1
```

2.17.3 [5] <2.6> Welchen Wert von $t2 liefern die oben angegebenen Registerwerte für die folgende Befehlssequenz?

```
srl $t2, $t0, 3
andi $t2, $t2, 0xFFEF
```

Aufgabe 2.18

[10] <2.6> Wie lautet die kürzeste Folge von MIPS-Befehlen, die die Bits von Position 16 bis 11 aus dem Register $t0$ extrahiert und den Wert dieses Feldes verwendet, um die Bits 31 bis 26 in Register t1 zu ersetzen, ohne die übrigen 26 Bit von Register $t1$ zu verändern?

Aufgabe 2.19

[5] <2.6> Geben Sie einen minimalen Satz von MIPS-Befehlen an, der verwendet werden kann, um den folgenden Pseudobefehl zu implementieren:

```
not $t1, $t2    // bitweises Invertieren
```

Aufgabe 2.20

[5] <2.6> Schreiben Sie eine minimale Sequenz von MIPS-Assemblerbefehlen, die das gleiche bewirkt wie die folgende C-Anweisung. Es sei $t1=A, $t2=B, und $s1 sei die Basisadresse von C.

```
A = C[0] << 4;
```

Aufgabe 2.21

[5] <2.7> Angenommen, $t0 enthält den Wert 0x00101000. Was ist der Wert von $t2 nach den folgenden Befehlen?

```
              slt  $t2, $0,  $t0
              bne  $t2, $0,  ELSE
              j    DONE
        ELSE: addi $t2, $t2, 2
        DONE:
```

Aufgabe 2.22

Angenommen, der Programmzähler ist auf `0x20000000` gesetzt.

2.22.1 [5] <2.10> Welcher Adressbereich kann mit dem MIPS-Befehl *jump-and-link* (`jai`) erreicht werden? (Anders formuliert: Was ist die Menge der möglichen Werte für den Befehlszähler nach Ausführung des Sprungbefehls?)

2.22.2 [5] <2.10> Welcher Adressbereich kann mit dem MIPS-Befehl *branch-if-equal* (`beq`) erreicht werden? (Anders formuliert: Was ist die Menge der möglichen Werte für den Befehlszähler nach Ausführung des Verzweigungsbefehls?)

Aufgabe 2.23

Betrachten Sie den neu vorgeschlagenen Befehl `rpt`. Dieser Befehl kombiniert das Überprüfen einer Schleifenbedingung und das Dekrementieren des Zählers in einem einzigen Befehl. Beispielsweise würde `rpt $s0,loop` Folgendes tun:

```
if (x29 > 0) {
        x29 = x29-1;
        goto loop
}
```

2.23.1 [5] <2.7, 2.10> Was wäre das am besten geeignete Befehlsformat, um diesen Befehl im MIPS-Befehlssatz zu implementieren?

2.23.2 [5] <2.7> Was ist die kürzeste Folge von MIPS-Befehlen, um dieselbe Operation durchzuführen?

Aufgabe 2.24

Betrachten Sie die folgende MIPS-Schleife:

```
LOOP: slt, $t2, $0,  $t1
      beq  $t2, $0,  DONE
      subi $t1, $t1, 1
      addi $s2, $s2, 2
      j    LOOP
DONE:
```

2.24.1 [5] <2.7> Angenommen, das Register `$t1` ist mit dem Wert 10 initialisiert. Wie lautet der Wert in Register `$s2`, wenn `$s2` anfangs null ist?

2.24.2 [5] <2.7> Schreiben Sie für jede der obigen Schleifen die äquivalente C-Routine. Nehmen Sie an, dass die Register $s1, $s2, $t1 und $t2 Integervariablen A, B, i bzw. temp sind.

2.24.3 [5] <2.7> Nehmen Sie für die oben in MIPS-Assembler geschriebenen Schleifen an, dass das Register $t1 mit dem Wert N initialisiert ist. Wie viele MIPS-Befehle werden ausgeführt?

Aufgabe 2.25

[10] <2.7> Übersetzen Sie den folgenden C-Code in MIPS-Assemblercode. Verwenden Sie dabei eine minimale Anzahl von Befehlen. Nehmen Sie an, dass die Werte von a, b, i und j in den Registern $s0, $s1, $t0 bzw. $t1 stehen. Nehmen Sie außerdem an, dass das Register $s2 die Basisadresse des Feldes D enthält.

```
for(i=0; i<a; i++)
    for(j=0; j<b; j++)
        D[4*j] = i + j;
```

Aufgabe 2.26

[5] <2.7> Wie viele MIPS-Befehle sind nötig, um den C-Code aus Aufgabe 2.25 umzusetzen? Die Variablen a und b seien mit 10 bzw. 1 initialisiert und alle Elemente von D haben den Anfangswert 0. Wie viele MIPS-Befehle werden insgesamt ausgeführt, um die Schleife zu vervollständigen?

Aufgabe 2.27

[5] <2.7> Übersetzen Sie die folgende Schleife in C. Nehmen Sie an, dass die C-Integervariable i im Register $t1 steht, dass $s2 die C-Integervariable result enthält und dass $s0 die Basisadresse der Integervariable MemArray enthält.

```
        addi $t1, $0, $0
LOOP:   lw   $s1, 0($s0)
        add  $s2, $s2, $s1
        addi $s0, $s0, 4
        addi $t1, $t1, 1
        slti $t2, $t1, 100
        bne  $t2, $s0, LOOP
```

Aufgabe 2.28

[10] <2.7> Schreiben Sie die Schleife aus Aufgabe 2.27 so um, dass die Anzahl der ausgeführten MIPS-Befehle reduziert wird.

Aufgabe 2.29

[30] <2.8> Implementieren Sie den folgenden C-Code in MIPS-Assembler. *Hinweis:* Denken Sie daran, dass der Kellerzeiger auf ein Vielfaches von 16 ausgerichtet bleiben muss.

```
int fib(int n){
    if (n==0)
        return =;
    else if (n==1)
        return 1;
    else
        return fib(n-1) + fib(n-2);
}
```

Aufgabe 2.30

[20] <2.8> Schreiben Sie für jeden Funktionsaufruf auf, wie der Kellerinhalt nach dem Funktionsaufruf aussieht. Nehmen Sie an, dass der Kellerzeiger ursprünglich an der Adresse `0x7ffffffc` ist und beachten Sie die Registerkonventionen von Tabelle 2.6.

Aufgabe 2.31

[20] <2.8> Übersetzen Sie die Funktion `f` in MIPS-Assemblersprache. Wenn Sie die Register `$t0` bis `$t7` benötigen, dann nehmen Sie immer zuerst das mit der niedrigsten Numerierung. Nehmen Sie an, dass die Funktion `func` durch `int f((int a, int b);` definiert ist. Der Code für die Funktion `f` lautet

```
int f(int a, int b, int c, int d){
    return func(func(a,b),c + d);
}
```

Aufgabe 2.32

[5] <2.8> Können wir bei dieser Funktion eine Optimierung durch einen rekursiven Aufruf aus der Endposition (Tail-Call) anwenden? Wenn nicht, erläutern Sie, warum das nicht möglich ist. Wenn die Optimierung möglich ist: Wie groß ist dann der Unterschied in der Anzahl der ausgeführten Befehle in `f` mit und ohne Optimierung?

Aufgabe 2.33

[5] <2.8> Was wissen wir über die Inhalte der Register `$t5`, `$s3`, `$ra` und `$sp` aus Aufgabe 2.31 unmittelbar vor dem Rücksprung der Funktion `f`? Denken Sie daran, dass wir wissen, wie die vollständige Funktion `f` aussieht, während wir von `func` nur die Deklaration kennen.

Aufgabe 2.34

[30] <2.9> Schreiben Sie ein Programm in MIPS-Assembler, das eine Kette
aus ASCII-Ziffern mit positiven und negativen Ganzzahl-Dezimalstrings in eine Ganzzahl konvertiert. Ihr Programm soll bewirken, dass im Register $a0$
die Adresse einer nullterminierten Zeichenkette steht, die eine Kombination
der Ziffern 0 bis 9 enthält. Es soll den Integerwert berechnen, der zu dieser
Zeichenkette äquivalent ist, und dann diese Zahl im Register $v0 platzieren.
Wenn irgendwo in der Kette ein Zeichen steht, das keine Ziffer ist, dann soll Ihr
Programm mit dem Wert −1 in Register $v0 anhalten. Wenn das Register $a0
z. B. auf eine Folge von drei Bytes wie 50_D, 52_D, 0_D (die nullterminierte Zeichenkette 24) verweist, dann soll das Register $v0 beim Anhalten den Wert 24_D
enthalten. Der RISC-V-Befehl nimmt zwei Register als Eingabe. Es gibt keinen
„muli"-Befehl. Speichern Sie daher einfach die Konstante 10 in einem Register.

Aufgabe 2.35

Gegeben sei der folgende Code:

```
lbu $t0, 0($t1)
sw  $t0, 0($t2)
```

Nehmen Sie an, dass das Register $t1 die Adresse 0x1000 0000 enthält und
dass der an der Adresse gespeicherte Wert 0x11223344 ist.

2.35.1 [5] <2.3, 2.9> Welcher Wert wird auf einer Big-Endian-Maschine in
0x10000004 gespeichert?

2.35.2 [5] <2.3, 2.9> Welcher Wert wird auf einer Little-Endian-Maschine in
0x10000004 gespeichert?

Aufgabe 2.36

[5] <2.10> Schreiben Sie den MIPS-Assemblercode, der die 32-Bit-Konstante
ll/sc erzeugt und diesen Wert im Register $t1 ablegt.

Aufgabe 2.37

[10] <2.11> Schreiben Sie den MIPS-Assemblercode auf, der den folgenden C-Code als eine atomare set-max-Operation unter Verwendung von ll/sc-
Befehlen implementiert. Das Argument shvar enthält hierbei die Adresse einer
gemeinsamen Variablen, die durch x ersetzt werden sollte, falls x größer ist als
der Wert, auf den sie zeigt:

```
void setmax(int* shvar, int x) {
    // Beginn kritischer Abschnitt
    if (x > *shvar)
        *shvar = x;
    // Ende kritischer Abschnitt
}
```

Aufgabe 2.38

[5] <2.11> Verwenden Sie Ihren Code aus Aufgabe 2.37 als Beispiel, um zu erklären, was passiert, wenn zwei Prozessoren gleichzeitig beginnen, diesen kritischen Abschnitt auszuführen. Dabei sei vorausgesetzt, dass jeder Prozessor genau einen Befehl pro Zyklus ausführt.

Aufgabe 2.39

Für einen gegebenen Prozessor sei der CPI-Wert von arithmetischen Befehlen 1, der CPI-Wert für Lade-/Speicherbefehle sei 10 und der CPI-Wert von Sprungbefehlen sei 3. Ein Programm habe die folgende Befehlsaufteilung: 500 Millionen arithmetische Befehle, 300 Millionen Lade-/Speicherbefehle, 100 Millionen Sprungbefehle.

2.39.1 [5] <1.6, 2.13> Angenommen, es werden neue, leistungsfähigere arithmetische Befehle zum Befehlssatz hinzugefügt. Durch die Verwendung dieser leistungsfähigeren arithmetischen Befehle kann die Anzahl der arithmetischen Befehle, die zur Ausführung eines Programms nötig sind, im Mittel um 25 % reduziert werden. Die Kosten aufgrund der Erhöhung der Taktfrequenz steigen nur um 10 %. Ist das eine gute Wahl des Designs? Begründen Sie Ihre Antwort.

2.39.2 [5] <1.6, 2.13> Angenommen, wir haben eine Möglichkeit gefunden, die Performanz der arithmetischen Befehle zu verdoppeln. Wie groß ist die Beschleunigung unserer Maschine insgesamt? Was ist, wenn wir eine Möglichkeit finden, die Performanz der arithmetischen Befehle zu verzehnfachen?

Aufgabe 2.40

Angenommen, für ein gegebenes Programm sind 70 % der ausgeführten Befehle arithmetische Befehle, 10 % Lade-/Speicherbefehle und 20 % Sprungbefehle.

2.40.1 [5] <2.21> Bestimmen Sie den mittleren CPI für diesen Befehlsmix unter der Annahme, dass ein arithmetischer Befehl zwei Zyklen erfordert, ein Lade-/Speicherbefehl sechs Zyklen und ein Sprungbefehl drei Zyklen.

2.40.2 [5] <1.6, 2.13> Wenn eine Leistungssteigerung von 25 % erreicht werden soll, wie viele Zyklen darf dann ein arithmetischer Befehl im Mittel beanspruchen, wenn Lade-/Speicherbefehle und Sprungbefehle überhaupt nicht verbessert werden?

2.40.3 [5] <1.6, 2.13> Wenn eine Leistungssteigerung von 50 % erreicht werden soll, wie viele Zyklen darf dann ein arithmetischer Befehl im Mittel beanspruchen, wenn Lade-/Speicherbefehle und Sprungbefehle überhaupt nicht verbessert werden?

Aufgabe 2.41

[10] <2.21> Angenommen, die MIPS-Befehlssatzarchitektur enthielte einen skalierten Offset-Adressierungsmodus ähnlich dem für x86 in Tabelle 2.21 beschriebenen. Beschreiben Sie, wie Sie das skalierte Offset-Laden benutzen würden, um die Anzahl der Assemblerbefehle weiter zu reduzieren, die für das Ausführen der in Aufgabe 2.4 gegebenen Funktion erforderlich sind.

Aufgabe 2.42

[10] <2.21> Angenommen, die MIPS-Befehlssatzarchitektur enthielte einen skalierten Offset-Adressierungsmodus ähnlich dem für x86 in Tabelle 2.21 beschriebenen. Beschreiben Sie, wie Sie das skalierte Offset-Laden benutzen würden, um die Anzahl der für das Implementieren des in Aufgabe 2.7 gegebenen C-Codes erforderlichen Assemblerbefehle weiter zu reduzieren.

Antworten zu den Selbsttests

Abschnitt 2.2, Seite 75: MIPS, C, Java

Abschnitt 2.3, Seite 82: 2) sehr langsam

Abschnitt 2.4, Seite 90: erste Frage 2) -8_D;
zweite Frage 4) 18 446 744 073 709 551 608$_D$

Abschnitt 2.5, Seite 97: erste Frage 4) `sub $t2, $t0, $t1`; zweite Frage 28$_H$

Abschnitt 2.6, Seite 100: Beide. AND mit einem Muster aus Einsen wird überall Nullen hinterlassen, außer an dem gesuchten Feld. Linksverschieben um den richtigen Betrag entfernt die Bits links von dem Feld. Rechtsverschieben um den richtigen Betrag setzt das Feld in die am weitesten rechts liegenden Bits des Wortes, während im Rest des Wortes überall Nullen stehen. Beachten Sie, dass AND das Wort so hinterlässt wie es ursprünglich war, während die Kombination aus den beiden Verschiebungen das Feld innerhalb des Wortes ganz nach rechts verschiebt.

Abschnitt 2.7, Seite 107: I. Alle Argumente sind richtig. II. 1).

Abschnitt 2.8, Seite 118: Beide Aussagen treffen zu.

Abschnitt 2.9, Seite 122: I. 1) und 2); II. 3)

Abschnitt 2.10, Seite 132: I. 4) +-128 K; II. 6) ein Block von 256 M; III. 4) `sll`

Abschnitt 2.11, Seite 136: beides

Abschnitt 2.12, Seite 146: Maschinenunabhängigkeit

3 Rechnerarithmetik

3.1 Einführung

Wörter in Rechnern bestehen aus mehreren Bits und können daher als Binärzahlen interpretiert werden. Wie in Kapitel 2 gezeigt wird, können die natürlichen Zahlen in Dezimal- oder Binärform dargestellt werden. Wie aber verhält es sich mit den anderen üblicherweise vorkommenden Zahlen? Zum Beispiel:

- Wie verhält es sich mit Brüchen und reellen Zahlen?
- Was geschieht, wenn eine Operation eine Zahl ergibt, die größer als die größte darstellbare Zahl ist?
- Welche ist die größte in einem Wort des Rechners darstellbare Zahl?

In diesem Kapitel geht es darum, diese Geheimnisse zu lüften und die Darstellung von Zahlen, die arithmetischen Algorithmen, die Hardware, die diese Algorithmen implementiert, und die Auswirkungen all dessen auf die Befehlssätze zu erläutern. Mit diesen Erkenntnissen lassen sich möglicherweise einige Eigenarten erklären, die Sie beim Arbeiten mit Rechnern vielleicht bereits kennengelernt haben. Außerdem zeigen wir, wie man dieses Wissen ausnutzen kann, um rechenintensive Programme deutlich schneller zu machen.

3.2 Addition und Subtraktion

Die Addition ist die Operation, die man von einem Rechner erwartet. Hierbei werden die Ziffern Bit für Bit von rechts nach links addiert, wobei die Überträge jeweils auf die nächste Stelle links weitergegeben werden, so wie man das auch beim schriftlichen Rechnen machen würde. Auch die Subtraktion ist im Wesentlichen eine Addition: Der entsprechende Operand wird lediglich vor der Addition negiert.

Beispiel: Binäre Addition und Subtraktion

Versuchen wir, 6_D und 7_D in binärer Form zu addieren und anschließend 6_D von 7_D in binärer Form zu subtrahieren.

$$
\begin{array}{rl}
& \texttt{0000 0000 0000 0000 0000 0000 0000 0111}_B = 7_D \\
+ & \texttt{0000 0000 0000 0000 0000 0000 0000 0110}_B = 6_D \\
\hline
= & \texttt{0000 0000 0000 0000 0000 0000 0000 1101}_B = 13_D
\end{array}
$$

https://doi.org/10.1515/9783111352732-003

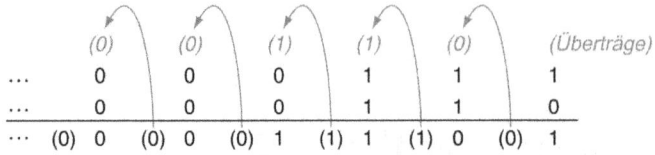

Abb. 3.1: Binäre Addition mit Überträgen von rechts nach links. An der Stelle ganz rechts werden 1 und 0 addiert, was an dieser Stelle die Summe 1 und den Übertrag 0 ergibt. Für die zweite Stelle von rechts wird somit $0 + 1 + 1$ berechnet. Dies ergibt als Summe 0 und für den Übertrag 1. Die dritte Stelle bildet die Summe $1 + 1 + 1$, was für das Summenbit 1 und für das Übertragsbit 1 ergibt. Die vierte Stelle schließlich errechnet sich aus der Summe $1 + 0 + 0$, was in Summe 1 ohne Übertrag ergibt.

Nur die vier rechten Bits werden verändert. In Abbildung 3.1 sind die Summen und die Überträge dargestellt. Die Überträge stehen jeweils in Klammern, und die Pfeile zeigen, an welche Stelle sie jeweils weitergegeben werden.

Lösung: 6_D kann von 7_D direkt subtrahiert werden:

$$\begin{array}{rl} & \texttt{0000 0000 0000 0000 0000 0000 0000 0111}_B = 7_D \\ - & \texttt{0000 0000 0000 0000 0000 0000 0000 0110}_B = 6_D \\ \hline = & \texttt{0000 0000 0000 0000 0000 0000 0000 0001}_B = 1_D \end{array}$$

oder über die Addition mithilfe der Zweierkomplement-Darstellung von -6:

$$\begin{array}{rl} & \texttt{0000 0000 0000 0000 0000 0000 0000 0111}_B = 7_D \\ + & \texttt{0000 0000 0000 0000 0000 0000 0000 0110}_B = -6_D \\ \hline = & \texttt{0000 0000 0000 0000 0000 0000 0000 0001}_B = 1_D \end{array}$$

Denken Sie daran, dass es zu einem Überlauf kommt, wenn das Ergebnis einer Operation mit der verfügbaren Hardware, in diesem Fall einem 32-Bit-Wort, nicht dargestellt werden kann. Wann kann es bei einer Addition zu einem Überlauf kommen? Bei der Addition von Operanden mit unterschiedlichen Vorzeichen kann kein Überlauf entstehen. Das liegt daran, dass die Summe nicht größer als einer der Operanden sein kann. Beispiel: $-10 + 4 = -6$. Da die Operanden in einem 32-Bit-Wort Platz finden und die Summe nicht größer als ein Operand ist, passt die Summe ebenfalls in ein 32-Bit-Wort. Somit kann es bei der Addition von einem positiven und einem negativen Operanden nicht zu einem Überlauf kommen.

Ähnliche Beschränkungen gelten für das Auftreten eines Überlaufs bei der Subtraktion. Dabei gilt jedoch das umgekehrte Prinzip: Wenn die Vorzeichen der Operanden *gleich* sind, kann kein Überlauf auftreten. Wegen $x-y = x+(-y)$ erfolgt die Subtraktion durch Addition des zuvor negierten zweiten Operanden. Wenn bei der Subtraktion beide Operanden das gleiche Vorzeichen haben, *addieren* wir letztendlich Operanden mit *unterschiedlichen* Vorzeichen. Und wie wir soeben festgestellt haben, kann es in diesem Fall nicht zu einem Überlauf kommen.

Das Wissen, wann kein Überlauf bei der Addition und Subtraktion auftreten kann, ist schön und gut, aber wie können wir erkennen, *dass* er auftritt? Ein Überlauf ist offensichtlich dann aufgetreten, wenn zwei positive Zahlen addiert werden und die Summe negativ ist oder umgekehrt. Die Addition oder Subtraktion zweier 32-Bit-Zahlen kann zu einem Ergebnis führen, für dessen Darstellung alle 32 Bit benötigt werden. Das Fehlen eines 33. Bits führt dazu, dass die Stelle für das Vorzeichenbit den Wert des Ergebnisses und nicht das Vorzeichen erhält. Da wir nur ein zusätzliches Bit benötigen, kann nur das Vorzeichenbit falsch sein. Das bedeutet, dass an der Stelle des Vorzeichenbits ein Übertrag erfolgt ist.

Bei der Subtraktion entsteht ein Überlauf, wenn wir eine negative Zahl von einer positiven subtrahieren und ein negatives Ergebnis erhalten oder wenn wir eine positive Zahl von einer negativen subtrahieren und ein positives Ergebnis erhalten. Tabelle 3.1 zeigt die möglichen Kombinationen von Operationen, Operanden und Ergebnissen, bei denen ein Überlauf entstehen kann.

Tab. 3.1: Überlaufbedingungen für Addition und Subtraktion

Operation	Operand A	Operand B	Ergebnis, gibt Überlauf an
A + B	≥ 0	≥ 0	< 0
A + B	< 0	< 0	≥ 0
A − B	≥ 0	< 0	< 0
A − B	< 0	≥ 0	≥ 0

Wir haben nun gesehen, wie ein Überlauf bei Zweierkomplementzahlen in einem Rechner erkannt werden kann. Aber wie sieht es beim Überlauf mit vorzeichenlosen Ganzzahlen aus? Ganzzahlen ohne Vorzeichen werden üblicherweise für Speicheradressen verwendet, bei denen Überläufe ignoriert werden.

Der Rechnerarchitekt muss deshalb eine Möglichkeit bereitstellen, mit der Überläufe in manchen Fällen erkannt und in anderen Fällen ignoriert werden. Die Lösung bei MIPS sieht Varianten von arithmetischen Befehlen für die beiden Fälle vor:

- Add (add), add immediate (addi) und subtract (sub) verursachen bei einem Überlauf eine Ausnahme.

- Add unsigned (addu), add immediate unsigned (addiu) und subtract unsigned (subu) verursachen bei einem Überlauf *keine* Ausnahme.

Da in C Überläufe ignoriert werden, generieren MIPS-C-Compiler unabhängig vom Variablentyp immer die vorzeichenlosen Varianten der arithmetischen Befehle addu, addiu und subu. MIPS-Fortran-Compiler wählen dagegen die arithmetischen Befehle jeweils in Abhängigkeit des Typs der Operanden aus.

Anhang B beschreibt die Hardware für Addition und Subtraktion, nämlich die so genannte **ALU** (für engl. *arithmetic logic unit*).

ALU Hardware, die die Addition und die Subtraktion ausführt, ebenso wie üblicherweise logische Operationen wie AND und OR.

Anmerkung: Der Name des Befehls addiu sorgt immer wieder für Verwirrung. Das u steht für „unsigned" (vorzeichenlos), und das bedeutet, dass die

Addition nicht zu einem Überlauf führen kann. Allerdings ist das 16-Bit-Immediate-Feld vorzeichenerweitert auf 32 Bit, ebenso wie `addi`, `slti` und `sltiu`. Folglich ist das Immediate-Feld vorzeichenbehaftet, auch wenn die Operation „vorzeichenlos" ist.

Hardware-Software-Schnittstelle

Der Rechnerarchitekt muss festlegen, wie arithmetische Überläufe zu behandeln sind. Es gibt zwar Sprachen wie C, die Überläufe bei der Integer-Verarbeitung ignorieren, aber bei Sprachen wie Ada und Fortran muss das Programm benachrichtigt werden. Der Programmierer oder die Programmumgebung muss dann entscheiden, was im Falle eines Überlaufs zu geschehen hat.

Ausnahmebehandlung
Wird bei manchen Rechnern auch als *Unterbrechung* bezeichnet. Ein im ursprünglichen Programm an dieser Stelle nicht vorgesehenes Ereignis, das die Programmausführung unterbricht. Dient beispielsweise zum Erkennen von Überläufen.

Unterbrechung Eine Ausnahme, die außerhalb des Prozessors verursacht wird. (Bei manchen Architekturen wird der Begriff Unterbrechung (Interrupt) für alle Arten von Ausnahmen verwendet.)

MIPS entdeckt einen Überlauf im Rahmen einer **Ausnahmebehandlung** (*Exception*) oder bei manchen Computern auch **Unterbrechung** (*Interrupt*) genannt. Die Bearbeitung im Rahmen einer Ausnahme- oder einer Unterbrechungsbehandlung führt zu einem im ursprünglichen Programm an dieser Stelle nicht vorgesehenen Prozeduraufruf. Die Adresse des Befehls, der den Überlauf verursacht hat, wird in einem Register gespeichert, und der Rechner springt zu einer fest vorgegebenen Adresse, um die für eine Ausnahme vorgesehene Routine aufzurufen. Die Adresse des Befehls, der die Ausnahme verursacht hat, wird gesichert. Nach Ausführung der Routine zur Behebung des Fehlers kann das unterbrochene Programm fortgesetzt werden. (In Abschnitt 4.10 werden Ausnahmen ausführlicher beschrieben. In Kapitel 5 werden weitere Situationen beschrieben, in denen Ausnahmen und Unterbrechungen auftreten.) In MIPS wird eine Ausnahme, die außerhalb des Prozessors verursacht wird, Unterbrechung genannt.

MIPS verwendet ein spezielles Register, das *EPC-Register* (*exception program counter*), zum Speichern der Adresse des Befehls, der die Ausnahme verursacht hat. Mit dem Befehl *move from system control* (`mfc0`) wird der Inhalt des EPC-Registers in ein Allzweckregister kopiert, so dass die MIPS-Software mit einem Jump-Register-Befehl zu dem Befehl zurückkehren kann, der die Ausnahmebehandlung ausgelöst hat.

Zusammenfassung

Unabhängig von der Darstellung kann es bei arithmetischen Operationen aufgrund der begrenzten Wortgröße in Rechnern zu Ergebnissen kommen, die nicht in das vorgegebene Wort passen. Bei vorzeichenlosen Zahlen ist ein Überlauf leicht zu erkennen, auch wenn dieser fast immer ignoriert wird, da bei der Adressberechnung, bei der natürliche Zahlen am häufigsten benötigt werden, das Erkennen eines Überlaufs nicht unbedingt notwendig ist. Eine größere Herausforderung stellen die Zweierkomplementzahlen dar, denn bei einigen Softwaresystemen müssen Überläufe erkannt werden. Daher verfügen heute alle Computer über eine Möglichkeit, Überläufe zu erkennen.

Selbsttest

Bei manchen Programmiersprachen können als Byte und Halbwort deklarierte Variablen mittels Zweierkomplement-Ganzzahlarithmetik berechnet werden. Bei MIPS dagegen gibt es Ganzzahlarithmetik nur für Bytes. In Kapitel 2 haben wir gesehen, dass es Datentransfer-Operationen für Bytes und Halbwörter gibt. Welche MIPS-Befehle werden verwendet?

1. laden mit lbu, lhu; arithmetische Operation mit add, sub, mult, div; dann speichern mit sb, sh

2. laden mit lb, lh; arithmetische Operation mit add, sub, mult, div; dann speichern mit sb, sh

3. laden mit lb, lh; arithmetische Operation mit add, sub, mult, div, wobei and nach jeder Operation zum Maskieren des Ergebnisses mit 8 oder 16 Bit verwendet wird; dann speichern mit sb, sh

Anmerkungen: 1) Ein Merkmal, das bei Mikroprozessoren für Universalrechner nicht standardmäßig zu finden ist, sind *Sättigungsoperationen*. Sättigung bedeutet, dass das Ergebnis einer Berechnung im Falle eines Überlaufs auf die größte positive Zahl bzw. die betragsgrößte negative Zahl gesetzt wird, anstatt eine Modulo-Berechnung auszuführen wie beim Zweierkomplement. Sättigung ist höchstwahrscheinlich das, was für Multimedia-Operationen gewünscht ist. Zum Beispiel wäre es sehr frustrierend, wenn der Lautstärkeknopf an einem Radio so funktionieren würde, dass die Lautstärke beim Hochdrehen zunächst kontinuierlich steigt und dann abrupt sehr leise würde. Mit Sättigung würde die Lautstärke einfach auf dem maximalen Wert bleiben, wenn Sie den Knopf noch weiter drehen. Multimedia-Erweiterungen für Standardbefehlssätze bieten oft Sättigungsarithmetik an.

2) Bei MIPS kann es zum Überlauf kommen, doch im Unterschied zu vielen anderen Computern gibt es keine bedingten Sprünge zum Testen auf Überlauf. Eine Sequenz von MIPS-Befehlen kann feststellen, ob ein Überlauf vorliegt. Für die vorzeichenbehaftete Addition sieht diese Sequenz folgendermaßen aus (zur Beschreibung des XOR-Befehls siehe die Anmerkung auf Seite 100):

```
addu $t0,$t1,$t2   # $t0 = sum
xor  $t3,$t1,$t2   # prüfe, ob Vorzeichen ungleich
slt  $t3,$t3,$zero # $t3 = 1 falls Vorzeichen ungleich
bne  $t3,$zero,No_overflow
     # $t1, $t2 Vorzeichen ungleich, daher kein Überlauf
xor  $t3,$t0,$t1   # Vorzeichen gleich; Summenvorzeichen?
     # $t3 negativ, falls Summenvorzeichen ungleich
slt  $t3,$t3,$zero # $t3=1, falls Summenvorz. ungleich
bne  $t3,$zero,Overflow
     # alle 3 Vorz. ungleich; goto overflow
```

Für die vorzeichenlose Addition ($t0=$t1+$t2) sieht der Test wie folgt aus:

```
addu $t0, $t1, $t2        # $t0 = sum
nor  $t3, $t1, $zero      # $t3 = NOT $t1
                          # (Zweierkomplement-1: 2^32-$t1-1)
sltu $t3, $t3, $t2        # (2^32-$t1-1)<$t2 --> 2^32-1<$t1+$t2
bne  $t3,$zero,Overflow   # if (2^32-1<$t1+$t2) goto overflow
```

3) Im letzten Abschnitt wurde beschrieben, dass das EPC-Register mittels `mfc0` in ein Register kopiert und mittels `jump register` an die Stelle im Programm zurückgekehrt wird, an der die Ausführung unterbrochen worden ist. Dies führt zu einer interessanten Frage: Wenn bei der Verwendung des Jump-Register-Befehls zunächst der Inhalt des EPC-Registers in ein Register kopiert werden muss, wie kann dann der Jump-Register-Befehl zum unterbrochenen Code zurückkehren *und* die ursprünglichen Werte *aller* Register wiederherstellen? Entweder werden zuerst alle alten Register wiederhergestellt und dabei die Rücksprungadresse aus dem EPC-Register gelöscht, das für die Verwendung bei einem Jump-Register-Befehl in einem Register gespeichert wurde, oder es werden außer dem einen Register mit der Rücksprungadresse alle Register wiederhergestellt, so dass gesprungen werden kann. Damit würde eine Ausnahme dazu führen, dass ein Register während der Programmausführung jederzeit geändert werden kann! Weder das eine noch das andere ist befriedigend.

Um die Hardware vor diesem Dilemma zu schützen, halten sich MIPS-Programmierer an die Konvention, die Register $k0 und $k1 für das Betriebssystem zu reservieren. Diese Register werden bei Ausnahmen *nicht* wiederhergestellt. So wie die MIPS-Compiler Register $at nicht verwenden, damit der Assembler dieses Register als temporäres Register nutzen kann (siehe Abschnitt 2.10), so verwenden Compiler auch die Register $k0$ und $k1 nicht, so dass diese dem Betriebssystem zur Verfügung stehen. Ausnahmeroutinen speichern die Rücksprungadresse in einem dieser Register und stellen die Befehlsadresse mit dem Jump-Register-Befehl wieder her.

4) Die Addition wird beschleunigt, indem der Übertrag in die höheren Bits schneller erkannt wird. Es gibt verschiedene Vorgehensweisen, den Übertrag vorab zu schätzen, so dass das Worst-Case-Szenario eine $\log_2$-Funktion der Anzahl der im Addierer verarbeiteten Bits ist, anstatt die Anzahl selbst. Diese Schätzsignale sind schneller, weil sie weniger Gates in Folge durchlaufen, aber man benötigt sehr viel mehr Gates, um den richtigen Übertrag zu schätzen. Das bekannteste Verfahren ist *Carry Lookahead*, das in Anhang B.6 beschrieben ist.

Das Multiplizieren ist für mich eine Qual, Vom Dividier'n hab ich keinen Schimmer. Der Dreisatz bleibt ewig ein Rätsel für mich, Und Üben macht alles noch schlimmer.

aus einem anonymen engl. Manuskript, 1570

3.3 Multiplikation

Nachdem wir die Erläuterung der Funktionsweise der Addition und Subtraktion abgeschlossen haben, können wir uns der komplizierteren Multiplikation zuwenden. Zunächst wiederholen wir zur Erinnerung die einzelnen Schritte und Bezeichnungen der Operanden für die Multiplikation von Dezimalzahlen.

Aus Gründen, die in Kürze deutlich werden, beschränken wir uns in diesem
Beispiel auf Dezimalzahlen, die nur aus den Ziffern 0 und 1 bestehen, und
multiplizieren 1000_D mit 1001_D:

Multiplikand		1000_D
Multiplikator	$\times$	1001_D
		1000
		0000
		0000
		1000
Produkt		1001000_D

Der erste Operand wird als *Multiplikand* bezeichnet, der zweite als *Multiplikator*. Das Ergebnis einer Multiplikation ist das *Produkt*. Bei dem Algorithmus,
den Sie wahrscheinlich in der Schule gelernt haben, wird der Multiplikand mit
den einzelnen Ziffern des Multiplikators der Reihe nach von rechts nach links
multipliziert, wobei die Zwischenergebnisse jeweils um eine Stelle weiter nach
links verschoben werden.

Dabei fällt als Erstes auf, dass die Anzahl der Stellen des Produkts deutlich größer ist als die Anzahl der Stellen des Multiplikanden oder des Multiplikators. Wenn wir die Vorzeichenbits außer Acht lassen, ergibt sich bei der
Multiplikation eines n-Bit-Multiplikanden mit einem m-Bit-Multiplikator ein
Produkt mit $n+m$ Stellen. Wie bei der Addition müssen wir auch bei der Multiplikation mit dem Problem des Überlaufs umgehen können, insbesondere wenn
bei der Multiplikation zweier 32-Bit-Zahlen das Ergebnis ebenfalls 32-stellig
sein soll, was häufig gewünscht ist.

In unserem Beispiel haben wir uns auf die Dezimalziffern 0 und 1 beschränkt. Bei nur zwei Möglichkeiten sind die einzelnen Schritte der Multiplikation einfach:

1. Wenn an der Stelle des Multiplikators eine 1 steht, wird an der entsprechenden Stelle eine Kopie des Multiplikanden gesetzt ($1 \times$ Multiplikand), und

2. wenn an der Stelle des Multiplikators eine 0 steht, wird an der entsprechenden Stelle eine 0 ($0 \times$ Multiplikand) gesetzt.

Diese einfache Multiplikation funktioniert bei Dezimalzahlen, die nur Nullen
und Einsen enthalten. Bei der Multiplikation von Binärzahlen werden sowieso
nur Nullen und Einsen verwendet, weshalb immer nur diese beiden Möglichkeiten zur Wahl stehen.

Nach der Wiederholung der Grundlagen der Multiplikation wird üblicherweise eine stark optimierte Multiplikationshardware vorgestellt. Wir weichen
von dieser traditionellen Vorgehensweise ab. Wir denken, dass die Zusammen-
hänge besser zu verstehen sind, wenn Sie die Entwicklung der Multiplikationshardware und des Multiplikationsalgorithmus über mehrere Generationen
hinweg verfolgen können. Für den Moment betrachten wir nur die Multiplikation positiver Zahlen.

Sequentielle Version des Multiplikationsalgorithmus und der Multiplikationshardware

Dieser Entwurf ahmt den Algorithmus nach, den wir in der Schule gelernt haben. Die Hardware ist in Abbildung 3.2 dargestellt. Wir haben die Hardware so gezeichnet, dass die Daten von oben nach unten fließen, um so die Papier-und-Bleistift-Methode am besten nachzuempfinden.

Wir nehmen an, der Multiplikator befinde sich im 32-Bit-Multiplikatorregister und das 64-Bit-Register sei mit 0 initialisiert. Gemäß dem obigen Papier-und-Bleistift-Beispiel muss der Multiplikand in jedem Schritt um eine Stelle nach links verschoben werden, damit die Zwischenergebnisse addiert werden können. Ein 32-Bit-Multiplikand wird in 32 Schritten um insgesamt 32 Bit nach links verschoben. Aus diesem Grund benötigen wir ein 64-Bit-Multiplikandenregister, das mit dem 32-Bit-Multiplikanden in der rechten Hälfte und 0 in der linken Hälfte initialisiert wird. Dieses Register wird dann in jedem Schritt um 1 Bit nach links verschoben, um den Multiplikanden an der Summe auszurichten, die im 64-Bit-Produktregister gebildet wird.

In Abbildung 3.3 sind die für jedes Bit erforderlichen drei Grundschritte dargestellt. Das niedrigstwertige Bit des Multiplikators bestimmt, ob der Multiplikand zum Wert im Produktregister addiert wird. Das Schieben nach links in Schritt 2 hat zur Folge, dass die Zwischenoperanden wie beim schriftlichen Multiplizieren nach links verschoben werden. Das Schieben nach rechts in Schritt 3 liefert das Bit des Multiplikators, das in der nachfolgenden Iteration als nächstes zu überprüfen ist. Diese drei Schritte werden 32-mal wie-

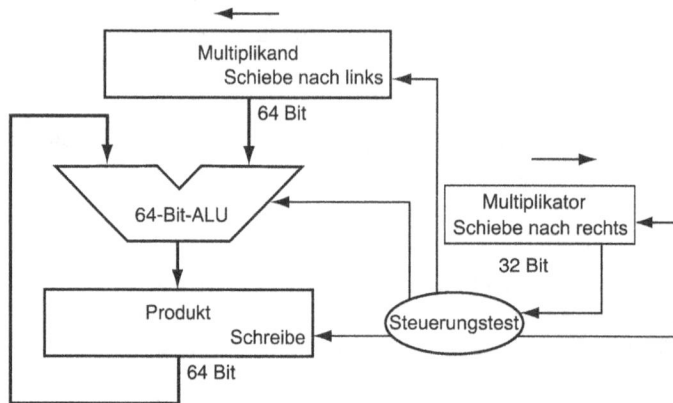

Abb. 3.2: Die erste Version der Multiplikationshardware. Das Multiplikandenregister, die ALU und das Produktregister sind jeweils 64 Bit breit, nur das Multiplikatorregister umfasst 32 Bit. (In Anhang B sind ALUs beschrieben.) Der 32-Bit-Multiplikand steht in der rechten Hälfte des Multiplikandenregisters und wird bei jedem Schritt um ein Bit nach links verschoben. Der Multiplikator wird bei jedem Schritt in die entgegengesetzte Richtung verschoben. Das Produktregister ist zu Beginn des Algorithmus auf 0 gesetzt. Die Steuerung bestimmt, wann das Multiplikanden- und das Multiplikatorregister verschoben und wann neue Werte in das Produktregister geschrieben werden.

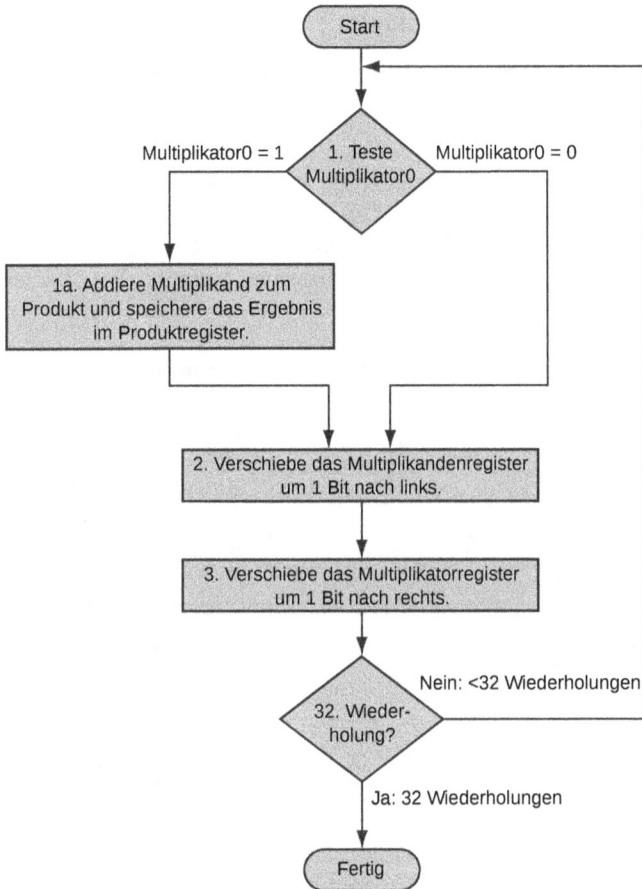

Abb. 3.3: Der erste Multiplikationsalgorithmus unter Verwendung der in Abbildung 3.2 dargestellten Hardware. Addiere den Multiplikanden zum Produkt, wenn das niedrigstwertige Bit des Multiplikators 1 ist. Wenn nicht, fahre mit dem nächsten Schritt fort. Verschiebe in den nächsten beiden Schritten den Multiplikanden nach links und den Multiplikator nach rechts. Diese drei Schritte werden 32-mal wiederholt.

derholt, bis das Produkt berechnet ist. Wenn jeder Schritt einen Taktzyklus beanspruchen würde, würde dieser Algorithmus zur Multiplikation zweier 32-Bit-Zahlen nahezu 100 Taktzyklen benötigen. Die Bedeutung arithmetischer Operationen wie der Multiplikation ist von Programm zu Programm verschieden. Die Addition und Subtraktion wird jedoch etwa fünf- bis hundertmal so oft angewendet wie die Multiplikation. Entsprechend kann die Multiplikation bei vielen Anwendungen mehrere Taktzyklen beanspruchen, ohne die Leistung spürbar zu beeinträchtigen. Das Amdahl'sche Gesetz (siehe Abschnitt 1.11) besagt jedoch, dass eine langsame Operation auch bei geringer Häufigkeit die Leistung beeinträchtigen kann.

Beispiel: Ein Multiplikationsalgorithmus

Nehmen Sie 4-Bit-Zahlen, um Platz zu sparen, und multiplizieren Sie $2_D \times 3_D$, d. h. $0010_B \times 0011_B$.

Lösung: Tabelle 3.2 führt die Werte der einzelnen Register für jeden der Schritte auf, wobei die Nummerierung der in Abbildung 3.3 folgt. Der letzte Wert ist $0000\ 0110_B$, also 6_D. Die Registerwerte, die sich beim jeweiligen Schritt ändern, sind grau hinterlegt. Das jeweils unterstrichene Bit ist das Bit, das geprüft wird, um zu bestimmen, welche Operation im nächsten Schritt auszuführen ist.

Tab. 3.2: Beispiel für eine Multiplikation mit dem Algorithmus aus Abbildung 3.3.
Das Bit, das den nächsten Schritt bestimmt, ist jeweils unterstrichen.

Iteration	Schritt		Multiplikator	Multiplikand	Produkt
0	Anfangswerte		0011	0000 0010	0000 0000
1	1a:	1 ⇒ Produkt = Produkt + Multiplikand	0011	0000 0010	0000 0010
	2:	schiebe Multiplikand nach links	0011	0000 0100	0000 0010
	3:	schiebe Multiplikator nach rechts	0001	0000 0100	0000 0010
2	1a:	1 ⇒ Produkt = Produkt + Multiplikand	0001	0000 0100	0000 0110
	2:	schiebe Multiplikand nach links	0001	0000 1000	0000 0110
	3:	schiebe Multiplikator nach rechts	0000	0000 1000	0000 0110
3	1:	0 ⇒ keine Operation	0000	0000 1000	0000 0110
	2:	schiebe Multiplikand nach links	0000	0001 0000	0000 0110
	3:	schiebe Multiplikator nach rechts	0000	0001 0000	0000 0110
4	1:	0 ⇒ keine Operation	0000	0001 0000	0000 0110
	2:	schiebe Multiplikand nach links	0000	0010 0000	0000 0110
	3:	schiebe Multiplikator nach rechts	0000	0010 0000	0000 0110

Der Algorithmus und die Hardware können in einfacher Weise so verfeinert werden, dass jeder Schritt einen Taktzyklus benötigt. Die Beschleunigung wird durch die parallele Ausführung der Operationen erreicht: Der Multiplikator und der Multiplikand werden verschoben, während der Multiplikand zum Produkt addiert wird, falls das Multiplikatorbit 1 ist. Die Hardware muss sicherstellen, dass das richtige Bit des Multiplikators geprüft wird und jeweils die zuvor verschobene Version des Multiplikanden bereit steht. Wenn man darauf achtet, wo Abschnitte der Register und Addierer ungenutzt bleiben, kann der Hardware-Aufwand in der Regel durch die Halbierung der Breite des Addierers und der Register verringert werden. Abbildung 3.4 zeigt die überarbeitete Hardware.

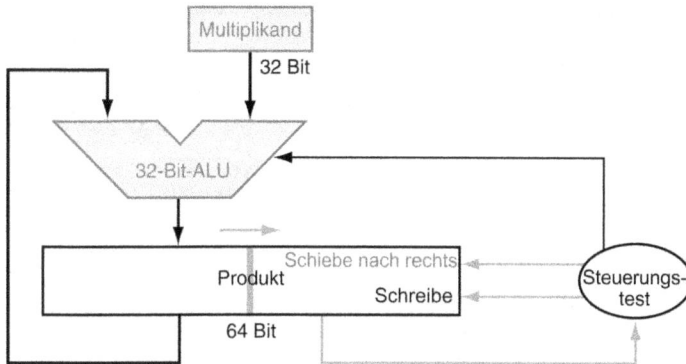

Abb. 3.4: Die verfeinerte Version der Multiplikationshardware. Vergleichen Sie diese mit der ersten Version in Abbildung 3.2. Das Multiplikandenregister, die ALU und das Multiplikatorregister sind alle 32 Bit breit. Nur das Produktregister weist noch 64 Bit auf. Nun wird das Produkt nach rechts verschoben. Das getrennte Multiplikatorregister ist verschwunden. Stattdessen befindet sich der Multiplikator nun in der rechten Hälfte des Produktregisters. Diese Änderungen sind grau hervorgehoben. (Das Produktregister sollte eigentlich 65 Bit breit sein, um den Übertrag aus dem Addierer aufzunehmen. Hier ist es mit 64 Bit dargestellt, um die Weiterentwicklung aus Abbildung 3.2 zu verdeutlichen.)

Hardware-Software-Schnittstelle

Auch bei der Multiplikation von Konstanten kann Arithmetik durch Schiebeoperationen ersetzt werden. Einige Compiler ersetzen Multiplikationen mit kurzen Konstanten durch mehrere Schiebeoperationen und Additionen. Da eine Verschiebung um ein Bit nach links bei Zahlen zur Basis 2 deren Wert verdoppelt, bewirkt das Verschieben der Bits nach links dasselbe wie die Multiplikation mit einer Potenz von 2. Wie wir aus Kapitel 2 wissen, führen die meisten Compiler die Optimierung *Strength Reduction* durch, bei der eine Multiplikation mit einer Potenz von 2 durch eine Schiebeoperation nach links ersetzt wird.

Multiplikation mit Vorzeichen

Bisher haben wir positive Zahlen betrachtet. Der Umgang mit vorzeichenbehafteten Zahlen ist am einfachsten, wenn zunächst der Multiplikator und der Multiplikand in positive Zahlen umgewandelt und die ursprünglichen Vorzeichen gemerkt werden. Der Algorithmus muss 31 Iterationen durchlaufen, wobei die Vorzeichen bei der Berechnung nicht berücksichtigt werden. Wie wir aus der Schule wissen, müssen wir das Produkt nur negieren, wenn die ursprünglichen Vorzeichen verschieden sind.

Es zeigt sich, dass der letzte Algorithmus bei vorzeichenbehafteten Zahlen eingesetzt werden kann, wobei beachtet werden muss, dass die Zahlen, um die es geht, unendlich viele Stellen haben, jedoch nur mit 32 Bit dargestellt werden. Daher muss bei den Schiebeschritten das Vorzeichen für das Produkt von

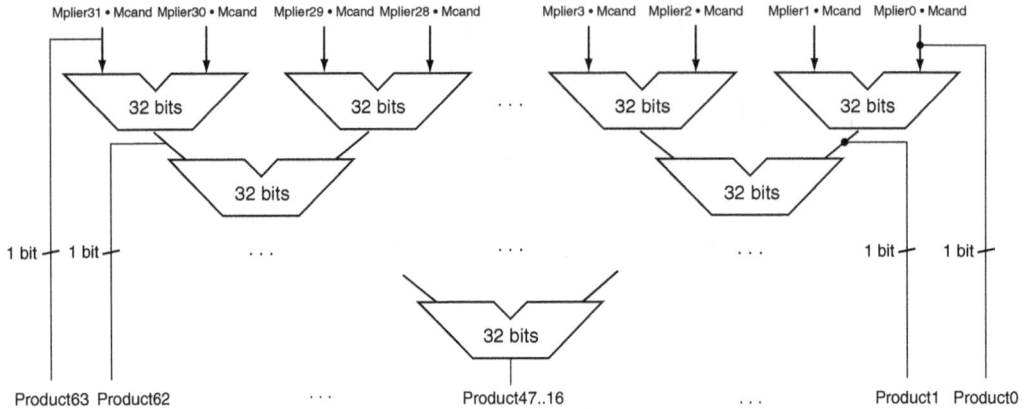

Abb. 3.5: Schnelle Multiplikationshardware. Anstatt einen einzelnen 32-Bit-Addierer 31-mal zu verwenden, rollt die Hardware die Schleife auf, so dass 31 Addierer verwendet werden. Diese werden dann so organisiert, dass die Verzögerung minimiert wird.

vorzeichenbehafteten Zahlen erweitert werden. Wenn der Algorithmus beendet ist, befindet sich das 32-Bit-Produkt im niederwertigen Teil des Worts.

Schnellere Multiplikation

Wie durch das Moore'sche Gesetz vorhergesagt, stehen dem Hardwareentwickler heute viel mehr Ressourcen zur Verfügung, um eine schnellere Multiplikationshardware zu entwerfen. Ob der Multiplikand addiert werden muss oder nicht, ist bei Betrachtung der 32 einzelnen Multiplikatorbits bereits zu Beginn der Multiplikation bekannt. Die schnellere Multiplikation wird im Wesentlichen durch die Bereitstellung jeweils eines Addierers für jedes Bit des Multiplikators erreicht. An einem Eingang liegt der über ein AND mit einem Multiplikatorbit verknüpfte Multiplikand an und am anderen Eingang der Ausgang des Addierers der vorherigen Stufe.

Ein einfacherer Ansatz wäre es, die Ausgänge von Addierern auf der rechten Seite mit den Eingängen von Addierern auf der linken Seite zu verbinden, und damit einen Stapel mit 32 Addierern zu bilden. Eine alternative Methode für die Anordnung dieser 32 Additionen wäre ein paralleler Baum, wie in Abbildung 3.5 gezeigt. Statt auf 32 Additionszeiten zu warten, warten wir nur $\log_2(32)$ oder fünf 32-Bit-Additionen mal.

Die Multiplikation kann sogar noch schneller als fünf Additionszeiten sein, wenn *Carry Save Adders* (siehe Anhang B.6) verwendet werden, und weil es einfach ist, einen solchen Entwurf zu einer **Pipeline** auszubauen, um mehrere Multiplikationen gleichzeitig zu unterstützen (siehe Kapitel 4).

PIPELINING

Multiplikation bei MIPS

Bei der MIPS-Architektur gibt es zwei getrennte 32-Bit-Register zum Speichern des 64-Bit-Produkts. Diese Register heißen *Hi* und *Lo*. Um ein Produkt mit oder ohne Vorzeichen generieren zu können, enthält der MIPS-Befehlssatz zwei Befehle: multiply (`mult`) und multiply unsigned (`multu`). Um das ganzzahlige 32-Bit-Produkt zu holen, verwendet der Programmierer den Befehl *move from lo* (`mflo`). Der MIPS-Assembler generiert einen Pseudobefehl für die Multiplikation, in dem drei Allzweckregister angegeben sind, und speichert das Produkt mithilfe der Befehle `mflo` und `mfhi` in Registern.

Zusammenfassung

Abgeleitet von der Papier-und-Bleistift-Methode, wie wir sie in der Schule gelernt haben, wird die Multiplikation mithilfe einfacher Schiebe- und Addierhardware durchgeführt. Compiler verwenden sogar Schiebebefehle für die Multiplikation mit Zweierpotenzen. Mit wesentlich umfangreicherer Hardware können wir Additionen **parallel** und somit deutlich schneller ausführen.

PARALLELITÄT

Hardware-Software-Schnittstelle

Keiner der beiden MIPS-Multiplikationsbefehle berücksichtigt einen Überlauf. Somit muss die Software prüfen, ob das Produkt in 32 Bit passt. Es kommt zu keinem Überlauf, wenn Hi bei `multu` 0 ist oder wenn Hi bei `mult` das kopierte Vorzeichen von Lo ist. Mit dem Befehl *move from hi* (`mfhi`) kann Hi in ein Allzweckregister übertragen werden, um zu prüfen, ob ein Überlauf vorliegt.

3.4 Division

Divide et impera.
(Teile und herrsche.)

Altes politisches Prinzip
nach Machiavelli, 1532

Die Division ist die inverse Operation zur Multiplikation. Sie kommt noch seltener vor und ist noch vertrackter. Es kann sogar zu einer mathematisch ungültigen Operation kommen: der Division durch 0. Betrachten wir zunächst ein Beispiel für die Division von Dezimalzahlen, um die Bezeichnungen der Operanden und den Divisionsalgorithmus in Erinnerung zu rufen. Aus denselben Gründen wie im vorhergehenden Abschnitt verwenden wir nur die Dezimalziffern 0 und 1. Bei dem Beispiel wird $1\,001\,010_D$ durch 1000_D dividiert:

```
                    1001_D   Quotient
Divisor 1000_D   1001010_D   Dividend
                 −1000
                    10
                    10
                   101
                   1010
                  −1000
                    10_D     Rest
```

Dividend Eine Zahl, die dividiert wird.

Divisor Eine Zahl, durch die der Dividend dividiert wird.

Quotient Das primäre Ergebnis einer Division. Eine Zahl, die, mit dem Divisor multipliziert und zum Rest addiert, den Dividenden ergibt.

Rest Das sekundäre Ergebnis einer Division. Eine Zahl, die, zum Produkt aus Quotient und Divisor addiert, den Dividenden ergibt.

Die beiden Operanden (**Dividend** und **Divisor**) und das Ergebnis (**Quotient**) der Division werden von einem zweiten Ergebnis begleitet, das als **Rest** bezeichnet wird. Die Beziehung zwischen den Komponenten lässt sich auch wie folgt ausdrücken:

Dividend = Quotient × Divisor + Rest

wobei der Rest kleiner als der Divisor ist. Programme verwenden gelegentlich den Divisionsbefehl, nur um den Rest zu ermitteln (der Quotient spielt dann keine Rolle).

Beim Divisionsalgorithmus aus der Schule wird versucht herauszufinden, wie oft eine Zahl subtrahiert werden kann, wobei bei jedem Versuch eine Ziffer des Quotienten generiert wird. Bei unserem sorgfältig ausgewählten Beispiel verwenden wir nur die Dezimalziffern 0 und 1, was es leicht macht herauszufinden, wie oft der Divisor im Dividendenteil enthalten ist: nämlich entweder 0-mal oder 1-mal. Binärzahlen bestehen nur aus Nullen und Einsen. Somit gibt es bei der Binärdivision nur diese beiden Möglichkeiten, was die Division mit Binärzahlen vereinfacht.

Nehmen wir an, dass sowohl der Dividend als auch der Divisor positiv und somit der Quotient und der Rest nicht negativ sind. Die Divisionsoperanden und beide Ergebnisse sind 32-Bit-Werte. Das Vorzeichen lassen wir im Moment außer Acht.

Ein Divisionsalgorithmus und eine Divisionshardware

In Abbildung 3.6 ist die Hardware dargestellt, mit der unser Algorithmus aus der Schule realisiert wird. Wir beginnen mit der Initialisierung des 32-Bit-Quotientenregisters, das auf 0 gesetzt ist. Bei jeder Iteration des Algorithmus muss der Divisor um eine Stelle nach rechts verschoben werden. Deshalb muss der Divisor zu Beginn in der linken Hälfte des 64-Bit-Divisorregisters abgelegt werden. Bei jedem Schritt muss der Divisor um ein Bit nach rechts verschoben werden, um ihn so am Dividenden auszurichten. Das Restregister wird mit dem Dividenden initialisiert.

In Abbildung 3.7 sind die drei Schritte des ersten Divisionsalgorithmus dargestellt. Im Gegensatz zum Menschen ist der Computer nicht intelligent genug, im Voraus zu erkennen, ob der Divisor kleiner ist als der Dividend. Er muss zunächst den Divisor in Schritt 1 subtrahieren. Es sei daran erinnert, dass auf diese Weise der Vergleich beim Set-on-less-than-Befehl durchgeführt worden ist. Wenn das Ergebnis positiv ist, ist der Divisor kleiner als oder gleich groß wie der Dividend und wir generieren eine 1 im Quotienten (Schritt 2a). Wenn das Ergebnis negativ ist, besteht der nächste Schritt darin, den Anfangswert wiederherzustellen, indem der Divisor und der Rest addiert werden, und im Quotienten eine 0 zu generieren (Schritt 2b). Der Divisor wird nach rechts verschoben, und der Vorgang wird wiederholt. Nach Abschluss aller Wiederholungen befinden sich der Rest im Restregister und der Quotient im Quotientenregister.

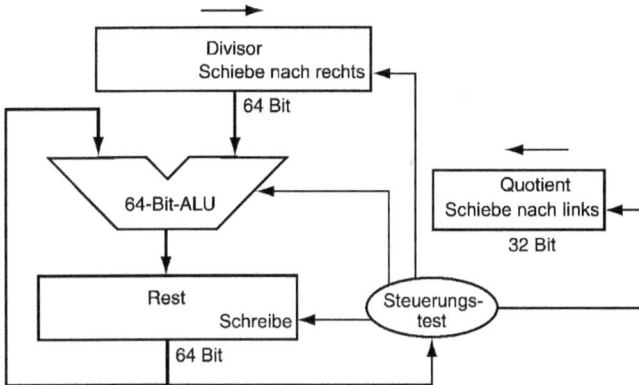

Abb. 3.6: Erste Version der Divisionshardware. Das Divisorregister, die ALU und das Rest-register sind jeweils 64 Bit breit, nur das Quotientenregister umfasst 32 Bit. Der 32-Bit-Divisor beginnt in der linken Hälfte des Divisorregisters und wird bei jeder Wiederholung um ein Bit nach rechts verschoben. Der Rest wird mit dem Dividenden initialisiert. Die Steuerung bestimmt, wann das Divisor- und das Quotientenregister verschoben werden und wann der neue Wert in das Rest-register geschrieben wird.

Beispiel: Ein Divisionsalgorithmus

Verwenden Sie eine 4-Bit-Version des Algorithmus, um Platz zu sparen, und dividieren Sie 7_D durch 2_D, d. h. $0000\ 0111_B$ durch 0010_B.

Lösung: In Tabelle 3.3 sind die Werte der einzelnen Register für jeden Schritt angegeben, wobei der Quotient 3_D und der Rest 1_D beträgt. Bei der Überprü-fung in Schritt 2, ob der Rest eine positive oder negative Zahl ist, wird ledig-lich überprüft, ob das Vorzeichenbit des Restregisters eine 0 oder eine 1 ist. Erstaunlich ist, dass bei diesem Algorithmus $n + 1$ Schritte erforderlich sind, um Quotienten und Rest zu ermitteln.

Dieser Algorithmus und diese Hardware können verfeinert und auf diese Wei-se schneller und billiger gemacht werden. Die Beschleunigung wird dadurch erzielt, dass das Verschieben der Operanden und des Quotienten gleichzeitig mit der Subtraktion erfolgt. Indem darauf Acht gegeben wird, wo Teile der Register und des Addierers ungenutzt bleiben, kann durch diese Verfeinerung die Breite der Register und des Addierers halbiert werden. Die überarbeitete Hardware ist in Abbildung 3.8 dargestellt.

Division für vorzeichenbehaftete Zahlen

Bis jetzt haben wir Zahlen mit Vorzeichen bei der Division nicht berücksich-tigt. Die einfachste Lösung besteht darin, sich die Vorzeichen des Divisors und des Dividenden zu merken und den Quotienten zu negieren, wenn Divisor und Dividend unterschiedliche Vorzeichen haben.

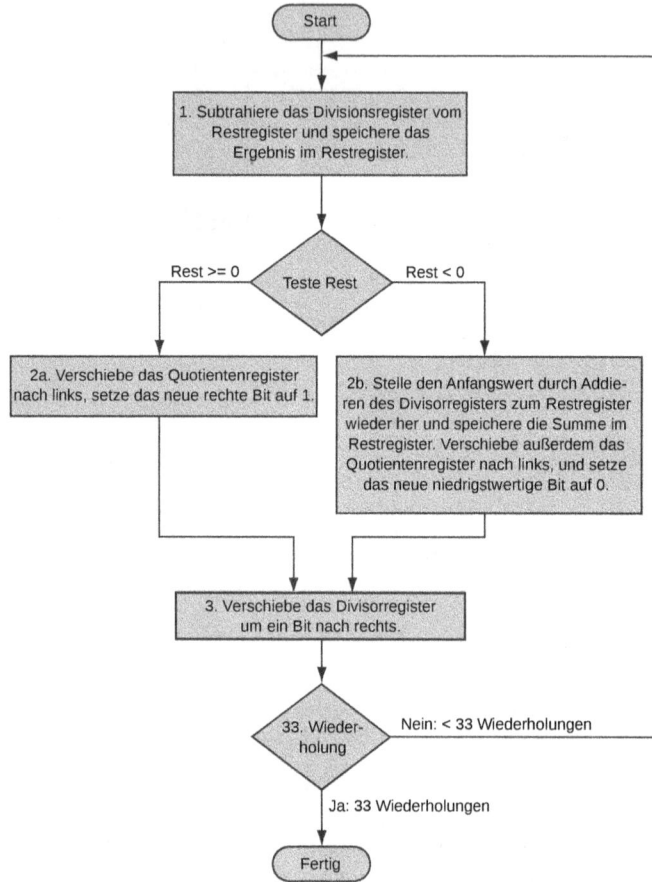

Abb. 3.7: Ein Divisionsalgorithmus unter Verwendung der in Abbildung 3.6 dargestellten Hardware. Wenn der Rest positiv ist, ist der Divisor im Dividenden enthalten und in Schritt 2a wird im Quotienten eine 1 generiert. Ein negativer Rest nach Schritt 1 bedeutet, dass der Divisor nicht im Dividenden enthalten ist und somit in Schritt 2b eine 0 im Quotienten generiert und der Divisor zum Rest addiert wird, wobei die Subtraktion aus Schritt 1 umgekehrt wird. Mit der letzten Verschiebung in Schritt 3 wird der Divisor für die nächste Wiederholung ordnungsgemäß am Dividenden ausgerichtet. Diese Schritte werden 33-mal wiederholt.

Anmerkung: Bei der Division mit Vorzeichen gibt es jedoch ein Problem: Wir müssen auch das Vorzeichenbit für den Rest setzen. Schließlich muss die folgende Gleichung immer erfüllt sein:

Dividend = Quotient × Divisor + Rest

Um zu verstehen, wie das Vorzeichenbit des Rests gesetzt wird, betrachten wir anhand des Beispiels mit der Division alle Kombinationen aus $\pm 7_D$ durch $\pm 2_D$.

Tab. 3.3: Beispiel für eine Division mit dem Algorithmus aus Abbildung 3.7. Das unterstrichene Bit bestimmt den nächsten Schritt.

Iteration	Schritt	Quotient	Divisor	Rest
0	Anfangswerte	0000	0010 0000	0000 0111
1	1: Rest = Rest – Divisor	0000	0010 0000	<u>1</u>110 0111
	2b: Rest < 0 => + Divisor, sll Q, Q0 = 0	0000	0010 0000	0000 0111
	3: schiebe Divisor nach rechts	0000	0001 0000	0000 0111
2	1: Rest = Rest – Divisor	0000	0001 0000	<u>1</u>111 0111
	2b: Rest < 0 => + Divisor, sll Q, Q0 = 0	0000	0001 0000	0000 0111
	3: schiebe Divisor nach rechts	0000	0000 1000	0000 0111
3	1: Rest = Rest – Divisor	0000	0000 1000	<u>1</u>111 1111
	2b: Rest < 0 => +Divisor, sll Q, Q0 = 0	0000	0000 1000	0000 0111
	3: schiebe Divisor nach rechts	0000	0000 0100	0000 0111
4	1: Rest = Rest – Divisor	0000	0000 0100	<u>0</u>000 0011
	2a: Rest ≥ 0 => sll Q, Q0 = 1	0001	0000 0100	0000 0011
	3: schiebe Divisor nach rechts	0001	0000 0010	0000 0011
5	1: Rest = Rest - Divisor	0001	0000 0010	<u>0</u>000 0011
	2a: Rest ≥ 0 => sll Q, Q0 = 1	0011	0000 0010	0000 0001
	3: schiebe Divisor nach rechts	0011	0000 0001	0000 0001

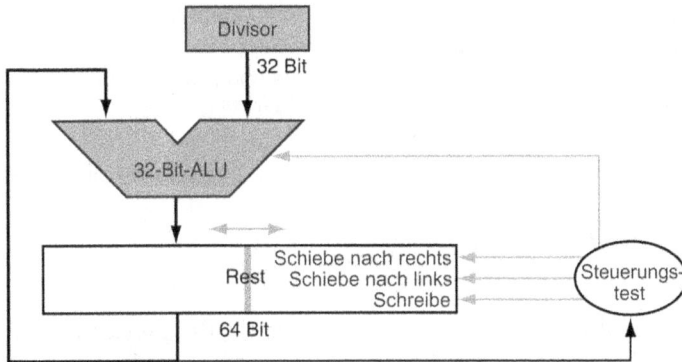

Abb. 3.8: Eine verbesserte Version der Divisionshardware. Das Divisorregister, die ALU und das Quotientenregister sind jeweils 32 Bit breit, nur das Restregister umfasst 64 Bit. Im Vergleich zu Abbildung 3.6 wurde die ALU und das Divisorregister halbiert und der Rest nach links verschoben. Bei dieser Version wurde außerdem das Quotientenregister mit der rechten Hälfte des Restregisters zusammengelegt. (Wie in Abbildung 3.4 sollte das Restregister tatsächlich 65 Bit haben, um sicherzustellen, dass das Ergebnis des Addierers nicht verloren geht.)

Die erste Kombination ist einfach:

$(+7) : (+2) \quad \Rightarrow \text{Quotient} = +3, \text{Rest} = +1$

Überprüfung des Ergebnisses:

$7 = 3 \times 2 + (+1) = 6 + 1$

Wenn wir das Vorzeichen des Dividenden ändern, muss sich das Vorzeichen des Quotienten ebenfalls ändern:

$$(-7) : (+2) \quad \Rightarrow \text{Quotient} = -3$$

Durch Umformung der ursprünglichen Formel erhalten wir:

$$\text{Rest} = (\text{Dividend} - \text{Quotient} \times \text{Divisor})$$
$$= -7 - (-3) \times (+2) = -7 - (-6) = -1$$

Somit gilt

$$(-7) : (+2) \quad \Rightarrow \text{Quotient} = -3, \quad \text{Rest} = -1$$

Wieder Überprüfung des Ergebnisses:

$$-7 = -3 \times 2 + (-1) = -6 - 1$$

Der Grund, warum die Lösung für den Quotienten nicht -4 und für den Rest nicht $+1$ lautet, was ebenfalls in die Formel passen würde, ist der, dass sich dann der absolute Wert des Quotienten abhängig vom Vorzeichen des Dividenden und des Divisors ändern würde! Wäre $-(x : y) \neq (-x) : y$, würde die Programmierung eine noch größere Herausforderung darstellen. Dieses anomale Verhalten wird durch das Befolgen der Regel, dass der Dividend und der Rest unabhängig vom Vorzeichen des Divisors und des Quotienten das gleiche Vorzeichen aufweisen müssen, vermieden. Das Vorzeichen von Divisor und Quotient spielt hierbei keine Rolle.

Unter Einhaltung dieser Regel berechnen wir die anderen Kombinationen:

$$+7 : (-2) \Rightarrow \text{Quotient} = -3, \quad \text{Rest} = +1$$
$$-7 : (-2) \Rightarrow \text{Quotient} = +3, \quad \text{Rest} = -1$$

Der korrekte Divisionsalgorithmus mit Vorzeichen negiert den Quotienten, wenn die Vorzeichen der Operanden verschieden sind, und passt das Vorzeichen des Rests, sofern dieser nicht gleich null ist, dem des Dividenden an.

Schnellere Division

Das Moore'sche Gesetz lässt sich auf die Hardware für die Division ebenso anwenden wie im Falle der Multiplikation, so dass wir versuchen können, die Division durch Hardwareeinsatz schneller zu machen. Um die Multiplikation zu beschleunigen, haben wir viele Addierer verwendet. Dieser Trick funktioniert bei der Division jedoch nicht. Der Grund dafür ist, dass wir das Vorzeichen der Differenz kennen müssen, bevor wir den nächsten Schritt des Algorithmus ausführen können, während wir bei der Multiplikation die 32 Teilprodukte sofort berechnen können.

Es gibt Verfahren, mit denen sich mehr als ein Bit des Quotienten pro Schritt erzeugen lassen. Bei der *SRT-Division* wird versucht, pro Schritt mehrere Bits des Quotienten mit Hilfe einer Tabelle **vorherzusagen**, die auf den oberen Bits des Dividenden und des Rest basiert. Typischerweise werden heute pro Schritt 4 Bit betrachtet. Falsche Schlüsse müssen in nachfolgenden Schritten korrigiert werden. Es geht darum, auf den zu subtrahierenden Wert zu schließen. Bei der Binärdivision gibt es nur eine Möglichkeit. Bei diesen Algorithmen werden 6 Bit vom Rest und 4 Bit vom Divisor als Index in eine Tabelle verwendet. Die indizierten Einträge bestimmen die Abschätzung für jeden Schritt.

VORHERSAGE

Die Fehlerfreiheit dieser schnellen Methode hängt von den Werten in der Lookup-Tabelle ab. Der Trugschluss auf Seite 253 erklärt, welche Folgen es hat, wenn die Tabelle falsche Werte enthält.

Division bei MIPS

Sie haben vielleicht schon bemerkt, dass sowohl für die Multiplikation in Abbildung 3.4 als auch für die Division in Abbildung 3.8 dieselbe sequentielle Hardware verwendet werden kann. Die einzige Voraussetzung ist ein 64-Bit-Register, das nach links oder rechts schieben kann, und eine 32-Bit-ALU, die addiert oder subtrahiert. Daher werden bei MIPS die 32-Bit-Hi- und 32-Bit-Lo-Register sowohl für die Multiplikation als auch für die Division verwendet. Wie der obige Algorithmus bereits erwarten lässt, wird im Hi-Register der Rest und im Lo-Register nach dem Ausführen des Divisionsbefehls der Quotient gespeichert.

Für die Verarbeitung von Ganzzahlen mit und ohne Vorzeichen, verfügt der MIPS-Befehlssatz über zwei Befehle: *divide* (`div`) und *divide unsigned* (`divu`). Der MIPS-Assembler lässt Divisionsbefehle zu, in denen drei Register angegeben sind, und speichert das gewünschte Ergebnis mithilfe der Befehle `mflo` oder `mfhi` in einem Allzweckregister.

Zusammenfassung

Die übliche Hardwareunterstützung für Multiplikationen und Divisionen ermöglicht es MIPS, zwei 32-Bit-Register bereitzustellen, die sowohl für die Multiplikation als auch für die Division verwendet werden können. Wir beschleunigen die Division, indem wir mehrere Bits des Quotienten vorhersagen und falsche Vorhersagen später korrigieren. Tabelle 3.4 fasst die Erweiterungen der MIPS-Architektur aus den beiden letzten Abschnitten zusammen.

Hardware-Software-Schnittstelle

Die MIPS-Divisionsbefehle berücksichtigen keinen Überlauf. Daher muss die Software prüfen, ob der Quotient zu groß ist. Neben einem Überlauf kann es bei der Division auch zu einer ungültigen Berechnung kommen: der Division durch 0. Manche Rechner erkennen diese beiden verbotenen Ereignisse.

Tab. 3.4: Bisher dargestellte MIPS-Architektur. Um Platz zu sparen, sind in der Tabelle die Register und Speicher der MIPS-Architektur nicht enthalten. In diesem Abschnitt wurden jedoch die Register Hi und Lo ergänzt, um Multiplikationen und Divisionen zu unterstützen. Die MIPS-Maschinensprache finden Sie in der MIPS-Zusammenfassung hinten im Buch.

	Befehl	Beispiel	Bedeutung		Anmerkungen
arithmetischer Befehl	add	add	$s1,$s2,$s3	$s1 = $s2 + $s3	drei Operanden; Überlauf erkannt
	subtract	sub	$s1,$s2,$s3	$s1 = $s2 - $s3	drei Operanden; Überlauf erkannt
	add immediate	Addi	$s1,$s2,100	$s1 = $s2 + 100	+ Konstante; Überlauf erkannt
	add unsigned	addu	$s1,$s2,$s3	$s1 = $s2 + $s3	drei Operanden; Überlauf unerkannt
	subtract unsigned	subu	$s1,$s2,$s3	$s1 = $s2 -- $s3	drei Operanden; Überlauf unerkannt
	add immediate unsigned	addiu	$s1,$s2,100	$s1 = $s2 + 100	+ Konstante; Überlauf unerkannt
	move from coprocessor register	mfc0	$s1,$epc	$s1 = $epc	zum Kopieren des EPC-Registers und anderer spezieller Register verwendet
	multiply	mult	$s2,$s3	Hi, Lo = $s2×$s3	vorzeichenerweitertes 64-Bit-Produkt in Hi, Lo
	multiply unsigned	multu	$s2,$s3	Hi, Lo = $s2×$s3	vorzeichenloses 64-Bit-Produkt in Hi, Lo
	divide	div	$s2, $s3	Lo = $s2 : $s3, Hi = $s2 mod $s3	Lo = Quotient, Hi = Rest
	divide unsigned	divu	$s2, $s3	Lo = $s2 : $s3, Hi = $s2 mod $s3	vorzeichenloser Quotient und Rest
	move from Hi	mfhi	$s1	$s1 = Hi	zum Kopieren von Hi verwendet
	move from Lo	mflo	$s1	$s1 = Lo	zum Kopieren von Lo verwendet
Datentransfer	load word	lw	$s1,100($s2)	$s1 = Memory[$s2 + 100]	Wort vom Hauptspeicher in ein Register
	store word	sw	$s1,100($s2)	Memory[$s2 + 100] = $s1	Wort von einem Register in den Hauptspeicher
	load half unsigned	lhu	$s1,100($s2)	$s1 = Memory[$s2 + 100]	Halbwort vom Hauptspeicher in ein Register
	store half	sh	$s1,100($s2)	Memory[$s2 + 100] = $s1	Halbwort von einem Register in den Hauptspeicher
	load byte unsigned	lbu	$s1,100($s2)	$s1 = Memory[$s2 + 100]	Byte vom Hauptspeicher in ein Register
	store byte	sb	$s1,100($s2)	Memory[$s2 + 100] = $s1	Byte von einem Register in den Hauptspeicher
	load upper immediate	lui	$s1,100	$s1 = 100 * 2^{16}	lädt Konstante in obere 16 Bit
logischer Befehl	and	and	$s1,$s2,$s3	$s1 = $s2 & $s3	drei Registeroperanden; bitweise UND-Verknüpfung
	or	or	$s1, $s2, $s3	$s1 = $s2 | $s3	drei Registeroperanden; bitweise ODER-Verknüpfung
	nor	nor	$s1, $s2, $s3	$s1 = ($s2|$s3)!	drei Registeroperanden; bitweise NOR-Verknüpfung
	and immediate	andi	$s1,$s2,100	$s1 = $s2 & 100	bitweise UND-Verknüpfung mit Konstante

Tab. 3.4: Bisher dargestellte MIPS-Architektur. *Fortsetzung*

Befehl	Beispiel		Bedeutung	Anmerkungen
or immediate	ori	$s1,$s2,100	$s1 = $s2 | 100!	bitweise ODER-Verknüpfung mit Konstante
shift left logical	sll	$s1, $s2, 10	$s1 = $s2 << 10	Linksverschiebung um Konstante
shift right logical	srl	$s1, $s2, 10	s1 = $s2 >> 10	Rechtsverschiebung um Konstante
branch on equal	Beq	$s1, $s2, 25	wenn ($s1 == $s2), verzweige zu PC + 4 + 100	überprüfen auf Gleichheit; befehlszählerrelative Verzweigung
branch on not equal	bne	$s1,$s2,25	wenn ($s1 != $s2), verzweige zu PC + 4 + 100	überprüfen auf Ungleichheit; befehlszählerrelative Verzweigung
set on less than	slt	$s1, $s2,$s3	wenn ($s2 < $s3), $s1=1, ansonsten $s1= 0	Vergleich: kleiner als; Zweierkomplement
set less than immediate	slti	$s1, $s2, 100	wenn ($s2 < 100), $s1 = 1, ansonsten $s1=0	Vergleich < Konstante; Zweierkomplement
set less than unsigned	sltu	$s1,$s2,$s3	wenn ($s2 < $s3), $s1 = 1, ansonsten $s1=0	Vergleich: kleiner als; vorzeichenlos
set less than immediate unsigned	sltiu	$s1, $s2, 100	wenn ($s2 < 100), $s1 = 1, ansonsten $s1 = 0	Vergleich < Konstante; vorzeichenlos
jump	j	2500	springe zu 10 000	Sprung zu Zieladresse
jump register	jr	$ra	springe zu $ra	für Switch-Anweisung, Prozedurrücksprung
jump and link	jal	2500	$ra = PC + 4, springe zu 10 000	für Prozeduraufruf

(Zeilenbeschriftung links: *Verzweigung*, *unbedingter Sprung*)

Die MIPS-Software muss den Divisor prüfen, um zu erkennen, wenn eine Division durch 0 oder ein Überlauf vorliegt.

Anmerkung: Bei einem noch schnelleren Algorithmus als jenem in Abbildung 3.7 wird der Divisor nicht sofort wieder addiert, wenn der Rest negativ ist. Im folgenden Schritt wird der Dividend zum verschobenen Rest *addiert*, da $(r + d) \times 2 - d = r \times 2 + d \times 2 - d = r \times 2 + d$. Dieser *nichtwiederherstellende (nonrestoring)* Divisionsalgorithmus benötigt einen Taktzyklus pro Schritt, was in den Übungen noch genauer betrachtet wird. Der Algorithmus in Abbildung 3.7 wird als *wiederherstellende* Division bezeichnet. Ein dritter Algorithmus, der das Ergebnis der Subtraktion nicht speichert, wenn es negativ ist, wird als *Nonperforming*-Divisionsalgorithmus bezeichnet. Er verwendet durchschnittlich ein Drittel weniger arithmetische Operationen.

3.5 Gleitkommaarithmetik

Schnelligkeit bringt dich nirgendwo hin, wenn du den falschen Weg genommen hast.

amerikanisches Sprichwort

Neben Ganzzahlen mit und ohne Vorzeichen unterstützen Programmiersprachen auch Dezimalbrüche als Näherung für *reelle Zahlen*. Beispiele für reelle Zahlen sind:

3,14159265... (π)

2,71828...(e)

0,000000001 oder $1,0 \times 10^{-9}$ (Sekunden in einer Nanosekunde)

3155760000 oder $3,15576 \times 10^9$ (Sekunden in einem regulären Jahrhundert)

halblogarithmische Zahlendarstellung Eine Zahlendarstellung, bei der Zahlen mit nur einer Ziffer links neben dem Dezimalkomma wiedergegeben werden. Wurde von Konrad Zuse für die Gleitkommadarstellung eingeführt.

normalisierte Zahl Eine Zahl in Gleitkommadarstellung ohne führende Nullen.

Bei der Zahl im letzten Beispiel handelt es sich nicht um einen Bruch. Vielmehr ist diese Zahl zu groß, als dass sie sich noch als vorzeichenbehaftete 32-Bit-Ganzzahl darstellen ließe. Die alternative Darstellung der beiden letzten Zahlen wird als **halblogarithmische Zahlendarstellung** (*Scientific Notation*) bezeichnet. Diese besteht aus nur einer Ziffer links vom Dezimalkomma. Eine Zahl in halblogarithmischer Zahlendarstellung ohne führende Nullen wird als **normalisierte Zahl** bezeichnet. Beispielsweise ist $1{,}0 \times 10^{-9}$ in normalisierter Zahlendarstellung geschrieben, $0{,}1 \times 10^{-8}$ und $10{,}0 \times 10^{-10}$ dagegen nicht.

So, wie wir Dezimalzahlen als normalisierte Zahlen darstellen können, so können wir auch Binärzahlen als normalisierte Zahlen darstellen:

$$1{,}0_B \times 2^{-1}$$

Um eine Binärzahl in normalisierter Form zu halten, benötigen wir eine Basis, die wir exakt um die Anzahl an Bits vergrößern oder verkleinern können, mit der die Zahl verschoben werden muss, damit links vom Dezimalkomma eine von null verschiedene Ziffer steht. Nur die Basis 2 erfüllt diese Bedingung. Da die Basis nicht 10 ist, benötigen wir für das Dezimalkomma eine andere Bezeichnung: Wir bezeichnen dieses Komma als *Binärkomma*.

Die Computerarithmetik mit Zahlen dieser Art heißt **Gleitkommaarithmetik** (*Floating Point*), da Zahlen in einer Form dargestellt werden, bei der das Binärkomma im Gegensatz zu Ganzzahlen nicht fest ist. In der Programmiersprache C werden Zahlen dieser Art mit *float* bezeichnet. Wie bei der normalisierten Notation werden Zahlen als nur einer von null verschiedenen Ziffer links vom Binärkomma wie folgt dargestellt:

$$1{,}xxxxxxxx_B \times 2^{yyyy}$$

(Der Computer stellt den Exponenten sowie den Rest der Zahl mit der Basis 2 dar. Um die Notation zu vereinfachen, stellen wir den Exponenten jedoch als Dezimalzahl dar.)

Eine standardisierte Notation für Gleitkommazahlen hat drei Vorteile. Sie vereinfacht den Austausch von Daten, die Gleitkommazahlen beinhalten. Die Algorithmen für die Gleitkommaarithmetik vereinfachen sich, wenn man weiß, dass sie immer in dieser Form sind. Und die Genauigkeit der Zahlen, die in einem Wort gespeichert werden können, wird erhöht, da die unnötigen führenden Nullen durch reelle Ziffern rechts vom Binärkomma ersetzt werden.

Gleitkommaarithmetik Rechnerarithmetik mit der Zahlen in einer Form dargestellt werden, bei der das Binärkomma nicht fest ist.

Gleitkommadarstellung

Mantisse Der Wert, in der Regel zwischen 0 und 1, der im Mantissenfeld gespeichert wird.

Exponent Im Darstellungssystem der Gleitkommaarithmetik der Wert, der im Exponentenfeld gespeichert wird.

Beim Entwurf einer Gleitkommadarstellung muss ein Kompromiss zwischen der Größe der **Mantisse** und der Größe des **Exponenten** gefunden werden, da bei einer festen Wortgröße das Vergrößern eines Teils um ein Bit das Wegnehmen eines Bits beim anderen Teil nach sich zieht. Dies bedeutet, dass bei diesem Kompromiss zwischen Genauigkeit und Zahlenbereich abgewogen werden muss: Die Genauigkeit erhöht sich mit zunehmender Größe der Mantisse, während der darstellbare Zahlenbereich mit der Länge des Exponenten zunimmt. Unsere Entwurfsrichtlinie aus Kapitel 2 besagt, dass ein guter Entwurf einen guten Kompromiss erfordert.

Gleitkommazahlen haben in der Regel ein Vielfaches der Größe eines Worts. Die Darstellung einer MIPS-Gleitkommazahl ist unten abgebildet, wobei s das Vorzeichen der Gleitkommazahl (1 steht für eine negative Zahl), Exponent der Wert des 8-Bit-Exponentenfelds (einschließlich des Vorzeichens des Exponenten) und Mantisse die 23-Bit-Zahl ist. Diese Darstellung wird als *Vorzeichen-Betrag-Darstellung* bezeichnet, da das Vorzeichen ein eigenes, vom Rest der Zahl getrenntes Bit besitzt.

31	30 29 28 27 26 25 24 23	22 21 20 19 18 17 16 15 14 13 12 11 10 9 8 7 6 5 4 3 2 1 0
s	Exponent	Mantisse

1 Bit   8 Bit   23 Bit

Gleitkommazahlen werden im Allgemeinen in folgender Form dargestellt:

$$(-1)^s \times F \times 2^E$$

F gibt den Wert des Mantissenfeldes und E den Wert des Exponentenfeldes an. Die exakte Beziehung dieser Felder zueinander werden wir in Kürze erläutern. (Wir werden gleich sehen, dass MIPS etwas differenzierter vorgeht.)

Aufgrund dieser gewählten Größen für Exponent und Mantisse kann die MIPS-Arithmetik einen außerordentlich großen Zahlenbereich abdecken. Brüche können bis zu $2{,}0 \times 10^{-38}$ klein sein und es können Zahlen bis zu einer Größe von $2{,}0 \times 10^{38}$ dargestellt werden. Dennoch ist „außerordentlich groß" nicht dasselbe wie unendlich. Daher kann es nach wie vor vorkommen, dass Zahlen zu groß sind. Somit kann es bei der Gleitkommaarithmetik ebenso wie bei der Ganzzahlarithmetik zu Unterbrechungen aufgrund eines Überlaufs kommen. Hier bedeutet **Überlauf** (*Overflow*), dass der Exponent zu groß ist, um im Exponentenfeld dargestellt werden zu können.

Bei der Gleitkommaarithmetik gibt es zudem eine neue Art Ausnahmeereignis. So wie Programmierer wissen möchten, ob sie eine Zahl berechnet haben, die für die Darstellung zu groß ist, so möchten sie auch wissen, ob die normalisierte Mantisse, die sie berechnen, so klein wird, dass sie nicht mehr dargestellt werden kann. Beide Ereignisse können zur Folge haben, dass ein Programm falsche Antworten liefert. Um dieses Ereignis von einem Überlauf zu unterscheiden, wird es als **Unterlauf** (*Underflow*) bezeichnet. Dieses Ereignis tritt auf, wenn der negative Exponent für das Exponentenfeld zu groß ist.

Um die Gefahr eines Unterlaufs oder Überlaufs zu reduzieren, gibt es die Möglichkeit, ein anderes Format mit einem größeren Exponenten zu verwenden. In C wird eine Zahl in diesem Format vom Typ als *double* deklariert und Operationen mit Zahlen vom Typ double als Gleitkommaarithmetik mit **doppelter Genauigkeit** bezeichnet. Das zuerst beschriebene Format wird als Gleitkommaarithmetik mit **einfacher Genauigkeit** bezeichnet.

Überlauf Eine Situation, in der ein positiver Exponent für das Exponentenfeld zu groß wird.

Unterlauf Eine Situation, in der ein negativer Exponent für das Exponentenfeld zu groß wird.

doppelte Genauigkeit Ein Gleitkommawert, der in zwei 32-Bit-Wörtern dargestellt wird.

einfache Genauigkeit Ein Gleitkommawert, der in einem 32-Bit-Wort dargestellt wird.

Wie im Folgenden zu sehen ist, sind zum Darstellen einer Gleitkommazahl mit doppelter Genauigkeit zwei MIPS-Wörter erforderlich. Dabei ist s wiederum vor das Vorzeichen der Zahl, Exponent ist der Wert im 11-Bit-Exponentenfeld und Mantisse ist die 52-Bit-Zahl im Mantissenfeld.

31 30 29 28 27 26 25 24 23 22 21 20 19 18 17 16 15 14 13 12 11 10 9 8 7 6 5 4 3 2 1 0	
s	Exponent	Mantisse
1 Bit	11 Bit	20 Bit
Mantisse (fortgesetzt)	

32 Bit

Mit der Zahlendarstellung mit doppelter Genauigkeit können bei MIPS Zahlen im Bereich zwischen $2{,}0 \times 10^{-308}$ und $2{,}0 \times 10^{308}$ dargestellt werden. Mit der doppelten Genauigkeit wird zwar der Zahlenbereich des Exponenten erweitert, der wichtigste Vorteil dieser Art der Darstellung ist jedoch die größere Genauigkeit aufgrund der größeren Mantisse.

Diese Formate gibt es nicht nur bei MIPS. Sie sind Teil des *IEEE-754-Standards für die Darstellung von Gleitkommazahlen*, der in praktisch allen Rechnern nach 1980 angewendet wird. Dieser Standard hat sowohl die einfache Portierbarkeit von Programmen mit Gleitkommaarithmetik als auch die Qualität der Gleitkommaarithmetik erheblich verbessert.

Damit sich die Anzahl der Bits der Mantisse weiter erhöht, ist nach dem IEEE-754-Standard das Bit der führenden 1 bei normalisierten Binärzahlen bereits inbegriffen. Somit ist die Zahl in der Darstellung mit einfacher Genauigkeit tatsächlich 24 Bit (mit 1 und einer 23-Bit-Mantisse) und in der Darstellung mit doppelter Genauigkeit 53 Bit lang (1 + 52). Zur genauen Unterscheidung verwenden wir die Bezeichnung *Signifikand* für die Darstellung der 24-Bit-Zahl oder der 53-Bit-Zahl, die sich aus der 1 und der Mantisse zusammensetzt. Wir verwenden dagegen die Bezeichnung *Mantisse*, wenn wir die 23-Bit-Zahl oder die 52-Bit-Zahl meinen. Da 0 keine führende 1 hat, wird diesem Wert der reservierte Exponentenwert 0 zugewiesen, so dass die Hardware keine führende 1 anfügt.

Somit steht $00 \ldots 00_B$ für 0. Die restlichen Zahlen werden in der zuvor beschriebenen Form mit der verborgenen 1 dargestellt:

$$(-1)^S \times (1 + \text{Mantisse}) \times 2^E$$

wobei die Bits der Mantisse eine Zahl zwischen 0 und 1 darstellen und E den Wert im Exponentenfeld angibt (wird in Kürze ausführlich erläutert). Wenn wir die Bits der Mantisse von *links nach rechts* durchnummerieren (s1, s2, s3, ...), lautet der Wert wie folgt:

$$(-1)^S \times (1 + (s1 \times 2^{-1}) + (s2 \times 2^{-2}) + (s3 \times 2^{-3}) + (s4 \times 2^{-4}) + \ldots) \times 2^E$$

In Tabelle 3.5 ist die Codierung von Gleitkommazahlen nach IEEE 754 dargestellt. Der IEEE-754-Standard umfasst darüber hinaus spezielle Symbole zur

Tab. 3.5: IEEE-754-Codierung von Gleitkommazahlen. Ein eigenes Vorzeichenbit bestimmt das Vorzeichen. Denormalisierte Zahlen werden in der Anmerkung auf Seite 245 erläutert. Diese Information finden Sie auch in Spalte 4 der MIPS-Zusammenfassung hinten im Buch.

Einfache Genauigkeit		Doppelte Genauigkeit		Dargestelltes Objekt
Exponent	Mantisse	Exponent	Mantisse	
0	0	0	0	0
0	nicht null	0	nicht null	± denormalisierte Zahl
1–254	beliebig	1–2046	beliebig	± Gleitkommazahl
255	0	2047	0	±unendlich
255	nicht null	2047	nicht null	NaN (Not a Number)

Darstellung ungewöhnlicher Ereignisse. Statt beispielsweise bei einer Division durch null eine Ausnahmebehandlung anzustoßen, kann die Software das Ergebnis auf ein Bitmuster setzen, das für $+\infty$ oder $-\infty$ steht. Der größte Exponent ist für diese Sonderzeichen reserviert. Wenn der Programmierer das Ergebnis ausgeben will, wird das Programm dann das Unendlichkeitszeichen drucken.

Der IEEE-754-Standard sieht sogar ein Symbol für das Ergebnis ungültiger Operationen wie $0:0$ oder Unendlich minus Unendlich vor. Dieses Symbol heißt *NaN*, für *Not a Number* (keine Zahl). Mithilfe von NaNs können Programmierer einige Tests und Entscheidungen auf einen späteren, günstigeren Zeitpunkt in der Programmausführung verschieben.

Beim Entwurf des IEEE-754-Standards ist außerdem eine Gleitkommadarstellung vorgesehen worden, die einfach mit Hilfe von Ganzzahlvergleichen zu verarbeiten ist, was insbesondere Sortieraufgaben unterstützt. Aus diesem Grund befindet sich das Vorzeichen im höchstwertigen Bit, so dass schnell überprüft werden kann, ob der Wert kleiner als, größer als oder gleich 0 ist.

Wenn sich der Exponent vor dem Signifikanden befindet, lassen sich Gleitkommazahlen ebenfalls mithilfe von Befehlen für den Vergleich von Ganzzahlen leichter sortieren, da Zahlen mit großen Exponenten größer aussehen als Zahlen mit kleinen Exponenten, sofern beide Exponenten dasselbe Vorzeichen haben.

Negative Exponenten stellen für das vereinfachte Sortieren eine Herausforderung dar. Wenn wir die Zweierkomplement-Darstellung oder eine andere Darstellung verwenden, bei der sich bei negativen Exponenten im höchstwertigen Bit des Exponentenfeldes eine 1 befindet, sieht ein negativer Exponent wie eine große Zahl aus. $1{,}0_B \times 2^{-1}$ würde beispielsweise wie folgt dargestellt:

31	30 29 28 27 26 25 24 23	22 21 20 19 18 17 16 15 14 13 12 11 10 9 8 7 6 5 4 3 2 1 0
0	1 1 1 1 1 1 1 1	0 0 0 0 0 0 0 0 0 0 0 0 0 0 0 0 0 0 0 0 0 0 0

(Die führende 1 ist im Signifikanden implizit enthalten.) Der Wert $1{,}0_B \times 2^{+1}$ würde aussehen wie die kleinere Binärzahl

31	30 29 28 27 26 25 24 23	22 21 20 19 18 17 16 15 14 13 12 11 10 9 8 7 6 5 4 3 2 1 0
0	0 0 0 0 0 0 0 1	0 0 0 0 0 0 0 0 0 0 0 0 0 0 0 0 0 0 0 0 0 0 0 . . .

Die gewünschte Darstellung muss somit den kleinsten negativen Exponenten als $00\ldots00_B$ und den größten positiven Exponenten als $11\ldots11_B$ darstellen. Diese Konvention wird als *Charakteristik* bezeichnet, wobei die Verschiebekonstante (Bias) die Zahl ist, die von der normalen, vorzeichenlosen Darstellung zur Bestimmung des tatsächlichen Wertes subtrahiert wird.

IEEE 754 verwendet für Zahlen mit einfacher Genauigkeit die Verschiebekonstante 127. Somit wird ein Exponent von -1 durch das Bitmuster des Wertes $-1 + 127_D$ oder $126_D = 0111\ 1110_B$ und $+1$ durch $1 + 127$ oder $128_D = 1000\ 0000_B$ dargestellt. Die Charakteristik (Exponent mit Verschiebekonstante) bedeutet, dass der durch eine Gleitkommazahl dargestellte Wert gleich

$$(-1)^S \times (1 + \text{Mantisse}) \times 2^{(\text{Exponent} - \text{Verschiebekonstante})}$$

ist. Der Bereich der Zahlen mit einfacher Genauigkeit reicht dann von so kleinen Zahlen wie

$$\pm 1{,}0000\ 0000\ 0000\ 0000\ 0000\ 000_B \times 2^{-126}$$

bis zu großen Zahlen wie

$$\pm 1{,}1111\ 1111\ 1111\ 1111\ 1111\ 111_B \times 2^{+127}$$

Beispiel: Gleitkommadarstellung

Stellen Sie die Zahl $-0{,}75_D$ in einer Binärdarstellung nach IEEE 754 mit einfacher und doppelter Genauigkeit dar.

Lösung: Die Zahl $-0{,}75_D$ entspricht auch

$$-3/4_D \text{ oder } -3/2_D^2.$$

Sie kann auch durch die binäre Mantisse dargestellt werden:

$$-11_B/2_D^2 \text{ bzw. } -0{,}11_B$$

In Exponentialdarstellung lautet der Wert

$$-0{,}11_B \times 2^0$$

und in normalisierter Exponentialdarstellung lautet der Wert

$$-1{,}1_B \times 2^{-1}.$$

Zahlen mit einfacher Genauigkeit werden im Allgemeinen wie folgt dargestellt

$$(-1)^S \times (1 + \text{Mantisse}) \times 2^{(E-127)}.$$

Wenn wir vom Exponenten $-1,1_B \times 2^{-1}$ die Verschiebekonstante 127 subtrahieren, erhalten wir

$$(-1)^1 \times (1 + 0,1000\ 0000\ 0000\ 0000\ 0000\ 0000_B) \times 2^{(126-127)}.$$

Somit lässt sich $-0,75_D$ binär mit einfacher Genauigkeit wie folgt darstellen

31	30 29 28 27 26 25 24 23	22 21 20 19 18 17 16 15 14 13 12 11 10 9 8 7 6 5 4 3 2 1 0
1	0 1 1 1 1 1 1 0	1 0 0 0 0 0 0 0 0 0 0 0 0 0 0 0 0 0 0 0 0 0 0

      8 Bit   23 Bit

Mit doppelter Genauigkeit sieht die Darstellung wie folgt aus

$(-1)^1 \times (1 + 0,1000\,0000\,0000\,0000\,0000\,0000\,0000\,0000\,0000\,0000\,0000\,0000\,0000_B) \times 2^{(1022-1023)}$

31	30 29 28 27 26 25 24 23 22 21 20	19 18 17 16 15 14 13 12 11 10 9 8 7 6 5 4 3 2 1 0
1	0 1 1 1 1 1 1 0 1 0 0	0 0 0 0 0 0 0 0 0 0 0 0 0 0 0 0 0 0 0 0

      11 Bit   20 Bit

0 0 0 0 0 0 0 0 0 0 0 0 0 0 0 0 0 0 0 0 0 0 0 0 0 0 0 0 0 0 0 0

                        32 Bit

Beispiel: Umrechnung von binären in dezimale Gleitkommazahlen

Betrachten wir nun die umgekehrte Richtung. Welche Dezimalzahl wird durch diese Gleitkommazahl mit einfacher Genauigkeit dargestellt?

31	30 29 28 27 26 25 24 23	22 21 20 19 18 17 16 15 14 13 12 11 10 9 8 7 6 5 4 3 2 1 0
1	1 0 0 0 0 0 0 1	0 1 0 0 0 0 0 0 0 0 0 0 0 0 0 0 0 0 0 0 0 0 0

Lösung: Das Vorzeichenbit ist 1, das Exponentenfeld enthält den Wert 129 und das Mantissenfeld den Wert $1 \times 2^{-2} = 1/4$ oder $0,25_D$. Mithilfe der Grundgleichung ergibt sich Folgendes:

$$(-1)^S \times (1 + \text{Mantisse}) \times 2^{(\text{Exponent}-\text{Verschiebekonstante})} = (-1)^1 \times (1 + 0,25) \times 2^{(129-127)}$$
$$= -1 \times 1,25 \times 2^2$$
$$= -1,25 \times 4$$
$$= -5,0$$

In den nächsten Abschnitten werden wir die Algorithmen für die Addition und Multiplikation von Gleitkommazahlen beschreiben. Im Prinzip werden dazu die entsprechenden Ganzzahloperationen auf die Signifikanden angewendet. Für die Behandlung des Exponenten und zum Normalisieren des Ergebnisses sind zusätzliche Verarbeitungsschritte erforderlich. Wir stellen zunächst eine intuitive Ableitung der Algorithmen für Dezimalzahlen und anschließend eine detailliertere Binärversion in den Abbildungen dar.

Gemäß den IEEE-Richtlinien wurde die Norm IEEE 754 zwanzig Jahre nach ihrer Veröffentlichung einer Überprüfung unterzogen, um zu sehen, welche Änderungen eventuell vorgenommen werden sollten. Die überarbeitete Norm IEEE 754-2008 umfasst nahezu alle Erweiterungen von IEEE 754-1985 sowie ein 16-Bit-Format (halb genaue Zahlen) und ein 128-Bit-Format (doppelt genaue Zahlen). Eine halb genaue Zahl hat ein Vorzeichenbit, fünf Exponentenbits (mit einer Verschiebekonstante von 15) und zehn Mantissenbits. Eine doppelt genaue Zahl hat ein Vorzeichenbit, 15 Exponentenbits (mit einer Verschiebekonstante von 262 143) und 112 Mantissenbits. Bisher wurde noch keine Hardware gebaut, die das doppelt genaue Format unterstützt, doch das ist sicher nur eine Frage der Zeit. Die überarbeitete Norm enthält auch Formate für die Dezimalarithmetik, die in IBM-Großrechnern implementiert wurden.

Anmerkung: Bei dem Versuch, den Zahlenbereich zu erweitern, ohne Bits im Signifikanden zu verlieren, wurde vor IEEE 754 für einige Rechner eine andere Basis als die Basis 2 verwendet. So wurde etwa für die IBM Mainframes 360 und 370 die Basis 16 verwendet. Da das Ändern des IBM-Exponenten um 1 bedeutet, dass der Signifikand um 4 Bit verschoben werden muss, können „normalisierte" Zahlen mit der Basis 16 bis zu drei führende Nullen enthalten! Das bedeutet, dass bei Hexadezimalziffern bis zu 3 Bit aus dem Signifikanden abgezweigt werden müssen, was zu erstaunlichen Fehlern bei der Genauigkeit der Gleitkommaarithmetik führt. Neuere IBM-Mainframes unterstützen neben dem hexadezimalen Format auch das IEEE 754-Format.

Addition von Gleitkommazahlen

Zur Verdeutlichung der Probleme bei der Gleitkommaaddition addieren wir Zahlen in halblogarithmischer Darstellung: $9{,}999_D \times 10^1 + 1{,}610_D \times 10^{-1}$. Nehmen wir an, wir können nur vier Dezimalziffern des Signifikanden und zwei Dezimalziffern des Exponenten speichern.

Schritt 1: Um diese Zahlen korrekt addieren zu können, müssen wir das Dezimalkomma der Zahl mit dem kleineren Exponenten anpassen. Wir müssen die kleinere Zahl $1{,}610_D \times 10^{-1}$ in eine Form bringen, in der ihr Exponent mit dem der größeren Zahl übereinstimmt. Man kann eine nicht normalisierte Gleitkommazahl in halblogarithmischer Darstellung auf verschiedene Weise schreiben:

$$1{,}610_D \times 10^{-1} = 0{,}1610_D \times 10^0 = 0{,}01610_D \times 10^1$$

Die Zahl rechts ist die, die wir gesucht haben, da der Exponent dieser Zahl mit dem Exponenten der größeren Zahl $9{,}999_D \times 10^1$ übereinstimmt. Somit wird im ersten Schritt der Signifikand der kleineren Zahl so lange nach rechts verschoben, bis der korrigierte

Exponent mit dem der größeren Zahl übereinstimmt. Wir können jedoch nur vier Dezimalziffern darstellen, so dass die Zahl nach dem Verschieben genau genommen wie folgt lautet:

$$0{,}016_D \times 10^1$$

Schritt 2: Als Nächstes werden die Signifikanden addiert:

$$
\begin{array}{r}
9{,}999_D \\
+\ \underline{0{,}016_D} \\
10{,}015_D
\end{array}
$$

Die Summe beträgt $10{,}015_D \times 10^1$.

Schritt 3: Diese Summe ist keine Zahl in normalisierter Gleitkommadarstellung, weshalb sie anzupassen ist:

$$10{,}015_D \times 10^1 = 1{,}0015_D \times 10^2$$

Nach der Addition muss die Summe möglicherweise verschoben werden, um sie in eine normalisierte Form zu bringen, d.h., der Exponent muss entsprechend angepasst werden. In diesem Beispiel wurde nach rechts verschoben. Wenn jedoch eine Zahl positiv und die andere negativ wäre, hätte die Summe möglicherweise viele führende Nullen, so dass nach links verschoben werden müsste. Immer wenn der Exponent vergrößert oder verkleinert wird, müssen wir prüfen, ob ein Überlauf oder ein Unterlauf auftreten kann, d.h., wir müssen darauf achten, dass der Exponent noch in sein Feld passt.

Schritt 4: Da wir davon ausgehen, dass der Signifikand (neben dem Vorzeichen) nur vier Ziffern enthalten darf, müssen wir die Zahl runden. In der Schule haben wir gelernt, dass eine Zahl durch Abschneiden gerundet wird, wenn die Ziffer nach der gewünschten Stelle zwischen 0 und 4 ist, und dass zu der Ziffer 1 addiert wird, wenn die Ziffer nach der gewünschten Stelle zwischen 5 und 9 ist. Die Zahl

$$1{,}0015_D \times 10^2$$

wird auf vier Stellen im Signifikanden auf

$$1{,}002_D \times 10^2$$

aufgerundet, da die vierte Nachkommastelle zwischen 5 und 9 beträgt. Wenn wir beim Runden weniger Glück haben wie beispielsweise beim Addieren einer 1 zu einer Folge aus 9ern, kann die Summe nicht mehr normalisiert werden, und wir müssten Schritt 3 wiederholen.

In Abbildung 3.9 ist der Algorithmus für die binäre Gleitkommaaddition aus diesem dezimalen Beispiel dargestellt. Die Schritte 1 und 2 entsprechen denen beim eben beschriebenen Beispiel: Der Signifikand der Zahl mit dem kleineren Exponenten wird angepasst. Anschließend werden die beiden Signifikanden addiert. In Schritt 3 wird das Ergebnis normalisiert, und es muss geprüft werden, ob ein Überlauf oder ein Unterlauf eintreten kann. Diese Prüfung in Schritt 3 hängt von der Genauigkeit der Operanden ab. Zu beachten ist, dass das aus Nullen bestehende Bitmuster im Exponenten für die Gleitkommadarstellung der Null reserviert ist. Zudem ist das Muster, das im Exponenten nur Einsen hat, reserviert für das Kennzeichnen von Werten und Ereignissen außerhalb des normalen Gleitkommazahlenbereichs (siehe Anmerkung auf Seite 245). Somit ist der größte Exponent bei der Darstellung mit einfacher Genauigkeit 127 und der kleinste Exponent ist -126.

Beispiel: Addition von binären Gleitkommazahlen

Versuchen Sie, die Zahlen $0{,}5_D$ und $-0{,}4375_D$ mithilfe des Algorithmus in Abbildung 3.9 in Binärform zu addieren.

Lösung: Betrachten wir zunächst die Binärform der beiden Zahlen in normalisierter Exponentialdarstellung. Dabei behalten wir die 4 Bit Genauigkeit bei:

$$
\begin{aligned}
0{,}5_D = 1/2_D \quad &= 1/2_D^1 \\
&= 0{,}1_B \quad\; = 0{,}1_B \times 2^0 \quad\;\; = 1{,}000_B \times 2^{-1} \\
-0{,}4375_D = -7/16_D \quad &= -7/2_D^4 \\
&= -0{,}0111_B = -0{,}0111_B \times 2^0 = -1{,}110_B \times 2^{-2}
\end{aligned}
$$

Nun folgen wir dem Algorithmus:

Schritt 1: Der Signifikand der Zahl mit dem kleineren Exponenten ($1{,}11_B \times 2^{-2}$) wird so lange nach rechts verschoben, bis der Exponent mit dem Exponent der größeren Zahl übereinstimmt:

$$-1{,}110_B \times 2^{-2} = -0{,}111_B \times 2^{-1}$$

Schritt 2: Addiere die Signifikanden:

$$1{,}000_B \times 2^{-1} + \left(-0{,}111_B \times 2^{-1}\right) = 0{,}001_B \times 2^{-1}$$

Schritt 3: Normalisiere die Summe und prüfe, ob ein Überlauf oder Unterlauf eintreten kann:

$$0{,}001_B \times 2^{-1} = 0{,}010_B \times 2^{-2} = 0{,}100_B \times 2^{-3} = 1{,}000_B \times 2^{-4}$$

Nun gehen wir wie folgt vor: Da $127 \geq -4 \geq -126$, tritt kein Überlauf oder Unterlauf auf. (Die Charakteristik beträgt $-4 + 127$ oder 123 und liegt somit zwischen 1 und 254, der kleinsten und der größten nicht reservierten Charakteristik.)

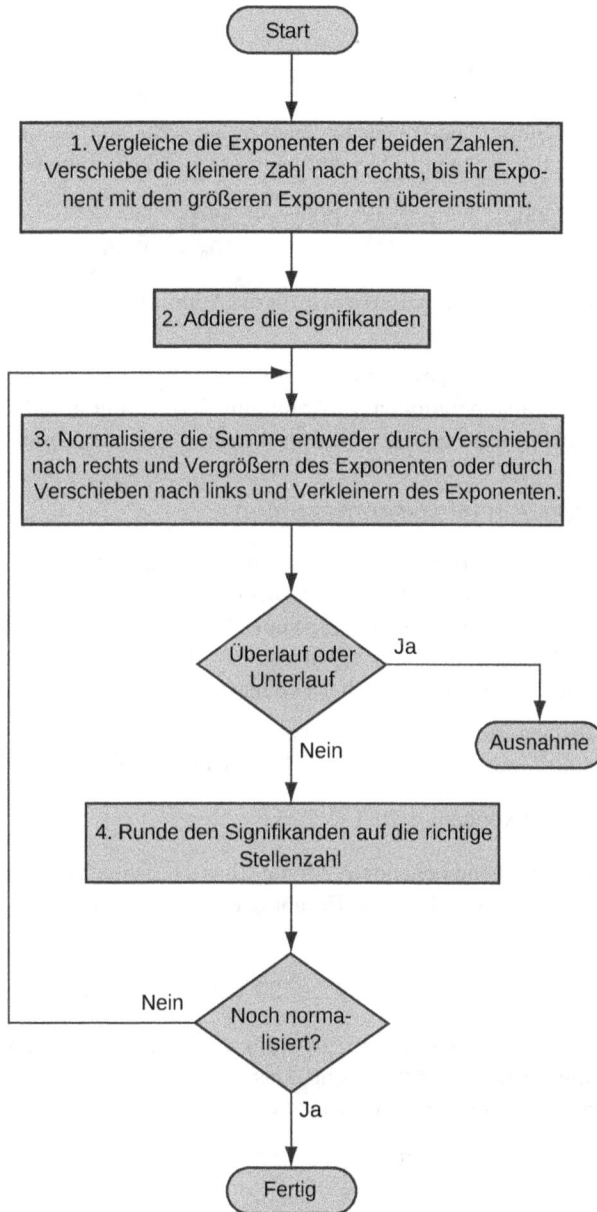

Abb. 3.9: Gleitkommaaddition. Normalerweise werden die Schritte 3 und 4 einmal ausgeführt. Wenn die Summe nach dem Runden jedoch nicht normalisiert ist, müssen wir Schritt 3 wiederholen.

Schritt 4: Runde die Summe:

$$1,000_B \times 2^{-4}$$

Die Summe passt bereits genau in die 4 Bit, so dass die Bits nicht durch Runden geändert werden müssen. Die Summe beträgt somit

$$1,000_B \times 2^{-4} = 0,0001000_B = 0,0001_B$$
$$= 1/2^4_D \qquad = 1/16_D \quad = 0,0625_D$$

Das ist das Ergebnis, das wir für die Addition von $0,5_D$ und $-0,4375_D$ erwarten.

Viele Rechner enthalten spezielle Hardware zum möglichst schnellen Ausführen von Gleitkommaoperationen. In Abbildung 3.10 ist die grundlegende Organisation der Hardware für die Addition von Gleitkommazahlen dargestellt.

Multiplikation von Gleitkommazahlen

Nach der Erläuterung der Gleitkommaaddition wenden wir uns der Gleitkommamultiplikation zu. Beginnen wir wieder mit der schriftlichen Multiplikation von Dezimalzahlen in halblogarithmischer Darstellung: $1,110_D \times 10^{10} \times 9,200_D \times 10^{-5}$. Wir nehmen an, dass wir nur vier Stellen des Signifikanden und zwei Stellen des Exponenten speichern können.

Schritt 1: Im Gegensatz zur Addition berechnen wir den Exponenten des Produkts, indem wir einfach die Exponenten der Operanden addieren:

neuer Exponent $= 10 + (-5) = 5$

Entsprechend behandeln wir die Charakteristiken, um sicherzustellen, dass wir dasselbe Ergebnis erhalten: $10 + 127 = 137$ und $-5 + 127 = 122$, also

neue Charakteristik $= 137 + 122 = 259$

Dieses Ergebnis ist zu groß für ein 8-Bit-Exponentenfeld, also stimmt irgend etwas nicht! Das Problem liegt bei den Verschiebekonstanten, die wir ebenso wie die Exponenten addiert haben:

neue Charakteristik $= (10 + 127) + (-5 + 127)$
$$= (5 + 2 \times 127) = 259$$

Um also die korrekte Summe der Charakteristiken zu erhalten, muss die Verschiebekonstante von der Summe subtrahiert werden:

neue Charakteristik $= 137 + 122 - 127 = 259 - 127$
$$= 132 = (5 + 127)$$

und 5 ist tatsächlich der Exponent, den wir zuvor berechnet haben.

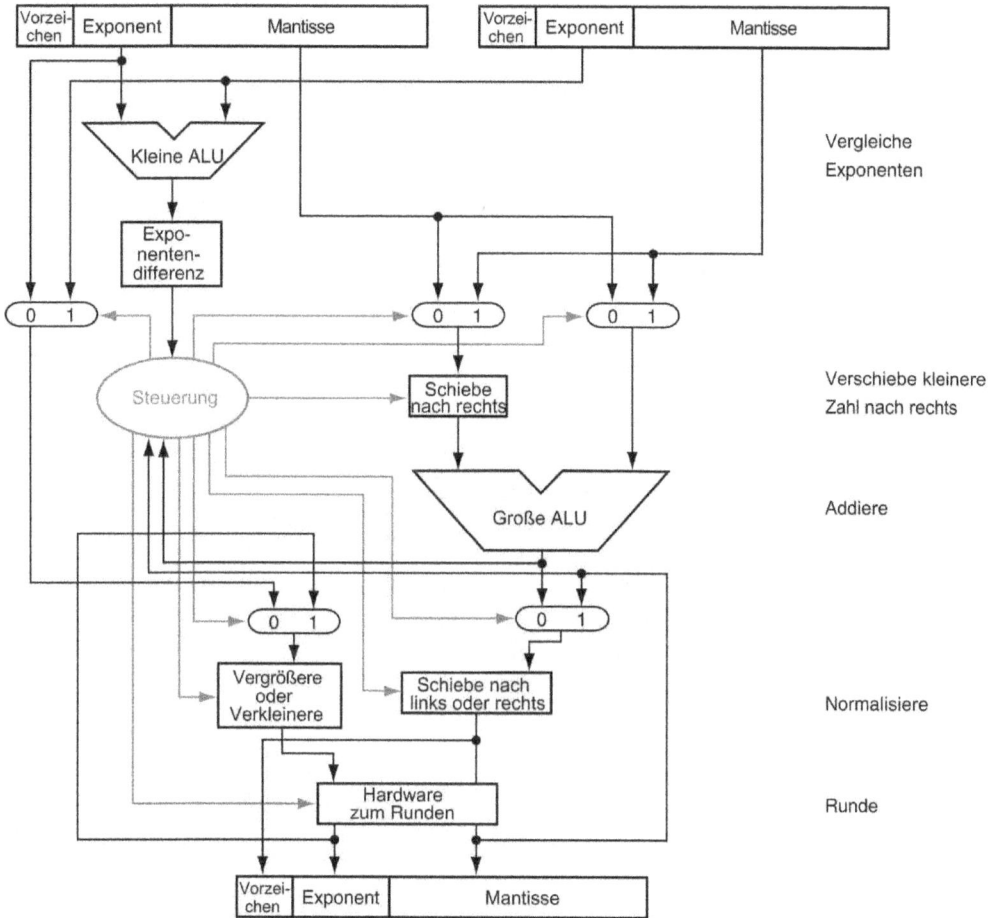

Abb. 3.10: Blockdiagramm einer arithmetischen Einheit für die Addition von Gleitkommazahlen. Die Schritte aus Abbildung 3.9 entsprechen den einzelnen Blöcken von oben nach unten betrachtet. Zunächst wird der Exponent eines Operanden vom anderen mithilfe einer kleinen ALU subtrahiert, um zu ermitteln, welcher Exponent um wie viel größer ist als der andere. Mit dieser Differenz werden die drei Multiplexer gesteuert. Diese wählen von links nach rechts den größeren Exponenten, den Signifikanden der kleineren Zahl und den Signifikanden der größeren Zahl aus. Der kleinere Signifikand wird nach rechts verschoben, und anschließend werden die Signifikanden mithilfe der großen ALU addiert. Bei der Normalisierung wird dann die Summe nach links oder rechts verschoben und der Exponent vergrößert oder verkleinert. Durch Runden wird schließlich das Endergebnis ermittelt, das möglicherweise noch einmal normalisiert werden muss.

Schritt 2: Als Nächstes werden die Signifikanden multipliziert:

$$\begin{array}{r} 1{,}110_D \times 9{,}200_D \\ \hline 0000 \\ 0000 \\ 2220 \\ 9{,}990 \\ \hline 10{,}212000_D \end{array}$$

Es gibt für jeden Operanden drei Nachkommastellen, so dass das Dezimalkomma im Signifikandenprodukt vor die sechste Stelle von rechts rückt:

$10{,}212000_D$

Unter der Annahme, dass wir nur drei Nachkommastellen verwenden dürfen, ergibt sich für das Produkt $10{,}212 \times 10^5$.

Schritt 3: Dieses Produkt ist nicht in normalisierter Darstellung, weshalb es als nächstes in diese Form zu bringen ist:

$$10{,}212_D \times 10^5 = 1{,}0212 \times 10^6$$

Nach der Multiplikation kann das Produkt um eine Stelle nach rechts verschoben werden, um es in eine normalisierte Form zu bringen. Der Exponent muss dabei um 1 erhöht werden. An dieser Stelle kann geprüft werden, ob ein Überlauf oder ein Unterlauf aufgetreten ist. Ein Unterlauf kann auftreten, wenn beide Operanden klein sind, d. h. wenn beide große negative Exponenten besitzen.

Schritt 4: Wir haben angenommen, dass der Signifikand (neben dem Vorzeichen) nur vier Stellen lang ist, weshalb die Zahl gerundet werden muss. Die Zahl

$$1{,}0212 \times 10^6$$

wird auf vier Stellen im Signifikanden auf

$$1{,}021 \times 10^6$$

gerundet.

Schritt 5: Das Vorzeichen des Produkts hängt von den Vorzeichen der ursprünglichen Operanden ab. Wenn beide Vorzeichen gleich sind, ist das Vorzeichen positiv, andernfalls negativ. Somit ergibt sich für das Produkt

$$+1{,}021 \times 10^6$$

Beim Additionsalgorithmus wurde das Vorzeichen der Summe durch Addition der Signifikanden bestimmt. Bei der Multiplikation wird das Vorzeichen des Produkts dagegen durch die Vorzeichen der Operanden bestimmt.

Wie in Abbildung 3.11 zu sehen ist, erfolgt die Multiplikation von binären Gleitkommazahlen in ähnlichen Schritten wie die eben ausgeführten. Zunächst wird der neue Exponent des Produkts durch Addition der Charakteristiken berechnet, wobei eine Verschiebekonstante zu subtrahieren ist, um das richtige Ergebnis zu erhalten. Als Nächstes werden die Signifikanden multipliziert.

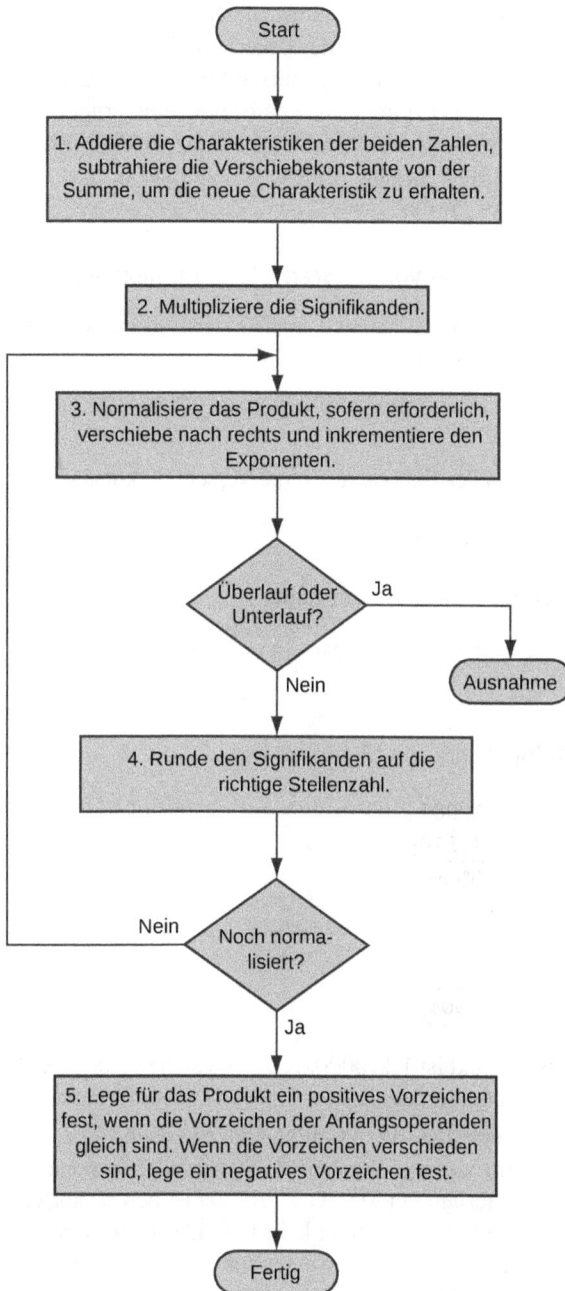

Abb. 3.11: Gleitkommamultiplikation. Normalerweise werden die Schritte 3 und 4 einmal ausgeführt. Wenn das Produkt nach dem Runden jedoch nicht in normalisierter Form ist, muss Schritt 3 wiederholt werden.

Diesem Schritt folgt ein optionaler Normalisierungsschritt. Die Größe des Exponenten wird auf einen Überlauf oder Unterlauf überprüft. Anschließend wird das Produkt gerundet. Wenn das Ergebnis aufgrund des Rundens noch einmal zu normalisieren ist, muss die Größe des Exponenten erneut geprüft werden. Schließlich wird das Vorzeichenbit auf 1 gesetzt, wenn die Vorzeichen der Operanden verschieden sind (negatives Produkt), und auf 0, wenn die Vorzeichen gleich sind (positives Produkt).

Beispiel: Multiplikation von binären Gleitkommazahlen

Versuchen wir, die Zahlen 0,510 und −0,437510 mithilfe der Schritte in Abbildung 3.11 zu multiplizieren.

Lösung: In Binärform müssen wir die Zahlen $1{,}000_B \times 2^{-1}$ und $-1{,}110_B \times 2^{-2}$ multiplizieren.

Schritt 1: Addition der Exponenten ohne Verschiebekonstante:

$$-1 + (-2) = -3$$

oder mit Verschiebekonstante:

$$(-1 + 127) + (-2 + 127) - 127 = (-1 - 2) + (127 + 127 - 127)$$
$$= -3 + 127 = 124$$

Schritt 2: Multiplikation der Signifikanden:

```
        1,000_B
  ×     1,110_B
        0000
       1000
      1000
     1000
     1111000_B
```

Das Produkt ist $1{,}110000_B \times 2^{-3}$. Es stehen jedoch nur 4 Stellen zur Verfügung, so dass das Produkt $1{,}110_B \times 2^{-3}$ lautet.

Schritt 3: Wir überprüfen das Produkt, um zu sehen, ob es in normalisierter Form vorliegt. Anschließend wird der Exponent auf Überlauf oder Unterlauf getestet. Das Produkt ist bereits normalisiert und da $127 \geq -3 \geq -126$, liegt kein Überlauf oder Unterlauf vor. (Nach der Darstellung mit Charakteristik gilt $254 \geq 124 \geq 1$, somit passt der Exponent.)

Schritt 4: Das Runden des Produkts verändert das Ergebnis nicht:

$$1{,}110_B \times 2^{-3}$$

Schritt 5: Da die Vorzeichen der Anfangsoperanden verschieden sind, muss das Vorzeichen des Produkts negativ sein. Somit lautet das Produkt

$$-1{,}110_B \times 2^{-3}$$

Wir rechnen das Ergebnis zum Gegenprüfen in Dezimalzahlen um:

$$-1{,}110_B \times 2^{-3} = -0{,}001110_B = -0{,}00111_B$$
$$= -7/2^5_D$$
$$= -7/32_D = -0{,}21875_D$$

Das Produkt aus $0{,}5_D$ und $-0{,}4375_D$ ist tatsächlich $-0{,}21875_D$.

Gleitkommabefehle im MIPS-Befehlssatz

MIPS unterstützt die Formate für die einfache und die doppelte Genauigkeit nach dem IEEE-754-Standard mit den folgenden Befehlen:

- Gleitkommaaddition mit einfacher Genauigkeit: addition, single (`add.s`) und Gleitkommaaddition mit doppelter Genauigkeit: addition, double (`add.d`)
- Gleitkommasubtraktion mit einfacher Genauigkeit: subtraction, single (`sub.s`) und Gleitkommasubtraktion mit doppelter Genauigkeit: subtraction, double (`sub.d`)
- Gleitkommamultiplikation mit einfacher Genauigkeit: multiplication, single (`mul.s`) und Gleitkommamultiplikation mit doppelter Genauigkeit: multiplication, double (`mul.d`)
- Gleitkommadivision mit einfacher Genauigkeit: division, single (`div.s`) und Gleitkommadivision mit doppelter Genauigkeit: division, double (`div.d`)
- Vergleich von Gleitkommazahlen mit einfacher Genauigkeit: comparison, single (`c.x.s`) und Vergleich von Gleitkommazahlen mit doppelter Genauigkeit: comparison, double (`c.x.d`), wobei x equal (`eq`), not equal (`neq`), less than (`lt`), less than or equal (`le`), greater than (`gt`) oder greater than or equal (`ge`) sein kann
- branch, true (`bc1t`)und branch, false (`bc1f`)bei Gleitkommazahlen

Beim Gleitkommavergleich wird ein Bit in Abhängigkeit der Vergleichsbedingung auf wahr oder falsch gesetzt, und bei einer Gleitkommaverzweigung wird in Abhängigkeit der Bedingung entschieden, ob eine Verzweigung genommen wird oder nicht.

Die Entwickler der MIPS-Architektur haben sich entschieden, getrennte Gleitkommaregister vorzusehen. Diese Register tragen die Bezeichnung `$f0`, `$f1`, `$f2`, ... und werden entweder für Gleitkommazahlen mit einfacher oder doppelter Genauigkeit verwendet. Aus diesem Grund gibt es eigene Lade- und Speicherbefehle für Gleitkommaregister: `lwc1` und `swc1`. Die Basisregister für den Datentransport von Gleitkommazahlen, die für Adressen benutzt werden, bleiben Ganzzahlregister. Der MIPS-Code, mit dem zwei Zahlen mit einfacher

Tab. 3.6: Bisher dargestellte MIPS-Gleitkommaarchitektur. Ausführlichere Informationen finden in Anhang A.10. Diese Information finden Sie auch in Spalte 2 der MIPS-Zusammenfassung hinten im Buch.

Name	Beispiel	Anmerkungen
32 Gleitkommaregister	`$f0, $f1, $f2,...$f31`	MIPS-Gleitkommaregister werden für Zahlen mit doppelter Genauigkeit paarweise verwendet.
2^{30} Speicherwörter	`Memory[0]`, `Memory[4]`, `Memory[4 294 967 292]`	Zugriff nur durch Datentransfer-Befehle. Die MIPS-Architektur verwendet Byteadressen. Daher unterscheiden sich aufeinander folgende Wortadressen um 4. Im Hauptspeicher werden Datenstrukturen, Felder und ausgelagerte Register gespeichert, wie die, die bei einem Prozeduraufruf gespeichert werden.

	Befehl	Beispiel	Bedeutung	Anmerkungen
aritmethischer Befehl	FP add single	`add.s $f2,$f4,$f6`	`$f2 = $f4 + $f6`	Gleitkommaaddition (einfache Genauigkeit)
	FP subtract single	`sub.s $f2,$f4,$f6`	`$f2 = $f4 - $f6!`	Gleitkommasubtraktion (einfache Genauigkeit)
	FP multiply single	`mul.s $f2,$f4,$f6`	`$f2 = $f4 × $f6`	Gleitkommamultiplikation (einfache Genauigkeit)
	FP divide single	`div.s $f2,$f4,$f6`	`$f2 = $f4 : $f6`	Gleitkommadivision (einfache Genauigkeit)
	FP add double	`add.d $f2,$f4,$f6`	`$f2 = $f4 + $f6`	Gleitkommaaddition (doppelte Genauigkeit)
	FP subtract double	`sub.d $f2,$f4,$f6`	`$f2 = $f4 - $f6`	Gleitkommasubtraktion (doppelte Genauigkeit)
	FP multiply double	`mul.d $f2,$f4,$f6`	`$f2 = $f4 x $f6`	Gleitkommamultiplikation (doppelte Genauigkeit)
	FP divide double	`div.d $f2,$f4,$f6`	`$f2 = $f4 : $f6`	Gleitkommadivision (doppelte Genauigkeit)
Datentransfer	load word copr. 1	`lwc1 $f1,100($s2)`	`$f1 = Memory[$s2 + 100]!`	32-Bit-Daten in Gleitkommaregister
	store word copr. 1	`swc1 $f1,100($s2)`	`Memory[$s2 + 100] = $f1`	32-Bit-Daten in Speicher
Verzweigung	branch on FP true	`bc1t 25`	wenn (cond == 1), verzweige zu PC+4+100	Befehlszählerrelative Verzweigung, wenn Gleitkommabedingung erfüllt
	branch on FP false	`bc1f 25`	wenn (cond == 0), verzweige zu PC+4+100	Befehlszählerrelative Verzweigung, wenn Gleitkommabedingung erfüllt
	FP compare single (eq,ne,lt,le,gt,ge)	`c.lt.s $f2,$f4!`	wenn ($f2<$f4), cond=1, andernfalls cond=0	Gleitkommavergleich: kleiner als einfache Genauigkeit
	FP compare double (eq,ne,lt,le,gt,ge)	`c.lt.d $f2,$f4`	wenn ($f2<$f4), cond=1, andernfalls cond =0	Gleitkommavergleich: kleiner als doppelte Genauigkeit

Genauigkeit aus dem Speicher geladen, addiert und die Summe anschließend gespeichert wird, sieht folgendermaßen aus:

```
lwc1    $f4,c($sp)    # lade 32-Bit-Gleitkommazahl in F4
lwc1    $f6,a($sp)    # lade 32-Bit-Gleitkommazahl in F6
add.s   $f2,$f4,$f6   # F2 = F4 + F6 einfache Genauigkeit
swc1    $f2,b($sp)    # speichere 32-Bit-G.-Zahl aus F2
```

Tab. 3.7: MIPS-Maschinensprache für Gleitkommaoperationen

Name	Format			Beispiel				Anmerkungen	
add.s	R	17	16	6	4	2	0	add.s	$f2, $f4, $f6
sub.s	R	17	16	6	4	2	1	sub.s	$f2, $f4, $f6
mul.s	R	17	16	6	4	2	2	mul.s	$f2, $f4, $f6
div.s	R	17	16	6	4	2	3	div.s	$f2, $f4, $f6
add.d	R	17	17	6	4	2	0	add.d	$f2, $f4, $f6
sub.d	R	17	17	6	4	2	1	sub.d	$f2,$f4,$f6
mul.d	R	17	17	6	4	2	2	mul.d	$f2,$f4,$f6
div.d	R	17	17	6	4	2	3	div.d	$f2, $f4, $f6
lwc1	I	49	20	2		100		lwc1	$f2, 100($s4)
swc1	I	57	20	2		100		swc1	$f2, 100($s4)
bc1t	I	17	8	1		25		bc1t	25
bc1f	I	17	8	0		25		bc1f	25
c.lt.s	R	17	16	4	2	0	60	c.lt.s	$f2, $f4
c.lt.d	R	17	17	4	2	0	60	c.lt.d	$f2, $f4
Feldgröße		6 Bit	5 Bit	5 Bit	5 Bit	5 Bit	6 Bit	Alle MIPS-Befehle 32 Bit	

Bei einem Register mit doppelter Genauigkeit handelt es sich im Prinzip um ein Paar von einfach genauen Registern mit geraden und ungeraden Adressen, wobei die gerade Registernummer als Registername verwendet wird.

In den Tabellen 3.6 und 3.7 ist der in diesem Kapitel erläuterte Gleitkommateil der MIPS-Architektur zusammengestellt. Ähnlich wie Tabelle 2.10 in Kapitel 3 zeigt Tabelle 3.8 die Codierung dieser Befehle.

Hardware-Software-Schnittstelle

Eine Frage, die sich Rechnerarchitekten stellt, ist, ob zur Unterstützung der Gleitkommaarithmetik dieselben Register wie für Ganzzahlbefehle verwendet oder ob spezielle Gleitkommaregister eingeführt werden sollten. Da Programme normalerweise Ganzzahloperationen und Gleitkommaoperationen mit unterschiedlichen Daten ausführen, wird durch getrennte Register die Anzahl der ausgeführten Befehle nur geringfügig erhöht. Der größte Nachteil besteht in der Tatsache, dass neue Datentransfer-Befehle für den Transport der Daten zwischen den Gleitkommaregistern und dem Hauptspeicher notwendig sind.

Die Verwendung getrennter Gleitkommaregister hat mehrere Vorteile. Erstens stehen doppelt so viele Register zur Verfügung, ohne dass im Befehlsformat zusätzliche Bitstellen erforderlich sind. Zweitens steht aufgrund der getrennten Ganzzahl- und Gleitkommaregistersätze die doppelte Registerbandbreite zur Verfügung, und drittens können Register an Gleitkommaoperationen angepasst werden. So konvertieren beispielsweise einige Rechner jeden Operanden in ein internes Format, bevor sie ihn in ein Register laden.

Tab. 3.8: Codierung der MIPS-Gleitkommabefehle. Dieser Tabelle ist der Wert eines Felds nach Zeile und Spalte zu entnehmen. Beispiel: Im oberen Teil der Tabelle steht `lw` in Zeile 4 (100_B für Bit $31-29$ des Befehls) und Spalte 3 (011_B für Bit $28-26$ des Befehls), so dass der entsprechende Wert des op-Felds (Bit $31-26$) 100011_B lautet. Unterstreichung bedeutet, dass das Feld an anderer Stelle verwendet wird. Beispiel: FlPt in Zeile 2 und Spalte 1 (op = 010001_B) ist im unteren Teil der Tabelle definiert. Somit bedeutet `sub.f` in Zeile 0 und Spalte 1 im unteren Bereich, dass das funct-Feld (Bit $5-0$) des Befehls 000001_B ist und das op-Feld (Bit $31-26$) 010001_B ist. Das 5-Bit-rs-Feld im mittleren Bereich der Tabelle gibt an, ob es sich bei der Operation um eine Operation mit einfacher Genauigkeit ($f = s, rs = 10000$) oder um eine Operation mit doppelter Genauigkeit ($f = d, rs = 10001$) handelt. Ähnlich bestimmt Bit 16 des Befehls, ob der Befehl `bc1.c` prüft, ob eine Aussage wahr (Bit $16 = 1$, `bc1.t`) oder falsch (Bit $16 = 0$, `bc1.f`) ist.

28-26 \ 31-29	op(31:26):							
	0(000)	1(001)	2(010)	3(011)	4(100)	5(101)	6(110)	7(111)
0(000)	<u>Rfmt</u>	Bltz/gez	j	jal	beq	bne	blez	bgtz
1(001)	addi	addiu	slti	sltiu	andi	ori	xori	lui
2(010)	<u>TLB</u>	<u>FlPt</u>						
3(011)								
4(100)	lb	lh	lwl	lw	lbu	lhu	lwr	
5(101)	Sb	sh	swl	sw			swr	
6(110)	lwc0	lwc1						
7(111)	swc0	swc1						

23-21 \ 25-24	op(31:26) = 010001 (FlPt), (rt(16:16) = 0 => c = f, rt(16:16) = 1 => c = t), rs(25:21):							
	0(000)	1(001)	2(010)	3(011)	4(100)	5(101)	6(110)	7(111)
0(00)	mfc1		cfc1		mtc1		ctc1	
1(01)	bc1.c							
2(10)	f = single	f = double						
3(11)								

2-0 \ 5-3	op(31:26) = 010001 (FlPt), (f oben: 10000 => f = s, 10001 => f = d), funct(5:0):							
	0(000)	1(001)	2(010)	3(011)	4(100)	5(101)	6(110)	7(111)
0(000)	add.f	sub.f	mul.f	div.f		abs.f	mov.f	neg.f
1(001)								
2(010)								
3(011)								
4(100)	cvt.s.f	cvt.d.f			cvt.w.f			
5(101)								
6(110)	c.f.f	c.un.f	c.eq.f	c.ueq.f	c.olt.f	c.ult.f	c.ole.f	c.ule.f
7(111)	c.sf.f	c.ngle.f	c.seq.f	c.ngl.f	c.lt.f	c.nge.f	c.le.f	c.ngt.f

Beispiel: Übersetzung eines C-Gleitkommaprogramms in MIPS-Assemblercode

Umrechnung eines Temperaturwerts von Fahrenheit in Celsius:

```
float f2c (float fahr)
       {
           return ((5.0/9.0) * (fahr - 32.0));
       }
```

Wir nehmen an, dass das Gleitkommaargument **fahr** in $f12 übergeben wird und das Ergebnis in $f0 abgelegt wird. (Im Gegensatz zu den Ganzzahlregistern kann das Gleitkommaregister 0 eine Zahl enthalten.) Wie lautet der MIPS-Assemblercode?

Lösung: Wir nehmen an, dass der Compiler die drei Gleitkommakonstanten im Hauptspeicher an einer für den globalen Zeiger $gp einfach erreichbaren Stelle ablegt. Die ersten beiden Befehle laden die Konstanten 5,0 und 9,0 in Gleitkommaregister:

```
f2c:
  lwc1 $f16,const5($gp) # $f16=5,0 (5,0 steht im Speicher)
  lwc1 $f18,const9($gp) # $f18=9,0 (9,0 steht im Speicher)
```

Sie werden anschließend dividiert, um 5/9 zu erhalten:

```
    div.s $f16, $f16, $f18   # $f16 = 5,0 / 9,0
```

(Viele Compiler dividieren 5,0 durch 9,0 zur Kompilierungszeit und speichern die Konstante 5/9 im Speicher. Damit wird die Division zur Laufzeit vermieden.) Als Nächstes wird die Konstante 32,0 geladen und von **fahr**($f12) subtrahiert:

```
    lwc1 $f18, const32($gp) # $f18 = 32,0
    sub.s $f18, $f12, $f18  # $f18 = fahr - 32,0
```

Schließlich werden die beiden Zwischenergebnisse multipliziert und das Produkt als Rückgabeergebnis in $f0 abgelegt. Anschließend erfolgt der Rücksprung.

```
    mul.s$f0, $f16, $f18    # $f0 = (5/9) * (fahr - 32)
    jr   $ra                # Rücksprung
```

Als Nächstes betrachten wir Gleitkommaoperationen auf Matrizen, was häufig in wissenschaftlichen Programmen anzutreffen ist.

Beispiel: Übersetzung einer C-Gleitkommaprozedur mit zweidimensionalen Matrizen in MIPS-Assemblercode

Die meisten Gleitkommaberechnungen werden mit doppelter Genauigkeit durchgeführt. Betrachten wir die Matrixmultiplikation $C = C + A * B$. Dieser Code ist eine vereinfachte Version des DGEMM-Programms in Abbildung 2.19. Wir nehmen an, dass C, A und B quadratische Matrizen mit jeweils 32×32 Elementen sind.

```
void mm (double c[][], double a[][], double b[][])
{
        int i, j, k;
        for (i = 0; i! = 32; i = i + 1)
        for (j = 0; j! = 32; j = j + 1)
        for (k = 0; k! = 32; k = k + 1)
            c[i][j] = c[i][j] + a[i][k] * b[k][j];
}
```

Die Anfangsadressen der Felder sind Parameter und befinden sich in $a0, $a1 und $a2. Wir nehmen an, dass die Ganzzahlvariablen jeweils in $s0, $s1 und $s2 gespeichert sind. Wie lautet der MIPS-Assemblercode für den Prozedurrumpf?

Lösung: c[i][j] wird oben in der innersten Schleife verwendet. Da der Schleifenindex k ist, wirkt sich der Index nicht auf c[i][j] aus. Somit muss c[i][j] nicht bei jeder Iteration geladen und gespeichert werden. Stattdessen lädt der Compiler c[i][j] außerhalb der Schleife in ein Register, akkumuliert die Summe der Produkte aus a[i][k] und b[k][j] in diesem Register und speichert nach Abschluss der innersten Schleife die Summe in c[i][j].

Wir vereinfachen den Code mithilfe der Assembler-Pseudobefehle li (mit dem eine Konstante in ein Register geladen wird), l.d und s.d (die der Assembler in die Datentransfer-Befehle lwc1 und swc1 für ein Paar von Gleitkommaregistern umwandelt).

Der Rumpf der Prozedur beginnt mit dem Speichern des Werts 32 für die Terminierung der Schleife in einem temporären Register und dem anschließenden Initialisieren der drei for-Schleifenvariablen:

```
mm:...
        li $t1,32       # $t1=32 (Zeilenlänge / Schleifenende)
        li $s0,0        # i=0, Initialisierung der 1. Schleife
L1:     li $s1,0        # j=0, neuer Beginn der 2. Schleife
L2:     li $s2,0        # k=0, neuer Beginn der 3. Schleife
```

Zum Berechnen der Adresse von c[i][j] muss man wissen, wie ein zweidimensionales 32×32-Feld im Speicher abgelegt wird. Wie Sie vielleicht erwarten, ist die Anordnung dieselbe, wie wenn es sich um 32 eindimensionale Felder mit je 32 Elementen handeln würde. Somit besteht der erste Schritt darin, die i „eindimensionalen Felder" oder Zeilen zu überspringen, bis Sie zur gewünschten Zeile gelangen. Wir multiplizieren also den Index in der ersten Dimension mit der Größe der Zeile, d. h. mit 32. Da 32 eine Potenz von 2 ist, können wir stattdessen schieben:

```
sll  $t2,$s0,5            # $t2=i*2^5 (Zeilenlänge von c)
```

Nun addieren wir den zweiten Index, um das j-te Element der gewünschten Zeile auszuwählen:

```
addu $t2,$t2,$s1        # $t2 = i * Zeilenlänge + j
```

Um diese Summe in einen Byteindex umzuwandeln, multiplizieren wir ihn mit der Größe eines Matrixelements in Byte. Da bei doppelter Genauigkeit jedes Element 8 Byte umfasst und 8 eine Potenz von 2 ist, können wir stattdessen um drei Stellen nach links verschieben:

```
sll  $t2,$t2,3          # $t2 = Byteoffset von [i][j]
```

Als Nächstes addieren wir diese Summe zur Basisadresse von c, was die Adresse von c[i][j] ergibt, und anschließend laden wir die Zahl c[i][j] mit doppelter Genauigkeit in $f4:

```
addu $t2,$a0,$t2        # $t2 = Byteadresse von c[i][j]
l.d  $f4,0($t2)         # $f4 = 8 Byte von c[i][j]
```

Die folgenden fünf Befehle sind praktisch identisch mit den letzten fünf: Wir berechnen die Adresse und laden dann die Zahl b[k][j] mit doppelter Genauigkeit.

```
L3:sll $t0,$s2,5        # $t0 = k*2^5 (Zeilenlänge von b)
   addu $t0,$t0,$s1     # $t0 = k * Zeilenlänge + j
   sll  $t0,$t0,3       # $t0 = Byteoffset von [k][j]
   addu $t0,$a2,$t0     # $t0 = Byteadresse von b[k][j]
   l.d  $f16, 0($t0)    # $f16 = 8 Byte von b[k][j]
```

Entsprechend sind die nächsten fünf Befehle wie die letzten fünf: Berechnen der Adresse und anschließendes Laden der Zahl a[i][k] mit doppelter Genauigkeit.

```
sll  $t2,$s0,5          # $t0 = i*2^5 (Zeilenlänge von a)
addu $t0,$t0,$s2        # $t0 = i*Zeilenlänge + k
sll  $t0,$t0,3          # $t0 = Byteoffset von [i][k]
addu $t0,$a1,$t0        # $t0 = Byteadresse von a[i][k]
l.d  $f18,0($t0)        # $f18 = 8 Byte von a[i][k]}
```

Nun haben wir alle Daten geladen und können einige Gleitkommaoperationen ausführen! Wir multiplizieren die Elemente a und b, die sich in den Registern $f18 und $f16 befinden, und akkumulieren anschließend die Summe in $f4.

```
mul.d $f16,$f18,$f16    # $f16 = a[i][k] * b[k][j]
add.d $f4,$f4,$f16      # $f4 = c[i][j]+a[i][k] * b[k][j]
```

Der letzte Block inkrementiert den Index k und beginnt die Schleife neu, wenn der Index nicht 32 ist. Wenn der Index 32 und somit das Ende der inneren Schleife erreicht ist, müssen wir die in $f4 gebildete Summe in a[i][j] speichern.

```
addiu $s2,$s2,1         # k = k + 1
bne   $s2,$t1,L3        # wenn (k != 32), gehe zu L3
s.d   $f4,0($t2)        # a[i][j] = $f4
```

Entsprechend inkrementieren diese vier letzten Befehle die Indexvariablen der mittleren und der äußeren Schleifen, beginnen die Schleife von vorn, wenn der Index nicht 32 ist und beenden die Schleife, wenn der Index 32 ist.

```
addiu   $s1, $s1, 1        # j = j + 1
bne     $s1, $t1, L2       # wenn (j != 32), gehe zu L2
addiu   $s0, $s0, 1        # i = i + 1
bne     $s0, $t1, L1       # wenn (i != 32), gehe zu L1
...
```

Abbildung 3.12 zeigt eine leicht abweichende Version von DGEMM und Abbildung 3.13 den dazugehörenden x86-Assemblercode.

Anmerkungen: 1) Die im Beispiel beschriebene Feldanordnung, *zeilenweise Anordnung* genannt, wird von C und vielen anderen Programmiersprachen verwendet. Fortran verwendet dagegen eine *spaltenweise Anordnung*, wobei das Feld Spalte für Spalte gespeichert wird.

2) Ursprünglich konnten nur 16 der 32 MIPS-Gleitkommaregister für Operationen mit einfacher Genauigkeit verwendet werden: $f0, $f2, $f4, ..., $f30. Doppelte Genauigkeit wird mit Paaren dieser Register einfacher Genauigkeit berechnet. Die Gleitkommaregister mit ungerader Nummer wurden nur zum Laden und Speichern der rechten Hälfte von 64-Bit-Gleitkommazahlen verwendet. Mit MIPS-32 wurde der Befehlssatz um die Befehle l.d und s.d erweitert. MIPS-32 ergänzte den Befehlssatz zudem um „paarweise einfache" Versionen aller Gleitkommabefehle, wobei ein einfacher Befehl zwei parallele Gleitkommaoperationen an zwei 32-Bit-Operanden in 64-Bit-Registern ausführt (siehe Abschnitt 3.6). So ist etwa add.ps $f0,$f2,$f4 dasselbe wie add.s $f0,$f2,$f4 und add.s $f1,$f3,$f5 nacheinander ausgeführt.

3) Ein weiterer Grund, warum getrennte Ganzzahl- und Gleitkommaregister verwendet werden, ist der, dass die Mikroprozessoren in den 1980er-Jahren nicht genügend Transistoren zur Verfügung hatten, um die Gleitkommaeinheit auf demselben Chip unterzubringen wie die Ganzzahleinheit. Daher wurde die Gleitkommaeinheit mit den Gleitkommaregistern optional auf einem zweiten Chip angeboten. Optionale Beschleunigerchips wie diese werden als *Coprozessoren* bezeichnet, was das Akronym für Gleitkomma-Ladebefehle bei MIPS erklärt: lwc1 steht für „load word to coprocessor 1" (also: lade Wort in Coprozessor 1), also in die Gleitkommaeinheit. (Coprozessor 0 betrifft den virtuellen Speicher. Siehe hierzu Kapitel 5.) Seit den frühen 1990er-Jahren haben Mikroprozessoren eine integrierte Gleitkommaeinheit (und alles Mögliche) auf dem Chip.

4) Wie in Abschnitt 3.4 beschrieben, ist die Beschleunigung der Division problematischer als die der Multiplikation. Neben SRT gibt es noch ein weiteres Verfahren, um einen schnellen Multiplizierer auszunutzen, nämlich die *Newton-Iteration*, wobei für die Division die Suche nach der Nullstelle einer Funktion umgeformt wird, um den Kehrwert $1/x$, zu finden, der dann mit dem

anderen Operanden multipliziert wird. Bei Iterationsverfahren kann ohne zusätzliche Berechnung vieler Bits *nicht* korrekt gerundet werden. Ein TI-Chip löste dieses Problem durch Berechnen eines besonders genauen Kehrwerts.

5) Java bezieht den IEEE-754-Standard dem Namen nach in die Definition von Java-Gleitkommadatentypen und -operationen mit ein. Der Code im ersten Beispiel hätte also ebenso gut für eine Klassenmethode generiert werden können, mit der Fahrenheit in Celsius umgerechnet wird.

Im zweiten Beispiel werden mehrdimensionale Felder verwendet, die in Java nicht ausdrücklich unterstützt werden. Java lässt Felder von Feldern zu, aber jedes Feld muss im Gegensatz zu mehrdimensionalen Feldern in C seine eigene Länge haben. Wie bei den Beispielen in Kapitel 2 wäre bei einer Java-Version dieses zweiten Beispiels eine ganze Menge an Code zum Prüfen der Feldgrenzen erforderlich. Zudem müsste am Ende der Zeile eine neue Länge berechnet werden. Außerdem müsste sichergestellt werden, dass die Objektreferenz nicht null ist.

Genaue Arithmetik

Anders als Ganzzahlen, die jede Zahl zwischen der kleinsten und der größten Zahl genau darstellen können, sind Gleitkommazahlen normalerweise Näherungswerte für eine Zahl, die nicht exakt dargestellt werden kann. Der Grund liegt darin, dass es unendlich viele Zahlen beispielsweise im Intervall zwischen 0 und 1 gibt, aber nicht mehr als 2^{53} Gleitkommazahlen mit doppelter Genauigkeit exakt dargestellt werden können. Wir können die Gleitkommadarstellung nur möglichst genau an die tatsächliche Zahl annähern. Daher stellt der IEEE-754-Standard mehrere Möglichkeiten zum Runden bereit, damit der Programmierer die gewünschte Näherung wählen kann.

Runden hört sich einfach an, aber um exakt runden zu können, benötigt die Hardware zusätzliche Bits. In den vorhergehenden Beispielen haben wir keine genaue Anzahl für die Bits angegeben, die für eine Zwischendarstellung belegt werden können. Wenn aber jedes Zwischenergebnis durch Abschneiden auf die genaue Stellenzahl gerundet werden müsste, gäbe es keine Gelegenheit zum Runden. Nach IEEE 754 gibt es daher während der Zwischenschritte immer zwei zusätzliche Bits auf der rechten Seite, die als **Guard-Bit** bzw. **Round-Bit** bezeichnet werden. Betrachten wir ein Beispiel mit Dezimalzahlen, um den Wert dieser zusätzlichen Stellen zu veranschaulichen.

Guard-Bit (Prüfstelle) Das erste von zwei zusätzlichen Bits auf der rechten Seite bei Berechnungen von Zwischenergebnissen mit Gleitkommazahlen. Wird zum exakteren Runden verwendet.

Round-Bit (Rundung) Methode, die angewendet wird, damit das Zwischenergebnis bei Gleitkommaberechnungen in das Gleitkommaformat passt. In der Regel soll damit die Zahl gefunden werden, die der gewünschten Zahl am nächsten kommt und in dem Format dargestellt werden kann.

Beispiel: Runden mit Guard-Stellen

Addieren Sie $2{,}56_D \times 10^0$ und $2{,}34_D \times 10^2$ unter der Annahme, dass drei signifikante Dezimalstellen zur Verfügung stehen. Runden Sie auf die nächste darstellbare Dezimalzahl mit drei signifikanten Dezimalstellen, zuerst mit Guard- und Round-Stellen, dann ohne.

Lösung: Zunächst müssen wir die kleinere Zahl nach rechts schieben, um die Exponenten anzupassen. So wird aus $2{,}56_D \times 10^0$ die Zahl $0{,}0256_D \times 10^2$. Da wir über Guard- und Round-Stellen verfügen, können wir beim Anpassen der Exponenten die beiden niedrigstwertigen Stellen bewahren. In der Guard-Stelle wird die 5 gespeichert und in der Round-Stelle die 6. Somit ergibt sich die Summe

$$
\begin{aligned}
& 2{,}3400_D \\
+\; & 0{,}0256_D \\
\hline
& 2{,}3656_D
\end{aligned}
$$

Die Summe lautet also $2{,}3656_D \times 10^2$. Da wir zwei Stellen zum Runden haben, möchten wir Werte zwischen 0 und 49 abrunden und Werte zwischen 51 und 99 aufrunden, wobei 50 unentschieden ist. Wenn die Summe mit drei signifikanten Stellen aufgerundet wird, ergibt sich die Zahl $2{,}37_D \times 10^2$.

Wenn die Berechnung *ohne* Guard- und Round-Stellen durchgeführt wird, gehen zwei Stellen verloren. Dabei ergibt sich die neue Summe

$$
\begin{aligned}
& 2{,}34_D \\
+\; & 0{,}02_D \\
\hline
& 2{,}36_D
\end{aligned}
$$

Die Lösung lautet $2{,}36_D \times 10^2$, 1 weniger an der letzten Stelle als in der Summe oben.

ULP Die Anzahl an Bits im Rundungsfehler in den niedrigstwertigen Bits des Signifikanden zwischen der eigentlichen Zahl und der Zahl, die dargestellt werden kann.

Da der ungünstigste Fall beim Runden der wäre, dass sich die eigentliche Zahl in der Mitte zwischen zwei Gleitkommadarstellungen befindet, wird die Genauigkeit von Gleitkommaoperationen in der Regel als Anzahl der Bits im Rundungsfehler in den niedrigstwertigen Bits des Signifikanden gemessen. Der Wert wird in **ULP** (units in the last place, Einheiten in der letzten Stelle) angegeben. Wenn eine Zahl in den niedrigstwertigen Bits um 2 abweicht, wird dies als Abweichung um 2 ULP bezeichnet. Vorausgesetzt, es gibt weder Überlauf, noch Unterlauf, noch ungültige Operationen, dann garantiert der IEEE-754-Standard, dass der Computer die Zahl verwendet, die sich im Bereich von einem halben ULP befindet.

Anmerkungen: 1) Bei dem obigen Beispiel war zwar nur eine zusätzliche Stelle erforderlich, für eine Multiplikation können jedoch auch zwei Stellen notwendig sein. So kann ein Binärprodukt eine führende 0 enthalten, so dass bei der Normalisierung das Produkt um ein Bit nach links verschoben werden muss. Dadurch wird das Guard-Bit in das niedrigstwertige Bit des Produkts verschoben, so dass nur das Round-Bit zum exakten Runden des Produkts bleibt.

IEEE 754 unterstützt Rundungsmethoden: immer aufrunden (gegen $+\infty$), immer abrunden (gegen $-\infty$), Runden durch Abschneiden und Runden zur nächsten geraden Gleitkommazahl. Die letzte Methode gibt an, was zu tun ist, wenn die Zahl genau in der Mitte zwischen zwei darstellbaren Zahlen liegt. Nach dem IEEE-754-Standard wird bei einer Zahl, die sich genau in der Mitte zwischen zwei darstellbaren Zahlen liegt, zum niedrigstwertigen Bit eins addiert, falls dieses Bit eine ungerade Zahl enthält. Wenn es eine gerade Zahl enthält, wird es durch Abschneiden gerundet. Mit dieser Methode wird im unentschiedenen Fall im niedrigstwertigen Bit eine 0 generiert. Daher stammt auch die Bezeichnung dieser Rundungsmethode. Diese Methode wird am häufigsten angewendet und ist die einzige, die von Java unterstützt wird.

Mit den zusätzlichen Rundungsbits soll erreicht werden, dass der Rechner dieselben Ergebnisse erhält, als wenn Zwischenergebnisse mit unendlicher Genauigkeit berechnet und anschließend gerundet würde.

Um dieses Ziel zu unterstützen und auf die nächste gerade Gleitkommazahl zu runden, stellt der Standard neben dem Guard- und dem Round-Bit ein drittes Bit bereit. Dieses Bit wird gesetzt, wenn sich rechts neben dem Round-Bit noch Bits befinden, die nicht null sind. Mithilfe dieses so genannten **Sticky-Bits** kann der Computer beim Runden den Unterschied zwischen $0{,}50\ldots00_D$ und $0{,}50\ldots01_D$ erkennen.

Sticky-Bits Ein Bit, das beim Runden neben dem Guard-Bit und dem Round-Bit verwendet und gesetzt wird, wenn sich rechts neben dem Round-Bit Bits befinden, die verschieden von null sind.

Das Sticky-Bit kann beispielsweise während einer Addition beim Verschieben der kleineren Zahl nach rechts gesetzt werden. Nehmen wir an, wir addieren $5{,}01_D \times 10^{-1}$ und $2{,}34_D \times 10^2$ aus dem obigen Beispiel. Auch wenn wir das Guard- und das Round-Bit verwenden, addieren wir 0,0050 und 2,34, was die Summe 2,3450 ergibt. Das Sticky-Bit wird gesetzt, da sich auf der rechten Seite Bits befinden, die nicht null sind. Ohne Sticky-Bit zum Festhalten, ob Einsen weggeschoben wurden, würden wir annehmen, die Zahl lautet $2{,}345000\ldots00$ und würden auf die nächste gerade Gleitkommazahl, nämlich 2,34 runden. Mit dem Sticky-Bit, das festhält, dass die Zahl größer als $2{,}345000\ldots00$ ist, runden wir stattdessen auf 2,35.

2) Die Architekturen PowerPC, SPARC64, AMD SSE5 und Intel AVX unterstützen einen einzelnen Befehl, der eine Multiplikation und Addition über drei Register durchführt: $a = a + (b \times c)$. Offensichtlich gestattet dieser Befehl eine potenziell höhere Gleitkommaleistung für diese häufig vorkommende Operation. Gleichermaßen wichtig ist, dass statt zwei Rundungen – nach der Multiplikation und anschließend nach der Addition –, die in separaten Befehlen ausgeführt würden, der Befehl zum Multiplizieren und Addieren eine einzige Rundung nach der Addition durchführen kann. Weil nur ein Rundungsschritt ausgeführt wird, bietet die Multiplikation mit Addition eine höhere Genauigkeit. Solche Operationen mit einer einzigen Rundung werden als FMA-Operationen (**Fused Multiply Add**) bezeichnet. Sie wurden dem überarbeiteten Standard IEE 754-2008 hinzugefügt (siehe Abschnitt 3.11, online).

Fused Multiply Add Ein Gleitkommabefehl, der gleichzeitig eine Multiplikation und eine Addition ausführt, aber nur nach der Addition einmal rundet.

Zusammenfassung

Im Abschnitt „Grundwissen" auf der nächsten Seite wird das Von-Neumann-Konzept aus Kapitel 2 bestätigt. Die Bedeutung der Information kann nicht

durch die Betrachtung der Bits allein bestimmt werden, da ein- und dieselben
Bits eine Vielzahl von Objekten darstellen können. In diesem Abschnitt wird
deutlich, dass die Rechnerarithmetik endlich ist und sich somit von der natürlichen Arithmetik unterscheiden kann. So ist beispielsweise die Darstellung der
Gleitkommazahl

$$(-1)^S \times (1 + \text{Mantisse}) \times 2^{(\text{Exponent}-\text{Verschiebekonstante})}$$

nach IEEE-754-Standard fast immer ein Näherungswert der reellen Zahl. Computersysteme müssen dafür sorgen, dass die Differenz zwischen Computerarithmetik und der Arithmetik in der Realität möglichst gering ist. Und Programmierer müssen sich die Auswirkungen dieser Näherungen von Zeit zu Zeit
vergegenwärtigen.

Grundwissen

Bitmuster haben keine Bedeutung an sich. Sie können vorzeichenbehaftete Ganzzahlen, vorzeichenlose Ganzzahlen, Gleitkommazahlen, Befehle usw. darstellen. Was dargestellt wird, hängt von dem Befehl ab,
der auf die Bits im Wort angewendet wird.

Der Hauptunterschied zwischen den im Computer darstellbaren Zahlen und Zahlen in der Realität besteht darin, dass die Größe der Compu-
terzahlen und deren Genauigkeit begrenzt ist. So kann es vorkommen,
dass eine Zahl berechnet wird, die zu groß oder zu klein ist, um in einem Wort dargestellt werden zu können. Programmierer müssen diese
Grenzen berücksichtigen und ihre Programme entsprechend schreiben.

C-Datentyp	Java-Datentyp	Datentransfer	Operationen
int	int	lw, sw, lui	addu, addiu, subu, mult, div, and, andi, or, ori, nor, slt slti
unsigned int	—	lw, sw, lui	addu, addiu, subu, multu, divu, and, andi, or, ori, nor, sltu, sltiu
char	—	lb, sb, lui	addu, addiu, subu, multu, divu, and, andi, or, ori, nor, sltu, sltiu
—	char	lh, sh, lui	addu, addiu, subu, multu, divu, and, andi, or, ori, nor, sltu, sltiu
float	float	lwc1, swc1	add.s, sub.s, mult.s, div.s, c.eq.s, c.lt.s, c.le.s
double	double	l.d, s.d	add.d, sub.d, mult.d, div.d, c.eq.d, c.lt.d, c.le.d

Hardware-Software-Schnittstelle

Im letzten Kapitel haben wir die Speicherklassen der Programmiersprache C (siehe „Hardware-Software-Schnittstelle" in Abschnitt 2.7) vorgestellt. In der obigen Tabelle sind einige der C- und Java-Datentypen zusammen mit den Datentransfer-Befehlen und Befehlen von MIPS dargestellt, die auf die in Kapitel 2 und in diesem Kapitel beschriebenen Datentypen angewendet werden. Wie Sie sehen, gibt es bei Java keine vorzeichenlosen Ganzzahlen.

Selbsttest

Nehmen wir an, es gebe ein dem IEEE-754-Standard entsprechendes 16-Bit-Gleitkommaformat mit 5 Exponentenbits. Welcher Zahlenbereich könnte damit dargestellt werden?

1. $1,0000\ 0000\ 00_B \times 2^0$ bis $1,1111\ 1111\ 11 \times 2^{31}, 0$
2. $\pm 1,0000\ 0000\ 0_B \times 2^{-14}$ bis $\pm 1,1111\ 1111\ 1 \times 2^{15}$, ± 0, $\pm\infty$, NaN
3. $\pm 1,0000\ 0000\ 00_B \times 2^{-14}$ bis $\pm 1,1111\ 1111\ 11 \times 2^{15}$, ± 0, $\pm\infty$, NaN
4. $\pm 1,0000\ 0000\ 00_B \times 2^{-15}$ bis $\pm 1,1111\ 1111\ 11 \times 2^{14}$, ± 0, $\pm\infty$, NaN

Anmerkung: Zur Unterstützung von Vergleichen, in denen NaNs auftreten können, stellt der Standard *geordnete* und *ungeordnete* Optionen bereit. Somit weist der vollständige MIPS-Befehlssatz viele verschiedene Vergleiche zum Unterstützen von NaNs auf. (Java unterstützt ungeordnete Vergleiche nicht.)

Bei dem Versuch, das allerletzte Genauigkeitsbit aus einer Gleitkommaoperation herauszuholen, lässt der Standard zu, dass einige Zahlen in nicht normalisierter Form dargestellt werden. Damit zwischen 0 und der kleinsten normalisierten Zahl keine Lücke entsteht, lässt der IEEE-Standard *denormalisierte Zahlen* (auch als *subnormale Zahlen* bezeichnet) zu. Sie haben denselben Exponenten wie 0, jedoch einen Signifikanden, der ungleich 0 ist. Dabei ist es nach dem Standard zulässig, dass die Wertigkeit einer Zahl so lange abnimmt, bis diese 0 wird. Dies wird als *gradueller Unterlauf* bezeichnet. Beispiel: Die kleinste positive normalisierte Zahl mit einfacher Genauigkeit lautet

$$1,0000\ 0000\ 0000\ 0000\ 0000\ 000_B \times 2^{-126}$$

Die kleinste denormalisierte Zahl mit einfacher Genauigkeit lautet jedoch

$$0,0000\ 0000\ 0000\ 0000\ 0000\ 001_B \times 2^{-126}, \text{ oder } 1,0_B \times 2^{-149}$$

Bei doppelter Genauigkeit gibt es eine denormalisierte Lücke zwischen $1,0 \times 2^{-1022}$ und $1,0 \times 2^{-1074}$.

Die Möglichkeit gelegentlicher nicht normalisierter Operanden bereitet den Entwicklern von Gleitkommaeinheiten einiges Kopfzerbrechen, wenn es um Schnelligkeit geht. Daher verursachen viele Rechner eine Ausnahme, wenn ein Operand denormalisiert ist, und lassen die Software die Operation abschließen. Obwohl Softwareimplementierungen vollkommen zulässig sind, schmälert die geringere Performanz die Popularität denormalisierter Zahlen in portierbarer Gleitkommasoftware. Dazu kommt: Wenn Programmierer keine denormalisierten Zahlen erwarten, können ihre Programme zu Überraschungen führen.

3.6 Parallelität und Computerarithmetik: Subwort-Parallelität

Da jeder Desktop-Computer und jedes Smartphone per Definition seine eigene grafische Ausgabeeinheit hat, war es angesichts steigender Transistor-Budgets unvermeidbar, dass zusätzlich Grafikoperationen unterstützt werden. Viele Grafiksysteme haben ursprünglich 8 Bit für die Darstellung jeder der drei Primärfarben sowie zusätzlich 8 Bit für die Lage des Pixels verwendet. Als später noch Lautsprecher und Mikrofone für Telefonkonferenzen und Videospiele hinzu kamen, lag es nahe, auch den Ton zu unterstützen. Audiodateien benötigen mehr als 8 Bit Genauigkeit, wobei 16 Bit ausreichend sind.

Alle Mikroprozessoren bieten spezielle Unterstützung, damit Bytes und Halbwörter im Speicher so wenig Platz wie möglich beanspruchen (siehe Abschnitt 2.9), doch da arithmetische Operationen bei diesen Datenmengen in typischen Ganzzahlprogrammen selten sind, gab es außer dem Datentransfer nur wenig Unterstützung. Architekten erkannten, dass viele Grafik- und Audioanwendungen die gleiche Operation auf Vektoren dieser Daten ausführen. Durch Partitionierung der Trägerketten in einem 128-Bit-Addierer kann ein Prozessor die **Parallelität** ausnutzen, um simultane Operationen auf kürzeren Vektoren von sechzehn 8-Bit-Operanden, acht 16-Bit-Operanden, vier 32-Bit-Operanden oder zwei 64-Bit-Operanden auszuführen. Die Kosten für solche partitionierten Addierer sind gering.

PARALLELITÄT

Da die Parallelität innerhalb eines breiten Wortes auftritt, werden die Erweiterungen als *Subwort-Parallelität* bezeichnet. Außerdem fallen sie unter den allgemeineren Begriff *Parallelität auf Datenebene.* Sie werden auch Vektor- oder SIMD-Erweiterungen (Single Instruction, Multiple Data) genannt (siehe Abschnitt 6.6) Die zunehmende Verbreitung von Multimedia-Anwendungen hat zu arithmetischen Befehlen geführt, die kürzere Operationen unterstützen und leicht parallel ausgeführt werden können. Beispielsweise hat ARM mehr als 100 Befehle zur NEON-Multimedia-Befehlserweiterung hinzugefügt, um Subwort-Parallelität zu unterstützen. Diese kann mit ARMv7 oder ARMv8 verwendet werden. Hinzugefügt wurden 256 Byte an neuen Registern für NEON, die als 32 Register mit jeweils 8 Byte Breite oder als 16 Register mit jeweils 16 Byte Breite betrachtet werden können. NEON unterstützt alle Subwort-Datentypen, die man sich vorstellen kann, *außer* 64-Bit-Gleitkommazahlen:

- 8-Bit-, 16-Bit-, 32-Bit- und 64-Bit-Ganzzahlen, jeweils vorzeichenbehaftet und vorzeichenlos
- 32-Bit-Gleitkommazahlen

Tabelle 3.9 gibt eine Zusammenfassung der grundlegenden NEON-Befehle.

Tab. 3.9: Übersicht über die ARM-NEON-Befehle für die Subwort-Parallelität. Wir verwenden geschweifte Klammern, um optionale Varianten der Grundoperationen anzugeben. {S8,U8,8} steht für vorzeichenbehaftete und vorzeichenlose 8-Bit-Ganzzahlen oder 8-Bit-Daten von beliebigem Typ, wovon 16 in ein 128-Bit-Register passen. {S16,U16,16} steht für vorzeichenbehaftete und vorzeichenlose 16-Bit-Ganzzahlen oder 16-Bit-Daten von beliebigem Typ, wovon 8 in ein 128-Bit-Register passen. {S32,U32,32} steht für vorzeichenbehaftete und vorzeichenlose 32-Bit-Ganzzahlen oder 32-Bit-Daten von beliebigem Typ, wovon 4 in ein 128-Bit-Register passen. {S64,U64,64} steht für vorzeichenbehaftete und vorzeichenlose 64-Bit-Ganzzahlen oder 64-Bit-Daten von beliebigem Typ, wovon 2 in ein 128-Bit-Register passen. {F32} steht für vorzeichenbehaftete und vorzeichenlose 32-Bit-Gleitkommazahlen, von denen 4 in ein 128-Bit-Register passen. Vector Load liest eine n-elementige Struktur aus dem Speicher in 1, 2, 3 oder 4 NEON-Register. Dabei wird jeweils eine n-elementige Struktur in eine Lane geladen (siehe Abschnitt 6.6) und Elemente des Registers, die nicht geladen werden, bleiben unverändert. Vector Store schreibt eine n-elementige Struktur aus 1, 2, 3 oder 4 NEON-Registern in den Speicher.

Datentransfer	Arithmetik	Logik/Vergleichen
VLDR.F32	VADD.F32, V.ADD{L,W}{S8,U8,S16,U16,S32,U32}	VAND.64, VAND.128
VSTR.F32	VSUB.F32, VSUB{L,W}{S8,U8,S16,U16,S32,U32}	VORR.64, VORR.128
VLD{1,2,3,4}.{I8,I16,I32}	VMUL.F32, VMULL{S8,U8,S16,U16,S32,U32}	VEOR.64,VEOR.128
VST{1,2,3,4}.{I8,I16,I32}	VMLA.F32, VMLAL{S8,U8,S16,U16,S32,U32}	VBIC.64,VBIC.128
VMOV.{I8,I16,I32,F32}, #imm	VMLS.F32, VMLSL{S8,U8,S16,U16,S32,U32}	VORN.64,VORN.128
VMVN.{I8,I16,I32,F32}, #imm	VMAX.{S8,U8,S16,U16,S32,U32,F32}	VCEQ.{I8,I16,I32,F32}
VMOV.{I64,I128}	VMIN.{S8,U8,S16,U16,S32,U32,F32}	VCGE.{S8,U8,S16,U16,S32,U32,F32}
VMVN.{I64,I128}	VABS.{S8,S16,S32,F32}	VCGT.{S8,U8,S16,U16,S32,U32,F32}
	VNEG.{S8,S16,S32,F32}	VCLE.{S8,U8,S16,U16,S32,U32,F32}
	VSHL.{S8,U8,S16,U16,S32,S64,U64}	VCLT.{S8,U8,S16,U16,S32,U32,F32}
	VSHR.{S8,U8,S16,U16,S32,S64,U64}	VTST.{I8,I16,I32}

Anmerkung: Zusätzlich zu vorzeichenbehafteten und vorzeichenlosen Ganzzahlen umfasst ARM Festkommaformate in vier Größen, die mit I8, I16, I32 und I64 bezeichnet sind und von denen jeweils 16, 8, 4 bzw. 2 in ein 128-Bit-Register passen. Ein Teil des Festkommaformats ist für die Mantisse vorgesehen (rechts vom Binärkomma) und der Rest für den ganzzahligen Anteil (links vom Binärkomma). Die Position des Binärkommas hängt von der Software ab. Viele ARM-Prozessoren haben keine Gleitkommahardware, weshalb Gleitkommaoperationen von Bibliotheksroutinen ausgeführt werden müssen. Festkommaarithmetik kann signifikant schneller sein als softwareseitige Gleitkommaroutinen, doch es ist mehr Arbeit für den Programmierer.

3.7 Fallstudie: Streaming-SIMD-Erweiterungen und fortgeschrittene Vektorerweiterungen für x86

Die ursprünglichen Erweiterungen MMX (*MultiMedia eXtension*) und SSE (*Streaming SIMD Extension*) der x86-Architektur beinhalteten ähnliche Operationen wie diejenigen, die in ARM NEON vorzufinden sind. In Kapitel 2 wurde erwähnt, dass Intel 2001 zu seiner Architektur 144 Befehle als Bestandteil von SSE2 hinzugefügt hat, darunter doppelt genaue Gleitkommaregister und -operationen. Die Erweiterung umfasst acht 64-Bit-Register, die für Gleitkommaoperanden verwendet werden können. AMD erweiterte die Anzahl auf

Tab. 3.10: Die SSE/SSE2-Gleitkommabefehle des x86. xmm bedeutet, dass ein Operand ein 128-Bit-SSE2-Register ist, und mem/xmm bedeutet, dass sich der andere Operand entweder im Speicher befindet oder dass er ein SSE2-Register ist. Geschweifte Klammern kennzeichnen optionale Varianten der grundlegenden Operationen: SS steht für Scalar Single-Gleitkommagenauigkeit oder vier 32-Bit-Operanden in einem 128-Bit-Register; SD steht für Scalar Double-Gleitkommagenauigkeit oder ein 64-Bit-Operand in einem 128-Bit-Register; PD steht für Packed Double-Gleitkommagenauigkeit oder zwei 64-Bit-Operanden in einem 128-Bit-Register; A bedeutet, dass der 128-Bit-Operand im Speicher ausgerichtet ist; U bedeutet, dass der 128-Bit-Operand im Speicher nicht ausgerichtet ist; H bedeutet, dass die obere Hälfte des 128-Bit-Operanden verschoben wird, und L bedeutet, dass die untere Hälfte des 128-Bit-Operanden verschoben wird.

Datentransfer	Arithmetik	Vergleichen
MOV{A/U}{SS/PS/SD/PD} xmm, mem/xmm	ADD{SS/PS/SD/PD} xmm, mem/xmm	CMP{SS/PS/SD/PD}
	SUB{SS/PS/SD/PD} xmm, mem/xmm	
MOV H/L PS/PD xmm, mem/xmm	MULSS/PS/SD/PD xmm, mem/xmm	
	DIVSS/PS/SD/PD xmm, mem/xmm	
	SQRTSS/PS/SD/PD mem/xmm	
	MAXSS/PS/SD/PD mem/xmm	
	MINSS/PS/SD/PD mem/xmm	

16 Register, die XMM genannt werden, als Teil von AMD64, was von Intel für den eigenen Gebrauch in EM64T umbenannt wurde. In Tabelle 3.10 sind die SSE- und SSE2-Befehle zusammengestellt.

Neben dem Speichern einer Zahl mit einfacher oder doppelter Genauigkeit in einem Register lässt Intel auch zu, dass mehrere Gleitkommaoperanden (vier mit einfacher und zwei mit doppelter Genauigkeit) in einem einzigen 128-Bit-SSE2-Register gespeichert werden. Wenn die Operanden im Speicher als ausgerichtete 128-Bit-Daten angeordnet werden können, dann ist es mit 128-Bit-Datentransfer-Befehlen möglich, mehrere Operanden mit einem Befehl zu laden oder zu speichern. Dieses gepackte Gleitkommaformat wird von arithmetischen Operationen unterstützt, die gleichzeitig vier Zahlen mit einfacher Genauigkeit oder zwei mit doppelter Genauigkeit verarbeiten können.

Im Jahr 2011 hat Intel durch Einführung der *Advanced Vector Extensions (AVX)* die Breite der Register noch einmal verdoppelt, die nun YMM genannt werden. Damit kann eine einzelne Operation acht 32-Bit-Gleitkommaoperationen oder vier 64-Bit-Gleitkommaoperationen spezifizieren. Die alten SSE- und SSE2-Befehle operieren nun auf den unteren 128 Bit des YMM-Registers. Um also von 128-Bit- zu 256-Bit-Operationen überzugehen, wird den Befehlen in SSE2-Assemblersprache der Buchstabe v (für Vector) vorangestellt und dann die YMM-Registernamen anstelle der XMM-Registernamen benutzt. Beispielsweise wird aus dem SSE-Befehl

```
addpd   %xmm0, %xmm4
```

zur Ausführung von zwei 64-Bit-Gleitkommaadditionen

```
vaddpd   %ymm0, %ymm4
```

was vier 64-Bit-Gleitkommamultiplikationen erzeugt.

Anmerkung: In AVX sind auch drei Adressbefehle zu x86 hinzugefügt. Bei-spielsweise spzifiziert vaddpd

```
vaddpd   %ymm0, %ymm1, %ymm4 # %ymm4 = %ymm0 + %ymm1
```

anstelle der Zweiadressversion

```
addpd    %xmm0, %xmm4 # %xmm4 = %xmm4 + %xmm0
```

(Im Unterschied zu MIPS steht das Ziel bei x86 auf der rechten Seite.) Drei Adressen können die Anzahl der für eine Berechnung benötigten Adressen und Register reduzieren.

3.8 Beschleunigung: Subwort-Parallelität und Matrixmultiplikation

Betrachten wir noch einmal die nicht optimierte C-Version von DGEMM (Ab-bildung 2.19). Um die Auswirkungen der Subword-Parallelität auf die Perfor-manz zu demonstrieren, führen wir den Code noch einmal unter Verwendung von AVX aus. Während Compiler-Entwickler irgendwann in der Lage sein werden, routinemäßig Code von hoher Qualität zu schreiben, der die AVX-Befehle von x86 benutzt, müssen wir einstweilen „tricksen", indem wir int-rinsische C-Funktionen benutzen, die dem Compiler mehr oder weniger exakt sagen, wie guter Code generiert wird. Abbildung 3.12 zeigt die verbesserte Version von Abbildung 2.19.

Die Deklaration in Zeile 7 von Abbildung 3.12 verwendet den Datentyp __m512d, was dem Compiler mitteilt, dass die Variable acht doppelt genaue

```
1.  #include <x86intrin.h>
2.  void dgemm (int n, double* A, double* B, double* C)
3.  {
4.  for (int i = 0; i < n; i+=8)
5.    for (int j = 0; j < n; ++j)
6.      {
7.        __m512d c0 = _mm512_load_pd(C+i+j*n); // c0 = C[i][j]
8.        for( int k= 0; k < n; k++ )
9.          { // c0 = += A[i][k]*B[k][j]
10.           __m512d bb = _mm512_broadcastsd_pd(_mm_load_sd(B+j*n+k));
11.           c0 = _mm512_fmadd_pd(_mm512_load_pd(A+n*k+i), bb, c0);
12.          }
13.        _mm512_store_pd(C+i+j*n, c0);  // C[i][j] = c0
14.      }
15. }
```

Abb. 3.12: Optimierte Version von DGEMM. Mithilfe intrinsischer C-Funktionen werden die AVX512-Befehle mit Subwort-Parallelität für x86 erzeugt. Abbildung 3.13 zeigt den Assemblercode, den der Compiler für die innere Schleife generiert.

Gleitkommawerte enthalten wird (8 × 64 Bit = 512 Bit). Die intrinsische Funktion _mm512_load_pd(), ebenfalls Zeile 7, verwendet AVX-Befehle, um acht doppelt genaue Gleitkommazahlen parallel (_pd) aus der Matrix C in c0 zu laden. Die Adressberechnung C+i+j*n repräsentiert Element C[i+j*n]. Symmetrisch dazu wird im letzten Schritt (Zeile 13) die intrinsische Funktion _mm512_store_pd() verwendet, um acht doppelt genaue Gleitkommazahlen aus c0 in die Matrix C zu laden. Wenn wir in jeder Iteration acht Elemente haben, inkrementiert die äußere for-Schleife (Zeile 4) i um 8 anstatt um 1 wie in Zeile 3 von Abbildung 2.19.

Innerhalb der Schleife werden zunächst acht Elemente von A geladen, wobei wieder _mm512_load_pd() benutzt wird (Zeile 10). Um diese Elemente mit einem Element von B zu multiplizieren, wenden wir zuerst die intrinsische Funktion _mm512_brodcast_sd() an, die in einem der ZMM-Register acht identische Kopien der skalaren doppelt genauen Zahl – in diesem Fall ein Element von B – erzeugt. In Zeile 11 wenden wir dann _mm512_fmadd_pd an, um die acht doppelt genauen Ergebnisse parallel zu multiplizieren, und addieren dann die acht Produkte zu den acht Summen in c0.

Abbildung 3.13 zeigt den resultierenden x86-Code, den der Compiler für den Rumpf der inneren Schleifen erzeugt. Sie können die vier AVX512-Befehle sehen – sie beginnen alle mit v und verwenden pd für double precision (doppelte Genauigkeit) –, die den zuvor erwähnten intrinsischen C-Funktionen entsprechen. Der Code ist sehr ähnlich zu dem in Abbildung 2.20, die Integer-Befehle sind nahezu identisch (allerdings sind die Register andere) und die Unterschiede bei den Gleitkommabefehlen bestehen allgemein nur darin, dass von *scalar double* (sd) mit XMM-Registern zu *parallel double* (pd) mit ZMM-Registern übergegangen wird. Eine Ausnahme ist Zeile 4 in Abbildung 3.13. Jedes Element von A muss mit einem Element von B multipliziert werden. Eine

```
 1. vmovapd (%r11),zmm1             # Lade 8 Elemente von C in %zmm1
 2. mov      %rbx,%rcx              # Register %rcx = %rbx
 3. xor      %eax,%eax             # Register %eax = 0
 4. vbroadcastsd (%rax,%r8,8),%zmm0 # mache 8 Kopien des B-Elements in %zmm0
 5. add      %0x8,%rax             # Register %rax = %rax + 8
 6. vfmadd231pd (%rcx),%zmm0,%zmm1 # parallel mul & add %zmm0, %zmm1
 7. add      %r9,%rcx              # Register %rcx = %rcx
 8. cmp      %r10,%rax             # vergleiche %r10 mit %rax
 9. jne      50 <dgemm+0x50>       # springe falls nicht %r10 != %rax
10. add      %$0x1,%esi            # Register % esi = % esi + 1
11. vmovapd %zmm1,(%r11)           # speichere %zmm1 in 8 C-Elementen
```

Abb. 3.13: x86-Assemblercode für den Rumpf der geschachtelten Schleifen, die durch Kompilieren des nicht optimierten C-Codes aus Abbildung 3.12 generiert werden. Beachten Sie die Ähnlichkeiten mit Abbildung 2.20. Der Hauptunterschied besteht darin, dass die fünf Gleitkommaoperationen nun die ZMM-Register benutzen sowie die pd-Versionen (parallel double precision) der Befehle anstatt die sd-Versionen (single double precision). Außerdem wird ein einziger Befehl zum Multiplizieren und Addieren ausgeführt, anstatt separate Befehle hierfür zu verwenden.

Lösung besteht darin, acht identische Kopien des 64-Bit-B-Elementes nebeneinander in das 512-Bit-ZMM-Register zu platzieren, was genau das ist, was der Befehl vbroadcastsd tut. Der andere Unterschied ist der, dass das ursprüngliche Programm separate Gleitkommaoperationen für das Multiplizieren und das Addieren hat, während die AVX512-Version in Zeile 6 eine einzige Gleitkommaoperation dafür benutzt.

Die AVX-Version ist 7,5-mal so schnell, was sehr nah an dem Faktor 8 liegt, auf den Sie bestenfalls hoffen können, wenn Sie unter Ausnutzung der **Subwort-Paralellität** achtmal so viele Operationen gleichzeitig ausführen. In den folgenden Kapiteln werden wir die Performanz von DGEMM immer weiter verbessern, indem wir die dort jeweils eingeführten Ideen ausnutzen.

PARALLELITÄT

3.9 Fallstricke und Trugschlüsse

Gern gemachte arithmetische Fehler und Trugschlüsse lassen sich im Allgemeinen auf den Unterschied zwischen der begrenzten Genauigkeit der Rechnerarithmetik und der unbegrenzten Genauigkeit der natürlichen Arithmetik zurückführen.

Trugschluss: So, wie ein Linksschiebebefehl eine Ganzzahlmultiplikation mit einer Potenz von 2 ersetzen kann, kann ein Rechtsschiebebefehl eine Ganzzahldivision durch eine Potenz von 2 ersetzen.

Erinnern Sie sich, dass eine binäre Zahl x, die folgende Zahl darstellt, wobei x_i für das i-te Bit steht:

$$\ldots + \left(x_3 \times 2^3\right) + \left(x_2 \times 2^2\right) + \left(x_1 \times 2^1\right) + \left(x_0 \times 2^0\right)$$

Es scheint so, als sei das Schieben der Bits von x nach rechts um n Bit dasselbe wie die Division durch 2^n. Und dies trifft auf vorzeichenlose Ganzzahlen auch tatsächlich zu. Ein Problem stellen die Ganzzahlen mit Vorzeichen dar. Nehmen wir beispielsweise an, wir möchten -5_D durch 4_D dividieren. Der Quotient sollte -1_D sein. Die Zweierkomplement-Darstellung von -5_D lautet

1111 1111 1111 1111 1111 1111 1111 1011$_B$

Nach dieser Überlegung wäre das Schieben um zwei Stellen nach rechts dasselbe wie das Dividieren durch 4_D (2^2):

0011 1111 1111 1111 1111 1111 1111 1110$_B$

Mit einer 0 im Vorzeichenbit ist dieses Ergebnis eindeutig falsch. Beim Rechtsschieben ergibt sich der Wert 1 073 741 822$_D$ statt -1_D.

Eine Lösung wäre ein arithmetisches Rechtsschieben, bei dem das Vorzeichenbit erweitert wird, anstatt mit Nullen aufzufüllen. Ein Schieben von -5_D um 2 Bit nach rechts ergibt

1111 1111 1111 1111 1111 1111 1111 1110$_B$

Das Ergebnis ist -2_D statt -1_D. Nahe dran, aber knapp daneben ist auch vorbei.

Mathematik kann somit als das Fach definiert werden, in dem wir nie wissen, worüber wir reden, und auch nicht, ob das, was wir sagen, wahr ist.

Bertrand Russell, *Recent Words on the Principles of Mathematics*, 1901

Fallstrick: Die Gleitkommaaddition ist nicht assoziativ.

Die Assoziativität gilt für eine Folge von Additionen von Zweierkomplement-zahlen, selbst dann, wenn es zum Überlauf kommt. Allerdings gilt das nicht für Gleitkommazahlen, da diese nur Näherungen für reelle Zahlen sind und die Computerarithmetik eine begrenzte Genauigkeit hat. Wegen des großen Zahlenbereichs, der im Gleitkommaformat dargestellt werden kann, treten Probleme auf, wenn zwei große Zahlen mit entgegengesetzten Vorzeichen und eine kleine Zahl addiert werden. Schauen wir uns zum Beispiel an, ob $c + (a + b) = (c + a) + b$ gilt. Es sei $c = -1{,}5_D + 10^{38}$, $a = 1{,}5_D \times 10^{38}$ und $b = 1{,}0$, und wir wollen annehmen, dass dies alles einfach genaue Zahlen sind.

$$c + (a + b) = 1{,}5_D 10^{38} + (1{,}5_D \times 10^{38} + 1{,}0)$$
$$= 1{,}5_D 10^{38} + (1{,}5_D \times 10^{38})$$
$$= 0{,}0$$
$$c + (a + b) = (1{,}5_D 10^{38} + 1{,}5_D \times 10^{38}) + 1{,}0$$
$$= (0{,}0_D)1{,}0$$
$$= 1{,}0$$

Da Gleitkommazahlen eine begrenzte Genauigkeit haben und nur Näherungen von reellen Zahlen sind, ist $1{,}5_D \times 10^{38}$ so viel größer als $1{,}0_D$, dass $1{,}5_D \times 10^{38} + 1$ immer noch $1{,}5_D \times 10^{38}$ ist. Das ist der Grund, warum die Summe von c, a und b 0,0 oder 1,0 ist, je nachdem, in welcher Reihenfolge die Additionen ausgeführt werden. Wir haben hier also $c + (a + b) \neq (c + a) + b$, d. h., die Gleitkommaaddition ist *nicht* assoziativ.

Trugschluss: Strategien mit paralleler Ausführung, die für Ganzzahlen funktionieren, funktionieren ebenso für Gleitkommazahlen.

Programme werden üblicherweise für die sequentielle Ausführung geschrieben, bevor sie so umgeschrieben werden, dass sie auch nebenläufig laufen können. Eine naheliegende Frage ist daher, ob die beiden Versionen das gleiche Ergebnis liefern. Falls die Antwort nein lautet, dann vermuten Sie, das es einen Fehler in der parallelen Version geben muss, den es zu finden gilt.

Bei dieser Vorgehensweise wird vorausgesetzt, dass die Computerarithmetik die Ergebnisse nicht beeinflusst, wenn von der sequentiellen zur parallelen Verarbeitung übergegangen wird. Wenn Sie also zum Beispiel eine Million Zahlen addieren, dann erwarten Sie, dass Sie immer das gleiche Ergebnis bekommen, egal ob Sie nur einen Prozessor oder 1000 Prozessoren verwenden. Diese Annahme ist für Zweierkomplementzahlen zutreffend, da die Addition von Ganzzahlen assoziativ ist. Die Addition von Gleitkommazahlen ist jedoch nicht assoziativ, und deshalb ist in diesem Fall die Annahme unzutreffend.

Eine besonders ärgerliche Variante dieses Problems tritt auf Parallelrechnern auf, bei denen der Scheduler des Betriebssystems eine variable Anzahl von Prozessoren verwenden kann, je nachdem, welche anderen Programme

auf dem Computer laufen. Da die unterschiedliche Anzahl der verwendeten
Prozessoren dazu führt, dass bei jedem Lauf die Gleitkommasummen in unterschiedlicher Reihenfolge berechnet werden, erhält man jedes Mal leicht unterschiedliche Ergebnisse, obwohl identischer Code mit identischer Eingabe
abgearbeitet wird. Das kann einen Programmierer, der sich des Problems nicht
bewusst ist, schon verwirren.

Programmierer, die Parallelcode mit Gleitkommazahlen schreiben, müssen
daher verifizieren, ob die Ergebnisse vertrauenswürdig sind, auch wenn man
nicht die gleiche exakte Antwort erhält wie bei sequentiellem Code. Das Gebiet, das sich mit solchen Fragen beschäftigt, ist die numerische Analysis, ein
Thema, das ganze Lehrbücher füllt. Diese Probleme sind ein Grund für die Popularität numerischer Bibliotheken wie LAPACK und SCLAPAK, die sowohl
in ihrer sequentiellen als auch in ihrer parallelen Form geprüft sind.

*Fallstrick: Der MIPS-Befehl add immediate unsigned (`addiu`) erweitert
das eigene 16-Bit-immediate-Feld um ein Vorzeichen.*

Obwohl der Name es nicht vermuten lässt, wird add immediate unsigned
(`addiu`) zum Addieren von Konstanten zu vorzeichenbehafteten Ganzzahlen
verwendet, wenn es keine Rolle spielt, ob ein Überlauf auftritt. Bei MIPS gibt
es keinen Subtract-Immediate-Befehl, und negative Zahlen erfordern eine Vorzeichenerweiterung, so dass sich die MIPS-Architekten entschlossen haben,
das Immediate-Feld mit einem Vorzeichen zu erweitern.

*Trugschluss: Nur Mathematiker machen sich Gedanken über die Ge-
nauigkeit von Gleitkommaarithmetik.*

Die Schlagzeilen der Zeitungen vom November 1994 zeigen, dass diese Aussage ein Trugschluss ist (siehe Abbildung 3.14). Lesen Sie selbst, was sich
tatsächlich hinter diesen Schlagzeilen verbirgt.

Der Pentium verwendet einen gewöhnlichen Divisionsalgorithmus für Gleitkommazahlen, der pro Schritt mehrere Quotientenbits generiert, indem er die
höchstwertigen Bits des Divisors und Dividenden verwendet, um auf die nächsten 2 Bits des Quotienten zu schließen. Die Schlussfolgerung wird einer Lookup-Tabelle entnommen, die -2, -1, 0, $+1$ oder $+2$ enthält. Die Schlussfolgerung wird mit dem Divisor multipliziert und vom Rest subtrahiert, um einen
neuen Rest zu generieren. Wenn eine vorhergehende Schlussfolgerung einen
zu langen Rest ergibt, wird der Teilrest, wie bei der nicht wiederherstellenden
Division, in einem nachfolgenden Durchgang angepasst.

Offensichtlich gab es in der Tabelle des 80486 fünf Elemente, von denen
Intel dachte, dass auf diese niemals zugegriffen werden würde, und so wurde
das PLA so optimiert, dass es bei dem Pentium bei einem Zugriff auf diese
Elemente 0 anstelle von 2 zurückgab. Aber Intel irrte sich: Während die ersten
11 Bit immer richtig waren, zeigten sich in den Bit 12 bis 52 oder an der 4. bis
15. Dezimalstelle gelegentlich Fehler.

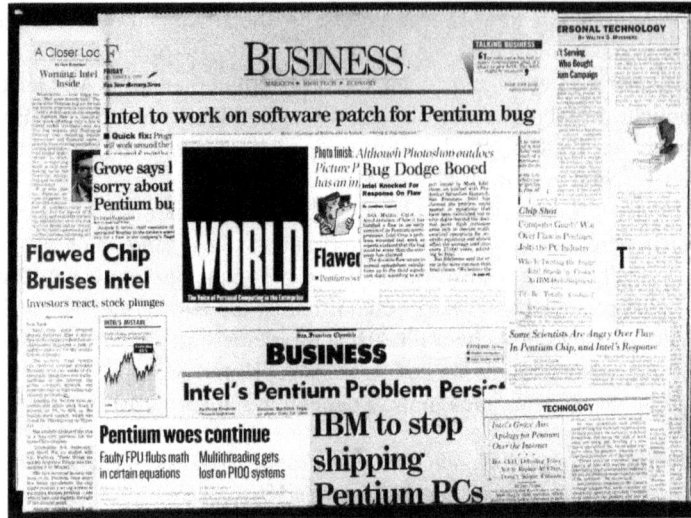

Abb. 3.14: Eine Zusammenstellung aus Zeitungs- und Zeitschriftenartikeln vom November 1994, darunter Artikel aus der *New York Times*, **den** *San Jose Mercury News*, **dem** *San Francisco Chronicle* **und der** *Infoworld.* Der Divisionsfehler der Gleitkommaeinheit des Pentium landete sogar in der „Top 10 List" der *David Letterman Late Show* im Fernsehen. Schließlich nahm Intel einen Schaden von 300 Millionen Dollar in Kauf und ersetzte die fehlerhaften Chips.

Im September 1994 entdeckte Thomas Nicely, Mathematikprofessor am Lynchburg College in Virginia, den Fehler. Nachdem er mit dem technischen Support von Intel telefoniert und keine offizielle Stellungnahme erhalten hatte, veröffentlichte er seine Entdeckung im Internet. Sein Beitrag führte zu einem Artikel in einem Fachblatt, der Intel dazu bewog, eine Pressemitteilung herauszugeben. In dieser wurde der Fehler als eine Panne bezeichnet, die höchstens für Mathematiker interessant sei, während der durchschnittliche Anwender einer Tabellenkalkulation ihn nur alle 27 000 Jahre einmal zu sehen bekommt. Wenig später hielt IBM Research dagegen: Der durchschnittliche Anwender sieht den Fehler in seiner Tabellenkalkulation alle 24 Tage. Daraufhin warf Intel das Handtuch und veröffentlichte am 21. Dezember die folgende Erklärung:

»*Wir bei Intel möchten uns ausdrücklich für unseren Umgang mit dem vor kurzem bekannt gewordenen Prozessorfehler entschuldigen. Das Intel Inside-Logo bedeutet, dass Ihr Computer einen Mikroprozessor enthält, wie es qualitativ und hinsichtlich der Leistung keinen zweiten gibt. Tausende von Intel-Beschäftigten arbeiten sehr hart, um das sicherzustellen. Aber kein Mikroprozessor ist perfekt. Wir bei Intel sind nach wie vor der Überzeugung, dass ein technisch extrem unbedeutendes Problem ein Eigenleben entwickelt hat. Obwohl Intel ausdrücklich hinter der Qualität der aktuellen Version des Pentium-Prozessors steht, sind wir uns dessen bewusst, dass viele Kunden Bedenken haben. Wir möchten diese Bedenken ausräumen. Intel bietet jedem Besitzer, der dies*

*wünscht, die Möglichkeit, die aktuelle Version des Pentium-Prozessors
kostenlos und während der gesamten Lebensdauer des Computers gegen eine aktualisierte Version zu tauschen, bei der dieser Gleitkomma-
divisionsfehler behoben ist.«*

Analysten schätzen, dass Intel dieser Rückruf 500 Millionen Dollar kostete.
Und die Beschäftigten bei Intel erhielten in diesem Jahr kein Weihnachtsgeld.

Diese Geschichte wirft einige Fragen auf: Um wie viel wäre es billiger gewesen, den Fehler bereits im Juli 1994 zu beheben? Wie hoch waren die Kosten, um den Schaden zu reparieren, den Intels Ruf erlitten hat? Und welche
Verantwortung trägt ein Unternehmen für die Bekanntgabe von Fehlern in einem Produkt wie einem Mikroprozessor, das so weit verbreitet ist und von dem
so vieles abhängt?

3.10 Schlussbetrachtungen

Über die Jahrzehnte wurde die Rechnerarithmetik weitestgehend standardisiert
und die Portierbarkeit von Programmen enorm verbessert. Ganzzahlarithmetik mit binären Zweierkomplementzahlen findet sich in jedem heute verkauften Computer, und sofern Gleitkommaunterstützung vorhanden ist, wird binäre
Gleitkommaarithmetik nach IEEE 754 angeboten.

Computerarithmetik unterscheidet sich von der Papier-und-Bleistift-Arith-
metik durch die begrenzte Genauigkeit. Diese Begrenzung kann aufgrund der
Berechnung von Zahlen, die größer oder kleiner als die festgelegte Grenze
sind, zu ungültigen Operationen führen. Situationen wie diese werden *Überlauf*
bzw. *Unterlauf* bezeichnet und führen zu Ausnahmen oder Unterbrechungen.
In den Kapiteln 4 und 5 werden Ausnahmen ausführlicher beschrieben.

Die Gleitkommaarithmetik bringt zusätzlich die Schwierigkeit mit sich, dass
hier nur mit Näherungen von reellen Zahlen gerechnet wird. Es muss darauf
geachtet, dass es sich bei einer ausgewählten Zahl um die Darstellung handelt, die der eigentlichen Zahl am nächsten kommt. Die Herausforderungen
der Genauigkeit und der begrenzten Darstellung gehören in das Bereich der
numerischen Analysis. Und auch der neueste Umstieg auf **Parallelverarbeitung** verweist wieder auf die numerische Analysis, weil Lösungen, die auf sequentiellen Computern lange Zeit als sicher betrachtet wurden, genau überprüft
werden müssen, wenn versucht wird, den schnellsten, und selbstverständlich
korrekten, Algorithmus auf parallelen Computern zu finden.

PARALLELITÄT

Parallelität auf Datenebene, speziell die Subword-Parallelität, bietet für Programme mit hohem Anteil an arithmetischen Operationen – entweder mit
Ganzzahlen oder mit Gleitkommazahlen – einen einfachen Weg zur Performanzsteigerung. Wir haben gezeigt, dass die Matrixmultiplikation fast viermal
so schnell gemacht werden kann, indem man Befehle verwendet, die vier Gleitkommaoperationen auf einmal ausführen können.

Mit der Erläuterung der Rechnerarithmetik in diesem Kapitel wird ein wesentlich größerer Teil des MIPS-Befehlssatzes beschrieben. Etwas verwirrend

mag der Zusammenhang zwischen den in diesem Kapitel beschriebenen MIPS-Befehlen, den vom MIPS-Assembler akzeptierten Befehlen und den durch einen MIPS-Chip ausführbaren Befehlen sein. Zwei Tabellen sollen diesen Zusammenhang deutlicher machen.

In Tabelle 3.11 sind die in diesem und dem vorherigen Kapitel beschriebenen MIPS-Befehle aufgeführt. Wir nennen die Befehle im linken Teil *MIPS-Kern*. Die Befehle rechts nennen wir *arithmetischen MIPS-Kern*. Links in Tabelle 3.12 sind die Befehle dargestellt, die der MIPS-Prozessor ausführt, die aber nicht in Tabelle 3.11 enthalten sind. Diesen vollständigen Satz von Hardwarebefehlen nennen wir *MIPS-32*. Rechts in Tabelle 3.12 befinden sich die Befehle, die vom Assembler akzeptiert werden und die nicht Teil von MIPS-32 sind. Wir nennen diese Befehle *Pseudo-MIPS*.

Tab. 3.11: Der bisher beschriebene MIPS-Befehlssatz. Der Schwerpunkt dieses Buchs liegt auf den Befehlen in der linken Spalte. Diese Information finden Sie auch in den Spalten 1 und 2 der MIPS-Zusammenfassung hinten im Buch.

MIPS-Kern	Name	Format	Arithmetischer MIPS-Kern	Name	Format
add	add	R	multiply	mul	R
add immediate	addi	I	multiply unsigned	multu	R
add unsigned	addu	R	divide	div	R
add immediate unsigned	addiu	I	divide unsigned	divu	R
subtract	sub	R	move from Hi	mfhi	R
subtract unsigned	subu	R	move from Lo	mflo	R
and	and	R	move from system control (EPC)	mfc0	R
and immediate	andi	I	floating-point add single	add.s	R
or	or	R	floating-point add double	add.d	R
or immediate	ori	I	floating-point subtract single	sub.s	R
nor	nor	R	floating-point subtract double	sub.d	R
shift left logical	sll	R	floating-point multiply single	mul.s	R
shift right logical	srl	R	floating-point multiply double	mul.d	R
load upper immediate	lui	I	floating-point divide single	div.s	R
load word	lw	I	floating-point divide double	div.d	R
store word	sw	I	load word to floating-point single	lwc1	I
load halfword unsigned	lhu	I	store word to floating-point single	swc1	I
store halfword	sh	I	load word to floating-point double	ldc1	I
load byte unsigned	lbu	I	store word to floating-point double	sdc1	I
store byte	sb	I	branch on floating-point true	bc1t	I
load linked (*atomic update*)	ll	I	branch on floating-point false	bc1f	I
store cond. (*atomic update*)	sc	I	floating-point compare single	c.x.s	R
branch on equal	beq	I	(x = eq, neq, lt, le, gt, ge)		
branch on not equal	bne	I	floating-point compare double	c.x.d	R
jump	j	J	(x = eq, neq, lt, le, gt, ge)		
jump and link	jal	J			
jump register	jr	R			
set less than	slt	R			
set less than immediate	slti	I			
set less than unsigned	sltu	R			
set less than immediate unsigned	sltiu	I			

Tab. 3.12: Restliche MIPS-32-Befehle und Pseudo-MIPS-Befehle. f steht für Gleitkommabefehle mit einfacher (s) oder doppelter Genauigkeit (d) und s steht für vorzeichenerweitert und vorzeichenlos (u). MIPS-32-Befehle umfassen außerdem Gleitkommabefehle für multiply und add/sub (`madd.`f/`msub.`f), ceiling (`ceil.`f), truncate (`trunc.`f), round (`round.`f) und reciprocal (`recip.`f).

Restliche MIPS-32-Befehle	Name	Format	Pseudo-MIPS	Name	Format
exclusive or (rs ⊕ rt)	xor	R	absolute value	abs	rd,rs
exclusive or immediate	xori	I	negate (*signed or* u̲*nsigned*)	neg*s*	rd,rs
shift right arithmetic	sra	R	rotate left	rol	rd,rs,rt
shift left logical variable	sllv	R	rotate right	ror	rd,rs,rt
shift right logical variable	srlv	R	multiply and don't check oflw(*signed or* u̲*nsigned*)	mul*s*	rd,rs,rt
shift right arithmetic variable	srav	R	multiply and check oflw (*signed or* u̲*nsigned*)	mulo*s*	rd,rs,rt
move to Hi	mthi	R	divide and check overflow	div	rd,rs,rt
move to Lo	mtlo	R	divide and don't check overflow	divu	rd,rs,rt
load halfword	lh	I	remainder (*signed or* u̲*nsigned*)	rem*s*	rd,rs,rt
load byte	lb	I	load immediate	li	rd,imm
load word left (*unaligned*)	lwl	I	load address	la	rd,addr
load word right (*unaligned*)	lwr	I	load double	ld	rd,addr
store word left (*unaligned*)	swl	I	store double	sd	rd,addr
store word right (*unaligned*)	swr	I	unaligned load word	ulw	rd,addr
load linked (*atomic update*)	ll	I	unaligned store word	usw	rd,addr
store cond. (*atomic update*)	sc	I	unaligned load halfword (*signed or* u̲*nsigned*)	ulh*s*	rd,addr
move if zero	movz	R	unaligned store halfword	ush	rd,addr
move if not zero	movn	R	branch	b	Label
multiply and add (S or u̲*ns.*)	madd*s*	R	branch on equal zero	beqz	rs,L
multiply and subtract (S or u̲*ns.*)	msub*s*	I	branch on compare (*signed or* u̲*nsigned*)	bx*s*	rs,rt,L
branch on ≥ zero and link	bgezal	I	(x = lt, le, gt, ge)		
branch on < zero and link	bltzal	I	set equal	seq	rd,rs,rt
jump and link register	jalr	R	set not equal	sne	rd,rs,rt
branch compare to zero	b*x*z	I	set on compare (*signed or* u̲*nsigned*)	sx*s*	rd,rs,rt
branch compare to zero likely	b*x*zl	I	(x=lt, le, gt, ge)		
(x = lt, le, gt, ge)			load to floating point (s̲ *or* d̲)	l.f	rd,addr
branch compare reg likely	b*x*l	I	store from floating point (s̲ *or* d̲)	s.f	rd,addr
trap if compare reg	t*x*	R			
trap if compare immediate	t*x*i	I			
(x=eq,neq,lt,le,gt,ge)					
return from exception	rfe	R			
system call	syscall	I			
break (*cause exception*)	break	I			
move from FP to integer	mfc1	R			
move to FP from integer	mtc1	R			
FP move (s̲ *or* d̲)	mov.f	R			
FP move if zero (s̲ *or* d̲)	movz.f	R			
FP move if not zero (s̲ *or* d̲)	movn.f	R			
FP square root (s̲ *or* d̲)	sqrt.f	R			
FP absolute value (s̲ *or* d̲)	abs.f	R			
FP negate (s̲ *or* d̲)	neg.f	R			
FP convert (w̲, s̲ *or* d̲)	cvt$f$.f	R			
FP compare un (s̲ *or* d̲)	c.x*n*.f	R			

Tab. 3.13: Die Häufigkeit der MIPS-Befehle bei SPEC-CPU2006-Ganzzahl- und Gleitkomma-Benchmarks. Alle Befehle, die einen Anteil von mindestens 0,2 % haben, sind in der Tabelle enthalten. Pseudobefehle werden vor der Ausführung in MIPS-32-Befehle umgewandelt und sind aus diesem Grund hier nicht aufgeführt.

MIPS-Kernbefehle	Name	Ganzzahl	Gleitkomma	Arithmetischer Kern + MIPS-32	Name	Ganzzahl	Gleitkomma
add	add!	0,0 %	0,0 %	FP add double	add.d	0,0 %	10,6 %
add immediate	addi	0,0 %	0,0 %	FP subtract double	sub.d	0,0 %	4,9 %
add unsigned	addu	5,2 %	3,5 %	FP multiply double	mul.d	0,0 %	15,0 %
add immediate unsigned	addiu	9,0 %	7,2 %	FP divide double	div.d	0,0 %	0,2 %
subtract unsigned	subu	2,2 %	0,6 %	FP add single	add.s	0,0 %	1,5 %
and	and	0,2 %	0,1 %	FP subtract single	sub.s	0,0 %	1,8 %
and immediate	andi	0,7 %	0,2 %	FP multiply single	mul.s	0,0 %	2,4 %
or	or	4,0 %	1,2 %	FP divide single	div.s	0,0 %	0,2 %
or immediate	ori	1,0 %	0,2 %	load word to FP double	l.d	0,0 %	17,5 %
nor	nor	0,4 %	0,2 %	store word to FP double	s.d	0,0 %	4,9 %
shift left logical	sll	4,4 %	1,9 %	load word to FP single	l.s	0,0 %	4,2 %
shift right logical	srl	1,1 %	0,5 %	store word to FP single	s.s	0,0 %	1,1 %
load upper immediate	lui	3,3 %	0,5 %	branch on floating-point true	bc1t	0,0 %	0,2 %
load word	lw	18,6 %	5,8 %	branch on floating-point false	bc1f	0,0 %	0,2 %
store word	sw	7,6 %	2,0 %	floating-point compare double	c.x.d	0,0 %	0,6 %
load byte	lbu	3,7 %	0,1 %	multiply	mul	0,0 %	0,2 %
store byte	sb	0,6 %	0,0 %	shift right arithmetic	sra	0,5 %	0,3 %
branch on equal (zero)	beq	8,6 %	2,2 %	load half	lhu	1,3 %	0,0 %
branch on not equal (zero)	bne	8,4 %	1,4 %	store half	sh	0,1 %	0,0 %
jump and link	jal	0,7 %	0,2 %				
jump register	jr	1,1 %	0,2 %				
set less than	slt	9,9 %	2,3 %				
set less than immediate	slti	3,1 %	0,3 %				
set less than unsigned	sltu	3,4 %	0,8 %				
set less than imm. unsigned	sltiu	1,1 %	0,1 %				

In Tabelle 3.13 ist die Verteilung der MIPS-Befehle für die SPEC CPU2006 Benchmarks für Ganzzahl- und Gleitkommaarithmetik dargestellt. Alle Befehle, die für mindestens 0,2 % der ausgeführten Befehle verantwortlich sind, sind hier aufgeführt und die entsprechenden Informationen zusammengefasst.

Obwohl Programmierer und Compilerentwickler aufgrund der größeren Auswahlmöglichkeiten MIPS-32 verwenden, dominieren die MIPS-Kernbefehle die SPEC-CPU2006-Benchmarks für Ganzzahlen, und der Ganzzahl-Kern dominiert zusammen mit dem arithmetischen Kern die SPEC-CPU2006-Benchmarks für Gleitkommaoperationen, wie die folgende Tabelle zeigt.

Teilbefehlssatz	Ganzzahl	Gleitkommazahl
MIPS-Kern	98 %	31 %
arithmetischer MIPS-Kern	2 %	66 %
restliche MIPS-32-Befehle	0 %	3 %

In den restlichen Kapiteln des Buches konzentrieren wir uns auf die MIPS-Kernbefehle, nämlich den Integer-Befehlssatz ohne Multiplikation und Division, um Entwürfe von Rechnern leichter erklären zu können. Wie wir sehen, enthält der MIPS-Kern die bekanntesten MIPS-Befehle. Und seien Sie versichert: Wenn Sie einen Computer verstehen, der den MIPS-Kern ausführt, verfügen Sie über genügend Hintergrundwissen, um ehrgeizigere Prozessorentwürfe zu verstehen. Unabhängig vom Befehlssatz oder seiner Größe – MIPS, RISC-V, ARM, x86 – sollten Sie nie vergessen, dass die Bitmuster keine inhärente Bedeutung besitzen. Ein und dasselbe Bitmuster kann eine vorzeichenbehaftete Ganzzahl, eine vorzeichenlose Ganzzahl, eine Gleitkommazahl, eine Zeichenkette, einen Befehl oder noch etwas anderes darstellen. In speicherprogrammierten Computern ist es die Operation, die auf einem Bitmuster ausgeführt wird, was dessen Bedeutung bestimmt.

3.11 Historische Perspektiven und Literaturhinweise

Im Online-Material zu diesem Abschnitt finden Sie eine Übersicht über die Geschichte der Gleitkommaarithmetik seit von Neumann, darunter Informationen zu den überraschend kontroversen IEEE-Standards sowie zu den Beweggründen für die 80-Bit-Kellerarchitektur der Gleitkommaarithmetik im x86.

Gresham's Law („Schlechtes Geld verdrängt das gute") lässt sich für Computer so formulieren: „Die schnelle Lösung verdrängt die langsame, selbst dann, wenn die schnelle falsch ist."

W. Kahan, 1992

3.12 Fragestellungen für das Selbststudium

Daten können alles sein. In den Fragestellungen für das Selbststudium in Kapitel 2 hatten wir das binäre Bitmuster $00000001010010110100100000100000_D$ in Hexadezimal- und Dezimaldarstellung sowie als Befehl in MIPS-Assemblersprache betrachtet. Welche IEEE-754-Gleitkommazahl repräsentiert dieses Bitmuster?

Große Zahlen. Was ist die größte positive Zahl, die man im 32-Bit-Zweierkomplement darstellen kann? Können Sie sie im IEEE-754-Gleitkommaformat mit einfacher Genauigkeit exakt darstellen? Falls nicht, wie nah können Sie der exakten Darstellung kommen? Wie verhält es sich für das IEEE-754-Gleitkommaformat mit einfacher Genauigkeit?

Schlaue Arithmetik. Maschinelles Lernen funktioniert inzwischen so gut, dass es viele Industrien revolutioniert (siehe Abschnitt 6.7). Dabei werden Gleitkommazahlen zum Lernen verwendet, doch anders als beim wissenschaftlichen Rechnen ist keine große Genauigkeit erforderlich. Doppelte Genauigkeit wäre zu viel des Guten, und 32 Bits sind ausreichend. Idealerweise tut es halbe Genauigkeit (16 Bit), denn dies ist hinsichtlich der Rechenzeit und des Speicherbedarfs viel effizienter. Allerdings hat man es beim maschinellen Lernen während des Trainings oft mit sehr kleinen Zahlen zu tun, weshalb der Wertebereich von Bedeutung ist.

Diese Beobachtungen über die Anforderungen beim maschinellen Lernen haben zu einem neuen Format geführt, das nicht Teil des IEEE-Standards ist und Brain Float 16 genannt wird (nach Googles Abteilung für maschinelles

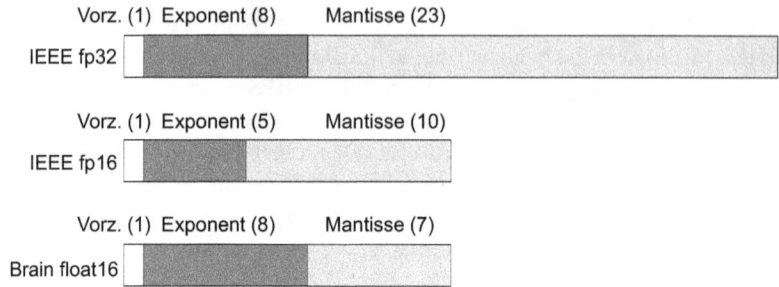

Abb. 3.15: IEEE-754-Gleitkommaformat für einfache Genauigkeit (fp32), halbe Genauigkeit (fp16) und Brain Float 16. Googles TPUv3-Hardware verwendet Brain Float 16 (siehe Abschnitt 6.11).

Lernen, Google Brain, in der das Format entwickelt wurde). Abbildung 3.15 zeigt die drei Formate.

Nehmen Sie an, dass Brain Float 16 denselben Regeln folgt wie IEEE 754, nur mit anderen Größen der Felder. Was ist für jedes der drei Formate die kleinste, von null verschiedene positive Zahl, die sich darstellen lässt? Wie viel kleiner ist diese Zahl für Brain Float 16 als für IEE fp32 bzw. für fp16? (Falls Sie etwas über subnormale oder denormalisierte Zahlen wissen, ignorieren Sie dies für diese Frage.)

Fläche und Energie schlau nutzen. Eine übliche Operation beim maschinellen Lernen ist das Multiplizieren und Akkumulieren, wie wir es in DGEMM sehen, wobei die Multiplikation den größten Teil der Siliziumfläche und der Energie verbraucht. Wenn wir schnelle Multiplizierer wie in Abbildung 3.5 haben, dann sind diese im Wesentlichen eine quadratische Funktion der Eingabegröße. Was sind die korrekten Verhältnisse von Fläche bzw. Energie der drei Formate für Multiplikationen?

1. 32^2 zu 16^2 zu 16^2 (für fp32, fp16 und Brain float)
2. 8^2 zu 5^2 zu 8^2
3. 23^2 zu 10^2 zu 7^2
4. 24^2 zu 11^2 zu 8^2

Schlau programmieren. Welche Softwarevorteile könnten Ihrer Meinung nach daraus resultieren, dass IEEE fp32 und Brain Float 16 gleich große Exponenten haben?

Schlau wählen. Welche der folgenden Aussagen über Brain Float 16 und das IEEE-754-Gleitkommaformat mit halber Genauigkeit sind auf dem Gebiet des maschinellen Lernens richtig?

1. Brain-Float-16-Multiplizierer brauchen im Vergleich zu IEEE 754 mit halber Genauigkeit viel weniger Hardware.

2. Brain-Float-16-Multiplikationen brauchen im Vergleich zu IEEE 754 mit halber Genauigkeit viel weniger Energie.

3. Es ist einfacher, Software aus IEEE 754, doppelte Genauigkeit, nach Brain Float 16 zu konvertieren als nach IEEE 754, halbe Genauigkeit.

4. Alle vorherigen Aussagen.

Antworten

Daten können alles sein. Abbilden der binären Zahl ins IEEE-754-Gleitkommaformat:

Vorzeichen (1)	Exponent (8)	Mantisse (23)
0	00000010_B	$10010110100100000100000_B$
+	2_D	$4\,933\,664_D$

Da der Bias des Exponenten für Gleitkommazahlen mit einfacher Genauigkeit 127 ist, ist der Exponent tatsächlich $2 - 127$ oder -125. Die Mantisse kann geschrieben werden als $4\,933\,664_D/(2^{23} - 1) = 4\,933\,664_D/8\,388\,607_D = 0,58813865043_D$. Der tatsächliche Signifikand addiert die implizite 1, so dass die reelle Zahl, die das binäre Muster repräsentiert, $1,588133865043_D \times 2^{-125}$ oder $3,7336959_D \times 10^{-38}$ ist.

Diese Aufgabe zeigt noch einmal, dass ein Bitmuster keine inhärente Bedeutung besitzt – diese hängt allein davon ab, wie das Bitmuster durch die Software interpretiert wird.

Große Zahlen. Die größte, positive Ganzzahl im 32-Bit-Zweierkomplement ist $231 - 1 = 2\,147\,483\,647$. Sie kann in IEEE 754 nicht exakt als Gleitkommazahl mit einfacher Genauigkeit dargestellt werden.

Vorzeichen (1)	Exponent (8)	Mantisse (23)
0	00000010_B	$00000000000000000000000_B$
+	158_D	0_D

Damit haben wir $1,0 \times 2^{(158-127)} = 1,0 \times 2^{31} = 2\,147\,483\,648$, was um 1 von $2^{31} - 1$ abweicht.

Die größte Zahl, die in IEEE 754 mit halber Genauigkeit dargestellt werden kann, ist

Vorzeichen (1)	Exponent (5)	Mantisse (10)
0	11110_B	1111111111_B
+	30_D	1023_D

Dies ist $(1 + 1023/1024) \times 2^{(30-15)} = 1,999 \times 2^{15} = 65\,504$, was um mehrere Größenordnungen abweicht.

Das Konvertieren von Ganzzahlen in IEEE-Gleitkommazahlen mit halber Genauigkeit kann zu einem Überlauf führen. (Bei halber Genauigkeit ist der 5-Bit-Exponent 11111_B für Unendlich und NaNs reserviert; bei einfacher Genauigkeit ist entsprechend der Exponent 11111111_B reserviert.)

Schlaue Arithmetik. Die kleinsten von null verschiedenen positiven Zahlen für die verschiedenen Formate sind:

IEEE fp32 $1,0 \times 2^{-126}$
IEEE fp16 $1,0 \times 2^{-14}$
Brain float16 $1,0 \times 2^{-126}$

Da IEEE fp32 und Brain Float 16 denselben Exponenten haben, können sie dieselbe kleinste von null verschiedene positive Zahl darstellen. Diese kleinste Zahl ist 2^{112}-mal oder 5×10^{33}-mal kleiner als die in IEEE fp16 darstellbare.

Fläche und Energie schlau nutzen. Die Felder für Exponent und Vorzeichen sind bei Multiplikationen nicht beteiligt, so dass die Antwort von der Länge der Signifikanden abhängt. Da es in diesem Format eine implizite 1, gefolgt von der Mantisse gibt, ist Antwort 4 richtig: 24^4 zu 11^2 zu 8^2. Dies bedeutet für IEEE fp16 etwa eine Verdopplung (121/64) von Fläche und Energie gegenüber Brain Float 16, während IEEE fp32 etwa das Neunfache (576/64) braucht.

Schlau programmieren. Wenn die Exponenten die gleichen sind, wird Software dasselbe Verhalten für Unter- und Überläufe, NaNs, Unendlichkeiten usw. haben. Folglich wird es wahrscheinlich weniger Kompatibilitätsprobleme geben, wenn man von Brain Float 16 zu IEEE fp32 wechselt, als bei einem Wechsel zu IEEE fp16.

Schlau wählen. Die richtige Antwort ist 4, d. h., alle Antworten sind richtig. Bemerkenswerterweise ist Brain Float 16 für Anwendungen aus dem Bereich des maschinellen Lernens sowohl für Hardwaredesigner als auch für Softwareentwickler einfacher. Wenig überraschend ist Brain Float 16 in diesem Bereich sehr populär, und die ersten Prozessoren, die das Format implementierten, waren Googles TPUv2 und TPUv3 (siehe Abschnitt 6.11).

3.13 Aufgaben

Niemals aufgeben, niemals aufgeben, nie, nie, nie – egal, worum es sich handelt, ob es etwas Großes ist oder eine Kleinigkeit – niemals aufgeben.

Winston Churchill, *Rede in der Harrow School,* 1941

Aufgabe 3.1

[5] <3.2> Was ist 5ED4 2 07A4, wenn diese Werte vorzeichenlose 16-Bit-Hexadezimalzahlen darstellen? Schreiben Sie das Ergebnis in Hexadezimaldarstellung.

Aufgabe 3.2

[5] <3.2> Was ist 5ED4 2 07A4, wenn diese Werte vorzeichenbehaftete 16-Bit-Hexadezimalzahlen darstellen, die im Vorzeichen-Betrag-Format gespeichert werden? Schreiben Sie das Ergebnis in Hexadezimaldarstellung.

Aufgabe 3.3

[10] <3.2> Konvertieren Sie 5ED4 in eine Binärzahl. Was macht die Basis 16 (Hexadezimaldarstellung) zu einem geeigneten Zahlensystem für die Darstellung von Zahlen in Computern?

Aufgabe 3.4

[5] <3.2> Was ist 4365 − 3412, wenn diese Werte vorzeichenlose 12-Bit-Oktalzahlen darstellen? Schreiben Sie das Ergebnis in Oktaldarstellung.

Aufgabe 3.5

[5] <3.2> Was ist 4365 − 3412, wenn diese Werte vorzeichenbehaftete 12-Bit-Oktalzahlen darstellen, die im Vorzeichen-Betrag-Format gespeichert werden? Schreiben Sie das Ergebnis in Oktaldarstellung.

Aufgabe 3.6

[5] <3.2> Nehmen Sie an, dass 185 und 122 vorzeichenlose dezimale 8-Bit-Ganzzahlen sind. Berechnen Sie 185 − 122. Gibt es dabei einen Überlauf, einen Unterlauf oder nichts von beidem?

Aufgabe 3.7

[5] <3.2> Nehmen Sie an, dass 185 und 122 vorzeichenbehaftete dezimale 8-Bit-Ganzzahlen sind, die im Vorzeichen-Betrag-Format gespeichert werden. Berechnen Sie 185 + 122. Gibt es dabei einen Überlauf, einen Unterlauf oder nichts von beidem?

Aufgabe 3.8

[5] <3.2> Nehmen Sie an, dass 185 und 122 vorzeichenbehaftete dezimale 8-Bit-Ganzzahlen sind, die im Vorzeichen-Betrag-Format gespeichert werden. Berechnen Sie 185 2 122. Gibt es dabei einen Überlauf, einen Unterlauf oder nichts von beidem?

Aufgabe 3.9

[10] <3.2> Nehmen Sie an, dass 151 und 214 vorzeichenbehaftete dezimale 8-Bit-Ganzzahlen sind, die im Zweierkomplement-Format gespeichert werden. Berechnen Sie 151 + 214 mittels Sättigungsarithmetik. Schreiben Sie das Ergebnis in Dezimaldarstellung.

Aufgabe 3.10

[10] <3.2> Nehmen Sie an, dass 151 und 214 vorzeichenbehaftete dezimale 8-Bit-Ganzzahlen sind, die im Zweierkomplement-Format gespeichert werden. Berechnen Sie 151 2 214 mittels Sättigungsarithmetik. Schreiben Sie das Ergebnis in Dezimaldarstellung.

Aufgabe 3.11

[10] <3.2> Nehmen Sie an, dass 151 und 214 vorzeichenlose 8-Bit-Ganzzahlen sind. Berechnen Sie 151 + 214 mittels Sättigungsarithmetik. Schreiben Sie das Ergebnis in Dezimaldarstellung.

Aufgabe 3.12

[20] <3.3> Verwenden Sie eine ähnliche Tabelle wie Tabelle 3.2, um das Produkt der vorzeichenlosen oktalen 6-Bit-Ganzzahlen 62 und 12 mit der in Abbildung 3.2 beschriebenen Hardware zu berechnen. Zeigen Sie für jeden Schritt die Registerinhalte.

Aufgabe 3.13

[20] <3.3> Verwenden Sie eine ähnliche Tabelle wie Tabelle 3.2, um das Produkt der vorzeichenlosen hexadezimalen 6-Bit-Ganzzahlen 62 und 12 mit der in Abbildung 3.4 beschriebenen Hardware zu berechnen. Zeigen Sie für jeden Schritt die Registerinhalte.

Aufgabe 3.14

[10] <3.3> Berechnen Sie die benötigte Zeit für eine Multiplikation mit dem in den Abbildungen 3.2 und 3.4 gegebenen Ansatz, wenn eine Ganzzahl eine Breite von 8 Bit hat und jeder Schritt der Operation 4 Zeiteinheiten erfordert. Nehmen Sie an, dass in Schritt 1a immer eine Addition ausgeführt wird – entweder es wird ein Multiplikand addiert oder eine Null. Nehmen Sie außerdem an, dass die Register bereits initialisiert wurden (Sie müssen also nur die Zeit beachten, die für die Ausführung der Multiplikationsschleife selbst nötig ist). Wenn das in der Hardware gemacht wird, können die Verschiebungen von Multiplikand und Multiplikator simultan erfolgen. Wenn es in der Software gemacht wird, müssen beide nacheinander verarbeitet werden. Geben Sie für beide Fälle eine Lösung an.

Aufgabe 3.15

[10] <3.3> Berechnen Sie die benötigte Zeit für eine Multiplikation mit dem im Text beschriebenen Ansatz (31 Addierer vertikal), wenn eine Ganzzahl 8 Bit breit ist und ein Addierer 4 Zeiteinheiten benötigt.

Aufgabe 3.16

[20] <3.3> Berechnen Sie die benötigte Zeit für eine Multiplikation mit dem in Abbildung 3.5 beschriebenen Ansatz, wenn eine Ganzzahl 8 Bit breit ist und ein Addierer 4 Zeiteinheiten benötigt.

Aufgabe 3.17

[20] <3.3> Wie im Text erörtert wird, besteht eine Möglichkeit zur Performanzverbesserung darin, anstatt einer tatsächlichen Multiplikation eine Verschiebung und eine Addition auszuführen. Beispielsweise kann 9×6 als $(2 \times 2 \times 2 \times 1) \times 6$ geschrieben werden, so dass wir 9×6 berechnen können, indem wir die 6 dreimal nach links verschieben und dann zu diesem Ergebnis 6 addieren. Finden Sie den besten Weg zur Berechnung von $0 \times 33 \times 0 \times 55$ unter Verwendung von Verschiebungen und Additionen/Subtraktionen.

Aufgabe 3.18

[20] <3.4> Verwenden Sie eine ähnliche Tabelle wie Tabelle 3.3, um mit der in Abbildung 3.6 gezeigten Hardware 74 geteilt durch 21 zu berechnen. Zeigen Sie für jeden Schritt die Registerinhalte. Nehmen Sie an, dass beide Eingaben vorzeichenlose 6-Bit-Ganzzahlen sind.

Aufgabe 3.19

[30] <3.4> Verwenden Sie eine ähnliche Tabelle wie Tabelle 3.3, um mit der in Abbildung 3.8 gezeigten Hardware 74 geteilt durch 21 zu berechnen. Schreiben Sie für jeden Schritt die Registerinhalte auf. Nehmen Sie an, dass A und B vorzeichenlose 6-Bit-Ganzzahlen sind. Dieser Algorithmus erfordert einen etwas anderen Ansatz als den in Abbildung 3.7 gezeigten. Es wird nötig sein, dass Sie darüber intensiv nachdenken, eventuell ein oder zwei Versuche machen oder im Internet recherchieren um herauszufinden, wie man diese Aufgabe korrekt ausführt. (Hinweis: Eine mögliche Lösung stützt sich auf die Tatsache, dass Abbildung 3.8 impliziert, dass das Restregister in beliebiger Richtung verschoben werden kann.)

Aufgabe 3.20

[5] <3.5> Welche Dezimalzahl repräsentiert das Bitmuster `0x0C000000`, wenn es eine Zweierkomplementzahl darstellt? Wie verhält es sich im Falle einer vorzeichenlosen Zahl?

Aufgabe 3.21

[10] <3.5> Welcher MIPS-Befehl wird ausgeführt, wenn das Bitmuster `0x0C000000` im Befehlsregister platziert wird?

Aufgabe 3.22

[10] <3.5> Welche Dezimalzahl repräsentiert das Bitmuster `0x0C000000`, wenn es eine Gleitkommazahl ist? Verwenden Sie den IEEE-754-Standard.

Aufgabe 3.23

[10] <3.5> Notieren Sie eine Binärdarstellung der Dezimalzahl 63,25, wenn das IEEE-754-Single-Precision-Format angenommen wird.

Aufgabe 3.24

[10] <3.5> Notieren Sie eine Binärdarstellung der Dezimalzahl 63,25, wenn das IEEE-754-Double-Precision-Format angenommen wird.

Aufgabe 3.25

[10] <3.5> Notieren Sie eine Binärdarstellung der Dezimalzahl 63,25, wenn angenommen wird, dass sie im IBM-Single-Precision-Format gespeichert ist (Basis 16 anstatt 2 mit 7 Bit für den Exponenten).

Aufgabe 3.26

[20] <3.5> Notieren Sie das binäre Bitmuster, welches $-1,5625 \times 10^{-1}$ darstellt, wobei ein Format angenommen wird, das ähnlich dem von DEC PDP-8 benutzten ist (die 12 ersten Bits von links sind der Exponent, gespeichert als Zweierkomplementzahl, und die 24 Bits ganz rechts sind die Mantisse, gespeichert als Zweierkomplementzahl.) Es wird keine verborgene 1 verwendet. Erläutern Sie, wie sich der Wertebereich und die Genauigkeit dieser 36-Bit-Muster im Vergleich zu den IEEE-754-Standards mit einfacher und doppelter Genauigkeit verhalten.

Aufgabe 3.27

[20] <3.5> IEEE 754-2008 enthält ein Format mit halber Genauigkeit, das nur 16 Bit breit ist. Das Bit ganz links ist weiterhin das Vorzeichenbit, der Exponent ist 5 Bit breit und hat eine Verschiebekonstante von 15, und die Mantisse ist 10 Bit lang. Es wird eine verborgene 1 angenommen. Nehmen Sie eine Version dieses Formats an, die ein Exzess-16-Format zum Speichern des Exponenten verwendet und notieren Sie das Bitmuster für $-1,5625 \times 10^{-1}$. Erläutern Sie, wie sich der Wertebereich und die Genauigkeit dieses 16-Bit-Gleitkommaformats im Vergleich zum IEEE-754-Standard mit einfacher Genauigkeit verhalten.

Aufgabe 3.28

[20] <3.5> Die Hewlett-Packard-Normen 2114, 2115 und 2116 verwendeten ein Format, bei dem die ersten 16 Bit von links die Mantisse repräsentieren, die als Zweierkomplement gespeichert ist. Es folgt ein weiteres 16-Bit-Feld, in dem die linken 8 Bits eine Erweiterung der Mantisse sind (wodurch die Mantisse 24 Bit lang wird), während die rechten 8 Bits den Exponenten repräsentieren. Eine interessante Wendung war nun, dass der Exponent in einem Vorzeichen-Betrag-Format gespeichert wurde, bei dem das Vorzeichenbit ganz rechts steht! Notieren Sie unter der Annahme dieses Formats das Bitmuster für $-1,5625 \times 10^{-1}$. Es wird keine verborgene 1 benutzt. Erläutern Sie, wie sich der Wertebereich und die Genauigkeit dieses 32-Bit-Musters im Vergleich zum IEEE-754-Standard mit einfacher Genauigkeit verhält.

Aufgabe 3.29

[20] <3.5> Berechnen Sie die Summe aus $2,6125 \times 10^1$ und $4,150390625 \times 10^{-1}$ schriftlich, wobei angenommen wird, dass A und B in dem in Aufgabe 3.27 beschriebenen Format mit 16 Bit und halber Genauigkeit gespeichert sind. Nehmen Sie ein Guard-Bit, ein Round-Bit und ein Sticky-Bit an und runden Sie auf die nächsten gerade Zahl. Schreiben Sie alle Schritte auf.

Aufgabe 3.30

[30] <3.5> Berechnen Sie schriftlich das Produkt aus $-8,0546875 \times 10^0$ und $-1,79931640625 \times 10^{-1}$, wobei angenommen wird, dass A und B in dem in Aufgabe 3.27 beschriebenen Format mit 16 Bit und halber Genauigkeit gespeichert sind. Nehmen Sie ein Guard-Bit, ein Round-Bit und ein Sticky-Bit an und runden Sie auf die nächsten gerade Zahl. Schreiben Sie alle Schritte auf, wobei Sie, wie es in dem Beispiel im Text gemacht wurde, die Multiplikation in einem für Menschen lesbaren Format ausführen können anstatt mit den Verfahren, die in den Aufgaben 3.12 bis 3.14 beschrieben sind. Kennzeichnen Sie, wo es einen Über- oder Unterlauf gibt. Notieren Sie Ihre Lösung sowohl in dem 16-Bit-Gleitkommaformat aus Aufgabe 3.27 als auch als Dezimalzahl. Wie genau ist Ihr Ergebnis? Wie sieht es im Vergleich zu der Zahl aus, die Sie erhalten, wenn Sie die Multiplikation auf einem Taschenrechner ausführen?

Aufgabe 3.31

[30] <3.5> Berechnen Sie schriftlich $8,625 \times 10^1$ geteilt durch $-4,875 \times 10^0$. Schreiben Sie alle Schritte auf, die notwendig sind, um das Ergebnis zu erhalten. Nehmen Sie an, dass es ein Guard-Bit, ein Round-Bit und ein Sticky-Bit gibt, und verwenden Sie diese, falls notwendig. Schreiben Sie das Endergebnis sowohl im 16-Bit-Gleitkommaformat (siehe Aufgabe 3.27) als auch in Dezimaldarstellung und vergleichen Sie das Dezimalergebnis mit dem, das Sie mithilfe eines Taschenrechners erhalten.

Aufgabe 3.32

[20] <3.9> Berechnen Sie $(3{,}984375 \times 10^{-1} + 3{,}4375 \times 10^{-1}) + 1{,}771 \times 10^3$ schriftlich unter der Annahme, dass sämtliche Werte in dem in Aufgabe 3.27 beschriebenen 16-Bit-Format gespeichert sind. Nehmen Sie ein Guard-Bit, ein Round-Bit und ein Sticky-Bit an und runden Sie auf die nächste gerade Zahl. Schreiben Sie alle Schritte auf und stellen Sie Ihre Lösung sowohl im 16-Bit-Gleitkommaformat als auch im Dezimalformat dar.

Aufgabe 3.33

[20] <3.9> Berechnen Sie schriftlich $3{,}984375 \times 10^{-1} + (3{,}4375 \times 10^{-1} + 1{,}771 \times 10^3)$ unter der Annahme, dass sämtliche Werte in dem in Aufgabe 3.27 beschriebenen 16-Bit-Format gespeichert sind. Nehmen Sie ein Guard-Bit, ein Round-Bit und ein Sticky-Bit an und runden Sie auf die nächste gerade Zahl. Schreiben Sie alle Schritte auf und stellen Sie Ihre Lösung sowohl im 16-Bit-Gleitkommaformat als auch im Dezimalformat dar.

Aufgabe 3.34

[10] <3.9> Entscheiden Sie auf der Basis Ihrer Lösungen für 3.32 und 3.33, ob $(3{,}984375 \times 10^{-1} + 3{,}4375 \times 10^{-1} + 1{,}771 \times 10^3 = 3{,}984375 \times 10^{-1} + (3{,}4375 \times 10^{-1} + 1{,}771 \times 10^3)$ gilt.

Aufgabe 3.35

[30] <3.9> Berechnen Sie schriftlich $(3{,}41796875 \times 10^{-3} \times 6{,}34765625 \times 10^{-3}) \times 1{,}05625 \times 10^2$ unter der Annahme, dass sämtliche Werte in dem in Aufgabe 3.27 beschriebenen 16-Bit-Format gespeichert sind. Nehmen Sie ein Guard-Bit, ein Round-Bit und ein Sticky-Bit an und runden Sie auf die nächste gerade Zahl. Schreiben Sie alle Schritte auf und stellen Sie Ihre Lösung sowohl im 16-Bit-Gleitkommaformat als auch im Dezimalformat dar.

Aufgabe 3.36

[30] <3.9> Berechnen Sie schriftlich $3{,}41796875 \times 10^{-3} \times (6{,}34765625 \times 10^{-3} \times 1{,}05625 \times 10^2)$ unter der Annahme, dass sämtliche Werte in dem in Aufgabe 3.27 beschriebenen 16-Bit-Format gespeichert sind. Nehmen Sie ein Guard-Bit, ein Round-Bit und ein Sticky-Bit an und runden Sie auf die nächste gerade Zahl. Schreiben Sie alle Schritte auf und stellen Sie Ihre Lösung sowohl im 16-Bit-Gleitkommaformat als auch im Dezimalformat dar.

Aufgabe 3.37

[10] <3.9> Entscheiden Sie auf der Basis Ihrer Lösungen für 3.35 und 3.36, ob $(3{,}41796875 \times 10^{-3} \times 6{,}34765625 \times 10^{-3}) \times 1{,}05625 \times 10^2 = 3{,}41796875 \times 10^{-3} \times (6{,}34765625 \times 10^{-3} \times 1{,}05625 \times 10^2)$ gilt.

Aufgabe 3.38

[30] <3.9> Berechnen Sie $1{,}666015625 \times 10^0 \times (1{,}9760 \times 10^4 + -1{,}9744 \times 10^4)$ schriftlich unter der Annahme, dass sämtliche Werte in dem in Aufgabe 3.27 beschriebenen 16-Bit-Format gespeichert sind. Nehmen Sie ein Guard-Bit, ein Round-Bit und ein Sticky-Bit an und runden Sie auf die nächste gerade Zahl. Schreiben Sie alle Schritte auf und stellen Sie Ihre Lösung sowohl im 16-Bit-Gleitkommaformat als auch im Dezimalformat dar.

Aufgabe 3.39

[30] <3.9> Berechnen Sie schriftlich $(1{,}666015625 \times 10^0 \times 1{,}9760 \times 10^4) +$ $(1{,}666015625 \times 10^0 \times -1{,}9744 \times 10^4)$ unter der Annahme, dass sämtliche Werte in dem in Aufgabe 3.27 beschriebenen 16-Bit-Format gespeichert sind. Nehmen Sie ein Guard-Bit, ein Round-Bit und ein Sticky-Bit an und runden Sie auf die nächste gerade Zahl. Schreiben Sie alle Schritte auf und stellen Sie Ihre Lösung sowohl im 16-Bit-Gleitkommaformat als auch im Dezimalformat dar.

Aufgabe 3.40

[10] <3.9> Entscheiden Sie auf der Basis Ihrer Lösungen für 3.38 und 3.39, ob $(1{,}666015625 \times 10^0 \times 1{,}9760 \times 10^4) + (1{,}666015625 \times 10^0 \times -1{,}9744 \times 10^4) =$ $1{,}666015625 \times 100 \times (1{,}9760 \times 10^4 + -1{,}9744 \times 10^4)$ gilt.

Aufgabe 3.41

[10] <3.5> Verwenden Sie das IEEE 754 Gleitkommaformat, um ein Bitmuster aufzuschreiben, das $-1/4$ repräsentiert. Können Sie $-1/4$ exakt darstellen?

Aufgabe 3.42

[10] <3.5> Was erhalten Sie, wenn Sie $-1/4$ viermal mit sich selbst addieren? Was ist $-1/4 \times 4$? Sind die Ergebnisse gleich? Wie sollten sie sein?

Aufgabe 3.43

[10] <3.5> Schreiben Sie das Bitmuster in der Mantisse mit dem Wert $1/3$ auf, wobei ein Gleitkommaformat vorausgesetzt sei, das Binärzahlen in der Mantisse benutzt. Gehen Sie davon aus, dass es 24 Bit gibt und Sie nicht normalisieren müssen. Ist diese Darstellung exakt?

Aufgabe 3.44

[10] <3.5> Schreiben Sie das Bitmuster in der Mantisse mit dem Wert $1/3$ auf, wobei ein in Gleitkommaformat vorausgesetzt sei, das binär kodierte Dezimalzahlen (Basis 10) anstatt Basis 2 in der Mantisse benutzt. Gehen Sie davon aus,

dass es 24 Bit gibt und Sie nicht normalisieren müssen. Ist diese Darstellung exakt?

Aufgabe 3.45

[10] <3.5> Schreiben Sie das Bitmuster auf unter der Annahme, dass wir Zahlen zur Basis 15 anstatt Basis 2 in der Mantisse mit dem Wert 1/3 verwenden. (Zahlen zur Basis 15 verwenden die Symbole 0–9 sowie A–F. Zahlen zur Basis 16 verwenden 0–9 sowie A–E.) Gehen Sie davon aus, dass es 24 Bit gibt und Sie nicht normalisieren müssen. Ist diese Darstellung exakt?

Aufgabe 3.46

[20] <3.5> Schreiben Sie das Bitmuster auf unter der Annahme, dass wir Zahlen zur Basis 30 anstatt Basis 2 in der Mantisse mit dem Wert 1/3 verwenden. (Zahlen zur Basis 16 verwenden die Symbole 0–9 sowie A–F. Zahlen zur Basis 30 verwenden 0–9 sowie A–T.) Gehen Sie davon aus, dass es 24 Bit gibt und Sie nicht normalisieren müssen. Ist diese Darstellung exakt?

Aufgabe 3.47

[45] <3.6, 3.7> Der folgende C-Code implementiert ein FIR-Filter mit vier Taps auf dem Eingabearray `sig_in`. Nehmen Sie an, dass alle Felder 16-Bit-Festkommawerte enthalten.

```
for (i=3; i< 128; i++)
sig_out[i] = sig_in[i-3] * f[0] + sig_in[i-2] * f[1]
   + sig_in[i-1] * f[2] sig_in[i] * f[3];
```

Angenommen, Sie sollen eine optimierte Implementierung dieses Codes in Assemblersprache auf einem Prozessor mit SIMD-Befehlen und 128-Bit-Registern schreiben. Beschreiben Sie kurz, ohne die Details des Befehlssatzes zu kennen, wie Sie diesen Code implementieren würden, um den Gebrauch von Subword-Operationen zu maximieren und die Menge der zwischen den Registern und dem Speicher übertragenen Daten zu minimieren. Nennen Sie alle Annahmen, die Sie über die verwendeten Befehle gemacht haben.

Antworten zu den Selbsttests

Abschnitt 3.2, Seite 201: 2

Abschnitt 3.5, Seite 245: 3

4 Der Prozessor

4.1 Einführung

In Kapitel 1 haben wir gesehen, dass das Leistungsverhalten eines Rechners von drei Schlüssel-Faktoren bestimmt wird: vom Befehlszähler, von der Taktdauer und von der Anzahl der Taktzyklen pro Befehl (CPI). Der Compiler und die Befehlssatzarchitektur, die wir in Kapitel 2 untersucht haben, bestimmen den für ein bestimmtes Programm erforderlichen Befehlszähler. Sowohl die Taktdauer als auch die Anzahl der Taktzyklen pro Befehl hängen dagegen von der Implementierung des Prozessors ab. In diesem Kapitel konstruieren wir den Datenpfad und das Steuerwerk für zwei verschiedene Implementierungen des MIPS-Befehlssatzes.

In diesem Kapitel werden die Prinzipien und Methoden erläutert, die beim Implementieren eines Prozessors verwendet werden. In diesem Abschnitt beginnen wir mit einer sehr abstrakten und vereinfachten Übersicht. Es folgt ein Abschnitt, in dem ein Datenpfad konstruiert und eine einfache Version eines Prozessors entwickelt wird, die zum Implementieren von Befehlssätzen wie MIPS ausreicht. Der Hauptteil des Kapitels befasst sich mit einer realistischeren MIPS-Implementierung mit **Pipelining**. In einem weiteren Abschnitt werden die Konzepte entwickelt, die für die Implementierung komplexerer Befehlssätze wie x86 erforderlich sind.

Leser, die die Interpretation von Befehlen auf höherer Ebene und ihre Auswirkungen auf die Performanz von Programmen verstehen möchten, finden in diesem ersten Abschnitt sowie in Abschnitt 4.6 die grundlegenden Konzepte des Pipelinings. Neuere Trends werden in Abschnitt 4.11 beschrieben. Abschnitt 4.12 ist den aktuellen Prozessoren Intel Core i7 und ARM Cortex-A53 gewidmet. Abschnitt 4.13 zeigt, wie die Parallelität auf Befehlsebene genutzt werden kann, um die Performanz der Matrizenmultiplikation (Abschnitt 3.8) mehr als zu verdoppeln. Diese Abschnitte bieten eine gute Grundlage, um die Pipeline-Konzepte auf abstrakter Ebene zu verstehen.

Für Leser, die den Prozessor und seine Leistung genauer verstehen wollen, sind die Abschnitte 4.3, 4.4 und 4.7 sehr hilfreich. Diejenigen, die mehr über den Aufbau eines Prozessors erfahren wollen, sollten auch die Abschnitte 4.2, 4.8, 4.9 und 4.10 lesen. Leser, die sich für das moderne Hardwaredesign interessieren, erfahren im Online-Abschnitt 4.14, wie Hardwaredesign-Sprachen und CAD-Werkzeuge eingesetzt werden, um die Hardware zu implementieren, und wie eine Hardwaredesign-Sprache genutzt wird, um eine Implementierung mit Pipelining zu beschreiben. Dort finden Sie auch mehrere Abbildungen, die verdeutlichen, wie die Pipelining-Hardware arbeitet.

PIPELINING

https://doi.org/10.1515/9783111352732-004

Eine einfache MIPS-Implementierung

Wir werden eine Implementierung untersuchen, die einen Teil des zentralen MIPS-Befehlssatzes enthält:

- die Speicherzugriffsbefehle load word (lw) und store word (sw)
- die arithmetisch-logischen Befehle add, sub, and, or und slt
- die Befehle branch on equal (beq) und jump (j), die wir als letzte betrachten werden

Dieser Teil des Befehlssatzes enthält weder alle Ganzzahlbefehle (z. B. fehlen shift, multiply und divide), noch Gleitkommabefehle. Die wichtigsten Prinzipien zum Erstellen eines Datenpfads und zum Entwickeln des Steuerwerks werden jedoch dargelegt. Die Implementierung der restlichen Befehle erfolgt auf ähnliche Weise.

Bei der Betrachtung der Implementierung haben wir die Gelegenheit zu sehen, wie sich die Befehlssatzarchitektur auf viele Aspekte der Implementierung auswirkt, und welche Auswirkungen die Wahl unterschiedlicher Implementierungsstrategien auf die Taktfrequenz und den CPI-Wert des Rechners hat. Viele der in Kapitel 1 eingeführten Entwurfsprinzipien lassen sich anhand der Implementierung veranschaulichen, etwa *Einfachheit favorisiert Regelmäßigkeit*. Die Konzepte, die in diesem und im nächsten Kapitel zum Implementieren des MIPS-Teilbefehlssatzes verwendet werden, sind größtenteils dieselben Ideen, die der Erstellung eines breiten Spektrums an Rechnern zugrunde liegen, von Hochleistungsservern über Allzweckmikroprozessoren bis hin zu eingebetteten Prozessoren.

Übersicht über die Implementierung

In Kapitel 2 wurden die zentralen MIPS-Befehle wie die arithmetisch-logischen Ganzzahlbefehle, die Speicherzugriffsbefehle und die Sprungbefehle beschrieben. Beim Implementieren dieser Befehle wiederholt sich vieles unabhängig von der Befehlsklasse. So sind bei allen Befehlen die ersten beiden Schritte dieselben:

1. Senden des Befehlszählers an den Speicher, der den Code enthält, und Holen des Befehls aus diesem Speicher.
2. Lesen eines oder zweier Register wobei die Auswahl des zu lesenden Registers mithilfe von Feldern des Befehls erfolgt. Beim load word-Befehl muss nur ein Register gelesen werden, bei den meisten anderen Befehlen dagegen zwei.

Welche Schritte nach diesen beiden Schritten zum Durchführen des Befehls erforderlich sind, hängt von der Befehlsklasse ab. Erfreulicherweise sind das für die drei Befehlsklassen (Speicherzugriff, arithmetisch-logische Befehle und Sprünge) unabhängig vom exakten Opcode im Großen und Ganzen dieselben Schritte. Die Einfachheit und Regelmäßigkeit des MIPS-Befehlssatzes vereinfacht die Implementierung, da viele Befehlsklassen ähnlich ausgeführt werden.

Beispielsweise verwenden alle Befehlsklassen außer `jump` die ALU (arithmetisch-logische Einheit), nachdem sie die Register gelesen haben. Die Speicherzugriffsbefehle verwenden die ALU für die Adressberechnung, die arithmetisch-logischen Befehle für die Ausführung von Operationen und die Verzweigungen für Vergleiche. Nach dem Einsatz der ALU sind unterschiedliche Schritte zur Beendigung der verschiedenen Befehle erforderlich. Ein Speicherzugriffsbefehl muss entweder im Rahmen eines `store`-Befehls zum Schreiben von Daten oder im Rahmen eines `load`-Befehls zum Lesen von Daten auf den Speicher zugreifen. Ein arithmetisch-logischer Befehl muss die Daten von der ALU zurück in ein Register schreiben. Bei einem Sprungbefehl schließlich müssen wir die nachfolgende Befehlsadresse je nach dem Ergebnis des Vergleichs möglicherweise ändern. Andernfalls muss der Befehlszähler um vier erhöht werden, um so die Adresse des nachfolgenden Befehls zu erhalten.

In Abbildung 4.1 ist die abstrakte Sicht einer MIPS-Implementierung mit den unterschiedlichen Funktionseinheiten und ihren Verbindungen dargestellt. Hier wird zwar der Großteil des Datenflusses durch den Prozessor gezeigt, jedoch fehlen zwei wichtige Aspekte der Befehlsausführung.

Zum einen ist in Abbildung 4.1 an verschiedenen Stellen dargestellt, dass Daten von zwei verschiedenen Quellen kommend zu einer bestimmten Einheit gelangen. So kann beispielsweise der Wert, der in den Befehlszähler geschrieben wird, von einem von zwei möglichen Addierern stammen, und die Daten, die in das Registerfile geschrieben werden, können entweder von der ALU oder vom Datenspeicher stammen, und die zweite Eingabe für die ALU kann von einem Register oder dem Immediate-Feld des Befehls stammen. In der Praxis können diese Datenleitungen nicht einfach miteinander verdrahtet werden. Wir müssen ein Element bereitstellen, das unter den verschiedenen Quellen eine auswählt und eine dieser Quellen an ihr Ziel führt. Diese Auswahl wird üblicherweise von einer Einheit getroffen, die als *Multiplexer* (*MUX*) bezeichnet wird, wobei die Bezeichnung *Datenselektor* besser passen würde. Der in Anhang B ausführlich beschriebene Multiplexer wählt je nach der Festlegung seiner Steuerleitungen aus verschiedenen Eingängen einen aus. Dabei werden die Steuerleitungen in erster Linie anhand von Informationen aus dem ausgeführten Befehl festgelegt.

Ebenfalls weggelassen wurde in Abbildung 4.1, dass einige der Einheiten je nach Befehlstyp unterschiedlich angesteuert werden müssen. So muss der Datenspeicher beispielsweise bei einem Ladebefehl lesen und bei einem Speicherbefehl schreiben. Bei einem Ladebefehl und bei einem arithmetisch-logischen Befehl muss in das Registerfile geschrieben werden. Und natürlich muss die ALU eine von mehreren möglichen Operationen ausführen. (In Anhang B wird der logische Aufbau der ALU ausführlich beschrieben.) Wie die Multiplexer werden diese Operationen durch Steuerleitungen gesteuert, die auf der Grundlage von verschiedenen Feldern im Befehl belegt werden.

In Abbildung 4.2 ist der Datenpfad aus Abbildung 4.1 mit den drei erforderlichen Multiplexern sowie mit den Steuerleitungen für die wichtigsten Funktionseinheiten dargestellt. Ein *Steuerwerk* mit dem Maschinenbefehl als

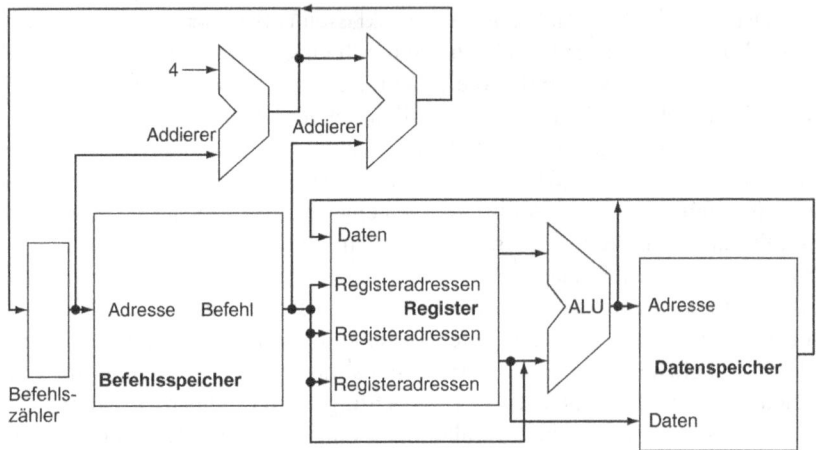

Abb. 4.1: Eine abstrakte Darstellung der Implementierung eines Teils des MIPS-Befehls-satzes mit den wichtigsten Funktionseinheiten und den wichtigsten Verbindungen der Funktionseinheiten untereinander. Alle Befehle beginnen mit der Verwendung des Befehlszählers, um die Befehlsadresse in den Befehlsspeicher zu laden. Nach dem Laden des Befehls werden die von einem Befehl verwendeten Registeroperanden durch Felder dieses Befehls bestimmt. Nach dem Laden der Registeroperanden kann mit diesen eine Speicheradresse (für einen Lade- oder Speicherbefehl), ein arithmetisches Ergebnis (für einen arithmetisch-logischen Ganzzahlbefehl) oder ein Vergleich (für einen Sprung) berechnet werden. Wenn es sich um einen arithmetisch-logischen Befehl handelt, muss das Ergebnis der ALU in ein Register geschrieben werden. Wenn es sich um eine Lade- oder Speicheroperation handelt, wird das Ergebnis der ALU als Adresse zum Laden eines Werts aus dem Speicher in die Register oder zum Speichern eines Werts aus den Registern verwendet. Das Ergebnis aus der ALU oder aus dem Speicher wird in das Registerfile zurückgeschrieben. Bei Sprüngen wird mit dem Ergebnis der ALU die nächste Befehlsadresse ermittelt, die entweder von der ALU (Befehlszählerwert und Sprung-Offset werden addiert) oder von einem Addierer stammt, der den aktuellen Befehlszählerwert um 4 erhöht. Die dicken Linien, mit denen die Funktionseinheiten miteinander verbunden sind, stellen Busse dar, die aus mehreren Signalleitungen bestehen. Die Pfeile zeigen die Richtung des Datenflusses an. Da Signalleitungen einander kreuzen können, ist durch einen Punkt dargestellt, wenn einander kreuzende Leitungen miteinander verbunden sind.

Eingangssignal bestimmt, wie die Steuerleitungen für die Funktionseinheiten und für zwei der Multiplexer belegt werden. Der dritte Multiplexer legt anhand des Zero-Ausgangs der ALU fest, ob der Befehlszählerwert +4 oder die Sprungzieladresse in den Befehlszähler geschrieben wird, um bedingte Sprünge mit Vergleich (`beq`-Befehl) durchzuführen. Aufgrund der Regelmäßigkeit und Einfachheit des MIPS-Befehlssatzes kann die Belegung der Steuerleitungen mit einem einfachen Decodiervorgang bestimmt werden.

In den restlichen Abschnitten des Kapitels vervollständigen wir diese Darstellung um weitere Details, die es erforderlich machen, dass weitere Funktionseinheiten eingefügt, die Anzahl der Verbindungen zwischen den Einheiten erhöht und ein Steuerwerk ergänzt wird. Dieses bestimmt, welche Schritte für unterschiedliche Befehlsklassen durchgeführt werden. In den Abschnitten 4.3 und 4.4 wird eine einfache Implementierung beschrieben, bei der für jeden

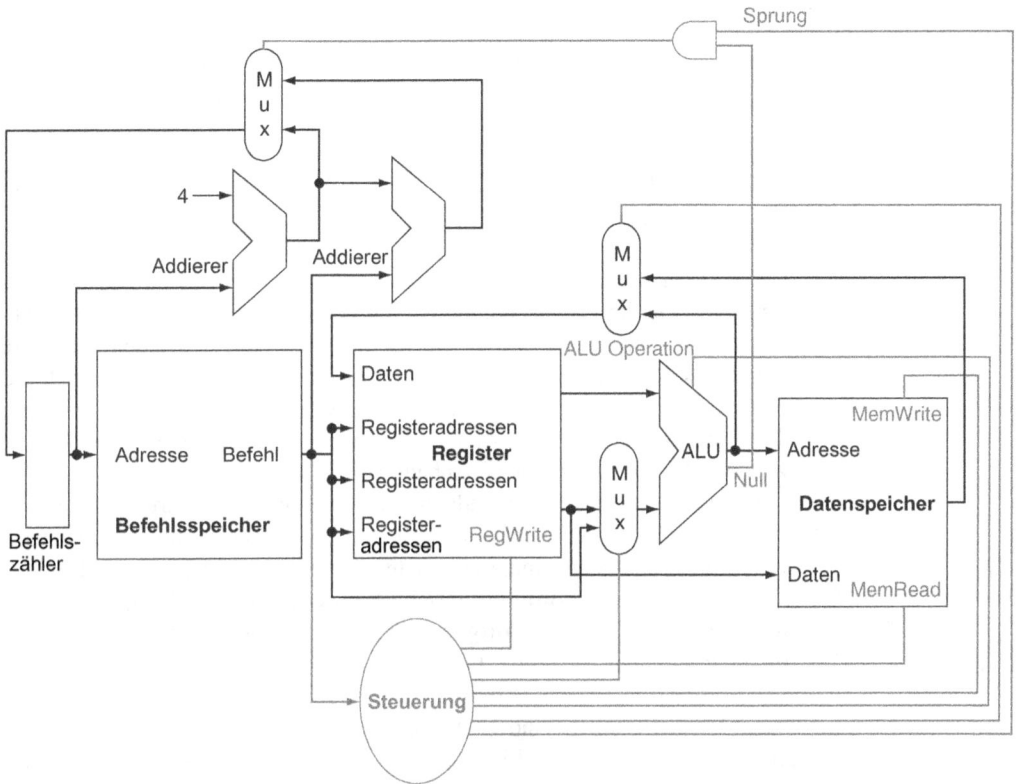

Abb. 4.2: Die einfache Implementierung eines Teils des MIPS-Befehlssatzes mit den erforderlichen Multiplexern und Steuerleitungen. Der oberste Multiplexer bestimmt, welcher Wert den Befehlszähler (Befehlszählerwert +4 oder die Sprungziel-adresse) ersetzt. Der Multiplexer wird durch das Gatter gesteuert, das das Signal am Zero-Ausgang der ALU und ein Steuersignal mittels AND-Verknüpfung miteinander verknüpft, wobei das Steuersignal angibt, dass es sich bei dem Befehl um einen Sprung handelt. Der Multiplexer, dessen Ausgang auf den Dateneingang des Registerfiles geht, verbindet diesen mit dem ALU-Ausgang (bei einem arithmetisch-logischen Befehl) oder dem Datenspeicherausgang (bei einem Ladebefehl). Der unterste Multiplexer be-stimmt, ob der zweite ALU-Eingang mit den Registern (bei einem arithmetisch-logischen nicht-Immediate-Befehl) oder mit dem Offset-Feld des Befehls (bei einer Immediate-Operation, einem Lade- oder Speicherbefehl oder einem Sprung) belegt wird. Die weiteren Steuerleitungen sind unkompliziert und bestimmen die Operation, die in der ALU ausgeführt wird, ob Daten aus dem Datenspeicher ausgelesen oder in den Datenspeicher geschrieben werden und ob die Register eine Schreiboperation durchführen sollen. Die Steuerleitungen sind zum leichteren Erkennen grau gezeichnet.

Befehl ein langer Taktzyklus verwendet und die allgemeine Form aus Abbildung 4.1 und 4.2 befolgt wird. Bei diesem ersten Entwurf beginnt die Ausführung jedes Befehls an einer Taktflanke und endet an der nächsten Taktflanke.

Dieser Entwurf ist zwar leichter verständlich, jedoch nicht sinnvoll, da der Taktzyklus gestreckt werden muss, um den längsten Befehl zu unterstützen. Nach dem Entwurf der Steuerung für diesen einfachen Computer werden wir schnellere Implementierungen betrachten, mit allen Komplikationen, die dabei auftreten, wie unter anderem Ausnahmen.

Selbsttest

Wie viele der fünf klassischen Komponenten eines Computers – wie in Abbildung 1.4 auf Seite 17 gezeigt – beinhalten die Abbildungen 4.1 und 4.2?

4.2 Konventionen für den Entwurf von Logikschaltungen

Wenn wir den Entwurf eines Computers beschreiben möchten, müssen wir festlegen, wie die Logikschaltungen, mit denen die Architektur implementiert wird, funktionieren sollen und wie der Rechner getaktet werden soll. In diesem Abschnitt werden einige zentrale Begriffe der digitalen Logikschaltungen vorgestellt, die in diesem Kapitel häufig verwendet werden. Wenn Sie von digitalen Logikschaltungen nur wenig oder noch gar nichts wissen, ist es hilfreich, vor dem Weiterlesen zunächst Anhang B zu lesen.

Die Elemente des Datenpfads in der MIPS-Implementierung bestehen aus zwei verschiedenen Arten von Logikbausteinen: Bausteine, die Datenwerte verarbeiten, und Bausteine, die Zustände enthalten. Bausteine, die Datenwerte verarbeiten, sind **kombinatorische Elemente** (auch *Schaltnetze* genannt), was bedeutet, dass ihre Ausgangssignale ausschließlich von den aktuellen Eingangssignalen abhängen. Ein bestimmtes Eingangssignal ergibt bei einem kombinatorischen Element immer dasselbe Ausgangssignal. Bei der in Abbildung 4.1 dargestellten und in Anhang B beschriebenen ALU handelt es sich um ein kombinatorisches Element. Bei gleichen Eingangssignalen erzeugt diese ALU immer dieselben Ausgangssignale, da sie nicht über einen internen Speicher verfügt.

> **kombinatorisches Element** Ein Verarbeitungselement wie etwa ein AND-Gatter oder eine ALU.

Andere Bausteine des Logikentwurfs sind nicht kombinatorisch, sondern *beinhalten Zustände*. Ein Baustein kann Zustände speichern, wenn er über einen internen Speicher verfügt. Diese Bausteine werden **Zustandselemente** genannt, da der Rechner nach einer Unterbrechung der Stromversorgung korrekt neu gestartet werden kann, indem die Zustandselemente mit den Werten geladen werden, die sie vor der Unterbrechung der Stromversorgung gespeichert hatten. Wenn die Zustände gespeichert und wiederhergestellt werden, ist es so, als wäre die Stromversorgung nie unterbrochen gewesen. Diese Zustände definieren den Rechner also vollständig. Die Befehls- und Datenspeicher sowie die Register in Abbildung 4.1 sind Beispiele für Zustandselemente.

> **Zustandselement** Ein Speicherelement.

Ein Zustandselement hat mindestens zwei Eingänge und einen Ausgang. An den Eingängen müssen die Leitungen für den Datenwert, der in dem Element gespeichert wird, und für das Taktsignal, das bestimmt, wann der Datenwert gespeichert wird, anliegen. Am Ausgang eines Zustandselements wird der Wert bereitgestellt, der in einem früheren Taktzyklus geschrieben wurde. Ein Beispiel für ein logisch sehr einfaches Zustandselement ist ein D-Flip-Flop (siehe Anhang B), das exakt diese beiden Eingänge (Wert und Takt) und einen Ausgang aufweist. Neben den Flip-Flops enthält unsere MIPS-Implementierung zwei weitere Arten von Zustandselementen: Speicher und Register. Beide sind in Abbildung 4.1 dargestellt. Das Taktsignal bestimmt, wann in das Zustandselement geschrieben wird; ausgelesen werden kann es jederzeit.

Logikbausteine, die Zustände speichern, werden auch als *sequentielle Logik* bezeichnet, da die Ausgänge sowohl von den Eingängen als auch vom Inhalt des internen Speichers abhängen. So hängt beispielsweise der Ausgang einer Funktionseinheit, die die Register repräsentiert, sowohl von den angegebenen Registernummern als auch von den zuvor in die Register geschriebenen Inhalten ab. Die Funktionsweise und der Aufbau von kombinatorischen und sequentiellen Elementen sind in in Anhang B ausführlich beschrieben.

Taktverfahren

Ein **Taktverfahren** bestimmt, wann Signale gelesen und wann sie geschrieben werden können. Es ist wichtig, den zeitlichen Ablauf von Lese- und Schreibvorgängen festzulegen. Denn wenn das Signal gleichzeitig geschrieben und gelesen wird, kann es vorkommen, dass der Wert des Lesevorgangs dem alten Wert, dem neu geschriebenen Wert oder sogar einer Mischung aus den beiden Werten entspricht! Es muss wohl nicht darauf hingewiesen werden, dass Rechnerentwürfe eine derartige Unvorhersagbarkeit nicht tolerieren können. Ein Taktverfahren wird entwickelt, um diesen Umstand zu verhindern.

Der Einfachheit halber gehen wir von einem **flankengesteuerten Taktverfahren** aus. Bei einem solchen Taktverfahren werden sämtliche in einem sequentiellen Logikbaustein gespeicherten Werte nur an einer Taktflanke aktualisiert. Da nur Zustandselemente einen Datenwert speichern können, müssen die Eingänge jeglicher kombinatorischer Logik aus Zustandselementen kommen und die Ausgaben wieder in Zustandselemente geschrieben werden. An den Eingängen liegen die Werte an, die in einem vorhergehenden Taktzyklus geschrieben wurden, während an den Ausgängen die Werte anliegen, die in einem nachfolgenden Taktzyklus verwendet werden können.

In Abbildung 4.3 sind die beiden Zustandselemente dargestellt, die einen kombinatorischen Logikblock umgeben, der in einem Taktzyklus arbeitet. Alle Signale müssen sich in einem Taktzyklus vom Zustandselement 1 über die kombinatorische Logik zum Zustandselement 2 fortpflanzen. Die Zeit, die die Signale benötigen, bis sie dort ankommen, bestimmt die Länge des Taktzyklus.

Der Einfachheit halber stellen wir kein **Steuersignal** dar, wenn ein Zustandselement an jeder aktiven Taktflanke beschrieben wird. Wird ein Zustandselement jedoch nicht an jeder Taktflanke aktualisiert, ist ein explizites Schreibsteuersignal nötig. Sowohl das Takt- als auch das Schreibsteuersignal sind Eingangssignale, und das Zustandselement wird nur überschrieben, wenn das Schreibsteuersignal auf logisch 1 gesetzt ist und eine Taktflanke vorliegt.

Wir verwenden die Bezeichnung *auf logisch 1 gesetzt* für ein Signal mit dem logischen Wert 1 und *auf logisch 1 setzen (aktivieren)*, um anzugeben, dass ein Signal auf logisch 1 gesetzt werden muss. Mit *auf logisch 0 setzen* bzw. *auf logisch 0 gesetzt* wird ein Signal mit dem logischen Wert 0 bezeichnet.

Taktverfahren Das Verfahren, mit dem bestimmt wird, wann Daten relativ zum Takt gültig und stabil sind.

flankengesteuertes Taktverfahren Ein Taktverfahren, bei dem alle Zustandsänderungen an einer Taktflanke erfolgen.

Steuersignal Ein Signal, das für die Multiplexerauswahl oder für die Steuerung der Funktionsweise einer Funktionseinheit verwendet wird. Steht im Gegensatz zum Datensignal, das Daten enthält, die von der Funktionseinheit verarbeitet werden.

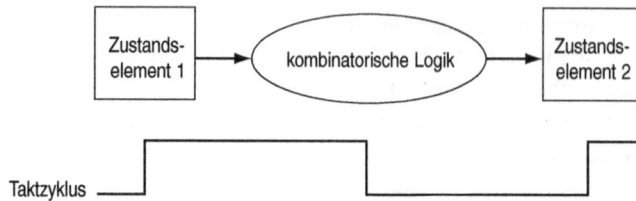

Abb. 4.3: Kombinatorische Logik, Zustandselemente und Taktsignal stehen in engem Zusammenhang. In einem synchronen digitalen System bestimmt das Taktsignal, wann Zustandselemente Werte in den internen Speicher schreiben. Alle Eingänge in ein Zustandselement müssen einen stabilen Wert erreichen (d. h., sie müssen einen Wert erreicht haben, der sich bis nach der Taktflanke nicht verändert), bevor die aktive Taktflanke die Aktualisierung des Zustands bewirkt. Alle Zustandselemente in diesem Kapitel einschließlich Speicher werden als positiv flankengesteuert angenommen, d. h., sie ändern sich an der ansteigenden Flanke.

Mit einem flankengesteuerten Verfahren ist es möglich, in einem Taktzyklus den Inhalt eines Registers zu lesen, den Wert durch die kombinatorische Logik zu senden und dieses Register zurückzuschreiben. Abbildung 4.4 zeigt ein generisches Beispiel. Dabei spielt es keine Rolle, ob wir annehmen, dass alle Schreibvorgänge an der steigenden oder an der fallenden Taktflanke stattfinden, da die Eingänge in den kombinatorischen Logikblock nur bei der ausgewählten Taktflanke geändert werden können. Beim flankengesteuerten Taktverfahren erfolgt innerhalb eines Taktzyklus *kein* Feedback und die Logik in Abbildung 4.4 funktioniert ordnungsgemäß. In Anhang B werden weitere Taktbeschränkungen – wie Setup- und Hold-Zeiten – sowie weitere Taktverfahren beschrieben.

Für die MIPS-32-Architektur haben fast alle diese Zustands- und Logikelemente 32 Bit breite Ein- und Ausgänge, da die meisten der vom Prozessor verarbeiteten Daten 32 Bit breit sind. Wenn eine Einheit einen anderen als einen 32 Bit breiten Ein- oder Ausgang hat, werden wir darauf hinweisen. In den Abbildungen sind *Busse* (Signalleitungen, die breiter als 1 Bit sind), mit dicken Linien dargestellt. Manchmal werden mehrere Busse zu einem breiteren

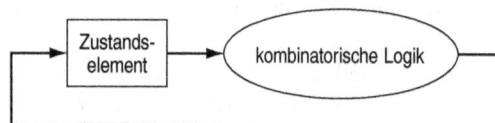

Abb. 4.4: Mithilfe eines flankengesteuerten Taktverfahrens kann ein Zustandselement in einem Taktzyklus gelesen und beschrieben werden, ohne dass eine Wettlaufbedingung (Race) entsteht, die zu undefinierten Datenwerten führen könnte. Der Taktzyklus muss jedoch lang genug sein, damit die Eingangswerte stabil sind, wenn die aktive Taktflanke erscheint. Ein Feedback kann aufgrund der flankengesteuerten Aktualisierung des Zustandselements nicht innerhalb eines Taktzyklus erfolgen. Wenn ein Feedback möglich wäre, würde dieses Design nicht einwandfrei funktionieren. Unser Design in diesem und im nachfolgenden Kapitel beruht auf dem flankengesteuerten Taktverfahren und auf einer Struktur wie der in dieser Abbildung.

Bus zusammengefasst. So kann es beispielsweise vorkommen, dass wir einen 32-Bit-Bus durch Zusammenfassen von zwei 16-Bit-Bussen erhalten möchten. In solchen Fällen machen Markierungen an den Busleitungen deutlich, dass wir Busse zu einem breiteren Bus verbinden. Die Richtung des Datenflusses zwischen Elementen wird durch Pfeile angegeben. Und schließlich sind Steuersignale im Gegensatz zu Datensignalen grau gekennzeichnet. Diese Unterscheidung wird im Verlauf dieses Kapitels klarer werden.

Anmerkung: Es gibt auch eine 4-Bit-Version der MIPS-Architektur, und natürlich sind die meisten Pfade in dieser Implementierung 64 Bit breit.

Selbsttest

Richtig oder falsch: Da das Registerfile in einem Taktzyklus sowohl gelesen als auch beschrieben wird, muss ein MIPS-Datenpfad, der mit flankengesteuerten Schreibvorgängen arbeitet, über mehrere Registerfiles verfügen.

4.3 Aufbau eines Datenpfades

Am vernünftigsten ist es, einen Datenpfadentwurf damit zu beginnen, zu überprüfen, welche Hauptkomponenten zum Ausführen der einzelnen MIPS-Befehlsklassen erforderlich sind. Betrachten wir also zunächst, welche **Bausteine im Datenpfad** für die einzelnen Befehle erforderlich sind, und arbeiten wir uns dann durch die verschiedenen Ebenen der **Abstraktion**. Bei der Betrachtung der Bausteine im Datenpfad schildern wir auch die zugehörigen Steuersignale.

Links in Abbildung 4.5 ist das erste Element dargestellt, das wir benötigen: Eine Speichereinheit zum Speichern der Befehle eines Programms und zum Bereitstellen von Befehlen für eine gegebene Adresse. In der Mitte von Abbildung 4.5 ist außerdem ein Register dargestellt, das als **Befehlszähler** bezeichnet und zum Speichern der Adresse des aktuellen Befehls verwendet wird. Schließlich benötigen wir noch einen Addierer zum Inkrementieren des Befehlszählers, damit dieser die Adresse des nächsten Befehls angibt. Bei diesem Addierer handelt es sich um eine kombinatorische Logik, die aus der in Anhang B ausführlich entworfenen ALU aufgebaut wird, indem die Steuerleitungen so miteinander verdrahtet werden, dass das Steuerwerk immer eine Addition vorgibt. Eine ALU dieser Art wird wie in Abbildung 4.5 mit *Addierer* gekennzeichnet, um zu verdeutlichen, dass diese ALU ein permanenter Addierer ist und keine der anderen ALU-Funktionen ausführen kann.

Um einen Befel auszuführen, muss der Befehl zunächst aus dem Speicher geholt werden. Um die Ausführung des nächsten Befehls vorzubereiten, muss zudem der Befehlszähler inkrementiert werden, so dass er auf den nächsten Befehl 4 Byte weiter zeigt. In Abbildung 4.6 ist dargestellt, wie die drei Elemente aus Abbildung 4.5 zu dem Teil des Datenpfads zusammengefügt werden, der Befehle aus dem Speicher lädt und den Befehlszähler inkrementiert, so dass dieser auf die Adresse des nächstfolgenden Befehls zeigt.

Baustein im Datenpfad Eine Funktionseinheit zum Verarbeiten oder Speichern von Daten in einem Prozessor.

ABSTRAKTION

Befehlszähler Das Register, das die Adresse des gerade ausgeführten Befehls im aktuell laufenden Programm enthält.

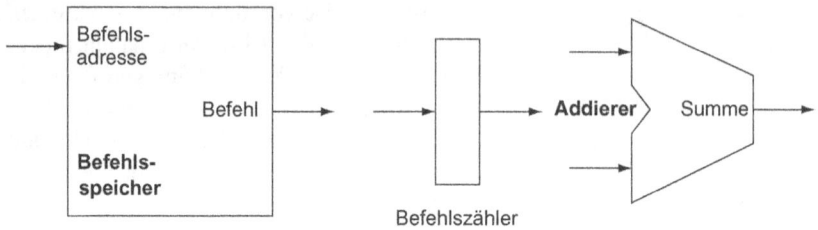

Abb. 4.5: Zum Speichern und Laden von Befehlen sind zwei Zustandselemente erforderlich, und ein Addierer wird benötigt, um die nächste Befehlsadresse zu berechnen. Bei den beiden Zustandselementen handelt es sich um den Befehlsspeicher und den Befehlszähler. Der Befehlsspeicher muss lediglich den Lesezugriff ermöglichen, da der Datenpfad keine Befehle schreibt. Da der Befehlsspeicher nur liest, wird er wie ein Zustandselement behandelt: Der Ausgang gibt jederzeit den Inhalt der im Adresseingang angegebenen Position an. Ein Lesesteuerzeichen ist nicht erforderlich. (Beim Laden des Programms muss in den Befehlsspeicher geschrieben werden. Dies ist nicht schwierig hinzuzufügen. Daher ignorieren wir diesen Umstand der Einfachheit halber.) Beim Befehlszähler handelt es sich um ein 32-Bit-Register, in das am Ende jedes Taktzyklus geschrieben wird und das daher kein Schreibsteuersignal benötigt. Der Addierer ist eine ALU, die so verdrahtet ist, dass sie immer ihre beiden 32-Bit-Eingänge addiert und das Ergebnis an ihrem Ausgang ausgibt.

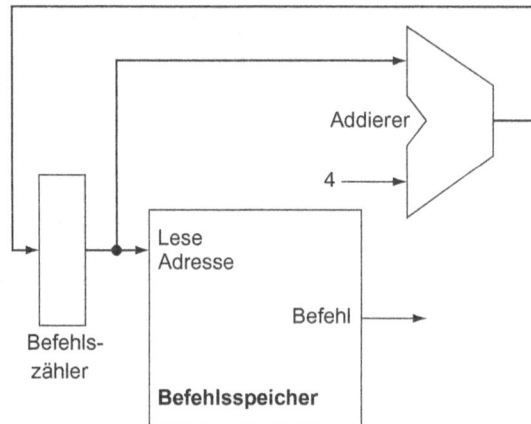

Abb. 4.6: Der Teil des Datenpfads, der zum Holen von Befehlen und zum Inkrementieren des Befehlszählers verwendet wird. Der geholte Befehl wird von anderen Teilen des Datenpfads verwendet.

Betrachten wir nun die Befehle im R-Format (siehe Tabelle 2.11). Diese Befehle lesen zwei Register, führen mit dem Inhalt der Register eine ALU-Operation durch und schreiben das Ergebnis zurück. Diese Befehle werden als *R-Befehle* oder *arithmetisch-logische Befehle* bezeichnet, da sie arithmetische oder logische Operationen durchführen. Zu dieser Befehlsklasse zählen die in Kapitel 2 vorgestellten Befehle add, sub, and, or und slt. Ein typisches Beispiel für einen Befehl dieser Art ist add $t1,$t2,$t3; er bedeutet, dass $t2 und $t3 gelesen werden und $t1 geschrieben wird.

Die 32 Allzweckregister des Prozessors werden in einer Struktur gespeichert, die als **Registerfile** bezeichnet wird. Ein Registerfile besteht aus mehreren Registern. Das Lesen von Registern aus und das Schreiben von Registern in das Registerfile erfolgt, indem die Nummer bzw. Adresse des Registers im Registerfile angegeben wird. Im Registerfile ist der Registerzustand des Rechners gespeichert. Zudem wird eine ALU zum Verarbeiten der aus den Registern gelesenen Werte benötigt.

Da die R-Befehle drei Registeroperanden aufweisen, müssen pro Befehl zwei Datenwörter aus dem Registerfile gelesen und ein Datenwort in das Registerfile geschrieben werden. Für jedes Datenwort, das aus den Registern gelesen wird, benötigen wir ein Eingangssignal an das Registerfile, das die Adresse des Registers angibt, aus dem gelesen werden soll, und ein Ausgangssignal vom Registerfile, das den aus den Registern gelesenen Wert überträgt. Zum Schreiben eines Datenworts sind zwei Eingänge erforderlich: ein Eingang zum Angeben der *Adresse des Registers*, in das geschrieben werden soll, und ein Eingang zum Bereitstellen der *Daten*, die in das Register geschrieben werden sollen. Das Registerfile gibt immer den Inhalt des Registers aus, dessen Adresse sich am Leseregister-Eingang befindet. Schreibvorgänge werden dagegen durch das Schreibsteuersignal gesteuert, das auf logisch 1 gesetzt sein muss, damit bei der Taktflanke ein Schreibvorgang erfolgt. Somit benötigen wir, wie in Abbildung 4.7 links dargestellt, insgesamt vier Eingänge (drei für Registeradressen und einen für Daten) und zwei Ausgänge (beide für Daten). Die Eingänge für Registeradressen sind 5 Bit breit und geben eines von 32 Registern ($32 = 2^5$) an, während der Dateneingangsbus und die beiden Datenausgangsbusse jeweils 32 Bit breit sind.

In Abbildung 4.7 rechts ist die ALU dargestellt, die aus zwei 32-Bit-Eingängen ein 32-Bit-Ergebnis sowie ein 1-Bit-Signal generiert, falls das Ergebnis 0 ist. Das 4-Bit-Steuersignal für die ALU wird in Anhang B ausführlich beschrieben. Die Steuerung der ALU wird später beschrieben, wenn wir wissen müssen, wie diese gesetzt werden muss.

Betrachten wir nun die MIPS-Befehle `load word` und `store word`, die die allgemeine Form `lw $t1,offset_value($t2)` und `sw $t1,offset_value($t2)` haben. Diese Befehle berechnen eine Speicheradresse, wobei das Basisregister `$t2` und das im Befehl enthaltene vorzeichenbehaftete 16-Bit-Offset-Feld addiert werden. Wenn es sich um einen Speicherbefehl handelt, muss der zu speichernde Wert ebenfalls aus dem Registerfile gelesen werden, wo er sich in Register `$t1` befindet. Wenn es sich um einen Ladebefehl handelt, muss der aus dem Speicher gelesene Wert in das angegebene Register `$t1` im Registerfile geschrieben werden. Somit benötigen wir sowohl das Registerfile als auch die ALU aus Abbildung 4.7.

Darüber hinaus benötigen wir eine Einheit zur **Vorzeichenerweiterung** des 16-Bit-Offset-Felds im Befehl auf einen vorzeichenbehafteten 32-Bit-Wert sowie eine Datenspeichereinheit, aus der Daten gelesen und in die Daten geschrieben werden können. In den Datenspeicher werden Daten bei Speicherbefehlen geschrieben. Der Datenspeicher benötigt somit sowohl Lese- als auch

Registerfile Ein Zustandselement, das aus mehreren Registern besteht, die gelesen und in die geschrieben werden kann, indem die Adresse des Registers angegeben wird, auf das zugegriffen werden soll.

Vorzeichenerweiterung Vergrößerung eines Datenelements durch Wiederholen des höchstwertigen Vorzeichenbits des ursprünglichen Datenelements in die höchstwertigen Bits des größeren Zieldatenelements.

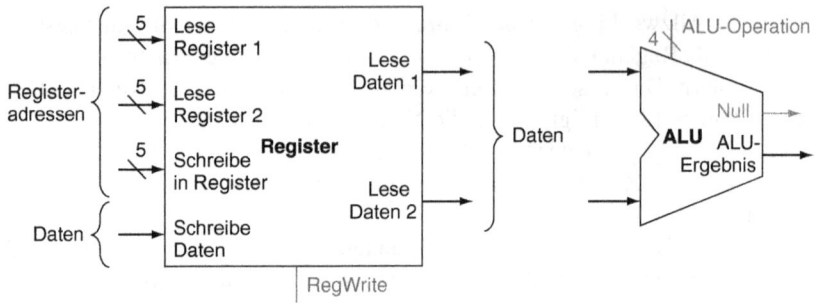

Abb. 4.7: Das Registerfile und die ALU sind die beiden Elemente, die zum Implementieren von ALU-Operationen im R-Format erforderlich sind. Das Registerfile enthält alle Register und verfügt über zwei Leseports und einen Schreibport. Der Aufbau von Multiport-Registerfiles wird in Anhang B.8 beschrieben. Das Registerfile gibt immer den Inhalt der Register entsprechend den an den Ausgängen anliegenden Leseregister-Eingangssignalen aus. Dazu sind keine weiteren Steuereingänge erforderlich. Ein Registerlesevorgang muss dagegen durch Setzen des Schreibsteuersignals auf 0 explizit angegeben werden. Schreibvorgänge sind flankengesteuert, so dass alle Schreibeingänge (d. h. der zu schreibende Wert, die Registeradresse und das Schreibsteuersignal) bei der Taktflanke gültig sein müssen. Da Schreibvorgänge im Registerfile flankengesteuert sind, sind in unserem Entwurf Lese- und Schreibvorgänge im selben Register innerhalb eines Taktzyklus zulässig: Beim Lesevorgang wird der Wert gelesen, der in einem früheren Taktzyklus geschrieben wurde, während der Wert, der beim Schreibvorgang geschrieben wird, in einem nachfolgenden Taktzyklus zum Lesen bereitsteht. Die Eingangsleitungen, über die die Registeradresse an das Registerfile übertragen wird, sind 5 Bit breit, während die Leitungen, die die Datenwerte übertragen, 32 Bit breit sind. Die von der ALU durchzuführende Operation wird unter Verwendung der in Anhang B entworfenen ALU mit dem 4 Bit breiten ALU-Operationssignal gesteuert. Wir werden den Zero-Detect-Ausgang der ALU später zum Implementieren von Sprüngen verwenden. Der Überlaufausgang wird erst in Abschnitt 4.10 bei der Beschreibung von Unterbrechungen benötigt und an dieser Stelle eingeführt und beschrieben.

Schreibsteuersignale, einen Adresseingang sowie einen Eingang für die Daten, die in den Datenspeicher geschrieben werden. In Abbildung 4.8 sind diese beiden Elemente dargestellt.

Sprungzieladresse Die in einem Sprung angegebene Adresse, die zum neuen Befehlszählerwert wird, wenn der Sprung ausgeführt wird. In der MIPS-Architektur ergibt sich das Sprungziel aus der Summe des Offset-Feldes des Befehls und der Adresse des nächsten Befehls nach dem Sprung.

Der `beq`-Befehl enthält drei Operanden, zwei Register, die auf Gleichheit getestet werden, und ein 16-Bit-Offset zum Berechnen der **Sprungzieladresse** relativ zur Sprungbefehladresse. Dieser Befehl hat die Form `beq $t1,$t2, offset`. Um diesen Befehl zu implementieren, müssen wir die Sprungzieladresse berechnen, indem wir das vorzeichenerweiterte Offset-Feld des Befehls zum Befehlszähler hinzuaddieren. Bei der Definition von Sprungbefehlen (siehe Kapitel 2) sind zwei Dinge zu beachten:

- Die Befehlssatzarchitektur gibt vor, dass die Basis für die Berechnung der Sprungadresse die Adresse des Befehls nach dem Sprung ist. Da im Datenpfad zum Holen des Befehls zum Wert des Befehlszählers ohnehin 4 addiert wird (die Adresse des nächsten Befehls), kann dieser Wert leicht als Basis für die Berechnung der Sprungzieladresse verwendet werden.

- Die Architektur gibt außerdem vor, dass das Offset-Feld um 2 Bit nach links verschoben wird, so dass es sich um ein Wort-Offset handelt. Diese Verschiebung erweitert den effektiven Bereich des Offset-Felds um den Faktor 4.

Um dieses zweite Problem zu berücksichtigen, müssen wir das Offset-Feld um zwei Bit verschieben.

Wir müssen nicht nur die Sprungzieladresse berechnen, sondern auch feststellen, ob der nächste Befehl der in der Reihe folgende Befehl oder der Befehl an der Sprungzieladresse ist. Wenn die Bedingung wahr ist (d. h. wenn die Operanden gleich sind), wird die Sprungzieladresse zum neuen Befehlszählerwert, und wir sagen, dass der **Sprung ausgeführt (*branch taken*)** wird. Wenn die Operanden nicht gleich sind, wird der aktuelle Befehlszähler durch den inkrementierten Befehlszähler ersetzt (wie bei jedem anderen normalen Befehl). In diesem Fall sagen wir, dass der **Sprung nicht ausgeführt (*branch not taken*)** wird.Aufgrund der komplexen Struktur von Sprüngen ist in Abbildung 4.9 die Struktur des Datenpfadsegments dargestellt, das Sprünge verarbeitet. Um Sprungzieladressen berechnen zu können, enthält der Sprungdatenpfad eine Vorzeichenerweiterungseinheit wie die in Abbildung 4.8 sowie einen Addierer. Zum Durchführen des Vergleichs müssen wir das in Abbildung 4.7 links dargestellte Registerfile verwenden, um die beiden Registeroperanden bereitstellen zu können (obgleich wir nicht in das Registerfile schreiben müssen). Zudem kann der Vergleich mithilfe der in Anhang B entworfenen ALU durchgeführt werden. Da diese ALU ein Ausgangssignal bereitstellt, das angibt, ob das Ergebnis 0 ist, können wir die beiden Registeroperanden an die ALU senden, wobei das Steuersignal so gesetzt ist, dass eine Subtraktion durchgeführt wird. Wenn das Zero-Signal am Ausgang der ALU-Einheit auf logisch 1 gesetzt ist, wissen wir, dass die beiden Werte gleich sind. Der Zero-Ausgang zeigt zwar immer an, wenn das Ergebnis 0 ist. Dennoch werden wir diesen Ausgang nur zum Implementieren der Gleichheitsprüfung bei Sprüngen verwenden. Später werden wir ausführlich darlegen, wie die Steuersignalleitungen der ALU für die Verwendung im Datenpfad verbunden werden.

Der Sprungbefehl wird durch Ersetzen der unteren 28 Bits des Befehlszählers durch die unteren, um zwei Bit nach links verschobenen 26 Bits des Befehls realisiert. Diese Verschiebung wird, wie in Kapitel 2 beschrieben, durch Verknüpfen von 00 mit dem Sprung-Offset erzielt.

Anmerkung: Im MIPS-Befehlssatz werden Sprünge **verzögert**, was bedeutet, dass der Befehl direkt nach dem Sprung immer ausgeführt wird, *unabhängig* davon, ob die Sprungbedingung erfüllt ist oder nicht. Wenn die Bedingung nicht erfüllt ist, sieht die Ausführung wie ein normaler Sprung aus. Wenn die Bedingung erfüllt ist, führt ein **verzögerter Sprung** zunächst den Befehl aus, der dem Sprung in einer sequentiellen Befehlsfolge direkt folgt, und springt dann zu der angegebenen Sprungzieladresse. Verzögerte Sprünge sind wegen der Art und Weise, wie sich das Pipelining auf Sprünge auswirkt, sinnvoll (siehe Abschnitt 4.9). Der Einfachheit halber lassen wir verzögerte Sprünge in diesem Kapitel außer Acht und implementieren einen nicht verzögerten beq-Befehl.

Sprung ausgeführt Ein Sprung, bei dem die Sprungbedingung erfüllt ist und das Sprungziel zum Befehlszählerwert wird. Alle unbedingten Sprünge sind ausgeführte Sprünge.

Sprung nicht ausgeführt Ein Sprung, bei dem die Sprungbedingung nicht erfüllt ist und die Adresse des Befehls zum Befehlszählerwert wird, der dem Sprung als nächster folgt.

verzögerter Sprung Ein Sprung, bei dem der Befehl, der dem Sprung direkt folgt, immer ausgeführt wird, unabhängig davon, ob die Sprungbedingung erfüllt ist oder nicht.

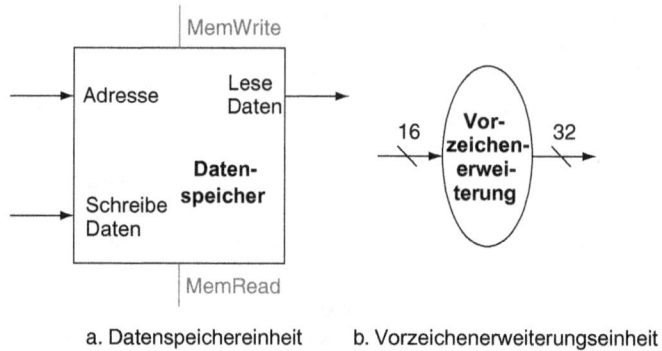

a. Datenspeichereinheit   b. Vorzeichenerweiterungseinheit

Abb. 4.8: Die beiden Einheiten, die neben dem Registerfile und der ALU aus Abbildung 4.7 zum Implementieren von Lade- und Speicherbefehlen benötigt werden, sind die Datenspeichereinheit und die Vorzeichenerweiterungseinheit. Die Speichereinheit ist ein Zustandselement mit Eingängen für die Adresse und die Schreibdaten und mit einem Ausgang für das Leseergebnis. Für die Lese- und Schreibvorgänge gibt es getrennte Steuersignale, obgleich bei einem gegebenen Takt jeweils nur eines der beiden Signale auf logisch 1 gesetzt werden kann. Die Speichereinheit erfordert ein Lesesignal, da es (wie wir in Kapitel 5 sehen werden) im Gegensatz zum Registerfile bei der Speichereinheit zu Fehlern kommen kann, wenn der Wert einer ungültigen Adresse gelesen wird. Die Vorzeichenerweiterungseinheit weist einen 16-Bit-Eingang auf, der auf ein 32-Bit-Ergebnis vorzeichenerweitert am Ausgang abgebildet wird (siehe Kapitel 2). Wir setzen voraus, dass der Datenspeicher bei Schreibvorgängen flankengesteuert ist. Gebräuchliche Speicherchips verwenden für Schreibvorgänge tatsächlich ein Schreibaktivierungssignal (Write Enable). Obwohl das Schreibaktivierungssignal nicht flankengesteuert ist, kann unser flankengesteuerter Entwurf problemlos so angepasst werden, dass er in echten Speicherchips realisiert werden kann. In Anhang B.8 finden Sie weitere Informationen zur Funktionsweise von echten Speicherchips.

Entwurf eines einfachen Datenpfads

Nun, da wir die für die einzelnen Befehlsklassen erforderlichen Komponenten eines Datenpfads kennen, können wir diese zu einem einfachen Datenpfad zusammenfügen und die Implementierung mit der Steuerung vervollständigen. Der einfachste Datenpfad würde versuchen, alle Befehle in einem Taktzyklus auszuführen. Es kann also keine Ressource im Datenpfad mehr als einmal pro Befehl verwendet werden, so dass jedes Element, das mehr als einmal benötigt wird, mehrfach vorhanden sein muss. Daher müssen wir Befehlsspeicher und Datenspeicher voneinander trennen. Auch wenn einige Funktionseinheiten mehrfach vorhanden sein müssen, so können doch viele der Elemente von unterschiedlichen Befehlen gemeinsam genutzt werden.

Damit ein Element im Datenpfad von zwei verschiedenen Befehlsklassen gemeinsam genutzt werden kann, müssen wir mithilfe eines Multiplexers mehrere Verbindungen zum Eingang eines Elements zulassen und mithilfe eines Steuersignals zwischen den verschiedenen Eingängen auswählen.

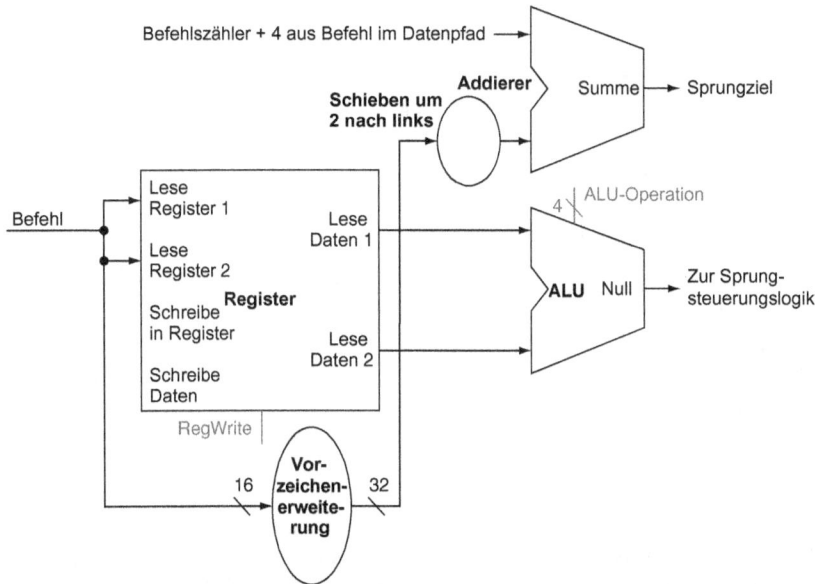

Abb. 4.9: Der Teil des Datenpfads für einen Sprung verwendet die ALU zum Auswerten der Sprungbedingung und einen separaten Addierer zum Berechnen des Sprungziels als die Summe aus inkrementiertem Befehlszähler und den um zwei Bit nach links verschobenen vorzeichenerweiterten unteren 16 Bits des Befehls (Sprung-Displacement). Die mit *Verschieben um 2 nach links* gekennzeichnete Einheit stellt die Übertragung der Signale zwischen Eingang und Ausgang dar, bei der 00_B zum niedrigstwertigen Ende des vorzeichenerweiterten Offset-Felds hinzugefügt wird. Eine Verschiebehardware wird nicht benötigt, da die Anzahl der verschobenen Bits konstant ist. Da wir wissen, dass das Offset-Feld von 16 Bits vorzeichenerweitert wurde, gehen durch die Verschiebung nur Vorzeichenbits verloren. Mithilfe einer Steuerlogik wird anhand des Zero-Ausgangs der ALU entschieden, ob der Befehlszählerwert durch einen inkrementierten Befehlszählerwert oder ein Sprungziel ersetzt wird.

Beispiel: Aufbau eines Datenpfads

Die Operationen arithmetisch-logischer Befehle (oder R-Befehle) und der Datenpfad von Speicherbefehlen sind einander recht ähnlich. Sie unterscheiden sich im Wesentlichen nur durch folgende Punkte:

- Die arithmetisch-logischen Befehle verwenden die ALU mit den Eingangssignalen der beiden Register. Die Speicherbefehle können die ALU auch zur Berechnung von Adressen verwenden, wenngleich der zweite Eingang das vorzeichenerweiterte 16-Bit-Offset-Feld aus dem Befehl ist.

- Der in einem Zielregister gespeicherte Wert stammt bei einem R-Befehl von der ALU und bei einem Ladebefehl aus dem Speicher.

Zeigen Sie, wie für den Ausführungsteil des Speicherreferenzbefehls und des arithmetisch-logischen Befehls ein Datenpfad erstellt wird, der nur ein Registerfile und eine ALU für beide Befehlstypen verwendet, und verwenden Sie dabei so viele Multiplexer wie nötig.

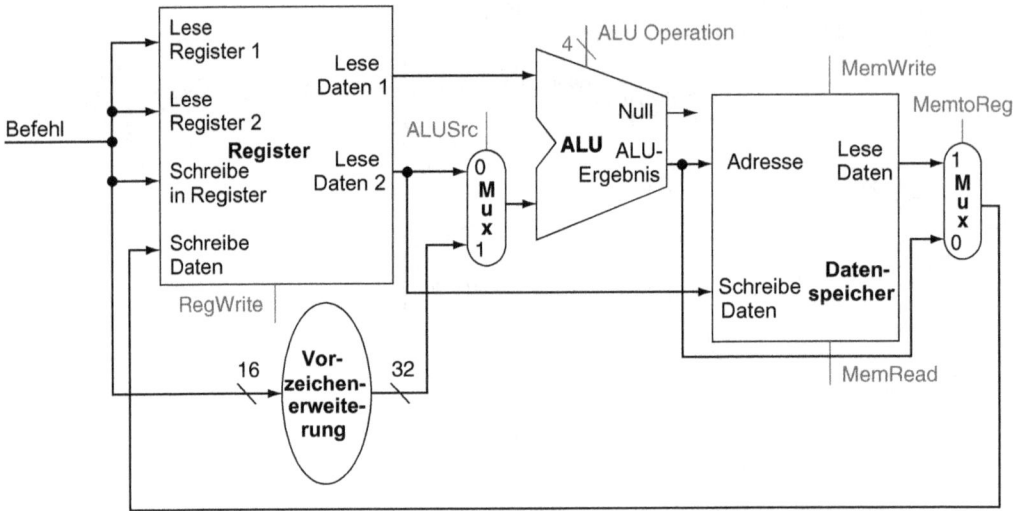

Abb. 4.10: Der Datenpfad für die Speicherbefehle und die R-Befehle. Dieses Beispiel zeigt, wie ein einfacher Datenpfad aus den in Abbildung 4.7 und 4.8 dargestellten Teilen mithilfe von Multiplexern zusammengesetzt werden kann. Wie im Beispiel beschrieben, werden zwei Multiplexer benötigt.

Lösung: Um einen Datenpfad mit nur einem Registerfile und einer ALU zu entwerfen, müssen wir zwei verschiedene Quellen für den zweiten ALU-Eingang sowie zwei verschiedene Quellen für die im Registerfile gespeicherten Daten verwenden. Somit wird ein Multiplexer an den ALU-Eingang gelegt und ein weiterer an den Dateneingang am Registerfile. In Abbildung 4.10 ist der Ausführungsteil des gesamten Datenpfads dargestellt.

Nun können wir alle Teile zu einem einfachen Datenpfad für die Kern-MIPS-Architektur zusammenfügen, indem wir den Datenpfad für das Holen des Befehls (Abbildung 4.6), den Datenpfad von R-Befehlen und Speicherbefehlen (Abbildung 4.10) sowie den Datenpfad für Sprünge (Abbildung 4.9) hinzufügen. In Abbildung 4.11 ist der resultierende Datenpfad dargestellt. Der Sprungbefehl verwendet die Haupt-ALU für den Vergleich der Registeroperanden, so dass wir den Addierer in Abbildung 4.9 zum Berechnen der Sprungzieladresse beibehalten müssen. Ein weiterer Multiplexer ist erforderlich, um entweder die in der Reihenfolge folgende Befehlsadresse (Befehlszählerwert + 4) oder die Sprungzieladresse zum Schreiben in den Befehlszähler auszuwählen.

Nun, da wir diesen einfachen Datenpfad haben, können wir ein Steuerwerk ergänzen. Dieses muss Eingangssignale aufnehmen und für jedes Zustandselement ein Schreibsignal, für jeden Multiplexer ein Auswahlsteuersignal und das Signal für die ALU-Steuerung erstellen können. Die ALU-Steuerung unterscheidet sich von den anderen Elementen in mehreren Punkten, und es empfiehlt sich, sie vor den anderen Elementen der Steuereinheit zu entwerfen.

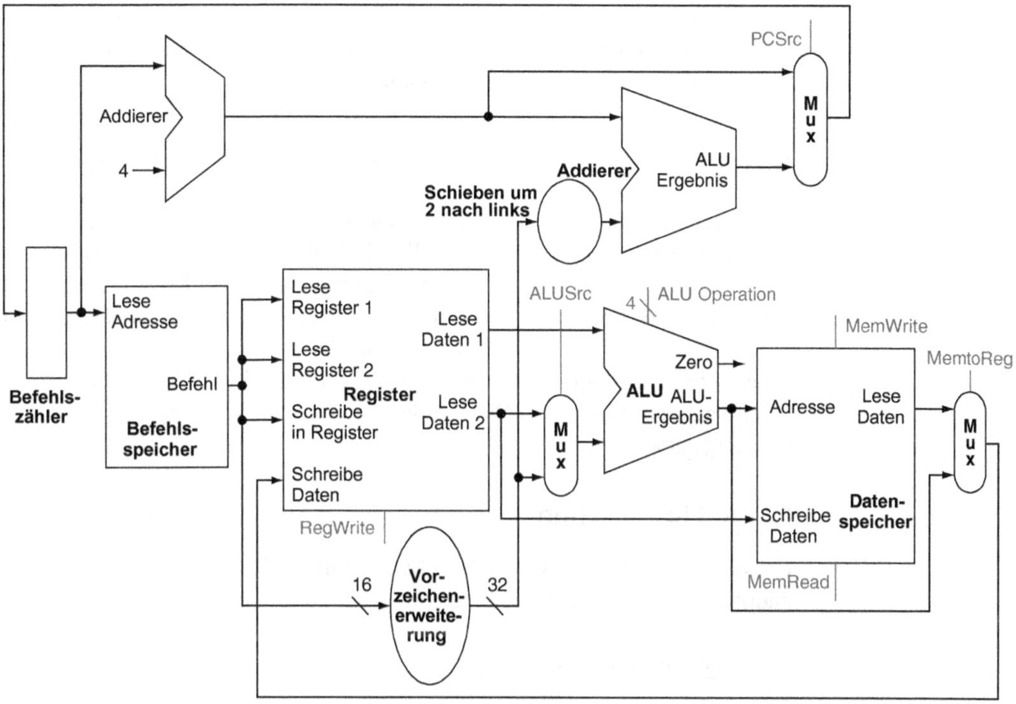

Abb. 4.11: Der einfache Datenpfad für die MIPS-Architektur besteht aus den Elementen, die von den unterschiedlichen Befehlsklassen benötigt werden. Die Komponenten stammen aus den Abbildungen 4.6, 4.9 und 4.10. Dieser Datenpfad kann die einfachen Befehle (load word, store word, ALU-Operationen und Sprünge) in einem einzigen Taktzyklus ausführen. Für die Integration von Verzweigungen ist ein weiterer Multiplexer erforderlich. Die Unterstützung von unbedingten Sprüngen wird später ergänzt.

Selbsttest

I. Welche der folgenden Aussagen trifft auf einen Ladebefehl zu? Verwenden Sie Abbildung 4.10 als Referenz.

a) MemtoReg muss so gesetzt werden, dass Daten aus dem Speicher an das Registerfile gesendet werden.

b) MemtoReg muss so gesetzt werden, dass das richtige Registerziel an das Registerfile gesendet wird.

c) Wir kümmern uns nicht um das Setzen von MemtoReg.

II. Der in diesem Abschnitt theoretisch beschriebene Einzyklen-Datenpfad *muss* separate Befehls- und Datenspeicher haben, weil:

a) die Daten- und Befehlsformate in MIPS anders sind und deshalb andere Speicher benötigt werden,

b) die Verwendung separater Speicher weniger aufwändig ist,

c) der Prozessor innerhalb eines Zyklus arbeitet und keinen Speicher mit nur einem einzigen Zugang für zwei verschiedene Zugriffe innerhalb dieses Zyklus verwenden kann.

4.4 Eine einfache Implementierungsmethode

In diesem Abschnitt werden wir das untersuchen, was vielleicht als die einfachste Implementierung unseres MIPS-Befehlssatzes betrachtet werden kann. Wir erstellen diese einfache Implementierung mit dem Datenpfad des letzten Abschnitts und fügen eine einfache Steuerfunktion hinzu. Diese einfache Implementierung umfasst die Befehle load word (lw), store word (sw), branch on equal (beq) sowie die arithmetisch-logischen Befehle add, sub, and, or und set on less than. Wir werden den Entwurf später um einem Sprungbefehl (j) erweitern.

Die ALU-Steuerung

Die in Anhang B definierte MIPS-ALU definiert die sechs folgenden Kombinationen der vier Steuereingänge:

ALU-Steuerleitungen	Funktion
0000	and
0001	or
0010	add
0110	subtract
0111	set on less than
1100	nor

Je nach Befehlsklasse muss die ALU eine dieser ersten fünf Funktionen ausführen. (nor wird für andere Bereiche des MIPS-Befehlssatzes benötigt.) Bei load-word- und store-word-Befehlen verwenden wir die ALU zum Berechnen der Speicheradresse durch Addition. Bei R-Befehlen muss die ALU je nachdem, welchen Wert das 6-Bit-funct-Feld in den niederwertigen Bits des Befehls hat (siehe Kapitel 2), eine der fünf Aktionen (and, or, subtract, add oder set on less than) ausführen. Bei branch on equal muss die ALU eine Subtraktion durchführen.

Wir können den 4 Bit breiten ALU-Steuereingang mit einer kleinen Steuereinheit realisieren, die als Eingänge das funct-Feld des Befehls und ein 2 Bit breites Steuerfeld verwendet. Dieses Steuerfeld wird als ALUOp bezeichnet und gibt an, ob es sich bei der durchzuführenden Operation um eine Addition (00) für Lade- und Speicherbefehle oder um eine Subtraktion (01) für den beq-Befehl handelt oder ob diese durch die im funct-Feld (10) codierte Operation bestimmt wird. Beim Ausgang der ALU-Steuereinheit handelt es sich um ein 4 Bit breites Signal, das die ALU durch die Generierung einer der in der Tabelle dargestellten 4-Bit-Kombinationen direkt steuert.

Tab. 4.1: Wie die ALU-Steuerbits gesetzt werden, hängt von den ALUOp-Steuerbits und den unterschiedlichen Funktionscodes für den R-Befehl ab. Der in der ersten Spalte angegebene Opcode bestimmt die Festlegung der ALUOp-Bits. Der gesamte Code ist in Binärform dargestellt. Wenn der ALUOp-Code 00 oder 01 ist, hängt die gewünschte ALU-Aktion nicht vom Funktionscodefeld ab. In diesem Fall spielt der Wert des Funktionscodes keine Rolle („Don't-care-Term") und das funct-Feld wird als XXXXXX dargestellt. Wenn der ALUOp-Wert 10 ist, wird der Funktionscode zum Setzen des ALU-Steuereingangs verwendet (siehe Anhang B).

Opcode des Befehls	ALUOp	Befehlsoperation	funct-Feld	Gewünschte ALU-Aktion	ALU-Steuereingang
LW	00	`load word`	XXXXXX	Addition	0010
SW	00	`store word`	XXXXXX	Addition	0010
Branch on equal	01	`branch on equal`	XXXXXX	Subtraktion	0110
R-Befehl	10	`add`	100000	Addition	0010
R-Befehl	10	`subtract`	100010	Subtraktion	0110
R-Befehl	10	`and`	100100	UND	0000
R-Befehl	10	`or`	100101	ODER	0001
R-Befehl	10	`set on less than`	101010	kleiner als	0111

In Tabelle 4.1 ist dargestellt, wie die ALU-Steuereingänge auf der Grundlage des 2 Bit breiten ALUOp-Steuerfelds und des 6 Bit breiten Funktionscodes festgelegt werden. Wir werden in diesem Kapitel später noch sehen, wie die ALUOp-Bits aus der Hauptsteuereinheit generiert werden.

Dieser Stil, bei dem mehrere Stufen der Decodierung (die Hauptsteuereinheit generiert die ALUOp-Bits, die dann als Eingangssignale für die ALU-Steuerung verwendet werden, die die eigentlichen Signale zum Steuern der ALU generiert) verwendet werden, stellt eine gebräuchliche Implementierungsmethode dar. Durch die Verwendung mehrerer Steuerstufen kann die Hauptsteuereinheit verkleinert werden. Wenn mehrere kleine Steuereinheiten verwendet werden, kann zudem möglicherweise die Geschwindigkeit der Steuereinheit erhöht werden. Optimierungen dieser Art sind wichtig, da die Steuereinheit oft ein Flaschenhals in Bezug auf die Taktdauer ist.

Es gibt mehrere Möglichkeiten, die Abbildung des 2 Bit breiten ALUOp-Felds und des 6 Bit breiten funct-Felds auf die drei ALU-Operationssteuerungsbits zu implementieren. Da nur wenige der 64 möglichen Werte des funct-Felds von Interesse sind und das funct-Feld nur verwendet wird, wenn die ALUOp-Bits gleich 10 sind, können wir einen kleinen Logikbaustein verwenden, der die Teilmenge der möglichen Werte erkennt und dafür sorgt, dass die ALU-Steuerbits richtig gesetzt werden.

Beim Entwurf dieser Logik ist es hilfreich, eine Wahrheitstabelle für die betreffenden Kombinationen des Funktionscodefelds und der ALUOp-Bits wie in Tabelle 4.2 zu erstellen. Anhand dieser **Wahrheitstabelle** wird deutlich, wie die 4 Bit breite ALU-Steuerung in Abhängigkeit dieser beiden Eingangsfelder gesetzt wird. Da die vollständige Wahrheitstabelle sehr umfangreich ist ($2^8 = 256$ Einträge) und der ALU-Steuerungswert für viele dieser Eingangskombinationen keine Rolle spielt, sind nur die Einträge der Wahrheitstabelle dargestellt, für die die ALU-Steuerung einen bestimmten Wert annehmen muss. In diesem

Wahrheitstabelle Eine Darstellung aus der Logik, wobei für eine logische Operation alle Werte der Eingänge aufgelistet werden, und für jeden Fall gezeigt wird, wie die resultierenden Ausgänge aussehen sollten.

Tab. 4.2: Die Wahrheitstabelle für die 4 ALU-Steuerbits (Operation genannt). Als Eingänge dienen die ALUOp-Bits und das Funktionscodefeld. Es sind nur die Einträge dargestellt, für die das ALU-Steuersignal logisch 1 ist. Zudem wurden einige Don't-care-Einträge eingefügt. ALUOp verwendet beispielsweise den Code 11 nicht, so dass die Wahrheitstabelle anstelle von 10 und 01 die Einträge 1X und X1 enthalten kann. Wenn das funct-Feld verwendet wird, sind die ersten beiden Bits (F5 und F4) dieser Befehle immer 10, so dass es sich bei diesen um Don't-care-Terme handelt, die in der Wahrheitstabelle durch XX ersetzt werden.

ALUOp		funct-Feld						
ALUOp1	ALUOp0	F5	F4	F3	F2	F1	F0	Operation
0	0	X	X	X	X	X	X	0010
0	1	X	X	X	X	X	X	0110
1	0	X	X	0	0	0	0	0010
1	X	X	X	0	0	1	0	0110
1	0	X	X	0	1	0	0	0000
1	0	X	X	0	1	0	1	0001
1	X	X	X	1	0	1	0	0111

ganzen Kapitel werden immer jeweils nur die Einträge der Wahrheitstabelle dargestellt, die auf logisch 1 gesetzt sein müssen. Die Einträge, die logisch 0 oder Don't-care-Terme sind, werden nicht dargestellt. (Diese Vorgehensweise hat einen Nachteil, der im Online-Anhang D beschrieben wird.)

Da der Wert einiger Eingänge häufig keine Rolle spielt, werden außerdem **Don't-care-Terme** verwendet, um die Tabelle möglichst kompakt zu halten. Ein Don't-care-Term in dieser Wahrheitstabelle (dargestellt durch ein X in einer Eingangsspalte) gibt an, dass der Ausgang nicht vom Wert des zu dieser Spalte gehörenden Eingangs abhängt. Wenn die ALUOp-Bits wie in der ersten Zeile der Tabelle 4.2 beispielsweise 00 sind, setzen wir die ALU-Steuerung unabhängig vom Funktionscode immer auf 0010. In diesem Fall sind die Funktionscodeeingänge in dieser Zeile der Wahrheitstabelle Don't-care-Terme. Später werden wir Beispiele für eine andere Art von Don't-care-Term kennen lernen. Wenn Sie mit dem Konzept der Don't-care-Terme nicht vertraut sind, finden Sie entsprechende Informationen in Anhang B.

Don't-care-Term Ein Element einer logischen Funktion, bei dem der Ausgang nicht von den Werten aller Eingänge abhängt. Don't-care-Terme können auf unterschiedliche Art und Weise angegeben werden.

Wenn die Wahrheitstabelle erstellt ist, kann sie optimiert und anschließend in Gatter umgesetzt werden. Dies ist ein rein mechanischer Vorgang. Daher werden wir diese letzten Schritte nicht hier, sondern in Online-Anhang D beschreiben.

Entwurf der Hauptsteuereinheit

Nun, da wir beschrieben haben, wie eine ALU entworfen wird, die den Funktionscode und ein 2 Bit breites Signal als Steuereingänge verwendet, können wir zur Betrachtung der restlichen Steuerung zurückkehren. Beginnen wird damit, die Felder eines Befehls und die Steuerleitungen zu identifizieren, die für den in Abbildung 4.11 entworfenen Datenpfad erforderlich sind. Um zu verstehen, wie die Felder eines Befehls mit dem Datenpfad verbunden werden, ist es hilfreich, sich die Formate der drei Befehlsklassen in Erinnerung zu rufen:

Feld	0	rs	rt	rd	shamt	funct
Bit-Positionen	31:26	25:21	20:16	15:11	10:6	5:0

a. R-Befehl

Feld	35 oder 43	rs	rt	Address
Bit-Positionen	31:26	25:21	20:16	15:0

b. Lade- oder Speicherbefehl

Feld	4	rs	rt	Address
Bit-Positionen	31:26	25:21	20:16	15:0

c. Sprungbefehl

Abb. 4.12: Für die drei Befehlsklassen (R-Befehl, Lade- und Speicherbefehl, Sprung) werden zwei verschiedene Befehlsformate verwendet. Für die Sprungbefehle wird ein anderes Format verwendet, das weiter unten beschrieben wird. (a) Befehlsformat für R-Befehle, die alle den Opcode 0 aufweisen. Diese Befehle enthalten drei Registeroperanden: rs, rt und rd. Die Felder rs und rt bezeichnen Quellregister und rd ist das Zielregister. Die ALU-Funktion befindet sich im funct-Feld und wird von der im vorherigen Abschnitt beschriebenen ALU-Steuerung decodiert. Die R-Befehle, die implementiert werden, sind add, sub, and, or und slt. Das shamt-Feld wird nur für Schiebebefehle verwendet. In diesem Kapitel werden wir darauf nicht weiter eingehen. (b) Befehlsformat für Ladebefehle (Opcode = 35_D) und Speicherbefehle (Opcode = 43_D). Das Register rs ist das Basisregister, das aufsummiert mit dem 16-Bit-Adressfeld die Speicheradresse ergibt. Bei Ladebefehlen ist rt das Zielregister für den geladenen Wert. Bei Speicherbefehlen ist rt das Quellregister, dessen Wert im Speicher gespeichert werden soll. (c) Befehlsformat für branch on equal (Opcode = 4). Die Register rs und rt sind die Quellregister, die auf Gleichheit überprüft werden. Das 16-Bit-Adressfeld wird vorzeichenerweitert, geschoben und zum Befehlszähler addiert und ergibt so die Sprungzieladresse.

R-Befehle, Sprünge und Lade-/Speicherbefehle. In Abbildung 4.12 sind diese Formate dargestellt. Bei diesem Befehlsformat, auf das wir uns hier beziehen, gibt es einige wichtige Dinge zu erläutern:

- Das Op-Feld, auch als **Opcode** bezeichnet, befindet sich immer in den Bits 31:26. Wir bezeichnen dieses Feld mit Op[5:0].

- Die beiden zu lesenden Register werden immer durch die Felder rs und rt an den Positionen 25:21 und 20:16 angegeben. Dies gilt für R-Befehle, für branch-equal-Befehle und für Speicherbefehle.

- Das Basisregister für Lade- und Speicherbefehle befindet sich immer an den Bit-Positionen 25:21 (rs).

- Der 16-Bit-Offset für branch-on-equal-, Lade- und Speicherbefehle befindet sich immer in den Positionen 15:0.

- Das Zielregister befindet sich an einer von zwei möglichen Stellen. Bei einem Ladebefehl befindet es sich in den Bit-Positionen 20:16 (rt), während es sich bei R-Befehlen an den Bit-Positionen 15:11 (rd) befindet. Daher müssen wir einen Multiplexer verwenden, um auszuwählen, welches Feld des Befehls verwendet wird, um die Adresse des Registers anzugeben, in das ein Wert geschrieben wird.

Opcode Auch Operationscode genannt. Das Feld, das die Operation und das Format eines Befehls angibt.

Das erste Entwurfsprinzip aus Kapitel 2 – *Einfachheit begünstigt Regelmäßigkeit* – zahlt sich hier bei der Spezifizierung der Steuerung aus.

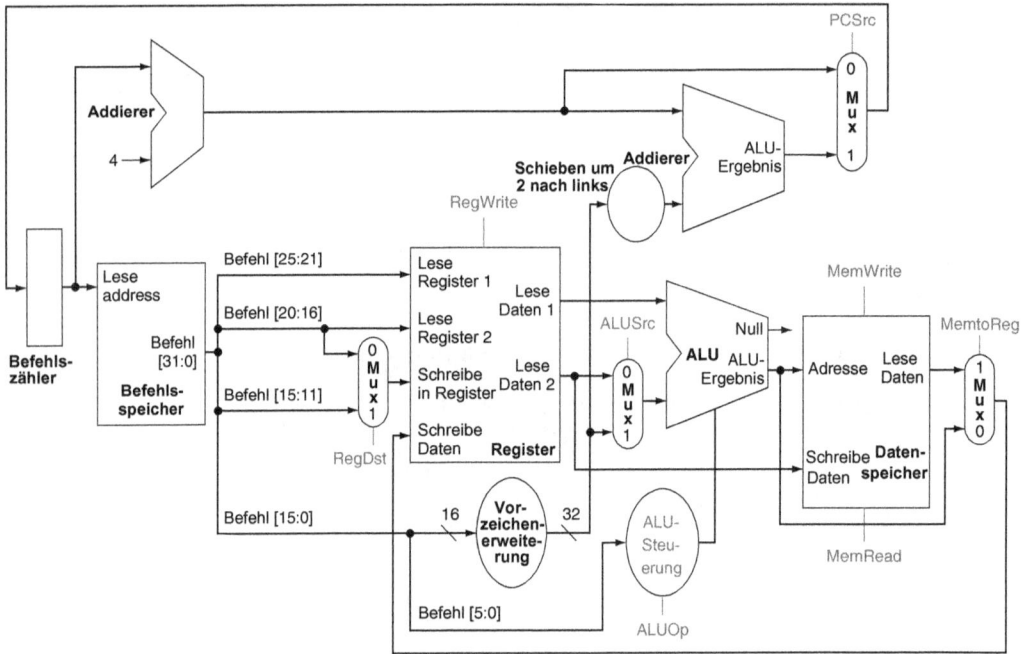

Abb. 4.13: Der Datenpfad aus Abbildung 4.11 mit allen erforderlichen Multiplexern und allen notwendigen Steuerleitungen. Die Steuerleitungen sind grau gezeichnet. Auch der ALU-Steuerblock ist hier enthalten. Für den Befehlszähler ist keine Schreibsteuerung erforderlich, da er einmal am Ende jedes Taktzyklus beschrieben wird. Die Logik für die Steuerung der Sprünge bestimmt, ob der inkrementierte Befehlszählerwert oder die Sprungzieladresse in den Befehlszähler geschrieben wird.

Mithilfe dieser Informationen können wir den einfachen Datenpfad mit den Befehlsmarken und einem weiteren Multiplexer (für den Schreibe-in-Register-Eingang des Registerfiles) ergänzen. In Abbildung 4.13 sind diese Ergänzungen sowie der ALU-Steuerblock, die Schreibsignale für Zustandselemente, das Lesesignal für den Datenspeicher und die Steuersignale für die Multiplexer dargestellt. Da alle Multiplexer zwei Eingänge haben, benötigen sie alle genau eine Steuerleitung.

In Abbildung 4.13 sind sieben Ein-Bit-Steuerleitungen sowie das 2-Bit-ALUOp-Steuersignal dargestellt. Wir haben bereits festgelegt, wie das ALU-Op-Steuersignal funktioniert. Es empfiehlt sich die Funktionsweise der sieben anderen Steuersignale formlos zu definieren, bevor wir bestimmen, wie diese Steuersignale während der Befehlsausführung gesetzt werden. In Tabelle 4.3 ist die Funktion dieser sieben Steuerleitungen beschrieben.

Nun, da wir die Funktion der einzelnen Steuersignale kennen, können wir uns ansehen, wie diese gesetzt werden. Die Steuereinheit kann abhängig vom Opcode-Feld des Befehls bis auf eines alle Steuersignale setzen. Die PCSrc-Steuerleitung stellt die Ausnahme dar. Diese Steuerleitung muss gesetzt werden, wenn es sich um einen `branch-on-equal`-Befehl handelt (eine Entscheidung, die die Steuereinheit treffen kann) *und* der Zero-Ausgang der ALU, der

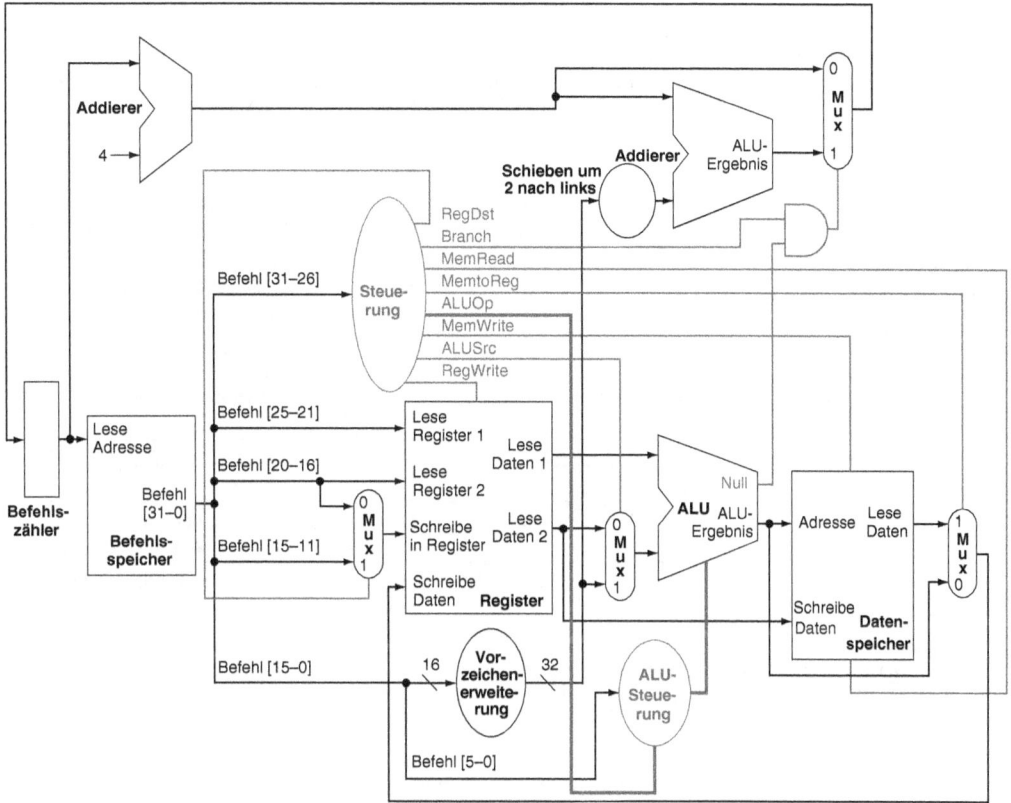

Abb. 4.14: Der einfache Datenpfad mit der Steuereinheit. Die Eingabe der Steuereinheit ist das 6-Bit-Opcode-Feld aus dem Befehl. Die Ausgänge der Steuereinheit setzen sich aus drei 1-Bit-Signalen zum Steuern von Multiplexern (RegDst, ALUSrc und MemtoReg), drei Signalen zum Steuern von Lese- und Schreibvorgängen im Registerfile und Datenspeicher (RegWrite, MemRead und MemWrite), einem 1-Bit-Signal zum Bestimmen einer möglichen Verzweigung (Branch) und einem 2-Bit-Steuersignal für die ALU (ALUOp) zusammen. Das Signal für die Steuerung der Verzweigung und das Zero-Ausgangssignal von der ALU werden mit einem AND-Gatter verknüpft. Mit dem Ausgangssignal des AND-Gatters wird die Auswahl des nächsten Befehlszählerwerts gesteuert. PCSrc ist nun ein abgeleitetes Signal und wird nicht mehr direkt von der Steuereinheit bereitgestellt. Daher wird der Signalname in den nachfolgenden Abbildungen nicht mehr erscheinen.

für den Gleichheitstest verwendet wird, wahr ist. Um das PCSrc-Signal zu generieren, müssen wir ein Signal von der Steuereinheit, das wir *Branch* nennen, und das Zero-Signal am Ausgang der ALU mit einer AND-Verknüpfung miteinander verknüpfen.

Diese neun Steuersignale (sieben aus Tabelle 4.3 und zwei für ALUOp) können nun anhand der sechs Eingangssignale an der Steuereinheit, bei denen es sich um die Opcode-Bits 31 bis 26 handelt, gesetzt werden. In Abbildung 4.14 ist der Datenpfad mit der Steuereinheit und den Steuersignalen dargestellt.

Bevor wir versuchen, eine Reihe von Gleichungen oder eine Wahrheitstabelle für die Steuereinheit zu schreiben, empfiehlt es sich, die Steuerfunktion formlos zu definieren. Da das Setzen der Steuersignale nur vom Opcode ab-

Tab. 4.3: Die Auswirkungen der sieben Steuersignale. Wenn die 1-Bit-Steuerleitung zum 2:1-Multiplexer auf logisch 1 gesetzt wird, wählt der Multiplexer den Eingang aus, der dem Wert 1 entspricht. Wenn die Steuerleitung dagegen auf logisch 0 gesetzt wird, wählt der Multiplexer den Zero-Eingang aus. Bei den Zustandselementen dient der Takt als impliziter Eingang und der Takt wird zum Steuern von Schreibvorgängen verwendet. Der Takt wird nie extern an ein Speicherelement angelegt, da dies zu Fehlern beim zeitlichen Ablauf führen kann. (Weitere Informationen zu diesem Problem finden Sie in Anhang B.)

Signalname	Wirkung, wenn logisch 0	Wirkung, wenn logisch 1
RegDst	Die Adresse des Zielregisters für den Schreibe-in-Register-Befehl wird vom rt-Feld (Bits 20:16) bereitgestellt.	Die Adresse des Zielregisters für den Schreibe-in-Register-Befehl wird vom rd-Feld (Bits 15:11) bereitgestellt.
RegWrite	keine	Das Register am Schreibe-in-Register-Eingang wird mit dem Wert am Schreibe-Daten-Eingang beschrieben.
ALUSrc	Der zweite ALU-Operand wird vom zweiten Registerfileausgang (Lese Daten 2) bereitgestellt.	Der zweite ALU-Operand besteht aus den vorzeichenerweiterten, unteren 16 Bits des Befehls.
PCSrc	Der Befehlszählerwert wird durch den Ausgangswert des Addierers ersetzt, der den Befehlszählerwert und 4 addiert.	Der Befehlszählerwert wird durch den Ausgangswert des Addierers ersetzt, der das Sprungziel berechnet.
MemRead	keine	Durch den Adresseingang bestimmter Datenspeicherinhalt wird an den Lese-Daten-Ausgang gelegt.
MemWrite	keine	Durch den Adresseingang bestimmter Datenspeicherinhalt wird durch den Wert am Schreibe-Daten-Eingang ersetzt.
MemtoReg	Der am Schreibe-Daten-Eingang des Registers angelegte Wert wird von der ALU bereitgestellt.	Der am Schreibe-Daten-Eingang des Registers angelegte Wert wird vom Datenspeicher bereitgestellt.

hängt, legen wir fest, ob das Steuersignal für die einzelnen Opcode-Werte 0, 1 oder Don't-care (X) sein muss. In Tabelle 4.4 ist angegeben, wie die Steuersignale für die einzelnen Opcode-Werte gesetzt werden müssen. Diese Angaben folgen direkt aus den Tabellen 4.1 und 4.3 sowie Abbildung 4.14.

Funktionsweise des Datenpfads

Mit den in den Tabellen 4.3 und 4.4 enthaltenen Informationen können wir die Logikschaltung der Steuereinheit entwerfen. Zuvor sollten wir jedoch untersuchen, wie die einzelnen Befehle den Datenpfad nutzen. In den nächsten Abbildungen ist der Datenfluss dreier verschiedener Befehlsklassen durch den Datenpfad dargestellt. Die Steuersignale mit logisch 1 und die aktiven Elemente im Datenpfad sind jeweils grau hervorgehoben. Ein Multiplexer, dessen Steuersignal 0 ist, führt eine eindeutige Aktion aus, auch wenn seine Steuerleitung nicht hervorgehoben ist. Steuersignale mit mehreren Bits sind grau hervorgehoben, wenn mindestens eines der Signale logisch 1 ist.

In Abbildung 4.15 ist der Datenpfad bei der Ausführung eines R-Befehls wie `add $t1, $t2, $t3` dargestellt. Der gesamte Befehl wird zwar in einem Taktzyklus ausgeführt, aber trotzdem können wir uns die Ausführung in vier Schritten vorstellen, die in der Reihenfolge des Datenflusses angeordnet sind:

Tab. 4.4: Die Belegung der Steuerleitungen wird ausschließlich durch die Opcode-Felder des Befehls bestimmt. Die erste Zeile der Tabelle entspricht den R-Befehlen (add, sub, and, or und slt). Bei all diesen Befehlen sind rs und rt die Quellregisterfelder und rd das Zielregisterfeld. Damit ist definiert, wie die Signale ALUSrc und RegDst gesetzt werden. Darüber hinaus schreibt ein R-Befehl zwar Werte in ein Register (RegWrite = 1), er liest und beschreibt jedoch keine Speicherstelle. Wenn das Steuersignal für den Sprung auf 0 gesetzt ist, wird der Befehlszähler unbedingt durch Befehlszähler +4 ersetzt. Andernfalls wird der Befehlszähler durch das Sprungziel ersetzt, wenn der Zero-Ausgang der ALU ebenfalls 1 ist. Das ALUOp-Feld für R-Befehle ist auf 10 gesetzt, um anzugeben, dass die ALU-Steuerung vom funct-Feld generiert werden muss. In der zweiten und dritten Zeile dieser Tabelle ist angegeben, welche Steuersignale für lw und sw gesetzt werden. Diese ALUSrc- und ALUOp-Felder werden zum Berechnen der Adresse gesetzt. MemRead und MemWrite werden zum Durchführen eines Speicherzugriffs gesetzt. Und RegDst und RegWrite werden schließlich für einen Ladebefehl gesetzt, damit das Ergebnis im rt-Register gespeichert wird. Der Sprungbefehl gleicht einer R-Operation, da er die Register rs und rt an die ALU sendet. Das ALUOp-Feld für den Sprung wird für eine Subtraktion (ALU-Steuerung = 01) gesetzt, die für die Überprüfung auf Gleichheit verwendet wird. Das MemtoReg-Feld ist unwichtig, wenn das RegWrite-Signal 0 ist: Da in das Register nicht geschrieben wird, wird der Wert der Daten am Registerdatenschreibport nicht verwendet. Daher wird der Eintrag MemtoReg in den letzten beiden Zeilen der Tabelle auf X für Don't-care gesetzt. Don't-cares können auch in RegDst eingefügt werden, wenn RegWrite 0 ist. Diese Art Don't-care muss vom Entwickler eingefügt werden, da hierzu bekannt sein muss, wie der Datenpfad funktioniert.

Befehl	RegDst	ALUSrc	MemtoReg	RegWrite	MemRead	MemWrite	Branch	ALUOp1	ALUOp0
R-Format	1	0	0	1	0	0	0	1	0
lw	0	1	1	1	1	0	0	0	0
sw	X	1	X	0	0	1	0	0	0
beq	X	0	X	0	0	0	1	0	1

1. Der Befehl wird geholt und der Befehlszähler inkrementiert.

2. Die beiden Register $t2 und $t3 werden aus dem Registerfile ausgelesen, und die Hauptsteuereinheit berechnet das Setzen der Steuersignale während dieses Schritts.

3. Die ALU verarbeitet die Daten, die aus dem Registerfile ausgelesen wurden, wobei aus dem Funktionscode (Bits 5:0 des Befehls, dem funct-Feld) die ALU-Funktion generiert wird.

4. Das Ergebnis der ALU wird in das Registerfile geschrieben, wobei die Bits 15:11 des Befehls das Zielregister ($t1) auswählen.

Die Ausführung eines load-word-Befehls wie lw $t1,offset($t2) können wir auf ähnliche Weise wie in Abbildung 4.15 darstellen. In Abbildung 4.16 sind die aktiven Funktionseinheiten und die Steuerleitungen mit logisch 1 für einen Ladebefehl dargestellt. Wir können uns die Ausführung eines Ladebefehls in fünf Schritten vorstellen (ähnlich wie der in vier Schritten ausgeführte R-Befehl):

1. Ein Befehl wird aus dem Befehlsspeicher geholt und der Befehlszähler wird inkrementiert.

2. Der Registerwert ($t2) wird aus dem Registerfile ausgelesen.

3. Die ALU berechnet die Summe aus dem aus dem Registerfile gelesenen Wert und den vorzeichenerweiterten, unteren 16 Bits des Befehls (offset).

4. Die berechnete Summe wird als Adresse für den Datenspeicher verwendet.

5. Die Daten aus der Speichereinheit werden in das Registerfile geschrieben. Das Zielregister wird durch die Bits 20:16 des Befehls ($t1) angegeben.

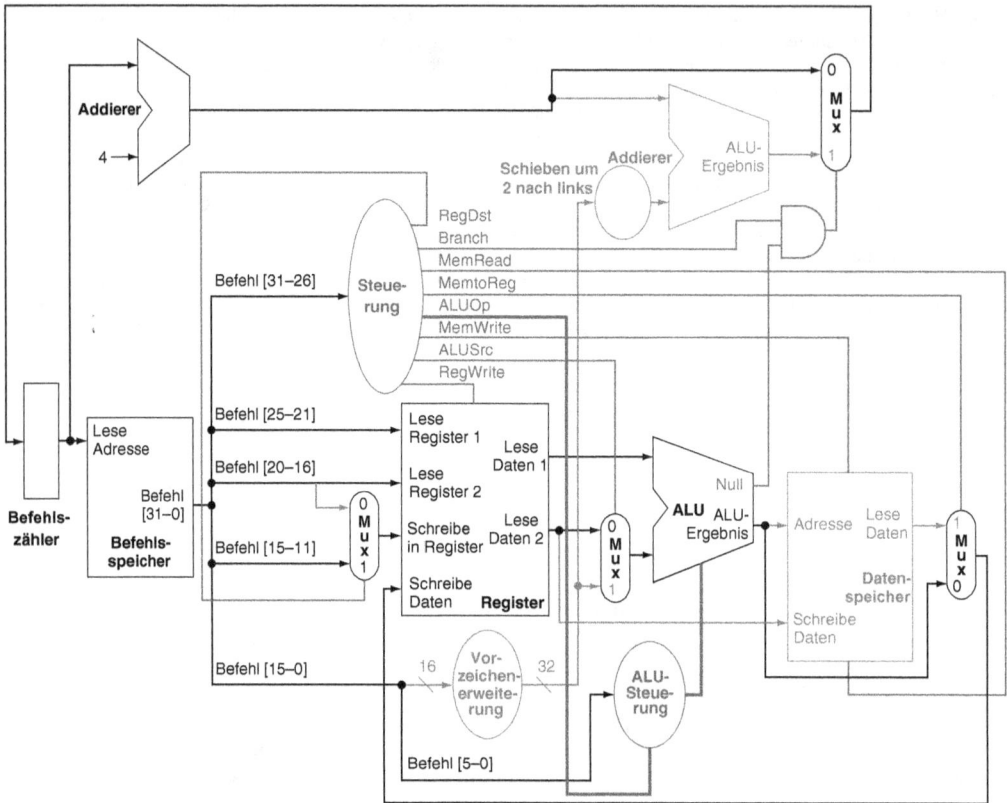

Abb. 4.15: Der Datenpfad bei der Ausführung eines R-Befehls wie add $t1, $t2, $t3. Steuerleitungen, Einheiten im Datenpfad und Verbindungen, die aktiv sind, sind grau hervorgehoben.

Schließlich können wir die Ausführung des Befehls beq $t1,$t2,offset auf ähnliche Weise darstellen. Er funktioniert im Wesentlichen wie ein R-Befehl, wobei der ALU-Ausgang jedoch verwendet wird, um zu bestimmen, ob der Befehlszähler mit Befehlszählerwert +4 oder mit der Sprungzieladresse geschrieben wird. In Abbildung 4.17 sind die vier Schritte der Ausführung dargestellt:

1. Ein Befehl wird aus dem Befehlsspeicher geholt und der Befehlszähler wird inkrementiert.

2. Die beiden Register $t1 und $t2 werden aus dem Registerfile ausgelesen.

3. Die ALU subtrahiert die aus dem Registerfile ausgelesenen Datenwerte. Der Wert Befehlszähler +4 wird zu den um zwei Stellen nach links verschobenen vorzeichenerweiterten, unteren 16 Bits des Befehls addiert (offset). Daraus ergibt sich die Sprungzieladresse.

4. Mit dem Zero-Ergebnis aus der ALU wird entschieden, welches Addiererergebnis im Befehlszähler gespeichert wird.

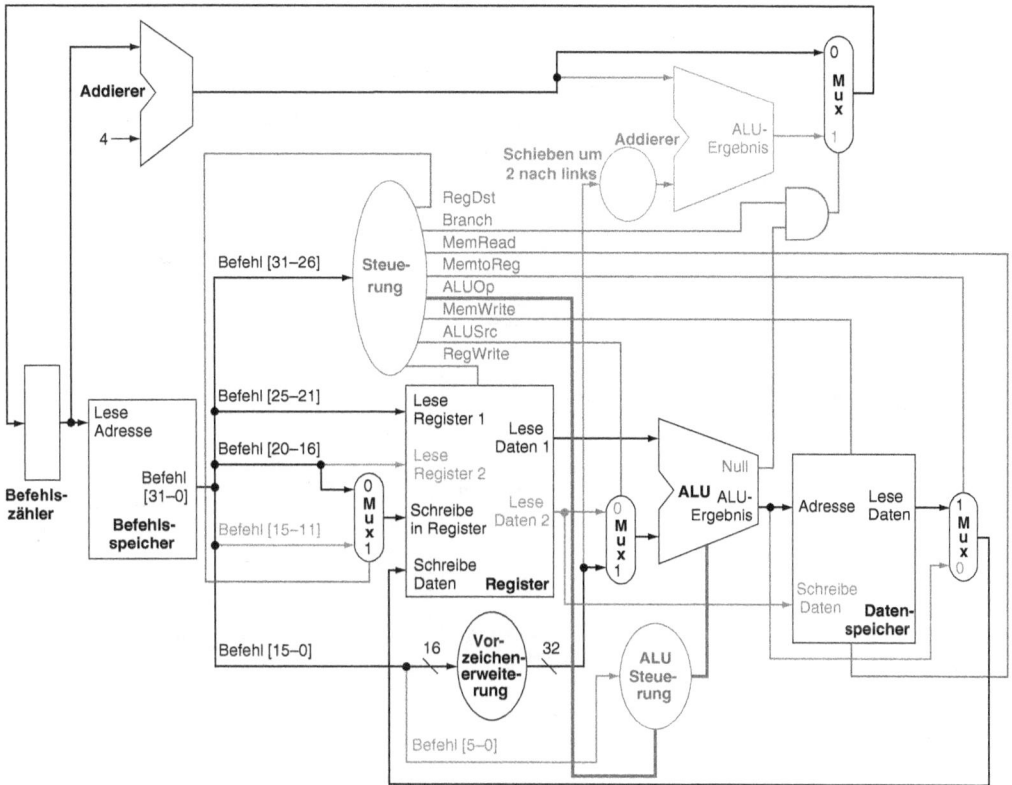

Abb. 4.16: Der Datenpfad bei der Ausführung eines Ladebefehls. Die Steuerleitungen, die Einheiten im Datenpfad und Verbindungen, die aktiv sind, sind grau gezeichnet. Ein Speicherbefehl funktioniert sehr ähnlich. Die beiden Befehle unterscheiden sich hauptsächlich dadurch, dass die Speichersteuerung anstelle eines Lesevorgangs einen Schreibvorgang vorgibt, dass der aus dem zweiten Register gelesene Wert zum Speichern der Daten verwendet wird, und dass der Datenspeicherwert nicht ins Registerfile geschrieben wird.

Abschluss des Steuerungsentwurfs

Nun, da wir gesehen haben, wie die Befehle schrittweise abgearbeitet werden, fahren wir mit der Implementierung der Steuerung fort. Die Steuerfunktion kann mithilfe des Inhalts von Tabelle 4.4 präzise definiert werden. Die Ausgänge sind die Steuerleitungen und der Eingang ist das 6-Bit-Opcode-Feld, Op [5:0]. Somit können wir auf der Grundlage der Binärcodierung des Opcodes für jeden Ausgang eine Wahrheitstabelle erstellen.

In Tabelle 4.5 ist die Logikschaltung in der Steuereinheit als eine umfangreiche Wahrheitstabelle dargestellt, in der alle Ausgänge zusammengefasst sind und die Opcode-Bits als Eingänge verwendet werden. Die Tabelle legt die gesamte Steuerfunktion fest, und wir können sie direkt in Gattern implementieren. Dieser letzte Schritt wird im Online-Anhang D beschrieben.

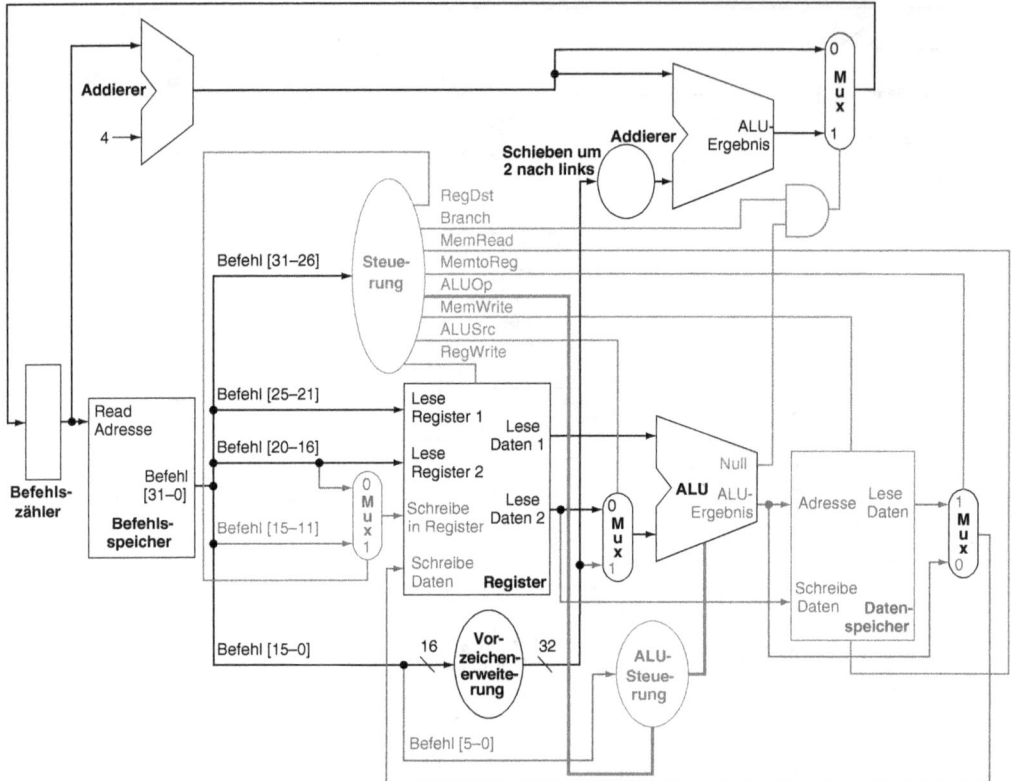

Abb. 4.17: Der Datenpfad bei der Ausführung eines `branch-on-equal`-Befehls. Steuerleitungen, Einheiten im Datenpfad und Verbindungen, die aktiv sind, sind grau gezeichnet. Nach dem Ausführen des Vergleichs mithilfe des Registerfiles und der ALU wird der Zero-Ausgang zum Auswählen des nächsten Befehlszählers aus den zwei möglichen Quellen verwendet.

Eintaktimplementierung Eine Implementierung, bei der ein Befehl in einem Taktzyklus ausgeführt wird.

Nachdem wir nun eine **Eintaktimplementierung** der meisten MIPS-Kernbefehle haben, werden wir den Sprungbefehl einfügen, um zu zeigen, wie der einfache Datenpfad und die Steuerung erweitert werden können, um weitere Befehle im Befehlssatz zu bearbeiten

Beispiel: Implementierung von Sprüngen

In Abbildung 4.14 ist die Implementierung vieler Befehle dargestellt, die in Kapitel 2 beschrieben wurden. Eine Befehlsklasse, die bisher noch fehlt, ist der Sprungbefehl. Erweitern Sie den Datenpfad und die Steuerung aus Abbildung 4.14 um den Sprungbefehl. Beschreiben Sie, wie neue Steuerleitungen belegt werden müssen.

Lösung: Der Sprungbefehl ist dem Verzweigungsbefehl ähnlich, berechnet jedoch den Zielbefehlszähler anders und ist ein unbedingter Befehl. Wie bei

Tab. 4.5: Die Steuerfunktion für die einfache Eintaktimplementierung wird durch diese Wahrheitstabelle vollständig beschrieben. In der oberen Hälfte der Tabelle sind die Kombinationen der Eingangssignale angegeben, die den vier Opcodes entsprechen, mit denen bestimmt wird, wie die Steuersignale gesetzt werden. (Op [5:0] entspricht den Bits 31:26 des Befehls, d. h. dem Op-Feld.) Im unteren Teil der Tabelle sind die Ausgänge angegeben. Der Ausgang RegWrite ist somit für zwei verschiedene Eingangskombinationen logisch 1. Wenn wir nur die vier in dieser Tabelle dargestellten Opcodes betrachten, können wir die Wahrheitstabelle durch Verwenden von Don't-cares im Eingangsbereich vereinfachen. Wir können beispielsweise einen R-Befehl mit dem Ausdruck $\overline{Op5} \cdot \overline{Op2}$ erkennen, da dies ausreicht, um R-Befehle von den Befehlen lw, sw und beq zu unterscheiden. Wir nutzen diese Möglichkeit der Vereinfachung nicht, da die restlichen MIPS-Opcodes in einer vollständigen Implementierung verwendet werden.

Eingang oder Ausgang	Signalname	R-Format	lw	sw	beq
Eingänge	Op5	0	1	1	0
	Op4	0	0	0	0
	Op3	0	0	1	0
	Op2	0	0	0	1
	Op1	0	1	1	0
	Op0	0	1	1	0
Ausgänge	RegDst	1	0	X	X
	ALUSrc	0	1	1	0
	MemtoReg	0	1	X	X
	RegWrite	1	1	0	0
	MemRead	0	1	0	0
	MemWrite	0	0	1	0
	Branch	0	0	0	1
	ALUOp1	1	0	0	0
	ALUOp0	0	0	0	1

einer Verzweigung sind die 2 niederwertigen Bits einer Sprungadresse immer 00_B. Die nächstniedrigen 26 Bits dieser 32-Bit-Adresse werden vom 26-Bit-Immediate-Feld im Befehl bereitgestellt (siehe Abbildung 4.18). Die oberen 4 Bits der Adresse, die den Befehlszählerwert ersetzen müssen, ergeben sich aus dem Befehlszählerwert des Sprungbefehls +4. Somit können wir einen Sprung implementieren, indem wir

- die oberen 4 Bits des aktuellen Befehlszählerwerts +4 (d. h. die Bits 31:28 der sequentiell folgenden Befehlsadresse),
- das 26-Bit-Immediate-Feld des Sprungbefehls und
- die Bits 00_B

im Befehlszähler konkatenieren.

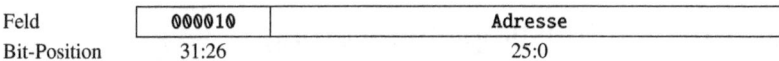

Feld	000010	Adresse
Bit-Position	31:26	25:0

Abb. 4.18: Befehlsformat für den Sprungbefehl (Opcode = 2). Die Zieladresse für einen Sprungbefehl wird durch Konkatenation der oberen 4 Bits des aktuellen Befehlszählerwerts +4 und dem 26-Bit-Adressfeld im Sprungbefehl sowie durch Hinzufügen von 00 als den beiden niederwertigsten Bits erstellt.

Warum die Eintaktimplementierung nicht mehr verwendet wird

Obwohl das Eintaktdesign einwandfrei funktioniert, wird es in modernen Designs nicht verwendet, weil es nicht effizient ist. Um zu verstehen, warum das so ist, müssen Sie bedenken, dass der Taktzyklus in diesem Eintaktdesign für jeden Befehl gleich lang sein muss, und dass der CPI-Wert (siehe Kapitel 1) somit 1 beträgt. Der Taktzyklus wird durch den längsten möglichen Pfad im Rechner bestimmt. Dieser Pfad ist mit Sicherheit ein Ladebefehl, der der Reihe nach fünf Funktionseinheiten nutzt: den Befehlsspeicher, das Registerfile, die ALU, den Datenspeicher und das Registerfile. Obwohl der CPI-Wert 1 beträgt, ist die Gesamtleistung einer Eintaktimplementierung nicht besonders gut, da einige Befehlsklassen in einen kürzeren Taktzyklus passen würden.

Das Eintaktdesign mit einem festen Taktzyklus bringt erhebliche Einbußen mit sich, die für diesen kleinen Befehlssatz jedoch in Kauf genommen werden können. In der Vergangenheit wurde diese Implementierungsmethode tatsächlich für Rechner mit sehr einfachen Befehlssätzen verwendet. Wenn wir jedoch versuchen würden, die Gleitkommaeinheit oder einen Befehlssatz mit komplexeren Befehlen zu implementieren, würde dieses Eintaktdesign nicht funktionieren.

Da wir annehmen müssen, dass der Taktzyklus für alle Befehle der Verzögerung im ungünstigsten Fall (Worst Case) entspricht, können wir keine Implementierungstechniken verwenden, die die Verzögerung des häufig vorkommenden Falls reduzieren, die Worst-Case-Zykluszeit jedoch nicht verbessern. Eine Eintaktimplementierung verstößt somit gegen das Konzept aus Kapitel 2, wonach der **häufige Fall** schnell gemacht werden soll.

In Abschnitt 4.6 betrachten wir eine weitere Implementierungstechnik, das so genannte Pipelining, das einen sehr ähnlichen Datenpfad wie die Eintaktimplementierung verwendet, aber sehr viel effizienter ist, weil sie einen sehr viel höheren Durchsatz hat. Das Pipelining verbessert die Effizienz, indem es mehrere Befehle gleichzeitig ausführt.

HÄUFIGER FALL

Selbsttest

Sehen Sie sich die Steuersignale in Tabelle 4.5 an. Lassen sie sich miteinander kombinieren? Kann eines der Steuersignale in der Tabelle durch die Invertierung eines anderen ersetzt werden? (Hinweis: Berücksichtigen Sie die Don't-cares.) Wenn ja, lässt sich ein Signal ohne Einsatz eines Inverters für das andere verwenden?

4.5 Eine Mehrtaktimplementierung

Im vorherigen Abschnitt haben wir jeden Befehl den erforderlichen funktionalen Operationen gemäß in eine Reihe von Schritten zerlegt. Diese Schritte können wir verwenden, um eine Mehrtaktimplementierung zu generieren. Bei einer Mehrtaktimplementierung wird jeder Schritt der Ausführung einen

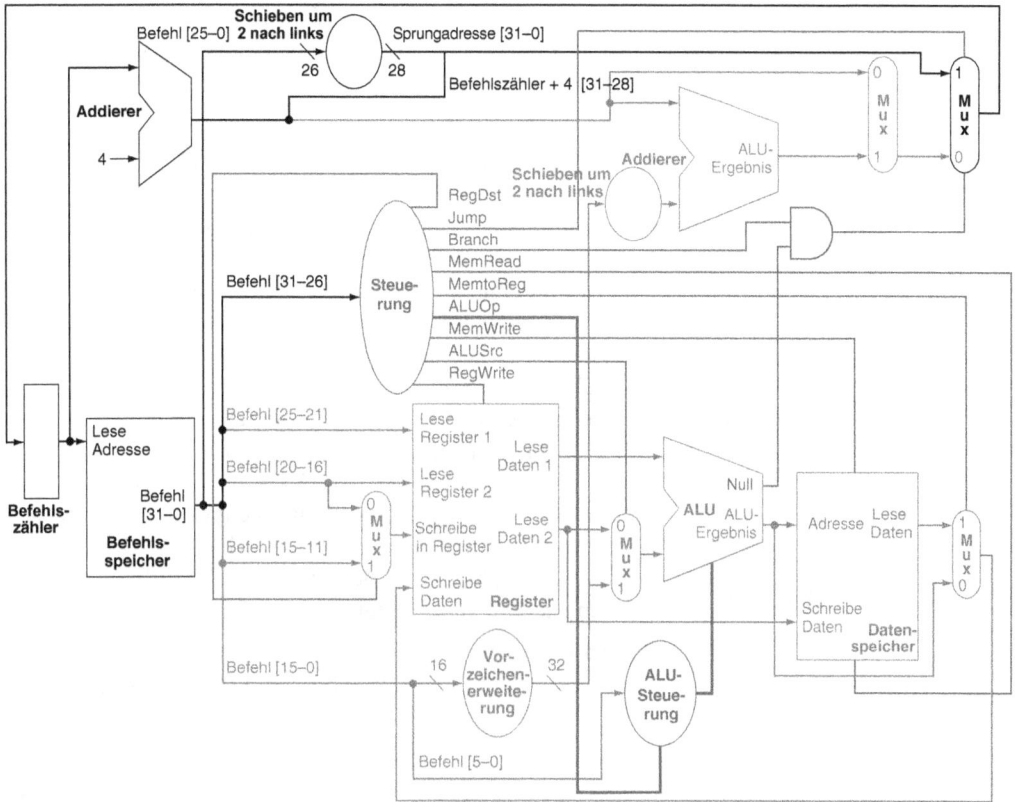

Abb. 4.19: Die einfache Steuerung und der einfache Datenpfad wurden zum Steuern des Sprungbefehls erweitert. Ein weiterer Multiplexer (rechts oben) wird verwendet, um zwischen dem Sprungziel und entweder dem Verzweigungsziel oder dem sequentiell diesem Befehl folgenden Befehl auszuwählen. Dieser Multiplexer wird durch das Sprungsteuersignal gesteuert. Die Sprungzieladresse wird durch Verschieben der unteren 26 Bits des Sprungbefehls um 2 Bit nach links ermittelt, d. h. durch Hinzufügen von 00 als die niederwertigsten Bits, und durch anschließendes Verknüpfen der oberen 4 Bits des Befehlszählerwerts +4 als die höchstwertigsten Bits, was eine 32-Bit-Adresse ergibt.

Taktzyklus in Anspruch nehmen. Die Mehrtaktimplementierung erlaubt es, eine funktionale Einheit mehr als einmal pro Befehl zu benutzen, solange dies in verschiedenen Taktzyklen geschieht. Dieses Teilen kann dabei helfen, den Umfang der benötigten Hardware zu reduzieren. Die Möglichkeit, dass Befehle unterschiedlich viele Taktzyklen lang sein können, und die Möglichkeit, funktionale Einheiten innerhalb der Ausführung eines einzelnen Befehls zu teilen, sind die wichtigsten Vorteile eines Mehrtaktdesigns. Dieser Online-Abschnitt beschreibt die Mehrtaktimplementierung von MIPS.

Obwohl die Mehrtaktimplementierung die Performanz gegenüber einer Eintaktimplementierung steigern und so die Hardwarekosten senken kann, verwenden fast alle heutigen Chips stattdessen Pipelining. Deshalb wird es mancher Leser vorziehen, diesen Abschnitt zu überspringen und direkt mit dem

Pipelining fortzufahren. Da es jedoch einige Lehrende didaktisch hilfreich finden, die Mehrtaktimplementierung vor dem Pipelining zu erläutern, bieten wir diese Implementierungsoption als Online-Ressource an.

4.6 Übersicht über die Technik des Pipelinings

Pipelining Eine Implementierungstechnik, bei der mehrere Befehle ähnlich wie bei einem Fließband überlappend ausgeführt werden.

PIPELINING

Pipelining ist eine Implementierungstechnik, bei der mehrere Befehle überlappend ausgeführt werden. Bei heutigen Rechnern stellt das Pipelining die Schlüsseltechnik zum Beschleunigen von Prozessoren dar.

In diesem Abschnitt werden die zentralen Begriffe und Problemstellungen im Zusammenhang mit dem Pipelining anhand einer Analogie erläutert. Wenn Sie nur an einer Übersicht interessiert sind, sollten Sie sich auf diesen Abschnitt konzentrieren und dann die Abschnitte 4.11 und 4.12 lesen. Dort finden Sie Informationen zu verbesserten Pipeline-Techniken, die in neueren Prozessoren wie dem Intel Core i7 oder dem ARM Cortex-A8 eingesetzt werden. Wenn es Sie interessiert, wie ein Computer mit Pipelines intern aufgebaut ist, ist dieser Abschnitt eine gute Einführung in die Abschnitte 4.7 bis 4.10.

Jeder, der viel Wäsche wäscht, wendet intuitiv eine Art **Pipeline-Technik** an. Wäschewaschen *ohne Pipelining* funktioniert folgendermaßen:

1. Befüllen der Waschmaschine mit einer Ladung schmutziger Wäsche.
2. Nach dem Waschen umfüllen der Wäsche aus der Waschmaschine in den Wäschetrockner.
3. Nach dem Trocknen Wäsche zusammenlegen.
4. Nach dem Zusammenlegen einen Mitbewohner bitten, die Wäsche in den Schrank zu räumen.

Erst wenn Ihr Mitbewohner fertig ist, beginnen Sie mit der nächsten Waschladung von vorn.

Das Wäschewaschen *mit Pipelining* braucht viel weniger Zeit (siehe Abbildung 4.20). Sobald die Waschmaschine die erste Ladung gewaschen hat und die nasse Wäsche im Trockner ist, können Sie die Waschmaschine mit der zweiten Ladung Schmutzwäsche befüllen. Wenn die erste Ladung trocken ist, können Sie mit Zusammenlegen beginnen, die nasse Ladung in den Trockner geben und die nächste Waschladung in die Maschine füllen. Als Nächstes kann Ihr Mitbewohner die erste Ladung in den Schrank räumen, Sie können die zweite Ladung zusammenlegen, die dritte Ladung wird im Trockner getrocknet und die vierte in der Waschmaschine gewaschen. Zu diesem Zeitpunkt sind alle so genannten *Pipelinestufen* aktiv. Solange für jede Stufe eigene Ressourcen verfügbar sind, können wir die Aufgaben mittels Pipelining durchführen.

Das Paradoxe am Pipelining ist, dass die Gesamtzeit vom Befüllen der Waschmaschine mit einer Ladung bis zum Trocknen, Zusammenlegen und Wegräumen dieser Ladung in den Schrank beim Pipelining nicht kürzer ist. Das Pipelining ist für viele Ladungen Wäsche nur deshalb schneller, weil die Ladungen parallel verarbeitet werden und daher mehr Wäscheladungen pro

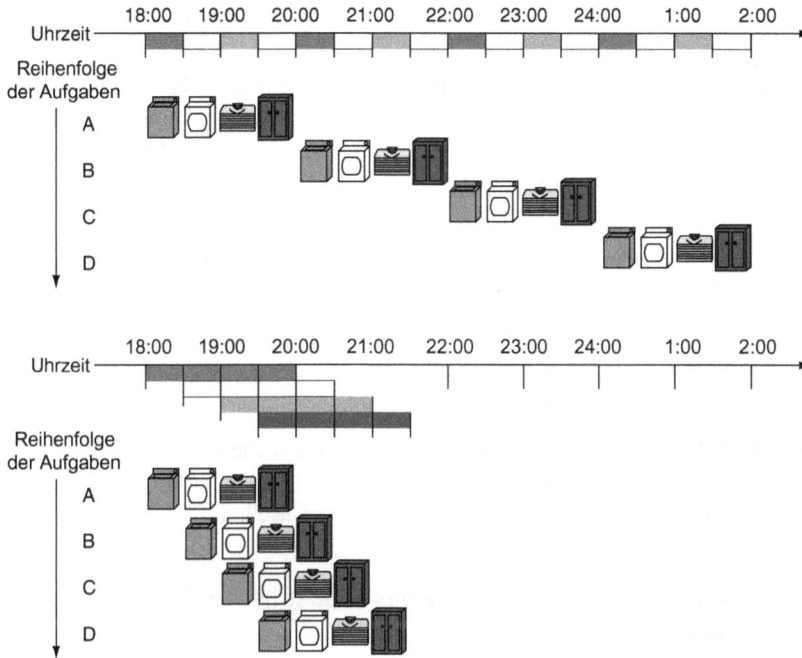

Abb. 4.20: Der Waschsalon mit und ohne Pipelining. Ann, Brian, Cathy und Don haben jeweils schmutzige Wäsche zu waschen, zu trocknen, zusammenzulegen und aufzuräumen. Die Waschmaschine, der Wäschetrockner, der „Zusammenleger" und der „Wegräumer" brauchen jeweils 30 Minuten für ihre Aufgabe. Wenn die Aufgaben sequentiell ausgeführt werden, sind für vier Ladungen Wäsche acht Stunden nötig; bei einem Waschsalon mit Fließbandprinzip (Pipelining) dagegen nur 3,5 Stunden. Dargestellt ist jeweils die Pipelinestufe unterschiedlicher Ladungen in Abhängigkeit von der Zeit durch mehrfache Darstellung der vier Ressourcen entlang dieser zweidimensionalen Zeitachse. Natürlich stehen die Ressourcen jeweils nur einmal zur Verfügung.

Stunde gewaschen werden können. Mit dem Pipelining lässt sich der Durchsatz unseres Waschsystems verbessern, ohne die Zeit für die Bearbeitung einer kompletten Ladung zu verkürzen. Wenn wir viele Wäscheladungen zu waschen haben, verkürzt sich die Gesamtzeit aufgrund des besseren Durchsatzes.

   Wenn alle vier Stufen etwa gleich viel Zeit beanspruchen und genügend Arbeit vorhanden ist, entspricht die Beschleunigung aufgrund des Pipelining der Anzahl der Pipelinestufen, in diesem Beispiel also vier: Waschen, Trocknen, Zusammenlegen und Wegräumen. Somit ist Wäschewaschen mit Fließbandprinzip potenziell viermal so schnell als Wäschewaschen ohne Fließbandprinzip: 20 Wäscheladungen benötigen etwa fünfmal so viel Zeit wie eine Ladung Wäsche, während 20 Ladungen Wäsche ohne Fließbandprinzip 20-mal so viel Zeit beanspruchen wie eine Ladung. In Abbildung 4.20 ist die Verarbeitung nur 2,3-mal so schnell, weil wir nur vier Ladungen haben. Am Anfang und am Ende des Arbeitsvorgangs in der Version mit Pipelining in Abbildung 4.20 ist die Pipeline nicht voll. Dieses „Anlaufen" und „Auslaufen" mindert die Leistung, wenn die Anzahl der Aufgaben im Vergleich zur Anzahl der Pipelinestufen nicht groß ist. Ist die Anzahl der Ladungen wesentlich größer als vier, so sind die Stufen fast die ganze Zeit voll und der Durchsatz liegt sehr nahe bei vier.

Dasselbe Prinzip gilt für Prozessoren, bei denen Befehle mittels Pipelining ausgeführt werden. Für die Ausführung von MIPS-Befehlen sind gewöhnlich fünf Schritte (Befehlsphasen) erforderlich:

1. Holen des Befehls aus dem Speicher

2. Lesen der Register und gleichzeitiges Decodieren des Befehls. Das Format der MIPS-Befehle ermöglicht das gleichzeitige Lesen und Decodieren.

3. Ausführen der Operation oder Berechnen einer Adresse

4. Zugreifen auf einen Operanden im Datenspeicher

5. Schreiben des Ergebnisses in ein Register

Die MIPS-Pipeline, die wir in diesem Kapitel untersuchen werden, besteht also aus fünf Stufen. Das folgende Beispiel zeigt, dass das Pipelining die Befehlsausführung ebenso beschleunigt wie das Wäschewaschen.

Beispiel: Vergleich der Leistung eines sequentiellen Systems und eines Systems mit Pipelining

Damit die Diskussion konkreter wird, entwerfen wir eine Pipeline. In diesem Beispiel und im Rest dieses Kapitels beschränken wir uns auf acht Befehle: load word (lw), store word (sw), add (add), subtract (sub), and (and), or (or), set less than (slt) und branch on equal (beq).

Vergleichen Sie die durchschnittliche Zeit für die Ausführung von Befehlen eines sequentiellen Systems, bei dem alle Befehle einen Taktzyklus zur Ausführung benötigen, mit einer Pipeline-Ausführung. Die wichtigsten Funktionseinheiten in diesem Beispiel benötigen 200 ps für den Speicherzugriff, 200 ps für ALU-Operationen und 100 ps zum Lesen und Schreiben des Registerfiles. Beim sequentiellen System wird für jeden Befehl exakt ein Taktzyklus benötigt, so dass der Taktzyklus auf die Länge des langsamsten Befehls ausgedehnt werden muss.

Lösung: In Tabelle 4.6 ist angegeben, wie viel Zeit die acht Befehle jeweils für ihre Ausführung benötigen. Beim sequentiellen System muss der Takt so lang sein wie der langsamste Befehl (in Tabelle 4.6 ist das der Befehl lw), so dass die für jeden Befehl beanspruchte Zeit 800 ps beträgt. Ähnlich wie in Abbildung 4.20 wird in Abbildung 4.21 die Ausführung von drei lw-Befehlen ohne und mit Pipelining verglichen. Die Zeitdifferenz zwischen dem ersten und dem vierten Befehl im Entwurf ohne Pipelining beträgt 3×800 ps oder 2400 ps.

Alle Pipelinestufen beanspruchen einen einzigen Taktzyklus. Daher muss der Taktzyklus so lang sein wie die langsamste Pipelinestufe. So wie beim sequentiellen System der längste Taktzyklus mit 800 ps verwendet werden muss, auch wenn einige Befehle lediglich 500 ps benötigen, muss auch bei der Ausführung mit Pipelining der langsamste Taktzyklus mit 200 ps verwendet wer-

Tab. 4.6: Gesamtzeit für jeden Befehl, ermittelt aus der Summe der Ausführungszeiten für die einzelnen Komponenten. Bei dieser Berechnung wird vorausgesetzt, dass es bei den Multiplexern, bei der Steuereinheit, bei den Befehlszählerzugriffen und bei der Vorzeichenerweiterungseinheit zu keiner Verzögerung kommt.

Befehlsklasse	Befehl holen	Register lesen	ALU-Operation	Datenzugriff	Register schreiben	Gesamtzeit
load word (lw)	200 ps	100 ps	200 ps	200 ps	100 ps	800 ps
store word (sw)	200 ps	100 ps	200 ps	200 ps		700 ps
R-format (add, sub, and, or, slt)	200 ps	100 ps	200 ps		100 ps	600 ps
branch (beq)	200 ps	100 ps	200 ps			500 ps

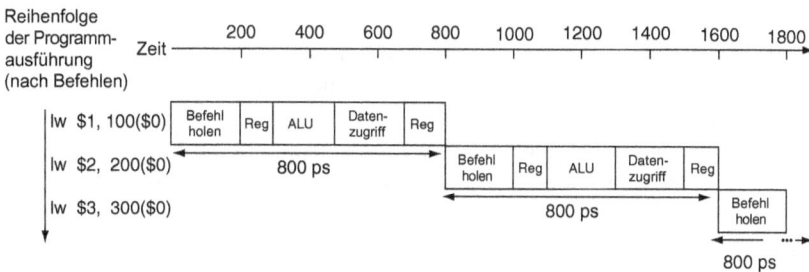

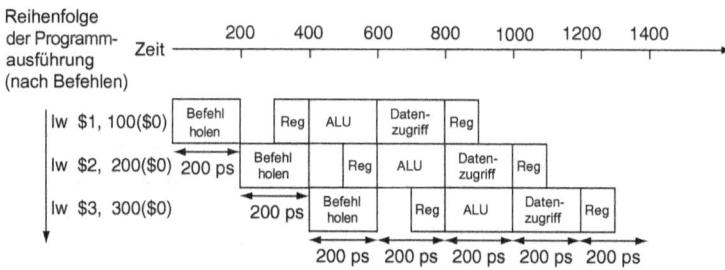

Abb. 4.21: Befehlsausführung bei einem sequentiellen System ohne Pipelining (oben) und mit Pipelining (unten) im Vergleich. Beide Male werden dieselben Hardwarekomponenten verwendet, deren Ausführungszeiten in Tabelle 4.6 aufgeführt sind. Bei diesem Beispiel ist eine Verkürzung der Durchschnittszeit für die Ausführung von Befehlen von 800 ps auf 200 ps zu beobachten. Vergleichen Sie diese Abbildung mit Abbildung 4.20. Beim Waschen sind wir davon ausgegangen, dass alle Stufen gleich lang sind. Wenn der Trockner die langsamste Einheit wäre, würde die Trocknerstufe die Stufenzeit bestimmen. Die Ausführungszeiten der Pipelinestufen beim Computer werden durch die langsamste Ressource bestimmt, also entweder durch die ALU-Operation oder durch den Speicherzugriff. Wir gehen davon aus, dass das Schreiben des Registerfiles in der ersten Hälfte des Taktzyklus erfolgt und das Lesen aus dem Registerfile in der zweiten Hälfte. Von dieser Voraussetzung gehen wir während des gesamten Kapitels aus.

den, auch wenn einige Pipelinestufen nur 100 ps benötigen. Das Pipelining ermöglicht trotzdem eine Performanzsteigerung um das Vierfache: Die Zeitdifferenz zwischen dem ersten und dem vierten Befehl beträgt 3×200 ps oder 600 ps.

Wir können die weiter oben formulierten Beobachtungen der Beschleunigung mittels Pipelining in eine Formel fassen. Wenn die Stufen alle genau gleich lange Ausführungszeiten haben, beträgt die Zeit zwischen Befehlen (unter idealen Bedingungen) bei einem Prozessor mit Pipelining

$$\text{Zeit zwischen Befehlen}_{\text{mit Pipelining}} = \frac{\text{Zeit zwischen Befehlen}_{\text{ohne Pipelining}}}{\text{Anzahl der Pipelinestufen}}$$

Unter idealen Bedingungen und mit einer großen Anzahl von Befehlen entspricht die Beschleunigung durch Pipelining etwa der Anzahl der Pipelinestufen. Somit ist eine fünfstufige Pipeline nahezu fünfmal so schnell wie das System mit sequentieller Befehlsausführung.

Gemäß der obigen Formel müsste eine fünfstufige Pipeline fast fünfmal so leistungsfähig sein wie die Ausführung in einem System mit sequentiellem Zyklus mit einer Taktdauer von 800 ps und daher eine Taktdauer von 160 ps haben. Anhand des Beispiels wird allerdings deutlich, dass die Pipelinestufen zeitlich nicht ausbalanciert sind. Zudem beinhaltet das Pipelining einen gewissen Mehraufwand, dessen Ursache in Kürze verständlich wird. Somit überschreitet die Befehlsausführungszeit im Prozessor mit Pipelining die minimal mögliche Zeit und die Beschleunigung ist geringer als die Anzahl der Pipelinestufen.

Hinzu kommt, dass sich nicht einmal unsere Annahme einer vierfachen Beschleunigung für unser Beispiel in der Gesamtausführungszeit für die drei Befehle bestätigt: Wir haben 1400 ps gegenüber 2400 ps. Natürlich lässt sich dies auf die geringe Anzahl an ausgeführten Befehlen zurückführen. Was würden wir erhalten, wenn wir die Anzahl der Befehle erhöhen würden? Wir könnten die vorherige Zahl auf 1 000 003 Befehle erhöhen. Wir würden die Anzahl der Befehle im Beispiel mit Pipelining um 1 000 000 erhöhen, wobei jeder Befehl 200 ps zu der Gesamtausführungszeit beitragen würde. Die Gesamtausführungszeit würde 1 000 000 × 200 ps + 1400 ps oder 200 001 400 ps betragen. Im Beispiel ohne Pipeline würden wir 1 000 000 Befehle hinzufügen, wobei jeder die Gesamtausführungszeit um 800 ps erhöht, so dass die Gesamtausführungszeit 1 000 000 × 800 ps + 2400 ps oder 800 002 400 ps beträgt. Unter diesen idealen Bedingungen entspricht das Verhältnis der Gesamtausführungszeiten für reale Programme auf Prozessoren ohne Pipelining zu Prozessoren mit Pipelining nahezu dem Verhältnis der Zeiten zwischen Befehlen:

$$\frac{800\,002\,400\,\text{ps}}{200\,001\,400\,\text{ps}} \approx \frac{800\,\text{ps}}{200\,\text{ps}} \approx 4{,}00$$

Das Pipelining verbessert die Leistung durch einen *erhöhten Befehlsdurchsatz. Die Ausführungszeit der einzelnen Befehle wird dagegen nicht reduziert.* Der Befehlsdurchsatz ist jedoch die wichtigste Metrik, da echte Programme Milliarden von Befehlen ausführen.

Entwurf von Befehlssätzen für das Pipelining

Bereits mit dieser einfachen Beschreibung des Pipelining können wir Erkenntnisse über den Entwurf des MIPS-Befehlssatzes gewinnen, der für die Ausführung mit Pipelining konzipiert wurde.

Erstens sind alle MIPS-Befehlsformate gleich, d. h. die Befehle sind gleich lang. Aufgrund dieser Tatsache ist es wesentlich einfacher, Befehle in der ersten Pipelinestufe zu holen und in der zweiten Pipelinestufe zu decodieren. Bei einem Befehlssatz wie dem x86-Befehlssatz, bei dem Befehle unterschiedliche Längen zwischen einem und 17 Byte aufweisen, ist ein Pipelinesystem erheblich schwieriger zu realisieren. Alle neueren Implementierungen der x86-Architektur übersetzen x86-Befehle in einfache Befehle (Herstellerbezeichnung „micro operations", jedoch nicht zu verwechseln mit Mikrooperationen!), die den MIPS-Befehlen ähnlich sind. Wie wir noch sehen werden, verarbeitet der Pentium-4 anstelle der systemeigenen x86-Befehle diese „micro-operations" mittels Pipeline! (Siehe Abschnitt 4.11.)

Zweitens gibt es bei MIPS nur einige wenige Befehlsformate. Bei diesen befinden sich die Felder für die Angabe der Quellregisteradressen jeweils an derselben Stelle. Diese Symmetrie bedeutet, dass die zweite Pipelinestufe damit beginnen kann, das Registerfile zu lesen, während die Hardware zeitgleich bestimmt, welcher Befehl geholt wurde. Decodierstufe und Registerlesestufe des Maschinenbefehlszyklus fallen also bei der MIPS-Pipeline zu einer gemeinsamen, der zweiten Stufe zusammen. Wenn MIPS-Befehlsformate nicht symmetrisch aufgebaut wären, müsste Stufe 2 geteilt werden, was eine Pipeline mit sechs Stufen zur Folge hätte. Wir werden später sehen, welche Nachteile längere Pipelines haben.

Drittens kommen Speicheroperanden bei MIPS nur in Lade- oder Speicherbefehlen vor. Diese Beschränkung bedeutet, dass wir die Ausführungsstufe zum Berechnen der Speicheradresse verwenden können und den eigentlichen Speicherzugriff erst in der Folgestufe ausführen. Wenn wir mit Speicheroperanden wie in der x86-Architektur arbeiten könnten, würden sich die Stufen 3 und 4 der MIPS-Pipeline auf je eine Adressstufe, Speicherstufe und eine Ausführungsstufe erweitern.

Viertens müssen die Operanden, wie in Kapitel 2 beschrieben, im Speicher ausgerichtet sein. Somit benötigen wir keinen einzigen Datentransfer-Befehl, der zweimal auf den Datenspeicher zugreifen muss. Die angeforderten Daten können in einer einzigen Pipelinestufe zwischen Prozessor und Speicher übertragen werden.

Pipeline-Hemmnisse

Beim Pipelining gibt es Situationen, in denen der nächste Befehl nicht im nachfolgenden Taktzyklus ausgeführt werden kann. Von diesen Ereignissen, die als *Hemmnisse* oder auch *Konflikte* bezeichnet werden, gibt es drei verschiedene Typen.

Strukturkonflikt

Strukturkonflikt Ein Ereignis, bei dem ein Befehl
nicht im vorgesehenen
Taktzyklus ausgeführt
werden kann, da die Hard-
ware die Befehlskombi-
nation nicht unterstützt,
die zum Ausführen im
angegebenen Taktzyklus
festgelegt wurde.

Der erste Konflikt wird als **Strukturkonflikt** bezeichnet. Hierbei kann die Hardware die Befehlskombination, die in einem Taktzyklus ausgeführt werden soll, nicht unterstützen. Im Waschsalon würde ein Strukturkonflikt auftreten, wenn wir anstelle einer Waschmaschine und eines Trockners ein Waschmaschinen-Trockner-Kombigerät verwenden würden oder wenn unser Mitbewohner mit etwas Anderem beschäftigt wäre und die Wäsche nicht in den Schrank räumen würde. Unsere sorgfältig ausgedachten Pipelinestrukturen wären damit nicht ausführbar.

Wie wir bereits weiter oben erwähnt haben, wurde der MIPS-Befehlssatz für das Pipelining konzipiert, so dass es Entwicklern leichter gemacht wurde, beim Entwerfen einer Pipeline Strukturkonflikte zu vermeiden. Nehmen wir jedoch an, wir hätten anstelle zweier Speicher nur einen. Wenn die Pipeline in Abbildung 4.21 einen vierten Befehl enthielte, würde im selben Taktzyklus, in dem der erste Befehl auf Daten im Speicher zugreift, der vierte Befehl gleichzeitig einen Befehl aus demselben Speicher holen. Mit nur einem Speicher hätte unsere Pipeline einen Strukturkonflikt.

Datenkonflikte

Datenkonflikt Ein Ereignis, bei dem ein Befehl
nicht im vorgesehenen
Taktzyklus ausgeführt
werden kann, weil Daten
zum Ausführen des Be-
fehls noch nicht verfügbar
sind.

Datenkonflikte treten auf, wenn die Pipeline anhalten muss, weil ein Schritt auf den Abschluss eines anderen wartet. Sie werden daher auch als **Pipeline-hemmnis durch Datenabhängigkeit** bezeichnet. Nehmen wir an, Sie finden beim Zusammenlegen der Wäsche eine Socke, zu der die zweite fehlt. Eine mögliche Strategie besteht darin, in Ihr Zimmer zu gehen und in der Schublade nach der passenden zweiten Socke zu suchen. Während Sie suchen, müssen getrocknete Ladungen, die zusammengelegt werden könnten, und gewaschene Ladungen, die getrocknet werden könnten, liegen bleiben.

Bei einer Pipeline im Rechner treten Datenkonflikte aufgrund der Abhängigkeit eines Befehls von einem zu einem früheren Zeitpunkt begonnenen Befehl auf, der sich noch in der Pipeline befindet. (Eine Abhängigkeit, die es beim Wäschewaschen nicht wirklich gibt.) Nehmen wir beispielsweise an, wir hätten einen add-Befehl, auf den unmittelbar ein subtract-Befehl folgt, der die Summe ($s0) verwendet:

```
add    $s0, $t0, $t1
sub    $t2, $s0, $t3
```

Ohne Eingreifen kann ein Datenkonflikt die Pipelineverarbeitung erheblich verzögern. Der add-Befehl schreibt sein Ergebnis erst in der fünften Stufe, was bedeutet, dass wir drei so genannte *Bubbles* (Pipelineleerläufe, Leeroperationen oder Wartetakte) in die Pipeline einfügen müssen.

Wir könnten Compiler verwenden, die alle derartigen Konflikte eliminieren. Das Ergebnis wäre jedoch nicht befriedigend. Die Abhängigkeiten kommen einfach zu häufig vor, und die Verzögerung ist zu lang, als dass wir erwarten können, dass der Compiler dieses Problem löst. Die wichtigste Gegenmaßnahme beruht auf der Beobachtung, dass wir mit dem Beheben des Datenkonflikts nicht warten müssen, bis der Befehl ausgeführt ist. Bei der obigen Codesequenz können wir das Ergebnis der Addition als Eingangswert für die Subtraktion bereitstellen, sobald die ALU die Summe berechnet hat. Das Verwenden zusätzlicher Hardware zum frühzeitigen Abrufen des fehlenden Elements aus den internen Ressourcen wird als **Forwarding** oder **Bypassing** bezeichnet.

> **Forwarding** Auch als **Bypassing** bezeichnet. Eine Methode zum Lösen eines Datenkonflikts, bei der das fehlende Datenelement aus internen Pufferspeichern abgerufen wird, anstatt zu warten bis es aus den für den Programmierer sichtbaren Registern oder aus dem Speicher kommt.

Beispiel: Forwarding mit zwei Befehlen

Zeigen Sie für die beiden obigen Beispielbefehle, welche Pipelinestufen durch Forwarding miteinander verbunden werden müssen. Verwenden Sie Abbildung 4.22, um den Datenpfad während der fünf Pipelinestufen darzustellen. Erstellen Sie eine Kopie des Datenpfads für jeden Befehl ähnlich der Waschsalonpipeline in Abbildung 4.20.

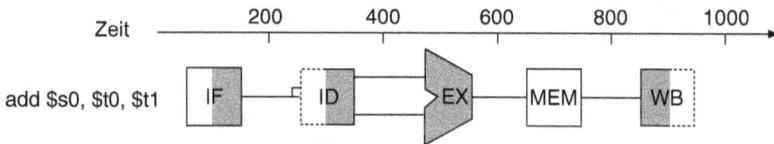

Abb. 4.22: Grafische Darstellung der Befehlspipeline im Sinne der Waschsalon-Pipeline in Abbildung 4.20. Hier verwenden wir für die Darstellung der Hardwareressourcen Symbole mit Abkürzungen der Pipelinestufen, wie wir sie im ganzen Kapitel beschreiben. Die Symbole für die fünf Stufen sind: *IF* für die Befehlsholstufe (Instruction Fetch), wobei das Kästchen den Befehlsspeicher darstellt. *ID* für die Befehlsdecodierungs-/Registerlesestufe (Instruction Decode), wobei das Kästchen das gelesene Register darstellt. *EX* für die Ausführungsstufe (Execution), wobei das Symbol die ALU darstellt. *MEM* für die Speicherzugriffsstufe (Memory Access), wobei das Kästchen den Datenspeicher darstellt. Und *WB* für die Rückschreibstufe (Write Back), wobei das Symbol das geschriebene Register darstellt. Durch die Schattierung wird angegeben, dass das Element des Befehls verwendet wird. MEM ist daher nicht schattiert, weil add nicht auf den Datenspeicher zugreift. Eine Schattierung der rechten Hälfte des Registerfiles oder des Speichers bedeutet, dass das Element in dieser Stufe gelesen wird, und eine Schattierung der linken Hälfte bedeutet, dass das Element in dieser Stufe geschrieben wird. Daher ist die rechte Hälfte des ID-Symbols in der zweiten Stufe schattiert, weil das Registerfile gelesen wird, und die linke Hälfte des WB-Symbols ist in der fünften Stufe schattiert, weil in das Registerfile geschrieben wird.

Lösung: In Abbildung 4.23 ist die Verbindung zum Weiterleiten des Werts in $s0 nach der Ausführungsstufe des add-Befehls als Eingangswert an die Ausführungsstufe des sub-Befehls dargestellt.

Bei dieser grafischen Darstellung von Ereignissen sind Forwarding-Pfade nur zulässig, wenn die Zielstufe zu einem späteren Zeitpunkt ausgeführt wird als die Quellstufe. Es kann beispielsweise keinen zulässigen Forwarding-Pfad vom Ausgang der Speicherzugriffsstufe im ersten Befehl zum Eingang der Ausführungsstufe des nachfolgenden Befehls geben, da dies einen Zeitsprung zurück bedeuten würde.

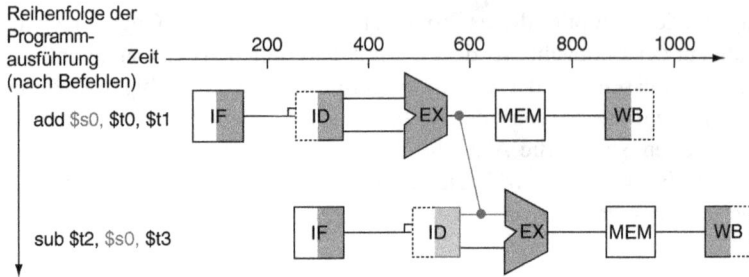

Abb. 4.23: Grafische Darstellung des Forwarding. Die Verbindung stellt den Forwarding-Pfad vom Ausgang der EX-Stufe des add-Befehls zum Eingang der EX-Stufe des sub-Befehls dar, wobei der in der zweiten Stufe des sub-Befehls gelesene Wert aus Register $s0 ersetzt wird.

Load-Use-Konflikt Eine spezielle Form des Daten-konflikts, bei dem durch einen Ladebefehl aus dem Speicher gelesene Daten zum Zeitpunkt der Anforderung noch nicht verfügbar sind.

Pipelineleerlauf Ein Leerlauf, der zum Auf-lösen eines Konflikts initiiert wird.

Forwarding funktioniert sehr gut und wird in Abschnitt 4.8 ausführlich be-schrieben. Damit lassen sich jedoch nicht alle Pipelineverzögerungen verhin-dern. Nehmen wir beispielsweise an, mit dem ersten Befehl werde kein add-Befehl durchgeführt, sondern Register $s0 aus dem Speicher geladen. Wie wir anhand von Abbildung 4.23 erkennen können, werden die gewünschten Daten erst *nach* der vierten Stufe des ersten Befehls in der Abhängigkeit bereitge-stellt, also zu spät für den *Eingang* der dritten Stufe des sub-Befehls. Also kann es auch mit Forwarding vorkommen, dass wir, wie in Abbildung 4.24 zu sehen, eine Stufe aufgrund eines **Load-Use-Konflikts** anhalten müssen. Diese Abbildung zeigt ein wichtiges Pipelinekonzept, das als **Pipelineleerlauf**, oder weniger formell auch als **Bubble** bezeichnet wird. Wir werden Pipelineleerläu-fe noch an anderen Stellen in der Pipeline kennenlernen. In Abschnitt 4.8 wird beschrieben, wie wir schwierigen Fällen wie diesem entweder mit Hardware-erkennung und Hardwareverzögerungen oder mit Software begegnen können, die den Code anders anordnet, um Pipelineleerläufe aufgrund von Load-Use-Konflikten zu vermeiden, wie im nächsten Beispiel dargestellt.

Beispiel: Umordnen von Code zum Vermeiden von Pipelineleerläufen

Gehen wir von folgendem Codesegment in C aus:

```
a = b + e;
c = b + f;
```

Wenn sich alle Variablen im Speicher befinden und als Offsets von Register $t0 adressierbar sind, lautet der MIPS-Code für dieses Segment wie folgt:

```
lw   $t1,  0($t0)
lw   $t2,  4($t0)
add  $t3,  $t1,$t2
sw   $t3,  12($t0)
lw   $t4,  8($t0)
add  $t5,  $t1,$t4
sw   $t5,  16($t0)
```

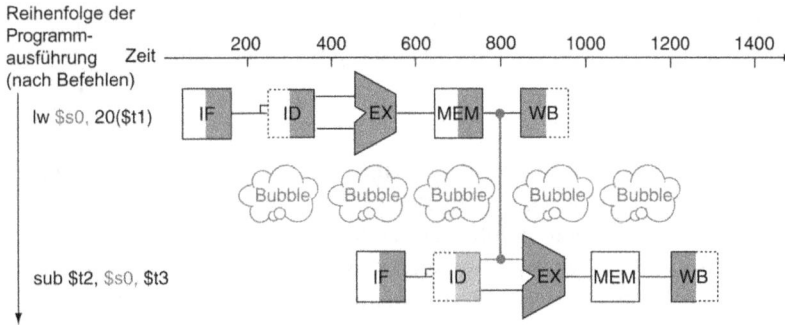

Abb. 4.24: Wir müssen selbst die Pipeline mit Forwarding anhalten, wenn ein R-Befehl nach einem Ladebefehl versucht, die geladenen Daten zu verwenden. Ohne Wartetakt wäre der Pfad vom Ausgang der Speicherzugriffsstufe zum Eingang der Ausführungsstufe ein zeitlicher Rücksprung, was nicht möglich ist. Diese Abbildung ist eigentlich eine Vereinfachung, da wir erst nach dem Holen und Decodieren des Subtraktionsbefehls wissen, ob die Pipeline angehalten werden muss. In Abschnitt 4.8 wird erläutert, was im Falle eines Konflikts im Einzelnen geschieht.

Suchen Sie die Konflikte in diesem Codesegment und ordnen Sie die Befehle so um, dass die Pipeline nicht angehalten werden muss.

Lösung: Beide add-Befehle weisen aufgrund ihrer Abhängigkeit vom direkt vorausgehenden lw-Befehl einen Konflikt auf. Mit Bypassing werden einige andere potenzielle Konflikte wie die Abhängigkeit des ersten add-Befehls vom ersten lw-Befehl sowie Konflikte bei Speicherbefehlen eliminiert. Wenn wir den dritten lw-Befehl nach oben verschieben, sind beide Konflikte gelöst:

```
lw    $t1, 0($t0)
lw    $t2, 4($t1)
lw    $t4, 8($01)
add   $t3, $t1,$t2
sw    $t3, 12($t0)
add   $t5, $t1,$t4
sw    $t5, 16($t0)
```

Bei einem Prozessor mit Pipelining und Forwarding werden zum Ausführen der umgeordneten Sequenz zwei Zyklen weniger benötigt als zum Ausführen der ursprünglichen Sequenz.

Neben den vier auf Seite 307 genannten Erkenntnissen gewinnen wir über das Forwarding weitere Einblicke in die MIPS-Architektur. Jeder MIPS-Befehl schreibt maximal ein Ergebnis und das kurz vor dem Ende der Pipeline. Forwarding ist schwieriger, wenn pro Befehl mehrere Ergebnisse weitergeleitet werden müssen oder wenn ein Ergebnis frühzeitig in der Befehlsausführung geschrieben werden muss.

Anmerkung: Die Bezeichnung „Forwarding" (Weiterleiten) bezieht sich auf die Idee, dass das Ergebnis eines früheren Befehls an einen späteren Befehl weitergeleitet wird. „Bypassing" (Umleiten) dagegen verweist darauf, dass das Ergebnis am Registerfile vorbei direkt an die gewünschte Einheit geleitet wird.

Steuerkonflikte

Steuerkonflikt Auch **Verzweigungskonflikt** genannt. Ein Ereignis, bei dem der gewünschte Befehl nicht im gewünschten Taktzyklus ausgeführt werden kann, weil der Befehl, der geholt wurde, nicht der ist, der benötigt wird. Das bedeutet, dass die Abfolge von Befehlsadressen anders als von der Pipeline erwartet ist.

Der dritte Konflikttyp wird als **Steuerkonflikt** bezeichnet. Er kann entstehen, wenn aufgrund der Ergebnisse eines Befehls eine Entscheidung getroffen werden muss, während andere Befehle ausgeführt werden.

Nehmen wir an, unser Waschsalonteam wird mit der Aufgabe betraut, die Trikots einer Fußballmannschaft zu waschen. Wir müssen, je nachdem wie stark verschmutzt die Wäsche ist, entscheiden, ob die gewählte Waschmittelmenge und Wassertemperatur ausreicht, um die Trikots sauber zu bekommen; gleichzeitig sollten Dosierung und Temperatur jedoch nicht zu hoch sein, damit die Trikots nicht vorzeitig verwaschen aussehen. In unserer Waschsalonpipeline müssen wir bis zur zweiten Stufe warten, um prüfen zu können, ob wir Waschmittelmenge oder Wassertemperatur ändern müssen. Was tun?

Eine der beiden Strategien zum Auflösen von Steuerkonflikten im Waschsalon und im Computer lässt sich wie folgt beschreiben:

Leerlauf: Arbeiten Sie einfach eine Stufe nach der anderen ab, bis die erste Ladung trocken ist. Wiederholen Sie diese Abfolge, bis Sie die richtige Waschmittelmenge und Wassertemperatur herausgefunden haben.

Diese konservative Arbeitsweise funktioniert zweifelsohne, ist jedoch langsam. Die entsprechende Entscheidungsaufgabe bei einem Computer ist der Verzweigungsbefehl. Wir müssen direkt nach der Verzweigung beim nächsten Taktzyklus mit dem Holen des Befehls beginnen. Aber die Pipeline kann den nächsten Befehl nicht kennen, da der Verzweigungsbefehl *gerade eben erst* aus dem Speicher geholt wurde! Eine mögliche Lösung besteht wie beim Waschsalon darin, die Pipeline nach dem Holen eines Verzweigungsbefehls anzuhalten, zu warten, bis die Pipeline das Ergebnis der Verzweigung ermittelt hat und weiß, von welcher Befehlsadresse der Befehl geholt werden soll.

Nehmen wir an, wir verfügen über genügend zusätzliche Hardware, so dass wir während der zweiten Pipelinestufe Register testen, die Sprungadresse berechnen und den Befehlszähler aktualisieren können. (Ausführlichere Informationen hierzu finden Sie in Abschnitt 4.9.) Auch mit dieser zusätzlichen Hardware würde die Pipeline mit bedingten Sprüngen wie in Abbildung 4.25 aussehen. Der or-Befehl, der ausgeführt wird, wenn der Sprung fehlschlägt, wird für die Dauer eines zusätzlichen 200-ps-Taktzyklus angehalten, bevor er ausgeführt wird.

Beispiel: Leistung des Sprungbefehls mit Leerlauf

Schätzen Sie die Auswirkungen des Leerlaufs bei Sprüngen auf den CPI-Wert ein. Gehen Sie davon aus, dass alle anderen Befehle einen CPI von 1 haben.

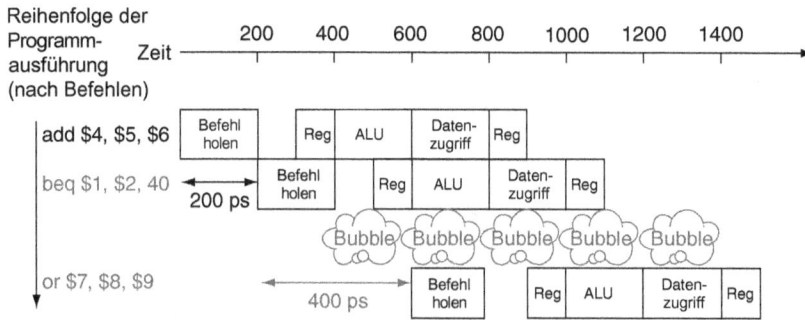

Abb. 4.25: Pipeline, die bei jedem bedingten Sprung angehalten wird, um Steuerkonflikte aufzulösen. Nach der Verzweigung kommt es zu einem einstufigen Pipelineleerlauf oder Bubble. In der Praxis ist das Generieren eines Leerlaufs etwas schwieriger, wie wir in Abschnitt 4.9 feststellen werden. Die Auswirkung auf die Leistung ist jedoch dieselbe als würde ein Leerlauftakt eingefügt.

Lösung: Tabelle 3.13 ist zu entnehmen, dass Verzweigungen 17 % der Befehle ausmachen, die bei SPECint2006-Benchmarks ausgeführt werden. Da alle anderen ausgeführten Befehle einen CPI-Wert von 1 haben und Verzweigungen für den Leerlauf einen zusätzlichen Taktzyklus benötigen, ergibt sich ein CPI-Wert von 1,17 und somit eine Verlangsamung um das 1,17-Fache gegenüber dem Idealfall.

Wenn wir die Verzweigung in der zweiten Stufe nicht auflösen können, wie das bei längeren Pipelines häufig der Fall ist, kommt es zu noch größeren Verzögerungen, wenn wir die Pipeline bei Verzweigungen anhalten. Der Nachteil dieser Lösung ist für die meisten Computer zu groß und Grund für eine zweite Lösung des Steuerkonflikts, bei der wir eines der Konzepte aus Kapitel 1 anwenden:

> *Vorhersage*: Wenn Sie sich ziemlich sicher sind, dass Sie die für das Waschen der Trikots richtige Waschmittelmenge und Wassertemperatur kennen, dann sagen Sie einfach vorher, dass es funktionieren wird, und waschen die zweite Ladung, während Sie darauf warten, bis die erste trocken ist.

Wenn Sie Recht haben, wird mit dieser Option die Pipeline nicht verzögert. Wenn Sie nicht Recht haben, müssen Sie die Ladung, die gewaschen wurde, während Sie die Entscheidung trafen, noch einmal waschen.

Computer verwenden im Umgang mit Sprüngen tatsächlich **Vorhersagen**. Ein einfacher Ansatz besteht darin, immer vorherzusagen, dass Sprünge nicht ausgeführt werden. Wenn Sie Recht haben, arbeitet die Pipeline mit voller Geschwindigkeit. Die Pipeline wird nur angehalten, wenn Sprünge ausgeführt werden. In Abbildung 4.26 ist ein Beispiel hierfür dargestellt.

VORHERSAGE

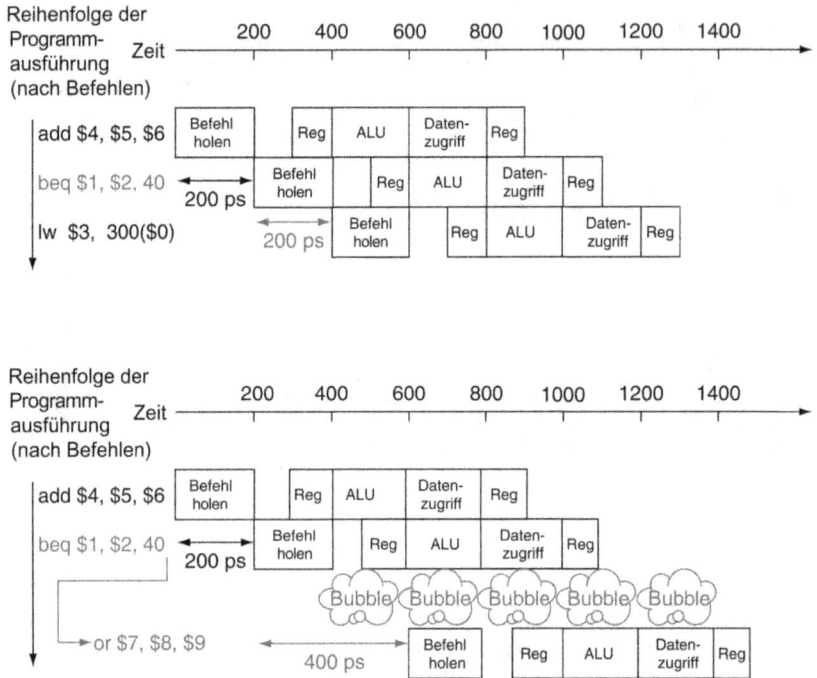

Abb. 4.26: Vorhersagen, dass Verzweigungen nicht ausgeführt werden, zur Auflösung von Steuerkonflikten. Im oberen Teil der Abbildung ist die Pipeline dargestellt, wenn der Sprung nicht ausgeführt wird. Im unteren Teil der Abbildung ist die Pipeline dargestellt, wenn der Sprung ausgeführt wird. Wie wir bereits in Abbildung 4.25 feststellen konnten, wird durch Einfügen eines Leertaktes auf diese Art und Weise die Darstellung dessen vereinfacht, was zumindest während des ersten Taktzyklus direkt nach dem Sprung wirklich geschieht. In Abschnitt 4.9 finden Sie eine ausführlichere Beschreibung.

Sprungvorhersage Eine Methode zum Auflösen eines Steuerkonflikts, bei der für den Sprung ein bestimmtes Ergebnis angenommen wird und unter dieser Annahme fortgefahren wird, anstatt auf die Bestätigung des tatsächlichen Ergebnisses zu warten.

Bei einer anspruchsvolleren Version der **Sprungvorhersage** wird angenommen, dass gewisse Sprünge ausgeführt werden und andere nicht. Bei unserem Vergleich wird für die dunklen Heimtrikots eine bestimmte Waschmittelmenge und eine bestimmte Wassertemperatur verwendet, während für die hellen Straßentrikots eine andere Waschmittelmenge und eine andere Wassertemperatur verwendet wird. Bei der Programmierung befinden sich am Schleifenende Sprünge, die an den Anfang der Schleife verzweigen. Die Wahrscheinlichkeit, dass der Sprung ausgeführt wird ist hoch (solange die Schleife ausgeführt wird). Da es sich bei Schleifen um Rücksprünge handelt, könnte die Sprungvorhersage festlegen, dass Sprünge auf zurückliegende Adressen immer als auszuführend anzunehmen sind.

Starre Ansätze wie diese beruhen auf der Annahme stereotypen Verhaltens und berücksichtigen die Individualität einzelner Sprungbefehle nicht. In krassem Gegensatz dazu ziehen *dynamische* Hardware-Prädiktoren ihre Schlüsse aus dem Verhalten jedes einzelnen Sprungs und können die Vorhersage für eine Verzweigung während der Ausführung eines Programms ändern. In unserem

Beispiel würde eine Person bei der dynamischen Vorhersage prüfen, wie stark die Wäsche verschmutzt ist, die Waschmittelmenge und Waschtemperatur entsprechend einschätzen und die nächste **Vorhersage** vom Erfolg der vorherigen abhängig machen.

Ein beliebter Ansatz bei der dynamischen Vorhersage von Verzweigungen besteht darin, ausgeführte und nicht ausgeführte Sprünge zu protokollieren, und dann anhand der letzten Sprünge die nächsten vorherzusagen. Wie wir noch sehen werden, werden in großem Umfang Art und Anzahl von Sprüngen protokolliert mit dem Ergebnis, dass dynamische Sprungprädiktoren Sprünge mit einer Genauigkeit von über 90 % vorhersagen können (siehe Abschnitt 4.9). Wenn die Einschätzung falsch ist, muss die Pipelinesteuerung sicherstellen, dass die Befehle nach dem falsch eingeschätzten Sprung keine Auswirkung haben, und sie muss die Pipeline von der richtigen Sprungadresse aus neu starten. Bei unserem Waschsalonvergleich dürfen wir keine neuen Waschladungen mehr in die Waschmaschine füllen, so dass wir mit der falsch vorhergesagten Ladung von vorn beginnen können.

Wie bei allen anderen Möglichkeiten zur Auflösung von Steuerkonflikten verschärft sich das Problem bei längeren Pipelines, in diesem Fall durch eine Zunahme der Kosten durch falsche Vorhersagen. Möglichkeiten zur Auflösung von Steuerkonflikten werden in Abschnitt 4.9 ausführlicher beschrieben.

Anmerkung: Es gibt einen dritten Ansatz zur Auflösung des Steuerkonflikts. Dieser Ansatz wird als *verzögerte Entscheidung* bezeichnet. Bei unserem Beispiel würden Sie immer, wenn Sie eine Entscheidung dieser Art bezüglich eines Typs Wäsche treffen, einfach eine Ladung Wäsche eines anderen Typs in die Waschmaschine geben, während Sie darauf warten, dass die Wäsche des ersten Typs trocknet. Solange Sie genügend Wäsche zum Waschen haben, die von diesem Test nicht betroffen ist, funktioniert diese Lösung gut.

Dies wird als *verzögerter Sprung* bezeichnet, und wie weiter vorn bereits erwähnt, wird diese Lösung bei der MIPS-Architektur tatsächlich verwendet. Der verzögerte Sprung führt immer den nächsten Befehl in Folge aus, wobei der Sprung *nach* dieser Verzögerung ausgeführt wird. Dies bleibt dem in MIPS-Assemblersprache Programmierenden verborgen, da der Assembler die Befehle automatisch so anordnet, um das vom Programmierer gewünschte Sprungverhalten zu erzielen. Die MIPS-Software fügt einen Befehl direkt nach dem verzögerten Sprungbefehl ein, der vom Sprung nicht abhängig ist, und ein ausgeführter Sprung ändert die Adresse des Befehls *nach* diesem sicheren Befehl. In unserem Beispiel hat der add-Befehl vor dem Sprung in Abbildung 4.25 keine Auswirkung auf den Sprung und kann hinter den Sprung verschoben werden, um die Sprungverzögerung komplett zu verbergen. Da verzögerte Sprünge bei kurzen Sprüngen hilfreich sind, verwendet kein Prozessor einen um mehr als einen Zyklus verzögerten Sprung. Für längere Sprungverzögerungen wird in der Regel eine hardwareunterstützte Sprungvorhersage verwendet.

VORHERSAGE

Zusammenfassung: Die Technik des Pipelinings

PARALLELITÄT

PIPELINING

Pipelining ist eine Technik, die die **Parallelität** zwischen den Befehlen in einer Befehlssequenz ausnutzt. Sie hat den großen Vorteil, dass sie im Gegensatz zur Programmierung eines Multiprozessors für den Programmierer im Wesentlichen unsichtbar ist.

In den nächsten Abschnitten dieses Kapitels stellen wir das Konzept des **Pipelinings** anhand der MIPS-Befehluntermenge aus der Eintaktimplementierung in Abschnitt 4.4 vor und zeigen eine vereinfachte Version der dazu gehörenden Pipeline. Anschließend werden wir uns mit den Problemen, die durch das Pipelining entstehen, sowie mit der unter typischen Situationen erzielbaren Leistung befassen.

Wenn Sie eine detailliertere Betrachtung der Software und der durch Pipelining erzielbaren Leistung wünschen, verfügen Sie nun über genügend Hintergrundwissen, um zu Abschnitt 4.11 zu springen. Dort werden erweiterte Pipeline-Konzepte wie superskalares und dynamisches Scheduling vorgestellt. In Abschnitt 4.12 wird die Pipeline neuerer Mikroprozessoren untersucht.

Wenn Sie wissen möchten, wie Pipelining implementiert wird und wie Konflikte aufgelöst werden, können Sie mit der Beschreibung des Pipeline-Entwurfs für einen Datenpfad und der zugrunde liegenden Steuerung in Abschnitt 4.7 fortfahren. Mithilfe dieses neu erworbenen Wissens können Sie in Abschnitt 4.8 nachlesen, wie Forwarding und Verzögerungen implementiert werden. Anschließend lernen Sie in Abschnitt 4.9 weitere Möglichkeiten zur Auflösung von Steuerkonflikten kennen, und in Abschnitt 4.10 erfahren Sie, wie Ausnahmen behandelt werden.

Selbsttest

Geben Sie für jede der folgenden Codesequenzen an, ob die Pipeline angehalten werden muss, ob Verzögerungen nur mit Forwarding vermieden werden können oder ob die Codesequenzen ohne Verzögerung oder Forwarding ausgeführt werden können.

Sequenz 1	Sequenz 2	Sequenz 3
lw $t0, 0($t0)	add $t1, $t0, $t0	add $t1, $t0, #1
add $t1, $t0, $t0	addi $t2, $t0, #5	addi $t3, $t0, #2
	addi $t4, $t1,#5	addi $t3, $t0, #2
		addi $t3, $t0, #4
		addi $t5, $t0, #5

Zur Programmperformanz

Abgesehen vom Speichersystem ist die effiziente Arbeitsweise der Pipeline in der Regel der wichtigste Faktor zum Bestimmen des CPI-Werts und somit der

Prozessorleistung. Wie wir in Abschnitt 4.11 sehen werden, ist das Verständnis der Leistung eines modernen Prozessors mit Mehrfachzuordnung und Pipelining nicht einfach und erfordert Kenntnisse, die über die Fragestellungen hinausgehen, die sich bei einem Prozessor mit einfachem Pipelining ergeben. Dennoch bleiben Struktur-, Daten- und Steuerkonflikte sowohl bei einfachen als auch bei anspruchsvolleren Pipelines wichtig.

Bei modernen Pipelines entwickeln sich Strukturkonflikte in der Regel um die Gleitkommaeinheit, die möglicherweise nicht vollständig als Pipeline aufgebaut ist, während Steuerkonflikte eher bei Ganzzahlprogrammen ein Problem darstellen, bei denen Sprünge häufiger und weniger vorhersagbar sind. Datenkonflikte können sowohl bei Ganzzahl- als auch bei Gleitkommaprogrammen zum Flaschenhals werden. Oft ist der Umgang mit Datenkonflikten bei Gleitkommaprogrammen einfacher, da der Compiler aufgrund der geringeren Sprunghäufigkeit und des regelmäßigeren Zugriffsmusters Befehle so anordnen kann, dass Konflikte vermieden werden. Optimierungen dieser Art bei Ganzzahlprogrammen zu realisieren, die weniger regelmäßige Zugriffsmuster aufweisen und häufiger Zeiger verwenden, ist entsprechend schwieriger. Wie wir in Abschnitt 4.11 sehen werden, gibt es ehrgeizigere Compiler- und Hardwaretechniken zum Reduzieren von Datenabhängigkeiten durch Scheduling.

Grundwissen

Durch **Pipelining** werden die Anzahl der gleichzeitig ausgeführten Befehle und der Takt, mit dem Befehle gestartet und abgeschlossen werden, erhöht. Pipelining verkürzt nicht die zum Ausführen eines einzelnen Befehls erforderliche Zeit, die auch als **Latenz** bezeichnet wird. So benötigt beispielsweise die Ausführung eines Befehls in einer fünfstufigen Pipeline nach wie vor fünf Taktzyklen. In den in Kapitel 1 eingeführten Bezeichnungen verbessert Pipelining anstelle der *Ausführungszeit* oder der *Latenz* einzelner Befehle den Befehls*durchsatz*.

Befehlssätze können Entwicklern von Pipelines, die bereits mit Struktur-, Steuer- und Datenkonflikten zurechtkommen müssen, das Leben erleichtern oder erschweren. **Sprungvorhersage,** Forwarding und Verzögerungen tragen dazu bei, dass ein Computer schneller wird und dennoch die richtigen Ergebnisse liefert.

PIPELINING

Latenz Die Anzahl der Stufen in einer Pipeline oder die Anzahl der Stufen zwischen zwei Befehlen in der Ausführung.

VORHERSAGE

4.7 Pipelining von Datenpfad und Steuerwerk

In Abbildung 4.27 ist der Eintaktdatenpfad aus Abschnitt 4.4 dargestellt. Die Aufteilung eines Befehls in fünf Stufen erfordert eine fünfstufige Pipeline, was

Da ist weniger drin, als das Auge sieht.

Tallulah Bankhead, *Bemerkung an Alexander Wolcott*, 1922

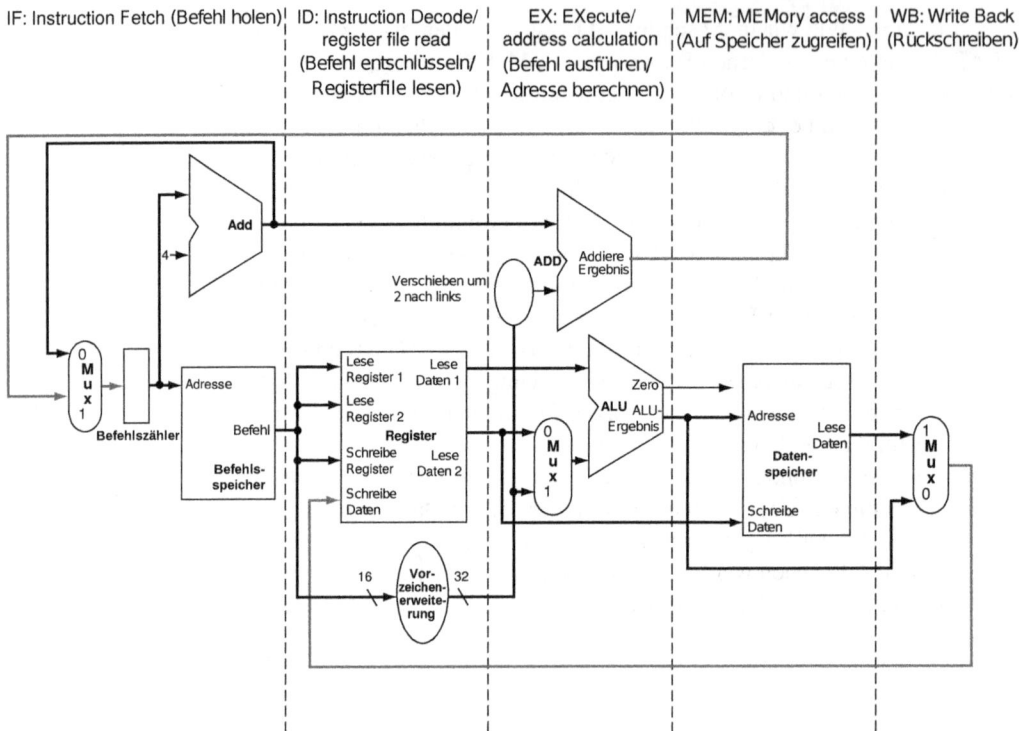

Abb. 4.27: Der Eintaktdatenpfad aus Abschnitt 4.4 (vgl. Abbildung 4.14). Alle Befehlsschritte können dem Datenpfad von links nach rechts zugeordnet werden. Die einzigen Ausnahmen (grau gezeichnet) bilden die Aktualisierung des Befehlszählers und der Rückschreibschritt. Bei ihnen werden entweder das ALU-Ergebnis oder die Daten aus dem Speicher zum Schreiben in das Registerfile nach links gesendet. (Normalerweise sind Steuerleitungen grau gezeichnet. In diesem Fall handelt es sich jedoch um Datenleitungen.)

wiederum bedeutet, dass sich während eines Takts bis zu fünf Befehle in der Ausführung befinden können. Somit müssen wir den Datenpfad in fünf Abschnitte unterteilen, wobei jeder Abschnitt nach der jeweiligen Befehlsausführungsstufe benannt wird:

1. IF: Instruction Fetch (Befehl holen)

2. ID: Instruction Decode and register file read (Befehl decodieren und Registerfile lesen)

3. EX: EXecution or address calculation (Befehl ausführen oder Adresse berechnen)

4. MEM: data MEMory access (auf Datenspeicher zugreifen)

5. WB: Write Back (Ergebnis zurückschreiben)

In Abbildung 4.27 entsprechen diese fünf Komponenten im Wesentlichen der Darstellung des Datenpfads. Im Allgemeinen durchlaufen die Befehle und Daten bei der Ausführung die fünf Stufen von links nach rechts. Bei unserem

Beispiel mit dem Wäschewaschen wird die Wäsche immer sauberer, trockener und geordneter je weiter sie in der Pipeline vorankommt, und keines der Wäschestücke wandert rückwärts.

Von diesem Befehlsfluss, der im Allgemeinen von links nach rechts führt, gibt es jedoch zwei Ausnahmen:

- die Rückschreibstufe, in der das Ergebnis an das Registerfile in der Mitte des Datenpfads zurückgesendet wird,

- die Auswahl des nächsten Werts des Befehlszählers, wobei zwischen dem inkrementierten Befehlszähler und der Sprungadresse aus der MEM-Stufe ausgewählt wird.

Daten, die von rechts nach links fließen, haben keine Auswirkungen auf den aktuellen Befehl. Nur Befehle, die die Pipeline später durchlaufen, sind von diesen Rückwärtsbewegungen von Daten betroffen. Beachten Sie, dass der erste Pfeil von rechts nach links zu einem Datenkonflikt führen kann und dass der zweite Pfeil Steuerkonflikte hervorruft.

Eine Möglichkeit darzustellen, was bei der Befehlsausführung mittels Pipeline geschieht, besteht darin, so zu tun, als hätte jeder Befehl einen eigenen Datenpfad, und die daraus resultierenden Datenpfade entlang einer Zeitachse anzuordnen, um deren Beziehung zueinander darzustellen. In Abbildung 4.28 ist die Ausführung der Befehle aus Abbildung 4.21 dargestellt, wobei die einzelnen Datenpfade auf einer gemeinsamen Zeitachse dargestellt sind. Wir haben eine vereinfachte Version des Datenpfads aus Abbildung 4.27 gewählt, um die Beziehung der Datenpfade zueinander in Abbildung 4.28 zu verdeutlichen.

Nach Abbildung 4.28 scheint es so, als benötigten drei Befehle drei Datenpfade. Stattdessen fügen wir jedoch Register ein, die die Daten aufnehmen, so dass Teile eines einzelnen Datenpfades während der Befehlsausführung gemeinsam genutzt werden können.

Wie Abbildung 4.28 zu entnehmen ist, wird der Befehlsspeicher für einen Befehl nur in einer der fünf Stufen verwendet, so dass er von anderen Befehlen während der anderen vier Stufen verwendet werden kann. Damit der Wert eines einzelnen Befehls für seine anderen vier Stufen nicht verloren geht, muss der aus dem Befehlsspeicher gelesene Wert in einem Register gespeichert werden. Ähnliche Argumente gelten für alle anderen Pipelinestufen. Also müssen wir an allen Stellen Register einfügen, wo sich in Abbildung 4.27 Grenzen zwischen den Stufen der Pipeline befinden. In unserer Analogie mit dem Wäschewaschen können wir jeweils einen Korb zwischen zwei Stufen stellen, in den wir die Wäsche für die nächste Stufe legen können.

In Abbildung 4.29 ist das Pipelining des Datenpfads dargestellt, wobei die Pipelineregister grau gezeichnet sind. Alle Befehle rücken während der einzelnen Taktzyklen von einem zum nächsten Pipelineregister vor. Die Register werden nach den beiden Stufen benannt, die durch sie getrennt werden. So heißt das Pipelineregister zwischen der IF-Stufe und der ID-Stufe beispielsweise IF/ID-Register.

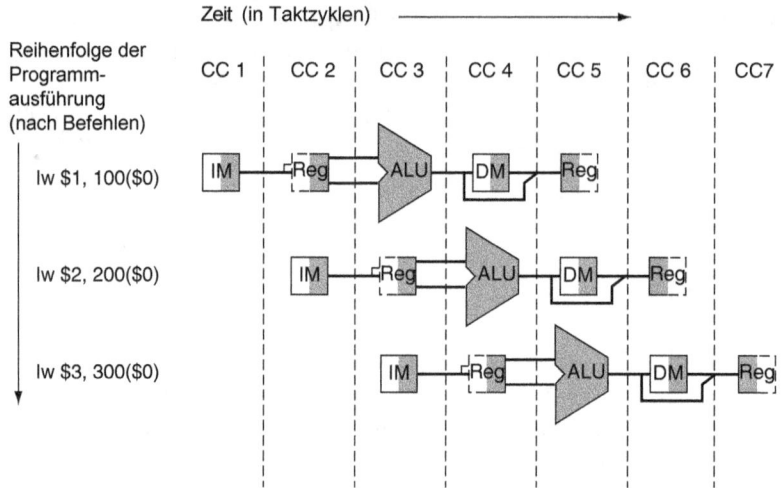

Abb. 4.28: Befehle, die mit dem Eintaktdatenpfad aus Abbildung 4.27 ausgeführt werden, wobei von einer Ausführung mittels Pipeline ausgegangen wird. Ähnlich wie bei den Abbildungen 4.22 bis 4.24 wird bei dieser Abbildung so getan, als hätte jeder Befehl einen eigenen Datenpfad, und jeder Teil ist entsprechend der Nutzung schattiert. Im Gegensatz zu diesen Abbildungen sind die einzelnen Stufen nach der in der jeweiligen Stufe verwendeten Hardwareressource entsprechend den Abschnitten im Datenpfad in Abbildung 4.27 benannt. *IM* steht für Instruction Memory (Befehlsspeicher) und Befehlszähler in der Befehlsholstufe, *Reg* steht für Registerfile und Vorzeichenerweiterungseinheit in der Befehlsdecodier-/Registerlesestufe (ID) usw. Um die richtige zeitliche Abfolge aufrechtzuerhalten, wird bei diesem vereinfachten Datenpfad das Registerfile in zwei logische Teile aufgeteilt: Register, die während der Registerholstufe (ID) gelesen werden, und Register, in die während der Rückschreibstufe (WB) geschrieben wird. Diese doppelte Nutzung wird dargestellt, indem die nicht schattierte linke Hälfte des Registerfiles in der ID-Stufe mit gestrichelter Linie dargestellt wird, wenn das Registerfile nicht beschrieben wird, und indem die nicht schattierte rechte Hälfte in der WB-Stufe mit gestrichelter Linie dargestellt wird, wenn das Registerfile nicht gelesen wird. Wie zuvor gehen wir auch hier davon aus, dass das Registerfile in der ersten Hälfte des Taktzyklus beschrieben und während der zweiten Hälfte gelesen wird.

Am Ende der Rückschreibstufe gibt es kein Pipelineregister. Alle Befehle müssen einen Zustand im Prozessor (das Registerfile, den Speicher oder den Befehlszähler) aktualisieren, so dass für den aktualisierten Zustand kein eigenes Pipelineregister erforderlich ist. Ein Ladebefehl speichert beispielsweise sein Ergebnis in einem der 32 Register und jeder spätere Befehl, der diese Daten benötigt, liest einfach das entsprechende Register.

Jeder Befehl aktualisiert den Befehlszähler entweder durch Inkrementieren oder dadurch, dass er ihn mit einer Sprungzieladresse beschreibt. Sie können sich den Befehlszähler als ein Pipelineregister vorstellen, das der IF-Stufe der Pipeline die gewünschten Daten bereitstellt. Im Gegensatz zu den schattierten Pipelineregistern in Abbildung 4.28 ist der Befehlszähler jedoch Teil der sichtbaren Architektur. Sein Inhalt muss gerettet werden, wenn eine Unterbrechung auftritt, während der Inhalt der Pipelineregister nicht berücksichtigt werden muss. In dem Beispiel mit dem Wäschewaschen wäre der Befehlszähler der Korb, in den Sie die Ladung schmutziger Wäsche vor dem Waschschritt legen.

IF/ID ID/EX EX/MEM MEM/WB

Add

4

0 Mux 1

Befehlszähler

Adresse

Befehlsspeicher

IBefehl

Lese Register 1
Lese Register 2
Schreibe Register
Schreibe Daten

Register

Lese Daten 1
Lese Daten 2

Add Addiere Ergebnis

Verschieben um 2 nach links

0 Mux 1

ALU

Zero
ALU-Ergebnis

Adresse

Daten speicher

Lese Daten

Schreibe Daten

0 Mux 1

16 Vor-zeichen-erweiterung 32

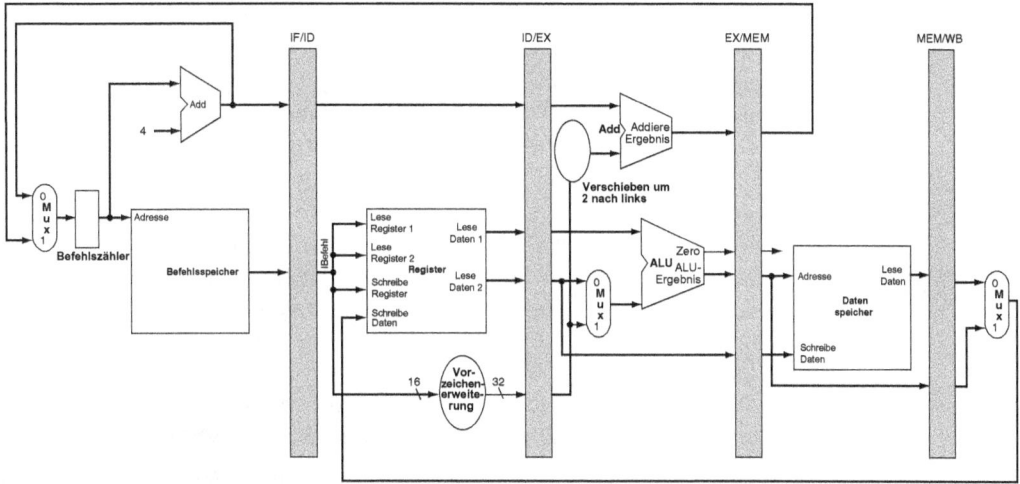

Abb. 4.29: Die Version des Datenpfads in Abbildung 4.27 mit Pipelining. Die grau gezeichneten Pipelineregister trennen die einzelnen Pipelinestufen voneinander. Sie sind nach den Stufen benannt, die sie trennen. So heißt beispielsweise das erste Register *IF/ID*-Register, da es die Befehlshol- von der Befehlsdecodierstufe trennt. Die Register müssen breit genug sein, um alle Daten entsprechend der Leitungen, die durch sie hindurchführen, speichern zu können. So muss das IF/ID-Register beispielsweise 64 Bit breit sein, da in diesem Register sowohl der aus dem Speicher geholte 32-Bit-Befehl als auch die inkrementierte 32-Bit-Befehlszähleradresse gespeichert werden muss. Diese Register werden wir im Laufe dieses Kapitels noch erweitern. Im Moment umfassen die anderen drei Pipelineregister jedoch jeweils 128 Bit, 97 Bit und 64 Bit.

Um zu zeigen, wie das Pipelining funktioniert, werden wir in diesem Kapitel ihre Funktionsweise in Abhängigkeit der Zeit anhand von einzelnen Sequenzen der Abbildungen erläutern. Es scheint, als wäre zum Verstehen dieser zusätzlichen Seiten eine Menge Zeit erforderlich. Aber keine Angst, für die Sequenzen benötigen Sie viel weniger Zeit als es zunächst scheinen mag, da Sie die Sequenzen miteinander vergleichen und so feststellen können, was sich in den einzelnen Taktzyklen ändert. In Abschnitt 4.8 wird beschrieben, was geschieht, wenn zwischen Befehlen in Pipelines Datenkonflikte auftreten. Im Moment können Sie diese noch ignorieren.

In den Abbildungen 4.30 bis 4.32, unserer ersten Sequenz, sind die aktiven Teile der fünf Pipelinestufen des Datenpfads grau gezeichnet, die ein Ladebefehl durchläuft. Wir stellen den Ladebefehl als Erstes dar, weil er in allen fünf Stufen aktiv ist. Wie in den Abbildungen 4.22 bis 4.24 ist die *rechte Hälfte* der Register oder des Speichers hervorgehoben, wenn *gelesen* wird, und die *linke Hälfte*, wenn *geschrieben* wird. In jeder Abbildung ist die Abkürzung des Befehls lw und der Name der Pipelinestufe angegeben, die jeweils aktiv ist. Die folgenden fünf Stufen sind dargestellt:

1. *Instruction fetch (Befehl holen)*: Im oberen Teil der Abbildung 4.30 ist der Befehl dargestellt, der mithilfe der im Befehlszähler enthaltenen Adresse aus dem Speicher gelesen und im IF/ID-Pipelineregister gespeichert wird. Die Adresse im Befehlszähler wird um vier inkrementiert, dann wieder in

den Befehlszähler geschrieben und steht so für den nächsten Taktzyklus bereit. Diese inkrementierte Adresse wird außerdem im IF/ID-Pipelineregister gespeichert, falls sie zu einem späteren Zeitpunkt für einen Befehl wie etwa den beq-Befehl benötigt wird. Der Computer kann nicht wissen, welcher Befehlstyp geholt wird. Also muss er auf jeden Befehl vorbereitet sein und möglicherweise benötigte Informationen für die Pipeline weiterleiten.

2. *Instruction decode and register file read (Befehl decodieren/Register lesen)*: Im unteren Teil der Abbildung 4.30 sind der Befehlsteil des IF/ID-Pipelineregisters, der das 16-Bit-Immediate-Feld bereitstellt, das mit dem Vorzeichen auf 32 Bit erweitert wurde, und die Registeradressen zum Lesen der beiden Register dargestellt. Alle drei Werte werden zusammen mit der inkrementierten Befehlszähleradresse im ID/EX-Pipelineregister gespeichert. Wir übernehmen wieder alle Informationen, die von einem Befehl während eines späteren Taktzyklus möglicherweise benötigt werden könnten.

3. *Execute or address calculation (Befehl ausführen oder Adresse berechnen)*: In Abbildung 4.31 ist dargestellt, dass der Ladebefehl den Inhalt von Register 1 und den Inhalt des vorzeichenerweiterten Immediate-Felds aus dem ID/EX-Pipelineregister liest und mithilfe der ALU addiert. Die Summe wird im EX/MEM-Pipelineregister gespeichert.

4. *Memory access (Speicherzugriff)*: Im oberen Teil der Abbildung 4.32 ist dargestellt, wie der Ladebefehl den Datenspeicher mithilfe der Adresse aus dem EX/MEM-Pipelineregister liest und die Daten in das MEM/WB-Pipelineregister lädt.

5. *Write back (Ergebnis zurückschreiben)*: Im unteren Teil der Abbildung 4.32 ist der letzte Schritt dargestellt: Lesen der Daten aus dem MEM/WB-Pipelineregister und Schreiben der Daten in das Registerfile in der Mitte der Abbildung.

Anhand dieser Beschreibung des Weges durch eine Pipeline am Beispiel des Ladebefehls wird deutlich, dass sämtliche Daten, die in einer späteren Pipelinestufe benötigt werden, über ein Pipelineregister an diese Stufe übergeben werden müssen. Die Beschreibung eines Speicherbefehls zeigt die Ähnlichkeit der Befehlsausführung sowie der Übergabe der Daten für die späteren Stufen in der Pipeline. Der Speicherbefehl durchläuft die folgenden fünf Pipelinestufen:

1. *Instruction fetch (Befehl holen)*: Der Befehl wird mithilfe der im Befehlszähler gespeicherten Adresse aus dem Speicher gelesen und im IF/ID-Pipelineregister gespeichert. Diese Stufe kommt vor dem Decodieren des Befehls, d. h., der obere Teil von Abbildung 4.30 arbeitet bei Speicher- und Ladebefehlen gleich.

2. *Instruction decode and register file read (Befehl decodieren/Register lesen)*: Der Befehl im IF/ID-Pipelineregister stellt die Registeradressen zum Lesen zweier Register bereit und erweitert das 16-Bit-Immediate-Feld um das Vorzeichen. Diese drei 32-Bit-Werte werden zusammen im ID/EX-Pipelineregister gespeichert. Im unteren Teil der Abbildung 4.30 für La-

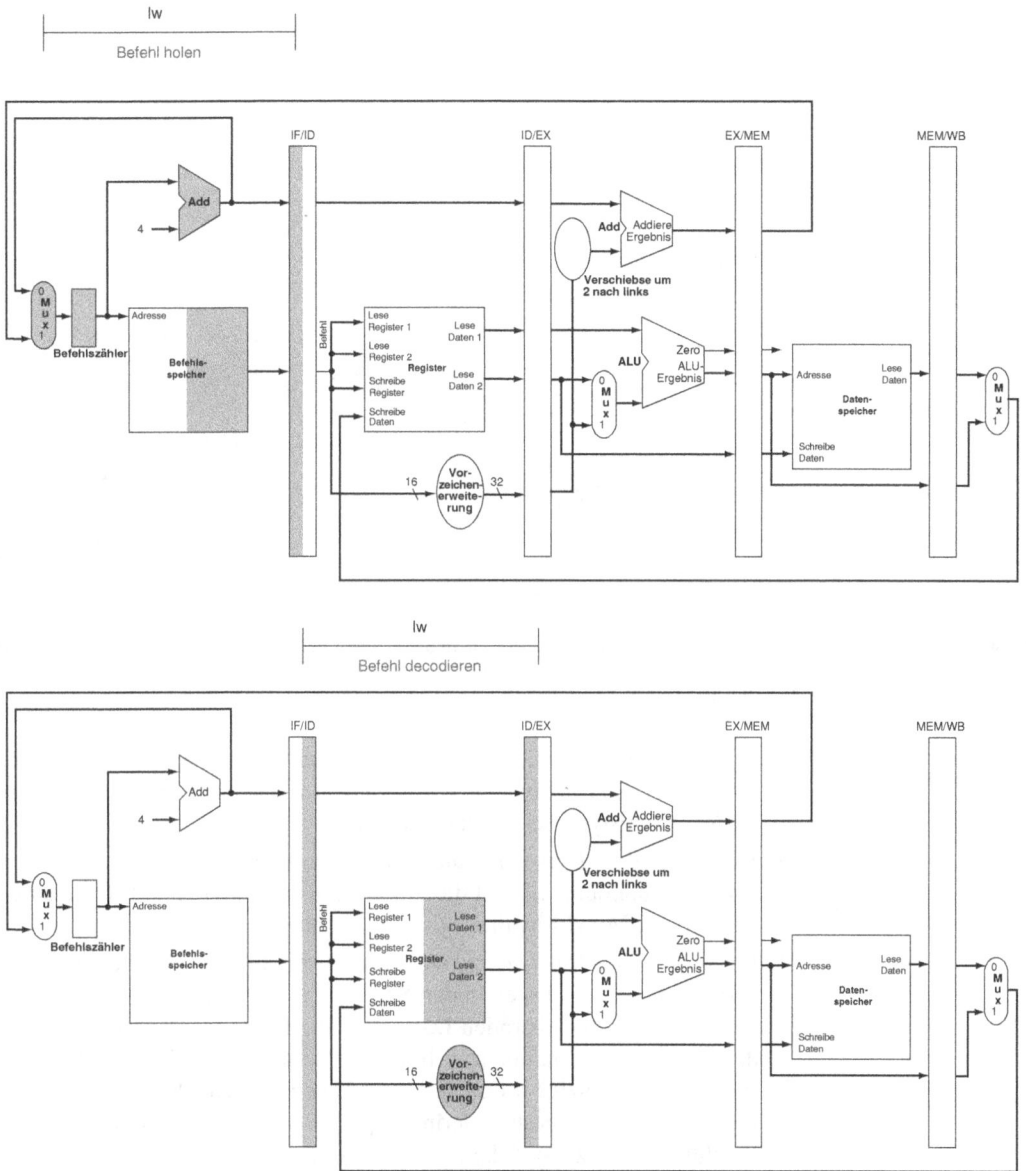

Abb. 4.30: IF und ID: Die erste und zweite Pipelinestufe eines Befehls, wobei die aktiven Teile des Datenpfads aus Abbildung 4.29 grau gezeichnet sind. Die Konvention für die grau gezeichneten Elemente ist dieselbe wie die in Abbildung 4.22. Wie in Abschnitt 4.2 kommt es beim Lesen und Schreiben der Register zu keinem Durcheinander, da der Inhalt nur an der Taktflanke geändert wird. Obwohl der Ladebefehl in Stufe 2 nur die oberen Register benötigt, weiß der Prozessor nicht, welcher Befehl decodiert wird, weshalb er die 16-Bit-Konstante um das Vorzeichen erweitert und beide Register in das ID/EX-Pipelineregister liest. Wir benötigen nicht alle drei Operanden, aber es vereinfacht die Steuerung, wenn wir alle drei erhalten.

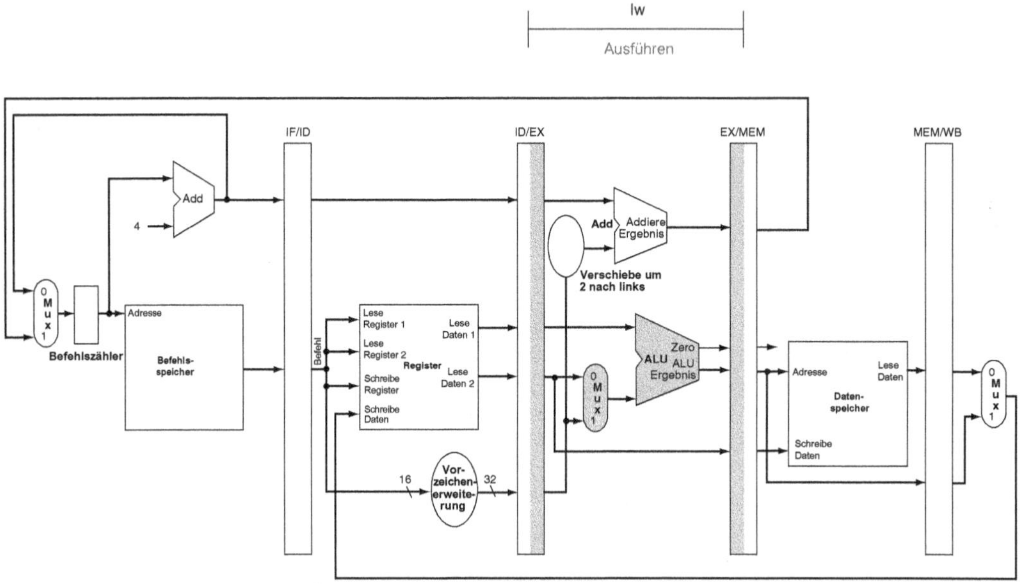

Abb. 4.31: EX: Die dritte Pipelinestufe eines Ladebefehls, wobei die in dieser Pipelinestufe verwendeten Abschnitte des Datenpfads aus Abbildung 4.29 grau gezeichnet sind. Das Register wird zum vorzeichenerweiterten Immediate-Feld hinzugefügt, und die Summe wird im EX/MEM-Pipelineregister gespeichert.

debefehle sind auch die Abläufe der zweiten Stufe für Speicherbefehle dargestellt. Diese ersten beiden Stufen werden von allen Befehlen durchlaufen, da der Befehlstyp noch nicht bekannt ist.

3. *Execute and address calculation (Befehl ausführen oder Adresse berechnen)*: In Abbildung 4.33 ist die dritte Stufe dargestellt. Die Effektivadresse wird im EX/MEM-Pipelineregister gespeichert.

4. *Memory access (Speicherzugriff)*: Im oberen Teil der Abbildung 4.34 ist dargestellt, wie die Daten in den Speicher geschrieben werden. Das Register, das die zu speichernden Daten enthält, wurde in einer früheren Stufe der Pipeline gelesen, und sein Inhalt wurde im ID/EX-Pipelineregister gespeichert. Die einzige Möglichkeit, die Daten während der MEM-Stufe verfügbar zu machen, besteht darin, die Daten in der EX-Stufe im EX/MEM-Pipelineregister zu speichern, ganz analog zur Speicherung der Effektivadresse im EX/MEM-Pipelineregister.

5. *Write back (Ergebnis zurückschreiben)*: Im unteren Teil der Abbildung 4.34 ist der letzte Schritt des Speicherbefehls dargestellt. Bei diesem Befehl geschieht in der Rückschreibstufe nichts. Da alle Befehle nach dem Speicherbefehl bereits in der Pipeline ausgeführt werden, haben wir keine Möglichkeit, diese Befehle zu beschleunigen. Somit durchläuft ein Befehl eine Stufe, auch wenn es in dieser Stufe nichts zu tun gibt, da Befehle weiter hinten in der Pipeline bereits mit maximaler Geschwindigkeit ausgeführt werden.

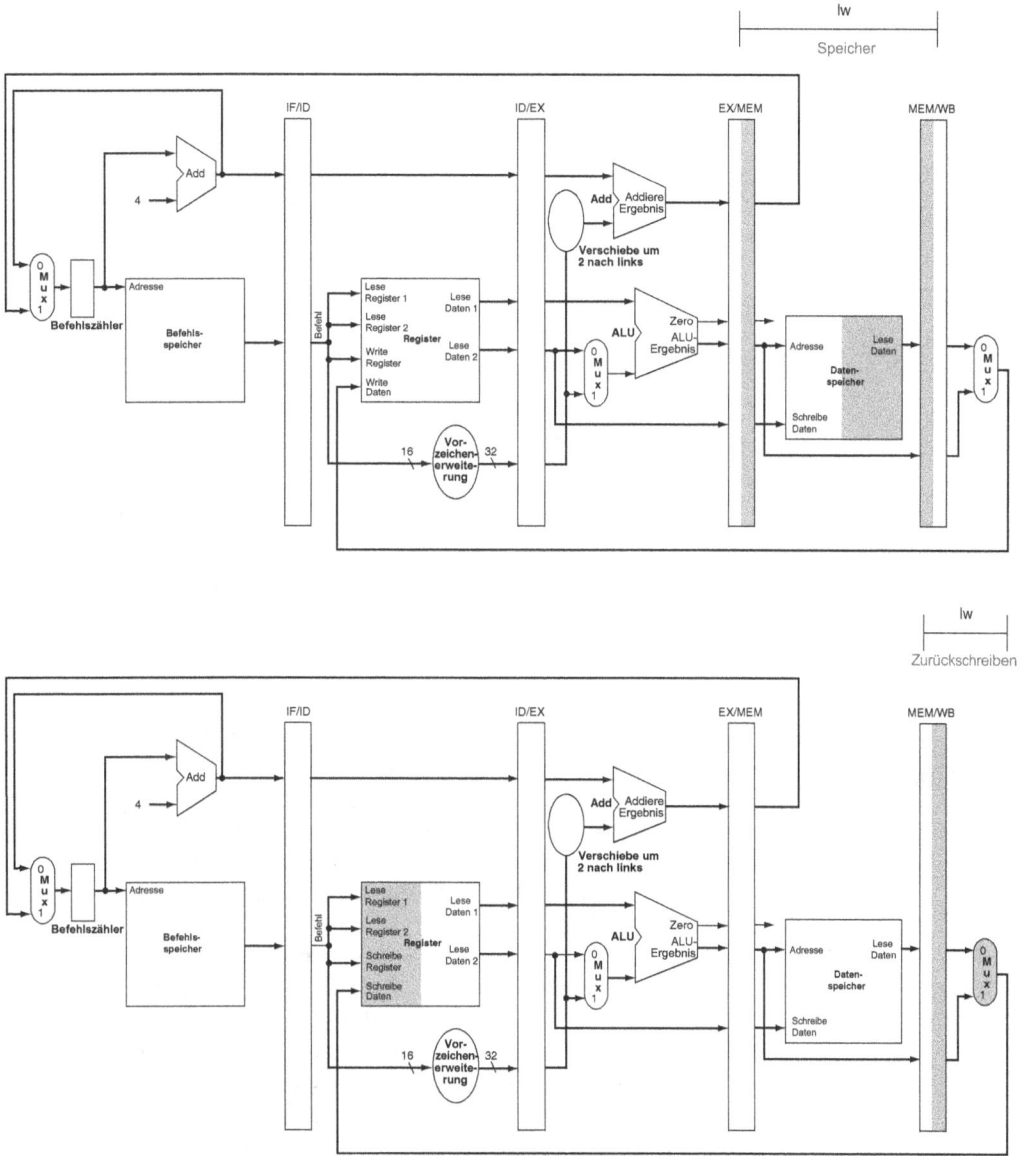

Abb. 4.32: MEM und WB: Die vierte und fünfte Pipelinestufe eines Ladebefehls, wobei die in dieser Pipelinestufe verwendeten Teile des Datenpfads aus Abbildung 4.29 grau gezeichnet sind. Der Datenspeicher wird mithilfe der in den EX/MEM-Pipelineregistern gespeicherten Adresse gelesen, und die Daten werden im MEM/WB-Pipelineregister gespeichert. Als Nächstes werden Daten aus dem MEM/WB-Pipelineregister gelesen und in das Registerfile in der Mitte des Datenpfads geschrieben. Beachten Sie, dass es in diesem Design einen Bug gibt, der in Abbildung 4.35 repariert wird.

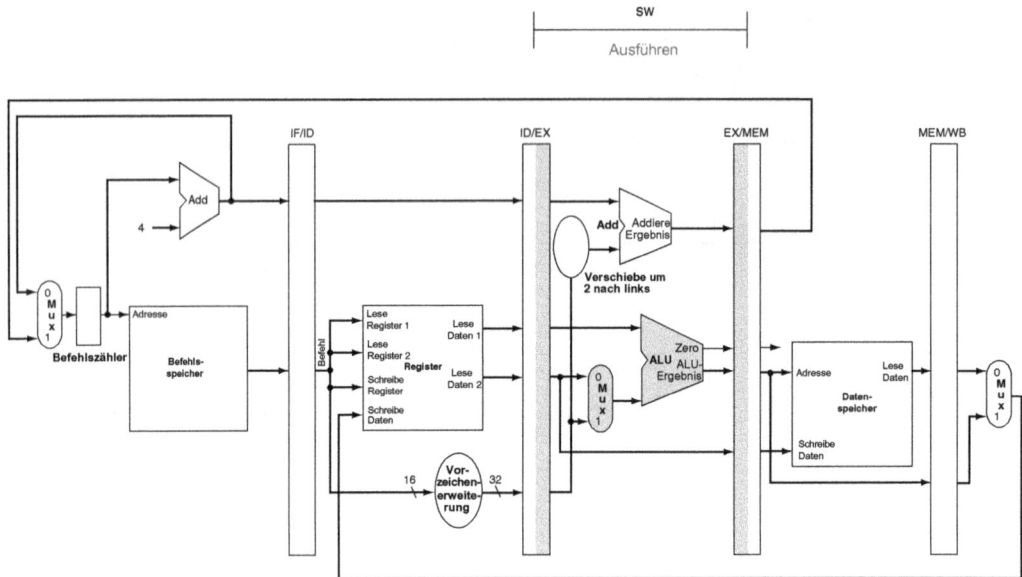

Abb. 4.33: EX: Die dritte Pipelinestufe eines Speicherbefehls. Im Gegensatz zur dritten Stufe des Ladebefehls in Abbildung 4.31 wird der zweite Registerwert für die Verwendung in der nachfolgenden Stufe in das EX/MEM-Pipelineregister geladen. Obwohl es nicht schaden würde, dieses zweite Register immer in das EX/MEM-Pipelineregister zu schreiben, tun wir dies nur bei einem Speicherbefehl, damit die Pipeline leichter zu verstehen ist.

Anhand des Speicherbefehls wird ebenfalls deutlich, dass zum Übergeben von Daten von einer früheren Stufe in der Pipeline an eine spätere Stufe diese Daten in einem Pipelineregister gespeichert werden müssen. Geschieht dies nicht, sind die Daten verloren, wenn der nächste Befehl in diese Pipelinestufe eintritt. Für den Speicherbefehl müssen wir eines der in der ID-Stufe gelesenen Register an die MEM-Stufe übergeben, in der es im Speicher abgelegt wird. Die Daten werden zuerst im ID/EX-Pipelineregister gespeichert und anschließend an das EX/MEM-Pipelineregister übertragen.

Anhand des Lade- und Speicherbefehls wird ein zweiter wichtiger Punkt deutlich: Jede logische Komponente des Datenpfads (wie Befehlsspeicher, Registerleseports, ALU, Datenspeicher und Registerschreibport) kann nur innerhalb *einer* Pipelinestufe genutzt werden. Andernfalls entsteht ein *Strukturkonflikt* (siehe Seite 307). Somit können diese Komponenten und deren Steuerung nur genau einer Pipelinestufe zugeordnet werden.

Nun können wir einen Fehler im Entwurf des Ladebefehls aufdecken. Haben Sie ihn bereits gefunden? Welches Register wird in der letzten Stufe des Ladebefehls geändert? Genauer ausgedrückt: Welches Register stellt die Registeradresse zum Schreiben in das Register bereit? Der Befehl im IF/ID-Pipelineregister stellt die Registeradresse bereit. Dieser Befehl tritt jedoch deutlich *nach* dem Ladebefehl auf!

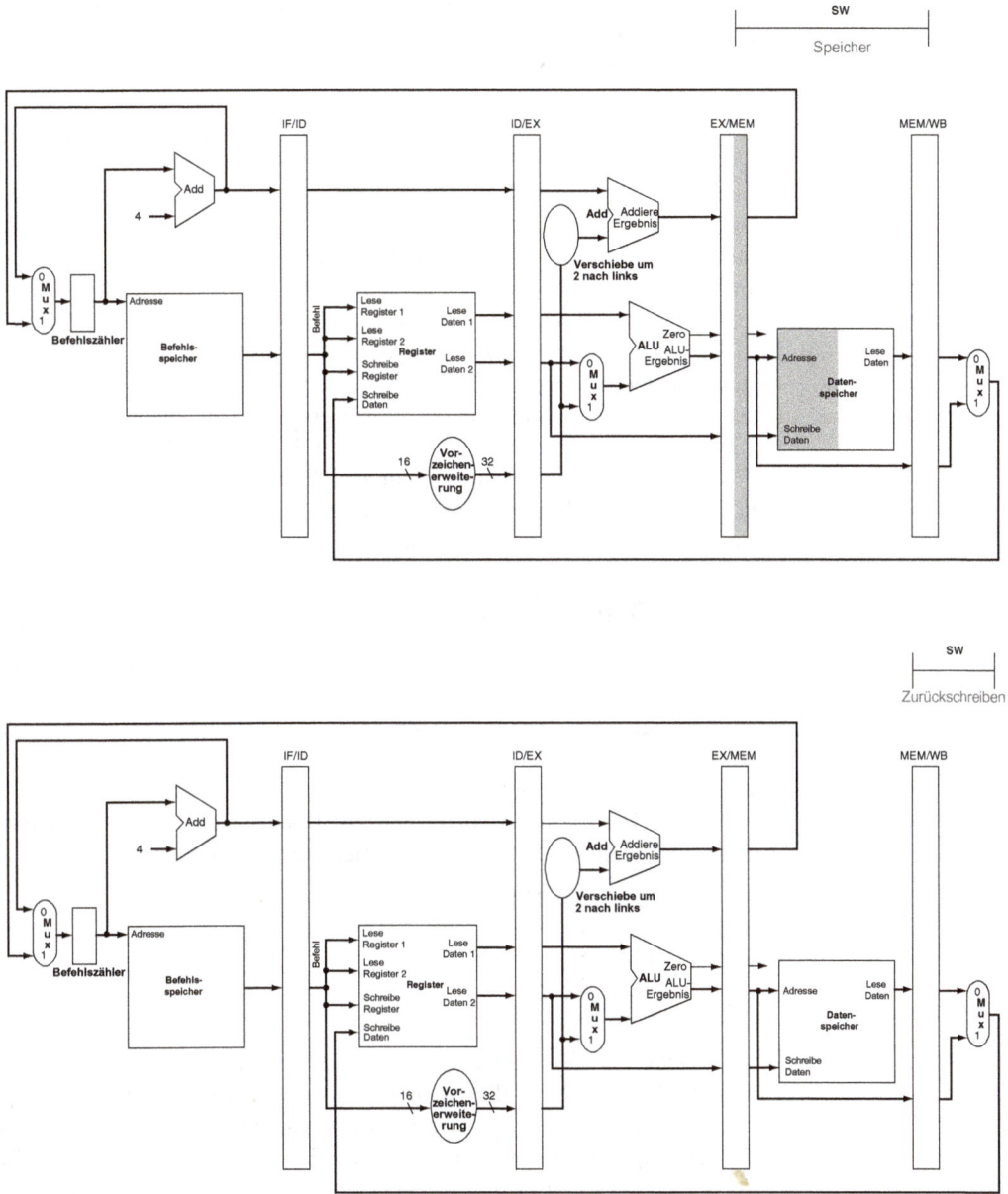

Abb. 4.34: MEM und WB: Die vierte und fünfte Stufe eines Speicherbefehls. In der vierten Stufe werden die Daten zum Speichern in den Datenspeicher geschrieben. Die Daten stammen aus dem EX/MEM-Pipelineregister. Im MEM/WB-Pipelineregister wird nichts verändert. Wenn die Daten in den Speicher geschrieben sind, bleibt für den Speicherbefehl nichts mehr zu tun. Somit geschieht in Stufe 5 nichts.

Wir müssen also die Zielregisteradresse im Ladebefehl erhalten. So wie ein Speicherbefehl den *Inhalt* des Registers vom ID/EX-Pipelineregister an das EX/MEM-Pipelineregister übergeben hat, muss der Ladebefehl die *Adresse* des Registers vom ID/EX-Pipelineregister über das EX/MEM-Pipelineregister an das MEM/WB-Pipelineregister übergeben, damit diese in der WB-Stufe verwendet werden kann. Eine andere Möglichkeit, sich die Übergabe der Registeradresse vorzustellen, ist die, dass zur gemeinsamen Nutzung des Pipelinedatenpfads der in der IF-Stufe gelesene Befehl erhalten werden muss, so dass jedes Pipelineregister einen Teil des Befehls enthält, der für diese Stufe und spätere Stufen in der Pipeline benötigt werden.

In Abbildung 4.35 ist die korrigierte Version des Datenpfads dargestellt, bei dem die Registeradresse zum Schreiben in das Register zuerst an das ID/EX-Register, dann an das EX/MEM-Register und schließlich an das MEM/WB-Register übergeben wird. Die Registeradresse wird in der WB-Stufe zum Festlegen des Registers benötigt, in das geschrieben werden soll. Abbildung 4.36 ist eine einfache Darstellung des korrigierten Datenpfads, wobei die in allen fünf Stufen des lw-Befehls aus Abbildung 4.30 bis 4.32 verwendete Hardware grau gezeichnet ist. In Abschnitt 4.9 wird erläutert, was zu tun ist, damit der Sprungbefehl wie erwartet funktioniert.

Grafische Darstellung von Pipelines

Pipelines sind oft schwer verständlich, da in jedem Taktzyklus viele Befehle in einem einzigen Datenpfad gleichzeitig ausgeführt werden. Zum leichteren Verständnis von Pipelines gibt es zwei grundsätzliche Arten der Darstellung: *Mehrzyklen-Pipelinediagramme* (siehe Abbildung 4.28) und *Einzyklen-Pipelinediagramme* (siehe Abbildung 4.30 bis 4.34). Die Mehrzyklendiagramme sind einfacher, enthalten jedoch nicht alle Details. Gehen wir beispielsweise von der folgenden, aus fünf Befehlen bestehenden Sequenz aus:

```
lw      $10, 20($1)
sub     $11, $2, $3
add     $12, $3, $4
lw      $13, 24($1)
add     $14, $5, $6
```

In Abbildung 4.37 ist das Mehrzyklen-Pipelinediagramm für diese Befehle dargestellt. Die Zeit ist in diesen Diagrammen von links nach rechts angegeben und die Befehle sind von oben nach unten aufgeführt, ähnlich wie bei der Waschsalonpipeline in Abbildung 4.20. Die Pipelinestufen sind in jedem Teil entsprechend der jeweiligen Taktzyklen entlang der Befehlsachse dargestellt. Diese vereinfachten Datenpfade stellen die fünf Stufen unserer Pipeline dar. Ein Rechteck mit dem Namen der einzelnen Pipelinestufen funktioniert jedoch ebenso gut. Abbildung 4.38 zeigt eine traditionellere Variante des Mehrzyklen-Pipelinediagramms. Während in Abbildung 4.37 die in den einzelnen Stufen

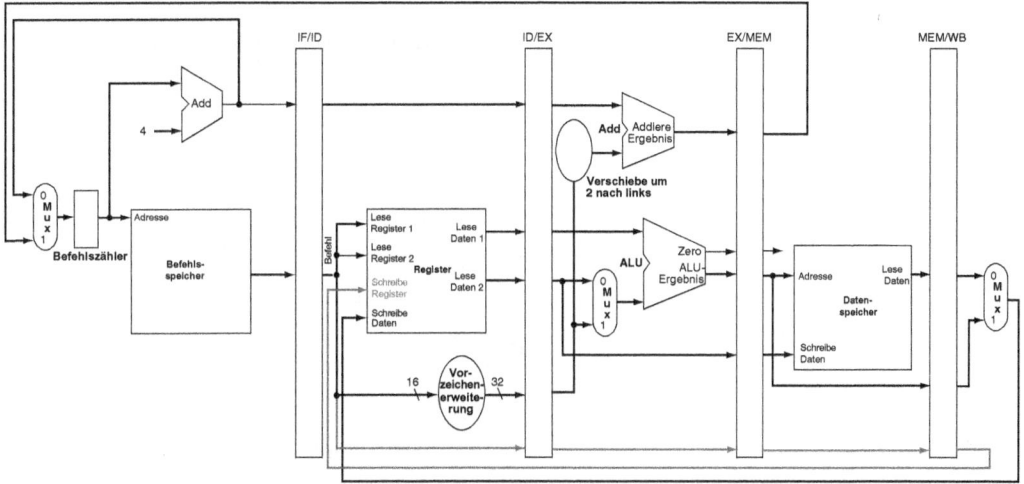

Abb. 4.35: Die korrigierte Pipeline des Datenpfads für eine ordnungsgemäße Bearbeitung des Ladebefehls. Die Registeradresse wird vom MEM/WB-Pipelineregister zusammen mit den Daten bereitgestellt. Die Registeradresse wird von der ID-Pipelinestufe so lange übergeben, bis sie das MEM/WB-Pipelineregister erreicht, wodurch in den letzten drei Pipelineregistern fünf weitere Bit hinzugefügt werden müssen. Dieser neue Pfad ist grau gezeichnet.

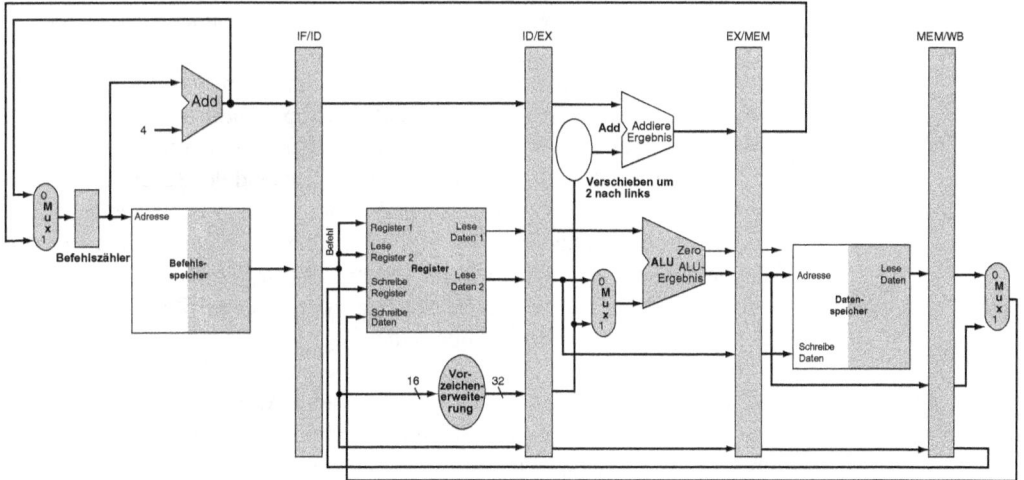

Abb. 4.36: Der Teil des Datenpfads aus Abbildung 4.35, der in allen fünf Stufen eines Ladebefehls verwendet wird.

Zeit (in Taktzyklen) ————————————————————————————→

CC 1   CC 2   CC 3   CC 4   CC 5   CC 6   CC 7   CC 8   CC 9

Reihenfolge der
Programmausführung
(nach Befehlen)

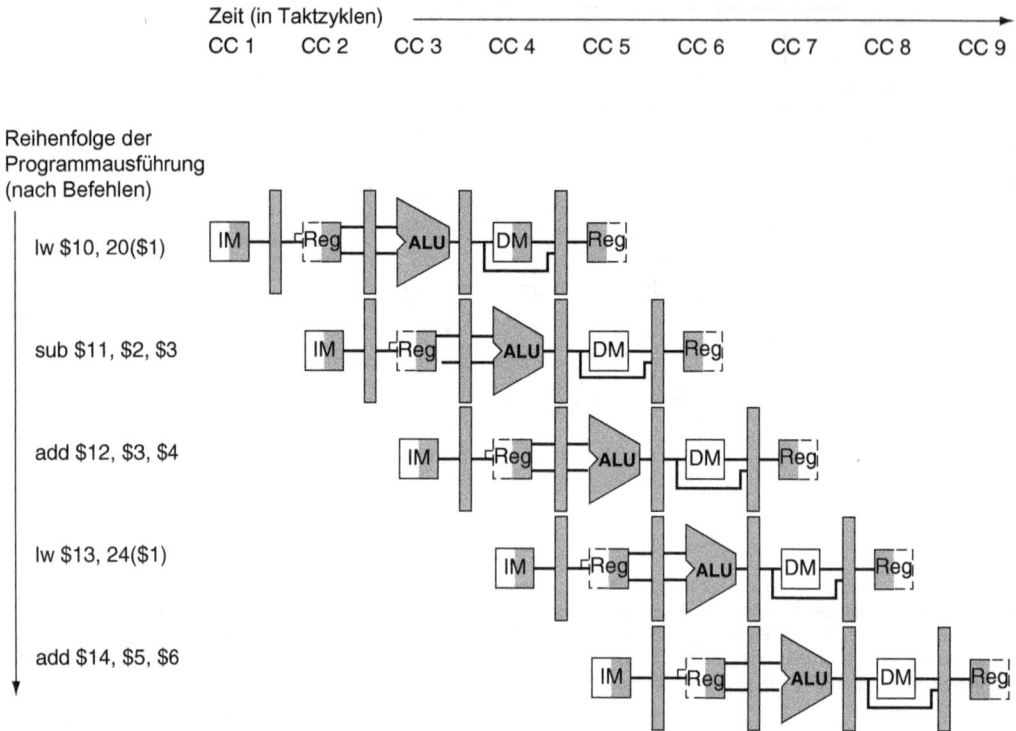

Abb. 4.37: Mehrzyklen-Pipelinediagramm von fünf Befehlen. Mit dieser Art der Pipelinedarstellung wird die vollständige Ausführung von Befehlen in einer einzigen Abbildung dargestellt. Befehle werden in der Reihenfolge der Befehlsausführung von oben nach unten und Taktzyklen von links nach rechts dargestellt. Im Gegensatz zu Abbildung 4.22 befinden sich hier zwischen den einzelnen Stufen die Pipelineregister. Abbildung 4.38 zeigt die herkömmliche Art der Darstellung dieses Diagramms.

verwendeten Hardwareressourcen dargestellt sind, wird in Abbildung 4.38 der *Name* der einzelnen Stufen verwendet. Mehrzyklendiagramme werden hier verwendet, um eine Übersicht über Pipelinesituationen darzustellen.

Einzyklen-Pipelinediagramme stellen den Zustand des gesamten Datenpfades während eines Taktzyklus dar, und in der Regel werden alle fünf Befehle in der Pipeline über den jeweiligen Pipelinestufen angegeben. Mit dieser Art von Abbildung zeigen wir im Detail, was in der Pipeline während der einzelnen Taktzyklen geschieht. Meist werden mehrere Zeichnungen dargestellt, um den Pipelinebetrieb über eine Folge von Taktzyklen hinweg zu veranschaulichen. (Falls Sie an zusätzlichen Details von Abbildung 4.37 interessiert sind: Online-Abschnitt 4.14 zeigt weitere Abbildungen von Einzyklen-Diagrammen.) Ein Einzyklen-Pipelinediagramm stellt einen vertikalen Schnitt durch ein Mehrzyklen-Pipelinediagramm dar und veranschaulicht, wie der Datenpfad von den einzelnen Befehlen in der Pipeline zu dem dargestellten Taktzyklus genutzt wird. In Abbildung 4.39 ist beispielsweise ein Einzyklen-Pipelinediagramm dargestellt, das dem Taktzyklus 5 aus den Abbildungen 4.37 und 4.38 entspricht. Das Einzyklen-Pipelinediagramm ist offensichtlich aus-

Zeit (in Taktzyklen)

CC 1   CC 2   CC 3   CC 4   CC 5   CC 6   CC 7   CC 8   CC 9

Reihenfolge der
Programmausführung
(nach Befehlen)

lw $10, 20($1)	Befehl holen	Befehl ent-schlüsseln	Ausführen	Daten-zugriff	Zurück-schreiben			
sub $11, $2, $3		Befehl holen	Befehl ent-schlüsseln	Ausführen	Daten-zugriff	Zurück-schreiben		
add $12, $3, $4			Befehl holen	Befehl ent-schlüsseln	Ausführen	Daten-zugriff	Zurück-schreiben	
lw $13, 24($1)				Befehl holen	Befehl ent-schlüsseln	Ausführen	Daten-zugriff	Zurück-schreiben
add $14, $5, $6					Befehl holen	Befehl ent-schlüsseln	Ausführen	Daten-zugriff	Zurück-schreiben

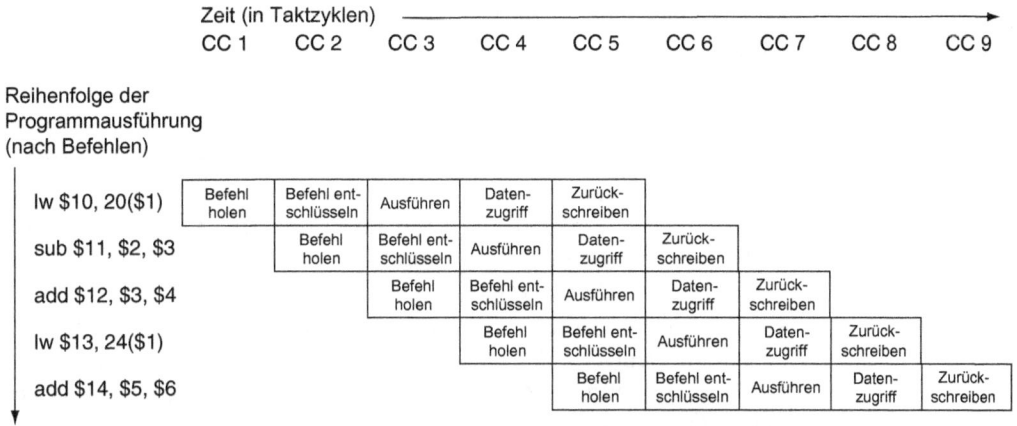

Abb. 4.38: Herkömmliches Mehrzyklen-Pipelinediagramm der fünf Befehle aus Abbildung 4.37.

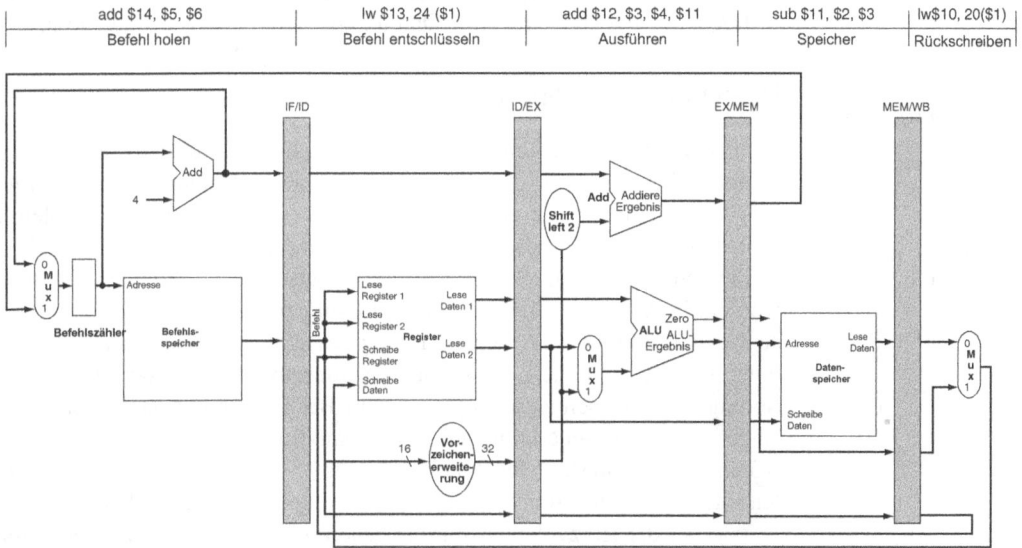

Abb. 4.39: Das Einzyklen-Pipelinediagramm, das dem Taktzyklus 5 aus Abbildung 4.37 und 4.38 entspricht. Wie Sie sehen, stellt ein Einzyklen-Pipelinediagramm einen vertikalen Schnitt durch ein Mehrzyklen-Pipelinediagramm dar.

führlicher und benötigt zur Darstellung derselben Anzahl von Taktzyklen deutlich mehr Platz. In den Aufgaben zu diesem Kapitel sollen Sie solche Diagramme für andere Codesequenzen erzeugen.

Selbsttest

Eine Gruppe Studenten diskutiert die Leistungsfähigkeit der fünfstufigen Pipeline. Einer der Studenten weist darauf hin, dass nicht alle Befehle in allen Stufen der Pipeline aktiv sind. Nachdem die Studenten beschlossen haben, die

Auswirkungen von Pipeline-Konflikten außer Acht zu lassen, stellen sie die folgenden fünf Thesen auf. Welche davon stimmen?

1. Wenn zugelassen wird, dass Sprünge, Verzweigungen und ALU-Befehle weniger als die fünf vom Ladebefehl benötigten Stufen in Anspruch nehmen, wird die Leistungsfähigkeit der Pipeline auf jeden Fall verbessert.

2. Es bringt keinen Vorteil, wenn einige Befehle weniger Zyklen beanspruchen, da der Durchsatz durch den Taktzyklus bestimmt wird. Die Anzahl der Pipelinestufen pro Befehl wirkt sich auf die Pipeline-Latenz, nicht jedoch auf den Durchsatz aus.

3. Aufgrund des Zurückschreibens des Befehls ist es nicht möglich, dass ALU-Befehle weniger Zyklen beanspruchen, aber Verzweigungen und Sprünge können mit weniger Zyklen auskommen, so dass eine gewisse Chance für eine Optimierung besteht.

4. Anstatt zu versuchen, Befehlen weniger Taktzyklen zur Verfügung zu stellen, sollten wir die Pipeline verlängern, so dass Befehle mehr Zyklen benötigen, die jedoch kürzer sind. Damit ließe sich die Leistung steigern.

Pipelining der Steuerung

Im CDC 6600 macht das Steuersystem den Unterschied, womöglich mehr als in jedem anderen Computer bisher.

James Thornton, *Design of a Computer: The Control Data 6600*, 1970

So, wie wir den einfachen Datenpfad in Abschnitt 4.3 um eine Steuerung erweitert haben, erweitern wir nun auch den Pipeline-Datenpfad um eine Steuerung. Wir beginnen mit einem einfachen Entwurf, bei dem das Problem zunächst noch durch die rosarote Brille betrachtet wird.

Zunächst müssen die Steuerleitungen im vorhandenen Datenpfad beschriftet werden. In Abbildung 4.40 sind diese Leitungen dargestellt. Wir übernehmen so viel wie möglich aus der Steuerung des einfachen Datenpfads in Abbildung 4.14. Insbesondere verwenden wir dieselbe ALU-Steuerlogik, dieselbe Sprunglogik, denselben Multiplexer zum Bestimmen der Zielregisteradresse sowie dieselben Steuerleitungen. Diese Funktionen sind in den Tabellen 4.1, 4.3 und 4.4 definiert. In den Tabellen 4.7 bis 4.9 wiederholen wir die wichtigsten Informationen, damit Sie die Beschreibung besser nachvollziehen können.

Wie bei der Einzyklenausführung gehen wir davon aus, dass der Befehlszähler bei jedem Taktzyklus aktualisiert wird, so dass es für den Befehlszähler kein eigenes Schreibsignal gibt. Mit derselben Begründung gibt es auch keine eigenen Schreibsignale für die Pipelineregister (IF/ID, ID/EX, EX/MEM und MEM/WB), da in die Pipelineregister ebenfalls in jedem Taktzyklus geschrieben wird.

Um die Steuerung für die Pipeline zu definieren, müssen wir lediglich die Steuerwerte für die einzelnen Pipelinestufen festlegen. Da jede Steuerleitung einer Komponente zugeordnet ist, die während nur einer Pipelinestufe aktiv ist, können wir die Steuerleitungen entsprechend der Pipelinestufen in fünf Gruppen einteilen.

1. *Instruction fetch (Befehl holen)*: Die Steuersignale zum Lesen des Befehlsspeichers und zum Schreiben in den Befehlszähler sind immer auf

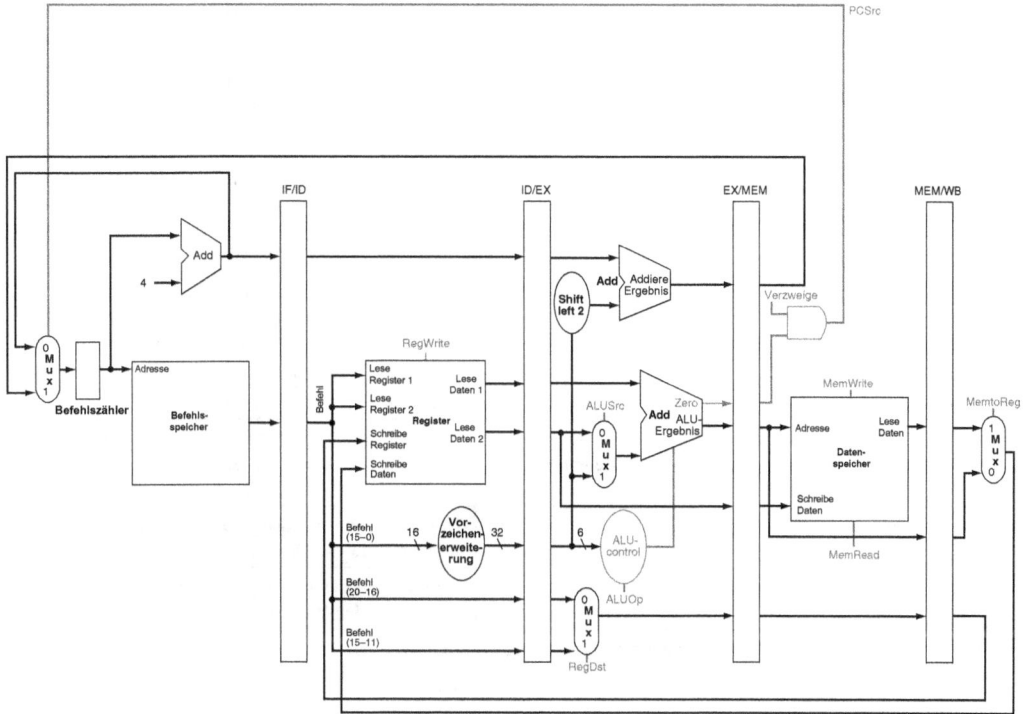

Abb. 4.40: Der Datenpfad mit Pipeline aus Abbildung 4.35 mit gekennzeichneten Steuersignalen. Dieser Datenpfad verwendet die Steuerlogik für Befehlszählerquelle, Registerzieladresse und ALU-Steuerung aus Abschnitt 4.4. Dabei wird nun das 6-Bit-funct-Feld (Funktionscode) des Befehls in der EX-Stufe als Eingang für die ALU-Steuerung benötigt, so dass diese Bits ebenfalls im ID/EX-Pipelineregister enthalten sein müssen. Diese 6 Bits sind außerdem die 6 niedrigstwertigen Bits des Immediate-Felds im Befehl, so dass das ID/EX-Pipelineregister diese aus dem Immediate-Feld bereitstellen kann, da diese Bits durch die Vorzeichenerweiterung unverändert bleiben.

Tab. 4.7: Eine Kopie von Tabelle 4.1. Diese Tabelle zeigt, dass die ALU-Steuerbits in Abhängigkeit von den ALUOp-Steuerbits und den unterschiedlichen Funktionscodes für den R-Befehl gesetzt werden.

Opcode des Befehls	ALUOp	Beschreibung	funct-Feld	Gewünschte ALU-Aktion	ALU-Steuereingang
LW	00	load word	XXXXXX	Addition	0010
SW	00	store word	XXXXXX	Addition	0010
Branch equal	01	branch equal	XXXXXX	Subtraktion	0110
R-Format	10	add	100000	Addition	0010
R-Format	10	subtract	100010	Subtraktion	0110
R-Format	10	AND	100100	UND-Verknüpfung	0000
R-Format	10	OR	100101	ODER-Verknüpfung	0001
R-Format	10	set on less than	101010	set on less than	0111

Tab. 4.8: Eine Kopie von Tabelle 4.3. Die Funktion der sieben Steuersignale ist definiert. Die ALU-Steuerleitungen (ALUOp) sind in der zweiten Spalte von Tabelle 4.7 definiert. Wenn die 1-Bit-Steuerleitung zum Zweifach-Multiplexer auf logisch 1 gesetzt wird, wählt der Multiplexer den Eingang aus, der dem Wert 1 entspricht. Wenn die Steuerleitung dagegen auf logisch 0 gesetzt wird, wählt der Multiplexer den Zero-Eingang aus. PCSrc wird in Abbildung 4.40 durch ein UND-Gatter (AND) gesteuert. Wenn sowohl das Sprungsignal (branch) als auch das ALU-Zero-Signal gesetzt sind, ist PCSrc 1, andernfalls ist PCSrc 0. Die Steuerung setzt das Sprungsignal (branch) nur bei einem beq-Befehl, andernfalls wird PCSrc auf 0 gesetzt.

Signalname	Auswirkung, wenn logisch 0	Auswirkung, wenn logisch 1
RegDst	Die Registerzieladresse für den Schreibe-in-Register-Befehl wird vom rt-Feld (Bit 20:16) bereitgestellt.	Die Registerzieladresse für den Schreibe-in-Register-Befehl wird vom rd-Feld (Bit 15:11) bereitgestellt.
RegWrite	keine	Das Register am Schreibe-in-Register-Eingang wird mit dem Wert am Schreibe-Daten-Eingang beschrieben.
ALUSrc	Der zweite ALU-Operand wird vom zweiten Registerausgang (Lese Daten 2) bereitgestellt.	Der zweite ALU-Operand besteht aus den vorzeichenerweiterten, unteren 16 Bit des Befehls.
PCSrc	Der Befehlszählerwert wird durch den Ausgangswert des Addierers ersetzt, der den Befehlszählerwert und 4 addiert.	Der Befehlszählerwert wird durch den Ausgangswert des Addierers ersetzt, der das Sprungziel berechnet.
MemRead	keine	Durch den Adresseingang bestimmter Datenspeicherinhalt wird an den Lese-Daten-Ausgang gelegt.
MemWrite	keine	Durch den Adresseingang bestimmter Datenspeicherinhalt wird durch den Wert am Schreibe-Daten-Eingang ersetzt.
MemtoReg	Der am Schreibe-Daten-Eingang der Register angelegte Wert wird von der ALU bereitgestellt.	Der am Schreibe-Daten-Eingang der Register angelegte Wert wird vom Datenspeicher bereitgestellt.

logisch 1 gesetzt. Somit gibt es in dieser Pipelinestufe nichts Spezielles zu steuern.

2. *Instruction decode/register file read (Befehl decodieren/Register lesen)*: Wie bei der vorherigen Stufe geschieht in jedem Taktzyklus dasselbe, so dass keine optionalen Steuerleitungen gesetzt werden müssen.

3. *Execution/address calculation (Befehl ausführen/Adresse berechnen)*: Die Signale RegDst, ALUOp und ALUSrc müssen gesetzt werden (siehe Tabelle 4.7 und 4.8). Die Signale wählen das Ergebnisregister, die ALU-Operation und entweder den Lese-Daten-2-Wert oder einen vorzeichenerweiterten Immediate-Wert für die ALU aus.

4. *Memory access (Speicherzugriff)*: In dieser Stufe werden die Steuerleitungen Branch, MemRead und MemWrite gesetzt. Diese Signale werden jeweils durch den Branch-equal-Befehl, den Ladebefehl und den Speicherbefehl gesetzt. PCSrc in Tabelle 4.8 wählt die folgende Adresse aus, außer die Steuerung setzt Branch auf logisch 1 und das ALU-Ergebnis war 0.

5. *Write-back (Ergebnis zurückschreiben)*: Die Steuerleitung MemtoReg entscheidet, ob das ALU-Ergebnis oder der Speicherwert an das Registerfile gesendet wird, und die Steuerleitung RegWrite schreibt den gewählten Wert.

Da die Bedeutung der Steuerleitungen durch die Ausstattung des Datenpfads mit einer Pipeline unverändert bleibt, können wir dieselben Steuerwerte wie

Tab. 4.9: Die Werte der Steuerleitungen sind dieselben wie in Tabelle 4.4. Sie wurden jedoch entsprechend der letzten drei Pipelinestufen in drei Gruppen unterteilt.

Befehl	Execution/address calculation				Memory access			Write-back	
	RegDst	ALUOp1	ALUOp0	ALUSrc	Branch	MemRead	MemWrite	RegWrite	MemtoReg
R-Format	1	1	0	0	0	0	0	1	0
lw	0	0	0	1	0	1	0	1	1
sw	X	0	0	1	0	0	1	0	X
beq	X	0	1	0	1	0	0	0	X

zuvor verwenden. In Tabelle 4.9 sind dieselben Werte wie in Abschnitt 4.4 angegeben, wobei die neun Steuerleitungen nun jedoch nach Pipelinestufen zusammengefasst sind.

Eine Steuerung implementieren bedeutet, für die neun Steuerleitungen in jeder Stufe für jeden Befehl Werte festzulegen. Dies lässt sich am leichtesten durch die Erweiterung der Pipelineregister um Steuerinformationen realisieren.

Da die Steuerleitungen mit der EX-Stufe beginnen, können wir die Steuerinformationen während der Befehlsdecodierung erzeugen. In Abbildung 4.41 ist dargestellt, dass diese Steuersignale anschließend in der entsprechenden Pipelinestufe verwendet werden, während der Befehl die Pipeline durchläuft, so wie die Zielregisteradresse für Ladebefehle in Abbildung 4.35 die Pipeline durchläuft. In Abbildung 4.42 ist der ganze Datenpfad mit den erweiterten Pipelineregistern dargestellt, wobei die Steuerleitungen den entsprechenden Stufen zugeordnet sind. (Online-Abschnitt 4.14 bietet Beispiele für die Ausführung von MIPS-Code auf Pipeline-Hardware unter Verwendung von Einzyklen-Diagrammen, falls Sie weitere Details dazu erfahren wollen.)

4.8 Datenkonflikte: Forwarding vs. Stalling

Anhand der Beispiele im vorherigen Abschnitt wird die Leistungsfähigkeit der Ausführung mittels Pipeline sowie die Art und Weise, wie die Hardware diese Aufgabe meistert, deutlich. Nun ist es an der Zeit, die rosarote Brille abzunehmen und zu überlegen, was mit echten Programmen geschieht. Die Befehle in den Abbildungen 4.37 bis 4.39 waren nicht voneinander abhängig: Keiner verwendete das von einem anderen Befehl berechnete Ergebnis. Jedoch haben wir in Abschnitt 4.6 gesehen, dass Datenkonflikte die Ausführung mittels Pipeline behindern.

Betrachten wir eine Sequenz mit vielen Abhängigkeiten, die grau hervorgehoben sind:

```
sub $2,$1,$3     # in Register $2 wird von sub geschrieben
and $12,$2,$5    # erster Operand ($2) hängt von sub ab
or  $13,$6,$2    # zweiter Operand ($2) hängt von sub ab
add $14,$2,$2    # erster und zweiter Op. hängen von sub ab
sw  $15,100($2)  # Basis ($2) hängt von sub ab
```

Was soll das heißen: Warum muss sie gebaut werden? Es ist eine Umgehungsstraße. Und Umgehungsstraßen baut man eben.

Douglas Adams, *Hitchhiker's Guide to the Galaxy,* 1979

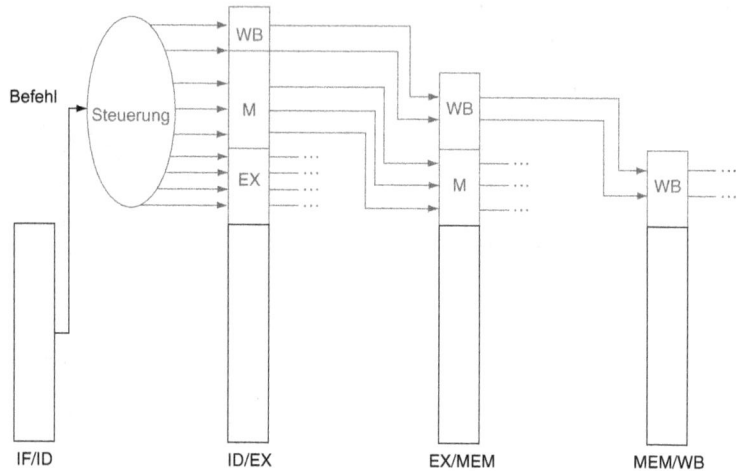

Abb. 4.41: Die Steuerleitungen für die letzten drei Stufen. Vier der neun Steuersignale werden in der EX-Phase verwendet, wobei die restlichen fünf Steuersignale an das EX/MEM-Pipelineregister übergeben werden, das erweitert wurde und nun die Steuersignale aufnimmt. Drei Steuersignale werden während der MEM-Stufe benötigt, und die letzten beiden werden an das MEM/WB-Register für die Verwendung in der WB-Stufe übergeben.

Die letzten vier Befehle hängen alle vom Ergebnis des ersten Befehls in Register $2 ab. Wenn Register $2 vor dem sub-Befehl den Wert 10 enthält und nach dem Befehl den Wert −20, erwartet der Programmierer, dass −20 in den nachfolgenden Befehlen, die sich auf Register $2 beziehen, verwendet wird.

Wie würde sich diese Sequenz in unserer Pipeline verhalten? In Abbildung 4.43 ist die Ausführung dieser Befehle anhand eines Mehrzyklen-Pipelinediagramms dargestellt. Um die Ausführung dieser Befehlssequenz in unserer aktuellen Pipeline zu verdeutlichen, ist oben in Abbildung 4.43 der Wert von Register $2 dargestellt, der sich in der Mitte des Taktes 5 ändert, wenn der sub-Befehl das Ergebnis in das Register schreibt.

Ein potenzieller Konflikt kann durch den Entwurf der Registerhardware gelöst werden: Was geschieht, wenn ein Register im selben Taktzyklus gelesen und geschrieben wird? Wir gehen davon aus, dass in der ersten Hälfte des Takts geschrieben und in der zweiten Hälfte gelesen wird, so dass der geschriebene Wert gelesen wird. Wie bei vielen Registerimplementierungen liegt in diesem Fall kein Datenkonflikt vor.

Anhand von Abbildung 4.43 wird deutlich, dass die für Register $2 gelesenen Werte *nicht* das Ergebnis des sub-Befehls sind, außer die Werte werden in Takt 5 oder später gelesen. Somit erhalten nur die Befehle add und sw den richtigen Wert −20. Die Befehle and und or erhalten fälschlicherweise den Wert 10! Mithilfe von Diagrammen dieser Art werden Probleme wie diese deutlich, wenn eine Abhängigkeitslinie entgegen der Zeitachse zurückführt.

Wie in Abschnitt 4.6 beschrieben, steht das gewünschte Ergebnis am Ende der EX-Stufe oder bei Taktzyklus 3 zur Verfügung. Wann werden die Daten von

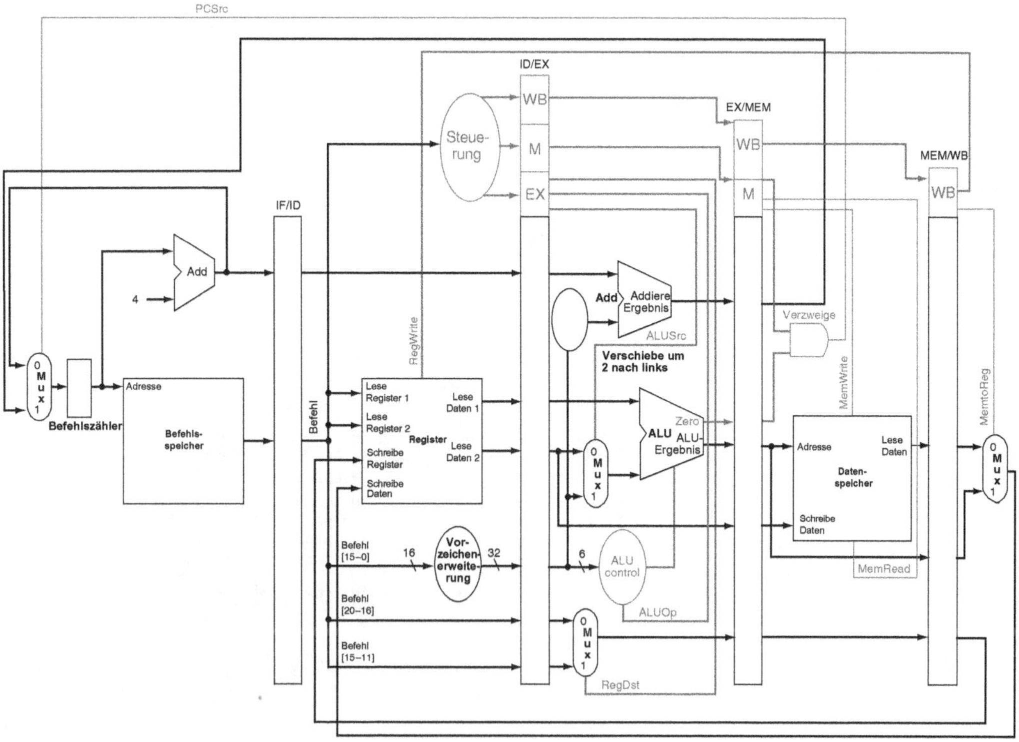

Abb. 4.42: Der Pipeline-Datenpfad aus Abbildung 4.40, wobei die Steuerleitungen mit den Steuerteilen der Pipelineregister verbunden sind. Die Steuerwerte für diese letzten drei Stufen werden während der Befehlsdecodierung erstellt und anschließend im ID/EX-Pipelineregister gespeichert. Die Steuersignale für die einzelnen Pipelinestufen werden verwendet, und die restlichen Steuersignale werden an die nächste Pipelinestufe übergeben.

den Befehlen **and** und **or** eigentlich benötigt? Zu Beginn der EX-Stufe bzw. in den Taktzyklen 4 und 5. Somit können wir dieses Segment ohne Anhalten der Pipeline ausführen, wenn wir die Daten, sobald diese verfügbar sind, einfach mittels Forwarding an die Einheiten *weiterleiten*, die die Daten benötigen, noch bevor diese zum Lesen aus dem Registerfile verfügbar sind.

Wie funktioniert das Forwarding? Der Einfachheit halber betrachten wir im Rest dieses Abschnitts nur das Forwarding an eine Verarbeitung in der EX-Stufe, also entweder an eine ALU-Operation oder an eine Berechnung der Effektivadresse. Wenn ein Befehl in seiner EX-Stufe versucht, ein Register zu verwenden, in das ein Befehl weiter vorn in der Pipeline in seiner WB-Stufe schreibt, benötigen wir diese Werte als Eingangswerte für die ALU.

Mit einer Darstellung, bei der die Felder der Pipelineregister benannt werden, können die Abhängigkeiten präziser dargestellt werden. Beispielsweise gibt „ID/EX.RegisterRs" die Adresse eines Registers an, dessen Wert sich im Pipelineregister ID/EX befindet, also des Registers aus dem ersten Leseport des Registerfiles. Der erste Teil des Namens ist der Name des Pipelineregisters, der

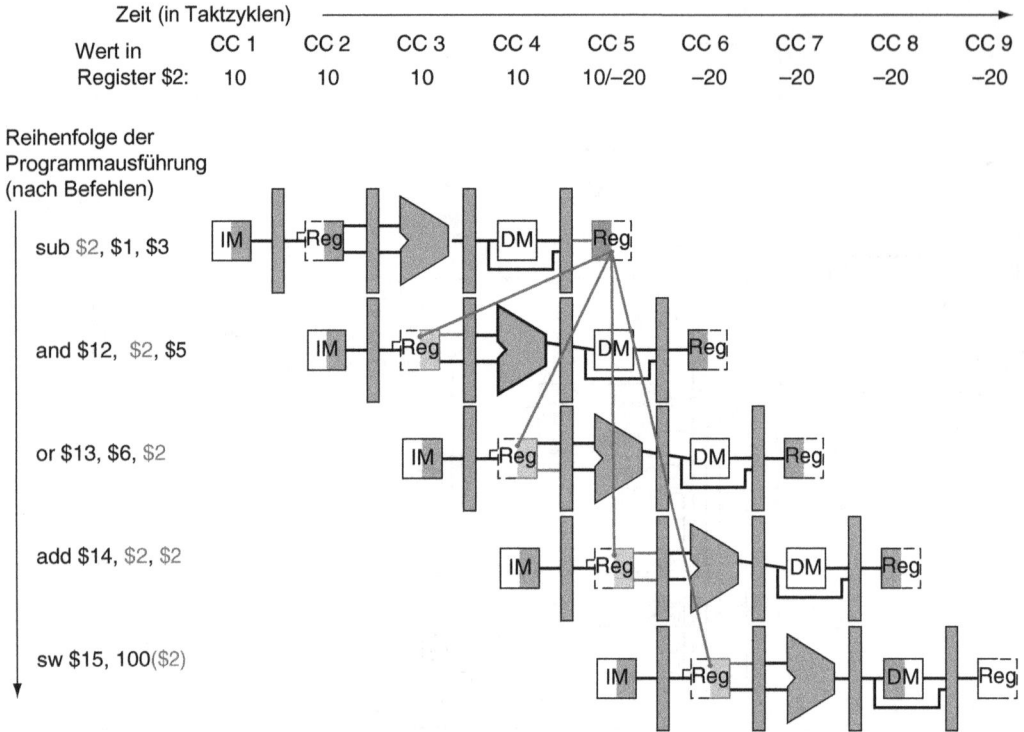

Abb. 4.43: Pipelinehemmnisse in einer Sequenz aus fünf Befehlen dargestellt mit vereinfachten Datenpfaden zur Verdeut-
lichung der Abhängigkeiten. Alle abhängigen Aktionen sind grau gezeichnet, und „CC i" oben in der Abbildung steht für Clock
Cycle (Taktzyklus) i. Der erste Befehl schreibt in das Register $2, und alle nachfolgenden Befehle lesen Register $2. In dieses
Register wird in Taktzyklus 5 geschrieben, so dass der richtige Wert erst ab Taktzyklus 5 zur Verfügung steht. (Wenn ein Register
während eines Taktzyklus gelesen wird, wird der Wert zurückgegeben, der am Ende der ersten Hälfte des Zyklus in das Register
geschrieben wurde, sofern überhaupt ein Wert in das Register geschrieben wurde.) Die farbigen Linien vom oberen Datenpfad
zu den unteren Datenpfaden veranschaulichen die Abhängigkeiten. Die Linien, die entlang der Zeitachse rückwärts führen, sind
Pipelinehemmnisse durch Datenabhängigkeit.

zweite Teil ist der Name des Feldes in diesem Register. In dieser Darstellung
lauten die beiden Konfliktbedingungspaare wie folgt:

1a EX/MEM.RegisterRd = ID/EX.RegisterRs

1b EX/MEM.RegisterRd = ID/EX.RegisterRt

2a MEM/WB.RegisterRd = ID/EX.RegisterRs

2b MEM/WB.RegisterRd = ID/EX.RegisterRt

Der erste Konflikt in der Sequenz auf Seite 335 bezieht sich auf Register $2
zwischen dem Ergebnis aus $sub $2,$1,$3 und dem ersten Leseoperanden
aus $and $12,$2,$5. Dieser Konflikt kann erkannt werden, wenn sich der **and**-
Befehl in der EX-Stufe und der vorhergehende Befehl in der MEM-Stufe befindet. In diesem Fall liegt der Konflikt 1a vor:

```
EX/MEM.RegisterRd = ID/EX.RegisterRs = $2
```

Beispiel: Erkennen von Abhängigkeiten

Klassifizieren Sie die Abhängigkeiten in der Sequenz von Seite 335:

```
sub  $2,$1,$3      # Register $2 wird von sub gesetzt
and  $12,$2,$5     # erster Op. ($2) wird von sub gesetzt
or   $13,$6,$2     # zweiter Op. ($2) wird von sub gesetzt
add  $14,$2,$2     # 1. und 2. Op. wird von sub gesetzt
sw   $15,100($2)   # Index wird von sub gesetzt
```

Lösung: Wie oben bereits erwähnt, liegt bei sub-and ein Konflikt vom Typ 1a vor. Daneben liegen noch folgende weitere Konflikte vor:

- Bei sub-or liegt ein Konflikt vom Typ 2b vor:
  MEM/WB.RegisterRd = ID/EX.RegisterRt = $2.

- Bei den beiden Abhängigkeiten von sub-add handelt es sich nicht um Konflikte, da das Registerfile die gewünschten Daten in der ID-Stufe des add-Befehls bereitstellt.

- Zwischen den Befehlen sub und sw liegt kein Konflikt vor, da sw das Register $2 erst in dem Taktzyklus liest, *nachdem* sub in $2 geschrieben hat.

Da einige Befehle nicht in Register schreiben, ist diese Vorgehensweise ungenau. Manchmal leitet sie mittels Forwarding weiter, wenn dies gar nicht notwendig ist. Dieses Problem kann gelöst werden, indem überprüft wird, ob das RegWrite-Signal aktiv ist: Beim Überprüfen des WB-Steuerfelds des Pipelineregisters während der EX- und der MEM-Stufe kann festgestellt werden, ob RegWrite auf logisch 1 gesetzt ist. Zudem erfordert MIPS, dass der Operand bei jeder Verwendung von $0 den Wert 0 annehmen muss. Wenn beispielsweise ein Befehl in der Pipeline $0 zum Ziel hat (z. B. sll $0,$1,2), soll das Ergebnis, das möglicherweise nicht null ist, nicht weitergeleitet werden. Wenn Ergebnisse, die für $0 bestimmt sind, nicht weitergeleitet werden, müssen Assembler-Programmierer und Compiler keine Festlegungen mehr treffen, damit $0 nicht als Ziel verwendet wird. Die obigen Bedingungen funktionieren also einwandfrei, wenn wir EX/MEM.RegisterRd ≠ 0 in die erste Konfliktbedingung und MEM/WB.RegisterRd ≠ 0 in die zweite aufnehmen.

Nun, da wir Konflikte erkennen können, ist das Problem bereits halb gelöst. Aber wir müssen nach wie vor die richtigen Daten weiterleiten.

In Abbildung 4.44 sind die Abhängigkeiten zwischen den Pipelineregistern und den Eingängen an der ALU für dieselbe Codesequenz wie in Abbildung 4.43 dargestellt. Der Unterschied besteht darin, dass die Abhängigkeit nun einem *Pipeline*register aus beginnt und nicht darauf gewartet wird, bis in der WB-Stufe ins Registerfile geschrieben wird. Somit sind die erforderlichen Daten rechtzeitig für spätere Befehle verfügbar, wobei die Daten für das Forwarding in den Pipelineregistern gespeichert werden.

Wenn wir die Eingangssignale für die ALU nicht nur aus dem ID/EX-Pipelineregister, sondern aus jedem *beliebigen* Pipelineregister verwenden können,

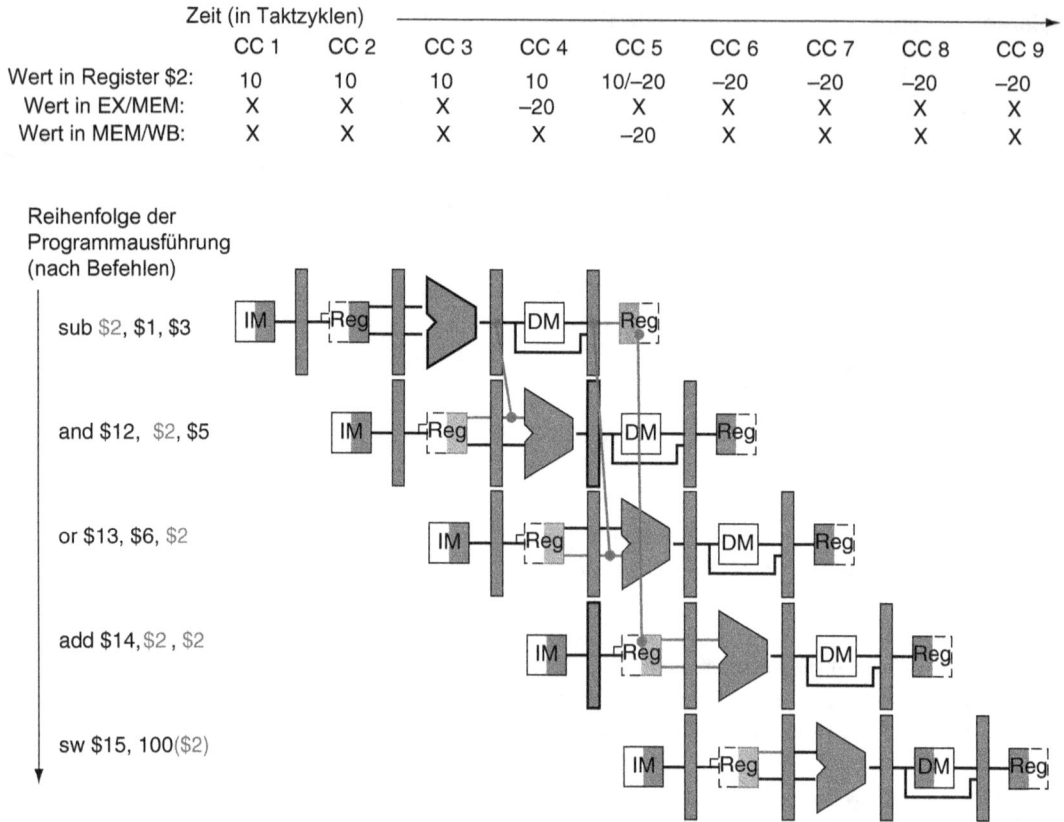

Abb. 4.44: Die Abhängigkeiten zwischen den Pipelineregistern verlaufen alle in Richtung der Zeitachse. Somit können die vom **and**-Befehl und vom **or**-Befehl benötigten Eingangswerte durch Weiterleiten der Ergebnisse in den Pipelineregistern mittels Forwarding für die ALU bereitgestellt werden. Die Werte in den Pipelineregistern zeigen, dass der gewünschte Wert verfügbar ist, bevor er ins Registerfile geschrieben wird. Wir gehen davon aus, dass das Registerfile Werte weiterleitet, die im selben Taktzyklus gelesen und geschrieben werden, so dass der **add**-Befehl nicht angehalten wird. Die Werte stammen jedoch nicht von einem Pipelineregister, sondern aus dem Registerfile. Wegen des „Forwarding" des Registerfiles (d. h., der Lesebefehl erhält den Wert des Schreibbefehls im selben Taktzyklus) befindet sich in Register $t2 zu Beginn von Taktzyklus 5 der Wert 10 und am Ende des Taktzyklus der Wert −20. Wie im Rest dieses Abschnitts werden alle Werte, außer dem Wert, der durch einen Speicherbefehl gespeichert werden soll, mittels Forwarding weitergeleitet.

können wir die gewünschten Daten mittels Forwarding weiterleiten. Durch Einfügen von Multiplexern in die Eingangsleitungen der ALU und mit den entsprechenden Steuersignalen können wir die Pipeline trotz dieser Datenabhängigkeiten mit maximaler Geschwindigkeit betreiben.

Im Moment wollen wir davon ausgehen, dass Forwarding nur für die vier R-Befehle erforderlich ist: **add**, **sub**, **and** und **or**. In Abbildung 4.45 ist eine Nahaufnahme der ALU und der Pipelineregister vor und nach dem Einfügen einer Forwarding-Einheit dargestellt. In Tabelle 4.10 sind die Werte der Steuerleitungen für die ALU-Multiplexer angegeben, die entweder die Registerfilewerte oder einen der mittels Forwarding weitergeleiteten Werte auswählen.

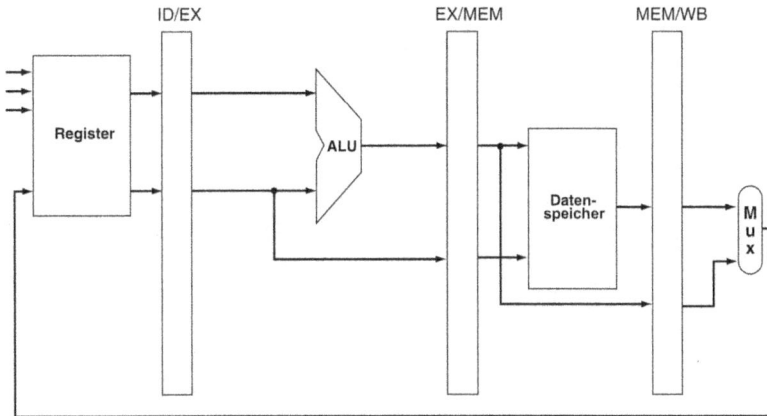

a. Ohne Forwarding

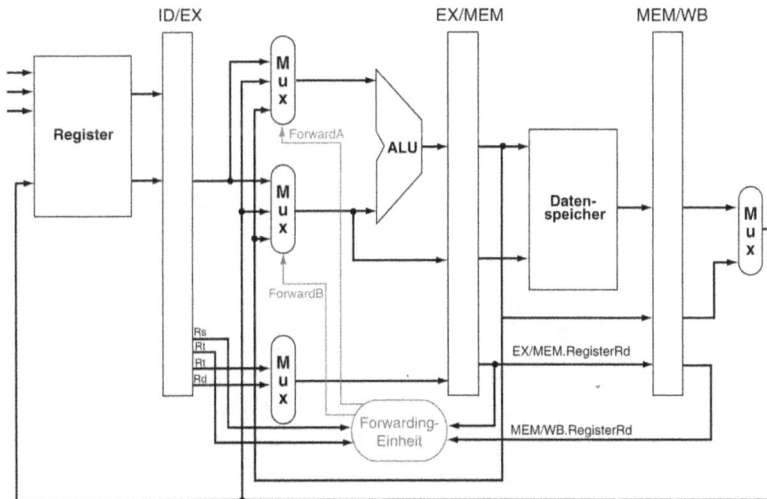

b. Mit Forwarding

Abb. 4.45: Im oberen Teil sind ALU und Pipelineregister vor dem Einfügen einer Forwarding-Einheit dargestellt. Im unteren Teil wurden die Multiplexer um die Forwarding-Leitungen erweitert und die Forwarding-Einheit ist eingefügt. Die neue Hardware ist grau gezeichnet. Bei dieser Abbildung handelt es sich um eine vereinfachte Darstellung ohne die Details des vollständigen Datenpfads wie etwa der Hardware für die Vorzeichenerweiterung. Das ID/EX.RegisterRt-Feld ist zweimal vorhanden: einmal als Verbindung zum MUX und einmal als Verbindung zur Forwarding-Einheit. Es handelt sich jedoch nur um ein Signal. Wie bereits erläutert, wird hierbei die Weiterleitung eines Speicherwerts mittels Forwarding an einen Speicherbefehl ignoriert.

Diese Forwarding-Steuerung erfolgt in der EX-Stufe, da sich die Forwarding-Multiplexer der ALU in dieser Stufe befinden. Somit müssen wir die Registeradressen der Operanden aus der ID-Stufe über das ID/EX-Pipelineregister weitergeben um festzustellen, ob Werte mittels Forwarding weitergeleitet werden sollen. Das rt-Feld (Bit 20-16) haben wir bereits. Vor dem Forwarding

Tab. 4.10: Steuerwerte für die Forwarding-Multiplexer in Abbildung 4.45. Der vorzeichenbehaftete Immediate-Wert, ein weiteres Eingangssignal der ALU, wird in der Anmerkung am Ende dieses Abschnitts beschrieben.

MUX-Steuerung	Quelle	Erläuterung
ForwardA = 00	ID/EX	Der erste ALU-Operand wird vom Registerfile bereitgestellt.
ForwardA = 10	EX/MEM	Der erste ALU-Operand wird aus dem vorhergehenden ALU-Ergebnis mittels Forwarding weitergeleitet.
ForwardA = 01	MEM/WB	Der erste ALU-Operand wird aus dem Datenspeicher oder einem früheren ALU-Ergebnis mittels Forwarding weitergeleitet.
ForwardB = 00	ID/EX	Der zweite ALU-Operand wird vom Registerfile bereitgestellt.
ForwardB = 10	EX/MEM	Der zweite ALU-Operand wird aus dem vorhergehenden ALU-Ergebnis mittels Forwarding weitergeleitet.
ForwardB = 01	MEM/WB	Der zweite ALU-Operand wird aus dem Datenspeicher oder einem früheren ALU-Ergebnis mittels Forwarding weitergeleitet.

benötigte das ID/EX-Register keinen Platz zum Speichern des rs-Felds. Also wird nun rs (Bit 25-21) zum ID/EX-Register hinzugefügt.

Schreiben wir nun sowohl die Bedingungen zum Erkennen von Konflikten als auch die Steuersignale zum Beheben der Konflikte auf:

1. *EX-Konflikt*:

```
if (EX/MEM.RegWrite
and (EX/MEM.RegisterRd ≠ 0)
and (EX/MEM.RegisterRd=ID/EX.RegisterRs)) ForwardA= 0

if (EX/MEM.RegWrite
and (EX/MEM.RegisterRd ≠ 0)
and (EX/MEM.RegisterRd=ID/EX.RegisterRt)) ForwardB=10
```

Beachten Sie, dass das Feld EX/MEM.RegisterRd das Registerziel für entweder einen ALU-Befehl (der aus dem Rd-Feld des Befehls stammt) oder einen Ladebefehl (der aus dem Rt-Feld stammt) darstellt. In diesem Fall wird das Ergebnis aus dem vorhergehenden Befehl mittels Forwarding an einen der Eingänge der ALU weitergeleitet. Wenn mit dem vorhergehenden Befehl Werte ins Registerfile geschrieben werden und die Adresse des Registers, in das geschrieben wird, mit der Adresse des Registers, aus dem gelesen wird, der ALU-Eingänge A oder B übereinstimmt und es sich nicht um Register 0 handelt, soll der Multiplexer den Wert auswählen anstatt über das EX/MEM-Pipelineregister zu gehen.

2. *MEM-Konflikt*:

```
if (MEM/WB.RegWrite
and (MEM/WB.RegisterRd ≠ 0)
and (MEM/WB.RegisterRd=ID/EX.RegisterRs)) ForwardA=01

if (MEM/WB.RegWrite
and (MEM/WB.RegisterRd ≠ 0)
and (MEM/WB.RegisterRd=ID/EX.RegisterRt)) ForwardB=01
```

Wie bereits erwähnt, liegt in der WB-Stufe kein Konflikt vor, da wir davon ausgehen, dass das Registerfile das richtige Ergebnis bereitstellt, wenn der Befehl in der ID-Stufe dasselbe Register liest, in das der Befehl schreibt, der sich in der WB-Stufe befindet. Ein Registerfile dieser Art führt eine weitere Form des Forwarding aus, die jedoch innerhalb des Registerfiles auftritt.

Eine Schwierigkeit stellen potenzielle Datenkonflikte zwischen dem Ergebnis des Befehls in der WB-Stufe, dem Ergebnis des Befehls in der MEM-Stufe und dem Quelloperanden des Befehls in der ALU-Stufe dar. Bei der Addition eines Vektors von Zahlen in einem einzigen Register muss dasselbe Register von einer Folge von Befehlen gelesen und geschrieben werden:

```
add $1,$1,$2
add $1,$1,$3
add $1,$1,$4
. . .
```

In diesem Fall wird das Ergebnis mittels Forwarding aus der MEM-Stufe weitergeleitet, da das Ergebnis in der MEM-Stufe das neuere Ergebnis ist. Somit lautet die Steuerung für den MEM-Konflikt wie folgt:

```
if  (MEM/WB.RegWrite
and (MEM/WB.RegisterRd ≠ 0)
and not (EX/MEM.RegWrite and (EX.MEM.RegisterRd ≠ 0)
         and (EX/MEM.RegisterRd ≠ ID/EX.RegisterRs)
and (MEM/WB.RegisterRd=ID/EX.RegisterRs)) ForwardA=01

if  (MEM/WB.RegWrite
and (MEM/WB.RegisterRd ≠ 0)
and not (EX/MEM.RegWrite and (EX.MEM.RegisterRd ≠ 0)
         and (EX/MEM.RegisterRd ≠ ID/EX.RegisterRt)
and (MEM/WB.RegisterRd=ID/EX.RegisterRt)) ForwardB=01
```

In Abbildung 4.46 ist die Hardware dargestellt, die erforderlich ist, um das Forwarding für Operationen zu unterstützen, die während der EX-Stufe Ergebnisse verwenden. Beachten Sie, dass das Feld EX/MEM.RegisterRd das Registerziel für einen ALU-Befehl (der aus dem Rd-Feld stammt) oder einen Ladebefehl (der aus dem Rt-Feld stammt) darstellt.

Falls Sie mehr Beispiele mit Eintakt-Pipelining sehen wollen: Im Online-Abschnitt 4.14 sind zwei MIPS-Code-Sequenzen mit Konflikten enthalten, die zu Forwarding führen.

Anmerkung: Das Forwarding kann auch bei Konflikten hilfreich sein, bei denen Speicherbefehle von anderen Befehlen abhängen. Da diese während der MEM-Stufe nur einen Datenwert verwenden, ist das Forwarding einfach. Aber wie verhält es sich mit Ladebefehlen, denen unmittelbar Speicherbefehle folgen, was praktisch ist, wenn in der MIPS-Architektur etwas von Speicher zu

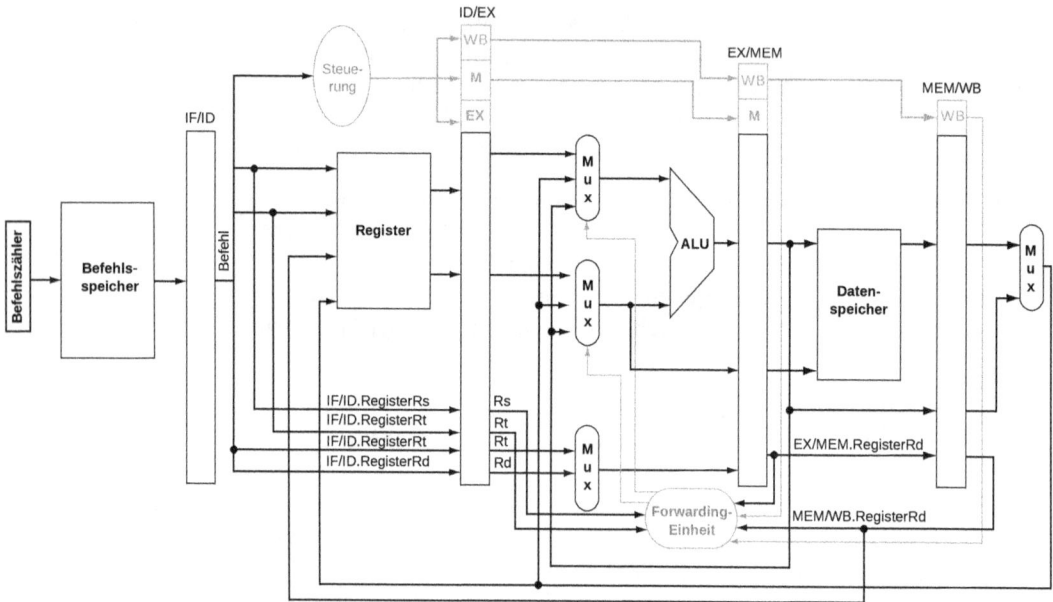

Abb. 4.46: Der Datenpfad, der so geändert wurde, dass Konflikte mittels Forwarding behoben werden. Verglichen mit dem Datenpfad in Abbildung 4.42 wurden die Multiplexer in die Eingangsleitungen zur ALU eingefügt. Bei dieser Abbildung handelt es sich um eine vereinfachte Darstellung ohne die Details des vollständigen Datenpfads wie etwa die Hardware für Sprünge und für die Vorzeichenerweiterung.

Speicher kopiert wird. Weil das Kopieren eine häufig vorkommende Operation ist, müssen wir mehr Forwarding-Hardware verwenden, um das Kopieren von Speicher zu Speicher zu beschleunigen. Zeichnen wir Abbildung 4.44 noch einmal neu und ersetzen wir dabei die Befehle sub und and durch lw und sw. Dann können wir feststellen, dass sich eine Pipelineverzögerung verhindern lässt, da die Daten im MEM/WB-Register eines Ladebefehls so rechtzeitig vorliegen, dass sie in der MEM-Stufe eines Speicherbefehls verwendet werden können. Dazu müssten wir die MEM-Stufe um Forwarding-Hardware ergänzen. Wir überlassen Ihnen diese Änderung als Übungsaufgabe.

Daneben fehlt dem Datenpfad in Abbildung 4.46 das vorzeichenbehaftete Immediate-Eingangssignal an der ALU, das von Lade- und Speicherbefehlen benötigt wird. Da die zentrale Steuerung zwischen Registerwert und Immediate-Wert entscheidet und da die Forwarding-Einheit das Pipelineregister für ein Registereingangssignal an der ALU auswählt, ist es am einfachsten, einen 2:1-Multiplexer einzufügen, der zwischen dem ForwardB-Multiplexerausgang und dem vorzeichenbehafteten Immediate-Signal auswählt. In Abbildung 4.47 ist diese Erweiterung dargestellt.

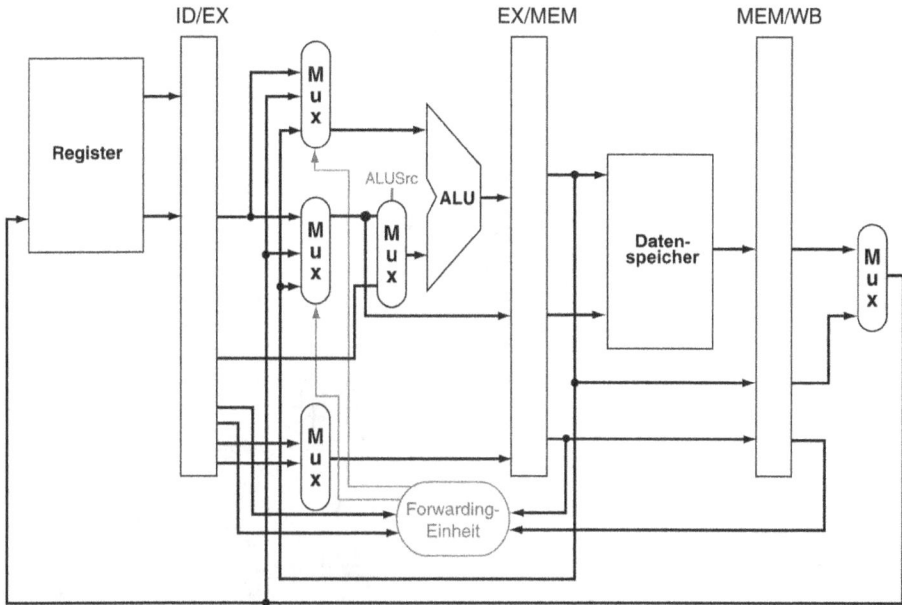

Abb. 4.47: Der Datenpfad aus Abbildung 4.45. Dargestellt ist ein 2:1-Multiplexer, der ergänzt wurde, um das vorzeichenbehaftete Immediate-Signal als ALU-Eingangssignal auszuwählen.

Pipelinehemmnisse durch Datenabhängigkeit und Pipelineverzögerungen

Wenn du im ersten Anlauf nicht erfolgreich bist, dann definiere neu, was Erfolg heißt.

anonym

Wie in Abschnitt 4.6 bereits erwähnt, hilft das Forwarding nicht weiter, wenn ein Befehl versucht, ein Register zu lesen, und diesem Befehl ein Ladebefehl vorausgeht, der in dasselbe Register schreibt. In Abbildung 4.48 ist dieses Problem dargestellt. Die Daten werden nach wie vor in Taktzyklus 4 aus dem Speicher gelesen, während die ALU die Operation für den nachfolgenden Befehl ausführt. Die Pipeline muss für die Kombination aus Ladebefehl, gefolgt von einem Befehl, der das Ergebnis dieses Ladebefehls liest, angehalten werden.

Also benötigen wir neben einer Forwarding-Einheit eine *Einheit zum Erkennen von Konflikten*. Diese arbeitet während der ID-Stufe, so dass die Verzögerung zwischen dem Ladebefehl und der Verwendung des Lade-Ergebnisses eingefügt werden kann. Die Steuerung der Einheit zum Erkennen von Konflikten muss Ladebefehle auf die folgende Bedingung prüfen:

```
if (ID/EX.MemRead and
   ((ID/EX.RegisterRt = IF/ID.RegisterRs) or
    (ID/EX.RegisterRt = IF/ID.RegisterRt)))
   stall the pipeline
```

Die erste Zeile prüft, ob es sich bei dem Befehl um einen Ladebefehl handelt: Der einzige Befehl, der den Datenspeicher liest, ist ein Ladebefehl. Die nächsten beiden Zeilen prüfen, ob das Zielregisterfeld des Ladebefehls in der

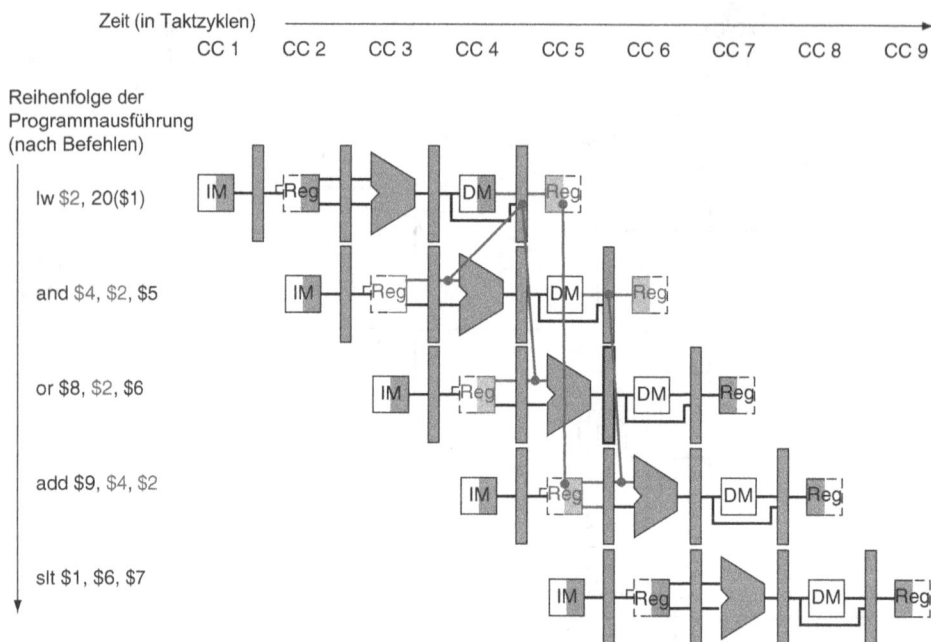

Abb. 4.48: Eine Befehlssequenz in der Pipeline. Da die Abhängigkeit zwischen dem Ladebefehl und dem nachfolgenden Befehl (**and**) einen zeitlichen Rücksprung erfordert, kann dieser Konflikt nicht durch Forwarding aufgelöst werden. Somit muss diese Befehlssequenz zu einer Verzögerung durch die Einheit zum Erkennen von Konflikten führen.

EX-Stufe mit einem Quellregister des Befehls in der ID-Stufe übereinstimmt. Wenn die Bedingung erfüllt ist, hält der Befehl die Pipeline einen Taktzyklus lang an. Nach dieser Verzögerung kann die Abhängigkeit von der Forwarding-Logik behandelt werden, und die Ausführung wird fortgesetzt. (Ohne Forwarding würden die Befehle in Abbildung 4.48 einen weiteren Verzögerungszyklus benötigen.)

Wenn der Befehl in der ID-Stufe angehalten wird, muss auch der Befehl in der IF-Stufe angehalten werden. Wenn dies nicht geschieht, geht der geholte Befehl verloren. Dass diese beiden Befehle in der Pipelinebearbeitung voranschreiten, wird einfach dadurch verhindert, dass man Befehlszähler und IF/ID-Pipelineregister davon abhält, neue Werte anzunehmen. Vorausgesetzt, diese Register bleiben erhalten, wird das Lesen des Befehls in der IF-Stufe unter Verwendung desselben Befehlszählers fortgesetzt, und das Lesen der Register in der ID-Stufe wird unter Verwendung derselben Befehlsfelder im IF/ID-Pipelineregister fortgesetzt. Wenn wir dies auf unsere Analogie mit dem Wäschewaschen übertragen, ist das so, als würden Sie die Waschmaschine mit derselben Wäscheladung neu starten, während der Trockner gleichzeitig ohne Ladung trocknet. Der hintere Teil der Pipeline, der mit der EX-Stufe beginnt, muss ebenso wie der Trockner auch etwas tun. Dieser Teil führt also so genannte **NOP-Befehle** aus, d. h. Befehle, die keine Auswirkungen haben.

NOP-Befehl Ein Befehl, der eine Operation ausführt, die zu keiner Zustandsänderung führt.

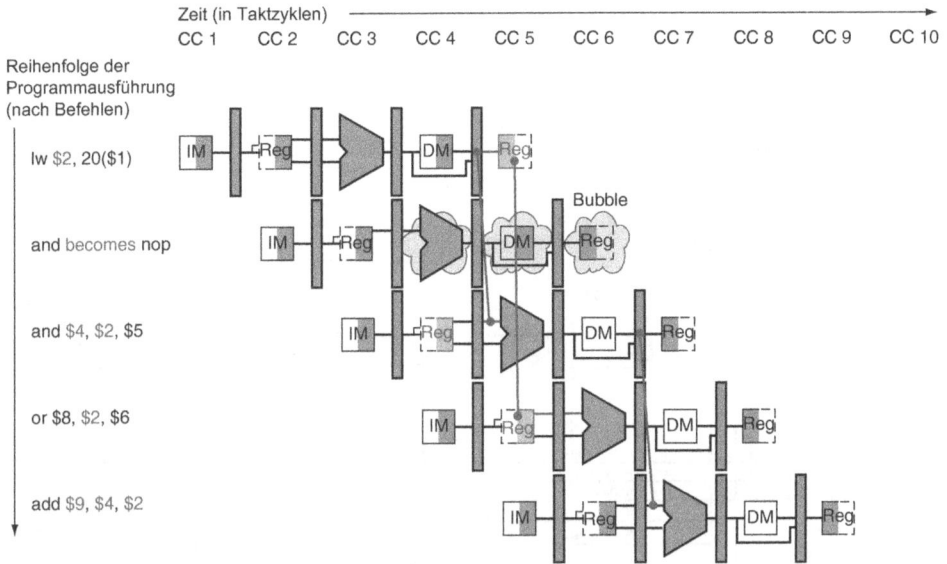

Abb. 4.49: So werden Verzögerungen in die Pipeline eingefügt. Eine Verzögerung (Bubble) wird beginnend in Taktzyklus 4 eingefügt, indem der **and**-Befehl in einen NOP-Befehl geändert wird. Der **and**-Befehl wird in den Taktzyklen 2 und 3 geholt und decodiert, aber seine EX-Stufe wird bis Taktzyklus 5 angehalten (im Gegensatz zur unverzögerten Position in Taktzyklus 4). Entsprechend wird der **or**-Befehl in Taktzyklus 3 geholt, jedoch wird dessen IF-Stufe bis Taktzyklus 5 angehalten (im Gegensatz zur unverzögerten Position in Taktzyklus 4). Nach dem Einfügen des Bubbles sind alle Abhängigkeiten in Richtung der Zeitachse orientiert, und es treten keine weiteren Konflikte mehr auf.

Wie können wir diese NOP-Befehle, die sich wie Bubbles verhalten, in die Pipeline einfügen? In Tabelle 4.9 ist zu sehen, dass ein NOP-Befehl – der „nichts tut" – generiert wird, wenn alle neun Steuersignale in den Stufen EX, MEM und WB auf logisch 0 gesetzt werden. Wenn also der Konflikt in der ID-Stufe erkannt wird, können wir ein Bubble in die Pipeline einfügen, indem wir die Steuerfelder der Stufen EX, MEM und WB des ID/EX-Pipelineregisters auf 0 setzen. Diese hilfreichen Steuerwerte werden in jedem Taktzyklus mit dem entsprechenden Effekt weitergeleitet: Kein Register oder Speicher wird beschrieben, wenn die Steuerwerte alle 0 sind.

Abbildung 4.49 zeigt, was in der Hardware tatsächlich geschieht: Die Pipelineausführungsstufe, die dem **and**-Befehl zugeordnet ist, wird in einen NOP-Befehl geändert und alle Befehle nach dem **and**-Befehl werden um einen Zyklus verzögert. Aufgrund des Konflikts müssen die **and**- und **or**-Befehle in Taktzyklus 4 wiederholen, was sie in Taktzyklus 3 bereits getan haben: **and** liest Register und wird decodiert und **or** wird erneut aus dem Befehlsspeicher geholt. Bei der Verzögerung fallen wiederholte Arbeitsschritte an, aber eigentlich geht es darum, die Zeitdauer der **and**- und **or**-Befehle zu verlängern und das Holen des **add**-Befehls zu verzögern. Wie eine Luftblase in einer Wasserleitung verzögert ein Bubble alles ihm Nachfolgende und durchläuft die Befehlspipeline, eine Stufe pro Zyklus, bis er die Pipeline am Ende verlässt.

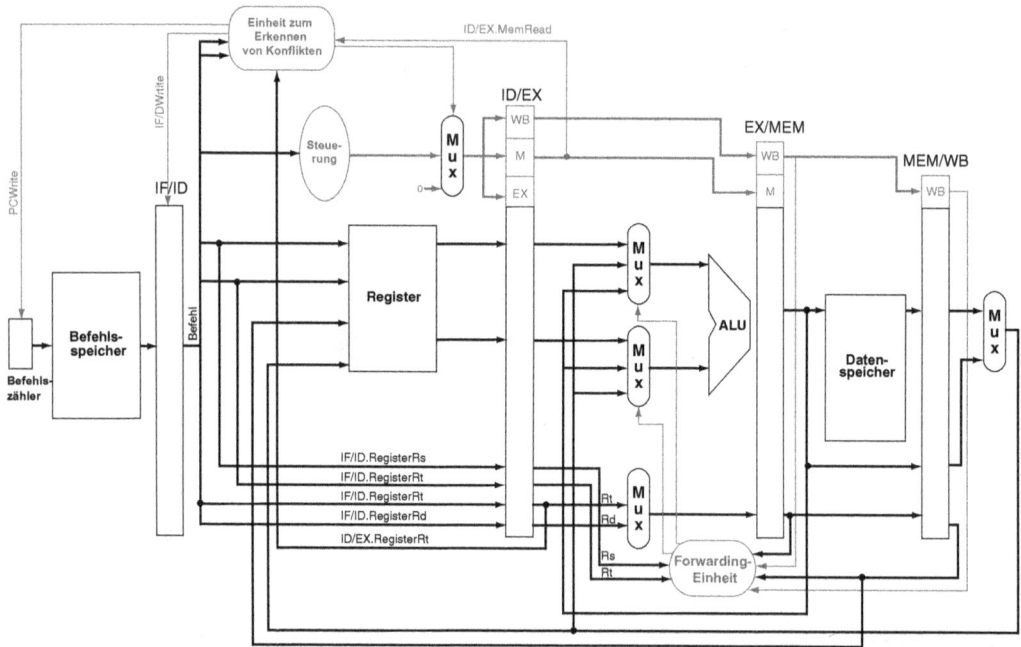

Abb. 4.50: **Übersicht über die Steuerung mit Pipeline, mit den beiden Multiplexern für das Forwarding, mit der Einheit zum Erkennen von Konflikten und mit der Forwarding-Einheit.** Die ID- und EX-Stufen sind zwar vereinfacht dargestellt (die Logik für vorzeichenerweiterte Immediates und Sprünge fehlt), dennoch stellt diese Abbildung die wesentlichen Anforderungen an eine Forwarding-Hardware dar.

In Abbildung 4.50 sind die Pipelineverbindungen sowohl für die Einheit zum Erkennen von Konflikten als auch für die Forwarding-Einheit dargestellt. Wie zuvor steuert auch hier die Forwarding-Einheit die ALU-Multiplexer, um den Wert aus einem Allzweckregister gegen den Wert aus dem gewünschten Pipelineregister auszutauschen. Die Einheit zum Erkennen von Konflikten steuert das Schreiben in den Befehlszähler und das IF/ID-Register sowie den Multiplexer, der zwischen den echten Steuerwerten und der Möglichkeit, alle Signale auf 0 zu setzen, wählt. Die Einheit zum Erkennen von Konflikten hält die Pipeline an und setzt die Steuerfelder auf logisch 0, wenn die Überprüfung auf einen Load-Use-Konflikt positiv ausfällt. Online-Abschnitt 4.14 zeigt ein Beispiel für MIPS-Code mit Konflikten, die eine Verzögerung verursachen, dargestellt als Eintaktdiagramme, falls Sie weitere Informationen benötigen.

Grundwissen

Auch wenn die Hardware sich darum kümmert, Konflikte aufgrund von Abhängigkeiten aufzulösen und dadurch die gewünschte Ausführung gesichert ist, sollte der Compiler die Pipeline verstehen, damit die bestmög-

liche Leistung erzielt werden kann. Andernfalls wird die Leistung durch
unerwartete Verzögerungen des kompilierten Codes beeinträchtigt.

Anmerkung: Eine Ergänzung zu der Bemerkung weiter vorn, dass alle Steuersignale auf 0 gesetzt werden, um zu verhindern, dass Register oder Speicher
beschrieben werden: Tatsächlich müssen nur die Signale RegWrite und Mem-
Write auf 0 gesetzt werden. Die anderen Steuersignale können auf „don't care"
gesetzt werden.

4.9 Steuerkonflikte

Bisher haben wir nur Konflikte bei arithmetischen Operationen und Datentransfers betrachtet. Wie wir jedoch in Abschnitt 4.6 gesehen haben, gibt es
auch Pipelinehemmnisse bei Sprüngen. In Abbildung 4.51 ist eine Folge von
Befehlen dargestellt, und es ist angegeben, an welcher Stelle in dieser Pipeline der Sprung stattfindet. In jedem Taktzyklus muss ein Befehl geholt werden,
damit die Pipeline immer beschäftigt ist. Jedoch steht in unserem Entwurf die
Entscheidung, ob ein Sprung ausgeführt wird, erst in der MEM-Pipelinestufe
an. Wie in Abschnitt 4.6 bereits erwähnt, wird diese Verzögerung beim Bestimmen des Befehls, der geholt werden soll, im Gegensatz zu den eben beschriebenen *Datenkonflikten* als *Steuerkonflikt* oder *Pipelinehemmnis durch Kontrollflussabhängigkeiten* bezeichnet.

Dieser Abschnitt über Steuerkonflikte ist kürzer als die vorhergehenden Abschnitte über Datenkonflikte. Dafür gibt es verschiedene Gründe: Steuerkonflikte sind relativ einfach zu verstehen, sie treten seltener auf als Datenkonflikte und es gibt nichts, das so wirksam gegen Steuerkonflikte ist, wie das
Forwarding gegen Datenkonflikte. Also verwenden wir einfachere Methoden.
Wir werden zwei Methoden zum Beheben von Steuerkonflikten und eine Möglichkeit zum Optimieren dieser Methoden betrachten.

Annahme, dass Sprünge nicht ausgeführt werden

Wie wir in Abschnitt 4.6 gesehen haben, dauert es zu lange, wenn wir warten, bis der Sprung durchgeführt ist. Ein gängiges Mittel zur Verbesserung der
Leistung gegenüber dem reinen Abwarten bis der Sprung durchgeführt ist, besteht in der **Vorhersage**, dass der Sprung nicht ausgeführt wird, und mit der
Ausführung der nachfolgenden Befehle fortzufahren. Wenn der Sprung doch
ausgeführt wird, werden die Befehle verworfen, die bereits geholt und decodiert wurden. Die Ausführung wird am Sprungziel fortgesetzt. Wenn die Hälfte der Sprünge nicht ausgeführt wird, und wenn das Verwerfen der Befehle
nur geringe Kosten verursacht, werden die durch Steuerkonflikte verursachten
Kosten durch diese Optimierung halbiert.

*Es kommen tausend, die
an den Ästen des Übels
hacken, auf einen, der die
Wurzel trifft.*

Henry David Thoreau,
Walden, 1854

VORHERSAGE

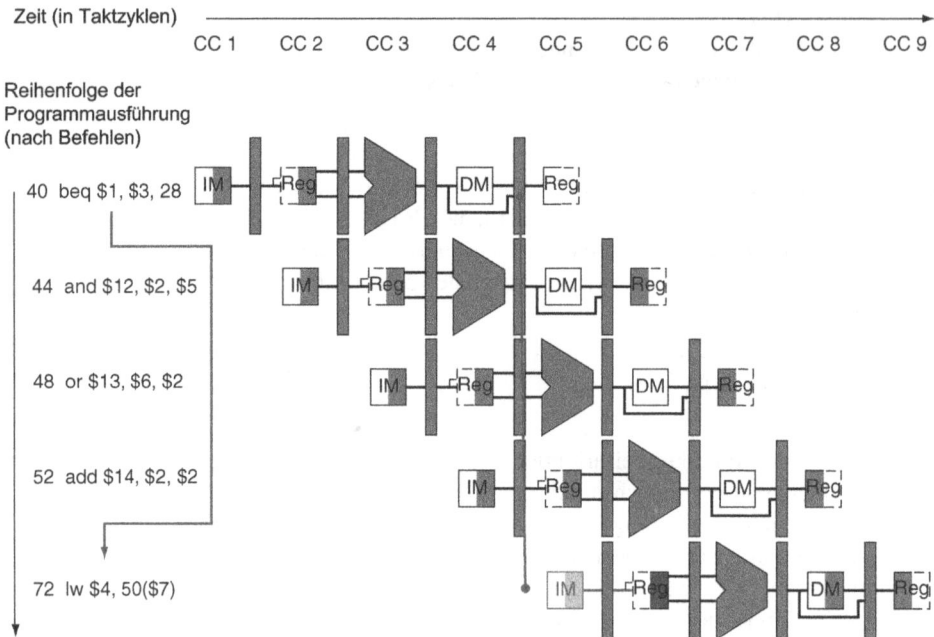

Abb. 4.51: Auswirkung der Pipeline auf den Sprungbefehl. Die Zahlen links neben den Befehlen (40, 44, ...) sind die Befehls-adressen. Da der Sprungbefehl in der MEM-Stufe (Taktzyklus 4 beim obigen beq-Befehl) entscheidet, ob ein Sprung ausgeführt wird, werden die drei sequentiellen Befehle, die dem Sprung folgen, geholt und die Ausführung wird begonnen. Ohne Eingriff der Steuerung beginnt die Ausführung dieser drei nachfolgenden Befehle, bevor beq zu w auf Adresse 72 verzweigt. (In Abbil-dung 4.25 wird zusätzliche Hardware vorausgesetzt, um den Steuerkonflikt auf genau einen Taktzyklus zu beschränken. In dieser Abbildung ist der nicht optimierte Datenpfad dargestellt.)

Leeren der Pipeline Be-seitigen von Befehlen aus einer Pipeline, in der Regel aufgrund eines un-erwarteten Ereignisses.

Um Befehle zu verwerfen, ändern wir lediglich die ursprünglichen Steu-erwerte in Nullen, ähnlich wie wir das auch zum Verzögern der Pipeline bei einem Load-Use-Datenkonflikt getan haben. Der Unterschied besteht jedoch darin, dass wir hier auch die drei Befehle in den Stufen IF, ID und EX än-dern müssen, wenn der Sprung in die MEM-Stufe gelangt. Bei Verzögerungen aufgrund von Load-Use-Konflikten haben wir lediglich den Steuerwert in der ID-Stufe auf 0 gesetzt und die Verzögerungen durch die Pipeline mitgeführt. Das Verwerfen von Befehlen erfordert somit, dass wir in der Lage sein müssen, in den Stufen IF, ID und EX die **Pipeline zu leeren**.

Reduktion der Verzögerung durch Sprünge

Das Leistungsverhalten von Sprüngen lässt sich durch Reduzieren der Kosten für den ausgeführten Sprung verbessern. Bisher sind wir davon ausgegangen, dass der nächste Befehlszähler für einen Sprung in der MEM-Stufe ausgewählt wird. Wenn wir jedoch die Sprungausführung in der Pipeline weiter nach vorn verlegen, müssen weniger Befehle verworfen werden. Die MIPS-Architektur

wurde entwickelt, um schnelle Eintaktsprünge zu unterstützen, die mit geringen Einbußen aufgrund von Sprüngen in der Pipeline verarbeitet werden können. Die Entwickler haben beobachtet, dass viele Sprünge nur von einfachen
Tests (beispielsweise auf Gleichheit oder Vorzeichen) abhängen und dass Tests
dieser Art keine komplette ALU-Operation beanspruchen, sondern mit maximal einigen wenigen Gattern durchgeführt werden können. Wenn eine komplexere Sprungentscheidung erforderlich ist, wird ein eigener Befehl benötigt,
der mithilfe der ALU einen Vergleich durchführt, eine Situation, ähnlich der,
bei der Bedingungscodes für Sprünge verwendet werden (siehe Kapitel 2).

Wenn die Sprungentscheidung weiter vorn in der Pipeline erfolgen soll,
müssen zwei Aktionen bereits zu einem früheren Zeitpunkt durchgeführt werden: die Berechnung der Sprungzieladresse und die Beurteilung der Sprungentscheidung. Der einfache Teil dieser Änderung ist das Verlegen der Berechnung der Sprungzieladresse. Im IF/ID-Pipelineregister befindet sich bereits der
Befehlszählerwert und das Immediate-Feld. Wir brauchen also nur noch den
Sprungaddierer aus der EX-Stufe in die ID-Stufe zu verlegen. Dabei werden
allerdings für alle Befehle die Sprungzieladressen berechnet, die jedoch nur
bei Bedarf verwendet werden.

Der schwierigere Teil ist die Sprungentscheidung an sich. Bei einem Branch-
equal-Befehl vergleichen wir die beiden Register, die während der ID-Stufe
gelesen werden, um festzustellen, ob die Werte in den beiden Registern gleich
sind. Auf Gleichheit kann geprüft werden, indem zunächst mit den jeweiligen Bits eine Exklusiv-ODER-Verknüpfung (XOR) und anschließend mit den
Ergebnissen eine ODER-Verknüpfung (OR) durchgeführt wird. (Ist der Ausgang des OR-Gatters null, dann bedeutet das, dass die beiden Register gleich
sind.) Wenn die Sprungüberprüfung in die ID-Stufe verlegt wird, ist zusätzliche
Hardware für das Forwarding und das Erkennen von Konflikten erforderlich,
da ein Sprung, der von einem Ergebnis abhängt, das sich noch in der Pipeline befindet, auch mit dieser Optimierung ordnungsgemäß funktionieren muss.
Um beispielsweise den Branch-on-equal-Befehl (und dessen Invertierung) zu
implementieren, müssen wir Ergebnisse mittels Forwarding an die Logik zum
Überprüfen auf Gleichheit weiterleiten, die während der ID-Stufe aktiv ist.
Hierbei spielen zwei kritische Faktoren eine Rolle:

1. Wir müssen den Befehl während der ID-Stufe decodieren, entscheiden,
   ob eine Weitergabe zur Einheit zum Überprüfen auf Gleichheit erforderlich ist, und die Überprüfung auf Gleichheit durchführen, so dass wir den
   Befehlszähler auf die Sprungzieladresse setzen können, wenn der Befehl
   ein Sprungbefehl ist. Das Forwarding der Operanden von Sprüngen wurde bisher von der Forwarding-Einheit der ALU übernommen. Wenn wir
   die Einheit zum Überprüfen auf Gleichheit jedoch in die ID-Stufe verlegen, benötigen wir eine neue Forwarding-Logik. Die mittels Forwarding
   weitergeleiteten Quelloperanden eines Sprungs können im Übrigen entweder vom ALU/MEM- oder vom MEM/WB-Pipeline-Register bereitgestellt
   werden.

2. Da die Werte in einem Sprungvergleich während der ID-Stufe benötigt werden, jedoch eventuell erst zu einem späteren Zeitpunkt generiert werden, tritt möglicherweise ein Datenkonflikt auf, und es wird eine Pipelineverzögerung benötigt. Wenn beispielsweise ein ALU-Befehl direkt vor einem Sprung einen der Operanden für den Vergleich im Sprungbefehl generiert, ist eine Pipelineverzögerung erforderlich, da die EX-Stufe des ALU-Befehls nach der ID-Stufe des Sprungs ausgeführt wird. Folgt einer Ladeoperation unmittelbar eine bedingte Verzweigung, die von dem Ladeergebnis abhängig ist, sind zwei Verzögerungszyklen notwendig, weil das Ergebnis der Ladeoperation nach dem MEM-Zyklus bereitsteht, aber zu Beginn der ID für die Verzweigung benötigt wird.

Trotz dieser Schwierigkeiten stellt das Verlegen der Sprungausführung in die ID-Stufe eine Verbesserung dar, weil dadurch die Einbußen aufgrund eines Sprungs auf nur einen Befehl beschränkt werden, wenn der Sprung ausgeführt wird, nämlich auf den Befehl, der zu diesem Zeitpunkt geholt wird. In den Aufgaben werden die Details zur Implementierung des Forwarding-Pfads und zur Erkennung des Konflikts untersucht.

Um die Pipeline in der IF-Stufe zu leeren, fügen wir eine Steuerleitung ein, die als IF.Flush bezeichnet wird und die das Befehlsfeld des IF/ID-Pipelineregisters auf 0 setzt. Durch das Löschen des Registers wird der geholte Befehl in einen NOP-Befehl umgewandelt, einen Befehl, der keine Aktion bewirkt und den Zustand nicht verändert.

Beispiel: Sprünge mit Pipelining

Zeigen Sie, was geschieht, wenn der Sprung in dieser Befehlsfolge ausgeführt wird, vorausgesetzt, die Pipeline ist für Sprünge optimiert, die nicht ausgeführt werden, und die Sprungausführung wurde in die ID-Stufe verlegt:

```
36 sub $10, $4, $8
40 beq  $1, $3, 7   # befehlszählerrelative Verzweigung
                    # nach 40 + 4 + 7 * 4 = 72
44 and $12, $2, $5
48 or  $13, $2, $6
52 add $14, $4, $2
56 slt $15, $6, $7
...
72 lw  $4,  50($7)
```

Lösung: In Abbildung 4.52 ist dargestellt, was geschieht, wenn ein Sprung ausgeführt wird. Im Gegensatz zu Abbildung 4.51 wird bei einem ausgeführten Sprung nur ein Bubble benötigt.

Dynamische Sprungvorhersage

Die Annahme, dass ein Sprung nicht ausgeführt wird, ist eine einfache Form der *Sprungvorhersage*. In diesem Fall sagen wir vorher, dass Sprünge nicht

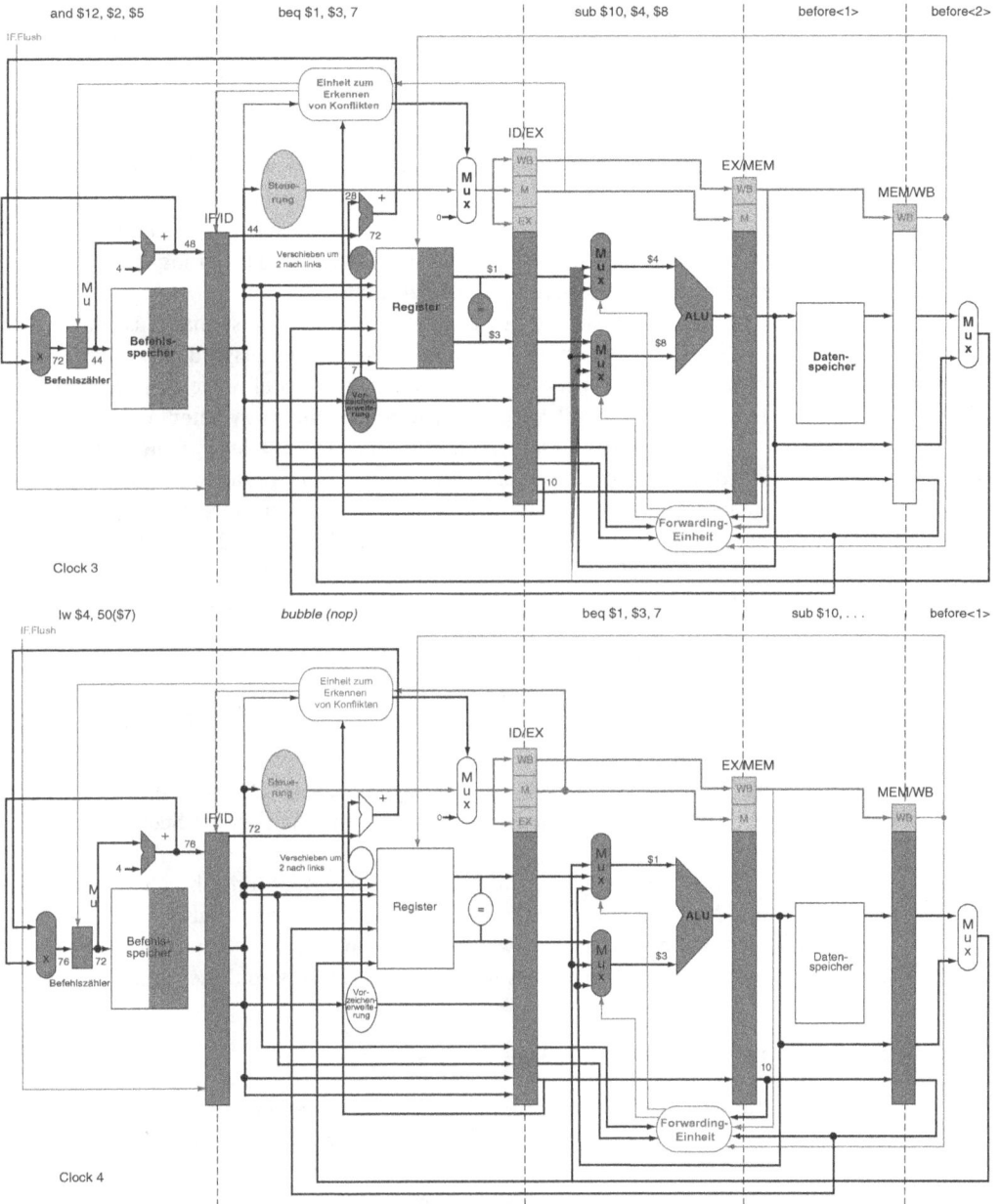

Abb. 4.52: Die ID-Stufe von Taktzyklus 3 bestimmt, dass ein Sprung ausgeführt werden muss. Sie wählt daher 72 als nächste Befehlszähleradresse aus und setzt den für den nächsten Taktzyklus geholten Befehl auf 0. In Taktzyklus 4 wird der Befehl auf Adresse 72 geholt, und der Bubble- oder NOP-Befehl in der Pipeline wird als Ergebnis des ausgeführten Sprungs dargestellt. (Da der NOP-Befehl eigentlich ein `sll $0,$0,0`-Befehl ist, lässt sich darüber streiten, ob die ID-Stufe in Taktzyklus 4 hervorzuheben ist oder nicht.)

ausgeführt werden, und leeren die Pipeline, wenn die Vorhersage falsch war. Bei der einfachen fünfstufigen Pipeline ist ein derartiger Ansatz, möglicherweise gekoppelt mit einer compilerbasierten Vorhersage, wohl angemessen. Bei Pipelines mit mehr Stufen nehmen die Kosten einer falschen Sprungvorhersage gemessen in Taktzyklen zu. In ähnlicher Weise nehmen bei der Mehrfachzuordnung (siehe Abschnitt 4.11) die Kosten einer falschen Sprungvorhersage in Form von verlorenen Befehlen zu. Diese Kombination bedeutet, dass in einer aggressiven Pipeline mit einer einfachen statischen Vorhersagemethode möglicherweise zu viel Leistung verloren geht. Wie in Abschnitt 4.6 bereits erwähnt, ist es möglich, mit zusätzlicher Hardware das Sprungverhalten während der Programmausführung **vorherzusagen.**

VORHERSAGE

dynamische Sprungvorhersage Vorhersage von Sprüngen zur Laufzeit mithilfe von Laufzeitinformationen.

Sprungvorhersagepuffer Ein kleiner Speicher, der durch den unteren Teil der Adresse des Sprungbefehls adressiert wird und der ein oder mehrere Bit enthält, die angeben, ob der Sprung in letzter Zeit ausgeführt wurde.

Ein Ansatz besteht darin, anhand der Befehlsadresse nachzuschlagen, ob bei der letzten Ausführung des Befehls ein Sprung ausgeführt wurde, und wenn dies der Fall ist, neue Befehle von derselben Stelle wie beim letzten Mal zu holen. Diese Technik wird als **dynamische Sprungvorhersage** bezeichnet.

Eine Implementierung mit diesem Ansatz stellt der **Sprungvorhersagepuffer** oder die **Sprungverlaufstabelle** dar. Ein Sprungvorhersagepuffer ist ein kleiner Speicher, der durch den unteren Teil der Adresse des Sprungbefehls adressiert wird. Der Speicher enthält ein Bit, das angibt, ob der Sprung in letzter Zeit ausgeführt wurde.

Dies ist die einfachste Art eines Puffers. Wir wissen noch nicht einmal, ob die Vorhersage stimmt. Schließlich kann sie durch einen anderen Sprung verursacht werden, der über dieselben niederwertigen Adressbits verfügt. Das hat jedoch keine Auswirkungen auf die Richtigkeit. Eine Vorhersage ist nur ein Hinweis, von dem angenommen wird, dass er stimmt. Daher beginnt das Holen in der vorhergesagten Richtung. Wenn sich der Hinweis als falsch herausstellt, werden die falsch vorhergesagten Befehle gelöscht, das Vorhersage-Bit wird invertiert und wieder gespeichert, und die richtige Sequenz wird geholt und ausgeführt.

Diese einfache 1-Bit-Sprungvorhersage weist hinsichtlich der Leistung einen Nachteil auf: Auch wenn ein Sprung fast immer ausgeführt wird, gibt es nicht nur eine, sondern zwei falsche Vorhersagen, wenn der Sprung nicht ausgeführt wird. Anhand des folgenden Beispiels wird dieses Dilemma deutlich.

Beispiel: Schleifen und Vorhersagen

Stellen Sie sich eine Schleife vor, bei der ein Sprung neun Mal in Folge ausgeführt, und dann einmal nicht ausgeführt wird. Wie genau ist die Sprungvorhersage für diesen Sprung, wenn wir davon ausgehen, dass das Vorhersage-Bit für diesen Sprung im Vorhersagepuffer bleibt?

Lösung: Mit der statischen Vorhersage wird bei der ersten und letzten Schleifeniteration falsch vorhergesagt. Die falsche Vorhersage bei der letzten Iteration lässt sich nicht vermeiden, da das Vorhersage-Bit angibt, dass der Sprung ausgeführt wurde: Immerhin war der Sprung zu diesem Zeitpunkt neun Mal in

Folge ausgeführt worden. Die falsche Vorhersage bei der ersten Iteration beruht darauf, dass das Bit vor Ausführung der letzten Iteration aktiviert wird, da der Sprung bei dieser beendenden Iteration nicht ausgeführt wurde. Somit beträgt die Genauigkeit der Vorhersage für diesen Sprung, der in 90 % der Fälle ausgeführt wird, nur 80 % (zwei falsche Vorhersagen und acht richtige).

Die Genauigkeit des Prädiktors entspricht bei diesen sehr regelmäßigen Sprüngen im Idealfall der Häufigkeit der ausgeführten Sprünge. Diese Schwäche wird häufig mit 2-Bit-Sprungvorhersagen ausgeglichen. Bei einer 2-Bit-Vorhersage muss eine Vorhersage zweimal falsch sein, damit die Vorhersage geändert wird. Abbildung 4.53 zeigt den endlichen Automaten für eine 2-Bit-Vorhersage.

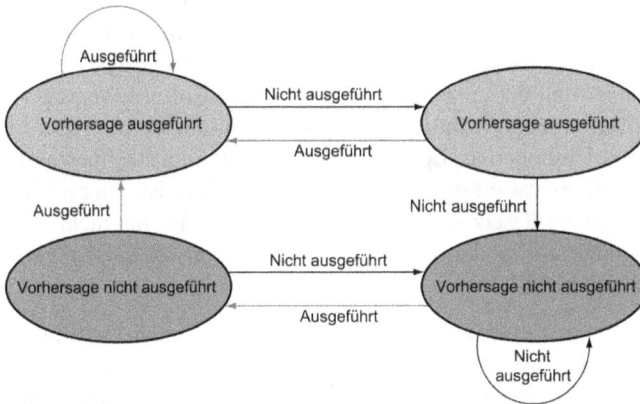

Abb. 4.53: Zustände bei einer 2-Bit-Vorhersage. Weil anstelle von nur einem Bit zwei Bit verwendet werden, kommt es bei Sprüngen, die mit großer Regelmäßigkeit ausgeführt oder nicht ausgeführt werden (wie das bei vielen Sprüngen der Fall ist), nur zu einer falschen Vorhersage. Die zwei Bit werden zum Darstellen der vier Zustände im System verwendet. Bei dieser 2-Bit-Methode handelt es sich um ein allgemeines Beispiel für einen zählerbasierten Prädiktor, der inkrementiert wird, wenn die Vorhersage stimmt, und dekrementiert, wenn die Vorhersage falsch ist. Der Mittelpunkt des Bereiches wird als Grenze zwischen ausgeführt und nicht ausgeführt verwendet.

Ein Sprungvorhersagepuffer kann als kleiner Spezialpuffer implementiert werden, auf den während der IF-Pipelinestufe mit der Befehlsadresse zugegriffen wird. Wenn der Befehl als ausgeführt vorhergesagt wird, beginnt das Holen aus dem Ziel, sobald der Befehlszähler bekannt ist. Das kann, wie auf Seite 350 erwähnt, bereits in der ID-Stufe der Fall sein. Andernfalls wird das sequentielle Holen und Ausführen fortgesetzt. Wenn sich die Vorhersage als falsch erweist, werden die Vorhersage-Bits, wie in Abbildung 4.53 dargestellt, geändert.

Anmerkungen: 1) Wie in Abschnitt 4.6 beschrieben, können wir in einer fünfstufigen Pipeline den Steuerkonflikt beheben, indem wir den Sprung neu definieren. Ein verzögerter Sprung führt immer den nachfolgenden Befehl aus, aber der zweite Befehl nach dem Sprung ist vom Sprung betroffen.

Compiler und Assembler versuchen einen Befehl, der immer ausgeführt wird, nach dem Sprung in das Zeitfenster für die **Verzögerung nach dem Sprungbefehl** einzufügen. Die Software hat die Aufgabe, dafür zu sorgen, dass die nachfolgenden Befehle gültig und nützlich sind. In Abbildung 4.54 sind die drei Möglichkeiten dargestellt, wie die Verzögerung nach einem Sprungbefehl genutzt werden kann.

Die Grenzen des Schedulings verzögerter Sprünge ergeben sich zum einen aus den Einschränkungen der Befehle, die für die Zeitfenster geplant werden, und zum anderen aus unserer Fähigkeit, zum Zeitpunkt des Kompilierens vorherzusagen, ob ein Sprung ausgeführt wird.

Der verzögerte Sprung war eine einfache und effektive Lösung für eine fünfstufige Pipeline, die pro Taktzyklus einen Befehl zuordnet. Da Prozessoren zunehmend sowohl längere Pipelines verwenden als auch pro Taktzyklus mehrere Befehle zuordnen (siehe Abschnitt 4.11), wird die Verzögerung nach einem Sprung länger und ein einzelnes Zeitfenster reicht für die Verzögerung nicht mehr aus. Der verzögerte Sprung hat daher zugunsten teurerer, aber flexiblerer dynamischer Lösungen an Beliebtheit eingebüßt. Gleichzeitig wurde die dynamische Vorhersage aufgrund der Zunahme der Transistoren pro Chip gemäß dem Moore'schen Gesetz vergleichsweise günstiger. Es gibt mehr Transistoren im Sprungprädiktor moderner Mikroprozessoren, als es in den ersten MIPS-Chips insgesamt gab!

2) Ein Sprungprädiktor sagt uns, ob ein Sprung ausgeführt wird, das Sprungziel muss jedoch immer noch berechnet werden. In der fünfstufigen Pipeline benötigt diese Berechnung einen Takt, was bedeutet, dass ausgeführte Sprünge einen Takt verlieren. Verzögerte Sprünge sind eine Möglichkeit, diese Kosten zu vermeiden. Eine andere Möglichkeit ist die Verwendung eines Caches zum Speichern des Zielbefehlszählers oder des Zielbefehls mithilfe eines **Sprungzielpuffers**.

Bei der dynamischen 2-Bit-Sprungvorhersage werden nur Informationen zu bestimmten Sprüngen verwendet. Forscher haben herausgefunden, dass die Verwendung von Informationen zu einem lokalen Sprung und dem globalen Verhalten von kürzlich ausgeführten Sprüngen bei gleicher Anzahl Vorhersage-Bits eine größere Vorhersagegenauigkeit ergibt. Prädiktoren dieser Art werden als **Korrelationsprädiktoren** bezeichnet. Ein typischer Korrelationsprädiktor verfügt beispielsweise über zwei 2-Bit-Prädiktoren für jeden Sprung und hat die Wahl zwischen Prädiktoren, die danach ausgewählt werden, ob der letzte Sprung ausgeführt wurde. Das globale Sprungverhalten können Sie sich wie das Hinzufügen zusätzlicher Indexbits für die Vorhersage vorstellen.

Eine neuere Entwicklung bei der Sprungvorhersage ist die Verwendung von Hybridprädiktoren. Ein **Hybridprädiktor** verwendet mehrere Prädiktoren und ermittelt für jeden Sprung, welcher Prädiktor die besten Ergebnisse liefert. Ein typischer Hybridprädiktor enthält beispielsweise zwei Vorhersagen für jeden

Verzögerung nach Sprungbefehl Das Zeitfenster direkt nach einem verzögerten Sprungbefehl, das bei der MIPS-Architektur mit einem Befehl gefüllt wird, der auf den Sprung keine Auswirkungen hat.

Sprungzielpuffer Eine Struktur, die den Zielbefehlszähler oder Zielbefehl für einen Sprung im Cache zwischenspeichert.

Korrelationsprädiktor Ein Sprungprädiktor, der das lokale Verhalten eines bestimmten Sprungs mit globalen Informationen zum Verhalten einiger kürzlich ausgeführter Sprünge zusammen verwendet.

Hybridprädiktor Ein Sprungprädiktor mit mehreren Vorhersagen für jeden Sprung und einem Auswahlmechanismus, der den Prädiktor auswählt, der für einen bestimmten Sprung verwendet werden soll.

a. Vor dem Sprung

add $s1, $s2, $s3

if $s2 = 0 then ──

Delay slot

Wird

if $s2 = 0 then ──

add $s1, $s2, $s3

b. Vom Sprungziel aus

sub $t4, $t5, $t6 ◄──

...

add $s1, $s2, $s3

if $s1 = 0 then ──

Delay slot

Wird

add $s1, $s2, $s3

if $s1 = 0 then ──

sub $t4, $t5, $t6

c. Vom Fehlschlag aus

add $s1, $s2, $s3

if $s1 = 0 then ──

Delay slot

sub $t4, $t5, $t6 ◄──

Wird

add $s1, $s2, $s3

if $s1 = 0 then ──

sub $t4, $t5, $t6

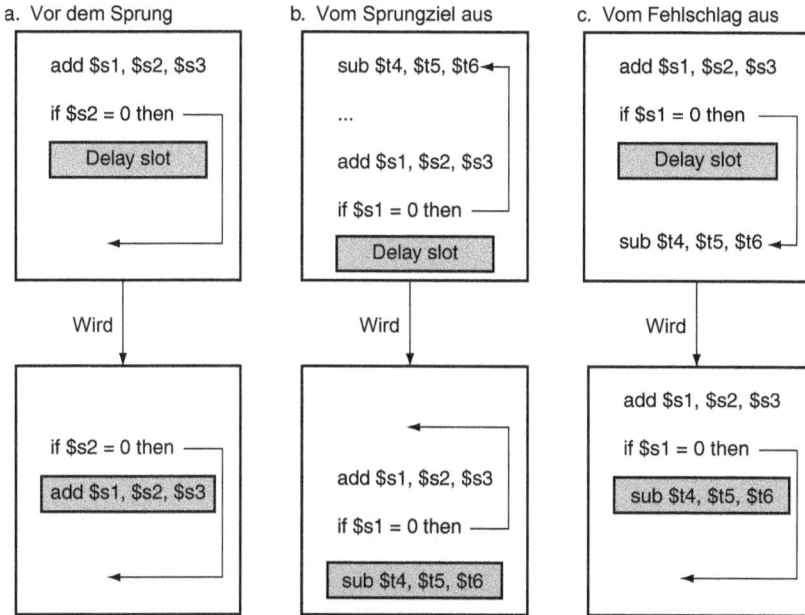

Abb. 4.54: Scheduling des Zeitfensters für die Verzögerung nach einem Sprungbefehl. Im oberen der Kästchenpaare ist jeweils der Code vor dem Scheduling dargestellt, in den unteren Kästchen ist der Code nach dem Scheduling dargestellt. In (a) erfolgt das Scheduling der Verzögerung mithilfe eines unabhängigen Befehls, der ursprünglich vor dem Sprung steht. Diese Möglichkeit eignet sich am besten. Die Strategien (b) und (c) werden verwendet, wenn (a) nicht möglich ist. In der Codesequenz für (b) und (c) wird durch die Verwendung von $s1 in der Sprungbedingung verhindert, dass der add-Befehl (dessen Ziel $s1 ist) in das Zeitfenster für die Verzögerung nach dem Sprung verschoben wird. In (b) erfolgt das Scheduling der Sprungverzögerung vom Sprungziel aus. Meist muss dabei der Zielbefehl kopiert werden, da ein anderer Pfad auf ihn zugreifen kann. Strategie (b) wird bevorzugt verwendet, wenn der Sprung wie etwa in einer Schleife mit großer Wahrscheinlichkeit ausgeführt wird. Schließlich kann das Scheduling des Sprungs wie in (c) vom nicht ausgeführten Verzweigungspfad (fall-through) aus erfolgen. Damit diese Optimierung für (b) oder (c) zulässig ist, muss es in Ordnung sein, den sub-Befehl auszuführen, wenn der Sprung in eine unerwartete Richtung geht. Mit „in Ordnung" meinen wir, dass die Arbeit zwar überflüssig ist, das Programm aber dennoch ordnungsgemäß ausgeführt wird. Dies ist beispielsweise der Fall, wenn $t4 ein nicht genutztes temporäres Register wäre und der Sprung in eine unerwartete Richtung ginge.

Sprungindex: einen, der auf lokalen Informationen beruht, und einen, der auf dem globalen Sprungverhalten beruht. Eine Auswahllogik wählt den Prädiktor aus, der für eine gegebene Vorhersage verwendet wird. Die Auswahllogik kann ähnlich wie ein 1- oder 2-Bit-Prädiktor arbeiten und denjenigen der beiden Prädiktoren bevorzugen, der das genauere Ergebnis liefert. Ausgefeilte Prädiktoren wie diese werden in vielen neuen, anspruchsvollen Mikroprozessoren eingesetzt.

3) Eine Methode, die Anzahl der bedingten Sprünge zu reduzieren, ist die Einführung von Befehlen zum bedingten Verschieben. Statt den Befehlszähler bei einem bedingten Sprung zu verändern, ändert der Befehl bedingt das Zielre-

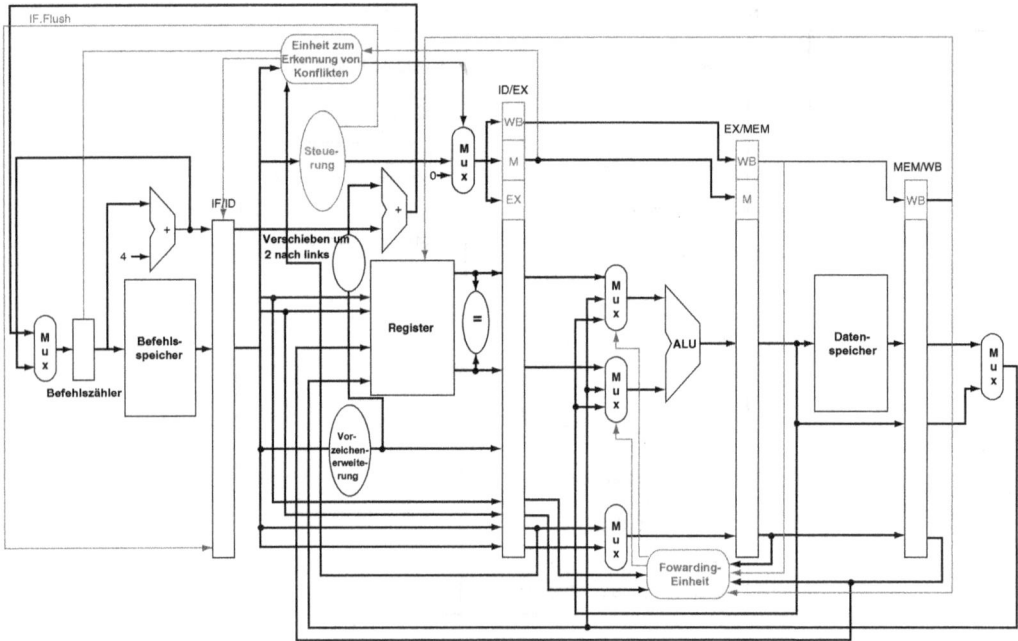

Abb. 4.55: Der vollständig entwickelte Datenpfad mit Steuerung für dieses Kapitel. Beachten Sie, dass dies eine vereinfachte Darstellung ist, kein detaillierter Datenpfad. Aus diesem Grund werden der ALUsrc-Multiplexer aus Abbildung 4.47 und die Multiplexerregelungen aus Abbildung 4.42 nicht mehr dargestellt.

gister der Verschiebung. Ist die Bedingung nicht erfüllt, verhält sich die Verschiebung wie eine NOP-Operation. Beispielsweise enthält eine Version der MIPS-Befehlssatzarchitektur zwei neue Befehle, movn (move if not zero) und movz (move if zero). movn $8,$11,$4 etwa kopiert den Inhalt von Register 11 nach Register 8, vorausgesetzt, der Wert in Register 4 ist ungleich 0. Andernfalls macht der Befehl überhaupt nichts.

Der ARMv7-Befehlssatz stellt für die meisten Befehle ein Bedingungsfeld bereit. Es ist also möglich, dass ARM-Programme weniger bedingte Sprünge aufweisen als MIPS-Programme.

Pipeline – Eine Zusammenfassung

Dieses Kapitel hat mit dem Wäschewaschen begonnen, wo wir die Prinzipien des Pipelinings in einer Alltagssituation kennengelernt haben. Mit dieser Analogie haben wir das Pipelining von Befehlen Schritt für Schritt erkundet. Wir haben mit dem Einzyklendatenpfad begonnen und anschließend Pipelineregister, Forwarding-Pfade, eine Einheit zum Erkennen von Datenkonflikten, eine Einheit für die Sprungvorhersage und eine Einheit zum Leeren der Pipeline im Fall von Unterbrechungen eingefügt. In Abbildung 4.55 ist der sich daraus ergebende Datenpfad mit Steuerung dargestellt.

Selbsttest

Betrachten Sie drei Schemata der Sprungvorhersage: Vorhersage nicht ausgeführt, Vorhersage ausgeführt und dynamische Vorhersage. Nehmen Sie an, dass sie bei korrekter Vorhersage alle die Kosten null haben und bei falscher Vorhersage jeweils Kosten von zwei Zyklen. Nehmen Sie außerdem an, dass die mittlere Vorhersagegenauigkeit des dynamischen Prädiktors 90 % ist. Welcher Prädiktor ist für die folgenden Verzweigungen die beste Wahl?

1. Eine Verzweigung, die mit einer Häufigkeit von 5 % genommen wird.

2. Eine Verzweigung, die mit einer Häufigkeit von 95 % genommen wird.

3. Eine Verzweigung, die mit einer Häufigkeit von 75 % genommen wird.

4.10 Ausnahmebehandlung

Die Steuerung ist der schwierigste Aspekt beim Prozessorentwurf: Es ist am schwierigsten, sie richtig anzulegen, und es ist am schwierigsten, sie schnell zu gestalten. Einer der kompliziertesten Teile der Steuerung ist die Implementierung von **Ausnahmen** und **Interrupts** — weiteren Ereignissen neben Verzweigungen oder Sprüngen, die den normalen Ablauf der Befehlsausführung beeinflussen. Ursprünglich handelte es sich dabei um Sprünge, mit denen man auf unerwartete Ereignisse aus dem Prozessor reagierte, wie beispielsweise auf einen arithmetischen Überlauf. Derselbe grundlegende Mechanismus wurde auf Ein-/Ausgabegeräte erweitert, so dass diese mit dem Prozessor kommunizieren konnten, wie wir in Kapitel 5 erklären werden.

Viele Architekturen und Autoren unterscheiden nicht zwischen Interrupts und Ausnahmen, und häufig wird der ältere Begriff, *Interrupt*, verwendet, um auf beide Ereignisse zu verweisen. Beispielsweise verwendet der Intel x86 den Begriff *Interrupt*. Wie folgen den MIPS-Konventionen und verwenden den Begriff *Ausnahme*, um *alle* unerwarteten Änderungen im Steuerablauf zu bezeichnen, ohne zu unterscheiden, ob die Ursache intern oder extern zu suchen ist. Wir verwenden den Begriff *Interrupt* nur dann, wenn das Ereignis extern verursacht wurde. Die folgenden fünf Beispiele zeigen, ob die Situation intern durch den Prozessor oder extern verursacht wurde:

Ereignistyp	Woher	MIPS-Terminologie
Eingabe-/Ausgabegeräteanforderung	extern	Interrupt
Aufruf des Betriebssystems vom Anwenderprogramm	intern	Ausnahme
arithmetischer Überlauf	intern	Ausnahme
Verwendung als nicht definierter Befehl	intern	Ausnahme
Hardware-Fehlfunktionen	beides	Ausnahme oder Interrupt

Viele Anforderungen für die Unterstützung von Ausnahmen stammen aus speziellen Situationen, die eine Ausnahme verursachen. Deshalb kommen wir

Einen Computer mit Einrichtungen für die automatische Programmunterbrechung dazu zu bringen, sich sequentiell zu verhalten, war keine einfache Sache, weil bei Auftreten eines Unterbrechungssignals die Anzahl der Befehle in verschiedenen Verarbeitungsstufen groß sein kann.

Fred Brooks Jr., *Planning a Computer System: Project Stretch*, 1962

Ausnahme Auch als **Interrupt** bezeichnet. Ein unplanmäßiges Ereignis, das den Programmunterbricht. Wird zur Erkennung eines Überlaufs verwendet.

Interrupt Eine Ausnahme, die von außerhaöb des Prozessors kommt. (Bie manchen Architekturen wird der Begriff *Interrupt* für alle Ausnahmen verwendet.)

in Kapitel 5 auf dieses Thema zurück, wenn wir die Motivation für zusätzliche Funktionen bei der Ausnahmebehandlung besser verstehen. In diesem Abschnitt beschäftigen wir uns mit der Umsetzung einer Steuerung, die zwei Arten von Ausnahmen erkennt, die aus den Teilen des Befehlssatzes bzw. der Implementierung entstehen, die wir bereits besprochen haben.

Die Erkennung von Ausnahmebedingungen und das Ergreifen geeigneter Maßnahmen liegt häufig auf dem kritischen Zeitpfad eines Prozessors, der die Taktdauer und damit die Leistung bestimmt. Ohne eine korrekte Berücksichtigung der Ausnahmen beim Entwurf der Steuereinheit kann der Versuch, einer komplizierten Implementierung eine Ausnahmebehandlung hinzuzufügen, die Leistung deutlich verschlechtern. Außerdem wird dadurch die Aufgabe, einen korrekten Entwurf zu erstellen, sehr komplex.

Die Ausnahmebehandlung in der MIPS-Architektur

Die beiden Ausnahmetypen, die unsere aktuelle Implementierung erzeugen kann, sind die Ausführung eines undefinierten Befehls und ein arithmetischer Überlauf. Wir verwenden auf den nächsten Seiten als Beispiel den arithmetischen Überlauf des Befehls add $1,$2,$1. Als grundlegende Maßnahme im Fall einer Ausnahme soll der Prozessor die Adresse des störenden Befehls im *EPC* (Exception Program Counter, Ausnahmezähler) speichern und dann die Steuerung an einer vorgegebenen Adresse an das Betriebssystem abgeben.

Das Betriebssystem kann dann eine geeignete Maßnahme durchführen, etwa dem Anwenderprogramm einen bestimmten Dienst bereitstellen, eine vordefinierte Maßnahme als Reaktion für einen Überlauf ausführen oder die Ausführung des Programms unterbrechen und einen Fehler melden. Nach der für die Ausnahme erforderlichen Maßnahme kann das Betriebssystem das Programm beenden oder seine Ausführung fortsetzen. Anhand des EPC kann es feststellen, wo die Programmausführung fortgesetzt werden soll. In Kapitel 5 geht es detaillierter um das Problem, die Ausführung wieder aufzunehmen.

Damit das Betriebssystem die Ausnahme verarbeiten kann, muss es den Grund für die Ausnahme kennen, ebenso den Befehl, der sie verursacht hat. Es gibt zwei Hauptmethoden, den Grund für eine Ausnahme zu übermitteln. Die in der MIPS-Architektur verwendete Methode verwendet ein Statusregister (das so genannte *Cause Register* oder *Ursachenregister*), das ein Feld enthält, das den Grund für die Ausnahme angibt.

Eine zweite Methode ist die Verwendung einer **gerichteten Ausnahmebehandlung**. Dabei wird die Adresse, an die die Steuerung abgegeben wird, durch die Ursache der Ausnahme bestimmt. Um beispielsweise die beiden oben aufgeführten Unterbrechungstypen zu verarbeiten, könnten wir die folgenden beiden Unterbrechungsvektoradressen definieren:

gerichtete Ausnahmebehandlung Eine Ausnahmebehandlung, bei der die Adresse, die an die Steuerung weitergegeben wird, durch die Ursache der Ausnahme festgelegt wird.

Ausnahmetyp	Ausnahmevektoradresse (hexadezimal)
nicht definierter Befehl	8000 0000$_H$
arithmetischer Überlauf	8000 0180$_H$

Das Betriebssystem erkennt den Grund für die Ausnahme anhand der Adresse, an der es initiiert wird. Die Adressen werden durch 32 Bytes oder acht Befehle voneinander getrennt, und das Betriebssystem muss den Grund für die Ausnahme aufzeichnen und gegebenenfalls eine begrenzte Verarbeitung innerhalb dieser Sequenz vornehmen. Ist die Ausnahmebehandlung nicht gerichtet, kann ein einziger Einsprungpunkt für alle Ausnahmebehandlungen genutzt werden, und das Betriebssystem decodiert das Statusregister, um die Ursache zu ermitteln.

Wir können die erforderliche Ausnahmebehandlung ausführen, indem wir unserer grundlegenden Implementierung einige zusätzliche Register und Steuersignale hinzufügen, und indem wir die Steuerung leicht erweitern. Angenommen, wir implementieren das in der MIPS-Architektur verwendete Ausnahmesystem, wobei der einzige Einsprungpunkt die Adresse $8000\,0180_H$ ist. (Die Implementierung der gerichteten Ausnahmebehandlung ist nicht schwieriger.) Wir müssen der MIPS-Implementierung zwei zusätzliche Register hinzufügen:

- *EPC*: Ein 32-Bit-Register, das die Adresse des betreffenden Befehls aufnimmt. (Ein solches Register braucht man auch für die gerichtete Ausnahmebehandlung.)
- *Ursache*: Ein Register, das die Ursache der Ausnahme aufzeichnet. In der MIPS-Architektur ist dieses Register 32 Bit breit, aber einige Bits sind momentan ungenutzt. Wir gehen davon aus, dass es ein 5-Bit-Feld gibt, das die beiden möglichen oben beschriebenen Ausnahmequellen aufnimmt, wobei 10 einen undefinierten Befehl und 12 einen arithmetischen Überlauf darstellen.

Ausnahmen in einer Pipeline-Implementierung

Eine Pipeline-Implementierung behandelt Ausnahmen wie Steuerkonflikte. Angenommen, in einer Additionsoperation entsteht ein arithmetischer Überlauf. Wie beim ausgeführten Sprung im vorhergehenden Abschnitt müssen wir die Befehle nach dem add-Befehl aus der Pipeline löschen und Befehle aus der neuen Adresse holen. Wir verwenden denselben Mechanismus wie bei ausgeführten Sprüngen, wobei diesmal die Ausnahme dafür sorgt, dass die Steuersignale auf logisch 0 gesetzt werden.

Bei falsch vorhergesagten Sprüngen haben wir gesehen, wie die Befehle in der IF-Stufe durch Umwandlung in einen NOP-Befehl gelöscht wurden. Um Befehle in der ID-Stufe zu löschen, verwenden wir den bereits in der ID-Stufe vorhandenen Multiplexer. Dieser setzt alle Steuersignale auf 0, um die Pipeline zu verzögern. Das neue Steuersignal ID.Flush wird mittels OR-Verknüpfung mit dem Verzögerungssignal aus der Einheit zum Erkennen von Konflikten verknüpft, um den Befehl in der Pipeline während der ID-Stufe zu löschen. Um den Befehl in der EX-Phase zu löschen, verwenden wir das neue Signal EX.Flush, das mithilfe neuer Multiplexer die Steuersignale auf 0 setzt. Um das Holen von Befehlen aus Adresse 80000180_H, der Adresse für die Ausnahmebehandlung bei einem arithmetischen Überlauf, zu beginnen, fügen wir einfach einen zusätzlichen Eingang am Befehlszählermultiplexer ein, der $8000\,0180_H$ an den Befehlszähler sendet. In Abbildung 4.56 sind diese Änderungen dargestellt.

Anhand dieses Beispiels wird ein Problem im Zusammenhang mit der Ausnahmebehandlung deutlich: Wenn wir die Ausführung nicht mitten im Befehl unterbrechen, kann der Programmierer den Anfangswert von Register $1, der zum Überlauf beigetragen hat, nicht erkennen, da er als das Zielregister des **add**-Befehls überschrieben wird. Dank einer sorgfältigen Planung wird der Überlauf während der EX-Stufe erkannt. Somit können wir mithilfe des EX-Flush-Signals verhindern, dass der Befehl in der EX-Stufe sein Ergebnis in der WB-Stufe schreibt. Bei vielen Ausnahmebehandlungen ist es erforderlich, den Befehl, der die Ausnahme verursacht hat, schließlich zu beenden, so als ob er normal ausgeführt würde. Das geht am einfachsten, indem der Befehl nach der Ausnahmebehandlung aus der Pipeline gelöscht und am Anfang neu begonnen wird.

In einem letzten Schritt wird die Adresse des verursachenden Befehls im Ausnahmezähler EPC (Exception Program Counter) gespeichert. In Wirklichkeit speichern wir die Adresse +4, so dass die Ausnahmebehandlungsroutine vom gespeicherten Wert zunächst 4 subtrahieren muss. In Abbildung 4.56 ist eine vereinfachte Version des Datenpfads mit der Sprunghardware und den erforderlichen Anpassungen für die Behandlung von Ausnahmen dargestellt.

Beispiel: Ausnahmebehandlung bei einem Rechner mit Pipelining

Gehen wir von der folgenden Befehlssequenz aus

```
40_H  sub $11, $2, $4
44_H  and $12, $2, $5
48_H  or  $13, $2, $6
4C_H  add $1, $2, $1
50_H  slt $15, $6, $7
54_H  lw  $16, 50($7)
...
```

Wir nehmen an, dass die Befehle, die im Falle einer Ausnahme aufgerufen werden sollen, wie folgt beginnen:

```
8000 0180_H  sw $26, 1000($0)
8000 0184_H  sw $27, 1004($0)
   ...
```

Zeigen Sie, was in der Pipeline geschieht, wenn im **add**-Befehl ein Überlauf auftritt.

Lösung: In Abbildung 4.57 sind die Ereignisse dargestellt, wobei mit dem **add**-Befehl in der EX-Stufe begonnen wird. Der Überlauf wird während dieser

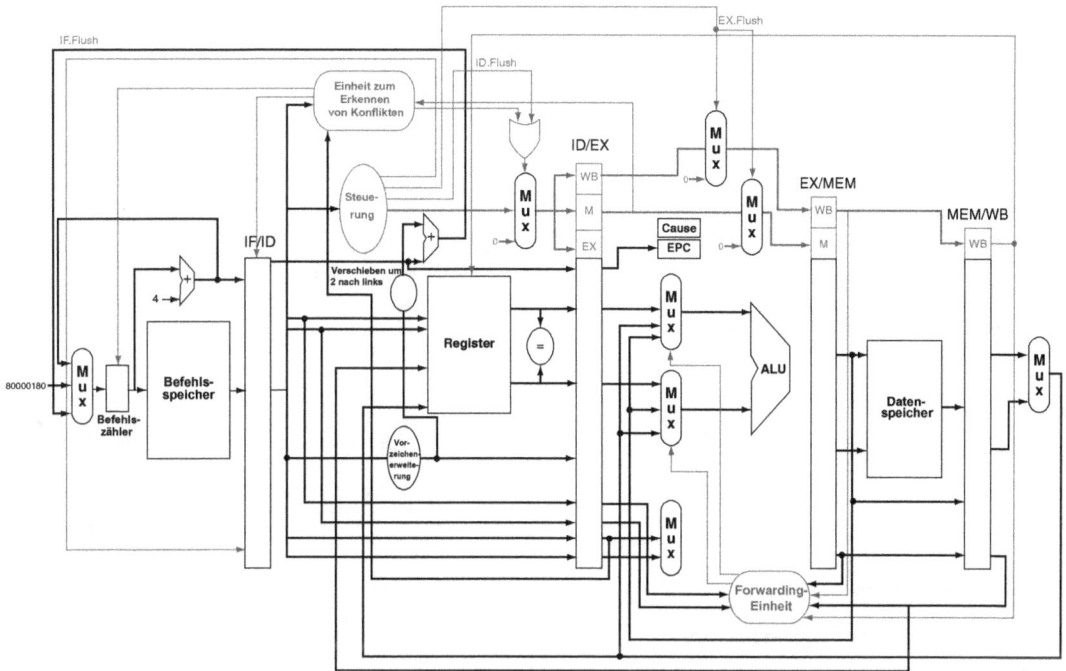

Abb. 4.56: Der Datenpfad mit Steuerung zur Unterbrechungsbehandlung. Zu den wichtigsten Erweiterungen zählen der neue Eingangswert $8000\ 0180_H$, am Multiplexer, der den neuen Befehlszählerwert bereitstellt, ein Unterbrechungseingangsregister (Cause-Register) zum Speichern der Ursache für die Unterbrechung, und ein Unterbrechungsbefehlszähler (EPC) zum Speichern der Adresse des Befehls, der die Unterbrechung verursacht hat. Der Eingangswert $8000\ 0180_H$ am Multiplexer ist die Anfangsadresse, an der Befehle im Fall einer Unterbrechung geholt werden. Das ALU-Überlaufsignal (nicht dargestellt) dient als Eingangssignal für die Steuereinheit.

Phase erkannt, und $8000\ 0180_H$ wird in den Befehlszähler geladen. In Taktzyklus 7 werden der add-Befehl und die nachfolgenden Befehle gelöscht, und der erste Befehl der Ausnahmebehandlungsroutine wird geholt. Die Adresse des Befehls *nach* dem add-Befehl wird gespeichert: $4C_H + 4 = 50_H$.

Am Anfang dieses Abschnitts wurden einige Ursachen für Ausnahmen genannt, und in Kapitel 5 werden wir noch weitere kennenlernen. Wenn in einem beliebigen Taktzyklus fünf Befehle gleichzeitig aktiv sind, besteht das Problem darin, eine Ausnahme dem richtigen Befehl zuzuordnen. Zudem können in einem Taktzyklus gleichzeitig mehrere Ausnahmen auftreten. Die Lösung ist, den Ausnahmen Prioritäten zuzuweisen, um festzulegen, welche Ausnahme zuerst behandelt wird. Diese Strategie funktioniert auch bei Prozessoren mit Pipelines. Bei den meisten MIPS-Implementierungen sortiert die Hardware Ausnahmen so, dass der früheste Befehl unterbrochen wird.

Anforderungen von Ein-/Ausgabegeräten und Fehlfunktionen der Hardware sind keinem bestimmten Befehl zuzuordnen, so dass die Implementierung

lw $16, 50($7)   slt $15, $6, $7   add $1, $2, $1   or $13, . . .   and $12, . . .

IF.Flush

EX.Flush

ID.Flush

Einheit zum
Erkennen
von Konflikten

ID/EX

Steuerung

EX/MEM

MEM/WB

IF/ID

58

54

4

Verschieben um
2 nach links

Register

Cause
EPC

Befehls-
speicher

80000180

40000040

54

Befehlszähler

12

M
U
X

WB

M

EX

M
U
X

M
U
X

Daten-
speicher

M
U
X

M
U
X

M
U
X

M
U
X

M
U
X

WB

M

WB

58

57

Vor-
zeichen-
erweite-
rung

52

51

15

Forwarding-
Einheit

13

12

Clock 6

sw $25, 1000($0)   bubble (nop)   bubble   bubble   or $13, . . .

IF.Flush

EX.Flush

ID.Flush

Einheit zum
Erkennen
von Konflikten

ID/EX

Steuerung

EX/MEM

MEM/WB

IF/ID

54

4

Verschieben um
2 nach links

Register

Cause
EPC

Befehls-
speicher

80000180

40000040

Befehlszähler

12

M
U
X

M
U
X

WB

M

EX

M
U
X

M
U
X

ALU

Daten-
speicher

M
U
X

M
U
X

M
U
X

M
U
X

M
U
X

WB

M

WB

Vor-
zeichen-
erweite-
rung

13

Forwarding-
Einheit

Clock 7

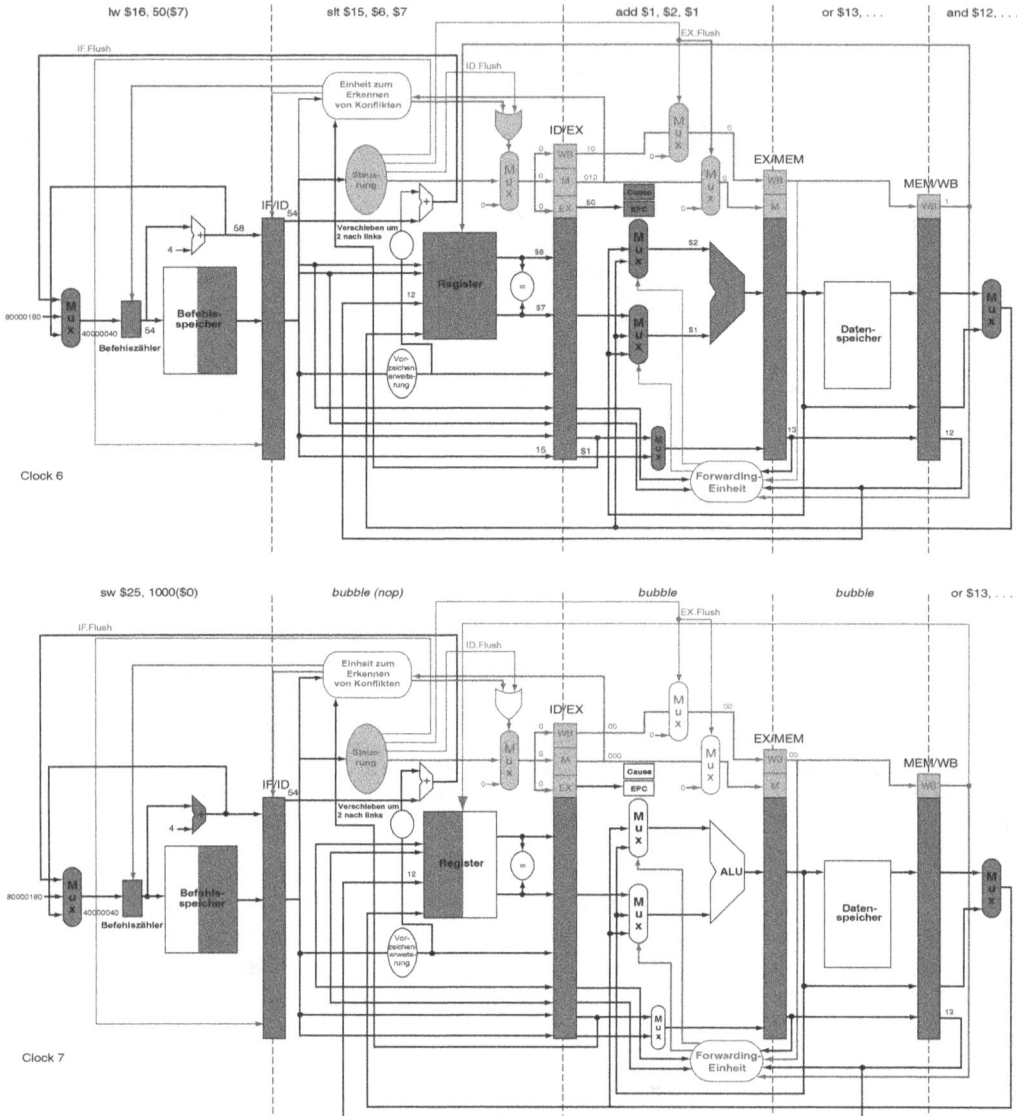

Abb. 4.57: Ergebnis einer Ausnahmebehandlung aufgrund eines arithmetischen Überlaufs im add-Befehl. Der Überlauf wird in der EX-Stufe in Takt 6 erkannt und die Adresse nach dem add-Befehl ($4C + 4 = 50_H$) wird im EPC-Register gespeichert. Aufgrund des Überlaufs werden alle Flush-Signale gegen Ende dieses Taktzyklus gesetzt und Steuerwerte für den add-Befehl auf logisch 0 gesetzt. In Taktzyklus 7 werden die Befehle in Bubbles in der Pipeline umgewandelt und der erste Befehl der Ausnahmebehandlungsroutine (sw $25,1000($0)) wird aus der Befehlsposition $4000\,0040_H$ geholt. Die Befehle and und or vor dem add-Befehl werden unverändert ausgeführt. Das ALU-Überlaufsignal (nicht dargestellt) dient als Eingangssignal für die Steuereinheit.

hinsichtlich des Zeitpunkts, zu dem die Pipeline unterbrochen wird, über eine gewisse Flexibilität verfügt. Die für andere Ausnahmen verwendeten Verfahren funktionieren daher hier problemlos.

Das EPC-Register speichert die Adresse der unterbrochenen Befehle und das MIPS-Cause-Register speichert alle möglichen Ausnahmen in einem Takt, so dass die Behandlungsroutine die Ausnahme dem Befehl zuordnen muss. Hierbei ist es sehr hilfreich zu wissen, in welcher Pipelinestufe ein bestimmter Ausnahmetyp auftreten kann. So wird beispielsweise ein nicht definierter Befehl in der ID-Stufe erkannt und ein Befehl zum Aufrufen des Betriebssystems in der EX-Stufe. Die Ausnahmen werden im Cause-Register gesammelt, so dass die Hardware die Ausführung bei später auftretenden Ausnahmen unterbrechen kann, sobald die erste Ausnahme behandelt wurde.

Hardware-Software-Schnittstelle

Die Hardware und das Betriebssystem müssen zusammenarbeiten, damit sich die Ausnahmebehandlung wie erwartet verhält. Die Hardware unterbricht normalerweise den verursachenden Befehl sofort während der Ausführung, lässt alle zuvor begonnenen Befehle ausführen, löscht alle nachfolgenden Befehle, setzt ein Register zum Erkennen der Ursache für die Ausnahme, speichert die Adresse des verursachenden Befehls und springt dann zu einer zuvor festgelegten Adresse. Das Betriebssystem untersucht die Ursache für die Ausnahme und verhält sich in angemessener Weise. Bei einem nicht definierten Befehl, einer Fehlfunktion der Hardware oder bei einem arithmetischen Überlauf, beendet das Betriebssystem normalerweise das Programm und zeigt den Grund dafür an. Bei Anforderungen von Ein-/Ausgabegeräten oder dem Aufruf eines Betriebssystemdienstes speichert das Betriebssystem den Zustand des Programms, führt die gewünschte Aufgabe aus und stellt danach das unterbrochene Programm wieder her, um es weiter auszuführen. Bei Anforderungen von Ein-/Ausgabegeräten werden wir vor der Wiederaufnahme des Prozesses, der die Ein-/Ausgabe angefordert hat, häufig einen anderen Prozess ausführen wollen, da der Prozess oft erst nach Abschluss der Ein-/Ausgabe fortgesetzt werden kann. Daher ist es so wichtig, den Zustand jedes Prozesses zu sichern und wiederherzustellen. Eine der wichtigsten und häufigsten Einsatzmöglichkeiten von Ausnahmeroutinen ist die Behandlung von Seitenfehlern und TLB-Ausnahmen. In Kapitel 5 werden diese Ausnahmen und ihre Behandlung ausführlicher beschrieben.

Anmerkungen: 1) Die Schwierigkeit des Zuweisens der richtigen Ausnahme zum richtigen Befehl bei Rechnern mit Pipelining hat einige Rechnerentwickler dazu gebracht, diese Anforderung in nicht kritischen Fällen zu lockern. Prozessoren dieser Art verfügen über so genannte **nicht präzise Interrupts** oder **nicht präzise Ausnahmen**. Im obigen Beispiel enthält der Befehlszähler normalerweise zu Beginn des Taktzyklus, nachdem die Ausnahme erkannt wurde, den Wert 58_H, auch wenn sich der verursachende Befehl an der Adresse $4C_H$ be-

nicht präzise Ausnahme oder **nicht präziser Interrupt** Ausnahmen oder Interrupts in Computern mit Pipelining, die nicht exakt dem Befehl zugeordnet werden, der die Ursache für die Ausnahme oder den Interrupt war.

präzise Ausnahme oder **präziser Interrupt** Eine Ausnahme oder ein Interrupt, der in einem Computer mit Pipelining immer dem richtigen Befehl zugeordnet wird.

findet. Ein Prozessor mit nicht präzisen Ausnahmen speichert beispielsweise 58_H im EPC-Register und überlässt die Ermittlung des Befehls, der die Ausnahme verursacht hat, dem Betriebssystem. MIPS und die überwiegende Mehrzahl der heutigen Rechner unterstützen **präzise Interrupts** oder **präzise Ausnahmen**. (Ein Grund dafür ist die Unterstützung von virtuellem Speicher, wie wir in Kapitel 5 sehen werden.)

2) Obwohl MIPS für fast alle Ausnahmen die Ausnahmeeinsprungadresse `8000 0180H` verwendet, verwendet es die Adresse `8000 0000H`, um die Performanz der Ausnahmebehandlung für TLB-Fehlzugriffe zu verbessern (siehe Kapitel 5).

Selbsttest

Welche Ausnahme sollte in dieser Sequenz als erstes erkannt werden?

```
1.  add $1, $2, $1    # arithmetischer Überlauf
2.  XXX $1, $2, $1    # undefinierter Befehl
3.  sub $1, $2, $1    # Hardwarefehler
```

4.11   Parallelität auf Befehlsebene

Seien Sie gewarnt: Dieser Abschnitt bietet eine kurze Übersicht über faszinierende, aber auch komplexe Themen. Wenn Sie ausführlichere Informationen wünschen, sollten Sie unser Lehrbuch für Fortgeschrittene *Computer Architecture: A Quantitative Approach*, vierte Ausgabe, lesen. Dort wird auf über 200 Seiten (einschließlich Anhängen) ausführlich erläutert, was wir hier auf 16 Seiten zusammengefasst haben!

PIPELINING

PARALLELITÄT

Parallelität auf Befehlsebene Die Parallelität innerhalb von Befehlen.

Pipelining nutzt die potenzielle **Parallelität** von Befehlen aus. Diese Parallelität wird als **Parallelität auf Befehlsebene** oder **ILP** (Instruction-Level Parallelism) bezeichnet. Es gibt zwei wichtige Verfahren zum Verbessern des potenziellen Grades der Parallelität auf Befehlsebene. Beim ersten Verfahren wird die Tiefe der Pipeline vergrößert, so dass sich mehr Befehle überlappen. Bei unserem Beispiel mit dem Wäschewaschen könnten wir unter der Voraussetzung, dass der Waschtakt länger als alle anderen ist, die Waschmaschine in drei Maschinen zum Waschen, Spülen und Schleudern unterteilen. Wir würden dann anstelle einer vierstufigen eine sechsstufige Pipeline verwenden. Um die Beschleunigung optimal zu nutzen, müssen wir die restlichen Schritte zeitlich anpassen, so dass sie bei der Wäsche bzw. bei Prozessoren dieselbe Ausführungsdauer aufweisen. Der Parallelitätsgrad ist höher, da mehr Befehle gleichzeitig ausgeführt werden. Die Leistung ist potenziell höher, da der Taktzyklus kürzer gewählt werden kann.

Eine andere Möglichkeit besteht darin, die internen Komponenten des Rechners zu vervielfachen, so dass in jeder Pipelinestufe mehrere Befehle gestartet

werden können. Dieses Verfahren wird als **Mehrfachzuordnung** (Multiple Issue) bezeichnet. Bei einer Wäscherei mit Mehrfachzuordnung gäbe es anstelle der Haushaltswaschmaschine und des Wäschetrockners beispielsweise drei Waschmaschinen und drei Wäschetrockner. Sie würden außerdem mehr Assistenten zum Zusammenfalten und Wegräumen der dreifachen Menge an Wäsche in derselben Zeit benötigen. Ein Nachteil ist die zusätzliche Arbeit, die erforderlich ist, damit alle Maschinen ständig ausgelastet sind, ein zweiter die Notwendigkeit der Weiterleitung der Ladungen zur nächsten Pipelinestufe.

Wenn pro Stufe mehrere Befehle gestartet werden, wird die Befehlsausführungsrate größer als die Taktfrequenz, oder anders ausgedrückt: Der CPI-Wert wird kleiner als 1. Wie wir in Kapitel 1 bereits erwähnt hatten, ist es manchmal günstiger, anstelle dieses Maßes den *IPC-Wert* (*Instructions per Clock cycle*, Befehle pro Taktzyklus) zu verwenden, insbesondere wenn die CPI-Werte kleiner als 1 werden! Ein Mikroprozessor mit Vierfachzuordnung mit einer Taktfrequenz von 4 GHz kann als theoretische Maximalleistung (Peak Performance) 16 Milliarden Befehle pro Sekunde ausführen und weist einen maximalen CPI-Wert von 0,25 oder einen IPC-Wert von maximal 4 auf. Wenn wir von einer fünfstufigen Pipeline ausgehen, befinden sich bei einem Prozessor dieser Art zu jedem beliebigen Zeitpunkt 20 Befehle in der Ausführung. Moderne Mikroprozessoren der oberen Leistungsklasse versuchen, in jedem Taktzyklus zwischen drei und sechs Befehle zuzuordnen. Selbst bescheidene Designs visieren einen Peak-IPC von 2 an. Es gibt in der Regel jedoch viele Einschränkungen hinsichtlich der Befehlstypen, die gleichzeitig ausgeführt werden können, ebenso hinsichtlich der Art und Weise, wie Abhängigkeiten aufgelöst werden.

Es gibt im Wesentlichen zwei Möglichkeiten, einen Prozessor mit Mehrfachzuordnung zu implementieren. Diese unterscheiden sich in erster Linie durch die Aufteilung der Arbeit zwischen dem Compiler und der Hardware. Da die Aufteilung der Arbeit bestimmt, ob Entscheidungen statisch (d. h. beim Kompilieren) oder dynamisch (d. h. zur Laufzeit) getroffen werden, bezeichnet man diese beiden Möglichkeiten auch als **statische Mehrfachzuordnung** bzw. **dynamische Mehrfachzuordnung.** Wie wir noch sehen werden, gibt es für beide Methoden andere, häufiger verwendete Bezeichnungen, die weniger präzise oder restriktiver sind.

In einer Pipeline mit Mehrfachzuordnung gibt es zwei wichtige und charakteristische Aufgaben, die wahrgenommen werden müssen:

1. Das Packen von Befehlen in **Zuordnungsfächer**. Wie bestimmt der Prozessor, wie viele und welche Befehle in einem gegebenen Taktzyklus zugeordnet werden können? Bei den meisten Prozessoren mit statischer Zuordnung wird dieser Prozess zumindest teilweise vom Compiler vorgenommen. Bei Entwürfen mit dynamischer Zuordnung übernimmt in der Regel der Prozessor die Zuordnung zur Laufzeit, auch wenn der Compiler häufig bereits versucht hat, die Zuordnungsrate durch eine vorteilhafte Anordnung der Befehle zu verbessern.

Mehrfachzuordnung Ein Verfahren, bei dem in einem Taktzyklus mehrere Befehle gestartet werden.

statische Mehrfachzuordnung Eine Methode zum Implementieren eines Prozessors mit Mehrfachzuordnung, bei dem viele Entscheidungen vom Compiler *vor* der Ausführung getroffen werden.

dynamische Mehrfachzuordnung Eine Methode zum Implementieren eines Prozessors mit Mehrfachzuordnung, bei dem viele Entscheidungen *während* der Ausführung vom Prozessor getroffen werden.

Zuordnungsfächer Die Positionen, von denen Befehle in einem gegebenen Taktzyklus zugeordnet werden können. In Analogie zur Leichtathletik entspricht dies den Positionen an den Startblöcken beim Kurzstreckenlauf.

2. Der Umgang mit Daten- und Steuerkonflikten: Bei Prozessoren mit statischer Zuordnung werden einige oder alle Folgen aus Daten- und Steuerkonflikten vom Compiler statisch behandelt. Die meisten Prozessoren mit dynamischer Zuordnung versuchen dagegen zumindest einige Konflikte mithilfe von Hardwaretechniken aufzulösen, die zur Laufzeit eingesetzt werden.

Obwohl wir diese Möglichkeiten als zwei separate Ansätze beschreiben, weist in der Praxis die eine Technik auch Eigenschaften der anderen auf, und es gibt eigentlich keinen Ansatz, der sich nur einer der beiden Möglichkeiten bedient.

Das Prinzip der Spekulation

Spekulation Eine Methode, mit deren Hilfe der Compiler oder der Prozessor über das Ergebnis eines Befehls Annahmen macht, um ihn als eine Abhängigkeit aus der Ausführung anderer Befehle zu entfernen.

VORHERSAGE

Eine der wichtigsten Methoden zum Feststellen und zur besseren Ausnutzung der Parallelität auf Befehlsebene ist die Spekulation. **Spekulation** ist ein Ansatz, der auf dem Konzept der **Vorhersage** beruht und der es dem Compiler oder dem Prozessor erlaubt, Vermutungen über Eigenschaften eines Befehls anzustellen, um so die Ausführung anderer Befehle zu beginnen, die möglicherweise von diesem spekulierten Befehl abhängen. So können wir beispielsweise über das Ergebnis einer Verzweigung spekulieren, so dass die Befehle nach der Verzweigung früher ausgeführt werden können. Oder wir können spekulieren, dass ein Speicherbefehl vor einem Ladebefehl nicht auf dieselbe Adresse verweist, so dass der Ladebefehl vor dem Speicherbefehl ausgeführt werden kann. Das Problem bei der Spekulation ist, dass sie falsch sein kann. Daher muss jeder Spekulationsmechanismus sowohl eine Methode enthalten, die überprüft, ob die Annahme stimmt, als auch eine, die die Wirkung des Befehls rückgängig macht, wenn die Annahme falsch war. Aufgrund der Implementierung dieser Funktion zum Rückgängigmachen wird ein Prozessor, der Spekulation unterstützt, entsprechend komplexer.

Die Spekulation kann im Compiler oder von der Hardware ausgeführt werden. Der Compiler kann beispielsweise mithilfe der Spekulation Befehle umordnen, einen Befehl über einen Sprung hinweg oder einen Ladebefehl über einen Speicherbefehl hinweg verschieben. Die Hardware des Prozessors kann dieselben Verschiebungen zur Laufzeit durchführen und dabei Techniken verwenden, die weiter hinten in diesem Abschnitt beschrieben werden.

Die Wiederherstellungsmechanismen, die im Falle falscher Spekulationen verwendet werden, sind sehr unterschiedlich. Bei Spekulationen in der Software fügt der Compiler in der Regel zusätzliche Befehle ein, die die Richtigkeit der Spekulation überprüfen und – für den Fall, dass die Spekulation falsch war – eine Wiederherstellungsroutine bereitstellen. Bei Hardwarespekulationen speichert der Prozessor die spekulativen Ergebnisse normalerweise in einem Puffer, bis er weiß, dass die Ergebnisse nicht mehr spekulativ sind. Wenn die Spekulation zutreffend war, werden die Befehle zu Ende bearbeitet, wobei der Inhalt der Puffer in die Register oder in den Speicher geschrieben wird. Wenn die Spekulation falsch war, leert die Hardware die Puffer und führt die richtige Befehlsfolge aus.

Die Spekulation bringt ein weiteres mögliches Problem mit sich: Beim spekulativen Ausführen bestimmter Befehle kann es zu Ausnahmen kommen, die
vorher nicht aufgetreten sind. Nehmen wir beispielsweise an, ein Ladebefehl ist
spekulativ verschoben worden, aber die verwendete Adresse ist nicht zulässig,
wenn die Spekulation falsch ist. Das führt dazu, dass eine Ausnahme auftritt,
die nicht auftreten sollte. Das Problem wird durch die Tatsache erschwert, dass
die Ausnahme auftreten muss, wenn der Ladebefehl nicht spekulativ ausgeführt wird! Bei der compilergestützten Spekulation werden Probleme wie diese
durch eine zusätzliche spezielle Spekulationsbehandlung vermieden, mit deren
Hilfe Ausnahmen dieser Art ignoriert werden, bis klar ist, dass diese wirklich auftreten müssen. Bei der hardwaregestützten Spekulation werden Ausnahmen einfach in einen Puffer gespeichert, bis klar ist, dass der Befehl, der
die Ausnahmen verursacht, nicht mehr spekulativ ist und ausgeführt werden
kann. Dann wird die normale Ausnahmebehandlung ausgeführt.

Da die Leistung aufgrund einer richtigen Spekulation verbessert und aufgrund einer falschen Spekulation verschlechtert wird, muss mit großer Sorgfalt
entschieden werden, ob die Spekulation überhaupt angewendet werden soll.
Weiter unten in diesem Abschnitt, werden wir sowohl statische als auch dynamische Spekulationstechniken untersuchen.

Statische Mehrfachzuordnung

Die Prozessoren mit statischer Mehrfachzuordnung verwenden alle den Compiler zum Packen von Befehlen und Behandeln von Konflikten. Bei einem Prozessor mit statischer Mehrfachzuordnung können Sie sich die Befehle, die in
einem gegebenen Taktzyklus zugeordnet und als **Zuordnungspaket** bezeichnet werden, als einen großen Befehl mit mehreren Teilbefehlen vorstellen. Diese Vorstellung ist mehr als eine Analogie. Da ein Prozessor mit statischer Mehrfachzuordnung in der Regel den Befehlsmix einschränkt, der in einem gegebenen Taktzyklus initiiert werden kann, ist es hilfreich, sich das Zuordnungspaket
als einen einzigen Befehl vorzustellen, der mehrere Teilbefehle in bestimmten
vordefinierten Feldern zulässt. Diese Vorstellung führte zur ursprünglichen Bezeichnung für diesen Ansatz: **VLIW** (Very Long Instruction Word, sehr langes
Befehlswort).

Die meisten Prozessoren mit statischer Zuordnung benötigen den Compiler außerdem zur Behandlung von Daten- und Steuerkonflikten. Der Compiler kann dabei beispielsweise für die statische Sprungvorhersage und das
Code-Scheduling zum Reduzieren oder Vermeiden aller Konflikte verantwortlich sein. Im Folgenden werden wir einen MIPS-Prozessor mit einer einfachen
statischen Zuordnung betrachten, bevor wir die Verwendung dieser Techniken
in anspruchsvolleren Prozessoren beschreiben.

Zuordnungspaket Die
Befehle, die in einem
Taktzyklus zusammen
zugeordnet werden. Das
Paket kann vom Com-
piler statisch oder vom
Prozessor dynamisch zu-
sammengestellt werden.

VLIW Eine Variante der
Befehlssatzarchitektur,
die viele als unabhängig
definierte Operationen innerhalb eines einzigen,
breiten Befehls startet, in
der Regel mit vielen separaten Opcode-Feldern.

Ein Beispiel für die statische Mehrfachzuordnung anhand der MIPS-Befehlssatzarchitektur

Um eine Vorstellung von der statischen Mehrfachzuordnung zu vermitteln, betrachten wir einen MIPS-Prozessor mit einer einfachen Zweifachzuordnung, bei der einer der Befehle eine ALU-Ganzzahloperation oder ein Sprungbefehl und der andere Befehl ein Lade- oder Speicherbefehl sein kann. Ein Entwurf dieser Art entspricht dem Entwurf, der in einigen eingebetteten MIPS-Prozessoren verwendet wird. Wenn pro Taktzyklus zwei Befehle zugeordnet werden, müssen 64-Bit-Befehle geholt und decodiert werden. Bei vielen Prozessoren mit statischer Mehrfachzuordnung und insbesondere bei allen VLIW-Prozessoren wird das Layout von Befehlen mit gleichzeitiger Zuordnung eingeschränkt, um die Decodierung und Befehlszuordnung zu vereinfachen. Daher ist es erforderlich, die Befehle paarweise anzuordnen und an einer 64-Bit-Grenze auszurichten, wobei der ALU- oder Sprungteil zuerst dargestellt wird. Außerdem muss ein Befehl eines Paares, der nicht genutzt werden kann, durch einen NOP-Befehl ersetzt werden. Die Befehle werden also immer paarweise zugeordnet, wobei sich in einem Zuordnungsfach ein NOP-Befehl befinden kann. In Tabelle 4.11 ist dargestellt, wie die Befehle die Pipeline paarweise durchlaufen.

Tab. 4.11: Pipeline mit statischer Zweifachzuordnung im Betrieb. Der ALU-Befehl und der Datentransfer-Befehl werden gleichzeitig zugeordnet. Wir haben hier dieselbe fünfstufige Struktur wie bei der Pipeline mit Einfachzuordnung vorausgesetzt. Obwohl dies nicht unbedingt erforderlich ist, bringt es einige Vorteile mit sich. Wenn sich die Befehle zum Schreiben in die Register am Ende der Pipeline befinden, vereinfacht dies die Ausnahmebehandlung und erleichtert das Beibehalten eines präzisen Ausnahmemodells, das bei Prozessoren mit Mehrfachzuordnung entsprechend schwieriger zu realisieren ist.

Befehlstyp	Pipelinestufen							
ALU- oder Sprungbefehl	IF	ID	EX	MEM	WB			
Lade- oder Speicherbefehl	IF	ID	EX	MEM	WB			
ALU- oder Sprungbefehl		IF	ID	EX	MEM	WB		
Lade- oder Speicherbefehl		IF	ID	EX	MEM	WB		
ALU- oder Sprungbefehl			IF	ID	EX	MEM	WB	
Lade- oder Speicherbefehl			IF	ID	EX	MEM	WB	
ALU- oder Sprungbefehl				IF	ID	EX	MEM	WB
Lade- oder Speicherbefehl				IF	ID	EX	MEM	WB

Prozessoren mit statischer Mehrfachzuordnung behandeln Daten- und Steuerkonflikte auf unterschiedliche Art und Weise. Bei einigen Entwürfen ist ausschließlich der Compiler für das Auflösen *aller* Konflikte, für das Scheduling des Codes und das Einfügen von NOP-Befehlen verantwortlich, so dass der Code ohne Konflikterkennung oder von der Hardware generierte Verzögerungen ausgeführt wird. Bei anderen Entwürfen erkennt die Hardware Datenkonflikte und generiert eine Verzögerung zwischen zwei Zuordnungspaketen, wobei der Compiler dafür zuständig ist, alle Abhängigkeiten innerhalb eines Befehlspaares zu vermeiden. Dennoch führt ein Konflikt in der Regel dazu, dass

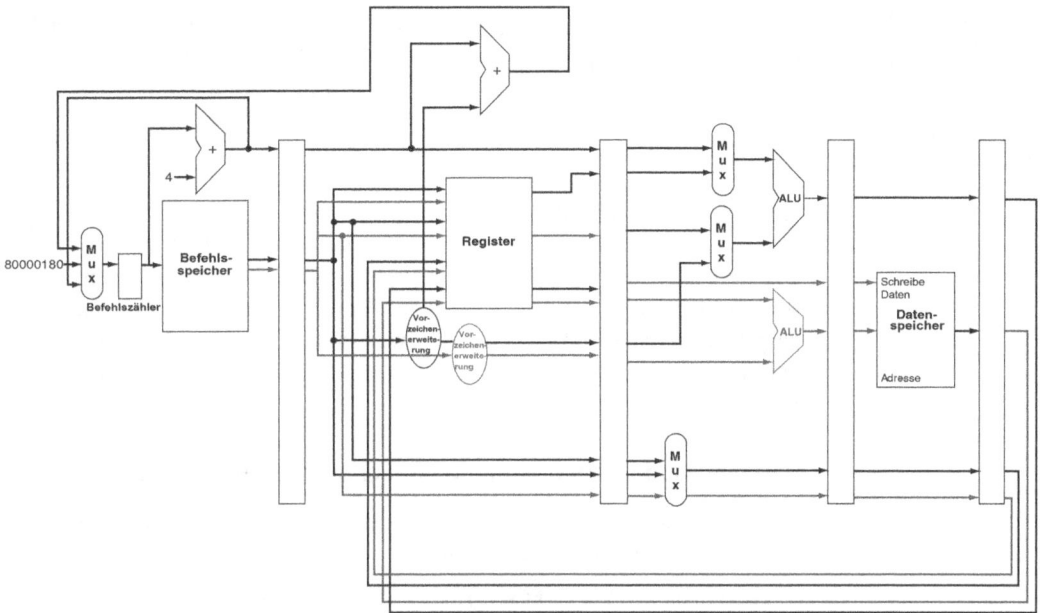

Abb. 4.58: Ein Datenpfad mit statischer Zweifachzuordnung. Die für eine Zweifachzuordnung erforderlichen Ergänzungen sind grau gezeichnet: weitere 32 Bits aus dem Befehlsspeicher, zwei weitere Leseports und ein zusätzlicher Schreibport im Registerfile und eine zusätzliche ALU. Die untere ALU ist für die Adressberechnung für Datentransfers zuständig, während die obere ALU für alles andere verantwortlich ist.

das gesamte Zuordnungspaket, das den abhängigen Befehl enthält, angehalten wird. Unabhängig davon, ob die Software alle Konflikte behandeln oder nur versuchen muss, die Anzahl der Konflikte zwischen verschiedenen Zuordnungspaketen zu reduzieren, wird der Wunsch nach einem großen Einzelbefehl mit mehreren Operationen verstärkt. Wir werden den zweiten Ansatz für dieses Beispiel betrachten.

Um eine ALU- und eine Datentransfer-Operation parallel zuzuordnen, werden neben der normalen Hardware zum Erkennen von Konflikten und der Verzögerungslogik in erster Linie zusätzliche Ports im Registerfile benötigt (siehe Abbildung 4.58). Eventuell müssen wir in einem Taktzyklus zwei Register für die ALU-Operation und zwei weitere für einen Speicherbefehl lesen. Zudem benötigen wir einen Schreibport für eine ALU-Operation und einen Schreibport für einen Ladebefehl. Da die ALU mit den ALU-Operationen beschäftigt ist, benötigen wir außerdem einen weiteren Addierer zum Berechnen der Effektivadresse für Datentransfers. Ohne diese zusätzlichen Ressourcen würde unsere Pipeline mit Zweifachzuordnung durch Strukturkonflikte behindert.

Dieser Prozessor mit Zweifachzuordnung kann die Leistung bis zu einem Faktor 2 verbessern. Dazu muss sich jedoch die Ausführung von doppelt so vielen Befehlen überlappen, und diese zusätzlichen Überlappungen erhöhen den relativen Leistungsverlust aus Daten- und Steuerkonflikten. In unserer ein-

Nutzungslatenz Anzahl der Taktzyklen zwischen einem Ladebefehl und einem Befehl, der das Ergebnis des Ladebefehls nutzen kann, ohne eine Verzögerung der Pipeline zu verursachen.

fachen fünfstufigen Pipeline haben Ladebefehle z. B. eine **Nutzungslatenz** von einem Taktzyklus, wodurch verhindert wird, dass ein Befehl das Ergebnis ohne Verzögerung verwendet. Bei der fünfstufigen Pipeline mit Zweifachzuordnung kann das Ergebnis eines Ladebefehls im nachfolgenden *Taktzyklus* nicht verwendet werden. Das bedeutet, dass die nächsten *beiden* Befehle das Ergebnis des Ladebefehls nur mit Verzögerung nutzen können. Zudem haben ALU-Befehle, die in der einfachen fünfstufigen Pipeline keine Nutzungslatenz aufwiesen, nun eine Nutzungslatenz von einem Befehl, da das Ergebnis des Befehlspaares nicht verwendet werden kann. Um die in einem Prozessor mit Mehrfachzuordnung verfügbare Parallelität effektiv zu nutzen, werden anspruchsvollere Compiler- und Hardware-Schedulingtechniken benötigt, und bei der statischen Mehrfachzuordnung muss der Compiler diese Rolle übernehmen.

Beispiel: Code-Scheduling mit einfacher Mehrfachzuordnung

Wie würde der Code für diese Schleife in einer Pipeline mit statischer Zweifachzuordnung bei MIPS angeordnet?

```
Loop:lw    $t0, 0($s1)     # $t0=Feldelement
     addu  $t0,$t0,$s2      # addiere Skalar in $2
     sw    $t0, 0($s1)      # speichere Ergebnis
     addi  $s1,$s1,-4       # dekrementiere Zeiger
     bne   $s1,$zero,Loop   # Verzweigung $s1!=0
```

Ordnen Sie die Befehle neu an, um so viele Pipelineleerläufe wie möglich zu vermeiden. Gehen Sie davon aus, dass Sprünge so vorhergesagt werden, dass Steuerkonflikte von der Hardware behandelt werden.

Tab. 4.12: Neu angeordneter Code, wie er in einer MIPS-Pipeline mit Zweifachzuordnung aussehen würde. Die leeren Zuordnungsfächer sind NOP-Befehle.

	ALU- oder Sprungbefehl	Datentransfer-Befehl	Taktzyklus
Loop		lw $t0, 0($s1)	1
	addi $s1, $s1, -4		2
	addu $t0, $t0, $s2		3
	bne $s1, $zero, Loop	sw $t0, 4($s1)	4

Lösung: Die ersten drei Befehle weisen ebenso wie die letzten beiden Datenabhängigkeiten auf. In Tabelle 4.12 ist die beste Anordnung für diese Befehle dargestellt. Nur ein Befehlspaar nutzt dabei beide Zuordnungsfächer. Pro Schleifendurchlauf werden vier Taktzyklen benötigt. Wenn in vier Taktzyklen fünf Befehle ausgeführt werden, erzielen wir anstelle des optimalen Werts von 0,5 den enttäuschenden CPI-Wert 0,8 bzw. einen IPC-Wert von 1,25 anstatt 2,0. Beim Berechnen des CPI-Werts oder des IPC-Werts werden NOP-Befehle nicht als sinnvolle Befehle mitgezählt. Würden diese mitgezählt, würden wir einen besseren CPI-Wert erhalten, aber keine bessere Leistung!

Eine wichtige Compilertechnik, mit der die Performanz von Schleifen verbessert werden kann, ist das **Schleifenabrollen.** Dabei werden vom Schleifenrumpf mehrere Kopien erstellt. Nach dem Abrollen kann, da sich die Befehle aus unterschiedlichen Iterationen überschneiden, die Parallelität auf Befehlsebene besser genutzt werden.

Schleifenabrollen Eine Technik zur Verbesserung der Performanz von Schleifen, die auf Felder zugreifen. Dabei werden viele Kopien des Schleifenrumpfs erstellt und Befehle aus unterschiedlichen Iterationen im Sinne der Mehrfachzuordnung zusammengefasst.

Beispiel: Schleifenabrollen bei Pipelines mit Mehrfachzuordnung

Prüfen Sie, wie gut Schleifenabrollen und Scheduling im obigen Beispiel funktionieren. Gehen Sie der Einfachheit halber davon aus, dass der Schleifenindex ein Vielfaches von vier ist.

Lösung: Um die Verzögerungen in der Schleife signifikant zu reduzieren, müssen wir vier Kopien des Schleifenrumpfs erstellen. Nach dem Schleifenabrollen und Löschen der unnötigen Schleifenverwaltungsbefehle enthält die Schleife jeweils vier Kopien von `lw`, `add` und `sw` sowie eine von `addi` und eine von `bne`. In Tabelle 4.13 ist der Code nach dem Schleifenabrollen und Scheduling dargestellt.

Tab. 4.13: Neu angeordneter Code aus Tabelle 4.12, wie er bei einer MIPS-Pipeline mit statischer Zweifachzuordnung nach dem Schleifenabrollen und Scheduling aussieht. Die leeren Zuordnungsfächer sind NOP-Befehle. Da der erste Befehl in der Schleife `$s1` um 16 dekrementiert, sind die Adressen, die geladen werden, der Anfangswert von `$s1`, dann diese Adresse minus 4, minus 8 und minus 12.

	ALU- oder Sprungbefehl	Datentransfer-Befehl	Taktzyklus
Loop:	addi $s1,$s1,--16	lw $t0, 0($s1)	1
		lw $t1,12($s1)	2
	addu $t0, $t0, $s2	lw $t2, 8($s1)	3
	addu $t1, $t1, $s2	lw $t3, 4($s1)	4
	addu $t2, $t2, $s2	sw $t0, 16($s1)	5
	addu $t3, $t3, $s2	sw $t1, 12($s1)	6
		sw $t2, 8($s1)	7
	bne $s1,$zero,Loop	sw $t3, 4($s1)	8

Während des Schleifenabrollens hat der Compiler zusätzliche Register (`$t1`, `$t2`, `$t3`) eingefügt. Dieser Prozess, der als **Registerumbenennung** bezeichnet wird, dient dazu, Abhängigkeiten aufzulösen, bei denen es sich zwar nicht um echte Datenabhängigkeiten handelt, die jedoch entweder zu potenziellen Konflikten führen oder verhindern können, dass der Compiler den Code flexibel generiert. Überlegen Sie, wie der Code nach dem Schleifenabrollen aussehen würde, wenn nur `$t0` verwendet würde. Es gäbe mehrere Kopien von `lw $t0,0($s1)`, `addu $t0,$t0,$s2` gefolgt von `sw t0,4($s1)`, aber diese Sequenzen sind trotz der Verwendung von `$t0` vollkommen unabhängig voneinander: Es fließen keine Daten zwischen diesem Befehlspaar und dem nachfolgenden. Hierbei handelt es sich nicht um eine echte Datenabhängigkeit, sondern viel-

Registerumbenennung Wird vom Compiler oder von der Hardware ausgeführt, um Namensabhängigkeiten zu beseitigen.

Namensabhängigkeit Eine Reihenfolge, die ausschließlich durch die Wiederverwendung eines Namens erzwungen wird.

mehr um eine so genannte Antiabhängigkeit oder **Namensabhängigkeit**, bei der eine Reihenfolge ausschließlich durch die Wiederverwendung eines Namens erzwungen wird.

Wenn die Register während des Schleifenabrollens umbenannt werden, kann der Compiler anschließend diese unabhängigen Befehle verschieben und so den Code besser packen. Mit der Umbenennung werden Namensabhängigkeiten aufgelöst, während die echten Abhängigkeiten erhalten bleiben.

Nun werden 12 der 14 Befehle in der Schleife paarweise ausgeführt. Für vier Schleifendurchläufe sind acht Taktzyklen oder zwei Taktzyklen pro Durchlauf erforderlich. Das ergibt einen CPI-Wert von $8/14 = 0{,}57$ und einen IPC-Wert von $1{,}75$. Schleifenabrollen und Scheduling bei der Zweifachzuordnung ergab eine Verbesserung um den Faktor 2, die zum Teil auf die Reduzierung der Schleifenverwaltungsbefehle und zum Teil auf die Ausführung mittels Zweifachzuordnung zurückzuführen ist. Für diese Performanzverbesserung werden anstelle von einem vier temporäre Register sowie eine erheblich größere Codegröße benötigt.

Prozessoren mit dynamischer Mehrfachzuordnung

Superskalar Eine erweiterte Pipelining-Technik, mit deren Hilfe der Prozessor mehr als einen Befehl pro Taktzyklus ausführen kann.

Prozessoren mit dynamischer Mehrfachzuordnung werden auch als **superskalare** Prozessoren bezeichnet. Bei den einfachsten superskalaren Prozessoren werden Befehle in der durch das Programm vorgegebener Reihenfolge zugeordnet, und der Prozessor entscheidet, ob kein, ein oder mehrere Befehle in einem gegebenen Taktzyklus zugeordnet werden können. Um mit einem Prozessor dieser Art eine gute Leistung zu erzielen, muss der Compiler versuchen, Befehle so zuzuordnen, dass Abhängigkeiten aufgelöst werden und damit die Befehlszuordnungsrate verbessert wird. Auch bei einem Compiler-Scheduling dieser Art gibt es einen wichtigen Unterschied zwischen diesem einfachen superskalaren und einem VLIW-Prozessor: Die Hardware garantiert, dass der Code, ob mit oder ohne Scheduling, richtig ausgeführt wird. Zudem wird kompilierter Code immer richtig ausgeführt, unabhängig von der Zuordnungsrate oder der Pipelinestruktur des Prozessors. Bei einigen VLIW-Entwürfen war dies nicht der Fall, und der Code musste für unterschiedliche Prozessormodelle neu kompiliert werden. Bei anderen Prozessoren mit statischer Zuordnung wird der Code in unterschiedlichen Implementierungen zwar richtig ausgeführt, aber häufig so schlecht, dass der Code aus Effizienzgründen neu kompiliert werden muss.

dynamisches Pipeline-Scheduling Hardwareunterstützung für die Neuordnung der Reihenfolge der Befehlsausführung zum Verhindern von Verzögerungen.

Bei vielen superskalaren Prozessoren wird das Grundkonzept der dynamischen Zuordnungsentscheidungen um **dynamisches Pipeline-Scheduling** erweitert. Beim dynamischen Pipeline-Scheduling wird ausgewählt, welche Befehle in einem gegebenen Taktzyklus ausgeführt werden, und gleichzeitig wird versucht, Konflikte und Verzögerungen zu vermeiden. Beginnen wir mit einem einfachen Beispiel zum Vermeiden eines Datenkonflikts. Betrachten wir die folgende Codesequenz:

PIPELINING

```
lw    $t0, 20($s2)
addu  $t1, $t0, $t2
sub   $s4, $s4, $t3
slti  $t5, $s4, 20
```

Obwohl der sub-Befehl zum Ausführen bereit ist, muss er warten, bis die Befehle lw und addu ausgeführt sind, was bei einem langsamen Speicher viele Taktzyklen beanspruchen kann. (In Kapitel 5 werden Cache-Fehler beschrieben, der Grund dafür, dass viele Speicherzugriffe sehr langsam sind.) Mithilfe des dynamischen Pipeline-Scheduling können Konflikte wie diese vollständig oder teilweise vermieden werden.

Dynamisches Pipeline-Scheduling

Beim dynamischen Pipeline-Scheduling wird festgelegt, welche Befehle als Nächstes ausgeführt werden, wobei die Befehle zum Vermeiden von Verzögerungen möglicherweise neu angeordnet werden. Bei Prozessoren dieser Art ist die Pipeline in drei Haupteinheiten unterteilt: eine Befehlshol- und Befehlszuordnungseinheit, mehrere Funktionseinheiten (im Jahr 2020 ein Dutzend oder mehr bei High-End-Prozessoren) und eine **Freigabeeinheit**. In Abbildung 4.59 ist das entsprechende Modell dargestellt. Die erste Einheit holt Befehle, decodiert sie und sendet jeden Befehl zum Ausführen an die entsprechende Funktionseinheit. Jede Funktionseinheit verfügt über Puffer, so genannte **Reservierungsstationen**, in denen die Operanden und der Befehl gespeichert werden. (Im nächsten Abschnitt diskutieren wir eine Alternative zu den Reservierungsstationen, die bei vielen neueren Prozessoren zum Einsatz kommt.) Sobald der Puffer alle Operanden enthält und die Funktionseinheit bereit ist, den Befehl auszuführen, wird das Ergebnis berechnet. Wenn das Ergebnis berechnet ist, wird es an alle Reservierungsstationen, die auf dieses Ergebnis warten, sowie an die Freigabeeinheit gesendet, in der das Ergebnis gespeichert wird, bis es sicher im Registerfile oder, bei einem Speicherbefehl, im Speicher abgelegt werden kann. Der Puffer in der Freigabeeinheit, der häufig als **Rückordnungspuffer** bezeichnet wird, wird auch zum Bereitstellen von Operanden verwendet ähnlich wie die Forwarding-Logik in einer Pipeline mit statischem Scheduling. Sobald ein Ergebnis im Registerfile freigegeben ist, kann es wie in jeder normalen Pipeline direkt von dort geholt werden.

Die Kombination aus dem Speichern von Operanden in den Reservierungsstationen und von Ergebnissen im Rückordnungspuffer stellt eine Form der Registerumbenennung dar, wie die, die vom Compiler in unserem Beispiel für das Schleifenabrollen Seite 373 verwendet wird. Betrachten wir die folgenden Schritte, um die Funktionsweise zu verstehen:

1. Wenn ein Befehl zugeordnet wird, wird er in die Reservierungsstationen für die entsprechende funktionale Einheit kopiert. Alle Operanden, die in der Registerdatei oder im Rückordnungspuffer zur Verfügung stehen, werden ebenfalls sofort in die Reservierungsstation kopiert. Der Befehl wird in

Freigabeeinheit Die Einheit in einer dynamischen Pipeline oder Pipeline mit Out-of-Order-Ausführung, die entscheidet, wann es sicher ist, das Ergebnis eines Befehls an für den Programmierer sichtbare Register oder den Speicher freizugeben.

Reservierungsstation Ein Puffer in einer Funktionseinheit zum Speichern der Operanden und des Befehls.

Rückordnungspuffer Der Puffer, der Ergebnisse in einem Prozessor mit dynamischem Scheduling speichert, bis es sicher ist, das Ergebnis im Speicher oder in einem Register zu speichern.

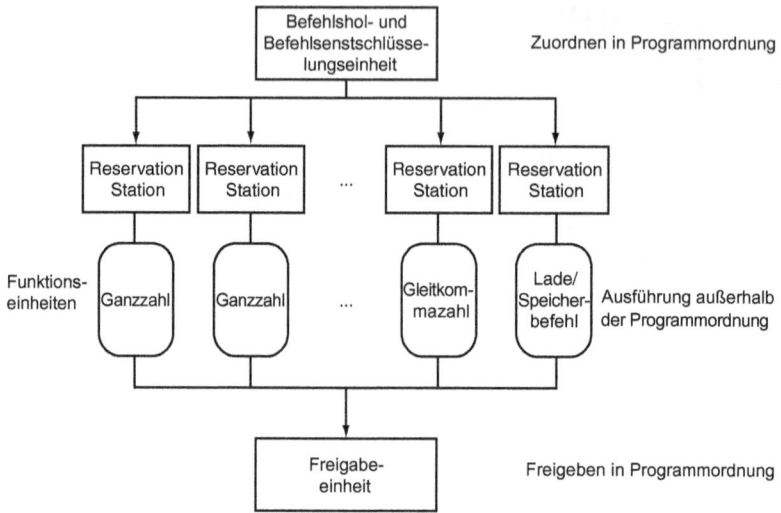

Abb. 4.59: Die drei wichtigsten Einheiten einer Pipeline mit dynamischem Scheduling. Der letzte Schritt, bei dem der Zustand aktualisiert wird, wird auch als Retirement bezeichnet.

der Reservierungsstation gespeichert, bis alle Operanden und eine Ausführungseinheit verfügbar sind. Für den zuzuordnenden Befehl wird die Registerkopie des Operanden nicht mehr benötigt, und wenn ein Befehl zum Schreiben in dieses Register auftritt, kann der Wert überschrieben werden.

2. Wenn sich ein Operand nicht im Registerfile oder im Rückordnungspuffer befindet, muss er warten, bis er von einer Funktionseinheit generiert wird. Der Name der Funktionseinheit, die das Ergebnis generiert, wird festgehalten. Wenn diese Einheit das Ergebnis generiert, wird dieses aus der Funktionseinheit unter Umgehung der Register direkt in die wartende Reservierungsstation kopiert.

Out-of-Order-Ausführung Eine Situation bei der Ausführung mittels Pipeline, in der ein Befehl, dessen Ausführung blockiert ist, den nachfolgenden Befehl nicht veranlasst zu warten.

Freigeben in Programmreihenfolge Eine Freigabe, bei der alle Ergebnisse der Ausführung mittels Pipeline in die für den Programmierer sichtbaren Register und Speicherstellen, den so genannten Zustand, in derselben Reihenfolge geschrieben werden, in der Befehle geholt wurden.

Bei diesen Schritten werden der Rückordnungspuffer und die Reservierungsstationen effektiv zum Implementieren der Registerumbenennung verwendet.

Prinzipiell können Sie sich eine Pipeline mit dynamischem Scheduling vorstellen, die die Datenflussstruktur eines Programms analysiert. Der Prozessor führt die Befehle dann in einer Reihenfolge aus, mit der die Datenflussordnung des Programms aufrechterhalten wird. Diese Art der Ausführung wird auch als **Out-of-Order-Ausführung** bezeichnet.

Damit sich Programme so verhalten, als würden sie in einer einfachen Pipeline in Programmreihenfolge ausgeführt, muss die Befehlshol- und Befehlsdecodiereinheit Befehle in Programmreihenfolge zuordnen, so dass Abhängigkeiten nachverfolgt werden können, und die Freigabeeinheit muss Ergebnisse in Register und in den Speicher in der Programmausführungsfolge schreiben. Diese konservative Methode wird als **Freigeben in Programmreihenfolge** bezeichnet. Wenn also eine Ausnahme auftritt, kann der Computer auf den zuletzt ausgeführten Befehl zeigen, und es werden nur die Register aktualisiert, in die Befehle vor demjenigen Befehl geschrieben haben, der die Ausnahme verursacht hat. Auch wenn das Frontend (erste Stufe der Pipeline: Befehl holen und zuordnen) und das Backend (letzte Stufe der Pipeline: Freigabe) der Pipeline in Programmreihenfolge ausgeführt werden, können die Funktionseinheiten die Ausführung beginnen, sobald die erforderlichen Daten verfügbar sind. Heute verwenden alle Pipelines mit dynamischem Scheduling Freigeben in Programmreihenfolge.

Das dynamische Scheduling wird häufig, insbesondere bei Sprungergebnissen, um eine hardwaregestützte Spekulation erweitert. Durch die Vorhersage der Richtung einer Verzweigung kann ein Prozessor mit dynamischem Scheduling weiter Befehle entsprechend dem vorhergesagten Pfad holen und ausführen. Da die Befehle in Programmreihenfolge freigegeben werden, wissen wir, bevor ein Befehl aus dem vorhergesagten Pfad freigegeben wird, ob der Sprung richtig vorhergesagt wurde. Eine spekulative Pipeline mit dynamischem Scheduling kann auch die Spekulation bezüglich der Adressen von Ladebefehlen unterstützen und ermöglicht so die Umordnung von Lade- und Speicherbefehlen und vermeidet mithilfe der Freigabeeinheit falsche Spekulationen. Im nächsten Abschnitt werden wir uns mit der Verwendung des dynamischen Scheduling und der Spekulation im Intel Core i7 beschäftigen.

Hardware-Software-Schnittstelle

Die Out-of-order-Ausführung erzeugt neue Pipelinehemmnisse, die wir von früheren Pipelines nicht kannten. Eine *Namensabhängigkeit* liegt vor, wenn zwei Befehle das gleiche Register oder den gleichen Speicherort (bezeichnet als *Name*) verwenden, es aber keinen Datenfluss zwischen den mit diesem Namen verbundenen Befehlen gibt. Es gibt zwei Arten von Namensabhängigkeiten zwischen einem Befehl i und einem Befehl j, wobei der Befehl i dem Befehl j in Programmreihenfolge vorangeht:

1. Eine *Antiabhängigkeit* zwischen Befehl i und Befehl j liegt vor, wenn Befehl j ein Register oder einen Speicherort schreibt, den Befehl i liest. Die ursprüngliche Reihenfolge muss erhalten bleiben um sicherzustellen, dass i den korrekten Wert liest.

2. Eine *Ausgabeabhängigkeit* liegt vor, wenn Befehl i und Befehl j das gleiche Register oder den gleichen Speicherort schreiben. Die Reihenfolge der Befehle muss gewahrt bleiben um sicherzustellen, dass der zuletzt geschriebene Wert mit Befehl j korrespondiert.

Unser ursprüngliches Pipelinehemmnis war das Ergebnis dessen, was man eine *echte Datenabhängigkeit* nennt.

Beispielsweise gibt es in dem nachfolgend angegebenen Code eine Antiabhängigkeit zwischen `swcl` und `addiu` in Register x1 und eine echte Datenabhängigkeit zwischen `lwc1` und `add.c` in Register f0. Während es keine Ausgabeabhängigkeiten zwischen Befehlen einer einzelnen Schleife gibt, existieren solche zwischen verschiedenen Iterationen der Schleife, beispielsweise zwischen den addiu-Befehlen der ersten und der zweiten Iteration.

```
Loop:  lwc1   $f0,0(x1)      # f0 = Feldelement
       add.s  $f4,$f0,$f2    # addiere skalar in f2
       swc1   $f4,0(x1)      # speichere Ergebnis
       addiu  x1,x1,4        # dekrementiere Zeiger 8 Byte
       bne    x1,x2,Loop     # Sprung falls x1 != x2
```

Ein Pipelinehemmnis liegt immer dann vor, wenn es eine Namens- oder Datenabhängigkeit zwischen Befehlen gibt und wenn diese einander nahe genug sind, dass ihre Überlappung während der Ausführung die Reihenfolge des Zugriffs auf die bei der Abhängigkeit involvierten Operanden ändern würde. Dies führt auf die folgenden, intuitiveren Bezeichnungen für Pipelinekonflikte:

1. Eine *Antiabhängigkeit* kann zu einem Write-after-Read-Konflikt (WAR-Konflikt) führen.

2. Eine *Ausgabeabhängigkeit* kann zu einem Write-after-Write-Konflikt (WAW-Konflikt) führen.

3. Eine *echte Datenabhängigkeit* kann zu einem Read-after-Write-Konflikt (RAW-Konflikt) führen.

In unseren früheren Pipelines treten WAR- und WAW-Konflikte nicht auf, weil dort alle Befehle in Programmreihenfolge ausgeführt werden und Schreibzugriffe für Register-Register-Befehle nur in der letzten Pipelinestufe erfolgen bzw. immer in derselben Pipelinestufe für Lade- und Speicherbefehle.

Zur Programmperformanz

HIERARCHIE

Angesichts der Tatsache, dass Compiler auch Befehle über Datenabhängigkeiten hinweg verschieben können, fragen Sie sich vielleicht, warum bei einem superskalaren Prozessor überhaupt dynamisches Scheduling eingesetzt wird. Hierfür gibt es im Wesentlichen drei Gründe. Erstens sind nicht alle Verzögerungen der Pipeline vorhersagbar. Insbesondere Cache-Fehlzugriffe (siehe Kapitel 5) in der **Speicherhierarchie** verursachen nicht vorhersagbare Pipelineverzögerungen. Mithilfe des dynamischen Scheduling kann der Prozessor einige dieser Verzögerungen verbergen, indem er weiter Befehle ausführt, während er auf das Ende der Verzögerung wartet.

VORHERSAGE

Zweitens: Wenn der Prozessor mithilfe der dynamischen **Sprungvorhersage** über das Ergebnis von Sprüngen spekuliert, kann er die exakte Reihenfolge der Befehle beim Kompilieren nicht kennen, da diese vom vorhergesagten und tatsächlichen Verhalten von Sprüngen abhängt. Wenn die dynamische Spekulation zur besseren Ausnutzung der Parallelität auf Befehlsebene ohne dynamisches Scheduling integriert wird, werden dadurch die Vorzüge einer derartigen Spekulation erheblich geschmälert.

Drittens: Da die Pipelinelatenz und die Parallelität bei der Zuordnung von Implementierung zu Implementierung unterschiedlich sind, gibt es auch Unterschiede dahingehend, was jeweils die beste Möglichkeit ist, eine Codesequenz zu kompilieren. Die Art und Weise, wie eine Folge von abhängigen Befehlen angeordnet wird, hängt beispielsweise sowohl von der Zuordnungsparallelität als auch von der Latenz ab. Die Pipelinestruktur wirkt sich sowohl darauf aus, wie oft eine Schleife abgerollt werden muss, um ein Leerlaufen der Pipeline zu vermeiden, als auch auf den Prozess der compilerbasierten Registerumbenennung. Durch dynamisches Scheduling kann die Hardware einen Großteil dieser Details verbergen. Somit benötigen Benutzer und Softwarehändler für unterschiedliche Implementierungen desselben Befehlssatzes keine unterschiedlichen Versionen eines Programms. Entsprechend können auch ältere Programme die Vorteile einer neuen Implementierung nutzen, ohne neu kompiliert werden zu müssen.

Grundwissen

Sowohl das **Pipelining** als auch die Ausführung mit Mehrfachzuordnung erhöhen den maximalen Befehlsdurchsatz und versuchen, die **Parallelität** auf Befehlsebene auszunutzen. Daten- und Kontrollflussabhängigkeiten in Programmen stellen jedoch eine obere Grenze für eine dauerhafte Spitzenleistung dar, da der Prozessor gelegentlich warten muss, bis eine Abhängigkeit aufgelöst ist. Softwareorientierte Konzepte für die Ausnutzung der Parallelität auf Befehlsebene hängen davon ab, ob der Compiler die Auswirkungen von Abhängigkeiten dieser Art erkennt und reduzieren kann, während hardwareorientierte Konzepte auf die Erweiterung der Pipeline und der Zuordnungsmechanismen setzen. Vom Compiler oder von der Hardware angestellte Spekulationen können dazu beitragen, dass die Parallelität Befehlsebene auf dem Weg der **Vorhersage** besser ausgenutzt werden kann, wobei jedoch mit Sorgfalt vorgegangen werden muss, da eine falsche Spekulation zu einer Leistungsminderung führen kann.

PIPELINING

PARALLELITÄT

VORHERSAGE

Hardware-Software-Schnittstelle

Moderne Hochleistungsmikroprozessoren können pro Taktzyklus mehrere Befehle zuordnen, haben jedoch Schwierigkeiten, diese Zuordnungsrate permanent aufrechtzuerhalten. Obwohl es Prozessoren gibt, die vier bis sechs Zuordnungen pro Taktzyklus vornehmen, können nur sehr wenige Anwendungen im Schnitt mehr als zwei Befehle pro Taktzyklus über die gesamte Laufzeit des Programms ausführen. Hierfür gibt es im Wesentlichen zwei Gründe.

Zum einen entstehen die größten Leistungsengpässe in der Pipeline aufgrund von Abhängigkeiten, die nicht aufgelöst werden können, so dass die Parallelität von Befehlen und die für Programme durchschnittlich nutzbare Zuordnungsrate beeinträchtigt wird. Zwar kann gegen echte Datenabhängigkeiten nur wenig unternommen werden, doch erkennt der Compiler oder die Hardware häufig nicht genau, ob eine Abhängigkeit vorliegt, und muss daher vor-

sichtshalber davon ausgehen, dass dies der Fall ist. So führt ein Programm, das Zeiger insbesondere auf eine Art und Weise verwendet, die vermehrtes Aliasing zur Folge hat, vermehrt zu impliziten potenziellen Abhängigkeiten. Im Gegensatz dazu kann ein Compiler aufgrund der größeren Regelmäßigkeit von Zugriffen auf Felder häufig ableiten, dass keine Abhängigkeiten vorliegen. In ähnlicher Weise limitieren Sprünge, die weder zur Laufzeit noch beim Kompilieren exakt vorhergesagt werden können, die Ausnutzung der Parallelität auf Befehlsebene. Häufig könnte die Parallelität auf Befehlsebene besser genutzt werden, aber die Fähigkeit des Compilers oder der Hardware, die manchmal über die Ausführung von Tausenden von Befehlen weit verstreute Parallelität auf Befehlsebene zu erkennen, ist begrenzt.

Zum anderen limitieren Verluste in der **Speicherhierarchie** (siehe Kapitel 5) die Fähigkeit, Pipelineleerläufe zu vermeiden. Einige durch das Speichersystem verursachte Leerläufe können verborgen werden, aber ein geringes Maß an Parallelität auf Befehlsebene beschränkt auch den Umfang, in dem Leerläufe dieser Art verborgen werden können.

HIERARCHIE

Energieeffizienz und fortgeschrittenes Pipelining

Der Nachteil der zunehmenden Ausnutzung der Parallelität auf Befehlsebene mittels dynamischer Mehrfachzuordnung und Spekulation drückt sich in der Energieeffizienz aus. Jede Innovation konnte mehr Transistoren in Leistung umsetzen, aber häufig geschah dies sehr ineffizient. Nachdem wir die Energiegrenze erreicht haben, gibt es Entwürfe mit mehreren Prozessoren pro Chip, bei denen die Prozessoren kein so weitgreifendes Pipelining unterstützen oder nicht so offensiv spekulativ sind wie die Vorgänger.

Man geht davon aus, dass einfachere Prozessoren zwar nicht so schnell wie ihre avancierten Verwandten sind, dass sie aber eine bessere Leistung pro Watt erbringen, so dass sie mehr Leistung pro Chip bieten, wenn der Entwurf eher eine Limitierung im Hinblick auf die Energie als auf die Anzahl der Transistoren vorgibt.

Tabelle 4.14 zeigt die Anzahl der Pipeline-Stufen, die Zuordnungsbreite, die Spekulationsstufe, die Taktrate, die Cores pro Chip sowie die Leistung mehrerer älterer und neuerer Mikroprozessoren. Beachten Sie die Abnahme der Pipeline-Stufen und der Energie, als die Hersteller auf Multicore-Entwürfe umgestiegen sind.

Anmerkungen: 1) Eine Freigabeeinheit steuert die Aktualisierung des Registerfiles *und* des Speichers. Bei einigen Prozessoren mit dynamischem Scheduling wird das Registerfile sofort während der Ausführung aktualisiert. Dazu werden zusätzliche Register verwendet, mit deren Hilfe die Umbenennungsfunktion implementiert und die alte Kopie eines Registers beibehalten wird, bis der Befehl, der das Register aktualisiert, nicht mehr spekulativ ist. Bei anderen Prozessoren wird das Ergebnis in der Regel in einer Struktur gespeichert, die als Rückordnungspuffer bezeichnet wird. Das Registerfile wird erst zu einem

Tab. 4.14: Pipeline-Komplexität, Anzahl der Cores und Energieverbrauch bei Intel-Mikroprozessoren. Die Pipelinestufen des Pentium-4 beinhalten nicht die Freigabestufen. Würden wir sie berücksichtigen, wären die Pipelines des Pentium-4 noch tiefer.

Mikroprozessor	Jahr	Takt-frequenz	Pipeline-stufen	Zuord-nungsbreite	Out-of-Order/ Spekulation	Cores/ Chip	Leistung
Intel 486	1989	25 MHz	5	1	nein	1	5 W
Intel Pentium	1993	66 MHz	5	2	nein	1	10 W
Intel Pentium Pro	1997	200 MHz	10	3	ja	1	29 W
Intel Pentium 4 Willamette	2001	2000 MHz	22	3	ja	1	75 W
Intel Pentium 4 Prescott	2004	3600 MHz	31	3	ja	1	103 W
Intel Core	2006	3000 MHz	14	4	ja	2	75 W
Intel Core i7 Nehalem	2008	3600 MHz	14	4	ja	2–4	87 W
Intel Core Westmere	2010	3730 MHz	14	4	ja	6	130 W
Intel Core i7 Ivy Bridge	2012	3400 MHz	14	4	ja	6	130 W
Intel Core Broadwell	2014	3700 MHz	14	4	ja	10	140 W
Intel Core i9 Skylake	2016	3100 MHz	14	4	ja	14	165 W
Intel Ice Lake	2018	4200 MHz	14	4	ja	16	185 W

späteren Zeitpunkt im Rahmen der Freigabe aktualisiert. Speicherbefehle müssen bis zur Freigabe entweder in einem *Speicherbefehlspuffer* (siehe Kapitel 5) oder im Rückordnungspuffer gespeichert werden. Mithilfe der Freigabeeinheit kann der Speicherbefehl aus dem Puffer in den Speicher schreiben, wenn der Puffer eine gültige Adresse und gültige Daten enthält, und wenn der Speicherbefehl nicht mehr von vorhergesagten Sprüngen abhängt.

2) Speicherzugriffe profitieren von *nicht blockierenden Caches*, die Cache-Zugriffe während eines Cache-Fehlzugriffs weiter bearbeiten (siehe Kapitel 5). Prozessoren mit **Out-of-Order-Ausführung** benötigen nicht blockierende Caches, damit Befehle bei einem Fehlzugriff ausgeführt werden können.

Selbsttest

Geben Sie an, ob die folgenden Techniken oder Komponenten in erster Linie einem softwaregestützten oder einem hardwaregestützten Konzept zur Ausnutzung der Parallelität auf Befehlsebene zuzuordnen sind. Bei einigen Techniken und Komponenten können auch beide Konzepte angegeben werden.

1. Sprungvorhersage
2. Mehrfachzuordnung
3. VLIW-Prozessor
4. Superskalarer Prozessor
5. Dynamisches Scheduling
6. Ausführung außerhalb der Programmreihenfolge
7. Spekulation
8. Rückordnungspuffer
9. Registerumbenennung

4.12   Fallstudie: Intel Core i7 6700
und ARM Cortex-A53

In diesem Abschnitt untersuchen wir das Design von zwei Prozessoren mit
Mehrfachzuordnung: dem ARM Cortex-A35 Core, der in verschiedenen Tablets und Mobiltelefonen eingesetzt wird, und dem Intel Core i7 6700, einem
High-End-Prozessor mit dynamischem Scheduling und spekulativer Befehlsausführung, der für Desktop-Computer der Spitzenklasse vorgesehen ist. Wir
beginnen mit dem einfacheren Prozessor. Dieser Abschnitt basiert auf Abschnitt 3.12 von *Computer Architecture: A Quantitative Approach,* 6. Auflage.

Der ARM Cortex-A53

Der A53 ist ein superskalarer Prozessor mit Zweifachzuordnung, statischem
Scheduling und dynamischer Zuordnungserkennung, was es ihm erlaubt, zwei
Befehle pro Takt zuzuordnen. Abbildung 4.60 zeigt die grundlegende Struktur
der Pipeline. Für nicht verzweigende Ganzzahlbefehle gibt es acht Stufen: F1,
F2, D1, D2, D3/ISS, EX1, EX2 und WB, wie in der Bildunterschrift beschrieben. Es handelt sich um eine In-Order-Pipeline, so dass ein Befehl die Ausführung nur dann initiieren kann, wenn ihre Ergebnisse verfügbar sind und wenn
vorhergehende Befehle initiiert wurden. Das heißt, wenn die nächsten beiden
Befehle abhängig sind, können beide der geeigneten Ausführungspipeline vor-
angehen, doch sie werden serialisiert, wenn sie an den Anfang dieser Pipeline
kommen. Wenn die Pipelinezuordnung logisch indiziert, dass das Ergebnis des
ersten Befehls verfügbar ist, kann der zweite Befehl ausgegeben werden.

Die vier Zyklen des Befehlsabrufs beinhalten eine Adresserzeugungseinheit, die der nächste Befehlszähler erzeugt, entweder durch Inkrementieren des
letzten Befehlszählers oder aus einem der folgenden vier Prädiktoren:

1. Ein Sprungziel-Cache mit Einzeleintrag, der zwei Befehlscache-Abrufe enthält (die nächsten beiden Befehle nach den Sprung, vorausgesetzt, die Vorhersage ist korrekt). Dieser Zielcache wird während des ersten Abrufzyklus
   geprüft; im Falle eines Treffers werden dann die nächsten beiden Befehle
   aus dem Zielcache geliefert. Im Falle eines Treffers und bei korrekter Vorhersage wird der Sprung ohne Verzögerungstakte ausgeführt.

2. Ein 3072-elementiger hybrider Prädiktor, der für alle Befehle verwendet
   wird, die keinen Treffer im Sprungzielcache haben; diese werden während
   F3 abgearbeitet. Zweige, die durch diesen Prädiktor behandelt werden, erfahren eine Verzögerung von zwei Takten.

3. Ein 256-elementiger indirekter Sprungprädiktor, der während F4 arbeitet;
   Sprünge, die von diesem Prädiktor vorhergesagt werden, erfahren eine Verzögerung von drei Takten, wenn sie richtig vorhergesagt werden.

4. Ein Rückgabekeller der Tiefe 8, der während F4 arbeitet und eine Verzögerung von drei Taktzyklen erfährt.

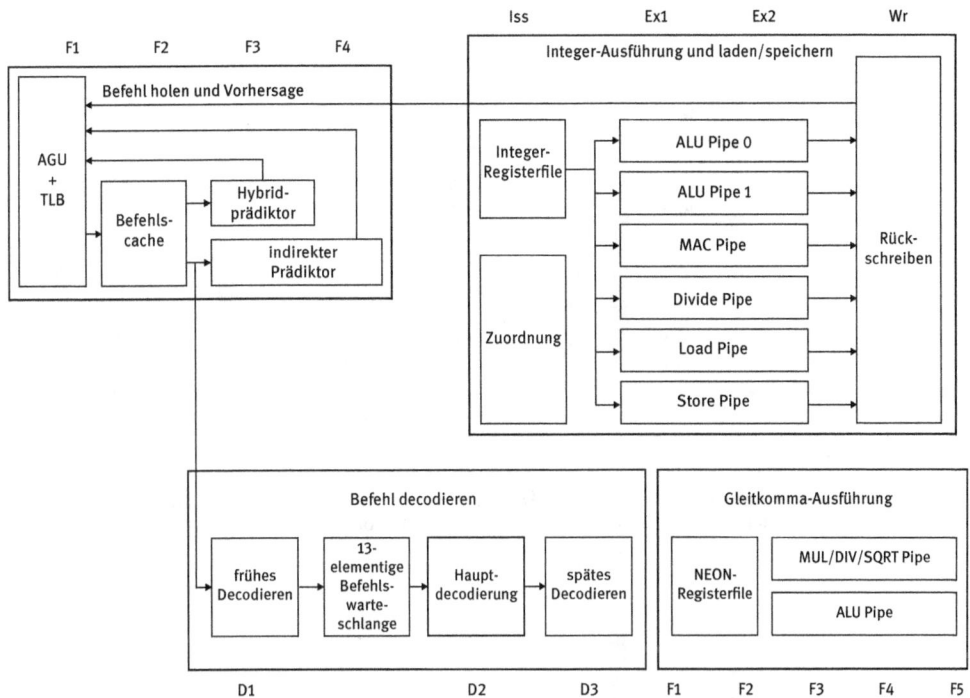

Abb. 4.60: Die grundlegende Struktur der A53-Ganzzahl-Pipeline besteht aus acht Stufen: F1 und F2 holen den Befehl, D1 und D2 übernehmen das grundlegende Decodieren, D3 decodiert einige komplexere Befehle und überlappt sich mit der ersten Stufe der Ausführungspipeline (ISS). Im Anschluss an ISS vervollständigen die Stufen Ex1, Ex2 und WB die Ganzzahlpipeline. Sprünge verwenden in Abhängigkeit vom Typ vier verschiedene Prädiktoren. Die Pipeline für die Ausführung von Gleitkommaoperationen ist fünf Zyklen tief, zusätzlich zu den fünf Zyklen, die für das Holen und Decodieren benötigt werden. Das führt insgesamt auf zehn Phasen. AGU steht für Address Generation Unit (Adresserzeugungseinheit) und TLB für Transaction Lookaside Buffer (Adressübersetzungscache, siehe Kapitel 5). Die NEON-Einheit führt die ARM-SIMD-Befehle des gleichen Namens aus. (Nach Hennessy JL, Patterson DA: Computer architectur: A quantitative approach, ed 6, Cambridge MA, 2018, Morgan Kaufmann.)

Sprungentscheidungen werden in der ALU Pipe 0 getroffen, was zu einem Fehlzugriffsaufwand von acht Taktzyklen führt. Abbildung 4.61 zeigt die Fehlzugriffsrate für SPECint2006. Der Umfang der verschwendeten Arbeit hängt zum einen von der Fehlzugriffsrate ab, zum anderen von der verfügbaren Zuordnungsrate während der Zeit, in der dem falsch vorhergesagten Sprung gefolgt wurde. Wie Abbildung 4.62 zeigt, folgt die verschwendete Arbeit im Wesentlichen der Fehlzugriffsrate, auch wenn sie größer oder gelegentlich auch kleiner sein kann.

Performanz der A53-Pipeline

Der A53 hat wegen seiner Struktur mit Zweifachzuordnung einen idealen CPI-Wert von 0,5. Pipeline-Leerläufe können drei Ursachen haben:

1. Funktionale Konflikte, die auftreten, weil benachbarte Befehle, die gleich-

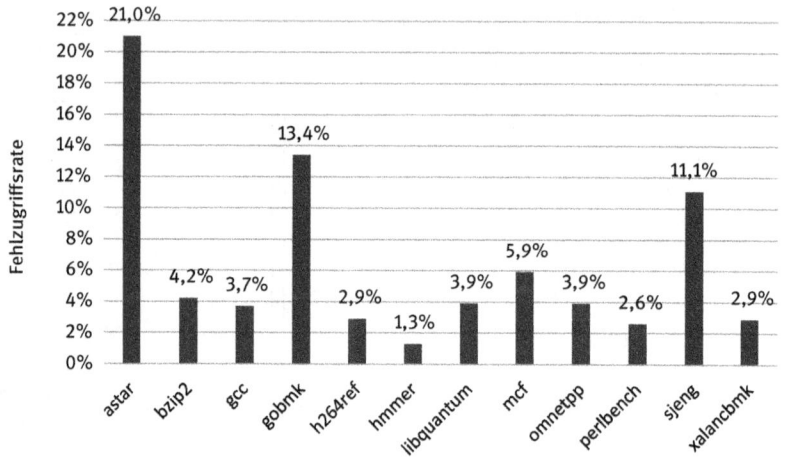

Abb. 4.61: Fehlzugriffsrate des A53-Sprungprädiktors für SPECint2006. (In angepasster Form übernommen aus Hennessy JL, Patterson DA: Computer architectur: A quantitative approach, ed 6, Cambridge MA, 2018, Morgan Kaufmann.)

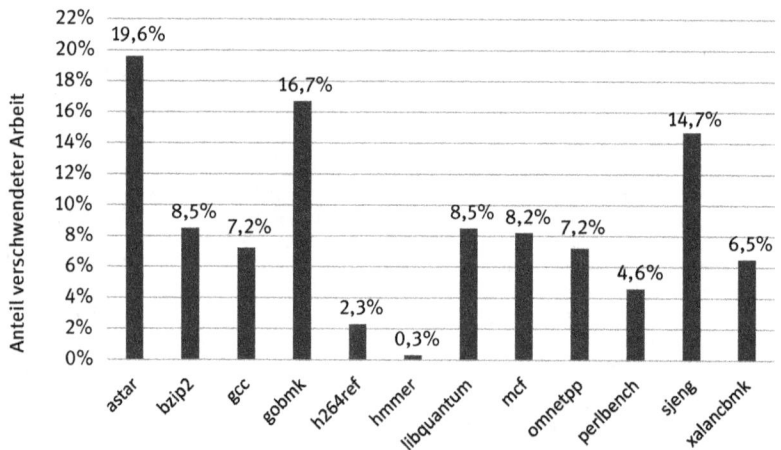

Abb. 4.62: Verschwendete Arbeit aufgrund von falschen Sprungvorhersagen auf dem A53. Weil der A53 eine In-Order-Maschine ist, hängt der Umfang der verschwendeten Arbeit von einer Vielzahl von Faktoren ab, unter anderem von Datenabhängigkeiten und Cache-Fehlzugriffen, die beide zu einem Stillstand führen. (In angepasster Form übernommen aus Hennessy JL, Patterson DA: Computer architectur: A quantitative approach, ed 6, Cambridge MA, 2018, Morgan Kaufmann.)

zeitig für die Zuordnung ausgewählt werden, dieselbe funktionale Pipeline benutzen. Da der A53 mit statischem Scheduling arbeitet, sollte der Compiler versuchen, solche Konflikte zu vermeiden. Wenn solche Befehle sequentiell auftreten, werden sie am Anfang der Ausführungspipeline serialisiert, wobei nur der erste Befehl die Ausführung startet.

2. Datenkonflikte, die früh in der Pipeline erkannt werden und die entweder beide Befehle blockieren (wenn der erste nicht zugeordnet werden kann, ist

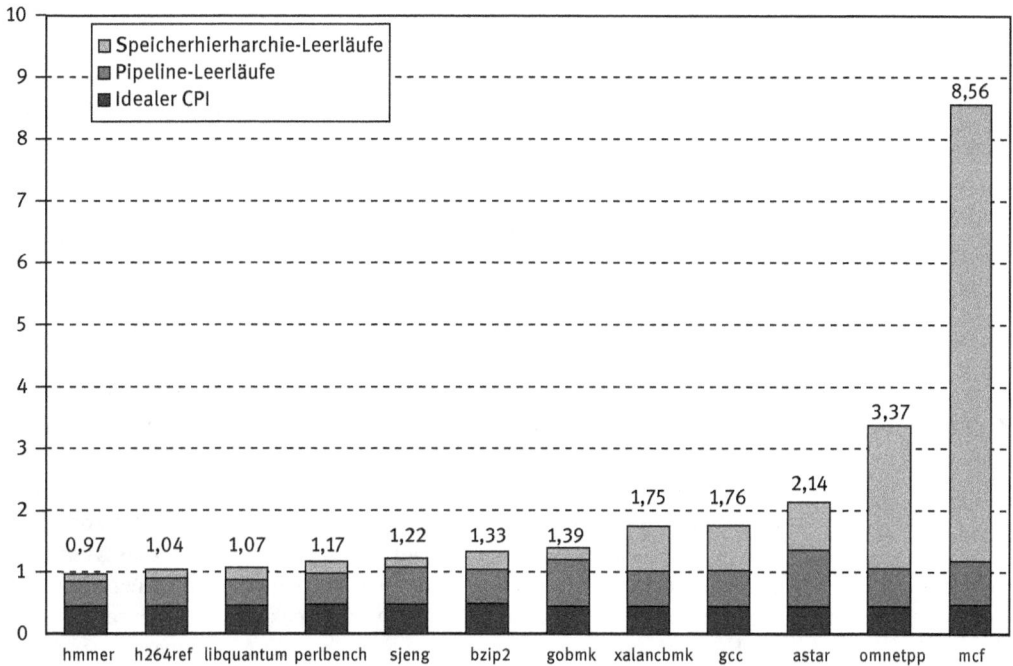

Abb. 4.63: Die geschätzte Zusammensetzung des CPI auf einem ARM A53 zeigt, dass Pipeline-Leerläufe signifikant sind, jedoch überwiegen Cache-Fehlzugriffe in den Programmen mit der schlechtesten Performanz (Kapitel 5). Die Daten sind abgeleitet aus den CPI-Werten, die durch einen detaillierten Simulator zur Bestimmung der Pipeline-Leerläufe gemessen wurden. (Aus Hennessy JL, Patterson DA: Computer architectur: A quantitative approach, ed 6, Cambridge MA, 2018, Morgan Kaufmann.)

der zweite immer blockiert) oder den zweiten eines Paares. Der Compiler sollte versuchen, auch solche Blockaden nach Möglichkeit zu vermeiden.

3. Steuerkonflikte, die nur dann auftreten, wenn Sprünge falsch vorhergesagt werden.

Außerdem können sowohl TLB-Fehlzugriffe (siehe Kapitel 5) als auch Cache-Fehlzugriffe Blockaden verursachen. Abbildung 4.63 zeigt die CPI-Werte und Schätzungen für die Beiträge aus den verschieden Quellen. Der A53 verwendet eine flache Pipeline und eine recht aggressive Sprungvorhersage, was zu moderaten Pipelineverlusten führt, während der Prozessor hohe Taktraten bei moderatem Stromverbrauch erreichen kann. Verglichen mit dem i7 verbraucht der A53 nur 1/200 des Stroms, den ein Quad-Core-Prozessor benötigt!

Anmerkung: Der Cortex-A53 ist ein konfigurierbarer Kern, der die ARMv8-Befehlssatzarchitektur unterstützt. Er wird ausgeliefert als IP-Kern (von engl. Intellicual Property). IP-Kerne sind die vorherrschende Form des Technologietransfers im Bereich eingebetteter, mobiler Endgeräte und ähnlichen Märkten; Milliarden von ARM- und MIPS-Prozessoren sind auf Basis dieser IP-Cores hergestellt worden.

Beachten Sie, dass IP-Cores etwas anderes sind als die Kerne in den Intel-i7-Multicore-Computern. Ein IP-Core (der selbst ein Multicore sein kann) ist so ausgelegt, dass er in die übrige Logik einschließlich anwendungsspezifischer Prozessoren (etwa als Encoder oder Decoder für Videos), I/O-Schnittstellen und Speicherschnittstellen eingebaut werden kann (er ist folglich der „Kern" eines Chips); damit wird dann ein Prozessor hergestellt, der für eine bestimmte Anwendung optimiert ist. Obwohl die Prozessorkerne nahezu identisch sind, haben die resultierenden Chips viele Unterschiede. Ein Parameter ist die Größe des L2-Caches, die um den Faktor 16 variieren kann.

Der Intel Core i7 6700

x86-Prozessoren verwenden für ihre 14-stufige Pipeline ausgefeilte Pipeline-Methoden mit dynamischer Mehrfachzuordnung und dynamischem Pipeline-Scheduling mit Out-of-Order-Ausführung und Spekulation. Diese Prozessoren stehen jedoch weiterhin vor der Herausforderung, den in Kapitel 2 beschriebenen komplexen Befehlssatz zu implementieren. Intel holt die x86-Befehle und übersetzt sie in interne MIPS-ähnliche Befehle, die Intel als Mikrooperationen bezeichnet. Die Mikrooperationen werden dann von einer ausgefeilten Pipeline mit dynamischem Scheduling und Spekulationen ausgeführt, die in der Lage ist, eine Ausführungsrate von bis zu sechs Mikrooperationen pro Takt aufrechtzuerhalten. Diese Pipeline ist Gegenstand dieses Abschnitts.

Wenn wir das Design von avancierten Prozessoren mit dynamischem Scheduling betrachten, werden verschiedene Aspekte wie funktionale Einheiten, Cache, Befehlszuordnung und die Steuerung der gesamten Pipeline miteinander vermischt, so dass es schwierig wird, den Datenpfad von der Pipeline zu trennen. Daher verwenden viele Ingenieure und Forscher den Begriff **Mikroarchitektur** zur Bezeichnung der detaillierten internen Prozessorarchitektur.

Der Intel Core i7 verwendet ein Schema zur Auflösung von Namensabhängigkeiten und falschen Spekulationen, das einen Puffer zum Umordnen sowie Registerumbenennung benutzt. Bei der Registerumbenennung werden die **Architekturregister** eines Prozessors (16 im Fall der 64-Bit-Version der x86-Architektur) explizit in eine größere Menge von physikalischen Registern umbenannt. Der Core i7 verwendet Registerumbenennung, um Namensabhängigkeiten zu beseitigen. Die Registerumbenennung erfordert, dass der Prozessor eine Liste für die Abbildung zwischen den Architekturregistern und den physikalischen Registern hält, die angibt, welches physikalische Register die aktuellste Kopie eines Architekturregisters ist. Das Aufzeichnen der vorgenommenen Umbenennungen bietet einen möglichen Ansatz für die Wiederherstellung im Falle einer inkorrekten Spekulation: es müssen einfach die Abbildungen rückgängig gemacht werden, die seit dem ersten inkorrekten spekulativen Befehl vorgenommen wurden. Diese Richtigstellung setzt den Prozessor zurück in den Zustand, den er nach dem letzten korrekt ausgeführten Befehl hatte, und die korrekte Abbildung zwischen Architekturregistern und physikalischen Registern bleibt erhalten.

Abbildung 4.64 zeigt die Gesamtstruktur der i7-Pipeline. Um die Pipeline zu untersuchen, beginnen wir mit dem Holen des Befehls und betrachten dann die Befehlsfolge gemäß den acht Schritten in der Abbildung.

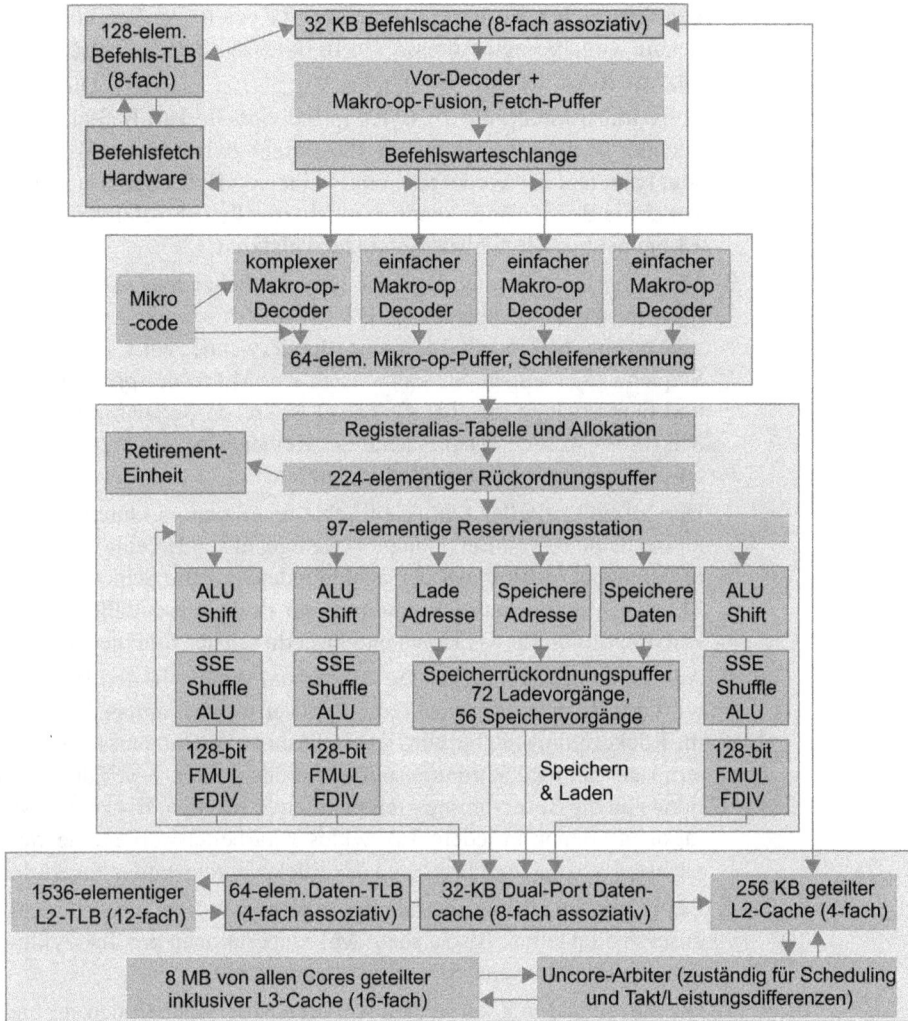

Abb. 4.64: Die Core-i7-Pipelinestruktur mit den Komponenten des Speichersystems. Die gesamte Pipeline ist 14 Stufen tief, wobei die Kosten für falsche Vorhersagen 17 Taktzyklen betragen und die zusätzlichen Zyklen im Wesentlichen auf die Zeit zurückzuführen sind, die für das Zurücksetzen des Sprungprädiktors benötigt wird. Dieses Design kann 72 Lade- und 56 Speichervorgänge puffern. Die sechs unabhängigen funktionalen Einheiten können jeweils die Ausführung einer bereitstehenden Operation im selben Zyklus beginnen. Bis zu vier Mikrooperationen können in der Registerumbenennungstabelle verarbeitet werden. Der erste i7-Prozessor wurde 2008 eingeführt; der i7 6700 ist die sechste Generation. Die grundlegende Struktur des i7 ist dieselbe geblieben, doch wurde die Leistung mit jeder Generation gesteigert. Erreicht wurde dies durch Veränderungen der Cache-Strategien (Kapitel 5), Erhöhung der Speicherbandbreite und der Anzahl der in Bearbeitung befindlichen Befehle, durch die Weiterentwicklung der Sprungvorhersage sowie eine bessere Grafikunterstützung. (Aus Hennessy JL, Patterson DA: *Computer architecture: A quantitative approach*, ed 6, Cambridge MA, 2018, Morgan Kaufmann.)

1. Der Befehl wird geholt. Der Prozessor verwendet einen ausgefeilten, mehr-stufigen Sprungprädiktor, um eine Balance zwischen Geschwindigkeit und Vorhersagegüte zu erreichen. Es gibt außerdem einen Stack für die Rück-sprungadressen, um die Rücksprünge zu beschleunigen. Falsche Vorhersa-gen verursachen Kosten von ungefähr 17 Zyklen. Der Befehlsholer verwen-det die vorhergesagte Adresse, um 16 Bytes aus dem Befehlscache zu holen.

2. Die 16 Bytes werden im Befehls-Vordecoder platziert. Die Vordecoder-Stufe transformiert die 16 Bytes in individuelle x86-Befehle. Dieser Vor-decoder ist nicht trivial, da ein x86-Befehl zwischen 1 und 17 Bytes lang sein kann und der Vordecoder eine Reihe von Bytes durchsuchen muss, be-vor er die Befehlslänge kennt. Die individuellen x86-Befehle werden in der 18-elementigen Befehlswarteschlange platziert.

3. Mikro-op-Decodierung. Drei der Decoder behandeln x86-Befehle, die di-rekt eine Mikro-op übersetzen. Für x86-Befehle mit komplexerer Semantik gibt es eine Mikrocode-Maschine, die verwendet wird, um die Mikro-op-Sequenz zu erzeugen. Sie kann bis zu vier Mikro-ops pro Zyklus erzeugen und fährt solange fort, bis die nötige Mikro-op-Sequenz generiert ist. Die Mikro-ops werden entsprechend der Reihenfolge der x86-Befehle in dem 64-elementigen Mikro-op-Puffer platziert.

4. Der Mikro-op-Puffer führt eine Schleifenerkennung durch. Wenn es eine kleine Sequenz von Befehlen gibt (weniger als 64 Befehle), die eine Schlei-fe beinhaltet, dann findet der Schleifendetektor die Schleife und weist die Mikrooperationen aus dem Puffer direkt zu. Damit entfällt die Notwendig-keit, die Stufen für das Holen und Decodieren der Befehle zu aktivieren.

5. Ausführen der grundlegenden Befehlszuordnung. In den Registertabellen wird der Registerort gesucht, die Register werden umbenannt, ein Eintrag im Rückordnungspuffer wird zugeteilt und alle Ergebnisse aus den Regis-tern oder dem Rückordnungspuffer werden geholt, bevor die Mikroopera-tionen an die Reservierungsstation gesendet werden. Bis zu vier Mikroope-rationen können in jedem Taktzyklus verarbeitet werden; sie werden den nächsten verfügbaren Einträgen des Rückordnungspuffer zugeordnet.

6. Der i7 verwendet eine zentrale Reservierungsstation, die sich sechs Funkti-onseinheiten teilen. Bis zu sechs Mikrooperationen pro Taktzyklus können von den Funktionseinheiten abgearbeitet werden.

7. Die einzelnen Funktionseinheiten führen Mikrooperationen aus und senden die Ergebnisse zu einer wartenden Reservierungsstation sowie zur Retire-ment-Einheit, wo sie den Registerzustand aktualisieren, sobald bekannt ist, dass der Befehl nicht mehr spekulativ ist. Der dem Befehl im Rück-ordnungspuffer entsprechende Eintrag wird als abgeschlossen markiert.

8. Wenn einer oder mehrere Befehle im Kopf des Rückordnungspuffers als abgeschlossen markiert worden sind, werden die unerledigten Schreibope-rationen in die Retirement-Einheit ausgeführt, und die Befehle werden aus dem Rückordnungspuffer entfernt.

Anmerkung: Im zweiten und vierten Schritt kann die Hardware Operationen kombinieren oder *fusionieren*, um die Anzahl der auszuführenden Operationen zu reduzieren. Die *Makro-op-Fusion* im zweiten Schritt nimmt x86-Befehlskombinationen, beispielsweise eine Vergleichsoperation gefolgt von einem Sprung, und verschmilzt sie zu einer einzigen Operation. Die Mikro-Fusion im vierten Schritt kombiniert Paare von Mikro-ops wie Laden/ALU-Operation und ALU-Operation/Speichern und ordnet sie einer gemeinsamen Reservierungsstation zu (wo sie weiterhin unabhängig vorliegen können), wodurch sich die Nutzung des Puffers vergrößert. Bei einer Untersuchung des Intel Core (Bird et al., 2007), bei der Mikrofusion und Makrofusion berücksichtigt wurden, stellte sich heraus, dass die Mikrofusion insgesamt nur wenig Einfluss auf die Performanz hat; bei der Makrofusion zeigte sich ein moderater positiver Einfluss auf die Performanz der Ganzzahlarithmetik und ein geringer Einfluss auf die Gleitkommaarithmetik.

Die Performanz des Intel Core i7

Wegen der Verwendung von aggressiver Spekulation ist es schwierig, die Abweichung zwischen der idealen und der tatsächlichen Leistung genau zu attribuieren. Die umfangreichen Warteschlangen und Puffer auf dem 6700 reduzieren die Wahrscheinlichkeit von Leerläufen aufgrund fehlender Reservierungsstationen, Registerumbenennungen oder Rückordnungspuffer signifikant.

Der größte Teil der Verluste resultiert daher aus falschen Sprungvorhersagen oder Cache-Fehlzugriffen. Eine falsche Sprungvorhersage kostet 17 Zyklen und ein L1-Fehlzugriff etwa 10 Zyklen (siehe Kapitel 5). Die Kosten für einen L2-Fehlzugriff sind etwas mehr als dreimal so hoch wie für einen L1-Fehlzugriff, und ein L3-Fehlzugriff kostet etwa das 13-Fache eines L1-Fehlzugriffs (130 bis 135 Zyklen). Der Prozessor wird zwar versuchen, andere Befehle zu finden, die er während der L2- und L3-Fehlzugriffe ausführen kann, doch es ist wahrscheinlich, dass einige der Puffer sich füllen, bevor ein Fehlzugriff erledigt ist, was dazu führen wird, dass der Prozessor aufhört, Befehle auszugeben.

Abbildung 4.65 zeigt den Gesamt-CPI für die 19 SPECCPUint2006-Benchmarks. Der mittlere CPI auf dem i7 6700 ist 0,71. Abbildung 4.66 zeigt die Raten der falschen Sprungvorhersagen für den Intel i7 6700. Diese sind etwa halb so groß wie die entsprechenden Raten für den A53 (siehe Abbildung 4.62) – der Median ist 2,3 % gegenüber 3,9 % für SPEC2006. Der CPI ist weniger als halb so groß: Der Median ist für die viel aggresivere Architektur 0,64 gegenüber 1,36. Die Taktrate für den i7 ist 3,4 GHz, für den A53 dagegen bis zu 1,3 GHz. Somit ist die mittlere Befehlszeit $0{,}64 \times 1/3{,}4\,\mathrm{GHz} = 0{,}18\,\mathrm{ns}$ gegenüber $1{,}36 \times 1/1{,}3\,\mathrm{GHz} = 1{,}05\,\mathrm{ns}$, d. h., der i7 ist mehr als fünfmal so schnell. Andererseits verbraucht er 200-mal so viel Strom!

Der Intel Core i7 kombiniert eine 14-stufige Pipeline mit einer aggressiven Mehrfachzuordnung, um höchste Leistung zu erzielen. Weil die Latenzen für aufeinanderfolgende Operationen gering sind, reduziert sich der Einfluss der

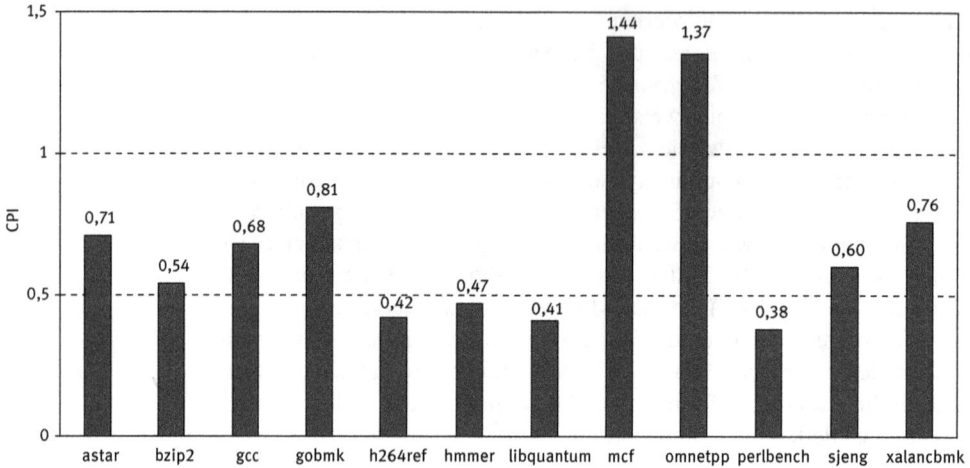

Abb. 4.65: CPI-Werte für SPECCPUint2006-Benchmarks auf dem i7 6700. Die Daten in diesem Abschnitt wurden von Professor Lu Peng und dem PhD-Studenten Qun Liu, beide von der Louisiana State University, zusammengestellt. (Nach Hennessy JL, Patterson DA: Computer architectur: A quantitative approach, ed 6, Cambridge MA, 2018, Morgan Kaufmann.)

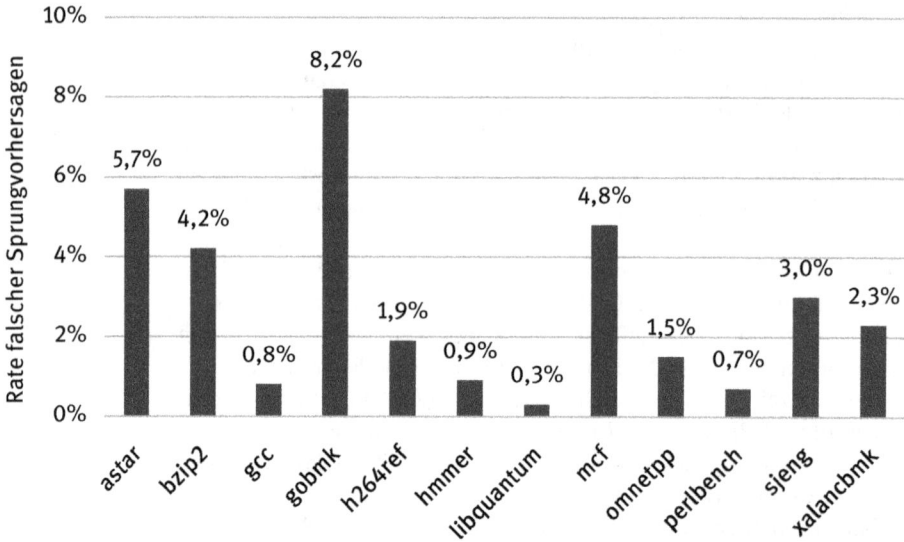

Abb. 4.66: Die Rate falscher Sprungvorhersagen für die SPECCPUint2006-Benchmarks auf dem Intel Core i7 6700. Sie wird berechnet als das Verhältnis der falsch vorhergesagten Verzweigungen zu den Verzweigungen insgesamt. (Nach Hennessy JL, Patterson DA: Computer architectur: A quantitative approach, ed 6, Cambridge MA, 2018, Morgan Kaufmann.)

Datenabhängigkeiten. Aber welche ernsthaften Leistungsengpässe können für Programme auf diesem Prozessor entstehen? Die folgende Liste zeigt einige der potenziellen Leistungsprobleme auf, wovon mindestens drei in irgendeiner Form für jeden Hochleistungsprozessor mit Pipeline relevant sind:

- Verwendung von x86-Befehlen, die nicht auf ein paar einfache Mikroopera-tionen abgebildet werden können

- schwer vorhersagbare Verzweigungen, die Leerläufe durch falsche Vorher-sagen verursachen, und Neuanfänge, wenn die Spekulation fehlschlägt

- lange Abhängigkeiten – in der Regel verursacht durch lang laufende Befehle oder die **Speicherhierarchie** –, die zu Verzögerungen führen

- Leistungsverzögerungen beim Speicherzugriff (siehe Kapitel 5), die Verzö-gerungen im Prozessor verursachen

HIERARCHIE

4.13 Beschleunigung: Parallelität auf Befehls-ebene und Matrixmultiplikation

Wenn wir noch einmal auf das DGEMM-Beispiel aus Kapitel 3 zurückbli-cken, dann können wir die Auswirkung der Parallelität auf Befehlsebene durch Schleifenabrollen sehen. Der Prozessor mit Mehrfachzuordnung und Out-of-Order-Ausführung hat nun mehr Befehle abzuarbeiten. Abbildung 4.67 zeigt die abgerollte Version von Abbildung 3.12, die intrinsische C-Funktionen ver-wendet, um AVX-Befehle zu generieren.

```
1   #include <x86intrin.h>
2   #define UNROLL (4)
3
4   void dgemm (int n, double* A, double* B, double* C)
5   {
6     for (int i = 0; i < n; i+=UNROLL*8)
7       for (int j = 0; j < n; j++) {
8         __m512d c[UNROLL];
9         for (int r = 0; r < UNROLL; r++)
10          c[r]=_mm512_load_pd(C+i+r*8+j*n);   // [UNROLL];
11
12        for (int k = 0; k < n; k++)
13        {
14          __m512d bb = _mm512_broadcastsd_pd(_mm_load_sd(B+j*n+k));
15          for (int r=0; r<UNROLL; r++)
16            c[r]=_mm512_fmadd_pd(_mm512_load_pd(A+n*k+r*8+i),bb,c[r]);
17        }
18
19        for (int r=0; r<UNROLL; r++)
20          _mm512_store_pd(C+i+r*8+j*n, c[r]);
21      }
22  }
```

Abb. 4.67: Optimierte C-Version von DGEMM, die C-Intrinsische verwendet, um die AVX-Befehle für x86 mit Subwort-Parallelität zu generieren (Abbildung 3.12). Durch Schleifenabrollen werden mehr Möglichkeiten für Parallelität auf Da-tenebene geschaffen. Abbildung 4.68 zeigt die vom Compiler erzeugte Assemblersprache für die innere Schleife, die die drei for-Schleifen abrollt, um die Parallelität auf Datenebene aufzudecken.

```
1  vmovapd (%r11),%zmm4                # lade 8 Elemente von C in %zmm4
2  mov     %rbx,%rcx                   # Register %rcx = %rbx
3  xor     %eax,%eax                   # Register %eax = 0
4  vmovapd 0x20(%r11),%zmm3            # lade 8 Elemente von C in %zmm3
5  vmovapd 0x40(%r11),%zmm2            # lade 8 Elemente von C in %zmm2
6  vmovapd 0x60(%r11),%zmm1            # lade 8 Elemente von C in %zmm1
7  vbroadcastsd (%rax,%r8,8),%zmm0     # mache 8 Kopien des B-Elem. in %zmm0
8  add     $0x8,%rax                   # Register %rax = %rax + 8
9  vfmadd231pd (%rcx),%zmm0,%zmm4      # Parallel-Mult. & Add. %zmm0, %zmm4
10 vfmadd231pd 0x20(%rcx),%zmm0,%zmm3  # Parallel-Mult. & Add. %zmm0, %zmm3
11 vfmadd231pd 0x40(%rcx),%zmm0,%zmm2  # Parallel-Mult. & Add. %zmm0, %zmm2
12 vfmadd231pd 0x60(%rcx),%zmm0,%zmm1  # Parallel-Mult. & Add. %zmm0, %zmm1
13 add     %r9,%rcx                    # Register %rcx = %rcx
14 cmp     %r10,%rax                   # vergleiche %r10 mit %rax
15 jne     50 <dgemm+0x50>             # springe falls %r10 != %rax
16 add     $0x1,%esi                   # Register % esi = % esi + 1
17 vmovapd %zmm4,(%r11)                # speichere %zmm4 in 8 C-Elemente
18 vmovapd %zmm3,0x20(%r11)            # speichere %zmm3 in 8 C-Elemente
19 vmovapd %zmm2,0x40(%r11)            # speichere %zmm2 in 8 C-Elemente
20 vmovapd %zmm1,0x60(%r11)            # speichere %zmm1 in 8 C-Elemente
```

Abb. 4.68: Die x86-Assemblersprache für den Rumpf der inneren Schleifen, erzeugt durch Kompilieren des abgerollten C-Codes in Abbildung 4.67.

Wie bei dem in Tabelle 4.13 betrachteten Beispiel für das Abrollen wollen wir nun die Schleife viermal abrollen. (Wir verwenden im C-Code die Variable UNROLL, um für den Fall, dass wir andere Werte ausprobieren wollen, den Umfang des Abrollens steuern zu können.) Anstatt die Schleife in C manuell abzurollen, indem wir vier Kopien von jeder Intrinsischen aus Abbildung 3.12 machen, können wir dem gcc-Compiler das Abrollen bei -O3-Optimierung überlassen. Wir umgeben jede Intrinsische mit einer einfachen for-Schleife mit vier Iterationen (Zeilen 9, 15 und 19) und ersetzen den Skalar c0 in Abbildung 3.13 durch ein 4-elementiges Feld c[] (Zeilen 8, 10, 16 und 20).

Abbildung 4.68 zeigt die ausgegebene Assemblersprache für den abgerollten Code. Wie zu erwarten, gibt es in Abbildung 4.68 vier Versionen von jedem AVX-Befehl in Abbildung 3.13, mit einer Ausnahme. Wir brauchen nur eine Kopie des vbroadcastsd-Befehls, da wir die acht Kopien des B-Elements in Register %zmm0 während der Schleife wiederholt verwenden können. So werden aus den vier AVX-Befehlen in Abbildung 3.13 dreizehn in Abbildung 4.68, und die sieben Ganzzahlbefehle treten in beiden auf, obwohl sich die Konstanten und die Adressierung wegen des Abrollens ändern. Daraus folgt, dass sich die Anzahl der Befehle im Rumpf nur verdoppelt – von 11 auf 20 – obwohl viermal abgerollt wird.

Durch das Abrollen wird die Performanz nahezu verdoppelt. Optimierungen für **Subwort-Parallelität** und **Parallelität** auf Datenebene führen insgesamt zu einer um den Faktor 4,4 schnelleren Ausführung gegenüber dem DGEMM in

PARALLELITÄT

Abbildung 3.12. Verglichen mit der Python-Version in Kapitel 1 ist das Programm 4600-mal so schnell.

Anmerkung: Trotz der Wiederverwendung des Registers %zmm5 in den Zeilen 9 bis 12 gibt es keine Pipelineleerläufe, weil die Pipeline des Intel Core i7 die Register umbenennt.

Selbsttest

Sind die folgenden Aussagen richtig oder falsch?

1. Der Intel Core i7 verwendet eine Pipeline mit Mehrfachzuordnung, um x86-Befehle direkt auszuführen.
2. Der A53 wie auch der Core i7 verwenden dynamische Mehrfachzuordnung.
3. Die Core-i7-Architektur hat wesentlich mehr Register als x86 erfordert.
4. Der Intel Core i7 verwendet weniger als die Hälfte der Pipeline-Stufen des früheren Intel Pentium 4 Prescott (siehe Tabelle 4.14).

4.14 Fortgeschrittener Stoff: Einführung in den Schaltungsentwurf

Der moderne digitale Entwurf erfolgt mit Hilfe von Hardwarebeschreibungssprachen und modernen computergestützten Synthesewerkzeugen, die unter Verwendung von Bibliotheken und Logiksynthese detaillierte Hardwaredesigns aus den Beschreibungen erstellen. Diesen Sprachen und ihrem Einsatz im Schaltungsentwurf sind ganze Bücher gewidmet. Das Online-Material zu diesem Abschnitt bietet eine kurze Einführung und zeigt, wie eine Hardwaredesignsprache, in diesem Fall Verilog, eingesetzt werden kann, um das Verhalten der MIPS-Steuerung zu beschreiben und in eine für die Hardware-Synthese geeignete Form zu bringen. Anschließend zeigt es verschiedene Verhaltensmodelle der fünfstufigen MIPS-Pipeline in Verilog. Das erste Modell ignoriert Konflikte. Ergänzungen des Modells verdeutlichen die Änderungen für das Forwarding, Datenkonflikte und Verzweigungskonflikte.

Anschließend zeigen wir für Leser, die an genaueren Informationen über die Arbeitsweise von Pipelines interessiert sind, etwa ein Dutzend Abbildungen mit Einzyklen-Darstellungen.

4.15 Fallstricke und Trugschlüsse

Trugschluss: Pipelining ist einfach.

In unseren Büchern machen wir die Feinheiten einer einwandfreien Pipelineausführung deutlich. Das Buch für Fortgeschrittene enthielt in der ersten Auflage einen Pipelinefehler, obwohl das Buch von mehr als 100 Personen geprüft und in 18 Universitäten in den Vorlesungen verwendet wurde. Der Fehler wurde erst entdeckt, als jemand versuchte, den Computer aus diesem Buch zu bauen. Die Tatsache, dass der Verilog-Code zum Beschreiben einer Pipeline wie der im Intel Core i7 Tausende von Zeilen umfasst, ist ein Hinweis auf die Komplexität einer Pipeline. Hier ist also Vorsicht geboten!

Trugschluss: Pipelining-Konzepte können unabhängig von der Technologie implementiert werden.

Als eine fünfstufige Pipeline aufgrund der Anzahl der Transistoren auf dem Chip und der Geschwindigkeit der Transistoren die beste Lösung darstellte, war der verzögerte Sprung (siehe Anmerkung auf Seite 356) die einfachste Lösung zur Bearbeitung von Konflikten. Angesichts der längeren Pipelines, der superskalaren Ausführung und der dynamischen Sprungvorhersage ist dies heute nicht mehr der Fall. Anfang der 1990er-Jahre beanspruchte das dynamische Pipeline-Scheduling zu viele Ressourcen und war für hohe Leistung nicht gefragt. Als sich die Anzahl der Transistoren jedoch gemäß dem Moore'schen Gesetz weiter erhöhte und die Logik wesentlich schneller als der Speicher wurde, wurden Multifunktionseinheiten und dynamisches Pipelining entsprechend sinnvoller. Heute führt die Berücksichtigung des Stromverbrauchs zu weniger aggressiven Entwürfen.

Fallstrick: Es wird nicht bedacht, dass der Entwurf eines Befehlssatzes negative Auswirkungen auf das Pipelining haben kann.

Viele der Schwierigkeiten beim Pipelining entstehen aufgrund der Kompliziertheit des Befehlssatzes. Im Folgenden einige Beispiele hierzu:

- Stark unterschiedliche Befehlsformate und Ausführungszeiten können zu einer Unausgewogenheit bei den Pipelinestufen führen und die Erkennung von Konflikten in einem Entwurf, bei dem sich das Pipelining auf der Ebene des Befehlssatzes abspielt, erheblich erschweren. Dieses Problem wurde zum ersten Mal im DEC VAX 8500 Ende der 1980er-Jahre mithilfe der Mikrooperationen und der Mikropipelinemethode gelöst, die heute im Intel Core i7 verwendet wird. Der Aufwand, der durch die Übersetzung und Aufrechterhaltung der Kommunikation zwischen den Mikrooperationen und den eigentlichen Befehlen entsteht, bleibt allerdings bestehen.

- Komplexe Adressierungsarten können unterschiedliche Probleme verursachen. Adressierungsarten, die wie die Aktualisierungsadressierung Register aktualisieren, erschweren die Erkennung von Konflikten. Andere Adressierungsarten, die mehrere Speicherzugriffe erfordern, erschweren die Steuerung und ein reibungsloses, beständiges Arbeiten der Pipeline.

- Das vielleicht beste Beispiel bilden die DEC Alpha und die DEC NVAX. Bei vergleichbarer Technologie ermöglicht die neuere Befehlsarchitektur der Alpha eine Implementierung, die doppelt so schnell ist wie die der NVAX. In einem anderen Beispiel haben Bhandarkar und Clark [1991] den MIPS M/2000 und die DEC VAX 8700 miteinander verglichen, indem sie die Taktzyklen der SPEC-Benchmarks gezählt haben. Sie kamen zu dem Ergebnis, dass zwar der MIPS M/2000 mehr Befehle ausführt, aber die VAX im Mittel 2,7-mal so viele Taktzyklen ausführt, so dass der MIPS schneller ist.

4.16 Schlussbetrachtungen

Weisheit besteht zu neun Zehnteln darin, zum richtigen Zeitpunkt weise zu sein.

Amerikanisches Sprichwort

Wie wir in diesem Kapitel gesehen haben, können sowohl der Datenpfad als auch die Steuerung eines Prozessors beginnend mit der Befehlssatzarchitektur und einem Verständnis für die grundlegenden Eigenschaften der Technologie entworfen werden. In Abschnitt 4.3 haben wir gezeigt, wie der Datenpfad für einen MIPS-Prozessor basierend auf der Architektur und der Entscheidung für eine Einzyklen-Implementierung konstruiert werden können. Natürlich beeinflusst die zugrunde liegende Technologie auch viele Entwurfsentscheidungen, indem sie vorgibt, welche Komponenten im Datenpfad eingesetzt werden dürfen, und ob eine Einzyklen-Implementierung überhaupt Sinn macht.

Das **Pipelining** verbessert den Durchsatz, aber nicht die eigentliche Ausführungszeit oder **Latenz** von Befehlen. Die Dauer der Latenz ist ähnlich wie beim Mehrzyklenkonzept. Im Gegensatz zu diesem Konzept, bei dem während der Befehlsausführung dieselbe Hardware wiederholt verwendet wird, beginnt beim Pipelining mit jedem Taktzyklus die Ausführung eines Befehls, da die entsprechende Hardware als getrennte Einheit jeweils zur Verfügung steht. Ähnlich wird die Hardware bei der Mehrfachzuordnung um zusätzliche Datenpfadhardware erweitert, damit in jedem Taktzyklus die Ausführung mehrerer Befehle begonnen werden kann, jedoch mit einer Zunahme der effektiven Latenz. Es wurde gezeigt, dass das Pipelining die Taktzykluszeit für den einfachen Einzyklen-Datenpfad verkürzt. Die Mehrfachzuordnung dagegen konzentriert sich deutlich darauf, die Anzahl der Taktzyklen pro Befehl (CPI) zu reduzieren.

PIPELINING

Latenz Die Ausführungsdauer für einen einzelnen Befehl.

Sowohl das Pipelining als auch die Mehrfachzuordnung versuchen die Parallelität auf Befehlsebene auszunutzen. Daten- und Kontrollflussabhängigkeiten, aus denen Konflikte entstehen können, sind die wichtigsten Einschränkungen im Hinblick darauf, wie stark die Parallelität genutzt werden kann. Das Scheduling und Spekulationen mittels **Vorhersage** stellen sowohl in der Hardware als auch in der Software die wichtigsten Methoden dar, um die Limitierung aufgrund von Abhängigkeiten zu reduzieren.

Wir haben gezeigt, dass durch viermaliges Abrollen der DGEMM-Schleife mehr Befehle aufgedeckt werden, die aus der Out-of-Order-Ausführung Nutzen ziehen können, wodurch sich die Performanz des Core i7 mehr als verdoppelt.

VORHERSAGE

Der Wechsel hin zu längeren Pipelines, Mehrfachzuordnung von Befehlen und dynamischem Scheduling Mitte der 1990er-Jahre hat dazu beigetragen, dass die Rechenleistung von Prozessoren pro Jahr wie seit den frühen 1980er-Jahren weiterhin um 60 % zunahm. Wie in Kapitel 1 bereits erwähnt, haben diese Mikroprozessoren das sequentielle Programmiermodell beibehalten, sind aber irgendwann an die Hürde des Stromverbrauchs gelangt. Die Industrie war damit gezwungen, Multiprozessoren einzuführen, die die Parallelität auf sehr viel höherer Ebene ausnutzen (siehe Kapitel 6). Dieser Trend hat die Designer außerdem veranlasst, die Implikationen für Performanz und Energieverbrauch einiger Neuerungen seit Mitte der 1990er-Jahre neu zu bewerten, was schließlich zu einer Vereinfachung der Pipelines in neueren Versionen von Mikroarchitekturen geführt hat.

Wenn die Vorteile der Verarbeitungsleistung durch parallele Prozessoren genutzt werden sollen, wird nach dem Amdahl'schen Gesetz ein anderer Bereich des Systems zum Flaschenhals. Dieser Flaschenhals ist das Thema des nächsten Kapitels: die **Speicherhierarchie**.

4.17   Historische Perspektiven und Literaturhinweise

In diesem Online-Abschnitt wird die Geschichte der ersten Prozessoren mit Pipeline, der ersten superskalaren Prozessoren, die Entwicklung von Prozessoren mit Out-of-Order-Ausführung und mit Spekulation sowie wichtige Entwicklungen in der dazu gehörenden Compilertechnologie beschrieben.

4.18   Fragestellungen für das Selbststudium

Während Prozessoren mit höherer Performanz viel längere Pipelines haben als fünf Stufen, gibt es auch einige sehr preisgünstige und energiesparende Prozessoren, die mit kürzeren Pipelines auskommen. Nehmen wir für die Komponenten des Datenpfades dieselben Zeiten an, wie in Tabelle 4.6 und Abbildung 4.21 angegeben.

Dreistufige Pipe. Wie würden Sie den Datenpfad in Stufen unterteilen, wenn es eine dreistufige Pipeline wäre anstatt eine mit fünf Stufen?

Taktrate. Wenn der Einfluss der Pipelineregister und der Forwarding-Logik auf die Taktzeit unberücksichtigt bleibt, wie sind dann die Taktraten der fünfstufigen und der dreistufigen Pipeline?

Datenkonflikte beim Register schreiben/lesen. Gibt es diese auch noch bei drei Stufen? Wenn ja, können sie durch Forwarding aufgelöst werden?

Load-Use-Datenkonflikte. Gibt es diese auch noch bei drei Stufen? Muss die Pipeline angehalten werden oder können die Konflikte durch Forwarding aufgelöst werden?

Steuerkonflikte. Gibt es diese auch noch bei drei Stufen? Wenn ja, wie lässt sich deren Einfluss reduzieren?

CPI-Wert. Gibt es bei der dreistufigen Pipeline mehr oder weniger Takte pro Befehl als bei der fünfstufigen?

Antworten

Dreistufige Pipe. Es gibt mehrere mögliche Lösungen; eine sinnvolle Aufteilung ist die folgende:

1. Befehl holen, Register lesen (300 ps)
2. ALU (200 ps)
3. Datenzugriff, Register schreiben (300 ps)

Taktrate. Abbildung 4.21 zeigt, dass die Taktzeit der fünfstufigen Pipeline 200 ps ist. Die Taktrate ist somit 1/200 ps oder 5 GHz. Der ungünstigste Fall für diese dreistufige Pipeline ist 300 ps, so dass die Taktrate 1/300 ps oder 3,33 GHz ist.

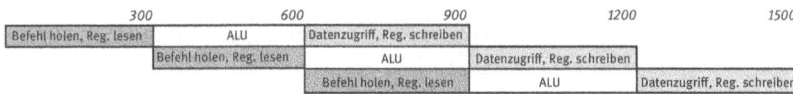

Datenkonflikte beim Register schreiben/lesen. Wie die obige Skizze der Pipeline zeigt, gibt es noch immer einen Schreib-/Lesekonflikt. Der erste Befehl schreibt die Daten erst in der dritten Stufe ins Register, aber der nächste Befehl braucht den neuen Wert am Anfang seiner zweiten Stufe. Die Forwarding-Lösung in Abschnitt 4.8 funktioniert für die dreistufige Pipeline gut, weil das ALU-Ergebnis des vorherigen Befehls vor dem Beginn seiner zweiten Stufe bereitsteht.

Load-Use-Datenkonflikte. Selbst mit drei Stufen brauchen wir einen Takt Leerlauf für einen Load-Use-Konflikt wie in Abschnitt 4.8. Die Daten sind nicht vor der dritten Stufe des Ladebefehls verfügbar, doch der folgende Befehl braucht die neuen Daten am Anfang seiner zweiten Stufe.

Steuerkonflikte. Dieser Konflikt ist derjenige, bei dem die dreistufige Pipeline glänzt. Wir können dieselbe Optimierung wie in Abschnitt 4.9 verwenden, um die Sprungadresse zu berechnen und die Register vor der ALU-Stufe auf Gleichheit prüfen, wie wir es in Abbildung 4.52 getan haben. Diese Berechnung wird vor dem Holen des nächsten Befehls ausgeführt, so dass der Steuerkonflikt durch einen frühen Sprung ohne Pipelineverlust aufgelöst wird.

CPI-Wert. Die mittlere Taktzahl pro Befehl wird für eine dreistufige Pipeline aus einer Reihe von Gründen sinken (sich verbessern):

- Wenn der Taktzyklus länger ist, werden weniger Taktzyklen nötig sein, um auf DRAM-Speicher zuzugreifen. Dies wirkt sich auf den CPI-Wert aus, wenn wir einen Cache-Fehlzugriff haben (siehe Kapitel 5).
- Sprünge werden immer in einem Taktzyklus ausgeführt, während fünfstufige Software- und Hardware-Modelle zum Beschleunigen von Sprüngen in einem Teil der Zeit versagen, was den effektiven CPI-Wert erhöht.

- Die Taktzykluszeit für die ALU ist länger, was einige komplexe Operationen erlaubt, die in der fünfstufigen Pipeline mehr als einen Takt dauern können. Beispielsweise kann das Multiplizieren und Dividieren von Ganzzahlen weniger dieser längeren Takte erfordern als bei der fünfstufige Pipeline.

4.19 Aufgaben

Aufgabe 4.1

Betrachten Sie den folgenden Befehl:

Befehl: `and rd, rs1, rs2`

Interpretation: `Reg[rd] = Reg[rs1] and Reg[rs2]`

4.1.1 [5] <4.3> Was sind die Werte des Steuersignals, das für den obigen Befehl von der Steuerung in Abbildung 4.10 generiert wird?

4.1.2 [5] <4.3> Welche Ressourcen (Blöcke) führen für diesen Befehl eine nützliche Funktion aus?

4.1.3 [10] <4.3> Welche Ressourcen (Blöcke) erzeugen für diesen Befehl keine Ausgaben? Welche Ressourcen erzeugen Ausgaben, die nicht verwendet werden?

Aufgabe 4.2

[10] <4.4> Erklären Sie jedes der Don't-cares in Tabelle 4.4.

Aufgabe 4.3

Betrachten Sie den folgenden Befehlsmix:

R-Typ	I-Typ (non-lw)	Load	Store	Branch	Jump
24 %	28 %	25 %	10 %	11 %	2 %

4.3.1 [5] <4.4> Welcher Anteil der Befehle verwendet Datenspeicher?

4.3.2 [5] <4.4> Welcher Anteil der Befehle verwendet Befehlsspeicher?

4.3.3 [5] <4.4> Welcher Anteil der Befehle verwendet die Vorzeichenerweiterung?

4.3.4 [5] <4.4> Was macht die Vorzeichenerweiterung während der Zyklen, in denen ihre Ausgabe nicht benötigt wird?

Aufgabe 4.4

Bei der Herstellung von Siliziumchips kann es durch Materialdefekte und Verarbeitungsfehler zu defekten Schaltkreisen kommen. Ein sehr verbreiteter Defekt besteht darin, dass eine Signalleitung „bricht" und immer eine logische 0 registriert. Dies wird auch als Haftfehler 0 (engl. stuck-at-0-fault) bezeichnet.

4.4.1 [5] <4.4> Welche Befehle funktionieren nicht mehr richtig, wenn die `MemToReg`-Leitung einen Haftfehler 0 hat?

4.4.2 [5] <4.4> Welche Befehle funktionieren nicht mehr richtig, wenn die `ALUSrc`-Leitung einen Haftfehler 0 hat?

Aufgabe 4.5

In dieser Aufgabe soll im Detail untersucht werden, wie ein Befehl in einem Eintakt-Datenpfad ausgeführt wird. Die Teilaufgaben beziehen sich auf einen Taktzyklus, in dem der Prozessor das folgende Befehlswort holt: `0x00c6ba23`.

4.5.1 [10] <4.4> Was sind für diesen Befehl die Werte der Eingaben der ALU-Steuereinheit?

4.5.2 [5] <4.4> Was ist die neue Befehlszähleradresse, nachdem dieser Befehl ausgeführt wurde? Markieren Sie den Pfad, durch den dieser Wert bestimmt wird.

4.5.3 [10] <4.4> Zeigen Sie für jede mux-Operation die Werte des Datenausgangs während der Ausführung dieses Befehls mit diesen Registerwerten. Listen Sie die Registerausgänge bei `Reg[xn]` auf.

4.5.4 [10] <4.4> Was sind die Eingabewerte für die ALU und die beiden Addierer?

4.5.5 [10] <4.4> Was sind die Werte aller Eingaben für die Registereinheit?

Aufgabe 4.6

Befehle vom I-Typ wie `addi` und `andi` werden in Abschnitt 4.4 nicht diskutiert.

4.6.1 [5] <4.4> Werden zusätzliche Logikblöcke benötigt, um I-Typ-Befehle zu der in Abbildung 4.17 gezeigten CPU hinzuzufügen? Wenn ja, welche?

4.6.2 [10] <4.4> Listen Sie die Werte der Signale auf, die von der Steuereinheit für `addi` generiert werden. Erklären Sie die Gründe für die einzelnen Don't-care-Steuersignale.

Aufgabe 4.7

Bei dieser Aufgabe wird angenommen, dass die zur Implementierung eines Datenpfads benötigten Logikblöcke die folgenden Latenzen haben:

I-Mem/ D-Mem	Register- datei	Mux	ALU	Adder	Einzel- gatter	Register lesen	Register Setup	Vorzeichen- erweiterung	Steuerung
250 ps	150 ps	25 ps	200 ps	150 ps	5 ps	30 ps	20 ps	50 ps	50 ps

Unter „Register lesen" ist die Zeit angegeben, die von der ansteigenden Taktflanke an benötigt wird, bis der neue Registerwert am Ausgang erscheint. Dieser Wert gilt nur für den Befehlszähler. Unter „Register Setup" steht die Zeit,
während der die Dateneingabe eines Register stabil sein muss, bis die abfallende Flanke des Taktzyklus erreicht ist. Dieser Wert gilt sowohl für den Befehlszähler als auch für die Registerdatei.

4.7.1 [5] <4.4> Was ist die Latenz eines Befehls vom R-Typ (d. h., wie lang
muss die Taktdauer sein, um sicherzustellen, dass der Befehl korrekt arbeitet)?

4.7.2 [10] <4.4> Was ist die Latenz von `lw`? (Prüfen Sie Ihre Antwort sorgfältig. Viele Studenten platzieren zusätzliche Mux-Operationen auf dem kritischen Pfad.)

4.7.3 [10] <4.4> Was ist die Latenz von `sw`? (Prüfen Sie Ihre Antwort sorgfältig. Viele Studenten platzieren zusätzliche Mux-Operationen auf dem kritischen Pfad.)

4.7.4 [5] <4.4> Was ist die Latenz von `beq`?

4.7.5 [5] <4.4> Was ist die Latenz eines arithmetischen Befehls, eines logischen Befehls und eines Schiebebefehls vom I-Typ (non-lw)?

4.7.6 [5] <4.4> Was ist die minimale Taktdauer für diese CPU?

Aufgabe 4.8

[10] <4.4> Nehmen Sie an, Sie könnten eine CPU bauen, in der die Taktdauer
für jeden Befehl unterschiedlich ist. Wie groß wäre die Beschleunigung dieser
neuen CPU gegenüber der in Abbildung 4.17 gezeigten für den unten angegebenen Befehlsmix?

R-Typ/I-Typ (non-lw)	lw	sw	beq
52 %	25 %	11 %	12 %

Aufgabe 4.9

Betrachten Sie das Hinzufügen eines Multiplizierers zu der in Abbildung 4.17
gezeigten CPU. Durch dieses Hinzufügen kommen zur Latenz der ALU 300 ps
dazu, jedoch reduziert sich die Anzahl der Befehle um 5 % (da die Notwendigkeit entfällt, den Multiplikationsbefehl zu emulieren).

4.9.1 [5] <4.4> Wie ist die Taktzeit mit dieser Verbesserung und wie ist sie
ohne diese?

4.9.2 [10] <4.4> Welche Beschleunigung wird durch das Hinzufügen der Verbesserung erreicht?

4.9.3 [10] <4.4> Wie langsam darf die neue ALU höchstens sein, damit noch
eine Performanzverbesserung erreicht wird?

Aufgabe 4.10

Wenn Prozessorentwickler eine mögliche Verbesserung des Datenpfads untersuchen, dann hängt die Entscheidung gewöhnlich von dem Verhältnis zwischen Kosten und Performanzsteigerung ab. In den drei Teilaufgaben dieser Aufgabe wird angenommen, dass wir mit dem Datenpfad aus Abbildung 4.17, den Latenzen aus Aufgabe 4.7 und den folgenden Kosten beginnen:

I-Mem	Reg.-datei	Mux	ALU	Adder	D-Mem	Einzel-register	Vorz.-erweiterung	Vorz.-gatter	Steuerung
1000	200	10	100	30	2000	5	100	1	500

Nehmen wir an, dass die Verdopplung der Anzahl der Allzweckregister von 32 auf 64 die Anzahl der ausgeführten `lw`- und `sw`-Befehle um 12 % reduziert, aber die Latenz der Registerdatei von 150 ps auf 160 ps steigt und die Kosten von 200 auf 400 verdoppelt. (Verwenden Sie den Befehlsmix aus Aufgabe 4.8 und vernachlässigen Sie die anderen Effekte auf die Befehlssatzarchitektur, die in Aufgabe 2.18 diskutiert wurden.)

4.10.1 [5] <4.4> Wie lang ist ein Taktzyklus mit und ohne die Verbesserung?

4.10.2 [10] <4.4> Vergleichen Sie die Änderung der Performanz mit der Änderung der Kosten.

4.10.3 [10] <4.4> Gehen Sie von den soeben berechneten Verhältnissen von Kosten zu Performanz aus und beschreiben Sie eine Situation, in der es sinnvoll ist, weitere Register hinzuzufügen, sowie eine Situation, in der das nicht sinnvoll ist.

Aufgabe 4.11

Untersuchen Sie das Problem, den vorgeschlagenen Befehl `lwi.drd, rs2, rs2` („Laden mit Inkrement") zu MIPS hinzuzufügen.

Interpretation: `Reg[rd]=Mem[Reg[rsl]+Reg[rs2]]`

4.11.1 [5] <4.4> Brauchen wir für diesen Befehl neue funktionale Blöcke und wenn ja welche?

4.11.2 [5] <4.4> Welche der existierenden funktionalen Blöcke müssen modifiziert werden?

4.11.3 [5] <4.4> Brauchen wir für diesen Befehl neue Datenpfade und wenn ja welche?

4.11.4 [5] <4.4> Welche neuen Signale von der Steuereinheit brauchen wir zur Unterstützung des Befehls?

Aufgabe 4.12

Untersuchen Sie das Problem, den vorgeschlagenen swap-Befehl `rs,rt` zu MIPS hinzuzufügen.

Interpretation: `Reg[rt]=Reg[rs]; Reg[rs]=Reg[rt]`

4.12.1 [5] <4.4> Brauchen wir für diesen Befehl neue funktionale Blöcke und wenn ja welche?

4.12.2 [10] <4.4> Welche der existierenden funktionalen Blöcke müssen modifiziert werden?

4.12.3 [5] <4.4> Brauchen wir für diesen Befehl neue Datenpfade und wenn ja welche?

4.12.4 [5] <4.4> Welche neuen Signale von der Steuereinheit brauchen wir zur Unterstützung des Befehls?

4.12.5 [5] <4.4> Modifizieren Sie Abbildung 4.17 so, dass sie eine Implementierung dieses Befehls zeigt.

Aufgabe 4.13

Untersuchen Sie das Problem, den vorgeschlagenen Befehl `ss rt, rs, imm` (speichere Summe) zu MIPS hinzuzufügen.

Interpretation: `Mem[Reg[rt]]=Reg[rs]+immediate`

4.13.1 [10] <4.4> Brauchen wir für diesen Befehl neue funktionale Blöcke und wenn ja welche?

4.13.2 [10] <4.4> Welche der existierenden funktionalen Blöcke müssen modifiziert werden?

4.13.3 [5] <4.4> Brauchen wir für diesen Befehl neue Datenpfade und wenn ja welche?

4.13.4 [5] <4.4> Welche neuen Signale von der Steuereinheit brauchen wir zur Unterstützung des Befehls?

4.13.5 [5] <4.4> Modifizieren Sie Abbildung 4.17 so, dass sie eine Implementierung dieses Befehls zeigt.

Aufgabe 4.14

[5] <4.4> Für welche Befehle (falls es denn solche gibt) ist der Imm-Gen-Block auf dem kritischen Pfad?

Aufgabe 4.15

`lw` ist der Befehl mit der längsten Latenz auf der CPU von Abschnitt 4.4. Wenn wir `lw` und `sw` so modifizieren würden, dass es keinen Offset gibt (d. h., die zu ladende/speichernde Adresse muss berechnet und in `rs` platziert werden, bevor `lw/sw` aufgerufen wird), dann würde kein Befehl sowohl die ALU als auch den Datenspeicher benutzen. Dies würde es uns gestatten, die Taktzeit zu reduzieren. Allerdings würde sich gleichzeitig die Anzahl der Befehle erhöhen, da viele `ld`- und `sd`-Befehle durch `lw/add`- und `sw/add`-Kombinationen ersetzt werden müssten.

4.15.1 [5] <4.4> Was wäre die neue Taktzeit?

4.15.2 [10] <4.4> Würde ein Programm mit dem in Aufgabe 4.7 präsentierten Befehlsmix auf dieser CPU schneller oder langsamer laufen? Um wie viel? (Nehmen Sie der Einfachheit halber an, dass alle `lw`- und `sw`-Befehle durch eine Folge aus zwei Befehlen ersetzt werden.

4.15.3 [5] <4.4> Was ist der primäre Faktor, der bestimmt, ob ein Programm auf der neuen CPU schneller oder langsamer läuft?

4.15.4 [5] <4.4> Würden Sie sagen, dass die ursprüngliche CPU (wie in Abbildung 4.17 gezeigt) das insgesamt bessere Design hat, oder würden Sie sich für die neue CPU entscheiden? Begründen Sie Ihre Wahl.

Aufgabe 4.16

In dieser Aufgabe soll untersucht werden, wie das Pipelining die Taktzeit des Prozessors beeinflusst. Bei den Teilaufgaben wird vorausgesetzt, dass die einzelnen Stufen des Datenpfades die folgenden Latenzen haben:

IF	ID	EX	MEM	WB
250 ps	350 ps	150 ps	300 ps	200 ps

Außerdem sei vorausgesetzt, dass sich die vom Prozessor ausgeführten Befehle wie folgt verteilen:

ALU/logisch	Sprung/Verzweigung	Laden	Speichern
45 %	20 %	20 %	15 %

4.16.1 [5] <4.6> Wie lang ist die Taktzeit eines Prozessors mit Pipelining und wie lang ist sie ohne?

4.16.2 [10] <4.6> Wie groß ist die Gesamtlatenz eines `lw`-Befehls in einem Prozessor mit Pipelining und wie groß ist sie in einem Prozessor ohne Pipelining?

4.16.3 [10] <4.6> Angenommen, wir könnten eine Stufe des Datenpfads mit Pipelining in zwei neue Stufen teilen, wobei jede die Hälfte der Latenz der ursprünglichen Stufe hat. Welche Stufe würden Sie so teilen und was ist die neue Taktzeit des Prozessors?

4.16.4 [10] <4.6> Angenommen, es gibt keine Leerläufe oder Konflikte. Wie ist dann die Auslastung des Datenspeichers?

4.16.5 [10] <4.6> Angenommen, es gibt keine Leerläufe oder Konflikte. Wie ist dann die Auslastung des Schreibregister-Ports der Registereinheit?

Aufgabe 4.17

[10] <4.6> Was ist die minimale Anzahl der erforderlichen Zyklen, um n Befehle auf einer CPU mit k-stufiger Pipeline vollständig auszuführen? Begründen Sie Ihre Formel.

Aufgabe 4.18

[5] <4.6> Angenommen, $s0 ist auf 11 initialisiert und $s1 ist auf 22 initialisiert. Nehmen Sie außerdem an, dass der nachfolgende Code auf einer Version der Pipeline aus Abschnitt 4.6 ausgeführt wird, die Datenkonflikte nicht behandelt (d. h., der Programmierer muss sich um das Abfangen von Datenkonflikte kümmern, indem er, wo nötig, NOP-Befehle einfügt). Was wären die finalen Werte der Register $s2 und $s3?

```
addi    $s0, $s1, 5
add     $s2, $s0, $s1
addi    $s3, $s0, 15
```

Aufgabe 4.19

[10] <4.6> Angenommen, $s0 ist auf 11 initialisiert und $s1 ist auf 22 initialisiert. Nehmen Sie außerdem an, dass der nachfolgende Code auf einer Version der Pipeline aus Abschnitt 4.6 ausgeführt wird, die Datenkonflikte nicht behandelt (d. h., der Programmierer muss sich um das Abfangen von Datenkonflikte kümmern, indem er, wo nötig, NOP-Befehle einfügt). Was wären die finalen Werte von Register $s4? Nehmen Sie an, dass die Registerdatei am Anfang des Zyklus gelesen und am Ende geschrieben wird. Eine ID-Stufe wird daher die Ergebnisse eines WB-Zustands zurückgeben, der im selben Zyklus auftritt. Details siehe Abschnitt 4.8 und Abbildung 4.42.

```
addi    $s0, $s1, 5
add     $s2, $s0, $s1
addi    $s3, $s0, 15
add     $s4, $s0, $s0
```

Aufgabe 4.20

[5] <4.6> Fügen Sie zu dem folgenden Code NOP-Befehle hinzu, so dass er auf einer Pipeline, die keine Datenkonflikte behandelt, korrekt laufen wird.

```
addi    $s0, $s1, 5
add     $s2, $s0, $s1
addi    $s3, $s0, 15
add     $s4, $s2, $s1
```

Aufgabe 4.21

Betrachten Sie eine Version der Pipeline aus Abschnitt 4.6, die Datenkonflikte nicht behandelt (d. h., der Programmierer muss sich um das Abfangen von Datenkonflikte kümmern, indem er, wo nötig, NOP-Befehle einfügt). Nehmen Sie an, dass ein typisches Programm mit n Befehlen (nach Optimierungen) zusätzliche 4*n NOP-Befehle braucht, um Datenkonflikte korrekt zu behandeln.

4.21.1 [5] <4.6> Nehmen Sie an, dass die Taktzeit dieser Pipeline ohne Forwarding 250 ps beträgt. Nehmen Sie außerdem an, dass das Hinzufügen von Forwarding-Hardware die Anzahl der NOPs von .4*n auf .05*n reduziert, die Taktzeit jedoch auf 300 ps erhöht. Wie groß ist die Beschleunigung dieser neuen Pipeline gegenüber derjenigen ohne Forwarding?

4.21.2 [10] <4.6> Unterschiedliche Programme brauchen unterschiedlich viele NOPs. Wie viele NOPs (als Prozentsatz der Befehle des Codes) können in dem typischen Programm bleiben, bevor dieses auf der Pipeline mit Forwarding langsamer läuft.

4.21.3 [10] <4.6> Wiederholen Sie die vorherige Teilaufgabe, wobei x diesmal die Anzahl der NOP-Befehle relativ zu n repräsentieren soll. (In der vorherigen Teilaufgabe war x gleich .4.) Formulieren Sie Ihre Antwort in Bezug auf x.

4.21.4 [10] <4.6> Ist es möglich, dass ein Programm mit nur .075*n NOPs auf einer Pipeline mit Forwarding schneller läuft? Erläutern Sie Ihre Antwort.

4.21.5 [10] <4.6> Wie viele NOPs (als Prozentsatz der Befehle des Codes) muss ein Programm mindestens haben, bevor es auf der Pipeline mit Forwarding möglicherweise schneller läuft?

Aufgabe 4.22

[5] <4.6> Betrachten Sie das folgende Stück MIPS-Assemblercode:

```
sd    $s5,  12($s3)
ld    $s5,  8($s3)
sub   $s4,  $s2, $s1
beqz  $s4,  label
add   $s2,  $s0, $s1
sub   $s2,  $s6, $s1
```

Angenommen, wir modifizieren die Pipeline so, dass sie nur einen Speicher hat (für Befehle und Daten). In diesem Fall wird es jedesmal einen Strukturkonflikt geben, wenn ein Programm einen Befehl holen muss, während im selben Takt ein anderes Programm auf Daten zugreift.

4.22.1 [5] <4.6> Zeichnen Sie ein Pipelinediagramm, um zu zeigen, wo der obige Code anhält.

4.22.2 [5] <4.6> Ist es grundsätzlich möglich, die Anzahl der aus diesem Strukturkonflikt resultierenden Stillstände/NOPs durch Neuordnen des Codes zu reduzieren?

4.22.3 [5] <4.6> Muss dieser Strukturkonflikt in der Hardware behandelt werden? Wir haben gesehen, dass Datenkonflikte durch Hinzufügen von NOPs zum Code eliminiert werden können. Ist dasselbe für diesen Strukturkonflikt möglich? Erläutern Sie warum bzw. warum nicht.

4.22.4 [5] <4.6> Was würden Sie erwarten, wie viele Stillstände dieser Strukturkonflikt in einem typischen Programm erzeugt? (Verwenden Sie den Befehlsmix aus Aufgabe 4.8.)

Aufgabe 4.23

Wenn wir die load/store-Befehle ändern, um ein Register (ohne Offset) als Adresse zu verwenden, dann müssen diese Befehle die ALU nicht mehr verwenden. (Siehe Aufgabe 4.15.) Als Ergebnis hiervon können sich die MEM- und die EX-Stufe überlappen, und die Pipeline hat nur vier Stufen.

4.23.1 [10] <4.6> Wie wirkt sich die Reduzierung der Pipelinetiefe auf die Taktzeit aus?

4.23.2 [5] <4.6> Wie könnte diese Änderung die Performanz der Pipeline verbessern?

4.23.3 [5] <4.6> Wie könnte diese Änderung die die Performanz der Pipeline schwächen?

Aufgabe 4.24

[10] <4.8> Welches der beiden folgenden Pipelinediagramme beschreibt den Betrieb der Einheit zum Erkennen von Pipelinekonflikten besser? Warum?

Möglichkeit 1:

```
ld   x11, 0(x12):     IF ID EX ME WB
add  x13, x11, X14:    IF ID EX..ME WB
or   x15, x16, X17:    IF ID..EX ME WB
```

Möglichkeit 2:

```
ld   x11, 0(x12):     IF ID EX ME WB
add x13, x11, x14:     IF ID..EX ME WB
or   x15, x16, x17:    IF..ID EX ME WB
```

Aufgabe 4.25

Betrachten Sie die folgende Schleife:

```
LOOP:   ld    $s0, 0($s3)
        ld    $s1, 8($s3)
        add   $s2, $s0, $s1
        addi  $s3, $s3, -16
        bnez  $s2, LOOP
```

Nehmen Sie an, dass eine perfekte Sprungvorhersage verwendet wird (keine Stillstände aufgrund von Steuerkonflikten), dass es keine Zeitfenster für die Verzögerung gibt und dass Verzweigungen in der EX-Stufe (anstatt in der ID-Stufe) aufgelöst werden.

4.25.1 [10] <4.8> Entwerfen Sie ein Diagramm der Pipelineausführung für die ersten beiden Iterationen dieser Schleife.

4.25.1 [10] <4.8> Markieren Sie die Pipelinestufen, die keine nützliche Arbeit leisten. Wie oft tritt, während die Pipeline voll ist, ein Takt auf, in dem alle fünf Pipelinestufen nützliche Arbeit leisten? (Beginnen Sie mit dem Takt, in dem addi in der IF-Stufe ist. Den Abschluss bildet der Takt, in dem bnez in der IF-Stufe ist.)

Aufgabe 4.26

Diese Aufgabe soll Ihnen dabei helfen, die Verhältnisse zwischen Kosten, Komplexität und Performanz besser zu verstehen. Die Teilaufgaben beziehen sich auf die Datenpfade mit Pipelining, die in Abbildung 4.4 dargestellt sind. Es wird dabei angenommen, dass von allen in einem Prozessor ausgeführten Befehlen, die im Folgenden angegebenen Anteile einen speziellen Typ von RAW-Datenabhängigkeit haben. Der Typ der RAW-Datenabhängigkeit wird festgelegt durch die Stufe, die das Ergebnis produziert (EX oder MEM), sowie durch den Befehl, der das Ergebnis verwertet (der erste Befehl, der auf denjenigen folgt, welcher das Ergebnis produziert, der zweite folgende Befehl oder beide). Wir nehmen an, dass das Schreiben ins Register in der ersten Hälfte des Takts geschieht und lesende Zugriffe auf die Register in der zweiten Hälfte. Das bedeutet, dass die Abhängigkeiten „EX zu 3." und „MEM zu 3." nicht gezählt werden, da sie nicht zu Datenkonflikten führen. Außerdem nehmen wir an, dass der CPI-Wert des Prozessors 1 ist, wenn es keine Datenkonflikte gibt.

EX nur an 1.	5 %
MEM nur an 1.	20 %
EX nur an 2.	5 %
MEM nur an 2.	10 %
EX an 1. und EX an 2.	10 %

Nehmen Sie die folgenden Latenzen für die einzelnen Pipelinestufen an an. Für die EX-Stufe sind mehrere Latenzen gegeben: eine für einen Prozessor ohne Forwarding und verschiedene weitere für Prozessoren mit unterschiedlichen Arten des Forwardings.

IF	120 ps
ID	100 ps
EX (kein FW)	110 ps
EX (vollst. FW)	130 ps
EX (FW nur von EX/MEM)	120 ps
EX (FW nur von MEM/WB)	120 ps
MEM	120 ps
WB	100 ps

4.26.1 [5] <4.8> Geben Sie für jede der oben aufgelisteten RAW-Datenabhängigkeiten eine Sequenz von mindestens drei Assemblerbefehlen an, die diese Abhängigkeit aufweist.

4.26.2 [5] <4.8> Wie viele NOPs müssten für jede der oben aufgelisteten RAW-Datenabhängigkeiten eingefügt werden, damit Ihr Code aus der vorherigen Teilaufgabe auf einer Pipeline ohne Forwarding oder Konflikterkennung korrekt laufen kann?

4.26.3 [10] <4.8> Jeden Befehl unabhängig zu analysieren, würde zu einer Übererfassung der NOPs führen, die nötig sind, um ein Programm auf einer Pipeline ohne Forwarding oder Konflikterkennung laufen zu lassen. Schreiben Sie eine Sequenz von drei Assemblerbefehlen auf, für die, wenn man jeden Befehl der Sequenz unabhängig betrachtet, die Summe der Leerläufe größer ist als die Anzahl der Leerläufe, welche die Sequenz tatsächlich braucht, um Datenkonflikte zu vermeiden.

4.26.4 [5] <4.8> Vorausgesetzt, es gibt keine weiteren Konflikte, was ist dann der CPI-Wert für das durch die obige Tabelle beschriebene Programm, wenn es auf einer Pipeline ohne Forwarding läuft? Wie viel Prozent der Taktzyklen sind Leerläufe? (Nehmen Sie der Einfachheit halber an, dass alle erforderlichen Fälle oben aufgelistet sind und als unabhängig angesehen werden können.)

4.26.5 [5] <4.8> Was ist der CPI-Wert, wenn wir vollständiges Forwarding verwenden (d. h., wenn wir alle Ergebnisse forwarden, bei denen Forwarding möglich ist). Wie viel Prozent der Taktzyklen sind Leerläufe?

4.26.6 [10] <4.8> Nehmen wir nun an, dass wir uns Multiplexer mit drei Eingaben nicht leisten können, die wir für vollständiges Forwarding brauchen. Wir müssen entscheiden, ob es besser ist, nur vom EX/MEM-Pipeline-Register (nächster-Takt-Forwarding) zu forwarden oder nur vom MEM/WB-Pipeline-Register (zwei-Takt-Forwarding). Was sind die CPI-Werte für die beiden Optionen?

4.26.7 [5] <4.8> Wie groß ist für die gegebenen Konfliktwahrscheinlichkeiten und Latenzen der Pipeline-Stufen die Beschleunigung, die sich erreichen lässt, indem man zu einer Pipeline ohne Forwarding vollständiges Forwarding hinzufügt?

4.26.8 [5] <4.8> Wie groß wäre die zusätzliche Beschleunigung (relativ zum schnellsten Prozessor aus der vorherigen Teilaufgabe), wenn wir „Zeitreise"- Forwarding hinzufügen könnten, das alle Datenkonflikte beseitigt? Nehmen Sie an, dass der noch zu erfindende Schaltkreis mit Zeitreise-Forwarding 100 ps zur Latenz der EX-Stufe mit vollständigem Forwarding hinzufügt.

4.26.9 [5] <4.8> Die Tabelle der Konflikttypen hat separate Einträge für „EX nur an 1." und „EX an 1. und EX an 2." Warum gibt es keinen Eintrag „MEM an 1. und MEM an 2."?

Aufgabe 4.27

Die Fragestellungen in dieser Aufgabe beziehen sich auf die folgende Befehlssequenz, und es wird angenommen, dass sie auf einem Datenpfad mit fünfstufiger Pipeline ausgeführt wird:

```
add  $s3, $s1, $s0
lw   $s2, 4($s3)
lw   $s1, 0($s4)
or   $s2, $s3, $s2
sw   $s2, 0($s3)
```

4.27.1 [5] <4.8> Fügen Sie für den Fall, dass es kein Forwarding und keine Konflikterkennung gibt, NOPs ein, um die korrekte Befehlsausführung sicherzustellen.

4.27.2 [10] <4.8> Minimieren Sie nun durch Ändern und/oder Neuordnen des Codes die Anzahl der erforderlichen NOPs. Sie können annehmen, dass Register $t0 verwendet werden kann, um die Werte in Ihrem modifizierten Code temporär zu halten.

4.27.3 [10] <4.8> Angenommen, der Prozessor verwendet Forwarding, aber wir haben vergessen, die Einheit zur Konflikterkennung zu implementieren. Was passiert dann, wenn der ursprüngliche Code ausgeführt wird?

4.27.4 [20] <4.8> Angenommen, es gibt Forwarding. Spezifizieren Sie für die ersten sieben Takte der Ausführung dieses Codes, welche Signale jeweils von der Konflikterkennungseinheit und der Forwarding-Einheit in Abbildung 4.49 festgestellt werden.

4.27.5 [10] <4.8> Wenn es kein Forwarding gibt, welche neuen Eingabe- und Ausgabesignale brauchen wir dann für die Konflikterkennungseinheit in Abbildung 4.49? Verwenden Sie diese Befehlssequenz als Beispiel um zu erklären, wozu die einzelnen Signale gebraucht werden.

4.27.6 [20] <4.8> Spezifizieren Sie, welche Ausgabesignale die neue Konflikterkennungseinheit in jedem der ersten fünf Takte der Ausführung dieses Codes feststellt.

Aufgabe 4.28

Wie wichtig es ist, eine gute Sprungvorhersage zu haben, hängt davon ab, wie häufig bedingte Verzweigungen ausgeführt werden. Zusammen mit der Genauigkeit der Sprungvorhersage bestimmt dies, wie viel Zeit für Leerläufe aufgrund falscher Sprungvorhersagen aufgewendet wird. Nehmen Sie bei dieser Aufgabe an, die Unterteilung der dynamischen Befehle in verschiedene Befehlskategorien wie folgt aussieht:

R-Typ	beqz/bnez	jal	lw	sw
40 %	25 %	5 %	25 %	5 %

Gegeben sind außerdem die folgenden Genauigkeiten der Sprungvorhersage:

immer verzweigt	nie verzweigt	2-Bit
45 %	55 %	85 %

4.28.1 [10] <4.9> Leerlauftakte aufgrund falscher Sprungvorhersagen vergrößern den CPI-Wert. Wie groß ist der Betrag, der mit dem immer-verzweigt-Prädiktor zum CPI-Wert hinzu kommt? Nehmen Sie an, dass die Sprungergebnisse in der ID-Stufe bestimmt und in der EX-Stufe angewendet werden, dass es keine Datenkonflikte gibt und dass keine Warteplätze verwendet werden.

4.28.2 [10] <4.9> Wiederholen Sie 14.28.1 für den nie-verzweigt-Prädiktor.

4.28.3 [10] <4.9> Wiederholen Sie 14.28.1 für den 2-Bit-Prädiktor.

4.28.4 [10] <4.9> Wie groß ist die Beschleunigung, die wir mit dem 2-Bit-Prädiktor erreichen würden, wenn wir die Hälfte der Sprungbefehle so umformen könnten, dass ein Sprungbefehl durch einen ALU-Befehl ersetzt wird? Nehmen Sie an, dass korrekt und falsch vorhergesagte Befehle die gleiche Wahrscheinlichkeit haben, ersetzt zu werden.

4.28.5 [10] <4.9> Wie groß ist die Beschleunigung, die wir mit dem 2-Bit-Prädiktor erreichen würden, wenn wir die Hälfte der Sprungbefehle so umformen könnten, dass jeder Sprungbefehl durch zwei ALU-Befehle ersetzt wird? Nehmen Sie an, dass korrekt und falsch vorhergesagte Befehle die gleiche Wahrscheinlichkeit haben, ersetzt zu werden.

4.28.6 [10] <4.9> Manche Sprungbefehle sind viel besser vorhersagbar als andere. Wenn wir wissen, dass 80 % aller ausgeführten Sprungbefehle leicht vorhersage Schleifenrücksprünge sind, die immer korrekt vorhergesagt werden, wie gut ist dann die Genauigkeit des 2-Bit-Prädiktors bei den verbleibenden 20 % der Sprungbefehle?

Aufgabe 4.29

In dieser Aufgabe wird die Genauigkeit verschiedener Sprungvorhersagen für das folgende, sich wiederholende (z. B. innerhalb einer Schleife) Muster von Sprungergebnissen: V, NV, V, V, NV.

4.29.1 [5] <4.9> Wie gut ist die Genauigkeit des immer-verzweigt-Prädiktors und des nie-verzweigt-Prädiktors für diese Sequenz von Sprungergebnissen?

4.29.2 [5] <4.9> Wie gut ist die Genauigkeit des 2-Bit-Prädiktors für die ersten vier Sprünge in diesem Muster, wenn wir annehmen, dass der Prädiktor im linken unteren Zustand von Abbildung 4.51 (nicht verzweigt) startet?

4.29.3 [10] <4.9> Wie gut ist die Genauigkeit des 2-Bit-Prädiktors, wenn dieses Muster endlos wiederholt wird?

4.29.4 [30] <4.9> Entwerfen Sie einen Prädiktor, der perfekte Genauigkeit erreichen würde, wenn dieses Muster endlos wiederholt würde. Ihr Prädiktor sollte ein Schaltwerk mit einem Ausgang sein, der eine Vorhersage liefert (1 für verzweigt, 0 für nicht verzweigt) und keine Eingaben außer dem Takt und dem Steuersignal hat, das anzeigt, dass der Befehl ein bedingter Sprung ist.

4.29.5 [10] <4.9> Wie gut ist die Genauigkeit Ihres Prädiktors aus 4.29.4, wenn das genaue Gegenteil des bisher betrachteten Musters ist?

4.29.6 [20] <4.9> Wiederholen Sie 4.29.4, wobei Ihr Prädiktor diesmal am Ende in der Lage sein soll (nach einer Aufwärmperiode, während der er falsche Vorhersagen machen kann), sowohl das gegebene Muster als auch sein Gegenteil perfekt vorherzusagen. Ihr Prädiktor sollte eine Eingabe haben, der ihm mitteilt, was die tatsächliche Ausgabe war. Hinweis: Diese Eingabe erlaubt es Ihrem Prädiktor festzustellen, welches der beiden Muster gegeben ist.

Aufgabe 4.30

In dieser Aufgabe wird untersucht, wie die Ausnahmebehandlung den Pipeline-Entwurf beeinflusst. Die ersten drei Teilaufgaben beziehen sich auf die folgenden beiden Befehle:

Befehl 1	Befehl 2
`beqz $s0, Label`	`ld $s0, 0($s1)`

4.30.1 [5] <4.10> Welche Ausnahmen kann jeder der beiden Befehle auslösen? Spezifizieren Sie für jede dieser Ausnahmen die Pipelinestufe, in der sie detektiert werden.

4.30.2 [10] <4.10> Nehmen Sie an, dass es für jede Ausnahme eine separate Adresse für die Ausnahmebehandlung gibt, und zeigen Sie, wie die Pipeline-Organisation geändert werden muss, damit diese Ausnahme behandelt werden kann. Sie können annehmen, dass die Adressen dieser Handler bekannt sind, wenn der Prozessor entworfen wird.

4.30.3 [10] <4.10> Nehmen Sie an, dass der zweite Befehl unmittelbar nach dem ersten geholt wird, und beschreiben Sie, was in der Pipeline passiert, wenn der erste Befehl die erste Ausnahme verursacht, die Sie in Aufgabe 4.30.1 aufgelistet haben. Zeichnen Sie das Diagramm der Pipeline-Ausführung vom

Holen des ersten Befehls bis zu dem Zeitpunkt, zu dem der erste Befehl des
Ausnahme-Handlers vollständig ist.

4.30.4 [20] <4.10> Bei der vektoriellen Ausnahmebehandlung steht die Tabelle mit den Adressen der Ausnahmeroutinen in einem Datenspeicher unter
einer bekannten (festen) Adresse. Ändern Sie die Pipeline so, dass dieser Mechanismus der Ausnahmebehandlung implementiert ist. Wiederholen Sie die
vorherige Teilaufgabe mit dieser modifizierten Pipeline und vektorieller Ausnahmebehandlung.

4.30.5 [15] <4.10> Wir möchten eine vektorielle Ausnahmebehandlung (beschrieben in der vorherigen Teilaufgabe) auf einer Maschine emulieren, die nur
eine feste Adresse für die Ausnahmebehandlung hat. Schreiben Sie den Code
für diese feste Adresse. Hinweis: Dieser Code sollte die Ausnahme identifizieren, die richtige Adresse aus der Ausnahmetabelle holen und die Ausführung
zu diesem Handler transferieren.

Aufgabe 4.31

In dieser Aufgabe vergleichen wir die Leistung von Prozessoren mit Einfach-
und Zweifachzuordnung, wobei wir die Möglichkeit von Programmtransfor-
mationen berücksichtigen, die die Ausführung mit Einfachzuordnung optimieren. Die Teilaufgaben beziehen sich auf die folgende C-Schleife:

```
for ( i = 0; i != j; i += 2)
    b[i] = a[i] - a[i+1];
```

Ein Compiler, der nur wenig oder gar keine Optimierung durchführt, könnte
den folgenden MIPS-Assemblercode erzeugen:

```
        li    $s0, 0
        jal   ENT
TOP:    sll   $t0, $s0, 3
        add   $t1, $s2, $t0
        lw    $t2, 0($t1)
        lw    $t3, 8($t1)
        sub   $t4, $t2, $t3
        add   $t5, $s3, $t0
        sw    $t4, 0($t5)
        addi  $s0, $s0, 2
ENT:    bne   $s0, $s1, TOP
```

Dieser Code vewendet die folgenden Register:

i	j	a	b	temp. Werte
s0	s1	s2	s3	t0-t5

Nehmen Sie an, dass der in dieser Aufgabe betrachtete Prozessor mit Zweifachzuordnung und statischem Scheduling die folgenden Eigenschaften hat:

1. Ein Befehl muss eine Speicheroperation sein; der andere muss ein arithmetischer/logischer Befehl oder eine Verzweigung sein.

2. Der Prozessor hat alle möglichen Forwarding-Pfade zwischen den Stufen (einschließlich solcher zur ID-Stufe für Sprungauflösung).

3. Der Prozessor hat eine perfekte Sprungvorhersage.

4. Zwei Befehle können nicht zusammen in einem Paket zugeordnet werden, wenn einer von dem anderen abhängt. (Siehe Seite 359.)

5. Wenn ein Leerlauf notwendig ist, müssen beide Befehle des Zuordnungspakets angehalten werden. (Siehe Seite 359.)

Wenn Sie diese Aufgabe vollständig bearbeiten, werden Sie feststellen, wie viel Mühe in dem Generieren von Code steckt, der eine nahezu optimale Beschleunigung liefert.

4.31.1 [30] <4.11> Zeichnen Sie ein Pipelinediagramm, das die Ausführung des obigen MIPS-Codes auf dem Prozessor mit Zweifachzuordnung zeigt. Nehmen Sie an, dass die Schleife nach zwei Iterationen verlassen wird.

4.31.2 [10] <4.11> Wie groß ist die Beschleunigung, die durch den Wechsel von einem Prozessor mit Einfachzuordnung zu einem mit Zweifachzuordnung erreicht wird? Nehmen Sie an, dass die Schleife Tausende von Iterationen durchläuft.

4.31.3 [10] <4.11> Versuchen Sie, durch Umordnen bzw. Umschreiben des obigen MIPS-Codes eine bessere Performanz auf dem Prozessor mit Einfachzuordnung zu erreichen. *Hinweis:* Verwenden Sie den Befehl beqz $s1,DONE, um die Schleife ganz zu überspringen, falls j=0.

4.31.4 [20] <4.11> Versuchen Sie, durch Umordnen bzw. Umschreiben des obigen MIPS-Codes eine bessere Performanz auf dem Prozessor mit Zweifachzuordnung zu erreichen. (Aber rollen Sie die Schleife nicht ab.)

4.31.5 [30] <4.11> Wiederholen Sie 4.31.1, jedoch diesmal mit Ihrem optimierten Code aus 4.31.4.

4.31.6 [10] <4.11> Wie groß ist die Beschleunigung, die durch den Wechsel von einem Prozessor mit Einfachzuordnung zu einem mit Zweifachzuordnung erreicht wird, wenn man den optimierten Code aus den Teilaufgaben 4.31.3 und 4.31.4 laufen lässt?

4.31.7 [10] <4.11> Rollen Sie den MIPS-Code aus 4.31.3 so auf, dass jede Iteration der abgerollten Schleife zwei Iterationen der ursprünglichen Schleife behandelt. Verbessern Sie dann durch Umordnen bzw. Umschreiben Ihres abgerollten Codes die Performanz auf dem Prozessor mit Einfachzuordnung. Sie können annehmen, dass j ein Vielfaches von 4 ist.

4.31.8 [20] <4.11> Rollen Sie den MIPS-Code aus 4.31.3 so auf, dass jede Iteration der abgerollten Schleife zwei Iterationen der ursprünglichen Schleife behandelt. Verbessern Sie dann durch Umordnen bzw. Umschreiben Ihres abgerollten Codes die Performanz auf dem Prozessor mit Zweifachzuordnung. Sie können annehmen, dass j ein Vielfaches von 4 ist. *Hinweis:* Organisieren Sie die Schleife so um, dass manche Berechnungen sowohl außerhalb der Schleife als auch am Ende der Schleife erscheinen. Sie können annehmen, dass die Werte in den temporären Registern nach der Schleife nicht mehr gebraucht werden.

4.31.9 [10] <4.11> Wie groß ist die Beschleunigung, die durch den Wechsel von einem Prozessor mit Einfachzuordnung zu einem mit Zweifachzuordnung erreicht wird, wenn man den abgerollten, optimierten Code aus den Teilaufgaben 4.31.7 und 4.31.8 laufen lässt?

4.31.10 [30] <4.11> Wiederholen Sie die Teilaufgaben 4.31.8 und 4.31.9, doch nehmen Sie diesmal an, dass der Prozessor mit Zweifachzuordnung die beiden arithmischen/logischen Befehle zusammen ausführen kann. (Mit anderen Worten, der erste Befehl in einem Paket kann von beliebigem Typ sein, doch der zweite muss ein logischer oder arithmetischer Befehl sein. Zwei Speicheroperation können nicht gleichzeitig angesetzt werden.)

Aufgabe 4.32

Diese Aufgabe untersucht die Energieeffizienz und ihren Zusammenhang mit der Performanz. Bei den Teilaufgaben werden für die Aktivitäten im Befehlsspeicher, in den Registern und dem Datenspeicher die in der Tabelle angegebenen Energieverbrauchswerte vorausgesetzt. („Register-Leseoperation" und „Register-Schreiboperation" bezieht sich nur auf die Registerdatei.)

I-Mem	140 pJ
1 Register-Leseoperation	70 pJ
Register-Schreiboperation	60 pJ
D-Mem-Leseoperation	140 pJ
D-Mem-Schreiboperation	120 pJ

Nehmen Sie an, dass Sie die folgenden Latenzen für Komponenten des Datenpfades haben. Für die übrigen Komponenten des Datenpfades können Sie annehmen, dass die Latenzen vernachlässigbar sind.

I-Mem	200 ps
Steuerung	150 ps
Register lesen oder schreiben	90 ps
ALU	90 ps
D-Mem lesen oder schreiben	250 ps

4.32.1 [5] <4.3, 4.7, 4.15> Wie viel Energie wird verbraucht, um in einem Eintaktdesign und dem Design mit fünfstufiger Pipeline einen add-Befehl auszuführen?

4.32.2 [10] <4.7, 4.15> Was ist, ausgedrückt durch den Energieverbrauch, der ungünstigste MIPS-Befehl, und wie groß ist die für ihn aufgewendete Energie?

4.32.3 [10] <4.7, 4.15> Wie würden Sie das Pipeline-Design ändern, wenn die Reduktion des Energieverbrauchs vordringlich ist? Um wie viel Prozent reduziert sich der Energieverbrauch für einen `ld`-Befehl in einem Prozessor mit bzw. ohne Pipeline?

4.32.4 [10] <4.7, 4.15> Für welche anderen Befehle ist die in der vorherigen Teilaufgabe diskutierte Änderung potenziell vorteilhaft?

4.32.5 [10] <4.7, 4.15> Wie beeinflussen Ihre Änderungen aus Teilaufgabe 4.32.3 die Performanz einer CPU mit Pipeline?

4.32.6 [10] <4.7, 4.15> Wir können das MemRead-Steuersignal eliminieren und den Datenspeicher in jedem Takt lesen lassen, so dass permanent Mem-Read = 1 gilt. Erklären Sie, warum der Prozessor nach dieser Änderung noch korrekt funktioniert. Wie wirkt sich die Änderung auf die Taktfrequenz und den Energieverbrauch aus, wenn 25 % der Befehle Ladebefehle sind?

Aufgabe 4.33

Bei der Herstellung von Siliziumchips kann es durch Materialdefekte und Verarbeitungsfehler zu defekten Schaltkreisen kommen. Ein sehr verbreiteter Defekt besteht darin, dass eine Leitung das Signal in einer anderen beeinflusst. Dies wird als Übersprechen (engl. cross-talk) bezeichnet. Eine spezielle Form des Übersprechens liegt vor, wenn ein Signal mit einer Leitung verbunden ist, die einen konstanten logischen Wert hat (z. B. eine Stromversorgungsleitung). In diesem Fall haben wir einen Haftfehler 0 oder 1 (engl. stuck-at-0 bzw. stuck-at-1), durch den das beeinflusste Signal immer den logischen Wert 0 bzw. 1 hat. Die folgenden Teilaufgaben beziehen sich auf das Bit 0 der Eingabe des Schreibregisters in das Registerfile in Abbildung 4.17.

4.33.1 [10] <4.3, 4.4> Angenommen, der Prozessor wird getestet, indem (1) der Befehlszähler, die Register sowie die Daten- und Befehlsspeicher mit irgendwelchen (frei wählbaren) Werten gefüllt werden, (2) ein einziger Befehl ausgeführt wird und (3) der Befehlszähler, die Speicher und die Register gelesen werden. Diese Werte werden dann daraufhin untersucht, ob ein bestimmter Fehler aufgetreten ist. Entwerfen Sie einen Test (mit Werten für Befehlszähler, Speicher und Register), der feststellt, ob es einen Haftfehler 0 bei diesem Signal gibt.

4.33.2 [10] <4.3, 4.4> Wiederholen Sie die vorherige Teilaufgabe für einen Haftfehler 1. Können Sie mit einem einzigen Test Haftfehler 0 und Haftfehler 1 finden? Falls ja, erläutern Sie, wie Sie dabei vorgehen; falls nein, erklären Sie, warum dies nicht möglich ist.

4.33.3 [10] <4.3, 4.4> Wenn bekannt ist, dass der Prozessor einen Haftfehler 1 bei diesem Signal hat, ist er dann überhaupt noch verwendbar? Um verwendbar zu sein, muss es möglich sein, jedes auf einem normalen MIPS-Prozessor laufende Programm in ein Programm zu konvertieren, das auf diesem Prozessor läuft. Sie können annehmen, dass ausreichend freier Befehlsspeicher und Datenspeicher vorhanden ist, um das Programm länger zu machen und zusätzliche Daten zu speichern.

4.33.4 [10] <4.3, 4.4> Wiederholen Sie Teilaufgabe 4.33.1, wobei diesmal getestet werden soll, ob das `MemRead`-Steuersignal 0 wird, wenn das `branch`-Steuersignal 0 ist, während anderenfalls kein Fehler vorliegt.

4.33.5 [10] <4.3, 4.4> Wiederholen Sie Teilaufgabe 4.33.1, wobei diesmal getestet werden soll, ob das `MemRead`-Steuersignal 1 wird, wenn `RegDst` 1 ist; anderenfalls liegt kein Fehler vor. *Hinweis:* Dieses Problem erfordert Kenntnisse über Betriebssysteme. Überlegen Sie, was Speicherzugriffsfehler verursacht.

Antworten zu den Selbsttests

Abschnitt 4.1, Seite 276: 3 von 5: Steuerwerk, Datenpfad, Speicher. Eingabe und Ausgabe fehlen.

Abschnitt 4.2, Seite 279: falsch. Flankengesteuerte Zustandselemente machen simultanes Lesen und Schreiben sowohl möglich als auch widerspruchsfrei.

Abschnitt 4.3, Seite 287: I. a; II. c.

Abschnitt 4.4, Seite 300: Ja, Branch und ALUOp0 sind identisch. Außerdem sind MemtoReg und RegDst zueinander invers. Sie brauchen keinen Inverter; verwenden Sie einfach das andere Signal und vertauschen Sie die Reihenfolge der Eingaben in den Multiplexer!

Abschnitt 4.6, Seite 316: Sequenz 1: Leerlauf beim `lw`-Ergebnis. Sequenz 2: Bypassing des ersten `add`-Ergebnisses, das in `$t1$` geschrieben wird. Sequenz 3: kein Leerlauf oder Bypass erforderlich.

Abschnitt 4.7, Seite 331: Die Aussagen 2 und 4 sind koerrekt; der Rest ist falsch.

Abschnitt 4.9, Seite 359: 1. Vorhersage nicht ausgeführt. 2. Vorhersage ausgeführt. 3. Dynamische Vorhersage.

Abschnitt 4.10, Seite 366: Der erste Befehl, da er logisch vor den anderen ausgeführt wird.

Abschnitt 4.11, Seite 381: 1. beide; 2. beide; 3. Software; 4. Hardware; 5. Hardware; 6. Hardware; 7. beide; 8. Hardware; 9. beide.

Abschnitt 4.13, Seite 393: Die ersten beiden Aussagen sind falsch und die letzten beiden sind richtig.

5 Groß und schnell: Ausnutzung der Speicherhierarchie

5.1 Einführung

Seit es Computer gibt, wünschen sich Programmierer einen unbegrenzt großen und unendlich schnellen Speicher. Die in diesem Kapitel vorgestellten Konzepte helfen, dem Programmierer einen scheinbar unbegrenzten, schnellen Speicher vorzuspiegeln. Bevor wir uns damit beschäftigen, wie diese Illusion entsteht, wollen wir eine einfache Analogie betrachten, die die wichtigsten Prinzipien und Mechanismen verdeutlicht, die wir verwenden werden.

Stellen Sie sich vor, Sie sind ein Student, der eine Arbeit über wichtige historische Entwicklungen auf dem Gebiet der Computerhardware schreibt. Sie sitzen an einem Schreibtisch in einer Bibliothek mit einer Auswahl an Büchern, die Sie aus den Regalen geholt haben, und lesen. Sie stellen fest, dass in den Ihnen vorliegenden Büchern einige wichtige Computer beschrieben sind, über die Sie schreiben wollen, dass es dort aber keine Informationen über den EDSAC-Rechner gibt. Deshalb gehen Sie zurück zu den Regalen und suchen nach einem weiteren Buch. Sie finden ein Buch über die ersten Rechner in Großbritannien, in dem auch der EDSAC beschrieben wird. Sofern Sie eine sinnvolle Auswahl an Büchern auf Ihrem Schreibtisch haben, besteht eine hohe Wahrscheinlichkeit, dass viele der Informationen, die Sie brauchen, in diesen Büchern zu finden sind, und Sie können einen Großteil Ihrer Zeit mit Nachforschungen in den Büchern auf Ihrem Schreibtisch verbringen, ohne zurück zu den Regalen gehen zu müssen. Haben mehrere Bücher auf Ihrem Schreibtisch Platz, sparen Sie Zeit, da Sie nicht jeweils nur ein Buch auf dem Schreibtisch haben und ständig zu den Regalen gehen müssen, um es zurückzubringen und ein anderes Buch zu holen.

Dasselbe Prinzip erlaubt es uns, die Illusion eines großen Speichers zu erzeugen, auf den wir genauso schnell zugreifen können wie auf einen sehr kleinen Speicher. So wie Sie nicht gleichzeitig und mit derselben Wahrscheinlichkeit alle Bücher in der Bibliothek benötigen, muss ein Programm nicht auf seinen gesamten Code oder auf alle seine Daten gleichzeitig mit derselben Wahrscheinlichkeit zugreifen. Andernfalls wäre es unmöglich, einen Großteil der Speicherzugriffe schnell zu machen und dennoch viel Speicher im Computer zu haben, so wie es für Sie unmöglich wäre, alle Bücher aus der Bibliothek auf Ihrem Schreibtisch zu stapeln, und dennoch die gesuchte Information schnell zu finden.

https://doi.org/10.1515/9783111352732-005

Dieses *Lokalitätsprinzip* liegt sowohl Ihrer Arbeitsweise in der Bibliothek als auch der Arbeitsweise von Programmen zugrunde. Das Lokalitätsprinzip besagt, dass Programme zu jedem beliebigen Zeitpunkt jeweils nur auf einen relativ kleinen Teil ihres Adressraums zugreifen, so wie Sie nur auf einen kleinen Teil der Bücher in der Bibliothek zugegriffen haben. Es gibt zwei verschiedene Arten von Lokalität:

temporale Lokalität
Dieses Prinzip besagt, dass nach einem Zugriff auf eine Datenposition mit hoher Wahrscheinlichkeit bald wieder ein Zugriff darauf erfolgt.

- **Temporale Lokalität** (zeitliche Nähe): Wenn ein Zugriff auf ein Element erfolgt, ist die Wahrscheinlichkeit hoch, dass bald wieder ein Zugriff darauf erfolgt. Wenn Sie ein Buch gerade erst an Ihren Schreibtisch gebracht haben, werden Sie wahrscheinlich bald wieder darin lesen wollen.

räumliche Lokalität Das Lokalitätsprinzip besagt, dass nach einem Zugriff auf eine Datenposition mit hoher Wahrscheinlichkeit auch bald ein Zugriff auf benachbarte Adressen erfolgt.

- **Räumliche Lokalität** (räumliche Nähe): Nach einem Zugriff auf ein Element ist es wahrscheinlich, dass auch bald ein Zugriff auf in der Nähe befindliche Elemente erfolgt. Wenn Sie beispielsweise das Buch über die ersten Rechner in Großbritannien geholt haben, um dort über den EDSAC zu lesen, haben Sie wahrscheinlich auch bemerkt, dass neben diesem Buch im Regal ein anderes Buch über die ersten mechanischen Rechner stand. Deshalb haben Sie dieses Buch ebenfalls geholt und später nützliche Informationen darin gefunden. Bücher zum selben Thema werden in der Bibliothek im selben Regal eingeordnet, um die räumliche Lokalität zu verstärken. Wir werden später in diesem Kapitel noch sehen, wie die räumliche Lokalität in Speicherhierarchien genutzt wird.

So wie der Zugriff auf Bücher auf einem Schreibtisch eine ganz natürliche Lokalität aufweist, entsteht die Lokalität in Programmen aus einfachen und natürlichen Programmstrukturen. Beispielsweise enthalten die meisten Programme Schleifen. Deshalb ist es wahrscheinlich, dass wiederholt ein Zugriff auf die darin verwendeten Befehle und Daten erfolgt, wodurch eine große temporale Lokalität entsteht. Weil der Zugriff auf Befehle normalerweise sequentiell erfolgt, weisen Programme eine hohe räumliche Lokalität auf. Der Zugriff auf Daten weist ebenfalls räumliche Lokalität auf. Insbesondere sequentielle Zugriffe auf Elemente von Arrays oder Records zeichnen sich durch hohe räumliche Lokalität aus.

Speicherhierarchie Eine Struktur, die mehrere Speicherebenen verwendet; je größer die Distanz zur CPU wird, desto größer werden die Speicher und desto länger ist die Zugriffszeit.

Wir machen uns das Lokalitätsprinzip zu Nutze, indem wir den Speicher eines Computers als **Speicherhierarchie** aufbauen. Eine Speicherhierarchie besteht aus mehreren Speicherebenen mit unterschiedlichen Geschwindigkeiten und Größen. Die schnelleren Speicher sind pro Bit teurer als die langsameren Speicher – und deshalb kleiner.

Abbildung 5.1 zeigt, dass sich der schnellere Speicher näher am Prozessor befindet und dass der langsamere, billigere Speicher darunter angeordnet ist. Ziel ist es, dem Benutzer so viel Speicher der billigeren Technologie wie möglich bereitzustellen, während der Zugriff mit der von dem schnellsten Speicher gebotenen Geschwindigkeit erfolgt.

Die Daten sind ähnlich hierarchisch abgelegt: Eine näher am Prozessor befindliche Ebene ist im Allgemeinen eine Untermenge aller weiter entfernten Ebenen. Auf der untersten Ebene werden alle Daten gespeichert. In der hier

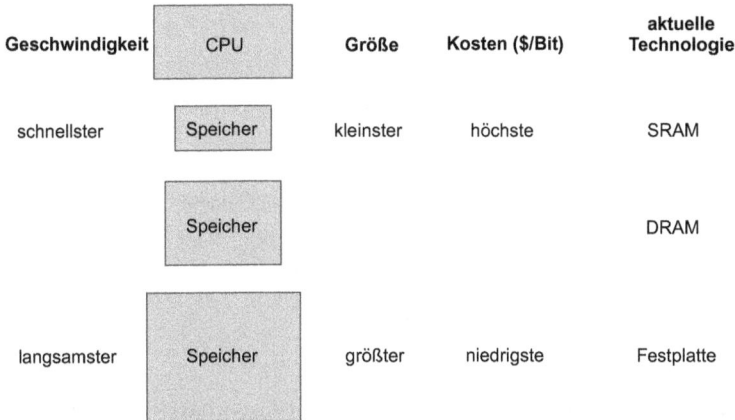

Abb. 5.1: Der grundlegende Aufbau einer Speicherhierarchie. Durch die Implementierung des Speichersystems als Hierarchie entsteht beim Benutzer der Eindruck eines Speichers, der so groß wie der Speicher auf der untersten Ebene der Hierarchie ist, auf den er jedoch Zugriff hat, als wäre der Speicher vollständig aus dem schnellsten Speicher aufgebaut. In vielen eingebetteten Systemen hat der Flash-Speicher die Festplatten ersetzt und kann zu einer neuen Ebene in der Speicherhierarchie für Desktop- und Server-Computer führen (siehe Abschnitt 5.2).

verwendeten Analogie bilden die Bücher auf Ihrem Schreibtisch eine Untermenge der Bibliothek, in der Sie arbeiten, die wiederum eine Untermenge aller Bibliotheken der Universität ist. Wenn wir uns weiter vom Prozessor entfernen, weisen die Ebenen außerdem immer längere Zugriffszeiten auf, so wie es auch in einer Hierarchie von Bibliotheken einer Universität sein könnte. Die Analogie versagt jedoch an der folgenden Stelle: Wenn ein Buch aus einem Regal entnommen und zum Arbeitstisch getragen wird, ist es physisch nicht mehr im Regal vorhanden. Im Gegensatz dazu sind alle Datenelemente einer höheren Speicherebene Kopien der Datenelemente in den niedrigeren Speicherebenen. Die Daten sind somit physisch mehrfach vorhanden.

Eine Speicherhierarchie kann aus mehreren Ebenen bestehen, aber Daten werden nur jeweils gleichzeitig zwischen zwei benachbarten Ebenen übertragen. Deshalb können wir unsere Aufmerksamkeit auf zwei Ebenen konzentrieren. Die obere Ebene – die näher am Prozessor liegt – ist kleiner und schneller als die untere Ebene, weil die obere Ebene eine teurere Technologie verwendet. Abbildung 5.2 zeigt die kleinstmögliche Informationseinheit, die in der zweistufigen Hierarchie vorhanden oder nicht vorhanden sein kann. Dieser wird **Block** oder **Zeile** genannt. In unserer Bibliotheksanalogie entspricht ein Buch einem solchen Block.

Block oder **Zeile** Die kleinste Informationseinheit, die in der zweistufigen Hierarchie vorhanden oder nicht vorhanden sein kann.

Wenn die vom Prozessor angeforderten Daten in einem Block auf der oberen Ebene liegen, spricht man von einem *Treffer* (was analog dazu ist, dass Sie die gesuchte Information in einem der Bücher auf Ihrem Schreibtisch finden). Werden die Daten auf der oberen Ebene nicht gefunden, spricht man von einem *Fehlzugriff*. Es erfolgt ein Zugriff auf die untere Ebene der Hierarchie, um

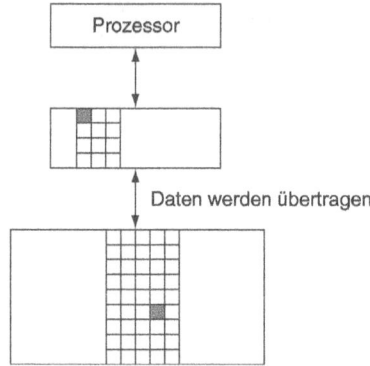

Abb. 5.2: Datentransfer zwischen den Ebenen der Speicherhierarchie. Innerhalb jeder Ebene ist die Informationseinheit, die vorhanden oder nicht vorhanden ist, ein so genannter *Block*. Normalerweise wird beim Kopieren zwischen zwei Ebenen ein ganzer Block übertragen.

Trefferrate Der Anteil der Speicherzugriffe, bei denen der gesuchte Block in einer Ebene der Speicherhierarchie (z. B. in einem Cache) gefunden wird.

Fehlzugriffsrate Der Anteil der Speicherzugriffe, bei denen der gesuchte Block nicht innerhalb einer Ebene der Speicherhierarchie gefunden wird.

Zugriffszeit bei Treffer Die Zeit für den Zugriff auf eine Ebene der Speicherhierarchie, einschließlich der Zeit, die benötigt wird, um festzustellen, ob der Zugriff ein Treffer oder ein Fehlzugriff ist.

Fehlzugriffsaufwand Die benötigte Zeit, um einen Block von einer unteren Ebene in eine höhere Ebene der Speicherhierarchie zu laden. Diese beinhaltet die Zeit für die Übertragung und das Einfügen des Blocks in die höhere Ebene, auf der der Fehlzugriff stattgefunden hat, sowie die Zeit für den Zugriff auf den Block durch den Prozessor.

den Block mit den angeforderten Daten zu finden. (Um es im Rahmen unserer Analogie zu veranschaulichen: Sie gehen vom Schreibtisch zu den Regalen, um das gewünschte Buch zu suchen.) Die **Trefferrate** oder das *Trefferverhältnis* ist der Anteil der Speicherzugriffe, die auf der oberen Ebene befriedigt werden; sie wird oft als Leistungsmaß für die Speicherhierarchie verwendet.

Die **Fehlzugriffsrate** (1 minus Trefferrate) ist der Anteil der Speicherzugriffe, die nicht auf der oberen Ebene befriedigt werden.

Weil die Ausführungsgeschwindigkeit der wichtigste Grund für die Verwendung einer Speicherhierarchie ist, spielt die Zeit für die Verarbeitung von Treffern und von Fehlzugriffen eine große Rolle.

Die **Zugriffszeit bei Treffer** ist die Zeit für den Zugriff auf die obere Ebene der Speicherhierarchie, worin auch die Zeit enthalten ist, die benötigt wird, um festzustellen, ob der Zugriff ein Treffer oder ein Fehlzugriff ist (d. h. die Zeit, die benötigt wird, um die Bücher auf dem Schreibtisch zu durchsuchen).

Der **Fehlzugriffsaufwand** ist die Zeit für den Austausch eines Blocks in der oberen Ebene durch den entsprechenden Block aus der unteren Ebene, zuzüglich der Zeit, um dem Prozessor diesen Block bereitzustellen (oder in unserem Beispiel die Zeit, um ein neues Buch aus den Regalen zu holen und auf den Schreibtisch zu legen). Weil die obere Ebene kleiner ist und unter Verwendung schnellerer Speicherbausteine aufgebaut wird, ist die Zugriffszeit bei einem Treffer kleiner als die Zugriffszeit auf die nächste Hierarchieebene, was den größten Anteil des Fehlzugriffsaufwands ausmacht. (In den Büchern auf dem Schreibtisch können Sie viel schneller nachsehen, als wenn Sie aufstehen und ein neues Buch aus dem Regal holen müssen.)

Wie wir in diesem Kapitel sehen werden, wirken sich die Konzepte für den Aufbau von Speichersystemen auf viele andere Aspekte eines Rechners aus, unter anderem darauf, wie das Betriebssystem den Speicher sowie Ein-/Ausgaben verwaltet, wie Compiler Code erzeugen, und sogar darauf, wie Anwendungen den Computer nutzen. Weil alle Programme einen Großteil ihrer Ausführungszeit mit Speicherzugriffen verbringen, ist das Speichersystem notwendigerweise ein wesentlicher Faktor für die Leistung, d. h. die Ausführungsgeschwindigkeit. Die Abhängigkeit der Leistung von der Speicherhierarchie bedeutet, dass Programmierer, die daran gewöhnt waren, sich den Speicher als flaches Speichergerät mit wahlfreiem Zugriff vorzustellen, die Speicherhierarchien verstehen müssen, um eine gute Leistung zu erzielen. Wir zeigen anhand von Beispielen, wie etwa in Abbildung 5.14 und in Abschnitt 5.14, wie wichtig dieses Verständnis ist.

Weil Speichersysteme von so großer Bedeutung für die Ausführungsgeschwindigkeit sind, haben die Computerentwickler diesen Systemen große Aufmerksamkeit gewidmet und komplexe Mechanismen für eine verbesserte Leistung des Speichersystems geschaffen. In diesem Kapitel werden wir die wichtigsten Konzepte betrachten, wobei jedoch viele Vereinfachungen und Abstraktionen genutzt werden, um das Material sowohl vom Umfang als auch von der Komplexität her überschaubar zu halten.

Grundwissen

Programme besitzen sowohl temporale Lokalität (die Tendenz zur Wiederverwendung bereits benutzter Datenelemente) als auch räumliche Lokalität (die Tendenz, auf Datenelemente zuzugreifen, die in der Nähe von Datenelementen liegen, auf die bereits zugegriffen wurde). Speicherhierarchien nutzen die temporale Lokalität, indem sie Datenelemente, auf die vor kurzem zugegriffen wurde, näher am Prozessor vorhalten. Die räumliche Lokalität wird durch Speicherhierarchien ausgenutzt, indem ganze Blöcke aus mehreren benachbarten Wörtern in Speicher auf höhere Hierarchieebenen verschoben werden.

Abbildung 5.3 zeigt, dass eine Speicherhierarchie in der Nähe des Prozessors kleinere Speicher mit schnelleren Speichertechnologien nutzt. Treffer in der höchsten Hierarchieebene führen zu einer schnelleren Verarbeitung. Zugriffe, die fehlschlagen, gehen weiter auf niedrigere Ebenen der Hierarchie, die durch größere aber langsamere Speicher realisiert sind. Wenn die Trefferrate hoch genug ist, hat die Speicherhierarchie also eine effektive Zugriffszeit, die nahe an der Zugriffszeit der höchsten (und schnellsten) Ebene liegt, und eine Größe, die gleich der Größe der untersten (und größten) Ebene ist.

In den meisten Systemen ist der Speicher eine echte Hierarchie, d. h., Daten können nicht auf Ebene i vorliegen, wenn sie nicht auch auf Ebene $i + 1$ vorliegen.

Selbsttest

Welche der folgenden Aussagen sind allgemeingültig?

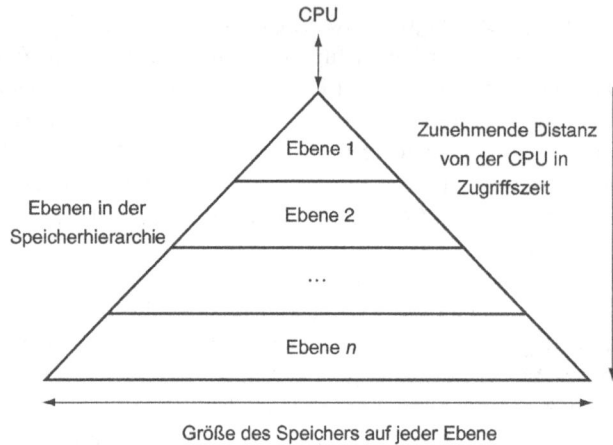

Abb. 5.3: Diese Zeichnung zeigt den Aufbau einer Speicherhierarchie: Je größer die Distanz zum Prozessor wird, desto größer ist auch der Speicher. Dieser Aufbau erlaubt in Kombination mit den richtigen Betriebsmechanismen, dass der Prozessor eine Zugriffszeit erzielt, die hauptsächlich durch Ebene 1 der Hierarchie bestimmt wird, und dennoch über einen Speicher der Größe von Ebene *n* verfügt. Die Bewahrung dieser Illusion ist Thema dieses Kapitels. Die unterste Ebene der Hierarchie wird normalerweise von der Festplatte gebildet, jedoch verwenden einige Systeme Bandlaufwerke oder einen Dateiserver, der über ein lokales Netzwerk verbunden ist, als weitere Ebene der Hierarchie.

1. Caches nutzen die temporale Lokalität.

2. Beim Lesen ist der zurückgegebene Wert davon abhängig, welche Blöcke sich im Cache befinden.

3. Die größte Teil der Kosten für die Speicherhierarchie entsteht auf der obersten Ebene.

4. Ein Großteil der Kapazität der Speicherhierarchie befindet sich auf der untersten Ebene.

5.2   Speichertechnologien

Heute gibt es vier primäre Technologien, die für den Aufbau von Speicherhierarchien genutzt werden. Der Hauptspeicher wird mit DRAM (Dynamic Random Access Memory, dynamischer Speicher mit wahlfreiem Zugriff) implementiert, während Ebenen, die sich näher am Prozessor befinden (Caches), SRAM (Static Random Access Memory, statischer Speicher mit wahlfreiem Zugriff) verwenden. DRAM ist kostengünstiger pro Bit als SRAM, aber auch wesentlich langsamer. Die Preisdifferenz entsteht dadurch, dass DRAMs wesentlich weniger Platz pro Speicherbit auf dem Chip verwenden und damit auf derselben Siliziumfläche eine größere Speicherkapazität aufweisen. Die Geschwindigkeitsdifferenz entsteht aufgrund mehrerer Faktoren, die in Anhang B.9 beschrieben werden. Die dritte Technologie sind Flash-Speicher. Diese nichtflüchtigen Speicher werden als Sekundärspeicher in Mobilgeräten eingesetzt. Die vierte Technologie, die zur Implementierung der größten und langsamsten Hierarchieebene verwendet wird, ist die Festplatte. Bezüglich der Zugriffszeit und dem Preis pro Bit unterscheiden sich diese Technologien erheblich, wie die folgende Tabelle mit typischen Werten für das Jahr 2020 zeigt:

Speichertechnologie	Typische Zugriffszeit	Kosten pro GiB (2020)
SRAM-Halbleiterspeicher	0,5-2,5 ns	$ 500–1000
DRAM-Halbleiterspeicher	50-70 ns	$ 3–6
Flash-Halbleiterspeicher	5 000–50 000 ns	$ 0,06–0,12
Festplatte	5 000 000–20 000 000 ns	$ 0,01–0,02

Im Rest dieses Abschnitts werden die verschiedenen Speichertechnologien beschrieben.

SRAM-Technologie

SRAMs sind nichts anderes integrierte Schaltkreise, die Speicherarrays mit (gewöhnlich) einem einzelnen Zugriffsport sind, der einen Lese- oder einen Schreibzugriff erlaubt. SRAMs haben für jedes Datum eine feste Zugriffszeit, wobei sich die Zugriffszeit für Lesezugriffe von der für Schreibzugriffe unterscheiden kann.

SRAMs brauchen kein Refresh, weshalb die Zugriffszeit sehr nahe an der Taktdauer liegt. Die Taktdauer ist die Zeit zwischen den Speicherzugriffen. SRAMs verwenden typischerweise sechs oder acht Transistoren pro Bit um zu verhindern, dass die Information beim Lesen gestört wird. SRAMs brauchen nur sehr wenig Strom, um die Ladung im Standby-Modus zu halten.

Früher haben die meisten PCs und Server separate SRAM-Chips für ihre primären, sekundären oder gar tertiären Caches verwendet. Heute sind dank des Moore'schen Gesetzes alle Cache-Levels auf dem Prozessorchip integriert, und der Markt für SRAM-Chips ist nahezu verschwunden.

DRAM-Technologie

Bei einem SRAM kann der Wert gehalten werden, solange die Stromversorgung angelegt ist, also theoretisch unendlich. Bei einem dynamischen RAM (DRAM) wird der in einer Zelle gehaltene Wert in Form von Ladungen in einem Kondensator gespeichert. Ein einzelner Transistor wird dann benutzt, um auf die gespeicherte Ladung zuzugreifen, also entweder den Wert zu lesen oder die dort gespeicherte Ladung zu überschreiben. Weil DRAMs nur einen einzigen Transistor pro gespeichertem Bit verwenden, sind sie viel dichter und billiger pro Bit als SRAMs. Da DRAMs die Ladung auf einem Kondensator speichern, kann diese nicht unendlich lange gehalten werden, sondern es ist ein Auffrischen (Refresh) nötig. Die Nichtpersistenz ist der Grund, weshalb diese Speicherstruktur als dynamisch bezeichnet wird. Im Gegensatz dazu ist die Speicherung in einer SRAM-Zelle statisch.

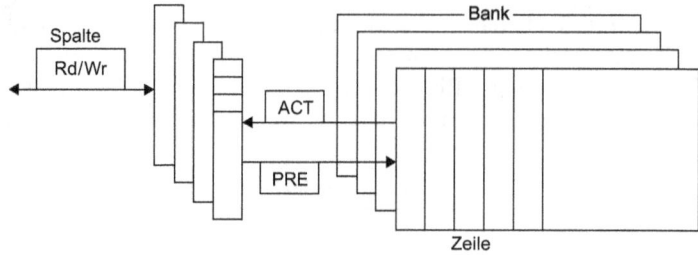

Abb. 5.4: Interne Organsation eines DRAM. Moderne DRAMs sind in Bänken organisiert. Für DDR3 ist deren Anzahl typischerweise vier. Jede Bank besteht aus einer Reihe von Zeilen. Das Senden eines PRE-Signals (für engl. precharge) öffnet oder schließt eine Bank. Eine Zeilenadresse wird mit Act (für engl. activate) gesendet, was bewirkt, dass die Zeile in einen Puffer übertragen wird. Wenn die Zeile im Puffer ist, kann sie durch sukzessive Spaltenadressen, deren Breite vom DRAM abhängt (bei DDR3 typischerweise 4, 8 oder 16 Bits), oder durch Spezifikation einer Blockadresse und der Startadresse übertragen werden. Alle Kommandos, und ebenso die Blocktransfers, werden mit einem Taktgeber synchronisiert.

Zum Auffrischen der Zelle wird einfach ihr Inhalt gelesen und dann wieder zurückgeschrieben. Die Ladung kann über mehrere Millisekunden gehalten werden. Wenn jedes Bit individuell aus dem DRAM ausgelesen und zurückgeschrieben werden müsste, würden wir den DRAM permanent auffrischen, so dass keine Zeit übrig bliebe, um auf den Inhalt zuzugreifen. Doch zum Glück verwenden DRAMs eine 2-Level-Decoding-Struktur, die es gestattet, jeweils eine ganze Zeile mit einem Lesetakt, unmittelbar gefolgt von einem Schreibtakt, aufzufrischen.

Abbildung 5.4 zeigt die interne Organisation eines DRAM, und in Tabelle 5.1 ist zu sehen, wie sich die Dichte, die Kosten und die Zugriffszeiten von DRAMs über die Jahre entwickelt haben.

Die Zeilenorganisation, die für das Auffrischen so hilfreich ist, erweist sich auch als nützlich für die Performanz. Um die Performanz zu verbessern, puffern DRAMs Zeilen für den wiederholten Zugriff. Der Puffer wirkt wie ein SRAM; durch Ändern der Adresse kann bis zum nächsten Zeilenzugriff auf beliebige Bits zugegriffen werden. Durch diese Fähigkeit verbessert sich die Zugriffszeit erheblich, da der Zugriff auf Bits innerhalb der Zeile erheblich schneller ist. Wenn der Chip breiter gemacht wird, verbessert dies auch die Speicherbandbreite des Chips. Wenn die Zeile im Puffer ist, kann sie durch sukzessive Spaltenadressen, deren Breite vom DRAM abhängt (bei DDR3 typischerweise 4, 8 oder 16 Bits), oder durch Spezifikation einer Blockadresse und der Startadresse innerhalb des Puffers übertragen werden.

Um die Schnittstelle zum Prozessor weiter zu verbessern, wurden Taktgeber zu DRAMs hinzugefügt. Der Vorteil dieser synchronen DRAMs oder SDRAMs resultiert daraus, dass der Taktgeber die Synchronisation der Zeit für Speicher und Prozessor überflüssig macht. Der Geschwindigkeitsvorteil synchroner DRAMs ergibt sich aus der Fähigkeit, die Bits in der Signalfolge zu übertragen ohne zusätzliche Adressbits zu spezifizieren. Stattdessen über-

Tab. 5.1: Die DRAM-Größen sind bis 1996 alle drei Jahre um den Faktor 4 gestiegen, danach haben sie sich alle zwei Jahre etwa verdoppelt. Die Verbesserungen der Zugriffszeiten erfolgten langsamer, aber stetig. Die Kosten gehen eng mit den Dichteverbesserungen einher, werden jedoch häufig auch durch andere Faktoren beeinflusst, wie etwa Verfügbarkeit oder Nachfrage. Die Kosten pro Megabyte wurden nicht inflationsbereinigt. Die Quelle für die Preisangaben ist https://jcmit.net/memoryprice.htm.

Jahr der Einführung	Chip-Größe	Kosten pro GiB	Gesamtzugriffszeit neue Zeile/Spalte	⊘ Spaltenzugriffszeit vorhandene Zeile
1980	64 Kibibit	$ 6 480 000	250 ns	150 ns
1983	256 Kibibit	$ 1 980 000	185 ns	100 ns
1985	1 Mebibit	$ 720 000	135 ns	40 ns
1989	4 Mebibit	$ 128 000	110 ns	40 ns
1992	16 Mebibit	$ 30 000	90 ns	30 ns
1996	64 Mebibit	$ 9 000	60 ns	12 ns
1998	128 Mebibit	$ 900	60 ns	10 ns
2000	256 Mebibit	$ 840	55 ns	7 ns
2004	512 Mebibit	$ 150	50 ns	5 ns
2007	1 Gibibit	$ 40	40 ns	1,25 ns
2010	2 Gibibit	$ 13	40 ns	1 ns
2012	4 Gibibit	$ 5	35 ns	0,8 ns
2015	8 Gibibit	$ 7	30 ns	0,6 ns
2018	16 Gibibit	$ 6	25 ns	0,4 ns

trägt der Taktgeber die aufeinanderfolgenden Bits in einer Signalfolge. Dies wird *Double Data Rate* (DDR) SDRAM genannt. Der Name bedeutet, dass Datentransfers an der steigenden und an der fallenden Flanke des Takts erfolgen, wodurch man eine doppelt so große Bandbreite erhält, wie man aufgrund der Taktfrequenz und der Datenbreite erwarten würde. Die aktuellste Version dieser Technologie wird DDR4 genannt. Ein DDR4-3200-DRAM kann 3200 Millionen Datenübertragungen pro Sekunden erledigen, was bedeutet, dass er eine Taktung von 1600 MHz hat.

Das Bereitstellen einer so hohen Bandbreite erfordert eine durchdachte Organisation *innerhalb* des DRAM. Anstatt einen einzelnen schnelleren Zeilenpuffer zu bauen, kann der DRAM intern so organisiert werden, dass er von mehreren *Bänken* liest, von denen jede ihren eigenen Zeilenpuffer hat. Das Senden einer Adresse an verschiedene Bänke erlaubt es, dass sie alle gleichzeitig lesen oder schreiben. Beispielsweise gibt es für vier Bänke nur eine Zugriffszeit, und dann rotiert der Zugriff zwischen den vier Bänken, wodurch die vierfache Bandbreite erreicht wird. Dieses Prinzip des rotierenden Zugriffs wird als Adressschachtelung bezeichnet.

Während Mobilgeräte wie das iPhone (siehe Kapitel 1) einzelne DRAMs verwenden, werden Speicher für Server gewöhnlich auf kleinen Boards verkauft, die DIMMS (Dual Inline Memory Module) genannt werden. DIMMs enthalten meist 4 bis 16 DRAMs, die so organisiert sind, dass sie 8 Byte breit sind. Ein DIMM mit DDR4-3200-SDRAMs kann $8 \times 3200 = 25\,600$ MB/s übertragen. Diese DIMMs werden nach ihrer Bandbreite benannt: PC25600. Da ein DIMM so viele DRAM-Chips haben kann, dass nur ein Bruchteil von ihnen für einen bestimmten Transfer genutzt wird, brauchen wir eine Bezeichnung für diejenige Teilmenge der Chips eines DIMMs, die miteinander Adressleitungen teilen. Damit es nicht zu Verwechslungen mit den Bezeichnungen für Zeilen und Bänke innerhalb der DRAMs kommt, verwenden wir den Begriff *Speicherreihe* für eine solche Teilmenge von Chips in einem DIMM.

Anmerkung: Eine Möglichkeit zur Messung der Performanz des Speichersystems, auf dem der Cache basiert, ist die Stream-Benchmark (McCalpin, 1995). Sie misst die Performanz von langen Vektoroperationen. Diese haben keine temporale Lokalität und sie greifen auf Felder zu, die größer sind als der Cache des getesteten Computers.

Flash-Speicher

Flash-Speicher sind elektrisch löschbare, programmierbare, schreibgeschützte Speicher (EEPROM).

Anders als Festplatten und DRAMs, aber genau wie andere EEPROM-Technologien, sind die Bits von Flash-Speichern einem Verschleiß ausgesetzt. Um mit diesen Einschränkungen zurechtzukommen, beinhalten die meisten Flash-Produkte einen Controller, der die Schreiboperationen verteilt, indem er Blöcke, auf die schon oft geschrieben wurde, auf weniger frequentierte Blöcke neu abbildet. Diese *Verschleißausgleich (Wear Leveling)* genannte Technik macht es unwahrscheinlich, dass Mobilgeräte die Schreibbegrenzungen im Flash überschreiten. Der Verschleißausgleich reduziert die potentielle Leistung des Flash-Speichers, doch er ist nötig, sofern der Blockverschleiß nicht von Software auf höherer Ebene überwacht wird. Flash-Controller, die einen Verschleißausgleich durchführen, können auch den Ertrag verbessern, indem sie Speicherzellen ausschließen, die bereits einen Herstellungsdefekt aufweisen.

Festplattenspeicher

Wie in Abbildung 5.5 zu sehen ist, besteht eine Festplatte aus mehreren Platten, die mit einer Geschwindigkeit von 5400 bis 15 000 U/min auf einer Achse rotieren. Die Metallplatten sind zum Speichern von Daten beidseitig mit einem magnetisierbaren Material beschichtet, das dem für Kassetten- und Videobänder verwendeten Material ähnlich ist. Zum Schreiben und Lesen von Informationen auf Festplatten wird ein beweglicher *Arm* mit einer kleinen elektromagnetischen Spule, dem so genannten *Schreib-/Lesekopf* verwendet, der sich dicht über der Oberfläche befindet. Das gesamte Laufwerk ist in einem Gehäuse dicht versiegelt, damit die äußeren Umwelteinflüsse das Innenleben des Laufwerks nicht beeinträchtigen. Dadurch ist es wiederum möglich, die Schreib-/Leseköpfe mit einem geringeren Abstand zur Plattenoberfläche anzubringen.

Spur Einer von Tausenden konzentrischer Kreise auf der Oberfläche einer Festplatte.

Jede Plattenoberfläche ist in konzentrische Kreise unterteilt, die so genannten **Spuren**. Üblicherweise gibt es einige 10 000 Spuren pro Oberfläche. Jede

Spur ist ihrerseits in **Sektoren** unterteilt, die die Informationen aufnehmen. Jede Spur kann Tausende von Sektoren mit einer typischen Größe von 512 bis 4096 Byte haben. Die auf dem magnetischen Datenträger aufgezeichnete Datensequenz besteht aus einer Sektornummer, einer Lücke, der Information für diesen Sektor einschließlich eines Fehlerkorrekturcodes (siehe Abschnitt 5.5), einer Lücke, der Sektornummer des nächsten Sektors usw.

Die Lese-/Schreibköpfe der Festplatte sind miteinander verbunden und bewegen sich zusammen, so dass jeder Kopf auf jeder Oberfläche über derselben Spur steht. Die Spuren auf allen Oberflächen, die sich an einer bestimmten Position unter den Köpfen befinden, werden als *Zylinder* bezeichnet.

Um auf Daten zuzugreifen, muss das Betriebssystem die Festplatte in drei Schritten ansteuern. Im ersten Schritt wird der Lese-/Schreibkopf über die richtige Spur gestellt. Diese Operation wird auch als **Kopf-Positionierung** bezeichnet, und die Zeit für die Positionierung des Lese-/Schreibkopfs über der gewünschten Spur wird als *Suchzeit* bezeichnet.

Festplattenhersteller geben in ihren technischen Daten die minimale, die maximale und die durchschnittliche Suchzeit an. Die beiden ersten Werte sind einfach zu messen, aber es gibt einen großen Interpretationsspielraum, was der

Sektor Einer der Abschnitte, aus denen eine Spur einer Festplatte besteht. Ein Sektor ist die kleinste Informationsmenge, die auf eine Festplatte geschrieben bzw. davon gelesen wird.

Kopf-Positionierung Der Vorgang, durch den der Lese-/Schreibkopf über die richtige Spur auf einer Festplatte gebracht wird.

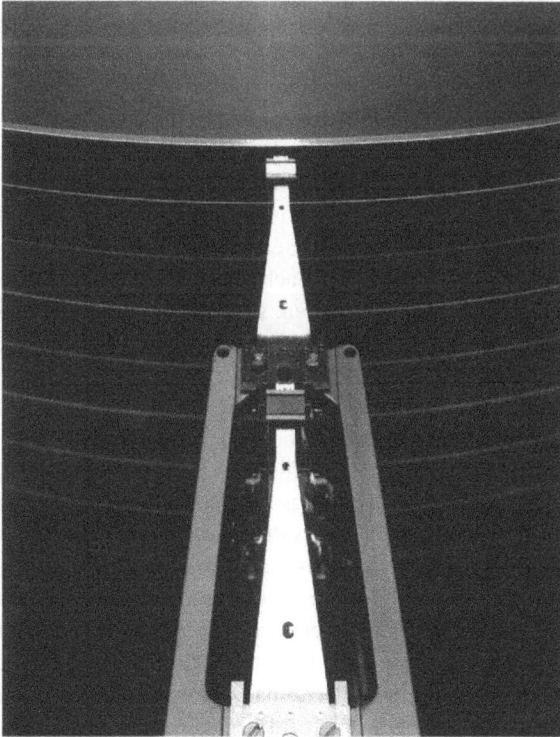

Abb. 5.5: Eine Festplatte mit zehn Platten und Schreib-/Leseköpfen. Heutige Festplatten haben einen Durchmesser von 2,5 oder 3,5 Zoll, und es gibt meist ein oder zwei Platten pro Laufwerk.

Durchschnitt ist, weil er von der Distanz bei der Kopf-Positionierung abhängt. Die Hersteller haben deshalb beschlossen, die durchschnittliche Suchzeit als die Summe der Zeit für alle möglichen Suchen dividiert durch die Anzahl möglicher Suchen zu berechnen. Als durchschnittliche Suchzeiten werden normalerweise 3 bis 13 ms angegeben, aber abhängig von der Anwendung und den Festplattenanforderungen kann die tatsächliche durchschnittliche Suchzeit aufgrund der Lokalität der Festplattenzugriffe auch nur 25 % bis 33 % der angegebenen Zeit betragen. Diese Lokalität entsteht, wenn aufeinander folgende Zugriffe auf dieselbe Datei stattfinden und das Betriebssystem versucht, solche Zugriffe nacheinander auszuführen.

Umdrehungslatenz oder **Umdrehungsverzöge-rung** Die Zeit, bis sich der gewünschte Sektor einer Festplatte unter den Lese-/Schreibkopf gedreht hat. Normalerweise als die Hälfte der Umdrehungszeit angenommen.

Nachdem der Lese-/Schreibkopf die richtige Spur erreicht hat, muss gewartet werden, bis der gewünschte Sektor unter den Lese-/Schreibkopf liegt. Diese Zeit wird auch als **Umdrehungslatenz** oder **Umdrehungsverzögerung** bezeichnet. Die durchschnittliche Verzögerungentspricht dem halben Festplattenumfang. Festplatten rotieren mit 5400 bis 15 000 U/Min. Die durchschnittliche Umdrehungslatenz bei 5400 U/Min ist

$$\text{durchschnittliche Umdrehungslatenz} = \frac{0,5\,\text{Umdrehungen}}{5400\,\text{U/Min}}$$

$$= \frac{0,5\,\text{Umdrehungen}}{5400\,\text{U/Min}/60\,\frac{\text{Sekunden}}{\text{Minute}}} = 0,0056\,\text{Sekunden} = 5,6\,\text{ms}$$

Die letzte Komponente des Festplattenzugriffs ist die *Transferrate,* also die Zeit für die Übertragung eines Bitblocks. Die Transferrate ist eine Funktion der Sektorgröße, der Umdrehungsgeschwindigkeit und der Aufzeichnungsdichte einer Spur. Im Jahr 2020 lagen die Transferraten zwischen 150 und 250 MB/s.

Was die Berechnung der Transferrate erschwert, ist, dass die meisten Festplattencontroller einen eingebauten Cache haben, der mehrere Sektoren speichert, während sie durchlaufen werden, so dass Transferraten durch Verwendung des Caches in der Regel höher liegen, nämlich bei bis zu 1500 MB/s (12 Gbit/s) im Jahr 2020.

Leider sind die Blocknummern nicht mehr intuitiv. Das Sektor-Spur-Zylinder-Modell nimmt an, dass sich nahe beieinander liegende Blöcke auf derselben Spur befinden, dass Blöcke im selben Zylinder kürzere Zugriffszeiten haben, weil es keine Suchzeit gibt, und dass manche Spuren näher sind als andere. Der Grund für die Änderung war, dass die Schnittstellen anspruchsvoller wurden. Um sequentielle Transfers zu beschleunigen, ordnen komplexere Schnittstellen Festplatten eher wie Bänder als wie Geräte mit wahlfreiem Zugriff an. Die logischen Blöcke sind auf einer einzigen Oberfläche serpentinenartig angelegt, und man versucht, alle aufgezeichneten Sektoren mit derselben Bitdichte abzulegen, um die bestmögliche Performanz zu erreichen. Blöcke mit sequentiellen Adressen können sich deshalb auf verschiedenen Spuren befinden.

Zusammengefasst gibt es zwei Hauptunterschiede zwischen Festplatten und Halbleiterspeichern. Erstens haben Festplatten längere Zugriffszeiten, da es sich bei ihnen um mechanische Geräte handelt – Flash-Latenz ist 1000-mal so schnell und DRAM ist 100 000-mal so schnell. Zweitens jedoch sind sie pro Bit billiger, d. h., sie haben eine sehr hohe Speicherkapazität bei moderaten Kosten – Festplatten sind 6- bis 300-mal billiger. Festplatten sind wie Flash-Speicher nichtflüchtig, zeigen jedoch im Unterschied zu diesen keinen Verschleiß. Flash-Speicher wiederum haben den Vorteil, dass sie wesentlich robuster sind, was sie für den Einsatz in Mobilgeräten besser geeignet macht.

5.3 Grundlagen des Cachings

Cache: ein sicherer Ort zum Verstecken oder Sammeln von Dingen.

Webster's New World Dictionary of the American Language, Third College Edition (1988)

In unserem Bibliotheksbeispiel diente der Schreibtisch als Cache – als sicherer Platz, an dem wir Dinge (Bücher) aufbewahren, die wir genauer betrachten wollen. Die Speicher in dem Datenpfad in Kapitel 4 werden einfach durch Caches ersetzt. Der Name *Cache* wurde beim ersten kommerziell verfügbaren Computer, der mit dieser zusätzlichen Ebene ausgestattet war, gewählt, um die Ebene der Speicherhierarchie zwischen dem Prozessor und dem Hauptspeicher zu bezeichnen. Auch heute wird das Wort *Cache* noch hauptsächlich in diesem Sinne verwendet, aber der Begriff wird auch für die Bezeichnung beliebiger Speicher eingesetzt, die Zugriffslokalität nutzen. Caches erschienen erstmals Anfang der 1960er-Jahre in den ersten Forschungsrechnern und noch im selben Jahrzehnt auch in kommerziellen Rechnern. Heute enthalten alle Allzweckrechner Caches, von den Servern bis hin zu eingebetteten Computern.

In diesem Abschnitt betrachten wir zunächst einen sehr einfachen Cache, in dem die Prozessoranforderungen jeweils ein Wort umfassen und auch die Blöcke nur ein Wort groß sind. (Leser, die bereits mit den Grundlagen von Caches vertraut sind, können Abschnitt 5.4 überspringen.) Abbildung 5.6 zeigt einen solchen einfachen Cache vor und nach der Anforderung eines Datenelements, das sich anfänglich nicht im Cache befindet. Vor dem Zugriff enthält der Cache eine Menge von Wörtern X_1, X_2, . . . , X_{n-1}. Der Prozessor fordert ein Wort X_n an, das sich nicht im Cache befindet. Diese Anforderung führt zu einem Fehlzugriff und das Wort X_n wird aus dem Speicher in den Cache geladen.

Betrachtet man das in Abbildung 5.6 gezeigte Szenario, dann stellen sich zwei Fragen: Woher wissen wir, ob sich ein Datenelement im Cache befindet? Und wenn es sich dort befindet, wie können wir es finden? Die Antworten auf diese beiden Fragen hängen eng zusammen. Wenn jedes Wort an genau einer Stelle im Cache stehen kann, ist es ganz einfach, dieses Wort zu finden, falls es sich im Cache befindet. Die einfachste Methode, wie man jedem Wort im Speicher eine Position im Cache zuweist, besteht darin, die Cache-Position abhängig von der *Adresse* des Worts im Speicher zuzuweisen. Diese Cache-Struktur wird als **direkt abgebildet** bezeichnet, weil jede Speicheradresse auf genau eine Position im Cache abgebildet wird. Die Abbildung von Adressen auf Cache-Positionen ist für einen direkt abgebildeten Cache normalerweise einfach. Beispielsweise verwenden fast alle direkt abgebildeten Caches die Abbildung:

direkt abgebildeter Cache Eine Cache-Struktur, bei der jede Speicheradresse auf genau eine Position im Cache abgebildet wird.

(Blockadresse) modulo (Anzahl der Cache-Blöcke im Cache)

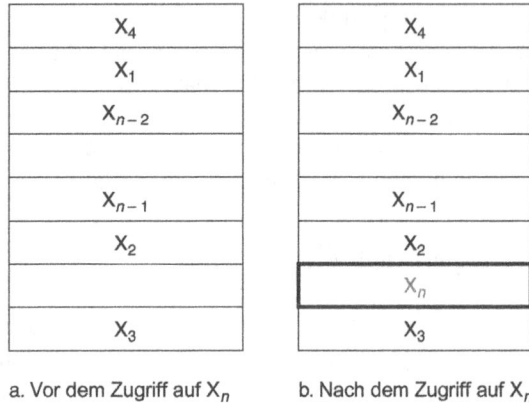

a. Vor dem Zugriff auf X_n b. Nach dem Zugriff auf X_n

Abb. 5.6: Der Cache vor und nach dem Zugriff auf ein Wort X_n, das sich anfänglich nicht im Cache befindet. Diese Speicheranforderung verursacht einen Fehlzugriff, der den Cache veranlasst, X_n aus dem Speicher zu laden und in den Cache einzufügen.

Tag Ein Feld in einer Tabelle, die für eine Ebene der Speicherhierarchie verwendet wird. Dieses Feld enthält die Adressinformation, die man benötigt, um zu erkennen, ob der zugehörige Block in der entsprechenden Hierarchieebene einem angeforderten Wort entspricht.

Wenn die Anzahl der Einträge im Cache eine Potenz von 2 ist, kann Modulo berechnet werden, indem die unteren $\log_2$ Bits (Cachegröße in Blöcken) der Adresse verwendet werden. Ein 8 Blöcke großer Cache verwendet also die drei untersten Bits ($8 = 2^3$) der Blockadresse. Abbildung 5.7 beispielsweise zeigt, wie die Speicheradressen zwischen 1_D (00001_B) und 29_D (11101_B) in einem direkt abgebildeten Cache von acht Wörtern auf die Positionen 1_D (001_B) und 5_D (101_B) abgebildet werden.

Jede Cache-Position kann den Inhalt mehrerer verschiedener Speicheradressen enthalten. Woher wissen wir also, ob die Daten im Cache einem angeforderten Wort entsprechen? Woher wissen wir, ob sich ein angefordertes Wort im Cache befindet oder nicht? Wir lösen das Problem, indem wir den Cache um eine Menge von **Tags** erweitern. Die Tags enthalten die notwendigen Adressinformationen, um zu erkennen, ob ein Wort im Cache dem angeforderten Wort entspricht. Das Tag muss nur den oberen Teil der Adresse enthalten, der den Bits entspricht, die nicht als Index für den Cache verwendet werden. In Abbildung 5.7 beispielsweise brauchen wir nur die oberen 2 der 5 Adressbits für das Tag, weil das Indexfeld der Adresse mit den unteren 3 Bits den Block auswählt. Architekten nehmen die Indexbits nicht in das Tag mit auf, denn sie wären redundant, da das Indexfeld jeder Adresse per Definition denselben Wert hat.

Gültigkeits-Bit Ein Feld in den Tabellen einer Speicherhierarchie, das angibt, ob der zugehörige Block gültige Daten enthält.

Außerdem müssen wir erkennen können, wenn ein Cache-Block keine gültige Information enthält. Beispielsweise enthält der Cache beim Programmstart keine brauchbaren Daten, und die Tag-Felder sind bedeutungslos. Selbst nach der Ausführung vieler Befehle können einige der Cache-Einträge immer noch leer sein, wie in Abbildung 5.6 gezeigt. Wir müssen also wissen, dass das Tag für solche Einträge ignoriert werden soll. Die gebräuchlichste Methode besteht darin, ein **Gültigkeits-Bit** vorzusehen, das anzeigt, ob ein Eintrag eine gültige Adresse enthält. Ist das Bit nicht gesetzt, dann kann der Block nicht der gesuchte sein.

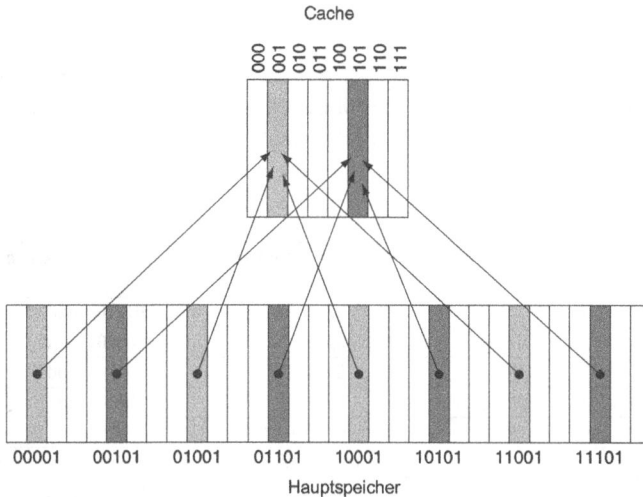

Abb. 5.7: Direkt abgebildeter Cache mit acht Einträgen, bei dem Adressen von Speicherwörtern zwischen 0 und 31 auf dieselben Cache-Positionen abgebildet werden. Weil es acht Wörter im Cache gibt, wird eine Adresse X auf das Cache-Wort X modulo 8 abgebildet. Das heißt, die unteren $\log_2(8) = 3$ Bit werden als Cache-Index verwendet. Somit werden die Adressen 00001_B, 01001_B, 10001_B und 11001_B auf Eintrag 001_B des Caches abgebildet, während die Adressen 00101_B, 01101_B, 10101_B und 11101_B alle auf Eintrag 101_B des Caches abgebildet werden.

Im Rest des Abschnitts konzentrieren wir uns auf die Erklärung, wie Leseoperationen in einem Cache ausgeführt werden und wie sich ein Cache beim Lesen verhält. Im Allgemeinen ist die Verarbeitung von Leseoperationen etwas einfacher als die von Schreiboperationen, weil bei Leseoperationen der Inhalt des Caches nicht geändert werden muss. Nachdem wir die Grundlagen für Leseoperationen im Cache und die Verarbeitung von Cache-Fehlzugriffen betrachtet haben, beschäftigen wir uns mit dem Cache-Entwurf für reale Computer und zeigen, wie diese Caches Schreiboperationen verarbeiten.

Grundwissen

Caching ist das vielleicht wichtigste Beispiel für das Konzept des **Vorhersagens**. Es beruht auf dem Prinzip der Lokalität, wenn versucht wird, die gewünschten Daten in den höheren Ebenen der Speicherhierarchie zu finden, und es liefert einen Mechanismus, der sicherstellt, dass im Falle einer falschen Vorhersage die richtigen Daten in tieferen Ebenen der Speicherhierarchie gefunden und verwendet werden können. Die Trefferraten der Cache-Vorhersagen in modernen Computern liegen oft bei über 95 % (siehe Abbildung 5.34).

VORHERSAGE

Zugriff auf einen Cache

Nachfolgend ist eine Sequenz aus neun Speicherzugriffen auf einen leeren, acht Blöcke großen Cache gezeigt, einschließlich der Aktionen für jeden Zugriff. Tabelle 5.2 zeigt, wie sich der Inhalt des Caches bei jedem Fehlzugriff ändert. Weil im Cache acht Blöcke vorhanden sind, geben die unteren drei Bits einer Adresse die Blocknummer an:

Dezimaladresse der Referenz	Binäradresse der Referenz	Treffer oder Fehlzugriff im Cache	Zugeordneter Cache-Block
22	10110_B	Fehlzugriff (5.2 b)	$(10110_B \bmod 8) = 110_B$
26	11010_B	Fehlzugriff (5.2 c)	$(11010_B \bmod 8) = 010_B$
22	10110_B	Treffer	$(10110_B \bmod 8) = 110_B$
26	11010_B	Treffer	$(11010_B \bmod 8) = 010_B$
16	10000_B	Fehlzugriff (5.2 d)	$(10000_B \bmod 8) = 000_B$
3	00011_B	Fehlzugriff (5.2 e)	$(00011_B \bmod 8) = 011_B$
16	10000_B	Treffer	$(10000_B \bmod 8) = 000_B$
18	10010_B	Fehlzugriff (5.2 f)	$(10010_B \bmod 8) = 010_B$

Weil der Cache leer ist, sind mehrere der ersten Zugriffe Fehlzugriffe. Die Tabellenüberschrift 5.2 beschreibt die Aktionen für jeden Speicherzugriff. Von den acht Zugriffen haben wir konfliktverursachende Anforderungen für einen Block. Das Wort an der Adresse 18 (10010_B) muss in den Cache-Block 2 (010_B) gebracht werden. Deshalb muss es das Wort an der Adresse 26 (11010_B) ersetzen, das sich bereits im Cache-Block 2 (010_B) befand. Dieses Verhalten ermöglicht es dem Cache, die temporale Lokalität zu nutzen: Wörter, auf die vor kurzer Zeit zugegriffen wurde, ersetzen Wörter, auf die schon längere Zeit kein Zugriff mehr erfolgte.

Diese Situation kann man direkt damit vergleichen, dass ein neues Buch aus dem Regal benötigt wird, aber auf dem Schreibtisch kein Platz mehr frei ist – ein bereits auf Ihrem Schreibtisch befindliches Buch muss deshalb ins Regal zurückgestellt werden. In einem direkt abgebildeten Cache gibt es nur einen Platz, wo das neu angeforderte Speicherwort abgelegt werden kann, und damit nur eine Wahl, was ersetzt werden soll.

Wir wissen, wo wir im Cache nach möglichen Adressen suchen müssen: Die unteren Bits einer Adresse werden verwendet, um den eindeutigen Cache-Eintrag zu finden, auf den die Adresse abgebildet werden kann. Abbildung 5.8 zeigt, wie eine referenzierte Adresse unterteilt wird in

- einen Cache-Index, der für die Auswahl des Blocks verwendet wird, und
- ein Tag-Feld, das mit dem Wert des Tag-Felds des Caches verglichen wird.

Der Index eines Cache-Blocks gibt in Kombination mit dem Tag-Inhalt dieses Blocks eindeutig die Speicheradresse des in dem Cache-Block enthaltenen Wortes an. Weil das Indexfeld als Adresse für den Zugriff auf den Cache verwendet wird und weil ein n Bit großes Feld 2^n Werte haben kann, muss die Gesamtzahl der Einträge in einem direkt abgebildeten Cache eine Zweierpotenz sein. In der MIPS-Architektur werden Wörter an Vielfachen von 4 By-

Tab. 5.2: Der Cache-Inhalt nach jeder Zugriffsanforderung, die einen Fehlzugriff verursacht, wobei für die Index- und Tag-Felder die Adressfolge verwendet wird, die auf Seite 432 binär dargestellt ist. Der Cache ist anfangs leer und die Gültigkeits-Bits (V-Eintrag im Cache) sind nicht gesetzt (N). Der Prozessor fordert die folgenden Adressen an: 10110_B (Fehlzugriff), 11010_B (Fehlzugriff), 10110_B (Treffer), 11010_B (Treffer), 10000_B (Fehlzugriff), 00011_B (Fehlzugriff), 10000_B (Treffer), 10010_B (Fehlzugriff) und 10000_B (Treffer). Die Abbildungen zeigen den Cache-Inhalt, nachdem die aufeinanderfolgenden Fehlzugriffe verarbeitet wurden. Wenn ein Zugriff auf die Adresse $10010_B(18)$ erfolgt, muss der Eintrag für die Adresse $11010_B(26)$ ersetzt werden, und ein Zugriff auf 11010_B verursacht einen nachfolgenden Fehlzugriff. Das Tag-Feld enthält nur den oberen Teil der Adresse. Die vollständige Adresse eines Wortes im Cache-Block i mit Tag-Feld j für diesen Cache ist $j \times 8 + i$ oder äquivalent die Konkatenation des Tag-Feldes j und des Index i. Im unten gezeigten Cache f. beispielsweise hat der Index 010 das Tag 10 und entspricht der Adresse 10010.

Index	V	Tag	Daten
000	N		
001	N		
010	N		
011	N	.	
100	N		
101	N		
110	N		
111	N		

a. Der Ausgangszustand des Caches nach dem Einschalten.

Index	V	Tag	Daten
000	N		
001	N		
010	N		
011	N		
100	N		
101	N		
110	J	10_B	**Speicher(10110_B)**
111	N		

b. Nach Verarbeitung eines Fehlzugriffs auf Adresse (10110_B).

Index	V	Tag	Daten
000	N		
001	N		
010	J	11_B	**Speicher (11010_B)**
011	N		
100	N		
101	N		
110	J	10_B	Speicher (10110_B)
111	N		

c. Nach Verarbeitung eines Fehlzugriffs auf Adresse (11010_B).

Index	V	Tag	Daten
000	J	10_B	**Speicher (10000_B)**
001	N		
010	J	11_B	Speicher (11010_B)
011	N		
100	N		
101	N		
110	J	10_B	Speicher (10110_B)
111	N		

d. Nach Verarbeitung eines Fehlzugriffs auf Adresse (10000_B).

Index	V	Tag	Daten
000	J	10_B	Speicher (10000_B)
001	N		
010	J	11_B	Speicher (11010_B)
011	J	00_B	**Speicher (00011_B)**
100	N		
101	N		
110	J	10_B	Speicher (10110_B)
111	N		

e. Nach Verarbeitung eines Fehlzugriffs auf Adresse (00011_B).

Index	V	Tag	Daten
000	J	10_B	Speicher (10000_B)
001	N		
010	J	10_B	**Speicher 10010_B)**
011	J	00_B	Speicher (00011_B)
100	N		
101	N		
110	J	10_B	Speicher (10110_B)
111	N		

f. Nach Verarbeitung eines Fehlzugriffs auf Adresse (10010_B).

Adresse (mit Bit-Positionen)

31 30 ··· 13 12 11 ··· 2 1 0

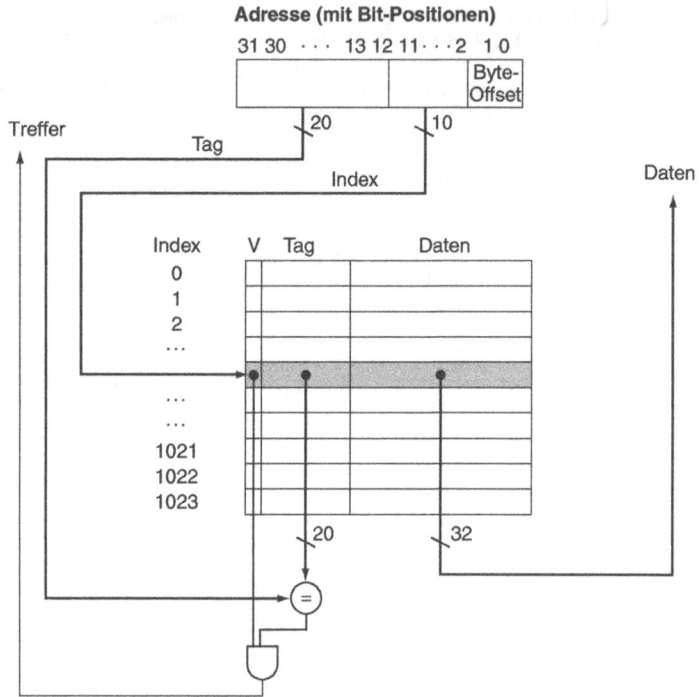

Abb. 5.8: Bei diesem Cache wird der untere Teil der Adresse verwendet, um einen Cache-Eintrag auszuwählen, der aus einem Datenwort und einem Tag besteht. Das Tag für den Cache wird mit dem oberen Teil der Adresse verglichen, um festzustellen, ob der Eintrag im Cache der angeforderten Adresse entspricht. Weil der Cache $2^{10} = 1024$ Wörter enthält und eine Blockgröße von 1 Wort aufweist, werden 10 Bits verwendet, um den Cache zu indizieren, so dass $32 - 10 - 2 = 20$ Bits bleiben, die mit dem Tag verglichen werden müssen. Wenn das Tag und die oberen 20 Bits der Adresse gleich sind und das Gültigkeits-Bit (V) gesetzt ist, erzeugt die Anforderung einen Treffer im Cache und das Wort wird dem Prozessor bereitgestellt. Andernfalls erfolgt ein Fehlzugriff.

tes ausgerichtet, weshalb die beiden niedrigstwertigen Bits jeder Adresse ein Byte innerhalb eines Worts angeben. Daher werden die beiden niedrigstwertigen Bits bei der Auswahl des Wortes im Block ignoriert.

Die Gesamtzahl der für einen Cache benötigten Bits ist eine Funktion der Cache-Größe und der Adressgröße, weil der Cache sowohl den Speicherplatz für die Daten als auch für die Tags umfasst. Die Größe des oben gezeigten Blocks betrug ein Wort, aber normalerweise ist ein Block mehrere Wörter groß. Für die folgende Situation

- 32-Bit-Byteadressen
- direkt abgebildeter Cache
- Cachegröße beträgt 2^n Blöcke, weshalb n Bits für den Index verwendet werden den

- Blockgröße beträgt 2^m Wörter (2^{m+2} Bytes), es werden also m Bits für das Wort innerhalb des Blocks und zwei Bits für den Byte-Anteil der Adresse verwendet

hat das Tag-Feld die folgende Größe:

$$32 - (n + m + 2)$$

Die Gesamtzahl der Bits in einem direkt abgebildeten Cache beträgt

$$2^n \times (\text{Blockgröße} + \text{Tag-Größe} + \text{Gültigkeitsfeldgröße})$$

Weil die Blockgröße 2^m Wörter (2^{m+5} Bit) beträgt und wir 1 Bit für das Gültigkeitsfeld benötigen, ist die Anzahl der Bits in einem solchen Cache:

$$2^n \times (2^m \times 32 + (32 - n - m - 2) + 1) = 2^n \times (2^m \times 32 + 31 - n - m).$$

Dies ist die tatsächliche Bitanzahl, aber die Namenskonvention schließt die Größe des Tag-Feldes und das Gültigkeitsfeld aus und zählt nur die Größe der Daten. Abbildung 5.8 zeigt also einen 4 KiB-Cache, auch wenn dieser neben den 4 KiB an Daten 1 375 KiB an Tags und Gültigkeitsbits enthält.

Beispiel: Anzahl der Bits in einem Cache

Wie viele Bits braucht man insgesamt für einen direkt abgebildeten Cache mit 16 KiB Daten und 4-Wort-Blöcken bei 32-Bit-Adressen?

Lösung: Wir wissen, dass 16 KiB gleich 4096 (2^{12}) Wörter sind. Das sind 2^{12} Wörter, und bei einer Blockgröße von 4 Wörtern (2^2) gleich 1024 (2^{10}) Blöcke. Jeder Block hat 4×32 oder 128 Bit Daten plus ein Tag mit $32 - 10 - 2 - 2$ Bit plus ein Gültigkeits-Bit. Die Gesamtgröße des Caches beträgt also

$$2^{10} \times (128 + (32 - 10 - 2 - 2) + 1) = 2^{10} \times 147 = 147 \text{ Kibibit}$$

oder 18,4 KiB für einen Cache mit 16 KiB. Für diesen Cache ist die Gesamtzahl der Bits im Cache etwa das 1,15-Fache dessen, was nur für das Ablegen der Daten benötigt wird.

Beispiel: Abbildung einer Adresse auf einen Cache-Block, der mehrere Wörter umfasst

Betrachten wir einen Cache mit 64 Blöcken und einer Blockgröße von 16 Bytes. Auf welche Blocknummer wird die Byteadresse 1200 abgebildet?

Lösung: Die Formel wurde auf Seite 429 angegeben. Der Block wird berechnet mit

(Blockadresse) modulo (Anzahl der Cache-Blöcke)

Dabei ist die Adresse des Blocks gleich

$$\left\lfloor \frac{\text{Byteadresse}}{\text{Bytes pro Block}} \right\rfloor$$

Beachten Sie, dass diese Blockadresse der Block ist, der alle Adressen zwischen

$$\left\lfloor \frac{\text{Byteadresse}}{\text{Bytes pro Block}} \right\rfloor \times \text{Bytes pro Block}$$

und

$$\left\lfloor \frac{\text{Byteadresse}}{\text{Bytes pro Block}} \right\rfloor \times \text{Bytes pro Block} + (\text{Bytes pro Block} - 1)$$

enthält. Bei 16 Bytes pro Block ist die Byteadresse 1200 also die Blockadresse

$$\left\lfloor \frac{1200}{16} \right\rfloor = 75$$

Die Blockadresse wird auf die Cache-Blocknummer (75 modulo 64) = 11 abgebildet. Dieser Block bildet tatsächlich alle Adressen zwischen 1200 und 1215 ab.

Größere Blöcke nutzen die räumliche Lokalität, um die Fehlzugriffsraten zu senken. Wie Abbildung 5.9 zeigt, sinkt die Fehlzugriffsrate bei steigender Blockgröße. Die Fehlzugriffsrate steigt jedoch wieder, wenn die Blockgröße zu einem wesentlichen Teil der Cache-Größe wird. Dann können nur noch sehr wenige Blöcke im Cache abgelegt werden, und es gibt sehr viel Konkurrenz um diese Blöcke. Demzufolge wird ein Block aus dem Cache geworfen, noch bevor ein Zugriff auf viele seiner Wörter erfolgt ist. Anders ausgedrückt, die räumliche Lokalität zwischen den Wörtern in einem Block ist bei großen Blöcken kleiner und damit der Vorteil geringer.

Ein noch bedeutenderes Problem, das bei Vergrößerung der Blöcke entsteht, ist, dass die Kosten eines Fehlzugriffs steigen. Der Fehlzugriffsaufwand wird bestimmt durch die Zeit, die erforderlich ist, um den Block von der nächstniedrigeren Hierarchieebene zu holen und in den Cache zu laden. Die Zeit für das Laden besteht aus zwei Komponenten: der Latenz bis zum Laden des ersten Wortes und der Übertragungszeit für den Rest des Blocks. Wenn wir das Speichersystem nicht ändern, steigt mit der Blockgröße die Übertragungszeit – und damit der Fehlzugriffsaufwand.

Darüber hinaus beginnt die Verbesserung der Fehlzugriffsrate zu sinken, wenn die Blöcke größer werden. Das Ergebnis ist, dass die Erhöhung des Fehlzugriffsaufwands die Verminderung der Fehlzugriffsrate für große Blöcke überwiegt, und die Cache-Leistung damit sinkt. Wenn wir allerdings den Speicher

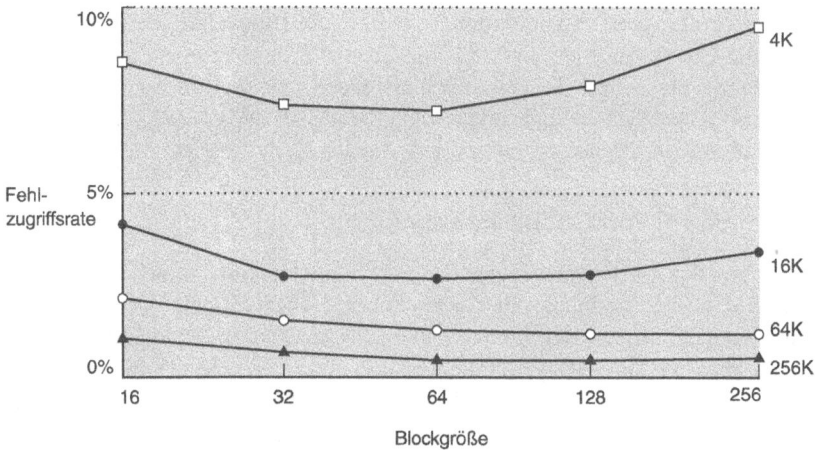

Abb. 5.9: Fehlzugriffsrate im Vergleich zur Blockgröße. Beachten Sie, dass die Fehlzugriffs-rate ansteigt, wenn die Blockgröße im Verhältnis zur Cache-Größe zu groß ist. Jede Linie stellt einen Cache anderer Größe dar. (Diese Abbildung ist unabhängig von der Assoziativität, die später beschrieben wird.)

so auslegen, dass größere Blöcke effizienter übertragen werden, können wir die Blockgröße steigern und erhalten weitere Verbesserungen der Cache-Leistung. Wir werden im nächsten Abschnitt auf dieses Thema zurückkommen.

Anmerkung: Es ist zwar schwierig, etwas gegen die Latenzkomponente des Fehlzugriffsaufwands zu tun, aber eventuell können wir einen Teil der Über-tragungszeit verbergen, so dass der Fehlzugriffsaufwand effektiv kleiner wird. Die einfachste Methode ist der so genannte *Early Restart*. Dabei wird die Pro-grammausführung bereits fortgesetzt, sobald das angeforderte Wort geladen ist, anstatt auf das Laden des gesamten Blocks zu warten. Viele Prozessoren verwenden diese Technik für den Zugriff auf Befehle, wo sie auch am besten funktioniert. Zugriffe auf Befehle erfolgen größtenteils sequiell. Wenn also das Speichersystem in jedem Takt ein Wort bereitstellen kann, ist der Prozessor möglicherweise in der Lage, die Ausführung des Befehls, der den Fehlzugriff ausgelöst hat, zu starten, sobald das angeforderte Befehlswort geladen wurde, und das Speichersystem liefert die weiteren Befehlswörter gerade rechtzeitig („just in time"), so dass keine weiteren Verzögerungen in der Programmaus-führung entstehen. Diese Technik ist für Datencaches im Allgemeinen weniger effektiv, weil auf die Wörter eines Datenblocks meist auf weniger vorherseh-bare Weise zugegriffen wird und der Prozessor mit hoher Wahrscheinlichkeit ein anderes Wort aus einem anderen Cache-Block benötigt, bevor die Übertra-gung abgeschlossen ist. Wenn der Prozessor nicht auf den Datencache zugrei-fen kann, weil gerade eine Übertragung stattfindet, muss er warten.

Ein noch komplexeres Schema besteht darin, den Speicher so zu organisie-ren, dass das angeforderte Wort zuerst vom Speicher in den Cache übertragen wird. Der restliche Block wird anschließend übertragen, beginnend mit der

Adresse hinter dem angeforderten Wort bis zum Blockende. Am Blockende wird die Übertragung im direkten Anschluss mit den Adressen am Blockanfang fortgesetzt. Diese Technik, auch als oder *Critical Word First (kritisches Wort zuerst)* bezeichnet, kann etwas schneller als ein Early Restart sein, ist aber durch dieselben Eigenschaften limitiert, die den Early Restart beschränken.

Behandlung von Cache-Fehlzugriffen

Cache-Fehlzugriff Eine Anforderung von Daten aus dem Cache, die nicht erfüllt werden kann, weil die Daten nicht im Cache vorliegen.

Bevor wir den Cache eines realen Systems betrachten, wollen wir überprüfen, wie die Steuerungseinheit mit **Cache-Fehlzugriffen** umgeht. (Abschnitt 5.9 bietet eine detaillierte Beschreibung einer Cache-Steuerung.) Die Steuerungseinheit muss einen Fehlzugriff erkennen und diesen verarbeiten, indem die angeforderten Daten aus dem Speicher (oder, wie wir noch sehen werden, aus einem Cache auf einer darunter liegenden Ebene) geladen werden. Wenn der Cache einen Treffer anzeigt, verwendet der Rechner die Daten weiter, als sei nichts geschehen.

Die Anpassung der Steuerung eines Prozessors für Cache-Treffer ist trivial. Für Fehlzugriffe ist jedoch ein gewisser Zusatzaufwand erforderlich. Die Behandlung eines Cache-Fehlzugriffs erfolgt in Zusammenarbeit mit der Prozessor-Steuerungseinheit und mit einem separaten Controller, der den Speicherzugriff initiiert und den Cache wieder füllt. Die Verarbeitung eines Cache-Fehlzugriffs erzeugt einen Stillstand (Kapitel 4), im Gegensatz zu einem Interrupt, bei dem der Status aller Register gespeichert werden müsste. Für einen Cache-Fehlzugriff können wir den gesamten Prozessor stillstehen lassen, wobei wir den Inhalt der temporären und für den Programmierer sichtbaren Register einfrieren, während wir auf den Speicher warten. Komplexere Out-of-Order-Prozessoren können die Ausführung von Befehlen zulassen, während sie auf die Verarbeitung eines Cache-Fehlzugriffs warten, doch wir wollen in diesem Abschnitt von In-Order-Prozessoren ausgehen, die bei Cache-Fehlzugriffen eine Verzögerung verursachen.

Jetzt betrachten wir genauer, wie Cache-Fehlzugriffe verarbeitet werden. Derselbe Ansatz kann ganz einfach auf die Verarbeitung der von Daten ausgelösten Fehlzugriffe erweitert werden. Wenn ein Befehlszugriff zu einem Fehlzugriff führt, ist der Inhalt des Befehlsregisters ungültig. Um den richtigen Befehl in den Cache zu laden, müssen wir in der Lage sein, die untere Ebene in der Speicherhierarchie anzuweisen, eine Leseoperation auszuführen. Weil der Befehlszähler im ersten Taktzyklus der Ausführung inkrementiert wird, und zwar sowohl in Pipeline- als auch in Multizyklen-Prozessoren, ist die Adresse des Befehls, der einen Fehlzugriff für den Befehlscache erzeugt hat, gleich dem Wert des Befehlszählers minus vier. Sobald wir die Adresse haben, müssen wir den Hauptspeicher anweisen, eine Leseoperation auszuführen. Wir warten darauf, dass der Speicher antwortet (weil der Zugriff mehrere Zyklen lang dauert), und schreiben dann die Wörter in den Cache.

Jetzt können wir die Schritte definieren, die bei einem Befehlscache-Fehlzugriff auszuführen sind:

1. den ursprünglichen Befehlszählerwert (aktueller Befehlszähler minus vier) an den Speicher senden,

2. den Hauptspeicher anweisen, eine Leseoperation auszuführen, und darauf warten, dass der Speicher seinen Zugriff abschließt,

3. den Cache-Eintrag füllen, wobei die Daten aus dem Speicher in den Datenteil des Eintrags eingefügt, die oberen Bits der Adresse (aus der ALU) in das Tag-Feld geschrieben und das Gültigkeits-Bit gesetzt werden,

4. den Befehl erneut laden, wobei er diesmal im Cache zu finden ist.

Die Steuerung des Caches bei einem Datenzugriff ist im Wesentlichen identisch: Bei einem Fehlzugriff bleibt der Prozessor einfach im Stillstand, bis der Speicher mit den Daten antwortet.

Behandlung von Schreiboperationen

Für Schreiboperationen funktioniert das Ganze etwas anders. Angenommen, wir haben bei einem Speicherbefehl die Daten nur in den Datencache geschrieben (ohne den Hauptspeicher zu ändern). Nachdem wir dann in den Cache geschrieben haben, enthält der Speicher einen anderen Wert als der Cache. In einem solchen Fall sagt man, Cache und Speicher sind *inkonsistent*. Die einfachste Methode, Hauptspeicher und Cache konsistent zu halten, ist es, Daten immer sowohl in den Speicher als auch in den Cache zu schreiben. Dieses Schema wird als **Durchschreibetechnik** (*write-through*) bezeichnet.

Durchschreibetechnik Ein Schema, bei dem Schreiboperationen immer sowohl den Cache als auch den Speicher aktualisieren, so dass sichergestellt ist, dass die Daten zwischen Speicher und Cache immer konsistent sind.

Der andere wichtige Aspekt bei Schreiboperationen ist, was bei einem Schreib-Fehlzugriff passiert. Zuerst holen wir die Wörter des Blocks aus dem Speicher. Nachdem der Block geladen und in den Cache gespeichert wurde, können wir das Wort überschreiben, das den Fehlzugriff im Cache-Block verursacht hat. Außerdem schreiben wir das Wort unter Verwendung der vollständigen Adresse in den Hauptspeicher.

Dieses Design verarbeitet Schreiboperationen auf sehr einfache Weise, bietet aber keine gute Leistung. Bei einem Durchschreibeschema bewirkt jede Schreiboperation, dass die Daten in den Hauptspeicher geschrieben werden. Diese Schreiboperationen dauern lange, oftmals mindestens 100 Prozessortakte, was den Prozessor wesentlich verlangsamen könnte. Angenommen, 10 % der Befehle sind Speicherzugriffe. Wenn der CPI ohne Cache-Fehlzugriffe 1,0 beträgt, dann würde der Aufwand von 100 zusätzlichen Zyklen bei jedem Schreibvorgang zu einem CPI von $1,0 + 100 \times 10\,\% = 11$ führen, wodurch sich die Leistung um mehr als den Faktor 10 verschlechtern würde.

Eine Lösung für dieses Problem ist die Verwendung eines **Schreibpuffers.** Ein Schreibpuffer speichert die Daten, die darauf warten, dass sie in den Speicher geschrieben werden. Nachdem die Daten in den Cache und in den Schreibpuffer geschrieben wurden, kann der Prozessor die Ausführung fortsetzen. Wenn eine Schreiboperation in den Hauptspeicher abgeschlossen ist, wird der Eintrag aus dem Schreibpuffer gelöscht. Ist der Schreibpuffer voll und der Prozessor will eine Schreiboperation ausführen, muss der Prozessor stillstehen,

Schreibpuffer Ein FIFO-Puffer, der die Daten aufnimmt, die darauf warten, dass sie in den Speicher geschrieben werden.

bis ein Platz im Schreibpuffer frei ist. Wenn natürlich die Geschwindigkeit, in der der Speicher Schreiboperationen ausführen kann, kleiner ist als die Geschwindigkeit, in der der Prozessor Schreiboperationen erzeugt, kann keine noch so große Pufferung helfen, weil die Schreiboperationen schneller erzeugt werden, als das Speichersystem sie entgegennehmen kann.

Die Geschwindigkeit, in der Schreiboperationen erzeugt werden, kann auch *kleiner* sein als die Geschwindigkeit, in der der Speicher sie entgegennehmen kann, und dennoch können Stillstände auftreten. Das passiert, wenn die Schreiboperationen in Bündeln (Bursts) auftreten. Um das Auftreten solcher Stillstände zu reduzieren, erhöhen die Prozessoren üblicherweise die Tiefe des Schreibpuffers auf mehr als einen einzigen Eintrag.

Rückschreibetechnik
Ein Schema, das Schreiboperationen verarbeitet, indem es Werte nur in dem Block im Cache aktualisiert, und den veränderten Block erst dann in die untere Hierarchieebene schreibt, wenn der Block ausgetauscht wird.

Die Alternative zu einem Durchschreibeschema ist ein Schema, das als **Rückschreibetechnik** (*write-back*) bezeichnet wird. Bei einem Rückschreibeschema wird bei einer Schreiboperation der neue Wert nur in den Block im Cache geschrieben. Der veränderte Block wird erst dann in die untere Hierarchieebene geschrieben, wenn er ausgetauscht wird. Rückschreibeschemata können die Ausführungsgeschwindigkeit erhöhen, insbesondere, wenn Prozessoren Schreiboperationen schneller erzeugen, als sie vom Hauptspeicher verarbeitet werden können; ein Rückschreibeschema ist jedoch schwieriger zu implementieren als ein Durchschreibeschema.

Im restlichen Abschnitt beschreiben wir die Caches realer Prozessoren. Wir betrachten dabei insbesondere die Verarbeitung von Lese- und Schreiboperationen. In Abschnitt 5.8 beschreiben wir die Verarbeitung von Schreiboperationen detaillierter.

Anmerkung: Schreiboperationen verursachen verschiedene Komplikationen für Caches, die bei Leseoperationen nicht auftreten. Hier beschreiben wir zwei davon: Die Vorgehensweise bei Schreib-Fehlzugriffen sowie die effiziente Implementierung von Schreiboperationen in Rückschreibe-Caches.

Betrachten wir einen Fehlzugriff in einem Durchschreibe-Cache. Die gebräuchlichste Strategie ist es, einen Block im Cache zu reservieren, was auch als *write allocate* bezeichnet wird. Der Block wird aus dem Speicher geladen, und dann wird der entsprechende Teil des Blocks überschrieben. Eine alternative Strategie ist es, den Teil des Blocks im Speicher zu aktualisieren, ihn aber nicht in den Cache zu stellen, was auch als *no write allocate* bezeichnet wird. Die Motivation für diese Schemata ist die Beobachtung, dass Programme manchmal ganze Datenblöcke schreiben, wenn z. B. das Betriebssystem eine Speicherseite mit Nullen füllt. In diesen Fällen ist die dem ersten Schreibfehlzugriff zugeordnete Ladeoperation manchmal unnötig. Einige Computer erlauben es, die Strategie *write allocate* für einzelne Seiten zu ändern.

Die effiziente Implementierung von Speicheroperationen für einen Rückschreibe-Cache ist komplexer als für einen Durchschreibe-Cache. Ein Durchschreibe-Cache kann die Daten in den Cache schreiben und das Tag lesen; stimmt das Tag nicht überein, liegt ein Fehlzugriff vor. Weil der Cache ein Durchschreibe-Cache ist, ist das Überschreiben des Blocks im Cache keine

Katastrophe, weil der Speicher den korrekten Wert enthält. In einem Rück-schreibe-Cache müssen wir zuerst den Block zurück in den Speicher schreiben, wenn der Cache verändert wurde, und wir haben einen Cache-Fehlzugriff. Hät-ten wir den Block bei einem Speicherbefehl einfach überschrieben, bevor wir wussten, ob das Speichern einen Treffer im Cache erzeugt hat (wie bei einem Durchschreibe-Cache), hätten wir den Inhalt des Blocks zerstört, der nicht auf der nächstniedrigeren Ebene der Speicherhierarchie gesichert ist.

Weil wir bei einem Rückschreibe-Cache den Block nicht überschreiben kön-nen, sind für das Speichern entweder zwei Zyklen erforderlich (ein Zyklus, um auf einen Treffer zu prüfen, gefolgt von einem Zyklus für das eigentliche Schreiben), oder ein Schreibpuffer muss diese Daten aufnehmen – womit er letztlich dafür sorgt, dass das Speichern nur einen Zyklus lang dauert, weil es in einer Pipeline ausgeführt wird. Wenn ein Speicherpuffer benutzt wird, er-ledigt der Prozessor die Cache-Überprüfung und schreibt die Daten während des normalen Cache-Zugriffszyklus in den Speicherpuffer. Bei einem Cache-Treffer werden die neuen Daten aus dem Speicherpuffer im nächsten freien Cache-Zugriffszyklus in den Cache geschrieben.

Im Gegensatz dazu können Schreiboperationen in einem Durchschreibe-Cache immer in einem Zyklus ausgeführt werden. Wir lesen das Tag und schreiben den Datenanteil des ausgewählten Blocks. Wenn das Tag mit der Adresse des geschriebenen Blocks übereinstimmt, kann der Prozessor normal weiterarbeiten, weil der korrekte Block aktualisiert wurde. Stimmt das Tag nicht überein, erzeugt der Prozessor einen Schreibfehlzugriff, um den restli-chen Block zu laden, der dieser Adresse entspricht.

Viele Rückschreibe-Caches beinhalten auch Schreibpuffer, die genutzt wer-den, um den Fehlzugriffsaufwand zu reduzieren, wenn bei einem Fehlzugriff ein veränderter Block ersetzt wird. In einem solchen Fall wird, während der an-geforderte Block aus dem Speicher gelesen wird, der veränderte Block in einen Rückschreibepuffer (*write-back buffer*) verschoben, der dem Cache zugeord-net ist. Der Inhalt des Rückschreibepuffers wird später wieder in den Speicher geschrieben. Vorausgesetzt, es passiert nicht unmittelbar danach ein weiterer Fehlzugriff, halbiert diese Technik den Fehlzugriffsaufwand für den Fall, dass ein Dirty-Block ersetzt werden muss.

Ein Beispiel-Cache: Der Intrinsity-FastMATH-Prozessor

Der Intrinsity FastMATH ist ein schneller, eingebetteter Mikroprozessor, der eine MIPS-Architektur sowie eine einfache Cache-Implementierung verwen-det. Am Ende des Kapitels werden wir das komplexere Cache-Design des AMD Opteron X4 (Barcelona) betrachten, aber wir beginnen aus pädago-gischen Gründen mit diesem einfachen und dennoch realen Beispiel. Abbil-dung 5.10 zeigt den Aufbau des Datencaches des Intrinsity FastMATH.

Dieser Prozessor hat eine zwölfstufige Pipeline, ähnlich der in Kapitel 4 be-schriebenen. Der Prozessor wird unter Höchstlast in jedem Takt sowohl ein Befehlswort als auch ein Datenwort anfordern. Um die Anforderungen der Pi-

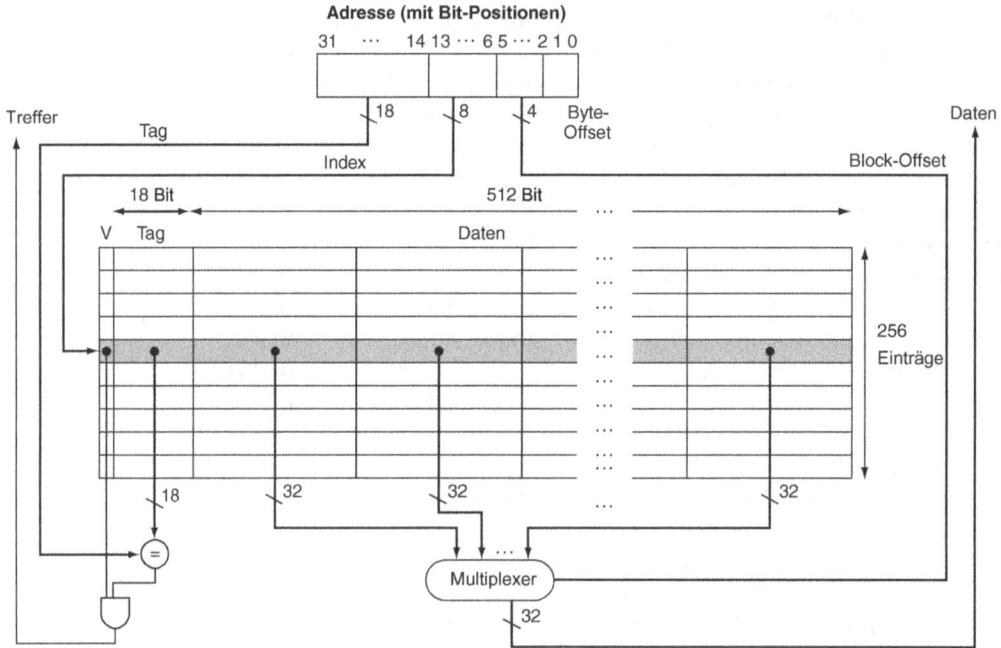

Abb. 5.10: Die 16 KiB großen Caches im Intrinsity FastMATH enthalten je 256 Blöcke mit 16 Wörtern pro Block. Das Tag-Feld ist 18 Bit breit und das Indexfeld ist 8 Bit breit, während ein 4-Bit-Feld (Bits 5–2) verwendet wird, um den Block zu indizieren und das Wort unter Verwendung eines 16:1-Multiplexers auszuwählen. Das Gültigkeits-Bit (V) signalisiert, ob ein Block Gültigkeit besitzt. In der Praxis verwenden Caches ein separates großes RAM für die Daten und ein kleineres RAM für die Tags, um den Multiplexer zu eliminieren, wobei der Block-Offset die zusätzlichen Adressbits für das große Daten-RAM bereitstellt. In diesem Fall ist das RAM 32 Bit breit und muss 16-mal so viele Wörter wie Blöcke im Cache haben.

peline zu erfüllen, ohne einen Stillstand zu erzeugen, werden separate Befehls- und Datencaches verwendet. Jeder Cache umfasst 16 KiB oder 4096 Wörter mit 16-Wort-Blöcken.

Leseanforderungen für den Cache sind einfach zu implementieren. Weil es separate Daten- und Befehlscaches gibt, braucht man separate Steuerungssignale, um die Caches zu lesen oder in sie zu schreiben. (Sie wissen, dass wir den Befehlscache aktualisieren müssen, wenn ein Fehlzugriff auftritt.) Die Schritte für eine Leseanforderung eines der Caches sehen also wie folgt aus:

1. Die Adresse wird an den entsprechenden Cache gesendet. Sie stammt entweder vom Befehlszähler (für einen Befehl) oder von der ALU (für Daten).

2. Wenn der Cache einen Treffer signalisiert, steht das angeforderte Wort auf den Datenleitungen zur Verfügung. Da es 16 Wörter im gewünschten Block gibt, müssen wir das richtige Wort auswählen. Ein Blockindexfeld wird verwendet, um den Multiplexer zu steuern (in der Abbildung unten), der das angeforderte Wort aus den 16 Wörtern in dem indizierten Block auswählt.

3. Wenn der Cache einen Fehlzugriff signalisiert, senden wir die Adresse an den Hauptspeicher. Wenn der Speicher die Daten zurückgibt, schreiben wir sie in den Cache und lesen sie dann, um die Anforderung zu erfüllen.

Für Schreiboperationen unterstützt der Intrinsity FastMATH sowohl die Durchschreibetechnik als auch die Rückschreibetechnik und überlässt dem Betriebssystem die Auswahl, welche Strategie für eine Anwendung verwendet werden soll. Der Prozessor hat einen Schreibpuffer, der einen Eintrag aufnehmen kann.

Welche Cache-Fehlzugriffsraten entstehen bei einer Cache-Struktur wie der im Intrinsity FastMATH verwendeten? Tabelle 5.3 zeigt die Fehlzugriffsraten für die Befehls- und Datencaches. Die kombinierte Fehlzugriffsrate ist die effektive Fehlzugriffsrate pro Referenz für jedes Programm nach Berücksichtigung der unterschiedlichen Häufigkeiten von Befehls- und Datenzugriffen.

Tab. 5.3: Angenäherte Fehlzugriffsraten für Befehle und Daten für den Prozessor Intrinsity FastMATH mit SPEC2000-Benchmarks. Die kombinierte Fehlzugriffsrate ist die effektive Fehlzugriffsrate, die für den Befehlscache (16 KiB) und Datencache (16 KiB) aufgetreten ist. Sie wird ermittelt, indem die Fehlzugriffsraten für Befehle und Daten nach der Häufigkeit von Befehls- und Datenzugriffen gewichtet werden.

Fehlzugriffsrate für Befehle	Fehlzugriffsrate für Daten	Kombinierte Fehlzugriffsrate
0,4 %	11,4 %	3,2 %

Obwohl die Fehlzugriffsrate eine wichtige Eigenschaft von Cache-Entwürfen darstellt, ist das ultimative Maß die Auswirkung des Speichersystems auf die Programmausführungszeit. Wir werden gleich sehen, in welchem Verhältnis Fehlzugriffsrate und Ausführungszeit zueinander stehen.

Anmerkung: Ein kombinierter Cache mit einer Gesamtgröße gleich der Summe der beiden **getrennten Caches** weist im Allgemeinen eine bessere Trefferrate auf. Diese höhere Rate entsteht, weil der kombinierte Cache die Anzahl der Einträge, die von Befehlen verwendet werden können, nicht streng von denen trennt, die von Daten verwendet werden können. Nichtsdestotrotz verwenden viele Prozessoren getrennte Befehls- und Datencaches, um die Cache-*Bandbreite* zu erhöhen. (Es kann auch weniger konfliktverursachende Fehlzugriffe geben, wie in Abschnitt 5.8 beschrieben.)

Nachfolgend sehen Sie die Fehlzugriffsraten für Caches einer Größe, wie man sie beim Intrinsity-FastMATH-Prozessor findet, und für einen kombinierten Cache, dessen Größe gleich der Gesamtgröße der beiden Caches ist:

- Cache-Gesamtgröße: 32 KiB
- effektive Fehlzugriffsrate der getrennten Caches: 3,24 %
- Fehlzugriffsrate des kombinierten Caches: 3,18 %

Die Fehlzugriffsrate der getrennten Caches ist nur geringfügig schlechter.

Der Vorteil bei der Verdopplung der Cache-Bandbreite durch die Unterstützung eines gleichzeitigen Befehls- und Datenzugriffs überwiegt den Nachteil einer etwas schlechteren Fehlzugriffsrate bei Weitem. Diese Beobachtung ist ein weiterer Hinweis darauf, dass wir die Fehlzugriffsrate nicht als einziges Maß für die Cache-Leistung verwenden können, wie wir in Abschnitt 5.4 gezeigt haben.

getrennte Caches Ein Schema, bei dem sich eine Ebene der Speicherhierarchie aus zwei voneinander unabhängigen Caches zusammensetzt, die parallel zueinander arbeiten, wobei der eine Befehle, der andere Daten verarbeitet.

Zusammenfassung

Wir haben den vorherigen Abschnitt mit einer Betrachtung der einfachsten Form eines Caches begonnen: einem direkt abgebildeten Cache mit einem 1-Wort-Block. In einem solchen Cache sind sowohl Treffer als auch Fehlzugriffe einfach zu verarbeiten, weil ein Wort an genau einer Position stehen kann, und es für jedes Wort ein separates Tag gibt. Um Cache und Speicher konsistent zu halten, kann ein Durchschreibeschema verwendet werden, so dass jede Schreiboperation in den Cache auch eine Aktualisierung des Speichers bewirkt. Die Alternative zum Durchschreiben ist ein Rückschreibeschema, das einen Block zurück in den Speicher kopiert, sobald er ersetzt wird. Dieses Schema werden wir in nachfolgenden Abschnitten noch genauer beschreiben.

Um die räumliche Lokalität zu nutzen, muss ein Cache eine Blockgröße größer als ein Wort haben. Die Verwendung eines größeren Blocks senkt die Fehlzugriffsrate und verbessert die Effizienz der Cache-Hardware, indem die Menge der Tag-Speicherungen relativ zur Menge der Datenspeicherungen im Cache reduziert wird. Obwohl ein größerer Block die Fehlzugriffsrate senkt, kann sich der Fehlzugriffsaufwand erhöhen. Wenn der Fehlzugriffsaufwand linear mit der Blockgröße steigt, können größere Blöcke schnell zu einer schlechteren Leistung führen.

Um einen Leistungsverlust zu vermeiden, wird die Bandbreite des Hauptspeichers erhöht, um Cache-Blöcke schneller übertragen zu können. Die gebräuchlichsten Methoden dafür sind Speicherverbreiterung und -verschränkung. Die DRAM-Entwickler haben die Schnittstelle zwischen Prozessor und Speicher ständig verbessert, um die Bandbreite von Burst-Transfers steigern zu können und so die Kosten für größere Cache-Blocks zu reduzieren.

Selbsttest

Die Geschwindigkeit des Speichersystems wirkt sich auf die Entscheidung des Designers aus, welche Größe der Cache-Block haben soll. Welche der folgenden Richtlinien für Cache-Designer sind allgemeingültig?

1. Je kürzer die Speicherlatenz, desto kleiner der Cache-Block.
2. Je kürzer die Speicherlatenz, desto größer der Cache-Block.
3. Je größer die Speicherbandbreite, desto kleiner der Cache-Block.
4. Je größer die Speicherbandbreite, desto größer der Cache-Block.

5.4   Cache-Leistung messen und verbessern

In diesem Abschnitt betrachten wir zunächst, wie man die Cache-Leistung messen und analysieren kann. Anschließend untersuchen wir zwei unterschiedliche Techniken zur Verbesserung der Cache-Leistung. Die erste Technik konzentriert sich darauf, die Fehlzugriffsrate zu reduzieren, indem sie die Wahrscheinlichkeit reduziert, dass zwei unterschiedliche Speicherblöcke um dieselbe Cache-Position konkurrieren. Die zweite Technik reduziert den Fehlzugriffsaufwand, indem sie der Hierarchie eine zusätzliche Ebene hinzufügt. Diese Technik, auch als *Cache-Speicherhierarchie* bezeichnet, wurde 1990 zunächst in Rechnern für über $100 000 eingeführt; inzwischen ist sie alltäglich, da sie in Mobilgeräten eingesetzt wird, die für ein paar hundert Dollar verkauft werden!

Die CPU-Zeit kann in die Taktzyklen unterteilt werden, während derer die CPU das Programm ausführt, und die Taktzyklen, die die CPU damit verbringt, auf das Speichersystem zu warten. Normalerweise gehen wir davon aus, dass die Kosten für Cache-Treffer Teil der normalen CPU-Ausführungszyklen sind. Damit gilt

CPU-Zeit = (CPU-Ausführungstaktzyklen + Speicherstillstands-Taktzyklen)

$\qquad$ × Taktzykluszeit

Speicherstillstands-Taktzyklen (memory-stall clock cycles) stammen hauptsächlich aus Cache-Fehlzugriffen. Außerdem beschränken wir die Diskussion auf ein vereinfachtes Modell des Speichersystems. In realen Prozessoren können die durch Lese- und Schreiboperationen verursachten Stillstände relativ komplex sein, und eine genaue Leistungsvorhersage bedingt im Allgemeinen sehr detaillierte Simulationen des Prozessors und des Speichersystems.

Speicherstillstands-Taktzyklen können definiert werden als die Summe der Stillstandszyklen aus Leseoperationen plus derjenigen aus Schreiboperationen:

Speicherstillstands-Taktzyklen = Lesestillstands-Zyklen

$\qquad$ + Schreibstillstands-Zyklen

Die Lesestillstands-Zyklen können definiert werden durch die Anzahl der Lesezugriffe pro Programm, den Fehlzugriffsaufwand in Taktzyklen für eine Leseoperation und die Lese-Fehlzugriffsrate:

$$\text{Lesestillstands-Zyklen} = \frac{\text{Leseoperationen}}{\text{Programm}} \times \text{Lese-Fehlzugriffsrate}$$
$$\times \text{Lese-Fehlzugriffsaufwand}$$

Schreiboperationen sind komplizierter. Für ein Durchschreibeschema haben wir zwei Ursachen für Stillstände: Schreib-Fehlzugriffe, für die es normalerweise erforderlich ist, dass der Block geladen wird, bevor die Schreiboperation fortgesetzt wird (weitere Informationen über die Verarbeitung von Schreiboperationen finden Sie in der Anmerkung auf Seite 440), und Schreibpuffer-Stillstände, die auftreten, wenn eine Schreiboperation stattfindet, aber der Schreibpuffer voll ist. Die Stillstandszyklen für Schreiboperationen sind also gleich der Summe dieser beiden:

$$\text{Schreib-Stillstandszyklen} = \left(\frac{\text{Schreiboperationen}}{\text{Programm}} \times \text{Schreib-Fehlzugriffsrate}\right.$$
$$\left.\times \text{Schreib-Fehlzugriffsaufwand}\right) + \text{Schreibpuffer-Stillstände}$$

Weil die Schreibpuffer-Stillstände vom zeitlichen Auftreten der Schreiboperationen und nicht nur von deren Häufigkeit abhängig sind, ist es nicht möglich, solche Stillstände mithilfe einer einfachen Gleichung zu berechnen. In einem System mit ausreichender Schreibpuffertiefe (vier oder mehr Wörter) und einem Speicher, der Schreiboperationen in einer Geschwindigkeit akzeptieren kann, die die durchschnittliche Schreibfrequenz in Programmen wesentlich übersteigt (z. B. um einen Faktor von 2), sind glücklicherweise die Schreibpuffer-Stillstände selten, und wir können sie problemlos ignorieren. Wenn ein System diese Kriterien nicht erfüllt, wäre es nicht gut entworfen. Der Designer hätte stattdessen einen tieferen Schreibpuffer oder eine Rückschreibetechnik verwenden sollen.

Rückschreibeschemata haben auch potenzielle zusätzliche Stillstände, die aus der Notwendigkeit entstehen, einen Cache-Block in den Speicher zurückzuschreiben, wenn der Block ersetzt wird. Wir werden in Abschnitt 5.8 genauer darauf eingehen.

In den meisten Caches mit Durchschreibetechnik ist der Fehlzugriffsaufwand für Lese- und Schreiboperationen gleich (die Zeit, um den Block aus dem Speicher zu laden). Wenn wir davon ausgehen, dass die Schreibpuffer-Stillstände zu vernachlässigen sind, können wir die Lese- und Schreiboperationen unter Verwendung einer einzigen Fehlzugriffsrate und eines einzigen Fehlzugriffsaufwands zusammenfassen:

$$\text{Speicherstillstands-Taktzyklen} = \frac{\text{Speicherzugriffe}}{\text{Programm}} \times \text{Fehlzugriffsrate} \times \text{Fehlzugriffsaufwand}$$

Dies können wir auch umschreiben in

$$\text{Speicherstillstands-Taktzyklen} = \frac{\text{Befehle}}{\text{Programm}} \times \frac{\text{Fehlzugriffe}}{\text{Befehl}} \times \text{Fehlzugriffsaufwand}$$

Wir betrachten ein einfaches Beispiel, um den Einfluss der Cache-Leistung auf die Prozessorleistung zu illustrieren.

Beispiel: Berechnung der Cache-Leistung

Wir gehen von einer Fehlzugriffsrate des Befehlscaches für ein Programm von 2 % und einer Fehlzugriffsrate des Datencaches von 4 % aus. Ein Prozessor hat einen CPI von 2 ohne Speicherstillstände, und der Fehlzugriffsaufwand beträgt für alle Fehlzugriffe 100 Zyklen. Berechnen Sie, um wie viel schneller ein Prozessor mit einem perfekten Cache ohne Fehlzugriffe laufen würde. Gehen Sie von einer Häufigkeit der Lade- und Speicherbefehle von 36 % aus.

Lösung: Die Anzahl der Speicherfehlzugriffs-Zyklen für Befehle in Hinblick auf die Gesamtzahl ausgeführter Befehle (I) beträgt

$$\text{Befehlsfehlzugriffs-Zyklen} = \text{I} \times 2\,\% \times 100 = 2{,}00 \times \text{I}$$

Die Häufigkeit aller Lade- und Speicheroperationen beträgt 36 %. Damit können wir die Anzahl der Speicherfehlzugriffs-Zyklen für Datenzugriffe ermitteln:

Datenfehlzugriffs-Zyklen = I × 36 % × 4 % × 100 = 1,44 × I

Die Gesamtzahl der Speicherstillstands-Zyklen beträgt 2,00 × I + 1,44 × I = 3,44 × I. Das sind mehr als 3 Zyklen Speicherstillstand pro Befehl. Der CPI mit Speicherstillständen beträgt also 2 + 3,44 = 5,44. Weil es keine Änderung im Befehlszähler oder in der Taktgeschwindigkeit gibt, ist das Verhältnis der CPU-Ausführungszeiten gleich

$$\frac{\text{CPU-Zeit mit Stillständen}}{\text{CPU-Zeit mit perfektem Cache}} = \frac{I \times CPI_{\text{Stillstand}} \times \text{Taktzyklus}}{I \times CPI_{\text{perfekt}} \times \text{Taktzyklus}}$$

$$= \frac{CPI_{\text{Stillstand}}}{CPI_{\text{perfekt}}} = \frac{5,44}{2} = 2,72$$

Die Leistung mit perfektem Cache wäre um den Faktor 2,72 besser.

Was passiert, wenn der Prozessor schneller getaktet wird, nicht aber das Speichersystem? Die mit Speicherstillständen verbrachte Zeit nimmt einen wachsenden Anteil der Ausführungszeit ein. Das Amdahl'sche Gesetz, das wir in Kapitel 1 vorgestellt haben, erinnert uns an diese Tatsache. Einige einfache Beispiele zeigen, wie ernsthaft dieses Problem sein kann. Angenommen, wir beschleunigen den Computer aus dem vorigen Beispiel, indem wir seinen CPI von 2 auf 1 reduzieren, ohne die Taktfrequenz zu ändern, z. B. durch eine verbesserte Pipeline. Das System mit Cache-Fehlzugriffen hätte damit einen CPI von 1 + 3,44 = 4,44, und das System mit dem perfekten Cache wäre

$$\frac{4,44}{1} = 4,44 \text{ mal schneller.}$$

Die Ausführungszeit, die für Speicherstillstände aufgewendet wird, wäre von

$$\frac{3,44}{5,44} = 63 \%$$

auf

$$\frac{3,44}{4,44} = 77 \%$$

gestiegen. Analog dazu steigert eine höhere Taktfrequenz ohne Änderung des Speichersystems auch den Leistungsverlust aufgrund von Cache-Fehlzugriffen, wie das nächste Beispiel verdeutlicht.

Die zuvor gezeigten Beispiele und Gleichungen gehen davon aus, dass die Trefferzeit bei der Ermittlung der Cache-Leistung vernachlässigbar ist. Wenn die Trefferzeit steigt, steigt auch die Gesamtzeit für den Zugriff auf ein Wort aus dem Speichersystem, womit sich möglicherweise die Zyklusdauer des Prozessors erhöht. Wir werden noch weitere Beispiele dafür sehen, was die Trefferzeit kurzfristig steigern kann, aber ein Beispiel steigert auch die Cache-Größe. Ein größerer Cache hat offensichtlich eine längere Zugriffszeit, so als wäre Ihr Schreibtisch in der Bibliothek sehr groß, so dass es länger dauert, bis Sie ein Buch darauf gefunden haben. Eine höhere Trefferzeit fügt der Pipeline wahrscheinlich auch eine neue Stufe hinzu, weil es mehrere Zyklen dauern kann, bis ein Treffer stattfindet. Es ist zwar komplizierter, die Beeinflussung der Leistung durch eine tiefere Pipeline zu berechnen, aber irgendwann könnte die Verlängerung der Trefferzeit für einen größeren Cache die verbesserte Trefferrate überwiegen und schließlich zu einer schlechteren Prozessorleistung führen.

Um die Tatsache zu kompensieren, dass die Datenzugriffszeit sowohl für Treffer als auch für Fehlzugriffe die Leistung beeinflusst, verwenden die Entwickler manchmal AMAT (Average Memory Access Time), um alternative Cache-Entwürfe zu untersuchen. AMAT ist die mittlere Zeit für den Speicherzugriff, wobei sowohl Treffer als auch Fehlzugriffe sowie die Häufigkeit unterschiedlicher Zugriffe berücksichtigt werden. Es gilt:

AMAT = Trefferzeit + Fehlzugriffsrate × Fehlzugriffsaufwand

Beispiel: Berechnung der mittleren Speicherzugriffszeit (AMAT)

Bestimmen Sie AMAT für einen Prozessor mit 1 ns Taktdauer, einem Fehlzugriffsaufwand von 20 Taktzyklen, einer Fehlzugriffsrate von 0,05 Fehlzugriffen pro Befehl und einer Cache-Zugriffszeit (einschließlich Treffererkennung) von einem Taktzyklus. Nehmen Sie an, dass der Fehlzugriffsaufwand für das Lesen und Schreiben gleich ist und ignorieren Sie andere Schreibverzögerungen.

Lösung: Die durchschnittliche Speicherzugriffszeit pro Befehl ist

AMAT = Trefferzeit + Fehlzugriffsrate × Fehlzugriffsaufwand
     = 1 + 0,05 × 20 = 2 Taktzyklen

oder 2 ns.

Der nächste Unterabschnitt beschreibt alternative Cache-Organisationen, die die Fehlzugriffsrate senken, aber manchmal die Trefferzeit erhöhen. Weitere Beispiele finden Sie in Abschnitt 5.15, Fallstricke und Trugschlüsse.

Reduzierung von Cache-Fehlzugriffen durch eine flexiblere Platzierung von Blöcken

Wenn wir bisher einen Block im Cache platziert haben, haben wir ein einfaches Platzierungsschema verwendet: Ein Block kann an genau einer Stelle im Cache abgelegt werden. Wie bereits erwähnt, spricht man von *direkt abgebildet*, weil jede Blockadresse im Speicher auf eine einzige Position in der oberen Ebene der Hierarchie abgebildet wird. Es gibt zahlreiche Schemata für die Platzierung von Blöcken. Das eine Extrem ist die direkte Abbildung, wobei ein Block an genau einer Position platziert werden kann.

Das andere Extrem ist ein Schema, bei dem ein Block an *jeder* beliebigen Position im Cache platziert werden kann. Ein solches Schema wird als **vollassoziativ** bezeichnet, weil ein Block im Speicher jedem beliebigen Eintrag im Cache zugeordnet werden kann. Um einen bestimmten Block in einem vollassoziativen Cache zu finden, müssen alle Einträge im Cache durchsucht werden. Um die Suche durchführbar zu machen, erfolgt sie parallel mit je einem Vergleicher pro Cache-Eintrag. Diese Vergleicher erhöhen die Hardwarekosten deutlich, so dass eine vollassoziative Cache-Organisation nur für Caches mit wenigen Blöcken sinnvoll ist.

vollassoziativer Cache
Eine Cache-Struktur, bei der ein Block an jeder beliebigen Position im Cache platziert werden kann.

Zwischen direkt abgebildeten und vollassoziativen Caches gibt es die Organisationsform des **satzassoziativen Caches**. In einem satzassoziativen Cache gibt es eine feste Anzahl von Speicherplätzen (mindestens 2), auf die ein Block gespeichert werden kann. Ein satzassoziativer Cache mit n Positionen für einen Block wird als n-fach satzassoziativer Cache bezeichnet. Ein n-fach satzassoziativer Cache besteht aus einer Menge von Sätzen, die aus jeweils n Blöcken bestehen. Jeder Block im Speicher wird auf einen eindeutigen *Satz* im Cache abgebildet, der durch das Indexfeld bestimmt ist, und ein Block kann in *jedem beliebigen* Element dieses Satzes platziert werden. Eine satzassoziative Platzierung kombiniert also direkt abgebildete Platzierung und vollassoziative Platzierung: Ein Block wird direkt auf einen Satz abgebildet, und dann werden alle Blöcke in dem Satz auf Übereinstimmung durchsucht. Abbildung 5.11 beispielsweise zeigt für die drei Blockplatzierungsstrategien, wo Block 12 in einem Cache mit insgesamt acht Blöcken platziert werden kann.

satzassoziativer Cache
Ein Cache, bei dem jeder Block auf eine feste Anzahl von Plätzen gespeichert werden kann.

Beachten Sie, dass bei einem direkt abgebildeten Cache die Position eines Speicherplatzes wie folgt festgelegt ist:

(Blocknummer) modulo (Anzahl der Cache-Blöcke)

In einem satzassoziativen Cache ist der Satz, der einen Speicherblock enthält, festgelegt durch

(Blocknummer) modulo (Anzahl der Sätze im Cache).

Weil der Block in jedem Element des Satzes platziert werden kann, müssen *alle Tags aller Elemente des Satzes* durchsucht werden. In einem vollassoziativen Cache kann der Block überall stehen, und *alle Tags aller Blöcke im Cache* müssen durchsucht werden.

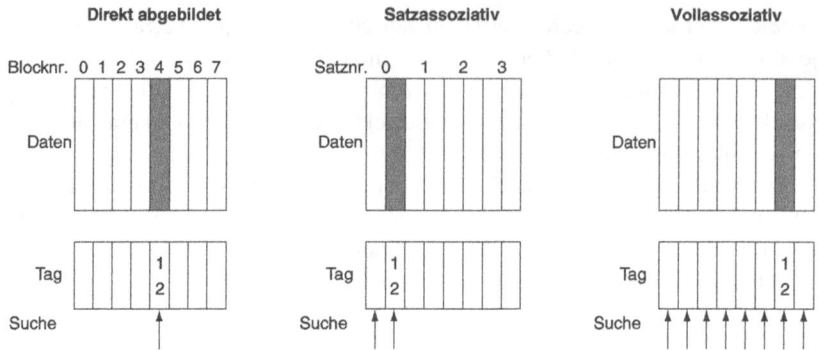

Abb. 5.11: Die Position eines Speicherblocks mit der Adresse 12 unterscheidet sich in einem Cache mit 8 Blöcken bei direkt abgebildeter, satzassoziativer und vollassoziativer Platzierung. Bei der direkt abgebildeten Platzierung gibt es nur einen Cache-Block, in dem Speicherblock 12 gefunden werden kann, und dieser Cache-Block ist angegeben durch (12 mod 8) = 4. In einem zweifach satzassoziativen Cache mit 8 Cache-Blöcken gibt es vier Sätze, und der Speicherblock 12 muss sich in Satz (12 mod 4) = 0 befinden; der Speicherblock kann sich in jedem Element des Satzes befinden. Bei einer vollassoziativen Platzierung kann der Speicherblock mit der Blockadresse 12 in jedem der acht Cache-Blöcke erscheinen.

Wir können uns jede Blockplatzierungsstrategie als Variante der Satzassoziativität vorstellen. Abbildung 5.12 zeigt die möglichen Cache-Organisationsstrukturen für einen 8 Blöcke großen Cache. Ein direkt abgebildeter Cache entspricht einem einfach satzassoziativen Cache: Jeder Cache-Eintrag enthält einen Block und jeder Satz besitzt ein Element. Ein vollassoziativer Cache der Größe m entspricht einem m-fach satzassoziativen Cache; er enthält einen Satz mit m Blöcken, und ein Eintrag kann sich in jedem Block innerhalb dieses Satzes befinden.

Der Vorteil einer erhöhten Assoziativität besteht normalerweise in der Verringerung der Fehlzugriffsrate, wie das nächste Beispiel zeigt. Der wichtigste Nachteil, den wir gleich noch genauer betrachten werden, ist eine langsamere Trefferzeit.

Beispiel: Fehlzugriffe und Assoziativität in Caches

Angenommen, es gibt drei kleine Caches, die jeweils aus vier 1-Wort-Blöcken bestehen. Ein Cache ist vollassoziativ, ein zweiter ist zweifach satzassoziativ, und der dritte ist direkt abgebildet. Ermitteln Sie die Anzahl der Fehlzugriffe für jede Cache-Organisation für die Blockadressfolge 0, 8, 0, 6, 8.

**1fach satzassoziativ
(direkt abgebildet)**

Block Tag Daten

0
1
2
3
4
5
6
7

2fach satzassoziativ

Satz Tag Daten Tag Daten

0
1
2
3

4fach satzassoziativ

Satz Tag Daten Tag Daten Tag Daten Tag Daten

0
1

8fach satzassoziativ (vollassoziativ)

Tag Daten Tag Daten Tag Daten Tag Daten Tag Daten Tag Daten Tag Daten Tag Daten

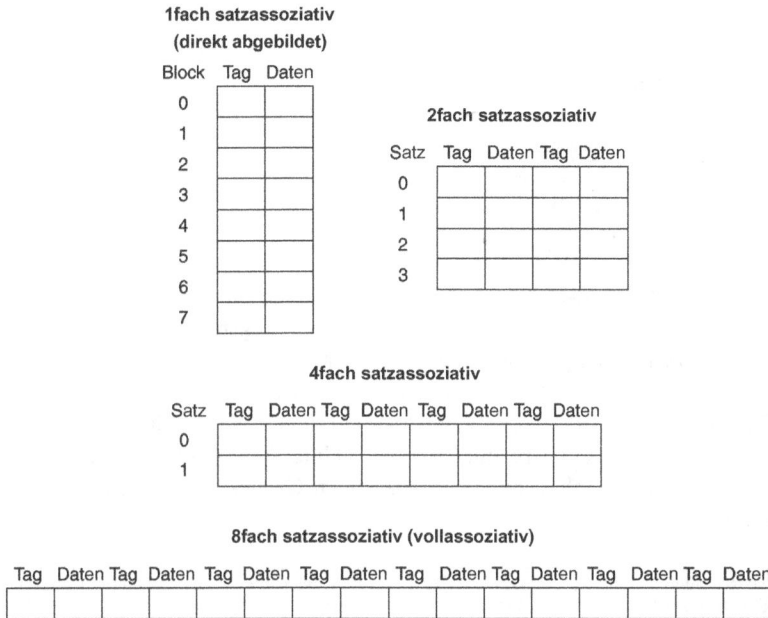

Abb. 5.12: Ein Cache mit 8 Blöcken, konfiguriert als direkt abgebildet, zweifach satzassoziativ, vierfach satzassoziativ und vollassoziativ. Die Gesamtgröße des Caches in Blöcken ist gleich der Anzahl der Sätze mal der Assoziativität. Für eine feste Cache-Größe verringert also eine Vergrößerung der Cache-Assoziativität die Anzahl der Sätze, während sie die Anzahl der Elemente pro Satz erhöht. Mit acht Blöcken ist ein achtfach satzassoziativer Cache dasselbe wie ein vollassoziativer Cache.

Lösung: Der direkt abgebildete Cache ist am einfachsten. Zuerst ermitteln wir, auf welchen Cache-Block jede Speicherblockadresse abgebildet wird:

Blockadresse	Cache-Block
0	(0 modulo 4) = 0
6	(6 modulo 4) = 2
8	(8 modulo 4) = 0

Jetzt können wir den Cache-Inhalt nach jedem Zugriff eintragen, wobei ein leerer Eintrag bedeutet, dass der Block ungültig ist. Fetter Text steht für einen neuen Eintrag, der dem Cache für den zugehörigen Zugriff hinzugefügt wurde, und normaler Text steht für einen alten Eintrag im Cache. Es zeigt sich, dass der direkt abgebildete Cache bei jedem der fünf Zugriffe einen Fehlzugriff erzeugt:

Adresse des Speicherblocks, auf den zugegriffen wird	Treffer oder Fehlzugriff	Inhalt des Cache-Blocks			
		0	1	2	3
0	Fehlzugriff	**Speicher[0]**			
8	Fehlzugriff	**Speicher[8]**			
0	Fehlzugriff	**Speicher[0]**			
6	Fehlzugriff	Speicher[0]		**Speicher[6]**	
8	Fehlzugriff	**Speicher[8]**		Speicher[6]	

Der satzassoziative Cache hat zwei Sätze (mit den Indizes 0 und 1) mit zwei
Elementen pro Satz. Zuerst stellen wir fest, auf welchen Satz die Blockadressen
abgebildet werden:

Blockadresse	Cache-Satz
0	(0 modulo 2) = 0
6	(6 modulo 2) = 0
8	(8 modulo 2) = 0

Weil wir die Wahl haben, welcher Eintrag in einem Satz bei einem Fehlzugriff ersetzt werden soll, brauchen wir eine Ersetzungsregel. Satzassoziative
Caches ersetzen im Allgemeinen den Block, auf den am längsten nicht mehr
zugegriffen wurde (least recently used), d. h. es wird der Block ersetzt, dessen Zugriff am weitesten in der Vergangenheit liegt. (Wir werden später noch
genauer auf die Ersetzungsregeln eingehen.) Unter Verwendung dieser Ersetzungsregel sieht der Inhalt des satzassoziativen Caches nach jedem Verweis
wie folgt aus:

Adresse des Speicherblocks, auf den zugegriffen wird	Treffer oder Fehlzugriff	Inhalt des Cache-Blocks nach dem Zugriff			
		0	**1**	**2**	**3**
0	Fehlzugriff	**Speicher[0]**			
8	Fehlzugriff	Speicher[0]	**Speicher[8]**		
0	Treffer	Speicher[0]	Speicher[8]		
6	Fehlzugriff	Speicher[0]	**Speicher[6]**		
8	Fehlzugriff	**Speicher[8]**	Speicher[6]		

Beachten Sie, dass beim Zugriff auf Block 6 dieser den Block 8 ersetzt, weil
auf Block 8 vor längerer Zeit als auf Block 0 zugegriffen wurde. Der zweifach
satzassoziative Cache erzeugt vier Fehlzugriffe, einen weniger als der direkt
abgebildete Cache.
    Der vollassoziative Cache umfasst vier Cache-Blöcke (in einem einzigen
Satz); jeder Speicherblock kann in jedem Cache-Block abgelegt werden. Der
vollassoziative Cache zeigt mit nur drei Fehlzugriffen die beste Leistung:

Adresse des Speicherblocks, auf den zugegriffen wird	Treffer oder Fehlzugriff	Inhalt des Cache-Blocks nach dem Zugriff			
		0	**1**	**2**	**3**
0	Fehlzugriff	**Speicher[0]**			
8	Fehlzugriff	Speicher[0]	**Speicher[8]**		
0	Treffer	Speicher[0]	Speicher[8]		
6	Fehlzugriff	Speicher[0]	Speicher[8]	**Speicher[6]**	
8	Treffer	Speicher[8]	Speicher[8]	Speicher[6]	

Für diese Zugriffsfolge sind drei Fehlzugriffe das Beste, was wir erreichen können, weil auf drei unterschiedliche Blockadressen zugegriffen wird. Hätten wir
acht Blöcke im Cache gehabt, hätte es im zweifach satzassoziativen Cache keine Ersetzungen gegeben (überprüfen Sie dies selbst!), und es hätte dieselbe
Anzahl von Fehlzugriffen wie im vollassoziativen Cache stattgefunden. Hätten

wir analog dazu 16 Blöcke gehabt, würden alle drei Caches dieselbe Anzahl an Fehlzugriffen aufweisen. Diese Änderung der Fehlzugriffsrate zeigt uns, dass Cachegröße und Assoziativität für die Bestimmung der Cacheleistung nicht unabhängig voneinander zu betrachten sind.

Um wie viel wird die Fehlzugriffsrate durch die Assoziativität reduziert? Tabelle 5.4 zeigt die Verbesserung für einen 64 KiB großen Datencache mit 16-Wort-Blöcken und einer Assoziativität von direkter Abbildung bis hin zur achtfachen Assoziativität. Von der einfachen zur zweifachen Assoziativität sinkt die Fehlzugriffsrate um etwa 15 %, aber es gibt kaum weitere Verbesserungen auf dem Weg zu höheren Assoziativitäten.

Tab. 5.4: Die Fehlzugriffsraten bei einem Datencache mit einem Aufbau wie etwa im Prozessor Intrinsity FastMATH für SPEC CPU2000-Benchmarks mit einer ein- bis achtfachen Assoziativität. Diese Ergebnisse für 10 SPEC CPU2000-Programme stammen aus Hennessy und Patterson [2003].

Assoziativität	Datenfehlzugriffsrate
1	10,3 %
2	8,6 %
4	8,3 %
8	8,1 %

Einen Block im Cache finden

Nun betrachten wir die Aufgabe, einen Block in einem satzassoziativen Cache zu finden. Wie in einem direkt abgebildeten Cache enthält jeder Block in einem satzassoziativen Cache ein Adress-Tag, das zusammen mit dem Index die Blockadresse angibt. Abbildung 5.13 zeigt, wie sich eine Speicheradresse zusammensetzt, auf die der Prozessor zugegriffen. Der Index wird verwendet, um den Satz auszuwählen, der die betreffende Adresse enthält, und die Tags aller Blöcke im Satz müssen daraufhin durchsucht werden, ob ein Tag dabei ist, das mit dem Tag-Teil der angelegten Adresse übereinstimmt. Der Block-Offset-Teil der Adresse selektiert das Wort innerhalb des Blocks. Weil die Geschwindigkeit eine wesentliche Rolle spielt, werden alle Tags im Satz parallel durchsucht. Wie bei einem vollassoziativen Cache würde eine sequentielle Suche die Trefferzeit für einen satzassoziativen Cache zu langsam machen.

Wenn die Gesamtgröße des Caches gleich bleibt, erhöht eine Steigerung der Assoziativitätdie Anzahl der Blöcke pro Satz, d. h. die Anzahl der gleichzeiti-

Tag	Index	Block-Offset

Abb. 5.13: Die drei Komponenten einer Speicheradresse in einem satzassoziativen oder direkt abgebildeten Cache. Der Index wird verwendet, um den Satz auszuwählen, und anschließend wird das Tag verwendet, um den Block durch Vergleich mit den Blöcken im ausgewählten Satz auszuwählen. Der Block-Offset ist die Adresse der gewünschten Daten in dem Block.

gen Vergleiche, die für eine parallele Suche erforderlich sind: Jede Steigerung um einen Faktor von 2 in der Assoziativität verdoppelt die Anzahl der Blöcke pro Satz und halbiert die Anzahl der Sätze. Analog dazu senkt jede Minderung der Assoziativität um einen Faktor von 2 die Größe des Index um 1 Bit und erhöht die Größe des Tags um 1 Bit. In einem vollassoziativen Cache gibt es effektiv nur einen Satz, und alle Blöcke müssen parallel überprüft werden. Es gibt also keinen Index, und die gesamte Adresse (ohne Block-Offset) wird mit dem Tag jedes Blocks verglichen. Mit anderen Worten, wir durchsuchen den gesamten Cache ohne Indizierung.

In einem direkt abgebildeten Cache braucht man nur einen einzigen Vergleicher, weil der Eintrag sich nur in einem Block befinden kann, und wir können einfach durch Indizierung auf den Cache zugreifen. Abbildung 5.14 zeigt, dass in einem vierfach satzassoziativen Cache vier Vergleicher benötigt werden, ebenso wie ein 4 : 1-Multiplexer, um aus den vier potenziellen Blöcken des ausgewählten Satzes den richtigen Block auszuwählen. Der Cache-Zugriff besteht in der Indizierung des entsprechenden Satzes und der anschließenden

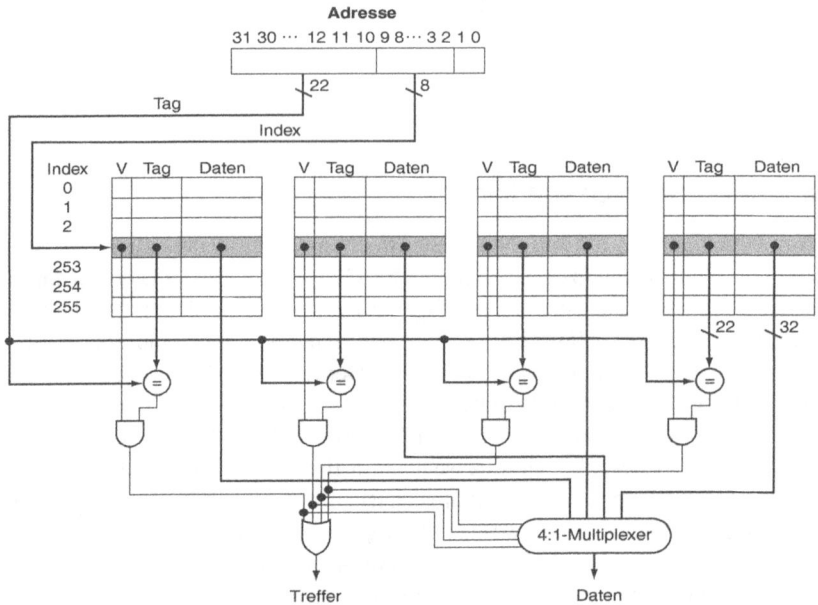

Abb. 5.14: Die Implementierung eines vierfach satzassoziativen Caches benötigt vier Vergleicher und einen 4:1-Multiplexer. Die Vergleicher stellen fest, welcher Block des ausgewählten Satzes mit dem Tag übereinstimmt (falls vorhanden). Anhand der Ausgabe des Vergleichers werden die Daten aus einem der vier Blöcke des indizierten Satzes ausgewählt, wofür ein Multiplexer mit decodiertem Auswahlsignal verwendet wird. In einigen Implementierungen können die Output-enable-Signale für den Datenteil der Cache-RAMs verwendet werden, um den Eintrag in dem Satz auszuwählen, der die Ausgabe veranlasst. Das Output-enable-Signal stammt von den Vergleichern, die das übereinstimmende Element zu einer Datenausgabe veranlassen. Dieser Aufbau macht den Multiplexer überflüssig. (V = valid kennzeichnet in der Abbildung die Gültigkeits-Bits.)

Durchsuchung der Tags dieses Satzes. Als Kosten eines assoziativen Caches fallen die zusätzlichen Vergleicher an, beziehungsweise etwaige Verzögerungen, die entstehen, weil die Vergleiche durchgeführt und eine Auswahl zwischen den Blöcken des Satzes getroffen werden müssen.

Ob in einer Speicherhierarchie ein direkt abgebildeter, satzassoziativer oder vollassoziativer Cache verwendet wird, ist von den Kosten für einen Fehlzugriff im Vergleich zu den Kosten für die Implementierung der Assoziativität sowohl in Hinblick auf die Zeit als auch auf die zusätzliche Hardware abhängig.

Anmerkung: Ein *CAM* (Content Addressable Memory) ist ein Schaltkreis, der Vergleich und Speichern in sich kombiniert. Statt eine Adresse bereitzustellen und ein Wort zu lesen, wie es beim RAM der Fall ist, stellen Sie die Daten bereit, und der CAM prüft, ob er eine Kopie davon besitzt, und gibt den Index der übereinstimmenden Zeile zurück. CAMs ermöglichen es Cache-Entwicklern, eine sehr viel höhere Satzassoziativität zu implementieren, als wenn sie die Hardware aus SRAMs und Vergleichern aufbauen müssten. 2013 haben die größeren CAMs mit ihrer gesteigerten Leistung dazu geführt, dass die zwei- und vierfache Satzassoziativität, die mit Standard-SRAMs und Vergleichern möglich war, auf einen achtfachen Wert gesteigert werden konnte.

Auswahl, welcher Block ersetzt werden soll

Wenn in einem direkt abgebildeten Cache ein Fehlzugriff erfolgt, kann der angeforderte Block an genau einer Position abgelegt werden, und der Block, der diese Position belegt, muss ersetzt werden. In einem assoziativen Cache haben wir die Wahl, wo der angeforderte Block platziert wird und welcher Block entsprechend ersetzt werden soll. In einem vollassoziativen Cache kommen alle Blöcke für das Ersetzen in Frage. In einem satzassoziativen Cache müssen wir zwischen den Blöcken im betroffenen Satz auswählen.

Das am häufigsten verwendete Schema ist **LRU** (least recently used), das auch im vorigen Beispiel verwendet wurde. In einem LRU-Schema wird der Block ersetzt, auf den am längsten nicht mehr zugegriffen wurde. Das Beispiel für die Satzassoziativität auf Seite 450 verwendet LRU, weshalb wir Memory(0) statt Memory(6) ersetzt haben.

LRU Ein Ersetzungsschema, bei dem der Block ersetzt wird, auf den am längsten nicht mehr zugegriffen wurde.

LRU wird implementiert, indem protokolliert wird, wann die einzelnen Blöcke in einem Satz im Vergleich zu den anderen Blöcken benutzt wurden. Für einen zweifach satzassoziativen Cache genügt ein einziges Bit in jedem Satz, das beim Zugriff auf einen Block gesetzt wird, um zu kennzeichnen, auf welchen der beiden Blöcke als letztes zugegriffen wurde. Mit steigender Assoziativität wird die Implementierung von LRU schwieriger. In Abschnitt 5.8 werden wir ein alternatives Ersetzungsschema vorstellen.

Beispiel: Größe der Tags versus Satzassoziativität

Eine erhöhte Assoziativität benötigt mehr Vergleicher und mehr Tag-Bits pro Cache-Block. Ermitteln Sie für einen Cache mit 4096 Blöcken, einer Blockgröße von vier Wörtern und einer 32-Bit-Adresse die Gesamtzahl der Sätze sowie die Gesamtzahl der Tag-Bits für direkt abgebildete, zweifach und vierfach satzassoziative und vollassoziative Cache-Organisationen.

Lösung: Weil es $16 = 2^4$ Bytes pro Block gibt, müssen bei 32-Bit-Adressen $32 - 4 = 28$ Bits für Index und Tag verwendet werden. Der direkt abgebildete Cache hat dieselbe Anzahl von Sätzen und Blöcken und damit einen 12 Bit breiten Index, da $\log_2(4096) = 12$. Die Gesamtzahl der Tag-Bits ist also $(28 - 12) \times 4096 = 16 \times 4096 = 66$ KBit.

Jeder Assoziativitätsgrad senkt die Anzahl der Sätze um einen Faktor von 2 und damit die Anzahl der Bits für die Indizierung des Caches um 1. Andererseits erhöht sich die Anzahl der Bits im Tag um 1. Ein zweifach satzassoziativer Cache hat also 2 K Sätze, und die Gesamtzahl der Tag-Bits beträgt $(28 - 11) \times 2 \times 2048 = 34 \times 2048 = 70$ KBit. Für einen vierfach satzassoziativen Cache ist die Anzahl der Sätze gleich 1 K, und die Gesamtzahl der Tag-Bits beträgt $(28 - 10) \times 4 \times 1024 = 72 \times 1024 = 74$ K.

Für einen vollassoziativen Cache gibt es nur einen Satz mit 4096 Blöcken, und das Tag ist 28 Bit groß, was zu $28 \times 4096 \times 1 = 115$ K Tag-Bits führt.

Reduzierung des Fehlzugriffsaufwands durch Cache-Speicherhierarchien

Alle modernen Rechner nutzen Caches. Um die Lücke zwischen den schnellen Taktraten moderner Prozessoren und den relativ langen Zugriffszeiten auf DRAMs zu verringern, unterstützen viele Prozessoren eine zusätzliche Cache-Ebene. Dieser sekundäre Cache, der sich gewöhnlich auf demselben Chip befindet, wird im Falle eines Fehlzugriffs auf den primären Cache genutzt. Wenn der sekundäre Cache die gewünschten Daten enthält, ist der Fehlzugriffsaufwand für den primären Cache im Wesentlichen die Zugriffszeit des sekundären Caches, was sehr viel kleiner sein kann als die Zugriffszeit auf den Hauptspeicher. Enthalten weder der primäre noch der sekundäre Cache die Daten, ist ein Hauptspeicherzugriff erforderlich und es entsteht ein höherer Fehlzugriffsaufwand. Aber wie signifikant ist die Leistungsverbesserung durch Verwendung eines sekundären Caches? Dies soll am nächsten Beispiel verdeutlicht werden.

Beispiel: Die Leistung von Cache-Speicherhierarchien

Angenommen, wir haben einen Prozessor mit einem Grund-CPI von 1,0, alle Zugriffe treffen im primären Cache, und die Taktfrequenz ist 4 GHz. Wir nehmen eine Hauptspeicherzugriffszeit von 100 ns an, inklusive der Fehlzugriffsverarbeitung, sowie eine Fehlzugriffsrate pro Befehl im primären Cache von 2 %. Wie viel schneller wird der Prozessor, wenn wir einen zweiten Cache mit einer Zugriffszeit von 5 ns für Treffer und Fehlzugriff hinzufügen, der groß genug ist, um die Fehlzugriffsrate auf den Hauptspeicher auf 0,5 % zu senken?

Lösung: Der Fehlzugriffsaufwand für den Hauptspeicher beträgt

$$\frac{100\,\text{ns}}{0{,}25\,\frac{\text{ns}}{\text{Taktzyklus}}} = 400\,\text{Taktzyklen}$$

Der effektive CPI mit einer Cache-Ebene ist gegeben durch

Gesamt-CPI = Grund-CPI + Speicherstillstandszyklen pro Befehl

Für den Prozessor mit einer Cache-Ebene erhalten wir

Gesamt-CPI = 1,0 + Speicherstillstandszyklen pro Befehl
         = 1,0 + 2 % × 400 = 9

Mit zwei Cache-Ebenen kann ein Fehlzugriff im primären Cache (dem L1-Cache) entweder durch den sekundären Cache oder durch den Hauptspeicher bedient werden. Der Fehlzugriffsaufwand für einen Zugriff auf den L2-Cache ist

$$\frac{5\,\text{ns}}{0{,}25\,\frac{\text{ns}}{\text{Taktzyklus}}} = 20\,\text{Taktzyklen}$$

Wenn der Fehlzugriff im sekundären Cache bedient wird, ist dies der ganze Fehlzugriffsaufwand. Wenn der Fehlzugriff den Hauptspeicher braucht, ist der gesamte Fehlzugriffsaufwand die Summe aus den Zugriffszeiten auf den sekundären Cache sowie auf den Hauptspeicher.

Für einen Cache mit zwei Ebenen ist der Gesamt-CPI also die Summe der Stillstandszyklen aus beiden Cache-Ebenen sowie der grundlegende CPI:

Gesamt-CPI = 1 + primäre Stillstände pro Befehl
         + sekundäre Stillstände pro Befehl
     = 1 + 2 % × 20 + 0,5 % × 400 = 1 + 0,4 + 2,0 = 3,4

Der Prozessor mit dem sekundären Cache ist also um

$$\frac{9{,}0}{3{,}4} \approx 2{,}6$$

schneller. Alternativ hätten wir die Stillstandszeiten auch berechnen können, indem wir die Summe der Stillstandszyklen berechnen, die im sekundären Cache treffen [(2 % − 0,5 %) × 20 = 0,3], und der Zugriffe, die auf den Hauptspeicher weitergeleitet werden. Letztere umfassen die Kosten für den Zugriff auf den sekundären Cache sowie die Hauptspeicherzugriffszeit [0, 5 % × (20 + 400) = 2,1]. Die Summe, 1,0 + 0,3 + 2,1, ist ebenfalls 3,4.

Die Designüberlegungen für den primären und den sekundären Cache unterscheiden sich ganz wesentlich. Insbesondere erlaubt eine Cache-Struktur mit zwei Ebenen, dass sich der Entwurf des primären Caches auf die Minimierung der Trefferzeit konzentriert, um einen kürzeren Taktzyklus oder weniger Pipeline-Stufen zu erzielen, während sich der Entwurf des sekundären Caches auf die Fehlzugriffsrate konzentriert, um den Fehlzugriffsaufwand für lange Speicherzugriffszeiten zu reduzieren.

Der Effekt dieser Änderungen auf die beiden Caches erkennt man durch einen Vergleich der einzelnen Caches mit dem optimalen Design eines primären Caches. Gegenüber einem Cache mit einer einzigen Ebene ist der primäre Cache einer **Cache-Speicherhierarchie** häufig kleiner. Darüber hinaus verwendet der primäre Cache häufig eine kleinere Blockgröße, um der kleineren Cache-Größe gerecht zu werden, und weist einen reduzierten Fehlzugriffsaufwand auf. Im Vergleich dazu ist der sekundäre Cache häufig größer als ein Cache mit einer einzigen Ebene, weil die Zugriffszeit des sekundären Caches weniger kritisch ist. Abgesehen von einer größeren Gesamtgröße verwendet der sekundäre Cache häufig auch größere Blöcke als ein Cache mit einer einzigen Ebene. Häufig verwendet er eine höhere Assoziativität als der primäre Cache, weil darauf geachtet wird, die Fehlzugriffsraten zu reduzieren.

Cache-Speicherhierarchie Eine Speicherhierarchie mit mehreren Cache-Ebenen. Die Cache-Ebenen werden oft mit L1, L2 usw. bezeichnet, wobei L für Level steht.

Zur Programmperformanz

Sortiervorgänge wurden ausgiebig analysiert, um bessere Algorithmen zu finden: Bubblesort, Quicksort, Radixsort usw. Abbildung 5.15 (a) zeigt die Anzahl der ausgeführten Befehle pro zu sortierendem Element für Radixsort bzw. Quicksort. Für sehr große Arrays hat Radixsort wie erwartet einen algorithmischen Vorteil gegenüber Quicksort in Hinblick auf die Anzahl der Operationen. Abbildung 5.15 (b) zeigt die Zeit pro zu sortierendem Element. Wir sehen, dass die Linien mit demselben Verlauf beginnen wie in Abbildung 5.15 (a), aber dann divergiert die Linie für Radixsort mit steigender Anzahl der zu sortierenden Daten. Was ist hier passiert? Abbildung 5.15 (c) beantwortet diese Frage, indem sie die Cache-Fehlzugriffe pro sortiertem Element betrachtet. Quicksort hat durchgängig weniger Fehlzugriffe pro zu sortierendem Element.

Leider ignoriert die standardmäßige Algorithmenanalyse den Einfluss der Speicherhierarchie. Während höhere Taktfrequenzen und das Moore'sche Gesetz den Architekten erlauben, maximale Leistung aus einem Befehlsstrom herauszuholen, ist die Analyse der Speicherhierarchie unabdingbar für eine gute Verarbeitungsleistung. Wie bereits in der Einleitung festgestellt, ist ein Verständnis für das Verhalten der Speicherhierarchie wichtig, wenn man auf den heutigen Rechnern leistungsfähige Programme entwickeln will (siehe Abschnitt 5.14).

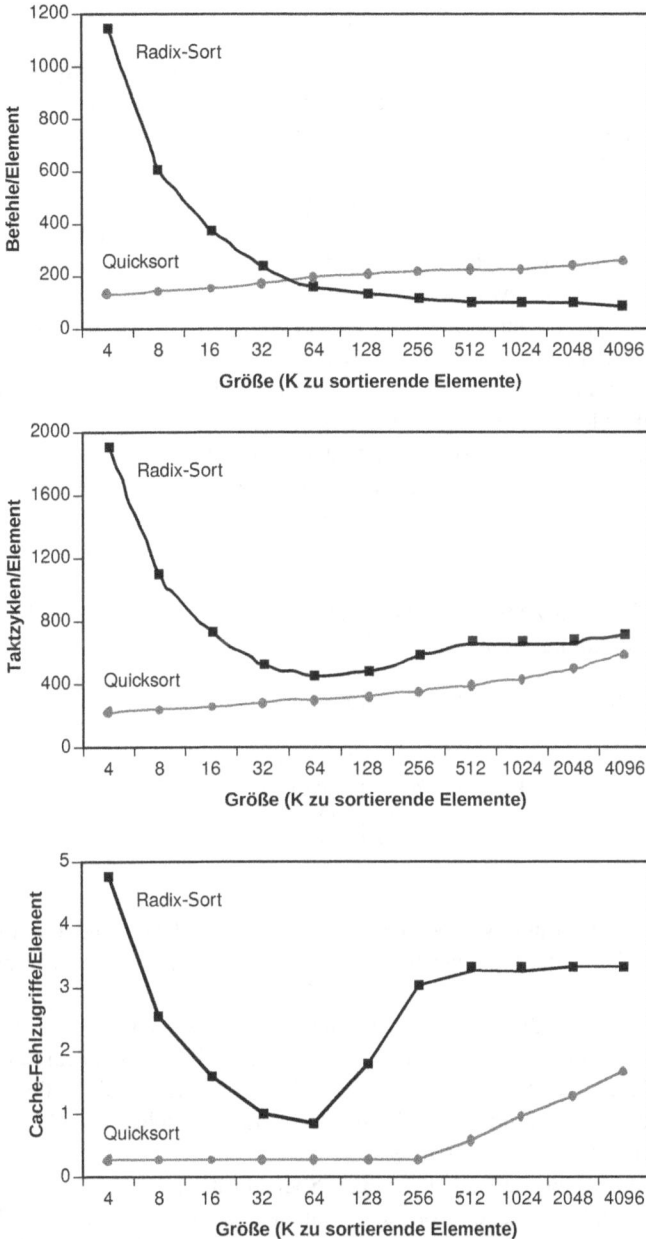

Abb. 5.15: Vergleich von Quicksort und Radixsort nach der Anzahl der Befehle, die pro sortiertem Element ausgeführt werden (oben), der Zeit pro sortiertem Element (Mitte) und der Anzahl der Cache-Fehlzugriffe pro sortiertem Element (unten). Die Daten stammen aus einer Arbeit von LaMarca und Ladner [1996]. Obwohl sich die Zahlen für neuere Rechner von den hier gezeigten sicher unterscheiden, behält das Prinzip seine Gültigkeit. Aufgrund solcher Ergebnisse wurden neue Versionen von Radixsort entwickelt, die die Speicherhierarchie berücksichtigen, um diese algorithmischen Vorteile nutzen zu können (siehe Abschnitt 5.15). Die grundlegende Idee der Cache-Optimierungen ist, alle Daten aus einem Block wiederholt zu nutzen, bevor der Block aufgrund eines Fehlzugriffs ersetzt wird.

Softwareoptimierung durch Blocking

Angesichts der Bedeutung der Speicherhierarchie für die Programmperformanz ist es nicht überraschend, dass viele Softwareoptimierungen ersonnen wurden, durch die sich die Performanz dramatisch verbessern kann. Die Grundidee ist, im Cache liegende Daten wiederzuverwenden und durch verbesserte zeitliche Lokalität Fehlzugriffsraten zu verringern.

Beim Umgang mit Feldern können wir aus dem Speichersystem eine gute Performanz ableiten, wenn wir die Felder so speichern, dass Zugriffe sequentiell erfolgen. Nehmen wir an, wir haben es mit mehreren Feldern zu tun, wobei auf einige diese Felder zeilenweise zugegriffen wird und auf die anderen spaltenweise. Die Felder zeilenweise (row major order) oder spaltenweise (column major order) zu speichern, löst das Problem nicht, da sowohl Zeilen als auch Spalten in jeder Iteration der Schleife benötigt werden.

Anstatt mit ganzen Zeilen oder Spalten eines Feldes zu arbeiten, arbeiten *Blockalgorithmen* mit Untermatrizen oder *Blöcken*. Das Ziel besteht darin, die Zugriffe auf die in den Cache geladenen Daten zu maximieren bevor die Daten ersetzt werden, d. h. die zeitliche Lokalität zu verbessern, um weniger Fehlzugriffe zu erreichen.

Betrachten wir zum Beispiel die inneren Schleifen von DGEMM (Zeilen 4 bis 9 in Abbildung 2.19):

```
for (int j = 0; j < n; ++j)
    {
     double cij = C[i+j*n]; /* cij = C[i][j] */
     for( int k = 0; k < n; k++ )
       cij+=A[i+k*n]*B[k+j*n]; /* cij+=A[i][k]*B[k][j] */
     C[i+j*n] = cij; /* C[i][j] = cij */
    }
```

Dieser Code liest alle $N \times N$ Elemente von B, dann liest er noch einmal dieselben N Elemente, die einer bestimmten Zeile von A entsprechen, und dann schreibt er die N Elemente, die einer Zeile von C entsprechen. (Die Kommentare sollen helfen, die Zeilen und Spalten der Matrizen zu identifizieren.) Abbildung 5.16 zeigt eine Momentaufnahme der Zugriffe auf die drei Felder. Die dunkle Schattierung symbolisiert einen aktuellen Zugriff, die helle Schattierung einen älteren Zugriff und die weißen Quadrate stehen für Elemente, auf die noch nicht zugegriffen wurde.

Die Anzahl der Fehlzugriffe wegen Speicherüberlastung hängt offensichtlich von N und der Cache-Größe ab. Wenn der Cache alle drei $N \times N$-Matrizen aufnehmen kann, ist alles in Ordnung solange es keine Cache-Konflikte gibt. Wir haben die Matrixgröße für DGEMM in den Kapiteln 3 und 4 bewusst so gewählt, dass dies der Fall ist.

Wenn der Cache nur eine $N \times N$-Matrix und eine Zeile mit Elementen aufnehmen kann, dann können zumindest die i-te Zeile von A und das Feld B im Cache bleiben. Wenn der Cache noch weniger Platz bietet, können Fehlzugriffe

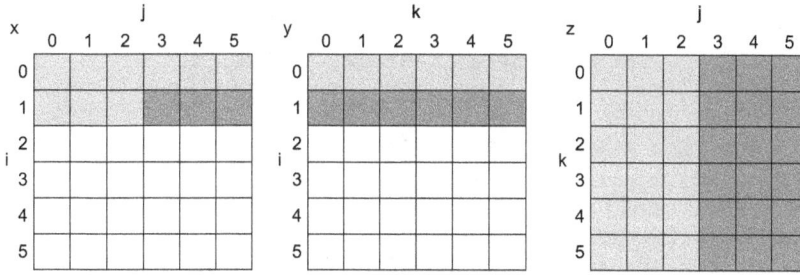

Abb. 5.16: Momentaufnahme der drei Felder C, A und B für N = 6 und i = 1. Wann bzw. ob es einen Zugriff auf die einzelnen Feldelemente gab, wird durch die Schattierung symbolisiert: weiß bedeutet, dass noch kein Zugriff erfolgt ist; hellgrau symbolisiert ältere und dunkelgrau neuere Zugriffe. Ein Vergleich mit Abbildung 5.18 zeigt, dass Elemente von A und B wiederholt gelesen werden, um neue Elemente von C zu berechnen.

sowohl für B als auch für C auftreten. Im ungünstigsten Fall gibt es $2N^3 + N^2$ Speicherwörter, auf die für N^3 Operationen zugegriffen wird.

Um sicherzustellen, dass die Elemente, auf die zugegriffen wird, in den Cache passen, ändern wir den ursprünglichen Code so, dass mit Untermatrizen gerechnet wird. Das bedeutet, dass wir im Wesentlichen die Version von DGEMM aus Abbildung 4.67 wiederholt auf Matrizen der Größe BLOCKSIZE x BLOCKSIZE anwenden. Der Parameter BLOCKSIZE wird Blockfaktor genannt.

Abbildung 5.17 zeigt die Blockversion von DGEMM. Dabei entspricht die Funktion do_block DGEMM aus Abbildung 2.19, und die drei neuen Parameter si, sj und sk spezifizieren die Startpositionen der Untermatrizen von A, B und C. Die beiden inneren Schleifen von do_block rechnen nun in Schritten der Größe BLOCKSIZE anstatt mit der vollständigen Länge von B und C. Der gcc-Optimierer entfernt den gesamten Overhead an Funktionsaufrufen durch „Eingliedern" der Funktion, d. h., der Code wird direkt eingefügt, um die übliche Parameterübergabe sowie Befehle zum Verwalten der Rücksprungadressen zu vermeiden.

Abbildung 5.18 illustriert den Zugriff auf die drei Felder unter Verwendung des beschriebenen Blockings. Wenn wir nur die Fehlzugriffe wegen Speicherüberlastung betrachten, ist die Gesamtanzahl der Speicherwörter, auf die zugegriffen wird, $2N^3/\text{BLOCKSIZE} + N^2$, was eine Verbesserung um den Faktor BLOCKSIZE ist. Das Blocking nutzt also eine Kombination aus räumlicher und zeitlicher Lokalität aus, denn A profitiert von der räumlichen Lokalität und B von der zeitlichen. In Abhängigkeit vom Computer und von der Größe der Matrizen kann Blocking die Performanz um einen Faktor von 2 bis zu einem Faktor von mehr als 10 verbessern.

Obwohl unser Ziel war, die Cache-Fehlzugriffe zu reduzieren, kann das Blocking auch zur Unterstützung der Registerallokation genutzt werden. Indem wir eine kleine Blockgröße verwenden, so dass der Block im Register gehalten werden kann, können wir die Anzahl der Lade- und Speicheroperationen im Programm minimieren, was außerdem die Performanz verbessert.

```
1   #define BLOCKSIZE 32
2   void do_block (int n, int si, int sj, int sk, double *A,
3     double *B, double *C)
4   {
5     for (int i = si; i < si+BLOCKSIZE; ++i)
6       for (int j = sj; j < sj+BLOCKSIZE; ++j)
7         {
8           double cij = C[i+j*n];/* cij = C[i][j] */
9             for( int k = sk; k < sk+BLOCKSIZE; k++ )
10              cij += A[i+k*n] * B[k+j*n];/* cij+=A[i][k]*B[k][j]*/
11            C[i+j*n] = cij;/* C[i][j] = cij */
12        }
13  }
14  void dgemm (int n, double* A, double* B, double* C)
15  {
16    for ( int sj = 0; sj < n; sj += BLOCKSIZE )
17      for ( int si = 0; si < n; si += BLOCKSIZE )
18        for ( int sk = 0; sk < n; sk += BLOCKSIZE )
19          do_block(n, si, sj, sk, A, B, C);
20  }
```

Abb. 5.17: Blockversion von DGEMM, Abbildung 3.12. Angenommen, C ist mit null initialisiert. Die Funktion do_block entspricht im Wesentlichen der DGEMM-Version aus Kapitel 2, wobei die neuen Parameter die Startpositionen der Untermatrizen der Größe BLOCKSIZE spezifizieren. Der gcc-Optimierer entfernt den Overhead an Funktionsaufrufen durch Eingliedern von do_block.

globale Fehlzugriffs-rate Der Anteil der Zugriffe, die in allen Ebenen einer Cache-Speicherhierarchie zu einem Fehlzugriff führen.

Anmerkungen: 1) Multilevel-Caches führen zu verschiedenen Komplikationen. Erstens gibt es dabei unterschiedliche Arten von Fehlzugriffen und entsprechende Fehlzugriffsraten. In dem Beispiel auf Seite 450 haben wir die Fehlzugriffsrate des primären Caches gesehen, ebenso wie die **globale Fehlzugriffsrate** – den Anteil der Zugriffe, die in allen Cache-Ebenen einen Fehlzugriff erzeugt haben. Es gibt auch eine Fehlzugriffsrate für den sekundären Cache, nämlich das Verhältnis aller Fehlzugriffe im sekundären Cache zur An-

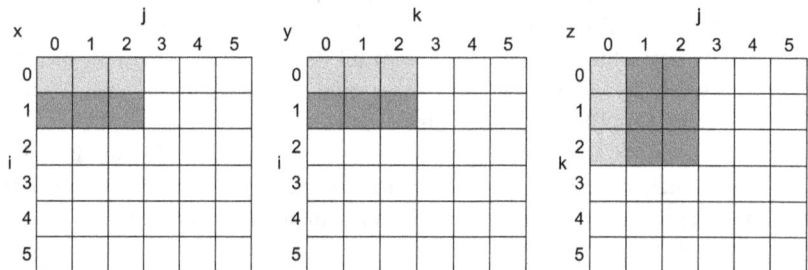

Abb. 5.18: Zugriffe auf die Felder C, A und B für BLOCKSIZE=3. Ein Vergleich mit Abbildung 5.16 zeigt, dass hier auf weniger Elemente zugegriffen wird.

zahl aller Zugriffe. Diese Fehlzugriffsrate wird als die **lokale Fehlzugriffsrate** des sekundären Caches bezeichnet. Weil der primäre Cache die Zugriffe filtert, insbesondere diejenigen mit guter räumlicher und temporaler Lokalität, ist die lokale Fehlzugriffsrate des sekundären Caches sehr viel höher als die globale Fehlzugriffsrate. Für das Beispiel auf Seite 450 ergibt die Berechnung der lokalen Fehlzugriffsrate 0,5 %/2 % = 25 %! Glücklicherweise bestimmt häufig die globale Fehlzugriffsrate, wie oft wir auf den Hauptspeicher zugreifen müssen.

lokale Fehlzugriffsrate
Der Anteil der Zugriffe auf eine Ebene eines Caches, die Fehlzugriffe verursachen. Wird in Hierarchien aus mehreren Ebenen verwendet.

2) Bei Out-of-Order-Prozessoren (siehe Kapitel 4) ist die Leistungabschätzung komplexer, weil sie Befehle während des Fehlzugriffsaufwands ausführen. Statt der Befehls- und der Daten-Fehlzugriffsraten verwenden wir Fehlzugriffe pro Befehl als Maß, und damit diese Formel:

$$\frac{\text{Speicherstillstandszyklen}}{\text{Befehl}} = \frac{\text{Fehlzugriffe}}{\text{Befehl}}$$

$$\times \text{(Gesamtfehlzugriffslatenz} - \text{überlappende Fehlzugriffslatenz)}$$

Es gibt keine allgemeine Methode, die überlappende Fehlzugriffslatenz zu berechnen, deshalb braucht man für Simulationen von Speicherhierarchien für Out-of-Order-Prozessoren unbedingt eine Simulation des Prozessors und der Speicherhierarchie. Nur wenn man die Ausführung des Prozessors bei einem Fehlzugriff beobachten kann, erkennt man, ob der Prozessor stillsteht, weil er auf Daten wartet, oder ob er einfach in der Zwischenzeit andere Arbeiten erledigt. Als Richtschnur gilt, dass der Prozessor häufig den Fehlzugriffsaufwand für einen L1-Cache-Fehlzugriff, der im L2-Cache trifft, durch nützliche Arbeit überbrücken kann, jedoch selten einen Fehlzugriff auf den L2-Cache.

3) Bei der Optimierung der Algorithmen besteht die Herausforderung darin, dass sich die Speicherhierarchie unterschiedlicher Implementierungen derselben Architektur in der Cache-Größe, Assoziativität, Block-Größe und Cache-Anzahl unterscheidet. Um mit dieser Variabilität zurechtzukommen, parametrisieren einige neuere numerische Bibliotheken ihre Algorithmen und durchsuchen den Parameterraum zur Laufzeit, um für den jeweiligen Computer die beste Kombination zu finden. Dieser Ansatz wird als *Autotuning* bezeichnet.

Selbsttest

Welche der folgenden Aussagen ist in Hinblick auf das Design mit mehreren Cache-Ebenen richtig?

1. Für L1-Caches ist die Trefferzeit am wichtigsten, für L2-Caches die Fehlzugriffsrate.

2. Für L1-Caches ist die Fehlzugriffsrate am wichtigsten, für L2-Caches die Trefferzeit.

Zusammenfassung

In diesem Abschnitt haben wir uns auf vier Themen konzentriert: Cache-Leistung, Ausnutzung der Assoziativität zur Reduzierung von Fehlzugriffs-raten, die Verwendung von Cache-Speicherhierarchien mit mehreren Ebenen, um den Fehlzugriffsaufwand zu reduzieren, sowie Softwareoptimierungen zur Verbesserung der Effizienz von Caches.

Das Speichersystem wirkt sich ganz wesentlich auf die Programmausfüh-rungszeit aus. Die Anzahl der Speicherstillstandszyklen ist sowohl von der Fehlzugriffsrate als auch von dem Fehlzugriffsaufwand abhängig. Wie wir in Abschnitt 5.8 sehen werden, ist es eine Herausforderung, einen dieser Fakto-ren zu reduzieren, ohne die anderen kritischen Faktoren der Speicherhierarchie wesentlich zu beeinträchtigen.

Um die Fehlzugriffsrate zu reduzieren, haben wir die Verwendung assozia-tiver Platzierungsmuster betrachtet. Diese Muster können die Fehlzugriffsrate eines Cache reduzieren, indem sie eine flexible Platzierung von Blöcken in-nerhalb des Cache gestatten. Voll assoziative Umsetzungen erlauben es, die Blöcke an beliebiger Position abzulegen; es wird dadurch aber auch erforder-lich, dass jeder Block im Cache gesucht wird, um eine Anforderung zu erfül-len. Aufgrund der höheren Kosten sind große vollständig assoziative Caches nicht für den praktischen Einsatz geeignet. Satzassoziative Caches sind eine praktische Alternative, weil wir nur in den Elementen einer genau umrissenen Menge suchen müssen, die mit Hilfe der Indizierung ausgewählt wird. Satz-assoziative Caches haben höhere Fehlzugriffsraten, aber der Zugriff darauf ist schneller. Wie viel Assoziativität die beste Leistung erbringt, ist sowohl von der Technologie als auch von der jeweiligen Implementierung abhängig.

Multilevel-Caches sind ein Konzept zur Reduzierung des Fehlzugriffsauf-wandes. Dabei wird ein größerer sekundärer Cache benutzt, der Fehlzugriffe auf den primären Cache verarbeitet. L2-Caches sind allgemein üblich gewor-den, weil die Entwickler festgestellt haben, dass die primären Caches aufgrund der Siliziumgrenze und dem Ziel hoher Taktraten nicht mehr größer werden können. Der sekundäre Cache, der häufig um das Zehnfache oder noch größer als der primäre Cache ist, verarbeitet viele Zugriffe, die im primären Cache keinen Treffer erbringen. In diesen Fällen entspricht der Fehlzugriffsaufwand demjenigen der Zugriffszeit auf den sekundären Cache (in der Regel < 10 Pro-zessorzyklen) gegenüber der Zugriffszeit auf den Speicher (in der Regel > 100 Prozessorzyklen). Wie bei der Assoziatvität sind die Entwurfsabwägun-gen zwischen der Größe des sekundären Caches und seiner Zugriffszeit von zahlreichen Implementierungsaspekten abhängig.

In Anbetracht der Bedeutung der Speicherhierarchie für die Performanz ha-ben wir schließlich untersucht, wie man Algorithmen ändern kann, um das Cache-Verhalten zu verbessern. Das Blocking ist ein wichtiges Konzept beim Verarbeiten großer Felder.

5.5 Zuverlässige Speicherhierarchie

Implizit war bei der gesamten vorherigen Diskussion vorausgesetzt, dass die Speicherhierarchie nicht vergisst. Wie wir in Kapitel 1 gelernt haben, ist Redundanz ein wichtiger Aspekt bei dem Konzept der **Zuverlässigkeit.** In diesem Abschnitt wollen wir zunächst Begriffe und Maße im Zusammenhang mit Ausfällen ausarbeiten, um dann zu zeigen, wie Speicher durch Redundanz nahezu „unvergesslich" gemacht werden können.

ZUVERLÄSSIGKEIT

Definition von Ausfällen

Wir beginnen mit der Annahme, dass wir eine Spezifikation für das korrekte Systemverhalten haben. Die Benutzer sehen dann ein System, das in Bezug auf die Spezifikation des bereitgestellten Dienstes zwischen zwei Zuständen wechseln kann:

1. *Dienst-Bereitstellung:* Bereitstellung des Dienstes wie spezifiziert
2. *Dienst-Unterbrechung:* Abweichung des bereitgestellten Dienst von der Spezifikation

Übergänge von Zustand 1 in den Zustand 2 werden durch Ausfälle verursacht, Übergänge von Zustand 2 in Zustand 1 werden als *Wiederherstellungen* bezeichnet. Ausfälle können dauerhaft oder vorübergehend sein. Vorübergehende Ausfälle sind schwieriger zu diagnostizieren, weil das System zwischen den beiden Zuständen wechselt. Dauerhafte Ausfälle sind einfacher festzustellen.

Diese Definition führt zu zwei verwandten Begriffen: Ausfallsicherheit und Verfügbarkeit. *Ausfallsicherheit* ist ein Maß für die ständige Dienst-Bereitstellung – oder, äquivalent, der Zeit bis zu einem Ausfall – von einem Referenzpunkt aus. Somit ist die mittlere Zeit bis zum Ausfall (MTTF, Mean Time To Failure) ein Maß für die Ausfallsicherheit. Ein verwandtes Maß ist die *jährliche Fehlerrate* (AFR, Annual Failure Rate), die den Prozentsatz der Geräte angibt, deren Ausfall bei gegebener MTTF innerhalb eines Jahres zu erwarten ist. Wenn die MTTF groß wird, kann dieses Maß irreführend sein, während die AFR leichter intuitiv zu erfassen ist.

Beispiel: MTTF vs. AFR bei Festplatten

Einige der aktuellen Festplatten haben laut Herstellerangaben eine MTTF von 1 000 000 Stunden. Da dieser Wert 114 Jahren entspricht, scheint dies zu bedeuten, dass eine solche Festplatte praktisch niemals ausfällt. Warehouse Scale Computer (siehe Abschnitt 6.8), auf denen Internetdienste wie Suchmaschinen laufen, können 50 000 Server haben, von denen wiederum jeder zwei Festplatten hat. Verwenden Sie das Maß AFR, um anzugeben, mit wie vielen Plattenausfällen pro Jahr zu rechnen ist.

Lösung: Ein Jahr hat $365 \times 24 = 8760$ Stunden. Eine MTTF von $1\,000\,000$ Stunden entspricht einer AFR von $8760/1\,000\,000 = 0,876\,\%$. Bei $100\,000$ Platten ist zu erwarten, dass pro Jahr 876 Platten ausfallen, d. h., es gibt pro Tag im Durchschnitt mehr als zwei Plattenausfälle!

Dienst-Unterbrechungen werden durch die mittlere Zeit bis zur Reparatur (MTTR, Mean Time To Repair) quantifiziert. Die mittlere Zeit zwischen zwei Ausfällen (MTBF, Mean Time Between Failures) ist einfach die Summe aus MTTF und MTTR. Obwohl die MTBF vielfach benutzt wird, ist MTTF oftmals das besser geeignete Maß. *Verfügbarkeit* ist dann ein Maß für die Dienstbereitstellung, das den Wechsel zwischen den beiden Zuständen Bereitstellung und Unterbrechung berücksichtigt. Quantitativ ist es durch

$$\text{Verfügbarkeit} = \frac{\text{MTTF}}{\text{MTTF} + \text{MTTR}}$$

gegeben. Beachten Sie, dass Ausfallsicherheit und Verfügbarkeit tatsächlich quantifizierbare Maße sind und nicht einfach nur Synonyme für Zuverlässigkeit. Ein abnehmender MTTR-Wert kann für die Verfügbarkeit ebenso hilfreich sein wie ein zunehmender MTTF-Wert. Zum Beispiel können Tools für die Fehlererkennung, Diagnose und Reparatur dabei helfen, die Zeit für die Behebung von Fehlern zu reduzieren und dadurch die Verfügbarkeit verbessern.

Wir wollen, dass die Verfügbarkeit sehr hoch ist. Eine Kurzschreibweise besteht darin anzugeben, wie viele „Neunen der Verfügbarkeit" es pro Jahr gibt. Ein sehr guter Internetdienst bietet heutzutage 4 bis 5 Neunen der Verfügbarkeit. Bei 365 Tagen oder $365 \times 24 \times 60 = 6\,526\,000$ Minuten im Jahr bedeutet diese Kurzschreibweise Folgendes:

eine Neun:	90 %	$\Rightarrow$	36,5 Reparaturtage pro Jahr
zwei Neunen:	99 %	$\Rightarrow$	3,65 Reparaturtage pro Jahr
drei Neunen:	99,9 %	$\Rightarrow$	526 Reparaturminuten pro Jahr
vier Neunen:	99,99 %	$\Rightarrow$	52,6 Reparaturminuten pro Jahr
fünf Neunen:	99,999 %	$\Rightarrow$	5,26 Reparaturminuten pro Jahr

(Fünf Neunen bedeuten fünf Reparaturminuten pro Jahr, was als Merkhilfe dienen kann.)

Um die MTTF zu steigern, kann man die Qualität der Komponenten verbessern oder das System so entwerfen, dass die Arbeit bei Ausfall einzelner Komponenten fortgesetzt wird. Es ist daher nötig, in Abhängigkeit vom Kontext zu definieren, was unter einem Fehler zu verstehen ist, da der Ausfall einer Komponente nicht zwingend zu einem Systemausfall führen muss. Um diese Unterscheidung deutlich zu machen, wird der Begriff *Fehler* für den Ausfall einer Komponente verwendet. Im Folgenden werden drei Möglichkeiten beschrieben, wie die MTTF verbessert werden kann:

1. *Vermeiden von Fehlern:* Vorbeugung gegenüber dem Auftreten von Fehlern durch den Aufbau des Systems

2. *Fehlertoleranz:* Nutzung von Redundanz, so dass der Dienst auch bei Auftreten von Fehlern der Spezifikation entspricht

3. *Fehlerprognose:* **Vorhersage** des Auftretens und der Entstehung von Fehlern, was es gestattet, die Komponente zu ersetzen, *bevor* sie ausfällt

VORHERSAGE

Der Hamming-SEC/DED-Code

Richard Hamming entwickelte ein inzwischen weit verbreitetes Redundanzschema für Speicher, wofür er 1968 den Turing Award erhielt. Wenn man sich mit redundanten Codes befasst, ist es hilfreich zu klären, wie nahe ein Bitmuster einem Referenzmuster sein muss, um als korrekt angesehen zu werden. Als Hamming-Abstand wird die minimale Anzahl von Bits bezeichnet, um die sich zwei korrekte Bitmuster unterscheiden dürfen. Beispielsweise ist der Hamming-Abstand zwischen $0\underline{11}011$ und 001111 zwei. Was passiert, wenn der minimale Abstand zwischen zwei Elementen eines Codes zwei ist, und wir einen Ein-Bit-Fehler bekommen? Dadurch wird ein gültiges Muster in einem Code zu einem ungültigen. Wenn wir also feststellen können, ob Teile eines Codes gültig sind oder nicht, dann können wir einzelnen Bitfehler erkennen. Wir sprechen daher von einem Ein-Bit-**Fehlererkennungscode**.

Hamming verwendete einen Paritätscode für die Fehlererkennung. Bei einem Paritätscode wird die Anzahl der Einsen in einem Wort gezählt; das Wort hat ungerade Parität, wenn diese Anzahl ungerade ist, und anderenfalls gerade Parität. Wenn ein Wort in den Speicher geschrieben wird, wird gleichzeitig das Paritätsbit geschrieben (1 für ungerade, 0 für gerade). Damit sollte die Parität eines Wortes mit $N + 1$ Bits immer gerade sein. Wenn das Wort später ausgelesen wird, wird das Paritätsbit gelesen und geprüft. Falls die Parität des Speicherwortes und das gespeicherte Paritätsbit nicht übereinstimmen, ist ein Fehler aufgetreten.

Fehlererkennungscode
Ein Code, der feststellen kann, dass ein Fehler in den Daten vorliegt, jedoch nicht, wo genau sich der Fehler befindet. Eine Fehlerkorrektur ist durch einen solchen Code also nicht möglich.

Beispiel

Berechnen Sie die Parität eines Bytes mit dem Wert 31_D und geben Sie das gespeicherte Muster an. Nehmen Sie an, dass das Paritätsbit rechts steht. Nehmen Sie außerdem an, dass das höchstwertige Bit im Speicher invertiert wurde, und Sie dann das Muster auslesen. Haben Sie entdeckt, dass ein Fehler aufgetreten ist? Was passiert, wenn außer dem höchstwertigen Bit auch das mit der zweithöchsten Wertigkeit invertiert wurde?

Lösung: 31_D ist 00011111_B, was fünf Einsen enthält. Um auf gerade Parität zu kommen, müssen wir eine Eins in das Paritätsbit schreiben, also $000111111_\underline{B}$. Wenn das höchstwertige Bit invertiert wird und wir das Muster lesen, dann sehen wir $\underline{1}00111111_\underline{B}$. Dieses Muster hat sieben Einsen. Da wir gerade Parität erwarten und ungerade Parität berechnen, signalisiert uns dies einen Fehler. Wenn aber außer dem höchstwertigen auch das Bit mit der zweithöchsten Wertigkeit invertiert wurde, würden wir $\underline{1}10111111_B$ sehen, was acht Einsen und somit gerade Parität hat. In diesem Fall würde uns also kein Fehler signalisiert.

Wenn zwei Bits fehlerhaft sind, kann ein 1-Bit-Paritätsschema keine Fehler erkennen, da die Parität zu den Daten mit zwei Fehlern passt. (Tatsächlich kann ein 1-Bit-Paritätsschema jede ungerade Anzahl von Fehlern erkennen, allerdings ist die Wahrscheinlichkeit, dass es drei Fehler gibt, viel geringer als die Wahrscheinlichkeit für zwei Fehler. Deshalb beschränkt sich die Fähigkeit eines 1-Bit-Paritätscodes, Fehler zu erkennen, in der Praxis im Wesentlich auf 1-Bit-Fehler.)

Natürlich kann ein Paritätcode keine Fehler korrigieren, was Hamming jedoch ebenso beabsichtigte wie das bloße Erkennen von Fehlern. Würden wir einen Code verwenden, der einen minimalen Abstand von 3 hat, dann wäre jeder einzelne Bitfehler näher an dem korrekten Muster als an jedem anderen gültigen Muster. Hamming schlug nun eine leicht zu verstehende Abbildung der Daten in einen Abstand-3-Code vor, der später ihm zu Ehren *Hamming-Fehlerkorrekturcode* genannt wurde. Wir verwenden zusätzliche Paritätsbits, um die Positionsbestimmung eines einzelnen Fehlers zu ermöglichen. Im Folgenden sind die Schritte für die Berechnung des Hamming-Fehlerkorrekturcodes ausgeführt:

1. Die Bits werden mit 1 beginnend von links nach rechts nummeriert, was von der üblichen Regel abweicht, rechts und mit 0 zu beginnen.

2. Alle Bitpositionen, die Zweierpotenzen sind (also $1, 2, 4, 8, 16, \ldots$), werden als Paritätsbits gekennzeichnet.

3. Alle anderen Bitpositionen ($3, 5, 6, 7, 9, 10, 11, 12, 13, 14, 15, \ldots$) werden für Datenbits verwendet.

4. Die Position eines Paritätsbits bestimmt die Datensequenz, die es prüft (siehe Abbildung 5.19):

   - Bit 1 (0001_B) prüft die Bits ($1, 3, 5, 7, 9, 11, \ldots$), was die Bits sind, bei denen das am weitesten rechts liegende Adressbit 1 ist (0001_B, 0011_B, 0101_B, 0111_B, 1001_B, 1011_B, \ldots).

   - Bit 2 (0010_B) prüft die Bits ($2, 3, 5, 7, 10, 11, 14, 15, \ldots$), was die Bits sind, bei denen in der Adresse das zweite Bit von rechts 1 ist.

   - Bit 4 (0100_B) prüft die Bits (4–7, 12–15, 20–23, $\ldots$, was die Bits sind, bei denen in der Adresse das dritte Bit von rechts 1 ist.

   - Bit 8 (1000_B) prüft die Bits (8–15, 24–31, 40–$47 \ldots$, was die Bits sind, bei denen in der Adresse das vierte Bit von rechts 1 ist.

   Beachten Sie, dass jedes Datenbit durch zwei oder mehr Paritätsbits abgedeckt ist.

5. Die Paritätsbits werden gesetzt, um für jede Gruppe gerade Parität herzustellen.

Bitposition	1	2	3	4	5	6	7	8	9	10	11	12
Codierte Datenbits	p1	p2	d1	p4	d2	d3	d4	p8	d5	d6	d7	d8
Abdeckung durch Paritätsbit — p1	X		X		X		X		X		X	
p2		X	X			X	X			X	X	
p4				X	X	X	X					X
p8								X	X	X	X	X

Abb. 5.19: Paritätsbits, Datenbits und Feldabdeckung in einem Hamming-Fehlerkorrekturcode für acht Datenbits.

Was wie ein Zaubertrick erschienen mag, erlaubt es uns, anhand der Paritätsbits festzustellen, ob es fehlerhafte Bits gibt. Wenn wir mit dem 12-Bit-Code aus Abbildung 5.19 bei den vier Paritätsberechnungen (p8,p4,p2,p1) den Wert 0000 erhalten, dann gab es keinen Fehler. Wenn das Muster aber zum Beispiel 1010 ist, was 10_D entspricht, dann sagt uns der Hamming-Fehlerkorrekturcode, dass Bit 10 (d6) ein Fehler ist. Da die Nummer binär ist, können wir den Fehler korrigieren, indem wir einfach den Wert von Bit 10 invertieren.

Beispiel

Gegeben sei das Datenbyte 10011010_B. Bestimmen Sie den Hamming-Fehlerkorrekturcode für dieses Byte und invertieren Sie dann Bit 10, um zu demonstrieren, dass der Fehlerkorrekturcode diesen 1-Bit-Fehler findet und korrigiert.

Lösung: Wenn wir die Plätze für die Paritätsbits frei lassen, hat das 12-Bit-Muster die Gestalt _ _ 1 _ 0 0 1 _ 1 0 1 0. Position 1 prüft die Bits 1, 3, 5, 7, 9 und 11, die wir hervorheben: _ _ **1** _ 0 **0** 1 _ **1** 0 **1** 0. Damit die Gruppe gerade Parität hat, setzen wir Bit 1 auf 1. Position 2 prüft die Bits 2, 3, 6, 7, 10, 11, was 0 _ **1** _ 0 **0** **1** _ **1** 0 **1** 0 oder ungerade Parität ergibt; daher setzen wir das Bit an Position 2 auf 1. Position 4 prüft die Bits 4, 5, 6, 7, 12, was 0 1 1 _ **0** **0** **1** _ 1 0 1 **0**, ergibt; daher setzen wir das entsprechende Bit auf 1. Position 8 prüft die Bits 8, 9, 10, 11, 12, was 0 1 1 1 0 0 1 _ **1** **0** **1** **0** ergibt; wir setzen also das entsprechende Bit auf 0.

Das finale Codewort ist 0 1 1 1 0 0 1 0 1 0 1 0. Wenn wir Bit 10 invertieren, erhalten wir also 0 1 1 1 0 0 1 0 1 1 1 0.

Paritätsbit 1 ist 0 (**0** 1 1 **1** 0 **0** 1 0 **1** 1 **1** 0 enthält viermal die **1**, also gerade Parität; diese Gruppe ist in Ordnung).

Paritätsbit 2 ist 1 (0 **1 1** 1 0 0 **1** 0 1 **1 1** 0 enthält fünfmal die **1**, also ungerade Parität; es gibt irgendwo einen Fehler).

Paritätsbit 4 ist 1 (0 1 1 **1 0 0 1** 0 1 1 1 **0** enthält zweimal die **1**, also gerade Parität; diese Gruppe ist in Ordnung).

Paritätsbit 8 ist 1 (0 1 1 1 0 0 1 **0 1 1 1 0** enthält dreimal die **1**, also ungerade Parität; es gibt irgendwo einen Fehler).

Die Paritätsbits 2 und 8 sind inkorrekt. Da 2 + 8 = 10, muss Bit 10 falsch

sein. Wir invertieren Bit 10, um den Fehler zu korrigieren: 0 1 1 1 0 0 1 0 1 **0** 1 0.
Voilà!

Hamming gab sich nicht mit einem Fehlerkorrekturcode zufrieden, der nur
einen einzelnen Bitfehler korrigiert. Es kostet uns ein weiteres Bit, um den
minimalen Hamming-Abstand in einem Code auf 4 zu bringen. Damit können
wir einzelne Bitfehler korrigieren und *doppelte Bitfehler erkennen*. Die Idee
besteht darin, ein Paritätsbit hinzuzunehmen, das über das gesamte Wort berechnet wird. Wir wollen ein 4-Bit-Datenwort als Beispiel verwenden, für das
nur 7 Bits für eine 1-Bit-Fehlererkennung nötig sind. Es werden die Hamming-
Paritätsbits H (p1 p2 p3) berechnet (gerade Parität wie üblich) und zusätzlich
die gerade Parität über das gesamte Wort, p4:

$$1 \quad 2 \quad 3 \quad 4 \quad 5 \quad 6 \quad 7 \quad \mathbf{8}$$
$$p_1 \quad p_2 \quad d_1 \quad p_3 \quad d_2 \quad d_3 \quad d_4 \quad \mathbf{p_4}$$

Dann muss der Algorithmus, der einen Fehler korrigiert und zwei erkennt, einfach nur wie zuvor die Parität über die Fehlerkorrekturgruppen (H) berechnen
und zusätzlich eine weitere über die gesamte Gruppe (p_4). Es gibt vier Fälle:

1. H ist gerade und p_4 ist gerade, es ist also kein Fehler aufgetreten.

2. H ist ungerade und p_4 ist ungerade, d. h., es ist ein einzelner korrigierba-
   rer Fehler aufgetreten (p_4 sollte ungerade Parität haben, wenn ein Fehler
   aufgetreten ist).

3. H ist gerade und p_4 ist ungerade: Ein einzelner Fehler ist in p_4 aufgetreten,
   nicht im Rest des Wortes, so dass das p_4-Bit zu korrigieren ist.

4. H ist ungerade und p_4 ist gerade: Ein Doppelfehler ist aufgetreten (p_4 sollte
   gerade Parität haben, wenn zwei Fehler aufgetreten sind).

Einfehler-Korrektur / Doppelfehler-Erkennung (SEC/DED, Single Error Detection / Double Error Detection) ist in den Speichern heutiger Server weit
verbreitet. Praktisch können 8-Byte-Datenblöcke SEC/DED mit nur einem zusätzlichen Byte hinbekommen, was der Grund dafür ist, dass DIMMs 72 Bit
breit sind.

Anmerkungen: 1) Um zu berechnen, wie viele Bits für SEC nötig sind, definieren wir p als die Gesamtanzahl der Paritätsbits und d als die Anzahl der
Datenbits in einem $p + d$-Bit-Wort. Wenn p Fehlerkorrekturbits auf das Fehler-
bit zeigen sollen ($p + d$ Fälle plus 1 Fall um zu kennzeichnen, dass kein Fehler
existiert), dann brauchen wir:

$$2^p \geq p + d + 1 \text{ Bits, also } p \geq \log(p + d + 1).$$

Das bedeutet zum Beispiel für 8-Bit $d = 8$ und $2^p \geq p + 8 + 1$, so dass $p = 4$.
Entsprechend ist $p = 5$ für 16 Bit, 6 für 32 Bit, 7 für 64 Bit usw.

2) In sehr großen Systemen wird die Möglichkeit multipler Fehler und des vollständigen Ausfalls eines einzelnen großen Speicherchips signifikant. IBM hat

das Verfahren *Chipkill* eingeführt, um diesem Problem zu begegnen, und viele sehr große Systeme verwenden diese Technologie. (Intel nennt seine Version SDDC.) Von seinem Wesen her ähnlich wie der RAID-Ansatz (Abschnitt 5.11, online), der für Festplatten benutzt wird, verteilt Chipkill die Daten und die Informationen des Fehlerkorrekturcodes, so dass der komplette Ausfall eines einzelnen Speicherchips dadurch aufgefangen wird, dass die Rekonstruktion der vermissten Daten aus den verbleibenden Chips unterstützt wird. Für ein Cluster aus 10 000 Prozessoren mit je 4 GiB hat IBM die folgenden Raten nicht wiederherstellbarer Ausfälle innerhalb von drei Betriebsjahren berechnet:

- nur Parität: etwa 90 000, oder ein nicht wiederherstellbarer (oder unentdeckter) Ausfall in 17 Minuten
- nur SEC/DED; etwa 3500, oder etwa ein unentdeckter oder nicht wiederherstellbarer Ausfall in 7,5 Stunden
- Chipkill: 6, oder etwa ein unentdeckter oder nicht wiederherstellbarer Ausfall in 2 Monaten

Daher ist Chipkill eine Anforderung für Warehouse Scale Computer.

3) Während einzelne oder doppelte Bitfehler typisch für Speichersysteme sind, können Netzwerke Burstfehler (Bündel von Bitfehlern) haben. Dafür gibt es eine Lösung, die *zyklischer Redundanzcheck* genannt wird. Für einen Block aus k Bits generiert ein Transmitter eine $n-k$ Bit lange Prüfzeichenfolge. Er überträgt n Bits exakt teilbar durch eine bestimmte Zahl. Der Empfänger teilt die Folge durch diese Zahl. Wenn kein Rest bleibt, nimmt er an, dass kein Fehler aufgetreten ist. Wenn ein Rest bleibt, weist der Empfänger die Nachricht zurück und bittet den Sender, sie noch einmal zu übertragen. Wie Sie aus Kapitel 3 wissen, ist es leicht, für Binärzahlen mit einem Schieberegister Divisionen auszuführen, was zyklische Redundanzchecks schon zu Zeiten populär gemacht hat, als Hardware noch teurer war. Noch weiter gehen Reed-Solomon-Codes, die Galois-Felder verwenden, um Multi-Bit-Übertragungsfehler zu korrigieren. Bei diesen Verfahren werden die Daten als die Koeffizienten eines Polynoms betrachtet und der Coderaum besteht aus Werten eines Polynoms. Die Reed-Solomon-Berechnung ist wesentlich komplizierter als die binäre Division!

5.6 Virtuelle Maschinen

Virtuelle Maschinen (VM) wurden Mitte der 1960er-Jahre entwickelt und blieben jahrelang wichtiger Bestandteil der Mainframe-Programmierung. In den 1980er- und 1990er-Jahren wurden sie im Bereich der Einzelnutzer-Computer größtenteils ignoriert, haben aber aus den folgenden Gründen wieder Beliebtheit erlangt:

- wachsende Bedeutung der Isolierung und Sicherheit in modernen Systemen
- Sicherheits- und Zuverlässigkeitsmängel von Standardbetriebssystemen

- gemeinsame Nutzung von Computern durch viele, unabhängig voneinander agierende Benutzer, insbesondere beim Cloud Computing
- dramatischer Anstieg der Rohgeschwindigkeit der Prozessoren im Laufe der Jahrzehnte, wodurch der Zusatzaufwand durch die VMs besser kompensiert werden kann

Die allgemeinste Definition von VMs beinhaltet im Grunde alle Emulationsmethoden, die eine Standard-Softwareschnittstelle bieten, wie etwa die Java-VM. In diesem Abschnitt sind wir vor allem an VMs interessiert, die eine vollständige Systemumgebung auf der binären ISA-Ebene einrichten. Obwohl einige VMs abweichende ISAs in der VM der nativen Hardware ausführen, gehen wir davon aus, dass sie immer zu der jeweiligen Hardware passen. Solche VMs werden als *System Virtual Machines* (SVMs) bezeichnet. Beispiele dafür sind IBM VM/370, VMware ESX Server und Xen.

SVMs vermitteln den Anwendern die Illusion, dass ihnen ein vollständiger Computer zur Verfügung steht, einschließlich einer eigenen Instanz des Betriebssystems. Auf einem Computer können mehrere VMs ausgeführt und mehrere unterschiedliche Betriebssysteme unterstützt werden. Auf einer konventionellen Plattform „gehören" einem einzigen Betriebssystem alle Hardwareressourcen, während bei einer VM mehrere Betriebssysteme dieselben Hardwareressourcen gemeinsam nutzen können.

Die Software, die VMs unterstützt, wird *Virtual Machine Monitor* (VMM) oder *Hypervisor* genannt. Der VMM ist das Herzstück der VM-Technologie. Die zugrunde liegende Hardwareplattform ist der so genannte *Host*, und seine Ressourcen werden von den *Gast*-VMs gemeinsam genutzt. Der VMM bestimmt, wie virtuelle Ressourcen auf physische Ressourcen abgebildet werden. Für eine physische Ressource kann ein Time-Sharing, eine Partitionierung oder sogar eine Emulation innerhalb der Software stattfinden. Der VMM ist sehr viel kleiner als ein traditionelles Betriebssystem. Der isolierte Anteil eines VMM umfasst möglicherweise nur 10 000 Zeilen Code.

Wir beschäftigen uns hier hauptsächlich mit VMs, die den Schutz verbessern, aber sie bieten auch noch zwei weitere Vorteile, die kommerziell attraktiv sind:

1. *Softwareverwaltung*. VMs unterstützen eine Abstraktion, die den vollständigen Softwarestapel ausführen kann, darunter selbst so alte Betriebssysteme wie DOS. Eine typische Einsatzsituation wäre, ein paar VMs einzusetzen, die alte Betriebssysteme ausführen, viele VMs mit dem aktuellen, stabilen Betriebssystem-Release und einige wenige VMs, die den nächsten Betriebssystem-Release testen.

2. *Hardwareverwaltung*. Ein Grund für den Einsatz mehrerer Server ist, jeder Applikation eine kompatible Version des Betriebssystems auf separaten Computern bereitzustellen. Diese Separierung kann die Zuverlässigkeit verbessern. VMs gestatten, dass diese separaten Softwarestapel unabhängig voneinander ausgeführt werden und dennoch dieselbe Hardware gemeinsam nutzen, und damit die Anzahl der Server verringern. Ein weiteres

Beispiel ist, dass einige VMMs die Migration einer in Ausführung befindlichen VM auf einen anderen Computer unterstützen, entweder um die Last auszugleichen oder Abhilfe bei einem Hardwarefehler zu schaffen.

Hardware-Software-Schnittstelle

Amazon Web Services (AWS) verwendet aus fünf Gründen eine virtuelle Maschine bei seinem Cloud-Computing-Angebot EC2:

1. AWS ist dadurch in der Lage, die Nutzer voreinander zu schützen, während sie sich einen Server teilen.

2. Es vereinfacht die Softwareverteilung innerhalb eines Warehouse Scale Computers. Ein Kunde installiert ein Image einer virtuellen Maschine, das mit passender Software konfiguriert ist, und AWS verteilt dieses an alle Instanzen, die ein Kunden nutzen möchte.

3. Kunden (und AWS) können eine VM zuverlässig „killen", um den Ressourcenverbrauch zu kontrollieren.

4. Virtuelle Maschinen verbergen die Identität der Hardware, auf der der Kunde arbeitet, d. h., AWS kann weiterhin alte Server nutzen und gleichzeitig neue, effizientere einführen. Der Kunde erwartet, dass die Performanz den Ratings der EC2 Compute Units entspricht, die AWS definiert als „gleichwertig mit der CPU-Kapazität eines 1,0–1,2 GHz 2007 AMD Opteron oder 2007 Intel Xeon Prozessors". Neuere Server bieten gewöhnlich mehr EC2 Compute Units als ältere, doch AWS kann alte Server vermieten, solange sie sich rentieren.

5. VMMs können die Rate steuern, mit der eine VM den Prozessor, das Netzwerk und Festplattenspeicher nutzt, was es AWS gestattet, viele Services für Instanzen unterschiedlicher Typen anzubieten, die alle auf den gleichen Servern laufen. Im Jahr 2020 zum Beispiel bot AWS mehr als 200 Instanztypen an, wobei die Preise von weniger als einen halben Cent pro Stunde (t3a.nano, 0,0047 Dollar) bis über 25 Dollar (speicheroptimiert, xle.32xlarge, 26,69 Dollar) reichten.

Im Allgemeinen sind die Kosten für die Virtualisierung von Prozessoren von der Arbeitslast abhängig. Prozessorgebundene Programme auf Benutzerebene haben keinen Zusatzaufwand durch die Virtualisierung, weil das Betriebssystem selten aufgerufen wird, so dass alles mit nativer Geschwindigkeit läuft. Ein-/Ausgabe-intensive Arbeitslasten weisen in der Regel auch eine intensive Betriebssystemnutzung auf. Sie führen viele Systemaufrufe und privilegierte Befehle aus, die zu einem hohen Zusatzaufwand durch die Virtualisierung führen können. Ist andererseits die Ein-/Ausgabe-intensive Arbeitslast auch *Ein-/Ausgabe-gebunden*, können die Kosten für die Prozessorvirtualisierung vollständig verborgen werden, weil der Prozessor häufig im Leerlauf auf Ein-/Ausgaben wartet.

Der Zusatzaufwand ist von der Anzahl der Befehle abhängig, die vom VMM emuliert werden müssen, ebenso wie von der Zeit, wie lange ihre Emulierung dauert. Wenn die Gast-VMs also dieselbe ISA wie der Host ausführen, gehen wir hier davon aus, dass das Ziel der Architektur und der VMM ist, fast alle Befehle direkt auf der nativen Hardware auszuführen.

Anforderungen an einen VMM (Virtual Machine Monitor)

Was muss ein VM-Monitor leisten? Er bietet eine Softwareschnittstelle für Gast-Software, er muss den Status der Gäste wechselseitig isolieren, und er muss sich selbst vor der Gast-Software schützen (einschließlich vor den Gast-Betriebssystemen). Die qualitativen Anforderungen lauten:

- Gast-Software muss sich auf einer VM genau so verhalten, als würde sie auf der nativen Hardware ausgeführt, außer im Hinblick auf leistungsabhängiges Verhalten oder Einschränkungen der festen Ressourcen, die von mehreren VMs gemeinsam genutzt werden.

- Gast-Software darf nicht in der Lage sein, Zuordnungen der realen Systemressourcen direkt zu ändern.

Um den Prozessor zu „virtualisieren", muss der VMM fast alles kontrollieren – Zugang zum privilegierten Status, Ein-/Ausgaben, Unterbrechungen und Interrupts –, selbst wenn die Gast-VM und das Gast-Betriebssystem ihn vorübergehend benutzen.

Bei einem Timer-Interrupt beispielsweise würde der VMM die aktuell ausgeführte Gast-VM unterbrechen, ihren Status speichern, den Interrupt verarbeiten, feststellen, welche Gast-VM als nächstes auszuführen ist, und deren Status dann wieder laden. Gast-VMs, die einen Timer-Interrupt verwenden, erhalten einen virtuellen Timer und einen emulierten Timer-Interrupt vom VMM.

Um die Verantwortung übernehmen zu können, muss der VMM eine höhere Privilegienstufe besitzen als die Gast-VM, die im Allgemeinen im Benutzermodus läuft. Damit wird außerdem sichergestellt, dass die Ausführung eines privilegierten Befehls vom VMM übernommen wird. Die grundlegenden Anforderungen für SVMs sind fast identisch mit denjenigen, die bereits für virtuellen Speicher mit Nachladen der Seiten aufgelistet wurden:

- mindestens zwei Prozessormodi, System und Benutzer

- eine privilegierte Befehlsuntermenge, die nur im Systemmodus zur Verfügung steht, und die eine Trap (einen Betriebssystemaufruf) auslöst, wenn sie im Benutzermodus ausgeführt wird. Systemressourcen dürfen nur über diese Befehle kontrolliert werden.

(Fehlende) ISA-Unterstützung für virtuelle Maschinen

Wenn bei der Entwicklung der ISA bereits VMs eingeplant werden, ist es relativ einfach, sowohl die Anzahl der Befehle, die von einem VMM ausgeführt werden müssen, als auch ihre Emulationsgeschwindigkeit zu reduzieren. Eine

Architektur, die die direkte Ausführung der VM auf der Hardware gestattet, verdient die Bezeichnung *virtualisierbar*, und die IBM 370-Architektur trägt diesen Titel mit Stolz.

Weil VMs erst seit Kurzem für PC- und Server-Applikationen genutzt werden, wurden die meisten Befehlssätze leider ohne Rücksicht auf die Virtualisierung entworfen. Dazu gehören auch die x86- und die meisten RISC-Architekturen, einschließlich ARMv7 und MIPS.

Weil der VMM sicherstellen muss, dass das Gastsystem nur mit virtuellen Ressourcen arbeiten kann, führt ein konventionelles Gastbetriebssystem ein Programm im Benutzermodus auf dem VMM aus. Versucht ein Gastbetriebssystem, über einen privilegierten Befehl auf Hardwareressourcen zuzugreifen oder Informationen darüber zu verändern – wenn es beispielsweise den Seitentabellenzeiger liest oder schreibt –, löst es eine Trap zum VMM aus. Der VMM kann dann die erforderlichen Änderungen an den entsprechenden realen Ressourcen vornehmen.

Wenn also ein Befehl, der versucht, solche sensiblen Informationen zu lesen oder zu schreiben, bei der Ausführung im Benutzermodus eine Trap auslöst, kann der VMM diese auffangen und eine virtuelle Version der sensiblen Information bereitstellen, so wie sie das Gastbetriebssystem erwartet.

Fehlt eine solche Unterstützung, sind andere Maßnahmen erforderlich. Ein VMM muss spezielle Vorsichtsmaßnahmen ergreifen, um alle problematischen Befehle zu erkennen und sicherzustellen, dass sie sich korrekt verhalten, wenn sie von einem Gastbetriebssystem ausgeführt werden. Damit nimmt die Komplexität des VMM zu und die Leistung der ausgeführten VM wird reduziert.

Schutz und ISA

Schutz ist eine gemeinsame Leistung von Architektur und Betriebssystemen, aber die Architekten mussten einige der ungünstigen Details vorhandener ISAs abändern, als virtuelle Speicher gebräuchlich wurden.

Beispielsweise lädt der x86-Befehl POPF die Flag-Register oben vom Keller in den Speicher. Eines der Flags ist IE (Interrupt Enable). Wenn Sie den POPF-Befehl im Benutzermodus ausführen, statt eine Trap dafür auszulösen, ändert er einfach alle Flags außer IE. Im Systemmodus ändert er IE nicht. Weil ein Gastbetriebssystem im Benutzermodus in einer VM ausgeführt wird, ist dies ein Problem, weil es erwartet, ein verändertes IE zu sehen.

In der Vergangenheit haben die IBM-Mainframe-Architektur und der VMM drei Schritte ausgeführt, um die Leistung virtueller Maschinen zu verbessern:

1. Reduzierung der Kosten für die Prozessorvirtualisierung
2. Reduzierung der Zusatzkosten für Interrupts aufgrund der Virtualisierung
3. Reduzierung der Interrupt-Kosten durch die Lenkung der Interrupts in die richtige VM, ohne den VMM aufzurufen

2006 versuchten AMD und Intel mit neuen Vorschlägen, den ersten Punkt zu lösen, nämlich die Kostenreduzierung für die Prozessorvirtualisierung. Bleibt abzuwarten, wie viele Generationen an Architektur- und VMM-Anpassungen notwendig sind, um alle drei Punkte zu erledigen, und ab wann die virtuellen Maschinen des 21. Jahrhunderts so effizient sein werden wie die IBM-Mainframes und VMMs der 1970er-Jahre.

Anmerkung: Der letzte zu virtualisierende Teil der Architektur ist die Ein- und Ausgabe. Dies ist wegen der wachsenden Zahl der I/O-Geräte, die an den Computer angeschlossen werden, sowie wegen der wachsenden Zahl unterschiedlicher Typen von I/O-Geräten bei weitem der schwierigste Teil der Systemvirtualisierung. Eine andere Schwierigkeit ist die gemeinsame Nutzung eines realen Gerätes durch mehrere VMs, und noch eine weitere resultiert aus der unüberschaubaren Zahl von Gerätetreibern, die nötig sind, besonders wenn unterschiedliche Gast-Betriebssysteme auf demselben VM-Betriebssystem unterstützt werden. Die VM-Illusion kann aufrechterhalten werden, indem jeder VM generische Versionen von jedem I/O-Treiber mitgegeben werden, um dann den Umgang mit den realen I/O-Geräten dem VMM zu überlassen.

5.7 Virtueller Speicher

In früheren Abschnitten haben wir gezeigt, wie Caches schnellen Zugriff auf zuvor genutzte Teile des Codes und der Daten eines Programms bieten. Analog dazu kann der Hauptspeicher als „Cache" für den Sekundärspeicher dienen, der normalerweise unter Verwendung von Festplatten implementiert wird. Diese Technik wird auch als **virtueller Speicher** bezeichnet. Ursprünglich gab es zwei Hauptgründe für die Verwendung von virtuellem Speicher: Er erlaubt eine effiziente und sichere gemeinsame Nutzung des Speichers durch mehrere Programme, und er befreit die Programmierer von der Last, mit einer kleinen, begrenzten Menge an Hauptspeicher auskommen zu müssen. Fünf Jahrzehnte nach seiner Erfindung gilt der erste der genannten Gründe immer noch.

> **virtueller Speicher** Eine Technologie, die den Hauptspeicher als „Cache" für den Sekundärspeicher verwendet.

Stellen Sie sich mehrere Programme vor, die gleichzeitig auf einem Rechner ausgeführt werden. Um zu ermöglichen, dass mehrere Programme gleichzeitig denselben Speicher verwenden, müssen wir in der Lage sein, die Programme voreinander zu schützen, so dass ein Programm nur den Teil des Hauptspeichers lesen und schreiben kann, der ihm zugeordnet wurde.

Der Gesamtspeicher, den alle diese Programme insgesamt benötigen, kann sehr viel größer sein als der Hauptspeicher, der auf dem Rechner tatsächlich zur Verfügung steht, aber nur ein Bruchteil dieses Speichers wird zu jedem Zeitpunkt aktiv genutzt. Der Hauptspeicher muss nur die jeweils aktiven Teile der vielen Programme aufnehmen, so wie ein Cache nur den aktiven Teil eines Programms enthält. Das Lokalitätsprinzip ermöglicht also sowohl virtuellen Speicher als auch Caches, und der virtuelle Speicher erlaubt es uns, den Prozessor ebenso wie den Hauptspeicher effizient gemeinsam zu nutzen.

Wir können zur Kompilierungszeit noch nicht wissen, welche Programme den Speicher mit anderen Programmen teilen werden. Darüber hinaus ändert sich die Zusammensetzung der Programme, die den Speicher gemeinsam nutzen, während der Ausführung der Programme. Aufgrund dieser dynamischen Interaktion würden wir gerne beim Kompilieren für jedes Programm einen eigenen *Adressraum* vorsehen – einen separaten Bereich von Speicherpositionen, der nur diesem Programm zur Verfügung steht. Der virtuelle Speicher implementiert die Übersetzung des Adressraums eines Programms in **physikalische Adressen**. Dieser Ersetzungsprozess macht **Schutzmechanismen** für den Adressraum eines Programms vor anderen Programmen erforderlich.

Zweitens ermöglicht der virtuelle Speicher auch einem einzelnen Benutzerprogramm die Überschreitung der Hauptspeichergröße. Wenn früher ein Programm zu groß für den Hauptspeicher war, war es Sache des Programmierers, es passend zu machen. Die Programmierer haben die Programme in kleinere Programmabschnitte unterteilt und dann die Abschnitte identifiziert, die sich wechselseitig ausschließen. Diese *Überlagerungen* (Overlays) wurden vom Benutzerprogramm gesteuert während der Ausführung geladen oder verdrängt. Dabei musste der Programmierer sicherstellen, dass das Programm nie versuchte, auf eine Überlagerung zuzugreifen, die nicht geladen war, und dass die geladenen Überlagerungen die Gesamtgröße des Speichers niemals überschritten. Überlagerungen wurden traditionell als Module organisiert, die jeweils sowohl Code als auch Daten enthielten. Aufrufe zwischen Prozeduren in unterschiedlichen Modulen führten zur Überlagerung eines Moduls durch ein anderes.

Wie Sie sich gut vorstellen können, hat diese Aufgabe den Programmierern das Leben schwer gemacht. Der virtuelle Speicher, der erfunden wurde, um den Programmierern dieses Problem abzunehmen, verwaltet die beiden Ebenen der Speicherhierarchie, die durch Hauptspeicher (manchmal auch als *physikalischer Speicher* bezeichnet, um ihn vom virtuellen Speicher zu unterscheiden) und Sekundärspeicher gebildet werden.

Obwohl die Konzepte bei der Anwendung von virtuellem Speicher und Cache dieselben sind, haben ihre unterschiedlichen historischen Wurzeln zur Verwendung einer unterschiedlichen Terminologie geführt. Ein virtueller Speicherblock wird als *Seite* und ein virtueller Speicherfehlzugriff als **Seitenfehler** bezeichnet.

Beim virtuellen Speicher erzeugt der Prozessor eine **virtuelle Adresse** die mithilfe einer Kombination aus Hardware und Software in eine *physikalische Adresse* übersetzt wird, die wiederum für den Zugriff auf den Hauptspeicher verwendet werden kann. Abbildung 5.20 zeigt den virtuell adressierten Speicher und die Abbildung der virtuellen Speicherseiten auf physikalische Seiten im Hauptspeicher. Dieser Prozess wird als *Adressabbildung* oder **Adressübersetzung** bezeichnet. Heute sind die beiden Speicherhierarchieebenen, die über virtuellen Speicher gesteuert werden, mit DRAMs und Magnetspeichern

physikalische Adresse Eine Adresse im Hauptspeicher.

Schutzmechanismen Eine Menge von Mechanismen, die sicherstellen, dass mehrere Prozesse, die den Prozessor, den Speicher oder Ein-/Ausgabegeräte gemeinsam nutzen, sich weder beabsichtigt noch unbeabsichtigt stören können, indem sie die Daten des jeweils anderen lesen oder schreiben. Diese Mechanismen isolieren auch das Betriebssystem von Benutzerprozessen.

Seitenfehler Ein Ereignis, das auftritt, wenn eine Seite, auf die zugegriffen wird, nicht im Hauptspeicher vorhanden ist.

virtuelle Adresse Eine Adresse, die einer Position im virtuellen Speicher entspricht, und die beim Zugriff auf den Speicher durch Adressabbildung auf eine physikalische Adresse abgebildet wird.

Adressübersetzung oder **Adressabbildung** Der Prozess, bei dem eine virtuelle Adresse auf eine physikalische Adresse abgebildet wird, die für den Zugriff auf den Speicher verwendet wird.

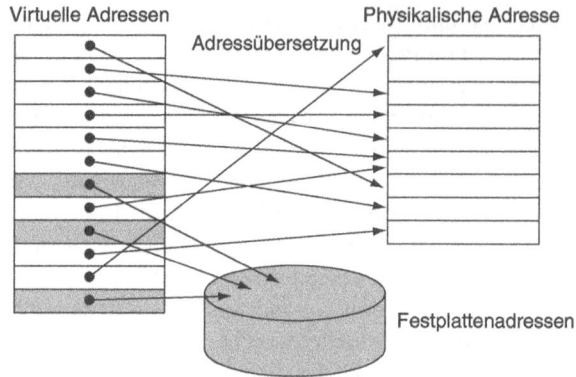

Abb. 5.20: Im virtuellen Speicher werden Speicherblöcke (so genannte *Seiten*) von einer Adressmenge (als *virtuelle Adressen* bezeichnet) auf eine andere Adressmenge (als *physikalische Adressen* bezeichnet) abgebildet. Der Prozessor erzeugt virtuelle Adressen, während der Zugriff auf den Speicher über physikalische Adressen erfolgt. Sowohl der virtuelle Speicher als auch der physikalische Speicher werden in Seiten unterteilt, so dass eine virtuelle Seite tatsächlich auf eine physikalische Seite abgebildet wird. Natürlich ist es auch möglich, dass eine virtuelle Seite nicht im Hauptspeicher vorhanden ist und nicht auf eine Hauptspeicheradresse abgebildet werden kann, weil sie sich stattdessen auf einer Festplatte befindet. Physikalische Seiten können gemeinsam genutzt werden, indem man zwei virtuelle Adressen auf dieselbe physikalische Adresse verweisen lässt. Diese Möglichkeit wird genutzt, um es zwei verschiedenen Programmen zu erlauben, Daten oder Code gemeinsam zu nutzen.

in Servern realisiert (siehe Abschnitt 5.2). Wenn wir wieder unser Bibliotheksbeispiel heranziehen, können wir uns eine virtuelle Adresse als den Titel eines Buches, und eine physikalische Adresse als die Position dieses Buches in der Bibliothek vorstellen, die ihm ein Bibliothekar zugeordnet hat.

Virtueller Speicher vereinfacht auch das Laden des Programms zur Ausführung, indem eine *Verlagerung (Relokation)* ermöglicht wird. Die Verlagerung beeinflusst die Abbildung der von einem Programm verwendeten virtuellen Adressen auf physikalische Adressen, bevor die Adressen für den Zugriff auf den Speicher benutzt werden. Die Verlagerung erlaubt es uns, das Programm an eine beliebige Stelle des Hauptspeichers zu laden. Darüber hinaus erlauben alle heute üblichen virtuellen Speichersysteme eine Verlagerung des Programms als Menge von Blöcken fester Größe (Seiten), so dass es nicht mehr erforderlich ist, einen fortlaufenden Speicherblock zu finden, der für ein Programm reserviert wird. Stattdessen muss das Betriebssystem nur ausreichend viele Seiten im Hauptspeicher finden.

Im virtuellen Speicher wird die Adresse in eine *virtuelle Seitennummer* und einen *Seiten-Offset* zerlegt. Abbildung 5.21 zeigt die Übersetzung der virtuellen Seitennummer in eine *physikalische Seitennummer.* Die physikalische Seitennummer bildet den oberen Teil der physikalischen Adresse, während der Seiten-Offset, der sich nicht ändert, den unteren Teil bildet. Die Anzahl der Bits im Seiten-Offset-Feld legt die Seitengröße fest. Die Anzahl der über die virtuelle Adresse adressierbaren Seiten muss nicht mit der Anzahl der über die physikalische Adresse adressierbaren Seiten übereinstimmen. Wenn man mehr

Virtuelle Adresse

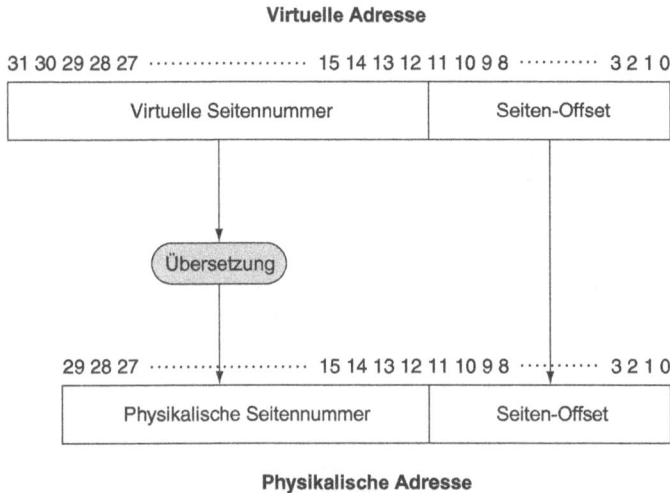

Physikalische Adresse

Abb. 5.21: Abbildung von einer virtuellen auf eine physikalische Adresse. Die Seitengröße beträgt $2^{12} = 4$ KiB. Die Anzahl der im Speicher erlaubten physikalischen Seiten beträgt 2^{18}, weil die physikalische Seitennummer 18 Bits enthält. Der Hauptspeicher kann also höchstens 1 GiB groß sein, während der virtuelle Adressraum 4 GiB umfasst.

virtuelle Seiten als physikalische Seiten hat, ist das die Grundlage für die Illusion eines im Wesentlichen unbegrenzt großen virtuellen Speichers.

Viele Designentscheidungen im Hinblick auf virtuelle Speichersysteme sind durch die hohen Kosten eines Fehlzugriffs motiviert, der im virtuellen Speicher als *Seitenfehler* bezeichnet wird. Ein Seitenfehler benötigt mehrere Millionen Taktzyklen für die Verarbeitung. (Die Tabelle auf Seite 423 zeigt, dass der Hauptspeicher etwa 100 000-mal so schnell wie die Festplatte ist.) Dieser enorme Fehlzugriffsaufwand, der durch die Zeit dominiert wird, die benötigt wird, um das erste Wort einer Seite zu laden, führt zu mehreren grundlegenden Entscheidungen beim Design virtueller Speichersysteme:

- Seiten sollten groß genug sein, um möglichst die hohe Zugriffszeit zu amortisieren. Größen von 4 KiB bis 16 KiB sind heute üblich. Neue Desktop- und Serversysteme sind so ausgelegt, dass sie Seiten mit 32 KiB und 64 KiB unterstützen, doch neue eingebettete Systeme gehen in die andere Richtung – sie verwenden Seiten mit 1 KiB.

- Attraktiv sind Anordnungen, die die Seitenfehlerrate reduzieren. Die hier meist verwendete Methode besteht darin, eine vollständig assoziative Platzierung der Seiten zuzulassen.

- Seitenfehler können per Software behandelt werden, weil der Zusatzaufwand durch die Software-Implementierung im Vergleich zur Festplattenzugriffszeit klein ist. Darüber hinaus kann es sich die Software leisten, intelligente Algorithmen für die Auswahl der Seitenplatzierung zu verwenden, weil selbst kleine Reduzierungen der Fehlzugriffsrate die Kosten für solche Algorithmen überwiegen.

- Durchschreibetechniken funktionieren für den virtuellen Speicher nicht, weil das Schreiben zu lange dauert. Stattdessen verwenden virtuelle Speichersysteme Rückschreibetechniken.

Die nächsten Unterabschnitte beschäftigen sich mit diesen Einflüssen auf den Entwurf eines virtuellen Speichers.

Anmerkungen: 1) Nach unserer Darstellung sind virtuelle Speicher motiviert durch den Wunsch, dass sich viele virtuelle Maschinen denselben Speicher teilen können sollten. Ursprünglich jedoch waren virtuelle Speicher dazu gedacht, dass viele Programme sich im Sinne eines Time-Sharing-Systems einen Computer teilen können. Da viele heutige Leser vermutlich keine Erfahrung mit Time-Sharing haben, verwenden wir virtuelle Maschinen als Motivation für diesen Abschnitt.

2) Für Server und sogar PCs sind 32-Bit-Prozessoren problematisch. Obwohl wir uns den virtuellen Adressraum normalerweise als viel größer als den physikalischen Adressraum vorstellen, kann das Gegenteil der Fall sein, wenn der Adressraum des Prozessors durch Fortschritte der Speichertechnologie relativ klein geworden ist. Für ein einzelnes Programm oder eine einzelne virtuelle Maschine spielt es keine Rolle, doch eine Gruppe von gleichzeitig laufenden Programmen oder virtuellen Maschinen kann davon profitieren, wenn kein Swapping und keine Parallelverarbeitung nötig ist.

3) Die Beschreibung des virtuellen Speichers in diesem Buch konzentriert sich auf das Paging, bei dem Blöcke fester Größe verwendet werden. Es gibt auch ein Schema mit Blöcken variabler Größe, das als **Segmentierung** bezeichnet wird. Bei der Segmentierung besteht eine Adresse aus zwei Teilen: einer Segmentnummer und einem Segment-Offset. Die Segmentnummer steht in einem Segmentregister und wird auf eine physikalische Segmentadresse abgebildet, und der Offset wird *addiert*, um die tatsächliche physikalische Adresse zu ermitteln. Weil ein Segment in der Größe variieren kann, ist eine Überprüfung der Grenzen erforderlich, um sicherzustellen, dass der Offset innerhalb des Segments liegt. Die wichtigste Anwendung der Segmentierung ist die Unterstützung leistungsfähiger Schutzmechanismen und der gemeinsamen Nutzung von Speicherwörtern in einem Adressraum. Die meisten Lehrbücher über Betriebssysteme enthalten eine ausführliche Diskussion der Segmentierung und ihrer Anwendung bei der logischen Aufteilung des Adressraums. Der wichtigste Nachteil der Segmentierung ist, dass sie den Adressraum logisch in Teile zerlegt, die als zweiteilige Adresse behandelt werden müssen: Segmentnummer und Offset. Das Paging dagegen macht die Grenze zwischen Seitennummer und Offset für Programmierer und Compiler transparent.

Segmente wurden auch als Methode genutzt, den Adressraum zu erweitern, ohne die Wortbreite des Computers zu ändern. Solche Versuche waren wenig

Segmentierung Ein Abbildungsschema für Adressblöcke variabler Größe, wobei die Adresse aus zwei Teilen besteht: einer Segmentnummer, die auf eine physikalische Adresse abgebildet wird, und einem Segment-Offset.

erfolgreich, weil die zweiteiligen Adressen, die Programmierer und Compiler berücksichtigen mussten, sowohl die Programmierung erschwerten als auch zu Leistungseinbußen führten.

Viele Architekturen unterteilen den Adressraum in große Blöcke fester Größe, die den Schutz zwischen Betriebssystem und Benutzerprogrammen einfacher machen und die Effizienz bei der Implementierung des Paging steigern. Obwohl diese Unterteilungen häufig als „Segmente" bezeichnet werden, ist dieser Mechanismus viel einfacher als eine Segmentierung mit variabler Blockgröße und außerdem für Benutzerprogramme nicht sichtbar. Wir werden gleich noch genauer darauf eingehen.

Eine Seite platzieren und wieder finden

Aufgrund des außerordentlich hohen Aufwands für einen Seitenfehler achten die Designer darauf, die Anzahl der Seitenfehler durch eine optimale Platzierung der Seiten zu reduzieren. Falls eine virtuelle Seite auf eine beliebige physikalische Seite abgebildet werden kann, kann das Betriebssystem bei einem Seitenfehler über die zu ersetzende Seite entscheiden. Das Betriebssystem kann beispielsweise einen komplizierten Algorithmus und komplexe Datenstrukturen für die Verwaltung der Seitennutzung verwenden, um eine Seite auszuwählen, auf die längere Zeit nicht mehr zugegriffen wurde. Ein intelligentes und flexibles Schema für das Ersetzen von Seiten reduziert die Seitenfehlerrate und beeinflusst die assoziative Platzierung von Seiten.

Wie in Abschnitt 5.4 bereits erwähnt, ist die Schwierigkeit bei der vollständig assoziativen Platzierung das Auffinden eines Eintrags, weil dieser sich überall auf der oberen Ebene der Hierarchie befinden kann. Eine sequentielle Suche ist nicht praktikabel. In virtuellen Speichersystemen finden wir Seiten mithilfe einer Tabelle, die einen Index für den Speicher bereitstellt; diese Struktur wird als **Seitentabelle** bezeichnet und befindet sich im Speicher. Der Index für den Zugriff auf die Seitentabelle ist die Seitennummer der virtuellen Adresse, mit deren Hilfe ein Tabelleneintrag und darin die entsprechende physikalische Seitennummer ermittelt wird. Jedes Programm besitzt eine eigene Seitentabelle, die den virtuellen Adressraum dieses Programms in den Hauptspeicher abbildet. In unserem Bibliotheksbeispiel entspricht die Seitentabelle einer Abbildung zwischen Buchtiteln und Standorten in der Bibliothek. So wie die Kartei auch Einträge für Bücher in einer anderen Bibliothek der Universität und nicht nur für die lokale Zweigbibliothek enthält, kann die Seitentabelle auch Einträge für Seiten enthalten, die nicht im Hauptspeicher vorhanden sind. Um die Position der Seitentabelle im Speicher anzuzeigen, enthält die Hardware ein Register, das auf den Anfang der Seitentabelle verweist; dieses wird *Seitentabellenregister* genannt. Wir nehmen im Folgenden an, dass sich die Seitentabelle in einem festen und aufeinander folgenden Speicherbereich befindet.

Seitentabelle Die Tabelle, die die Übersetzung von virtuellen in physikalische Adressen in einem virtuellen Speichersystem enthält. Die Tabelle ist im Speicher abgelegt. Als Index zum Auffinden eines Tabelleneintrags wird normalerweise die virtuelle Seitennummer verwendet. Jeder Tabelleneintrag enthält die physikalische Seitennummer für diese virtuelle Seite, falls sich die Seite aktuell im Speicher befindet.

Hardware-Software-Schnittstelle

Die Seitentabelle gibt zusammen mit dem Befehlszeiger und den Registern den *Status* eines Programms an. Wenn wir einem anderen Programm erlauben wollen, den Prozessor zu übernehmen, müssen wir diesen Status speichern. Wenn wir diesen Status später wiederherstellen, kann das Programm seine Ausführung fortsetzen. Wir bezeichnen diesen Status häufig als *Prozess*. Der Prozess wird als *aktiv* betrachtet, wenn er den Prozessor besitzt; andernfalls wird er als *inaktiv* betrachtet. Das Betriebssystem kann einen Prozess zum aktiven Prozess machen, indem es den Status des Prozesses einschließlich des Befehlszeigers lädt, dessen Inhalt dann den Startpunkt für die Wiederaufnahme der Ausführung bestimmt.

Der Adressraum des Prozesses und damit alle Daten, auf die er im Speicher zugreifen kann, sind durch seine Seitentabelle definiert, die sich im Speicher befindet. Statt beim Prozesswechsel die gesamte Seitentabelle zu sichern, lädt das Betriebssystem einfach das Seitentabellenregister neu, das auf die Seitentabelle des Prozesses verweist, den es zum aktiven Prozess machen will. Jeder Prozess hat eine eigene Seitentabelle, weil verschiedene Prozesse dieselben virtuellen Adressen verwenden. Das Betriebssystem ist für die Reservierung des physikalischen Speichers und die Aktualisierung der Seitentabellen verantwortlich, so dass die virtuellen Adressräume der verschiedenen Prozesse nicht kollidieren. Wie wir gleich sehen werden, bietet die Verwendung separater Seitentabellen auch einen Schutz der Prozesse voreinander.

Abbildung 5.22 verwendet das Seitentabellenregister, die virtuelle Adresse und den adressierten Seitentabelleneintrag, um zu zeigen, wie die Hardware eine physikalische Adresse bilden kann. In jedem Seitentabelleneintrag wird ein Gültigkeits-Bit verwendet, so wie wir es vom Cache her kennen. Wenn das Bit nicht gesetzt ist, ist die Seite nicht im Hauptspeicher enthalten und es tritt ein Seitenfehler auf. Wenn das Bit gesetzt ist, befindet sich die Seite im Speicher und der Eintrag enthält die physikalische Seitenadresse.

Weil die Seitentabelle eine Abbildung für jede mögliche virtuelle Seite enthält, sind keine Tags erforderlich. In die Cache-Terminologie übertragen, besteht der Index, mit dem auf die Seitentabelle zugegriffen wird, aus der vollständigen Blockadresse, also der Nummer der virtuellen Seite.

Seitenfehler

Wenn das Gültigkeits-Bit für eine virtuelle Seite nicht gesetzt ist, tritt beim Zugriff ein Seitenfehler auf. Das Betriebssystem übernimmt den Prozessor mithilfe des Ausnahmemechanismus, den wir in Kapitel 4 kennengelernt haben und weiter hinten in diesem Abschnitt noch einmal diskutieren. Nachdem das Betriebssystem den Prozessor erhalten hat, muss es die Seite in der nächsten Ebene der Hierarchie finden (das ist normalerweise die Festplatte) und entscheiden, wo die angeforderte Seite im Hauptspeicher abgelegt werden soll.

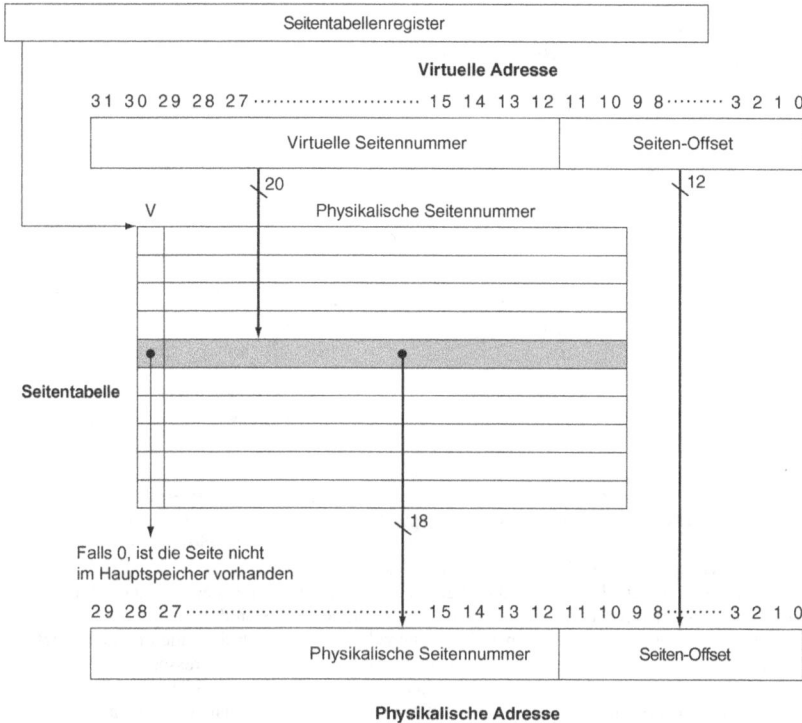

Abb. 5.22: Der Seitentabelleneintrag wird mit der virtuellen Seitennummer selektiert, um den entsprechenden Teil der physikalischen Adresse zu erhalten. Die Startadresse der Seitentabelle wird durch das Seitentabellenregister angegeben. Im Bild beträgt die Seitengröße 2^{12} Bytes, das sind 4 KiB. Der virtuelle Adressraum umfasst 2^{32} Bytes, das sind 4 GiB, und der physikalische Adressraum umfasst 2^{30} Byte, was einen Hauptspeicher von bis zu 1 GiB ermöglicht. Die Anzahl der Einträge in der Seitentabelle beträgt 2^{20}, das sind 1 Million Einträge. Das Gültigkeits-Bit (V) gibt für jeden Eintrag an, ob die Abbildung zulässig ist. Wenn es nicht gesetzt ist, befindet sich die Seite nicht im Speicher. Obwohl der hier gezeigte Seitentabelleneintrag nur 19 Bit breit sein muss, würde er normalerweise auf 32 Bit aufgerundet, um die Indizierung zu vereinfachen. Die zusätzlichen Bits würden verwendet, um zusätzliche Informationen zu speichern, die für jede einzelne Seite verwaltet werden müssen, wie beispielsweise Schutzbits.

Die virtuelle Adresse allein lässt nicht unmittelbar erkennen, wo sich die Seite auf der Festplatte befindet. Betrachten wir wieder unser Bibliotheksbeispiel. Wir können den Standort eines Buchs im Regal nicht aus seinem Titel bestimmen. Stattdessen gehen wir zum Katalog und suchen dort nach dem Buch und finden die Standortadresse, zum Beispiel eine Adresse in einer anderen Bibliothek. Analog dazu müssen wir die Position jeder virtuellen Speicherseite auch auf der Festplatte in unserem virtuellen Speichersystem verwalten.

Weil wir nicht im Voraus wissen, wann eine Seite im Speicher ersetzt wird, reserviert das Betriebssystem normalerweise bei der Prozesserzeugung für alle Seiten des Prozesses einen Platz auf der Festplatte. Dieser Platz auf der Festplatte wird als **Austauschspeicher** (Swap Space) bezeichnet. Zu diesem Zeitpunkt wird auch eine Datenstruktur angelegt, in der aufgezeichnet wird, wo auf

Austauschspeicher Der Speicherraum auf der Festplatte, der für den vollständigen virtuellen Speicher eines Prozesses reserviert wird.

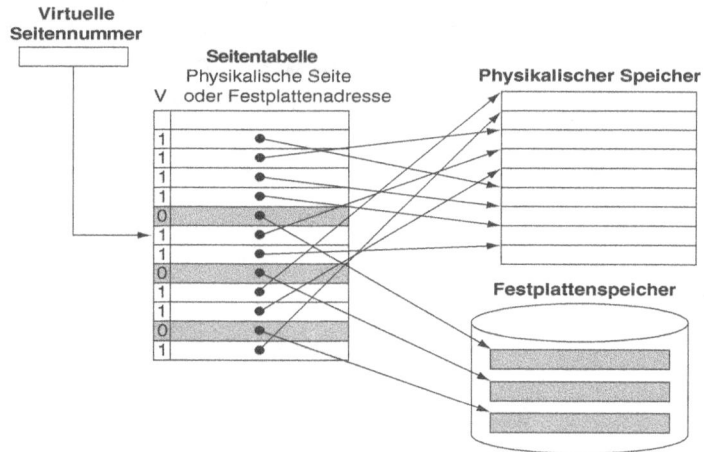

Abb. 5.23: Die Seitentabelle bildet jede Seite im virtuellen Speicher entweder auf eine Seite im Hauptspeicher oder auf eine auf der Festplatte gespeicherte Seite ab. Die Festplatte bildet die nächste Ebene in der Hierarchie. Die Nummer der virtuellen Seite wird als Index für die Seitentabelle verwendet. Wenn das Gültigkeits-Bit (V) gesetzt ist, stellt die Seitentabelle die Nummer der physikalischen Seite bereit (d. h. die Startadresse der Seite im Speicher), die der virtuellen Seite entspricht. Wenn das Gültigkeits-Bit nicht gesetzt ist, befindet sich die Seite momentan nur auf der Festplatte unter einer angegebenen Festplattenadresse. In vielen Systemen befinden sich die Tabelle mit den physikalischen Seitenadressen und die Festplattenseitenadressen in zwei separaten Datenstrukturen, auch wenn sie sich logisch innerhalb einer Tabelle befinden. Zwei Tabellen lassen sich damit rechtfertigen, dass wir die Festplattenadressen aller Seiten verwalten müssen, selbst wenn sie sich momentan im Hauptspeicher befinden. Beachten Sie, dass die Seiten im Hauptspeicher und die Seiten auf der Festplatte gleich groß sind.

der Festplatte die einzelnen virtuellen Seiten abgelegt sind. Diese Datenstruktur kann Teil der Seitentabelle sein, aber auch eine zusätzliche Datenstruktur, die auf dieselbe Weise indiziert wird wie die Seitentabelle. Abbildung 5.23 zeigt die Tabellenorganisation, wenn eine einzige Tabelle die Nummer der physikalischen Seite oder die Festplattenadresse enthält.

Das Betriebssystem erzeugt auch eine Datenstruktur, die verwaltet, welche Prozesse und welche virtuellen Adressen die verschiedenen physikalischen Seiten verwenden. Wenn ein Seitenfehler auftritt und alle Seiten im Hauptspeicher genutzt werden, muss das Betriebssystem entscheiden, welche Seite ausgetauscht werden soll. Weil wir die Anzahl der Seitenfehler minimieren wollen, versuchen die meisten Betriebssysteme, eine Seite auszuwählen, von der sie annehmen, dass sie nicht demnächst wieder gebraucht wird. Betriebssysteme betrachten die Vergangenheit, um die Zukunft vorhersagen zu können, und folgen dem LRU-Austauschschema (least recently used), das wir in Abschnitt 5.4 bereits erwähnt haben. Das Betriebssystem sucht nach der am längsten nicht mehr benutzten Seite und geht dabei davon aus, dass eine Seite, die längere Zeit nicht genutzt wurde, mit höherer Wahrscheinlichkeit nicht mehr benötigt wird, als eine Seite, auf die erst vor Kurzem zugegriffen wurde. Die ausgetauschten Seiten werden in den Austauschspeicher auf der Festplatte geschrieben. Vielleicht fragen Sie sich, wie dies möglich ist, da das Betriebssystem auch nichts anderes ist als ein weiterer Prozess und sich diese Tabellen, die den Speicher steuern, im Speicher befinden. Die Details dieses scheinbaren Widerspruchs werden in Kürze erläutert.

Hardware-Software-Schnittstelle

Die Implementierung eines völlig exakten LRU-Schemas ist zu aufwändig, weil dafür bei *jedem* Speicherzugriff ein Eintrag in der Datenstruktur aktualisiert werden muss. Stattdessen verwenden die meisten Betriebssysteme ein Approximationsverfahren, indem sie beobachten, welche Seiten vor kurzem genutzt oder nicht genutzt wurden. Um das Betriebssystem bei dieser Schätzung der am längsten nicht mehr zugegriffenen Seite zu unterstützen, verwenden einige Computer ein **Verwendungs-** oder **Referenzbit**, das gesetzt wird, wenn auf eine Seite zugegriffen wird. Das Betriebssystem löscht diese Referenzbits in bestimmten Zeitabständen und zeichnet sie später erneut auf, so dass es entscheiden kann, welche Seiten während eines bestimmten Zeitraums benutzt wurden. Mit dieser Nutzungsinformation kann das Betriebssystem eine Seite auswählen, die zu denen gehört, deren letzter Zugriff am längsten her ist (sie sind dadurch identifizierbar, dass das Referenzbit nicht gesetzt ist). Wenn die Hardware dieses Bit nicht bereitstellt, muss das Betriebssystem eine andere Möglichkeit finden um abzuschätzen, auf welche Seiten zugegriffen wurde.

Referenzbit oder **Verwendungsbit** Ein Feld, das gesetzt wird, wenn auf eine Seite zugegriffen wird, und das für die Implementierung des LRU-Algorithmus oder andere Austauschschemata verwendet wird.

Anmerkung: Unter Annahme einer virtuellen 32-Bit-Adresse, 4 KiB großen Seiten und 4 Byte pro Seitentabelleneintrag können wir die Gesamtgröße der Seitentabelle berechnen:

$$\text{Anzahl der Seitentabelleneinträge} = \frac{2^{32}}{2^{12}} = 2^{20}$$

$$\text{Größe der Seitentabelle} = 2^{20} \text{ Seitentabelleneinträge}$$
$$\times 2^2 \frac{\text{Bytes}}{\text{Seitentabelleneintrag}} = 4\,\text{MiB}$$

Das bedeutet, dass wir für jedes in Ausführung befindliche Programm 4 MiB Speicher benötigen. Für ein einziges Programm ist das nicht viel. Aber was passiert, wenn Hunderte von Programmen ausgeführt werden, die alle eine eigene Seitentabelle verwenden? Und wie behandeln wir 64-Bit-Adressen, die nach dieser Berechnung 2^{52} Wörter benötigen würden?

Es werden verschiedene Verfahren genutzt, um die Speichermenge zu reduzieren, die für die Seitentabelle benötigt wird. Die fünf folgenden Verfahren versuchen, die Gesamtgröße des benötigten Speicherplatzes zu reduzieren sowie den für die Seitentabellen reservierten Teil des Hauptspeichers zu minimieren:

1. Die einfachste Methode besteht darin, ein Grenzregister zu führen, das die Größe der Seitentabelle für einen bestimmten Prozess einschränkt. Wenn die Anzahl der virtuellen Seiten größer als der Inhalt des Grenzregisters

wird, müssen der Seitentabelle Einträge hinzugefügt werden. Diese Methode erlaubt es, dass die Seitentabelle wächst, wenn ein Prozess mehr Speicher benötigt. Die Seitentabelle ist also nur dann groß, wenn der Prozess
tatsächlich viele Seiten des virtuellen Adressraums benötigt. Die Methode
setzt voraus, dass sich der Adressraum nur in eine Richtung erweitert.

2. Es ist nicht ausreichend, nur ein Anwachsen in eine Richtung zu gestatten,
   weil die meisten Sprachen zwei Bereiche benötigen, deren Größe erweiter-
   bar ist: Ein Bereich enthält den Stack, der andere Bereich enthält den Heap.
   Aufgrund dieser Dualität ist es bequem, die Seitentabelle zu teilen und sie
   von der höchsten Adresse nach unten sowie von der niedrigsten Adresse
   nach oben wachsen zu lassen. Das bedeutet, dass es zwei separate Seitentabellen und zwei separate Grenzen gibt. Die Verwendung von zwei Seitentabellen teilt den Adressraum in zwei Segmente. Das obere Bit einer Adresse
   bestimmt normalerweise, welches Segment, und damit, welche Seitentabelle für diese Adresse verwendet wird. Weil das Segment durch das obere Adressbit angegeben wird, kann jedes Segment halb so groß wie der
   Adressraum werden. Ein Begrenzungsregister für jedes Segment spezifiziert die aktuelle Größe des Segments, die seitenweise anwächst. Diese Art
   der Segmentierung wird von vielen Architekturen verwendet, einschließlich der MIPS-Architektur. Anders als die in der Anmerkung auf Seite 480
   beschriebene Segmentierung ist diese Form der Segmentierung für das Anwendungsprogramm, jedoch nicht für das Betriebssystem transparent. Der
   wichtigste Nachteil dieses Schemas ist, dass es nicht effizient ist, wenn der
   Adressraum dünn besetzt ist und nicht als fortlaufende Menge virtueller
   Adressen verwendet wird.

3. Ein weiterer Ansatz zur Reduzierung der Seitentabellengröße ist die Anwendung einer Hash-Funktion auf die virtuelle Adresse, so dass die Seiten-
   tabellen-Datenstruktur nur die Größe der Anzahl *physikalischer* Seiten im
   Hauptspeicher haben muss. Eine solche Struktur wird auch als *invertierte
   Seitentabelle* bezeichnet. Der Suchprozess ist bei einer invertierten Seitentabelle natürlich etwas komplizierter, weil wir nicht mehr einfach mit dem
   Index der Seitentabelle suchen können.

4. Es können auch mehrere Ebenen von Seitentabellen verwendet werden, um
   den insgesamt benötigten Seitentabellenspeicher zu reduzieren. Die erste
   Ebene bildet große Blöcke fester Größe des virtuellen Adressraums ab,
   beschränkt auf beispielsweise insgesamt 64 bis 256 Seiten. Diese großen
   Blöcke werden manchmal als Segmente und diese Abbildungstabelle auf
   der ersten Ebene als Segmenttabelle bezeichnet, obwohl die Segmente für
   den Benutzer unsichtbar sind. Jeder Eintrag in der Segmenttabelle zeigt an,
   ob Seiten in diesem Segment reserviert sind. Ist dies der Fall, verweist er
   auf eine Seitentabelle für dieses Segment. Die Adressübersetzung erfolgt,
   indem zuerst in der Segmenttabelle nachgesehen wird, wozu die oberen
   Bits der Adresse verwendet werden. Wenn die Segmentadresse gültig ist,
   werden die nächsten der oberen Bits verwendet, um die Seitentabelle zu

indizieren, die der Segmenttabelleneintrag angegeben hat. Dieses Schema erlaubt, dass der Adressraum dünn besetzt wird (mehrere nicht aufeinander folgende Segmente können aktiv sein), ohne dass die ganze Seitentabelle reserviert werden muss. Solche Schemata sind insbesondere bei sehr großen Adressräumen praktisch, ebenso in Softwaresystemen, für die eine nicht fortlaufende Reservierung erforderlich ist. Der wichtigste Nachteil dieser zweistufigen Abbildung ist die größere Komplexität bei der Adressübersetzung.

5. Um den Hauptspeicheranteil zu reduzieren, der für Seitentabellen benötigt wird, erlauben die meisten modernen Systeme auch, dass ein Paging für die Seitentabellen stattfindet. Das hört sich kompliziert an, funktioniert jedoch unter Anwendung derselben grundlegenden Konzepte des virtuellen Speichers, wobei einfach erlaubt wird, dass sich die Seitentabellen im virtuellen Adressraum befinden. Darüber hinaus gibt es einige kleine aber kritische Probleme, wie beispielsweise eine Endlosfolge von Seitenfehlern, die vermieden werden müssen. Wie diese Probleme gelöst werden können, ist sehr detailabhängig und prozessorspezifisch. Kurz gesagt, diese Probleme werden vermieden, indem alle Seitentabellen im Adressraum des Betriebssystems und zumindest einige der Seitentabellen für das Betriebssystem in einem Teil des Hauptspeichers untergebracht werden, der physikalisch adressiert wird, immer präsent ist und damit nie auf die Festplatte ausgelagert wird.

Schreiboperationen

Der Unterschied zwischen der Zugriffszeit auf den Cache und auf den Hauptspeicher beträgt zwischen ein paar Dutzend und ein paar Hundert Zyklen, und es können Durchschreibeschemata verwendet werden, obwohl wir einen Schreibpuffer benötigen, um die Latenz der Schreiboperation vor dem Prozessor zu verbergen. In einem virtuellen Speichersystem benötigen Schreiboperationen auf die nächste Ebene der Hierarchie (Festplatte) Millionen von Prozessortaktzyklen, so dass ein Schreibpuffer keine Lösung wäre, um ein Durchschreibeschema auf die Festplatte zu implementieren. Stattdessen müssen virtuelle Speichersysteme die Rückschreibetechnik verwenden, wobei die einzelnen Schreiboperationen auf den Seiten im Speicher erfolgen, und die Seite zurück auf die Festplatte kopiert wird, wenn sie aus dem Speicher verdrängt wird.

Hardware-Software-Schnittstelle

Ein Rückschreibschema hat für ein virtuelles Speichersystem einen weiteren großen Vorteil. Weil die Festplattenübertragungszeit im Vergleich zur Zugriffszeit klein ist, ist das Rückkopieren einer ganzen Seite sehr viel effizienter, als einzelne Wörter auf die Festplatte zurückzuschreiben. Eine Rückschreiboperation ist zwar effizienter als die Übertragung einzelner Wörter, aber auch kostspieliger. Wir wüssten also gerne, ob eine Seite zurückkopiert werden *muss*, wenn wir sie verdrängen. Um zu verfolgen, ob auf eine Seite etwas geschrieben wurde, seit sie in den Speicher geladen wurde, wird der Seitentabelle ein *Dirty-Bit* hinzugefügt. Das Dirty-Bit wird gesetzt, wenn ein Wort auf eine Seite geschrieben wurde. Wenn das Betriebssystem entscheidet, die Seite zu verdrängen, gibt das Dirty-Bit also an, ob die Seite auf die Festplatte geschrieben werden muss, bevor ihre Position im Speicher für eine andere Seite freigegeben werden kann. Eine veränderte Seite wird deshalb häufig auch als *Dirty*-Seite bezeichnet.

Beschleunigung der Adressübersetzung: Der TLB

Weil die Seitentabellen im Hauptspeicher untergebracht sind, kann jeder Speicherzugriff durch ein Programm wenigstens doppelt so lange dauern: Ein Speicherzugriff, um die physikalische Adresse zu ermitteln, und ein zweiter, um die Daten zu erhalten. Der Schlüssel für die Verbesserung der Zugriffsleistung ist, die Lokalität des Zugriffs auf die Seitentabelle zu nutzen. Wenn eine Übersetzung für eine virtuelle Seitennummer verwendet wird, wird sie vielleicht in naher Zukunft schon wieder genutzt, weil die Zugriffe auf die Wörter dieser Seite sowohl eine temporale als auch eine räumliche Lokalität aufweisen.

TLB Ein Cache, der die zuletzt verwendeten Adressabbildungen nutzt, um einen Zugriff auf die Seitentabelle zu vermeiden.

Dementsprechend enthalten die meisten modernen Prozessoren einen speziellen Cache, der die zuletzt verwendeten Übersetzungen enthält. Dieser spezielle Adressübersetzungs-Cache wird üblicherweise als **Translation-Lookaside Buffer (TLB)** bezeichnet, obwohl es richtiger wäre, ihn als Übersetzungs-Cache zu bezeichnen. Der TLB entspricht dem kleinen Zettel, auf dem wir uns die Standorte verschiedener Bücher notieren, die wir im Katalog nachgeschlagen haben; anstatt immer wieder den gesamten Katalog zu durchsuchen, zeichnen wir uns die Standorte mehrerer Bücher auf und verwenden den Zettel als Cache für die Regalnummern.

Abbildung 5.24 zeigt, dass jeder Tag-Eintrag im TLB einen Teil der virtuellen Seitennummer und jeder Dateneintrag des TLB eine physikalische Seitennummer enthält. Weil wir bei jedem Zugriff auf den TLB und nicht die Seitentabelle zugreifen, muss der TLB auch andere Statusbits enthalten, wie beispielsweise das Dirty- und das Referenz-Bit.

Bei jedem Zugriff schlagen wir die virtuelle Seitennummer im TLB nach. Wenn wir einen Treffer erhalten, wird die physikalische Seitennummer verwendet, um die physikalische Adresse zu bilden, und das entsprechende Referenz-Bit wird gesetzt. Wenn der Prozessor eine Schreiboperation durchführt, wird auch das Dirty-Bit gesetzt. Falls ein Fehlzugriff im TLB auftritt, müssen wir ermitteln, ob es sich um einen Seitenfehler oder nur um einen TLB-Fehlzugriff handelt. Wenn die Seite im Speicher vorhanden ist, weist der TLB-Fehlzugriff nur darauf hin, dass die Übersetzung im TLB fehlt. In solchen Fällen kann der Prozessor den TLB-Fehlzugriff verarbeiten, indem er die Übersetzung von der Seitentabelle in den TLB lädt und dann den Zugriff erneut versucht. Liegt die Seite nicht im Speicher vor, weist der TLB-Fehlzugriff auf

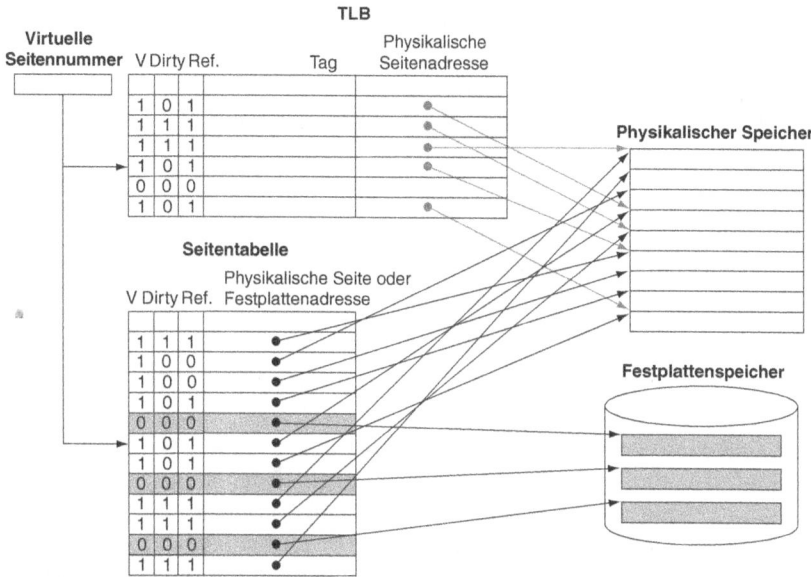

Abb. 5.24: Der TLB dient als Cache der Seitentabelle für Einträge, die auf physikalische Seiten abgebildet werden. Der TLB enthält eine Untermenge der Abbildungen von virtuellen auf physikalische Seiten, die sich auch in der Seitentabelle befinden. Die TLB-Abbildungen sind durch hellere Linien dargestellt. Weil es sich bei dem TLB um einen Cache handelt, muss er ein Tag-Feld und ein Gültigkeits-Bit (V) besitzen. Wenn es für eine Seite keinen Eintrag im TLB gibt, muss die Seitentabelle durchsucht werden. Die Seitentabelle stellt entweder eine physikalische Seitennummer für die Seite bereit (die dann verwendet werden kann, um einen TLB-Eintrag zu erstellen), oder zeigt an, dass sich die Seite auf der Festplatte befindet: In diesem Fall tritt ein Seitenfehler auf. Weil die Seitentabelle für jede virtuelle Seite einen Eintrag besitzt, ist kein Tag-Feld erforderlich, mit anderen Worten, bei ihr handelt es sich *nicht* um einen Cache.

einen echten Seitenfehler hin. In diesem Fall ruft der Prozessor mithilfe einer Ausnahme das Betriebssystem auf. Weil der TLB sehr viel weniger Einträge enthält als die Anzahl der Seiten im Hauptspeicher, treten TLB-Fehlzugriffe sehr viel häufiger auf als echte Seitenfehler.

TLB-Fehlzugriffe können hardwareseitig oder softwareseitig verarbeitet werden. In der Praxis besteht durch eine sorgfältige Implementierung ein geringer Leistungsunterschied zwischen den beiden Ansätzen, weil die grundlegenden Operationen dieselben sind.

Nachdem ein TLB-Fehlzugriff aufgetreten ist und die fehlende Übersetzung aus der Seitentabelle geladen wurde, müssen wir entscheiden, welcher TLB-Eintrag ausgetauscht werden soll. Weil die Referenz- und Dirty-Bits im TLB-Eintrag enthalten sind, müssen wir diese Bits zurück in den Seitentabelleneintrag kopieren, wenn wir einen Eintrag verdrängen. Diese Bits sind der einzige Teil des TLB-Eintrags, der sich ändern kann. Die Verwendung der Rückschreibetechnik – d. h. das Zurückkopieren dieser Einträge, wenn ein Fehlzugriff stattfindet, und nicht, wenn sie geändert werden – ist sehr effizient, weil wir davon ausgehen, dass die TLB-Fehlzugriffsrate gering ist. Einige Systeme ver-

wenden andere Verfahren, um Referenz- und Dirty-Bits abzuschätzen, so dass
nicht die Notwendigkeit besteht, in den TLB zu schreiben, außer um bei einem
Fehlzugriff einen neuen Tabelleneintrag zu laden.

Einige typische Werte für einen TLB sind beispielsweise

- TLB-Größe: 16 bis 512 Einträge
- Blockgröße: 1 bis 2 Seitentabelleneinträge (typischerweise 4 bis 8 Byte pro
  Eintrag)
- Trefferzeit: 0,5 bis 1 Taktzyklen
- Fehlzugriffsaufwand: 10 bis 100 Taktzyklen
- Fehlzugriffsrate: 0,01 % bis 1 %

Die Designer haben eine große Vielfalt an Assoziativitäten in TLBs verwendet.
Einige Systeme verwenden kleine, vollassoziative TLBs, weil eine vollassoziative Abbildung eine niedrigere Fehlzugriffsrate hat. Da der TLB darüber hinaus
klein ist, sind die Kosten für eine vollassoziative Abbildung nicht allzu hoch.
Andere Systeme verwenden große TLBs, häufig mit einer geringeren Assoziativität. Bei einer vollassoziativen Abbildung kann es kompliziert sein, den
Eintrag auszuwählen, der verdrängt werden soll, weil ein Hardware-gestütztes
LRU-Schema zu aufwändig ist. Weil TLB-Fehlzugriffe außerdem viel häufiger auftreten als Seitenfehler und deshalb kostengünstiger verarbeitet werden
müssen, können wir uns keinen teuren Software-Algorithmus leisten, wie es
für Seitenfehler möglich ist. Demzufolge unterstützen viele Systeme eine zufällige Auswahl des Eintrags, der ausgetauscht werden soll. Wir werden in Abschnitt 5.8 genauer darauf eingehen.

Der TLB des Intrinsity-FastMATH-Prozessors

Um diese Konzepte anhand eines realen Prozessors zu verdeutlichen, betrachten wir den TLB des Intrinsity FastMATH. Das Speichersystem verwendet
4 KiB große Seiten und einen 32-Bit-Adressraum. Damit ist die virtuelle Seitennummer 20 Bit lang, wie oben in Abbildung 5.25 gezeigt. Die physikalische Adresse hat dieselbe Größe wie die virtuelle Adresse. Der TLB enthält 16
Einträge, ist vollassoziativ und wird von Befehls- und Datenzugriffen gemeinsam genutzt. Jeder Eintrag ist 64 Bit breit und enthält ein 20-Bit-Tag (nämlich
die virtuelle Seitennummer für diesen TLB-Eintrag), die entsprechende physikalische Seitennummer (ebenfalls 20 Bit), ein Gültigkeits-Bit, ein Dirty-Bit
sowie andere für die Verwaltung verwendete Bits. Wie bei den meisten MIPS-
Systemen wird Software verwendet, um TLB-Fehlzugriffe zu behandeln.

Abbildung 5.25 zeigt den TLB und einen der Caches, während Abbildung 5.26 die Schritte bei der Verarbeitung einer Lese- oder Schreibanforderung darstellt. Wenn ein TLB-Fehlzugriff stattfindet, speichert die MIPS-
Hardware die Seitennummer des Zugriffs in einem speziellen Register und
erzeugt eine Ausnahme. Die Ausnahme ruft das Betriebssystem auf, das den
Fehlzugriff softwareseitig verarbeitet. Um die physikalische Adresse der feh-

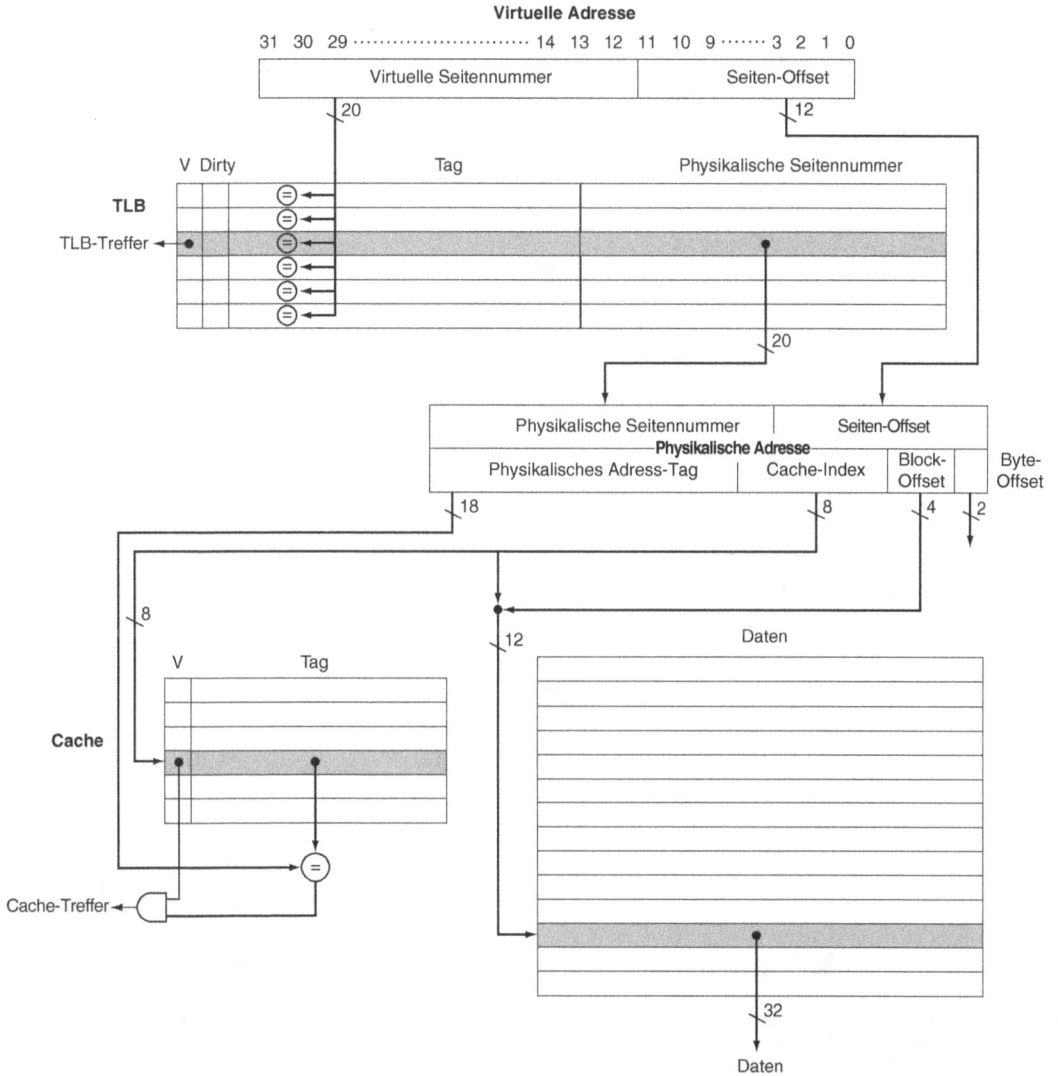

Abb. 5.25: Verwendung des TLB und des Caches, um von einer virtuellen Adresse zu einem Datenelement im Intrinsity-FastMATH zu gelangen. Diese Abbildung zeigt den Aufbau des TLB und des Datencaches bei einer Seitengröße von 4 KiB. Die Zeichnung konzentriert sich auf Leseoperationen. Abbildung 5.26 beschreibt die Verarbeitung von Schreiboperationen. Beachten Sie, dass anders als in Abbildung 5.10 das Tag und die Daten-RAMs voneinander getrennt sind. Durch die Adressierung des langen, aber schmalen Daten-RAMs mit dem Cache-Index konkateniert (verkettet) mit dem Block-Offset wählen wir das gewünschte Wort im Block ohne 16:1-Multiplexer aus. Während der Cache direkt abgebildet wird, ist der TLB vollassoziativ. Für die Implementierung eines vollassoziativen TLB ist es erforderlich, dass jedes TLB-Tag mit der virtuellen Seitennummer verglichen wird, weil der gesuchte Eintrag sich an jeder beliebigen Stelle im TLB befinden kann. (Siehe CAM in der Anmerkung auf Seite 455.) Wenn das Gültigkeits-Bit des übereinstimmenden Eintrags gesetzt ist, erzeugt der Zugriff einen TLB-Treffer, und die Bits der physikalischen Seitennummer bilden zusammen mit dem Seiten-Offset den Index, der für den Zugriff auf den Cache verwendet wird.

Virtuelle Adresse

TLB-Zugriff

TLB-Treffer?

Nein → Ausnahme: TLB-Fehlzugriff

Ja → Physikalische Adresse

Schreiben?

Nein → Versuche Daten aus dem Cache zu lesen

Ja → Schreibzugriffs-Bit gesetzt?

Nein → Ausnahme: Schreib-schutzverletzung

Ja → Versuche Daten in den Cache zu schreiben

Cache-Treffer?

Nein → Cache-Fehlzugriffs-stillstand beim Lesen des Blocks

Ja → Daten an die CPU weitergeben

Cache-Treffer?

Nein → Cache-Fehlzugriffs-stillstand beim Lesen des Blocks

Ja → Daten in den Cache schreiben, das Dirty-Bit aktualisieren und die Adresse in den Schreibpuffer stellen

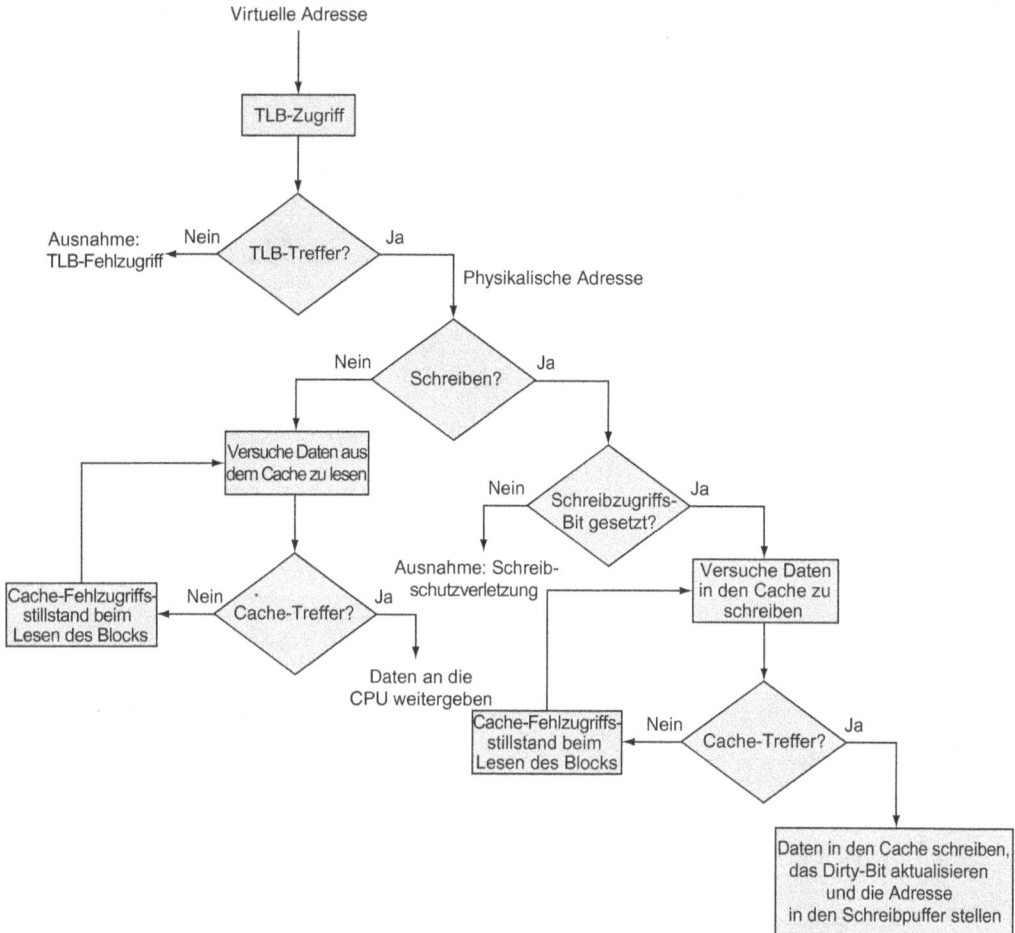

Abb. 5.26: Verarbeitung einer Lese- oder Durchschreiboperation durch TLB und Cache im Intrinsity-FastMATH. Wenn der TLB einen Treffer erzeugt, kann der Zugriff auf den Cache mit der resultierenden physikalischen Adresse erfolgen. Für eine Leseoperation erzeugt der Cache einen Treffer oder einen Fehlzugriff und stellt die Daten bereit oder verursacht einen Stillstand, während Daten aus dem Speicher geladen werden. Handelt es sich um eine Schreiboperation, wird für einen Treffer ein Teil des Cache-Eintrags überschrieben und die Daten werden an den Schreibpuffer geschickt, wenn wir von einem Durchschreiben ausgehen. Ein Schreibfehlzugriff verhält sich genau wie ein Lesefehlzugriff, außer dass der Block verändert wird, nachdem er aus dem Speicher geladen wurde. Beim Zurückschreiben muss bei Schreiboperationen das Dirty-Bit für den Cache-Block gesetzt werden, und ein Schreibpuffer wird nur bei einem Lesefehlzugriff oder Schreibfehlzugriff mit dem ganzen Block geladen, wenn der auszutauschende Block „dirty" ist, also verändert wurde. Beachten Sie, dass ein TLB-Treffer und ein Cache-Treffer unabhängige Ereignisse sind, aber dass ein Cache-Treffer nur auftreten kann, nachdem ein TLB-Treffer stattgefunden hat, d. h., die Daten müssen im Speicher vorliegen. Die Beziehung zwischen TLB-Fehlzugriffen und Cache-Fehlzugriffen wird im folgenden Beispiel genauer betrachtet.

lenden Seite zu ermitteln, indiziert die TLB-Fehlzugriffsroutine die Seitenta-belle unter Verwendung der Seitennummer der virtuellen Adresse und des Sei-tentabellenregisters, das die Startadresse der Seitentabelle des aktiven Prozes-ses enthält. Unter Verwendung spezieller Befehle, die den TLB aktualisieren können, platziert das Betriebssystem die physikalische Adresse aus der Seiten-

Virtuelle Adresse

31 30 29 ························ 14 13 12 11 10 9 ······· 3 2 1 0

| Virtuelle Seitennummer | Seiten-Offset |

20   12

V Dirty   Tag   Physikalische Seitennummer

TLB

TLB-Treffer

20

| Physikalische Seitennummer | Seiten-Offset |

Physikalische Adresse

| Physikalisches Adress-Tag | Cache-Index | Block-Offset | Byte-Offset |

18   8   4   2

8

V   Tag

Cache

12   Daten

Cache-Treffer

32

Daten

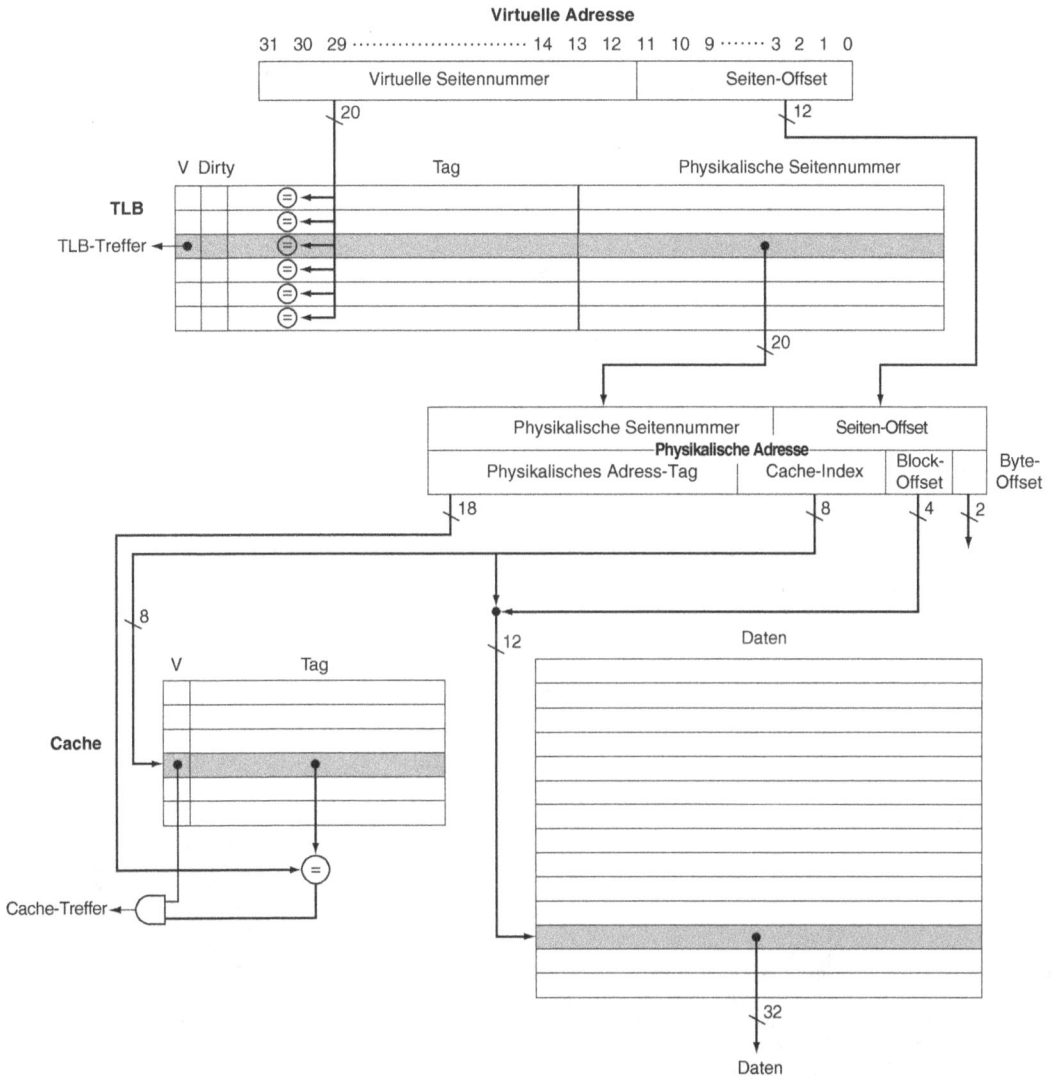

Abb. 5.25: Verwendung des TLB und des Caches, um von einer virtuellen Adresse zu einem Datenelement im Intrinsity-FastMATH zu gelangen. Diese Abbildung zeigt den Aufbau des TLB und des Datencaches bei einer Seitengröße von 4 KiB. Die Zeichnung konzentriert sich auf Leseoperationen. Abbildung 5.26 beschreibt die Verarbeitung von Schreiboperationen. Beachten Sie, dass anders als in Abbildung 5.10 das Tag und die Daten-RAMs voneinander getrennt sind. Durch die Adressierung des langen, aber schmalen Daten-RAMs mit dem Cache-Index konkateniert (verkettet) mit dem Block-Offset wählen wir das gewünschte Wort im Block ohne 16:1-Multiplexer aus. Während der Cache direkt abgebildet wird, ist der TLB vollassoziativ. Für die Implementierung eines vollassoziativen TLB ist es erforderlich, dass jedes TLB-Tag mit der virtuellen Seitennummer verglichen wird, weil der gesuchte Eintrag sich an jeder beliebigen Stelle im TLB befinden kann. (Siehe CAM in der Anmerkung auf Seite 455.) Wenn das Gültigkeits-Bit des übereinstimmenden Eintrags gesetzt ist, erzeugt der Zugriff einen TLB-Treffer, und die Bits der physikalischen Seitennummer bilden zusammen mit dem Seiten-Offset den Index, der für den Zugriff auf den Cache verwendet wird.

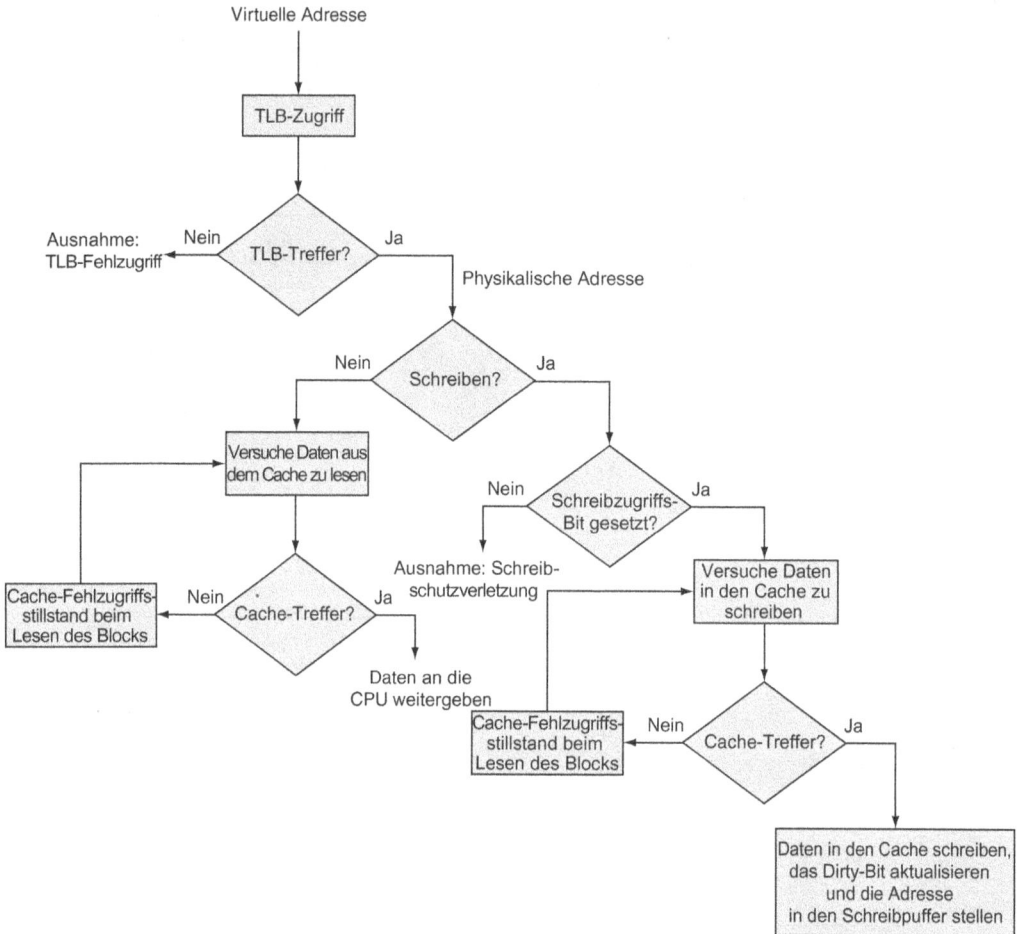

Abb. 5.26: Verarbeitung einer Lese- oder Durchschreiboperation durch TLB und Cache im Intrinsity-FastMATH. Wenn der TLB einen Treffer erzeugt, kann der Zugriff auf den Cache mit der resultierenden physikalischen Adresse erfolgen. Für eine Leseoperation erzeugt der Cache einen Treffer oder einen Fehlzugriff und stellt die Daten bereit oder verursacht einen Stillstand, während Daten aus dem Speicher geladen werden. Handelt es sich um eine Schreiboperation, wird für einen Treffer ein Teil des Cache-Eintrags überschrieben und die Daten werden an den Schreibpuffer geschickt, wenn wir von einem Durchschreiben ausgehen. Ein Schreibfehlzugriff verhält sich genau wie ein Lesefehlzugriff, außer dass der Block verändert wird, nachdem er aus dem Speicher geladen wurde. Beim Zurückschreiben muss bei Schreiboperationen das Dirty-Bit für den Cache-Block gesetzt werden, und ein Schreibpuffer wird nur bei einem Lesefehlzugriff oder Schreibfehlzugriff mit dem ganzen Block geladen, wenn der auszutauschende Block „dirty" ist, also verändert wurde. Beachten Sie, dass ein TLB-Treffer und ein Cache-Treffer unabhängige Ereignisse sind, aber dass ein Cache-Treffer nur auftreten kann, nachdem ein TLB-Treffer stattgefunden hat, d. h., die Daten müssen im Speicher vorliegen. Die Beziehung zwischen TLB-Fehlzugriffen und Cache-Fehlzugriffen wird im folgenden Beispiel genauer betrachtet.

lenden Seite zu ermitteln, indiziert die TLB-Fehlzugriffsroutine die Seitentabelle unter Verwendung der Seitennummer der virtuellen Adresse und des Seitentabellenregisters, das die Startadresse der Seitentabelle des aktiven Prozesses enthält. Unter Verwendung spezieller Befehle, die den TLB aktualisieren können, platziert das Betriebssystem die physikalische Adresse aus der Seitentabelle im TLB. Ein TLB-Fehlzugriff dauert etwa 13 Taktzyklen, wenn man davon ausgeht, dass sich der Code und der Seitentabelleneintag im Befehls-cache bzw. Datencache befinden. (Den MIPS TLB-Code sehen Sie auf Sei-te 502.) Ein echter Seitenfehler tritt auf, falls der Seitentabelleneintrag keine gültige physikalische Adresse aufweist. Die Hardware verwaltet einen Index, der den für den Austausch empfohlenen Eintrag angibt. Dieser wird zufällig ausgewählt.

Es gibt ein zusätzliches Problem für Schreibanforderungen: Das Schreib-zugriff-Bit im TLB muss überprüft werden. Dieses Bit verhindert, dass das Programm in Seiten schreibt, für die es nur Lesezugriff besitzt. Wenn das Pro-gramm eine Schreiboperation versucht und das Schreibzugriff-Bit nicht gesetzt ist, wird eine Ausnahme erzeugt. Das Schreibzugriff-Bit ist ein Teil des Schutz-mechanismus, den wir im Folgenden beschreiben werden.

Integration von virtuellem Speicher, TLBs und Caches

Virtueller Speicher und Cache arbeiten als Hierarchie zusammen, so dass Da-ten nur dann im Cache vorhanden sein können, wenn sie im Hauptspeicher enthalten sind. Das Betriebssystem hilft, diese Hierarchie zu verwalten, indem es den Inhalt jeder Seite aus dem Cache entfernt, wenn es entscheidet, diese Seite auf die Festplatte zu verschieben. Gleichzeitig ändert das Betriebssystem die Seitentabellen und den TLB, so dass ein Versuch, auf Daten auf der Seite zuzugreifen, einen Seitenfehler verursacht.

Im günstigsten Fall wird eine virtuelle Adresse vom TLB übersetzt und an den Cache geschickt, wo die entsprechenden Daten gefunden, geladen und an den Prozessor zurückgeschickt werden. Im ungünstigsten Fall verursacht ein Zugriff in allen drei Komponenten der Speicherhierarchie einen Fehlzugriff: TLB, Seitentabelle und Cache. Das folgende Beispiel verdeutlicht dieses Zu-sammenspiel.

Beispiel: Allgemeine Arbeitsweise einer Speicherhierarchie

In einer Speicherhierarchie, welche die in Abbildung 5.25 gezeigte TLB- und Cache-Organisation aufweist, kann ein Speicherzugriff drei verschiedene Ar-ten von Fehlzugriffen verursachen: einen TLB-Fehlzugriff, einen Seitenfehl-zugriff und einen Cache-Fehlzugriff. Betrachten Sie alle möglichen Kombina-tionen dieser Ereignisse, die jeweils einzeln oder kombiniert auftreten (sieben Möglichkeiten). Geben Sie für jede Möglichkeit an, ob dieses Ereignis tatsäch-lich auftreten kann, und unter welchen Bedingungen.

Lösung: Tabelle 5.5 zeigt die möglichen Situationen, und ob sie in der Praxis auftreten können oder nicht.

Anmerkung: Tabelle 5.5 geht davon aus, dass alle Speicheradressen in physi-kalische Adressen übersetzt werden, bevor ein Zugriff auf den Cache erfolgt.

Tab. 5.5: Mögliche Kombinationen von Ereignissen im TLB, virtuellen Speichersystem und Cache. Drei dieser Kombinationen sind nicht möglich, eine davon ist möglich (Treffer TLB, Treffer virtueller Speicher, Fehlzugriff Cache), aber die Trefferprüfung in der Seitentabelle wird nie durchgeführt.

TLB	Seitentabelle	Cache	Möglich? Wenn ja, unter welchen Bedingungen?
Treffer	Treffer	Fehlzugriff	Möglich, wobei die Seitentabelle nie überprüft wird, wenn TLB einen Treffer ergibt.
Fehlzugriff	Treffer	Treffer	TLB-Fehlzugriffe, aber der Eintrag wird in der Seitentabelle gefunden; bei einem erneuten Versuch werden die Daten im Cache gefunden.
Fehlzugriff	Treffer	Fehlzugriff	TLB-Fehlzugriffe, aber der Eintrag wird in der Seitentabelle gefunden; bei einem erneuten Versuch erfolgt für die Daten im Cache ein Fehlzugriff.
Fehlzugriff	Fehlzugriff	Fehlzugriff	TLB-Fehlzugriffe, gefolgt von einem Seitenfehler; bei einem erneuten Versuch muss für die Daten im Cache ein Fehlzugriff erfolgen.
Treffer	Fehlzugriff	Fehlzugriff	Unmöglich: Es gibt keine Zuordnung im TLB, wenn die Seite nicht im Speicher ist.
Treffer	Fehlzugriff	Treffer	Unmöglich: Es gibt keine Zuordnung im TLB, wenn die Seite nicht im Speicher ist.
Fehlzugriff	Fehlzugriff	Treffer	Unmöglich: Daten können nicht im Cache stehen, wenn sich die Seite nicht im Speicher befindet.

Bei dieser Konstellation ist der Cache *physikalisch indiziert* und *physikalisch getagged* (sowohl der Cache-Index als auch das Tag sind physikalische, keine virtuellen Adressen). Bei einem solchen System muss die Speicherzugriffszeit bei einem Cache-Treffer sowohl einen TLB-Zugriff als auch einen nachfolgenden Cache-Zugriff enthalten; natürlich können diese Zugriffe in einer **Pipeline** erfolgen.

Alternativ kann der Prozessor den Cache mit einer Adresse indizieren, die vollständig oder teilweise virtuell ist. Man spricht dann von einem **virtuell adressierten Cache**, der virtuelle Adressen als Tags verwendet. Damit ist ein solcher Cache *virtuell indiziert* und *virtuell getagged*. In solchen Caches wird die Adressübersetzungshardware (TLB) bei einem normalen Cache-Zugriff nicht verwendet, weil der Zugriff auf den Cache mit einer virtuellen Adresse erfolgt, die nicht in eine physikalische Adresse übersetzt wurde. Das entfernt den TLB aus dem kritischen Pfad und reduziert damit die Cache-Latenz. Wenn ein Cache-Fehlzugriff stattfindet, muss der Prozessor jedoch die Adresse in eine physikalische Adresse übersetzen, so dass er den Cache-Block aus dem Hauptspeicher laden kann.

Wenn der Zugriff auf den Cache über eine virtuelle Adresse erfolgt und Seiten von mehreren Programmen gemeinsam genutzt werden (die unter Verwendung unterschiedlicher virtueller Adressen darauf zugreifen), besteht die Möglichkeit des **Aliasing**. Ein Aliasing findet statt, wenn dasselbe Objekt zwei Namen hat – in diesem Fall zwei virtuelle Adressen für dieselbe Seite. Diese

PIPELINING

virtuell adressierter Cache Ein Cache, auf den der Zugriff über eine virtuelle statt über eine physikalische Adresse erfolgt.

Aliasing Eine Situation, bei der auf ein Objekt unter Verwendung von zwei Adressen zugegriffen wird. Sie kann im virtuellen Speicher auftreten, wenn es zwei virtuelle Adressen für dieselbe physikalische Seite gibt.

Mehrdeutigkeit verursacht ein Problem, weil ein Wort auf einer solchen Seite an zwei verschiedenen Positionen in den Cache gestellt werden kann, die zwei verschiedenen virtuellen Adressen entsprechen. Diese Mehrdeutigkeit würde es gestatten, dass ein Programm die Daten verändert, während das andere Programm nicht erkennen würde, dass sich die Daten geändert haben. Vollständig virtuell adressierte Caches führen entweder Design-Beschränkungen für den Cache und den TLB ein, um Aliase zu reduzieren, oder sie verlassen sich darauf, dass das Betriebssystem und möglicherweise sogar der Benutzer die erforderlichen Schritte ergreifen, die sicherstellen, dass keine Aliase auftreten.

Ein üblicher Kompromiss zwischen diesen beiden Designanforderungen sind virtuell indizierte Caches (manchmal einfach unter Verwendung des Seiten-Offset-Teils der Adresse, wobei es sich eigentlich um eine physikalische Adresse handelt, weil sie nicht übersetzt wird), aber unter Verwendung von physikalischen Tags. Diese Designansätze, die *virtuell indiziert aber physikalisch getagged* sind, versuchen, die Leistungsvorteile virtuell indizierter Caches mit den Vozügen architektonisch einfacherer **physikalisch adressierter Caches** zu verbinden. In diesem Fall gibt es beispielsweise kein Alias-Problem. Abbildung 5.25 ist von einer Seitengröße von 4 KiB ausgegangen, aber eigentlich ist sie 16 KiB groß, der Intrinsity FastMATH kann also diesen Trick nutzen. Dazu muss auf eine sorgfältige Abstimmung zwischen der Mindestseitengröße, der Cachegröße und der Assoziativität geachtet werden.

physikalisch adressierter Cache Ein Cache, auf den über eine physikalische Adresse zugegriffen wird.

Implementierung von Schutzmechanismen mit einem virtuellen Speicher

Die vielleicht wichtigste Aufgaben des virtuellen Speichers ist es, eine gemeinsame Nutzung eines einzigen Hauptspeichers durch mehrere Prozesse zu erlauben, wobei Speicherschutzmechanismen zwischen diesen Prozessen und dem Betriebssystem bereitgestellt werden. Die Schutzmechanismen müssen sicherstellen, dass zwar mehrere Prozesse denselben Hauptspeicher gemeinsam nutzen können, aber ein nicht mehr korrekt funktionierender Prozess nicht – beabsichtigt oder unbeabsichtigt – in den Adressraum eines anderen Prozesses oder des Betriebssystems schreiben kann. Das Schreibzugriff-Bit im TLB kann eine Seite davor schützen, dass auf sie geschrieben wird. Ohne diese Schutzebene wären Computerviren noch weiter verbreitet.

Hardware-Software-Schnittstelle

Um dem Betriebssystem zu ermöglichen, Schutzmechanismen im virtuellen Speichersystem zu implementieren, muss die Hardware mindestens die drei nachfolgend aufgelisteten grundlegenden Fähigkeiten besitzen. Beachten Sie, dass die ersten beiden die gleichen Anforderungen sind, die für virtuelle Maschinen gelten (Abschnitt 5.6).

1. Unterstützung von mindestens zwei Modi, die anzeigen, ob der ausgeführte Prozess ein Benutzerprozess oder ein Betriebssystemprozess ist, der auch als **Supervisor-**, **Kernel-** oder **Executive**-Prozess bezeichnet wird.

Kernel-Modus Auch als **Supervisor-Modus** bezeichnet. Ein Modus, der anzeigt, dass es sich bei dem ausgeführten Prozess um einen Betriebssystemprozess handelt.

2. Bereitstellung eines Teils des Prozessorstatus, den ein Benutzerprozess zwar lesen, nicht aber schreiben kann. Das beinhaltet das Benutzer/Supervisor-Modus-Bit, das angibt, ob sich der Prozessor im Benutzer- oder im Supervisor-Modus befindet, den Seitentabellenzeiger und den TLB. Um diese Elemente zu ändern, verwendet das Betriebssystem spezielle Befehle, die nur im Supervisor-Modus zur Verfügung stehen.

Systemaufruf Ein spezieller Befehl, der die Steuerung vom Benutzermodus an eine bestimmte Position im Supervisor-Coderaum überträgt und damit den Ausnahmemechanismus im Prozess aufruft.

3. Bereitstellung von Mechanismen, mit denen der Prozessor vom Benutzermodus in den Supervisor-Modus und umgekehrt wechseln kann. Die erste Richtung wird normalerweise durch eine **Systemaufruf**-Ausnahme bewerkstelligt, implementiert als spezieller Befehl (*syscall* im MIPS-Befehlssatz), der die Steuerung an eine bestimmte Position im Supervisor-Coderaum überträgt. Wie bei jeder anderen Ausnahme wird der Befehlszähler ab dem Moment des Systemaufrufs im Ausnahmebefehlszähler (EPC) gespeichert, und der Prozessor wird in den Supervisor-Modus versetzt. Um von der Ausnahme aus in den Benutzermodus zurückzugelangen, wird der Befehl ERET (return from exception) verwendet, der in den Benutzermodus zurückkehrt und zu der im EPC gespeicherten Adresse springt.

Durch Verwendung dieser Mechanismen und durch das Speichern der Seitentabellen im Adressraum des Betriebssystems kann das Betriebssystem die Seitentabellen ändern und gleichzeitig verhindern, dass ein Benutzerprozess sie ändert. Damit wird sichergestellt, dass ein Benutzerprozess nur auf den vom Betriebssystem für ihn bereitgestellten Speicher zugreifen kann.

Wir wollen auch verhindern, dass ein Prozess die Daten eines anderen Prozesses liest. Beispielsweise wollen wir nicht, dass ein Studierendenprogramm Benotungen liest, während diese sich im Speicher des Prozessors befinden. Wenn wir die gemeinsame Nutzung des Hauptspeichers erlauben, müssen wir einem Prozess die Möglichkeit geben, seine Daten davor zu schützen, dass ein anderer Prozess sie liest oder schreibt; andernfalls wäre die gemeinsame Nutzung des Hauptspeichers ein zweischneidiges Schwert!

Sie wissen, dass jeder Prozess einen eigenen virtuellen Adressraum hat. Wenn das Betriebssystem also die Seitentabellen so verwaltet, dass die unabhängigen virtuellen Seiten auf nicht zusammenhängende physikalische Seiten abgebildet werden, ist ein Prozess nicht in der Lage, auf die Daten eines anderen Prozesses zuzugreifen. Dafür ist es natürlich auch erforderlich, dass ein Benutzerprozess nicht in der Lage sein darf, die Seitentabellenabbildung zu ändern. Das Betriebssystem kann diese Sicherheit garantieren, wenn es den Benutzerprozess daran hindert, seine eigenen Seitentabellen zu ändern. Dennoch muss das Betriebssystem selbst in der Lage sein, die Seitentabellen zu ändern. Durch die Platzierung der Seitentabellen im geschützten Adressraum des Be-

triebssystems werden beide Bedingungen erfüllt. Wenn Prozesse Informationen auf eingeschränkte Weise gemeinsam nutzen wollen, muss ihnen das Betriebssystem dabei helfen, weil der Zugriff auf die Informationen eines anderen Prozesses es erforderlich macht, in die Seitentabelle des zugreifenden Prozesses einzugreifen. Das Schreibzugriff-Bit kann verwendet werden, um die gemeinsame Nutzung auf Leseoperationen zu beschränken. Dieses Bit kann wie die restliche Seitentabelle nur vom Betriebssystem geändert werden. Um einem anderen Prozess, etwa P1, zu erlauben, eine Seite zu lesen, die Prozess P2 gehört, würde P2 das Betriebssystem auffordern, einen Seitentabelleneintrag für eine virtuelle Seite im Adressraum von P1 zu erzeugen, der auf dieselbe physikalische Seite verweist, die auch P2 nutzen will. Das Betriebssystem könnte das Schreibschutz-Bit verwenden, um zu verhindern, dass P1 die Daten überschreibt, wenn P2 das so will. Alle Bits, die die Zugriffsrechte für eine Seite festlegen, müssen sowohl in der Seitentabelle als auch im TLB berücksichtigt werden, weil der Zugriff auf die Seitentabelle nur bei einem TLB-*Fehlzugriff* erfolgt.

Anmerkung: Wenn das Betriebssystem entscheidet, von dem ausgeführten Prozess P1 zum ausgeführten Prozess P2 zu wechseln (was als **Kontextwechsel** oder *Prozesswechsel* bezeichnet wird), muss es sicherstellen, dass P2 nicht auf die Seitentabellen von P1 zugreifen kann, weil das den Schutzmechanismus verletzen würde. Wenn es keinen TLB gibt, ist es ausreichend, das Seitentabellenregister so zu ändern, dass es auf die Seitentabelle von P2 verweist (und nicht mehr auf die von P1). Wenn ein TLB vorhanden ist, müssen wir die TLB-Einträge löschen, die zu P1 gehören – sowohl, um die Daten von P1 zu schützen, als auch, um den TLB zu zwingen, die Einträge für P2 zu laden. Wenn die Prozesswechselrate hoch ist, kann das sehr ineffizient sein. Angenommen, P2 lädt nur ein paar TLB-Einträge, bevor das Betriebssystem zurück zu P1 wechselt. Leider stellt P1 dann fest, dass alle seine TLB-Einträge weg sind, und muss den TLB-Fehlzugriffsaufwand tragen, um sie neu zu laden. Dieses Problem entsteht, weil die von P1 und P2 verwendeten virtuellen Adressen gleich sein können, und wir den TLB löschen müssen, um eine Verwechslung dieser Adressen zu vermeiden.

Kontextwechsel Eine Änderung des internen Status eines Prozessors, um einem anderen Prozess zu erlauben, den Prozessor zu nutzen. Dabei wird der Status gespeichert, der benötigt wird, um zum aktuell ausgeführten Prozess zurückzukehren.

Eine gebräuchlichere Alternative ist, den virtuellen Adressraum zu erweitern, indem man eine *Prozess-ID* oder *Task-ID* einführt. Der Intrinsity Fast-MATH hat für diesen Zweck eine 8-Bit-Adressraum-ID (ASID). Dieses kleine Feld gibt den aktuell ausgeführten Prozess an. Es wird in einem Register geführt, das vom Betriebssystem geladen wird, wenn es den Prozess wechselt. Die Prozess-ID wird an den Tag-Teil des TLB angehängt, so dass nur dann ein TLB-Treffer stattfindet, wenn sowohl die Seitennummer als auch die Prozess-ID übereinstimmen. Diese Kombination macht es überflüssig, den TLB zu löschen – bis auf einige seltene Ausnahmen.

Ähnliche Probleme können für Caches auftreten, weil diese nach einem Prozesswechsel die Daten des ausgeführten Prozesses enthalten. Diese Probleme treten für physikalisch und virtuell adressierte Caches auf unterschied-

liche Weisen auf, und es werden verschiedene Lösungen verwendet, wie z. B.
Prozess-IDs, um sicherzustellen, dass ein Prozess seine eigenen Daten erhält.

Verarbeitung von TLB-Fehlzugriffen und Seitenfehlern

Wenn auch bei einem TLB-Treffer die Übersetzung von virtuellen in physikalische Adressen mit einem TLB ganz einfach ist, ist die Verarbeitung von
TLB-Fehlzugriffen und Seitenfehlern komplizierter. Ein TLB-Fehlzugriff tritt
auf, wenn kein Eintrag im TLB mit einer virtuellen Adresse übereinstimmt.
Ein TLB-Fehlzugriff kann auf eine von zwei Situationen hinweisen:

1. Die Seite liegt im Speicher vor und wir müssen nur den fehlenden TLB-
   Eintrag erstellen.
2. Die Seite liegt im Speicher nicht vor, und wir müssen die Steuerung an das
   Betriebssystem abgeben, um einen Seitenfehler zu verarbeiten.

MIPS verarbeitet TLB-Fehlzugriffe üblicherweise in der Software. Er lädt den
Seitentabelleneintrag aus dem Speicher und führt dann den Befehl erneut aus,
der den TLB-Fehlzugriff verursacht hat. Nach der erneuten Ausführung erhält
er einen TLB-Treffer. Wenn der Seitentabelleneintrag anzeigt, dass sich die
Seite nicht im Speicher befindet, erhält er jetzt eine Seitenfehlerausnahme.

Die Verarbeitung eines TLB-Fehlzugriffs oder eines Seitenfehlers bedingt
die Verwendung des Ausnahmemechanismus, um den aktiven Prozess zu unterbrechen, die Steuerung an das Betriebssystem zu übertragen und später die
Ausführung des unterbrochenen Prozesses wieder aufzunehmen. Ein Seitenfehler wird während des Taktzyklus für den Zugriff auf den Speicher erkannt.
Um den Befehl neu zu starten, nachdem der Seitenfehler verarbeitet wurde,
muss der Befehlszeiger des Befehls, der den Seitenfehler verursacht hat, gespeichert werden. Wie in Kapitel 4 wird der Ausnahmebefehlszähler (EPC)
verwendet, um diesen Wert aufzunehmen.

Außerdem muss garantiert sein, dass ein TLB-Fehlzugriff oder eine Seitenfehlerausnahme am Ende desselben Taktzyklus wie der Speicherzugriff festste-
hen, so dass der nächste Taktzyklus mit der Ausnahmeverarbeitung beginnt, anstatt die normale Befehlsausführung fortzusetzen. Wenn der Seitenfehler nicht
innerhalb dieses Taktzyklus erkannt würde, so könnte ein Ladebefehl ein Register überschreiben, was katastrophal wäre, wenn der Befehl neu gestartet
wird. Betrachten Sie beispielsweise den Befehl `lw $1,0($1)`: Der Computer
muss in der Lage sein, die Schreibphase der Pipeline zu verhindern. Andernfalls könnte er den Befehl nicht korrekt neu starten, weil der Inhalt von `$1`
zerstört worden wäre. Ein ähnliches Problem entsteht beim Speichern. Wir
müssen verhindern, dass die Schreiboperation im Speicher abgeschlossen wird,
wenn ein Seitenfehler auftritt. Das erfolgt normalerweise über die Schreib-
steuerungsleitung zum Speicher.

Hardware-Software-Schnittstelle

Zwischen dem Zeitpunkt, zu dem wir beginnen, die Ausnahmeverarbeitung im Betriebssystem auszuführen, und dem Zeitpunkt, bis zu dem das Betriebssystem den gesamten Status des Prozesses gespeichert hat, ist das Betriebssystem besonders verletzlich. Wenn beispielsweise eine weitere Ausnahme auftritt, während das Betriebssystem die erste Ausnahme verarbeitet, überschreibt die Steuereinheit den Ausnahmebefehlszeiger, so dass es unmöglich wird, zu dem Befehl zurückzukehren, der den Seitenfehler verursacht hat! Diese Katastrophe kann vermieden werden, wenn **Ausnahmen aktiviert** und **deaktiviert** werden können. Wenn eine Ausnahme auftritt, setzt der Prozessor ein Bit, das alle anderen Ausnahmen deaktiviert. Das könnte gleichzeitig mit dem Setzen des Bits für den Supervisor-Modus geschehen. Das Betriebssystem speichert dann gerade ausreichend viel Status-Information, so dass die Ausnahme wiederhergestellt werden kann, wenn eine andere Ausnahme auftritt – insbesondere den Ausnahmebefehlszähler und das Ursachenregister (*Cause Register*). Der Ausnahmebefehlszähler und das Ursachenregister sind zwei spezielle Steuerregister, die bei Ausnahmen, TLB-Fehlzugriffen und Seitenfehlern hilfreich sind. Tabelle 5.6 zeigt weitere Steuerregister. Anschließend kann das Betriebssystem die Ausnahmen wieder zulassen. Diese Schritte stellen sicher, dass Ausnahmen nicht bewirken, dass der Prozessor Status-Information verliert und die Ausführung des unterbrechenden Befehls nicht fortsetzen kann.

Ausnahmen aktivieren Auch als Interrupt-Aktivierung bezeichnet. Ein Signal oder eine Aktion, die steuert, ob der Prozess auf eine Ausnahme reagieren soll oder nicht. Dies wird benötigt, um zu verhindern, dass Ausnahmen in Intervallen auftreten, bevor der Prozessor den Status sicher gespeichert hat, den er für das neue Starten eines Befehls benötigt.

Tab. 5.6: MIPS-Steuerregister. Diese Register befinden sich in Coprozessor 0 und werden deshalb mit `mfc0` gelesen und mit `mtc0` geschrieben.

Register	CP0-Registernummer	Beschreibung
EPC	14	Neustart nach einer Ausnahme
Cause	13	Ursache der Ausnahme
BadVAddr	8	Adresse, die die Ausnahme verursacht hat
Index	0	Lese- bzw. Schreibposition im TLB
Random	1	Pseudo-wahlfreie Position im TLB
EntryLo	2	Physikalische Seitenadresse und Flags
EntryHi	10	Virtuelle Seitenadresse
Context	4	Seitentabellenadresse und Seitennummer

Nachdem das Betriebssystem die virtuelle Adresse kennt, die den Seitenfehler verursacht hat, muss es drei Schritte ausführen:

1. Nachschlagen des Seitentabelleneintrags unter Verwendung der virtuellen Adresse und Ermittlung der Position der gesuchten Seite auf der Festplatte.

2. Auswahl einer physikalischen Seite, die ersetzt werden soll. Wenn die ausgewählte Seite „dirty" ist, d. h. wenn Änderungen daran vorgenommen wurden, muss sie auf die Festplatte geschrieben werden, bevor wir eine neue virtuelle Seite auf diese physikalische Seite schreiben dürfen.

3. Starten einer Leseoperation, um die gesuchte Seite von der Festplatte in die ausgewählte physikalische Seite zu laden.

Natürlich dauert dieser letzte Schritt Millionen von Prozessortaktzyklen (ebenso wie der zweite, wenn die zu ersetzende Seite verändert wurde). Dementsprechend gibt das Betriebssystem normalerweise einem anderen Prozess die Gelegenheit, vom Prozessor ausgeführt zu werden, bis der Festplattenzugriff abgeschlossen ist. Weil das Betriebssystem den Status des Prozesses gespeichert hat, kann es die Steuerung des Prozessors problemlos an einen anderen Prozess weitergeben.

Nachdem das Lesen der Seite von der Festplatte abgeschlossen ist, kann das Betriebssystem den Status des Prozesses wiederherstellen, der den Seitenfehler ursprünglich verursacht hat, und den Rückkehrbefehl der Ausnahmeroutine ausführen. Dieser Befehl setzt den Prozessor vom Kernel-Modus in den Benutzermodus zurück und stellt den Befehlszähler wieder her. Der Benutzerprozess führt erneut den Befehl aus, der zuvor fehlgeschlagen ist, greift jetzt erfolgreich auf die angeforderte Seite zu und setzt die Ausführung fort.

Es ist schwierig, Seitenfehlerausnahmen für Datenzugriffe in einem Prozessor korrekt zu implementieren, da drei Eigenschaften zusammenkommen:

1. Sie treten mitten in den Befehlsausführungen auf, anders als Seitenfehler bei Befehlszugriffen.

2. Die Befehlsausführung kann erst abgeschlossen werden, nachdem die Ausnahme verarbeitet wurde.

3. Nach Verarbeitung der Ausnahme muss der Befehl neu gestartet werden, als wäre vorher nichts passiert.

neu startbarer Befehl Ein Befehl, dessen Ausführung fortgesetzt werden kann, nachdem eine Ausnahmebehandlung durchgeführt wurde, ohne dass die Ausnahme den restlichen Befehl beeinflusst.

In einer Architektur wie MIPS ist es relativ einfach, **Befehle neu startbar** zu machen, so dass die Ausnahme verarbeitet werden kann und der Befehl später fortgesetzt wird. Weil jeder Befehl nur ein Datenelement schreibt und diese Schreiboperation am Ende des Befehlszyklus erfolgt, können wir einfach verhindern, dass die Befehlsausführung abgeschlossen wird (indem nicht geschrieben wird), und können die Befehlsausführung neu starten.

Sehen wir uns das Ganze für MIPS genauer an. Wenn ein TLB-Fehlzugriff auftritt, speichert die MIPS-Hardware die Seitennummer des Zugriffs in einem speziellen Register namens BadVAddr (siehe Tabelle 5.7) und erzeugt eine Ausnahme.

Verarbeitungsroutine Eine Softwareroutine („Handler"), die eine Ausnahme oder einen Interrupt verarbeitet.

Die Ausnahme ruft das Betriebssystem auf, das den Fehlzugriff in der Software verarbeitet. Die Adresse 8000 0000$_H$, die Position der **Verarbeitungsroutine** (Handler) für den TLB-Fehlzugriff, wird in den Befehlszeiger geladen. Um die physikalische Adresse für die fehlende Seite zu finden, indiziert die Verarbeitungsroutine für den TLB-Fehlzugriff die Seitentabelle unter Verwendung der Seitennummer der virtuellen Adresse und des Seitentabellenregisters, das die Startadresse der Seitentabelle des aktiven Prozesses enthält. Um diese Indizierung zu beschleunigen, platziert die MIPS-Hardware alles, was benötigt wird, in einem speziellen Context-Register (siehe Tabelle 5.7): Die oberen 12

Tab. 5.7: MIPS-Code zum Speichern und Wiederherstellen des Status bei einer Ausnahme.

		Status speichern	
GPR speichern	`addi $k1, $sp, -XCPSIZE`		`# Platz für den Status auf dem Stack schaffen`
	`sw $sp,`	`XCT_SP($k1)`	`# $sp auf dem Stack ablegen`
	`sw $v0,`	`XCT_V0($k1)`	`# $v0 auf dem Stack ablegen`
	`...`		`# $v1, $ai, $si, $ti ... auf dem Stack ablegen`
	`sw $ra,`	`XCT_RA($k1)`	`# $ra auf dem Stack ablegen`
Hi, Lo speichern	`mfhi $v0`		`# Hi kopieren`
	`mflo $v1`		`# Lo kopieren`
	`sw $v0,`	`XCT_HI($k1)`	`# Hi-Wert auf dem Stack speichern`
	`sw $v1,`	`XCT_LI($k1)`	`# Lo-Wert auf dem Stack speichern`
Ausnahmeregister speichern	`mfc0 $a0,`	`$cr`	`# Cause-Register kopieren`
	`sw $a0,`	`XCT_CR($k1)`	`# $cr-Wert auf dem Stack ablegen`
	`...`		`# speichern $v1 ...`
	`mfc0 $a3,`	`$sr`	`# Statusregister kopieren`
	`sw $a3,`	`XCT_SR($k1)`	`# $sr auf dem Stack ablegen`
sp setzen	`move $sp,`	`$k1`	`# sp = sp - XCPSIZE`
		Verschachtelte Ausnahmen zulassen	
	`andi $v0,`	`$a3, MASK1`	`# $v0 = $sr & MASK1, Ausnahmen zulassen`
	`mtc0 $v0,`	`$sr`	`# $sr = Wert, der Ausnahmen zulässt`
		C-Ausnahmeverarbeitungsroutine aufrufen	
$gp setzen	`move $gp,`	`GPINIT`	`# $gp so setzen, dass es auf den Heap-Bereich` `# verweist`
C-Code aufrufen	`move $a0,`	`$sp`	`# arg1 = Zeiger auf Ausnahme-Stack`
	`jal xcpt_deliver`		`# C-Code zur Ausnahmeverarbeitung aufrufen`
		Status wiederherstellen	
GPR, Hi, Lo wiederherstellen	`move $at,`	`$sp`	`# temporärer Wert von $sp`
	`lw $ra, XCT_RA($at)`		`# $ra vom Stack wiederherstellen`
	`...`		`# $t0, ..., $a1 wiederherstellen`
	`lw $a0,`	`XCT_A0($k1)`	`# $a0 vom Stack wiederherstellen`
Statusregister wiederherstellen	`lw $v0,`	`XCT_SR($at)`	`# altes $sr vom Stack laden`
	`li $v1,`	`MASK2`	`# Maskieren, um Ausnahmen zu deaktivieren`
	`and $v0,`	`$v0, $v1`	`# $v0 = $sr & MASK2, Ausnahmen deaktivieren`
	`mtc0 $v0`	`$sr`	`# Statusregister setzen`
$sp und den Rest von GPR, der als temporäre Register verwendet wurde, wiederherstellen	`$sp,`	`XCT_SP($at)`	`# $sp vom Stack wiederherstellen`
	`lw $v0,`	`XCT_V0($at)`	`# $v0 vom Stack wiederherstellen`
	`lw $v1,`	`XCT_V1($at)`	`# $v1 vom Stack wiederherstellen`
	`lw $k1,`	`XCT_EPC($at)`	`# altes $epc vom Stack kopieren`
	`lw $at,`	`XCT_AT($at)`	`# $at vom Stack wiederherstellen`
		Rückkehr von der Ausnahme	
ERC wiederherstellen und zurückkehren	`mtc0 $k1, $epc`		`# $epc wiederherstellen`
	`eret $ra`		`# zurück zur unterbrochenen Anweisung`

Bits enthalten die Adresse der Basis der Seitentabelle, und die nächsten 18 Bits enthalten die virtuelle Adresse der fehlenden Seite. Jeder Seitentabelleneintrag umfasst ein Wort, die letzten zwei Bits sind also 0. Die beiden ersten Befehle kopieren also das Context-Register in das temporäre Kernel-Register $k1 und laden den Seitentabelleneintrag von dieser Adresse in $k1. $k0 und $k1 sind für das Betriebssystem reserviert und werden ohne Sicherung verwendet. Ein wichtiger Grund für diese Konvention ist, die TLB-Fehlzugriffsroutine schneller zu machen. Nachfolgend sehen Sie den MIPS-Code für eine typische TLB-Fehlzugriffsroutine:

```
TLBmiss:
  mfc0 $k1,Context    # kopiere PTE-Adresse in temp. $k1
  lw   $k1,0($k1)     # schreibe PTE in temp. $k1
  mtc0 $k1,EntryLo    # schreibe PTE in spez. Reg. EntryLo
  tlbwr               # schreibe EntryLo in zuf. TLB-Eintrag
  eret                # Rücksprung
```

Wie oben gezeigt, hat MIPS eine Menge an Systembefehlen, um auf den TLB zuzugreifen. Der Befehl `tlbwr` kopiert vom Steuerregister `EntryLo` in den durch das Steuerregister `Random` (siehe Tabelle 5.7) ausgewählten TLB-Eintrag. `Random` implementiert eine zufällige Platzierung, es handelt sich damit im Wesentlichen um einen frei laufenden Zähler. Ein TLB-Fehlzugriff dauert etwa ein Dutzend Taktzyklen.

Beachten Sie, dass die TLB-Fehlzugriffsroutine nicht überprüft, ob der Seitentabelleneintrag gültig ist. Weil die Ausnahme für TLB-Fehlzugriffe sehr viel häufiger auftritt als ein Seitenfehler, lädt das Betriebssystem den TLB aus der Seitentabelle, ohne den Eintrag zu überprüfen, und startet den Befehl neu. Wenn der Eintrag ungültig ist, tritt eine weitere, andere Ausnahme auf, und das Betriebssystem erkennt den Seitenfehler. Diese Methode macht den häufigen Fall eines TLB-Fehlzugriffs schneller – auf Kosten einer leichten Leistungseinbuße für den selteneren Fall eines Seitenfehlers.

Nachdem der Prozess, der den Seitenfehler verursacht hat, unterbrochen wurde, überträgt er die Steuerung an $8000\,0180_H$, eine andere Adresse als die der TLB-Fehlzugriffsroutine. Dies ist die allgemeine Adresse für Ausnahmen. Der TLB-Fehlzugriff hat einen speziellen Eintrittspunkt, um den Aufwand für einen TLB-Zugriff zu reduzieren. Das Betriebssystem verwendet das Ausnahmeursachenregister `Cause`, um die Ursache der Ausnahme festzustellen. Weil es sich bei der Ausnahme um einen Seitenfehler handelt, weiß das Betriebssystem, dass eine umfangreiche Verarbeitung erforderlich ist. Anders als bei einem TLB-Fehlzugriff speichert es deshalb den gesamten Status des aktiven Prozesses. Dieser Status beinhaltet die allgemeinen und die Gleitkommaregister, das Seitentabellenadressregister, den Ausnahmebefehlszeiger und das Ausnahmeursachenregister. Weil Ausnahmebehandlungsroutinen normalerweise die Gleitkommaregister nicht benutzen, speichert der allgemeine Eintrittspunkt sie nicht und überlässt das den wenigen Verarbeitungsroutinen, die sie benötigen.

Tabelle 5.7 zeigt den MIPS-Code für eine Ausnahmeverarbeitung. Beachten Sie, dass wir im MIPS-Code den Zustand speichern und wiederherstellen, der berücksichtigt, wann wir Ausnahmen aktivieren und deaktivieren, während wir C-Code aufrufen, um die betreffende Ausnahme zu verarbeiten.

Die virtuelle Adresse, die den Fehler verursacht hat, ist davon abhängig, ob es sich bei dem Fehler um einen Befehls- oder einen Datenfehler handelt. Die

Adresse der Anweisung, die den Fehler verursacht hat, befindet sich im Ausnahmebefehlszähler. Hat es sich um einen Befehlsseitenfehler gehandelt, enthält der Ausnahmebefehlszähler die virtuelle Adresse der fehlenden Seite. Im Falle eines Datenfehlers kann die fehlende virtuelle Adresse berechnet werden, indem die Datenadresse dem Befehl entnommen wird (dessen Adresse sich im Ausnahmebefehlszähler befindet).

Anmerkungen: 1) Diese vereinfachte Version geht davon aus, dass der Stack-Zeiger (Stack Pointer, sp) gültig ist. Um das Problem eines Seitenfehlers während der Ausnahmeroutine auf niedrigster Ebene zu vermeiden, reserviert MIPS einen Teil seines Adressraums so, dass er keine Seitenfehler haben kann. Dieser Teil wird als **nicht abgebildeter Adressraum** bezeichnet. Das Betriebssystem platziert den Code, der zum Zeitpunkt des Eintritts in die Ausnahmebehandlung ausgeführt wird, und den Ausnahmestack im nicht abgebildeten Speicher. Die MIPS-Hardware übersetzt die virtuellen Adressen 8000 0000$_H$ bis BFFF FFFF$_H$ in physikalische Adressen, indem sie einfach die oberen Bits der virtuellen Adresse ignoriert und damit diese Adressen im unteren Bereich des physikalischen Speichers platziert. Das Betriebssystem platziert also Ausnahmeeintrittspunkte und Ausnahmestacks im nicht abgebildeten Speicher.

> **nicht abgebildeter Adressraum** Ein Teil des Adressraums, für den keine Seitenfehler auftreten können.

2) Der Code in Tabelle 5.7 zeigt die Rückkehrsequenz der MIPS-32-Ausnahme. MIPS-I verwendet `rft` und `jr` statt `eret`.

3) Für Prozessoren mit komplexeren Befehlen, die viele Speicherstellen betreffen können und viele Dateneinträge schreiben, ist es viel schwieriger, Befehle neu startbar zu machen. Die Verarbeitung eines Befehls kann eine Reihe von Seitenfehlern in der Mitte des Befehls generieren. Beispielsweise haben x86-Prozessoren Befehle zum Verschieben von Blöcken, die Tausende von Datenwörtern betreffen. Bei solchen Prozessoren können Befehle oft nicht von Beginn an neu gestartet werden, wie wir es für MIPS-Befehle tun. Stattdessen muss der Befehl unterbrochen und später mitten in seiner Ausführung weitergeführt werden. Die Wiederaufnahme eines Befehls mitten in seiner Ausführung erfordert gewöhnlich das Speichern eines bestimmten Zustands, das Verarbeiten der Ausnahme und das Wiederherstellen dieses speziellen Zustands. Damit all dies richtig funktioniert, ist eine sorgfältige und detaillierte Abstimmung zwischen dem Code zur Ausnahmebehandlung im Betriebssystem und der Hardware nötig.

4) Anstatt bei jedem Speicherzugriff eine zusätzliche Ebene einzuziehen, führt in virtuellen Maschinen der VMM eine Schattenseitentabelle, die direkt vom virtuellen Adressraum des Gastes auf den physikalischen Adressraum der Hardware abbildet. Durch Erkennung aller Modifikationen der Seitentabelle des Gastes kann der VMM sicherstellen, dass die Einträge der Schattenseitentabelle, die von der Hardware für Übersetzungen verwendet werden, denen der Gast-Umgebung entsprechen, mit Ausnahme der korrekten physikalischen Seiten, die für die realen Seiten in den Gast-Tabellen substituiert werden. Der

VMM muss also alle Versuche des Gast-Betriebssystems abfangen, seine Seitentabelle zu ändern oder auf den Seitentabellenzeiger zuzugreifen. Dies wird gewöhnlich getan, indem die Gast-Seitentabellen schreibgeschützt werden und alle Zugriffe auf den Seitentabellenzeiger durch ein Gast-Betriebssystem abgefangen werden. Wie weiter oben angemerkt, geschieht Letzteres auf natürliche Weise, falls das Zugreifen auf den Seitentabellenzeiger eine privilegierte Operation ist.

5) Zusätzlich zur Virtualisierung des Befehlssatzes für eine virtuelle Maschine gibt es eine weitere Herausforderung, nämlich die Virtualisierung des virtuellen Speichers, wenn jedes Gast-Betriebssystem in jeder virtuellen Maschine seinen eigenen Satz von Seitentabellen verwaltet. Damit dies funktioniert, unterscheidet der VMM zwischen *realem* und *physikalischem* Speicher (was oft synonym gebraucht wird) und macht den realen Speicher zu einer separaten Zwischenebene zwischen virtuellem Speicher und physikalischem Speicher. (Manche verwenden die Begriffe virtueller Speicher, physikalischer Speicher und Maschinenspeicher zur Bezeichnung dieser drei Ebenen.) Das Gast-Betriebssystem bildet mithilfe seiner Seitentabellen virtuellen Speicher auf realen Speicher ab, und die VMM-Seitentabellen bilden realen Speicher des Gastes auf physikalischen Speicher ab. Die virtuelle Speicherarchitektur wird entweder durch Seitentabellen spezifiziert wie bei IBM VM/370 und x86, oder durch die TLB-Struktur wie bei MIPS.

Zusammenfassung

Virtueller Speicher ist die Bezeichnung für die Ebene der Speicherhierarchie, die das Caching zwischen Hauptspeicher und Festplatte realisiert. Virtueller Speicher ermöglicht es Programmen, ihren Adressraum über die Grenzen des Hauptspeichers hinaus zu erweitern. Noch wichtiger ist jedoch, dass der virtuelle Speicher die gemeinsame Nutzung des Hauptspeichers durch mehrere, gleichzeitig aktive Prozesse unterstützt. Dazu stellt der virtuelle Speicher Mechanismen für den Schutz des Speichers bereit.

Die Verwaltung der Speicherhierarchie zwischen Hauptspeicher und Festplatte ist kompliziert, weil Seitenfehler einen hohen Aufwand verursachen. Es gibt mehrere Techniken, die die Fehlzugriffsrate reduzieren sollen:

1. Seiten, werden groß gemacht, um die Vorteile der räumlichen Lokalität zu nutzen und die Fehlzugriffsrate zu reduzieren.

2. Die Abbildung zwischen virtuellen und physikalischen Adressen mithilfe einer Seitentabelle wird vollassoziativ gestaltet, so dass eine virtuelle Seite an beliebiger Stelle im Hauptspeicher platziert werden kann.

3. Das Betriebssystem verwendet Verfahren wie beispielsweise LRU und ein Referenz-Bit, um auszuwählen, welche Seiten ersetzt werden sollen.

Schreiboperationen auf die Festplatte sind teuer, deshalb verwendet der virtuelle Speicher ein Rückschreibeschema und beobachtet außerdem, ob eine Seite unverändert ist (unter Verwendung eines Dirty-Bits), um zu vermeiden, dass nicht veränderte Seiten auf die Festplatte zurückgeschrieben werden.

Die virtuellen Speichermechanismen bieten eine Adressübersetzung von einer virtuellen Adresse, die vom Programm verwendet wird, in den physikalischen Adressraum, der für den Zugriff auf den Speicher verwendet wird. Diese Adressübersetzung erlaubt die geschützte gemeinsame Nutzung des Hauptspeichers und bietet zusätzliche Vorteile, wie etwa die Vereinfachung der Speicherreservierung. Um sicherzustellen, dass die Prozesse voneinander geschützt sind, ist es erforderlich, dass nur das Betriebssystem die Adressübersetzungen ändern kann. Dies wird implementiert, indem die Benutzerprogramme daran gehindert werden, die Seitentabellen zu ändern. Eine kontrollierte gemeinsame Nutzung von Seiten zwischen Prozessen kann mithilfe des Betriebssystems und der Zugriffs-Bits in der Seitentabelle implementiert werden, die angeben, ob das Benutzerprogramm Lese- oder Schreibzugriff auf eine Seite hat.

Wenn ein Prozessor auf eine Seitentabelle zugreifen müsste, die sich immer im Speicher befindet, um jeden einzelnen Zugriff zu übersetzen, würde der virtuelle Speicher zu viel Zusatzaufwand verursachen und die Caches wären sinnlos! Stattdessen agiert ein TLB als Cache für die Übersetzungen in der Seitentabelle. Virtuelle Adressen werden dann unter Verwendung der Übersetzungen im TLB in physikalische Adressen übersetzt.

Caches, virtueller Speicher und TLBs basieren auf gemeinsamen Konzepten und Strategien. Der nächste Abschnitt beschreibt dieses allgemeine Schema.

Zur Programmperformanz

Obwohl der virtuelle Speicher eingeführt wurde, um zu erreichen, dass sich ein kleiner Speicher wie ein großer Speicher verhalten kann, bedeutet die Leistungsdifferenz zwischen Sekundärspeicher und Hauptspeicher, dass ein Programm, das häufig auf mehr virtuellen Speicher zugreift, als ihm physikalischer Speicher zur Verfügung steht, sehr langsam in der Ausführung ist. Ein solches Programm lagert ständig Seiten zwischen Hauptspeicher und Festplatte ein und aus, ein Verhalten, das als *Thrashing* bezeichnet wird. Das Thrashing ist katastrophal, wenn es auftritt, kommt aber selten vor. Wenn Ihr Programm Thrashing verursacht, ist die einfachste Lösung, es auf einem Rechner mit mehr Speicher auszuführen oder Ihren Rechner mit mehr Speicher aufzurüsten. Ein anspruchsvollerer Weg ist, Ihren Algorithmus und die Datenstrukturen zu überarbeiten, um zu prüfen, ob Sie die Lokalität ändern und damit die Anzahl der Seiten, die Ihr Programm gleichzeitig benutzt, reduzieren können. Diese Seitenmenge wird auch als die *Arbeitsmenge* (*Working Set*) bezeichnet.

Ein häufigeres Leistungsproblem sind die TLB-Fehlzugriffe. Weil ein TLB nur 32 bis 64 Seiteneinträge umfasst, könnte ein Programm leicht eine hohe TLB-Fehlzugriffsrate aufweisen, obwohl der Prozessor möglicherweise auf weniger als ein Viertel Megabyte Speicher direkt zugreift: $64 \times 4\,\text{KiB} = 0{,}25\,\text{MiB}$. Beispielsweise stellen TLB-Fehlzugriffe für Radixsort ein häufiges Problem dar. Um dieses Problem abzuschwächen, unterstützen die meisten

Rechnerarchitekturen heute variable Seitengrößen. Neben den standardmäßigen 4 KiB unterstützt beispielsweise die MIPS-Hardware Seiten mit 16 KiB, 64 KiB, 256 KiB, 1 MiB, 4 MiB, 16 MiB, 64 MiB und 256 MiB. Wenn ein Programm also große Seitengrößen verwendet, kann es auf mehr Speicher direkt und ohne TLB-Fehlzugriffe zugreifen.

Die praktische Herausforderung ist, das Betriebssystem so zu konstruieren, dass es den Programmen ermöglicht, diese größeren Seitengrößen auszuwählen. Die komplexere Lösung für die Reduzierung der TLB-Fehlzugriffe besteht wieder darin, den Algorithmus und die Datenstrukturen zu überarbeiten, um die Arbeitsmenge an Seiten zu reduzieren.

Selbsttest

Ordnen Sie dem Element der Speicherhierarchie auf der linken Seite die am besten passende Beschreibung auf der rechten Seite zu:

1.	L1-Cache	a.	ein Cache für einen Cache
2.	L2-Cache	b.	ein Cache für Festplatten
3.	Hauptspeicher	c.	ein Cache für einen Hauptspeicher
4.	TLB	d.	ein Cache für Seitentabelleneinträge

5.8   Allgemeines Schema der Speicherhierarchien

Sie haben gelernt, dass die verschiedenen Arten von Speicherhierarchien sehr viel gemeinsam haben. Obwohl sich viele Aspekte der Speicherhierarchien quantitativ unterscheiden, sind einige der Strategien und Funktionsmerkmale von Hierarchien quantitativ vergleichbar. Tabelle 5.8 zeigt, wie sich einige der quantitativen Eigenschaften von Speicherhierarchien unterscheiden können.

Im restlichen Abschnitt beschreiben wir die gemeinsamen operationalen Aspekte von Speicherhierarchien und wie diese ihr Verhalten bestimmen. Wir betrachten diese Techniken anhand von vier Fragen, die wir jeweils auf zwei

Tab. 5.8: Die wichtigsten quantitativen Designparameter, die die Hauptelemente der Speicherhierarchie in einem Rechner charakterisieren. Es handelt sich dabei um typische Werte aus dem Jahr 2020. Der Wertebereich ist recht groß, was teilweise daran liegt, dass sich die Werte mit der Zeit gemeinsam verändert haben. Beispielsweise sind die Blockgrößen gemeinsam mit den Cache-Größen gewachsen, um einen höheren Fehlzugriffsaufwand zu kompensieren. Ein weiterer, hier nicht gezeigter Aspekt ist, dass Server-Mikroprozessoren heute auch L3-Caches haben, die 4 bis 50 MiB groß sein können und viel mehr Blöcke als L2-Caches enthalten können. L3-Caches verringern die L2-Fehlzugriffsaufwand auf 30 bis 40 Takte.

	Typische Werte			
Funktionsmerkmal	**für L1-Caches**	**für L2-Caches**	**für Seitenspeicher**	**für einen TLB**
Gesamtgröße in Blöcken	250 – 2 000	2 500 – 25 000	16 000 – 250 000	40 – 1024
Gesamtgröße in Kilobyte	16 – 64	125 – 2 000	1 000 000 – 1 000 000 000	0,25 – 16
Blockgröße in Byte	16 – 64	64 – 128	4 000 – 64 000	4 – 32
Fehlzugriffsaufwand in Taktzyklen	10 – 25	100 – 1 000	10 000 000 – 100 000 000	10 – 1 000
Fehlzugriffsraten (global für L2)	2 % – 5 %	0,1 % –2 %	0,00001 % – 0,0001 %	0,01 % – 2 %

Hierarchieebenen anwenden, wobei wir der Einfachheit halber hauptsächlich die Terminologie für Caches benutzen.

Frage 1: Wo kann ein Block platziert werden?

Wir haben gesehen, dass die Platzierung von Blöcken in der oberen Ebene der Hierarchie unterschiedlichen Schemata folgen kann, von direkt abgebildet bis hin zu satzassoziativ und vollassoziativ. Wie oben bereits erwähnt, kann man sich diese unterschiedlichen Schemata als Variationen eines satzassoziativen Schemas vorstellen, wobei die Anzahl der Sätze und die Anzahl der Blöcke pro Satz variieren:

Name des Schemas	Anzahl der Sätze	Blöcke pro Satz
direkt abgebildet	Anzahl der Blöcke im Cache	1
satzassoziativ	$\dfrac{\text{Anzahl der Blöcke im Cache}}{\text{Assoziativität}}$	Assoziativität (normalerweise 2 – 16)
vollassoziativ	1	Anzahl der Blöcke im Cache

Vorteil einer Erhöhung des Grades der Assoziativität ist, dass normalerweise die Fehlzugriffsrate sinkt. Die Verbesserung der Fehlzugriffsrate stammt aus der Reduzierung der Fehlzugriffe, die um dieselbe Position konkurrieren. Wir werden gleich detaillierter darauf eingehen. Zuerst wollen wir überlegen, wie viel Verbesserung überhaupt erzielt werden kann. Abbildung 5.27 zeigt die Fehlzugriffsraten für mehrere Cache-Größen, wenn die Assoziativität von direkt abgebildet bis achtfach satzassoziativ variiert wird. Die größten Gewinne werden beim Wechsel von direkt abgebildet auf zweifach satzassoziativ erzielt, nämlich eine um 20 % bis 30 % reduzierte Fehlzugriffsrate. Mit zunehmender Cachegröße steigt die relative Verbesserung, die sich durch höhere Assoziativität erreichen lässt, nur unwesentlich. Weil die Gesamtfehlzugriffsrate kleiner wird je größer der Cache ist, sinkt die Möglichkeit, die Fehlzugriffsrate wesentlich zu verbessern. Die möglichen Nachteile der Assoziativität sind, wie wir bereits erwähnt haben, ein höherer Aufwand und eine langsamere Zugriffszeit.

Frage 2: Wie findet man einen Block?

Wie wir einen Block finden, ist von dem verwendeten Blockplatzierungsschema abhängig, das die Anzahl möglicher Positionen vorgibt. Wir können die verschiedenen Schemata wie folgt zusammenfassen:

Assoziativität	Suchmethode	Notwendige Vergleiche
direkt abgebildet	Indizierung	1
satzassoziativ	Indizierung der Menge, Durchsuchen der Elemente	Assoziativitätsgrad
vollassoziativ	Durchsuchen aller Cache-Einträge	Größe des Cache
	separate Suchtabelle	0

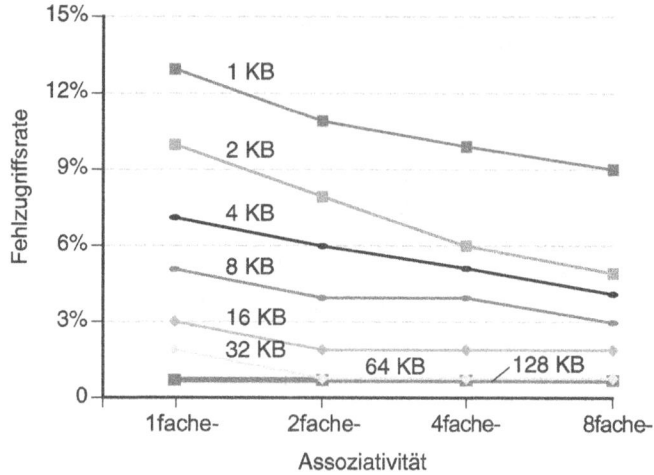

Abb. 5.27: Die Datencache-Fehlzugriffsraten verbessern sich mit steigender Assoziativität für jede der acht Cachegrößen. Während der Vorteil von einfacher (direkt abgebildet) hin zur zweifachen Satzassoziativität erheblich ist, sind die Zugewinne für weitere Assoziativitätsgrade kleiner (z. B. 1 % bis 10 % von zweifach auf vierfach im Vergleich zu 20 % bis 30 % bei einfach zu zweifach). Beim Schritt von vierfacher zu achtfacher Satzassoziativität ist noch weniger Verbesserung erkennbar, wobei die achtfache Satzassoziativität wiederum sehr nah an den Fehlzugriffsraten für einen vollassoziativen Cache liegt. Kleinere Caches erzielen einen wesentlich größeren absoluten Vorteil aus der Assoziativität, weil die grundlegende Fehlzugriffsrate eines kleinen Caches größer ist. Tabelle 5.4 erklärt, wie diese Daten ermittelt wurden.

Die Wahl zwischen direkter, satzassoziativer oder vollassoziativer Abbildung in einer Speicherhierarchie ist von dem Aufwand eines Fehlzugriffs im Vergleich zu den Kosten für die Implementierung der Assoziativität abhängig. Dies gilt sowohl im Hinblick auf die Zeit, als auch im Hinblick auf zusätzlich erforderliche Hardware. Die Implementierung des L2-Caches auf dem Chip erlaubt eine sehr viel höhere Assoziativität, weil die Trefferzeiten nicht so kritisch sind und der Designer sich nicht auf SRAM-Standardchips als Bausteine verlassen muss. Vollassoziative Caches werden nur bei sehr kleinen Caches angewandt, da hier die Kosten für die Vergleicher nicht übermäßig hoch und die absoluten Verbesserungen der Fehlzugriffsrate am höchsten sind.

In virtuellen Speichersystemen wird eine separate Abbildungstabelle (die Seitentabelle) verwaltet, um Speicher zu indizieren. Neben dem Speicherplatz für die Tabelle fällt bei Verwendung einer Indextabelle jedoch auch ein zusätzlicher Speicherzugriff an. Die Entscheidung für die Vollassoziativität bei der Seitenplatzierung und die zusätzliche Tabelle ist durch vier Aspekte motiviert:

1. Vollassoziativität ist vorteilhaft, weil Fehlzugriffe sehr aufwändig sind.

2. Vollassoziativität erlaubt der Software, komplexe Ersetzungsschemata zu verwenden, die auf eine Verringerung der Fehlzugriffsrate ausgelegt sind.

3. Die vollständige Abbildung kann einfach indiziert werden, ohne dass dafür zusätzliche Hardware oder zusätzliche Suchoperationen erforderlich wären.

Aus diesem Grund verwenden virtuelle Speichersysteme fast immer eine vollassoziative Platzierung.

Die satzassoziative Platzierung wird häufig für Caches und TLBs verwendet, wobei der Zugriff eine Indizierung und das Durchsuchen einer kleinen Menge kombiniert. Einige wenige Systeme haben direkt abgebildete Caches wegen ihrer Vorteile in Bezug auf die Zugriffszeit und die Einfachheit verwendet. Der Vorteil in Bezug auf die Zugriffszeit entsteht, weil für die Suche des angeforderten Blocks kein Tag-Vergleich erforderlich ist. Solche Designentscheidungen sind von vielen Implementierungsdetails abhängig, wie beispielsweise von der Technologie, die für die Implementierung des Caches verwendet wird und von der kritischen Rolle der Cache-Zugriffszeit bei der Bestimmung der Prozessorzykluszeit.

Frage 3: Welcher Block soll bei einem Cache-Fehlzugriff ersetzt werden?

Wenn in einem assoziativen Cache ein Fehlzugriff auftritt, müssen wir entscheiden, welcher Block verdrängt werden soll. Bei einem vollassoziativen Cache kommen alle Blöcke für die Ersetzung in Frage. Wenn der Cache satzassoziativ ist, müssen wir zwischen den Blöcken im Satz wählen. Natürlich ist die Ersetzungsstrategie in einem direkt abgebildeten Cache einfach, weil dort nur ein Block in Frage kommt.

Es gibt zwei wichtige Strategien für die Ersetzung in satzassoziativen und vollassoziativen Caches:

- *Zufällig:* In Frage kommende Blöcke werden zufällig ausgewählt, möglicherweise mit Unterstützung der Hardware. Beispielsweise unterstützt MIPS ein zufälliges Ersetzen für TLB-Fehlzugriffe.

- *LRU-Ersetzung* (am längsten nicht genutzt): Es wird der Block verdrängt, auf den am längsten nicht mehr zugegriffen wurde.

In der Praxis ist die Implementierung der LRU-Strategie für Hierarchien mit größerem Assoziativitätsgrad (als zwei bis vier) zu aufwändig, weil die Verwaltung der Nutzungsinformation zu kostspielig ist. Selbst für eine vierfache Satzassoziativität wird LRU häufig nur geschätzt – indem beispielsweise beobachtet wird, für welches von zwei Blockpaaren LRU gilt (wofür ein Bit erforderlich ist), und dann, für welchen Block in jedem Paar LRU gilt (wofür pro Paar ein Bit erforderlich ist).

Für eine höhere Assoziativität wird LRU entweder geschätzt oder es wird ein zufälliger Austausch verwendet. In Caches ist der Ersetzungsalgorithmus hardwareseitig realisiert, d. h., das Schema muss einfach zu implementieren sein. Ein zufälliges Verdrängen ist in der Hardware einfach zu realisieren, und für einen zweifach satzassoziativen Cache hat ein zufälliges Ersetzen eine Fehlzugriffsrate, die etwa 1,1-mal höher als die des LRU-Ersetzens ist. Wenn die Caches größer werden, sinkt die Fehlzugriffsrate für beide Ersetzungsstrategien, und die absolute Differenz wird kleiner. Das zufällige Ersetzen kann manchmal sogar besser als einfache LRU-Approximationen sein.

Beim virtuellen Speicher wird immer eine Form von LRU geschätzt, weil selbst eine winzige Reduzierung der Fehlzugriffsrate wegen des hohen Aufwands für einen Fehlzugriff wichtig sein kann. Häufig werden Referenz-Bits oder ähnliche Funktionalitäten bereitgestellt, um es dem Betriebssystem einfacher zu machen, die Menge der am längsten nicht genutzten Seiten herauszufinden. Weil Fehlzugriffe so teuer und relativ selten sind, ist eine Approximation dieser Information hauptsächlich in der Software akzeptabel.

Frage 4: Was passiert bei einer Schreiboperation?

Eine wichtige Eigenschaft einer Speicherhierarchie ist, wie sie mit Schreiboperationen umgeht. Die beiden grundlegenden Möglichkeiten haben wir bereits vorgestellt:

- *Durchschreiben (Write-through)*: Die Information wird sowohl in den Block im Cache als auch in den Block auf der niedrigeren Ebene der Speicherhierarchie (bei einem Cache ist das der Hauptspeicher) geschrieben. Die in Abschnitt 5.3 beschriebenen Caches haben dieses Schema verwendet.

- *Rückschreiben* (*Write-back*, auch als *Rückkopieren, Copy-back,* bezeichnet): Die Information wird nur in den Block im Cache geschrieben. Der veränderte Block wird erst dann auf die niedrigere Hierarchieebene geschrieben, wenn er ersetzt wird. Virtuelle Speichersysteme verwenden immer ein Rückschreiben. Die Gründe dafür sind in Abschnitt 5.7 beschrieben.

Sowohl das Rückschreiben als auch das Durchschreiben hat Vorteile. Die wichtigsten Vorteile beim Rückschreiben:

- Einzelne Wörter können mit der Geschwindigkeit des Prozessors geschrieben werden, in der der Cache (und nicht der Speicher) sie akzeptieren kann.

- Für mehrere Schreiboperationen innerhalb eines Blocks ist nur eine Schreiboperation auf die untere Hierarchieebene erforderlich.

- Wenn Blöcke zurückgeschrieben werden, kann das System eine Übertragung mit hoher Bandbreite effektiv nutzen, weil der gesamte Block geschrieben wird.

Das Durchschreiben hat die folgenden Vorteile:

- Fehlzugriffe sind einfacher und billiger zu verarbeiten, weil es nie erforderlich ist, dass ein Block auf die niedrigere Ebene zurückgeschrieben wird.

- Das Durchschreiben ist einfacher zu implementieren als das Zurückschreiben, aber für einen praktischen Einsatz in einem Hochgeschwindigkeitssystem braucht ein Durchschreibe-Cache einen Schreibpuffer.

Grundwissen

Obwohl Caches, TLBs und virtueller Speicher auf den ersten Blick sehr unterschiedlich aussehen, basieren sie auf denselben beiden Konzepten der Lokalität und können verstanden werden, indem man folgende Problemstellungen hinterfragt:

Frage 1 Wo kann ein Block platziert werden?
Antwort: Eine Position (direkt abgebildet), mehrere Positionen (satzassoziativ) oder eine beliebige Position (vollassoziativ).

Frage 2 Wie findet man einen Block?
Antwort: Es gibt vier Methoden: Indizierung (wie in einem direkt abgebildeten Cache), beschränkte Suche (wie in einem satzassoziativen Cache), vollständige Suche (wie in einem vollassoziativen Cache) und separate Suchtabelle (wie in einer Seitentabelle).

Frage 3 Welcher Block wird bei einem Fehlzugriff ersetzt?
Antwort: Normalerweise wird entweder der am längsten nicht genutzte Block oder ein zufällig ausgewählter Block ersetzt.

Frage 4 Wie werden Schreiboperationen verarbeitet?
Antwort: Jede Hierarchieebene kann eine Durchschreibe- oder eine Rückschreibestrategie verwenden.

Aufgrund der hohen Latenz einer Schreiboperation auf die untere Hierarchieebene (Festplatte) ist in virtuellen Speichersystemen nur die Rückschreibestrategie sinnvoll. Weil die Geschwindigkeitssteigerung der Prozessoren größer ist als die Steigerung der Zugriffsgeschwindigkeit auf den DRAM-basierten Hauptspeicher, überschreitet die Geschwindigkeit, in der Schreiboperationen von einem Prozessor erzeugt werden, die Geschwindigkeit, mit der das Speichersystem sie verarbeiten kann, selbst wenn physikalisch und logisch breitere Speicher unterstützt werden. Aus diesem Grund verwenden immer mehr Caches eine Rückschreibestrategie.

Die drei Cs: Ein intuitives Modell für ein Verständnis des Verhaltens von Speicherhierarchien

In diesem Abschnitt betrachten wir ein Modell, das Einblick in die Ursachen von Fehlzugriffen in Speicherhierarchien bietet, und erklären, wie diese Fehlzugriffe durch Änderungen in der Hierarchie beeinflusst werden. Wir erklären die Konzepte in Hinblick auf Caches, obwohl sie auch direkt auf andere Ebenen der Hierarchie angewendet werden können. In diesem Modell werden alle Fehlzugriffe einer von drei Kategorien zugeordnet (deswegen **3-C-Modell**):

3-C-Modell Ein Cache-Modell, wobei alle Cache-Fehlzugriffe in eine von drei Kategorien eingeordnet werden: Kaltstart-Fehlzugriffe, Speicherüberlastungs-Fehlzugriffe und Adresskonflikt-Fehlzugriffe.

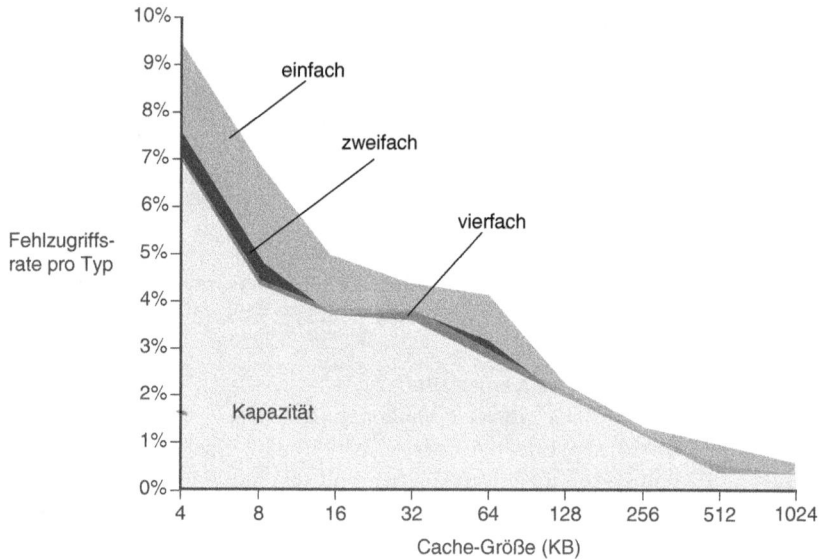

Abb. 5.28: Der Fehlzugriffsrate können drei Fehlerursachen zugeordnet werden. Der Graph zeigt die gesamte Fehlzugriffsrate und ihre Komponenten für verschiedene Cache-Größen. Diese Daten wurden für die SPEC CPU2000 Ganzzahl- und Gleitkomma-Benchmarks ermittelt und stammen aus derselben Quelle wie die Daten aus Abbildung 5.27. Die Komponente der Kaltstart-Fehlzugriffe beträgt 0,006 % und ist in der Abbildung nicht erkennbar. Die nächste Komponente ist die Speicherüberlastungs-Fehlzugriffsrate (Kapazität), die von der Größe des Caches abhängig ist. Der Kollisions-Fehlzugriffsanteil, der sowohl von der Assoziativität als auch von der Größe des Caches abhängig ist, wird für verschiedene Assoziativitäten von achtfach bis einfach (in der Abbildung in aufsteigender Reihenfolge) gezeigt. Die Differenz in der Fehlzugriffsrate, die in einem direkt abgebildeten Cache im Vergleich zu einem vollassoziativen Cache derselben Größe entsteht, ist gegeben durch die Summe der vier Abschnitte oberhalb der Speicherüberlastung (Kapazität), die den *achtfachen, vierfachen, zweifachen* und *einfachen* Assoziativitäten entsprechen. Die Differenz zwischen achtfach und vierfach ist so klein, dass sie in der Abbildung nicht zu erkennen ist.

Kaltstart-Fehlzugriff
Ein Cache-Fehlzugriff, der beim ersten Zugriff auf einen zuvor noch nicht verwendeten Block entsteht.

Speicherüberlastungs-Fehlzugriff Ein Cache-Fehlzugriff, der stattfindet, weil der Cache zu klein ist und nicht alle Blöcke enthält, die benötigt werden, um die Speicheranforderungen zu befriedigen.

Kollisions-Fehlzugriff
Auch als **Adresskonflikt-Fehlzugriff** bezeichnet. Cache-Fehlzugriffe, die in einem satzassoziativen oder direkt abgebildeten Cache auftreten, wenn mehrere Blöcke um denselben Satz konkurrieren. In einem vollassoziativen Cache werden sie eliminiert.

- **Kaltstart-Fehlzugriff** (compulsory miss): Cache-Fehlzugriffe, die verursacht werden, weil zum ersten Mal auf einen Block zugegriffen wird, der im Cache noch nie verwendet wurde.

- **Speicherüberlastungs-Fehlzugriff** (capacity miss): Diese Cache-Fehlzugriffe werden verursacht, wenn der Cache zu klein ist und nicht alle Blöcke enthält, die für die Ausführung eines Programms benötigt werden. Speicherüberlastungs-Fehlzugriffe treten auf, wenn Blöcke ausgetauscht und später wieder geladen werden.

- **Adresskonflikt-Fehlzugriff** (conflict miss): Ein Cache-Fehlzugriff, der in einem satzassoziativen oder direkt abgebildeten Cache auftritt, wenn mehrere Blöcke um denselben Satz konkurrieren. Adresskonflikt-Fehlzugriffe sind Fehlzugriffe in einem direkt abgebildeten oder satzassoziativen Cache, die in einem vollassoziativen Cache derselben Größe eliminiert werden. Diese Cache-Fehlzugriffe werden auch als **Kollisions-Fehlzugriffe** bezeichnet.

Abbildung 5.28 zeigt, wie sich die Fehlzugriffsrate in die drei Ursachen zerlegen lässt. Diese Ursachen für Fehlzugriffe können direkt behoben werden, indem Teilaspekte des Cache-Designs verändert werden. Weil Adresskonflikt-Fehlzugriffe direkt aus der Konkurrenz um denselben Cache-Block entstehen, reduziert eine steigende Assoziativität Adresskonflikt-Fehlzugriffe. Die Assoziativität kann jedoch die Zugriffszeit verlangsamen, was zu einer geringen Gesamtleistung führt.

Speicherüberlastungs-Fehlzugriffe können einfach reduziert werden, indem man den Cache vergrößert. Einige sekundäre Caches sind über die Jahre tatsächlich ständig vergrößert worden. Wenn wir den Cache vergrößern, müssen wir natürlich auch darauf achten, ob sich die Zugriffszeit erhöht, was zu einer geringeren Gesamtleistung führen könnte. Primäre Caches sind dementsprechend nur deutlich langsamer vergrößert worden – wenn überhaupt.

Weil Kaltstart-Fehlzugriffe beim ersten Zugriff auf einen Block auftreten, ist die beste Methode, wie das Cache-System sie reduzieren kann, eine Erhöhung der Blockgröße. Auf diese Weise wird die Anzahl der Zugriffe reduziert, die erforderlich sind, um jeden Block des Programms einmal anzusprechen, weil das Programm dann aus weniger Cache-Blöcken besteht. Eine zu starke Steigerung der Blockgröße kann negative Auswirkungen auf die Leistung haben, weil der Fehlzugriffsaufwand höher wird.

Die Zerlegung der Fehlzugriffe in die drei Cs ist ein praktisches qualitatives Modell. Im realen Cache-Design spielen viele der Designentscheidungen zusammen, und wenn eine Cache-Eigenschaft verändert wird, beeinflusst dies häufig mehrere andere Komponenten der Fehlzugriffsrate. Trotz solcher Unzulänglichkeiten ist dieses Modell eine praktische Möglichkeit, Einblick in die Leistung von Cache-Designs zu erhalten.

Grundwissen

Die Herausforderung beim Entwurf von Speicherhierarchien ist, dass jede Änderung, die die Fehlzugriffsrate möglicherweise verbessert, gleichzeitig die Gesamtleistung negativ beeinflussen kann (siehe Tabelle 5.9). Diese Kombination aus positiven und negativen Auswirkungen macht den Entwurf von Speicherhierarchien so interessant.

Selbsttest

Welche der folgenden Aussagen sind im Allgemeinen richtig?

1. Es gibt keine Möglichkeit, Kaltstart-Fehlzugriffe zu reduzieren.
2. Vollassoziative Caches haben keine Adresskonflikt-Fehlzugriffe.
3. Für die Reduzierung von Fehlzugriffen ist die Assoziativität wichtiger als die Kapazität.

Tab. 5.9: Herausforderungen beim Design der Speicherhierarchie.

Designänderung	Auswirkung auf die Fehl-zugriffsrate	Mögliche negative Auswir-kungen auf die Leistung
Steigerung der Cache-Größe	senkt die Speicherüberlastungs-Fehlzugriffe	kann die Zugriffszeit erhöhen
Steigerung der Assoziativität	senkt die Fehlzugriffsrate von Adresskonflikt-Fehlzugriffen	kann die Zugriffszeit erhöhen
Steigerung der Blockgröße	senkt die Fehlzugriffsrate für viele Blockgrößen aufgrund räumlicher Lokalität	erhöht den Fehlzugriffsaufwand. Sehr große Blöcke können die Fehlzugriffsrate erhöhen.

5.9 Steuerung eines einfachen Caches mit einem endlichen Automaten

Jetzt können wir eine Steuerung für einen Cache implementieren, so wie wir in Kapitel 4 eine Steuerung für einen Einzyklen-Datenpfad und einen Datenpfad mit Pipeline implementiert haben. Der Abschnitt beginnt mit der Definition eines einfachen Caches und einer Beschreibung von endlichen Automaten (FSM, Finite State Machines). Er endet mit einem Automaten für eine Steuerung für diesen einfachen Cache. Abschnitt 5.12 (online) geht mehr ins Detail und zeigt den Cache und die Steuerung in einer neuen Hardwarebeschreibungssprache.

Ein einfacher Cache

Jetzt werden wir eine Steuerung für einen einfachen Cache entwerfen. Hier die wichtigsten Eigenschaften des Caches:

- direkt abgebildeter Cache
- Rückschreiben mit Schreibreservierung
- Blockgröße 4 Wörter (16 Byte oder 128 Bit)
- Cachegröße 16 KiB, so dass er 1024 Blöcke aufnehmen kann
- 32-Bit-Byteadressen
- beinhaltet ein Gültigkeitsbit und ein Dirty-Bit pro Block

Gemäß Abschnitt 5.3 können wir jetzt die Felder einer Adresse für den Cache berechnen:

- Cache-Index 10 Bit
- Block-Offset 4 Bit
- Tag-Größe $32 - (10 + 4)$, also 18 Bit

Die Signale zwischen dem Prozessor und dem Cache sind:

- 1-Bit-Lese- oder Schreibsignal
- 1-Bit-Gültigkeitssignal, das angibt, ob eine Cache-Operation vorliegt oder nicht

- 32-Bit-Adresse
- 32-Bit-Daten vom Prozessor zum Cache
- 32-Bit-Daten vom Cache in den Prozessor
- 1-Bit Ready-Signal, das mitteilt, dass die Cache-Operation abgeschlossen ist

Die Schnittstelle zwischen dem Speicher und dem Cache hat dieselben Felder wie zwischen dem Prozessor und dem Cache, außer dass die Datenfelder jetzt 128 Bit breit sind. Die zusätzliche Speicherbreite findet man heute allgemein bei Mikroprozessoren, die mit 32-Bit- oder 64-Bit-Wörtern arbeiten müssen, während der DRAM-Controller häufig 128 Bit breit ist. Der Entwurf wurde einfacher, nachdem die Größe des Cache-Blocks mit der DRAM-Breite in Übereinstimmung gebracht wurde. Und hier die Signale:

- 1-Bit Lese- oder Schreibsignal
- 1-Bit Gültigkeitssignal, das angibt, ob eine Speicheroperation vorliegt
- 32-Bit-Adresse
- 128-Bit Daten vom Cache in den Speicher
- 128-Bit Daten vom Speicher in den Cache
- 1-Bit Ready-Signal, das den Abschluss der Speicheroperation signalisiert

Beachten Sie, dass die Schnittstelle zum Speicher keine feste Anzahl an Zyklen aufweist. Wir gehen von einem Speicher-Controller aus, der den Cache über das Ready-Signal benachrichtigt, wenn die Lese- oder Schreiboperation für den Speicher abgeschlossen ist.

Bevor wir den Cache-Controller beschreiben, müssen wir auf die endlichen Automaten eingehen, die uns gestatten, eine mehrere Taktzyklen umfassende Operation zu steuern.

Endliche Automaten

Um die Steuereinheit für den Einzyklen-Datenpfad zu entwerfen, haben wir verschiedene Wahrheitstabellen verwendet, die die Einstellungen für die Steuersignale basierend auf der Befehlsklasse angegeben haben. Für einen Cache ist die Steuerung komplizierter, weil die Operation aus mehreren Schritten bestehen kann. Die Steuerung für einen Cache muss sowohl die Signale angeben, die in jedem beliebigen Schritt gesetzt werden müssen, als auch den nächsten Schritt in der Sequenz.

Die gebräuchlichste Steuermethode mit mehreren Schritten basiert auf **endlichen Automaten**, die in der Regel graphisch dargestellt werden. Ein endlicher Automat besteht aus mehreren Zuständen und Richtungen, in die sich die Zustände ändern können. Die Richtungen werden durch eine **Nächster-Zustand-Funktion** definiert, die den aktuellen Zustand und die Eingaben in einen neuen Zustand überführt. Wenn wir für die Steuerung einen endlichen Automaten verwenden, gibt jeder Zustand gleichzeitig die Menge der Ausgaben an, die bereitstehen, wenn sich die Maschine in diesem Zustand befindet.

endlicher Automat Eine sequentielle Logikfunktion, die aus mehreren Eingaben und Ausgaben besteht, einer Nächster-Zustand-Funktion, die den aktuellen Zustand und die Eingaben in einen neuen Zustand überführt, und einer Ausgabefunktion, die den aktuellen Zustand und gegebenenfalls die Eingaben in eine Menge möglicher Ausgaben überführt.

Nächster-Zustand-Funktion Eine kombinatorische Funktion, die anhand der Eingaben und des aktuellen Zustands den nächsten Zustand eines endlichen Automaten bestimmt.

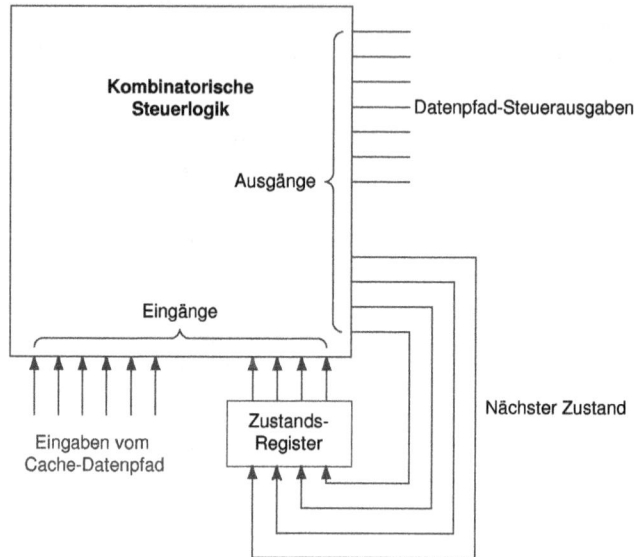

Abb. 5.29: Endliche Automaten als Steuerungen werden in der Regel unter Verwendung eines kombinatorischen Logikblocks und mit einem Register für den aktuellen Zustand implementiert. Die Ausgaben der kombinatorischen Logik sind die Nummer des nächsten Zustands und die Steuersignale, die für den aktuellen Zustand aktiviert werden sollen. Die Eingaben für die kombinatorische Logik sind der aktuelle Zustand sowie alle Eingaben, die den nächsten Zustand bestimmen. Beachten Sie, dass bei dem in diesem Kapitel verwendeten endlichen Automaten die Ausgaben nur vom aktuellen Zustand und nicht von den Eingaben abhängig sind.

Die Implementierung eines endlichen Automaten geht in der Regel davon aus, dass alle Ausgaben, die nicht explizit bereitgestellt werden, nicht bereitstehen. Analog dazu ist die korrekte Funktionsweise des Datenpfades von der Tatsache abhängig, das ein Signal, das nicht explizit aktiviert ist, deaktiviert ist.

Multiplexer-Steuerungen unterscheiden sich von dieser Methode, weil sie eine der Eingaben auswählen, egal ob 0 oder 1. Beim endlichen Automaten geben wir deshalb immer die Einstellung aller Multiplexer-Elemente an, die darin berücksichtigt werden sollen. Wenn wir den endlichen Automaten mit Logikschaltkreisen implementieren, kann für ein Element die Einstellung 0 der Vorgabewert sein und damit keine Gatter erforderlich machen. Ein einfaches Beispiel für einen endlichen Automaten finden Sie in Anhang B. Wenn Sie mit dem Konzept der endlichen Automaten nicht vertraut sind, sollten Sie sich vor dem Weiterlesen in Anhang B genauer darüber informieren.

Ein endlicher Automat kann mit einem temporären Register implementiert werden, das den aktuellen Zustand aufnimmt, und einem kombinatorischen Logikblock, der die zu aktivierenden Datenpfadsignale und den nächsten Zustand bestimmt. Abbildung 5.29 zeigt, wie eine solche Implementierung aussehen könnte. Anhang D (online) beschreibt detailliert, wie der endliche Automat unter Verwendung dieser Struktur implementiert wird. In Anhang B.3 wird die kombinatorische Steuerlogik für einen endlichen Automaten mit ROM (Read-

Only Memory) und mit PLA (Programmable Logic Array) implementiert. (Eine Beschreibung dieser Logikelemente finden Sie ebenfalls in Anhang B.)

Anmerkungen: 1) Dieses einfache Design, bei dem der Prozessor warten muss, bis der Cache die Anfrage beendet hat, wird blockierender Cache genannt. Im Online-Abschnitt 5.12 wird die Alternative dazu – der nicht blockierende Cache – beschrieben.

2) Der Typ der in diesem Buch verwendeten endlichen Automaten wird als Moore-Maschine bezeichnet, nach Edward Moore. Ihre entscheidende Eigenschaft ist, dass die Ausgabe nur vom aktuellen Zustand abhängig ist. Für eine Moore-Maschine kann das Feld, das als „kombinatorische Steuerlogik" beschriftet ist, in zwei Bereiche unterteilt werden. Ein Bereich enthält die Steuerausgabe und nur die Zustandseingabe, während das andere nur die Ausgabe des nächsten Zustands enthält.

Ein alternativer Maschinetyp ist die Mealy-Maschine, benannt nach George Mealy. Die Mealy-Maschine erlaubt es, zur Bestimmung der Ausgabe sowohl die Eingabe als auch den aktuellen Zustand zu verwenden. Moore-Maschinen haben potentielle Implementierungsvorteile was die Geschwindigkeit und die Größe der Steuereinheit betrifft. Die Geschwindigkeitsvorteile entstehen, weil die Steuerausgaben, die früh im Taktzyklus benötigt werden, nicht von den Eingaben abhängig sind, sondern nur vom aktuellen Zustand. In Anhang B, wo die Implementierung dieses endlichen Automaten bis auf die Logikgatter zerlegt wird, ist der Größenvorteil klar ersichtlich. Der potentielle Nachteil einer Moore-Maschine ist, dass sie möglicherweise zusätzliche Stufen benötigt.

FSM für eine einfache Cache-Steuerung

Abbildung 5.30 zeigt die vier Zustände unserer einfachen Cache-Steuerung:

- *Leerlauf*: Dieser Zustand wartet auf eine gültige Lese- oder Schreibanforderung vom Prozessor, wodurch die FSM in den Zustand „Tag vergleichen" übergeht.
- *Tag vergleichen*: Wie der Name schon sagt, prüft dieser Zustand, ob die angeforderte Lese- oder Schreiboperation einen Treffer oder einen Fehlzugriff erzeugt hat. Der Indexanteil der Adresse wählt das zu vergleichende Tag aus. Ist es gültig und der Tag-Anteil der Adresse stimmt mit dem Tag überein, handelt es sich um einen Treffer. Die Daten werden aus dem ausgewählten Wort gelesen bzw. dorthin geschrieben, und das Signal „Cache Ready" wird gesetzt. Handelt es sich um eine Schreiboperation, wird das Dirty-Bit auf 1 gesetzt. Beachten Sie, dass ein Schreibtreffer auch das Gültigkeitsbit und das Tag-Feld setzt. Dies scheint zwar unnötig zu sein, wird aber so gehandhabt, weil es sich beim Tag um einen einzelnen Speicher handelt. Um das Dirty-Bit zu ändern, müssen wir also auch die Gültigkeits- und Tag-Felder ändern. Liegt ein Treffer vor und der Block ist gültig, geht die FSM in den Leerlaufzustand zurück. Bei einem Fehlzugriff wird zuerst das Cache-Tag

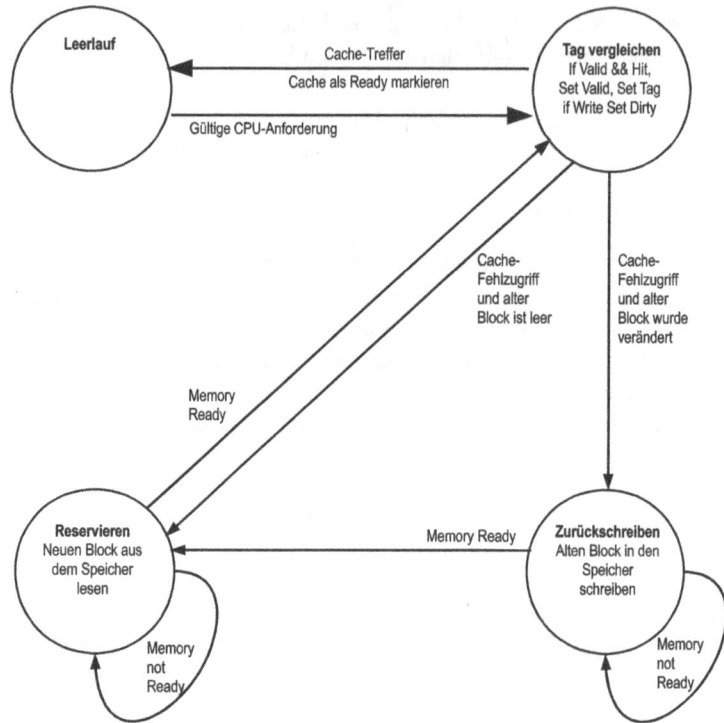

Abb. 5.30: Vier Zustände der einfachen Steuerung.

aktualisiert und dann geht die FSM entweder in den Zustand „Zurückschreiben", wenn der Block an diesem Speicherort den Wert 1 im Dirty-Bit hat,
oder in den Zustand „Reservieren", wenn das Dirty-Bit den Wert 0 hat.

- *Zurückschreiben*: Dieser Zustand schreibt den 128-Bit-Block in den Speicher zurück. Dazu verwendet er die Adresse, die sich aus dem Tag und dem
  Tag-Index zusammensetzt. Wir bleiben in diesem Zustand und warten auf
  das Ready-Signal vom Speicher. Wenn die Speicheroperation abgeschlossen
  ist, geht die FSM in den Zustand „Reservieren".

- *Reservieren*: Der neue Block wird aus dem Speicher geladen. Wir bleiben
  in diesem Zustand und warten auf das Ready-Signal vom Speicher. Ist die
  Leseoperation für den Speicher abgeschlossen, geht die FSM in den Zustand
  „Tag vergleichen". Wir hätten auch in einen neuen Zustand gehen können,
  um die Operation abzuschließen, anstatt erneut den Zustand „Tag vergleichen zu verwenden", aber es besteht eine weitgehende Überlappung, einschließlich der Aktualisierung des entsprechenden Worts im Block, wenn
  der Zugriff ein Schreibzugriff war.

Dieses einfache Modell könnte ganz leicht um zusätzliche Zustände erweitert
werden, um möglicherweise die Leistung zu verbessern. Der Zustand „Tag ver-

gleichen" beispielsweise erledigt den Vergleich und das Lesen oder Schreiben der Cache-Daten in einem einzigen Taktzyklus. Häufig werden der Vergleich und der Cache-Zugriff in separaten Zuständen erledigt, um die Taktzyklusdauer zu verbessern. Eine weitere Optimierung wäre, einen Schreibpuffer einzuführen, so dass wir den veränderten Block dort ablegen und dann zuerst den neuen Block lesen könnten und der Prozessor nicht auf zwei Speicherzugriffe nach einem Dirty-Fehlzugriff warten müsste. Der Cache würde dann den veränderten Block aus dem Schreibpuffer schreiben, während der Prozessor die angeforderten Daten verarbeitet.

Abschnitt 5.12 (online) bietet weitere Details zur FSM und zeigt die vollständige Steuerung in Hardwarebeschreibungssprache sowie ein Blockdiagramm dieses einfachen Caches.

5.10 Parallelität und Speicherhierarchien: Cache-Kohärenz

Ein Multicore-Multiprozessor bringt mehrere Prozessoren auf einem einzigen Chip unter. Diese Prozessoren benutzen sehr wahrscheinlich einen gemeinsamen physischen Adressraum. Durch das Caching gemeinsam genutzter Daten entsteht ein neues Problem, weil zwei unterschiedliche Prozessoren den Speicher jeweils durch ihren eigenen Cache sehen, was ohne zusätzliche Vorsichtsmaßnahmen dazu führen könnte, dass sie zwei unterschiedliche Werte sehen. Tabelle 5.10 verdeutlicht das Problem und zeigt, wie zwei verschiedene Prozessoren zwei unterschiedliche Werte für dieselbe Speicherstelle erhalten können. Diese Schwierigkeit wird allgemein als das *Cache-Kohärenzproblem* bezeichnet.

Tab. 5.10: Das Cache-Kohärenzproblem für eine Speicherstelle (X), die von zwei Prozessoren (A und B) gelesen wird. Wir gehen davon aus, dass kein Cache die Variable enthält und dass X zunächst den Wert 0 hat. Wir nehmen einen Durchschreibe-Cache an. Ein Rückschreibe-Cache führt einige weitere, aber ähnliche Komplikationen ein. Nachdem der Wert von X von A geschrieben wurde, enthalten der Cache von A und der Speicher beide den neuen Wert, nicht aber der Cache von B, und wenn B den Wert von X liest, erhält er 0!

Zeitstempel	Ereignis	Cache-Inhalt A	Cache-Inhalt B	Speicherinhalt für die Stelle X
0				0
1	A liest X	0		0
2	B liest X	0	0	0
3	A speichert 1 in X	1	0	1

Vereinfacht können wir sagen, dass ein Speichersystem kohärent ist, wenn alle Leseoperationen eines Datenelements den zuletzt geschriebenen Wert für dieses Datenelement zurückgeben. Diese Definition scheint auf den ersten Blick ganz richtig zu sein, aber sie ist ungenau und stark vereinfacht. Die Realität ist sehr viel komplizierter. Diese einfache Definition spricht zwei verschiedene Aspekte des Speichersystemverhaltens an, die beide kritisch für die Entwicklung von Programmen mit gemeinsam genutztem Speicher sind. Der erste Aspekt, die so genannte *Kohärenz*, definiert, *welche Werte* von einer Leseoperation zurückgegeben werden können.

Der zweite Aspekt, die so genannte *Konsistenz*, bestimmt, *wann* ein geschriebener Wert von einer Leseoperation zurückgegeben wird. Zunächst betrachten wir die Kohärenz. Ein Speichersystem ist kohärent, wenn

1. Eine Leseoperation durch einen Prozessor P von einem Speicherort X, die einer Schreiboperation von P auf X folgt, ohne dass Schreiboperationen für X durch einen anderen Prozessor zwischen dem Schreiben und dem Lesen von P stattfinden, immer den von P geschriebenen Wert zurückgibt. In Tabelle 5.10 sollte CPU A, wenn sie X nach dem Zeitschritt 3 liest, den Wert 1 erhalten.

2. Eine Leseoperation durch einen Prozessor von einem Speicherort X, die einer Schreiboperation eines anderen Prozessors auf X folgt, den geschriebenen Wert zurückgibt, wenn das Lesen und das Schreiben innerhalb der Zeit ausreichend weit voneinander getrennt sind, und keine anderen Schreibvorgänge für X zwischen den beiden Zugriffen stattfinden. In Tabelle 5.10 bräuchten wir also einen Mechanismus, der den Wert 0 im Cache von CPU B durch den Wert 1 ersetzt, nachdem CPU A in Zeitschritt 3 den Wert 1 im Speicher an der Adresse X abgelegt hat.

3. Schreiboperationen auf denselben Speicherort *serialisiert* sind, d. h., zwei Schreiboperationen auf denselben Speicherort durch zwei Prozessoren werden von allen Prozessoren in derselben Reihenfolge wahrgenommen. Wenn beispielsweise CPU B nach dem Zeitschritt 3 den Wert 2 im Speicher an der Adresse X ablegt, können die Prozessoren den Wert am Speicherort X nicht als 2 und später als 1 lesen.

Die erste Eigenschaft bewahrt einfach die Programmreihenfolge – wir erwarten dieses Verhalten beispielsweise bei Einzelprozessoren. Die zweite Eigenschaft definiert das Konzept dessen, was eine kohärente Speicheransicht bedeutet: Wenn ein Prozessor ständig einen alten Datenwert lesen könnte, würden wir selbstverständlich sagen, dass der Speicher inkohärent ist.

Die Notwendigkeit der *Schreibserialisierung* ist subtiler, aber genauso wichtig. Angenommen, wir serialisieren die Schreiboperationen nicht, und Prozessor P1 schreibt an den Speicherort X, und anschließend schreibt P2 an den Speicherort X. Die Serialisierung der Schreiboperationen stellt sicher, dass jeder Prozessor danach den von P2 geschriebenen Wert sieht. Wenn wir die Schreiboperationen nicht serialisieren, könnte es sein, dass ein Prozessor zuerst den von P2 geschriebenen Wert und dann den von P1 geschriebenen Wert sieht, wodurch der von P1 geschriebene Wert fälschlicherweise weiterarbeitet wird. Am einfachsten vermeidet man solche Probleme, indem man sicherstellt, dass alle Schreiboperationen auf denselben Speicherort in derselben Reihenfolge gesehen werden. Diese Eigenschaft wird auch als *Schreibserialisierung* bezeichnet.

Grundlegende Vorgehensweisen für das Erzwingen der Kohärenz

Bei einem Cache-kohärenten Multiprozessor stellen die Caches sowohl *Migration* als auch *Replikation* gemeinsam genutzter Datenelemente sicher:

- *Migration*: Ein Datenelement kann in einen lokalen Cache verschoben und dort transparent genutzt werden. Die Migration reduziert die Latenz für den Zugriff auf ein gemeinsam genutztes Datenelement, das remote reserviert wird, ebenso wie die erforderliche Bandbreite für den gemeinsam genutzten Speicher.

- *Replikation*: Wenn gemeinsam genutzte Daten gleichzeitig gelesen werden, legen die Caches eine Kopie des Datenelements im lokalen Cache an. Die Replikation reduziert sowohl die Latenz des Zugriffs als auch die Konkurrenz beim Lesen eines gemeinsam genutzten Datenelements.

Die Unterstützung dieser Migration und Replikation ist kritisch für die Leistung beim Zugriff auf gemeinsam genutzte Daten. Deshalb führen viele Multiprozessoren ein Hardwareprotokoll ein, um die Caches kohärent zu halten. Die Protokolle, die für die Cache-Kohärenz bei mehreren Prozessoren sorgen, werden als *Cache-Kohärenzprotokolle* bezeichnet. Voraussetzung für die Implementierung eines Cache-Kohärenzprotokolls ist die Statusüberwachung aller gemeinsam genutzten Datenblöcke.

Das gebräuchlichste Cache-Kohärenzprotokoll ist *Snooping*. Jeder Cache, der eine Kopie der Daten aus einem physischen Speicherblock enthält, enthält auch eine Kopie des gemeinsamen Nutzungsstatus dieses Blocks, aber es wird kein zentraler Status verwaltet. Die Caches stehen alle über ein Übertragungsmedium bereit (einen Bus oder ein Netzwerk), und alle Cache-Steuerungen überwachen das Medium oder hören es ab *(Snooping)*, um festzustellen, ob sie eine Kopie eines Blocks besitzen, der über einen Bus oder einen Switch angefordert wurde.

Im folgenden Abschnitt erklären wir die auf Snooping basierende Cache-Kohärenz, wobei eine Implementierung mit gemeinsam genutztem Bus betrachtet wird, aber es kann jedes Kommunikationsmedium verwendet werden, das Cache-Fehlzugriffe an alle Prozessoren meldet, um ein auf Snooping basierendes Kohärenzverhalten zu implementieren. Diese Übertragung an alle Caches macht es einfach, Snooping-Protokolle zu implementieren, schränkt aber auch ihre Skalierbarkeit ein.

Snooping-Protokolle

Eine Methode zur Erzwingung der Kohärenz ist es, sicherzustellen, dass ein Prozessor exklusiven Zugriff auf ein Datenelement hat, bevor er dieses Element schreibt. Diese Art Protokoll wird als *Schreib-Invalidierungsprotokoll (Write Invalidate Protocol)* bezeichnet, weil es bei einer Schreiboperation alle Kopien in anderen Caches ungültig macht. Der exklusive Zugriff stellt sicher, dass es

Tab. 5.11: Ein Beispiel für ein Invalidierungsprotokoll auf einem Snooping-Bus für einen einzelnen Cache-Block (X) mit Rückschreibe-Caches. Wir gehen davon aus, dass kein Cache anfänglich X enthält, und dass der Wert von X im Speicher gleich 0 ist. Die Einträge für CPU und Speicherinhalt zeigen den Wert, nachdem die Prozessor- und die Busaktivitäten abgeschlossen sind. Wenn kein Eintrag vorhanden ist, liegt keine Aktivität vor und es wurde keine Kopie in den Cache gestellt. Wenn der zweite Fehlzugriff durch B stattfindet, reagiert CPU A mit dem Wert und löscht die Antwort aus dem Speicher. Darüber hinaus werden der Inhalt des Cache von B und der Speicherinhalt von X aktualisiert. Diese Speicheraktualisierung, die vorgenommen wird, wenn ein Block gemeinsam genutzt wird, vereinfacht das Protokoll, aber es ist möglich, den Besitzer zurückzuverfolgen und das Rückschreiben nur dann zu erzwingen, wenn der Block ersetzt wird. Diese Optimierung bedingt die Einführung eines zusätzlichen Zustands, „Besitzer", der anzeigt, dass ein Block gemeinsam genutzt werden kann, aber dass der Besitzer-Prozessor dafür verantwortlich ist, alle anderen Prozessoren und den Speicher zu aktualisieren, wenn er den Block ändert oder austauscht.

Prozessoraktivität	Busaktivität	Cache-Inhalt CPU A	Cache-Inhalt CPU B	Inhalt des Speicherorts X
				0
A liest X	Cache-Fehlzugriff für X	0		0
B liest X	Cache-Fehlzugriff für X	0	0	0
A schreibt 1 in X	Invalisierung von X	1		0
B liest X	Cache-Fehlzugriff für X	1	1	1

keine anderen les- oder schreibbaren Kopien eines Elements gibt, wenn die Schreiboperation ausgeführt wird: Alle anderen Kopien des Elements wurden ungültig gemacht.

Tabelle 5.11 zeigt ein Beispiel für ein Invalidierungsprotokoll für einen Snooping-Bus mit Rückschreibe-Caches. Um zu sehen, wie dieses Protokoll Kohärenz sicherstellt, gehen wir von einer Schreiboperation aus, gefolgt von einer Leseoperation durch einen anderen Prozessor. Weil die Schreiboperation exklusiven Zugriff fordert, müssen alle Kopien, die der lesende Prozessor besitzt, ungültig gemacht werden (daher der Name des Protokolls). Wenn die Leseoperation auftritt, erzeugt sie einen Cache-Fehlzugriff und der Cache ist gezwungen, eine neue Kopie der Daten zu laden. Für eine Schreiboperation fordern wird, dass der schreibende Prozessor exklusiven Zugriff hat, so dass kein anderer Prozessor gleichzeitig schreiben kann. Wenn zwei Prozessoren versuchen, gleichzeitig dasselbe Datenelement zu schreiben, gewinnt einer von ihnen das Rennen und die Kopie des anderen Prozessors wird ungültig gemacht. Damit der andere Prozessor seine Schreiboperation ausführen kann, muss er eine neue Kopie der Daten beschaffen, die jetzt den aktualisierten Wert enthalten muss. Somit erzwingt auch dieses Protokoll die Schreibserialisierung.

Hardware-Software-Schnittstelle

Man hat festgestellt, dass die Blockgröße eine wichtige Rolle für die Cache-Kohärenz spielt. Betrachten Sie beispielsweise das Snooping bei einem Cache mit einer Blockgröße von acht Wörtern, wobei ein Wort abwechselnd von zwei Prozessoren geschrieben und gelesen wird. Die meisten Protokolle tauschen vollständige Blöcke zwischen Prozessoren aus und erhöhen damit die Bandbreitenanforderungen für die Kohärenz.

Große Blöcke können auch eine so genannte unechte gemeinsame Nutzung verursachen: Wenn zwei unzusammenhängende gemeinsam genutzte Variablen im selben Cache-Block stehen, wird der vollständige Block zwischen den Prozessoren ausgetauscht, auch wenn die Prozessoren auf unterschiedliche Variablen zugreifen. Programmierer und Compiler müssen ihre Daten sorgfältig anordnen, um eine unechte gemeinsame Nutzung zu vermeiden.

Anmerkungen: 1) Obwohl die drei Eigenschaften auf Seite 520 ausreichend sind, um eine Kohärenz sicherzustellen, ist auch die Frage, wann ein geschriebener Wert sichtbar wird, sehr wichtig. Um den Grund dafür zu verstehen, überlegen wir, dass wir nicht fordern können, dass das Lesen von X in Tabelle 5.10 sofort den von einem anderen Prozessor für X geschriebenen Wert sieht. Geht beispielsweise eine Schreiboperation von X auf einem Prozessor unmittelbar einer Leseoperation von X auf einem anderen Prozessor voraus, kann es sein, dass nicht sichergestellt werden kann, dass die Leseoperation den Wert der geschriebenen Daten zurückgibt, weil die geschriebenen Daten zu diesem Zeitpunkt möglicherweise den Prozessor noch gar nicht verlassen haben. Die Frage, *wann* genau ein geschriebener Wert von einem Leser gesehen werden muss, ist durch ein *Speicherkonsistenzmodell* definiert.

Wir gehen von den beiden folgenden Annahmen aus: Erstens, eine Schreiboperation ist erst dann abgeschlossen (und gestattet die nächste Schreiboperation), wenn alle Prozessoren die Wirkung dieser Schreiboperation gesehen haben. Zweitens, der Prozessor ändert nicht die Reihenfolge von Schreiboperationen gegenüber anderen Speicherzugriffen. Diese beiden Bedingungen bedeuten, dass wenn ein Prozessor an den Speicherort X gefolgt von von einer Schreiboperation an den Speicherort Y schreibt, muss jeder Prozessor, der den neuen Wert von Y sieht, auch den neuen Wert von X sehen. Diese Einschränkungen gestatten dem Prozessor, Leseoperationen umzuordnen, aber Schreiboperationen in der vom Programm vorgegebenen Reihenfolge durchzuführen.

2) Weil Eingaben den Cache-Speicher hinter den Caches ändern können und es sein kann, dass Ausgaben den aktuellsten Wert in einem Rückschreibe-Cache benötigen, gibt es auch ein Cache-Kohärenzproblem für die Ein-/Ausgabe mit den Caches eines einzelnen Prozessors, genauso wie zwischen den Caches von Multiprozessoren. Die Cache-Kohärenzprobleme für Multiprozessoren und für Ein-/Ausgaben (siehe Kapitel 6) haben zwar einen ähnlichen Ursprung, aber unterschiedliche Eigenschaften, die sich darauf auswirken, welche Lösung geeignet ist. Anders als bei Ein-/Ausgaben, wo mehrere Kopien von Daten eher die Seltenheit sind – und wenn möglich vermieden werden sollten –, hat ein Programm, das auf mehreren Prozessoren ausgeführt wird, in der Regel Kopien derselben Daten in mehreren Caches.

3) Neben dem Cache-Kohärenzprotokoll Snooping, bei dem der Status gemeinsam genutzter Blöcke verteilt wird, verwaltet ein *verzeichnisbasiertes* Cache-Kohärenzprotokoll den gemeinsamen Nutzungsstatus eines Blocks von physischem Speicher an nur einer Position, im so genannten *Verzeichnis*. Die ver-

zeichnisbasierte Kohärenz erzeugt einen gewissen Mehraufwand für die Implementierung gegenüber Snooping, kann aber den Verkehr zwischen den Caches reduzieren und ist damit für den Einsatz auf mehr Prozessoren geeignet.

5.11 Parallelität und Speicherhierarchie: RAID

Dieser Online-Abschnitt beschreibt, wie man mit einer Anordnung aus vielen Festplatten einen wesentlich größeren Durchsatz erreicht, was die ursprüngliche Idee hinter den so genannten RAIDs (Redundant Arrays of Inexpensive Disks) war. Die eigentliche Popularität von RAID gründet sich jedoch vor allem auf die stark verbesserte **Zuverlässigkeit,** die sich durch Hinzufügen einer moderaten Zahl von redundanten Platten erreichen lässt. Dieser Abschnitt erklärt die Unterschiede bzgl. Leistung, Kosten und Zuverlässigkeit, die zwischen den unterschiedlichen RAIDs bestehen.

ZUVERLÄSSIGKEIT

5.12 Fortgeschrittener Stoff: Cache-Controller

Dieser Online-Abschnitt zeigt, wie die Steuerung für einen Cache implementiert wird, vergleichbar damit, wie wir die Steuerung für Einzyklen-Datenpfade und Datenpfade mit Pipelining in Kapitel 4 implementiert haben. Der Abschnitt beginnt mit einer Beschreibung endlicher Automaten und der Implementierung einer Cachesteuerung für einen einfachen Datencache. Dazu gehört auch eine Beschreibung der Cachesteuerung in einer Hardwarebeschreibungssprache. Anschließend geht es detailliert um ein Beispiel für ein Cache-Kohärenzprotokoll und die Schwierigkeiten bei der Implementierung eines solchen Protokolls.

5.13 Fallstudie: Speicherhierarchien des ARM Cortex-A53 und des Intel Core i7

In diesem Abschnitt werden wir die Speicherhierarchien der beiden Prozessoren betrachten, die wir in Kapitel 4 beschrieben haben: die des ARM Cortex-A53 und die des Intel Core i7. Dieser Abschnitt basiert auf Abschnitt 2.6 unseres Buches *Computer Architecture: A Quantitative Approach*, 6. Auflage.

Der Cortex-A53 ist ein konfigurierbarer Kern, der die ARMv8A-Befehlssatzarchitektur unterstützt. Diese umfasst einen 32-Bit-Modus und einen 64-Bit-Modus. Der Cortex-A53 wird als IP-Core (Abk. für engl. intellectual property, dt. geistiges Eigentum) ausgeliefert. Er wird in einer Vielzahl von Tablets und Smartphones verwendet und sein Design ist sehr energieeffizient, was ein Schlüsselkriterium für batteriebetriebene Mobilgeräte ist. Der A53 ist dazu geeignet, mit mehreren Kernen pro Chip konfiguriert zu werden, um ihn in High-End-Mobilgeräten verwenden zu können. Der Cortex-A53 kann bei Taktraten von bis zu 1,3 GHz zwei Befehle pro Takt zuordnen.

Tab. 5.12: Adress-Übersetzung und Hardware für den ARM Cortex-A53 und den Intel Core i7 6700. Beide Prozessoren unterstützen große Seiten, die etwa für das Betriebssystem oder das Abbilden eines Bildspeichers verwendet werden. Durch das Schema für große Seiten kann es vermieden werden, eine große Anzahl von Einträgen zu verwenden, um ein einzelnes Objekt abzubilden, das ständig vorhanden ist.

Merkmal	ARM Cortex-A53	Intel Core i7
virtuelle Adresse	48 Bit	48 Bit
phys. Adresse	40 Bit	36 Bit
Seitengröße	variabel: 4, 16, 64 KiB, 1/2 MiB, 1 GiB	variabel: 4 KiB, 2/4 MiB
TLB-Organisation	1 TLB für Befehle und 1 TLB für Daten	1 TLB für Befehle und 1 TLB für Daten pro Kern
	beide TLBs vollassoziativ, 10 Einträge, Round-Robin-Ersetzung	beide L1-TLBs sind vierfach satzassoziativ, LRU-Ersetzung
	vereinigter L2-TLB mit 512 Einträgen, vierfach satzassoziativ	L1-I-TLB hat 128 Einträge für kleine Seiten, 7 pro Thread für große
	TLB-Fehlzugriffe werden von der Hardware behandelt	L1 D-TLB hat 64 Einträge für kleine Seiten, 32 für große
		L2-TLB ist vierfach satzassoziativ, LRU-Ersetzung
		L2-TLB hat 512 Einträge
		TLB-Fehlzugriffe werden von der Hardware behandelt

Der i7 unterstützt die x86-64-Befehlssatzarchitektur, eine 64-Bit-Erweiterung der x86-Architektur. Der i7 ist ein Prozessor mit Out-of-Order-Ausführung, der vier Kerne umfasst. Wir konzentrieren uns hier auf das Design des Speichersystems und die Leistung eines einzelnen Kerns. Jeder Kern in einem i7 kann bis zu vier x86-Befehle pro Taktzyklus ausführen und verwendet eine 16-stufige Pipeline mit Mehrfachzuordnung und dynamischem Scheduling, die wir in Kapitel 4 ausführlich beschrieben haben. Der i7 kann bis zu drei Speicherkanäle unterstützen, von denen jeder aus einem separaten Satz von DIMMs besteht und die parallel transferieren können. Er verwendet DDR3-1066 und hat eine maximale Speicherbandbreite von knapp über 25 GB/s.

In Tabelle 5.12 sind die Adressgrößen und TLBs der beiden Prozessoren aufgelistet. Der A53 hat drei TLBs mit einem 32-Bit-Adressraum für virtuelle Adressen und einem 32-Bit-Adressraum für physikalische Adressen. Der Core i7 hat drei TLBs mit einem 48-Bit-Raum für virtuelle und einem 36-Bit-Raum für physikalische Adressen. Die 64-Bit-Register des Core i7 könnten zwar eine größere virtuelle Adresse halten, doch von Seiten der Software gab es keinen Bedarf für einen so großen Adressraum, und durch die 48-Bit für virtuelle Adressen schrumpft sowohl der Speicher für die Seitentabellen als auch die TLB-Hardware.

Tabelle 5.13 zeigt die Caches der beiden Prozessoren. Jeder hat pro Kern einen L1-Befehlscache und einen L1-Datencache mit 64-Byte-Blöcken. Die Caches sind für den A53 zweifach und für den i7 achtfach satzassoziativ. Die L1-Datencaches des i7 haben eine Größe von 32 KiB, beim A53 sind sie von 8 bis 64 KiB konfigurierbar. Beide Prozessoren haben identisch organisierte,

Tab. 5.13: Die Caches der Prozessoren ARM Cortex-A53 und Intel i7 6700. Der Fehlzugriffsaufwand beim A53 beträgt 13 Taktzyklen für den L1-Cache und 124 für den L2-Cache.

Merkmal	ARM Cortex-A53	Intel Core i7
L1 Cache-Organisation	Befehls- und Datencache getrennt	Befehls- und Datencache getrennt
L1 Cache-Größe	je 8–64 KiB für Befehle und Daten	pro Kern je 32 KiB für Befehle und Daten
L1 Cache-Assoziativität	Befehle und Daten zweifach satzassoziativ	Befehle vierfach satzassoziativ und Daten achtfach satzassoziativ
L1 Ersetzung	zufällig	näherungsweise LRU
L1 Blockgröße	64 Byte	64 Byte
L1 Schreibstrategie	write-back, write-allocate (?)	write-back, no-write-allocate.
L1 Zugriffszeit (Load-Use)	1 Taktzyklus	4 Taktzyklen, Pipelining
L2 Cache-Organisation	vereinigt (Befehle und Daten)	vereinigt (Befehle und Daten) pro Kern
L2 Cache-Größe	128 KiB bis 2 MiB	256 KiB (0,25 MiB)
L2 Cache-Assoziativität	achtfach satzassoziativ	vierfach satzassoziativ
L2 Ersetzung	näherungsweise LRU	näherungsweise LRU
L2 Blockgröße	64 Byte	64 Byte
L2 Schreibstrategie	write-back, write-allocate	write-back, write-allocate
L2 Zugriffszeit	11 Taktzyklen	12 Taktzyklen
L3 Cache-Organisation	–	vereinigt (Befehle und Daten)
L3 Cache-Größe	–	2 MiB, geteilt
L3 Cache-Assoziativität	–	16-fach satzassoziativ
L3 Ersetzung	–	näherungsweise LRU
L3 Blockgröße	–	64 Byte
L3 Schreibstrategie	–	write-back, write-allocate
L3 Zugriffszeit	–	44 Taktzyklen

vierfach satzassoziative L1-Befehlscaches von 32 KiB (pro Kern). Beide verwenden einen achtfach satzassoziativen vereinigten L2-Cache (pro Kern) mit 64-Byte-Blöcken, wobei die Größe beim A53 von 128 KiB bis 1 MiB reicht, während sie beim Core i7 auf 256 KiB festgesetzt ist. Da der Core i7 für Server eingesetzt wird, hat er außerdem einen 16-fach satzassoziativen vereinigten L3-Cache mit einer Größe von 2 MiB, den sich alle Kerne des Chips teilen.

Beim Core i7 gibt es zusätzliche Optimierungen, um den Fehlzugriffsaufwand zu reduzieren. Die erste dieser Optimierungen besteht darin, dass bei einem Fehlzugriff zuerst das angeforderte Wort zurückgegeben wird. Außerdem wird mit dem Ausführen von Befehlen fortgefahren, die während eines Cache-Fehlzugriffs auf den Datencache zugreifen. Entwickler, die versuchen, die Cache-Fehlzugriffslatenz zu verbergen, verwenden meistens diese Methode, die **nicht blockierender Cache** genannt wird, wenn sie Out-of-Order-Prozessoren konstruieren. Sie implementieren zwei Varianten davon. *Treffer unter Fehlzugriff* gestattet zusätzliche Treffer während eines Fehlzugriffs, und *Fehlzugriff unter Fehlzugriff* erlaubt mehrere ausstehende Fehlzugriffe. Das Ziel der ersten Strategie ist das Verbergen einer Fehlzugriffslatenz durch ande-

nicht blockierender Cache Ein Cache, der dem Prozessor Zugriffe auf den Cache gestattet, während dieser einen früheren Fehlzugriff behandelt.

re Arbeit, das Ziel der zweiten Strategie dagegen das Überlappen der Latenz von zwei verschiedenen Fehlzugriffen.

Das Überlappen eines großen Teils der Fehlzugriffszeiten für mehrere ausstehende Fehlzugriffe erfordert ein Speichersystem mit großer Bandbreite, das in der Lage ist, mehrere Fehlzugriffe parallel zu behandeln. Bei einem Mobilgerät kann es sein, dass der Speicher nur in begrenztem Umfang von dieser Fähigkeit profitiert, doch große Server haben oft Speichersysteme, die in der Lage sind, mehrere ausstehende Fehlzugriffe parallel zu behandeln.

Der Core i7 hat einen Prefetch-Mechanismus für den Datenzugriff. Er schaut auf ein Muster von Datenfehlzugriffen und versucht anhand dieser Information die nächste Adresse **vorherzusagen,** um das Holen der Daten zu starten, bevor der Fehlzugriff erfolgt. Solche Techniken funktionieren im Allgemeinen am besten, wenn in Schleifen auf die Felder zugegriffen wird. In den meisten Fällen ist die vorab geladene Zeile einfach der nächste Block im Cache.

Die ausgeklügelten Speicherhierarchien dieser Chips und der große Anteil der Dies, die für Caches und TLBs benutzt werden, zeigen die erheblichen Anstrengungen, die für das Design aufgewendet werden, um die Lücke zwischen der Taktzeit des Prozessors und der Speicherlatenz zu schließen.

VORHERSAGE

Performanz der Speicherhierarchien des Cortex-A53 und des Core i7

Die Speicherhierarchie des Cortex-A8 wurde mit 32 KiB Primärcache und einem 1 MiB L2-Cache unter den SPECint2006-Benchmarks gemessen. Die Fehlzugriffsraten des Befehlscaches sind für diese Benchmarks selbst für den L1 sehr klein: Für die meisten Benchmarks sind sie nahe null und für alle unter 1 %. Diese sehr niedrigen Raten resultieren wahrscheinlich aus der sehr rechenintensiven Natur der SPEC-Programme sowie aus dem zweifach satzassoziativen Cache, der die meisten Konflikt-Fehlzugriffe eliminiert.

Abbildung 5.31 zeigt die Ergebnisse für den Datencache; die L1- und L2-Fehlzugriffsraten sind signifikant. Die L1-Rate variiert um den Faktor 75 und reicht von 0,5 % bis 37,2 %, der Mittelwert ist 2,4 %. Die globale L2-Fehlzugriffsrate variiert um den Faktor 180 und reicht von 0,05 % bis 9,0 %, der Mittelwert ist 0,3 %. Die mfc-Benchmark, die als Cache-Sprenger bekannt ist, setzt dabei die obere Schranke und wirkt sich signifikant auf den Mittelwert aus. Erinnern Sie sich, dass die globale L2-Fehlzugriffsrate deutlich unter der lokalen Fehlzugriffsrate liegt; beispielsweise liegt der Mittelwert der einzelnen Fehlzugriffsraten bei 15,1 %, die globale Rate dagegen bei 0,3 %.

Abbildung 5.32 zeigt den mittleren Aufwand pro Datenzugriff. Während die L1-Fehlzugriffsraten etwa siebenmal so hoch sind wie die L2-Fehlzugriffsraten, ist der L2-Aufwand 9,5-mal so hoch wie der L1-Aufwand, was zu einer gewissen Dominanz der L2-Fehlzugriffe bei den Benchmarks führt.

Der Befehlsholer des i7 versucht, in jedem Zyklus 16 Byte zu holen. Dies macht den Vergleich der Fehlzugriffsraten für den Befehlscache komplizierter, da in jedem Zyklus mehrere Befehle geholt werden (im Mittel etwa 4,5). Der

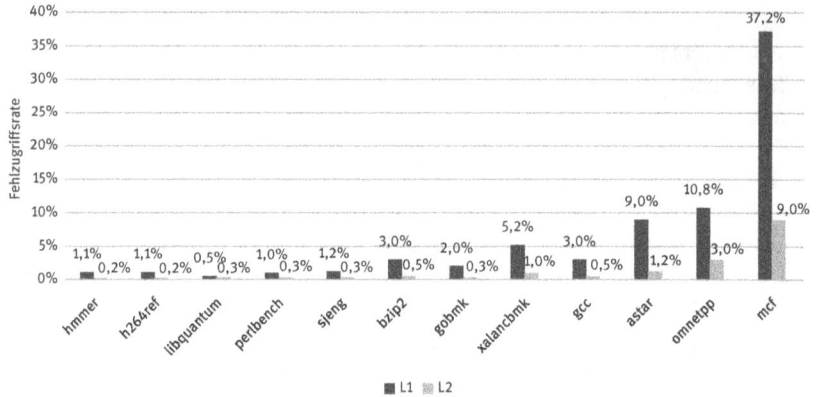

Abb. 5.31: Die Datenfehlzugriffsrate für ARM mit einem L1 von 32 KiB und die globale Datenfehlzugriffsrate für einen L2 von 1 MiB bei Verwendung der SPECint2006-Benchmarks hängen signifikant von der Anwendung ab. Anwendungen mit größerem Speicherfußabdruck haben sowohl im L1 als auch im L2 tendenziell höhere Fehlzugriffsraten. Beachten Sie, dass die L2-Rate die globale Fehlzugriffsrate ist, d. h., sie zählt alle Referenzen, einschließlich derer, für die es einen Treffer in L1 gibt. Die mcf-Benchmark ist als Cache-Sprenger bekannt.

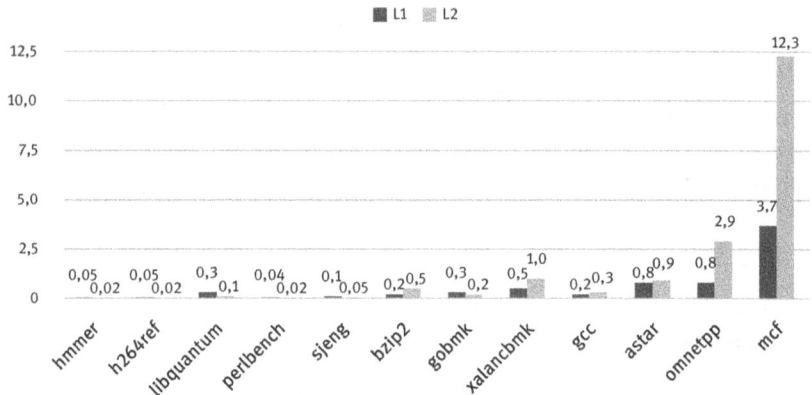

Abb. 5.32: Mittlerer Speicherzugriffsaufwand pro Datenspeicherreferenz aus L1 und L2 für den A53-Prozessor unter den SPECint2006-Benchmarks. Obwohl die Fehlzugriffsraten für L1 deutlich höher sind, führt der fünfmal höhere L2-Fehlzugriffsaufwand dazu, dass L2-Fehlzugriffe einen signifikanten Beitrag leisten.

achtfach satzassoziative Befehlscache von 32 KiB führt für die SPECint2006-Programme zu sehr niedrigen Fehlzugriffsraten für Befehle; diese liegen typischerweise unter 1 %. Dementsprechend gering ist die Häufigkeit, mit der der Befehlsholer anhalten muss, um wegen Fehlzugriffen des Befehlscaches zu warten.

Die Abbildungen 5.33 und 5.34 zeigen die Fehlzugriffsraten des L1-Caches und des L2-Caches für Demand-Zugriffe, jeweils relativ zur Anzahl der L1-Referenzen (Lese- und Schreibzugriffe). Da die Kosten für einen Fehlzugriff auf den Speicher bei über hundert Taktzyklen liegen, ist L3 offensichtlich kritisch. Die durchschnittliche L3-Datenfehlzugriffsrate von 0,5 %, immer noch ein signifikanter Wert, ist weniger als ein Drittel so groß wie die L2-Demand-Zugriffsrate und um den Faktor zehn kleiner als die L1-Demand-Zugriffsrate.

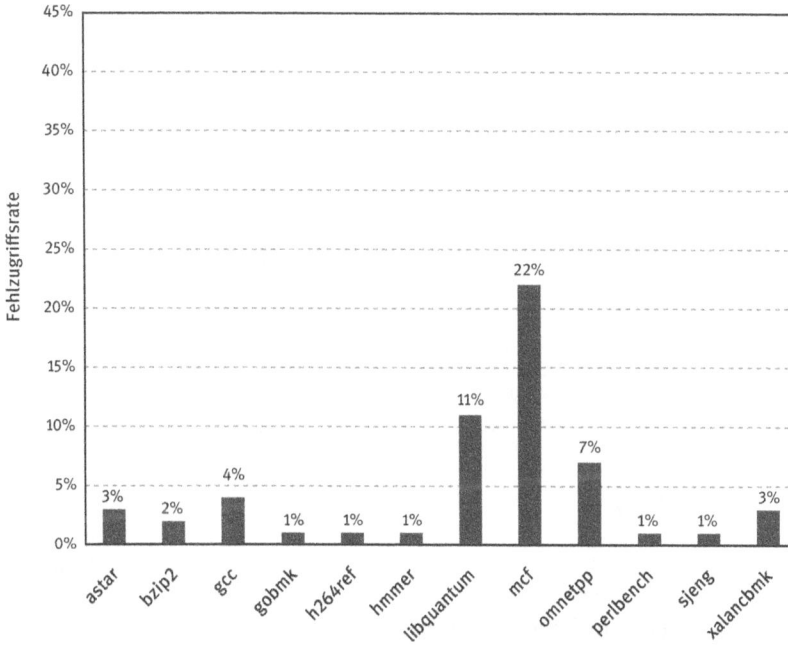

Abb. 5.33: Die L1-Datencache-Zugriffsrate für die SPECint2006-Benchmarks relativ zu den L1-Demand-Lesezugriffen (Prefetch ausgenommen). Diesen Daten sowie der Rest dieses Abschnitts wurden von Professor Lu Peng und dem PhD-Studenten Qun Liu von der Louisiana State University zusammengestellt (siehe Peng et al., 2008).

5.14 Beschleunigung: Cache-Blocking und Matrixmultiplikation

Um die Performanz von DGEMM durch Maßschneidern der zugrunde liegenden Hardware zu verbessern, wollen wir zusätzlich zur Optimierungen hinsichtlich Subwort-Parallelität und Parallelität auf Datenebene (Kapitel 3 und 4) im nächsten Schritt Cache-Blocking berücksichtigen. Abbildung 5.35 zeigt die Blockversion von DGEMM aus Abbildung 4.66. Die Änderungen sind die gleichen, die wir schon gemacht hatten, als wir vom nicht optimierten DGEMM in Abbildung 2.19 zur Blockversion von DGEMM in Abbildung 5.17 übergegangen sind. Diesmal nehmen wir die abgerollte Version von DGEMM aus Kapitel 4 und rufen sie viele Male auf den Untermatrizen A, B und C auf. Tatsächlich sind die Zeilen 25–31 sowie die Zeilen 7–8 in Abbildung 5.35 identisch mit

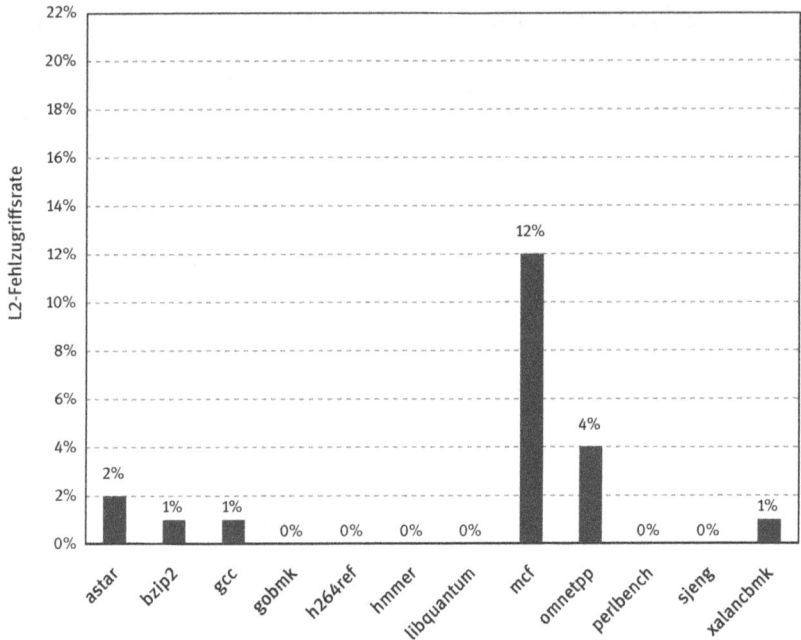

Abb. 5.34: L2-Fehlzugriffsrate relativ zu L1-Referenzen.

den Zeilen 14–20 und 5–6 in Abbildung 5.17, ausgenommen das Inkrementieren der **for**-Schleife in Zeile 7 um den abgerollten Betrag.

    Der aus dem Blocking resultierende Vorteil wächst mit der Matrixgröße. Da die Anzahl der Gleitkommaoperationen pro Matrixelement unabhängig von der Matrixgröße ist, können wir die Performanz einfach durch die Anzahl der pro Sekunde ausgeführten Gleitkommaoperationen (GFLOPS) messen. Abbildung 5.36 zeigt die Performanz in GFLOPS für die verschiedenen Versionen des Programms. Blocking verbessert die Performanz gegenüber dem abgerollten AVX-Code für mittelgroße Matrizen um das 1,5- bis 1,7-Fache und für die größte Matrix um den Faktor 10. Die kleinste Matrix passt in den L1-Cache, weshalb das Blocking fast keinen Unterschied macht. Wenn wir den nicht optimierten C-Code mit der Version vergleichen, die alle drei Optimierungen enthält, dann sehen wir Performanzverbesserungen um das 14- bis 41-Fache, wobei die größte Verbesserung für die größte Matrix erreicht wird.

5.15   Fallstricke und Trugschlüsse

Da die Speicherhierarchie einer der am besten quantifizierbaren Aspekte der Computerarchitektur ist, könnte man meinen, dass sie weniger anfällig für Fallstricke und Trugschlüsse ist. Dem ist jedoch nicht so, und einige gern gemachte Denkfehler haben zu negativen Ergebnissen geführt. Wir beginnen mit einem Fallstrick, der die Studenten in Übungen und Prüfungen häufig in die Irre führt.

```
1   #include <x86intrin.h>
2   #define UNROLL (4)
3   #define BLOCKSIZE 32
4   void do_block (int n, int si, int sj, int sk,
5                  double *A, double *B, double *C)
6   {
7     for ( int i = si; i < si+BLOCKSIZE; i+=UNROLL*8 )
8       for ( int j = sj; j < sj+BLOCKSIZE; j++ ) {
9         __m512d c[UNROLL];
10        for ( int r = 0; r < UNROLL; r++ )
11          c[r] = _mm512_load_pd(C+i+r*8+j*n); // [UNROLL];
12
13        for ( int k = sk; k < sk+BLOCKSIZE; k++ )
14        {
15          __m512d bb = _mm512_broadcastsd_pd(_mm_load_sd(B+j*n+k));
16          for (int r=0; r<UNROLL; r++)
17            c[r]=_mm512_fmadd_pd(_mm512_load_pd(A+n*k+r*8+i),bb,c[r]);
18        }
19
20        for ( int r=0; r<UNROLL; r++ )
21          _mm512_store_pd(C+i+r*8+j*n, c[r]);
22      }
23  }
24
25  void dgemm (int n, double* A, double* B, double* C)
26  {
27    for ( int sj = 0; sj < n; sj += BLOCKSIZE )
28      for ( int si = 0; si < n; si += BLOCKSIZE )
29        for ( int sk = 0; sk < n; sk += BLOCKSIZE )
30          do block(n, si, sj, sk, A, B, C);
31  }
```

Abb. 5.35: Optimierte C-Version von DGEMM aus Abbildung 4.66 mithilfe von Cache-Blocking. Diese Änderungen sind die gleichen wie in Abbildung 5.17. Der vom Compiler erzeugte Assemblercode für die do_block-Funktion ist nahezu identisch mit Abbildung 4.67. Es sei noch einmal darauf hingewiesen, dass es keinen Overhead zum Aufrufen von do_block gibt, da der Compiler den Funktionsaufruf einfügt.

Fallstrick: Es wird vergessen, die Byteadressierung oder die Cache-Blockgröße bei der Simulation eines Caches zu berücksichtigen.

Bei der Simulation eines Caches (manuell oder mit dem Computer) müssen wir sicherstellen, dass wir die Wirkung der Byteadressierung berücksichtigen, ebenso wie Mehrwortblöcke, um zu entscheiden, in welchen Cache-Block eine bestimmte Adresse abgebildet wird. Wenn wir beispielsweise einen direkt abgebildeten 32-Byte-Cache mit einer Blockgröße von 4 Byte haben, wird Byteadresse 36 auf Block 1 des Caches abgebildet, weil die Byteadresse 36 die Blockadresse 9 ist und $(9 \bmod 8) = 1$. Wenn die Adresse 36 dagegen eine Wort-

■ 64x64   ■ 320x320   ▨ 960x960   ▨ 4096x4096

GFLOPS

35

30 — 32

30

25 — 27   28

22 — 22

20 — 17

15 — 10,9

10 — 7,5 6,7

5 — 0,007 0,007   2,0 1,5 1,5   1,4   1,9
0,007 0,007   0,55

0

Python   C   + AVX   + Abrollen   + Blocking

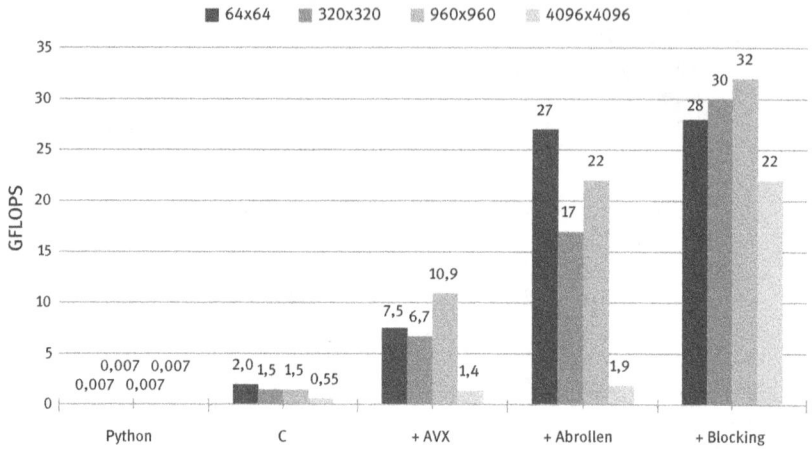

Abb. 5.36: Performanz mehrerer DGEMM-Versionen auf Matrizen unterschiedlicher Größe, gemessen in GFLOPS. Der vollständig optimierte Code ist um den Faktor 14 bis 41 schneller als die C-Version aus Kapitel 2. Die Python-Version läuft für alle Matrixgrößen mit 0,007 GFLOPS. Die Hardware des Intel i7 spekuliert durch Prefetching aus dem L3-Cache in den L1- und den L2-Cache, was der Grund dafür ist, dass die Vorteile des Blockings nicht so hoch sind, wie bei manchen anderen Mikroprozessoren.

adresse ist, wird sie in Block $(36 \bmod 8) = 4$ abgebildet. Vergewissern Sie sich, ob in der Aufgabenstellung die Adressbasis deutlich angegeben ist.

Auf ähnliche Weise müssen wir die Blockgröße berücksichtigen. Angenommen, wir haben einen Cache mit 256 Byte und einer Blockgröße von 32 Byte. In welchen Block fällt die Byteadresse 300? Wenn wir die Adresse 300 in Felder zerlegen, erkennen wir die Antwort:

31	30	29	...	...	...	11	10	9	8	7	6	5	4	3	2	1	0
0	0	0	...	...	...	0	0	0	1	0	0	1	0	1	1	0	0

Cache Blocknummer — Block-Offset

Blockadresse

Byteadresse 300 ist Blockadresse

$$\left\lfloor \frac{300}{32} \right\rfloor = 9$$

Die Anzahl der Blöcke im Cache beträgt

$$\left\lfloor \frac{256}{32} \right\rfloor = 8$$

Block Nummer 9 fällt in die Cache-Blocknummer $(9 \bmod 8) = 1$.

Dieser Fehler ist schon Vielen passiert, auch den Autoren (in früheren Ausgaben) und anderen Lehrenden, die vergessen haben anzugeben, ob die Adressen in Wörtern, Bytes oder Blocknummern dargestellt werden sollen. Achten Sie auf diese Falle, wenn Sie Aufgaben lösen!

Fallstrick: Es wird beim Programmieren oder bei der Codeerzeugung durch den Compiler versäumt, das Verhalten des Speichersystems zu berücksichtigen.

Dies kann leicht zu einem Trugschluss umformuliert werden: „Speicherhierarchien können von Programmierern beim Schreiben von Code vernachlässigt werden." Die Evaluierung von Sortieralgorithmen in Abbildung 5.15 und von Cache-Blocking in Abschnitt 5.14 zeigt, dass Programmierer die Performanz leicht verdoppeln können, wenn sie das Verhalten des Speichersystems beim Design ihrer Algorithmen berücksichtigen.

Fallstrick: Verwendung einer geringeren Satzassoziativität für einen gemeinsam genutzten Cache, als es Cores oder Threads gibt (Kapitel 6), die diesen Cache gemeinsam nutzen.

Ohne zusätzliche Mühe könnte ein **paralleles** Programm, das auf 2^n Prozessoren oder Threads ausgeführt wird, ganz einfach Datenstrukturen für Adressen reservieren, die dann auf denselben Satz eines gemeinsam genutzten L2-Caches abgebildet werden. Wenn der Cache mindestens 2^n-fach assoziativ ist, verbirgt die Hardware diese versehentlichen Konflikte vor dem Programm. Andernfalls stehen die Programmierer scheinbar mysteriösen Leistungsfehlern gegenüber (letztlich wegen der L2-Konflikt-Fehlzugriffe), wenn sie von einer 16-Core- auf eine 32-Core-Maschine umsteigen, wobei beide 16-fache assoziative L2-Caches verwenden.

PARALLELITÄT

Fallstrick: Verwendung einer durchschnittlichen Speicherzugriffszeit, um die Speicherhierarchie eines Out-of-Order-Prozessors zu bewerten.

Wenn ein Prozessor während eines Cache-Fehlzugriffs stillsteht, können Sie die Speicherstillstandszeit und die Prozessor-Ausführungszeit separat berechnen und damit unter Verwendung der durchschnittlichen Speicherzugriffszeit unabhängig auswerten (siehe Seite 445).

Wenn der Prozessor fortfährt, Befehle auszuführen, und während eines Cache-Fehlzugriffs sogar weitere Cache-Fehlzugriffe hervorrufen kann, ist die einzige genaue Abschätzung der Speicherhierarchie die Simulation des Out-of-Order-Prozessors in Kombination mit der Speicherhierarchie.

Fallstrick: Erweiterung eines Adressraums durch Einfügen von Segmenten oberhalb des nicht segmentierten Adressraums.

In den 1970er-Jahren wuchsen viele Programme so weit an, dass nicht mehr der gesamte Code und die Daten mit einer 16-Bit-Adresse angesprochen werden konnten. Die Computer wurden auf 32-Bit-Adressen aufgerüstet. Das geschah entweder durch einen nicht segmentierten 32-Bit-Adressraum (auch als *flacher*

Adressraum bezeichnet), oder durch Hinzufügen einer 16-Bit-Segmentadresse zur vorhandenen 16-Bit-Adresse. Aus Sicht des Marketings konnte das Hinzufügen von Segmenten, die für den Programmierer sichtbar waren, und die den Programmierer und den Compiler zwangen, Programme in Segmente zu zerlegen, das Adressierungsproblem lösen. Leider gibt es jedes Mal Probleme, wenn eine Programmiersprache eine Adresse verwenden will, die größer als ein Segment ist, wie beispielsweise Indizes für große Arrays, unbeschränkte Zeiger oder Referenzparameter. Darüber hinaus kann das Hinzufügen von Segmenten jede Adresse in zwei Wörter umwandeln – eines für die Segmentnummer und eines für das Segment-Offset –, was zu Problemen bei der Verwendung von Adressen in Registern führt.

Trugschluss: Die Ausfallraten von Festplatten im praktischen Einsatz entsprechen den jeweiligen Spezifikationen.

In zwei Studien wurden große Anordnungen von Festplatten hinsichtlich der Beziehung zwischen dem Verhalten im praktischen Einsatz und der jeweiligen Spezifikation evaluiert. Bei der einen Studie wurden 100 000 Platten betrachtet, für die eine MTTF von 1 000 000 bis 1 500 000 Stunden bzw. eine AFR von 0,6 % bis 0,8 % angegeben war. Das Untersuchungsergebnis war, dass AFRs von 2 % bis 4 % üblich waren, d. h., es wurden vielfach drei- bis fünfmal so große Raten festgestellt wie in der Spezifikation angegeben [Schroeder und Gibson, 2007]. Die zweite Studie umfasste mehr als 100 000 Platten bei Google, für die eine AFR von etwa 1,5 % angegeben war. Gefunden wurden Ausfallraten, die von 1,7 % für Platten im ersten Jahr auf 8,6 % für Platten im dritten Jahr anstiegen, also insgesamt das Fünf- bis Sechsfache der spezifizierten Rate [Pinheiro, Weber und Barroso, 2007].

Trugschluss: Das Betriebssystem ist die beste Stelle, um den Festplattenzugriff zu regeln.

Wie in Abschnitt 5.2 erwähnt, bieten übergeordnete Festplattenschnittstellen logische Blockadressen zum Host-Betriebssystem. In Anbetracht dieser Abstraktion ist das Beste, was ein Betriebssystem versuchen kann, um die Performanz zu unterstützen, die logischen Blockadressen in aufsteigender Reihenfolge zu sortieren. Da die Festplatte allerdings die tatsächliche Abbildung der logischen Adressen auf die physikalischen, geometrischen Sektoren, Spuren und Oberflächen kennt, kann sie die Rotationslatenzen und Suchzeiten durch Neuplanung reduzieren.

Nehmen wir beispielsweise an, dass die Arbeitslast vier Leseoperationen umfasst [Anderson, 2003]:

Operation	Start-LBA	Länge
Lesen	724	8
Lesen	100	16
Lesen	9987	1
Lesen	26	128

Der Host könnte die vier Leseoperationen entsprechend der logischen Block-reihenfolge umordnen:

Operation	Start-LBA	Länge
Lesen	26	128
Lesen	100	16
Lesen	724	8
Lesen	9987	1

In Abhängigkeit vom relativen Speicherort der Daten auf der Platte, kann sich die Situation durch Umordnen verschlechtern, wie Abbildung 5.37 zeigt. Das plattengesteuerte Lesen benötigt eine dreiviertel Umdrehung, während das vom Betriebssystem gesteuerte Lesen drei Umdrehungen braucht.

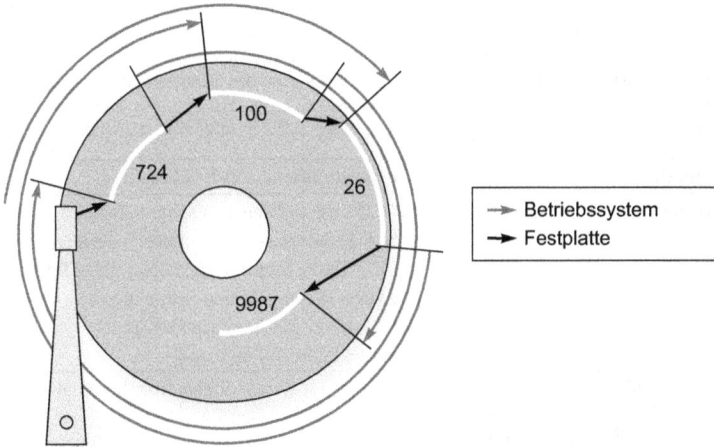

Abb. 5.37: Beispiel, das vom Betriebssystem gesteuerte Zugriffe im Vergleich zu plattenge-steuerten Zugriffen zeigt. Das erste Verfahren erfordert drei Umdrehungen für vier vollständige Leseoperationen, während das zweite für das Gleiche nur eine Dreiviertel-Umdrehung braucht (aus Anderson [2003]).

Fallstrick: Implementierung eines VMM auf einer Befehlssatzarchitek-tur, die nicht als virtualisierbar entwickelt wurde.

In den 1970er- und 1980er-Jahren waren viele Architekten nicht umsichtig genug um sicherzustellen, dass alle Befehle, die Informationen über Hard-wareressourcen lesen oder schreiben, privilegiert ausgeführt werden müssen. Diese *Laissez-Faire*-Haltung verursacht Probleme für die VMMs aller dieser Architekturen, einschließlich des x86, den wir hier als Beispiel betrachtet ha-ben.

Tabelle 5.14 beschreibt die 18 Befehle, die Probleme bei der Virtualisierung verursachen [Robin und Irvine, 2000]. Ganz allgemein sind das Befehle aus zwei Klassen, die

- Steuerregister im Benutzermodus lesen, wodurch erkennbar ist, dass das Gastbetriebssystem in einer virtuellen Maschine ausgeführt wird (wie etwa das zuvor erwähnte POPF).

- den Schutz wie von der segmentierten Architektur gefordert überprüfen, aber davon ausgehen, dass das Betriebssystem auf der höchsten Privilegienebene ausgeführt wird.

Tab. 5.14: Überblick über die 18x86-Befehle, die Probleme bei der Virtualisierung verursachen [Robin und Irvine, 2000]. Die ersten fünf Befehle in der oberen Gruppe erlauben einem Programm, im Benutzermodus Steuerregister zu lesen, wie beispielsweise Deskriptortabellenregister, ohne eine Trap auszulösen. Der POPF-Befehl ändert ein Steuerregister mit sensiblen Informationen, schlägt aber stillschweigend fehl, wenn er sich im Benutzermodus befindet. Die Schutzüberprüfung der segmentierten Architektur des x86 ist der Ruin der unteren Gruppe, weil jeder dieser Befehle die Privilegienebene implizit als Teil der Befehlsausführung überprüft, wenn er ein Steuerregister liest. Die Überprüfung geht davon aus dass das Betriebssystem auf der höchsten Privilegienebene ausgeführt wird, was für Gast-VMs nicht der Fall ist. Nur MOVE versucht, den Steuerzustand abzuändern, und die Schutzüberprüfung schlägt dafür ebenfalls fehl.

Problemkategorie	Problematische x86-Befehle
Register mit sensiblem Zugriff ohne Trapping bei der Ausführung im Benutzermodus	SGDT (Store Global Descriptor Table Register)
	SLDT (Store Local Descriptor Table Register)
	SIDT (Store Interrupt Descriptor Table Register)
	SMSW (Store Machine Status Word)
	PUSHF, PUSHFD (Push Flags)
	POPF, POPFD (Pop Flags)
Beim Zugriff auf virtuelle Speichermechanismen im Benutzermodus führen die Befehle die x86-Schutzüberprüfungen nicht aus	LAR (Load Access Rights from Segment Descriptor)
	LSL (Load Segment Limit from Segment Descriptor)
	VERR (Verify if Segment Descriptor is Readable)
	VERW (Verify if Segment Descriptor is Writable)
	POP CS, POP SS usw. (Pop to Segment Register)
	PUSH CS, PUSH SS usw. (Push Segment Register)
	CALL (Far-Call auf andere Privilegienebene)
	RET (Far-Return auf andere Privilegienebene)
	JMP (Far-Sprung auf andere Privilegienebene)
	INT (Software-Interrupt)
	STR (Store Segment Selector Register)
	MOVE (Verschieben in/von Segmentregister)

Um die Implementierungen von VMMs auf dem x86 zu vereinfachen, haben sowohl AMD als auch Intel Erweiterungen der Architektur um einen neuen Modus vorgeschlagen. Der VT-x von Intel unterstützt einen neuen Ausführungsmodus für die Ausführung von VMs, eine an die Architektur angepasste Definition des VM-Zustands, Befehle für den schnellen Austausch der VMs sowie eine große Menge an Parametern, um die Umstände auszuwählen, in denen ein VMM aufgerufen werden muss. Insgesamt bringt VT-x 11 neue Befehle für den x86. Pacifica von AMD legt vergleichbare Vorschläge vor.

Eine Alternative zur Änderung der Hardware ist es, kleine Anpassungen am Betriebssystem vorzunehmen, um zu vermeiden, dass die problematischen Bereiche der Architektur genutzt werden. Diese Technik wird auch *Paravirtualisierung* genannt, und der Opensource-VMM Xen ist ein gutes Beispiel dafür. Der VMM Xen stellt einem Gastbetriebssystem eine VM-Abstraktion bereit, die nur die einfach zu virtualisierenden Teile der physischen x86-Hardware benutzt, auf der der VMM ausgeführt wird.

Fallstrick: Hardware-Attacken können die Sicherheit kompromittieren.

Auch wenn die zahlreichen Software-Bugs in Betriebssystemen das Haupteinfallstor für Angreifer von Computersystemen sind, hat Google 2015 gezeigt, dass ein Anwenderprogramm durch Ausnutzen einer Schwachstelle in DDR3-DRAM-Chips den virtuellen Speicherschutz untergraben kann. Wegen der zweidimensionalen DRAM-Struktur und der sehr kleinen Speicherzellen eines DDR3-DRAM kann, wie die Forscher feststellten, das wiederholte Lesen und Zurückgeschreiben („hammer") einer Reihe (row) Fehler in einer benachbarten Reihe verursachen, wodurch Bits in der kompromittierten Reihe umgekehrt werden. Ein schlauer Angreifer könnte diese als „Row Hammer" bezeichnete Methode ausnutzen, um die Schutzbits der Seitentabelle zu ändern und so dem Programm Zugriff auf Speicherbereiche zu verschaffen, die das Betriebssystem zu schützen versucht. Neuere Mikroprozessoren und DRAMs enthalten Mechanismen zum Erkennen und Abwehren von Row-Hammer-Angriffen.

Die Attacke erstaunte viele Sicherheitsexperten, die die Hardware bis dahin für unverwundbar hielten. Wie die Fallstricke und Trugschlüsse in Kapitel 6 zeigen, war Row Hammer nur der Auftakt für diesen neuen Angriffsvektor.

5.16 Schlussbetrachtungen

Die Schwierigkeit, ein Speichersystem aufzubauen, das mit schnelleren Prozessoren Schritt hält, wird durch die Tatsache unterstrichen, dass das Rohmaterial für Hauptspeicher, DRAMs, sowohl in den schnellsten als auch in den langsamsten (und billigsten) Computern im Wesentlichen dasselbe ist.

Das Lokalitätsprinzip bietet uns die Möglichkeit, die lange Latenz von Speicherzugriffen zu kompensieren – und der Sinn dieser Strategie wird auf allen Ebenen der **Speicherhierarchie** demonstriert. Obwohl diese Ebenen der Hierarchie ganz unterschiedliche Quantitäten aufweisen, folgen sie beim Betrieb vergleichbaren Strategien und profitieren von denselben Eigenschaften der Lokalität.

HIERARCHIE

Multilevel-Caches machen es aus zwei Gründen möglich, dass mehr Cache-Optimierungen einfacher genutzt werden können. Erstens unterscheiden sich die Entwurfsparameter eines Caches auf niedrigerer Ebene von denen eines Caches auf erster Ebene. Weil beispielsweise ein Cache auf niedrigerer Ebene sehr viel größer ist, können größere Blockgrößen verwendet werden. Zweitens wird ein Cache auf niedrigerer Ebene nicht ständig vom Prozessor verwendet, wie es bei einem Cache auf erster Ebene der Fall ist. Auf diese Weise können wir in Betracht ziehen, den Cache auf niedrigerer Ebene etwas anderes erledigen zu lassen, wenn er sich im Leerlauf befindet, was dazu beitragen kann, zukünftige Fehlzugriffe zu vermeiden.

Ein weiterer Trend ist es, Lösungen bei der Software zu suchen. Die effiziente Verwaltung der Speicherhierarchie unter Verwendung der unterschiedlichsten Programmumwandlungen und Hardwarefunktionen ist ein wichtiger Schwerpunkt bei den Compiler-Verbesserungen. Zwei verschiedene Konzepte werden genauer untersucht. Eine Idee besteht darin, das Programm neu anzuordnen, so dass seine räumliche und temporale Lokalität verbessert wird. Dieser Ansatz konzentriert sich auf schleifenorientierte Programme, die große Felder als hauptsächliche Datenstruktur verwenden. Ein typisches Beispiel sind große Berechnungen aus der linearen Algebra. Durch die Neustrukturierung der Schleifen, die auf die Felder zugreifen, kann eine wesentlich verbesserte Lokalität – und damit Cache-Leistung – erzielt werden.

Prefetching Eine Technik, bei der Datenblöcke, die im weiteren Verlauf benötigt werden, frühzeitig in den Cache geladen werden. Dazu werden spezielle Befehle ausgeführt, die die Adresse der Blöcke angeben.

Ein weiterer Ansatz ist das **Prefetching**. Beim Prefetching wird ein Datenblock in den Cache geladen, bevor tatsächlich darauf zugegriffen wird. Viele Mikroprozessoren verwenden das Hardware-Prefetching, um zu versuchen, Zugriffe **vorherzusagen,** die für die Software schwer erkennbar sind.

Ein dritter Ansatz sind spezielle Befehle, die den Cache auswerten und Speicherübertragungen optimieren können. Beispielsweise verwenden die Mikroprozessoren in Abschnitt 6.11 eine Optimierung, die den Inhalt eines Blocks aus dem Speicher nach einem Schreib-Fehlzugriff nicht lädt, weil das Programm den vollständigen Block schreiben wird. Diese Optimierung reduziert den Speicherverkehr für einen Kernel ganz erheblich.

Wie wir in Kapitel 6 sehen werden, sind Speichersysteme ein zentraler Entwurfsaspekt für parallele Prozessoren. Die zunehmende Bedeutung der Speicherhierarchie für die Systemleistung hat zur Folge, dass dieser wichtige Bereich in den nächsten Jahren weiterhin ein Schwerpunkt für Entwickler und Forscher sein wird.

5.17   Historische Perspektive und Literaturhinweise

Dieser Online-Abschnitt bietet einen Überblick über Speichertechnologien, von Quecksilberverzögerungsleitungen bis DRAM, über die Erfindung der Speicherhierarchie und der Schutzmechanismen bis hin zu virtuellen Maschinen. Er schließt mit einem kurzen Überblick über Betriebssysteme, wie CTSS, MULTICS, UNIX, BSD UNIX, MS-DOS, Windows und Linux.

5.18   Fragestellungen für das Selbststudium

Je mehr, desto besser? Tabelle 5.2 zeigt den Zustand eines kleinen direkt abgebildeten Caches nach neun Adressen; den Abschluss bildet die Adresse 16. Nehmen Sie an, dass die nächsten fünf Speicherreferenzen von einer Schleife

5.18. Fragestellungen für das Selbststudium 539

stammen, die auf alle anderen Adressen zugreift: 18, 20, 22, 24 und 26. Wie viele sind Treffer? Wie sieht der Cache danach aus?

Ist Assoziativität von Vorteil? Nehmen Sie an, der Cache in Abbildung wäre kein direkt abgebildeten Cache, sondern zweifach satzassoziativ. Würde das die Fehlzugriffe in den Speicherreferenzen 18, 20, 22, 24 in Treffer verwandeln? Warum bzw. warum nicht? Verwenden Sie das 3-C-Modell, um Ihre Antwort zu erläutern.

Analogie: Lebensmittelkühlhaltung. Wir haben in diesem Buch schon verschiedene Analogien benutzt, um Konzepte der Computerarchitektur zu erklären. Hier sollen Sie sich nun an einer Analogie zwischen der Speicherhierarchie und der Kühlhaltung von Lebensmitteln versuchen. Welche Ebenen und Konzepte der Speicherhierarchie entsprechen den folgenden Teilaspekten bei der Kühlhaltung?

1. Kühlschrank in der Küche
2. Im Kühlschrank integriertes Gefrierfach
3. Freistehender Gefrierschrank in der Garage oder im Keller
4. Tiefkühltruhe im Supermarkt
5. Lieferanten von Tiefkühlkost an den Supermarkt
6. Lebensmittel aus dem Kühlschrank holen um zu kochen
7. Zeit für das Herausnehmen von Lebensmitteln aus dem Kühlschrank
8. Zubereitetes Essen in den Kühlschrank stellen
9. Verlagern von gefrorenen Lebensmitteln aus dem integrierten Gefrierfach in den Kühlschrank, um sie vor dem Zubereiten aufzutauen
10. Zeit für das Auftauen von Lebensmitteln, die aus dem integrierten Gefrierfach genommen werden
11. Lebensmittel aus dem Kühlschrank in das integrierte Gefrierfach verlagern, um sie für den späteren Verzehr haltbar zu machen
12. Lebensmittel zwischen dem freistehenden Gefrierschrank und dem integrierten Gefrierfach umlagern
13. Neue Lebensmittel im Supermarkt kaufen, um sie ins integrierte Gefrierfach zu legen

Schema für die Kühlhaltung. In Abschnitt 5.8 wird ein allgemeines Schema für die Speicherhierarchie behandelt. Welche der dabei diskutierten Ideen lassen sich auf die Kühlhaltung übertragen und welche nicht?

3-C-Kühlhaltung. Ebenfalls in Abschnitt 5.8 wird das intuitive 3-C-Modell für die Cache-Fehlzugriffe erklärt. Welche der Konzepte sind auf dieses Problem übertragbar? Geben Sie ggf. eine Analogie an. Erklären Sie andernfalls, warum sich das Konzept nicht übertragen lässt.

Wann die Analogie versagt. Nennen Sie drei Beispiele, bei denen die vorgeschlagene Analogie zwischen Speicherhierarchie und Kühlhaltung versagt.

Hammer-Attacken auf virtuelle Maschinen. Warum könnte die Sicherheits-anfälligkeit von Hardware (etwa gegenüber Row-Hammer-Attacken, siehe Abschnitt 5.18) besonders für Anbieter von Cloud Computing wie Amazon Web Services problematisch sein?

Antworten

Je mehr, desto besser? Dies sind die nächsten fünf Adressen und die Ergebnisse:

Dezimaladresse der Referenz	Binäre Adresse der Referenz	Treffer oder Fehlzugriff	Zugeordneter Cacheblock (gefunden oder platziert)
18	10010	Treffer	$(10010_B \bmod 8) = 010_B$
20	10100	Fehlzugriff	$(10100_B \bmod 8) = 110_B$
22	10110	Treffer	$(10110_B \bmod 8) = 110_B$
24	11000	Fehlzugriff	$(11000_B \bmod 8) = 000_B$
26	11010	Fehlzugriff	$(11010_B \bmod 8) = 010_B$

Zwei Treffer und drei Fehlzugriffe aus fünf Adressen.

Der Cache sieht nach Adresse 26 folgendermaßen aus:

Index	V	Tag	Daten
000	J	10_B	Speicher (11000_B)
001	N		
010	J	10_B	Speicher (11010_B)
011	J	00_B	Speicher (00011_B)
100	J	10_B	Speicher (10100_B)
101	N		
110	J	10_B	Speicher (10110_B)
111	N		

Ist Assoziatvität von Vorteil? Die Fehlzugriffe für die Blöcke 20 und 24 sind die ersten Zugriffe; sie sind daher nach dem 3-C-Modell Kaltstart-Fehlzugriffe (compulsory misses), weshalb die Assoziativität hier nicht weiterhilft.

Block 26 wurde in Abschnitt 5.3 ursprünglich in der zweiten Speicherreferenz geholt und im Cacheblock 2 platziert. Er wurde im achten Schritt aufgrund eines konfliktverursachenden Fehlzugriffs im direkt abgebildeten Cache durch den Block für Adresse 18 ersetzt, da er auch in Block 2 abbildet. Ein zweifach satzassoziativer Cache könnte solche konfliktverursachenden Fehlzugriffe vermeiden, was einen Treffer mehr für diese fünf Adressen ergibt.

Um wirklich alle Treffer und Fehlzugriffe herauszufinden, müssten wir jede der neun ursprünglichen Adressen mit einer zweifach satzassoziativen Organisation neu auswerten, dazu diese fünf zusätzlichen Adressen. Wir überlassen dies dem Leser als Übungsaufgabe und weisen abschließend auf die Möglichkeit hin, den konfliktverursachenden Fehlzugriff auf Block 26 zu vermeiden,

Analogie: Lebensmittelkühlhaltung. Es gibt zwei plausible Interpretationen der Hierarchie, je nachdem, ob man sich den freistehenden Gefrierschrank als L3-Cache oder als Hauptspeicher vorstellt. Wir setzen für unsere Antwort die erste Interpretation voraus.

1. L1-Cache: Kühlschrank in der Küche

2. L2-Cache: Im Kühlschrank integriertes Gefrierfach

3. L3-Cache: Freistehender Gefrierschrank in der Garage oder im Keller

4. Hauptspeicher: Tiefkühltruhe im Supermarkt

5. Sekundärspeicher: Lieferanten von Tiefkühlkost an den Supermarkt

6. L1 Lesezugriff: Lebensmittel aus dem Kühlschrank holen um zu kochen

7. L1-Trefferzeit Lesezugriff: Zeit für das Herausnehmen von Lebensmitteln aus dem Kühlschrank

8. L1 Schreibzugriff: Zubereitetes Essen in den Kühlschrank stellen

9. Fehlzugriff in L1, Zugriff L2: Gefrorene Lebensmittel aus dem integrierten Gefrierfach in den Kühlschrank verlagern, um sie vor dem Zubereiten aufzutauen

10. L2-Trefferzeit Lesezugriff: Zeit für das Auftauen von Lebensmitteln, die aus dem integrierten Gefrierfach genommen werden

11. Verkehr zwischen L1-Cache und L2-Cache: Lebensmittel aus dem Kühlschrank in das integrierte Gefrierfach verlagern, um sie für den späteren Verzehr haltbar zu machen

12. Verkehr zwischen L2-Cache und L3-Cache, etwa wegen eines L1-Fehlzugriffs oder beim Rückschreiben: Lebensmittel zwischen dem freistehenden Gefrierschrank und dem integrierten Gefrierfach umlagern

13. Lesefehlzugriff im L3-Cache, Zugriff Hauptspeicher: Neue Lebensmittel im Supermarkt kaufen, um sie ins integrierte Gefrierfach zu legen

Schema für die Kühlhaltung.

- *Wo kann ein Block platziert werden?* Es gibt auf keiner Ebene unserer Analogie Einschränkungen für das Platzieren von Lebensmitteln. Daher ist die vollassoziative Platzierung auf allen Ebenen die passendste Entsprechung.

- *Wie wird ein Block gefunden?* Bei vollassoziativer Platzierung suchen wir im gesamten Kühlsystem (außer im Supermarkt).

- *Welcher Block sollte bei einem Cache-Fehlzugriff ersetzt werden?* Einleuchtend wäre es, Informationen darüber zu verwenden, was wir erst vor kurzem gekauft haben, sowie das Verfallsdatum zu berücksichtigen.

- *Was passiert bei einem Schreibzugriff?* Während die Speicherhierarchie grundsätzlich Daten kopiert anstatt sie zu verschieben, haben wir diese Option bei physischen Objekten nicht, weshalb die passendste Option das Rückschreiben ist.

3-C-Kühlhaltung. Die drei Cs sind:

1. Kaltstart-Fehlzugriffe (compulsory misses)
2. Speicherüberlastungs-Fehlzugriffe (capacity misses)
3. Adresskonflikt-Fehlzugriffe (conflict misses)

Ein (sehr bedauerlicher) Kaltstart-Fehlzugriff liegt vor, wenn Sie eine Portion Schokoladeneis haben möchten, aber weder im Kühlschrank, noch im Gefrierfach, noch im freistehenden Gefrierschrank welches ist und sie deshalb zum Supermarkt gehen müssen, um neues zu kaufen. Auch wenn es sein kann, dass es im Supermarkt gerade auch kein Schokoladeneis gibt – ein Seitenfehler im Kühlsystem! – sind die Chancen gut, dass sie dort welches haben und Sie sich Ihren Wunsch erfüllen können. Doch natürlich dauert es so viel länger, als Sie ursprünglich gehofft hatten.

Speicherüberlastungs-Fehlzugriffe können in unserer Analogie ebenfalls auftreten, nämlich wenn das gewünschte Lebensmittel auf der Ebene, auf die Sie zugreifen wollen, nicht vorhanden ist, weil dort nicht genügend Platz dafür ist. Dann müssen Sie es aus der nächstniedrigeren Ebene holen.

Wie bei realen Caches mit vollständig assoziativer Ersetzung gibt es auch in der Analogie keine Adresskonflikt-Fehlzugriffe.

Wann die Analogie versagt. Im Folgenden einige Beispiele für das Versagen der Analogie:

1. *Feste Blockgröße.* Lebensmittel haben alle möglichen Formen und Größen, und daher gibt es nichts, was einem Block entsprechen würde. Am nächsten kämen dem die beim Militär üblichen MRE-Rationen (Abk. für engl. Meal Ready to Eat), doch das ist zum Glück nicht das, was die meisten Leute normalerweise essen.

2. *Räumliche Lokalität.* Da wir keine Blockgröße haben, wird es schwierig, eine Analogie zur räumlichen Lokalität zu finden. Die Ausnahme ist hier der Supermarkt, in dem viele Kopien des gewünschten Artikels physisch benachbart sind, was wir als räumliche Lokalität ansehen können.

3. *Rückschreiben in den L3-Cache.* Es ist unwahrscheinlich, dass Sie Lebensmittel aus Ihrem freistehenden Gefrierschrank in Ihren Supermarkt zurückbringen können, indem Sie erklären: „Ich habe dieses Lebensmittel seit langem nicht benutzt und möchte etwas anderes in meinem Gefrierschrank lagern. Könnten Sie es also bitte für mich aufbewahren, bis ich es brauche?"

4. *L1-Fehlzugriffe und Datenintegrität.* Zwar funktioniert die Analogie zwischen den Gefriergeräten ganz gut, doch die meisten Lebensmittel können nicht wiederholt aufgetaut und wieder eingefroren werden ohne zu verderben. Die Analogie ist also problematisch für L1-Fehlzugriffe. Die Entsprechung bei Computern wäre, dass Daten nach einer Reihe von Fehlzugriffen zerstört werden, und das wäre natürlich so katastrophal, dass Caches nie benutzt worden wären.

5. *Inklusion über Ebenen.* Die am weitesten verbreitete inklusive Cache-Strategie bedeutet, dass jeder Dateneintrag auf einer bestimmten Cache-Ebene auch auf der nächstniedrigeren Ebene vorhanden ist, weil es dann einfach ist, Kopien anzufertigen. (Durch Rückschreiben und andere Situationen kann es zu inkonsistenten Werten kommen, doch es gibt eine Version der Daten auf einer niedrigeren Ebene.) Es ist nicht möglich, instantan Kopien von physischen Objekten für niedrigere Ebenen herzustellen, d. h., wir verfolgen eine exklusive Strategie, bei der die Daten bzw. Objekte immer nur auf einer einzigen Ebene existieren.

Hammer-Attacken auf virtuelle Maschinen. Unternehmen wie Amazon Web Services können niedrige Cloud-Preise anbieten, weil sie viele virtuelle Maschinen haben, die sich einen einzigen Server teilen. Das Argument ist, dass der durch virtuelle Speicher und virtuelle Maschinen gebotene Schutz es sicher für Konkurrenten macht, zur gleichen Zeit auf der gleichen Hardware zu rechnen, weil keiner von ihnen Zugriff auf die sensiblen Daten der anderen hat, sofern AWS sicherstellt, dass es keine sicherheitsrelevanten Bugs in diesen Mechanismen gibt. Eine Hardware-Attacke wie Row Hammer bedeutet jedoch, dass Angreifer selbst bei perfekter Software den Server übernehmen und so auch sensible Daten von Konkurrenten abgreifen können.

Als Konsequenz aus solchen potentiellen Schwachstellen bietet AWS seinen Kunden als Option an, dafür zu sorgen, dass nur Aufträge der eigenen Organisation auf den verwendeten Servern laufen. Für diese Sicherheitsgarantie wurde 2020 ein um 5 % höherer Stundenpreis verlangt.

5.19 Aufgaben

Aufgabe 5.1

In dieser Aufgabe betrachten wir die Speicherlokalitätseigenschaften der Matrixberechnung. Der folgende Code ist in C geschrieben, wobei Elemente der gleichen Zeile zusammenhängend gespeichert sind. Wir nehmen an, dass jedes Wort eine 32-Bit-Ganzzahl ist.

```
for (I=0; I<8; I++)
  for (J=0; J<8000; J++)
    A[I][J]=B[I][0]+A[J][I];
```

5.1.1 [5] <5.1> Wie viele 32-Bit-Ganzzahlen können in einer 16 Byte großen Cache-Zeile gespeichert werden?

5.1.2 [5] <5.1> Zugriffe auf welche Variablen weisen eine temporale Lokalität auf?

5.1.3 [5] <5.1> Zugriffe auf welche Variablen weisen eine räumliche Lokalität auf?

Lokalität wird sowohl von der Reihenfolge der Zugriffe als auch vom Daten-layout beeinflusst. Dieselbe Berechnung kann auch wie nachfolgend in Matlab geschrieben werden. Sie unterscheidet sich von C darin, dass sie die Matrix-elemente derselben Spalte nebeneinander angrenzend speichert.

```
for I=1:8
  for J=1:8000
    A(I,J)=B(I,0)+A(J,I);
  end
end
```

5.1.4 [10] <5.1> Wie viele 16 Byte große Cache-Zeilen werden benötigt, um alle 32 Bit-Matrixelemente zu speichern, die referenziert werden?

5.1.5 [5] <5.1> Referenzen auf welche Variablen weisen eine temporale Lo-kalität auf?

5.1.6 [5] <5.1> Referenzen auf welche Variablen weisen eine räumliche Lo-kalität auf?

Aufgabe 5.2

Caches sind wichtig, um eine leistungsstarke Speicherhierarchie für Prozesso-ren aufzubauen. Nachfolgend finden Sie eine Liste von 32-Bit-Speicheradress-referenzen, die als Wortadressen angegeben sind.

```
0x03, 0xb4, 0x2b, 0x02, 0xbf, 0x58, 0xbe, 0x0e, 0xb5,
0x2c, 0xba, 0xfd
```

5.2.1 [10] <5.3> Geben Sie für jeden dieser Referenzen die Binäradresse, das Tag und den Index bei einem direkt abgebildeten Cache mit 16 Ein-Wort-Blöcken an. Geben Sie außerdem an, ob die einzelnen Zugriffe Treffer oder Fehlzugriffe sind, vorausgesetzt, der Cache ist anfangs leer.

5.2.2 [10] <5.3> Geben Sie für jede dieser Referenzen die Binäradresse, das Tag und den Index bei einem direkt abgebildeten Cache mit Zwei-Wort-Blöcken und einer Gesamtgröße von acht Blöcken an. Geben Sie außerdem an, ob die einzelnen Referenzen Treffer oder Fehlzugriffe sind, vorausgesetzt, der Cache ist anfangs leer.

5.2.3 [20] <5.3, 5.4> Sie sollen den Cache-Entwurf für die vorgegebenen Re-ferenzen optimieren. Es sind drei direkt abgebildete Cache-Entwürfe möglich, alle mit insgesamt acht Datenwörtern:

* C1 verwendet Ein-Wort-Blöcke,
* C2 verwendet Zwei-Wort-Blöcke,
* C3 verwendet Vier-Wort-Blöcke.

Aufgabe 5.3

Üblicherweise werden Caches nach der Menge an Daten benannt, die in ihnen enthalten sind – ein 4 KiB-Cache kann also beispielsweise 4 KiB an Daten enthalten. Allerdings benötigen Caches auch SRAM, um Metadaten wie Tags und Gültigkeitsbits zu speichern. In dieser Aufgabe sollen Sie untersuchen, wie die Cache-Konfiguration den Gesamtumfang des für die Implementierung nötigen SRAM sowie die Performanz des Caches beeinflusst. Nehmen Sie dabei an, dass die Caches byteadressierbar sind und die Adressen und Wörter 64 Bit lang sind.

5.3.1 [10] <5.3> Berechnen Sie die Gesamtanzahl der Bits, die für die Implementierung eines 32 KiB-Caches mit Zwei-Wort-Blöcken nötig sind.

5.3.2 [10] <5.3> Berechnen Sie die Gesamtanzahl der Bits, die für die Implementierung eines 64 KiB-Caches mit 16-Wort-Blöcken nötig sind. Um wie viel ist dieser Cache größer als der in der vorherigen Teilaufgabe beschriebene 32 KiB-Cache? (Beachten Sie, dass wir durch das Verändern der Blockgröße die Menge an Daten verdoppeln, ohne die Gesamtgröße des Caches zu verdoppeln.)

5.3.3 [5] <5.3> Erklären Sie, warum dieser 64 KiB-Cache trotz des größeren Datenumfangs unter Umständen eine langsamere Performanz hat als der erste Cache.

5.3.4 [10] <5.3>, <5.4> Generieren Sie eine Folge von Leseanforderungen, die auf einem zweifach satzassoziativen 32 KiB-Cache eine kleinere Fehlzugriffsrate hat als auf dem in Teilaufgabe 5.3.1 beschriebenen Cache.

Aufgabe 5.4

[15] <5.3> Wie Sie aus Abschnitt 5.3 wissen, ist die typische Methode für das Indexieren eines direkt abgebildeten Caches folgende: <Blockadresse> modulo <Anzahl der Blöcke im Cache>. Nehmen Sie eine 64-Bit-Adresse und 1024 Blöcke im Cache an und betrachten Sie eine andere Indexierungsfunktion, nämlich <Blockadresse [63:54] XOR Blockadresse [53:44]>. Ist es möglich, diese zum Indexieren eines direkt abgebildeten Caches zu verwenden? Wenn ja, erklären Sie warum, und diskutieren Sie, welche Änderungen dafür an dem Cache vorgenommen werden müssen. Wenn nicht, erklären Sie, warum das nicht möglich ist.

Aufgabe 5.5

Für ein direkt abgebildetes Cache-Design mit 32-Bit-Adressen werden die folgenden Adressbits für den Zugriff auf den Cache verwendet:

Tag	Index	Offset
31–10	9–5	4–0

5.5.1 [5] <5.3> Wie groß ist die Cache-Zeile (in Wörtern)?

5.5.2 [5] <5.3> Wie viele Einträge hat der Cache?

5.5.3 [5] <5.3> Berechnen Sie den Quotienten aus der Gesamtzahl der Bits, die für die Implementierung eines solchen Caches erforderlich sind, und den Bits für die Datenspeicherung.

Ab dem Einschalten werden die folgenden byte-adressierten Cache-Zugriffe aufgezeichnet.

	Adresse										
Hex	00	04	10	84	E8	A0	400	IE	8C	C1C	B4	884
Dez	0	4	16	132	132	160	1024	30	140	3100	180	2180

5.5.4 [20] <5.3> Listen Sie für jede der Referenzen Tag, Index und Offset auf. Geben Sie jeweils an, ob es sich um einen Treffer oder einen Fehlzugriff handelt und welche Bytes gegebenenfalls ersetzt werden müssen.

5.5.5 [20] <5.3> Wie hoch ist das Trefferverhältnis?

5.5.6 [20] <5.3> Geben Sie den Endzustand des Caches an, wobei jeder gültige Eintrag als <Index, Tag, Daten> aufgezeichnet werden soll.

Aufgabe 5.6

Wie Sie wissen, haben wir zwei Schreibstrategien und Schreibreservierungsstrategien, und ihre Kombinationen können im L1- oder im L2-Cache implementiert werden. Nehmen Sie für den L1- und den L2-Cache Folgendes an:

L1	L2
Write through, non-write allocate	Write back, write allocate

5.6.1 [5] <5.3, 5.8> Zwischen verschiedenen Ebenen der Speicherhierarchie werden Puffer eingesetzt, um die Zugriffslatenz zu reduzieren. Geben Sie für die vorgegebene Konfiguration die möglichen Puffer an, die zwischen L1- und L2-Cache sowie zwischen L2-Cache und Speicher benötigt werden.

5.6.2 [20] <5.3, 5.8> Beschreiben Sie das Verfahren, einen L1-Schreibfehlzugriff zu verarbeiten. Berücksichtigen Sie dabei die beteiligte Komponente und die Möglichkeit, einen Dirty-Block zu ersetzen.

5.6.3 [20] <5.3, 5.8> Beschreiben Sie für eine Konfiguration mit exklusivem Multilevel-Cache (ein Block kann sich nur in L1 oder in L2 befinden) das Verfahren zum Verarbeiten eines L1-Schreibfehlzugriffs. Berücksichtigen Sie dabei die beteiligte Komponente und die Möglichkeit, einen Dirty-Block zu ersetzen.

Aufgabe 5.7

Betrachten Sie das folgende Programm und die Cache-Merkmale.

Datenleseoperationen pro 1000 Befehle	250
Datenschreiboperationen pro 1000 Befehle	100
Fehlzugriffsrate für den Befehlscache	0,30 %
Fehlzugriffsrate für den Datencache	2 %
Blockgröße (Byte)	64

5.7.1 [10] <5.3, 5.8> Angenommen, eine CPU mit Write-through, Write-allocate-Cache erreicht einen CPI-Wert von 2. Was ist die Bandbreite (gemessen in Bytes pro Zyklus) für Lese- und Schreiboperationen zwischen RAM und Cache? (Nehmen Sie an, dass jeder Fehlzugriff eine Anfrage für einen Block generiert.)

5.7.2 [5] <5.3, 5.8> Wie groß sind die Mindestbandbreiten für Lese- und Schreiboperationen bei einem Write-through, Write-allocate-Cache (gemessen in Bytes pro Zyklus), um einen CPI von 2 zu erzielen?

Aufgabe 5.8

Medien-Applikationen, die Audio- oder Videodateien abspielen, gehören zu den so genannten „Streaming"-Arbeitslasten, d. h., sie laden sehr große Datenmengen, aber es gibt kaum eine Wiederverwendung. Betrachten Sie eine Video-Streaming-Arbeitslast, die mit der folgenden Adressfolge sequentiell auf eine 512 KiB-Arbeitsmenge zugreift:

```
0, 1, 2, 3, 4, 5, 6, 7, 8, 9 ...
```

5.8.1 [5] <5.4, 5.8> Gehen Sie von einem direkt abgebildeten 64 KiB-Cache mit einer 32 Byte langen Zeile aus. Wie hoch ist die Fehlzugriffsrate für den obigen Adress-Stream? Wie hängt diese Fehlzugriffsrate mit der Größe des Caches oder der Arbeitsmenge zusammen? Wie würden Sie basierend auf dem 3C-Modell die Fehlzugriffe kategorisieren, die für diese Arbeitslast anfallen?

5.8.2 [5] <5.1, 5.8> Berechnen Sie die Fehlzugriffsrate neu für eine Cache-Zeilengröße von 16 Byte, 64 Byte und 128 Byte. Welche Art Lokalität liegt für diese Arbeitslast vor?

5.8.3 [10] <5.13> Das „Prefetching" ist ein Verfahren, das vorhersagbare Adressmuster nutzt, um spekulativ zusätzliche Cache-Zeilen zu laden, wenn auf eine bestimmte Cache-Zeile zugegriffen wird. Ein Beispiel für das Prefetching ist ein Stream-Puffer, der sequentiell nebeneinanderliegende Cache-Zeilen in einen separaten Puffer lädt, wenn eine bestimmte Cache-Zeile geladen wird. Werden die Daten im Prefetch-Puffer gefunden, werden sie als Treffer eingeordnet, in den Cache verschoben, und die nächste Cache-Zeile wird vorab geladen. Gehen Sie von einem Stream-Puffer mit zwei Einträgen aus und nehmen Sie an, dass die Cache-Latenz zulässt, dass eine Cache-Zeile

geladen wird, bevor die Berechnung für die vorhergehende Cache-Zeile ausgeführt wird. Wie hoch ist die Fehlzugriffsrate für die obige Adressfolge?

Aufgabe 5.9

Die Cache-Blockgröße (B) kann sich auf die Fehlzugriffsrate und die Fehlzugriffslatenz auswirken. Vorausgesetzt seien die unten angegebenen Fehlzugriffsraten sowie eine Maschine mit einem CPI von 1 und einer durchschnittlichen Anzahl von 1,35 Referenzen (Befehle und Daten) pro Befehl. Bestimmen
Sie die optimale Blockgröße für die folgenden Fehlzugriffsraten für verschiedene Blockgrößen.

8: 4 %	16: 3 %	32: 2 %	64: 1,5 %	128: 1 %

5.9.1 [10] <5.3> Wie groß ist die optimale Blockgröße für eine Fehlzugriffslatenz von $20 \times B$ Zyklen?

5.9.2 [10] <5.3> Wie groß ist die optimale Blockgröße für eine Fehlzugriffslatenz von $20 + B$ Zyklen?

5.9.3 [10] <5.3> Wie groß ist die optimale Blockgröße für konstante Fehlzugriffslatenz?

Aufgabe 5.10

In dieser Aufgabe betrachten wir die unterschiedlichen Arten, wie sich die Kapazität auf die Gesamtleistung auswirken kann. Im Allgemeinen ist die Cache-
Zugriffszeit proportional zur Kapazität. Nehmen Sie an, dass Hauptspeicher-
zugriffe 70 ns dauern und dass die Speicherzugriffe 36 % aller Befehle ausmachen. Die folgende Tabelle zeigt Daten für L1-Caches der beiden Prozessoren
P1 und P2.

Prozessor	L2-Größe	L2-Fehlzugriffsrate	L2-Trefferzeit
P1	2 KiB	8 %	0,66 ns
P2	4 KiB	6 %	0,90 ns

5.10.1 [5] <5.4> Angenommen, die L1-Trefferzeit bestimmt die Zyklendau-
ern für P1 und P2. Wie hoch sind die jeweiligen Taktraten?

5.10.2 [5] <5.4> Wie hoch ist die AMAT für P1 und P2?

5.10.3 [5] <5.4> Gehen Sie von einem Basis-CPI von 1,0 aus. Wie hoch ist
der Gesamt-CPI für P1 und P2? Welcher Prozessor ist schneller? (Mit „Basis-
CPI von 1,0" ist gemeint, dass Befehle in einem Zyklus vollständig sind, es
sei denn, dass entweder der Befehlszugriff oder der Datenzugriff einen Cache-
Fehlzugriff verursacht.)

Für die nächsten drei Teilaufgaben betrachten wir das Hinzufügen eines L2-Caches zu P1, um die begrenzte Kapazität seines L1-Caches zu kompensieren. Verwenden Sie die L1-Cache-Kapazitäten und Trefferzeiten aus der obigen Tabelle. Die L2-Fehlzugriffsrate ist die lokale Fehlzugriffsrate.

L2-Größe	L2-Fehlzugriffsrate	L2-Trefferzeit
1 MiB	95 %	5,62 ns

5.10.4 [10] <5.4> Wie hoch ist die AMAT für P1, wenn ein L2-Cache eingeführt wird? Ist die AMAT mit L2-Cache besser oder schlechter?

5.10.5 [5] <5.4> Gehen Sie von einem Basis-CPI von 1,0 aus. Wie hoch ist der Gesamt-CPI für P1, nachdem der L2-Cache eingeführt wurde?

5.10.6 [10] <5.4> Wie müsste die L2-Fehlzugriffsrate sein, damit P1 mit einem L2-Cache schneller ist als P1 ohne einen L2-Cache?

5.10.7 [15] <5.4> Wie müsste die L2-Fehlzugriffsrate sein, damit P1 mit einem L2-Cache schneller ist als P2 ohne einen L2-Cache?

Aufgabe 5.11

In dieser Aufgabe betrachten wir den Einfluss unterschiedlicher Cache-Entwürfe, insbesondere durch Vergleich von assoziativen Caches mit direkt abgebildeten Caches aus Abschnitt 5.4. Dabei soll die folgende Sequenz von Wortadressen verwendet werden:

```
0x03, 0xb4, 0x2b, 0x02, 0xbe, 0x58, 0xbf, 0x0e, 0x1f,
0xb5, 0xbf, 0xba, 0x2e, 0xce
```

5.11.1 [10] <5.4> Skizzieren Sie die Organisation eines dreifach satzassoziativen Caches mit 2-Wort-Blöcken und einer Gesamtgröße von 48 Wörtern. Ihre Skizze sollte ähnlich aussehen wie Abbildung 5.14, aber deutlich die Breite der Tag- und Datenfelder zeigen.

5.11.2 [10] <5.4> Verfolgen Sie das Verhalten des Caches aus der vorherigen Teilaufgabe. Setzen Sie eine echte LRU-Ersetzungsstrategie voraus. Geben Sie für jede Referenz die binäre Wortadresse, das Tag, den Index und den Offset an. Ist die Referenz ein Treffer oder ein Fehlzugriff? Welche Tags sind in welchem Satz, nachdem die Referenz behandelt wurde?

5.11.3 [5] <5.4> Skizzieren Sie die Organisation eines vollständig assoziativen Caches mit 1-Wort-Blöcken und einer Gesamtgröße von 8 Wörtern. Ihre Skizze sollte ähnlich aussehen wie Abbildung 5.14, aber deutlich die Breite der Tag- und Datenfelder zeigen.

5.11.4 [10] <5.4> Verfolgen Sie das Verhalten des Caches aus der vorherigen Teilaufgabe. Setzen Sie eine echte LRU-Ersetzungsstrategie voraus. Geben Sie für jede Referenz die binäre Wortadresse, das Tag, den Index und den Offset an. Ist die Referenz ein Treffer oder ein Fehlzugriff? Was ist jeweils der Inhalt des Caches nachdem die Referenz behandelt wurde?

5.11.5 [5] <5.4> Skizzieren Sie die Organisation eines vollständig assoziativen Caches mit 2-Wort-Blöcken und einer Gesamtgröße von 8 Wörtern. Ihre Skizze sollte ähnlich aussehen wie Abbildung 5.14, aber deutlich die Breite der Tag- und Datenfelder zeigen.

5.11.6 [10] <5.4> Verfolgen Sie das Verhalten des Caches aus der vorherigen Teilaufgabe. Setzen Sie eine LRU-Ersetzungsstrategie voraus. Geben Sie für jede Referenz die binäre Wortadresse, das Tag, den Index und den Offset an. Ist die Referenz ein Treffer oder ein Fehlzugriff? Was ist jeweils der Inhalt des Caches nachdem die Referenz behandelt wurde?

5.11.7 [10] <5.4> Wiederholen Sie die vorherige Teilaufgabe mit einer MRU-Ersetzung (Abk. für engl. most recently used).

5.11.8 [15] <5.4> Wiederholen Sie Teilaufgabe 5.11.6 unter Verwendung der optimalen Ersetzungsstrategie.

Aufgabe 5.12

Multilevel-Caching ist eine wichtige Methode, um den begrenzten Platz zu kompensieren, den ein primärer Cache bieten kann, während der Geschwindigkeitsvorteil erhalten bleibt. Betrachten Sie einen Prozessor mit den folgenden Parametern (nehmen Sie an, dass Fehlzugriffe 7 % der Befehle ausmachen.):

Basis-CPI, keine Speicherverzögerungen	1,5
Prozessorgeschwindigkeit	2 GHz
Hauptspeicherzugriffszeit	100 ns
Fehlzugriffsrate pro Befehl für den L1-Cache	7 %
Geschwindigkeit des direkt abgebildeten L2-Caches	12 Takte
allgemeine Fehlzugriffsrate bei dem direkt abgebildeten L2-Cache	3,5 %
Geschwindigkeit des 8-fach satzassoziativen L2-Caches	28 Takte
allgemeine Fehlzugriffsrate des 8-fach satzassoziativen L2-Caches	1,5 %

5.12.1 [10] <5.4> Berechnen Sie den CPI für den Prozessor mit den gegebenen Parametern. Verwenden Sie dazu 1) nur einen L1-Cache, 2) einen direkt abgebildeten L2-Cache und 3) einen achtfach satzassoziativen L2-Cache. Wie ändern sich diese Zahlen, wenn sich die Hauptspeicherzugriffszeit verdoppelt? (Geben Sie für jede Änderung sowohl den absoluten CPI als auch den prozentualen Wert an.) Beachten Sie das Ausmaß, in dem ein L2-Cache die Effekte eines langsamen Speichers verbergen kann.

5.12.2 [10] <5.4> Es ist möglich, noch tiefere Cache-Hierarchien als zwei Ebenen zu verwenden. Für den oben beschriebenen Prozessor mit direkt abgebildetem L2-Cache plant ein Entwickler einen L3-Cache, der 50 Takte für den Zugriff benötigt und eine Fehlzugriffsrate von 13 % hat. Führt dies zu einer besseren Leistung? Welche Vor- und Nachteil hat ein L3-Cache ganz allgemein?

5.12.3 [20] <5.4> In älteren Prozessoren wie etwa dem Intel Pentium oder dem Alpha 21264 war der L2-Cache extern angeordnet, also auf einem anderen Chip als der Hauptprozessor und der L1-Cache. Auf diese Weise konnten sehr große L2-Caches realisiert werden, aber die Zugriffslatenz war sehr viel höher, und die Bandbreite war in der Regel niedriger, weil der L2-Cache mit einer niedrigeren Frequenz betrieben wurde. Gehen Sie von einem 512 KiB großen L2-Cache auf einem separaten Chip aus, der eine allgemeine Fehlzugriffsrate von 4 % aufweist. Wenn jede zusätzlichen 512 KiB Cache die allgemeinen Fehlzugriffsraten um 0,7 % verschlechtern und der Cache eine Gesamtzugriffszeit von 50 Takten hatte, wie groß hätte dann der Cache sein müssen, um die Leistung des durch die Parameterliste spezifizierten direkt abgebildeten L2-Caches bzw. des achtfach satzassoziativen Caches zu erbringen?

Aufgabe 5.13

MTBF (Mean Time Between Failures), MTTR (Mean Time To Replacement) und MTTF (Mean Time To Failure) sind Maße zum Bewerten der Zuverlässigkeit und Verfügbarkeit von Speicherressourcen. Diese Aufgabe beschäftigt sich mit diesen Maßen, wobei zwei Geräte betrachtet werden, von denen eines eine MTTF von 3 Jahren und das andere eine MTTR von einem Tag hat.

5.13.1 [5] <5.5> Berechnen Sie die MTBF für beide Geräte.

5.13.2 [5] <5.5> Berechnen Sie die Verfügbarkeit für beide Geräte.

5.13.3 [5] <5.5> Wie verhält sich die Verfügbarkeit, wenn die MTTR gegen 0 geht? Ist dies eine realistische Situation?

5.13.4 [5] <5.5> Wie verhält sich die Verfügbarkeit, wenn die MTTR sehr hoch wird, d. h. wenn ein Gerät schwer zu reparieren ist? Bedeutet dies, dass das Gerät eine geringe Verfügbarkeit hat?

Aufgabe 5.14

In dieser Aufgabe wird der Hamming-Code untersucht, der einen Bitfehler korrigiert und zwei Bitfehler erkennt (SEC/DED, Single Error Correcting, Double Error Detecting).

5.14.1 [5] <5.5> Wie viele Paritätsbits sind mindestens nötig, um ein 128-Bit-Wort mithilfe des SEC/DED-Codes zu schützen?

5.14.2 [5] <5.5> In Abschnitt 5.5 wird gesagt, dass moderne Servermodule (DIMMs) SEC/DED-Fehlerkorrekturcode benutzen, um jeweils 64 Bits mit 8 Paritätsbits zu schützen. Berechnen Sie das Kosten/Performanz-Verhältnis dieses Codes im Vergleich zu dem Code aus der vorherigen Teilaufgabe. Unter Kosten verstehen wir in diesem Fall die Anzahl der benötigten Paritätsbits und unter Performanz die relative Anzahl der Fehler, die korrigiert werden können. Welcher Code ist besser?

5.14.3 [5] <5.5> Betrachten Sie einen SEC-Code, der 8-Bit-Wörter mt 4 Paritätsbits schützt. Angenommen, wir lesen den Wert 0×375 – gibt es da einen Fehler? Wenn ja, korrigieren Sie den Fehler.

Aufgabe 5.15

Für ein Hochleistungssystem, etwa einen B-Baum-Index für eine Datenbank, wird die Seitengröße hauptsächlich durch die Datengröße und die Festplattenleistung bestimmt. Gehen Sie davon aus, dass eine durchschnittliche B-Baum-Indexseite zu 70 % mit Einträgen fester Größe gefüllt ist. Die Brauchbarkeit einer Seite ist ihre B-Baum-Tiefe, berechnet als $\log_2$(Einträge). Die folgende Tabelle zeigt für 16-Byte-Einträge und eine 10 Jahre alte Festplatte mit 10 ms Latenz und 10 MB/s Transferrate eine optimale Seitengröße von 16 K.

Seitengröße (KB)	Seitenbrauchbarkeit (Anzahl eingesparter Festplattenzugriffe)	Zugriffskosten für die Indexseite (ms)	Brauchbarkeit / Kosten
2	$6,49 \ (= \log_2(2048/16 \times 0,7))$	10,2	0,64
4	7,49	10,4	0,72
8	8,49	10,8	0,79
16	9,49	11,6	0,82
32	10,49	13,2	0,79
64	11,49	16,4	0,70
128	12,49	22,8	0,55
256	13,49	35,6	0,38

5.15.1 [10] <5.7> Was ist die beste Seitengröße, wenn die Einträge 128 Byte groß werden?

5.15.2 [10] <5.7> Was ist basierend auf der vorherigen Teilaufgabe die beste Seitengröße, wenn die Seiten halbvoll sind?

5.15.3 [20] <5.7> Was ist basierend auf der vorherigen Teilaufgabe die beste Seitengröße, wenn eine moderne Festplatte mit 3 ms Latenz und 100 MB/s Transferrate eingesetzt wird? Erklären Sie, warum zukünftige Server wahrscheinlich größere Seiten haben werden.

Die Haltung von „häufig genutzten" Seiten im DRAM kann einen Festplattenzugriff einsparen, aber wie legen wir die genaue Bedeutung von „häufig genutzt" für ein bestimmtes System fest? Datenentwickler verwenden das Aufwandsverhältnis zwischen DRAM und Festplattenzugriff, um die Zeitschwelle bis zur Wiederverwendung von häufig genutzten Seiten zu quantifizieren. Die Kosten für einen Festplattenzugriff sind die Kosten der Festplatte geteilt durch die Zugriffe pro Sekunde, und die Kosten, eine Seite im DRAM zu halten, sind die DRAM-Kosten geteilt durch die Seitengröße. Die folgende Tabelle zeigt die typischen Kosten für DRAM und Festplatte sowie die typischen Datenbankseitengrößen für die Jahre 1987, 1997 und 2007.

Jahr	DRAM-Kosten	Seitengröße	Festplattenkosten	Festplattenzugriffsrate
1987	5000 $ pro MB	1 KB	15000	15 Zugriffe/Sekunde
1997	15 $ pro MB	8 KB	2000	64 Zugriffe/Sekunde
2007	0,05 $ pro MB	64 KB	80	83 Zugriffe/Sekunde

5.15.4 [20] <5.7> Welche andere Faktoren können geändert werden, um weiterhin dieselbe Seitengröße verwenden zu können (und damit zu vermeiden, dass Software umgeschrieben werden muss)? Diskutieren Sie ihre Wahrscheinlichkeit angesichts aktueller Technologie- und Kostentrends.

Aufgabe 5.16

Wie in Abschnitt 5.7 beschrieben, verwendet der virtuelle Speicher eine Seitentabelle, um die Abbildung der virtuellen Adressen auf physikalische Adressen zu verfolgen. Bei dieser Aufgabe wird untersucht, wie diese Tabelle beim Zugriff auf Adressen aktualisiert werden muss. Die folgenden Daten stellen einen Strom virtueller Adressen auf einem System dar. Gehen Sie von einer Seitengröße von 4 KiB aus, einem vollständig assoziativen TLB mit vier Einträgen und echter LRU-Ersetzung. Wenn Seiten von der Festplatte geladen werden müssen, wird die nächstgrößte Seitennummer inkrementiert.

Adresse						
Dez	4669	2227	13916	34587	48870	12608	49225
Hex	0x123d	0x08b3	0x365c	0x871b	0xbee6	0x3140	0xc049

TLB

Gültig	Tag	Physische Seitennummer	Zeit seit letztem Zugriff
1	11	12	4
1	7	4	1
1	3	6	3
0	4	9	7

Seitentabelle

Index	Gültig	Physische Seite oder auf der Festplatte
0	1	5
1	0	Festplatte
2	0	Festplatte
3	1	6
4	1	9
5	1	11
6	0	Festplatte
7	1	4
8	0	Festplatte
9	0	Festplatte
a	1	3
b	1	12

5.16.1 [10] <5.7> Listen Sie für die oben genannten Zugriffe auf, ob es sich um einen Treffer oder einen Fehlzugriff im TLB handelt, ob es sich um einen Treffer oder einen Fehlzugriff in der Seitentabelle handelt und ob es sich um einen Seitenfehler handelt. Was ist jeweils der aktualisierte Zustand des TLB?

5.16.2 [15] <5.7> Wiederholen Sie die vorherige Teilaufgabe, aber verwenden Sie diesmal 16 KiB große Seiten anstatt 4 KiB große Seiten. Nennen Sie einige Vorteile einer größeren Seitengröße. Nennen Sie einige Nachteile.

5.16.3 [15] <5.4, 5.7> Wiederholen Sie Teilaufgabe 15.6.1, aber verwenden Sie diesmal 4 KiB große Seiten und einen zweifach satzassoziativen TLB.

5.16.4 [15] <5.4, 5.7> Wiederholen Sie Teilaufgabe 15.6.1, aber verwenden Sie diesmal 4 KiB große Seiten und einen direkt abgebildeten TLB.

5.16.5 [15] <5.4, 5.7> Diskutieren Sie, warum eine CPU einen TLB haben muss, um eine hohe Leistung zu erreichen. Wie würden virtuelle Speicherzugriffe behandelt, wenn es keinen TLB gäbe?

Aufgabe 5.17

Mehrere Parameter beeinflussen die Gesamtgröße der Seitentabelle. Nachfolgend sind einige wichtige Seitentabellenparameter aufgelistet.

Virtuelle Adressgröße	Seitengröße	Seitentabelleneintragsgröße
32 Bit	8 KiB	4 Byte

5.17.1 [5] <5.7> Berechnen Sie für die Parameter in der obigen Tabelle die Gesamtseitentabellengröße für ein System, auf dem fünf Applikationen ausgeführt werden und das die Hälfte des verfügbaren Speichers nutzt.

5.17.2 [10] <5.7> Berechnen Sie anhand der in der obigen Tabelle vorgegebenen Parameter die Gesamtseitentabellengröße für ein System, auf dem fünf Applikationen ausgeführt werden, und das die Hälfte des verfügbaren Speichers nutzt. Gehen Sie dabei von einem zweistufigen Seitentabellenansatz mit 256 Einträgen aus. Gehen Sie davon aus, dass jeder Eintrag in der Hauptseitentabelle 6 Byte groß ist. Berechnen Sie die minimale und maximale Speichergröße, die für diese Seitentabelle benötigt wird.

5.17.3 [10] <5.7> Ein Cache-Entwickler will die Größe eines virtuell indizierten, physisch getagten 4 KiB-Cache erhöhen. Gehen Sie von der in der obigen Tabelle beschriebenen Seitengröße aus. Ist es möglich, einen direkt abgebildeten 16 KiB-Cache mit zwei 64-Bit-Wörtern pro Block zu erstellen? Wie würde der Entwickler die Datengröße des Cache erhöhen?

Aufgabe 5.18

In dieser Aufgabe betrachten wir räumliche/zeitliche Optimierungen für Seitentabellen. Gegeben sind folgende Parameter des virtuellen Speichersystems.

Virtuelle Adresse	Installiertes physisches DRAM	Seitengröße	PTE-Größe (Byte)
43 Bits	16 GB	4 KB	4

5.18.1 [10] <5.7> Wie viele Seitentabelleneinträge (PTE) werden für eine einstufige Seitentabelle verwendet? Wie viel physischer Speicher ist für das Speichern der Seitentabelle erforderlich?

5.18.2 [10] <5.7> Die Verwendung einer mehrstufigen Seitentabelle kann den physischen Speicherbedarf von Seitentabellen reduzieren, indem nur aktive PTEs im physischen Speicher gehalten werden. Wie viele Seitentabellenstufen sind erforderlich, wenn die Segmenttabellen (die Seitentabellen der oberen Stufen) unbeschränkt groß sein dürfen? Und wie viele Speicherreferenzen sind für die Adressübersetzung bei einem TLB-Fehlzugriff erforderlich?

5.18.3 [10] <5.7> Nehmen Sie an, dass die Segmente auf 4 KiB Seitengröße limitiert sind (so dass ein Paging möglich ist). Sind 4 Byte für alle Seitentabelleneinträge groß genug (einschließlich denen in der Segmenttabelle)?

5.18.4 [10] <5.7> Wie viele Seitentabellenstufen sind nötig, wenn die Segmente auf 4 KiB Seitengröße limitiert sind?

5.18.5 [15] <5.7> Eine invertierte Seitentabelle kann genutzt werden, um Platz und Zeit weiter zu optimieren. Wie viele PTEs sind nötig, um die Seitentabelle zu speichern? Gehen Sie von einer Implementierung mit Hash-Tabelle aus. Geben Sie die Zahlen für die Speicherzugriffe zur Verarbeitung eines TLB-Fehlzugriffs für den allgemeinen und für den ungünstigsten Fall an.

Aufgabe 5.19

Die folgende Tabelle zeigt die Inhalte eines TLB mit vier Einträgen.

Eintrags-ID	Gültig	VA-Seite	Verändert	Schutz	PA-Seite
1	1	140	1	RW	30
2	0	40	0	RX	34
3	1	200	1	RO	32
4	1	280	0	RW	31

5.19.1 [5] <5.7> In welchen Szenarien wäre das Gültigkeitsbit von Eintrag 2 auf 0 gesetzt?

5.19.2 [5] <5.7> Was passiert, wenn ein Befehl auf VA-Seite 30 schreibt? Wann ist ein softwareseitig verwalteter TLB schneller als ein hardwareseitig verwalteter TLB?

5.19.3 [5] <5.7> Was passiert, wenn ein Befehl auf die VA-Seite 200 schreibt?

Aufgabe 5.20

In dieser Aufgabe untersuchen wir, wie sich Ersetzungsstrategien auf die Fehlzugriffsrate auswirken. Gehen Sie von einem zweifach satzassoziativen Cache

mit vier Blöcken aus und betrachten Sie die folgende Sequenz von Wortadressen: 0, 1, 2, 3, 4, 2, 3, 4, 5, 6, 7, 0, 1, 2, 3, 4, 5, 6, 7, 0.

5.20.1 [5] <5.4, 5.8> Wie viele Zugriffe sind Treffer, wenn eine LRU-Ersetzungsstrategie vorausgesetzt wird?

5.20.2 [5] <5.4, 5.8> Wie viele Zugriffe sind Treffer, wenn eine MRU-Ersetz-
ungsstrategie (Most Recently Used) vorausgesetzt wird?

5.20.3 [5] <5.4, 5.8> Simulieren Sie eine zufällige Ersetzungsstrategie, indem
Sie eine Münze werfen. Kopf bedeutet beispielsweise, den ersten Block in einem Satz zu entfernen, und Zahl bedeutet, den zweiten Block in einem Satz zu
entfernen. Wie viele Treffer erzeugt diese Adressfolge?

5.20.4 [10] <5.4, 5.8> Beschreiben Sie eine optimale Ersetzungsstrategie für
diese Folge. Welche Zugriffe sind dabei Treffer?

5.20.5 [10] <5.4, 5.8> Begründen Sie, warum es schwierig ist, eine Cache-
Ersetzungsstrategie zu implementieren, die für alle Adressfolgen gleichermaßen optimal ist.

5.20.6 [10] <5.4, 5.8> Angenommen, Sie könnten für jede Speicherreferenz
entscheiden, ob die angeforderte Adresse in den Cache gestellt werden soll.
Welchen Einfluss hätte dies auf die Fehlzugriffsrate?

Aufgabe 5.21

Eines der größten Hindernisse für die allgemeine Verwendung virtueller Maschinen ist der Leistungsaufwand für ihre Ausführung. Die nachfolgende Liste
enthält verschiedene Leistungsparameter und Angaben zum Applikationsver-
halten.

Basis-CPI	1,5
privilegierte Betriebssystemzugriffe pro 10000 Befehle	120
Leistungseinfluss der Trap zum Gastbetriebssystem	15 Zyklen
Leistungseinfluss der Trap zum VMM	175 Takte
Ein-/Ausgabezugriffe pro 10000 Befehle	30
Ein-/Ausgabezugriffszeit (inkl. Zeit für Trap zum Gastbetriebssystem)	1100 Takte

5.21.1 [10] <5.6> Berechnen Sie den CPI für das oben beschriebene System,
vorausgesetzt, es gibt keinen Zugriff auf Ein-/Ausgaben. Wie hoch ist der CPI,
wenn sich der Einfluss der VMM-Leistung verdoppelt? Und wie, wenn er sich
halbiert? Wenn ein Softwareunternehmen, das virtuelle Maschinen entwickelt,
eine Leistungsverminderung um 10 % erhalten will, wie hoch ist der längste
mögliche Zusatzaufwand für eine Trap zum VMM?

5.21.2 [15] <5.6> Eingabe-/Ausgabezugriffe haben häufig großen Einfluss auf
die Gesamtsystemleistung. Berechnen Sie den CPI einer Maschine mit den obigen Leistungsmerkmalen und gehen Sie von einem nicht virtualisierten System

aus. Berechnen Sie den CPI auch für ein virtualisiertes System. Wie ändern sich diese CPIs, wenn das System halb so viele Ein-/Ausgabezugriffe hat?

Aufgabe 5.22

[30] <5.6, 5.7> Vergleichen Sie die Konzepte des virtuellen Speichers und der virtuellen Maschinen und stellen Sie sie einander gegenüber. Wie können sich ihre Ziele vergleichen lassen? Was sind die Vor- und Nachteile beider Konzepte? Führen Sie Fälle an, in denen man einen virtuellen Speicher braucht, und Fälle, in denen man virtuelle Maschinen benötigt.

Aufgabe 5.23

[10] <5.6> Abschnitt 5.6 beschreibt die Virtualisierung unter der Annahme, dass das virtualisierte System dieselbe ISA verwendet wie die zugrunde liegende Hardware. Eine mögliche Verwendung der Virtualisierung ist es jedoch, nicht-native ISAs zu emulieren. Ein Beispiel dafür ist QEMU, das eine Vielzahl von ISAs emuliert, darunter MIPS, SPARC und PowerPC. Geben Sie einige der Schwierigkeiten bei dieser Art der Virtualisierung an. Ist es möglich, dass ein emuliertes System schneller als auf seiner nativen ISA ausgeführt wird?

Aufgabe 5.24

In dieser Aufgabe untersuchen wir die Steuereinheit einer Cache-Steuerung für einen Prozessor mit Schreibpuffer. Verwenden Sie den endlichen Automaten aus Abbildung 5.30 als Ausgangspunkt für den Entwurf Ihrer eigenen endlichen Automaten. Gehen Sie davon aus, dass die Cache-Steuerung für den in Abbildung 5.30 beschriebenen direkt abgebildeten Cache vorgesehen ist. Sie fügen jedoch einen Schreibpuffer mit der Kapazität von einem Block hinzu.

Sie wissen, dass ein Schreibpuffer als temporärer Speicher dient, so dass der Prozessor bei einem Dirty-Fehlzugriff nicht auf zwei Speicherzugriffe warten muss. Statt den Dirty-Block zurückzuschreiben, bevor der neue Block gelesen wird, puffert er den Dirty-Block und beginnt sofort, den neuen Block zu lesen. Der Dirty-Block kann dann in den Hauptspeicher geschrieben werden, während der Prozessor arbeitet.

5.24.1 [10] <5.8, 5.9> Was soll passieren, wenn der Prozessor eine Anforderung absetzt, die einen *Treffer* im Cache erzeugt, während ein Block aus dem Schreibpuffer in den Hauptspeicher zurückgeschrieben wird?

5.24.2 [10] <5.8, 5.9> Was soll passieren, wenn der Prozessor eine Anforderung absetzt, die einen *Fehlzugriff* im Cache erzeugt, während ein Block aus dem Schreibpuffer in den Hauptspeicher zurückgeschrieben wird?

5.24.3 [30] <5.8, 5.9> Entwerfen Sie einen endlichen Automaten, um die Verwendung eines Schreibpuffers zu ermöglichen.

Aufgabe 5.25

Die Cache-Kohärenz bezieht sich auf die Sicht, die mehrere Prozessoren auf einen bestimmten Cache-Block haben. Die folgende Tabelle zeigt zwei Prozessoren und ihre Lese/Schreiboperationen für zwei unterschiedliche Wörter eines Cache-Blocks X (anfänglich ist X[0] =X[1] = 0). Nehmen Sie an, dass die Größe der Ganzzahlen 32 Bit ist.

P1	P2
X[0] ++; X[1] = 3;	X[0] = 5; X[1] += 2;

5.25.1 [15] <5.10> Listen Sie die möglichen Werte dieses Cache-Blocks für eine korrekte Implementierung des Cache-Kohärenzprotokolls auf. Listen Sie mindestens einen weiteren Wert des Blocks auf, der möglich ist, wenn das Protokoll keine Cache-Kohärenz sicherstellt.

5.25.2 [15] <5.10> Listen Sie für ein Snooping-Protokoll eine gültige Operationsfolge für jeden Prozessor/Cache auf, um die obigen Lese-/Schreiboperationen auszuführen.

5.25.3 [10] <5.10> Wie viele Cache-Fehlzugriffe entstehen im besten und im ungünstigsten Fall, um die aufgezeigten Lese-/Schreibbefehle auszuführen?

Speicherkonsistenz bezieht sich auf die Ansichten mehrerer Datenelemente. Die folgende Tabelle zeigt zwei Prozessoren und ihre Lese-/Schreiboperationen für unterschiedliche Cache-Blöcke (A und B sind anfänglich 0).

P1	P2
A = 1; B = 2; A+=2; B++;	C = B; D = A;

5.25.4 [15] <5.10> Listen Sie die möglichen Werte von C und D für eine Implementierung auf, die die Konsistenzannahmen von Seite 520 sicherstellt.

5.25.5 [15] <5.10> Listen Sie mindestens ein weiteres Wertepaar für C und D auf, wenn diese Annahmen nicht eingehalten werden.

5.25.6 [15] <5.3, 5.10> Mit welchen Kombinationen aus Schreibstrategien und Schreibreservierungsstrategien können Sie die Implementierung des Protokolls vereinfachen?

Aufgabe 5.26

Chip-Multiprozessoren (CMPs) haben mehrere Cores und ihre Caches auf einem einzigen Chip. Für den CMP-Entwurf für einen L2-Cache auf dem Chip gibt es interessante Abwägungen. Die folgende Tabelle zeigt die Fehlzugriffsraten und die Trefferlatenzen für zwei Benchmarks mit privatem im Vergleich zu gemeinsam genutztem L2-Cache. Gehen Sie davon aus, dass der L1-Cache eine Fehlzugriffsrate von 3 % und eine Zugriffszeit von einem Zyklus hat.

	Privat	Gemeinsam genutzt
Benchmark A Fehlzugriffe pro Befehl	10 %	4 %
Benchmark B Fehlzugriffe pro Befehl	2 %	1 %

Nehmen Sie die folgenden Trefferlatenzen an:

Privater Cache	Gemeinsam genutzter Cache	Speicher
5	20	180

5.26.1 [15] <5.13> Welcher Cache-Entwurf ist für die einzelnen Benchmarks der bessere? Begründen Sie Ihre Entscheidung anhand von Daten.

5.26.2 [15] <5.13> Off-Chip-Bandbreiten werden zum Flaschenhals, wenn die Anzahl der CMP-Cores zunimmt. Wie beeinflusst dieser Flaschenhals private und gemeinsam genutzte Cache-Systeme? Wählen Sie den besten Entwurf für den Fall, dass sich die Latenz der ersten Off-Chip-Verbindung verdoppelt.

5.26.3 [10] <5.13> Diskutieren Sie die Vor- und Nachteile gemeinsam genutzter L2-Caches im Vergleich zu privaten L2-Caches für einfädige, mehrfädige und multiprogrammierte Arbeitslasten, und überlegen Sie, was sich durch einen L3-Cache auf dem Chip ändern würde.

5.26.4 [15] <5.13> Würde ein nicht blockierender L2-Cache zu mehr Verbesserungen auf einem CMP mit einem gemeinsam genutzten oder mit einem privaten L2-Cache führen? Warum?

5.26.5 [10] <5.13> Gehen Sie davon aus, dass neue Prozessorgenerationen alle 18 Monate die Anzahl der Cores verdoppeln. Wie viel mehr Off-Chip-Speicher-Bandbreite benötigt man für einen in drei Jahren vorgestellten Prozessor, um dieselbe Leistung pro Core beizubehalten?

5.26.6 [15] <5.13> Betrachten Sie eine komplette Speicherhierarchie. Durch welche Optimierungen können Sie die Anzahl der gleichzeitigen Fehlzugriffe verbessern?

Aufgabe 5.27

In dieser Aufgabe zeigen wir die Definition eines Webserver-Protokolls und überprüfen Codeoptimierungen, die die Protokollverarbeitungsgeschwindigkeit verbessern. Die Datenstruktur für das Protokoll ist wie folgt definiert:

```
struct entry {
 int srcIP;  // Remote-IP-Adresse
 char URL[128]; // URL-Anforderung (z.B. "GET index.html")
 long long refTime; // Zugriffszeit
 int status; // Verbindungsstatus
 char browser[64]; // Name des Client-Browsers
} log [NUM_ENTRIES];
```

Nehmen Sie folgende Verarbeitungsfunktion für das Protokoll an:

```
topK_sourceIP (int hour);
```

5.27.1 [5] <5.15> Auf welche Felder in einem Protokolleintrag erfolgt ein
Zugriff für die vorgegebene Protokollverarbeitungsfunktion? Gehen Sie von
64-Byte-Cache-Blöcken ohne Prefetching aus. Wie viele Cache-Fehlzugriffe
pro Eintrag verursacht die vorgegebene Funktion durchschnittlich?

5.27.2 [10] <5.15> Wie können Sie die Datenstruktur neu organisieren, um
die Cache-Nutzung und die Zugriffslokalität zu verbessern? Zeigen Sie Ihren
Code für die Definition der Struktur.

5.27.3 [10] <5.15> Nennen Sie ein Beispiel für eine weitere Protokollverarbeitungsfunktion, für die ein anderes Layout der Datenstruktur besser wäre.
Wenn beide Funktionen wichtig sind, geben Sie an, wie Sie das Programm umschreiben können, um die Gesamtleistung zu verbessern. Begründen Sie Ihre
Argumentation durch einen Codeausschnitt und Daten.

Aufgabe 5.28

Für diese Aufgabe verwenden Sie Daten aus *Cache Performance for SPEC
CPU2000 Benchmarks* für die in der nachfolgenden Tabelle gezeigten Benchmarks (siehe www.cs.wisc.edu/multifacet/misc/spec2000cache-data/).

a.	Mesa / gcc
b.	mcf / swim

5.28.1 [10] <5.15> Gehen Sie von 64 KiB Datencaches mit variierender Satzassoziativität aus. Welche Fehlzugriffsraten liegen in welchem Typverhältnis
für jede Benchmark vor (Kaltstart-, Kapazitäts- und Konflikt-Fehlzugriffe)?

5.28.2 [10] <5.15> Wählen Sie die von einer der beiden Benchmarks gemeinsam genutzten 64-KiB-L1-Datencache verwendete Satzassoziativität aus. Falls
der L1-Cache direkt abgebildet sein soll, wählen Sie die Satzassoziativität für
den 1 MiB-L2-Cache.

5.28.3 [20] <5.15> Nennen Sie ein Beispiel in der Tabelle der Fehlzugriffe, wo eine höherer Satzassoziativität die Fehlzugriffsrate tatsächlich steigert.
Entwickeln Sie eine Cachekonfiguration und eine Zugriffsfolge, um dies zu
verdeutlichen.

Aufgabe 5.29

Um mehrere virtuelle Maschinen zu unterstützten, benötigt man zwei Stufen
für die Speichervirtualisierung. Jede virtuelle Maschine steuert weiterhin die
Abbildung der virtuellen Adresse (VA) auf die physikalische Adresse (PA),
während der Hypervisor die physikalische Adresse (PA) jeder virtuellen Maschine auf die echte Maschinenadresse (MA) abbildet. Um diese Abbildungen

zu beschleunigen, dupliziert ein Software-Ansatz namens *Shadow Paging* (Verwendung von Schattenseitentabellen) die Seitentabellen aller virtuellen Maschinen im Hypervisor und fängt Änderungen an den VA/PA-Abbildungen auf, um beide Kopien konsistent zu halten. Um die Komplexität der Schattenseitentabellen aufzuheben, wird ein Hardware-Ansatz namens *Nested Page Table* (NTP, verschachtelte Seitentabelle oder erweiterte Seitentabelle) verwendet, der explizit zwei Seitentabellenklassen unterstützt (VA -> PA und PA -> MA) und solche Tabellen uneingeschränkt in der Hardware durchlaufen kann.

Betrachten Sie die folgende Operationsfolge: (1) Prozess erstellen; (2) TLB-Fehlzugriff; (3) Seitenfehler; (4) Kontextwechsel

5.29.1 [10] <5.6, 5.7> Was würde bei der vorgegebenen Operationsfolge für die Schattenseitentabelle und die verschachtelte Seitentabelle passieren?

5.29.2 [10] <5.6, 5.7> Gehen Sie von einer auf dem x86 basierenden vierstufigen Seitentabelle in der Gast-Seitentabelle und in der verschachtelten Seitentabelle aus. Wie viele Speicherreferenzen sind nötig, um einen TLB-Fehlzugriff für die native im Vergleich zur verschachtelten Seitentabelle zu verarbeiten?

5.29.3 [15] <5.6, 5.7> Welche Kennzahlen sind am wichtigsten für die Schattenseitentabelle: TLB-Fehlzugriffsrate, TLB-Fehlzugriffslatenz, Seitenfehlerrate oder Seitenfehlerverarbeitungslatenz? Welche sind für die verschachtelte Seitentabelle wichtig? Angenommen werden die folgenden Parameter für ein Schattenseitentabellensystem:

TLB-Fehlzugriffe pro 1000 Befehle	0,2
NPT TLB-Fehlzugriffslatenz	200 Zyklen
Seitenfehler pro 1000 Befehle	0,001
Zusatzaufwand für Schattenseitentabellenfehler	30 000 Zyklen

5.29.4 [10] <5.6> Gehen Sie von einer Benchmark mit einem CPI von 1 für die native Ausführung aus. Wie hoch ist der CPI bei Verwendung von Schattenseitentabellen im Vergleich zu NPT (vorausgesetzt, es gibt nur einen Zusatzaufwand für die Seitentabellenvirtualisierung)?

5.29.5 [10] <5.6> Welches Verfahren kann eingesetzt werden, um den durch die Verwendung von Schattenseitentabellen eingeführten Zusatzaufwand zu reduzieren?

5.29.6 [10] <5.6> Welche Verfahren können eingesetzt werden, um den durch NPT eingeführten Zusatzaufwand zu reduzieren?

Antworten zu den Selbsttests

Abschnitt 5.1, Seite 421: 1 und 4. (Aussage 3 ist falsch, weil die Kosten für die Speicherhierarchie je nach Computer unterschiedlich sind, jedoch waren 2013 in der Regel DRAM-Speicher am teuersten.)

Abschnitt 5.3, Seite 444: 1 und 4. Ein geringerer Fehlzugriffsaufwand macht kleinere Blöcke möglich, weil man nicht diese große Latenz amortisieren muss. Größere Bandbreiten führen gewöhnlich zu größeren Blöcken, weil die Fehlzugriffsrate nur wenig größer ist.

Abschnitt 5.4, Seite 463: 1

Abschnitt 5.7, Seite 506: 1-a, 2-c, 3-b, 4-d

Abschnitt 5.8, Seite 513: 2. (Sowohl größere Blockgrößen als auch das Prefetching können Kaltstart-Fehlzugriffe reduzieren; 1 ist daher falsch.)

6 Parallele Prozessoren: Vom Client zur Cloud

6.1 Einführung

Die Rechnerarchitekten haben lange nach dem Eldorado des Entwurfs von Hochleistungsrechnern gesucht: leistungsfähige Computer einfach durch Zusammenschalten von kleineren Computern zu schaffen. Diese Vision ist der Ursprung der **Multiprozessoren**. Der Kunde bestellt so viele Prozessoren, wie sein Budget es zulässt, und erhält eine entsprechende Leistung dafür. Multiprozessoren müssen also skalierbar sein: Hardware und Software werden so entworfen, dass sie mit einer variablen Anzahl von Prozessoren eingesetzt werden können. Wie in Kapitel 1 bereits erwähnt, ist die Energie zu einem entscheidenden Aspekt sowohl für Mikroprozessoren als auch für Datenzentren geworden. Der Austausch von großen, ineffizienten Prozessoren durch kleinere, effiziente Prozessoren kann eine bessere Leistung pro Joule bieten, und zwar für jede Größenordnung, wenn die Software diese Prozessoren effizient nutzen kann. Bei Multiprozessoren kommt also zur verbesserten Energieeffizienz eine skalierbare Leistung.

Weil Software skalierbar ist, können einige Multiprozessoren den Betrieb auch bei defekter Hardware noch aufrechterhalten, d. h., wenn in einem Multiprozessor mit n Prozessoren ein Prozessor ausfällt, läuft das System mit $n - 1$ Prozessoren weiter. Damit können Multiprozessoren auch die Verfügbarkeit verbessern (siehe Kapitel 5).

Höchstleistung bedeutet im Allgemeinen höchsten Durchsatz für voneinander unabhängige Aufgaben, was auch als **Parallelität auf Aufgabenebene** oder **Parallelität auf Prozessebene** bezeichnet wird. Diese parallelen Aufgaben sind voneinander unabhängige Applikationen und stellen eine wichtige und gebräuchliche Anwendung paralleler Computer dar. Der Ansatz steht im Gegensatz zur Ausführung einer einzelnen Aufgabe auf mehreren Prozessoren. Wir verwenden den Begriff **parallel arbeitendes Programm**, um ein einzelnes Programm zu bezeichnen, das gleichzeitig auf mehreren Prozessoren ausgeführt werden kann.

Es gab immer schon wissenschaftliche Aufgabenstellungen, für die man sehr viel schnellere Computer benötigte. Diese Aufgabenstellungen wurden als Begründung für die Einführung zahlreicher neuer paralleler Computer in den letzten Jahrzehnten genannt. Einige dieser Aufgabenstellungen können heute einfach durch ein **Cluster** gelöst werden, das sich aus Mikroprozessoren zusammensetzt, die in vielen voneinander unabhängigen Servern untergebracht

„Hinter den Bergen des Mondes, tief im Tal der Schatten. Reit' kühn, reit'", dieser sprach g'scheit, „wenn du suchst nach El Dorado!"

Edgar Allan Poe, *Eldorado*, 4. Strophe, 1849

Multiprozessor Parallele Prozessoren mit einem einzigen, gemeinsam genutzten Adressraum.

PARALLELITÄT

Parallelität auf Aufgabenebene oder **Parallelität auf Prozessebene** Einsatz mehrerer Prozessoren zur gleichzeitigen Ausführung voneinander unabhängiger Programme.

parallel arbeitendes Programm Ein einzelnes Programm, das auf mehreren Prozessoren gleichzeitig ausgeführt werden kann.

Cluster Mehrere Rechner, die über ein LAN verbunden sind und sich wie ein einziger großer Multiprozessor verhalten.

https://doi.org/10.1515/9783111352732-006

sind (siehe Abschnitt 6.8). Darüber hinaus können Cluster ähnlich anspruchsvolle nichtwissenschaftliche Applikationen bedienen, wie etwa Suchmaschinen, Webserver, E-Mail-Server oder Datenbanken.

Wie in Kapitel 1 erklärt, wird Multiprozessoren besondere Bedeutung beigemessen, weil das Energieproblem bedeutet, dass zukünftige Leistungssteigerungen durch andere Neuerungen erreicht werden müssen, anstatt auf höhere Taktfrequenzen und deutlich bessere CPI-Werte zu setzen. Wie bereits in Kapitel 1 erwähnt, spricht man auch von **Multikernprozessoren** anstatt von Multiprozessor-Mikroprozessoren. Vermutlich will man damit die Redundanz im Namen umgehen. Aus diesem Grund werden die Prozessoren eines Multikern-Chips oft als *Kerne* oder *Cores* bezeichnet. Es wird erwartet, dass die Anzahl der Kerne mit Verbesserungen der Hardware-Technolgie zunehmen wird. Diese Multikernprozessoren sind fast immer **Shared-Memory-Prozessoren** (SMPs), da sie sich gewöhnlich einen gemeinsamen physikalischen Adressraum teilen. In Abschnitt 6.5 werden wir uns mit SMPs genauer befassen.

Bei dem heutigen Stand der Technik müssen Programmierer, denen es auf die Performanz ankommt, anfangen, parallel zu programmieren (siehe Abschnitt 6.12).

Die Industrie steht der enormen Herausforderung gegenüber, Hardware und Software zu entwickeln, für die ganz einfach korrekte parallel ausgeführte Programme geschrieben werden können, die effizient in Hinblick auf Leistung und Energie sind, wenn die Anzahl der Kerne pro Chip wächst.

Diese abrupte Wandlung im Mikroprozessorentwurf hat viele Anwender völlig unvorbereitet getroffen, was zu einiger Verwirrung in Bezug auf die Terminologie und ihre Bedeutung geführt hat. Tabelle 6.1 versucht, die Begriffe seriell, parallel, sequentiell und nebenläufig zu klären. Die Spalten dieser Tabelle stellen die Software dar, die als solche sequentiell oder nebenläufig ist. Die Zeilen der Tabelle stellen die Hardware dar, die seriell oder parallel ist. Beispielsweise stellen sich die Programmierer von Compilern diese als sequentielle Programme vor: Zu den Schritten gehört das Parsing, die Codeerzeugung, die Optimierung usw. Im Gegensatz dazu stellen sich die Programmierer von Betriebssystemen diese normalerweise als nebenläufig vor: Zusammenarbeitende Prozesse verarbeiten Ein-/Ausgabeereignisse aufgrund voneinander unabhängiger Aufträge, die auf einem Computer ausgeführt werden.

Die beiden Achsen in Tabelle 6.1 verdeutlichen, dass nebenläufige Soft-

Multikernprozessor Ein Mikroprozessor, der auf einem Chip mehrere Prozessoren („Kerne" oder „Cores") enthält. Fast alle Prozessoren, die in modernen PCs und Servern verwendet werden, sind Multikernprozessoren.

Shared-Memory-Prozessor (SMP) Ein paralleler Prozessor mit einem einzigen Adressraum.

Tab. 6.1: Einordnung von Hardware und Software und Beispiele für Nebenläufigkeit in der Software und Parallelität auf der Hardware.

		Software	
		sequentiell	nebenläufig
Hardware	seriell	Matrixmultiplikation in Matlab, aufgesetzt auf einem Intel Pentium 4	Windows Vista, aufgesetzt auf einem Intel Pentium 4
	parallel	Matrixmultiplikation in Matlab, aufgesetzt auf einem Intel Core i7	Windows Vista, aufgesetzt auf einem Intel Core i7 (Clovertown)

ware auf serieller Hardware ausgeführt werden kann, wie beispielsweise Betriebssysteme für den Intel Pentium 4 (Einzelprozessor), aber auch auf paralleler Hardware, wie etwa ein Betriebssystem auf dem neueren Intel Core i7. Dasselbe gilt für sequentielle Software. Beispielsweise schreibt der Matlab-Programmierer eine Matrizenmultiplikation, die er sich sequentiell vorstellt. Anschließend kann er sie seriell auf dem Pentium 4 oder parallel auf dem Intel Core i7 ausführen.

Sie denken vielleicht, dass die einzige Herausforderung der parallelen Revolution darin besteht herauszufinden, wie sequentielle Software höchste Leistung auf paralleler Hardware erbringen kann. Aber es geht auch darum, nebenläufige Programme für Höchstleistungen auf Multiprozessoren auszulegen, wenn die Anzahl der Prozessoren zunimmt. Nachdem wir diese Unterscheidung getroffen haben, verwenden wir im restlichen Kapitel die Begriffe *parallel arbeitendes Programm* oder *parallele Software*, um damit sequentielle oder nebenläufige Software zu bezeichnen, die auf paralleler Hardware ausgeführt wird. Der nächste Abschnitt erklärt, warum es so schwierig ist, effiziente parallel arbeitende Programme zu schreiben.

Bevor wir unsere Ausführungen zur Parallelität fortsetzen, verweisen wir noch einmal auf unsere einführenden Bemerkungen zu diesem Thema in den vorhergehenden Kapiteln:

- Kapitel 2, Abschnitt 2.11: Parallelität und Befehle: Synchronisierung
- Kapitel 3, Abschnitt 3.6: Parallelität und Computerarithmetik: Subwort-Parallelität
- Kapitel 4, Abschnitt 4.11: Parallelität auf Befehlsebene
- Kapitel 5, Abschnitt 5.10: Parallelität und Speicherhierarchie: Cache-Kohärenz

Selbsttest

Richtig oder falsch: Um einen Multiprozessor nutzen zu können, muss eine Applikation nebenläufig sein.

6.2 Warum es schwierig ist, parallele Programme zu entwickeln

Die Schwierigkeit bei der Parallelisierung ist nicht die Hardware. Schwierig ist, dass zu wenige wichtige Anwendungsprogramme für ihre Ausführung auf Multiprozessoren umgeschrieben wurden. Es ist schwierig, Software zu schreiben, die mehrere Prozessoren nutzt, um eine Aufgabe schneller zu machen, und das Ganze wird noch schlimmer, wenn die Anzahl der Prozessoren zunimmt.

Aber warum ist das so? Warum ist die Entwicklung parallel arbeitender Programme so viel schwieriger als die Entwicklung sequentieller Programme?

Der erste Grund ist, dass Sie mit dem parallelen Programm auf einem Multiprozessor eine bessere Performanz oder bessere Energieeffizienz erzielen *müs-*

sen, sonst könnten Sie gleich einen Einzelprozessor verwenden, weil die sequentielle Programmierung einfacher ist. Und tatsächlich können Einzelprozessor-Entwurfstechniken wie beispielsweise die Superskalartechnik und die Out-of-Order-Ausführung von Programmen Nutzen aus der Parallelität auf Befehlsebene ziehen (siehe Kapitel 4), ohne dass der Programmierer eingreifen muss. Diese Innovation reduziert die Bereitschaft, Programme für Multiprozessoren umzuschreiben, weil die Programmierer auch einfach nichts tun konnten, und ihre sequentiellen Programme auf den neuen Computern trotzdem schneller liefen.

Warum ist es schwierig, insbesondere für eine große Zahl von Prozessoren schnelle Multiprozessor-Programme zu schreiben? In Kapitel 1 haben wir die Analogie der acht Reporter herangezogen, die eine Geschichte schreiben sollten, in der Hoffnung, die Arbeit in einem Achtel der Zeit zu erledigen. Um erfolgreich zu sein, muss die Aufgabe in acht gleichgroße Teile zerlegt werden, weil sonst einige Reporter untätig warten müssten, bis die anderen mit den größeren Teilen fertig sind. Eine weiteres Hindernis bei der Leistungssteigerung kann darin bestehen, dass die Reporter zu viel Zeit für die Kommunikation miteinander aufwenden würden, statt ihren Teil der Geschichte zu schreiben. Sowohl für diese Analogie als auch für die parallele Programmierung gehören zu den größten Herausforderungen das Scheduling, die Aufteilung der Arbeit in parallel ausführbare Teile, die gleichmäßige Verteilung der Arbeit auf die einzelnen Arbeiter, die für die Synchronisierung aufgewendete Zeit sowie der Zusatzaufwand für die Kommunikation zwischen den Beteiligten. Diese Herausforderung wird um so größer, je mehr Prozessoren für die parallele Verarbeitung genutzt werden.

Unsere Diskussion in Kapitel 1 hat noch eine weitere Hürde aufgezeigt, nämlich das Amdahl'sche Gesetz. Es erinnert uns daran, dass selbst kleine Teile eines Programms parallelisiert werden müssen, wenn das Programm die vielen Kerne sinnvoll nutzen soll.

Beispiel: Das Beschleunigungsproblem

Angenommen, Sie wollen mit 100 Prozessoren eine 90-fache Beschleunigung erzielen. Welcher Teil der ursprünglichen Programmierung kann sequentiell bleiben?

Lösung: Das Amdahl'sche Gesetz besagt Folgendes:

Ausführungszeit nach der Verbesserung

$$= \frac{\text{von der Verbesserung beeinflusste Ausführungszeit}}{\text{Verbesserungsfaktor}}$$
$$+ \text{nicht beeinflusste Ausführungszeit}$$

Wir können das Amdahl'sche Gesetz umformen, um die Beschleunigung gegenüber der ursprünglichen Ausführungszeit zu erhalten:

Beschleunigung

$$= \frac{\text{Ausführungszeit vorher}}{(\text{Ausführungszeit vorher} - \text{beeinflusste Ausführungszeit}) + \dfrac{\text{beeinflusste Ausführungszeit}}{\text{Umfang der Verbesserung}}}$$

Diese Formel wird üblicherweise in der Annahme umgeschrieben, dass die vorherige Ausführungszeit für irgendeine Zeiteinheit gleich 1 ist, und dass die durch die Verbesserung beeinflusste Ausführungszeit als Anteil der ursprünglichen Ausführungszeit betrachtet wird:

$$\text{Beschleunigung} = \frac{1}{(1 - \text{Beeinflusster Zeitanteil}) + \dfrac{\text{beeinflusster Zeitanteil}}{\text{Umfang der Verbesserung}}}$$

Setzt man für die Beschleunigung 90 (den gewünschten Faktor) in die obige Formel ein, erhält man:

$$90 = \frac{1}{(1 - \text{beeinflusster Zeitanteil}) + \dfrac{\text{beeinflusster Zeitanteil}}{100}}$$

Anschließend wird die Formel vereinfacht und nach der beeinflussten Zeit aufgelöst:

$90 \times (1 - 0{,}99) \times \text{beeinflusster Zeitanteil} = 1$

$90 - (90 \times 0{,}99 \times \text{beeinflusster Zeitanteil}) = 1$

$90 - 1 = 90 \times 0{,}99 \times \text{beeinflusster Zeitanteil}$

$\text{beeinflusster Zeitanteil} = 89/89{,}1 = 0{,}999$

Um für 100 Prozessoren eine Beschleunigung um das 90-Fache von zu erhalten, darf der sequentielle Prozentsatz nur 0,1 % betragen.

Es gibt jedoch Anwendungen, die weitgehend parallel sind.

Beispiel: Beschleunigungsproblem – nächste Stufe

Angenommen, Sie wollen mit einem Programm zwei Summen berechnen, zum einen die Summe von 10 skalaren Variablen, zum anderen die Summe zweier Matrizen, gespeichert in zweidimensionalen Arrays der Größe 10×10. Welche Beschleunigung erhalten Sie mit 10 im Vergleich zu 40 Prozessoren? Berechnen Sie anschließend die Beschleunigung für Matrizen der Größe 20×20.

Lösung: Wenn wir davon ausgehen, dass die Leistung für eine Addition eine Funktion der Zeit t ist, dann gibt es 10 Additionen, die nicht vom Einsatz paralleler Prozessoren profitieren, und 100 Additionen, die davon profitieren. Ist die Zeit für einen einzelnen Prozessor $100\,t$, dann ist die Ausführungszeit für 10 Prozessoren

Ausführungszeit nach der Verbesserung

$$= \frac{\text{von der Verbesserung beeinflusste Ausführungszeit}}{\text{Verbesserungsfaktor}}$$

$+$ nicht beeinflusste Ausführungszeit

von der Verbesserung beeinflusste Ausführungszeit $= \dfrac{100\,t}{10} + 10\,t = 20\,t$

Die Beschleunigung mit 10 Prozessoren beträgt also $110\,t/20\,t = 5{,}5$. Die Ausführungszeit für 40 Prozessoren beträgt

$$\text{Ausführungszeit nach der Verbesserung} = \frac{100\,t}{40} + 10\,t = 12{,}5\,t$$

Die Beschleunigung mit 40 Prozessoren beträgt also $110\,t/12{,}5\,t = 8{,}8$. Wir erhalten für die Dimension dieser Aufgabe also etwa 55 % der potentiellen Beschleunigung mit 10 Prozessoren, aber nur 22 % mit 40.

Schauen wir nun, was passiert, wenn wir die Matrix auf 20×20 vergrößern. Das sequentielle Programm benötigt jetzt $10\,t + 400\,t = 410\,t$. Die Ausführungszeit für 10 Prozessoren beträgt

$$\text{Ausführungszeit nach der Verbesserung} = \frac{400\,t}{10} + 10\,t = 50\,t,$$

somit ist die Beschleunigung mit 10 Prozessoren $410\,t/50\,t = 8{,}2$. Die Ausführungszeit für 40 Prozessoren ist

$$\text{Ausführungszeit nach der Verbesserung} = \frac{400\,t}{40} + 10\,t = 20\,t$$

Die Beschleunigung bei 40 Prozessoren beträgt also $410\,t/20\,t = 20{,}5$. Für diese größere Dimension erhalten wir also 82 % der potentiellen Beschleunigung bei 10 Prozessoren und über 51 % bei 40.

---

starke Skalierung Auf einem Multiprozessor erzielte Beschleunigung ohne Vergrößerung der Aufgabenstellung.

schwache Skalierung Auf einem Multiprozessor erzielte Beschleunigung bei proportional zur Anzahl der Prozessoren erfolgter Vergrößerung der Aufgabenstellung.

Diese Beispiele zeigen, dass das Erzielen einer guten Beschleunigung auf einem Multiprozessor bei fester Aufgabengröße schwieriger ist, als eine gute Beschleunigung zu erzielen, wenn man die Dimension der Aufgabenstellung vergrößert. Diese Einsicht führt uns zur Einführung zweier neuer Begriffe, die Möglichkeiten zur Vergrößerung beschreiben.

Starke Skalierung bedeutet, dass die Beschleunigung bei feststehender Aufgabengröße gemessen wird. **Schwache Skalierung** bedeutet, dass die Programmgröße proportional zur Anzahl der Prozessoren zunimmt. Nehmen wir an, dass die Aufgabengröße, M, die Arbeitsmenge im Hauptspeicher ist, und dass wir P Prozessoren haben. Der Speicher pro Prozessor für eine starke Skalierung beträgt also annähernd M/P, und für eine schwache Skalierung etwa M.

Beachten Sie, dass die **Speicherhierarchie** mit dem allgemeinen Grundsatz kollidieren kann, dass schwache Skalierung leichter ist als starke Skalierung. Wenn z. B. der schwach skalierte Datensatz nicht mehr in den Cache der letzten Ebene eines Multikernprozessors passt, kann die Performanz viel schlechter sein als bei Verwendung von starker Skalierung.

Abhängig von der Applikation können Sie den einen oder anderen Skalierungsansatz für besser geeignet halten. Beispielsweise fordert die TPC-C Debit-Credit-Database-Benchmark, dass Sie die Anzahl der Kundenkonten erhöhen, um mehr Transaktionen pro Minute zu erzielen. Das Argument ist, dass es unwahrscheinlich ist, dass eine vorgegebene Kundenbasis plötzlich anfängt, 100-mal am Tag den Geldautomaten zu benutzen, nur weil die Bank einen schnelleren Computer bekommen hat. Stattdessen sollte man das Experiment mit 100-mal so vielen Kunden ausführen, wenn man demonstrieren will, dass ein System das 100-Fache an Transaktionen pro Minute bewältigen kann. Größere Probleme benötigen oft mehr Daten, was ein Argument für schwache Skalierung ist. Das letzte Beispiel zeigt die Bedeutung des Lastausgleichs.

Beispiel: Herausforderung bei der Beschleunigung: Lastausgleich

Um die Beschleunigung von 20,5 bei der obigen größeren Aufgabenstellung mit 40 Prozessoren zu erzielen, sind wir davon ausgegangen, dass die Last perfekt ausgeglichen war. Das bedeutet, jeder der 40 Prozessoren hatte 2,5 % der Last zu tragen. Hier wollen wir untersuchen, welchen Einfluss es auf die Beschleunigung hat, wenn die Last eines Prozessors höher als auf dem gesamten Rest ist. Rechnen Sie mit der doppelten Last (5 %) und dem Fünffachen der Last (12,5 %) für diesen am härtesten arbeitenden Prozessor. Wie gut sind die übrigen Prozessoren ausgelastet?

Lösung: Wenn ein Prozessor 5 % der parallelen Last verarbeitet, muss er 5 % × 400 oder 20 Additionen ausführen, und die restlichen teilen sich die verbleibenden 39. Weil sie simultan arbeiten, können wir einfach die Ausführungszeit als Maximum berechnen.

$$\text{verbesserte Ausführungszeit} = \text{Max}\left(\frac{380\,t}{39}, \frac{20\,t}{1}\right) + 10\,t = 30\,t$$

Die Beschleunigung fällt von 20,5 auf $410\,t/30\,t = 14$. Die verbleibenden 39 Prozessoren sind weniger als die Hälfte der Zeit ausgelastet: Während sie $20\,t$ darauf warten, dass der am stärksten ausgelastete Prozessor fertig ist, rechnen sie nur $380\,t/39 = 9,7\,t$.

Wenn ein Prozessor 12,5 % der Last trägt, muss er 50 Additionen ausführen:

$$\text{verbesserte Ausführungszeit} = \text{Max}\left(\frac{350\,t}{39}, \frac{20\,t}{1}\right) + 10\,t = 60\,t$$

Die Beschleunigung sinkt noch weiter auf $410\,t/60\,t = 7$. Die übrigen Prozessoren sind zu weniger als 20 % ($9\,t/50\,t$) der Zeit ausgelastet. Dieses Beispiel demonstriert die Bedeutung des Lastausgleichs: Wenn ein einziger Prozessor die doppelte Last der anderen ausführt, fällt die Beschleunigung dadurch um ein Drittel, und bei einer fünffachen Last auf einem Prozessor wird die Beschleunigung um einen Faktor von fast drei reduziert.

Nun, da wir die Ziele und Herausforderungen der Parallelverarbeitung besser verstehen, wollen wir einen Überblick über den Rest des Kapitels geben. Der nächste Abschnitt beschreibt ein wesentlich älteres Klassifikationsschema als das in Tabelle 6.1 gezeigte. Außerdem beschreibt es zwei Arten von Befehlssatzarchitekturen, die das Ausführen sequentieller Applikationen auf paralleler Hardware unterstützen, nämlich *SIMD* und *Vektor*. In Abschnitt 6.4 geht es um *Multithreading*, ein Begriff, der oft mit Multiprocessing durcheinandergebracht wird, unter anderem weil er auf ähnlichen Prinzipien der Nebenläufigkeit in Programmen basiert. Abschnitt 6.5 beschreibt die erste der beiden Alternativen für eine fundamental parallele Hardwarecharakteristik, nämlich den Fall, dass sich alle Prozessoren des Systems auf einen einheitlichen physikalischen Adressraum stützen. Wie weiter vorn erwähnt, wird die populäre Version dieser Alternative SMP (Shared Memory Multiprocessor) genannt; die andere Alternative sind *Cluster*. In Abschnitt 6.6 wird ein relativ neuer Computertyp beschrieben, der aus dem Grafikhardware-Umfeld stammt: so genannte GPUs (Graphics Processing Units), die ebenfalls eine einzelne physikalische Adresse verwenden. (Im Online-Anhang C werden GPUs noch ausführlicher behandelt.) In Abschnitt 6.7 werden domänenspezifische Architekturen (DSA) eingeführt, bei denen der Prozessor so angepasst ist, dass er auf einem bestimmten Gebiet eine sehr gute Leistung hat, auf dem aber nicht alle Programme gut laufen. Abschnitt 6.8 beschreibt Cluster, ein populäres Beispiel für Computer mit mehreren physikalischen Adressräumen. Abschnitt 6.9 zeigt typische Topologien, die verwendet werden, um viele Prozessoren zu verbinden. Dies sind zum einen Serverknoten in einem Cluster und zum anderen Kerne in einem Mikroprozessor. Abschnitt 6.10 (online) beschreibt die Hardware und Software für die Kommunikation zwischen Knoten in einem Cluster mittels Ethernet. Es wird gezeigt, wie deren Performanz durch maßgeschneiderte Hardware und Software optimiert werden kann. In Abschnitt 6.11 diskutieren wir das Problem, parallele Benchmarks zu entwickeln. Dieser Abschnitt umfasst auch ein einfaches, aber aufschlussreiches Performanzmodell, dass für das Design von Applikationen ebenso hilfreich ist wie für das Design von Architekturen. In Abschnitt 6.12 verwenden wir dieses Modell sowie parallele Benchmarks, um einen Multikern-Computer mit einer GPU zu vergleichen. Abschnitt 6.13 ist dem letzten und weitreichendsten Schritt unserer Unternehmung gewidmet, die Matrixmultiplikation schneller zu machen. Durch Parallelverarbeitung mit 48 Kernen wird eine Performanzverbesserung um einen Faktor von 12 bis 17 erreicht, wenn wir die Matrixgröße erhöhen (schwache Skalierung). Wir beschließen das Kapitel mit der Diskussion möglicher Fallstricke und Trugschlüsse sowie mit unseren Schlussbetrachtungen über Parallelität.

Im folgenden Abschnitt führen wir eine Reihe von Akronymen zur Bezeichnung unterschiedlicher Typen von Parallelcomputern ein, die Ihnen wahrscheinlich schon einmal begegnet sind.

Selbsttest

Richtig oder falsch: Die starke Skalierung unterliegt nicht dem Amdahl'schen Gesetz.

6.3 SISD, MIMD, SIMD, SPMD und Vektor

Eine Kategorisierungsmöglichkeit für parallele Hardware, die bereits in den 1960er-Jahren eingeführt wurde, wird auch heute noch angewendet. Sie basiert auf der Anzahl der Befehlsströme und der Anzahl der Datenströme. Tabelle 6.2 zeigt diese Kategorien. Ein konventioneller Einzelprozessor hat einen einzigen Befehlsstrom und einen einzigen Datenstrom, und ein konventioneller Multiprozessor hat mehrere Befehlsströme und mehrere Datenströme. Diese beiden Kategorien werden mit **SISD** bzw. **MIMD** abgekürzt.

SISD, Single Instruction Stream, Single Data Stream. Ein Einzelprozessor.

MIMD, Multiple Instruction Streams, Multiple Data Streams. Ein Multiprozessor.

Tab. 6.2: Hardwarekategorisierung und Beispiele basierend auf der Anzahl der Befehlsströme und Datenströme: SISD, SIMD, MISD und MIMD.

		Datenströme	
		einzeln	mehrfach
Befehlsströme	einzeln	SISD: Intel Pentium 4	SIMD: SSE-Befehle eines x86
	mehrfach	MISD: Aktuell keine Beispiele	MIMD: Intel Core i7

Es ist zwar möglich, separate Programme zu schreiben, die auf unterschiedlichen Prozessoren auf einem MIMD-Computer ausgeführt werden und doch zusammen an einem größeren, koordinierten Ziel arbeiten, aber normalerweise schreiben die Programmierer ein einzelnes Programm, das auf allen Prozessoren eines MIMD-Computers läuft, und sie verwenden dafür bedingte Befehle, die angeben, wann unterschiedliche Prozessoren unterschiedliche Codeabschnitte ausführen sollen. Dieser Stil wird als **SPMD** (Single Program Multiple Data) bezeichnet, stellt aber einfach die normale Vorgehensweise dar, einen MIMD-Computer zu programmieren.

SPMD, Single Program Multiple Data, das konventionelle MIMD-Programmiermodell, wobei ein einzelnes Programm über alle Prozessoren verteilt läuft.

Am nächsten kommen wir einem Prozessor mit multiplen Befehlsströmen und einem einzigen Datenstrom (**MISD**, Multiple Instruction, Single Data) mit einem Stream-Prozessor, der eine Reihe von von Berechnungen auf einem einzigen Datenstrom in Pipeline-Form ausführt, also Parsing der Eingabe aus dem Netzwerk, Decodieren und Dekomprimieren der Daten, Suche nach Übereinstimmungen usw. Das Gegenteil von MISD ist schon eher möglich. **SIMD**-Computer arbeiten mit Datenvektoren. Beispielsweise könnte ein einzelner SIMD-Befehl 64 Zahlen addieren, indem er 64 Datenströme an 64 ALUS sendet, um innerhalb eines einzigen Taktzyklus 64 Summen zu bilden. Die Befehle, die wir in den Abschnitten 3.6 und 3.7 im Zusammenhang mit

SIMD, Single Instruction Stream, Multiple Data Streams. Ein Multiprozessor. Derselbe Befehl wird auf viele Datenströme angewendet, wie in einem Vektor-Prozessor oder einem Array-Prozessor.

der Subwort-Parallelität gesehen haben, sind ein weiteres Beispiel für SIMD; so steht etwa der mittlere Buchstabe in Intels Abkürzung SSE für SIMD.

Der Vorteil von SIMD ist, dass alle parallelen Ausführungseinheiten synchronisiert sind, und dass sie alle auf einen einzigen Befehl reagieren, der aus einem einzigen Befehlszähler stammt. Aus der Perspektive des Programmierers entspricht das fast dem bereits bekannten SISD. Obwohl jede Einheit dieselben Befehle ausführt, hat jede Ausführungseinheit eigene Adressregister, und somit kann jede Einheit unterschiedliche Datenadressen haben. In Bezug auf Tabelle 6.1 könnte also eine sequentielle Applikation kompiliert werden, um auf serieller Hardware ausgeführt zu werden, die als SISD ausgelegt ist, oder auf paralleler Hardware, die als SIMD ausgelegt ist.

Die ursprüngliche Motivation hinter SIMD war, die Kosten für die Steuereinheit über Dutzende von Ausführungseinheiten zu amortisieren. Ein weiterer Vorteil ist der kleinere Programmspeicher – SIMD benötigt nur eine Kopie des simultan ausgeführten Codes, während für die MIMDs mit Nachrichtenübergabe in jedem Prozessor eine Kopie erforderlich sein kann, und MIMD mit gemeinsam genutztem Speicher mehrere Befehls-Caches benötigt.

Parallelität auf Datenebene Parallelität, die durch Ausführen der gleichen Operation auf unabhängigen Daten erreicht wird.

SIMD ist am besten für Arrays in `for`-Schleifen geeignet. Damit die Parallelisierung in SIMD funktioniert, muss es also eine große Menge identisch strukturierter Daten geben. Man spricht auch vom **Parallelität auf Datenebene**. Am schwächsten ist SIMD für `case`- oder `switch`-Befehle, bei denen jede Ausführungseinheit eine andere Operation für ihre Daten durchführen muss, je nachdem, um welche Daten es sich dabei handelt. Ausführungseinheiten mit den falschen Daten werden deaktiviert, so dass Einheiten mit korrekten Daten fortgesetzt werden können. Wenn es n Fälle gibt, laufen SIMD-Prozessoren in diesen Situationen im Wesentlichen mit $1/n$ der Spitzenleistung.

Die so genannten Array-Prozessoren, durch die SIMD-Kategorie inspiriert wurde, haben inzwischen an Popularität verloren (siehe Abschnitt 6.7 und Online-Abschnitt 6.16), aber zwei aktuelle Interpretationen von SIMD bleiben weiterhin aktuell.

SIMD in x86: Multimedia-Erweiterungen

Wie in Kapitel 3 beschrieben, war die Subwort-Parallelität für ganzzahlige Daten die ursprüngliche Inspiration der Multimediaerweiterungen (MMX) des x86 im Jahr 1996. Während das Moore'sche Gesetz seine Gültigkeit behielt, wurden weitere Befehle hinzugefügt, was zunächst zu *Streaming SIMD Extension* (SSE) und später zu *Advanced Vector Extensions* (AVX) führte. AVX unterstützt die simultane Ausführung von vier 64-Bit-Gleitkommaoperationen. Die Breite der Operation und der Register ist im Opcode dieser Multimedia-Befehle codiert. Mit zunehmender Datenbreite der Register und Operationen ist die Anzahl der Opcodes für Multimedia-Befehle explodiert, und heute gibt es hunderte SSE-Befehle, die diese sinnvollen Kombinationen ausführen (siehe Kapitel 3).

Vektor

Eine ältere und elegantere Interpretation von SIMD wird als *Vektorarchitektur* bezeichnet. Sie hängt eng mit den Computern zusammen, die in den 1970er-Jahren von Seymour Cray entworfen wurden. Auch sie ist optimal für Aufgaben mit hoher Parallelität auf Datenebene geeignet. Statt 64 ALUs zu verwenden, die 64 Additionen simultan ausführen, wie es bei den alten Array-Prozessoren der Fall war, haben die Vektorarchitekturen eine Pipeline für die ALU eingeführt, um gute Leistung zu geringen Kosten zu erzielen. Die grundlegende Philosophie der Vektorarchitektur ist es, Datenelemente aus dem Speicher zu sammeln, sie in einer bestimmten Reihenfolge in einer großen Menge von Registern abzulegen, sie unter Verwendung von **Pipelining für Ausführungseinheiten** sequentiell in Registern zu verarbeiten und die Ergebnisse dann in den Speicher zurückzuschreiben. Ein entscheidendes Merkmal von Vektorarchitekturen ist eine große Menge an Vektorregistern. Eine Vektorarchitektur könnte also 32 Vektorregister mit je 64 64-Bit-Elementen aufweisen.

PIPELINING

Beispiel: Vergleich von Vektorcode mit konventionellem Code

Angenommen, wir erweitern die MIPS ISA durch Vektorbefehle und Vektorregister. Vektoroperationen verwenden dieselben Namen wie MIPS-Operationen, wobei der Buchstabe „V" angefügt ist. So addiert der Befehl `addv.d` zwei Vektoren doppelter Genauigkeit. Die Vektorbefehle verwenden als Eingaben entweder ein Paar Vektorregister (`addv.d`) oder ein Vektorregister und ein Skalarregister (`addvs.d`). Im letzteren Fall wird der Wert im Skalarregister als Eingabe für alle Operationen verwendet – die Operation `addvs.d` addiert den Inhalt eines Skalarregisters zu jedem Element eines Vektorregisters. Die Namen `lv` und `sv` kennzeichnen das Laden und Speichern von Vektoren, und sie laden und speichern jeweils einen ganzen Vektor mit Daten doppelter Genauigkeit. Ein Operand ist das zu ladende oder zu speichernde Vektorregister. Der andere Operand, ein allgemeines MIPS-Register, ist die Startadresse des Vektors im Speicher. Nach dieser kurzen Beschreibung zeigen wir den konventionellen MIPS-Code im Vergleich zum Vektor-MIPS-Code für

$$Y = a \times X + Y$$

Dabei sind X und Y Vektoren mit 64 Gleitkommazahlen doppelter Genauigkeit, die sich zunächst im Speicher befinden, und a ist eine skalare Variable doppelter Genauigkeit. (Dieses Beispiel ist die so genannte DAXPY-Schleife, die innere Schleife der Linpack-Benchmark. DAXPY steht für „Double Precision $a \times X$ plus Y"). Wir nehmen an, dass sich die Startadressen von X und Y in `$s0` bzw. `$s1` befinden.

Lösung: Hier der konventionelle MIPS-Code für DAXPY:

```
l.d          $f0,a($sp)       # Skalar a laden
addiu        r4,$s0,#512      # Obergrenze für das Laden
loop: l.d $f2,0($s0)          # laden x(i)
mul.d        $f2,$f2,$f0      # a x x(i)
l.d          $f4,0($s1)       # laden y(i)
add.d        $f4,$f4,$f2      # a x x(i) + y(i)
s.d          $f4,0($s1)       # speichern in y(i)
addiu        $s0,$s0,#8       # Index auf x inkrementieren
addiu        $s1,$s1,#8       # Index auf y inkrementieren
subu         $t0,r4,$s0       # Obergrenze berechnen
bne          $t0,$zero,loop   # prüfen, ob erledigt
```

Und hier der Vektor-MIPS-Code für DAXPY:

```
l.d          $f0,a($sp)       # Skalar a laden
lv           $v1,0($s0)       # Vektor x laden
mulvs.d      $v2,$v1,$f0      # Vektor-Skalar-Multiplikation
v            $v3,0($s1)       # Vektor y laden
addv.d       $v4,$v2,$v3      # y zum Produkt addieren
sv           $v4,0($s1)       # Ergebnis speichern
```

Zwischen den beiden Codesegmenten dieses Beispiels gibt es einige interessante Unterschiede. Der wichtigste dieser Unterschiede ist, dass der Vektorprozessor die dynamische Befehlsbandbreite wesentlich reduziert, indem er nur sechs Befehle im Vergleich zu fast 600 Befehlen bei der traditionellen MIPS-Architektur ausführt. Diese Reduzierung erfolgt sowohl, weil die Vektoroperationen für 64 Elemente ausgeführt werden, als auch, weil die Overhead-Befehle, die in MIPS fast die Hälfte der Schleife ausmachen, im Vektorcode nicht vorhanden sind. Wie Sie vielleicht schon erwarten, spart diese Reduzierung der zu ladenden und auszuführenden Befehle auch Energie.

Ein weiterer wichtiger Unterschied ist die Häufigkeit der **Pipelinekonflikte** (Kapitel 4). In dem einfachen MIPS-Code muss jedes add.d auf ein mul.d warten, jedes s.d muss auf das add.d warten und jedes add.d *und* mul.d muss auf l.d warten. Auf dem Vektorprozessor erzeugt jeder Vektorbefehl nur einen Leerlauf für das erste Element in jedem Vektor, und die nachfolgenden Elemente durchlaufen die Pipeline reibungslos. Damit gibt es für jede Vektoroperation nur einen Pipeline-Leerlauf, und nicht für jedes Vektorelement. In diesem Beispiel liegt die Häufigkeit der Pipeline-Leerläufe für MIPS 64-mal so hoch wie für die Vektorversion von MIPS. Die Pipeline-Leerläufe auf MIPS können reduziert werden, indem die Schleife abgerollt wird (siehe Kapitel 4). Die große Differenz in der Befehlsbandbreite kann jedoch nicht reduziert werden.

Da die Vektorelemente unabhängig sind, können sie parallel abgearbeitet werden, ähnlich wie bei der Subwort-Parallelität für AVX-Befehle. Alle modernen Vektorrechner haben vektorielle Funktionseinheiten mit mehreren par-

PIPELINING

allelen Pipelines (so genannte Vektor-Lanes, siehe Abbildungen 6.1 und 6.2), die zwei oder mehr Ergebnisse pro Takt erzeugen können.

Anmerkung: Die Schleife im obigen Beispiel stimmt genau mit der Vektorlänge überein. Wenn Schleifen kürzer sind, verwenden Vektorarchitekturen ein Register, das die Länge der Vektoroperationen reduziert. Wenn Schleifen länger sind, fügen wir eine Art Buchhaltungscode ein, der Vektoroperationen der vollen Länge durchläuft und sich um die Reste kümmert. Dieser Prozess wird auch als *Strip Mining* bezeichnet.

Vektor im Vergleich zu Skalar

Vektorbefehle besitzen im Vergleich zu herkömmlichen Befehlssatzarchitekturen (die wir in diesem Kontext als *skalare Architekturen* bezeichnen werden) zahlreiche wichtige Eigenschaften,

- Ein Vektorbefehl beinhaltet eine große Menge Arbeit – er entspricht der Ausführung einer ganzen Schleife. Die benötigte Bandbreite für das Laden und Decodieren wird drastisch reduziert.

- Durch die Verwendung eines Vektorbefehls kennzeichnen der Compiler oder der Programmierer, dass die Berechnung der einzelnen Ergebnisse im Vektor unabhängig von der Berechnung anderer Ergebnisse im selben Vektor erfolgt; die Hardware muss also innerhalb eines Vektorbefehls nicht auf Datenkonflikte prüfen.

- Vektorarchitekturen und Compiler haben den Ruf, dass es für sie viel einfacher als für MIMD-Multiprozessoren ist, effiziente Applikationen mit Parallelität auf Datenebene zu schreiben.

- Hardware muss nur zwischen zwei Vektorbefehlen einmal pro Vektoroperand auf Datenkonflikte prüfen, und nicht für jedes Element innerhalb der Vektoren. Durch diese verringerte Anzahl an Überprüfungen kann Energie und Zeit gespart werden.

- Vektorbefehle, die auf den Speicher zugreifen, verwenden ein bekanntes Zugriffsmuster. Wenn die Elemente des Vektors alle nebeneinander liegen, funktioniert das Laden des Vektors aus stark verschränkten Speicherbänken sehr gut. Die Kosten für die Latenz zum Hauptspeicher treten also nur einmal für den gesamten Vektor auf, und nicht einmal für jedes Wort des Vektors.

- Weil durch einen Vektorbefehl, dessen Verhalten vorab festgelegt ist, eine ganze Schleife ersetzt wird, gibt es keine Steuerkonflikte, die normalerweise aus der Schleifenverzweigung entstehen würden.

- Die Einsparungen bei Befehlsbandbreite und Konfliktprüfung sowie die effiziente Nutzung von Speicherbandbreite bedeuten Pluspunkte für die Vektorarchitektur hinsichtlich Stromverbrauch und Energie im Vergleich zu skalaren Architekturen.

Aus diesen Gründen können Vektorbefehle schneller ausgeführt werden als eine Folge skalarer Operationen auf denselben Datenelementen, und die Entwickler versuchen, Vektoreinheiten zu verwenden, wenn diese im Applikationsbereich häufig genutzt werden.

Vektor im Vergleich zu Multimedia-Erweiterungen

Wie die Multimedia-Erweiterungen in den X86 SSE-Befehlen beinhaltet ein Vektorbefehl mehrere Operationen. Multimedia-Erweiterungen spezifizieren jedoch normalerweise nur ein paar wenige Operationen, während Vektoren Dutzende Operationen enthalten. Anders als bei den Multimedia-Erweiterungen ist die Anzahl der Elemente in einer Vektoroperation nicht im Opcode enthalten, sondern in einem separaten Register abgelegt. Das bedeutet, dass unterschiedliche Versionen der Vektorarchitektur mit unterschiedlicher Anzahl an Elementen implementiert werden können, indem einfach der Inhalt dieses Registers geändert und damit die Binärkompatibilität beibehalten wird. Im Gegensatz dazu wird jedes Mal, wenn sich die „Vektorlänge" ändert, eine neue große Menge an Opcodes in der Multimedia-Erweiterungsarchitektur des x86 eingefügt: MMX, SSE, SSE2, AVX, AVX2, ...

Außerdem müssen anders als in den Multimedia-Erweiterungen die Datentransfers nicht zusammenhängend sein. Vektoren unterstützen sowohl Zugriffe fester Länge, wobei die Hardware jedes n-te Datenelement im Speicher lädt, als auch indizierte Zugriffe, wobei die Hardware die Adressen der Elemente der zu ladenden Elemente in einem Vektorregister findet. Indizierte Zugriffe werden auch Gather/Scatter (engl., sammeln/streuen) genannt, da bei indizierten Ladeoperationen Elemente aus dem Hauptspeicher in benachbarten Vektorelementen versammelt werden und indizierte Speicheroperationen Vektorelemente über den Hauptspeicher verstreuen.

Wie die Multimedia-Erweiterungen kommen Vektorarchitekturen problemlos mit flexiblen Datenbreiten zurecht. Es ist also einfach, eine Operation für 32 64-Bit-Datenelemente oder 64 32-Bit-Datenelemente oder 128 16-Bit-Datenelemente oder 256 8-Bit-Datenelemente auszuführen. Die parallele Semantik eines Vektorbefehls erlaubt es einer Implementierung, diese Operationen mithilfe einer Funktionseinheit mit starkem **Pipelining** auszuführen, also einem Array aus parallelen Funktionseinheiten oder einer Kombination von parallelen Funktionseinheiten und Funktionseinheiten in Pipeline-Anordnung. Abbildung 6.1 illustriert, wie man die Vektorperformanz durch Verwendung paralleler Pipelines zur Ausführung einer Vektoraddition verbessern kann.

Vektorarithmetikbefehle erlauben gewöhnlich nur, dass Element N eines Vektorregisters an Operation mit Element N aus einem anderen Vektorregister beteiligt ist. Dadurch vereinfacht sich die Konstruktion einer massiv parallelen Vektoreinheit dramatisch. Diese kann durch mehrere parallele **Vektor-Lanes** (oder Vektor-Spuren) strukturiert werden. Wie bei einer Autobahn können wir den Spitzendurchsatz einer Vektoreinheit erhöhen, indem wir die Anzahl der Lanes erhöhen. Abbildung 6.2 zeigt die Struktur einer Vektoreinheit mit vier Lanes. Indem wir von einer zu vier Lanes übergehen, reduzieren wir die Anzahl der Takte pro Vektorbefehl etwa um den Faktor vier. Damit die

PIPELINING

Vektor-Lane Eine von mehreren Vektor-Funktionseinheiten und ein Teil des Vektorregisterfiles. Inspiriert von den Spuren auf einer Autobahn, durch die sich die Geschwindigkeit des Verkehrs erhöhen lässt, führen mehrere Lanes Vektoroperationen gleichzeitig aus.

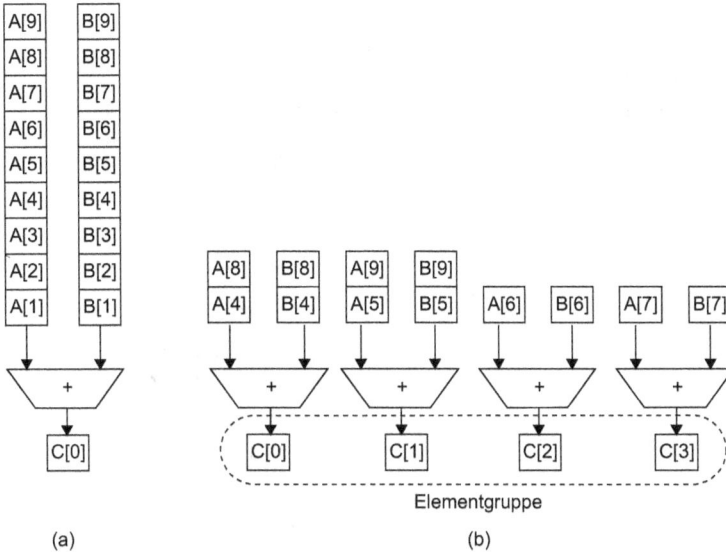

Abb. 6.1: Verwendung mehrerer Funktionseinheiten zur Verbesserung der Performanz einer einzelnen Vektoraddition, C = A + B. Der Vektorprozessor (a) auf der linken Seite hat eine einzige Additions-Pipeline und kann eine Addition pro Takt erledigen. Der Vektorprozessor (b) auf der rechten Seite hat vier Additions-Pipelines (Lanes) und kann vier Additionen pro Takt erledigen. Die Elemente eines einzelnen Vektoraddionsbefehls sind versetzt auf die vier Lanes verteilt.

Verwendung mehrerer Lanes Vorteile bringt, muss sowohl die Applikation als auch die Architektur lange Vektoren unterstützen. Ansonsten wird die Ausführung so schnell, dass Ihnen die Befehle ausgehen. Dies erfordert Verfahren für die **Parallelität** auf Befehlsebene, wie sie in Kapitel 4 behandelt wurden, damit genügend Vektorbefehle zur Verfügung stehen.

Im Allgemeinen stellen Vektorarchitekturen eine sehr effiziente Methode dar, datenparallele Programme auszuführen. Sie sind besser für die Compilertechnologie geeignet als Multimedia-Erweiterungen, und sie sind einfacher weiterzuentwickeln als die Multimedia-Erweiterungen der x86-Architektur.

Anhand dieser klassischen Kategorien wollen wir als nächstes sehen, wie man parallele Befehlsströme ausnutzen kann, um die Performanz eines *einzelnen* Prozessors zu verbessern.

PARALLELITÄT

Selbsttest

Richtig oder falsch: Wie anhand des x86 demonstriert, kann man sich Multimedia-Erweiterungen als Vektorarchitektur mit kurzen Vektoren vorstellen, die nur sequentielle Vektordatentransfers unterstützt.

Anmerkungen: 1) Warum sind Vektoren in Anbetracht ihrer zahlreichen Vorteile nicht auch außerhalb der Hochleistungsprogrammierung allgemein verbreitet? Es gab Bedenken hinsichtlich des größeren Status für Vektorregister,

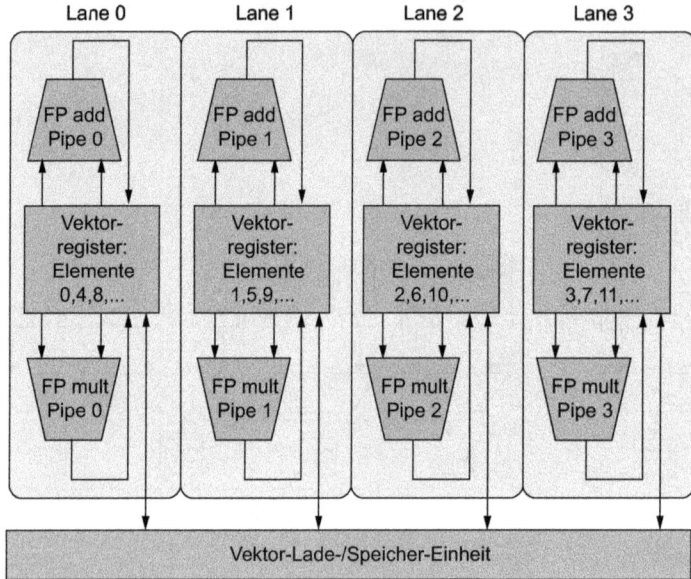

Abb. 6.2: Struktur einer Vektoreinheit mit vier Lanes. Der Vektor-Register-Speicher ist über die Lanes verteilt, wobei jede einzelne Lane jedes vierte Element jedes Vektorregisters enthält. Die Abbildung zeigt drei Vektorfunktionseinheiten: eine Gleitkomma-Additionseinheit, eine Gleitkomma-Multiplikationseinheit und eine Lade-/Speichereinheit. Jede der arithmetischen Vektoreinheiten umfasst vier Ausführungspipelines, eine pro Lane, die konzertiert arbeiten, um einen einzelnen Vektorbefehl abzuschließen. Beachten Sie, dass jeder Abschnitt eines Vektor-Registerfiles nur genügend Lese- und Schreibports für die zu dieser Lane gehörenden Funktionseinheiten zur Verfügung stellen muss (siehe Kapitel 4).

die die Zeit für den Kontextwechsel erhöhen würde, ebenso wie hinsichtlich der Schwierigkeit, beim Laden und Speichern von Vektoren Seitenfehler zu verarbeiten, und SIMD-Befehle konnten einige Vorteile der Vektorbefehle nachbilden. Außerdem gab es, solange die Vorteile der Parallelität auf Befehlsebene das Performanzversprechen des Moore'schen Gesetzes einlösen konnten, wenig Grund, eine Änderung der Architekturgrundsätze in Angriff zu nehmen.

2) Ein weiterer Vorteil von Vektor- und Multimedia-Erweiterungen ist, dass es relativ einfach ist, eine skalare Befehlssatzarchitektur mit diesen Befehlen zu erweitern, um die Leistung datenparalleler Operationen zu verbessern.

3) Die Haswell-Generation der x86-Prozessoren von Intel unterstützen AVX2, das eine Gather-Operation, aber keine Scatter-Operation hat. Skylake und Prozessoren späterer Generationen unterstützen AVX512, das eine Scatter-Operation hinzufügt.

6.4 Hardwareseitiges Multithreading

Ein Konzept, das mit MIMD im Zusammenhang steht, besonders aus der Perspektive der Programmierer, ist das **hardwareseitige Multithreading**. Während MIMD darauf beruht, dass mehrere **Prozesse** oder **Threads** mehrere Prozessoren beschäftigt halten, gestattet hardwareseitiges Multithreading, dass sich die funktionalen Einheiten überlappend einen *einzelnen* Prozessor teilen, um die Hardwareressourcen effizient zu nutzen. Um diese gemeinsame Nutzung zu ermöglichen, muss der Prozessor den unabhängigen Status jedes Threads duplizieren. Beispielsweise hätte jeder Thread eine separate Kopie des Registerfiles und des Programmzählers. Der eigentliche Speicher kann über die Mechanismen für den virtuellen Speicher gemeinsam genutzt werden, die bereits das Multi-Programming unterstützen. Darüber hinaus muss die Hardware die Fähigkeit unterstützen, relativ schnell zu einem anderen Thread zu wechseln. Insbesondere sollte ein Thread-Wechsel sehr viel effizienter erfolgen als ein Prozesswechsel, für den in der Regel Hunderte bis Tausende von Prozessorzyklen erforderlich sind, während ein Thread-Wechsel in der Regel unmittelbar stattfinden kann.

Es gibt zwei grundlegende Ansätze für Multithreading. Beim **feinkörnigen Multithreading** wird nach jedem Befehl der Thread gewechselt, wodurch eine verzahnte Ausführung mehrerer Threads entsteht. Diese Verzahnung berücksichtigt häufig alle Threads nacheinander („Round Robin"), wobei vorübergehend stillstehende Threads übersprungen werden. Um feinkörniges Multithreading zu realisieren, muss der Prozessor in der Lage sein, nach jedem Taktzyklus den Thread zu wechseln. Ein Vorteil des feinkörnigen Multithreading ist, dass es die Durchsatzverluste verbergen kann, die aus kurzen und längeren Stillständen entstehen, weil Befehle von anderen Threads ausgeführt werden können, während ein Thread stillsteht. Der größte Nachteil des feinkörnigen Multithreading ist, dass es die Ausführung einzelner Threads verlangsamt, weil ein Thread, der ohne Stillstände ausführbar wäre, durch Befehle von anderen Threads verzögert wird. **Grobkörniges Multithreading** wurde als Alternative zum feinkörnigen Multithreading eingeführt. Beim grobkörnigen Multithreading werden die Threads nur bei aufwändigen Stillständen gewechselt, wie beispielsweise bei Fehlzugriffen auf einen sekundären Cache. Im Gegensatz zum feinkörnigen Multithreading muss beim grobkörnigen Multithreading der Thread-Wechsel nicht in null Takten geschehen, was die Ausführung eines einzelnen Threads weniger verlangsamt, weil Befehlen von anderen Threads nur dann ausgeführt werden, wenn ein Thread einen aufwändigen Stillstand verursacht. Grobkörniges Multithreading hat jedoch einen entscheidenden Nachteil: Die Fähigkeit, aus kürzeren Stillständen entstandene Durchsatzverluste zu kompensieren, ist relativ begrenzt. Diese Beschränkung resultiert aus den Startkosten der **Pipeline** beim grobkörnigen Multithreading. Weil eine CPU mit grobkörnigem Multithreading Befehle eines einzelnen Threads ausführt, muss die Pipeline im Falle eines Stillstands geleert oder eingefroren werden. Der neue Thread, der die Ausführung nach dem Stillstand beginnt, muss die

hardwareseitiges Multithreading Steigert die Ausnutzung eines Prozessors, indem bei Verzögerungen eines Threads auf einen anderen Thread umgeschaltet wird.

Thread Ein Thread umfasst den Programmzähler, den Registerzustand und den Keller. Er ist ein leichtgewichtiger Prozess; während Threads gewöhnlich einen einzelnen Adressraum teilen, ist dies bei Prozessen nicht der Fall.

Prozess Umfasst einen oder mehrere Threads, den Adressraum und den Zustand des Betriebssystems. Folglich wird bei einem Prozess-Switch gewöhnlich das Betriebssystem aufgerufen, bei einem Thread-Switch dagegen nicht.

feinkörniges Multithreading Eine Variante des hardwareseitigen Multithreadings, bei dem ein Wechsel zwischen Threads nur nach signifikanten Ereignissen erfolgt, etwa bei Fehlzugriffen auf den Cache der letzten Ebene.

grobkörniges Multithreading Dabei geschieht ein Thread-Wechsel nur bei aufwändigen Stillständen der Pipeline wie z. B. einem Fehlzugriff auf den sekundären Cache.

PIPELINING

Pipeline erneut füllen, bevor seine Befehle ausgeführt werden können. Aufgrund dieses Zusatzaufwands beim Starten ist das grobkörnige Multithreading sehr viel besser dazu geeignet, den Aufwand kostspieliger Stillstände zu reduzieren, wo das erneute Füllen der Pipeline im Vergleich zur Stillstandszeit zu vernachlässigen ist.

simultanes Multithreading Mehrere Befehle verschiedener Threads können gleichzeitig den funktionalen Einheiten eines mehrfachzuweisungsfähigen Prozessors zugeordnet werden.

Simultanes Multithreading (SMT) ist eine Variante des Multithreading, die die Ressourcen eines mehrfachzuweisungsfähigen Prozessors mit **Pipelining** und dynamischem Scheduling verwendet, um Parallelität auf Thread-Ebene und auf Befehlsebene nutzen zu können (siehe Kapitel 4). Die wichtigste Motivation für SMT ist, dass moderne mehrfachzuweisungsfähige Prozessoren häufig mehr parallel arbeitende funktionale Einheiten haben, als ein einzelner Thread effektiv nutzen kann. Darüber hinaus können durch Registerumbenennung und dynamisches Scheduling (siehe Kapitel 4) mehrere Befehle von unabhängigen Threads gleichzeitig zugeordnet werden, ohne Rücksicht auf Abhängigkeiten zwischen ihnen. Die Auflösung der Abhängigkeiten kann durch dynamisches Scheduling realisiert werden.

Da SMT auf den existierenden dynamischen Mechanismen aufsetzt, gibt es nicht in jedem Takt einen Ressourcenwechsel. Vielmehr führt SMT Befehle *immer* auf mehreren Threads aus, wobei es Sache der Hardware ist, die Befehle und umbenannte Register mit den richtigen Threads zu verbinden.

Abbildung 6.3 zeigt, wie ein Prozessor superskalare Ressourcen für die folgenden Prozessorkonfigurationen ausnutzen kann. Der obere Teil zeigt, wie vier Threads auf einem superskalaren Prozessor ohne Multithreading ausgeführt werden. Der untere Teil zeigt, wie die vier Threads unter Verwendung der drei Arten des Multithreading effizienter ausgeführt werden können:

- superskalar mit grobkörnigem Multithreading
- superskalar mit feinkörnigem Multithreading
- superskalar mit simultanem Multithreading

Bei superskalar ohne Multithreading ist die Ausnutzung der Zuordnungsfächer meist durch zu geringe **Parallelität auf Befehlsebene** limitiert. Darüber hinaus kann ein langer Stillstand, wie beispielsweise ein Fehlzugriff auf den Befehls-Cache, den gesamten Prozessor untätig werden lassen.

In einem superskalaren Prozessor mit grobkörnigem Multithreading werden die langen Stillstände zum Teil dadurch verborgen, dass er zu einem anderen Thread wechselt, der die Ressourcen des Prozessors weiter nutzt. Obwohl dadurch die Anzahl der völlig ungenutzten Taktzyklen reduziert wird, führt der Overhead für das Starten der Pipeline noch immer zu Leerlaufzyklen, und die Beschränkungen der Parallelität auf auf Befehlsebene bedeuten, dass es ungenutzte Warteplätze gibt. Im feinkörnigen Fall werden Leerlaufzyklen durch das Verschachteln der Threads größtenteils eliminiert. Da jeweils nur ein einzelner Thread in einem gegebenen Taktzyklus Befehle ausführt, führen Limitierungen der Parallelität auf Befehlsebene in einigen Taktzyklen allerdings immer noch zu leeren Zuordnungsfächern.

PARALLELITÄT

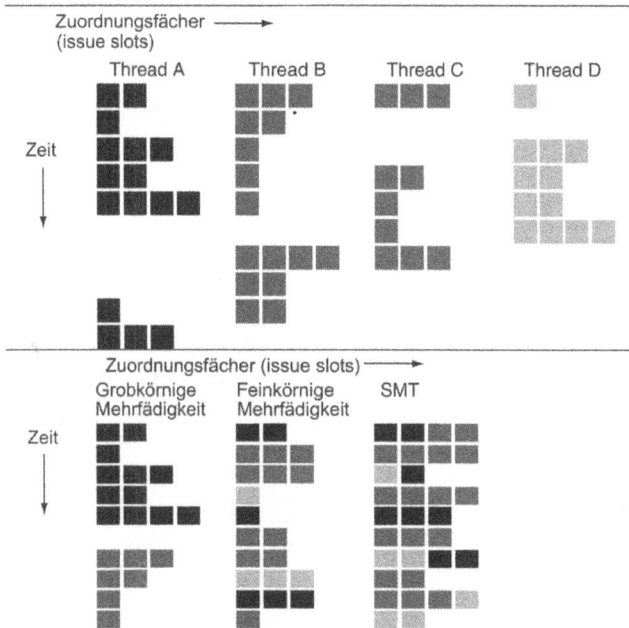

Abb. 6.3: Verschiedene Möglichkeiten, wie vier Threads die Zuordnungsfächer eines mehrfachzuweisungsfähigen Prozessors verwenden können. Die vier oben gezeigten Threads veranschaulichen, wie sie auf einem standardmäßigen superskalaren Prozessor ohne Multithreading nacheinander ausgeführt werden. Die drei unteren Beispiele zeigen, wie sie unter Berücksichtigung der drei Arten des Multithreading zusammen ausgeführt werden. Die horizontale Dimension zeigt, wie viele Befehle innerhalb eines Taktzyklus zugeordnet werden können. Die vertikale Dimension stellt eine Folge von Taktzyklen dar. Ein leeres (weißes) Kästchen zeigt an, dass das zugehörige Zuordnungsfach in diesem Taktzyklus nicht genutzt wird. Die verschiedenen Grautöne entsprechen vier unterschiedlichen Threads in den Multithreading-Prozessoren. Die zusätzlichen Auswirkungen des Pipeline-Starts beim grobkörnigen Multithreading, die in dieser Abbildung nicht dargestellt sind, würden zu weiteren Durchsatzverlusten für das grobkörnige Multithreading führen.

Im SMT-Fall wird Parallelität auf Thread-Ebene (TLP) und auf Befehlsebene (ILP) gleichzeitig ausgenutzt, wobei mehrere Threads die Zuordnungsfächer innerhalb eines einzigen Takts nutzen. In der Praxis können verschiedene Faktoren die vollständige Nutzung der zur Verfügung stehenden Zuordnungsfächer begrenzen – unter anderem Ungleichgewichte beim Bedarf und bei der Verfügbarkeit von Ressourcen der Threads, die Anzahl der verfügbaren aktiven Threads, die Anzahl und Größe der Puffer, die Möglichkeit, ausreichend viele Befehle von mehreren Threads zu laden, sowie Beschränkungen, welche Befehlskombinationen von einem Thread und von mehreren Threads zugeordnet werden können. Obwohl Abbildung 6.3 die reale Arbeitsweise dieser Prozessoren stark vereinfacht, verdeutlicht sie die möglichen Leistungsvorteile des Multithreading im Allgemeinen und von SMT im Besonderen.

Abbildung 6.4 zeigt die Verbesserung der Performanz und der Energieeffizienz auf einem einzelnen Prozessor des Intel Core i7 960, der Hardwareunterstützung für zwei Threads hat, ebenso wie der neuere i7 6700. Die Un-

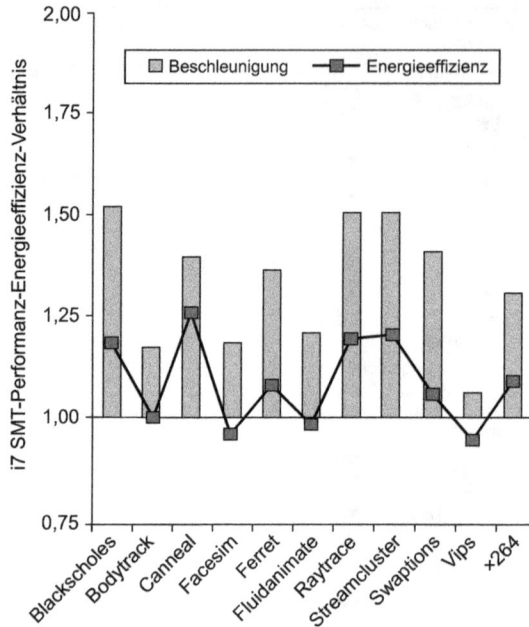

Abb. 6.4: Die Beschleunigung durch Multithreading auf einem Kern eines i7-Prozessors liegt für die PARSEC-Benchmarks (siehe Online-Abschnitt 6.10) im Mittel bei 1,31, und die Energieeffizienz verbessert sich um den Faktor 1,07. Die Daten wurden gesammelt und analysiert von Esmaeilzadeh et al. [2011].

terschiede zwischen dem i7 920 und dem 6700 sind relativ klein, und es ist unwahrscheinlich, das sie die in dieser Abbildung gezeigten Ergebnisse beeinflussen. Im Durchschnitt verbessert sich die Performanz um den Faktor 1,31, was nicht schlecht ist in Anbetracht dessen, dass zusätzliche Ressourcen für das hardwareseitige Multithreading nur in moderatem Umfang zur Verfügung stehen. Die durchschnittliche Verbesserung der Energieeffizienz beträgt 1,07, was ein exzellenter Wert ist. Im Allgemeinen muss man froh sein, wenn eine Performanzverbesserung energieneutral ist.

Nachdem wir gesehen haben, wie durch mehrere Threads die Ressourcen eines einzelnen Prozessors effektiver genutzt werden können, wenden wir uns nun dem Fall mehrerer Prozessoren zu.

Selbsttest

1. Richtig oder falsch: Sowohl Multithreading als auch Multicores basieren auf Parallelität, um einen Chip so effizient wie möglich zu machen.

2. Richtig oder falsch: Simultanes Multithreading nutzt Threads, um die Ressourcenausnutzung eines Out-of-Order-Prozessors mit dynamischem Scheduling zu verbessern.

6.5 Multicores und andere Multiprozessoren mit gemeinsam genutztem Speicher

Während durch hardwareseitiges Multithreading die Effizienz von Prozessoren zu moderaten Kosten verbessert werden konnte, bestand die große Herausforderung der letzten Dekade in der Erschließung des Leistungspotentials aufgrund des Moore'schen Gesetzes durch effiziente Programmierung der zunehmenden Anzahl von Prozessoren pro Chip.

Angesichts der Schwierigkeit, alte Programme so umzuschreiben, dass sie optimal auf paralleler Hardware laufen, besteht die natürliche Frage, was Computerentwickler tun können, um diese Aufgabe zu vereinfachen. Eine Lösung war, einen einzigen physischen Adressraum bereitzustellen, den alle Prozessoren gemeinsam nutzen können, so dass sich die Programme nicht mehr darum kümmern müssen, wo sie ausgeführt werden, sondern nur, dass sie parallel ausgeführt werden können. Bei diesem Ansatz können alle Variablen eines Programms jedem Prozessor jederzeit zur Verfügung gestellt werden. Die Alternative ist, für jeden Prozessor einen separaten Adressraum zu verwenden, der eine explizite gemeinsame Nutzung fordert. Diese Option werden wir in Abschnitt 6.8 beschreiben. Wenn der physische Adressraum gemeinsam genutzt wird, weist die Hardware in der Regel Cache-Kohärenz auf, um eine konsistente Sicht auf den gemeinsam genutzten Speicher zu bieten (siehe Abschnitt 5.8).

Wie weiter vorn bereits erwähnt, ist ein SMP (Shared Memory Multiprocessor, Multiprozessor mit gemeinsam genutztem Speicher) ein Prozessor, der dem Programmierer einen *einzigen physikalischen Adressraum* über alle Prozessoren bereitstellt – was für Multicore-Chips fast immer der Fall ist. Freilich wäre es exakter, von einem Multiprozessor mit gemeinsam genutzter *Adresse* zu sprechen. Prozessoren kommunizieren über gemeinsam genutzte Variablen im Speicher, wobei alle Prozessoren in der Lage sind, ladend und speichernd auf alle Speicherpositionen zuzugreifen. Abbildung 6.5 zeigt die klassische Anordnung eines SMP. Beachten Sie, dass solche Prozessoren nach wie vor unabhängige Jobs in ihrem jeweiligen virtuellen Adressraum abarbeiten können, auch wenn sie alle einen gemeinsamen physikalischen Adressraum teilen.

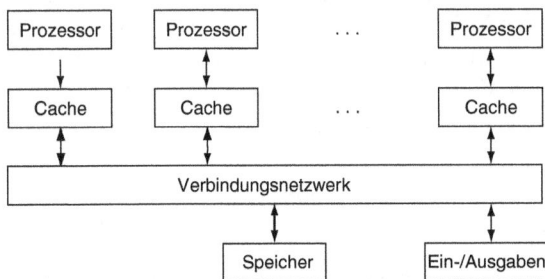

Abb. 6.5: Klassischer Aufbau eines Multiprozessors mit gemeinsam genutztem Speicher.

UMA Ein Multiprozessor, bei dem die Latenz für jedes Wort im Hauptspeicher, auf das zugegriffen wird, ungefähr gleich groß ist, unabhängig davon, von welchem Prozessor die Anforderung kommt.

NUMA Ein Multiprozessor mit einem einzigen Adressraum, bei dem manche Speicherzugriffe deutlich schneller sind als andere, je nachdem, welcher Prozessor auf welches Wort zugreift.

Synchronisierung Der Prozess, das Verhalten von zwei oder mehr Prozessen zu koordinieren, die möglicherweise auf unterschiedlichen Prozessoren ausgeführt werden.

Sperre Ein Synchronisierungsmechanismus, der jeweils nur einem Prozessor gleichzeitig gestattet, auf Daten zuzugreifen.

Reduktion Eine Funktion, die eine Datenstruktur verarbeitet und einen einzelnen Wert zurückgibt.

Es gibt zwei Varianten von Multiprozessoren mit gemeinsamem Adressraum. Bei der ersten hängt die Latenz eines Wortes im Speicher nicht davon ab, von welchem Prozessor aus der Zugriff erfolgt. Diese Maschinen werden auch als **UMA-Multiprozessoren** (Uniform Memory Access) bezeichnet. Bei der zweiten Variante sind manche Speicherzugriffe schneller als andere, je nachdem, welcher Prozessor auf welches Wort zugreift. Das liegt normalerweise daran, dass der Hauptspeicher unterteilt ist und die verschiedenen Bereiche unterschiedlichen Mikroprozessoren oder Speichercontrollern auf dem gleichen Chip zugeordnet sind. Solche Maschinen werden als **NUMA-Prozessoren** (Nonuniform Memory Access) bezeichnet. Wie Sie vielleicht schon erwartet haben, sind die Anforderungen an die Programmierung eines NUMA-Prozessors sehr viel härter als für einen UMA-Multiprozessor, aber NUMA-Maschinen können sehr viel größer ausgelegt werden, und NUMAs können eine geringere Latenz zum nahe gelegenen Speicher haben.

Weil parallel arbeitende Prozessoren normalerweise Daten gemeinsam nutzen, müssen sie sich bei der Arbeit an gemeinsam genutzten Daten auch koordinieren. Andernfalls könnte ein Prozessor anfangen, mit den Daten zu arbeiten, bevor ein anderer damit fertig ist. Diese Koordination wird als **Synchronisierung** bezeichnet (siehe Kapitel 2). Wenn die gemeinsame Nutzung durch einen einzigen Adressraum unterstützt wird, muss es separate Mechanismen für die Synchronisierung geben. Ein Ansatz verwendet eine **Sperre** für eine gemeinsam genutzte Variable. Es kann jeweils nur ein Prozessor auf die Sperre zugreifen, und andere Prozessoren, die auf die gemeinsam genutzten Daten zugreifen wollen, müssen warten, bis der erste Prozessor die Sperre für die Variable aufhebt. Abschnitt 2.11 beschreibt die Befehle für Sperren in MIPS.

Beispiel: Einfaches paralleles Programm für einen gemeinsam genutzten Adressraum

Angenommen, wir wollen 64 000 Zahlen auf einem Multiprozessor mit einheitlicher Speicherzugriffszeit (UMA) addieren. Dabei nehmen wir an, dass der Multiprozessor aus 64 Prozessoren besteht.

Lösung: Der erste Schritt wäre auch hier, die Zahlenmenge in Untermengen gleicher Größe zu zerlegen. Wir ordnen den Untermengen keinen anderen Speicher zu, da diese Maschine nur einen einzigen Speicher besitzt; allerdings geben wir den Prozessoren unterschiedliche Startadressen. Pn sei die Nummer des Prozessors (eine Zahl von 0 bis 63). Alle Prozessoren starten das Programm, indem sie eine Schleife ausführen, die ihre Untermenge der Zahlen addiert:

```
sum[Pn] = 0;
for (i = 1000*Pn; i < 1000*(Pn+1); i = i + 1)
    sum[Pn] +=  A[i];  /* zugewiesene Bereiche addieren */
```

(Der C-Code i = += 1 ist einfach eine Kurzschreibweise für i = i + 1.)

Im nächsten Schritt addieren wir diese 64 Einzelsummen. Dieser Schritt wird **Reduktion** genannt. Wir teilen sie auf, um das Problem zu beherrschen

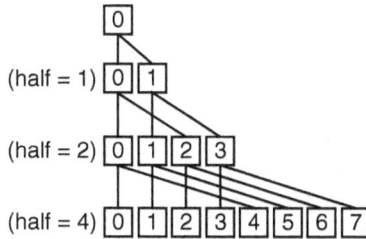

Abb. 6.6: Die letzten vier Stufen einer Reduktion, die die letzten Ergebnisse von jedem Prozessor von unten nach oben addiert. Für alle Prozessoren, deren Nummer i kleiner als half ist, wird die Summe von Prozessor i zu ihrer Summe addiert.

(„divide et impera"). Die Hälfte der Prozessoren addiert Paare von Teilsummen, dann addiert ein Viertel die Paare der neuen Teilsummen usw., bis wir nur noch eine Summe haben, das Endergebnis. Abbildung 6.6 zeigt den hierarchischen Aufbau dieser Reduktion.

In diesem Beispiel müssen sich die beiden Prozessoren synchronisieren, bevor der „Verbraucher"-Prozessor versucht, das Ergebnis von der Speicherposition zu lesen, wohin der „Erzeuger"-Prozessor es geschrieben hat. Andernfalls liest der Verbraucher möglicherweise den alten Datenwert. Der Code könnte wie folgt aussehen (half ist ebenfalls eine private Variable):

```
half = 64 /* 64 Prozessoren im Multiprozessor */
do
  synch(); /* warten, bis die Teilsumme fertig ist */
  if (half%2 != 0 && Pn == 0)
      sum[0] = sum[0] + sum[half-1];
      /* bedingte Summe erforderlich, wenn half ungerade
      ist; Processor0 erhält fehlendes Element */
      half = half/2; /* teilen des Summationsbereichs */
      if (Pn<half) sum[Pn] += sum[Pn+half];
while (half>1); /* Ende mit Gesamtergebnis in Sum[0] */
```

Hardware-Software-Schnittstelle

Im Zuge des lang anhaltenden Interesses an der parallelen Programmierung gab es Hunderte von Versuchen, parallele Programmiersysteme zu konstruieren. Ein begrenztes, jedoch populäres, Beispiel is **OpenMP.** Dabei handelt es sich um eine API (Application Programmer Interface) zusammen mit einer Menge von Compilerdirektiven, Umgebungsvariablen und Laufzeitbibliotheken, die Standardprogrammiersprachen erweitern können. OpenMP bietet ein portierbares, skalierbares und einfaches Programmiermodell für Multiprozessoren mit gemeinsam genutztem Speicher. Das primäre Ziel ist das Parallelisieren von Schleifen und das Durchführen von Reduktionen.

Die meisten C-Compiler unterstützen OpenMP bereits. Um die OpenMP-API mit dem UNIX-C-Compiler zu benutzen, genügt das Kommando

OpenMP Eine API für Multiprocessing mit gemeinsam genutztem Speicher in C, C++ oder Fortran, die auf UNIX- und Microsoft-Plattformen ausgeführt wird. Sie beinhaltet Compiler-Anweisungen, eine Bibliothek sowie Laufzeitanweisungen.

```
cc - fopenmp foo.c
```

OpenMP erweitert C um die Verwendung von Pragma-Anweisungen, die nichts weiter sind als Anweisungen wie *#define* und *#include* an den C-Makro-Prä-prozessor. Um die Anzahl der Prozessoren, die wir verwenden wollen, wie im vorherigen Beispiel auf 64 festzulegen, verwenden wir das Kommando

```
#define P 64    /* Definition einer Konstante */
#pragma omp parallel num_threads(P)
```

Das heißt, die Laufzeitbibliothek soll 64 parallele Threads verwenden.

Um die sequentielle **for**-Schleife in eine parallele **for**-Schleife zu überführen, welche die Arbeit zwischen allen verwendeten Threads gleichmäßig aufteilt, schreiben wir (**sum** sei mit 0 initialisiert):

```
#pragma omp parallel for
for (Pn = 0; Pn < P; Pn += 1)
  for (i = 0; 1000*Pn; i < 1000*(Pn+1); i += 1)
    sum[Pn]+=A[i];    /* summiere zugeordnete Flächen */
```

Um die Reduktion auszuführen, verwenden wir ein weiteres Kommando, das OpenMP mitteilt, was der Reduktionsoperator ist und welche Variable gebraucht wird, um das Ergebnis der Reduktion zu platzieren.

```
#pragma omp parallel for reduction(+ : FinalSum)
for (i = 0; i < P; i += 1)
  FinalSum+=sum[i]; /* reduziere auf  einzelne Zahl */
```

Beachten Sie, dass es nun Sache der OpenMP-Bibliothek ist, effizienten Code zu finden, um 64 Zahlen mit 64 Prozessoren effizient zu summieren.

Während die OpenMP-API es leicht macht, einfachen parallelen Code zu schreiben, ist sie nicht sehr hilfreich beim Debugging. Deshalb nutzen viele Entwickler von paralleler Software ausgefeiltere Werkzeuge als OpenMP zur parallelen Programmierung, ebenso wie viele Programmierer heute produktivere Sprachen als C benutzen.

Nach dieser Tour durch die klassische MIMD-Hardware und -Software führt uns der nächste Abschnitt zu einer exotischeren Variante der MIMD-Architektur, die andere Ursprünge hat und aus diesem Grund eine völlig andere Perspektive auf die Herausforderung der parallelen Programmierung eröffnet.

Selbsttest

Richtig oder falsch: Multiprozessoren mit gemeinsam genutztem Speicher können die Parallelität auf Aufgabenebene nicht nutzen.

Anmerkungen: 1) Manche Autoren haben das Akronym SMP umgewidmet und verwenden es als Abkürzung für *symmetrischer Multiprozessor*, um darauf hinzuweisen, dass die Latenz vom Prozessor zum Speicher für alle Prozessoren ungefähr gleich ist. Diese Verschiebung wurde vorgenommen, um die

SMPs gegen große NUMA-Multiprozessoren abzugrenzen, da beide Klassen einen gemeinsamen Adressraum verwenden. Da sich Cluster als wesentlich populärer erwiesen haben als große NUMA-Multiprozessoren, verwenden wir das Akronym SMP in diesem Buch wieder in seiner ursprünglichen Bedeutung und sehen es als Gegensatz zu Architekturen, die mehrere Adressräume verwenden, also etwa Cluster.

2) Eine Alternative zur gemeinsamen Nutzung des physikalischen Adressraums wäre es, separate physikalische Adressräume zu benutzen, aber einen gemeinsamen virtuellen Adressraum zu haben, so dass die Kommunikation dem Betriebssystem überlassen bliebe. Dieser Ansatz wurde ausprobiert, aber hat einen zu großen Overhead erzeugt, als dass er den Programmierern eine sinnvolle Abstraktion des gemeinsam genutzten Speichers bieten könnte.

6.6 Grafikprozessoren (GPUs) – Einführung

Der ursprüngliche Grund für die Einführung von SIMD-Befehlen in vorhandenen Architekturen war, dass viele Mikroprozessoren mit Grafikanzeigen in PCs und Workstations verbunden waren, so dass immer mehr Verarbeitungszeit für die Grafik aufgewendet wurde. Weil die Anzahl der für Mikroprozessoren verfügbaren Transistoren nach dem Moore'schen Gesetz zunahm, war es deshalb sinnvoll, die Grafikverarbeitung zu verbessern.

Eine wichtige Triebskraft für die Verbesserung der Grafikverarbeitung war die Computerspiele-Industrie, sowohl für PCs als auch für spezielle Spielkonsolen, wie etwa die Sony PlayStation. Das schnelle Wachstum des Spielemarkts ermutigte zahlreiche Unternehmen, immer mehr Investitionen in die Entwicklung schneller Grafik-Hardware zu stecken, und dieses positive Feedback führte dazu, dass sich die Grafikverarbeitung schneller weiterentwickelte als die allgemeine Verarbeitung in Mainstream-Mikroprozessoren.

Angesichts der Tatsache, dass die Grafik- und Spielegemeinde ganz andere Ziele als die Mikroprozessorentwickler hatten, entstand ein ganz neuer Verarbeitungsstil und damit eine ganz neue Terminologie. Als die Grafikprozessoren leistungsfähiger wurden, erhielten sie den Namen *Graphics Processing Units* oder *GPUs*, um sie von den CPUs abzugrenzen.

Für ein paar Hundert Dollar kann sich heute jeder eine GPU mit Hunderten von parallelen Gleitkommaeinheiten kaufen, wodurch Hochleistungsrechnen viel leichter verfügbar geworden ist. Das Interesse an GPUs blühte auf, als dieses Potential mit einer Programmiersprache verbunden wurde, mit der sich GPUs leichter programmieren ließen. Viele Programmierer von wissenschaftlichen und Multimedia-Anwendungen wägen daher heute ab, ob sie GPUs oder CPUs verwenden. (Dieser Abschnitt konzentriert sich auf den Einsatz von GPUs für Berechnungen. Wie das Rechnen mit GPUs mit der traditionellen Rolle der Grafikbeschleunigung kombiniert wird, erfahren Sie im Online-Anhang C.)

Zu den wichtigsten Unterscheidungsmerkmalen von GPUs und CPUs gehören:

- GPUs sind Beschleuniger, die eine CPU ergänzen, sie müssen also nicht in der Lage sein, alle Aufgaben einer CPU auszuführen. Diese Rolle gestattet es ihnen, ihre gesamte Leistung für Grafik aufzuwenden. Für GPUs ist es völlig in Ordnung, einige Aufgaben nur schlecht oder überhaupt nicht zu erledigen, wenn diese in einem System mit GPU und CPU gegebenenfalls von der CPU übernommen werden können.

- Die Problemgrößen von GPUs liegen typischerweise zwischen einigen Hundert Megabyte und einigen Gigabyte, jedoch nicht bei Hunderten von Gigabyte oder gar im Terabyte-Bereich.

Die folgenden Unterschiede führten zu unterschiedlichen Architekturstilen:

- Der vielleicht größte Unterschied ist, dass GPUs keine mehrstufigen Caches verwenden, um lange Latenzen zum Speicher zu kompensieren, wie es bei CPUs der Fall ist. Stattdessen basieren GPUs auf hardwareseitigem Multi-threading (Abschnitt 6.4), um die Latenz zum Speicher zu verbergen. Das bedeutet, dass die GPU zwischen einer Speicheranforderung und der Zeit, zu der die Daten ankommen, Hunderte oder Tausende von Threads ausführt, die von dieser Anfrage unabhängig sind.

- Der GPU-Hauptspeicher ist aus diesem Grund auf Bandbreite anstatt auf Latenz ausgerichtet. Es gibt sogar spezielle DRAM-Chips für GPUs, die breiter sind und eine höhere Bandbreite aufweisen als DRAM-Chips für CPUs. Darüber hinaus hatten GPU-Speicher bisher immer kleinere Hauptspeicher als konventionelle Mikroprozessoren. 2013 benötigen GPUs in der Regel 4 bis 6 GB, während CPUs 32 bis 256 GB verwenden. Beachten Sie außerdem, dass Sie für eine ganz allgemeine Programmierung die Zeit für die Übertragung der Daten zwischen CPU-Speicher und GPU-Speicher berücksichtigen müssen, weil die GPU ein Co-Prozessor ist.

- Weil GPUs von vielen Threads ausgehen, um gute Speicherbandbreiten zu erzielen, können sie viele parallele Prozessoren (MIMD) und viele Threads unterbringen. Aus diesem Grund ist jede GPU auf extensiveres Multithreading ausgelegt als eine typische CPU; außerdem haben GPUs mehr Prozessoren.

Hardware-Software-Schnittstelle

Obwohl GPUs für einen kleinen Bereich von Anwendungen ausgelegt sind, haben sich einige Programmierer gefragt, ob sie ihre Anwendungen nicht in einer Weise spezifizieren könnten, die ihnen die Ausnutzung des hohen Leistungs-potentials von GPUs gestattet. Nachdem sie es satt hatten, ihre Probleme unter Verwendung der Grafik-APIs und der Grafik-Shading-Sprachen auszudrücken, entwickelten sie C-ähnliche Programmiersprachen, die es ihnen ermöglichten, ihre Programme direkt für die GPUs zu schreiben. Ein Beispiel dafür ist NVI-DIAs CUDA (Compute Unifies Device Architecture), eine Sprache, mit der der Programmierer C-Programme schreiben kann, die auf GPUs ausgeführte werden, wenn auch mit einigen Einschränkungen. Anhang C (online) enthält ein Beispiel für CUDA-Code. (OpenCL ist ein Projekt mehrerer Unternehmen, dessen Ziel es ist, eine portierbare Programmiersprache zu entwickeln, die viele der Vorzüge von CUDA bietet.)

NVIDIA hat sich dafür entschieden, dass der *CUDA Thread* das vereinigende Motiv all dieser Formen von Parallelität sein soll. Durch Nutzung dieser niedrigsten Ebene der Parallelität als Primitive können Compiler und Hardware Tausende von CUDA-Threads bündeln, um die verschiedenen Arten von Parallelität innerhalb einer GPU auszunutzen: Multithreading, MIMD, SIMD und Parallelität auf Befehlsebene. Diese Threads werden zu Blöcken gefasst und in Gruppen von 32 ausgeführt. Ein Multithread-Prozessor innerhalb einer GPU führt diese Blöcke von Threads aus, und eine GPU besteht aus 8 bis 32 dieser Multithread-Prozessoren.

NVIDIA GPU-Architektur – Einführung

Wir verwenden NVIDIA-Systeme als Beispiel, weil sie repräsentativ für GPU-Architekturen sind. Insbesondere folgen wir der Terminologie der CUDA-Programmiersprache und verwenden die Fermi-Architektur als Beispiel.

Wie Vektorarchitekturen arbeiten GPUs nur gut für Probleme, die Parallelität auf Datenebene aufweisen. Beide Architekturen haben Gather/Scatter-Datentransfers, und GPU-Prozessoren haben sogar noch mehr Register als Vektorprozessoren. Anders als die meisten Vektorarchitekturen basieren GPUs auch auf hardwareseitigem Multithreading innerhalb eines einzelnen mehrfädigen SIMD-Prozessors, um die Speicherlatenz zu verbergen (siehe Abschnitt 6.4).

Ein mehrfädiger SIMD-Prozessor ähnelt einem Vektorprozessor, hat jedoch viele parallele Funktionseinheiten anstatt wie jener nur einige wenige, die eine starke Pipeline-Struktur haben.

Wie bereits erwähnt, enthält eine GPU eine Menge von mehrfädigen SIMD-Prozessoren; d. h., eine GPU ist ein MIMD, der aus mehrfädigen SIMD-Prozessoren zusammengesetzt ist. Beispielsweise hat NVIDIA im Jahr 2020 vier Implementierungen der Tesla-Architektur mit 15, 24, 56 oder 80 mehrfädigen SIMD-Prozessoren. Um eine transparente Skalierbarkeit über die einzelnen GPU-Modelle mit unterschiedlich vielen mehrfädigen SIMD-Prozessoren zu haben, ordnet der Thread-Block-Scheduler den mehrfädigen SIMD-Prozessoren Blöcke von Threads zu. Abbildung 6.7 zeigt ein vereinfachtes Blockschaltbild eines mehrfädigen SIMD-Prozessors.

Wir gehen nun eine Detailebene tiefer. Das Maschinenobjekt, das die Hardware erzeugt, verwaltet, disponiert und ausführt, ist ein *Thread von SIMD-Befehlen*, den wir auch als *SIMD-Thread* bezeichnen. Er ist ein gewöhnlicher Thread, enthält jedoch ausschließlich SIMD-Befehle. Diese SIMD-Threads haben ihre eigenen Programmzähler und laufen auf mehrfädigen SIMD-Prozessoren. Der SIMD-Thread-Scheduler beinhaltet einen Controller, der ihm mitteilt, welche Threads von SIMD-Befehlen bereit zur Verarbeitung sind,

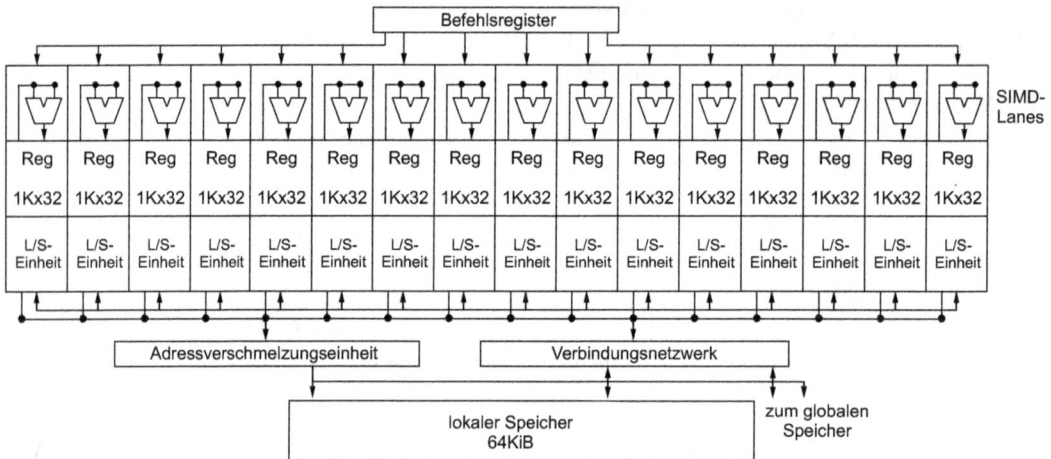

Abb. 6.7: Vereinfachtes Blockschaltbild des Datenpfads eines mehrfädigen SIMD-Prozessors mit 16 Lanes. Der SIMD-Thread-Scheduler hat viele unabhängige SIMD-Threads, aus denen er wählen kann, was auf dem Prozessor laufen soll.

und dann sendet er sie zu einer Ausführungseinheit, damit sie auf dem mehrfädigen SIMD-Prozessor verarbeitet werden. Er ist gleichbedeutend mit einem hardwareseitigen Thread-Scheduler in einem traditionellen Multithread-Prozessor (siehe Abschnitt 6.4), außer dass sich das Scheduling auf SIMD-Befehle bezieht.

Damit hat die GPU-Hardware zwei Ebenen von Hardware-Schedulern:

1. den *Thread-Block-Scheduler*, der mehrfädigen SIMD-Prozessoren Thread-Blöcke zuordnet, sowie

2. den SIMD-Thread-Scheduler *innerhalb* eines SIMD-Prozessors, der plant, wann SIMD-Threads laufen sollen.

Die SIMD-Befehle dieser Threads haben eine Breite von 32, d. h., jeder Thread aus SIMD-Befehlen berechnet 32 Elemente der Berechnung. Da der Thread aus SIMD-Befehlen besteht, muss der SIMD-Prozessor parallele Funktionseinheiten haben, um die Operation auszuführen. Wir bezeichnen diese als SIMD-Lanes, und sie sind ganz ähnlich wie die Vektor-Lanes aus Abschnitt 6.3.

Anmerkung: Jeder SIMD-Thread der Breite 32 wird auf 16 SIMD-Lanes abgebildet, so dass für jeden SIMD-Befehl in einem Thread von SIMD-Befehlen zwei Taktzyklen nötig sind. Jeder Thread von SIMD-Befehlen wird im Gleichschritt ausgeführt. Wenn wir bei der Analogie zwischen einem SIMD-Prozessor und einem Vektorprozessor bleiben, dann können wir sagen, dass er 16 Lanes hat, und die Vektorlänge wäre 32. Diese breite aber flache Natur ist der Grund, warum wir den Begriff SIMD-Prozessor anstatt Vektorprozessor verwenden, da er intuitiver ist.

Da die Threads der SIMD-Befehle per Definition unabhängig sind, kann sich der SIMD-Thread-Scheduler jeden beliebigen Thread heraussuchen, der gerade bereit ist, und es ist nicht nötig, dass er sich an den nächsten SIMD-Befehl innerhalb eines einzelnen Threads hält. In der Terminologie von Abschnitt 6.4 bedeutet das, dass er feinkörniges Multithreading verwendet.

Um diese Speicherelemente zu halten, besitzt ein SIMD-Prozessor beeindruckende 32 768 32-Bit-Register. Wie bei einem Vektorprozessor sind diese Register logisch über die Lanes verteilt. Jeder SIMD-Thread ist auf maximal 64 Register beschränkt, so dass Sie sich vorstellen können, dass ein SIMD-Thread bis zu 64 Vektorregister hat, wobei jedes Vektorregister 32 Elemente hat und jedes Element 32 Bit breit ist.

Da der SIMD-Prozessor 16 SIMD-Lanes hat, enthält jede 2048 Register. Jeder CUDA-Thread erhält ein Element von jedem der Vektorregister. Beachten Sie, dass ein CUDA-Thread einfach ein vertikaler Schnitt eines Threads von SIMD-Befehlen ist, der einem von einer SIMD-Lane ausgeführten Element entspricht. Vergessen Sie dabei nicht, dass CUDA-Threads sehr verschieden von POSIX-Threads sind; es ist nicht möglich, in einem CUDA-Thread beliebig Systemaufrufe und Synchronisierungen durchzuführen.

NVIDIA GPU-Speicherstrukturen

Abbildung 6.8 zeigt die Speicherstrukturen einer NVIDIA GPU. Den on-Chip-Speicher, der auf jedem mehrfädigen SIMD-Prozessor vorhanden ist, nennen wir *lokalen Speicher*. Er wird von den SIMD-Lanes innerhalb eines mehrfädigen SIMD-Prozessors geteilt, jedoch teilen sich die verschiedenen mehrfädigen SIMD-Prozessoren diesen Speicher nicht untereinander. Den off-Chip-DRAM, der von der gesamten GPU und allen Thread-Blöcken geteilt wird, nennen wir *GPU-Speicher*.

Anstatt sich auf große Caches zu stützen, die die vollständigen Daten für eine Applikation enthalten, verwenden GPUs traditionell kleinere Streaming-Caches und machen extensiven Gebrauch von Multithreading für SIMD-Befehle, um mit der langen Latenz für DRAM umzugehen, da ihre Arbeitsdaten Hunderte Megabytes umfassen können. Das bedeutet, dass sie nicht in den Last-Level-Cache eines Multicore-Prozessors passen. Da hardwareseitiges Multithreading eingesetzt wird, um die DRAM-Latenz zu verbergen, wird in Systemprozessoren Chipfläche für Caches verbraucht anstatt für die Berechnung von Ressourcen und das Halten einer großen Anzahl von Registern für die vielen Threads von SIMD-Befehlen.

Anmerkung: Obwohl das Verbergen der Speicherlatenz die zugrunde liegende Philosophie ist, darf nicht vergessen werden, dass neuere GPUs und Vektorprozessoren zusätzlich Caches haben. Sie sind entweder als Bandbreite-Filter zum Reduzieren der Anforderungen an den GPU-Speicher gedacht oder sie dienen als Beschleuniger für die wenigen Variablen, deren Latenz nicht durch Multithreading verborgen werden kann. Der lokale Speicher für Stack Frames, Funktionsaufrufe und Register-Spilling ist eine gute Sache für Caches, da Latenz wichtig ist, wenn eine Funktion aufgerufen wird. Durch Caches kann auch

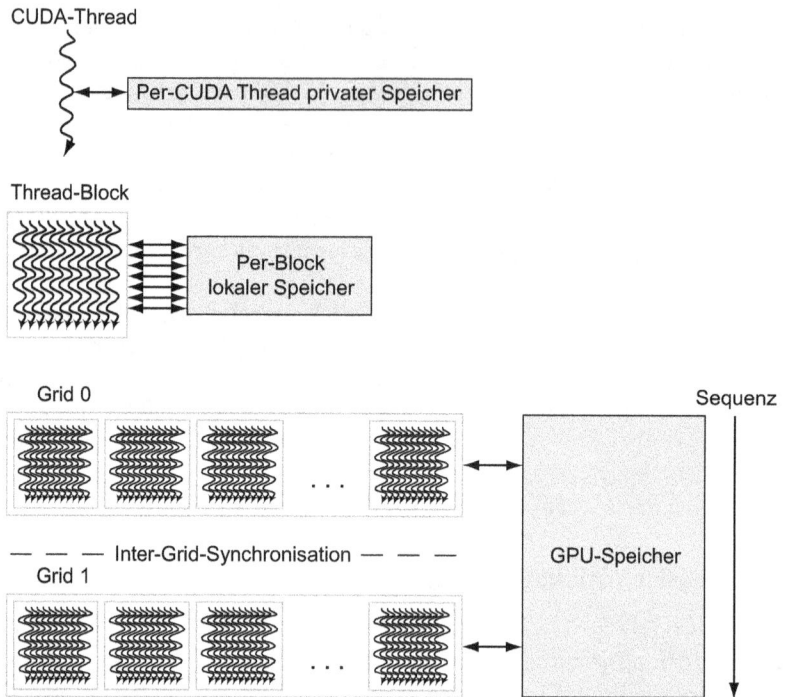

Abb. 6.8: GPU-Speicherstrukturen. GPU-Speicher wird von vektorisierten Schleifen geteilt. Alle Threads von SIMD-Befehlen innerhalb eines Thread-Blocks teilen sich einen lokalen Speicher.

Energie gespart werden, da Zugriffe auf einen on-Chip-Cache wesentlich weniger Energie brauchen als Zugriffe auf multiple, externe DRAM-Chips.

GPUs ins rechte Licht gerückt

Auf einer hohen Ebene haben Multicore-Computer mit SIMD-Befehlserweiterungen Ähnlichkeiten mit GPUs. Tabelle 6.3 fasst die Gemeinsamkeiten und Unterschiede zusammen. Beide sind MIMDs, deren Prozessoren mehrere SIMD-Lanes verwenden, allerdings haben GPUs mehr Prozessoren und wesentlich mehr Lanes. Beide setzen hardwareseitiges Multithreading ein, um die Prozessorauslastung zu verbessern, wobei GPUs Hardware-Unterstützung für sehr viel mehr Threads haben. Beide verwenden Caches, die bei GPUs als kleinere Streaming-Caches ausgelegt sind, während Multicore-Computer große Multilevel-Caches verwenden, die versuchen, die vollständigen Arbeitsdaten vorzuhalten. Beide verwenden eine 64-Bit-Adressraum, aber der physikalische Hauptspeicher ist bei GPUs deutlich kleiner. GPUs unterstützen zwar Speicherschutz auf Seitenebene, nicht jedoch das Nachladen von Seiten.

SIMD-Prozessoren haben auch Gemeinsamkeiten mit Vektorprozessoren. Die multiplen SIMD-Prozessoren in GPUs wirken als unabhängige MIMD-

Tab. 6.3: Gemeinsamkeiten und Unterschiede zwischen Multicore mit Multimedia-SIMD-Erweiterungen und aktuellen GPUs.

Merkmal	Multicore mit SIMD	GPU
SIMD-Prozessoren	8 bis 32	15 bis 128
SIMD-Lanes je Prozessor	2 bis 4	8 bis 16
hardwareseitige Multithreading-Unterstützung für SIMD-Threads	2 bis 4	16 bis 32
maximale Cache-Größe	48 MiB	6 MiB
Größe des Adressspeichers	64-Bit	64-Bit
Größe des Hauptspeichers	64 bis 1024 GiB	4 bis 16 GiB
Speicherschutz auf Seitenebene	ja	ja
Nachladen von Seiten	ja	nein
Cache-Kohärenz	ja	nein

Kerne, genau so wie viele Vektorrechner mehrere Vektorprozessoren haben. Diese Sichtweise betrachtet den Volta V100 als eine 80-Core-Maschine mit Hardwareunterstützung für Multithreading, wobei jeder Core 16 Lanes hat. Der größte Unterschied ist das Multithreading, das für GPUs fundamental ist, während es bei den meisten Vektorprozessoren fehlt.

GPUs und CPUs gehen in der Genealogie der Computerarchitekturen nicht auf einen gemeinsamen Vorfahren zurück; es gibt keinen „Missing Link", der beide erklärt. Eine Folge dieses fehlenden gemeinsamen Erbes ist, dass für GPUs nicht die in der Community der Computerarchitekten üblichen Begriffe verwendet werden, was zu einiger Verwirrung darüber geführt hat, was GPUs sind und wie sie arbeiten. Um diesem Zustand abzuhelfen, haben wir in Tabelle 6.4 einige verwandte Begriffe zusammengestellt. In jeder Zeile steht jeweils ein eher deskriptiver Begriff, den wir in diesem Abschnitt benutzen, gefolgt von dem Begriff der Mainstream-Informatik, der diesem Begriff am nächsten kommt, der offiziellen NVIDIA-GPU-Bezeichnung sowie einer kurzen inhaltlichen Beschreibung des Begriffs. Dieser „Rosettastein" für GPUs soll Ihnen helfen, die Ausführungen in diesem Abschnitt mit den Ideen in Beziehung zu setzen, die Sie in eher konventionellen Abhandlungen über GPUs finden, so etwa in Anhang C (online).

Obwohl GPUs sich zunehmend dem Mainstream-Computing annähern, liegt ihre Kernkompetenz doch weiterhin im Grafikbereich. Deshalb macht das GPU-Design mehr Sinn, wenn Architekten überlegen, wie sie – vorausgesetzt, dass die Hardware gut mit Grafik umgehen kann – GPUs so erweitern können, dass die Performanz für einen größeren Anwendungsbereich verbessert wird.

GPUs sind das erste Beispiel für Beschleuniger, die nachweislich die Leistung in einem bestimmten Bereich verbessert haben, in diesem Fall im Bereich der Computergrafik. Im nächsten Abschnitt werden wir weitere Beispiele kennenlernen, wobei wir dem maschinellen Lernen besondere Aufmerksamkeit schenken werden.

Tab. 6.4: Übersicht über verschiedene GPU-Begriffe. Die zwölf Begriffe sind in vier Gruppen unterteilt: Programmabstraktionen, Maschinenobjekte, Verarbeitungshardware und Speicherhardware.

Deskriptiver Begriff	Verwandter Begriff	CUDA/NVIDIA-GPU-Bez.	Kurzdefinition
Programmabstraktionen			
vektorisierbare Schleife	vektorisierbare Schleife	Grid	Eine vektorisierbare Schleife, ausgeführt auf der GPU, bestehend aus einem oder mehreren Thread-Blöcken (Rümpfe der vektorisierten Schleifen), die parallel ausgeführt werden können.
Rumpf einer vektorisierbaren Schleife	Rumpf einer vektorisierbaren Schleife	Thread-Block	Eine vektorisierte Schleife, ausgeführt auf einem mehrfädigen SIMD-Prozessor, bestehend aus einem oder mehreren Threads aus SIMD-Befehlen. Sie können über den lokalen Speicher kommunizieren.
Sequenz von SIMD-Lane-Operationen	eine Operation einer skalaren Schleife	CUDA-Thread	Ein vertikaler Schnitt eines Threads aus SIMD-Befehlen, der einem von einer Lane ausgeführten Element entspricht.
Maschinenobjekte			
Thread aus SIMD-Befehlen	Thread aus Vektorbefehlen	Warp	Ein traditioneller Thread, der jedoch nur SIMD-Befehle enthält, die auf einem mehrfädigen SIMD-Prozessor ausgeführt werden. Die Ergebnisse werden in Abhängigkeit von einer Maske für jedes Element gespeichert.
SIMD-Befehl	Vektorbefehl	PTX-Befehl	Ausführung eins einzelnen SIMD-Befehls auf einer SIMD-Lane.
Verarbeitungshardware			
mehrfädiger SIMD-Prozessor	(mehrfädiger) Vektorprozessor	Streaming Multiprozessor	Ein mehrfädiger SIMD-Prozessor führt unabhängig von anderen SIMD-Prozessoren Threads von SIMD-Befehlen aus.
Thread-Block-Scheduler	skalarer Prozessor	Giga Thread Engine	Ordnet mehrfädigen SIMD-Prozessoren mehrere Thread-Blöcke (Rümpfe von vektorisierten Schleifen) zu.
SIMD-Thread-Scheduler	Thread-Scheduler in einer mehrfädigen CPU	Warp Scheduler	Hardwareinheit, die Threads aus SIMD-Befehlen organisiert und sie zuordnet, wenn sie bereit für die Ausführung sind; umfasst eine Liste zur Verfolgung der SIMD-Thread-Ausführung.
SIMD-Lane	Vektor-Lane	Thread-Prozessor	Eine SIMD-Lane führt auf einem einzelnen Element die Operationen eines Threads aus SIMD-Befehlen aus. Die Ergebnisse werden in Abhängigkeit von der Maske gespeichert.
Speicherhardware			
GPU-Speicher	Hauptspeicher	globaler Speicher	DRAM-Speicher steht allen mehrfädigen SIMD-Prozessoren einer GPU zur Verfügung.
lokaler Speicher	lokaler Speicher	geteilter Speicher	Schneller lokaler SRAM für einen mehrfädigen SIMD-Prozessor, nicht verfügbar für andere SMD-Prozessoren.
SIMD-Lane-Register	Vektor-Lane-Register	Thread-Prozessor-Register	Register in einer einzelnen SIMD-Lane werden über einen ganzen Thread-Block zugeteilt.

Selbsttest

Richtig oder falsch: GPUs basieren auf Grafik-DRAM-Chips, um die Speicherlatenz zu reduzieren und dadurch die Performanz von Grafikanwendungen zu steigern.

6.7 Domänenspezifische Architekturen

Die Kombination aus der Verlangsamung des Moore'schen Gesetzes, dem Ende der Dennard-Skalierung und den praktischen Leistungsgrenzen von Multicoreprozessoren aufgrund des Amdahl'schen Gesetzes hat die vorherrschende Meinung dahingehend verschoben, dass die einzige verbliebene Möglichkeit zur Leistungssteigerung bei gleichzeitiger Energieeffizienz in **domänenspezifischen Architekturen (DSAs)** besteht. Ähnlich wie GPUs erledigen DSAs nur einen schmalen Bereich von Aufgaben, das jedoch extrem gut. So, wie die Entwicklung in der letzten Dekade aus reiner Notwendigkeit von Einzelprozessoren in Richtung Multiprozessoren ging, sehen sich Architekten nunmehr gezwungen, domänenspezifische Architekturen zu entwickeln.

Das neue Normal ist, dass Computer einen Standardprozessor haben, auf dem große, konventionelle Programme wie etwa Betriebssysteme laufen, zusätzlich jedoch domänenspezifische Prozessoren. Es ist daher zu erwarten, dass Computer heterogener sein werden, als es die homogenen Multicore-Chips der Vergangenheit waren. Dieser Abschnitt, der für die 6. Auflage neu in dieses Buch aufgenommen wurde, basiert auf einem neuen, achtzigseitigen Kapitel über DSAs in *Computer Architecture: A Quantitative Approach,* 6. Auflage. Dort können Sie sich, wenn Sie an dem Thema interessiert sind, ausführlicher informieren.

Domänenspezifische Architekturen folgen fünf Prinzipien:

1. *Verwendung geeigneter Speicher, um die Distanz zu minieren, über die Daten bewegt werden.* Die vielen Cache-Ebenen in Allzweckprozessoren nehmen einen großen Flächenanteil ein und verbrauchen viel Energie bei dem Versuch, Daten so zu verschieben, dass es für ein Programm optimal ist. Beispielsweise verbraucht ein zweifach satzassoziativer Cache 2,5-mal so viel Energie wie ein äquivalenter softwaregesteuerter Scratchpad-Speicher. Naturgemäß verstehen Compilerentwickler und Programmierer von DSAs etwas vom jeweiligen Anwendungsbereich, so dass keine Notwendigkeit besteht, Daten von der Hardware hin- und herbewegen zu lassen. Stattdessen wird die Datenbewegung mittels softwaregesteuerter Speicher reduziert, die für bestimmte Funktionen des Anwendungsbereiches maßgeschneidert sind.

2. *Investieren der Ressourcen, die durch das Weglassen ausgefeilter Optimierungen der Mikroarchitektur eingespart wurden, in zusätzliche arithmetische Einheiten oder größere Speicher.* Architekten von CPUs und GPUs haben den Bonus aus dem Moore'schen Gesetz in ressourcenintensive Op-

domänenspezifische Architektur Ein Computer, der für einen speziellen Anwendungsbereich maßgeschneidert ist, im Gegensatz zu einem Computer für den allgemeinen Gebrauch.

timierungen gesteckt: Out-of-Order-Ausführung, Spekulation, Multithreading, Multiprocessing, Prefetching, Multilevel-Caches usw. Doch in Anbetracht des Vorwissens über die Programmausführung in klar eingegrenzten Anwendungsbereichen ist es viel besser, diese Ressourcen für mehr Verarbeitungseinheiten oder größere On-Chip-Speicher zu verwenden.

3. *Verwendung der einfachsten Form von Parallelität, die zu der jeweiligen Domäne passt.* Die Probleme, für die DSAs entwickelt werden, haben fast immer eine inhärente Parallelität. Eine grundlegende Entscheidung bei der Entwicklung einer DSA besteht darin, wie diese Parallelität ausgenutzt werden soll und wie sie für die Software freigelegt werden kann. Das Ziel ist es, die DSA gemäß der natürlichen Granularität der anwendungstypischen Parallelität zu entwerfen und diese Parallelität einfach im Programmiermodell herauszustellen. Im Hinblick auf die Parallelität auf Datenebene zum Beispiel ist eine SIMD-Architektur, falls diese in der Domäne funktioniert, für Programmierer und Compilerentwickler sicherlich einfacher als MIMD. Ebenso kann das Design kleiner und energieeffizienter ausfallen als eine Out-of-Order-Ausführung, wenn VLIW die der Domäne inhärente Parallelität auf Befehlsebene ausdrücken kann.

4. *Reduzieren der Datengröße und des Datentyps auf die einfachste Möglichkeit für die Domäne.* In vielen Domänen sind Applikationen speicherlimitiert, so dass man die effektive Speicherbandbreite und die Ausnutzung des On-Chip-Speichers erhöhen kann, indem man schmalere Datentypen verwendet. Schmalere und einfachere Daten erlauben es auch, mehr arithmetische Einheiten pro Chipfläche oder im Energiebudget unterzubringen.

5. *Verwendung einer domänenspezifischen Programmiersprache, um den Code auf die DSA zu portieren.* Eine klassische Herausforderung für spezialisierte Architekturen besteht darin, Applikationen auf der neuen Architektur zum Laufen zu bringen. Zum Glück sind domänenspezifische Programmiersprachen wie etwa Halide (Bildverarbeitung) und TensorFlow (maschinelles Lernen) schon populär geworden, bevor Architekten gezwungen waren, ihre Aufmerksamkeit auf DSAs zu richten. Die höhere Abstraktionsebene der Programmierung macht das Portieren von Applikationen auf eine DSA einfacher.

Zu den Anwendungsbereichen, die, abgesehen vom Grafikbereich, durch spezialisierte Architekturen beschleunigt wurden, gehören die Bioinformatik, die Bildverarbeitung und die Simulation; das bislang populärste Beispiel jedoch ist die *künstliche Intelligenz* (KI oder auch AI für engl. artificial intelligence). Anstatt ein KI-System in Form einer großen Menge von logischen Regeln aufzubauen, gewann in den vergangenen zehn Jahren ein anderer Ansatz an Bedeutung, der inzwischen als der vielversprechendste angesehen wird, nämlich das maschinelle Lernen (ML) aus Beispieldaten. Der Umfang der dafür nötigen Datensätze war viel größer als gedacht, doch die Warehouse-Scale-Computer (WSCs) dieses Jahrhunderts, die Petabyte an Daten von Milliarden Internetnutzern sammeln und speichern, liefern reichlich Daten. Auch der Rechenaufwand für das Lernen aus den Unmengen von Daten war unterschätzt worden, jedoch stellen GPUs, die in die Tausende von Servern von WSCs eingebettet sind – und die eine exzellente Performanz bei Gleitkommaoperationen mit einfacher Genauigkeit haben –, ausreichend Rechenleistung zur Verfügung.

Einen Teilbereich des maschinellen Lernens bilden sogenannte *tiefe neuronale Netze*, die seit 2012 der Star im KI-Bereich sind. Wie es aussieht, wird fast jeden Monat ein neuer Durchbruch vermeldet, der durch tiefe neuronale Netze ermöglicht wurde, so etwa bei der Objekterkennung oder beim maschinellen Übersetzen. Große Aufmerksamkeit erregte auch ein Computerprogramm, das mit dieser Technologie dazu befähigt wurde, das Brettspiel Go zu spielen, und dem es erstmals gelang, einen menschlichen Champion zu schlagen.

Ein prominentes Beispiel einer DSA für tiefe neuronale Netze ist Googles Tensorprozessor (TPUv1). Bereits 2006 begannen die Ingenieure von Google über die Möglichkeit zu diskutieren, in ihren Datenzentren GPUs, FPGAs oder maßgeschneiderte Chips einzusetzen. Sie kamen zu dem Schluss, dass die wenigen Applikationen, die auf spezieller Hardware laufen könnten, praktisch umsonst zu haben sind, indem die reichlich vorhandene Kapazität der großen Datenzentren genutzt wird. Diese Einschätzung änderte sich 2013, als hochgerechnet wurde, dass sich die Größenordnung der Google-Datenzentren verdoppeln müsste, um dem Bedarf an Rechenleistung gerecht zu werden, der entsteht, wenn die Leute drei Minuten pro Tage die Sprachsuche nutzen, die auf tiefen neuronalen Netzen für die Spracherkennung basiert. Es wäre sehr teuer und zeitaufwändig geworden, diese Anforderungen mit konventionellen CPUs zu erfüllen. Google startete ein Projekt von höchster Priorität, um schnell einen maßgeschneiderten Chip für tiefe neuronale Netze zu entwickeln. Ziel war es, das Kosten-Leistung-Verhältnis um das Zehnfache gegenüber CPUs oder GPUs zu steigern. Unter dieser hohen Dringlichkeit wurde die TPU in nur 15 Monaten entworfen, geprüft, gebaut und schließlich in den Datenzentren eingesetzt. Falls Sie Google-Applikationen verwenden, dann haben Sie auch schon TPUv1s genutzt, da diese seit 2015 im Einsatz sind.

Abbildung 6.9 zeigt das Blockdiagramm der TPUv1. Die inneren Blöcke sind typischerweise durch 256-Byte-Leitungen miteinander verbunden. Die Matrixmultiplikationseinheit (rechts) ist das Herzstück der TPU. Sie folgt dem DSA-Prinzip, wonach Ressourcen, die durch das Weglassen von CPU-Features eingespart wurden, in mehr arithmetische Einheiten investiert werden sollten – sie enthält ein Array aus 256×256 ALUs. Das sind 250-mal so viele ALUs wie in einer aktuellen Server-CPU und 25-mal so viele wie in einer aktuellen GPU. Die Verwendung einer SIMD-Architektur für die 65 536 ALUs folgt dem Prinzip, die einfachste Form der Parallelität zu nutzen, die zu dem jeweiligen Anwendungsbereich passt. Außerdem reduziert die TPUv1 die Datengröße und den Datentyp auf 8-Bit- und 16-Bit-Ganzzahlen (was für diesen Anwendungsbereich genügt), während in der aktuellen GPU der 32-Bit-Gleitkommatyp verwendet wird. Das Prinzip, geeignete Speicher zu benutzen, wird umgesetzt, indem die Matrixprodukte in den Akkumulatoren (4 MiB) aufgenommen werden, während die Zwischenergebnisse in den 24 MiB großen Pufferspeicher

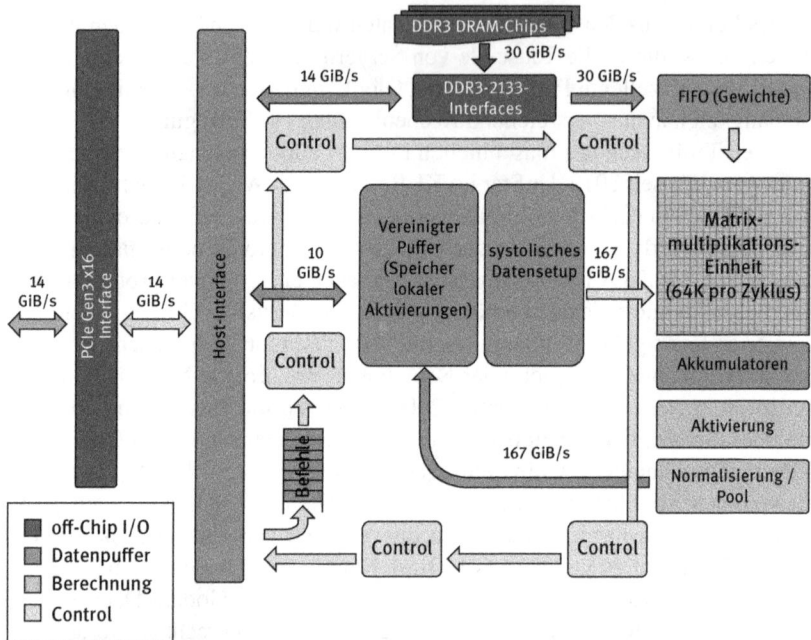

Abb. 6.9: Blockdiagramm der TPUv1. Der Hauptteil für die Berechnungen ist die Matrixmultiplikationseinheit (rechts). Ihre Eingaben stammen aus dem Gewichts-FIFO und dem Pufferspeicher; ihre Ausgaben gehen an die Akkumulatoren. Der 24 MiB große Pufferspeicher nimmt fast ein Drittel der Fläche auf dem TPUv1-Die ein und die Matrixmultiplikationseinheit mit ihren 65 536 ALUs ein Viertel, so dass auf den Datenpfad des TPUv1 beinahe zwei Drittel der Die-Fläche entfallen. Dagegen entfallen bei CPUs oft zwei Drittel der Die-Fläche auf Multilevel-Caches.

kommen, von wo aus sie als Eingaben an die Matrixmultiplikationseinheit gehen. Die TPUv1 hat fast viermal so viel On-Chip-Speicher wie die äquivalente GPU. Außerdem wird sie unter Verwendung von TensorFlow programmiert, was das Portieren von Applikationen aus dem Bereich tiefer neuronaler Netze auf diese DSA vereinfacht.

Die Taktrate des TPUv1 ist mit 700 MHz moderat, doch die 65 536 ALUs erreichen damit eine maximale Leistung von 90 TeraFLOPS. Die Die-Fläche ist weniger als halb so groß wie bei einer aktuellen CPU oder GPU, und mit 75 W ist der Stromverbrauch ebenfalls weniger als halb so groß.

Auf der Basis von sechs Applikationen aus dem Bereich tiefer neuronaler Netze ist die TPUv1 29,2-mal so schnell wie eine aktuelle CPU und 15,3-mal so schnell wie eine aktuelle GPU. In einem Datenzentrum spielt das Kosten-Leistung-Verhältnis eine ebenso große Rolle wie die Leistung. Das beste Maß für die Kosten in einem Datenzentrum sind die Gesamtbetriebskosten (TCO für engl. total cost of ownership), also Anschaffungskosten plus Betriebskosten über mehrere Jahre für Strom, Kühlung und Räume. Tatsächlich war das ursprünglich mit der TPUv1 verbundene Ziel die Verzehnfachung der Leistung pro TCO-Dollar gegenüber CPUs oder GPUs. Allerdings sind TCO-Zahlen leider gut gehütete Geheimnisse und daher für Vergleichszwecke nicht verfügbar. Die gute Nachricht ist, dass TCO mit dem Stromverbrauch korreliert, über den Informationen verfügbar sind. Demnach hat TPUv1 29-mal so viel Leistung pro Watt wie aktuelle GPUs und 83-mal so viel wie aktuelle CPUs, was weit über das ursprüngliche Ziel hinausgeht.

Im nächsten Abschnitt werden wir uns wieder traditionelleren Architekturen zuwenden und uns mit Parallelprozessoren beschäftigen, bei denen jeder Prozessor seinen eigenen, privaten Adressraum hat. Dies macht es deutlich einfacher, viel größere Systeme zu konstruieren. Die Internetdienste, die Sie täglich verwenden, basieren auf solchen großen Systemen, und auch Google verwendet sie, um seine TPUvs einzusetzen.

Selbsttest

Richtig oder falsch: DSAs sind vor allem deshalb in ihrer jeweiligen Domäne effektiver als CPUs oder GPUs, weil man einen viel größeren Die für eine Domäne verwenden kann.

6.8 Cluster, Warehouse Scale Computer und andere Multiprozessoren mit Nachrichtenaustausch

Der alternative Ansatz, einen Adressraum gemeinsam zu nutzen, besteht darin, dass jeder Prozessor seinen eigenen privaten physikalischen Adressraum hat. Abbildung 6.10 zeigt den klassischen Aufbau eines Multiprozessors mit mehreren privaten Adressräumen. Dieser alternative Multiprozessor muss über einen expliziten **Nachrichtenaustausch** erfolgen, womit traditionell auch solche Computer bezeichnet werden. Vorausgesetzt, das System besitzt Routinen, um **Nachrichten zu senden** und zu **empfangen**, ist die Koordination in den Nachrichtenaustausch eingebaut, weil ein Prozessor weiß, wann eine Nachricht gesendet wird, und der empfangende Prozessor weiß, wann eine Nachricht ankommt. Wenn der Sender eine Bestätigung benötigt, dass die Nachricht angekommen ist, kann der empfangende Prozessor eine Bestätigungsnachricht zurück an den Sender schicken.

Es gab mehrere Versuche, hochleistungsfähige Computer basierend auf hochleistungsfähigen Netzwerken zum Nachrichtenaustausch aufzubauen, und diese bieten eine bessere absolute Kommunikationsleistung als Cluster, die unter Verwendung lokaler Netzwerke aufgebaut sind. Tatsächlich verwenden viele Supercomputer heute Netzwerke. Das Problem ist, dass sie sehr viel teurer sind als lokale Netzwerke wie Ethernet. Da die Kosten gewöhnlich viel höher sind, rechtfertigten nur wenige Applikationen außerhalb des Bereichs des Hochleistungsrechnens heute eine höhere Kommunikationsleistung.

Nachrichtenaustausch Kommunikation zwischen mehreren Prozessoren durch das explizite Senden und Empfangen von Informationen.

Routine zum Senden von Nachrichten Eine Routine, die von einem Prozessor in Maschinen mit privaten Hauptspeichern genutzt wird, um eine Nachricht an einen anderen Prozessor weiterzugeben.

Routinen zum Empfangen von Nachrichten Eine Routine, die von einem Prozessor in Maschinen mit privaten Hauptspeichern verwendet wird, um Nachrichten von einem anderen Prozessor entgegenzunehmen.

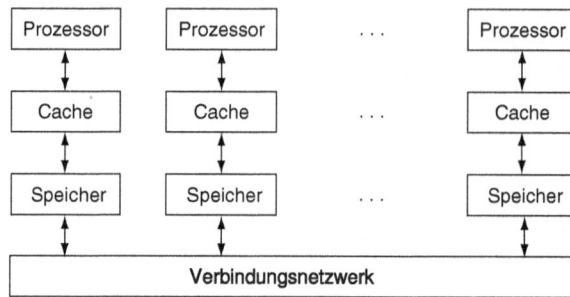

Abb. 6.10: Klassischer Aufbau eines Multiprozessors mit mehreren privaten Adressräumen, traditionell auch als Multiprozessor mit Nachrichtenaustausch bezeichnet. Beachten Sie, dass sich das Verbindungsnetzwerk anders als für den SMP in Abbildung 6.5 nicht zwischen den Caches und dem Speicher befindet, sondern stattdessen zwischen den Prozessor/Speicher-Knoten.

Hardware-Software-Schnittstelle

Computer, die für die Kommunikation einen Nachrichtenaustausch statt eines cache-kohärenten gemeinsam genutzten Speichers verwenden, sind für die Hardwareentwickler viel einfacher zu handhaben (siehe Abschnitt 5.8). Der Vorteil für Programmierer ist, dass die Kommunikation explizit ist, d. h., es gibt weniger Leistungsüberraschungen als bei der impliziten Kommunikation in Computern mit cache-kohärentem gemeinsam genutztem Speicher. Der Nachteil für die Programmierer ist, dass es schwieriger ist, ein sequentielles Programm auf einen Computer mit Nachrichtenaustausch zu portieren, weil jede Kommunikation im Voraus identifiziert werden muss; ansonsten wird es nicht funktionieren. Dank dem cache-kohärenten gemeinsam genutzten Speicher kann die Hardware erkennen, welche Daten übermittelt werden müssen, was die Portierung vereinfacht. Aufgrund der Vor- und Nachteile der impliziten Kommunikation gibt es verschiedene Meinungen darüber, was der kürzeste Pfad zur Höchstleistung ist. Die Marktsituation ist dagegen eindeutig. Multicoreprozessoren verwenden gemeinsam genutzten physikalischen Speicher und die Knoten eines Clusters kommunizieren miteinander mittels Nachrichtenaustausch.

Cluster Gruppen von Computern, die über Ein-/Ausgaben über standardmäßige Netzwerk-Switches verbunden sind, um einen Multiprozessor mit Nachrichtenaustausch zu bilden.

Manche nebenläufigen Applikationen laufen gut auf paralleler Hardware, unabhängig davon, ob diese geteilte Adressräume oder Nachrichtenaustausch verwenden. Insbesondere die Parallelität auf Task-Ebene und Applikationen mit geringem Kommunikationsumfang – etwa die Websuche sowie Mail- und Fileserver – benötigen keine geteilten Adressräume, um gut zu laufen. Dies hat dazu geführt, dass **Cluster** der am weitesten verbreitete Typ von Parallelcomputern mit Nachrichtenaustausch geworden sind. Die getrennten Speicher bedeuten, dass auf jedem Knoten eines Clusters eine eigene Kopie des Betriebssystems läuft. Im Gegensatz dazu sind die Kerne eines Mikroprozessors über ein Hochgeschwindigkeitsnetz innerhalb des Chips verbunden, wobei ein einziges Betriebssystem verwendet wird, und ein Multichip-System mit geteiltem Speicher verwendet den Speicherverbund für die Kommunikation. Der Speicherverbund hat eine größere Bandbreite und eine geringere Latenz, wodurch sich die Performanz der Kommunikation für Multiprozessoren mit geteiltem Speicher deutlich verbessert.

Die Schwäche separater Speicher für Anwenderspeicher aus der Perspektive der Parallelprogrammierung erweist sich als Stärke hinsichtlich der **Zuverlässigkeit** (siehe Abschnitt 5.5). Weil Cluster aus voneinander unabhängigen Rechnern bestehen, die über ein lokales Netzwerk verbunden sind, ist es für sie sehr viel einfacher, eine Maschine zu ersetzen, ohne dass das System abgeschaltet werden muss, als bei einem Multiprozessor mit geteiltem Speicher. Grundsätzlich bedeutet der gemeinsam genutzte Adressraum, dass es ohne größere Mithilfe durch das Betriebssystem schwierig ist, einen Prozessor zu isolieren und auszutauschen. Für Cluster ist außerdem die Abwärtsskalierung leichter, etwa wenn ein Server ausfällt. Auf diese Weise verbessert sich die Zuverlässigkeit. Weil die Cluster-Software eine Schicht ist, die auf lokalen Betriebssystemen aufsetzt, die auf jedem einzelnen Rechner ausgeführt werden, ist es bei Clustern sehr viel einfacher, eine defekte Maschine aus dem Netzwerk zu nehmen und auszutauschen.

Weil Cluster aus kompletten Rechnern und unabhängigen, skalierbaren Netzwerken aufgebaut sind, macht es die Isolierung auch einfacher, das System zu erweitern, ohne die auf dem Cluster ausgeführte Anwendung zu stören.

Niedrigere Kosten, höhere Verfügbarkeit und schnelle, inkrementelle Erweiterbarkeit machen Cluster zu einer attraktiven Lösung für Internet-Service-Provider, obwohl sie im Vergleich zu großen Multiprozessoren mit gemeinsam genutztem Speicher eine schlechtere Performanz bei der Kommunikation haben. Die Suchmaschinen, die Millionen von uns täglich nutzen, sind von dieser Technologie abhängig. Amazon, Facebook, Google, Microsoft und andere betreiben mehrere Datenzentren mit Clustern aus Zehntausenden von Prozessoren. Offensichtlich ist der Einsatz vieler Prozessoren für Anbieter von Internetdiensten außerordentlich lohnend.

Warehouse-Scale-Computer

Internetdienste wie die oben beschriebenen erfordern den Bau neuer Gebäude, in denen 50 000 Server mit Strom versorgt und gekühlt werden. Obwohl man diese Ansammlungen von Servern einfach als große Cluster klassifizieren kann, ist ihre tatsächliche Architektur und ihre Arbeitsweise etwas raffinierter. Sie wirken wie ein einziger, riesiger Computer und ihr Preis einschließlich der Kosten für Gebäude, Strom, Kühlung und die Netzwerkinfrastruktur für die Verbindung der 50 000 Server liegt in der Größenordnung von 150 000 Dollar. Wir betrachten sie als neue Computerklasse, die wir Warehouse Scale Computer (WSC) nennen.

ZUVERLÄSSIGKEIT

Jeder kann eine schnelle CPU bauen. Die Kunst besteht darin, ein schnelles System zu bauen.

Seymour Cray, „Vater des Supercomputers"

Hardware-Software-Schnittstelle

Das populärste Programmiermodell für die Batchverarbeitung in einem WSC ist MapReduce [Dean, 2008] sowie sein Open-Source-Pendant Hadoop. Inspiriert von den gleichnamigen Lisp-Funktionen, wendet Map zunächst eine vom Programmierer bereitgestellte Funktion auf jedes logische Eingabe-Record an. Map läuft auf Tausenden von Servern, um ein Zwischenergebnis von Schlüssel-Wert-Paaren zu erzeugen. Reduce sammelt die Ausgaben dieser verteilten Aufgaben und reduziert sie mithilfe einer weiteren vom Programmierer definierten Funktion. Mit geeigneter Software-Unterstützung sind beide Schritte hochgradig parallel und dennoch leicht zu verstehen und anzuwenden. Innerhalb von 30 Minuten kann ein Programmieranfänger ein MapReduce-Programm auf Tausenden von Computern zum Laufen bringen.

Ein MapReduce-Programm kann z. B. berechnen, wie oft jedes englische Wort in einer großen Menge von Dokumenten auftritt. Der folgende Code zeigt eine vereinfachte Version dieses Programms, genauer gesagt nur die innere Schleife, und es wird jedes gefundene Wort pro Dokument nur einmal gezählt:

```
map(String key, String value):
    // key: Dokumentname
    // value: Dokumentinhalte
    für jedes Wort w in value:
    EmitIntermediate(w,"1"); // erzeuge Liste aller Wörter
    reduce(String key, Iterator values):
// key: ein Wort
// values: eine Liste der Treffer
    int results = 0;
    for each v in values:
    result+=PerseInt(v); // hole Ganzz. aus key-value-Paar
    Emit(AsString(result));
```

Die in der Map-Funktion verwendete Funktion `EmitIntermediate` gibt jedes im Dokument enthaltene Wort und den Wert eins aus. Dann summiert die Reduce-Funktion für jedes Wort alle Werte der einzelnen Dokumente, wofür die Funktion `ParseInt()` verwendet wird. Die MapReduce-Laufzeitbibliothek verteilt die Map- und Reduce-Tasks an die Server des WSC.

In dieser extremen Größenordnung, die Innovationen bei der Stromversorgung, Kühlung, Überwachung und Bedienung erfordert, ist der WSC ein moderner Nachfolger der Supercomputer aus den 1970er-Jahren – insofern ist Seymour Cray der Pate der heutigen WSC-Architekten. Seine extremen Computer haben Berechnungen ausgeführt, die nirgendwo sonst ausgeführt werden konnten, doch sie waren so teuer, dass es nur wenige Firmen gab, die sie sich leisten konnten. Heute besteht das Ziel darin, Informationstechnologie für Jedermann bereitzustellen anstatt Berechnungen für Wissenschaftler und Ingenieure auszuführen. Aus diesem Grund haben WSCs sicherlich eine größere gesellschaftliche Bedeutung als Crays Supercomputer sie in ihrer Zeit hatten.

Obwohl sie einige ihrer Ziele mit Servern teilen, haben WSCs drei wichtige Eigenheiten:

1. *Reichliche, einfache Parallelität:* Eine Frage von Belang ist für den Serverarchitekten, ob es im Zielmarkt ausreichend viel Parallelität gibt, damit sich der Aufwand für parallel Hardware lohnt, und ob die Kosten für die notwendige Kommunikationshardware zum Ausnutzen dieser Parallelität zu hoch sind. Ein WSC-Architektur muss diese Sorge nicht haben. Erstens profitieren Batch-Applikationen wie MapReduce von der großen Anzahl unabhängiger Datensätze, die eine unabhängige Verarbeitung brauchen, etwa Milliarden von Webseiten beim Webcrawling. Zweitens profitieren interaktive Web-Applikationen, die auch unter der Bezeichnung **Software as a Service (SaaS)** bekannt sind, von den Millionen von unabhängigen Nutzern. Bei SaaS sind die Lese- und Schreiboperationen kaum voneinander abhängig, so dass selten synchronisiert werden muss. Beispielsweise wird für Suchanfragen ein read-only-Verzeichnis genutzt, und bei E-Mail sind Lese- und Schreiboperationen normalerweise unabhängig. Wir bezeichnen diesen Typ von schwacher Parallelität als *Parallelität auf Anfrageebene.* Hierbei können viele unabhängige Arbeiten auf natürliche Weise parallel und ohne Aufwand für Kommunikation oder Synchronisation erledigt werden.

2. *Betriebskosten sind von Bedeutung:* Traditionell entwerfen Serverarchitekten ihre Systeme so, dass innerhalb eines gewissen Kostenbudgets maximale Performanz erreicht wird, und für die Energie interessieren sie sich nur insofern, als die Kühlkapazität für ihre Anlage nicht überschritten werden darf. Die Betriebskosten eines Servers haben sie gewöhnlich vernachlässigt und angenommen, dass diese im Vergleich zu den Anschaffungskosten nicht ins Gewicht fallen. WSCs haben eine längere Lebensdauer – das Gebäude sowie die Infrastruktur für Stromversorgung und Kühlung haben sich oft erst nach zehn oder zwanzig Jahren amortisiert – und so summieren sich die Betriebskosten: Auf zehn Jahre gerechnet machen sie mehr als 30 % der Gesamtkosten eines WSC aus.

3. *Skalierung und die mit ihr verbundenen Möglichkeiten/Probleme:* Um einen einzelnen WSC zu konstruieren, müssen Sie 100 000 Server zusammen mit der für ihre Versorgung notwendigen Infrastruktur aufstellen, was Mengenrabatt bringt. Dadurch sind WSCs intern derart massiv, dass Sie Wirtschaftlichkeit durch Masse bekommen, obwohl es nicht sehr viele WSCs gibt. Diese Wirtschaftlichkeit durch Masse führte zum Cloud Computing. Niedrigen Kosten pro Einheit eines WSCs bedeuteten, dass Cloud-Anbieter Server zu einem profitablen Preis mieten konnten. Die Kehrseite der Medaille ist, dass man mit einer hohen, durch die Masse bedingten Ausfallhäufigkeit zurechtkommen muss. Selbst wenn ein Server eine mittlere Zeit bis zum Ausfall von beeindruckenden 25 Jahren (200 000 Stunden) hätte, müsste der WSC-Architekt das Design für fünf Serverausfälle pro Tag auslegen. In Abschnitt 5.15 hatten wir angemerkt, dass bei Google eine jährliche Plattenausfallrate (AFR) von 2 bis 4 % gemessen wurde. Wenn wir vier Plat-

PARALLELITÄT

Software as a Service (SaaS) Anstatt Software zu verkaufen, die auf dem Computer des Kunden installiert wird und dort läuft, wird auf einem entfernten Computer laufende Software via Internet für den Kunden verfügbar gemacht, wofür typischerweise eine Web-Schnittstelle genutzt wird. SaaS-Kunden zahlen also für die Nutzung von Software, nicht für ihren Besitz.

ten pro Server und für jede der Platten eine jährliche Ausfallrate von 4 %
annehmen, müsste der WSC-Architekt davon ausgehen, dass es *pro Stunde* einen Plattenausfall gibt. Aus diesem Grund ist Fehlertoleranz für den
WSC-Architekten noch wichtiger als für den Serverarchitekten.

Die Wirtschaftlichkeit durch Masse, die bei WSCs zu Tage getreten ist, hat den
alten Traum wahr werden lassen, dass Rechenleistung eine Versorgungsleis-
tung ist. Cloud Computing bedeutet, dass jeder, der an einem beliebigen Ort
der Welt gute Ideen, ein Geschäftsmodell und eine Kreditkarte hat, Tausende
von Servern anzapfen kann, um seine Vision nahezu instantan über die ganze
Welt zu verbreiten.

Um das Problem der Wachstumsrate in Angriff zu nehmen, kündigte Amazon Web Services (AWS) 2012 an, *pro Tag* so viel neue Serverkapazität zur
Verfügung zu stellen, wie nötig wäre, um Amazons globale Infrastruktur aus
dem Jahr 2003 zu unterstützen, als Amazon ein Unternehmen mit 5,2 Milliarden Dollar Jahresumsatz und 6000 Beschäftigten war. Im Jahr 2020 kam der
größte Teil des Gewinns von Amazon aus dem Cloud Computing, obwohl dieser Bereich nur 10 % der Einnahmen ausmacht. AWS wächst mit 40 % jährlich.

Nun, da wir die Bedeutung von Nachrichten übertragenden Multiprozessoren, insbesondere für das Cloud Computing, verstehen, wollen wir uns als
Nächstes Möglichkeiten ansehen, wie die Knoten eines WSC verbunden werden können. Wegen der steigenden Anzahl von Kernen pro Chip brauchen wir
nun auch Netzwerke innerhalb eines Chips. Somit sind diese Technologien sowohl im kleinen als auch im großen Maßstab von Bedeutung.

Anmerkungen: 1) MapReduce mischt und sortiert die Schlüssel-Wert-Paare
am Ende der Map-Phase, um Gruppen zu erzeugen, in denen alle Elemente
den gleichen Schlüssel haben. Diese Gruppen werden dann an die Reduce-
Phase übergeben.

2) Eine andere Form von verteiltem Rechnen ist das Grid Computing, bei dem
die einzelnen Computer über einen großen räumlichen Bereich verteilt sind.
Die auf den Computern laufenden Programme müssen dann über Weitbereichs-
netzwerke kommunizieren. Das populärste Variante dieser Form des verteilten
Rechnens wurde durch das SETI@home-Projekt vorangetrieben. Die Idee ist,
dass Millionen von PCs, die gerade nichts Nützliches zu tun haben, angezapft
werden, um einen kleinen Teil eines großen Problems zu bearbeiten. Dazu
muss jemand eine Software entwickeln, die auf den einzelnen Computern läuft
und ihnen jeweils ein unabhängiges Stück des Gesamtproblems zuteilt. Das
erste Beispiel war die Suche nach außerirdischem intelligentem Leben (SETI),
ein Projekt, das 1999 von der Universität Berkeley gestartet wurde. Über 5 Millionen Computerbenutzer in mehr als 200 Ländern haben sich bei SETI@home
registriert, mehr als 50 % von ihnen außerhalb der USA. Im Juni 2013 lag die
mittlere Performanz das SETI@home-Grids bei 668 PFLOPS, was 50-mal so
schnell ist wie der beste Supercomputer im Jahr 2013.

Selbsttest

1. Richtig oder falsch: Wie SMPs basieren auch Computer mit Nachrichten-austausch auf Sperren zum Zwecke der Synchronisierung.

2. Richtig oder falsch: Cluster haben separate Speicher und benötigen daher viele Kopien des Betriebssystems.

6.9   Einführung in Multiprozessor-Netztopologien

Muticore-Chips benötigen Netzwerke auf Chips, um die Kerne miteinander verbinden zu können, und Cluster benötigen LANs, um die Server miteinander verbinden zu können. Dieser Abschnitt betrachtet die Vor- und Nachteile unterschiedlicher Multiprozessor-Netzwerke.

Abhängig sind die Netzwerkkosten unter anderem von der Anzahl der Switches, der Anzahl der Verbindungselemente auf einem Switch für die Verbindung mit dem Netzwerk, der Breite (Anzahl der Bits) pro Verbindung sowie der Länge der Verbindungen, wenn das Netzwerk auf Silizium abgebildet wird. Beispielsweise können einige Kerne oder Server benachbart sein, während andere weit abgelegen auf dem Chip bzw. im Datenzentrum platziert sind. Auch die Netzwerkleistung kann die unterschiedlichsten Ausprägungen haben. Sie beinhaltet die Latenz auf einem nicht belasteten Netzwerk für das Senden und Empfangen einer Nachricht, den Durchsatz, angegeben durch die maximale Anzahl an Nachrichten, die innerhalb eines bestimmten Zeitintervalls übertragen werden können, die Verzögerungen, die durch Engstellen und Staus in Teilen des Netzwerks verursacht werden, und die variable Leistung, die von dem Kommunikationsmuster abhängig ist. Eine weitere Anforderung an das Netzwerk könnte die Fehlertoleranz sein, weil es bei sehr großen Systemen notwendig sein könnte, dass sie auch dann funktionieren, wenn einzelne Komponenten ausgefallen sind. Schließlich spielt auch die Energieeffizienz eine Rolle, eine Anforderung, die unter Umstände andere Faktoren ausstechen kann.

Netzwerke werden normalerweise als Graphen dargestellt, wobei jeder Pfeil im Graph eine Verbindung des Kommunikationsnetzwerks darstellt. In den Abbildungen dieses Abschnitts ist der Prozessor-Speicher-Knoten als schwarzes Rechteck dargestellt, der Switch als Kreis. Wir nehmen hier an, dass alle Verbindungen *bidirektional* sind. Das bedeutet, dass die Information in beide Richtungen fließen kann. Alle Netzwerke bestehen aus *Switches*, deren Verbindungen zu Prozessor-Speicher-Knoten und zu anderen Switches verlaufen. Das erste Netzwerk verbindet einfach eine Folge von Knoten:

Diese Topologie wird als *Ring* bezeichnet. Weil einige Knoten nicht direkt miteinander verbunden sind, müssen einige Nachrichten über Zwischenknoten gehen, bis sie an ihrem eigentlichen Ziel angelangt sind. Anders als ein Bus –

ein gemeinsam genutzter Übertragungsweg, der die Datenübertragung an alle verbundenen Geräte gestattet –, ist ein Ring in der Lage, viele Übertragungen gleichzeitig durchzuführen.

Da zwischen verschiedenen Netztopologien gewählt werden kann, braucht man Leistungsbewertungen, um die Designs unterscheiden zu können. Zwei dieser Bewertungen sind besonders gebräuchlich. Die erste ist die *Gesamt-Netzwerkbandbreite*, das ist die Bandbreite jeder Verbindung mal der Anzahl der Verbindungen. Dies stellt den absoluten Bestfall dar. Für die oben gezeigte Ringtopologie mit P Prozessoren wäre die Gesamtnetzwerkbandbreite gleich P multipliziert mit der Bandbreite einer Verbindung. Die Gesamtnetzwerkbandbreite eines Busses ist dagegen nur die Bandbreite dieses Busses.

Um diesen Bestfall „auszugleichen", nehmen wir eine weitere Bewertung hinzu, die näher am ungünstigsten Fall liegt: die **Bisektionsbandbreite**. Sie wird berechnet, indem man die Maschine in zwei Teile unterteilt, die jeweils eine Hälfte der Knoten enthalten. Anschließend addiert man die Bandbreite der Verbindungen, die die imaginäre Trennlinie kreuzen. Die Bisektionsbandbreite eines Rings ist das Doppelte der Verbindungsbandbreite; für den Bus ist sie die einfache Verbindungsbandbreite. Wenn eine einzelne Verbindung so schnell wie der Bus ist, ist der Ring im ungünstigsten Fall nur doppelt so schnell wie der Bus, im Bestfall aber P-mal so schnell.

Weil einige Netzwerktopologien nicht symmetrisch sind, stellt sich die Frage, wo bei der Halbierung der Maschine die imaginäre Trennlinie gezogen werden soll. Die Bisektionsbandbreite ist eine Bewertung für den ungünstigsten Fall, die Antwort ist also, dass die Teilung verwendet werden sollte, die die pessimistischste Netzwerkleistung erbringt. Anders ausgedrückt, man berechnet alle möglichen Halbierungsbandbreiten und wählt die kleinste davon aus. Wir verwenden diese pessimistische Sichtweise, weil parallele Programme häufig durch die schwächste Verbindung in der Kommunikationskette limitiert werden.

Der andere Extremfall ist ein **vollständig verbundenes Netzwerk**, wobei jeder Prozessor über eine bidirektionale Verbindung mit jedem anderen Prozessor verbunden ist. Für vollständig verbundene Netzwerke beträgt die Gesamtbandbreite $P \times (P - 1)/2$ und die Bisektionsbandbreite $(P/2)^2$.

Der enormen Leistungsverbesserung durch vollständig verbundene Netzwerke stehen leider enorme Kosten gegenüber. Diese Konsequenz hat die Ingenieure motiviert, neue Topologien zu entwickeln, die zwischen den Kosten von Ringen und der Leistung vollständig verbundener Netzwerke angesiedelt sind. Wie erfolgreich das Ganze ist, hängt allerdings von der Art der Kommunikation bei der Ausführung paralleler Programme auf dem Computer ab.

Viele verschiedene Topologien wurden in Veröffentlichungen vorgeschlagen, aber zur Anwendung in kommerziellen Parallelprozessoren sind nur wenige gelangt. Abbildung 6.11 zeigt zwei der gebräuchlichsten Topologien.

Statt bei jedem Switch im Netzwerk einen Prozessor zu platzieren, können auch Switches ohne Prozessoren miteinander verbunden werden. Die Switches sind kleiner als Prozessor-Speicher-Knoten und können deshalb dichter

---

Netzwerkbandbreite Vereinfacht gesagt die höchste Übertragungsrate eines Netzwerks. Kann sich auf die Geschwindigkeit einer einzelnen Verbindung oder auf die Gesamtübertragungsrate aller Verbindungen im Netzwerk beziehen.

Bisektionsbandbreite Die Bandbreite zwischen zwei gleichen Teilen eines Multiprozessors. Diese Kennzahl entspricht der Unterteilung des Multiprozessors im ungünstigsten Fall.

vollständig verbundenes Netzwerk Ein Netzwerk, das zwischen allen Knoten dedizierte Kommunikationsverbindungen bereitstellt.

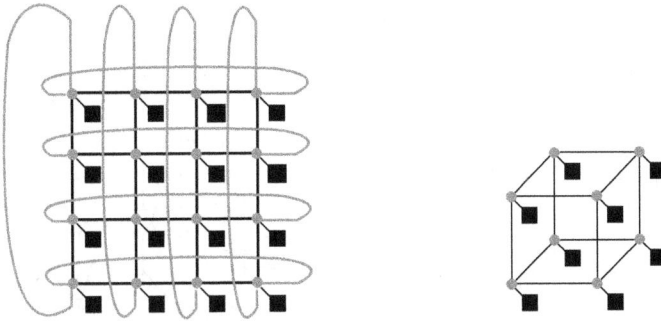

a. 2-D-Gitter oder -Netz aus 16 Knoten

b. n-Würfel aus 8 Knoten
($8 = 2^3$ damit ist n = 3)

Abb. 6.11: Netzwerktopologien, die in kommerziellen Parallelprozessoren eingesetzt wurden.
Die Kreise stellen die Switches dar, die Quadrate stehen für die Prozessor-Speicher-Knoten. Auch wenn ein Switch mehrere Verbindungen aufweist, führt normalerweise nur eine davon zum Prozessor. Die Boolesche n-Würfel-Topologie ist eine n-dimensionale Verbindung mit 2^n Knoten, wobei n Verbindungen pro Switch erforderlich sind (plus einer für den Prozessor), und damit n Knoten, die die „nächsten Nachbarn" bilden. Oft werden diese grundlegenden Topologien durch zusätzliche Verbindungen ergänzt, um Leistung und Zuverlässigkeit zu verbessern.

gepackt werden, so dass die Distanz kleiner und die Leistung größer wird. Solche Netzwerke werden häufig auch als **mehrstufige Netzwerke** bezeichnet, um auf die verschiedenen Schritte hinzuweisen, die eine Nachricht möglicherweise durchlaufen muss. Es gibt genauso viele verschiedene Typen mehrstufiger Netzwerke wie einstufige Netzwerke. Abbildung 6.12 zeigt zwei der gebräuchlichsten mehrstufigen Anordnungen. Ein **vollständig verbundenes** oder **Kreuzschienen-Netzwerk** (*Crossbar*) erlaubt, dass jeder Knoten mit jedem anderen Knoten im Netzwerk gleichzeitig kommunizieren kann. Ein *Omega-Netzwerk* verwendet weniger Hardware als das Kreuzschienen-Netzwerk ($2n \log_2 n$ gegenüber n^2 Schaltern), aber abhängig vom Kommunikationsmuster kann es zu Engpässen für die Nachrichten kommen. Beispielsweise kann das Omega-Netzwerk in Abbildung 6.12 nicht gleichzeitig eine Nachricht von P_0 nach P_6 und von P_1 an P_4 senden.

mehrstufiges Netzwerk Ein Netzwerk, bei dem Nachrichten zwischen zwei Prozessoren mehrere hintereinander angeordnete Switches durchlaufen.

Kreuzschienen-Netzwerk Ein Netzwerk, in dem jeder Knoten mit jedem anderen Knoten gleichzeitig über das Netzwerk kommunizieren kann.

Netzwerktopologien implementieren

Die einfache Analyse aller Netzwerke in diesem Abschnitt ignoriert wichtige praktische Erwägungen beim Aufbau eines Netzwerks. Die Distanz der einzelnen Verbindungen wirkt sich auf die Kommunikationskosten bei hoher Taktrate aus – allgemein gilt, dass hohe Taktraten umso teurer sind, je größer die Distanz ist. Kürzere Distanzen machen es außerdem einfacher, der Verbindung mehr Drähte zuzuordnen, weil für den Betrieb vieler Drähte von einem Chip aus weniger Energie benötigt wird, wenn die Drähte kurz sind. Kürzere Drähte sind außerdem billiger als längere Drähte. Eine weitere praktische Einschränkung

a. Kreuzschiene (Crossbar)   b. Omega-Netzwerk

c. Switch-Box in einem Omega-Netzwerk

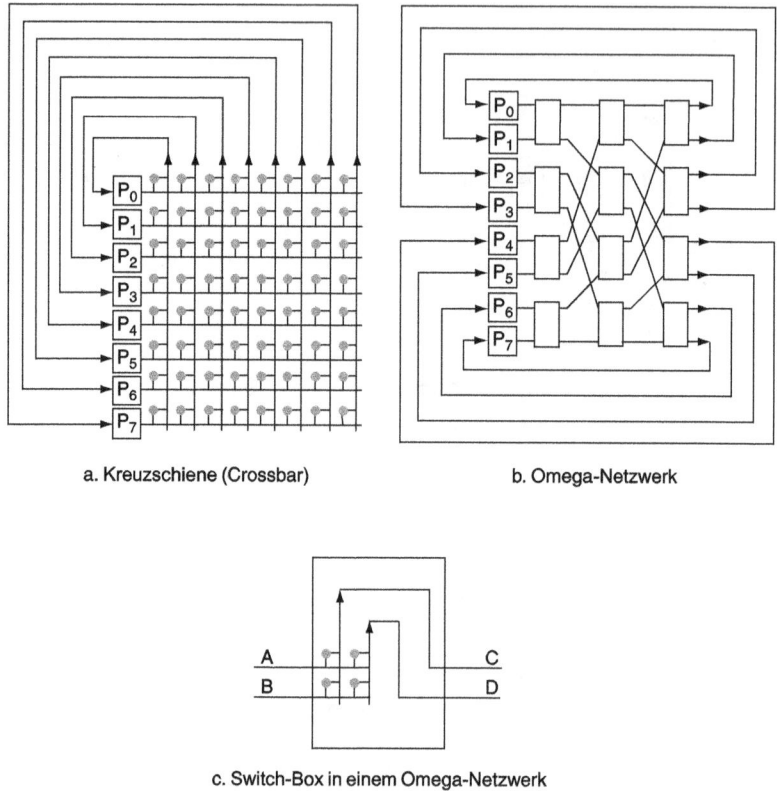

Abb. 6.12: Gebräuchliche mehrstufige Netzwerktopologien für acht Knoten. Die Switches in diesen Skizzen sind einfacher als in früheren Abbildungen, weil die Verbindungen unidirektional sind. Die Daten kommen von unten und verlassen das Netzwerk über die rechte Verbindung. Die Switch-Box in Teil c der Abbildung kann A nach C und B nach D oder B nach C und A nach D verbinden. Das Kreuzschienen-Netzwerk verwendet n^2 Switches, wobei n die Anzahl der Prozessoren ist, während das Omega-Netzwerk $n/2 \log_2 n$ der großen Switch-Boxes verwendet, die sich logisch aus jeweils vier der kleineren Switches zusammensetzen. In diesem Fall verwendet das Kreuzschienen-Netzwerk 64 Switches im Vergleich zu 12 Switch-Boxes (oder 48 Switches) im Omega-Netzwerk. Das Kreuzschienen-Netzwerk kann jedoch eine beliebige Kombination aus Nachrichten zwischen den Prozessoren übertragen, das Omega-Netzwerk dagegen nicht.

ist, dass die dreidimensionalen Zeichnungen auf Chips und Leiterplatten abgebildet werden müssen, wobei es sich letztlich um zweidimensionale Strukturen handelt. Der letzte Einwand betrifft die Energie. Die Energieproblematik forciert beispielsweise die Entwicklung von Multicore-Chips, die auf einfachen Netzwerktopologien basieren. Das Fazit ist also, dass Topologien als Skizze auf der Tafel vielleicht sehr elegant wirken, bei der Konstruktion aus Silizium oder in einem Datenzentrum jedoch ungünstig sein können.

Nach diesen Ausführungen über die Bedeutung von Clustern und möglichen Topologien, nach denen Cluster aufgebaut werden können, betrachten wir als Nächstes die Hardware und Software für die Schnittstelle zwischen Netzwerk und Prozessor.

Selbsttest

Richtig oder falsch: Für einen Ring mit P Knoten ist das Verhältnis der Bandbreite des Gesamtnetzwerks zur Bisektionsbandbreite $P/2$.

6.10 Kommunikation mit der Außenwelt: Cluster

Dieser Online-Abschnitt beschreibt die Hardware und Software, die für das Verbinden der einzelnen Knoten des Clusters zu einem Netzwerk notwendig sind. Als Beispiel dient das 10 Gigabit/s-Ethernet, das über PCIe (Peripheral Component Interconnect Express) mit dem Computer verbunden ist. Es wird beschrieben, wie die Netzwerkperformanz durch Optimierungen von Hardware und Software verbessert wird. Zu diesen Maßnahmen gehört Zero-Copy-Messaging, Benutzerraumkommunikation, der Einsatz von Polling anstelle von Eingabe-/Ausgabe-Interrupts sowie die hardwareseitige Berechnung von Prüfsummen. Obwohl es im Beispiel um Netzwerke geht, lassen sich die in diesem Abschnitt vorgestellten Methoden auch für Speichercontroller und andere Eingabe-/Ausgabegeräte anwenden.

6.11 Multiprozessor-Benchmarks und Performanzmodelle

Wie in Kapitel 1 beschrieben, sind Benchmarks für Systeme immer ein heikles Thema, weil damit ganz offensichtlich festgestellt werden soll, welches System das bessere ist. Die Ergebnisse wirken sich nicht nur auf den Verkauf einzelner Systeme aus, sondern auch auf den Ruf der Entwickler dieser Systeme. Die Teilnehmer wollen natürlich alle den Wettbewerb gewinnen. Und wenn schon ein anderer gewinnt, wollen sie wenigstens sicher sein, dass er diesen Gewinn verdient hat, weil er ein wirklich besseres System anbietet. Dieser Wunsch hat zu Regeln geführt, die sicherstellen, dass Benchmark-Ergebnisse nicht einfach durch Entwicklertricks für die jeweilige Benchmark zustande kommen, sondern dass es sich um echte Fortschritte handelt, die die Leistung einer realen Applikation verbessern.

Um mögliche Tricks zu vermeiden, lautet eine typische Regel, dass die Benchmark nicht verändert werden darf. Der Quellcode und die Datenmengen sind feststehend, und es gibt nur eine einzige richtige Lösung. Alle Abweichungen von diesen Regeln machen das Ergebnis ungültig.

Viele Multiprozessor-Benchmarks halten diese Konventionen ein. Eine allgemeine Ausnahme ist, dass die Aufgabenstellung vergrößert werden darf, so dass eine Benchmark auf Systemen mit einer stark unterschiedlichen Anzahl an Prozessoren ausgeführt werden kann. Das bedeutet, dass viele Benchmarks eine schwache Skalierung gestatten, anstatt eine starke Skalierung zu erzwingen, auch wenn man beim Vergleich der Ergebnisse für Programme mit unterschiedlichen Aufgabengrößen sehr vorsichtig vorgehen muss.

Hier ein Überblick über verschiedene parallele Benchmarks:

- *Linpack* ist eine Sammlung von Routinen aus der linearen Algebra. Die Routinen für die Gaußsche Elimination bilden die so genannte Linpack-Benchmark. Die DGEMM-Routine aus dem Beispiel auf Seite 237 stellt einen kleinen Bruchteil des Quellcodes der Linpack-Benchmark dar, die jedoch einen Großteil der Ausführungszeit der Benchmark ausmacht. Sie gestattet eine schwache Skalierung, so dass der Benutzer eine beliebige Aufgabengröße auswählen kann. Darüber hinaus kann der Benutzer Linpack in jede Form und in jeder Sprache umschreiben, solange die Benchmark nur das richtige Ergebnis erzeugt und die gleiche Anzahl von Gleitkommaoperationen bei gegebener Problemgröße ausführt. Zweimal im Jahr werden die 500 Computer mit der schnellsten Linpack-Leistung auf www.top500.org veröffentlicht. Die Maschine auf dem ersten Listenplatz wird von der Presse als der schnellste Computer der Welt betrachtet. In Anbetracht der Bedeutung, die der Energieeffizienz heute beigemessen wird, veröffentlicht dieselbe Organisation seit einigen Jahren die Liste Green500, in der die Top500-Computer nach GFLOPS pro Watt (ebenfalls unter Linpack) umgeordnet sind, d. h., diese Liste gibt die energieeffizientesten Computer an.

- *SPECrate* ist eine Kennzahl für den Durchsatz, die auf den SPEC-CPU-Benchmarks basiert, wie etwa SPEC CPU 2017 (siehe Kapitel 1). Statt die Leistung der einzelnen Programme zurückzumelden, führt SPECrate viele Kopien des Programms gleichzeitig aus. Damit misst es die Parallelität auf Task-Ebene, weil es keine Kommunikation zwischen den Tasks gibt. Sie können beliebig viele Kopien des Programms ausführen, es handelt sich also ebenfalls um eine Form der schwachen Skalierung.

- *SPLASH* und *SPLASH 2* (Stanford Parallel Applications for Shared Memory) waren Bemühungen der Forscher an der Stanford University in den 1990er-Jahren, eine parallele Benchmark-Suite zusammenzustellen, die mit den Zielen der SPEC-CPU-Benchmark-Suite vergleichbar sein sollte. Sie beinhaltet sowohl Kernels als auch Applikationen, die zu einem großen Teil aus dem Bereich der Hochleistungsprogrammierung stammen. Diese Benchmark fordert eine starke Skalierung, obwohl sie zwei Datenmengen anbietet.

- Die *NAS (NASA Advanced Supercomputing) Parallel Benchmarks* waren ein weiterer Versuch in den 1990er-Jahren, eine Benchmark für Multiprozessoren zu schaffen. Sie bestehen aus fünf Kernen und stammen aus der Berechnung von Flüssigkeitsdynamik. Sie lassen eine schwache Skalierung zu, indem sie mehrere Datenmengen definieren. Wie Linpack können diese Benchmarks umgeschrieben werden, aber die Regeln legen fest, dass nur die Programmiersprachen C und Fortran dafür verwendet werden dürfen.

Pthreads Eine UNIX-API für die Erstellung und Manipulation von Threads. Beinhaltet eine Bibliothek.

- Die jüngste *PARSEC-Benchmark-Suite* (Princeton Application Repository for Shared Memory Computers) besteht aus Multithreading-Programmen, die **Pthreads** (POSIX-Threads) und OpenMP (Open MultiProcessing, siehe Abschnitt 6.5) verwenden. Sie konzentrieren sich auf in Entwicklung befindliche Märkte und bestehen aus neuen Applikationen und drei Kerneln. Acht davon basieren auf Datenparallelität, drei auf Parallelität durch Pipelines und eine auf unstrukturierter Parallelität.

- An der Cloud-Front besteht das Ziel der Yahoo!-Cloud-Serving-Benchmark (YCSB) darin, die Performanz von Cloud-Datendiensten zu vergleichen. Die Benchmark erleichtert die Leistungsmessung durch den Client, wobei Cassandra und HBase als repräsentative Beispiele verwendet werden [Copper, 2010].

Der Nachteil solcher traditioneller Einschränkungen von Benchmarks ist, dass Innovationen hauptsächlich auf die Architektur und Compiler beschränkt sind. Verbesserte Datenstrukturen, Algorithmen, Programmiersprachen usw. können häufig nicht genutzt werden, weil dies zu einem irreführenden Ergebnis führen würde. Das System könnte beispielsweise aufgrund des Algorithmus gewinnen, und nicht aufgrund der Hardware oder des Compilers.

Während diese Richtlinien nachvollziehbar waren, als die Grundlagen der Programmierung noch relativ stabil waren, wie es in den 1990er-Jahren und der ersten Hälfte der 2000er-Jahre der Fall war, sind sie zu Beginn einer Revolution nicht mehr sinnvoll. Damit diese Revolution erfolgreich sein kann, müssen wir Innovationen auf allen Ebenen fördern.

Ein neuer Ansatz stammt von den Forschern an der University of California in Berkeley. Sie haben 13 Designmuster identifiziert, von denen sie annehmen, dass sie zu den Applikationen der Zukunft gehören werden. Diese Designmuster werden durch Frameworks oder Kernel implementiert. Beispiele dafür sind dünn besetzte Matrizen, strukturierte Gitter, endliche Automaten, Abbildungsreduzierung und Graphentraversierung. Sie halten die Definitionen auf hohem Niveau und hoffen, dadurch Innovationen auf beliebigen Stufen des Systems zu fördern. Das System mit der schnellsten Lösung für dünn besetzte Matrizen darf also beliebige Datenstrukturen, Algorithmen und Programmiersprachen einsetzen, ebenso wie neue Architekturen und Compiler.

Erwähnenswert ist außerdem MLPerf, auch wenn es sich dabei nicht primär um eine Benchmark für paralleles Rechnen handelt – es ist eine neuere Benchmark für maschinelles Lernen, was für gewöhnlich auf Parallelcomputern ausgeführt wird. Die Benchmark umfasst Programme, Datensätze und Grundregeln. Alle drei Monate erscheint eine neue Version von MLPerf, um den schnellen Fortschritten auf dem Gebiet des maschinellen Lernens Rechnung zu tragen. Um den Effekt unterschiedlich großer Computer auszugleichen, bringt MLPerf die Leistung zum Ausführen der Benchmarks mit. Ein neues Feature ist, dass ein offener und ein geschlossener Modus angeboten wird. Der geschlossene Modus hat restriktive Einreichungsregeln, womit ein fairer Vergleich zwischen Systemen sichergestellt werden soll. Der offene Modus hingegen soll Innovationen – bessere Datenstrukturen, Algorithmen, Programmiersysteme usw. – ermutigen, weshalb die Einreichungen in diesem Modus lediglich dieselbe Aufgabe unter Verwendung derselben Datensätze erledigen müssen. Wir werden MLPerf im nächsten Abschnitt verwenden, um domänenspezifische Architekturen zu evaluieren.

Performanzmodelle

Ein Thema, das eng mit Benchmarks zusammenhängt ist, sind Performanzmodelle. Wegen der zunehmenden Diversität der Architekturen – Multithreading, SIMD, GPUs, TPUs – wäre es besonders hilfreich, ein einfaches Modell zu haben, das Einsichten in die Performanz der unterschiedlichen Architekturen ermöglicht. Ein solches Modell muss nicht perfekt sein, es sollte lediglich ein besseres Verständnis ermöglichen.

Das 3C-Modell aus Kapitel 5 ist ein Beispiel für ein solches Modell. Es ist nicht perfekt, weil es möglicherweise wichtige Faktoren wie die Blockgröße, die Blockzuordnungsstrategie und die Blockersatzstrategie ignoriert. Außerdem hat es bestimmte Eigenarten. Beispielsweise kann ein Fehlzugriff bei einem Design der Kapazität zugeschrieben werden, bei einem anderen Cache derselben Größe dagegen einem gleichzeitig ausgeführten Zugriff. Das 3C-Modell war dennoch 30 Jahre lang sehr beliebt, weil es Einblicke in das Verhalten von Programmen bot, so dass Architekten und Programmierer ihre Arbeiten entsprechend anpassen konnten.

Um ein solches Modell zu finden, beginnen wir mit kleinen Kernels wie den 13 Entwurfsmustern aus Berkeley. Es gibt Versionen mit unterschiedlichen Datentypen für diese Kernels, aber in vielen Implementierungen ist der Gleitkommatyp am gebräuchlichsten. Aus diesem Grund stellt die Gleitkomma-Spitzenleistung eine Begrenzung der Geschwindigkeit solcher Kernel auf einem bestimmten Computer dar. Für Multicore-Chips ist die Gleitkomma-Spitzenleistung die gemeinsame Spitzenleistung aller Kerne auf dem Chip. Gäbe es mehrere Mikroprozessoren in dem System, müssen Sie die Spitzenleistungen pro Chip mit der Gesamtzahl der Chips multiplizieren.

Die Anforderungen an das Speichersystem können abgeschätzt werden, indem man diese Gleitkomma-Spitzenleistung durch die durchschnittliche Anzahl an Gleitkommaoperationen pro Bytezugriff dividiert:

$$\frac{\text{Gleitkommaoperation/s}}{\text{Gleitkommaoperation/Byte}} = \text{Byte/s}$$

arithmetische Intensität Der Quotient aus der Anzahl der Gleitkommaoperationen in einem Programm dividiert durch die Anzahl der Datenbytes, auf die ein Programm im Hauptspeicher zugreift.

Der Quotient aus Gleitkommaoperationen und der Anzahl der Bytes pro Speicherzugriff wird als **arithmetische Intensität** bezeichnet. Sie kann berechnet werden, indem die Gesamtzahl der Gleitkommaoperationen eines Programms durch die Gesamtzahl der bei der Programmausführung in den Hauptspeicher übertragenen Datenbytes dividiert wird. Abbildung 6.13 zeigt die arithmetische Intensität einiger Berkeley-Entwurfsmuster.

Das Roofline-Modell

Dieses einfache Modell verknüpft Gleitkommaleistung, arithmetische Intensität und Speicherleistung zu einem zweidimensionalen Graphen [Williams, Waterman und Patterson, 2009]. Die Gleitkomma-Spitzenleistung wird unter Verwendung der oben beschriebenen Hardwarespezifikationen ermittelt. Die hier

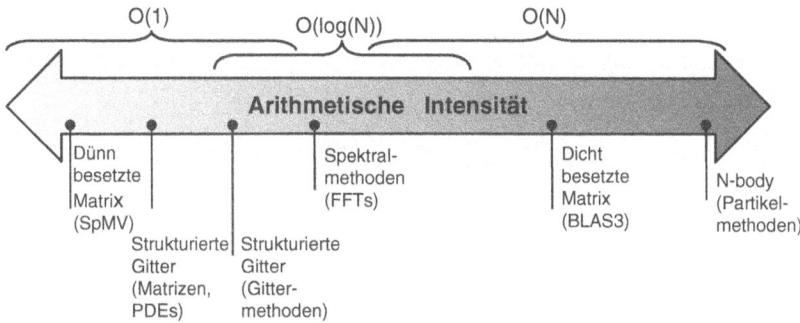

Abb. 6.13: Arithmetische Intensität, angegeben als die Anzahl der Gleitkommaoperationen für die Ausführung des Programms dividiert durch die Anzahl der Bytes, auf die im Hauptspeicher zugegriffen wird [Williams, Waterman und Patterson, 2009]. Einige Kernel haben eine arithmetische Intensität, die abhängig von der Aufgabenstellung größer oder kleiner wird, wie beispielsweise eine dicht besetzte Matrix. Es gibt aber auch zahlreiche Kernels mit von der Aufgabengröße unabhängigen arithmetischen Intensitäten. Für die skalierbaren Kernel kann eine schwache Skalierung zu unterschiedlichen Ergebnissen führen, weil weniger Anforderungen an das Speichersystem gestellt werden.

betrachtete Arbeitsmenge der Kernels passt nicht in On-Chip-Caches, deshalb kann die Spitzenspeicherleistung durch das Speichersystem hinter den Caches definiert werden (siehe Anmerkung auf Seite 426.)

Abbildung 6.14 zeigt das Modell, das für einen Computer, nicht für einzelne Kernels erstellt wurde. Die vertikale Y-Achse ist die erzielbare Gleitkommaleistung von 0,5 bis 64,0 GFLOPS. Die horizontale X-Achse ist die arithmetische Intensität, variierend von 1/8 FLOPS pro DRAM Bytezugriff bis 16 FLOPS pro DRAM Bytezugriff. Beachten Sie, dass der Graph eine logarithmierte Skala verwendet.

Für einen bestimmten Kernel finden wir einen Punkt auf der X-Achse basierend auf seiner arithmetischen Intensität. Wenn wir eine vertikale Linie durch diesen Punkt legen, muss die Leistung des Kernels auf diesem Computer irgendwo auf dieser Linie liegen. Wir können eine horizontale Linie zeichnen, die die Gleitkomma-Spitzenleistung auf dem Computer zeigt. Offensichtlich kann die tatsächliche Gleitkomma-Spitzenleistung nicht höher als die horizontale Linie sein, weil diese die Hardware-Begrenzung darstellt.

Wie können wir die Speicherspitzenleistung darstellen, die in Bytes pro Sekunde gemessen wird? Weil die X-Achse FLOPS/Byte und die Y-Achse FLOPS angibt, ist Bytes/s einfach eine diagonale Linie in dieser Abbildung. Wir können also eine dritte Linie eintragen, die die maximale Gleitkommaleistung ergibt, welche vom Speichersystem dieses Computers für eine bestimmte arithmetische Intensität unterstützt wird. Wir können die Obergrenzen durch eine Formel ausdrücken, um die Linie in den Graphen in Abbildung 6.14 eintragen zu können:

erzielbare GFLOPS = Min(Spitzenspeicherbandbreite

× arithmetische Intensität, Gleitkomma-Spitzenleistung)

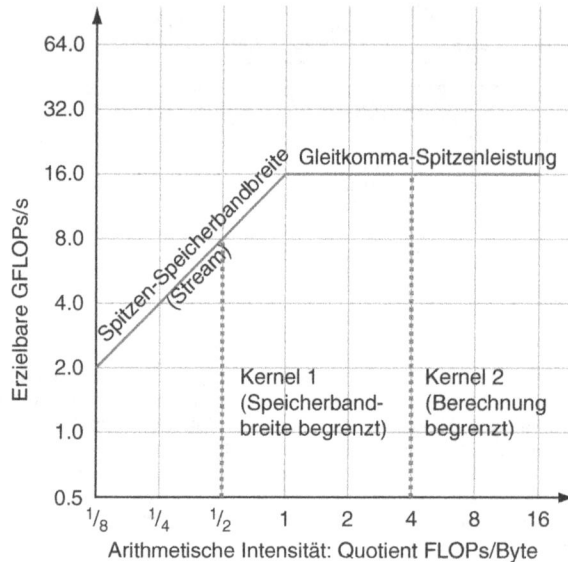

Abb. 6.14: Roofline-Modell [Williams, Waterman und Patterson, 2009]. Dieses Beispiel zeigt eine Gleitkomma-Spitzenleistung von 16 GFLOPS und eine Spitzenspeicherbandbreite von 16 GB/s aus der Stream-Benchmark. (Weil Stream eigentlich vier Messungen umfasst, ist diese Linie der Mittelwert der vier Messungen.) Die punktierte vertikale Linie auf der linken Seite stellt Kernel 1 dar, der eine arithmetische Intensität von 0,5 FLOPS/Byte hat. Er ist auf diesem Opteron X2 durch die Speicherbandbreite auf 8 GFLOPS begrenzt. Die punktierte vertikale Linie rechts stellt Kernel 2 dar, der eine arithmetische Intensität von 4 FLOPS/Byte hat. Er ist nur durch die Rechenleistung auf 16 GFLOPS begrenzt. (Diese Daten basieren auf dem AMD Opteron X2 (Revision F) unter Verwendung von Dual Cores bei 2 GHz in einem Dual Socket-System.)

Die horizontalen und diagonalen Linien geben diesem einfachen Modell seinen Namen und zeigen seinen Wert an. Die „Roofline", also die „Dachlinie", legt eine Obergrenze für die Leistung eines Kernels abhängig von seiner arithmetischen Intensität fest. Wenn die Roofline eines Computers gegeben ist, können Sie sie wiederholt anwenden, da sie nicht mit dem Kernel variiert.

Wenn wir uns die arithmetische Intensität als horizontal verschobenen senkrechten Balken vorstellen, der auf dieses Dach trifft, dann trifft er entweder auf den geneigten Teil, was bedeutet, dass die Leistung letztlich durch die Speicherbandbreite limitiert ist, oder trifft auf den flachen Bereich – dann ist die Leistung durch die Rechenleistung limitiert. In Abbildung 6.14 ist Kernel 1 ein Beispiel für die erste Situation, Kernel 2 ein Beispiel für die zweite.

Beachten Sie, dass der „Firstpunkt", in dem sich diagonales und horizontales Dach treffen, interessante Einsichten über den Computer bietet. Liegt er zu weit rechts, können nur Kernel mit sehr hoher arithmetischer Intensität die maximale Leistung dieses Computers erreichen. Befindet er sich zu weit links, kann fast jeder Kernel die maximale Leistung erreichen. Wir werden in Kürze Beispiele für beide Situationen aufzeigen.

Vergleich von zwei Opteron-Generationen

Der AMD Opteron X4 (Barcelona) mit vier Kernen ist der Nachfolger des Opteron X2 mit zwei Kernen. Um das Board-Design zu vereinfachen, verwenden sie denselben Sockel. Aus diesem Grund haben sie dieselben DRAM-Kanäle und damit dieselbe Spitzenspeicherbandbreite. Neben der Verdopplung der Kerne hat der Opteron X4 auch eine doppelt so große Gleitkomma-Spitzenleistung pro Kern: Opteron-X4-Kerne können zwei SSE2-Gleitkommabefehle pro Taktzyklus zuordnen, während Opteron-X2-Kerne höchstens einen zuordnen. Weil die beiden verglichenen Systeme ähnliche Taktraten haben (der Opteron X2 hat 2,2 GHz, der Opteron X4 hat 2,3 GHz), besitzt der Opteron X4 mehr als das Vierfache der Gleitkomma-Spitzenleistung des Opteron X2 mit derselben DRAM-Bandbreite. Der Opteron X4 verfügt außerdem über einen 2 MB großen L3-Cache, den es im Opteron X2 nicht gibt.

Abbildung 6.15 vergleicht die Roofline-Modelle für beide Systeme. Wie wir bereits erwartet haben, verschiebt sich der Firstpunkt von 1 im Opteron X2 auf 5 im Opteron X4. Um einen Leistungsgewinn in der nächsten Generation zu erkennen, benötigen Kernel deshalb eine arithmetische Intensität höher 1, oder ihre Arbeitsmengen müssen in die Caches des Opteron X4 passen.

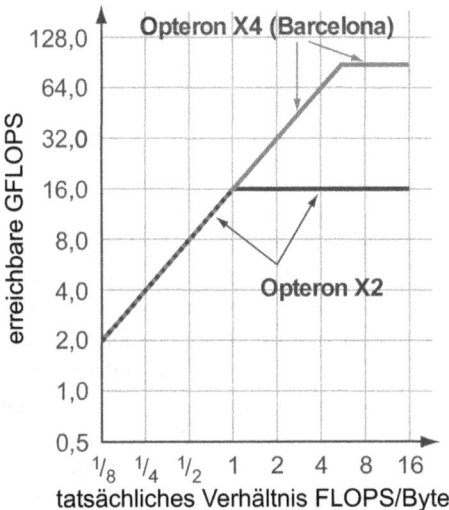

Abb. 6.15: Roofline-Modelle zweier Opteron-Generationen. Die Opteron X2-Roofline, die der aus Abbildung 6.14 entspricht, ist schwarz dargestellt, die Roofline des Opteron X4 in grau. Der höhere Firstpunkt des Opteron X4 bedeutet, dass Kernel, die auf dem Opteron X2 von der Rechenleistung abhängig waren, auf dem Opteron X2 von der Speicherleistung abhängig sein könnten.

Dieses Roofline-Modell legt eine Leistungsobergrenze fest. Angenommen, Ihr Programm liegt weit unter dieser Grenze. Welche Optimierungen müssen Sie vornehmen, und in welcher Reihenfolge?

Um die Engstellen aufgrund der Rechenleistung zu reduzieren, können die beiden folgenden Optimierungen fast jeden Kernel unterstützen:

1. *Mischung der Gleitkommaoperationen.* Die Gleitkomma-Spitzenleistung verlangt von einem Computer dieselbe Anzahl fast simultaner Additionen und Multiplikationen. Dieser Ausgleich ist notwendig, weil der Computer entweder einen FMA-Befehl unterstützt (siehe Anmerkung auf Seite 243), oder weil die Gleitkommaeinheit gleich viele Gleitkomma-Addierer und Gleitkomma-Multiplizierer enthält. Die beste Leistung bedingt außerdem, dass ein signifikanter Anteil des Befehlsmixes Gleitkommaoperationen und keine Ganzzahloperationen sind.

2. *Verbesserung der **Parallelität auf Befehlsebene** und Anwendung von SIMD.* Für superskalare Architekturen entsteht die höchste Leistung, wenn pro Taktzyklus drei bis vier Befehle geladen, ausgeführt und gespeichert werden (siehe Abschnitt 4.11). Ziel ist es hier, den vom Compiler erzeugten Code zu verbessern, um die Parallelität auf Befehlsebene zu erhöhen. Dazu kann man beispielsweise die Schleifen abrollen, wie wir in Abschnitt 4.13 gesehen haben. Für die x86-Architekturen kann ein einziger AVX-Befehl vier Operanden mit doppelter Genauigkeit verarbeiten, so dass diese wann immer möglich verwendet werden sollten (siehe die Abschnitte 3.7 und 3.8).

Um Speicherengstellen zu reduzieren, können die beiden folgenden Optimierungen hilfreich sein:

1. *Software-Prefetching.* Normalerweise ist es für die höchste Leistung erforderlich, viele Speicheroperationen in Bearbeitung zu haben. Das ist am einfachsten, indem man **Vorhersagen** mittels Software-Prefetch-Befehlen durchführt, anstatt darauf zu warten, dass die Daten von der Berechnung benötigt werden.

2. *Speicheraffinität.* Die meisten Mikroprozessoren beinhalten heute einen Speichercontroller, der sich auf demselben Chip wie der Mikroprozessor befindet und die Performanz der **Speicherhierarchie** verbessert. Wenn das System mehrere Chips beinhaltet, bedeutet das, das einige Adressen in das DRAM verlaufen, das sich auf einem Chip befindet, und der Rest Zugriffe über die Chip-Verbindung anfordert, um auf das DRAM eines anderen Chips zuzugreifen. Dies unterteilt die Ergebnisse in nichthomogene Speicherzugriffe, wie wir sie in Abschnitt 6.5 beschrieben haben. Der Speicherzugriff durch einen anderen Chip verschlechtert die Leistung. Diese Optimierung versucht, Daten und die Threads für die Bearbeitung dieser Daten demselben Speicher/Prozessor-Paar zuzuordnen, so dass die Prozessoren selten auf den Speicher der anderen Chips zugreifen müssen.

Das Roofline-Modell kann bei der Entscheidung helfen, welche dieser Optimierungen auszuführen sind und in welcher Reihenfolge sie auszuführen sind. Wir können uns diese Optimierungen als „Zwischendecke" unterhalb der zugehörigen Dachkante vorstellen, d. h., diese Zwischendecke kann nicht ohne die entsprechende Optimierung durchbrochen werden.

Die Obergrenze für die Rechenleistung kann man den Handbüchern entnehmen, und die Obergrenze für den Speicher kann man durch Ausführung der Stream-Benchmark ermitteln. Die Zwischengrenzen für die Rechenleistung, wie etwa den Gleitkomma-Ausgleich, sind ebenfalls in den Handbüchern des Computers beschrieben. Um eine Speicherzwischengrenze wie etwa die Speicheraffinität in Erfahrung zu bringen, muss man Tests auf jedem Computer durchführen, um den Abstand zwischen ihnen zu erkennen. Die gute Nachricht ist, dass dieser Prozess für jeden Computer nur einmal durchgeführt werden muss, denn wenn jemand die Eigenschaften der Zwischengrenzen eines Computers bestimmt hat, kann jeder diese Ergebnisse nutzen, um den Optimierungen für diesen Computer Prioritäten zuzuweisen.

Abbildung 6.16 fügt dem Roofline-Modell aus Abbildung 6.14 Zwischengrenzen hinzu. Das obere Diagramm zeigt die Zwischengrenzen für die Rechenleistung, das untere Diagramm zeigt die Zwischengrenzen für die Speicherbandbreite. Die höheren Zwischengrenzen sind nicht mit beiden Optimierungen beschriftet, aber die Abbildungen gehen davon aus, dass für das Durchbrechen der höchsten Zwischengrenzen zuerst die darunter liegenden Zwischengrenzen durchbrochen werden müssen.

Die Breite der Lücke zwischen der Zwischengrenze und der nächst höheren Zwischengrenze ist die Belohnung für die durchgeführte Optimierung. Abbildung 6.16 zeigt also, dass Optimierung 2, die die Parallelität auf Befehlsebene verbessert, einen großen Nutzen hinsichtlich der Performanz auf diesem Computer bringt, während die Optimierung 4, die die Speicheraffinität verbessert, zu einer verbesserten Speicherbandbreite auf diesem Computer führt.

Abbildung 6.17 kombiniert die Zwischengrenzen aus Abbildung 6.16 in einem einzigen Diagramm. Die arithmetische Intensität eines Kernels bestimmt den Optimierungsbereich, der wiederum darauf hindeutet, welche Optimierungen ausprobiert werden sollten. Beachten Sie, dass sich die Optimierungen für die Rechenleistung und die Optimierungen für die Bandbreite für einen Großteil der arithmetischen Intensität überlappen. In Abbildung 6.17 sind drei Regionen schattiert dargestellt, um die verschiedenen Optimierungsstrategien zu kennzeichnen. Beispielsweise liegt Kernel 2 in dem hellgrauen Gebiet rechts, was bedeutet, dass nur die Optimierungen für die Rechenleistung durchgeführt werden sollten. Kernel 1 liegt in dem dunkelgrauen Gebiet in der Mitte, d. h. beide Optimierungen sollten ausprobiert werden. Darüber hinaus sollte mit den Optimierungen 2 und 4 begonnen werden. Beachten Sie, dass die vertikalen Linien von Kernel 1 unter die Gleitkomma-Ausgleichsoptimierung fallen, die Optimierung 1 ist also möglicherweise überflüssig. Würde ein Kernel in das graue Dreieck unten links fallen, würde das heißen, dass nur Speicheroptimierungen dafür ausprobiert werden sollten.

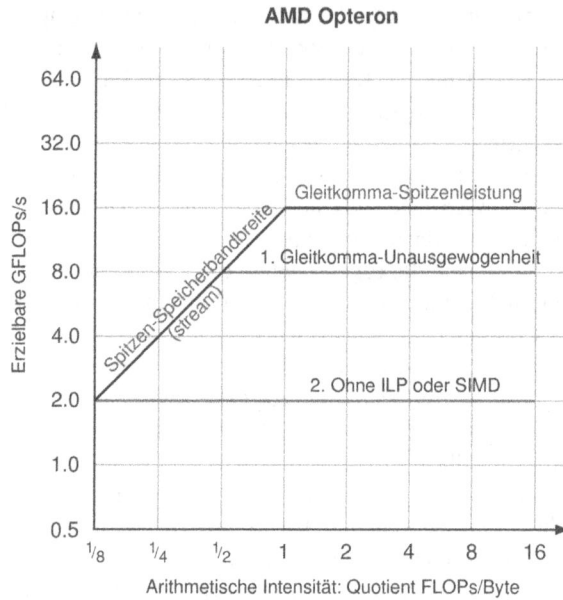

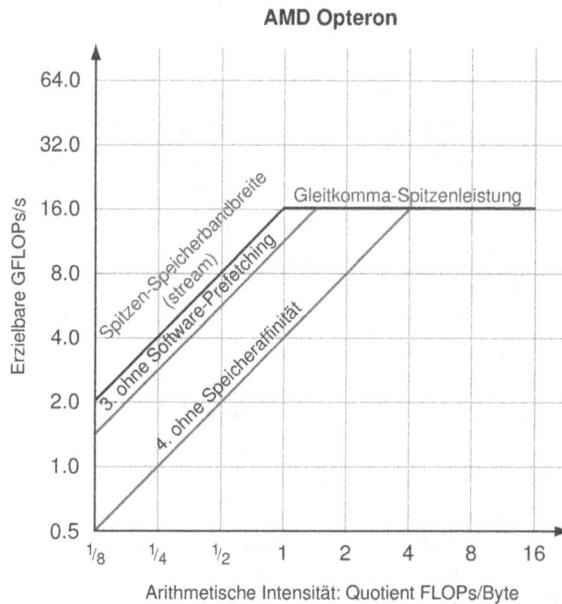

Abb. 6.16: Roofline-Modell mit „Zwischendecken": Das obere Diagramm zeigt die Zwischengrenzen für die Rechenleistung von 8 GFLOPS, wenn die Mischung der Gleitkommaoperationen unausgeglichen ist, und 2 GFLOPS, wenn die Optimierungen für die Erhöhung von ILP und SIMD ebenfalls fehlen. Das untere Diagramm zeigt die Zwischengrenzen für die Speicherbandbreite von 11 GB/s ohne Software-Prefetching und 4,8 GB/s, wenn auch die Optimierungen für die Speicheraffinität fehlen.

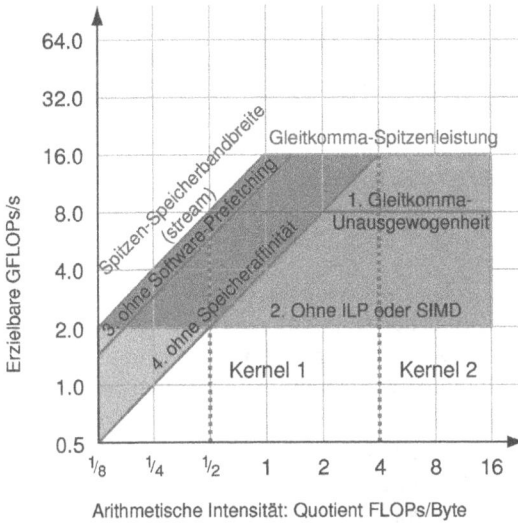

Abb. 6.17: Roofline-Modell mit Zwischengrenzen, schattiert dargestellten überlappenden Bereichen und den beiden Kernels aus Abbildung 6.14. Kernels, deren arithmetische Intensität in dem grauen Bereich rechts von der unteren Geraden liegen, sollten sich auf Optimierungen der Rechenleistung konzentrieren, und Kernels, deren arithmetische Intensität in dem grauen Dreieck unten links liegt, sollten sich auf Optimierungen der Speicherbandbreite konzentrieren. Diejenigen, die in dem dunkel schattierten Gebiet in der Mitte landen, müssen sich um beides Gedanken machen. Weil Kernel 1 in dem Gebiet in der Mitte liegt, sollten dafür die Optimierungen in Hinblick auf ILP (Parallelität auf Befehlsebene) und SIMD, Speicheraffinität und Software-Prefetching ausprobiert werden. Kernel 2 liegt in dem hellgrauen Gebiet rechts, deshalb sollte versucht werden, ILP und SIMD zu optimieren, ebenso den Ausgleich der Gleitkommaoperationen.

Bisher haben wir angenommen, dass die arithmetische Intensität feststehend ist, aber eigentlich stimmt das nicht. Ersten gibt es Kernel, für die die arithmetische Intensität mit der Aufgabengröße zunimmt, wie etwa für Aufgaben mit dicht besetzten Matrizen und N-Body (siehe Abbildung 6.13). Dies kann ein Grund dafür sein, dass die Programmierer mit der schwachen Skalierung erfolgreicher als mit der starken Skalierung sind. Zweitens wirkt sich die Effektivität der **Speicherhierarchie** auf die Anzahl der Speicherzugriffe aus; daher können Optimierungen, die die Cache-Leistung verbessern, auch die arithmetische Intensität verbessern. Optimierungen, die die Cache-Leistung verbessern, verbessern also auch die arithmetische Intensität. Ein Beispiel ist die Verbesserung der temporalen Lokalität durch das Abrollen von Schleifen und anschließende Gruppierung der Befehle mit ähnlichen Adressen. Viele Computer verwenden spezielle Cache-Befehle, die Daten in einem Cache zuordnen, aber nicht zuvor die Daten aus dem Speicher an dieser Adresse eintragen, weil sie in Kürze überschrieben wird. Beide Optimierungen reduzieren den Speicherverkehr und verschieben damit den Balken für die arithmetische Intensität um einen Faktor von beispielsweise 1,5 nach rechts. Diese Verschiebung könnte den Kernel in einen anderen Optimierungsbereich bringen.

HIERARCHIE

Die Beispiele zeigen, wie Programmierer bei der Verbesserung der Performanz unterstützt werden. Computerarchitekten können das Modell auch verwenden, um zu entscheiden, wo sie die Hardware optimieren sollten, damit die Performanz der ihrer Meinung nach wichtigsten Kernels verbessert wird.

Der nächste Abschnitt demonstriert anhand des Roofline-Modells die Performanzunterschiede zwischen einer DSA und einer GPU. Außerdem sehen wir uns an, ob diese Unterschiede die Performanz realer Programme widerspiegeln.

Anmerkungen: 1) Die Zwischengrenzen sind geordnet, so dass die unteren Zwischengrenzen einfacher zu optimieren sind. Offensichtlich kann ein Programmierer nicht in jeder beliebigen Reihenfolge optimieren. Die Einhaltung dieser Reihenfolge reduziert die Wahrscheinlichkeit, dass der Aufwand für eine Optimierung für umsonst betrieben wird, weil sie aufgrund anderer Beschränkungen keine Wirkung zeigt. Wie das 3C-Modell kann auch das Roofline-Modell Annahmen haben, die sich als optimistisch erweisen, solange es Einblicke liefert. Beispielsweise geht es davon aus, dass ein Programm zwischen allen Prozessoren lastausgeglichen ist.

2) Eine Alternative zur Stream-Benchmark ist die Verwendung der reinen DRAM-Bandbreite als Roofline. Während die Bandbreite definitiv eine feste obere Grenze vorgibt, ist die tatsächliche Speicherleistung häufig so weit von dieser Grenze entfernt, dass sie als Obergrenze nicht wirklich praktikabel ist. Das bedeutet, dass kein Programm dieser Grenze nahe kommen kann. Der Nachteil bei der Verwendung von Stream ist, dass eine sehr sorgfältige Programmierung die Stream-Ergebnisse übertreffen kann, so dass die Speicher-Roofline keine so strenge Grenze sein muss wie die durch die Rechenleistung vorgegebene Grenze. Wir bleiben bei Stream, weil nur wenige Programmierer in der Lage sind, mehr Speicherbandbreite zu realisieren als Stream erkennt.

3) Obwohl das gezeigte Roofline-Modell für Multicore-Prozessoren vorgesehen ist, funktioniert es natürlich auch für einen Einzelprozessor.

Selbsttest

Richtig oder falsch: Der größte Nachteil konventioneller Ansätze für Benchmarks für parallele Computer ist, dass die Regeln zur Sicherstellung der Fairness gleichzeitig Innovationen unterdrücken.

6.12 Google TPUv3-Supercomputer und NVIDIA Volta GPU-Cluster: Benchmarks

Tiefe neuronale Netze, die in Abschnitt 6.7 eingeführt wurden, haben zwei Phasen: Während des *Trainings* werden genaue Modelle konstruiert, aus denen dann durch *Inferenz* Schlüsse gezogen werden. Für das Training können

Tage oder Wochen an Rechenzeit nötig sein, während Inferenz in Millisekunden erfolgt. Die TPUv1 wurde als Inferenzarchitektur entworfen. In diesem Abschnitt geht es darum, wie Google eine domänenspezifische Architektur für das viel schwierigere Problem des Trainings gebaut hat. Dabei stützen wir uns auf das Paper „A Domain-Specific Supercomputer for Training Deep Neural Networks," *Communications of the ACM,* 2020, N. P. Jouppi, D. Yoon, G. Kurian, S. Li, N. Patil, J. Laudon, C. Young und D. A. Patterson.

Tiefe neuronale Netze: Training vs. Inferenz

Fassen wir kurz zusammen, worum es bei tiefen neuronalen Netzen geht. Das Training beginnt mit einer riesigen Datenmenge aus Paaren von *Eingabe* und *Ergebnis,* von denen bekannt ist, dass die Zuordnung korrekt ist. Solche Paare können zum Beispiel Bilder und Bildbeschreibungen sein. Am Anfang steht außerdem ein *Modell* (neuronales Netz), das aus der Eingabe durch intensive Berechnungen von *Gewichten* das Ergebnis ableitet. Die Gewichte sind anfangs zufällig gewählt. Die Modelle werden gewöhnlich als Graphen definiert, die aus mehreren Schichten zusammengesetzt sind. Eine Schicht besteht aus einer Komponente für die lineare Algebra (oft eine Matrixmultiplikation oder Faltung, wobei die Gewichte verwendet werden), gefolgt von einer nichtlinearen *Aktivierungsfunktion* (oft eine elementweise angewendete skalare Funktion; wir nennen die Ergebnisse *Aktivierungen*). Das Training „lernt" Gewichte, mit denen die Wahrscheinlichkeit für die korrekte Zuordnung von Eingabe und Ergebnisse steigt.

Wie kommen wir nun von den anfangs zufälligen Gewichten zu trainierten Gewichten? Die gegenwärtig besten Methoden verwenden Varianten des *stochastischen Gradientenabstiegsverfahrens.* Bei diesem Verfahren werden in vielen Iterationen drei Schritte wiederholt: Vorwärtspropagation, Rückpropagation und Aktualisierung der Gewichte.

1. Die *Vorwärtspropagation* nimmt ein zufällig gewähltes Trainingsbeispiel, wendet dessen Eingaben auf das Modell an und führt innerhalb der Schichten die Berechnung durch, um ein Ergebnis zu generieren (das in Anbetracht der zufälligen Anfangsgewichte natürlich zunächst Ausschuss ist). Funktional ist die Vorwärtspropagation der Inferenz in einem tiefen neuronalen Netz sehr ähnlich, weshalb wir, wenn wir einen Inferenzbeschleuniger bauen wollten, an dieser Stelle aufhören könnten. Für das Training allerdings ist dies erst weniger als ein Drittel der Geschichte. Im Rahmen des Gradientenabstiegsverfahrens wird als nächstes mithilfe einer *Verlustfunktion* der Fehler, d. h. die Differenz zwischen dem vom Modell berechneten Ergebnis und dem als gut bekannten Ergebnis, aus der Trainingsmenge berechnet.

2. Bei der anschließenden *Rückpropagation* lässt man das Modell Schicht um Schicht in der umgekehrten Richtung laufen, wobei eine Menge aus Fehler- oder Verlustwerten für die Ausgabe jeder Schicht erzeugt wird. Diese Verluste messen die Abweichung von der gewünschten Ausgabe.

3. Die *Aktualisierung der Gewichte* kombiniert für jede Schicht die Eingabe
   mit dem Verlustwert, um einen Satz von Korrekturen – Änderungen der
   Gewichte – zu berechnen, und zwar so, dass sie, wenn sie zu den gewichten
   hinzugefügt würden, Verluste nahe null ergeben hätten. Die Aktualisierungen können betragsmäßig sehr klein sein.

Jeder Schritt des Gradientenabstiegs nimmt eine winzige Anpassung der Gewichte vor, durch die das Modell für ein bestimmtes Paar aus Eingabe und
Ergebnis besser wird. Dadurch überführt das Verfahren die anfangs zufälligen
Gewichte in ein trainiertes Modell, das manchmal die Genauigkeit von Menschen übertreffen kann – dies sind die Erfolge der Technologie, von denen
sogar in Zeitungsartikeln berichtet wird.

DSA-Supercomputernetz

Der Bedarf an Rechenleistung für das Training von tiefen neuronalen Netzen
kennt im Grunde genommen keine Grenzen. Daher hat Google entschieden,
einen DSA-Supercomputer zu bauen, anstatt wie bei TPUv1 ein Cluster aus
DSA-Chips mit CPU-Hosts zu bilden. Das erste Argument hierfür ist der riesi-
ge Zeitaufwand für das Training. Ein einzelner TPUv3-Chip würde Monate für
das Trainieren einer einzigen Google-Applikation benötigen, weshalb eine typische Applikation hunderte von Chips brauchen würde. Das zweite Argument
ist die Grundidee hinter tiefen neuronalen Netzen, nämlich die Erwartung, dass
größere Datensätze plus größere Maschinen zu großen Durchbrüchen führen
werden.

Das kritische Architekturmerkmal eines modernen Supercomputers ist die
Art und Weise, wie seine Chips kommunizieren; wie schnell sind die Verbindungen; wie sieht die Topologie aus; gibt es zentralisierte oder verteilte
Switchs usw. Diese Entscheidungen sind für einen DSA-Supercomputer viel
einfacher, da die Kommunikationsmuster begrenzt und bekannt sind. Für das
Training ist der größte Teil des Datenverkehrs ein All-reduce über die Aktualisierungen der Gewichte von allen Knoten der Maschine. Es zeigt sich, dass
All-reduce effizient auf eine 2D-Torustopologie abgebildet werden kann (siehe Abbildung 6.11a). Ein On-Chip-Switch sendet Nachrichten. Um einen 2D-
Torus zu ermöglichen, hat der TPUv3-Chip vier maßgeschneiderte Inter-Core-
Verbindungen (ICI), die jeweils mit 656 GBit/s in beide Richtungen laufen. ICI
erlaubt direkte Verbindungen zwischen Chips, die auf diese Weise einen Supercomputer bilden, wobei nur ein kleiner Teil von jedem Chip genutzt wird.

Der TPUv3-Supercomputer verwendet einen 32×32-Torus (1024 Chips),
was 64 Verbindungen $\times$ 656 GBit/s = 42,3 Terabit/s Bisektionsbandbreite bedeutet. Zum Vergleich: Ein einzelner Infiniband-Switch (benutzt in einem
CPU-Cluster), der 64 Hosts verbindet (jeder mit 16 DSA-Chips), hat 64 Ports,
die „nur" 100 GBit/s und eine Bisektionsbandbreite von höchstens 6,4 Tera-
bit/s verwenden. Der TVPUv3-Supercomputer bietet gegenüber konventionellen Cluster-Switchs das 6,6-Fache der Bisektionsbandbreite, während die

Kosten für Infiniband-Netzwerkkarten und Infiniband-Switchs sowie die Kommunikationsverzögerungen beim Durchlaufen der CPU-Hosts entfallen.

DSA-Supercomputerknoten

Der Knoten des TPUv3-Supercomputers folgte den wesentlichen Ideen der TPUv1: Eine große zweidimensionale Matrixmultiplikationseinheit (MXU) plus große, softwaregesteuerte On-Chip-Speicher anstelle von Caches. Im Unterschied zur TPUv1 verwendet TPUv3 zwei Cores pro Chip. Globale Drähte auf einem Chip skalieren nicht mit der schrumpfenden Featuregröße, weshalb ihre relative Verzögerung zunimmt. In Anbetracht der Tatsache, dass beim Training viele Prozessoren benutzt werden können, lassen sich durch zwei kleinere *TensorCores* pro Chip die exzessiven Latenzen eines einzelnen großen Cores vermeiden. Google beließ es bei zwei TensorCores, weil es einfacher ist, effizient Programme für zwei „bullige" Cores pro Chips zu generieren als für eine große Zahl von „schmächtigen" Cores.

Abbildung 6.18 zeigt die sechs Hauptblöcke eines TensorCores:

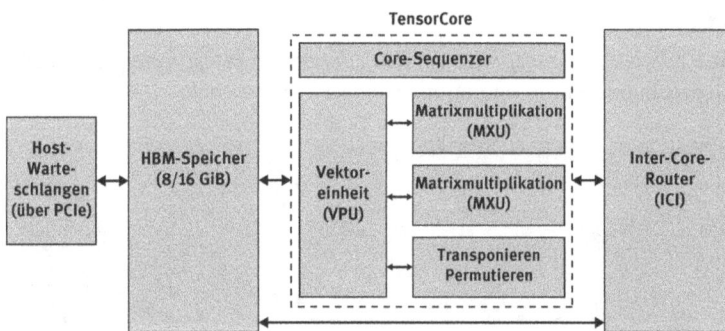

Abb. 6.18: Blockdiagramm für einen TPUv3 TensorCore.

1. *Inter-Core-Verbindung (ICI),* die bereits erwähnt wurde.

2. *HBM-Speicher* (Abk. für engl. High Bandwith Memory, Speicher mit hoher Bandbreite). Die TPUv1-Architektur war für die meisten auf ihr laufenden Applikationen speichergebunden [Jouppi, 2018]. Google löste das Speicherproblem des TPUv1 durch die Verwendung von HBM-DRAMs. Diese bieten das 25-Fache der Bandbreite von TPUv1-DRAMs, indem ein Zwischensubstrat benutzt wird, das den TPUv3-Chip über 64 64-Bit-Busse mit vier kleinen Stacks der DRAM-Chips verbindet. Konventionelle CPU-Server unterstützen viel mehr DRAM-Chips, aber bei einer viel geringeren Bandbreite von höchstens acht 64-Bit-Bussen.

3. Der *Core-Sequenzer* führt VLIW-Befehle aus dem softwaregesteuerten On-Chip-Befehlsspeicher (*Imem* für engl. Instruction Memory) des Cores aus; außerdem führt er skalare Operationen mithilfe eines skalaren 4K 32-Bit-Datenspeichers (*Smem* für engl. scalar data memory) durch und sendet Vek-

torbefehle an die VPU. Der 322-Bit-VLIW-Befehl kann acht Operationen starten: zwei skalare ALU-Operationen, zwei vektorielle ALU-Operationen, Vektor laden und speichern sowie ein Paar Slots, die Daten aus den Einheiten für die Matrixmultiplikation und das Transponieren in eine Warteschlange stellen bzw. sie von dort holen.

4. Die *Vektorverarbeitungseinheit (VPU)* führt Vektoroperationen aus, wobei sie einen großen On-Chip-Vektorspeicher (Vmem) mit 32K 128 × 32-Bit-Elementen (16 MiB) und 32 2D-Vektorregister (Vregs) mit jeweils 128 × 8 32-Bit-Elementen (4 MiB) verwendet. Die VPU sammelt und verteilt Daten an Vmem unter Ausnutzung von Parallelität auf Datenebene (2D-Matrix und Vektorfunktionseinheiten) sowie Parallelität auf Befehlsebene (acht Operationen pro Befehl).

5. Die *Matrixmultiplikationseinheit (MXU)* erzeugt 32-Bit-Gleitkommaprodukte aus 16-Bit-Gleitkommaeingaben, die sich in 32 Bits ansammeln. Alle anderen Berechnungen erfolgen im 32-Bit-Gleitkommaformat, außer für Ergebnisse, die direkt an die MXU-Eingabe gehen und die ins 16-Bit-Gleitkommaformat konvertiert werden. TPUv3 hat zwei MXUs pro TensorCore.

6. Die Einheit zum *Transponieren, Reduzieren und Permutieren* führt 128×128 entsprechende Matrixoperationen der VPU-Lanes aus.

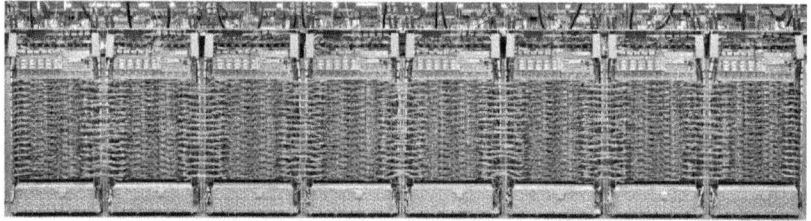

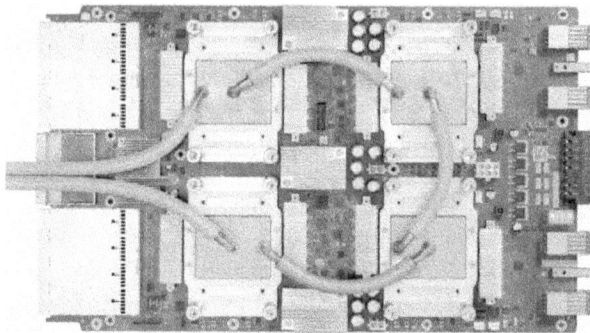

Abb. 6.19: Ein aus bis zu 1024 Chips bestehender TPUv3-Supercomputer (oben). Er ist etwa 1,80 m hoch und gut vier Meter breit. Ein TPUv3-Board (unten) hat vier Chips und verwendet Flüssigkeitskühlung.

Tab. 6.5: Die wichtigsten Merkmale der Prozessoren TPUv1, TPuv3 und NVIDIA Volta.

Merkmal	TPUv1	TPUv3	Volta
Max. TeraFLOPS /Chip	92 (8b int)	123 (16b), 14 (32b)	125 (16b), 16 (32b)
Netzwerk-Links x GBit/s / Chip	–	4 x 656	6 x 200
Max. Chips / Supercomputer	–	1024	variiert
Taktrate (MHz)	700	940	1530
TDP (Watt) / Chip	75	450	450
Die-Größe (mm²)	< 310	< 685	815
Chiptechnolgie	28 nm	> 12 nm	12 nm
Speichergröße (on-/off-Chip)	28 MiB / 8 GiB	32 MiB / 32 GiB	36 MiB / 32 GiB
Speicher GB/s/Chip	34	900	900
MXUs / Kern, MXU-Größe	1 256 x 256	2 128 x 128	8 4 x 4
Kerne / Chip	1	2	80
Chips / CPU-Host	4	8	8 oder 16

Abbildung 6.19 zeigt das Blockdiagramm des TPUv3-Supercomputers, und Tabelle 6.5 listet die Spezifikationen der TPUv1, TPUv3 und NVIDIA Volta GPU auf, die wir für Vergleichszwecke verwenden werden. Abbildung 6.20 zeigt die Rooflines, die sich sehr ähneln. Die Speicherbandbreiten sind dieselben (900 GByte/s), die 16-Bit-Gleitkomma-Rooflines für TPUv3 und Volta (123 vs. 125 TeraFLOPS) sind kaum zu unterscheiden, und für 32-Bit-Gleitkommaarithmetik gibt es einen kleinen Unterschied (14 vs. 16 Tera-FLOPS). Beachten Sie den großen Leistungsunterschied zwischen 16- und 32-Bit-Gleitkommaarithmetik für beide Chips.

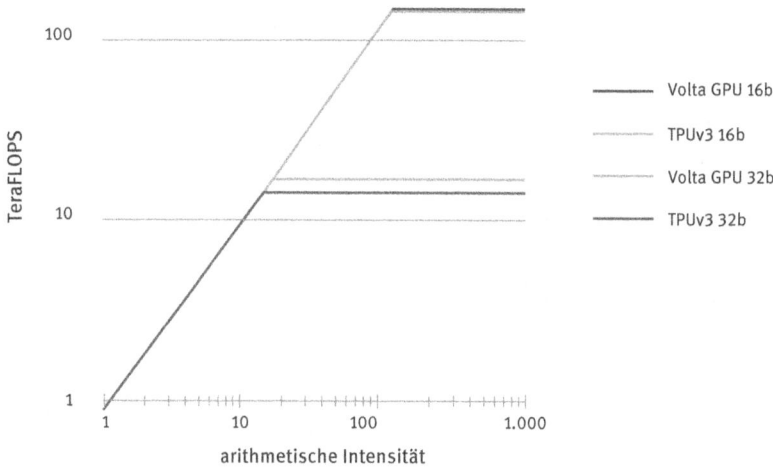

Abb. 6.20: Rooflines für TPUv3 und Volta.

DSA Arithmetik

Die maximale Leistung ist achtmal höher, wenn für die Matrixmultiplikation das 16-Bit-Gleitkommaformat anstelle des 16-Bit-Gleitkommaformats verwendet wird (siehe Abbildung 6.18). Aus diesem Grund ist es für eine bestmögliche Leistung entscheidend, das 16-Bit-Format zu verwenden. Obwohl Google eine MXU hätte bauen können, die die Standard-IEEE-Gleitkommaformate mit halber (fp16) und einfacher Genauigkeit (fp32) benutzt (siehe Abbildung 3.15), prüften sie zunächst die Genauigkeit der 16-Bit-Gleitkommaoperationen für tiefe neuronale Netze. Dabei fanden sie Folgendes:

- Die Ausgaben der Matrixmultiplikationen und interne Summen müssen in fp32 bleiben.
- Der 5-Bit-Exponent der fp16-Eingabe für die Matrixmultiplikation führt zu einem Berechnungsfehler, der seinen schmalen Wertebereich übersteigt, was mit dem 8-Bit-Exponenten des fp32-Formats vermieden wird.
- Das Reduzieren der Mantissenlänge für die Matrixmultiplikation von den 23 Bit bei fp32 auf 7 Bit schadet der Genauigkeit nicht.

Ergebnis dieser Erkenntnisse war das *Brain-Floating-Format* (bf16), das den 8-Bit-Exponenten von fp32 beibehält, aber die Mantisse auf 7 Bit kürzt. Dank der beibehaltenen Exponentenlänge besteht nicht die Gefahr, die kleinen Aktualisierungswerte infolge eines Unterlaufs zu verlieren, und so verwendeten alle Programme aus diesem Bereich bf16 auf TPUv3 ohne größere Schwierigkeiten. Dagegen macht fp16 Anpassungen der Trainingssoftware nötig, um Konvergenz und Effizienz zu erreichen. Micikevicius et al. wendeten eine *Verlustskalierung*, die den Effekt kleiner Gradienten erhält, auf GPUs an, um den kleineren Exponenten von fp16 Rechnung zu tragen [Micikevicius et al., 2017; Kalamkar et al., 2019].

Da die Größe eines Gleitkomma-Multiplizierers mit dem Quadrat der Mantissenlänge skaliert, sind Fläche und Energieverbrauch eines bf16-Multiplizierers nur halb so groß wie bei einem fp16-Multiplizierer. bf16 bietet eine seltene Kombination: die Reduzierung der Hardware und der Energie, während gleichzeitig die Software einfacher wird, weil die Verlustskalierung überflüssig wird.

TPUv3 DSA vs. Volta GPU

Vergleichen wir nun die Architekturen der TPUv3 und der Volta GPU, bevor wir uns der Leistung zuwenden.

Multichip-Parallisierung ist in der TPUv3 über ICI umgesetzt und wird durch All-reduce-Operationen unterstützt, die vom TPUv3-Compiler unterstützt werden. Multichip-GPU-Systeme ähnlicher Größe nutzen einen abgestuften Netzwerkansatz mit NVIDIAs NVLink innerhalb eines Gehäuses sowie Host-gesteuerten InfiniBand-Netzen und Switchs, um die verschiedenen Gehäuse untereinander zu verbinden.

Die TPUv3 bietet eine für tiefe neuronale Netze entworfene bf16-Arithmetik aus 128×128-Arrays, was die Hardware und den Energieverbrauch gegenüber IEEE-fp16-Multiplizierern halbiert. Volta GPUs haben ebenfalls zusammengefasste Arrays, wobei die Granularität feiner ist – 4×4 oder 16×16, in Abhängigkeit von Hardware- oder Softwarespezifikationen –, allerdings verwenden diese fp16 anstatt bf16, so dass Software für die Verlustskalierung notwendig ist sowie zusätzliche Die-Fläche und Energie.

Die TPUv3 ist eine Dual-Core-Maschine mit In-Order-Ausführung, wobei der Compiler Berechnung, Speicher und Netzwerkaktivitäten überlappt. Volta GPUs sind latenztolerante 80-Core-Maschinen, wobei jeder Core viele Threads und somit sehr große (20 MiB) Registerfiles hat. Die Threading-Hardware und die CUDA-Codierung unterstützen überlappende Operationen.

Die TPUv3 verwendet einen softwaregesteuerten 32 MiB-Scratchpad-Speicher mit Scheduling durch den Compiler, während die Volta-Hardware einen 6 MiB-Cache und die Software einen 7,5 MiB-Scratchpad-Speicher verwaltet. Der TPUv3-Compiler leitet sequentielle DRAM-Zugriffe, die typisch sind für tiefe neuronale Netze, über DMA-Controller an TPUv3s, während GPUs Multithreading und verbindende Hardware hierfür verwenden.

Zu den kontrastierenden Architekturmerkmalen von TPU- und GPU-Chips kommt hinzu, dass sie unterschiedliche Technologien verwenden und sich hinsichtlich Die-Fläche, Taktrate und Leistungsaufnahme unterscheiden. In Tabelle 6.6 sind drei verschiedene Maße für die Kosten dieser Systeme angegeben: die Die-Größe (berichtigt in Abhängigkeit von der Technologie), die thermische Verlustleistung (TDP) für ein 16-Chip-System und der Cloud-Preis pro Chip. Die berichtigte Die-Größe der GPUs ist doppelt so groß wie die der TPUs, was nahelegt, dass die Kapitalkosten der Chips doppelt so hoch sind, weil es doppelt so viele TPU-Dies pro Wafer geben wird. Die Verlustleistung der GPU ist um dem Faktor 1,3 höher, was auf höhere Betriebsausgaben hindeutet, da die TCO mit der Verlustleistung korrelieren. Die Mietpreise pro Stunde schließlich sind für die Google-Cloud-Engine um den Faktor 1,6 höher als für die GPU. Diese drei verschiedenen Maße führen übereinstimmend zu dem Ergebnis, dass TPUv3 halb bis dreiviertel so teuer ist wie die Volta GPU.

Tab. 6.6: Vergleich zwischen GPU und TPUv3. Die Die-Größen wurden mit dem Quadrat der Technologie korrigiert, da die Halbleitertechnologie für TPUs ähnlich, aber größer und älter ist als für die GPU. Google wählte 15 nm für TPUs (siehe Tabelle 6.5). Die angegebene thermische Verlustleistung bezieht sich auf ein 16-Chip-System.

	Die-Größe	berichtigte Die-Größe	TDP (kw)	Cloud-Preis
Volta	815	815	12,0	3,24 Dollar
TPUv3	< 685	< 438	9,3	2,00 Dollar

Leistung

Bevor wir uns mit der Leistung von TPUv3-Supercomputern beschäftigen, wollen wir die Vorzüge eines einzelnen Chips betrachten, denn die 1024-

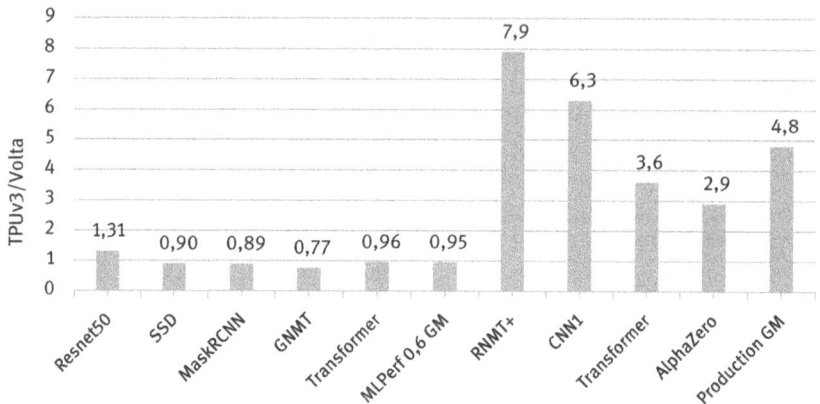

Abb. 6.21: Leistung pro TPUv3-Chip relativ zu Volta für fünf MLPerf 0.6 Benchmarks und vier Produktionsanwendungen.

fache Beschleunigung von 1024 schwachen Chips wäre uninteressant. Abbildung 6.21 zeigt die Leistung der TPUv3 relativ zu der des Volta-GPU-Chips für zwei Gruppen von Programmen. Die erste Gruppe besteht aus vier Programmen, die Google und NVIDIA an MLPerf 0.6 eingereicht haben. Beide verwenden 16-Bit-Arithmetik mit NVIDIA-Software für die Verlustskalierung. Für diese Programme ist das geometrische Mittel von TPUv3 relativ zu Volta 0,95, d. h., beide sind ungefähr gleich schnell. Google wollte auch die Leistung seiner Produktionsarbeitslast messen, ähnlich wie für TPUv1 (siehe Abschnitt 6.7). Für die Produktionsanwendungen war das geometrische Mittel für die Beschleunigung von TPUv3 gegenüber Volta 4,8, vor allem weil auf GPUs das achtmal langsamere fp32-Format anstatt fp16 verwendet wird (siehe Abbildung 6.20). Es handelt sich dabei um große Produktionsanwendungen, die kontinuierlich verbessert werden, und nicht um einfache Benchmarks, so dass eine Menge zu tun ist, um sie überhaupt zum Laufen zu bringen. Anwendungsprogrammierer konzentrieren sich auf die TPUv3, weil diese im täglichen Gebrauch ist, und daher ist die Begeisterung gering, die Verlustskalierung mit einzubeziehen, die für fp16 notwendig ist.

Doch leider ist nur ResNet-50 aus MLPerf 0.6 über 1000 TPUs und GPUs hinaus skalierbar. Abbildung 6.22 zeigt ResNet-50-Ergebnisse für MLPerf 0.6; bei NVIDIA läuft ResNet-50 auf einem Cluster aus 96 DGX-2H-Computern, in denen jeweils 16 Voltas via InfiniBand-Switches verbunden sind, bei 41 % linearem Scale-up für 1536 Chips. MLPerf 0.6 Benchmarks sind viel kleiner als die Produktionsanwendungen; die für ihr Training nötige Zeit ist um Größenordnungen geringer als die für das Training der Produktionsanwendungen. Daher bezog Google Produktionsanwendungen mit ein, vor allem um umfangreiche Programme zu betrachten, die auf die Größe von Supercomputern skaliert werden können. Eine läuft mit 96 % und die anderen drei mit 99 % der perfekten Skalierung für 1024 Chips!

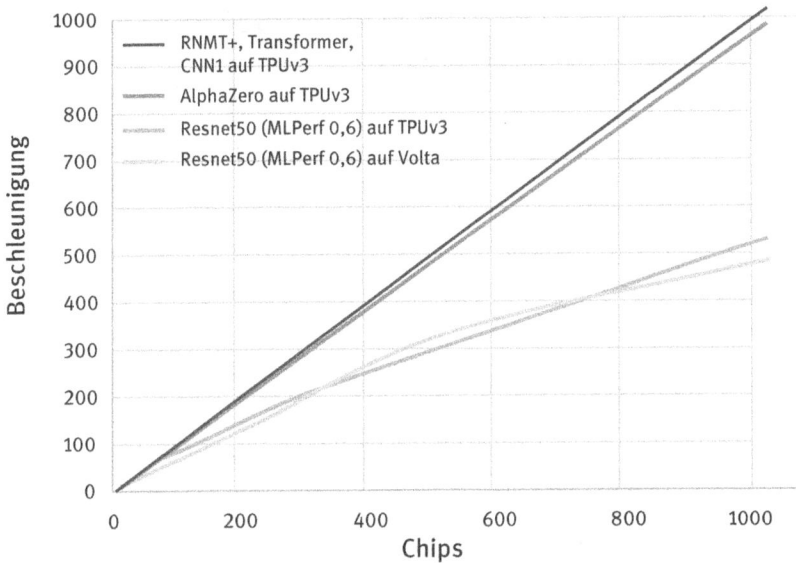

Abb. 6.22: Supercomputer-Skalierung: TPUv3 und Volta.

Tabelle 6.7 zeigt, wo sich TPUv3 anhand der PetaFLOPS bzw. der GFLOPS pro Watt für die AlphaZero-Benchmark auf der Top500-Liste sowie auf der Green500-Liste einordnen würde. Der Vergleich ist nicht perfekt: Konventionelle Supercomputer verarbeiten 32- und 64-Bit-Daten statt der 16-Bit und 32-Bit Daten von TPUs. Immerhin wurde auf den TPUs eine reale Anwendung auf realen Daten laufen gelassen und mit einer schwach skalierten Linpack-Benchmark auf synthetischen Daten verglichen. Es ist bemerkenswert, dass auf einem TPUv3-Supercomputer eine Produktionsanwendung unter Verwendung von echten Daten mit 70 % der maximalen Leistung läuft, was höher ist als der Wert für einen Allzweck-Supercomputer, auf dem die Linpack-Benchmark läuft. Außerdem haben TPUv3-Supercomputer, auf deren Chips eine Produktionsanwendung läuft, eine zehnmal so hohe Leistung pro Watt wie die Nummer 1 der traditionellen Supercomputer auf der Green500-Liste unter Linpack, und gegenüber dem viertbesten Supercomputer auf der Top500-Liste ist die Leistung pro Watt 44-mal so hoch.

Zu den Gründen für den Erfolg der TPUv3 gehören das eingebaute ICI-Netzwerk, größere Arrays für die Multiplikationen und die bf16-Arithmetik. Die TPUv3 hat einen kleineren Die, der in einer älteren Halbleitertechnologie

Tab. 6.7: Top500-Rang und Green500-Rang des TPUv3-Supercomputers im Vergleich zu traditionellen Supercomputern.

Name	Kerne	Benchmark	PFLOPS	% von Max.	Megawatt	GFLOPS/Watt	Top500	Green500
Tianhe	4865k	Linpack	61,4	61 %	18,48	3,3	4	57
SaturnV	22k	Linpack	1,1	59 %	0,97	15,1	469	1
TPUv3	2k	AlphaZero	86,9	70 %	0,59	146,3	4	1

gefertigt wird, und kleinere Cloud-Preise, obwohl er auf vielen Hardware- und Softwareebenen noch weniger ausgereift ist als CPUs und GPUs. Diese guten Ergebnisse trotz technologischer Nachteile legen nahe, dass der TPU-DSA-Ansatz rentabel ist und in Zukunft eine hocheffiziente Architektur liefern kann.

Nachdem wir nun eine große Bandbreite von Benchmarkergebnissen für unterschiedliche Architekturen gesehen haben, wollen wir uns erneut unserem DGEMM-Beispiel zuwenden und im Detail untersuchen, wie viel wir am C-Code ändern müssen, um den Vorteil der vielen Prozessoren auszunutzen.

Anmerkung: Das originale TPUv3-Paper umfasste zwei weitere Produktionsanwendungen, MLP0 und MLP1, die auf Einbettungen basieren. Eine Einbettung am Anfang eines tiefen neuronalen Netzes transformiert eine sparsame Repräsentation in eine dichte Repräsentation, die geeignet ist für lineare Algebra; die Einbettungen enthalten auch Gewichte. Einbettungen können Vektoren verwenden, wobei Merkmale durch Distanzbegriffe zwischen Vektoren dargestellt werden können. Einbettungen beinhalten Tabellensuchen, Link-Traversierungen und Felder variabler Länge; sie sind daher uneinheitlich und speicherintensiv. Für GPUs gibt es keine TensorFlow-Kernels für Einbettungen, weshalb Google die MLPs ausgeschlossen hat. Auf TPUv3 liegt ihre Beschleunigung bei 1024 Chips 14 % bzw. 40 %, limitiert durch die Einbettungen.

6.13 Beschleunigung: Multiple Prozessoren und Matrixmultiplikation

In diesem Abschnitt machen wir den letzten und größten Schritt unserer sukzessiven Performanzsteigerung durch Anpassung von DGEMM an die Hardware des Intel Core i7 (Skylake). Jeder Core i7 hat 24 Kerne, und der Computer, den wir benutzt haben, hat zwei i7. Somit haben wir 48 Kerne, auf denen DGEMM laufen kann.

Abbildung 6.23 zeigt die OpenMP-Version von DGEMM, die diese Kerne ausnutzt. Beachten Sie, dass Zeile 30 die einzige Zeile ist, die zu dem Code aus Abbildung 5.35 hinzugefügt wurde, um ihn auf mehreren Prozessoren zum Laufen zu bringen: Ein OpenMP-Pragma teilt dem Compiler mit, dass er in der äußeren for-Schleife mehrere Threads verwenden soll. Oder anders formuliert: Sie teilt dem Computer mit, dass die Arbeit der äußeren Schleife über alle Threads verteilt werden soll.

Abbildung 6.24 zeigt einen klassischen Graphen der Multiprozessor-Beschleunigung. Dargestellt ist die Performanzverbesserung gegenüber einem einzelnen Thread bei zunehmender Anzahl der Threads. An diesem Graphen kann man gut sehen, worin die Herausforderung der starken Skalierung gegenüber der schwachen besteht. Wenn alles in den L1-Cache passt wie im Falle von 64×64-Matrizen, dann beeinträchtigt das Hinzufügen von Threads tatsächlich die Performanz. Für die 48-fädige Version von DGEMM sinkt die Performanz in diesem Fall fast auf die Hälfte der Performanz für die einfädige Version. Im

```
1   #include <x86intrin.h>
2   #define UNROLL (4)
3   #define BLOCKSIZE 32
4   void do_block (int n, int si, int sj, int sk,
5                  double *A, double *B, double *C)
6   {
7     for ( int i = si; i < si+BLOCKSIZE; i+=UNROLL*8 )
8       for ( int j = sj; j < sj+BLOCKSIZE; j++ ) {
9         __m512d c[UNROLL];
10        for ( int r = 0; r < UNROLL; r++ )
11          c[r] = _mm512_load_pd(C+i+r*8+j*n); // [ UNROLL];
12
13        for( int k = sk; k < sk+BLOCKSIZE; k++ )
14        {
15          __512d bb = _mm512_broadcastsd_pd(_mm_load_sd(B+k+j*n));
16          for (int r = 0; r < UNROLL; r++)
17            c[r] = _mm512_fmadd_pd(_mm512_load_pd(A+n*k+r*8+i),bb,c[r]);
18        }
19
20        for ( int r = 0; r < UNROLL; r++ )
21          _mm512_store_pd(C+i+r*8+j*n, c[r]);
22      }
23  }
24
25  void dgemm (int n, double* A, double* B, double* C)
26  {
27  #pragma omp parallel for
28    for ( int sj = 0; sj < n; sj += BLOCKSIZE )
29      for ( int si = 0; si < n; si += BLOCKSIZE )
30        for ( int sk = 0; sk < n; sk += BLOCKSIZE )
31          do_block(n, si, sj, sk, A, B, C);
32  }
```

Abb. 6.23: OpenMP-Version von DGEMM aus Abbildung 5.35. Nur Zeile 29 ist OpenMP-Code, und sie ist der einzige Unterschied gegenüber Abbildung 5.35. Sie sorgt dafür, dass die äußere Schleife parallel arbeitet.

Gegensatz dazu wird für die beiden größten Matrizen mit 48 Threads eine 17-fache Beschleunigung erreicht, was den klassischen beiden Linien (nach oben rechts zeigend) in Abbildung 6.24 entspricht.

Abbildung 6.25 zeigt die absolute Zunahme der Performanz, wenn die Anzahl der Threads von 1 auf 48 steigt. DGEMM arbeitet nun mit 308 GFLOPS für 960×960-Matrizen. Während die ursprüngliche C-Version von DGEMM in Abbildung 2.19 diesen Code mit nur 2 GFLOPS ausführt, führen die Optimierungen in den Kapiteln 3 bis 6, die den Code für die verwendete Hardware maßschneidern, insgesamt zu einer 150-mal so schnellen Ausführung! Gegenüber der Python-Version ist die C-Version, die im Hinblick auf Parallelität auf Datenebene, Parallelität auf Befehlsebene, Speicherhierarchie und Parallelität auf Thread-Ebene optimiert wurde, fast um den Faktor 50 000 schneller.

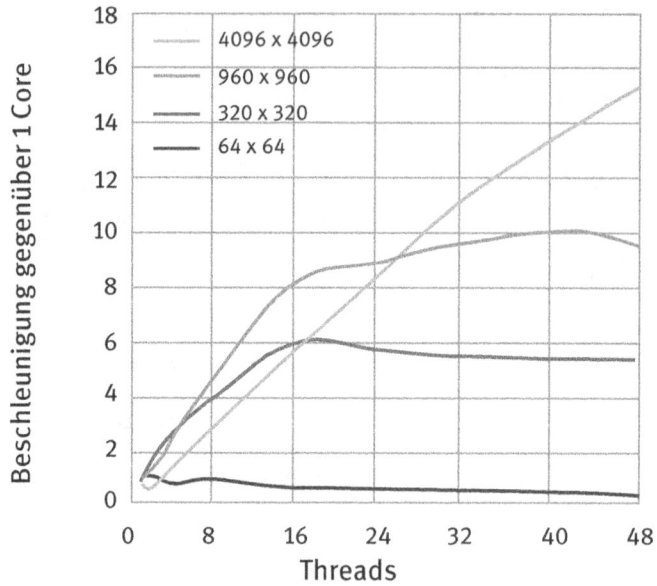

Abb. 6.24: Verbesserung der Performanz bei zunehmender Anzahl von Threads. Die ehrlichste Art, solche Daten darzustellen, besteht darin, die Performanz relativ zur besten Version eines Programms für einen einzelnen Prozessors anzugeben. Genau dies haben wir hier getan. Die Graphen zeigen die Performanz relativ zu dem Code aus Abbildung 5.35 *ohne* OpenMP-Pragmas.

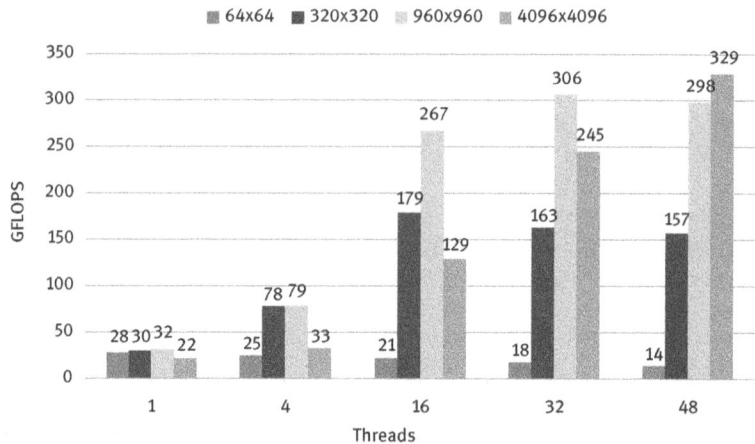

Abb. 6.25: DGEMM-Performanz in Abhängigkeit von der Anzahl der Threads für vier Matrixgrößen. Für die 960 × 960-Matrix mit 32 Threads ist die Performanz im Vergleich zu dem nicht optimierten Code in Abbildung 2.19 um den beeindruckenden Faktor 150 schneller!

Im nächsten Abschnitt folgen unsere Warnungen vor Fallstricken und Trugschlüssen. Der Friedhof der Computerarchitektur ist voll mit Projekten der Parallelverarbeitung, bei denen diese Warnungen ignoriert wurden.

Anmerkung: Obwohl der Skylake zwei Hardware-Threads pro Kern unterstützt, erhalten wir bei 96 Threads nur für die 4096×4096-Matrix eine höhere Performanz; das Maximum ist $364\,\text{GFLOPS}$ bei 64 Threads, und der Wert fällt auf 344 bei 96 Threads. Der Grund hierfür ist, dass eine einzelne AVX-Hardware zwischen den beiden Threads aufgeteilt ist, die auf einen Kern geleitet werden; somit kann das Zuordnen von zwei Threads pro Kern die Performanz beeinträchtigen, falls es nicht genug Daten gibt, um alle Threads beschäftigt zu halten.

6.14 Fallstricke und Trugschlüsse

Die zahlreichen Angriffe auf die Parallelverarbeitung haben viele gern gemachte Fehler und Trugschlüsse aufgedeckt. Wir werden hier auf vier davon genauer eingehen.

Trugschluss: Das Amdahl'sche Gesetz gilt nicht für parallele Computer.

1987 behauptete die Leitung eines Forschungsunternehmens, dass das Amdahl'sche Gesetz durch eine Multiprozessor-Maschine durchbrochen worden sei. Um die Grundlagen der Medienberichte zu verstehen, betrachten wir das Zitat, aus dem das Amdahl'sche Gesetz entstanden ist [1967, S. 483]:

> *Eine relativ offensichtliche Schlussfolgerung, die an dieser Stelle gezogen werden kann, ist, dass der Aufwand, der für die Erzielung höchster paralleler Verarbeitungsraten aufgewendet wird, verschwendet ist, wenn er nicht von der Erzielung sequentieller Verarbeitungsraten der annähernd selben Größe begleitet wird.*

Diese Aussage muss weiterhin gelten. Der vernachlässigte Teil des Programms limitiert die Verarbeitungsleistung. Eine Interpretation des Gesetzes führt zu dem folgenden Lemma: Da Teile jedes Programms sequentiell sein müssen, muss es also eine wirtschaftliche Obergrenze für die Anzahl der Prozessoren geben – nehmen wir an, diese Zahl beträgt 100. Wenn wir zeigen, dass es mit 1000 Prozessoren eine lineare Beschleunigung gibt, ist das Lemma widerlegt und damit die Behauptung, das Amdahl'sche Gesetz sei verletzt.

Der Ansatz der Forscher war, die Eingaben für die Benchmark zu ändern: Anstatt 1000-mal so schnell zu werden, berechneten sie 1000-mal mehr Arbeit in vergleichbarer Zeit. Für ihren Algorithmus war der sequentielle Teil des Programms konstant, unabhängig von der Größe der Eingabe, und der Rest war vollständig parallel – damit ergab sich die lineare Beschleunigung bei 1000 Prozessoren.

Das Amdahl'sche Gesetz gilt offensichtlich auch für Parallelprozessoren. Was diese Forschung zeigt, ist, dass der Hauptnutzen von schnelleren Computern darin besteht, größere Probleme lösen zu können. Es muss allerdings sicher sein, dass die Nutzer tatsächlich an solchen Problemen interessiert sind und diese nicht einfach nur als Rechtfertigung für die Anschaffung eines teuren Computers dienen.

Was mich bei Illiac wirklich frustrierte, war die Tatsache, dass das Programmieren der Maschine sehr schwierig war und die Architektur für manche Anwendungen, die wir darauf laufen lassen wollten, wahrscheinlich nicht besonders gut geeignet war.

David Kuck, einziger Software-Architekt des Illiac IV SIMD-Computers, um 1975

Trugschluss: Spitzenleistung entspricht der beobachteten Leistung.

Die Supercomputer-Industrie hat früher dieses Maß für das Marketing eingesetzt, und der Trugschluss ist mit parallelen Maschinen tückischer geworden. Die Marketing-Abteilungen verwenden nicht nur die nahezu unerreichbare Spitzenleistung eines Einzelprozessorknotens, sondern sie multiplizieren sie auch noch mit der Gesamtzahl der Prozessoren – wobei sie perfekte Beschleunigung voraussetzen! Leider waren solche Behauptungen auch wieder von den Entwicklern von DSAs für neuronale Netze zu hören. Das Amdahl'sche Gesetz macht jedoch klar, wie schwierig es ist, jede der Spitzen zu erreichen. Wenn man die beiden multipliziert, multipliziert man damit auch die Sünden. Das Roofline-Modell hilft, die Spitzenleistung richtig einzuordnen.

Fallstrick: Die Software wird nicht so entwickelt, dass sie die Vorteile einer Multiprozessor-Architektur nutzt oder dafür optimiert wird.

Die Software hinkt den parallelen Prozessoren schon lange Zeit hinterher, möglicherweise, weil die Softwareprobleme viel schwieriger zu lösen sind. Dies ließe sich an vielen Beispielen zeigen!

Ein häufig zu beobachtendes Problem tritt auf, wenn eine für einen Einzelprozessor entworfene Software an eine Multiprozessor-Umgebung angepasst werden soll. Beispielsweise schützte das Betriebssystem von Silicon Graphics die Seitentabelle ursprünglich mit einer einzigen Sperre, weil man davon ausging, dass die Seitenzuordnung nur selten stattfindet. In einem Einzelprozessor stellt dies keine Leistungsengstelle dar. In einem Multiprozessor kann es für bestimmte Programme eine wesentliche Leistungsengstelle sein. Betrachten Sie ein Programm, das sehr viele Seiten verwendet, die beim Aufruf initialisiert werden, wie es etwa in UNIX bei statisch zugeordneten Seiten gehandhabt wird. Angenommen, das Programm wird parallelisiert, so dass mehrere Prozesse die Seiten zuordnen. Weil für die Seitenzuordnung ein Zugriff auf die Seitentabelle erforderlich ist, die immer gesperrt wird, wenn sie von einem Prozess genutzt wird, wird selbst ein Betriebssystem-Kernel, der mehrere Threads im Betriebssystem unterstützt, serialisiert, wenn die Prozesse alle versuchen, ihre Seiten gleichzeitig zuzuordnen (was genau das ist, was wir für den Zeitpunkt der Initialisierung erwarten würden!).

Diese Serialisierung der Seitentabelle eliminiert die Parallelität bei der Initialisierung und wirkt sich ganz erheblich auf die allgemeine parallele Leistung aus. Diese Leistungsengstelle bleibt selbst für die Parallelität auf Task-Ebene bestehen. Angenommen, wir teilen das parallel ausgeführte Programm in mehrere Tasks auf und führen jeweils einen dieser Tasks auf einem Prozessor aus, so dass keine gemeinsame Nutzung zwischen diesen Tasks auftritt. (Dies ist genau das, was ein Benutzer gemacht hat, wenn er zu Recht davon ausging, dass das Leistungsproblem aufgrund einer unbeabsichtigten gemeinsamen Nutzung oder einer Störung in seiner Applikation aufgetreten ist.) Leider serialisiert die Sperre weiterhin alle Taks – selbst die Leistung der voneinander unabhängigen Tasks ist schlecht.

Dieser Fallstrick verdeutlicht die subtilen aber folgenschweren Leistungsfehler, die auftreten können, wenn Software auf Multiprozessoren ausgeführt wird. Wie viele andere wichtige Softwarekomponenten müssen die Algorithmen und Datenstrukturen des Betriebssystems im Kontext der Multiprozessoren neu überdacht werden. Das Problem kann wirksam aus der Welt geschaffen werden, wenn kleinere Teile der Seitentabelle gesperrt werden.

Ein neueres Beispiel für diesen Fallstrick tritt bei domänenspezifischen Architekturen für tiefe neuronale Netze auf. Solche wurden im Jahr 2020 von mehr als 100 Unternehmen entwickelt, und die MLPerf-Benchmark bewertet ihren relativen Erfolg. Ein verbreiteter Fehlertyp ist das Entwickeln neuer Hardware ohne ein Softwarepaket, das diese Hardware im besten Licht zeigt. Dieser Fehler hat schon dazu geführt, dass Start-ups wenige Jahre nach ihrer Gründung aufgeben mussten.

Trugschluss: Gute Vektorperformanz lässt sich erreichen, ohne Speicherbandbreite zur Verfügung zu stellen.

Wie wir anhand des Roofline-Modells gesehen haben, ist die Speicherbandbreite für alle Architekturen sehr wichtig. DAXPY erfordert 1,5 Speicherreferenzen pro Gleitkommaoperation, und diese Zahl ist typisch für viele numerische Programme. Selbst wenn die Gleitkomamoperationen überhaupt keine Zeit bräuchten, hätte eine Cray-1 die DAXPY-Performanz der verwendeten Vektorsequenz nicht steigern können, da der Speicher begrenzt war. Die Cray-1-Performanz für Linpack stieg sprunghaft an, als der Compiler Blocking verwendete, um die Berechnung so zu ändern, dass die Werte in Vektorregistern gehalten werden konnten. Dieser Ansatz senkte die Anzahl der Speicherreferenzen pro Gleitkommaoperation und verbesserte die Performanz beinahe um den Faktor zwei! Das heißt, die Speicherbandbreite auf der Cray-1 wurde hinreichend groß für eine Schleife, die zuvor mehr Bandbreite brauchte – was genau das ist, was das Roofline-Modell vorhersagt.

Fallstrick: Durch das Voraussetzen der Befehlssatzarchitektur (ISA) werden die physikalischen Eigenschaften der Implementierung vollständig versteckt.

Dass Zeitkanäle verwundbar sind, ist spätestens seit den 1980er-Jahren bekannt, dennoch wurden sie von den meisten Architekten als praktisch unbedeutend angesehen.[2] Wie auch immer, Implementierungseigenschaften wie das Timing können sich auf die Funktion auswirken. Ein eindrucksvolles Beispiel für diesen Fallstrick war das 2018 aufgedeckte Angriffsszenario Spectre, bei dem die Mikroarchitektur ausgenutzt wird, um geschützte Informationen abzugreifen. Konkret nutzt Spectre die folgenden Architekturkonzepte aus:

---

[2]Die Ausführungen zu diesem Fallstrick wurden aus Mark Hills Überblick in *Communications of the ACM*, 2020, „Why 'Correct' Computers Can Leak your Information" abgeleitet und mit seiner Unterstützung geschrieben.

VORHERSAGE

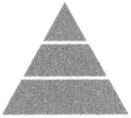

HIERARCHIE

PARALLELITÄT

1. **Spekulative Befehlsausführung:** Ein Prozessorkern ist bestrebt, Dutzende von Befehlen durch Spekulation gleichzeitig auszuführen, wobei Änderungen an die ISA übergeben werden, wenn die Spekulation korrekt ist, wohingegen sie verworfen werden, wenn die Spekulation falsch ist. Spectre pervertiert sozusagen dieses Konzept, indem es Befehle ausführt, von denen es weiß, dass ihre ISA-Änderungen verworfen werden. Das subtile Ziel dabei ist es, „Brotkrumen" in der Mikroarchitektur zu hinterlassen, während der Programmierer meint, das es sich um verborgene Informationen handelt.

2. **Caching:** Caches sind für die ISA unsichtbar. Insbesondere spielt es nach den üblichen Grundsätzen der Computerarchitektur für die richtige Ausführung keine Rolle, welcher Block in einem satzassoziativen Cache zuletzt benutzt wurde, und daher muss der Status nach einer Fehlspekulation nicht wiederhergestellt werden. Spectre nutzt diese überraschende Schwachstelle aus, um „Brotkrumen" zu platzieren, die später wiedergefunden werden und geschützte Informationen offenlegen. Es verwendet also die Cacheinhalte als „Seitenkanal", um einen (geheimen) Datenwert zu übertragen.

3. **Hardware-Multithreading:** Es ist viel einfacher, solche subtilen Änderungen wahrzunehmen, wenn das angreifende Programm in der Nähe des Zielprogramms laufen kann. Hardware-Multithreading, bei dem sich Befehle von einem Programm mit anderen vermischen können, vereinfacht diese Aufgabe. Hardware-Attacken sind besorgniserregend genug, dass Cloud-Provider ihren Kunden mittlerweile die Option anbieten, den Server, auf dem ihre Programme laufen, nicht mit anderen Kunden teilen zu müssen. Bei AWS zum Beispiel gibt es „Dedicated Instances", die etwa 5 % mehr kosten als die traditionellen geteilten Instanzen.

Wir richten unsere künftige Produktentwicklung voll und ganz auf Multicores. Wir glauben, dass dies ein entscheidender Wendepunkt für die Industrie ist. [..] Dies ist kein Wettlauf, sondern ein grundlegender Wandel in der Computerbranche.

Paul Otellini, Intel-Präsident, Intel Developers Forum, 2004

6.15 Schlussbetrachtungen

Den Traum, Rechner zu bauen, indem man einfach Prozessoren zusammensetzt, gibt es schon seit den ersten Tagen des Computerbaus. Die Fortschritte beim Bau und bei der Nutzung effektiver und effizienter Parallelprozessoren waren jedoch langsam. Diese Fortschritte waren beschränkt durch schwierige Softwareprobleme sowie durch die langwierige Entwicklung der Architektur von Multiprozessoren, um die Nutzbarkeit zu erweitern und die Effizienz zu verbessern. Wir haben in diesem Kapitel viele der Software-Herausforderungen vorgestellt, einschließlich der Schwierigkeit, Programme zu schreiben, die gemäß dem Amdahl'schen Gesetz eine gute Beschleunigung erzielen. Die große Vielfalt an verschiedenen Architekturansätzen sowie der begrenzte Erfolg und die Kurzlebigkeit vieler der bisher vorgestellten Architekturen haben die Software-Schwierigkeiten weiter vertieft. Wir beschreiben die Geschichte der Entwicklung dieser Multiprozessoren im Online-Abschnitt 6.16. Wenn Sie tiefer in die in diesem Kapitel behandelten Themen einsteigen wollen, empfehlen wir unser Buch *Computer Architecture: A Quantitative Approach*, 5. Auflage. Kapitel 4 befasst sich ausführlich mit GPUs und stellt vergleichende Betrachtungen zwischen GPUs und CPUs an. In Kapitel 6 erfahren Sie mehr über Warehouse Scale Computer.

Wie in Kapitel 1 beschrieben, hat die IT-Branche nach einer langen und wechselvollen Vergangenheit inzwischen ganz auf Parallelverarbeitung gesetzt. Im Folgenden einige Gründe, warum die Situation heute eine andere ist als in der Vergangenheit:

- Offensichtlich gewinnt *Software als Service* (SaaS) immer mehr an Bedeutung. Cluster haben sich als sehr erfolgreiche Methode erwiesen, solche Services bereitzustellen. Durch die Schaffung von Redundanz auf einer übergeordneten Ebene, wie unter anderem durch geographisch verteilte Datenzentren, können diese Services Tag für Tag und rund um die Uhr für ihre Kunden unterbrechungsfrei zur Verfügung stehen.

- Warehouse Scale Computer verändern die Ziele und Prinzipien des Serverentwurfs, ebenso wie die Bedürfnisse von mobilen Clients die Ziele und Prinzipien des Mikroprozessorentwurfs verändern. Diese beiden Entwicklungen werden auch die Softwareindustrie revolutionieren. Die Performanz pro Dollar und die Performanz pro Joule treiben die Hardware von mobilen Clients wie auch von WSCs voran, und Parallelität ist der Schlüssel zum erreichen dieser Ziele.

- SIMD- und Vektoroperationen sind eine gute Wahl für Multimediaanwendungen, die in der PostPC-Ära eine noch größere Rolle spielen als zuvor. Beide haben den Vorteil, dass sie für den Programmierer einfacher zu handhaben sind als die klassische MIMD-Programmierung; außerdem ist die Energieeffizienz besser als bei MIMD.

- Die rasant steigende Popularität des maschinellen Lernens ändert das Wesen von Applikationen, und die Modelle neuronaler Netze, welche das Gebiet des maschinellen Lernens vorantreiben, sind von Natur aus parallel. Außerdem arbeiten domänenspezifische Software-Plattformen wie PyTorch und TensorFlow auf Arrays, was es viel einfacher macht, Parallelität auf Datenebene auszudrücken und auszunutzen als bei Programmen, die in C++ geschrieben sind.

- Alle Hersteller von Desktop- und Server-Mikroprozessoren bauen Multiprozessoren, um eine höhere Leistung zu erzielen. Anders als in der Vergangenheit gibt es daher für sequentielle Applikationen keinen einfachen Weg mehr, um höhere Leistung zu erzielen.

- In der Vergangenheit wurden für Mikroprozessoren und Multiprozessoren unterschiedliche Erfolgsdefinitionen angewendet. Bei der Leistungssteigerung von Einzelprozessoren waren die Mikroprozessor-Architekten glücklich, wenn die Einzelthread-Leistung um die Quadratwurzel der Siliziumflächenvergrößerung zunahm. Sie waren also zufrieden mit einer sublinearen Leistung gegenüber den Ressourcen. Der Erfolg von Multiprozessoren wurde immer als lineare Beschleunigung abhängig von der Prozessoranzahl definiert. Dabei wurde vorausgesetzt, dass der Kaufpreis und der Administrationsaufwand von n Prozessoren im Wesentlichen n-mal so hoch wie für einen einzelnen Prozessor war. Nachdem Parallelität dank Multicore auf einem einzigen Chip stattfindet, können wir den traditionellen Mikroprozessor mit sublinearer Leistungsverbesserung als erfolgreich einstufen.

- Anders als früher ist die Open-Source-Bewegung zu einem kritischen Teil der Software-Industrie geworden. Sie ist in dem Sinne eine meritokratische Bewegung, dass sich bessere technische Lösungen bei den Entwicklern gegenüber den gewohnten Systemen durchsetzen. Sie fördert Innovation und lädt dazu ein, alte Software zu verändern. Sie ist offen für neue Sprachen und Software-Produkte. Eine derart offene Kultur kann in Zeiten schnell stattfindender Änderungen äußerst hilfreich sein.

Um die Leser zu motivieren, sich dieser Revolution anzuschließen, haben wir das Potential der Parallelität an einem konkreten Beispiel demonstriert, der Matrizenmultiplikation auf dem Intel Core i7 (Skylake), das in den Abschnitten zur Beschleunigung in den Kapiteln 3 bis 6 immer wieder aufgegriffen wird:

- Durch Parallelisierung auf Datenebene (Kapitel 3) konnte die Performanz um den Faktor 7,8 verbessert werden. Hierbei werden vier 64-Bit-Gleitkommaoperationen unter Verwendung der 512-Bit-Operanden der AVX-Befehle ausgeführt, was die Nützlichkeit von SIMD demonstriert.

- Die Parallelisierung auf Befehlsebene (Kapitel 4) ließ die Performanz weiter um den Faktor 1,8 steigen. Hierbei wird viermaliges Schleifenabrollen angewendet, wodurch es für die Hardware mit Out-of-Order-Ausführung mehr Befehle zu verteilen gibt.

- Durch Cache-Optimierungen (Kapitel 5) verbessert sich die Performanz von Matrizen, die nicht in einen einzelnen L1-Datencache passen, nochmals um einen Faktor von 1,5. Dabei wird Cache-Blocking verwendet, um die Cache-Fehlzugriffe zu reduzieren.

- In diesem Kapitel haben wir die Parallelisierung auf Thread-Ebene betrachtet. Hierdurch verbessert sich die Performanz für Matrizen, die nicht in einen einzelnen L1-Datencache passen, nochmals um einen Faktor zwischen 12 und 17, indem alle 48 Kerne unseres Multicore-Chips ausgenutzt werden, was die Nützlichkeit von MIMD demonstriert. Wir haben dies erreicht, indem wir eine einzige Zeile mit einem OpenMP-Pragma hinzugefügt haben.

Durch Anwendung der in diesem Buch vorgestellten Konzepte und Anpassungen der Software an den konkreten Computer haben wir 21 Codezeilen zu DGEMM hinzugefügt. Insgesamt haben wir damit eine Beschleunigung um den Faktor 150 erreicht!

In einem Zeitalter ohne Dennard-Skalierung, mit einer Verlangsamung des Moore'schen Gesetzes und der vollen Wirkung des Amdahl'schen Gesetzes werden wir Leistungssteigerungen für Allzweck-Kerne nur noch in der Größenordnung von wenigen Prozent pro Jahr sehen. Ähnlich wie die Industrie nach dem Start um 2005 eine Dekade mit dem Versuch verbracht hat, die Möglichkeiten der Parallelverarbeitung zu nutzen, wird unserer Einschätzung nach die Herausforderung der nächsten Dekade darin bestehen, domänenspezifische Architekturen zu entwickeln und zu programmieren.

Dieser Wandel wird viele Forschungsarbeiten und Geschäftsmodelle innerhalb und außerhalb des IT-Sektors anstoßen, und die Unternehmen, die in der DSA-Ära dominieren werden, sind möglicherweise nicht dieselben, die heute dominieren. Nachdem Sie die zugrunde liegenden Hardware-Trends verstanden haben und gelernt haben, wie man Software an diese anpasst, werden Sie vielleicht einer der Innovatoren sein, der die Chancen nutzt, die irgendwo in der Zukunft vor uns liegen. Wir freuen uns darauf, von Ihren Erfindungen zu profitieren!

6.16 Historische Perspektive und Literaturhinweise

Dieser Online-Abschnitt gibt einen Überblick über die wechselvolle Geschichte von Multiprozessoren in den letzten 50 Jahren.

6.17 Fragestellungen für das Selbststudium

DSAs führen zu mehr Rechenoptionen und damit auch zu einer höheren Notwendigkeit, die Kosten von Alternativen zu vergleichen. Wie können wir zum Beispiel Kosten für ein Programm vergleichen, das auf einer CPU, einer GPU bzw. einer FPGA läuft? Kosten sind allgemein schwierig zu messen, weil der Listenpreis oft nicht der ist, den Kunden tatsächlich zahlen müssen, besonders dann nicht, wenn sie eine große Zahl von Computern kaufen.

Cloud-Preise. Ein Markt, auf dem die Preise fest und für jedermann öffentlich zugänglich sind, ist die Cloud. Informieren Sie sich bei einem Cloud-Anbieter Ihrer Wahl über die aktuellen Stundenpreise für das Mieten einer CPU, einer FPGA und einer GPU. Wie hoch sind die Mietpreise der FPGA und der GPU relativ zur CPU von Amazon Web Services (AWS)?

- CPU: r5.2xlarge
- FPGA: f1.2xlarge
- GPU: p3.2xlarge

Verbesserte Genomanalyse. Laut einer Schätzung liegt die Gesamtzahl der Menschen, deren Genome sequenziert wurden, bei etwa einer Million im Jahr 2020. Die fallenden Kosten der Genomsequenzierung könnten dazu führen, dass es einen hohen Bedarf gibt, die durch die Sequenzierung gewonnenen Rohdaten zu analysieren. In einem Paper von Wu et al. [2019] wird eine DSA in einer FPGA implementiert, um einen kritischen Abschnitt der Genomanalyse von 42 Stunden auf einer CPU zu beschleunigen – auf 31 Minuten auf einer FPGA. Auch wenn Wu et al. wegen Unausgewogenheiten zwischen den Threads skeptisch sind, was die Beschleunigung auf GPUs betrifft, wollen wir hier annehmen, dass das Programm auf einer GPU dreimal so schnell läuft wie auf einer CPU. Was sind, bei Verwendung Ihrer Antworten zu den Cloud-Preisen, die Kosten für die Sequenzierung eines Genoms auf den verschiedenen Plattformen? Wie hoch sind die Kosten auf der PFGA und der GPU relativ zur CPU?

Wirklich verbesserte Genomanalyse. Eine Daumenregel besagt, dass ein maßgeschneiderter Chip mindestens zehnmal so schnell ist wie das äquivalente Design auf einer FPGA. Das Problem ist allerdings, dass ein maßgeschneiderter Chip viel höhere Entwicklungskosten (Einmalkosten, auch NRE für engl. non-recurring costs) hat als eine FPGA. Michael Taylor und seine Studenten haben diese Kosten in einigen neueren Arbeiten untersucht (Magaki et al., 2016; Khazraee et al., 2017). Die NRE für anwendungsspezifische Chips müssen die Kosten für die Herstellung der Masken enthalten, und diese haben einen erheblichen Anteil an den Gesamtkosten, wie die folgende Tabelle für Designs aus dem Jahr 2017 zeigt (aus Khazraee et al., 2017). Die Autoren argumentieren, dass anwendungsspezifische Chips so viel schneller sind als die Alternative, dass die Hauptfrage ist, wie die NRE finanziert werden können.

Technologie	40 nm	28 nm	16 nm
Kosten für Masken	1 250 000 $	2 250 000 $	5 700 000 $
Anteil am Gesamt-NRE	38 %	52 %	66 %
Gesamt-NRE	3 259 000 $	4 301 000 $	8 616 000 $

Wie viele Genome müssen Sie mit den verschiedenen anwendungsspezifischen Chips sequenzieren, damit sich die jeweiligen NRE amortisieren? Die Laborkosten für die Genomsequenzierung lagen 2020 bei etwa 700 Dollar pro Genom. Würden Sie FPGAs oder anwendungsspezifische Chips für die Datenverarbeitung verwenden?

Antworten

Cloud-Preise für AWS (US East) 2020:

- CPU r5.2xlarge: 0,504 Dollar pro Stunde
- FPGA f1.2xlarge: 3,06 Dollar pro Stunde; 6,1-mal so viel wie die CPU
- GPU p3.2xlarge: 1,65 Dollar pro Stunde; 3,3-mal so viel wie die CPU

Verbesserte Genomanalyse.

- 42 Stunden × 0,504 Dollar pro Stunde = 21,17 Dollar für das Sequenzieren eines Genoms auf CPUs
- 31 Minuten/60 Minuten pro Stunde × 1,65 Dollar pro Stunde = 0,85 Dollar; auf FPGAs betragen die Kosten das 0,04-Fache der Kosten auf CPUs
- 42/3 Stunden × 3,06 Dollar pro Stunde = 42,84 Dollar; auf GPUs sind die Kosten doppelt so hoch wie auf CPUs

Wirklich verbesserte Genomanalyse.

Technologie	40 nm	28 nm	16 nm
Gesamt-NRE	3 259 000 $	4 301 000 $	8 616 000 $
Kosten pro Genom auf FPGA	0,85 $	0,85 $	0,85 $
Sequenzierungen bis zur Amortisierung	3 834 118 $	5 060 000 $	10 136 471 $

Unter diesen Annahmen sind die Datenverarbeitungskosten pro Genom im Vergleich zu den Laborkosten bereits so niedrig, dass es schwierig wird, den Einsatz von anwendungsspezifischen Chips zu begründen, solange nicht Zig Millionen Genome pro Jahr und Standort sequenziert werden sollen.

6.18 Aufgaben

Aufgabe 6.1

Erstellen Sie zunächst eine Liste Ihrer täglichen Aufgaben, die Sie an einem Arbeitstag gewöhnlich zu erledigen haben. Das könnte etwa wie folgt aussehen: aufstehen, duschen, anziehen, frühstücken, Haare föhnen, Zähne putzen usw. Gestalten Sie Ihre Liste so ausführlich, dass sie mindestens zehn Punkte hat.

6.1.1 [5] <6.2> Jetzt überlegen Sie, welche dieser Aktivitäten bereits in irgendeiner Weise Parallelität nutzen (z. B. Bürsten mehrerer Zähne gleichzeitig, statt jeweils nur einen zu putzen, Transport aller Fachbücher zur Hochschule, indem sie alle in den Rucksack gesteckt und „parallel" getragen werden, statt sie einzeln zu befördern usw.). Diskutieren Sie für alle Ihre Aktivitäten, ob sie bereits parallel ausgeführt werden, und begründen Sie die Beispiele, für die das nicht der Fall ist.

6.1.2 [5] <6.2> Überlegen Sie nun, welche dieser Aktivitäten nebenläufig ausgeführt werden könnten (z. B. frühstücken und Nachrichten hören). Beschreiben Sie für alle Ihre Aktivitäten, welche andere Aktivität mit dieser Aktivität kombiniert werden könnte.

6.1.3 [5] <6.2> Was könnten wir in 6.1.2 an den verwendeten Systemen (z. B. Dusche, TV, Auto) ändern, um mehr Aufgaben parallel ausführen zu können?

6.1.4 [5] <6.2> Schätzen Sie ab, wie viel schneller es gehen würde, diese Aktivitäten auszuführen, wenn Sie so viele Aufgaben wie möglich parallel erledigen könnten.

Aufgabe 6.2

Stellen Sie sich vor, Sie wollen drei Blaubeerkuchen backen. Die Zutaten sind:

    1 Tasse Butter, weich

    1 Tasse Zucker

    4 große Eier

    1 Teelöffel Vanillezucker

  1/2 Teelöffel Salz

  1/4 Teelöffel Muskat

1 1/2 Tassen Mehl

    1 Tasse Blaubeeren

Das Rezept für einen Kuchen lautet:

- Heizen Sie den Ofen auf 160°C vor.
- Fetten Sie Ihre Backform ein und bestreuen Sie sie mit Mehl.
- Mischen Sie mit einem Rührgerät in einer großen Schüssel Butter und Zucker bei mittlerer Geschwindigkeit, bis die Masse locker und schaumig geworden ist. Geben Sie Eier, Vanille, Salz und Muskat bei. Schlagen Sie die Masse weiter, bis alles sorgfältig vermischt ist. Verringern Sie die Geschwindigkeit des Rührstabs und geben Sie jeweils eine halbe Tasse Mehl bei. Schlagen Sie die Masse weiter, bis alles sorgfältig vermischt ist.
- Heben Sie die Blaubeeren vorsichtig unter. Verteilen Sie die Masse gleichmäßig in der Backform. Backen Sie den Kuchen 60 Minuten lang.

6.2.1 [5] <6.2> Sie sollen drei Kuchen so effizient wie möglich backen. Gehen Sie davon aus, dass Sie einen Ofen haben, in den eine Backform passt; außerdem haben Sie eine große Schüssel, eine Backform und ein Rührgerät. Erstellen Sie einen Plan, um schnellstmöglich drei Kuchen zu backen. Identifizieren Sie Engstellen bei der Ausführung dieser Aufgabe.

6.2.2 [5] <6.2> Gehen Sie nun davon aus, dass Sie drei Schüsseln, drei Backformen und drei Rührgeräte haben. Wie viel schneller ist der Prozess jetzt, nachdem Ihnen zusätzliche Ressourcen zur Verfügung stehen?

6.2.3 [5] <6.2> Gehen Sie davon aus, dass Ihnen zwei Freunde beim Backen helfen und dass Sie einen großen Ofen haben, in den alle drei Kuchen gleichzeitig passen. Wie ändert sich Ihr Plan, den Sie in Aufgabe 6.2.1 erstellt haben?

6.2.4 [5] <6.2> Vergleichen Sie das Kuchenbacken mit der Programmierung von drei Schleifendurchgängen auf einem parallelen Computer. Identifizieren Sie Parallelität auf Datenebene und auf Task-Ebene in der Kuchenbackschleife.

Aufgabe 6.3

Viele Computerprogramme durchsuchen und sortieren Daten. Es wurden zahlreiche effiziente Such- und Sortieralgorithmen entwickelt, um die Laufzeit dieser mühseligen Arbeiten zu reduzieren. In dieser Aufgabe soll untersucht werden, wie diese Problemstellungen am besten parallelisiert werden können.

6.3.1 [10] <6.2> Betrachten Sie den folgenden binären Suchalgorithmus (ein klassischer „Teile & Herrsche"-Algorithmus), der in einem sortierten Array A mit N Elementen nach einem Wert X sucht und den Index des übereinstimmenden Eintrags zurückgibt:

```
BinarySearch(A[0..N-1], X) {
    low = 0
    high = N -1
    while (low <= high) {
        mid = (low + high) / 2
        if (A[mid] >X)
            high = mid -1
        else if (A[mid] < X)
            low = mid + 1
        else
            return mid // gefunden
    }
    return -1 // nicht gefunden
}
```

Angenommen, auf einem Multicore-Prozessor stehen Ihnen Y Kerne zur Verfügung, um BinarySearch auszuführen. Gehen Sie davon aus, dass Y sehr viel kleiner als N ist. Drücken Sie den Beschleunigungsfaktor aus, den Sie für Werte von Y und N erwarten könnten. Erstellen Sie ein Diagramm.

6.3.2 [5] <6.2> Nehmen Sie nun an, dass Y gleich N ist. Wie beeinflusst dies Ihre Schlussfolgerungen aus der vorhergehenden Teilaufgabe? Erklären Sie, wie Sie den Code abändern würden, wenn Sie den bestmöglichen Beschleunigungsfaktor ermitteln müssten (z. B. starke Skalierung).

Aufgabe 6.4

Betrachten Sie das folgende Stück C-Code

```
for (j=2;j<1000;j++)
    D[j] = D[j-1]+D[j-2];
```

Der entsprechende MIPS-Code sieht folgendermaßen aus:

```
        addiu $s2,$zero,7992
        addiu $s1,$zero,16
loop:   l.d $f0, -16($s1)
        l.d $f2, -8($s1)
        add.d $f4, $f0, $f2
        s.d $f4, 0($s1)
        addiu $s1, $s1, 8
        bne $s1, $s2, loop
```

Die Befehle haben die folgenden Latenzen (in Takten):

add.d	l.d	s.d.S	addiu
4	6	1	2

6.4.1 [10] <6.2> Wie viele Takte sind für die Ausführung dieses Codes nötig?

6.4.2 [10] <6.2> Ordnen Sie den Code so um, dass die Stillstände reduziert werden. Wie viele Takte sind nun für die Ausführung dieses Codes nötig? *Hinweis:* Sie können zusätzliche Stillstände entfernen, indem Sie den Offset des fsd-Befehls ändern.

6.4.3 [10] <6.2> Wenn ein Befehl in einer spätere Iteration einer Schleife von dem in einer früheren Iteration derselben Schleife erzeugten Datenwert abhängig ist, sagen wir, es besteht eine *Schleifenabhängigkeit (loop-carried dependence)* zwischen den Schleifeniterationen. Stellen Sie fest, welche Schleifenabhängigkeiten es im obigen Code gibt. Ermitteln Sie die abhängige Programmvariable und die Register auf Assemblerebene. Die Schleifenvariable j können Sie dabei ignorieren.

6.4.4 [15] <6.2> Schreiben Sie den Code um, indem Sie Register verwenden, welche die Daten zwischen den Iterationen der Schleife aufnehmen (anstatt die Daten im Hauptspeicher zu halten und sie von dort neu zu laden). Zeigen Sie, wo dieser Code anhält und berechnen Sie die Anzahl der für die Ausführung nötigen Zyklen. Beachten Sie, dass es für dieses Problem erforderlich sein wird, den Assembler-Pseudobefehl `mov.d rd, rs` zu verwenden, der den Wert des Gleitkommaregisters `rs1` in das Gleitkommaregister `rd` schreibt. Nehmen Sie an, dass `mov.d` in einem einzigen Takt ausgeführt wird.

6.4.5 [10] <6.2> Das Schleifenabrollen wurde in Kapitel 4 beschrieben. Rollen Sie die obige Schleife ab und optimieren Sie so, dass jede abgerollte Schleife drei Iterationen der ursprünglichen behandelt. Zeigen Sie, wo dieser Code anhält und berechnen Sie die Anzahl der für die Ausführung nötigen Takte.

6.4.6 [10] <6.2> Das Abrollen in der vorherigen Teilaufgabe funktioniert gut, weil wir wissen, dass wir ein Vielfaches von drei Iterationen wollen. Was passiert, wenn die Anzahl der Iterationen zur Kompilierzeit nicht bekannt ist? Wie können wir effizient mit einer Anzahl von Iterationen umgehen, die kein Vielfaches der Anzahl der Iterationen pro abgerollter Schleife ist?

6.4.7 [15] <6.2> Betrachten Sie den Fall, dass dieser Code auf einem auf zwei Knoten verteilten Speichersystem mit Nachrichtenübertragung läuft. Nehmen Sie an, dass wir die Nachrichtenübertragung aus Abschnitt 6.7 anwenden, wo wir die neue Operation `send(x, y)` eingeführt haben, die den Wert von `y` an den Knoten `x` sendet, sowie eine Operation `receive( )`, die darauf wartet, dass ihr ein Wert gesendet wird. Nehmen Sie an, dass die Sendeoperation einen Zyklus benötigt (so dass spätere Befehle auf demselben Knoten im nächsten Zyklus fortgesetzt werden können), aber mehrere Zyklen für das Empfangen. Empfangsbefehle halten die Ausführung auf dem Knoten an, auf dem sie ausgeführt werden, bis sie eine Nachricht empfangen haben. Können Sie ein solches System verwenden, um den in dieser Aufgabe betrachteten Code zu beschleunigen? Falls ja, was ist die maximale Latenz für das Empfangen, die toleriert werden kann?

Aufgabe 6.5

Betrachten Sie den folgenden rekursiven Mergesort-Algorithmus (einen weiteren klassischen „Teile & Herrsche"-Ansatz). Mergesort wurde erstmals 1945 von John von Neumann beschrieben. Die grundlegende Idee dabei ist, eine unsortierte Liste x mit m Elementen in zwei Teillisten von etwa der halben Größe der ursprünglichen Liste zu unterteilen. Diese Operation wird auf jede Teilliste angewendet, bis wir Listen der Länge 1 haben. Beginnend mit Teillisten der Länge 1 mischen („merge") wir die beiden Teillisten zu einer einzigen sortierten Liste zusammen.

```
Mergesort(m)
    var list left, right, result
    if length(m) <= 1
        return m
    else var middle = length(m) / 2
        for each x in m up to middle
            add x to left
    for each x in m after middle
      add x to right
    left = Mergesort(left)
    right = Mergesort(right)
    result = Merge(left, right)
    return result
```

Das Merging wird durch den folgenden Code ausgeführt:

```
Merge(left,right)
    var list result
    while length(left) > 0 and length(right) > 0
        if first(left) <= first(right)
            append first(left) to result
            left = rest(left)
        else append first(right) to result
            right = rest(right)
    if length(left) >0
        append rest(left) to result
    if length(right) >0
        append rest(right) to result
    return result
```

6.5.1 [10] <6.2> Gehen Sie von Y Kernen auf einem Multicore-Prozessor aus, auf dem Sie Mergesort ausführen. Gehen Sie davon aus, dass Y sehr viel kleiner als length(m) ist. Bestimmen Sie den Beschleunigungsfaktor, den Sie für Werte von Y und length(m) erwarten können. Erstellen Sie ein Diagramm.

6.5.2 [10] <6.2> Gehen Sie davon aus, dass Y gleich length(m) ist. Wie würde das Ihre Schlussfolgerungen aus der vorherigen Lösung beeinflussen? Erklären Sie, wie Sie diesen Code ändern würden, wenn Sie den bestmöglichen Beschleunigungsfaktor erzielen müssten (d. h. starke Skalierung).

Aufgabe 6.6

Die Matrixmultiplikation spielt eine große Rolle in zahlreichen Applikationen. Zwei Matrizen können nur dann miteinander multipliziert werden, wenn die Anzahl der Spalten der ersten Matrix gleich der Anzahl der Zeilen der zweiten ist.

Gehen wir von einer $m \times n$-Matrix A aus, die mit einer $n \times p$-Matrix B multipliziert werden soll. Wir können ihr Produkt als $m \times p$-Matrix darstellen, bezeichnet als AB (oder $A \cdot B$). Wenn wir $C = AB$ zuweisen und $c_{i,j}$ den Eintrag in C an der Position (i, j) bezeichnet, dann ist

$$c_{i,j} = \sum_{r=1}^{n} a_{i,r}b_{r,j} = a_{i,1}b_{1,j} + a_{i,2}b_{2,j} + \cdots + a_{i,n}b_{n,j}$$

für jedes Element i und j mit $1 \leq i \leq m$ und $1 \leq j \leq p$. Jetzt wollen wir prüfen, ob wir die Berechnung von C parallelisieren können. Gehen Sie davon aus, dass die Matrix im Speicher sequentiell abgelegt ist, nämlich in der Form $a_{1,1}, a_{2,1}, a_{3,1}, a_{4,1}$, usw.

6.6.1 [10] <6.5> Nehmen Sie an, dass wir C sowohl auf einer Maschine mit einem Kern und gemeinsam genutztem Speicher ausführen wollen, als auch auf einer Maschine mit vier Kernen und gemeinsam genutztem Speicher. Berechnen Sie die Beschleunigung, die wir auf der Maschine mit den vier Kernen erzielen, wobei Sie etwaige Speicherkonflikte ignorieren können.

6.6.2 [10] <6.5> Wiederholen Sie Aufgabe 6.6.1 und gehen Sie davon aus, dass Aktualisierungen von C einen Cache-Fehlzugriff aufgrund einer unechten gemeinsamen Nutzung verursachen, wenn aufeinanderfolgende Elemente in einer Zeile (Index i) aktualisiert werden.

6.6.3 [10] <6.5> Wie würden Sie das Problem der unechten gemeinsamen Nutzung lösen, das hier auftreten kann?

Aufgabe 6.7

Betrachten Sie die folgenden Abschnitte von zwei unterschiedlichen Programmen, die gleichzeitig auf vier Prozessoren in einem SMP (Symmetric Multicore Processor) ausgeführt werden. Nehmen Sie an, dass x und y vor Ausführung dieses Codes 0 sind.

Kern 1: $x = 2$;
Kern 2: $y = 2$;
Kern 3: $w = x + y + 1$;
Kern 4: $z = x + y$;

6.7.1 [10] <6.5> Welche möglichen Ergebnisse entstehen für w, x, y und z? Erklären Sie für jedes mögliche Ergebnis, wie wir zu diesen Werten gelangen könnten. Sie müssen alle möglichen Verschränkungen der Befehle überprüfen.

6.7.2 [5] <6.5> Wie könnten Sie die Ausführung deterministischer machen, so dass nur ein eindeutiger Satz von Werten entstehen kann?

Aufgabe 6.8

Das Philosophenproblem ist ein klassisches Paradigma, an dem die Konzepte Synchronisation und Nebenläufigkeit erklärt werden. Dabei sitzt eine gewisse Anzahl von Philosophen um einen runden Tisch, und jeder kann genau eins von zwei Dingen tun: essen oder denken. Wenn ein Philosoph isst, dann denkt er nicht, und wenn er denkt, dann isst er nicht. In der Mitte steht ein Topf Spaghetti. Zwischen den einzelnen Philosophen liegt jeweils eine Gabel. Jeder Philosoph hat also eine Gabel rechts und links vor sich. Zum Essen von Spaghetti brauchen Philosophen zwei Gabeln, und jeder darf nur die Gabeln benutzen, die unmittelbar links und rechts neben ihm liegen. Die Philosophen sprechen nicht miteinander.

6.8.1 [10] <6.8> Beschreiben Sie das Szenario, in dem keiner der Philosophen je isst, weil sie sich gegenseitig blockieren. (Eine solche Situation, bei der die Philosophen verhungern müssten, nennt man Deadlock.) Welche Ereignisabfolge hat zu diesem Problem geführt?

6.8.2 [10] <6.8> Beschreiben Sie, wie wir dieses Problem lösen können, indem wir das Konzept einer Priorität einführen. Aber wie können wir garantieren, dass alle Philosophen fair behandelt werden? Erläutern Sie Ihre Antwort.

Jetzt gehen wir davon aus, dass wir einen Ober anstellen, der dafür verantwortlich ist, den Philosophen die Gabeln zuzuteilen. Niemand darf eine Gabel aufnehmen, bevor ihm der Ober das erlaubt. Der Ober weiß alles über alle Gabeln. Wie können wir einen Deadlock vermeiden, wenn wir darüber hinaus von der Strategie ausgehen, dass Philosophen immer zuerst anfordern, die linke Gabel aufnehmen zu dürfen, bevor sie anfordern, die rechte Gabel aufnehmen zu dürfen?

6.8.3 [10] <6.8> Wir können Anforderungen an den Ober als Warteschlange für die Anforderungen oder als regelmäßige Wiederholung einer Anfrage implementieren. Bei einer Warteschlange werden die Anforderungen in der Reihenfolge abgearbeitet, in der sie empfangen werden. Das Problem bei einer Warteschlange ist, dass wir möglicherweise nicht immer den Philosophen bedienen können, der ganz vorne in der Warteschlange steht (weil keine Ressourcen zur Verfügung stehen). Beschreiben Sie ein Szenario mit fünf Philosophen, für die eine Warteschlange bereitgestellt wird, aber der Service nicht garantiert werden kann, selbst wenn für einen anderen Philosophen (dessen Anforderung weiter hinten in der Warteschlange steht) Gabeln zur Verfügung stehen.

6.8.4 [10] <6.8> Wird das in Aufgabe 6.8.3 beschriebene Problem gelöst, wenn wir Anfragen an den Ober so implementieren, dass sie regelmäßig wiederholt werden, bis die Ressourcen verfügbar sind? Erläutern Sie Ihre Antwort.

Aufgabe 6.9

Betrachten Sie die drei folgenden CPU-Anordnungen:

CPU SS: Ein superskalarer Mikroprozessor mit zwei Kernen, der Out-of-Order-Zuordnungen für zwei funktionale Einheiten bereitstellt. Es kann jeweils nur ein Thread gleichzeitig auf einem Kern ausgeführt werden.

CPU MT: Ein Prozessor mit feinkörnigem Multithreading, auf dem Befehle von zwei Threads nebenläufig ausgeführt werden können (d. h., es gibt zwei funktionale Einheiten), wobei jedoch in jedem Zyklus nur jeweils ein Befehl von einem Thread zugeordnet werden kann.

CPU SMT: Ein SMT-Prozessor, der die nebenläufige Ausführung von Befehlen von zwei Threads gestattet (d. h., es gibt zwei funktionale Einheiten), wobei in einem Zyklus Befehle von einem oder beiden Threads zugeordnet werden können.

Nehmen Sie an, dass wir zwei Threads X und Y haben, die auf diesen CPUs ausgeführt werden, und die die folgenden Operationen beinhalten:

Thread X	Thread Y
A1 benötigt 3 Takte zur Ausführung	B1 benötigt 2 Takte zur Ausführung
A2 keine Abhängigkeiten	B2 Konflikt mit B1 für eine Funktionseinheit
A3 Konflikt mit A1 für eine Funktionseinheit	B3 abhängig vom Ergebnis von B2
A4 abhängig vom Ergebnis von A3	B4 keine Abhängigkeiten, benötigt 2 Takte

Nehmen Sie außerdem an, dass alle Befehle einen Zyklus für die Ausführung benötigen, es sei denn, es ist etwas anderes angegeben oder sie treffen auf einen Konflikt.

6.9.1 [10] <6.4> Nehmen Sie an, dass Ihnen eine SS CPU zur Verfügung steht. Wie viele Zyklen werden für die Ausführung dieser beiden Threads benötigt? Wie viele Warteplätze werden aufgrund von Konflikten verschwendet?

6.9.2 [10] <6.4> Nehmen Sie nun an, dass Sie zwei SS CPUs haben. Wie viele Takte sind nötig, um dies beiden Threads auszuführen? Wie viele Warteplätze werden aufgrund von Konflikten verschwendet?

6.9.3 [10] <6.4> Nehmen Sie an, dass Sie eine MT CPU haben. Wie viele Zyklen werden für die Ausführung dieser beiden Threads benötigt? Wie viele Warteplätze wurden aufgrund von Konflikten verschwendet?

6.9.4 [10] <6.4> Nehmen Sie an, dass Sie eine SMT CPU haben. Wie viele Zyklen werden für die Ausführung dieser beiden Threads benötigt? Wie viele Warteplätze wurden aufgrund von Konflikten verschwendet?

Aufgabe 6.10

Die Virtualisierung von Software wurde energisch verfolgt, um die Kosten für die Verwaltung der heutigen Hochleistungsserver zu reduzieren. Unternehmen

wie VMWare, Microsoft und IBM haben alle ganze Paletten von Virtualisie-
rungsprodukten entwickelt. Das in Kapitel 5 beschriebene allgemeine Konzept
dahinter ist, dass eine Hypervisor-Schicht zwischen die Hardware und das Betriebssystem eingefügt wird, so dass mehrere Betriebssysteme dieselbe physische Hardware nutzen können. Die Hypervisor-Ebene ist zuständig für die
Zuordnung von CPU und Speicherressourcen, ebenso wie für die Ausführung
von Services, die normalerweise vom Betriebssystem ausgeführt werden (z. B.
Ein-/Ausgaben).

Die Virtualisierung bietet für das Gast-Betriebssystem und die Applikati-
onssoftware eine abstrakte Sicht auf die darunter liegende Hardware. Deshalb
müssen wir den Entwurf von Multicore- und Multiprozessor-Systemen der Zukunft überdenken, um die gemeinsame Nutzung von CPUs und Speichern von
mehreren Betriebssystemen gleichzeitig zu unterstützen.

6.10.1 [30] <6.4> Suchen Sie sich zwei aktuelle Hypervisor-Produkte aus und
vergleichen Sie, wie diese die zugrunde liegende Hardware virtualisieren und
verwalten (CPUs und Speicher).

6.10.2 [15] <6.4> Diskutieren Sie, welche Änderungen an zukünftigen Multi-
core-CPU-Plattformen erforderlich sein könnten, um den an diese Systeme ge-
stellten Ressourcenanforderungen besser genügen zu können. Kann beispielsweise das Multithreading eine effektive Rolle dabei spielen, das Konkurrieren
um Ressourcen zu entschärfen?

Aufgabe 6.11

Die nachfolgende Schleife soll so effizient wie möglich ausgeführt werden.
Zur Verfügung stehen zwei verschiedene Maschinen: eine MIMD-Maschine
und eine SIMD-Maschine.

```
for (i = 0; i < 2000; i+ + )
  for (j = 0; j < 3000; j+ + )
    X_array[i][j] = Y_array[j][i] + 200;
```

6.11.1 [10] <6.3> Zeigen Sie für eine MIMD-Maschine mit vier CPUs die
MIPS-Befehlssequenz, die Sie auf jeder CPU ausführen würden. Welche Beschleunigung entsteht für diese MIMD-Maschine?

6.11.2 [20] <6.3> Schreiben Sie für eine Maschine mit acht parallelen SIMD-
Funktionseinheiten ein Assemblerprogramm mit Ihren eigenen SIMD-Erweiterungen für MIPS, um die Schleife auszuführen. Vergleichen Sie die Anzahl der auf der SIMD-Maschine ausgeführten Befehle mit derjenigen auf der
MIMD-Maschine.

Aufgabe 6.12

Ein systolisches Array ist ein Beispiel für eine MISD-Maschine. Ein systolisches Array ist ein Pipeline-Netzwerk oder eine „Wavefront" aus Datenver-

arbeitungselementen. Keines dieser Elemente braucht einen Programmzähler, weil die Ausführung durch das Eintreffen von Daten ausgelöst wird. Getaktete systolische Arrays rechnen im „Gleichschritt", wobei jeder Prozessor abwechselnd Rechen- und Kommunikationsphasen ausführt.

6.12.1 [10] <6.3> Betrachten Sie verschiedene Vorschläge für die Implementierung eines systolischen Arrays (Sie finden sie im Internet oder in technischen Veröffentlichungen). Versuchen Sie dann, unter Verwendung des MISD-Modells die in Aufgabe 6.11 beschriebene Schleife zu programmieren. Diskutieren Sie die Probleme, auf die Sie dabei treffen.

6.12.2 [10] <6.3> Diskutieren Sie Ähnlichkeiten und Unterschiede zwischen einer MISD- und einer SIMD-Maschine. Beantworten Sie diese Frage in Hinblick auf die Parallelität auf Datenebene.

Aufgabe 6.13

Wir wollen die auf Seite 574 beschriebene DAXPY-Schleife in MIPS-Assembler auf der in diesem Kapitel beschriebenen NVIDIA 8800 GTX GPU ausführen. In dieser Aufgabe gehen wir davon aus, dass alle mathematischen Operationen mit Gleitkommazahlen einfacher Genauigkeit ausgeführt werden (wir benennen die Schleife in SAXPY um). Nehmen Sie für die verschiedenen Befehle die folgenden Zyklenzahlen an:

Laden	Speichern	Add.S	Mult.S
4	1	2	5

6.13.1 [20] <6.6> Beschreiben Sie, wie Sie Warps für die SAXPY-Schleife aufbauen, um die acht Kerne eines einzelnen Multiprozessors zu nutzen.

Aufgabe 6.14

Laden Sie unter der Adresse www.nvidia.com/object/cuda_get.html das CUDA Toolkit und SKD herunter. Verwenden Sie die „emurelease"-Version (Emulation Mode) des Codes (Sie brauchen dafür keine NVIDIA-Hardware). Führen Sie die Beispielprogramme aus dem SDK auf dem Emulator aus.

6.14.1 [90] <6.6> Gehen Sie von dem SDK-Beispiel „template" aus und schreiben Sie ein CUDA-Programm, das die folgenden Vektoroperationen ausführt:

1) $a - b$ (Vektor/Vektor-Subtraktion)

2) $a \cdot b$ (Vektor-Punktprodukt)

Das Skalarprodukt zweier Vektoren $a = [a_1, b_2, \ldots,_n]$ und $b = [b_1, b_2, \ldots, b_n]$ ist definiert als:

$$a \cdot b = \sum_{i=1}^{n} a_i b_i = a_1 b_1 + a_2 b_2 + \cdots + a_n b_n$$

Schreiben Sie Code für jedes Programm, das die einzelnen Operationen demonstriert und die Richtigkeit der Ergebnisse überprüft.

6.14.2 [90] <6.6> Falls Ihnen GPU-Hardware zur Verfügung steht, führen Sie eine Leistungsanalyse für Ihr Programm durch und betrachten Sie dabei die Rechenzeit für die GPU- und eine CPU-Version Ihres Programms für eine Palette verschiedener Vektorgrößen. Erläutern Sie die Ergebnisse.

Aufgabe 6.15

Vor kurzem hat AMD angekündigt, eine GPU in seine x86-Kerne in einem Baustein integrieren zu wollen, aber mit unterschiedlichen Takten für die verschiedenen Kerne. Dies ist ein Beispiel für ein heterogenes Multiprozessor-System, das wohl auch in naher Zukunft im Handel angeboten wird. Einer der wichtigsten Entwurfsaspekte ist, dass eine schnelle Datenkommunikation zwischen der CPU und der GPU unterstützt wird. Momentan muss die Kommunikation zwischen separaten CPU- und GPU-Chips ausgeführt werden. Dies wird sich jedoch in der Fusion-Architektur von AMD ändern. Momentan ist der Plan, mehrere (mindestens 16) PCI-Express-Kanäle zu verwenden, um die Kommunikation zu vereinfachen.

6.15.1 [25] <6.6> Vergleichen Sie die Bandbreite und die Latenz dieser beiden Verbindungstechnologien.

Aufgabe 6.16

In Abbildung 6.11b sehen Sie, dass eine n-Würfel-Verbindungstopologie dritter Ordnung acht Knoten verbindet. Eine attraktive Funktionalität einer n-Würfel-Verbindung ist ihre Fähigkeit, defekte Verbindungen zu kompensieren und dennoch Konnektivität zu bieten.

6.16.1 [10] <6.9> Entwickeln Sie eine Gleichung, die berechnet, wie viele Verbindungen im n-Würfel defekt sein dürfen (wobei n die Ordnung des Würfels ist), während weiterhin eine garantierte Verbindung aller Knoten im n-Würfel besteht.

6.16.2 [10] <6.9> Vergleichen Sie die Elastizität des n-Würfels mit einem vollständig verbundenen Verbindungsnetzwerk mit derselben Anzahl an Knoten. Zeichnen Sie ein Vergleichsdiagramm für die Zuverlässigkeit in Abhängigkeit von der Anzahl der Verbindungen, die in beiden Topologien ausfallen dürfen.

Aufgabe 6.17

Beim Benchmarking werden repräsentative Arbeitslasten identifiziert, die auf bestimmten Computerplattformen ausgeführt werden, um in der Lage zu sein, deren Leistung objektiv zu vergleichen. In dieser Aufgabe vergleichen wir zwei Benchmark-Klassen: die Whetstone CPU-Benchmark und die PARSEC-Benchmark-Folge. Wählen Sie ein Programm aus PARSEC aus. Alle Programme stehen kostenlos im Internet zur Verfügung. Führen Sie möglichst mehrere Kopien von Whetstone und der PARSEC-Benchmark auf den in Abschnitt 6.11 beschriebenen Systemen aus.

6.17.1 [60] <6.11> Was ist der inhärente Unterschied zwischen diesen beiden Arbeitslastklassen, wenn sie auf diesen Multicore-Systemen ausgeführt werden?

6.17.2 [60] <6.11> Wie abhängig sind die Ergebnisse dieser beiden Benchmarks vom Umfang der gemeinsamen Nutzung und der Synchronisierung der verwendeten Arbeitslast? Wenden Sie das Roofline-Modell an.

Aufgabe 6.18

Bei Berechnungen für dünn besetzte Matrizen wird die Latenz in der Speicherhierarchie zu einem wichtigen Faktor. Dünn besetzte Matrizen haben keine räumliche Lokalität des Datenstroms, wie man sie üblicherweise bei Matrixoperationen findet. Aus diesem Grund wurden neue Matrixdarstellungen vorgeschlagen.

Eine der ersten Darstellungen dünn besetzter Matrizen ist das Yale Sparse Matrix Format. Es speichert eine $m \times n$-Ausgangsmatrix M im Zeilenform. Dazu werden drei eindimensionale Arrays verwendet. R bezeichnet die Anzahl der Elemente von M, die ungleich null sind; wir können ein Array A der Länge R anlegen, das alle Einträge ungleich null von M enthält (von links nach rechts und von oben nach unten). Außerdem legen wir ein zweites Array an, IA, das die Länge $m + 1$ hat (d. h. ein Eintrag pro Zeile plus 1). $IA(i)$ enthält den Index in A des ersten Elements ungleich null in Zeile i. Zeile i der ursprünglichen Matrix wird erweitert von $(A(IA(i))$ auf $A(IA(i + 1) - 1$. Das dritte Array, JA, enthält den Spaltenindex aller Elemente von A, es hat also die Länge R.

6.18.1 [15] <6.11> Betrachten Sie die folgende dünn besetzte Matrix X und schreiben Sie ein Stück C-Code, das diesen Code in Yale Sparse Matrix Format speichert.

```
Zeile 1 [1, 2, 0, 0, 0, 0]
Zeile 2 [0, 0, 1, 1, 0, 0]
Zeile 3 [0, 0, 0, 0, 9, 0]
Zeile 4 [2, 0, 0, 0, 0, 2]
Zeile 5 [0, 0, 3, 3, 0, 7]
Zeile 6 [1, 3, 0, 0, 0, 1]
```

6.18.2 [10] <6.11> Gehen Sie in Hinblick auf den Speicherplatz davon aus, dass jedes Element der Matrix X im Gleitkommaformat mit einfacher Genauigkeit vorliegt. Berechnen Sie den Speicherplatz für die angegebene Matrix im Yale Sparse Matrix Format.

6.18.3 [15] <6.11> Führen Sie eine Matrixmultiplikation der Matrix X mit der folgenden Matrix Y aus:

```
[2, 4, 1, 99, 7, 2]
```

Führen Sie diese Berechnung in einer Schleife aus und ermitteln Sie die Ausführungszeit. Stellen Sie sicher, dass Sie die Schleife mehrfach ausführen, um eine gute Auflösung für Ihre Zeitmessung zu erhalten.

6.18.4 [15] <6.11> Haben Sie eine Idee für die effizientere Darstellung dünn besetzter Matrizen (in Hinblick auf Speicherplatz und Rechenaufwand)?

Aufgabe 6.19

In den Systemen der Zukunft werden uns heterogene Computerplattformen begegnen, die aus heterogenen CPUs aufgebaut sind. Auf dem Markt der eingebetteten Computer gibt es diese bereits in Systemen, die sowohl Gleitkomma-DSPs als auch Mikrocontroller-CPUs in einem Multichip-Modulbaustein enthalten.

Gehen Sie von drei CPU-Klassen aus:

CPU A – Eine Multicore-CPU mittlerer Geschwindigkeit (mit Gleitkommaeinheit), die mehrere Befehle pro Zyklus ausführen kann.

CPU B – Eine schnelle Single-Core-Ganzzahl-CPU (d. h. keine Gleitkommaeinheit), die einen Befehl pro Zyklus ausführen kann.

CPU C – Eine langsame Vektor-CPU (mit Gleitkommafunktion), die mehrere Kopien desselben Befehls pro Zyklus ausführen kann.

Nehmen Sie an, dass die Prozessoren die folgenden Taktfrequenzen haben:

CPU A	CPU B	CPU C
1 GHz	3 GHz	250 MHz

CPU A kann zwei Befehle pro Zyklus ausführen, CPU B kann einen Befehl pro Zyklus ausführen, und CPU C kann acht Befehle (jedoch dieselben) pro Zyklus ausführen. Gehen Sie davon aus, dass alle Operationen innerhalb eines einzigen Zyklus abgeschlossen werden, wenn keine Konflikte vorliegen.

Alle drei CPUs sind in der Lage, eine Ganzzahlarithmetik auszuführen. Die CPU B kann keine direkte Gleitkommaarithmetik ausführen. Der Befehlssatz der CPUs A und B ist vergleichbar mit demjenigen eines MIPS-Prozessors. CPU C kann nur Gleitkomma-Additions- und Subtraktionsoperationen ausführen sowie aus dem Speicher laden und in ihn schreiben. Nehmen Sie an, dass alle CPUs Zugriff auf den gemeinsam genutzten Speicher haben, und dass die Synchronisierung keine Kosten verursacht.

Vergleichen Sie die beiden Matrizen X und Y, die je 1024×1024 Gleitkommaelemente enthalten. Die Ausgabe soll die Anzahl der Indizes sein, bei denen der Wert in X größer als der in Y war.

6.19.1 [10] <6.12> Beschreiben Sie, wie Sie dieses Problem auf die drei verschiedenen CPUs aufteilen würden, um die bestmögliche Leistung zu erzielen.

6.19.2 [10] <6.12> Welche Art Befehl würden Sie der Vektor-CPU C hinzufügen, um eine bessere Leistung zu erhalten?

Aufgabe 6.20

Diese Aufgabe beschäftigt sich mit dem Umfang der Warteschlange, die in dem System auftritt, wobei die maximale Transaktionsverarbeitungsrate und die im Mittel für eine Transaktion beobachtete Latenz gegeben sind. Die Latenz umfasst sowohl die Servicezeit (die aus der maximalen Rate berechnet wird) als auch die Wartezeit. Nehmen Sie an, dass ein Quad-Core-Computersystem Datenbanktransaktionen mit einer bestimmten Daueranforderungsrate pro Sekunde verarbeiten kann. Nehmen Sie außerdem an, dass jede Transaktion für ihre Ausführung eine bestimmte durchschnittliche Zeitdauer benötigt. Die folgende Tabelle zeigt Wertepaare für die Transaktionslatenz und die Verarbeitungsrate.

Durchschnittliche Transaktionslatenz	Maximale Transaktionsverarbeitungszeit
1 ms	5000/s
2 ms	5000/s
1 ms	10000/s
2 ms	10000/s

Beantworten Sie für jedes Wertepaar in der Tabelle die folgenden Fragen:

6.20.1 [10] <6.12> Wie viele Anforderungen werden durchschnittlich zu jedem beliebigen Zeitpunkt ausgeführt?

6.20.2 [10] <6.12> Wie hoch wäre der Systemdurchsatz im Idealfall auf einem 8-Core-System (d. h., wie viele Transaktionen pro Sekunde verarbeitet der Computer)?

6.20.3 [10] <6.12> Diskutieren Sie, warum diese Art der Beschleunigung selten durch eine bloße Erhöhung der Anzahl der Kerne erzielt werden kann.

Antworten zu den Selbsttests

Abschnitt 6.1, Seite 565: Falsch. Parallelität auf Task-Ebene kann sequentielle Applikationen unterstützen, und sequentielle Applikationen können auf paralleler Hardware ausgeführt werden, auch wenn das schwieriger ist.

Abschnitt 6.2, Seite 571: Falsch. *Schwache* Skalierung kann einen seriellen Anteil des Programms kompensieren, der andernfalls die Skalierbarkeit einschränken würde.

Abschnitt 6.3, Seite 577: Richtig, aber ihnen fehlen nützliche Vektorfunktionalitäten wie Gather/Scatter und Vektorlängenregister, welche die Effizienz von Vektorarchitekturen verbessern. (Wie wir in einer Anmerkung in diesem Kapitel erwähnt hatten, bieten die AVX-SIMD-Erweiterungen indexiertes Laden über eine Gather-Operation, jedoch keine Scatter-Operation für indexiertes Speichern. Die Haswell-Generation der x86-Mikroprozessoren ist die erste, die AVX2 unterstützt.)

Abschnitt 6.4, Seite 582: 1. Richtig. 2. Richtig.

Abschnitt 6.5, Seite 586: Falsch. Weil die gemeinsam genutzte Adresse eine *physische* Adresse ist, können mehrere Aufgaben in ihren jeweiligen *virtuellen* Adressräumen sehr gut auf einem Multiprozessor mit gemeinsam genutzten Speicher ausgeführt werden.

Abschnitt 6.6, Seite 595: Falsch. Grafik-DRAM-Chips werden geschätzt wegen ihrer höheren Bandbreite.

Abschnitt 6.7, Seite 599: Falsch. GPUs und CPUs enthalten Redundanzen, um die Die-Ausbeute zu erhöhen, was, in Verbindung mit ihrem großen Volumen, große Dies erschwinglich macht, anders als im Fall von DSAs. Zu den Vorteilen von DSAs gehört, dass Features von CPUs und GPUs weggelassen werden, die in der Domäne nicht erforderlich sind. Solche Ressourcen können stattdessen für weitere arithmetische Einheiten und große On-Chip-Speicher verwendet werden, die jeweils für die Domäne maßgeschneidert sind.

Abschnitt 6.8, Seite 605: 1. Falsch. Das Senden und Empfangen einer Nachricht ist eine implizite Synchronisierung und ebenso eine Methode, Daten gemeinsam zu nutzen. 2. Richtig.

Abschnitt 6.9, Seite 609: Richtig.

Abschnitt 6.11, Seite 620: Richtig. Wir brauchen Innovationen auf allen Hardware- und Software-Ebenen, um die parallele Programmierung in der Industrie durchsetzen zu können.

A Assembler, Binder und SPIM-Simulator

James R. Larus, Microsoft Research, Microsoft

A.1 Einführung

Das Codieren von Befehlen durch Binärzahlen ist eine natürliche Wahl und für Computer sehr effizient. Menschen dagegen haben erhebliche Schwierigkeiten, diese Zahlen zu verstehen und zu manipulieren. Für sie sind Symbole (Wörter) viel einfacher zu lesen und zu schreiben. Wie in Kapitel 2 dargelegt wurde, müssen wir uns nicht zwischen Zahlen und Wörtern entscheiden, da sich Computerbefehle auf viele unterschiedliche Arten darstellen lassen. Menschen können Symbole lesen und schreiben, während Computer die Binärfolgen ausführen, die diesen entsprechen. Dieser Anhang beschreibt den Prozess, durch den ein für Menschen lesbares Programm in eine Form übersetzt wird, die von einem Computer ausgeführt werden kann. Außerdem werden hier einige Hinweise zum Schreiben von Assemblerprogrammen gegeben, und es wird erklärt, wie man diese Programme auf SPIM, einem Simulator, der MIPS ausführt, zum Laufen bringt.

Assemblersprache ist die symbolische Repräsentation der binären Codierung, die der Computer verwendet, also der **Maschinensprache.** Sie ist besser lesbar als Maschinensprache, da sie Symbole anstatt Bits verwendet. Die Symbole in Assemblersprache bezeichnen häufig vorkommende Bitmuster wie Opcodes und Spezifikatoren für Register, sodass Menschen sie lesen und sie sich einprägen können. Außerdem erlaubt Assemblersprache Programmierern, *Marken* zu verwenden, um damit bestimmte Speicherwörter zu kennzeichnen, die Befehle oder Daten enthalten.

Maschinensprache Binäre Darstellung für die Kommunikation in einem Rechnersystem.

Unter einem **Assembler** versteht man ein Werkzeug, das Assemblersprache in binäre Befehle übersetzt. Assembler bieten eine angenehmere Repräsentation als die Nullen und Einsen des Computers, was das Schreiben und Lesen von Programmen vereinfacht. Symbolische Namen für Operationen und Speicherorte sind eine Facette dieser Darstellung. Eine andere ist das Programmieren von Hilfsmitteln, durch die sich die Klarheit des Programms verbessert. Beispielsweise versetzen die in Abschnitt A.2 diskutierten **Makros** den Programmierer in die Lage, die Assemblersprache durch das Definieren neuer Operationen zu erweitern.

Assembler Ein Programm, das eine symbolische Version von Befehlen in eine binäre Version übersetzt.

Ein Assembler liest eine *Quelldatei* in Assemblersprache und erzeugt daraus eine *Objektdatei* aus Maschinenbefehlen und Informationen der Speicherbuch-

Makro Eine Funktion zur Mustererkennung und -ersetzung, die einen einfachen Mechanismus bietet, um häufig verwendete Befehlsfolgen unter einem Namen zusammenzufassen.

https://doi.org/10.1515/9783111352732-007

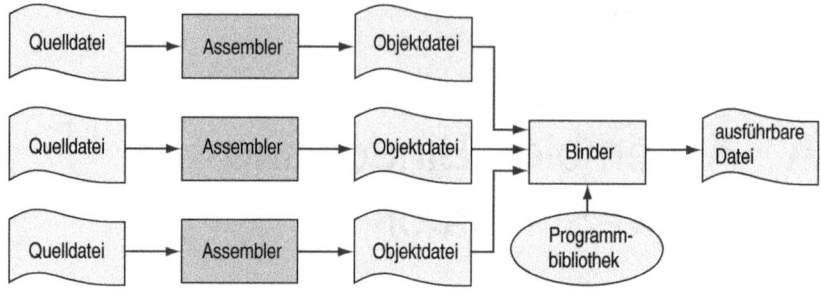

Abb. A.1: Der Prozess, der eine ausführbare Datei erzeugt. Ein Assembler übersetzt eine in Assemblersprache vorliegende Datei in eine Objektdatei, die mit anderen Dateien und Bibliotheken zu einer ausführbaren Datei verbunden wird.

nicht aufgelöste Referenz Eine Referenz, die mehr Information von außen benötigt, um vollständig zu sein.

Binder Ein Systemprogramm, das unabhängig voneinander assemblierte Maschinenprogramme zusammenfügt und alle nicht definierten Marken in einer ausführbaren Programmdatei auflöst.

Assembler-Direktive Eine Operation, die dem Assembler mitteilt, wie ein Programm zu übersetzen ist, jedoch keine Maschinenbefehle generiert; beginnt immer mit einem Punkt.

führung, die dabei helfen, mehrere Objektdateien zu einem Programm zusammenzuführen. Abbildung A.1 illustriert, wie ein Programm gebaut wird. Die meisten Programme bestehen aus mehreren, auch *Module* genannten Dateien, die unabhängig voneinander geschrieben, kompiliert und assembliert werden. Ein Programm kann außerdem vorgefertigte Routinen verwenden, die durch eine *Programmbibliothek* bereitgestellt werden. Ein Modul enthält typischerweise *Referenzen* auf Subroutinen und Daten, die in anderen Modulen und Bibliotheken definiert sind. Der Code in einem Modul kann nicht ausgeführt werden, wenn er **nicht aufgelöste Referenzen** auf Marken in anderen Objektdateien oder Bibliotheken enthält. Ein weiteres Werkzeug, das als **Binder** bezeichnet wird, kombiniert eine Menge von Objekt- und Bibliotheksdateien zu einer *ausführbaren Datei,* die auf einem Computer laufen kann.

Um die Vorteile von Assemblersprache zu verdeutlichen, betrachten wir die folgende Sequenz von Binärzahlen, die alle eine kurze Subroutine zum Berechnen und Ausgeben der Summe der Quadrate der ganzen Zahlen von 0 bis 100 enthalten. Abbildung A.2 zeigt die von einem MIPS-Computer ausgeführte Maschinensprache. Mit erheblichem Aufwand könnten Sie die Befehle in ein Programm ähnlich dem in Abbildung A.3 gezeigten übersetzen, indem Sie die in Kapitel 2 aufgeführten Tabellen für Opcodes und Befehlsformate benutzen. Doch in der Form von Abbildung A.2 ist die Routine viel einfacher zu lesen, da die Operationen und Operanden mit Symbolen anstatt mit Bitmustern geschrieben sind. Trotzdem ist sie noch immer schwierig genug zu verstehen, denn die Speicherorte werden durch ihre Adressen und nicht durch eine symbolische Marke angegeben.

Abbildung A.4 zeigt Assemblersprache, die Speicheradressen mit einprägsamen Namen bezeichnet. Die meisten Programmierer ziehen es vor, diese Form zu lesen und zu schreiben. Bezeichner, die mit einem Punkt beginnen, beispielsweise .date und .globl, sind sogenannte **Assembler-Direktiven.** Diese teilen dem Assembler mit, wie ein Programm zu übersetzen ist, sie generieren jedoch keine Maschinenbefehle. Bezeichner, die mit einem Doppelpunkt enden, beispielsweise str: oder main: beziehen sich auf den nächsten Speicher-

```
00100111101111011111111111100000
10101111101111110000000000010100
10101111101001000000000000100000
10101111101001010000000000100100
10101111101000000000000000011000
10101111101000000000000000011100
10001111101011100000000000011100
10001111101110000000000000011000
00000001110011100000000000011001
00100101110010000000000000000001
00101001000000010000000001100101
10101111101010000000000000011100
00000000000000000111100000010010
00000011000011111100100000100001
00010100001000001111111111110111
10101111101110010000000000011000
00111000000001000001000000000000
10001111101001010000000000011000
00001100000100000000000011101100
00100100100001000000010000110000
10001111101111110000000000010100
00100111101111010000000000100000
00000011111000000000000000001000
00000000000000000001000000100001
```

Abb. A.2: Code in MIPS-Maschinensprache für eine Routine zum Berechnen und Ausgeben der Summe der Quadrate der ganzen Zahlen von 0 bis 100.

ort. Dieses Programm ist lesbar (abgesehen von dem offensichtlichen Fehlen von Kommentaren), wie die meisten Programme in Assemblersprache. Es ist jedoch immer noch schwierig, ihm zu folgen, weil viele einfache Operationen notwendig sind, um einfache Aufgaben zu erledigen, und auch, weil es aufgrund des Fehlens von Konstrukten der Flusssteuerung wenig Hinweise auf den Programmablauf gibt.

Im Vergleich dazu ist die in Abbildung A.5 gezeigte C-Routine sowohl kürzer als auch klarer. Hier haben die Variablen einprägsame Bezeichner und die Schleife ist explizit anstatt mithilfe von Verzweigungen konstruiert. Tatsächlich ist die C-Routine die einzige, die wir geschrieben haben – die anderen Formen wurden durch einen C-Compiler und Assembler erzeugt.

Allgemein spielt Assemblersprache in zwei Zusammenhängen eine Rolle (siehe Abbildung A.6). Zum einen ist sie die Ausgabesprache von Compilern. Ein *Compiler* übersetzt ein in einer *höheren Programmiersprache* (wie C oder Pascal) geschriebenes Programm in Maschinen- oder Assemblersprache. Die höhere Programmsprache wird in diesem Zusammenhang **Quellsprache** genannt, und die Ausgabe des Compilers ist die zugehörige *Zielsprache*.

Quellsprache Die höhere Programmiersprache, in der ein Programm ursprünglich geschrieben wurde.

```
addiu   $29, $29, -32
sw      $31, 20($29)
sw      $4, 32($29)
sw      $5, 36($29)
sw      $0, 24($29)
sw      $0, 28($29)
lw      $14, 28($29)
lw      $24, 24($29)
multu   $14, $14
addiu   $8, $14, 1
slti    $1, $8, 101
sw      $8, 28($29)
mflo    $15
addu    $25, $24, $15
bne     $1, $0, -9
sw      $25, 24($29)
lui     $4, 4096
lw      $5, 24($29)
jal     1048812
addiu   $4, $4, 1072
lw      $31, 20($29)
addiu   $29, $29, 32
jr      $31
move    $2, $0
```

Abb. A.3: Dieselbe Routine wie in Abbildung A.2 in Assemblersprache. Allerdings enthält dieser Code weder Marken für Register und Speicherorte noch Kommentare.

Die andere Rolle von Assemblersprache ist die einer Sprache, in der Programme geschrieben werden. Dies war lange Zeit die dominierende Rolle. Heute allerdings schreiben die meisten Programmierer dank viel größerer Arbeitsspeicher und besserer Compiler in einer höheren Programmiersprache und bekommen die Befehle, die der Computer ausführt, nur selten – wenn überhaupt – zu sehen. Nichtsdestotrotz ist Assemblersprache noch immer wichtig, wenn es darum geht, Programme zu schreiben, bei denen die Geschwindigkeit oder die Größe kritisch ist, und auch wenn Hardware-Merkmale ausgenutzt werden sollen, für die es in höheren Programmiersprachen keine Entsprechungen gibt.

Dieser Anhang fokussiert sich auf die MIPS-Assemblersprache, doch ist die Assemblerprogrammierung auf den meisten anderen Maschinen sehr ähnlich. Die zusätzlichen Befehle und Adressierungsmodi für CISC-Maschinen wie etwa VAX können Assemblerprogramme kürzer machen, doch sie ändern nichts an dem Prozess des Assemblierens eines Programms und sie versehen die Assemblersprache auch nicht mit den Vorzügen höherer Programmiersprachen, wie etwa Typkontrolle und strukturierte Flusssteuerung.

```
        .text
        .align 2
        .globl main
main:
        subu    $sp, $sp, 32
        sw      $ra, 20($sp)
        sd      $a0, 32($sp)
        sw      $0,  24($sp)
        sw      $0,  28($sp)
loop:
        lw      $t6, 28($sp)
        mul     $t7, $t6, $t6
        lw      $t8, 24($sp)
        addu    $t9, $t8, $t7
        sw      $t9, 24($sp)
        addu    $t0, $t6, 1
        sw      $t0, 28($sp)
        ble     $t0, 100, loop
        la      $a0, str
        lw      $a1, 24($sp)
        jal     printf
        move    $v0, $0
        lw      $ra, 20($sp)
        addu    $sp, $sp, 32
        jr      $ra

        .data
        .align 0
str:
        .asciiz "Die Summe von 0 .. 100 ist %d\n"
```

Abb. A.4: Dieselbe Routine wie in Abbildung A.2, geschrieben in Assemblersprache. Es gibt Marken, aber keine Kommentare. Bei Befehlen, die mit einem Punkt beginnen, handelt es sich um Assembler-Direktiven (siehe Abschnitt A.10). So bedeutet `.text`, dass die folgenden Zeilen Befehle enthalten, und entsprechend zeigt `.data` an, dass sie Daten enthalten. Die Direktive `.align n` zeigt an, dass die nachfolgenden Elemente in einer Begrenzung von 2^n angeordnet werden sollen. Demnach bedeutet `align 2`, dass das nächste Element die Begrenzung eines Wortes haben soll. Durch `.globl main` wird deklariert, dass `main` ein globales Symbol ist, das für Code sichtbar sein sollte, der in anderen Dateien gespeichert ist. Zum Schluss legt `.asciiz` eine null-terminierte Zeichenkette im Speicher ab.

Wann Assemblersprache verwendet wird

Der Hauptgrund für das Programmieren in Assemblersprache anstatt in einer höheren Programmiersprache ist gegeben, wenn die Geschwindigkeit oder die Größe eines Programms von entscheidender Bedeutung ist. Betrachten wir zum Beispiel einen Computer, der ein Maschinenteil steuert, etwa die Bremsen eines Autos. Ein Computer, der in ein anderes Gerät, in diesem Fall ein Auto, eingebaut ist, wird als *eingebetteter Computer* bezeichnet. Für diesen Typ von

```
    #include <stdio.h>
int
main (int argc, char *argv[])
{
    int i;
    int sum = 0;

    for (i = 0; i <= 100; i = i + 1) sum = sum + i * i;
    printf ("Die Summe von 0 .. 100 ist %d\n", sum);
}
```

Abb. A.5: Die Routine aus Abbildung A.2, geschrieben in der Programmiersprache C.

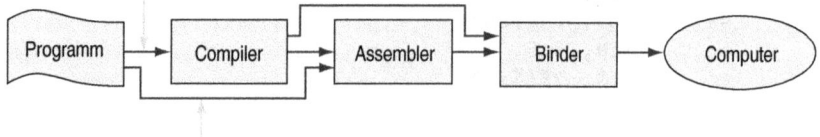

Abb. A.6: Assemblersprache wird entweder von einem Programmierer geschrieben, oder sie ist die Ausgabe eines Compilers.

Computer ist es wichtig, dass er schnell und in vorhersagbarer Weise auf Ereignisse in der Umgebung reagiert. Da ein Compiler eine gewisse Unsicherheit bezüglich des Zeitaufwands von Operationen ins Spiel bringt, kann es sein, dass es für Programmierer schwierig ist, mit einer höheren Programmiersprache sicherzustellen, dass das Programm innerhalb eines vorgegebenen Zeitintervalls antwortet – beispielsweise innerhalb einer Millisekunde, nachdem ein Sensor festgestellt hat, dass ein Reifen ins Schleudern gekommen ist. Ein Assemblerprogrammierer hat dagegen fest unter Kontrolle, welche Befehle ausgeführt werden. Hinzu kommt für eingebettete Systeme, dass dank der Verringerung der Programmlänge weniger Speicherchips nötig sind, was die Kosten des eingebetteten Computers reduziert.

Ein hybrider Ansatz setzt auf die Stärken beider Sprachen, indem der größte Teil des Programms in einer höheren Programmiersprache geschrieben wird, der zeitkritische Anteil dagegen in Assemblersprache. Programme wenden typischerweise den größten Teil ihrer Ausführungszeit für einen kleinen Teil des Quellcodes auf. Diese Beobachtung entspricht dem Prinzip der Lokalität, das die Grundlage von Caches ist (siehe Abschnitt 5.1).

Programm-Profiler messen, wo ein Programm seine Zeit verwendet, und können so die zeitkritischen Teile eines Programms identifizieren. Oft können diese Teile mit besser geeigneten Datenstrukturen und Algorithmen schneller gemacht werden. Manchmal jedoch lassen sich signifikante Verbesserungen der Performanz nur durch Umcodieren kritischer Programmteile in Maschinensprache erreichen.

Diese Verbesserung ist nicht unbedingt ein Hinweis darauf, dass der Compiler der höheren Programmiersprache einen Fehler gemacht hat. Compiler sind in der Regel besser darin als Programmierer, über das ganze Programm hinweg Maschinencode in gleichbleibend hoher Qualität zu erzeugen. Programmierer dagegen wissen, wie der dem Programm zugrundeliegende Algorithmus arbeitet und haben daher ein tiefergehendes Verständnis für das Verhalten des Programm, was es ihnen erlaubt, kleinen Teilen des Programms viel Aufwand und ihren Einfallsreichtum zu widmen. Insbesondere betrachten Programmierer oft mehrere Prozeduren gleichzeitig, während sie ihren Code schreiben. Compiler kompilieren typischerweise jede Prozedur isoliert und müssen strikten Konventionen bezüglich der Verwendung von Registern an den Prozedurgrenzen folgen. Durch das Halten gemeinsam benutzter Werte in Registern, auch über Prozedurgrenzen hinweg, können Programmierer ein Programm dazu bringen, schneller zu laufen.

Ein weiterer wichtiger Vorteil von Assemblersprache ist die Fähigkeit, spezialisierte Befehle auszunutzen, beispielsweise zum Kopieren von Zeichenketten oder zum Mustervergleich. Compiler können in den meisten Fällen nicht erkennen, wenn eine Programmschleife durch einen einzelnen Befehl ersetzt werden kann – der Programmierer, der die Schleife geschrieben hat, dagegen schon.

Mittlerweile ist es schwierig geworden, den Vorsprung des Programmierers vor dem Compiler zu halten, da sich die Kompiliermethoden verbessern und die Komplexität von Pipelines wächst (siehe Kapitel 4).

Der ultimative Grund für die Verwendung von Maschinensprache ist, dass für einen speziellen Computer keine höhere Programmiersprache zur Verfügung steht. Viele ältere oder spezialisierte Computer haben keinen Compiler, sodass Assemblersprache für den Programmierer die einzige Option ist.

Nachteile von Assemblersprache

Assemblersprache hat viele Nachteile, die eigentlich gegen ihren weit verbreiteten Einsatz sprechen. Der vielleicht schwerwiegendste ist, dass in Assemblersprache geschriebene Programme inhärent maschinenspezifisch sind und vollkommen umgeschrieben werden müssen, um auf einer anderen Computerarchitektur zu laufen. Die rasante Entwicklung von Computern, die in Kapitel 1 besprochen wurde, bedeutet auch, dass Computerarchitekturen obsolet werden. Ein Programm in Assemblersprache bleibt seiner ursprünglichen Architektur eng verbunden, auch nachdem dieser Computer durch neuere, schnellere und kostengünstigere Maschinen verdrängt wurde.

Ein weiterer Nachteil besteht darin, dass Programme in Assemblersprache länger sind als die entsprechenden Versionen in einer höheren Programmiersprache. Beispielsweise ist das C-Programm in Abbildung A.5 11 Zeilen lang, während das Assemblerprogramm in Abbildung A.4 31 Zeilen hat. Bei komplexeren Programmen kann das Längenverhältnis zwischen Assemblerprogramm und Programm in höherer Programmiersprache (der *Expansionsfaktor*) noch wesentlich größer sein als drei, wie bei diesem Beispiel. Wie empirische Studien gezeigt haben, schreiben Programmierer ungefähr genauso viele Zeilen Code pro Tag in Assemblersprache wie in höheren Programmiersprachen. Das bedeutet, dass Programmierer in einer höheren Programmiersprache etwa x-mal so produktiv sind, wenn x der Expansionsfaktor ist.

Was die Sache noch schlimmer macht, ist die Tatsache, dass längere Programme schwerer zu lesen und zu verstehen sind – und sie enthalten mehr Fehler. Assemblersprache verschärft das Problem wegen des völligen Fehlens von Struktur. Gebräuchliche Konstrukte wie *if-then*-Anweisungen oder Schleifen müssen aus Verzweigungen und Sprüngen konstruiert werden. Die resultierenden Programme sind kaum lesbar, denn der Leser muss jedes Konstrukt höherer Programmiersprachen aus seinen Einzelteilen rekonstruieren, und jede Instanz einer Anweisung kann ein klein wenig anders sein. Betrachten Sie zum Beispiel Abbildung A.4 und beantworten Sie die folgenden Fragen: Welcher Schleifentyp wird verwendet? Was ist der Startwert und was der Endwert?

Anmerkungen: 1) Compiler können Maschinensprache direkt erzeugen, anstatt auf einen Assembler zu setzen. Diese Compiler sind typischerweise viel schneller als solche, bei denen ein Assembler als Teil der Kompilation involviert ist. Allerdings muss ein Compiler, der Maschinensprache erzeugt, viele Aufgaben übernehmen, der normalerweise ein Assembler erledigt, beispielsweise die Adressauflösung oder das Codieren von Befehlen durch Binärzahlen. Offensichtlich gibt es einen Zielkonflikt zwischen der Kompiliergeschwindigkeit und der Einfachheit des Compilers.

2) Ungeachtet dieser Betrachtungen gibt es im Bereich der eingebetteten Systeme einige Anwendungen, die in einer höheren Programmiersprache geschrieben werden. Oft handelt es sich dabei um große und komplexe Programme, die extrem zuverlässig sein müssen. Programme in Assemblersprache sind länger und schwerer zu lesen und zu schreiben als solche in höheren Programmiersprachen. Dies sorgt für deutlich höhere Kosten für das Schreiben der Programme und macht es zudem extrem schwierig, deren Korrektheit zu prüfen. Tatsächlich haben diese Überlegungen das Verteidigungsministerium der Vereinigten Staaten, das für die Finanzierung vieler komplexer eingebetteter Systeme zuständig ist, seinerzeit dazu veranlasst, für eingebettete Systeme die höhere Programmiersprache Ada zu entwickeln.

A.2   Assembler

Ein Assembler übersetzt eine Datei mit Ausdrücken in Assemblersprache in eine Datei, die Maschinenbefehle und binäre Daten enthält. Der Übersetzungsprozess besteht im Wesentlichen aus zwei Teilen. Im ersten Schritt gilt es, die Speicherorte mit Marken zu finden, damit die Beziehungen zwischen symbolischen Bezeichnern und Adressen bekannt sind, wenn die Befehle übersetzt werden. Im zweiten Schritt werden die einzelnen Assembleranweisungen übersetzt, indem die numerischen Äquivalente von Opcodes, Registerspezifikatoren und Marken zu einem legalen Befehl zusammengefügt werden. Wie in Abbildung A.1 dargestellt, erzeugt der Assembler eine Ausgabe, die *Objektdatei* genannt wird und die die Maschinenbefehle, Daten und Informationen der Speicherbuchführung enthält.

Eine Objektdatei kann normalerweise nicht ausgeführt werden, da sie auf Prozeduren oder Daten in anderen Dateien verweist. Eine **Marke** ist **extern** (man spricht auch von **global**), wenn das bezeichnete Objekt auch von anderen Dateien aus referenziert werden kann als von derjenigen, in der sie definiert ist. Eine Marke ist *lokal*, wenn das bezeichnete Objekt nur innerhalb der Datei verwendet werden kann, in der sie definiert ist. Bei den meisten Assemblern sind Marken standardmäßig lokal und müssen gegebenenfalls explizit als global deklariert werden. Subroutinen und globale Variablen erfordern externe Marken, da sie von vielen Dateien in einem Programm referenziert werden. **Lokale Marken** verstecken Namen, die für andere Module nicht sichtbar sein sollen. Dies gilt beispielsweise für statische Funktionen in C, die nur von anderen Funktionen in der gleichen Datei aufgerufen werden können. Auch Compiler-generierte Namen – beispielsweise ein Name für den Befehl am Anfang einer Schleife – sind lokal, damit der Compiler keine Namen generieren muss, die über alle Dateien hinweg eindeutig sind.

> **externe Marke** Eine Marke, die sich auf ein Objekt bezieht, das von anderen Dateien aus referenziert werden kann, als von jener, in der es definiert ist.

> **lokale Marke** Eine Marke, die sich auf ein Objekt bezieht, das nur innerhalb der Datei benutzt werden kann, in der sie definiert ist.

Beispiel: Lokale und globale Marken

Betrachten wir das Programm in Abbildung A.4. Die Subroutine hat eine externe (globale) Marke main. Sie enthält außerdem zwei lokale Marken – loop und str – die nur zusammen mit dieser Datei in Assemblersprache sichtbar sind. Und schließlich gibt es in der Routine noch eine nicht aufgelöste Referenz auf eine externe Marke printf, bei der es sich um die Bibliotheksroutine zum Ausgeben von Werten handelt. Welche der Marken aus Abbildung A.4 können von einer anderen Datei aus referenziert werden?

Lösung: Nur globale Marken sind außerhalb der jeweiligen Datei sichtbar. Daher ist in diesem Fall main die einzige Marke, die von einer anderen Datei aus referenziert werden kann.

Da der Assembler jede Datei in einem Programm individuell und isoliert verarbeitet, kennt er nur die Adressen von lokalen Marken. Der Assembler ist von einem anderen Werkzeug abhängig, dem Binder, um die Sammlung von Objektdateien und Bibliotheken durch Auflösung der externen Marken zu einer ausführbaren Datei zusammenzufügen. Der Assembler unterstützt den Binder dabei, indem er Listen der Marken und nicht aufgelösten Referenzen bereitstellt.

Doch auch lokale Marken stellen eine interessante Herausforderung für einen Assembler dar. Anders als Namen in den meisten höheren Programmiersprachen können Assemblermarken verwendet werden, bevor sie definiert sind.

Vorwärtsreferenz Eine
Marke, die benutzt wird,
bevor sie definiert wurde.

So wird zum Beispiel in Abbildung A.4 die Marke `str` von dem Befehl `la` benutzt, bevor sie definiert wurde. Die Möglichkeit einer **Vorwärtsreferenz** wie dieser zwingt den Assembler dazu, ein Programm in zwei Schritten zu übersetzen. Zunächst müssen alle Marken gefunden werden, und dann werden die Befehle generiert. Im betrachteten Beispiel weiß der Assembler, wenn er den Befehl `la` sieht, noch nicht, wo sich das mit `str` bezeichnete Wort befindet, ja nicht einmal, ob `str` einen Befehl oder ein Datum bezeichnet.

Bei seinem ersten Durchlauf liest der Assembler jede Zeile der Assemblerdatei und bricht sie in ihre Bestandteile auf. Diese Bestandteile, *Lexeme* genannt, sind einzelne Wörter, Zahlen und Interpunktionszeichen. Die Zeile

```
ble $t0, 100, loop
```

enthält zum Beispiel sechs Lexeme: den Opcode `ble`, den Registerspezifikator `t0`, ein Komma, die Zahl 100, ein Komma und das Symbol loop.

Symboltabelle Eine
Tabelle, mit deren Hilfe
die Namen der Marken
den Adressen der Wörter
im Speicher zugeordnet
werden können.

Wenn eine Zeile mit einer Marke beginnt, nimmt der Assembler den Namen der Marke und die Adresse des Speicherworts, das der Befehl belegt, in seine **Symboltabelle** auf. Dann berechnet der Assembler, wie viele Speicherwörter der Befehl in der aktuellen Zeile belegen wird. Indem er den Überblick über die Befehlslängen behält, kann der Assembler bestimmen, wo der nächste Befehl beginnt. Um die Größe eines Befehls mit variabler Länge (was beispielsweise für VAX-Befehle der Fall ist) zu berechnen, muss der Assembler diesen im Detail untersuchen. Befehle fester Länge hingegen (beispielsweise MIPS-Befehle) erfordern nur eine kursorische Untersuchung. Eine ähnliche Berechnung führt der Assembler durch, um den für Daten erforderlichen Platz zu bestimmen. Wenn der Assembler das Ende einer Assemblerdatei erreicht, verzeichnet die Symboltabelle die Speicherorte aller in der Datei definierten Marken.

Im zweiten Durchlauf, der tatsächlich Maschinencode erzeugt, untersucht der Assembler noch einmal jede Zeile der Datei und verwendet dabei die in der Symboltabelle enthaltenen Informationen. Wenn die Zeile einen Befehl enthält, fügt der Assembler die binären Repräsentationen des Opcodes und der Operanden (Registerspezifikatoren oder Speicheradressen) zu einem legalen Befehl zusammen. Der Prozess ähnelt dem in Abschnitt 2.5 verwendeten. Befehle und Datenwörter, die auf ein externes, in einer anderen Datei definiertes Symbol verweisen, können nicht vollständig assembliert werden (sie sind nicht aufgelöst), weil die Adresse des Symbols nicht in der Symboltabelle steht. Der Assembler beschwert sich nicht über nicht aufgelöste Referenzen, da die entsprechende Marke wahrscheinlich in einer anderen Datei definiert wird.

Grundwissen

Assemblersprache ist eine Programmiersprache. Der prinzipielle Unterschied gegenüber höheren Programmiersprachen wie BASIC, Java und C besteht darin, dass die Assemblersprache nur einige wenige einfache

Datentypen und Kontrollstrukturen zur Verfügung stellt. Assemblerprogramme spezifizieren nicht, welchen Typ ein in einer Variable gehaltener Wert hat. Vielmehr muss der Programmierer die passenden Operationen (z. B. Integer- oder Gleitkommaaddition) auf einen Wert anwenden. Außerdem muss in einem Assemblerprogramm der gesamte Kontrollfluss mittels *Goto* implementiert werden. Diese beiden Eigenschaften machen die Assemblerprogrammierung für jede Maschine – MIPS oder x86 – schwieriger und fehleranfälliger als das Schreiben in einer höheren Programmiersprache.

Anmerkung: Wenn die Geschwindigkeit des Assemblers wichtig ist, kann dieser zweistufige Prozess in einem Durchlauf durch die Assemblerdatei erledigt werden, wobei eine als **Backpatching** bezeichnete Methode zur Anwendung kommt. Der Assembler erzeugt dabei für jeden Befehl eine (möglicherweise unvollständige) binäre Repräsentation. Wenn der Befehl eine Marke referenziert, die noch nicht definiert wurde, nimmt der Assembler die Marke und den Befehl in eine Tabelle auf. Wenn eine Marke definiert wird, konsultiert der Assembler diese Tabelle, um alle Befehle zu finden, die eine Vorwärtsreferenz auf die Marke enthalten. Dann geht der Assembler zurück und korrigiert die binäre Repräsentation, um die Adresse der Marke einzubauen. Backpatching beschleunigt das Assemblieren, da der Assembler die Eingabe nur einmal liest. Allerdings ist es hierfür notwendig, dass der Assembler die gesamte binäre Repräsentation eines Programms im Speicher hält. Diese Anforderung kann die Größe der Programme limitieren, die assembliert werden können. Komplizierter wird der Prozess für Maschinen mit mehreren Typen von Verzweigungen, die unterschiedliche Bereiche von Befehlen aufspannen. Wenn der Assembler erstmals eine nicht aufgelöste Marke in einem Verzweigungsbefehl sieht, muss er entweder den größtmöglichen Zweig verwenden oder riskieren, dass er zurückgehen und viele Anweisungen nachjustieren muss, um Platz für einen größeren Zweig zu schaffen.

Backpatching Eine Methode für das Übersetzen aus Assemblersprache in Maschinenbefehle. Dabei erzeugt der Assembler in einem Programmdurchlauf eine (eventuell unvollständige) binäre Darstellung jedes Befehls und kehrt dann zurück, um die zuvor undefinierten Marken auszufüllen.

Format der Objektdatei

Assembler erzeugen Objektcode. Eine Objektdatei in UNIX enthält sechs verschiedene Abschnitte (siehe Abbildung A.7):

* Der *Header* beschreibt Größe und Position der anderen Teile der Datei.

* Das **Textsegment** enthält den Maschinencode für die in der Quelldatei enthaltenen Routinen. Es kann sein, dass diese Routinen nicht ausführbar sind, weil es nicht aufgelöste Referenzen gibt.

* Das **Datensegment** enthält eine binäre Darstellung der in der Quelldatei enthaltenen Daten. Wegen nicht aufgelöster Referenzen zu Marken in anderen Dateien können die Daten auch unvollständig sein.

Textsegment Das Segment einer Objektdatei, das den Maschinencode für die Routinen in der Quelldatei enthält.

Datensegment Das Segment einer Objektdatei oder einer ausführbaren Datei, das eine binäre Darstellung der initialisierten Daten enthält, die von dem Programm verwendet werden.

Objektdatei Header	Text-segment	Daten-segment	Relokations-information	Symbol-tabelle	Debugging-information

Abb. A.7: Objektdatei. Ein UNIX-Assembler erzeugt eine Objektdatei mit sechs Abschnitten.

Relokationsinformation Das Segment einer UNIX-Objektdatei, welches Befehle und Datenwörter identifiziert, die von absoluten Adressen abhängen.

absolute Adresse Die Adresse, die eine Variable oder Routine im Speicher tatsächlich hat.

- Die **Relokationsinformation** identifiziert Befehle und Datenwörter, die von **absoluten Adressen** abhängen. Diese Referenzen müssen sich ändern, wenn Abschnitte des Programms im Speicher verschoben werden.

- Die *Symboltabelle* verbindet Adressen mit externen Marken in der Quelldatei und listet nicht aufgelöste Referenzen auf.

- Die *Debugging-Information* enthält eine präzise Beschreibung, wie das Programm kompiliert wurde. Damit kann ein Debugger erkennen, welche Befehlsadressen welchen Zeilen eines Quellprogramms entsprechen, und die Datenstrukturen in lesbarer Form ausgeben.

Der Assembler erzeugt eine Objektdatei, die eine binäre Repräsentation des Programms und der Daten enthält, außerdem zusätzliche Informationen, die dabei helfen, die einzelnen Teile eines Programm zu binden. Diese Relokationsinformation ist notwendig, weil der Assembler nicht weiß, welche Speicherorte Prozeduren oder bestimmte Teile der Daten belegen werden, nachdem sie mit dem Rest des Programms verbunden wurden. Prozeduren und Daten aus einer Datei werden in einem zusammenhängenden Abschnitt des Speichers abgelegt, aber der Assembler weiß nicht, wo sich dieser befindet. Der Assembler übermittelt dem Binder außerdem einige Einträge aus der Symboltabelle. Insbesondere muss der Assembler aufzeichnen, welche externen Symbole in einer Datei definiert sind und welche nicht aufgelösten Referenzen auftreten.

Anmerkung: Der Einfachheit halber nehmen Assembler an, dass jede Datei an derselben Adresse beginnt (etwa am Speicherort 0). Dies geschieht in der Erwartung, dass der Binder den Code und die Daten *reloziert*, wenn er sie Speicherorten im Speicher zuordnet. Der Assembler erzeugt *Relokationsinformationen,* in denen alle Befehle bzw. Datenwörter der Datei, die auf eine absolute Adresse verweisen, durch einen Eintrag beschrieben sind. Bei MIPS sind dies nur die Befehle `call`, `load` und `store`. Befehle mit befehlszählerrelativer Adressierung, beispielsweise Verzweigungen, müssen nicht reloziert werden.

Zusätzliche Funktionalitäten

Assembler bieten eine Vielzahl von komfortablen Funktionalitäten, mit denen Assemblerprogramme einfacher zu schreiben sind und kürzer werden, ohne dass dabei die Assemblersprache grundlegend geändert würde. *Daten-Layout-Direktiven* beispielsweise erlauben es dem Programmierer, die Daten auf eine prägnantere und natürlichere Art und Weise zu beschreiben als durch eine binäre Repräsentation. In Abbildung A.4 enthalten ist die Direktive

```
.asciiz "Die Summe von 0 .. 100 ist %d\n"
```

die Zeichen der Zeichenkette im Speicher ablegt. Man vergleiche diese Zeile mit der Alternative, die Zeichen alle einzeln durch ihren ASCII-Wert zu beschreiben (Tabelle 2.9 zeigt die ASCII-Codierung von Zeichen):

```
.byte 84, 104, 101, 32, 115, 117, 109, 32
.byte 102, 114, 111, 109, 32, 48, 32, 46
.byte 46, 32, 49, 48, 48, 32, 105, 115
.byte 32, 37, 100, 10, 0
```

Die Direktive `asciiz` ist leichter zu lesen und zu schreiben, da die Zeichen hier als Buchstaben anstatt durch Binärzahlen dargestellt sind. Ein Assembler kann Zeichen viel schneller und genauer in ihre binäre Repräsentation übersetzen als ein Mensch. Daten-Layout-Direktiven spezifizieren Daten in einer Form, die für Menschen lesbar ist und die der Assembler in Binärdarstellung übersetzt. Andere Layout-Direktiven werden in Abschnitt A.10 beschrieben.

Beispiel: String-Direktive

Gesucht ist die Byte-Sequenz, die durch die folgende Direktive erzeugt wird:

```
.asciiz "The quick brown fox jumps over the lazy dog"
```

Lösung:

```
.byte 84, 104, 101, 32, 113, 117, 105, 99
.byte 107, 32, 98, 114, 111, 119, 110, 32
.byte 102, 111, 120, 32, 106, 117, 109, 112
.byte 115, 32, 111, 118, 101, 114, 32, 116
.byte 104, 101, 32, 108, 97, 122, 121, 32
.byte 100, 111, 103, 0
```

Makros sind eine Möglichkeit, um Muster zu vergleichen und zu ersetzen, was ein einfaches Werkzeug darstellt, um eine häufig verwendete Befehlssequenz zu bezeichnen. Anstatt dieselben Befehle jedes Mal, wenn sie verwendet werden, neu zu schreiben, ruft der Programmierer das Makro auf und der Assembler ersetzt den Makroaufruf durch die entsprechende Befehlsfolge. Makros erlauben es dem Programmierer, ähnlich wie Subroutinen, eine neue Abstraktion für eine häufig vorkommende Operation zu kreieren und sie zu benennen. Im Unterschied zu Subroutinen bewirken Makros jedoch zur Programmlaufzeit keinen Prozeduraufruf und kein Return, da der Makroaufruf beim Assemblieren durch den Makrokörper ersetzt wird. Nach dieser Ersetzung ist das Assemblerprogramm nicht von dem zu unterscheiden, das ohne Makros geschrieben wurde.

Beispiel: Makros

Betrachten wir als Beispiel den Fall, dass ein Programmierer viele Zahlen ausgeben muss. Die Bibliotheksroutine `printf` akzepziert als Format Zeichenket-

Anhang A. Assembler, Binder und SPIM-Simulator

ten und kann einen oder mehrere Werte als Argument haben. Der Programmierer könnte die ganze Zahl mit den folgenden Befehlen in Register $7 ausgeben:

```
        .data
int_str: .asciiz "%d"
        .text
        la  $a0, int_str  # Lade String-Adresse
                          # ins erste Argument
        mov $a1, $7       # Lade Wert ins zweite Argument
        jal printf        # Aufruf der printf-Routine
```

Die Direktive .data teilt dem Assembler mit, dass er die Zeichenkette im Datensegment des Programms speichern soll, und die Direktive .text teilt ihm mit, dass er die Befehle in sein Textsegment schreiben soll.

Viele Zahlen auf diese Weise auszugeben, wäre allerdings mühsam und würde ein weitschweifiges Programm erzeugen, das schwer verständlich ist. Eine Alternative besteht darin, ein Makro print_int für die Ausgabe von Integerzahlen einzuführen:

```
        .data
int_str: .asciiz "%d"
        .text
        .macro print_int($arg)
        la $a0, int_str  # Lade String-Adresse
                         # ins erste Argument
        mov $a1, $arg    # Lade Makro-Parameter
                         # ($arg) ins zweite Argument
        jal printf       # Aufruf der printf-Routine
        .end_macro
print_int($7)
```

formaler Parameter Eine Variable, die das Argument einer Prozedur oder eines Makros ist; wird durch dieses Argument ersetzt, sobald das Makro expandiert ist.

Das Makro hat einen **formalen Parameter,** $arg, der das Argument des Makros bezeichnet. Wenn das Makro expandiert wird, wird das Argument eines Aufrufs im gesamten Makrokörper anstelle des formalen Parameters eingesetzt. Dann ersetzt der Assembler den Aufruf mit dem neu expandierten Makrokörper. Beim ersten Aufruf von print_int, ist das Argument $7, sodass das Makro zu dem folgenden Code expandiert:

```
la $a0, int_str
mov $a1, $7
jal printf
```

Bei einem zweiten Aufruf von print_int, beispielsweise print_int($t0), ist das Argument $t0, sodass das Makro zu dem folgenden Code expandiert:

```
la $a0, int_str
mov $a1, $t0
jal printf
```

Wie sieht der expandierte Code für print_int($a0) aus?

Lösung:

```
la $a0, int_str
mov $a1, $a0
jal printf
```

Dieses Beispiel zeigt einen Nachteil von Makros. Wenn ein Programmierer dieses Makro benutzt, muss er sich dessen bewusst sein, dass `print_int` das Register `$a0$` verwendet und daher der Wert in diesem Register nicht korrekt ausgegeben werden kann.

Hardware-Software-Schnittstelle

Manche Assembler implementieren außerdem *Pseudobefehle,* die vom Assembler bereitgestellt werden, aber nicht in der Hardware implementiert sind. Kapitel 2 enthält viele Beispiele, wie der MIPS-Assembler Pseudobefehle und Adressierungsmodi aus dem spartanischen Befehlssatz der MIPS-Hardware synthetisiert. So wird etwa in Abschnitt 2.7 beschrieben, wie der Assembler den Befehl `blt` aus zwei anderen Befehlen, nämlich `slt` und `bne` zusammensetzt. Durch Ausweitung des Befehlssatzes macht der MIPS-Assembler die Assemblerprogrammierung einfacher, ohne dass die Hardware komplizierter werden muss. Viele Pseudobefehle könnten auch mit Makros simuliert werden, doch der MIPS-Assembler kann für diese Befehle besseren Code generieren, weil er ein zugeordnetes Register (`$at`) benutzen kann und in der Lage ist, den generierten Code zu optimieren.

Anmerkung: Assembler *assemblieren bedingt* Codestücke, was es dem Programmierer erlaubt, Gruppen von Befehlen ein- oder auszuschließen. Diese Eigenschaft ist besonders dann nützlich, wenn sich verschiedene Versionen eines Programms lediglich in einem kleinen Teil unterscheiden. Anstatt diese Programme in separaten Dateien zu halten – was das Beheben von Bugs im gemeinsamen Teil erheblich komplizieren würde – vereinigen Programmierer die Versionen typischerweise in einer einzigen Datei. Code, der für eine Version spezifisch ist, wird bedingt assembliert, sodass er ausgeschlossen werden kann, wenn andere Versionen des Programms assembliert werden.

Wenn Makros und bedingtes Assemblieren so hilfreich sind, warum werden sie dann von Assemblern für UNIX-Systeme so selten, wenn überhaupt, genutzt? Ein Grund ist, dass die meisten Programmierer auf diesen Systemen Programme in höheren Programmiersprachen wie C schreiben. Der meiste Assemblercode wird von Compilern generiert, und diese finden es bequemer, Code zu wiederholen, anstatt Makros zu definieren. Ein weiterer Grund ist, dass andere UNIX-Werkzeuge – etwa der C-Präprozessor cpp oder der allgemeine Makroprozessor m4 – Makros und bedingtes Assemblieren für Assemblerprogramme verfügbar machen.

A.3   Binder

**separates Compilie-
ren** Aufspalten eines
Programms auf mehrere
Dateien, von denen je-
de ohne Kenntnisse über
die anderen kompiliert
werden kann.

Separates Compilieren erlaubt es, ein Programm in mehrere Teile aufzu-
trennen, die in verschiedenen Dateien gespeichert werden. Jede Datei ist eine
Sammlung von logisch verwandten Subroutinen und Datenstrukturen, die ein
Modul innerhalb eines größeren Programms bilden. Eine Datei kann unabhängig von den anderen kompiliert und assembliert werden, sodass bei Änderungen an einem Modul nicht das ganze Programm neu kompiliert werden muss.
Wie oben diskutiert macht das separate Kompilieren als zusätzlichen Schritt
das Binden erforderlich, bei dem die Objektdateien aus separaten Modulen
kombiniert und ihre nicht aufgelösten Referenzen in Ordnung gebracht werden.

Das Werkzeug, das die Dateien zusammenfügt ist der *Binder* (siehe Abbildung A.8), und es führt drei Schritte aus:

- Durchsuchen der Programmbibliotheken, um die vom Programm verwendeten Bibliotheksroutinen zu finden
- Bestimmen der Speicherorte, den der Code der einzelnen Module belegen
wird und Relozieren der enthaltenen Befehle durch Anpassen absoluter Referenzen
- Auflösen der Referenzen zwischen den verschiedenen Dateien

Die erste Aufgabe eines Binders besteht darin sicherzustellen, dass ein Programm keine nicht definierten Marken hat. Der Binder bildet die externen Sym-

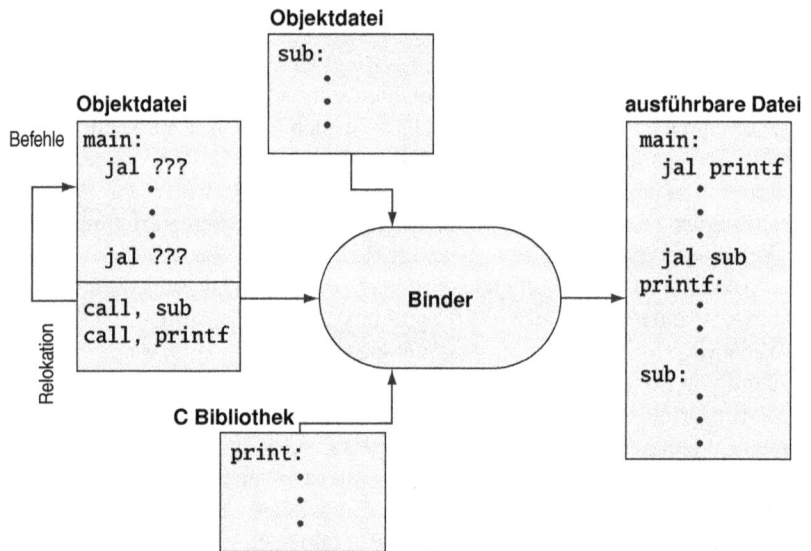

**Abb. A.8: Der Binder durchsucht eine Sammlung von Objektdateien und Programmbiblio-
theken nach den in einem Programm verwendeten nicht lokalen Routinen. Er kombiniert
diese zu einer ausführbaren Datei und löst Referenzen zwischen Routinen in unterschiedlichen Dateien auf.**

bole und die nicht aufgelösten Referenzen aus den Programmdateien aufeinander ab. Ein externes Symbol aus einer Datei löst eine Referenz aus einer anderen Datei auf, wenn beide auf eine Marke mit demselben Namen verweisen. Eine Referenz, die nicht abgebildet werden konnte, bedeutet, dass ein Symbol verwendet wurde, das nirgendwo im Programm definiert wurde.

In dieser Phase des Bindens weisen nicht aufgelöste Referenzen nicht notwendigerweise darauf hin, dass der Programmierer einen Fehler gemacht hat. Es könnte auch sein, dass das Programm eine Bibliotheksroutine referenziert, deren Code nicht in den an den Binder übergebenen Objektdateien enthalten ist. Nach dem Matching der im Programm enthaltenen Symbole sucht der Binder in den Systembibliotheken nach vordefinierten Subroutinen und Datenstrukturen, die das Programm referenziert. Die elementarsten Bibliotheken enthalten Routinen zum Lesen und Schreiben von Daten, zum Bereitstellen und Freigeben von Speicher sowie zum Ausführen numerischer Operationen. Andere Bibliotheken enthalten Routinen für den Zugriff auf Datenbanken oder das Manipulieren von Anwendungsfenstern. Referenziert ein Programm ein nicht aufgelöstes Symbol, das sich in keiner Bibliothek findet, dann liegt ein Fehler vor und das Programm kann nicht gebunden werden. Wenn das Programm eine Bibliotheksroutine verwendet, extrahiert der Binder deren Code aus der Bibliothek und baut ihn in das Textsegment des Programms ein. Diese neue Routine kann ihrerseits von anderen Bibliotheksroutinen abhängen, sodass der Binder damit fortfährt, weitere Bibliotheksroutinen zu holen, bis es entweder keine nicht aufgelösten externen Referenzen mehr gibt oder eine Routine nicht gefunden werden kann.

Nachdem alle externen Referenzen aufgelöst wurden, bestimmt der Binder als nächstes die Speicherorte, die die einzelnen Module belegen werden. Da die Dateien isoliert assembliert wurden, konnte der Assembler nicht wissen, wo die Befehle oder Daten eines Moduls relativ zu anderen Modulen platziert werden sollten. Wenn der Binder ein Modul im Speicher platziert, müssen alle absoluten Referenzen *reloziert* werden, um den tatsächlichen Speicherort widerzuspiegeln. Da der Binder über Relokationsinformationen verfügt, über die alle relozierbaren Referenzen identifiziert werden können, kann er diese Referenzen effizient finden und backpatchen.

Der Binder erzeugt eine ausführbare Datei, die auf einem Computer lauffähig ist. Typischerweise hat diese Datei dasselbe Format wie eine Objektdatei, mit dem Unterschied, dass sie keine nicht aufgelösten Referenzen und keine Relokationsinformationen enthält.

A.4 Laden

Ein Programm, das ohne Fehler gebunden werden kann, ist lauffähig. Bevor es gestartet wird, befindet es sich in einer Datei auf einem sekundären Speicher, beispielsweise auf einer Festplatte. Auf einem UNIX-System wird es vom Kernel des Betriebssystem in den Arbeitsspeicher gebracht und beginnt dann zu laufen. Um ein Programm zu starten, führt das Betriebssystem die folgenden Schritte aus:

1. Es liest den Header der ausführbaren Datei, um die Längen von Textsegment und Datensegment zu bestimmen.

2. Es erzeugt einen neuen Adressraum für das Programm. Dieser Adressraum ist groß genug, um das Text- und das Datensegment, zusammen mit einem Kellersegment zu halten (siehe Abschnitt A.5).

3. Es kopiert Befehle und Daten aus der ausführbaren Datei in den neuen Adressraum.

4. Es kopiert die vom Programm übergebenen Argumente in den Keller.

5. Es initialisiert die Maschinenregister. Im Allgemeinen werden die meisten Register freigeräumt, aber der Kellerzeiger muss der Adresse des ersten freien Speicherorts im Keller zugeordnet sein (siehe Abschnitt A.5).

6. Es springt zu einer Startroutine, die die Argumente des Programms aus dem Keller in Register kopiert und die Hauptroutine des Programms aufruft. Wenn die Hauptroutine zurückspringt, beendet die Startroutine das Programm mit dem Exit-Aufruf.

A.5   Speichernutzung

In den nächsten Abschnitten soll die Beschreibung der MIPS-Architektur, die weiter vorn im Buch eingeführt wurde, vertieft werden. Während wir uns bisher hauptsächlich auf die Hardware und ihr Zusammenspiel mit der maschinennahen Software konzentriert hatten, soll es nun darum gehen, wie die MIPS-Software von Assemblerprogrammierern benutzt wird. Diese Abschnitte beschreiben Konventionen, denen viele MIPS-Systeme folgen. Die meisten dieser Konventionen sind nicht durch die Hardware vorgegeben, sondern widerspiegeln die Übereinkunft zwischen Programmierern, den gleichen Regeln zu folgen, damit Software, die von unterschiedlichen Personen geschrieben wurde, gut zusammenarbeiten kann und die MIPS-Hardware effektiv nutzt.

Auf MIPS basierende Prozessoren unterteilen den Speicher typischerweise in drei Bereiche (siehe Abbildung A.9). Der erste Bereich, im unteren Teil des Adressraums (beginnend bei der Adresse 400000_{hex}), ist das *Textsegment*, in dem sich die Befehle des Programms befinden.

statische Daten Der Teil des Speichers, der Daten enthält, deren Größe dem Compiler bekannt ist und deren Lebensdauer der gesamten Ausführungszeit des Programms entspricht.

Der zweite Bereich, oberhalb des Textsegments, ist das *Datensegment*, das seinerseits in zwei Unterbereiche unterteilt ist. Der Bereich **statische Daten** (beginnend bei der Adresse 10000000_{hex}) enthält Objekte, deren Größe dem Compiler unbekannt ist und deren Lebensdauer – die Zeitspanne, während der das Programm auf sie zugreifen kann – ist die gesamte Ausführungszeit des Programms. In C beispielsweise sind globale Variablen statisch alloziert, da sie während der Programmausführung jederzeit referenziert werden können. Der Binder ordnet statischen Objekten Speicherorte im Datensegment zu und löst die Referenzen auf diese Objekte auf.

7fffffff$_{hex}$ — Kellersegment

dynamische Daten
statische Daten — Datensegment

10000000$_{hex}$ — Textsegment

400000$_{hex}$ — reserviert

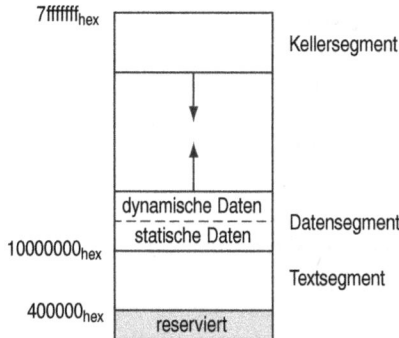

Abb. A.9: Das Speicher-Layout.

Direkt über den statischen Daten befinden sich die *dynamischen Daten*. Diese werden, wie der Name andeutet, zur Ausführungszeit des Programms alloziert. In C-Programmen wird die Bibliotheksroutine `malloc` dazu verwendet, einen neuen Speicherblock zu finden und zurückzugeben. Da ein Compiler nicht vorhersagen kann, wie viel Speicher ein Programm allozieren wird, erweitert das Betriebssystem den dynamischen Datenbereich, um die Anforderungen zu erfüllen. Der aufwärts gerichtete Pfeil in der Abbildung zeigt an, dass `malloc` den dynamischen Datenbereich mit dem Systemaufruf `sbrk` erweitert, der dafür sorgt, dass das Betriebssystem über dem dynamischen Datensegment mehr Seiten zum virtuellen Adressraum des Programms (siehe Abschnitt 5.4) hinzufügt.

Hardware-Software-Schnittstelle

Weil das Datensegment weit oberhalb des Programms bei Adresse 10000000$_{hex}$ beginnt, können Lade- und Speicherbefehle Datenobjekte nicht direkt über ihre 16-Bit-Offset-Felder referenzieren (siehe Abschnitt 2.5). Um zum Beispiel das Wort im Datensegment an der Adresse 10010020$_{hex}$ in das Register `$v0` zu laden, sind zwei Befehle nötig:

```
lui $s0, 0x1001 # 0x1001 heißt 1001 zur Basis 16
lw  $v0, 0x0020($s0) # 0x10010000 + 0x0020 = 0x10010020
```

(Der Ausdruck 0x vor einer Zahl bedeutet, dass es sich um einen Hexadezimalwert handelt. `0x8000` ist beispielsweise 8000$_{hex}$ oder 32 768.)

Um zu vermeiden, dass der Befehl `lui` bei jedem Laden und Speichern wiederholt werden muss, reservieren MIPS-Systeme gewöhnlich ein Register (`$gp`) als *globalen Zeiger* auf das statische Datensegment. Dieses Register enthält die Adresse 10008000$_{hex}$, sodass Lade- und Speicherbefehle ihre vorzeichenerweiterten 16-Bit-Offset-Felder verwenden können, um auf die ersten 64 KB des statischen Datensegments zuzugreifen. Mit diesem globalen Zeiger können wir das Beispiel so umschreiben, dass ein einziger Befehl genügt:

```
lw $v0, 0x8020($gp)
```

Natürlich macht ein Register für den globalen Zeiger das Adressieren der Speicherstellen 10000000_{hex} bis 10010000_{hex} schneller als für andere Speicherstellen des Stapels. Der MIPS-Compiler legt *globale Variablen* gewöhnlich in diesem Breich ab, da diese Variablen feste Speicherorte haben und besser hineinpassen als andere globale Daten wie etwa Arrays.

Kellersegment Der Anteil des Speichers, den ein Programm zum Aufbewahren von Prozeduraufrufrahmen benutzt.

Der dritte Bereich ist das **Kellersegment**. Es befindet sich ganz oben im virtuellen Adressraum (beginnend bei der Adresse $7fffffff_{hex}$). Wie für dynamische Daten ist die maximale Größe des Kellers eines Programms nicht im Voraus bekannt. Wenn das Programm Werte im Keller ablegt, erweitert das Betriebssystem das Kellersegment nach unten in Richtung des Datensegments.

Diese dreigliedrige Aufteilung des Speichers ist nicht die einzig mögliche. Sie hat allerdings zwei wichtige Merkmale: Die beiden dynamisch erweiterbaren Segmente haben den größtmöglichen Abstand voneinander und sie können so wachsen, dass der gesamte Adressraum eines Programms genutzt wird.

A.6 Prozeduraufrufkonvention

Konventionen, die die Nutzung von Registern regeln, sind notwendig, wenn Prozeduren in einem Programm separat kompiliert werden. Um eine bestimmte Prozedur zu kompilieren, muss der Compiler wissen, welche Register er benutzen kann und welche für andere Prozeduren reserviert sind. Regeln für die Verwendung von Registern werden **Registerkonventionen** oder auch **Prozeduraufrufkonventionen** genannt. Wie der Name andeutet, handelt es sich bei diesen Regeln größtenteils um Konventionen, denen die Software folgt, und nicht um Regeln, die von der Hardware erzwungen werden. Jedenfalls sind die meisten Compiler und Programmierer stark darum bemüht, sich an diese Konventionen zu halten, da es sonst zu tückischen Fehlern kommen kann.

Registerkonvention Ein Softwareprotokoll, das über die Verwendung der Register durch die Prozeduren bestimmt.

Die in diesem Abschnitt beschriebene Aufrufkonvention ist eine, die der gcc-Compiler verwendet. Der native MIPS-Compiler verwendet eine komplexere Konvention, die etwas schneller ist.

Die MIPS-CPU enthält 32 Allzweckregister, die von 0 bis 31 durchnummeriert sind. Register $0 enthält immer den festen Wert 0.

- Die Register $at (1), $k0 (26) und $k1 (27) sind für den Assembler und das Betriebssystem reserviert und dürfen nicht von Anwendungsprogrammen oder Compilern verwendet werden.
- Die Register $a0 bis $a3 (4 bis 7) werden verwendet, um die ersten vier Argumente an Routinen zu übergeben (verbleibende Argumente werden an den Keller übergeben). Die Register $v0 und $v1 (2, 3) werden für Werte verwendet, die von Funktionen zurückgegeben werden.

Caller-gesichertes Register Ein Register, das von der aufgerufenen Routine gespeichert wird.

- Die Register $t0 bis $t9 (8 bis 15, 24, 25) sind **Caller-gesicherte Register.** Diese werden für temporäre Größen verwendet, die nicht über Aufrufe hinweg gehalten werden müssen (siehe Abschnitt 2.8).

- Die Register $s0 bis $s7 (16 bis 23) sind **Callee-gesicherte Register.** Sie halten langlebige Werte, die über Aufrufe hinweg erhalten bleiben müssen.

- Das Register $gp (28) ist ein globaler Zeiger, der auf die Mitte eines 64 K-Speicherblocks im statischen Datensegment zeigt.

- Das Register $sp (29) ist der Kellerzeiger, der auf die letzte Speicherstelle des Kellers zeigt. Register $fp (30) ist der Rahmenzeiger, und das Register $ra (31), die Rückgabeadresse eines Prozeduraufrufs, wird von dem Befehl jal geschrieben. Beide Register werden im nächsten Abschnitt erklärt.

Callee-gesichertes Register Ein Register, das von der aufrufenden Routine gespeichert wird.

Tab. A.1: MIPS-Register und Konventionen zur Verwendung.

Registername	Nummer	Verwendung
$zero	0	Konstante 0
$at	1	reserviert für Assembler
$v0	2	Auswertung von Ausdrücken und Ergebnisse von Funktionen
$v1	3	Auswertung von Ausdrücken und Ergebnisse von Funktionen
$a0	4	Argument 1
$a1	5	Argument 2
$a2	6	Argument 3
$a3	7	Argument 4
$t0	8	temporär (wird nicht über den Aufruf hinweg gehalten)
$t1	9	temporär (wird nicht über den Aufruf hinweg gehalten)
$t2	10	temporär (wird nicht über den Aufruf hinweg gehalten)
$t3	11	temporär (wird nicht über den Aufruf hinweg gehalten)
$t4	12	temporär (wird nicht über den Aufruf hinweg gehalten)
$t5	13	temporär (wird nicht über den Aufruf hinweg gehalten)
$t6	14	temporär (wird nicht über den Aufruf hinweg gehalten)
$t7	15	temporär (wird nicht über den Aufruf hinweg gehalten)
$s0	16	temporär gespeichert (wird während des Aufrufs gehalten)
$s1	17	temporär gespeichert (wird während des Aufrufs gehalten)
$s2	18	temporär gespeichert (wird während des Aufrufs gehalten)
$s3	19	temporär gespeichert (wird während des Aufrufs gehalten)
$s4	20	temporär gespeichert (wird während des Aufrufs gehalten)
$s5	21	temporär gespeichert (wird während des Aufrufs gehalten)
$s6	22	temporär gespeichert (wird während des Aufrufs gehalten)
$s7	23	temporär gespeichert (wird während des Aufrufs gehalten)
$t8	24	temporär (wird nicht über den Aufruf hinweg gehalten)
$t9	25	temporär (wird nicht über den Aufruf hinweg gehalten)
$k0	26	reserviert für OS-Kernel
$k1	27	reserviert für OS-Kernel
$gp	28	Zeiger auf globalen Bereich
$sp	29	Kellerzeiger
$fp	30	Rahmenzeiger
$ra	31	Rückgabeadresse (verwendet beim Funktionsaufruf)

Die aus zwei Zeichen bestehenden Namen für diese Register – beispielsweise $sp für den Kellerzeiger (engl. stack pointer) spiegeln die gemäß Prozeduraufrufrufkonvention intendierte Verwendung des Registers wider. Bei der Beschreibung der Konventionen werden wir diese Namen anstelle der Registernummern verwenden. In Tabelle A.1 sind die Register sowie die jeweiligen Kurzbeschreibungen der Verwendung zusammengestellt.

Prozeduraufrufe

Dieser Abschnitt beschreibt die notwendigen Schritte, wenn eine Prozedur (der sogenannte *Caller*) eine andere Prozedur (den sogenannten *Callee*) aufruft. Programmierer, die in einer höheren Programmiersprache wie C oder Pascal schreiben, bekommen die damit verbundenen Details nie zu sehen, da sich der Compiler um die Buchführung auf dieser tiefen Ebene kümmert. Assemblerprogrammierer hingegen müssen jeden Prozeduraufruf und jede Rückgabe explizit implementieren.

Prozeduraufrufrahmen Ein Speicherblock zum Aufbewahren der Werte, die als Argumente an eine Prozedur übergeben werden. Er dient zum einen dazu, Register zu sichern, die eine Prozedur ändern kann, von denen der Caller der Prozedur aber nicht will, dass sie geändert werden; zum anderen stellt er Platz für lokale Variablen einer Prozedur bereit.

Der größte Teil der Buchführung, der mit einem Aufruf verbunden ist, ist um einen als **Prozeduraufrufrahmen** bezeichneten Speicherblock konzentriert. Dieser Speicher dient einer Vielzahl von Zwecken:

- Er hält Werte, die als Argumente an eine Prozedur übergeben werden.
- Er sichert Register, die eine Prozedur ändern kann, von denen der Caller aber nicht will, dass sie geändert werden.
- Er stellt Platz für lokale Variablen einer Prozedur zur Verfügung.

Bei den meisten Programmiersprachen folgen Prozeduraufrufe und Rückgaben einer strikten last-in/first-out-Reihenfolge (LIFO), weshalb dieser Speicher auf einem Keller alloziert und dealloziert werden kann. Aus diesem Grund werden diese Speicherblöcke auch Kellerrahmen genannt.

Abbildung A.10 zeigt einen typischen Kellerrahmen. Er besteht aus dem Speicher zwischen dem Rahmenzeiger ($fp), der auf das erste Wort des Rahmens zeigt, und dem Kellerzeiger ($sp), der auf das letzte Wort des Rahmens zeigt. Der Keller wächst von höheren Speicheradressen nach unten, sodass der Rahmenzeiger über den Kellerzeiger zeigt. Die ausführende Prozedur verwendet Rahmenzeiger, um schnell auf Werte in ihrem Keller zugreifen zu können. So kann beispielsweise ein Argument im Kellerrahmen durch den folgenden Befehl in das Register $v0 geladen werden:

```
lw $v0, 0($fp)
```

Ein Kellerrahmen kann auf viele unterschiedliche Arten ausgeführt sein, aber in jedem Fall müssen Caller und Callee in der Abfolge der Schritte übereinstimmen. Die unten aufgeführten Schritte beschreiben die auf den meisten MIPS-Maschinen verwendete Konvention. Diese kommt an drei Stellen während eines Prozeduraufrufs zum Zuge: 1) unmittelbar bevor der Caller den Callee aufruft, 2) in dem Moment, in dem der Callee mit der Ausführung beginnt, und 3) direkt bevor der Callee zum Caller zurückspringt. Im ersten Fall legt der Caller die Argumente des Prozeduraufrufs an Standardplätze und fordert den Callee auf, Folgendes zu tun:

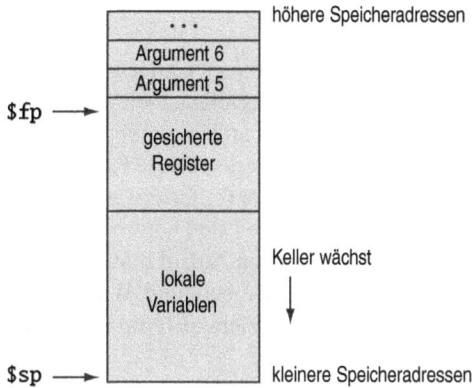

Abb. A.10: Layout des Kellerrahmens. Der Rahmenzeiger ($fp) zeigt auf das erste Wort im Kellerrahmen der aktuell ausführenden Prozedur. Der Kellerzeiger ($sp) zeigt auf das letzte Wort des Rahmens. Die ersten vier Argumente werden in Registern abgelegt, sodass das fünfte Argument das erste ist, das im Keller abgelegt wird.

1. Argumente übergeben. Gemäß Konvention werden die ersten vier Argumente in den Registern $a0 bis $a3 abgelegt. Alle übrigen Argumente werden in den Keller gelegt und erscheinen am Anfang des Kellerrahmens der aufgerufenen Prozedur.

2. Sichern der Caller-gesicherten Register. Die aufgerufene Prozedur kann diese Register ($a0 bis $a3 und $t0 bis $t9) verwenden, ohne zuerst ihren Wert zu sichern. Wenn der Caller erwartet, dass er nach dem Aufruf eines dieser Register verwendet, muss der Wert vor dem Aufruf gesichert werden.

3. Ausführen eines jal-Befehls (siehe Abschnitt 2.8), der zum ersten Callee-Befehl springt und die Rückgabeadresse in Register $ra sichert.

Bevor eine aufgerufene Routine zu laufen beginnt, muss sie die folgenden Schritte ausführen, um ihren Kellerrahmen aufzusetzen:

1. Allozieren von Speicher für den Rahmen, indem die Rahmengröße vom Kellerzeiger subtrahiert wird.

2. Sichern der Callee-gesicherten Register. Ein Callee muss die Werte in diesen Registern ($s0 bis $s7, $fp und $ra) sichern, bevor er sie ändert, denn der Caller erwartet, diese Register nach dem Aufruf unverändert vorzufinden. Das Register $fp wird von jeder Prozedur gesichert, die einen neuen Kellerrahmen alloziert. Das Register $ra hingegen muss nur dann gesichert werden, wenn der Callee selbst einen Aufruf macht. Die anderen Callee-gesicherten Register, die verwendet werden, müssen ebenfalls gesichert werden.

3. Einrichten des Rahmenzeigers, indem die Größe des Kellerrahmens minus 4 zu $sp addiert wird und Speichern der Summe in Register $fp.

Hardware-Software-Schnittstelle

Die Registerkonventionen von MIPS bieten Callee-gesicherte und Caller-gesicherte Register, da beide Typen ihre Vorteile haben. Callee-gesicherte Register werden vorzugsweise verwendet, um langlebige Werte zu halten, beispielsweise Variablen aus Anwendungsprogrammen. Diese Register sind während eines Prozeduraufrufs nur gesichert, wenn der Callee erwartet, das Register zu benutzen. Caller-gesicherte Register hingegen sind vorzuziehen, um kurzlebige Größen zu halten, die nicht über den ganzen Aufruf hinweg persistieren, beispielsweise aktuelle Werte bei einer Adressberechnung. Während eines Aufrufs kann der Callee diese Register auch für kurzlebige Temporärwerte verwenden.

Schließlich springt der Callee zum Caller zurück, was Folgendes beinhaltet:

1. Falls der Callee eine Funktion ist, die einen Wert zurückgibt, muss der zurückgegebene Wert in Register $v0 platziert werden.
2. Wiederherstellen aller Callee-gesicherten Register.
3. Kellerrahmen wiederherstellen durch Addition der Rahmengröße zu $sp.
4. Zurückkehren durch Springen zu der in Register $ra stehenden Adresse.

rekursive Prozedur Eine Prozedur, die sich entweder direkt oder indirekt über eine Kette von Aufrufen selbst anruft.

Anmerkung: Eine Programmiersprache, die keine **rekursiven Prozeduren** erlaubt, also Prozeduren, die sich direkt oder indirekt über eine Kette von Prozeduren selbst aufrufen, muss keine Kellerrahmen allozieren. In einer nichtrekursiven Sprache kann jeder Prozedurrahmen statisch alloziert werden, da zu jedem Zeitpunkt nur ein Prozeduraufruf aktiv sein kann. Bei älteren Versionen von Fortran waren Rekursionen verboten, weil statisch allozierte Rahmen auf manchen älteren Maschinen schnelleren Code erzeugten. Auf Load/Store-Architekturen wie MIPS sind Kellerrahmen jedoch fast genauso schnell, da ein Rahmenzeiger-Register direkt auf den aktiven Kellerrahmen zeigt, was es einem einzelnen Lade- oder Speicherbefehl erlaubt, auf Werte in dem Rahmen zuzugreifen. Außerdem ist die Rekursion eine wertvolle Programmiertechnik.

Beispiel für einen Prozeduraufruf

Als Beispiel betrachten wir die folgende C-Routine, die die Fakultät von 10 $(10! = 10 \cdot 9 \cdot \ldots \cdot 1)$ berechnet und ausgibt:

```
main ()
{
    printf ("Die Fakultät von 10 ist %d\n", fact (10));
}
int fact (int n)
{
    if (n < 1) return (1);
    else return (n * fact (n - 1));
}
```

`fact` ist eine rekursive Routine, die $n!$ berechnet, indem sie n mit $n-1$ multipliziert. Der Assemblercode für diese Routine illustriert, wie Programme Kellerrahmen manipulieren.

Nach dem Start kreiert die Routine `main` ihren Kellerzeiger und sichert die beiden Callee-gesicherten Register, die sie modifizieren wird: `$fp` und `$ra`. Der Rahmen ist größer als für diese beiden Register erforderlich, weil die Aufrufkonvention verlangt, dass die minimale Größe eines Kellerrahmens 24 Byte beträgt. Dieser minimale Rahmen kann vier Argumentregister (`$a0` bis `$a3`) halten sowie die Rückgabeadresse `$ra`, aufgefüllt zu einer Doppelwortgrenze (24 Byte). Da `main` auch `$fp` sichern muss, muss ihr Kellerrahmen zwei Wörter größer sein (zur Erinnerung: der Kellerzeiger ist nach Doppelwörtern ausgerichtet).

```
        .text
        .globl main
main:
        subu    $sp,$sp,32      # Kellerrahmen ist 32 Byte lang
        sw      $ra,20($sp)     # Rückgabeadresse sichern
        sw      $fp,16($sp)     # alten Rahmenzeiger sichern
        addiu   $fp,$sp,28      # Rahmenzeiger aufsetzen
```

Die Routine `main` ruft dann die Routine zur Berechnung der Fakultät auf und übergibt ihr als einziges Argument 10. Nachdem `fact` zurückgesprungen ist, ruft `main` die Bibliotheksroutine `printf` und übergibt ihr einen Format-String sowie das von `fact` zurückgegebene Ergebnis:

```
        li      $a0,10          # Argument (10) in $a0 ablegen
        jal     fact            # Aufruf der Fakultätsfunktion

        la      $a0,$LC         # Format-String in $a0 ablegen
        move    $a1,$v0         # Ergebnis von fact nach $a1 verschieben
        jal     printf          # Aufruf der print-Funktion
```

Nachdem die Fakultät ausgegeben wurde, kehrt `main` zurück. Doch zunächst müssen die gesicherten Register und der Keller wiederhergestellt werden:

```
        lw      $ra,20($sp)     # Rücksprungadresse wiederherstellen
        lw      $fp,16($sp)     # Rahmenzeiger wiederherstellen
        addiu   $sp,$sp,32      # Kellerrahmen wiederherstellen
        jr      $ra             # Rückkehr zum Caller

        .rdata
$LC:
        .ascii  "Die Fakultät von 10 ist %d\n\000"
```

Die Routine zur Berechnung der Fakultät ist in ihrer Struktur ähnlich wie `main`. Zuerst kreiert sie einen Kellerrahmen und sichert die Callee-gesicherten Register, die sie verwenden wird. Außer $ra und $fp sichert fact auch ihr Argument ($a0), das sie für den rekursiven Aufruf verwenden wird:

```
        .text
fact:
    subu  $sp,$sp,32    # Kellerrahmen ist 32 Byte lang
    sw    $ra,20($sp)   # Rücksprungadresse sichern
    sw    $fp,16($sp)   # Rahmenzeiger sichern
    addiu $fp,$sp,28    # Rahmenzeiger aufsetzen
    sw    $a0,0($fp)    # Argument (n) sichern
```

Das Herzstück der Routine fact führt die Berechnung aus dem C-Programm aus. Zuerst wird getestet, ob das Argument größer ist als 0. Wenn nicht, gibt die Routine den Wert 1 zurück. Andernfalls ruft sich die Routine rekursiv selbst auf, um fact(n-1) zu berechnen und diesen Wert mit *n* zu multiplizieren:

```
    lw    $v0,0($fp)    # n laden
    bgtz  $v0,$L2       # verzweigen, falls n > 0
    li    $v0,1         # Rückgabe 1
    jr    $L1           # zurückspringen

$L2:
    lw    $v1,0($fp)    # n laden
    subu  $v0,$v1,1     # n - 1 berechnen
    move  $a0,$v0       # Wert nach $a0 verschieben
    jal   fact          # Fakultätsfunktion aufrufen

    lw    $v1,0($fp)    # n laden
    mul   $v0,$v0,$v1   # fact(n-1) * n berechnen
```

Schließlich stellt die Routine fact die Callee-gesicherten Register wieder her und gibt den Wert in Register $v0 zurück:

```
$L1:                    # Ergebnis ist in $v0
    lw    $ra,20($sp)   # $ra wiederherstellen
    lw    $fp,16($sp)   # $fp wiederherstellen
    addiu $sp,$sp,32    # Keller wiederherstellen
    jr    $ra           # Rückkehr zum Caller
```

Beispiel: Keller in rekursiver Prozedur

Abbildung A.11 zeigt den Keller beim Aufruf von fact(7), den .main zuerst ausführt, weshalb sein Rahmen im Keller ganz unten ist. .main ruft fact(10) auf, dessen Rahmen der Nächste im Keller ist. Bei jedem rekursiven Aufruf berechnet fact die nächstniedrige Fakultät. Die Kellerrahmen entsprechen der LIFO-Ordnung dieser Aufrufe. Wie sieht der Keller aus, wenn der Aufruf von fact(10) zurückkehrt?

Keller

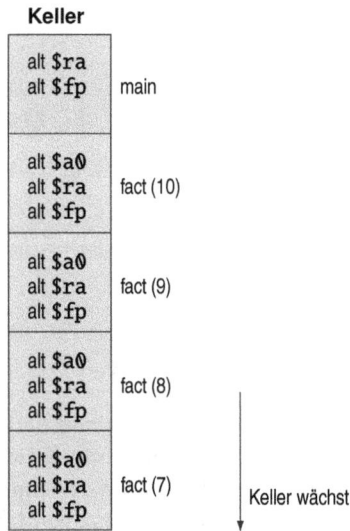

Abb. A.11: Kellerrahmen während des Aufrufs von `fact(7)`.

Lösung:

Keller

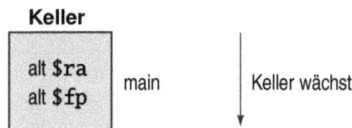

Anmerkung: Der Unterschied zwischen dem MIPS-Compiler und dem gcc-Compiler besteht darin, dass der MIPS-Compiler üblicherweise keinen Rahmenzeiger verwendet, weshalb dieses Register als ein weiteres Callee-gesichertes Register, `$s8`, zur Verfügung steht. Durch diese Modifikation lassen sich ein paar Befehle beim Prozeduraufruf und in der Rückgabesequenz einsparen. Allerdings macht sie das Generieren von Code schwieriger, weil eine Prozedur auf ihren Kellerrahmen mit `sp` zugreifen muss, dessen Wert sich während der Ausführung einer Prozedur ändern kann, wenn Werte im Keller abgelegt werden.

Ein weiteres Beispiel für einen Prozeduraufruf

Betrachten wir noch ein weiteres Beispiel, eine Routine zur Berechnung der tak-Funktion, die von Ikuo Takeuchi vorgeschlagen wurde und vielfach als Benchmark zum Einsatz kommt. Diese Funktion berechnet nichts, was von Nutzen wäre, sondern ist einfach ein stark rekursives Programm, das die MIPS-Aufrufkonvention illustriert.

```
int tak (int x, int y, int z)
{
    if (y < x)
        return 1+ tak (tak (x - 1, y, z),
            tak (y - 1, z, x),
            tak (z - 1, x, y));
    else
        return z;
}
int main ()
{
    tak(18, 12, 6);
}
```

Der Assemblercode für dieses Programm ist unten dargestellt. Die tak-Funktion
sichert zuerst ihre Rücksprungadresse in ihrem Kellerrahmen und ihre Argumente in Callee-gesicherten Registern, denn es könnte sein, dass die Routine
Aufrufe macht, welche die Register $a0 bis $a2 und $ra verwenden. Die Funk-
tion verwendet Callee-gesicherte Register, weil diese Werte halten, die über
die Lebensdauer der Funktion persistieren, und weil sie verschiedene Aufrufe
umfasst, welche die Register potentiell ändern könnten.

```
        .text
        .globl tak
tak:
        subu    $sp, $sp, 40
        sw      $ra, 32($sp)

        sw      $s0, 16($sp)    # x
        move    $s0, $a0
        sw      $s1, 20($sp)    # y
        move    $s1, $a1
        sw      $s2, 24($sp)    # z
        move    $s2, $a2
        sw      $s3, 28($sp)    # temporär
```

Die Routine beginnt dann die Ausführung mit dem Test, ob $y < x$ erfüllt ist.
Falls nicht, verzweigt sie zur Marke L1.

```
        bge     $s1, $s0, L1    # if (y < x)
```

Gilt $y < x$, dann wird der Rumpf der Routine ausgeführt, der vier rekursive
Aufrufe umfasst. Der erste Aufruf verwendet fast dieselben Argumente wie
sein Elter:

```
        addiu   $a0, $s0, -1
        move    $a1, $s1
        move    $a2, $s2
        jal     tak             # tak (x-1, y, z)
        mov     $s3, $v0
```

Man beachte, dass das Ergebnis des ersten rekursiven Aufrufs in Register $s3 gesichert wird, sodass es später verwendet werden kann.

Nun bereitet die Funktion Argumente für den zweiten rekursiven Aufruf vor.

```
addiu   $a0, $s1, -1
move    $a1, $s2
move    $a2, $s0
jal     tak             # tak (y-1, z, x)
```

Mit den folgenden Befehlen wird das Ergebnis dieses rekursiven Aufrufs in Register $s0 gesichert. Doch zunächst muss, zum letzten Mal, der gesicherte Wert des ersten Arguments aus diesem Register gelesen werden.

```
addiu   $a0, $s2, -1
move    $a1, $s0
move    $a2, $s1
move    $s0, $v0
jal     tak             # tak (z-1, x, y)
```

Nach den drei inneren rekursiven Aufrufen sind wir bereit für den finalen rekursiven Aufruf. Nach dem Aufruf ist das Ergebnis der Funktion in $v0 und es wird zum Epilog der Funktion gesprungen.

```
move    $a0, $s3
move    $a1, $s0
move    $a2, $v0
jal     tak             # tak (tak(...), tak(...), tak(...))
addiu   $v0, $v0, 1
j       L2
```

Dieser Code bei der Marke L1 ist der Aktionsteil der if-then-else-Anweisung. Er verschiebt einfach den Wert des Arguments z ins Rückgaberegister und geht zum Epilog der Funktion.

```
L1:
    move $v0, $s2
```

Der folgende Code ist der Epilog der Funktion, der die gesicherten Register wiederherstellt und das Ergebnis der Funktion an den Caller zurückgibt:

```
L2:
    lw      $ra, 32($sp)
    lw      $s0, 16($sp)
    lw      $s1, 20($sp)
    lw      $s2, 24($sp)
    lw      $s3, 28($sp)
    addiu   $sp, $sp, 40
    jr      $ra
```

Die main-Routine ruft die tak-Funktion mit ihren Anfangselementen auf, nimmt dann das berechnete Ergebnis (7) und gibt es aus, wobei sie den SPIM-Systemaufruf für das Ausgeben von Ganzzahlen verwendet.

```
                .globl  main
        main:
                subu    $sp, $sp, 24
                sw      $ra, 16($sp)

                li      $a0, 18
                li      $a1, 12
                li      $a2, 6
                jal     tak         # tak(18, 12, 6)

                move    $a0, $v0
                li      $v0, 1      # Systemaufruf Integer-Ausgabe
                syscall

                lw      $ra, 16($sp)
                addiu   $sp, $sp, 24
                jr      $ra
```

A.7 Ausnahmen und Interrupts

Interrupt-Handler Ein Stück Code, das infolge einer Ausnahme oder eines Interrupts ausgeführt wird.

In Abschnitt 4.9 wird die Ausnahmebehandlung bei MIPS beschrieben. Diese reagiert sowohl auf Ausnahmen, die durch Fehler während der Ausführung eines Befehls verursacht werden, als auch auf Ausnahmen aufgrund von externen Unterbrechungen durch I/O-Geräte. In diesem Abschnitt soll die Ausnahme- und **Interrupt-Behandlung** genauer betrachtet werden.[1] Bei MIPS-Prozessoren nimmt ein als *Coprozessor 0* bezeichneter Teil der CPU die Informationen auf, die von der Software benötigt werden, um Ausnahmen und Interrupts zu behandeln. Der MIPS-Simulator SPIM implementiert nicht alle Register des Coprozessors 0, da viele davon in einem Simulator nicht von Nutzen oder Teil des Speichersystems sind, welches von SPIM nicht implementiert wird. Immerhin stellt SPIM die folgenden Coprozessor-0-Register zur Verfügung:

Registername	Nummer	Verwendung
BadVAddr	8	Speicheradresse der kritischen Speicherreferenz
Count	9	Timer
Compare	11	Interrupt, wenn verglichener Wert gleich Timer
Status	12	Interrupt-Maske und Enable-Bits
Cause	13	Ausnahmetyp und Pending-Interrupt-Bits
EPC	14	Adresse des Befehls, welcher die Ausnahme verursacht hat
Config	16	Maschinenkonfiguration

[1]Dieser Abschnitt diskutiert Ausnahmen in der MIPS-32-Architektur, was in Version 7.0 und später in SPIM implementiert ist. Frühere Versionen von SPIM hatten die MIPS-1-Architektur implementiert, die Ausnahmen etwas anders behandelt. Das Konvertieren von Programmen dieser Versionen nach MIPS-32 sollte nicht schwierig sein, da sich die Änderungen auf die Felder für das Status- und das Cause-Register sowie die Ersetzung des Befehls **rfe** durch **eret** beschränken.

Diese sieben Register sind Teil des Registersatzes des Coprocessors 0. Der Zugriff auf sie erfolgt über die Befehle `mfc0` und `mtc0`. Nach einer Ausnahme enthält Register EPC die Adresse des Befehls, der gerade ausgeführt wurde, als die Ausnahme auftrat. Falls die Ausnahme durch einen externen Interrupt verursacht wurde, dann wurde die Ausführung des Befehls nicht begonnen. Alle anderen Ausnahmen sind durch die Ausführung des Befehls bei EPC verursacht worden, es sei denn, der kritische Befehl befindet sich im Delay Slot einer Verzweigung oder eines Sprungs. Wenn das der Fall ist, zeigt EPC auf den Verzweigungs- bzw. Sprungbefehl und das BD-Bit wird im Cause-Register gesetzt. Wenn dieses Bit gesetzt ist, muss die Ausnahmebehandlung bei EPC+4 nach dem kritischen Befehl schauen. In jedem Fall setzt die Ausnahmebehandlung das Programm korrekt fort, indem sie zu dem Befehl bei EPC zurückkehrt.

Wenn der Befehl, der die Ausnahme verursacht hat, einen Speicherzugriff ausgeführt hat, dann enthält das Register BadVAdrdr die Adresse der referenzierten Speicherstelle. Das Count-Register ist ein Timer, der mit einer festen Rate hochzählt (standardmäßig alle 10 Millisekunden), während SPIM läuft. Wenn der Wert im Count-Register gleich dem Wert im Compare-Register ist, tritt ein Hardware-Interrupt mit Prioritätslevel 5 auf.

Abbildung A.12 zeigt die Teilmenge der Status-Registerfelder, die durch den MIPS-Simulator SPIM implementiert werden. Das Feld `interrupt mask` enthält ein Bit für jedes der sechs Hardware- und die beiden Software-Interrupt-Level. Ein Masken-Bit, das 1 ist, erlaubt es Interrupts des jeweiligen Levels, den Prozessor zu unterbrechen. Ist ein Masken-Bit dagegen 0, sind Interrupts des entsprechenden Levels deaktiviert. Wenn ein Interrupt eintritt, dann setzt es, auch wenn das Masken-Bit deaktiviert ist, sein Bit ins Cause-Register, das einen unerledigten Interrupt anzeigt. Ist ein Interrupt unerledigt und wird später das Masken-Bit aktiviert, wird der Prozessor unterbrochen.

Das User-Mode-Bit ist 0, wenn der Prozessor im Kernel-Modus läuft, und 1, wenn er im User-Modus läuft. Bei SPIM ist dieses Bit fest auf 1 gesetzt, da der SPIM-Prozessor keinen Kernel-Modus implementiert. Das Exception-Level-Bit ist normalerweise 0, doch wenn eine Ausnahme eintritt, wird es auf 1 gesetzt. Wenn dieses Bit 1 ist, sind Interrupts deaktiviert und das EPC-Register wird nicht aktualisiert, falls eine weitere Ausnahme eintritt. Dieses Bit verhindert, dass eine Ausnahmebehandlung durch einen Interrupt oder eine Ausnah-

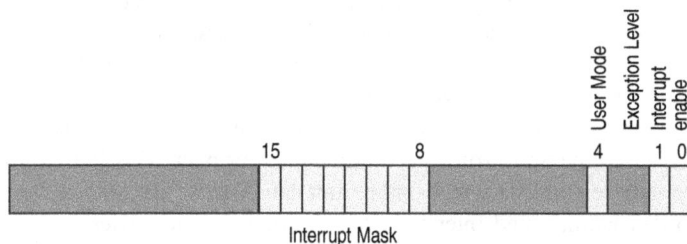

Abb. A.12: Das Statusregister.

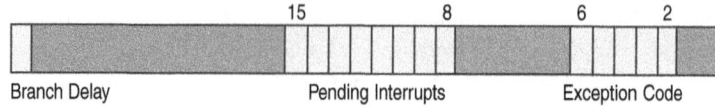

Abb. A.13: Das Cause-Register.

me gestört wird, doch es sollte zurückgesetzt werden, nachdem die Behandlung beendet ist. Wenn das Bit in `interrupt enable` auf 1 gesetzt ist, sind Interrupts erlaubt; ist es 0, sind sie deaktiviert.

Abbildung A.13 zeigt die Teilmenge der Cause-Registerfelder, die SPIM implementiert. Das Branch-Delay-Bit ist 1, falls die letzte Ausnahme in einem Befehl auftrat, der im Delay-Slot einer Verzweigung ausgeführt wurde. Die Pending-Interrupt-Bits werden 1, wenn auf einem gegebenen Hardware- oder Software-Level ein Interrupt ausgelöst wurde. Das Exception-Code-Register beschreibt die Ursache einer Ausnahme durch die folgenden Codes:

Nummer	Name	Ursache der Ausnahme
0	Int	Interrupt (Hardware)
4	AdEL	Adressfehler (Laden oder Befehl Holen)
5	AdES	Adressfehler (Speichern)
6	BE	Busfehler beim Befehl Holen
7	DBE	Busfehler Laden oder Speichern von Daten
8	Sys	Systemaufruf
9	Bp	Breakpoint
10	RI	reservierter Befehl
11	CpU	Coprozessor nicht installiert
12	Ov	arithmetischer Überlauf
13	Tr	Trap
15	FPE	Gleitkomma

Ausnahmen und Interrupts bewirken, dass der MIPS-Prozessor zu einem Codestücke an der Adresse 80000180_{hex} springt (im Kernel, nicht im Benutzer-Adressraum), der als *Exception-Handler* bezeichnet wird. Dieser Code untersucht die Ursache der Ausnahme und springt an eine geeignete Stelle im Betriebssystem. Das Betriebssystem antwortet auf eine Ausnahme entweder, indem es den Prozess abbricht, der die Ausnahme verursacht hat, oder es führt eine Aktion aus. Ein Prozess, der einen Fehler verursacht, beispielsweise das Ausführen eines nicht implementierten Befehls, wird vom Betriebssystem beendet. Andere Ausnahmen dagegen, wie etwa Seitenfehler, sind Anfragen von einem Prozess an das Betriebssystem, einen bestimmten Dienst auszuführen, beispielsweise eine Seite von einer Festplatte zu bringen. Das Betriebssystem verarbeitet diese Anforderungen und nimmt den Prozess wieder auf. Der letzte Typ von Ausnahmen sind Interrupts von externen Geräten. Diese veranlassen das Betriebssystem, Daten von oder zu einem externen I/O-Gerät zu verschieben und den unterbrochenen Prozess fortzusetzen.

Das folgende Beispiel beschreibt einen einfacher Exception-Handler, der eine Routine aufruft, um bei jeder Ausnahme (nicht aber bei Interrupts) eine Meldung auszugeben. Der Code ähnelt dem Exception-Handler `exceptions.s`, den der SPIM-Simulator verwendet.

Beispiel: Exception-Handler

Zuerst sichert der Exception-Handler das Register $at, das in dem Code des Handlers für Pseudobefehle verwendet wird. Dann sichert er $a0 und $a1, die er später zum Übergeben von Argumenten verwendet. Der Exception-Handler kann die alten Werte aus diesen Registern nicht im Keller speichern, wie es eine normale Routine tun würde, da die Ursache der Ausnahme eine Speicherreferenz gewesen sein könnte, die einen ungültigen Wert (beispielsweise 0) verwendet hat. Stattdessen speichert er sie in einem Exception-Handler-Register ($k1, weil es nicht auf den Speicher zugreifen kann, ohne $at zu verwenden) und zwei Speicherstellen (`save0` und `save1`). Wenn die Exception-Routine selbst unterbrochen werden könnte, wären zwei Speicherstellen nicht genug, da die zweite Ausnahme Werte überschreiben würde, die während der ersten Ausnahme gesichert wurden. Da dieser einfache Exception-Handler jedoch endet, bevor Interrupts aktiviert werden, tritt das Problem hier nicht auf.

```
.ktext 0x80000180
mov  $k1,$at    #Register $at sichern
sw   $a0,save0  #Handler ist nicht reentrant und kann den
sw   $a1,save1  #Keller nicht zum Sichern von $a0,$a1 ver-
                #wenden. $k0/$k1 muss nicht gesichert werden
```

Dann verschiebt der Exception-Handler das Cause- und das EPC-Register in CPU-Register. Cause und EPC gehören nicht zum CPU-Registersatz, sondern sie sind Register im Coprozessor 0, was derjenige Teil der CPU ist, der Ausnahmen behandelt. Der Befehl `mfc0 $k0, $13` verschiebt das Coprozessor-0-Register 13 (das Cause-Register) ins CPU-Register $k0. Man beachte, dass der Exception-Handler die Register $k0 und $k1 nicht speichern muss, da von Anwenderprogrammen nicht anzunehmen ist, dass sie diese Register verwenden. Der Exception-Handler verwendet den Wert aus dem Cause-Register, um zu prüfen, ob die Ausnahme durch einen Interrupt verursacht wurde (siehe obige Tabelle). Wenn dies der Fall ist, wird die Ausnahme ignoriert; andernfalls ruft der Handler `print_excp`, um eine Meldung auszugeben.

```
mfc0  $k0,$13       # Cause nach $k0 verschieben
srl   $a0,$k0,2     # ExcCode-Field extrahieren
andi  $a0,$a0,0xf
bgtz  $a0,done      # verzweigen, falls ExcCode Int (0)
mov   $a0,$k0       # Cause nach $a0 verschieben
mfco  $a1,$14       # EPC nach $a1 verschieben
jal   print_excp    # Meldung ausgeben
```

Bevor er zurückspringt, räumt der Exception-Handler das Cause-Register und setzt das Statusregister neu, um Interrupts zu aktivieren. Er gibt das EXL-Bit frei, was es nachfolgenden Ausnahmen erlaubt, das EPC-Register zu ändern, und stellt die Register $a0, $a1 und $at wieder her. Dann führt er den Befehl eret (exception return) aus, wobei er zu dem Befehl zurückspringt, auf den EPC zeigt. Dieser Exception-Handler springt zu dem Befehl zurück, der demjenigen folgt, welcher die Ausnahme verursacht hat, damit der verworfene Befehl nicht erneut ausgeführt wird und es noch einmal zu derselben Ausnahme kommt.

```
done:   mfc0    $k0,$14       # EPC freigeben
        addiu   $k0,$k0,4     # den verworfenen Befehl
                              # nicht erneut ausführen
        mtc0    $k0,$14       # EPC
        mtc0    $0,$13        # Cause-Register räumen
        mfc0    $k0,$12       # Status-Register neu setzen
        andi    $k0,0xfffd    # EXL-Bit freigeben
        ori     $k0, 0x1      # Interrupts aktivieren
        mtc0    $k0, $12
        lw      $a0, save0    # Register wiederherstellen
        lw      $a1, save1
        mov     $at, $k1
        eret                  # Rücksprung zu EPC
        .kdata
save0:  .word 0
save1:  .word 0
```

Anmerkung: Auf realen MIPS-Prozessoren ist das Zurückspringen von einem Exception-Handler komplexer. Der Exception-Handler kann nicht immer zu dem EPC Befehl springen, der EPC folgt. Wenn zum Beispiel der Befehl, der die Ausnahme verursacht hat, im Delay-Slot eines Verzweigungsbefehls war (siehe Kapitel 4), dann kann der als nächstes auszuführende Befehl nicht der im Speicher folgende Befehl sein.

A.8   Ein- und Ausgabe

SPIM simuliert ein I/O-Gerät: eine Memory-Mapped-Konsole, auf der ein Programm Zeichen lesen und schreiben kann. Wenn ein Programm läuft, verbindet SPIM sein eigenes Terminal (oder ein separates Konsolenfenster in xspim, der Version für X-window, oder PCSpim für die Windows-Version) mit dem Prozessor. Ein auf SPIM laufendes MIPS-Programm kann die Zeichen lesen, die Sie tippen. Außerdem erscheinen Zeichen, die das MIPS-Programm in das Terminal schreibt, auf dem SPIM-Terminal bzw. dem Konsolenfenster. Eine Ausnahme von dieser Regel ist Strg-C: Dieses Zeichen wird nicht an das Programm übergeben, sondern veranlasst SPIM, anzuhalten und in den Kommando-Modus zurückzukehren. Wenn das Programm aufhört zu laufen (zum Beispiel, weil Sie Strg-C getippt haben oder weil das Programm einen

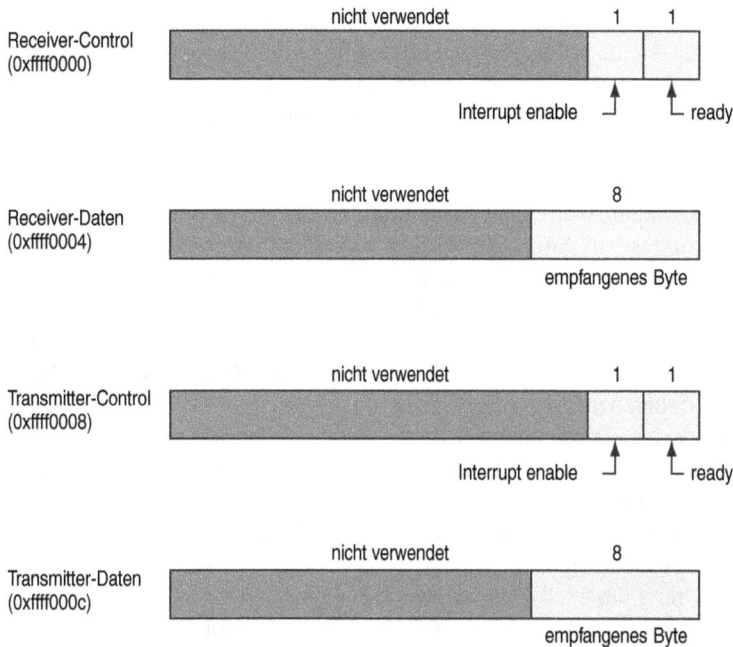

Abb. A.14: Das Terminal wird durch vier Geräteregister gesteuert, von denen jedes als Speicherstelle an der angegebenen Adresse erscheint. Nur einige wenige Bit dieser Register werden tatsächlich genutzt. Die anderen geben beim Lesen immer 0 und werden beim Schreiben ignoriert.

Breakpoint erreicht hat), wird das Terminal wieder mit SPIM verbunden, sodass Sie nun SPIM-Kommandos tippen können.

Damit Memory-Mapped-I/O verwendet werden kann, muss `spim` oder `xspim` gestartet werden, indem das Flag `-mapped_io` gesetzt wird. Bei `PCSpim` kann Memory-Mapped-I/O durch ein Kommmandozeilen-Flag oder über den Dialog „Einstellungen" aktiviert werden.

Das Terminal-Gerät besteht aus zwei unabhängigen Einheiten: dem *Receiver* (Empfänger) und dem *Transmitter* (Übertragungsgerät). Der Receiver liest die Zeichen von der Tastatur, und der Transmitter zeigt die Zeichen auf der Konsole an. Die beiden Einheiten sind vollkommen unabhängig voneinander. Das bedeutet zum Beispiel, dass die auf der Tastatur getippten Zeichen nicht automatisch auf dem Display wiedergegeben werden. Vielmehr ist es so, dass ein Programm ein Zeichen wiedergibt, indem er es vom Receiver liest und es an den Transmitter ausgibt.

Ein Programm steuert das Terminal mit vier Registern für das Memory-Mapped-I/O-Gerät (siehe Abbildung A.14). „Memory-Mapped" (dt. etwa *speicherabgebildet*) bedeutet, dass jedes Register als eine spezifische Speicherstelle erscheint. Das *Receiver-Control-Register* ist an der Stelle ffff0000$_{hex}$. Nur zwei seiner Bits werden tatsächlich genutzt. Bit 0 wird „ready" (bereit) genannt. Es ist 1, wenn ein Zeichen von der Tastatur angekommen ist, aber noch nicht vom Receiver-Datenregister gelesen wurde. Das ready-Bit kann nur gelesen werden; Schreibzugriffe werden ignoriert. Das ready-Bit ändert sich von 0 auf 1, wenn ein Zeichen auf der Tastatur getippt wird, und von 1 auf 0, wenn es vom Receiver-Datenregister gelesen wird.

Bit 1 des Receiver-Control-Registers ist „Interrupt enable" (Interrupt aktiv). Dieses Bit kann von einem Programm sowohl gelesen als auch geschrieben werden und ist am Anfang 0. Wird es von einem Programm auf 1 gesetzt, fordert das Terminal jedes Mal, wenn ein Zeichen getippt wird, einen Hardware-Interrupt Level 1 an, und das ready-Bit wird 1. Damit der Interrupt allerdings auf den Prozessor wirkt, müssen Interrupts auch im Statusregister aktiviert werden (siehe Abschnitt A.7). Alle anderen Bits des Receiver-Control-Registers bleiben unbenutzt.

Das zweite Terminalregister ist das *Receiver-Datenregister* (an der Adresse ffff0004$_{hex}$). Die acht Bit niedrigster Ordnung dieses Registers enthalten das letzte in die Tastatur getippte Zeichen; alle übrigen Bits enthalten Nullen. Dieses Register kann nur gelesen werden und ändert sich nur, wenn ein neues Zeichen in die Tastatur getippt wird. Das Lesen des Receiver-Datenregisters bewirkt, dass das ready-Bit im Receiver-Control-Register auf 0 gesetzt wird. Der Wert in diesem Register ist nicht definiert, wenn das Receiver-Control-Register 0 ist.

Das dritte Terminalregister ist das *Transmitter-Control-Register* (an der Adresse ffff0008$_{hex}$). Nur die beiden Bits niedrigster Ordnung dieses Registers werden genutzt, und ihr Verhalten ist ganz ähnlich wie für die entsprechenden Bits im Receiver-Control-Register. Bit 0 ist das „ready-Bit", das nur gelesen werden kann. Ist dieses Bit 1, so ist der Transmitter bereit, ein neues Zeichen zum Ausgeben zu akzeptieren. Wenn es 0 ist, ist der Transmitter noch damit beschäftigt, das vorherige Zeichen zu schreiben. Bit 1 ist „Interrupt enable". Es kann gelesen und geschrieben werden. Wenn dieses Bit auf 1 gesetzt wird, dann fordert das Terminal, immer wenn der Transmitter bereit für ein neues Zeichen ist, einen Hardware-Interrupt Level 0 an, und das ready-Bit wird 1.

Das letzte Terminalregister ist das *Transmitter-Datenregister* (an der Adresse ffff000c$_{hex}$). Wenn ein Wert an diese Stelle geschrieben wird, werden die acht Bits niedrigster Ordnung (beispielsweise ein ASCII-Zeichen, siehe Tabelle 2.9) an die Konsole gesendet. Wird das Transmitter-Datenregister geschrieben, so wird das ready-Bit im Transmitter-Control-Register auf 0 gesetzt. Dieses Bit bleibt 0, bis genügend Zeit vergangen ist, um das Zeichen an das Terminal zu übertragen. Dann wird das ready-Bit wieder 1. Das Register Transmitter-Datenregister sollte nur geschrieben werden, wenn das ready-Bit des Transmitter-Control-Registers 1 ist. Wenn der Transmitter nicht bereit ist, werden Schreibzugriffe auf das Transmitter-Datenregister ignoriert (der Schreibzugriff scheint erfolgreich zu sein, aber das Zeichen wird nicht ausgegeben).

Reale Computer benötigen Zeit, um Zeichen an eine Konsole oder ein Terminal zu senden. Diese Zeitverzögerungen werden durch SPIM simuliert. Zum Beispiel wird, nachdem der Transmitter begonnen hat, ein Zeichen zu schreiben, dessen ready-Bit für eine Weile 0. SPIM misst die Zeit in ausgeführten Befehlen, nicht als echte Zeit. Dass bedeutet, dass der Transmitter nicht wieder bereit sein wird, bevor der Prozessor eine feste Anzahl von Befehlen ausgeführt hat. Wenn Sie die Maschine anhalten und nach dem ready-Bit sehen, dann wird es sich nicht ändern. Wenn Sie die Maschine aber laufen lassen, dann wird das Bit schließlich wieder 1 werden.

A.9 SPIM

SPIM ist ein Software-Simulator, auf dem Assemblerprogramme laufen, die für Prozessoren mit MIPS-32-Architektur geschrieben wurden, speziell Release 1 dieser Architektur mit einem festen Memory-Mapping, ohne Caches und den Coprozessoren 0 und 1.[2] Der Name SPIM ist einfach nur MIPS rückwärts geschrieben. SPIM kann Dateien in Assemblersprache lesen und direkt ausführen. SPIM ist ein in sich geschlossenes System zum Ausführen von MIPS-Programmen. Es umfasst einen Debugger und bietet einige betriebssystemähnliche Dienste. SPIM ist deutlich langsamer als ein realer Computer (um den Faktor 100 oder mehr). Seine geringen Kosten und große Verbreitung allerdings können von realer Hardware nicht erreicht werden.

Eine offensichtliche Frage ist, warum man einen Simulator verwenden sollte, wenn die meisten Menschen PCs haben, deren Prozessoren signifikant schneller laufen als SPIM. Ein Grund ist, dass die Prozessoren in PCs vom Typ Intel 80x86 sind, deren Architektur weit weniger regulär und viel schwieriger zu verstehen und zu programmieren ist als dies für MIPS-Prozessoren der Fall ist. Die MIPS-Architektur kann als Inbegriff einer einfachen, schnörkellosen RISC-Maschine angesehen werden.

Dazu kommt, dass Simulatoren eine bessere Umgebung für die Assemblerprogrammierung bereitstellen als eine echte Maschine, da sie mehr Fehler aufdecken können und eine bessere Schnittstelle bieten als reale Computer.

Schließlich sind Simulatoren nützliche Werkzeuge für die Untersuchung von Computern und den darauf laufenden Programmen. Da sie in Software anstatt in Silizium implementiert sind, können Simulatoren gut untersucht und leicht modifiziert werden, um beispielsweise neue Befehle hinzuzunehmen, neue Systeme wie Multiprozessoren zu konstruieren oder einfach nur Daten zu sammeln.

---

[2]In älteren Versionen von SPIM (vor 7.0) war die MIPS-1-Architektur implementiert, die in den originalen MIPS-R2000-Prozessoren verwendet wurde. Diese Architektur ist nahezu eine echte Teilmenge der MIPS-32-Architektur, wobei der Unterschied in der Art und Weise liegt, wie Ausnahmen behandelt werden. Außerdem wurden in MIPS-32 etwa 60 neue Befehle eingeführt, die von SPIM unterstützt werden. Programme, die auf älteren Versionen von SPIM gelaufen sind und keine Ausnahmen verwendet haben, sollten ohne Modifikationen auf neueren Versionen von SPIM laufen. Bei Programmen, die Ausnahmen verwenden, sind kleinere Änderungen nötig.

Simulation einer virtuellen Maschine

Es ist schwierig, die Basisarchitektur von MIPS direkt zu programmieren, was mit den verzögerten Verzweigungen, verzögerten Ladevorgängen und der Beschränkung der Addressierungsmodi zu tun hat. Diese Schwierigkeit ist tolerierbar, da diese Computer dafür ausgelegt sind, in höheren Programmiersprachen programmiert zu werden und daher eher eine Schnittstelle für Compiler anstatt für Assemblerprogrammierer darstellen. Ein großer Teil der Programmierkomplexität resultiert aus verzögerten Befehlen. Ein *verzögerter Zweig* braucht für die Ausführung zwei Zyklen (siehe die Anmerkungen auf den Seiten 283 und 315). Im zweiten Zyklus wird der unmittelbar auf die Verzweigung folgende Befehl ausgeführt. Dieser Befehl kann nützliche Arbeit leisten, die normalerweise vor der Verzweigung ausgeführt werden müsste. Er kann auch ein NOP (keine Operation, engl. no operation) sein, d. h., es wird nichts gemacht. Ähnlich sind beim *verzögerten Laden* zwei Zyklen erforderlich, um einen Wert aus dem Speicher zu holen, weshalb der unmittelbar auf das Laden folgende Befehl diesen Wert nicht verwenden kann (siehe Abschnitt 4.2).

virtuelle Maschine Ein virtueller Computer, der scheinbar unverzögerte Verzweigungen und Ladevorgänge sowie einen umfangreicheren Befehlssatz als die tatsächliche Hardware hat.

Aus gutem Grund versteckt MIPS diese Komplexität, indem es seinen Assembler eine **virtuelle Maschine** implementieren lässt. Dieser virtuelle Computer hat scheinbar nicht verzögerte Verzweigungen und einen umfangreicheren Befehlssatz als die tatsächliche Hardware. Der Assembler *reorganisiert* die Befehle so, dass alle Delay-Slots aufgefüllt sind. Der virtuelle Computer stellt außerdem *Pseudobefehle* bereit, die in Assemblerprogrammen wie echte Befehle erscheinen. Die Hardware allerdings kennt keine Pseudobefehle, weshalb der Assembler sie in äquivalente Sequenzen echter Befehle umwandeln muss. Beispielsweise bietet die MIPS-Hardware Befehle zum Verzweigen nur in Abhängigkeit davon, ob ein Register gleich oder ungleich 0 ist. Andere bedingte Verzweigungen werden synthetisiert; so werden zum Beispiel für die Verzweigung in Abhängigkeit davon, ob ein Register größer ist als ein anderes, die beiden Register verglichen, und wenn das Ergebnis dieses Vergleichs wahr (nicht null) ist, wird verzweigt.

Standardmäßig simuliert SPIM die reichere virtuelle Maschine, da sie diejenige sein dürfte, die von den meisten Programmierern bevorzugt wird. SPIM kann aber auch die verzögerten Verzweigungen und Ladevorgängen in der tatsächlichen Hardware simulieren. Im Folgenden wird die virtuelle Maschine beschrieben, während Funktionalitäten, die nicht zur tatsächlichen Hardware gehören, nur gestreift werden. Damit folgen wir der Konvention der MIPS-Assemblerprogrammierer, die routinemäßig die erweiterte Maschine so verwenden, als wäre sie aus Silizium.

Erste Schritte mit SPIM

Der Rest dieses Abschnitts ist der Einführung von SPIM und der MIPS-R2000-Assemblersprache gewidmet. Viele Details werden Sie vermutlich nie beschäftigen, doch der schiere Umfang an Information kann manchmal darüber hinweg täuschen, dass SPIM im Grunde ein einfaches und leicht zu handhabendes Programm ist. Dieser Abschnitt beginnt mit einem kurzen Tutorial über den Gebrauch von SPIM, das Sie befähigen soll, einfache MIPS-Programme zu laden, zu debuggen und laufen zu lassen.

SPIM gibt es in verschiedenen Versionen für unterschiedliche Typen von Computersystemen. Bei der einfachsten Version mit dem Namen `spim` handelt es sich um ein befehlszeilenorientiertes Programm, das in einem Konsolenfenster läuft. Es arbeitet wie die meisten Programme dieses Typs: Man schreibt eine Textzeile und drückt die Returntaste, dann führt `spim` den Befehl aus. Auch wenn `spim` keine schicke Oberfläche hat, kann es alles, was seine schicken Verwandten können.

Von diesen gibt es zwei. Die Version, die unter der X-windows-Umgebung von UNIX- bzw. Linux-Systemen läuft, heißt `xspim`. Diese ist einfacher zu erlernen und anzuwenden als `spim`, weil die Befehle auf dem Bildschirm immer sichtbar sind und weil die Register und Speicher der Maschine auf dem Bildschirm kontinuierlich angezeigt werden. Die andere schicke Version heißt `PCspim` und läuft auf Microsoft Windows.

Überraschende Eigenschaften

Auch wenn SPIM den MIPS-Computer realitätsgetreu simuliert, bleibt er ein Simulator, und in einigen Punkten ist er nicht identisch mit einem echten Computer. Die offensichtlichsten Unterschiede sind, dass das Befehls-Timing und die Speichersysteme nicht identisch sind. SPIM simuliert weder Caches oder Speicherlatenzen, noch spiegelt er Verzögerungen bei Gleitkomma-Operationen oder Multiplikations- und Divisionsbefehlen akkurat wider. Außerdem werden viele Fehlerbedingungen bei Gleitkommabefehlen nicht erkannt, was auf einer realen Maschine zu Ausnahmen führen würde.

Eine andere Überraschung (die auch auf einer realen Maschine auftritt) ist, dass sich ein Pseudobefehl über mehrere Maschinenbefehle ausdehnen kann. Wenn Sie in Einzelschritten vorgehen oder den Speicher untersuchen, dann unterscheiden sich die Befehle, die Sie sehen, von der Abfolge im Quellprogramm. Die Entsprechung zwischen den beiden Befehlsmengen ist recht einfach, da SPIM Befehle nicht reorganisiert, um Delay-Slots zu füllen.

Byte-Reihenfolge

Prozessoren können die Bytes innerhalb eines Wortes nummerieren, sodass das Byte mit der kleinsten Nummer entweder ganz links oder ganz rechts steht. Die von einer Maschine verwendete Konvention wird ihre *Byte-Reihenfolge* genannt. MIPS-Prozessoren können sowohl mit dem *big-endian-Format* (das Byte mit der höchsten Wertigkeit wird zuerst gespeichert, d. h. an der kleinsten Speicheradresse) als auch mit dem *little-endian-Format* (das Byte mit der niedrigsten Wertigkeit wird an der kleinsten Speicheradresse gespeichert) arbeiten.

In einer big-endian-Maschine würde zum Beispiel die Direktive .byte 0,1,2,3 zu einem Speicherwort führen, das

Byte-Nr.			
0	1	2	3

enthält, während das Wort bei einer little-endian-Maschine

Byte-Nr.			
3	2	1	0

enthalten würde.

SPIM arbeitet mit beiden Byte-Reihenfolgen. Die Reihenfolge entspricht jeweils jener der Maschine, auf der der Simulator läuft. Auf einem Intel 80x86 ist sie beispielsweise little-endian, auf einem Macintosh oder Sun SPARC ist sie big-endian.

Systemaufrufe

Über den Systemaufruf (syscall) bietet SPIM eine kleine Anzahl von betriebs- systemähnlichen Diensten. Um einen Dienst anzufordern, lädt ein Programm den Code für den Systemaufruf (siehe Tabelle A.2) in das Register $v0 und die Argumente in die Register $a0 bis $a3 (oder $f12 für Gleitkommawerte). Sys- temaufrufe, die Werte zurückgeben, legen ihre Ergebnisse im Register $v0 ab (oder $f0 für Gleitkommaergebnisse). Der folgende Code gibt beispielsweise "die Antwort = 5" aus:

```
        .data
str:
        .asciiz "die Antwort = "
        .text
li      $v0, 4      # Systemaufrufcode für print_str
la      $a0, str    # Adresse der auszugebenden Zeichenkette
syscall             # Zeichenkette ausgeben

li $v0, 1 # Systemaufrufcode für print_int
li $a0, 5 # auszugebende Ganzzahl
syscall   # Ganzzahl ausgeben
```

Dem Systemaufruf print_int wird eine Ganzzahl übergeben, die er auf der Konsole ausgibt. print_float gibt eine einzelne Gleitkommazahl aus, print_double eine Zahl mit doppelter Genauigkeit und an print_string wird ein Zeiger auf einen nullterminierten String übergeben, der auf der Konsole ausgegeben wird.

Die Systemaufrufe read_int, read_float und read_double lesen jeweils eine ganze Eingabezeile einschließlich des Zeilenumbruchs. read_string hat dieselbe Semantik wie die UNIX-Bibliotheksroutine fgets. Sie liest bis zu $n - 1$

Tab. A.2: Systemdienste.

Dienst	Code	Argumente	Ergebnis
print_int	1	$a0 = Ganzzahl	
print_float	2	$f12 = Gleitkommazahl	
print_double	3	$f12 = doppelt genau	
print_string	4	$a0 = String	
read_int	5		Ganzzahl (in $v0)
read_float	6		Gleitkomma (in $f0)
read_double	7		doppelt genau (in $f0)
read_string	8	$a0 = Puffer, $a1 = Länge	
sbrk	9	$a0 = Menge	Adresse (in $v0)
exit	10		
print_char	11	$a0 = Zeichen	
read_char	12		Zeichen (in $v0)
open	13	$a0 = Dateiname (String), $a1 = Puffer, $a2 = Länge	Dateideskriptor (in $a0)
read	14	$a0 = Dateideskriptor, $a1 = Puffer, $a2 = Länge	gelesene Zeichen (in $a0)
write	15	$a0 = Dateideskriptor, $a1 = Puffer, $a2 = Länge	geschriebene Zeichen (in $a0)
close	16	$a0 = Dateideskriptor	
exit2	17	$a0 = Ergebnis	

Zeichen in einen Puffer und terminiert den String mit einem Nullbyte. Wenn auf der aktuellen Zeile weniger als $n - 1$ Zeichen sind, liest read_string bis einschließlich des Zeilenumbruchs und nullterminiert den String dann ebenfalls. *Warnung:* Programme, die diese Systemaufrufe verwenden, um aus dem Terminal zu lesen, sollten keine Memory-Mapped-I/O verwenden (siehe Abschnitt A.8).

sbrk gibt einen Zeiger auf einen Speicherblock zurück, der n zusätzliche Bytes enthält. exit stoppt das von SPIM ausgeführte Programm. exit2 terminiert das SPIM-Programm, und das Argument von exit2 wird der zurückgegebene Wert, wenn der SPIM-Simulator selbst terminiert.

print_char und read_char schreiben und lesen ein einzelnes Zeichen. open, read, write und close sind die Standard-UNIX-Bibliotheksaufrufe.

A.10 MIPS R2000 Assemblersprache

Ein MIPS-Prozessor besteht aus einer Verarbeitungseinheit für Ganzzahlen (der CPU) und einer Reihe von Coprozessoren, die Hilfsaufgaben ausführen oder mit anderen Datentypen wie z. B. Gleitkommazahlen operieren (siehe Abbildung A.15). SPIM simuliert zwei Coprozessoren. Coprozessor 0 behandelt Ausnahmen und Interrupts. Coprozessor 1 ist die Gleitkommaeinheit. SPIM simuliert die meisten Aspekte dieser Einheit.

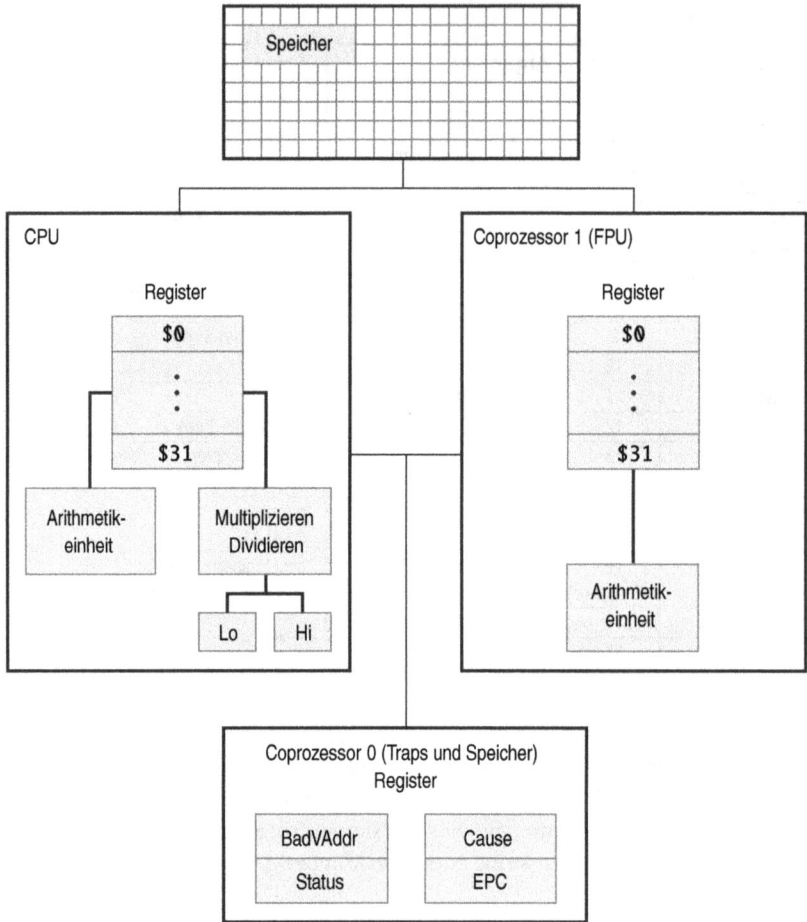

Abb. A.15: MIPS R2000 CPU und FPU.

Adressierungsmodi

MIPS ist eine Load/Store-Architektur, was bedeutet, dass nur mit Lade- und Speicherbefehlen auf den Speicher zugegriffen werden kann. Rechenbefehle operieren nur mit Werten in den Registern. Die Maschine an sich bietet nur einen Adressierungsmodus, nämlich c(rx), der die Summe aus dem Direktoperanden c und dem Register rx als Adresse verwendet. Die virtuelle Maschine bietet die folgenden Adressierungsmodi für Lade- und Speicherbefehle:

Format	Adressberechnung
(Register)	Registerinhalt
imm	Direktoperand (immediate)
imm (Register)	Direktoperand + Registerinhalt
Marke	Adresse der Marke
Marke ± imm	Adresse der Marke + oder − Direktoperand
Marke ± imm (Register)	Adresse der Marke + oder − (Direktoperand + Registerinhalt)

Die meisten Lade- und Speicherbefehle operieren nur auf ausgerichteten Daten. Eine Größe ist *ausgerichtet*, wenn ihre Speicheradresse ein Vielfaches ihrer Größe in Byte ist. Ein Halbwort muss also an einer geradzahligen Adresse gespeichert werden und ein Wort an einer Adresse, die durch vier teilbar ist. MIPS bietet aber auch einige Befehle zum Manipulieren von nicht ausgerichteten Daten (lwl, lwr, swl und swr).

Anmerkung: Der MIPS-Assembler (und SPIM) synthetisiert die komplexeren Adressierungsmodi, indem er vor dem Laden oder Speichern einen oder mehrere Befehle zum Berechnen einer komplexen Adresse erzeugt. Nehmen wir zum Beispiel an, dass die Marke table auf die Speicherstelle 0x10000004 verweist und ein Programm den folgenden Befehl enthält:

```
ld $a0, table + 4($a1)
```

Der Assembler würde diesen in die folgenden Befehle übersetzen:

```
lui $at, 4096
addu $at, $at, $a1
lw $a0, 8($at)
```

Der erste Befehl lädt die oberen Bits der Adresse der Marke ins Register $at, was das Register ist, welches der Assembler für seinen eigenen Gebrauch reserviert hat. Der zweite Befehl fügt den Inhalt von Register $a1 an der partiellen Adresse der Marke ein. Der Ladebefehl schließlich verwendet den Hardware-Adressierungsmodus, um die Summe aus den unteren Bits der Adresse der Marke und dem Offset des ursprünglichen Befehls zu dem Wert im Register $at hinzuzufügen.

Assembler-Syntax

Kommentare in Assemblerdateien beginnen mit einem Rautenzeichen (#). Dieses bewirkt, dass bis zum Ende der Zeile alles, was nach dem Rautenzeichen kommt, ignoriert wird.

Ein Bezeichner ist eine Folge alphanumerischer Zeichen, Unterstrichen (_) und Punkten (.), die nicht mit einer Ziffer beginnen darf. Befehlsopcodes sind reservierte Wörter, die *nicht* als Bezeichner verwendet werden dürfen. Marken werden deklariert, indem sie, gefolgt von einem Doppelpunkt, an den Anfang einer Zeile gesetzt werden, also beispielsweise

```
        .data
item:   .word 1
        .text
        .globl main   # muss global sein
main:   lw $t0, item
```

Zahlen haben standardmäßig die Basis 10. Wenn 0x vorangestellt ist, werden sie als hexadezimal interpretiert. Somit bezeichnen 256 und 0x100 denselben Wert.

Zeichenketten werden in Anführungszeichen (double quotes) eingeschlossen. Spezielle Zeichen folgen der C-Konvention:

- Zeilenumbruch \n
- Tabulator \t
- Anführungszeichen \"

SPIM unterstützt eine Teilmenge der MIPS-Assemblerdirektiven:

align n	Richtet das nächste Datum an der 2n-Byte-Grenze aus. Beispielsweise richtet .align 2 den nächsten Wert an einer Wortgrenze aus. .align 0 schaltet bis zur nächsten .data- oder .kdata-Direktive die automatische Ausrichtung von .half, .word, .float und .double-Direktiven aus.
.ascii str	Legt den String *strg* im Speicher ab, er wird aber nicht nullterminiert.
.asciiz str	Legt den String *strg* im Speicher ab und nullterminiert ihn.
.byte b1,..., bn	Legt die *n* Werte in aufeinanderfolgende Bytes des Speichers.
.data <addr>	Aufeinanderfolgende Daten werden im Datensegment abgelegt, beginnend bei dem optionalen Argument *addr*.
.double d1,..., dn	Speichert *n* doppelt genaue Gleitkommazahlen in aufeinanderfolgenden Speicherstellen.
.extern sym size	Deklariert, dass das an *sym* gespeicherte Datum eine Größe von *size* Byte hat und eine globale Marke ist. Diese Direktive bewirkt, dass der Assembler das Datum in einem Bereich des Datensegments speichert, auf das effektiv über das Register $gp zugegriffen wird.
.float f1,..., fn	Speichert die *n* einfach genauen Gleitkommazahlen an aufeinanderfolgenden Speicherstellen.

`.globl sym`	Deklariert, dass die Marke *sym* global ist und von anderen Dateien referenziert werden kann.
`.half h1,..., hn`	Speichert die *n* 16-Bit-Größen in aufeinanderfolgenden Halbwörtern.
`.kdata <addr>`	Aufeinanderfolgende Daten werden im Kernel-Datensegment gespeichert. Ist das optionale Argument *addr* vorhanden, so beginnt das Speichern an dieser Adresse.
`.ktext <addr>`	Aufeinanderfolgende Daten werden im Kernel-Textsegment gespeichert. Bei SPIM können diese Daten nur Befehle oder Wörter sein (siehe die weiter unten beschriebene Direktive `.word`). Ist das optionale Argument *addr* vorhanden, so beginnt das Speichern an dieser Adresse.
`.set noat, .set at`	Die erste Direktive hält SPIM davon ab, sich über aufeinanderfolgende Befehle zu beklagen, die dasselbe Register `$at` verwenden; die zweite setzt die Warnung wieder in Kraft. Da Pseudobefehle zu Code erweitert werden, der das Register `$at` verwendet, muss der Programmierer gut aufpassen, wenn er Werte in diesem Register lässt.
`.space n`	Alloziert *n* Bytes Platz im aktuellen Segment (was bei SPIM das Datensegment sein muss).
`.text <addr>`	Aufeinanderfolgende Daten werden im User-Textsegment abgelegt. Bei SPIM können das nur Befehle oder Wörter sein (siehe `.word`). Ist das optionale Argument *addr* vorhanden, so beginnt das Speichern an dieser Adresse.
`.word w1,..., wn`	Speichert die *n* 32-Bit-Größen in aufeinanderfolgenden Speicherwörtern.

SPIM unterscheidet nicht zwischen verschiedenen Teilen des Datensegments (`.data`, `.rdata` und `.sdata`).

Codieren von MIPS-Befehlen

Abbildung A.16 zeigt, wie ein MIPS-Befehl in einer Binärzahl codiert ist. Jede Spalte enthält Befehlscodierungen für ein Feld (eine benachbarte Gruppe von Bits) eines Befehls. Die Zahlen am linken Rand sind Werte für ein Feld. Beispielsweise hat der Opcode j im Opcode-Feld einen Wert von 2. Der Text oberhalb jeder Spalte bezeichnet ein Feld und spezifiziert, welche Bits es in einem

Befehl einnimmt. Beispielsweise ist das op-Feld in den Bits 26 bis 31 eines Befehls enthalten. Dieses Feld codiert die meisten Befehle. Einige Gruppen von Befehlen verwenden zusätzliche Felder, um verwandte Befehle voneinander zu unterscheiden. So werden zum Beispiel die verschiedenen Gleitkommabefehle durch die Bits 0 bis 5 spezifiziert. Die von der ersten Spalte ausgehenden Pfeile zeigen, welche Opcodes diese zusätzlichen Felder verwenden.

Befehlsformat

Der Rest dieses Anhangs beschreibt sowohl die von der tatsächlichen MIPS-Hardware implementierten Befehle als auch die Pseudobefehle, die vom MIPS-Assembler bereitgestellt werden. Die beiden Typen von Befehlen sind leicht zu unterscheiden. Tatsächliche Befehle stellen die Felder in ihrer binären Repräsentation dar. Beispielsweise besteht der **add**-Befehl (Addition mit Überlauf)

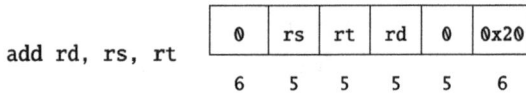

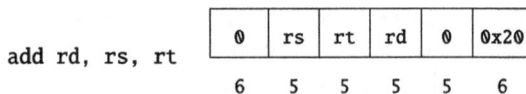

add rd, rs, rt

0	rs	rt	rd	0	0x20
6	5	5	5	5	6

aus sechs Feldern. Die Größen der einzelnen Felder sind durch die Zahlen unter den Feldern angegeben. Der Befehl beginnt mit sechs Bits, die alle 0 sind. Registerspezifikatoren beginnen mit einem **r**; das nächste Feld ist also ein 5-Bit-Register-Spezifikator, der mit **rs** bezeichnet ist. Dies ist dasselbe Register, das als zweites Argument links in dieser Zeile auftritt. Ein anderes gebräuchliches Feld ist imm_{16}, was ein 16-Bit-Direktwert ist.

Pseudobefehle folgen im Wesentlichen denselben Konventionen, jedoch fehlt bei ihnen die Information zur Befehlscodierung, also beispielsweise

mul rdest, rsrc1, src2   Pseudobefehl

für die Multiplikation ohne Überlauf. Bei Pseudobefehlen sind **rdest** und **rsrc1** Register und **src2** ist entweder ein Register oder ein Direktoperand. Gewöhnlich übersetzen der Assembler und SPIM eine allgemeinere Form eines Befehls (z. B. **add $v1, $a0, 0x55**) in eine spezialisiertere Form (z. B. **addi $v1, $a0, 0x55**).

Arithmetische und logische Befehle

Absolute value

abs rdest, rsrc   Pseudobefehl

Legt den Absolutwert von Register **rsrc** in Register **rdest**.

Addition (mit Überlauf)

add rd, rs, rt

0	rs	rt	rd	0	0x20
6	5	5	5	5	6

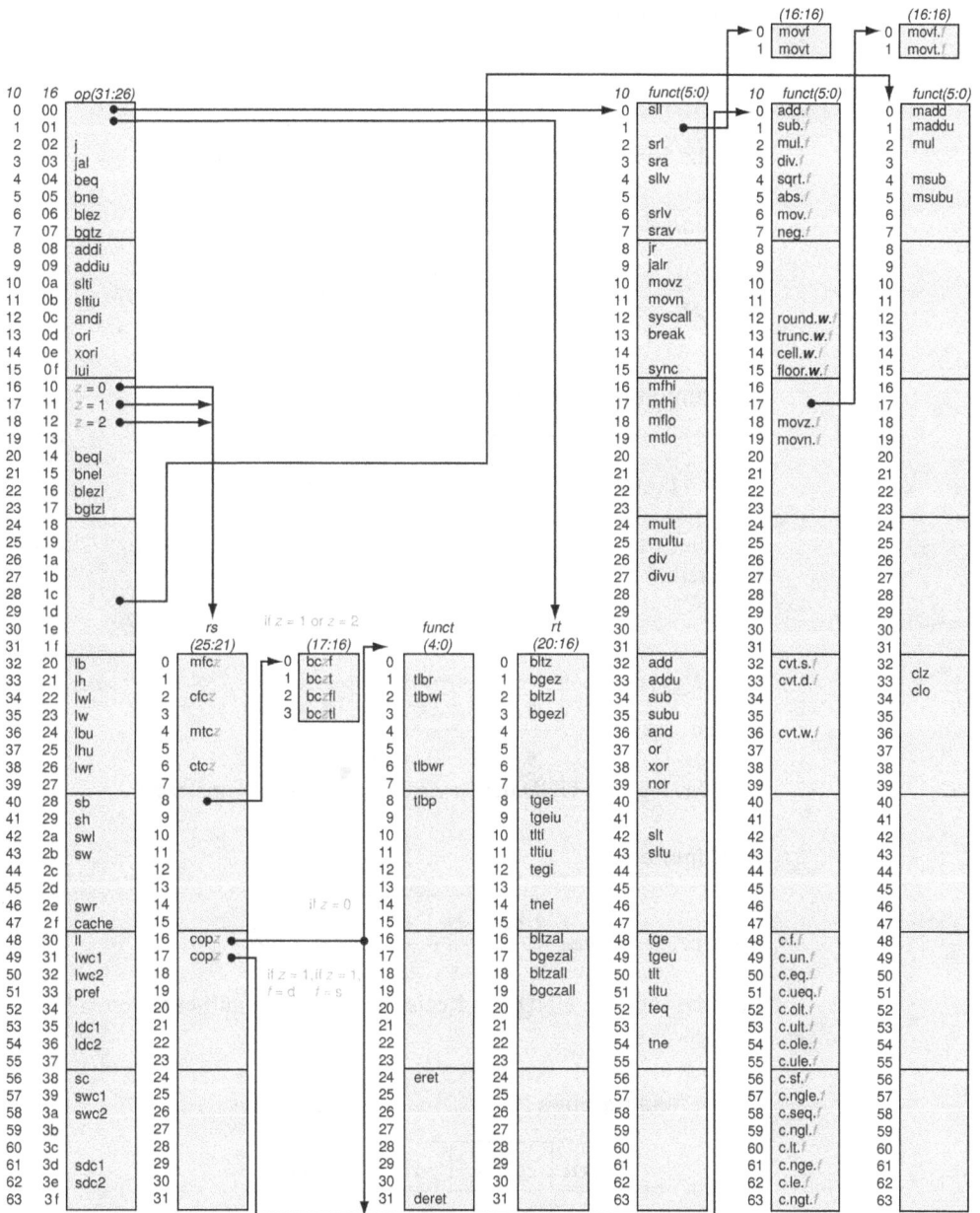

			(16:16)		(16:16)
			0 movf		0 movf.f
			1 movt		1 movt.f

10	16	op(31:26)	10	funct(5:0)	10	funct(5:0)	funct(5:0)
0	00		0	sll	0	add.f	madd
1	01		1		1	sub.f	maddu
2	02	j	2	srl	2	mul.f	mul
3	03	jal	3	sra	3	div.f	
4	04	beq	4	sllv	4	sqrt.f	msub
5	05	bne	5		5	abs.f	msubu
6	06	blez	6	srlv	6	mov.f	
7	07	bgtz	7	srav	7	neg.f	
8	08	addi	8	jr	8		
9	09	addiu	9	jalr	9		
10	0a	slti	10	movz	10		
11	0b	sltiu	11	movn	11		
12	0c	andi	12	syscall	12	round.w.f	
13	0d	ori	13	break	13	trunc.w.f	
14	0e	xori	14		14	cell.w.f	
15	0f	lui	15	sync	15	floor.w.f	
16	10	z = 0	16	mfhi	16		
17	11	z = 1	17	mthi	17		
18	12	z = 2	18	mflo	18	movz.f	
19	13		19	mtlo	19	movn.f	
20	14	beql	20		20		
21	15	bnel	21		21		
22	16	blezl	22		22		
23	17	bgtzl	23		23		
24	18		24	mult	24		
25	19		25	multu	25		
26	1a		26	div	26		
27	1b		27	divu	27		
28	1c		28		28		
29	1d		29		29		
30	1e		30		30		
31	1f		31		31		

10	16	op	rs (25:21)	if z = 1 or z = 2 (17:16)	funct (4:0)	rt (20:16)	10	funct(5:0)	10	funct(5:0)	funct(5:0)
32	20	lb	0 mfcz	0 bczf	0	0 bltz	32	add	32	cvt.s.f	
33	21	lh	1	1 bczt	1 tlbr	1 bgez	33	addu	33	cvt.d.f	clz
34	22	lwl	2 cfcz	2 bczfl	2 tlbwi	2 bltzl	34	sub	34		clo
35	23	lw	3	3 bcztl	3	3 bgezl	35	subu	35		
36	24	lbu	4 mtcz	4	4	4	36	and	36	cvt.w.f	
37	25	lhu	5	5	5	5	37	or	37		
38	26	lwr	6 ctcz	6	6 tlbwr	6	38	xor	38		
39	27		7	7	7	7	39	nor	39		
40	28	sb	8	8	8 tlbp	8 tgei	40		40		
41	29	sh	9	9	9	9 tgeiu	41		41		
42	2a	swl	10	10	10	10 tlti	42	slt	42		
43	2b	sw	11	11	11	11 tltiu	43	sltu	43		
44	2c		12	12	12	12 tegi	44		44		
45	2d		13	13	13	13	45		45		
46	2e	swr	14	14	14	14 tnei	46		46		
47	2f	cache	15	15	15	15	47		47		
48	30	ll	16 copz	16	16	16 bltzal	48	tge	48	c.f.f	
49	31	lwc1	17 copz	17	17	17 bgezal	49	tgeu	49	c.un.f	
50	32	lwc2	18	18	18	18 bltzall	50	tlt	50	c.eq.f	
51	33	pref	19	19	19	19 bgczall	51	tltu	51	c.ueq.f	
52	34		20	20	20	20	52	teq	52	c.olt.f	
53	35	ldc1	21	21	21	21	53		53	c.ult.f	
54	36	ldc2	22	22	22	22	54	tne	54	c.ole.f	
55	37		23	23	23	23	55		55	c.ule.f	
56	38	sc	24	24	24 eret	24	56		56	c.sf.f	
57	39	swc1	25	25	25	25	57		57	c.ngle.f	
58	3a	swc2	26	26	26	26	58		58	c.seq.f	
59	3b		27	27	27	27	59		59	c.ngl.f	
60	3c		28	28	28	28	60		60	c.lt.f	
61	3d	sdc1	29	29	29	29	61		61	c.nge.f	
62	3e	sdc2	30	30	30	30	62		62	c.le.f	
63	3f		31	31	31 deret	31	63		63	c.ngt.f	

Spaltenköpfe der mittleren Felder: rs (25:21), (17:16), funct (4:0), rt (20:16), cop z, „if z = 0", „if z = 1, if z = 1, f = d, f = s".

Abb. A.16: MIPS Opcode-Schema. Links neben jedem op-Feld (dritte Spalte, Bits 31 bis 26) ist der Wert zur Basis 10 (erste Spalte) und zur Basis 16 (zweite Spalte) gezeigt. Das op-Feld spezifiziert die MIPS-Operation vollständig, außer für die sechs Werte 0, 1, 16, 17, 18 und 19. Diese Operationen werden durch andere Felder bestimmt, die durch Zeiger gegeben sind. Das Symbol f im letzten Feld (funct) bedeutet „s", falls rs = 16 und op = 17 bzw. „d", falls rs = 17 und op = 17. Das Symbol z im zweiten Feld (rs) steht für 0, 1, 2 oder 3, je nachdem, ob op 16, 17, 18 oder 19 ist. Im Falle rs=16 sind die Operationen anderweitig spezifiziert: Für $z = 0$ sind sie im vierten Feld spezifiziert (Bits 4 bis 0), für $z = 1$ sind sie im letzten Feld spezifiziert mit $f = s$. Im Falle rs = 17 und $z = 1$ sind die Operationen im letzten Feld mit $f = d$.

Addition (ohne Überlauf)

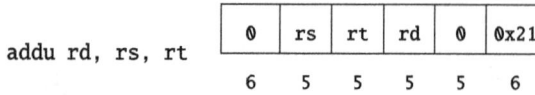

addu rd, rs, rt

0	rs	rt	rd	0	0x21
6	5	5	5	5	6

Legt die Summe der Register rs und rt in Register rd.

Addition immediate (mit Überlauf)

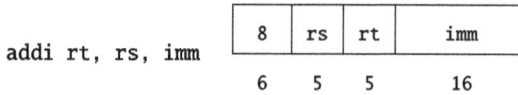

addi rt, rs, imm

8	rs	rt	imm
6	5	5	16

Addition immediate (ohne Überlauf)

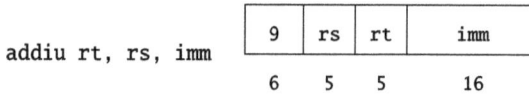

addiu rt, rs, imm

9	rs	rt	imm
6	5	5	16

Legt die Summe von Register rs und dem vorzeichenerweiterten Direktwert in Register rt.

AND

and rd, rs, rt

0	rs	rt	rd	0	0x24
6	5	5	5	5	6

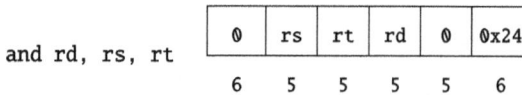

Legt das logische UND der Register rs und rt in Register rd.

AND immediate

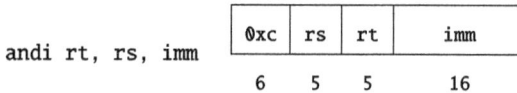

andi rt, rs, imm

0xc	rs	rt	imm
6	5	5	16

Legt das logische UND von Register rs und dem null-erweiterten Direktwert in Register rt.

Count leading ones

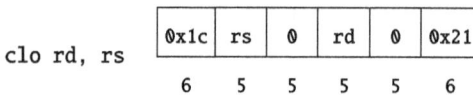

clo rd, rs

0x1c	rs	0	rd	0	0x21
6	5	5	5	5	6

Count leading zeros

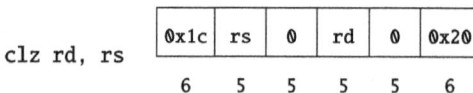

clz rd, rs

0x1c	rs	0	rd	0	0x20
6	5	5	5	5	6

Zählt die führenden Einsen (Nullen) des Wortes in Register rs und legt das Ergebnis in Register rd. Wenn ein Wort nur aus Einsen (Nullen) besteht, ist das Ergebnis 32.

Divide (mit Überlauf)

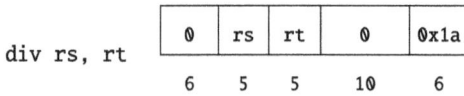

div rs, rt

0	rs	rt	0	0x1a
6	5	5	10	6

Divide (ohne Überlauf)

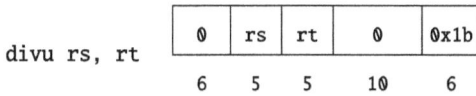

divu rs, rt

0	rs	rt	0	0x1b
6	5	5	10	6

Dividiert Register rs durch Register rt. Der Quotient verbleibt in Register lo und der Rest in Register hi. Man beachte, dass für negative Operanden der Rest durch die MIPS-Architektur nicht spezifiziert ist und von der Konvention der Maschine abhängt, auf der SPIM läuft.

Divide (mit Überlauf)

div rdest, rsrc1, src2   Pseudobefehl

Divide (ohne Überlauf)

divu rdest, rsrc1, src2   Pseudobefehl

Legt den Quotienten von Register rsrc1 und src2 in Register rdest.

Multiply

mult rs, rt

0	rs	rt	0	0x18
6	5	5	10	6

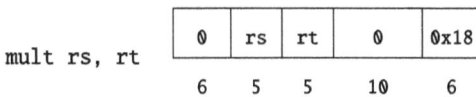

Unsigned multiply

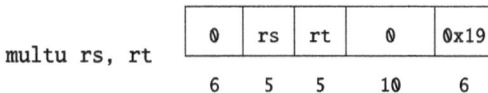

multu rs, rt

0	rs	rt	0	0x19
6	5	5	10	6

Multipliziert Register rs und rt. Das Wort niedriger Ordnung des Produkts kommt in Register lo und Wort hoher Ordnung in Register hi.

Multiply (ohne Überlauf)

mul rd, rs, rt

0x1c	rs	rt	rd	0	2
6	5	5	5	5	6

Legt die 32 Bits niedrigster Ordnung des Produkts rs mal rt in Register rd.

Multiply (mit Überlauf)

mulo rdest, rsrc1, src2   Pseudobefehl

Unsigned multiply (mit Überlauf)

mulou rdest, rsrc1, src2   Pseudobefehl

Legt die 32 Bits niedrigster Ordnung des Produkts von Register rsrc1 und src2 in Register rdest.

Multiply add

madd rs, rt

0x1c	rs	rt	0	0
6	5	5	10	6

Unsigned multiply add

maddu rs, rt

0x1c	rs	rt	0	1
6	5	5	10	6

Multipliziert die Register rs und rt und addiert das resultierende 64-Bit-Produkt zu dem 64-Bit-Wert in den verbundenen Registern lo und hi.

Multiply subtract

msub rs, rt

0x1c	rs	rt	0	4
6	5	5	10	6

Unsigned multiply subtract

msub rs, rt

0x1c	rs	rt	0	5
6	5	5	10	6

Multipliziert die Register rs und rt und subtrahiert das resultierende 64-Bit-Produkt zu dem 64-Bit-Wert in den verbundenen Registern lo und hi.

Negative value (mit Überlauf)

`neg rdest, rsrc`   Pseudobefehl

Negative value (ohne Überlauf)

`negu rdest, rsrc`   Pseudobefehl

Legt den negativen Wert von Register `rsrc` in Register `rdest`.

NOR

`nor rd, rs, rt`

0	rs	rt	rd	0	0x27
6	5	5	5	5	6

Legt das logische NOR der Register `rs` und `rt` in Register `rd`.

NOT

`not rdest, rsrc`   Pseudobefehl

Legt die bitweise logische Negation von Register `rsrc` in Register `rdest`.

OR

`or rd, rs, rt`

0	rs	rt	rd	0	0x25
6	5	5	5	5	6

Legt das logische OR der Register `rs` und `rt` in Register `rd`.

OR immediate

`ori rt, rs, imm`

0xd	rs	rt	imm
6	5	5	16

Legt das logische OR von Register `rs` und dem null-erweiterten Direktwert in Register `rt`.

Remainder

`rem rdest, rsrc1, rsrc2`   Pseudobefehl

Unsigned remainder

`remu rdest, rsrc1, rsrc2`   Pseudobefehl

Legt den Rest von Register `rsrc1` geteilt durch Register `rsrc2` in Register `rdest`. Man beachte, dass für negative Operanden der Rest durch die MIPS-Architektur nicht spezifiziert ist und von der Konvention der Maschine abhängt, auf der SPIM läuft.

Shift left logical

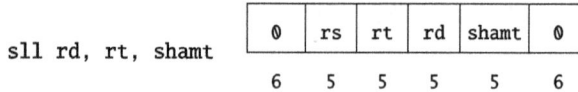

`sll rd, rt, shamt`

0	rs	rt	rd	shamt	0
6	5	5	5	5	6

Shift left logical variable

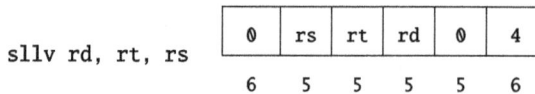

`sllv rd, rt, rs`

0	rs	rt	rd	0	4
6	5	5	5	5	6

Shift right arithmetic

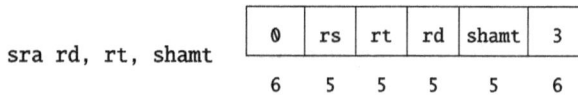

`sra rd, rt, shamt`

0	rs	rt	rd	shamt	3
6	5	5	5	5	6

Shift right arithmetic variable

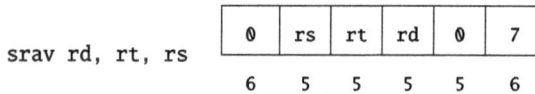

`srav rd, rt, rs`

0	rs	rt	rd	0	7
6	5	5	5	5	6

Shift right logical

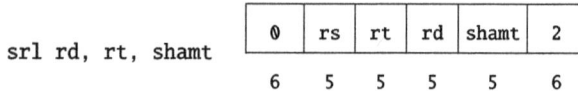

`srl rd, rt, shamt`

0	rs	rt	rd	shamt	2
6	5	5	5	5	6

Shift right logical variable

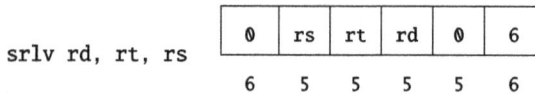

`srlv rd, rt, rs`

0	rs	rt	rd	0	6
6	5	5	5	5	6

Verschiebt Register `rt` um die durch den Direktoperanden `shamt` oder das Register `rs` angezeigte Distanz nach links (rechts) und legt das Ergebnis in Register `rd`. Bei den Befehlen `sll`, `sra` und `srl` wird das Argument `rs` ignoriert.

Rotate left

`rol rdest, rsrc1, rsrc2`   Pseudobefehl

Rotate right

`ror rdest, rsrc1, rsrc2` Pseudobefehl

Dreht Register `rsrc1` um die durch `rsrc2` gegebene Distanz nach links (rechts) und legt das Ergebnis ins Register `rdest`.

Subtract (mit Überlauf)

`sub rd, rs, rt`

0	rs	rt	rd	0	0x22
6	5	5	5	5	6

Subtract (ohne Überlauf)

`subu rd, rs, rt`

0	rs	rt	rd	0	0x23
6	5	5	5	5	6

Legt die Differenz der Register `rs` und `rt` in Register `rd`.

Exclusive OR

`xor rd, rs, rt`

0	rs	rt	rd	0	0x26
6	5	5	5	5	6

Legt das exklusive Oder (XOR) der Register `rs` und `rt` in Register `rd`.

XOR immediate

`xori rt, rs, imm`

0xe	rs	rt	imm
6	5	5	16

Legt das exklusive Oder (XOR) von Register `rs` und den null-erweiterten Direktoperanden in Register `rt`.

Befehle zum Manipulieren von Konstanten

Load upper immediate

`lui rt, imm`

0xf	0	rt	imm
6	5	5	16

Lädt das obere Halbwort des Direktoperanden `imm` in das untere Halbwort des Registers `rt`. Die unteren Bits des Registers werden auf 0 gesetzt.

Load immediate

`li rdest, imm`   Pseudobefehl

Verschiebt den Direktoperanden `imm` in das Register `rdest`.

Vergleichsbefehle

Set less than

`slt rd, rs, rt`

0	rs	rt	rd	0	0x2a
6	5	5	5	5	6

Set less than unsigned

`sltu rd, rs, rt`

0	rs	rt	rd	0	0x2b
6	5	5	5	5	6

Setzt Register `rd` auf 1, falls Register `rs` kleiner als `rt` ist, andernfalls auf 0.

Set less than immediate

`slti rt, rs, imm`

0xa	rs	rt	imm
6	5	5	16

Set less than immediate unsigned

`sltiu rt, rs, imm`

0xb	rs	rt	imm
6	5	5	16

Setzt Register `rt` auf 1, falls Register `rs` kleiner als der vorzeichenerweiterte Direktwert ist, andernfalls auf 0.

Set equal

`seq rdest, rsrc1, rsrc2`   Pseudobefehl

Setzt Register `rdest` auf 1, falls Register `rsrc1` gleich `rsrc2`, andernfalls auf 0.

Set greater than equal

`sge rdest, rsrc1, rsrc2`   Pseudobefehl

Set greater than equal unsigned

`sgeu rdest, rsrc1, rsrc2`   Pseudobefehl

Setzt Register **rdest** auf 1, falls Register **rsrc1** größer oder gleich **rsrc2** ist, andernfalls auf 0.

Set greater than

`sgt rdest, rsrc1, rsrc2`   Pseudobefehl

Set greater than unsigned

`sgtu rdest, rsrc1, rsrc2`   Pseudobefehl

Setzt Register **rdest** auf 1, falls Register **rsrc1** größer ist als **rsrc2**, andernfalls auf 0.

Set less than equal

`sle rdest, rsrc1, rsrc2`   Pseudobefehl

Set less than equal unsigned

`sleu rdest, rsrc1, rsrc2`   Pseudobefehl

Setzt Register **rdest** auf 1, falls Register **rsrc1** kleiner oder gleich **rsrc2**, andernfalls auf 0.

Set not equal

`sne rdest, rsrc1, rsrc2`   Pseudobefehl

Setzt Register **rdest** auf 1, falls Register **rsrc1** nicht gleich **rsrc2** ist, andernfalls auf 0.

Verzweigungsbefehle

Verzweigungsbefehle verwenden vorzeichenerweiterte 16-Bit-Offset-Felder; sie können also $2^{15} - 1$ *Befehle* (nicht Bytes) zurück und 2^{15} Befehle vorwärts springen. Der *Sprungbefehl* umfasst ein 26-Bit-Adressfeld. Bei realen MIPS-Prozessoren haben Sprungbefehle verzögerte Zweige, die nicht übertragen, bis der dem Zweig folgende Befehl (sein Delay-Slot) ausgeführt wurde (siehe Kapitel 4). Verzögerte Zweige beeinflussen die Offset-Berechnung, da sie relativ zur Adresse des Delay-Slot-Befehls berechnet werden müssen (PC + 4), also wenn die Verzweigung stattfindet. SPIM simuliert diesen Delay-Slot nicht, es sei denn, eines der Flags `-bare` oder `-delayed_branch` ist gesetzt.

Im Assemblercode sind Offsets gewöhnlich nicht als Zahlen spezifiziert. Stattdessen verzweigt ein Befehl zu einer Marke und der Assembler berechnet den Abstand zwischen dem Zweig und den Zielbefehlen.

Bei MIPS-32 haben alle eigentlichen bedingten Verzweigungsbefehle (also keine Pseudobefehle) eine „wahrscheinliche" Variante (beispielsweise ist beql die wahrscheinliche Variante von beq), die den Befehl im Delay-Slot des Zweigs *nicht* ausführt, wenn der Zweig nicht genommen wird. Verwenden Sie diese Befehle besser nicht, sie könnten in einer Folgeversion der Architektur entfernt werden. SPIM implementiert diese Befehle, sie werden aber nicht mehr beschrieben.

Branch

b label   Pseudobefehl

Unbedingter Sprung zu dem Befehl an der Marke label.

Branch coprocessor false

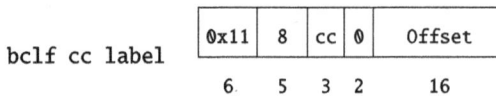

bclf cc label

0x11	8	cc	0	Offset
6	5	3	2	16

Branch coprocessor true

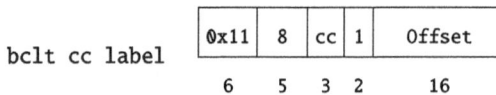

bclt cc label

0x11	8	cc	1	Offset
6	5	3	2	16

Bedingtes Überspringen der durch den Offset angegebene Zahl von Befehlen, falls das Condition-Flag cc falsch (wahr) ist. Wenn cc weggelassen ist, wird das Condition-Flag als 0 angenommen.

Branch on equal

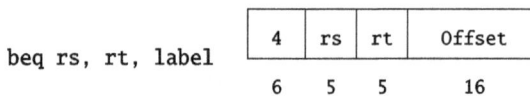

beq rs, rt, label

4	rs	rt	Offset
6	5	5	16

Bedingtes Überspringen der durch den Offset angegebene Zahl von Befehlen, falls Register rs gleich rt.

Branch on greater than equal zero

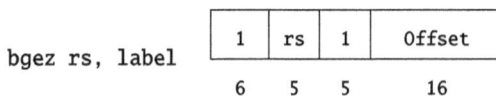

bgez rs, label

1	rs	1	Offset
6	5	5	16

Bedingtes Überspringen der durch den Offset angegebene Zahl von Befehlen, falls Register rs größer oder gleich 0 ist.

Branch on greater than equal zero and link

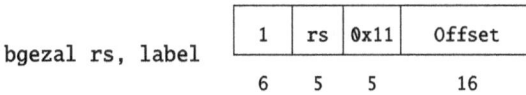

`bgezal rs, label`

1	rs	0x11	Offset
6	5	5	16

Bedingtes Überspringen der durch den Offset angegebene Zahl von Befehlen, falls Register **rs** größer oder gleich 0 ist. Die Adresse des nächsten Befehls wird in Register 31 gespeichert.

Branch on greater than zero

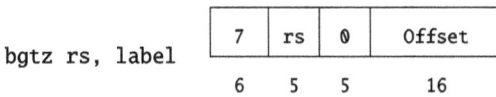

`bgtz rs, label`

7	rs	0	Offset
6	5	5	16

Bedingtes Überspringen der durch den Offset angegebene Zahl von Befehlen, falls Register **rs** größer ist als 0.

Branch on less than equal zero

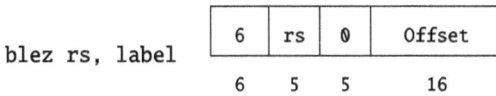

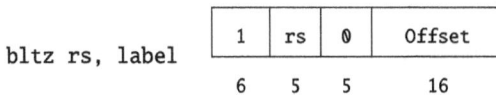

`blez rs, label`

6	rs	0	Offset
6	5	5	16

Bedingtes Überspringen der durch den Offset angegebene Zahl von Befehlen, falls Register **rs** kleiner ist als 0.

Branch on less than and link

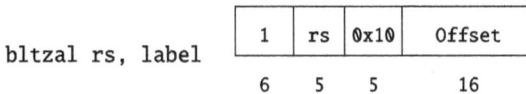

`bltzal rs, label`

1	rs	0x10	Offset
6	5	5	16

Bedingtes Überspringen der durch den Offset angegebene Zahl von Befehlen, falls Register **rs** kleiner ist als 0. Die Adresse des nächsten Befehls wird in Register 31 gespeichert.

Branch on less than zero

`bltz rs, label`

1	rs	0	Offset
6	5	5	16

Bedingtes Überspringen der durch den Offset angegebene Zahl von Befehlen, falls Register **rs** kleiner ist als 0.

Branch on not equal

bne rs, rt, label

5	rs	rt	Offset
6	5	5	16

Bedingtes Überspringen der durch den Offset angegebene Zahl von Befehlen, falls Register rs ungleich rt ist.

Branch on equal zero

beqz rsrc, label   Pseudobefehl

Bedingter Sprung zu dem Befehl an der Marke label, falls rsrc gleich 0.

Branch on greater than equal

bge rsrc1, rsrc2, label   Pseudobefehl

Branch on greater than equal unsigned

bgeu rsrc1, rsrc2, label   Pseudobefehl

Bedingter Sprung zu dem Befehl an der Marke label, falls Register rsrc1 größer oder gleich rsrc2 ist.

Branch on greater than

bgt rsrc1, src2, label   Pseudobefehl

Branch on greater than unsigned

bgtu rsrc1, src2, label   Pseudobefehl

Bedingter Sprung zu dem Befehl an der Marke label, falls Register rsrc1 größer ist als src2.

Branch on less than equal

ble rsrc1, src2, label   Pseudobefehl

Branch on less than equal unsigned

bleu rsrc1, src2, label   Pseudobefehl

Bedingter Sprung zu dem Befehl an der Marke label, falls Register rsrc1 kleiner oder gleich src2 ist.

Branch on less than

blt rsrc1, rsrc2, label   Pseudobefehl

Branch on less than unsigned

`bltu rsrc1, rsrc2, label`   Pseudobefehl

Bedingter Sprung zu dem Befehl an der Marke `label`, falls Register `rsrc1` kleiner ist als `rsrc2`.

Branch on not equal zero

`bnez rsrc, label`   Pseudobefehl

Bedingter Sprung zu dem Befehl an der Marke `label`, falls Register `rsrc` ungleich 0 ist.

Sprungbefehle

Jump

`j target`

2	Ziel
6	26

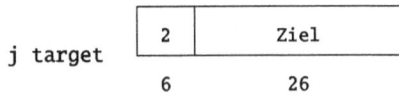

Unbedingter Sprung zum Zielbefehl.

Jump and link

`jal target`

3	Ziel
6	26

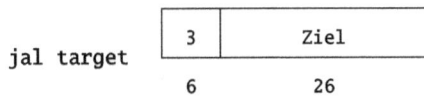

Unbedingter Sprung zum Zielbefehl. Die Adresse des nächsten Befehls wird in Register `$ra` gespeichert.

Jump and link register

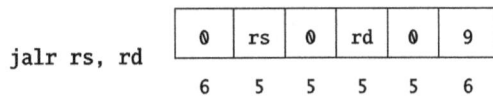

`jalr rs, rd`

0	rs	0	rd	0	9
6	5	5	5	5	6

Unbedingter Sprung zu dem Befehl, dessen Adresse in Register `rs` ist. Die Adresse des nächsten Befehls wird in Register `rd` gespeichert (Default 31).

Jump register

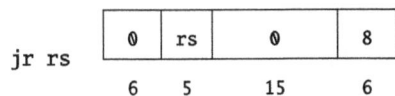

`jr rs`

0	rs	0	8
6	5	15	6

Unbedingter Sprung zu dem Befehl, dessen Adresse in Register `rs` ist.

Trap-Befehle

Trap if equal

`teq rs, rt`

0	rs	rt	0	0x34
6	5	5	10	6

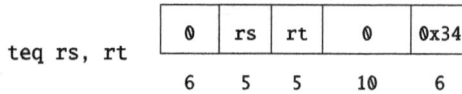

Falls Register rs gleich dem Register rt ist, wird eine Trap-Ausnahme ausgelöst.

Trap if equal immediate

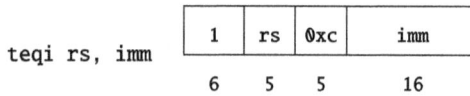

`teqi rs, imm`

1	rs	0xc	imm
6	5	5	16

Falls Register rs gleich dem vorzeichenerweiterten Wert imm ist, wird eine Trap-Ausnahme ausgelöst.

Trap if not equal

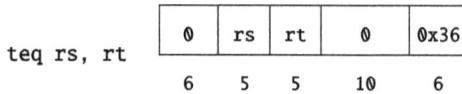

`teq rs, rt`

0	rs	rt	0	0x36
6	5	5	10	6

Falls Register rs nicht gleich Register rt ist, wird eine Trap-Ausnahme ausgelöst.

Trap if not equal immediate

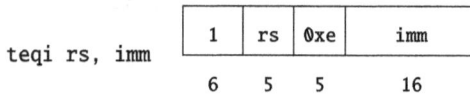

`teqi rs, imm`

1	rs	0xe	imm
6	5	5	16

Falls Register rs nicht gleich dem vorzeichenerweiterten Wert imm ist, wird eine Trap-Ausnahme ausgelöst.

Trap if greater equal

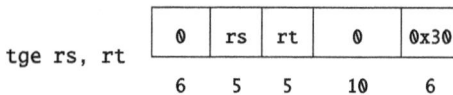

`tge rs, rt`

0	rs	rt	0	0x30
6	5	5	10	6

Unsigned trap if greater equal

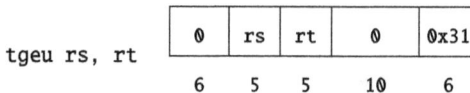

`tgeu rs, rt`

0	rs	rt	0	0x31
6	5	5	10	6

Falls Register rs größer oder gleich Register rt ist, wird eine Trap-Ausnahme ausgelöst.

Trap if greater equal immediate

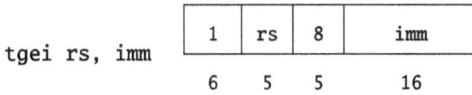

tgei rs, imm

1	rs	8	imm
6	5	5	16

Unsigned trap if greater equal immediate

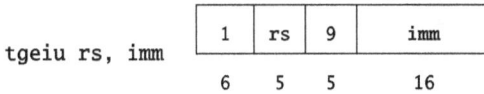

tgeiu rs, imm

1	rs	9	imm
6	5	5	16

Falls Register rs größer oder gleich dem vorzeichenerweiterten Wert imm ist, wird eine Trap-Ausnahme ausgelöst.

Trap if less than

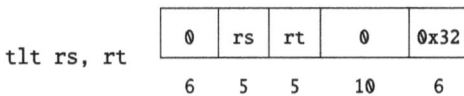

tlt rs, rt

0	rs	rt	0	0x32
6	5	5	10	6

Unsigned trap if less than

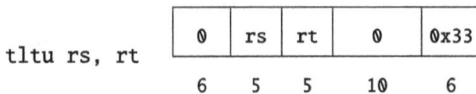

tltu rs, rt

0	rs	rt	0	0x33
6	5	5	10	6

Falls Register rs kleiner als Register rt ist, wird eine Trap-Ausnahme ausgelöst.

Trap if less than immediate

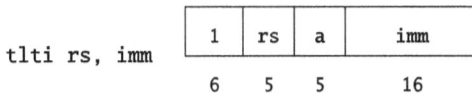

tlti rs, imm

1	rs	a	imm
6	5	5	16

Unsigned trap if less than immediate

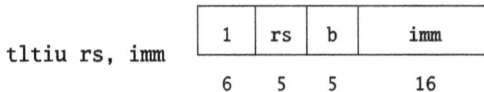

tltiu rs, imm

1	rs	b	imm
6	5	5	16

Falls Register rs kleiner ist als der vorzeichenerweiterte Wert imm, wird eine Trap-Ausnahme ausgelöst.

Ladebefehle

Load address

la rdest, address   Pseudobefehl

Lädt die berechnete Adresse – nicht den Inhalt des Speicherplatzes – in das Register rdest.

Load byte

lb rt, address

0x20	rs	rt	Offset
6	5	5	16

Load unsigned byte

lbu rt, address

0x24	rs	rt	Offset
6	5	5	16

Lädt das Byte an der Adresse in das Register rt. Das Byte wird durch lb vor-zeichenerweitert, durch lbu nicht.

Load halfword

lh rt, address

0x21	rs	rt	Offset
6	5	5	16

Load unsigned halfword

lhu rt, address

0x25	rs	rt	Offset
6	5	5	16

Lädt die 16-Bit-Größe (Halbwort) an address in das Register rt. Das Halbwort ist für lh vorzeichenerweitert, für lhu nicht.

Load word

lw rt, address

0x23	rs	rt	Offset
6	5	5	16

Lädt die 32-Bit-Größe (Wort) an address in das Register rt.

Load word coprocessor 1

lwcl ft, address

0x31	rs	rt	Offset
6	5	5	16

Lädt das Wort an address in das Register ft der Gleitkommaeinheit.

Load word left

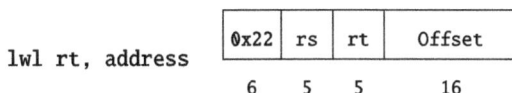

lwl rt, address

0x22	rs	rt	Offset
6	5	5	16

Load word right

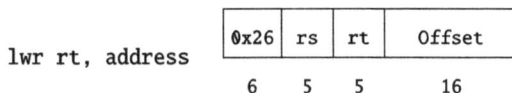

lwr rt, address

0x26	rs	rt	Offset
6	5	5	16

Lädt die linken (rechten) Bytes des Wortes an der möglicherweise nicht ausgerichteten Adresse address in das Register rt.

Load doubleword

ld rdest, address   Pseudobefehl

Lädt die 64-Bit-Größe an address in die Register rdest und rdest + 1.

Unaligned load halfword

ulh rdest, address   Pseudobefehl

Unaligned load halfword unsigned

ulhu rdest, address   Pseudobefehl

Lädt die 16-Bit-Größe (Halbwort) an der möglicherweise nicht ausgerichteten Adresse address in das Register rdest. Das Halbwort ist für ulh vorzeichenerweitert, für ulhu nicht.

Unaligned load word

ulw rdest, address   Pseudobefehl

Lädt die 32-Bit-Größe (Wort) an der möglicherweise nicht ausgerichteten Adresse address in das Register rdest.

Load linked

ll rt, address

0x30	rs	rt	Offset
6	5	5	16

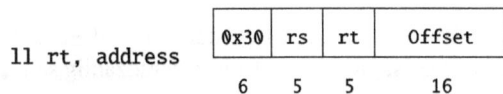

Lädt die 32-Bit-Größe (Wort) an address in das Register rt und beginnt eine atomare read-modify-write-Operation. Diese Operation wird durch einen sc-Befehl (bedingtes Speichern) vervollständigt, der fehlschlagen wird, falls ein anderer Prozessor in den Block schreibt, der das geladene Wort enthält. Da

SPIM multiple Prozessoren nicht simuliert, ist das bedingte Speichern immer
erfolgreich.

Speicherbefehle

Store byte

sb rt, address

0x28	rs	rt	Offset
6	5	5	16

Speichert das untere Byte von Register rt an address.

Store halfword

sh rt, address

0x29	rs	rt	Offset
6	5	5	16

Speichert das untere Halbwort von Register rt an address.

Store word

sw rt, address

0x2b	rs	rt	Offset
6	5	5	16

Speichert das Wort von Register rt an address.

Store word coprocessor 1

swc1 ft, address

0x31	rs	ft	Offset
6	5	5	16

Speichert den Gleitkommawert im Register ft des Gleitkomma-Coprozessors
an address.

Store double coprocessor 1

sdc1 ft, address

0x3d	rs	ft	Offset
6	5	5	16

Speichert den Doppelwort-Gleitkommawert in den Registern ft und ft + 1
des Gleitkomma-Coprozessors an address. Register ft muss geradzahlig sein.

Store word left

swl rt, address

0x2a	rs	rt	Offset
6	5	5	16

Store word right

swr rt, address

0x2e	rs	rt	Offset
6	5	5	16

Speichert die linken (rechten) Bytes aus Register `rt` an der möglicherweise nicht ausgerichteten Adresse `address`.

Store doubleword

sd rsrc, address   Pseudobefehl

Speichert die 64-Bit-Größe in den Registern `rsrc` und `rsrc + 1` an `address`.

Unaligned store halfword

ush rsrc, address   Pseudobefehl

Speichert das untere Halbwort aus Register `rsrc` an der möglicherweise nicht ausgerichteten Adresse `address`.

Unaligned store word

usw rsrc, address   Pseudobefehl

Speichert das Wort aus Register `rsrc` an der möglicherweise nicht ausgerichteten Adresse `address`.

Store conditional

sc rt, address

0x38	rs	rt	Offset
6	5	5	16

Legt die 32-Bit-Größe (Wort) in Register `rt` im Speicher an `address` ab und vervollständigt eine atomare read-modify-write-Operation. Falls diese atomare Operation erfolgreich ist, wird das Speicherwort modifiziert und Register `rt` auf 1 gesetzt. Falls die atomare Operation fehlschlägt, weil ein anderer Prozessor an eine Stelle in dem Block geschrieben hat, der das adressierte Wort enthält, modifiziert dieser Befehl den Speicher nicht und schreibt 0 in das Register `rt`. Da SPIM multiple Prozessoren nicht simuliert, ist das bedingte Speichern immer erfolgreich.

Befehle zum Verschieben von Daten

Move

move rdest, rsrc   Pseudobefehl

Verschiebt Register `rsrc` nach `rdest`.

Move from hi

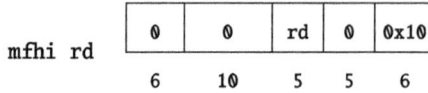

mfhi rd

Move from lo

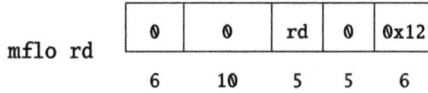

mflo rd

Die Multiplikations- und Divisionseinheit erzeugt ihre Befehle in zwei zusätzlichen Registern, hi und lo. Diese Befehle verschieben Werte nach und aus diesen Registern. Die Pseudobefehle zum Multiplizieren, Dividieren und zur Berechnung des Restes, die den Anschein erwecken, dass diese Einheit auf den allgemeinen Registern arbeitet, verschieben das Ergebnis, nachdem die Berechnung beendet ist.

Verschiebt aus Register hi (lo) nach Register rd.

Move to hi

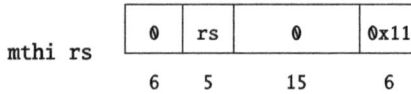

mthi rs

Move to lo

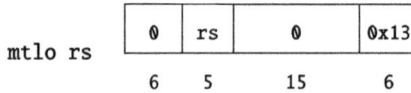

mtlo rs

Verschiebt aus Register rs nach hi bzw. lo.

Move from coprocessor 0

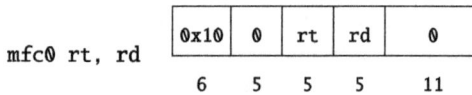

mfc0 rt, rd

Move from coprocessor 1

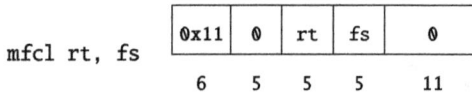

mfc1 rt, fs

Coprocessoren haben ihre eigenen Registersätze. Diese Befehle verschieben Werte zwischen diesen Registern und den CPU-Registern.

Verschiebt aus Register rd in einem Coprocessor (Register fs in der FPU) in das CPU-Register rt. Die Gleitkommaeinheit ist Coprocessor 1.

Move double from coprocessor 1

`mfc1.d rdest, frsrc1` Pseudobefehl

Verschiebt aus den Gleitkommaregistern `frsrc1` und `frsrc1+1` in die CPU-Register `rdest` und `rdest+1`.

Move to coprocessor 0

`mtc0 rd, rt`

0x10	4	rt	rd	0
6	5	5	5	11

Move to coprocessor 1

`mtc1 rd, fs`

0x11	4	rt	fs	0
6	5	5	5	11

Verschiebt aus CPU-Register `rt` nach Register `rd` in einem Coprocessor (Register `fs` in der FPU).

Move conditional not zero

`movn rd, rs, rt`

0	rs	rt	rd	0xb
6	5	5	5	11

Verschiebt aus Register `rs` nach Register `rd`, falls Register `rt` nicht 0 ist.

Move conditional zero

`movz rd, rs, rt`

0	rs	rt	rd	0xa
6	5	5	5	11

Verschiebt aus Register `rs` nach Register `rd`, falls Register `rt` 0 ist.

Move conditional on FP false

`movf rd, rs, cc`

0	rs	cc	0	rd	0	1
6	5	3	2	5	5	6

Verschiebt aus dem CPU-Register `rs` nach Register `rd`, falls das Condition-Flag Nummer `cc` der FPU 0 ist. Falls `cc` im Befehl weggelassen ist, wird das Condition-Flag als 0 angenommen.

Move conditional on FP true

movt rd, rs, cc

0	rs	cc	1	rd	0	1
6	5	3	2	5	5	6

Verschiebt aus dem CPU-Register rs nach Register rd, falls das Condition-Flag Nummer cc der FPU 1 ist. Falls cc im Befehl weggelassen ist, wird das Condition-Flag als 0 angenommen.

Gleitkommabefehle

MIPS hat einen Gleitkomma-Coprozessor (mit der Nummer 1), der Gleitkommazahlen mit einfacher (32-Bit) und doppelter (64-Bit) Genauigkeit verarbeitet. Dieser Coprozessor hat seine eigenen Register, die von $f0 bis $f31 nummeriert sind. Da diese Register nur 32 Bit breit sind, sind zwei von ihnen erforderlich, um Zahlen mit doppelter Genauigkeit zu halten, weshalb nur Gleitkommaregister mit geraden Nummern Werte mit doppelter Genauigkeit halten können. Der Gleitkomma-Coprozessor hat außerdem acht Condition-Flags (cc), nummeriert von 0 bis 7, die durch Vergleichsbefehle gesetzt und durch Verzweigungsbefehle (bclf oder bclt) und bedingte Verschiebungen getestet werden.

Werte werden in bzw. aus diesen Registern verschoben, indem mit den Befehlen lwc1, swc1, mtc1 und mfc1 jeweils ein Wort (32 Bit) bewegt wird, oder mit den Befehlen ldc1 und sdc1, die jeweils ein Doppelwort (64 Bit) bewegen. Diese Befehle wurden bereits beschrieben. Eine weitere Möglichkeit sind die Pseudobefehle l.s, l.d, s.s und s.d, die weiter unten vorgestellt werden.

In den im Folgenden beschriebenen Befehlen sind die Bits 21–26 für einfache Genauigkeit 0 und für doppelte Genauigkeit 1. In den Pseudobefehlen ist fdest ein Gleitkommaregister (z. B. $f2).

Floating-point absolute value double

abs.d fd, fs

0x11	1	0	fs	fd	5
6	5	5	5	5	6

Floating-point absolute value single

abs.s fd, fs

0x11	0	0	fs	fd	5
6	5	5	5	5	6

Berechnet den Absolutwert des doppelt (einfach) genauen Gleitkommawertes in Register fs und legt ihn in das Register fd.

Floating-point addition double

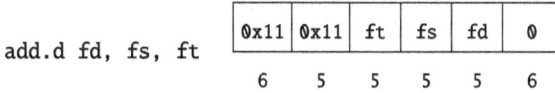

add.d fd, fs, ft

0x11	0x11	ft	fs	fd	0
6	5	5	5	5	6

Floating-point addition single

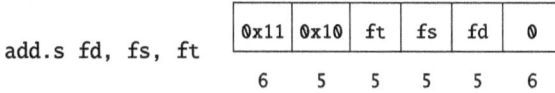

add.s fd, fs, ft

0x11	0x10	ft	fs	fd	0
6	5	5	5	5	6

Berechnet die Summe der doppelt (einfach) genauen Gleitkommawerte in den Registern fs und ft und legt sie in das Register fd.

Floating-point ceiling to word

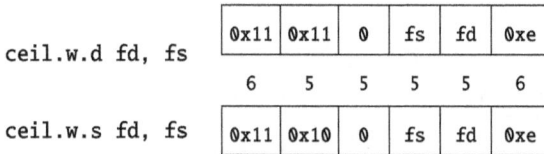

ceil.w.d fd, fs

0x11	0x11	0	fs	fd	0xe
6	5	5	5	5	6

ceil.w.s fd, fs

0x11	0x10	0	fs	fd	0xe

Berechnet den aufgerundeten Wert des doppelt (einfach) genauen Gleitkommawertes in Register fs, konvertiert ihn in einen 32-Bit-Festkommawert und legt das resultierende Wort in das Register fd.

Compare equal double

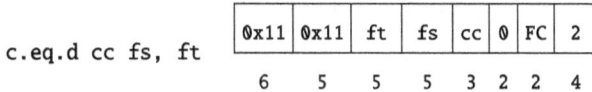

c.eq.d cc fs, ft

0x11	0x11	ft	fs	cc	0	FC	2
6	5	5	5	3	2	2	4

Compare equal single

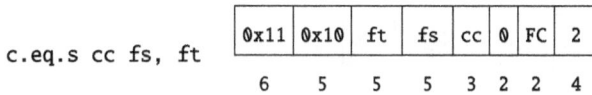

c.eq.s cc fs, ft

0x11	0x10	ft	fs	cc	0	FC	2
6	5	5	5	3	2	2	4

Vergleicht die doppelt (einfach) genaue Gleitkommazahl in Register fs mit der in ft und setzt das Gleitkomma-Condition-Flag cc auf 1, wenn beide gleich sind. Wenn cc weggelassen ist, wird das Condition-Flag als 0 angenommen.

Compare less than equal double

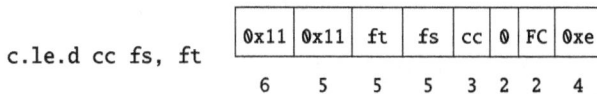

c.le.d cc fs, ft

0x11	0x11	ft	fs	cc	0	FC	0xe
6	5	5	5	3	2	2	4

Compare less than equal single

c.le.s cc fs, ft

0x11	0x10	ft	fs	cc	0	FC	0xe
6	5	5	5	3	2	2	4

Vergleicht die doppelt (einfach) genaue Gleitkommazahl in Register fs mit der in ft und setzt das Gleitkomma-Condition-Flag cc auf 1, falls Erstere kleiner oder gleich der Zweiten ist. Wenn cc weggelassen ist, wird das Condition-Flag als 0 angenommen.

Compare less than double

c.lt.d cc fs, ft

0x11	0x11	ft	fs	cc	0	FC	0xc
6	5	5	5	3	2	2	4

Compare less than single

c.lt.s cc fs, ft

0x11	0x10	ft	fs	cc	0	FC	0xc
6	5	5	5	3	2	2	4

Vergleicht die doppelt (einfach) genaue Gleitkommazahl in Register fs mit der in ft und setzt das Gleitkomma-Condition-Flag cc auf 1, falls Erstere kleiner als die Zweite ist. Wenn cc weggelassen ist, wird das Condition-Flag als 0 angenommen.

Convert single to double

cvt.d.s fd, fs

0x11	0x10	0	fs	fd	0x21
6	5	5	5	5	6

Convert integer to double

cvt.d.w fd, fs

0x11	0x14	0	fs	fd	0x21
6	5	5	5	5	6

Konvertiert die einfach genaue Gleitkommazahl bzw. die Ganzzahl in Register fs in eine doppelt genaue Zahl und legt sie ins Register fd.

Convert double to single

cvt.s.d fd, fs

0x11	0x11	0	fs	fd	0x20
6	5	5	5	5	6

Convert integer to single

cvt.s.w fd, fs

0x11	0x14	0	fs	fd	0x20
6	5	5	5	5	6

Konvertiert die einfach genaue Gleitkommazahl bzw. die Ganzzahl in Register fs in eine einfach genaue Zahl und legt sie ins Register fd.

Convert double to integer

cvt.w.d fd, fs

0x11	0x11	0	fs	fd	0x24
6	5	5	5	5	6

Convert single to integer

cvt.w.s fd, fs

0x11	0x10	0	fs	fd	0x24
6	5	5	5	5	6

Konvertiert die doppelt oder einfach genaue Gleitkommazahl in Register fs in eine Ganzzahl und legt sie ins Register fd.

Floating-point divide double

div.d fd, fs, ft

0x11	0x11	ft	fs	fd	3
6	5	5	5	5	6

Floating-point divide single

div.s fd, fs, ft

0x11	0x10	ft	fs	fd	3
6	5	5	5	5	6

Berechnet den Quotienten der doppelt (einfach) genauen Gleitkommazahlen in den Registern fs und ft und legt ihn ins Register fd.

Floating-point floor to word

floor.w.d fd, fs

0x11	0x11	0	fs	fd	0xf
6	5	5	5	5	6

floor.w.s fd, fs

0x11	0x10	0	fs	fd	0xf

Berechnet den abgerundeten Wert der doppelt (einfach) genauen Gleitkommazahl in Register fs und legt das Ergebnis in das Register fd.

Load floating-point double

l.d fdest, address   Pseudobefehl

Load floating-point single

l.s fdest, address   Pseudobefehl

Lädt die doppelt (einfach) genaue Gleitkommazahl an `address` in das Register `fdest`.

Move floating-point double

mov.d fd, fs

0x11	0x11	0	fs	fd	6
6	5	5	5	5	6

Move floating-point single

mov.s fd, fs

0x11	0x10	0	fs	fd	6
6	5	5	5	5	6

Verschiebt die doppelt (einfach) genaue Gleitkommazahl aus Register `fs` nach Register `fd`.

Move conditional floating-point double false

movf.d fd, fs, cc

0x11	0x11	cc	0	fs	fd	0x11
6	5	3	2	5	5	6

Move conditional floating-point single false

movf.s fd, fs, cc

0x11	0x10	cc	0	fs	fd	0x11
6	5	3	2	5	5	6

Verschiebt die doppelt (einfach) genaue Gleitkommazahl aus Register `fs` nach Register `fd`, falls das Condition-Flag `cc` 0 ist. Wenn `cc` weggelassen ist, wird Condition-Flag 0 angenommen.

Move conditional floating-point double true

movt.d fd, fs, cc

0x11	0x11	cc	1	fs	fd	0x11
6	5	3	2	5	5	6

Move conditional floating-point single true

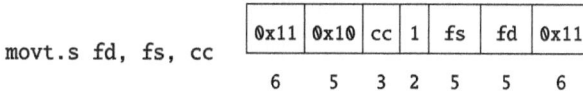

`movt.s fd, fs, cc`

0x11	0x10	cc	1	fs	fd	0x11
6	5	3	2	5	5	6

Verschiebt die doppelt (einfach) genaue Gleitkommazahl aus Register fs nach Register fd, falls das Condition-Flag cc 1 ist. Wenn cc weggelassen ist, wird Condition-Flag 0 angenommen.

Move conditional floating-point double not zero

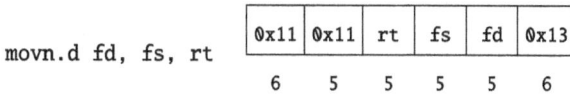

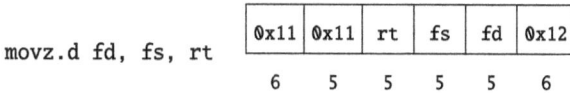

`movn.d fd, fs, rt`

0x11	0x11	rt	fs	fd	0x13
6	5	5	5	5	6

Move conditional floating-point single not zero

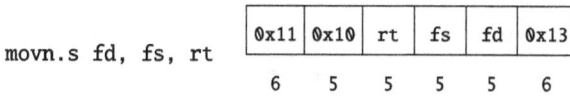

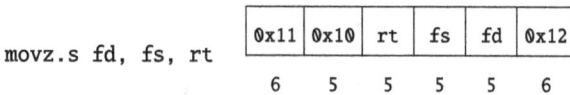

`movn.s fd, fs, rt`

0x11	0x10	rt	fs	fd	0x13
6	5	5	5	5	6

Verschiebt die doppelt (einfach) genaue Gleitkommazahl aus Register fs in Register fd, falls das Prozessorregister rt nicht 0 ist.

Move conditional floating-point double zero

`movz.d fd, fs, rt`

0x11	0x11	rt	fs	fd	0x12
6	5	5	5	5	6

Move conditional floating-point single zero

`movz.s fd, fs, rt`

0x11	0x10	rt	fs	fd	0x12
6	5	5	5	5	6

Verschiebt die doppelt (einfach) genaue Gleitkommazahl aus Register fs in Register fd, falls das Prozessorregister rt 0 ist.

Floating-point multiply double

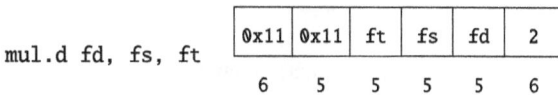

`mul.d fd, fs, ft`

0x11	0x11	ft	fs	fd	2
6	5	5	5	5	6

Floating-point multiply single

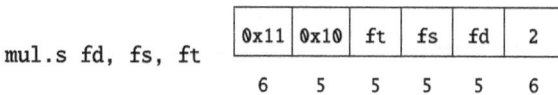

`mul.s fd, fs, ft`

0x11	0x10	ft	fs	fd	2
6	5	5	5	5	6

Berechnet das Produkt der doppelt (einfach) genauen Gleitkommazahlen in den Registern fs und ft und legt sie ins Register fd.

Negate double

neg.d fd, fs

0x11	0x11	0	fs	fd	7
6	5	5	5	5	6

Negate single

neg.s fd, fs

0x11	0x10	0	fs	fd	7
6	5	5	5	5	6

Negiert die doppelt (einfach) genaue Gleitkommazahl in Register fs und legt sie ins Register fd.

Floating-point round to word

round.w.d fd, fs

0x11	0x11	0	fs	fd	0xc
6	5	5	5	5	6

round.w.s fd, fs

0x11	0x10	0	fs	fd	0xc

Rundet die doppelt (einfach) genaue Gleitkommazahl in Register fs, konvertiert sie in einen 32-Bit-Festkommawert und legt das resultierende Wort ins Register fd.

Square root double

sqrt.d fd, fs

0x11	0x11	0	fs	fd	4
6	5	5	5	5	6

Square root single

sqrt.s fd, fs

0x11	0x10	0	fs	fd	4
6	5	5	5	5	6

Berechnet die Quadratwurzel der doppelt (einfach) genauen Gleitkommazahl in Register fs und legt sie ins Register fd.

Store floating-point double

s.d fdest, address   Pseudobefehl

Store floating-point single

`s.s fdest, address`   Pseudobefehl

Speichert die doppelt (einfach) genaue Gleitkommazahl in Register `fdest` bei `address`.

Floating-point subtract double

`sub.d fd, fs, ft`

0x11	0x11	ft	fs	fd	1
6	5	5	5	5	6

Floating-point subtract single

`sub.s fd, fs, ft`

0x11	0x10	ft	fs	fd	1
6	5	5	5	5	6

Berechnet die Differenz der doppelt (einfach) genauen Gleitkommazahlen in den Registern `fs` und `ft` und legt sie ins Register `fd`.

Floating-point truncate to word

`trunc.w.d fd, fs`

0x11	0x11	0	fs	fd	0xd
6	5	5	5	5	6

`trunc.w.s fd, fs`

0x11	0x10	0	fs	fd	0xd

Schneidet den doppelt (einfach) genauen Gleitkommawert in Register `fs` ab, konvertiert ihn in einen 32-Bit-Gleitkommawert und legt das resultierende Wort ins Register `fd`.

Befehle für Ausnahmen und Interrupts

Exception return

`eret`

0x10	1	0	0x18
6	1	19	6

Setzt das EXL-Bit im Statusregister des Coprocessors 0 auf 0 und springt zu dem Befehl zurück, auf den das EPC-Register des Coprozessors 0 zeigt.

Systemaufruf

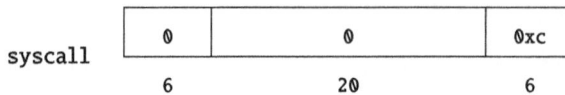

Register $v0 enthält die Nummer des von SPIM gelieferten Systemaufrufs (siehe Tabelle A.2).

Break

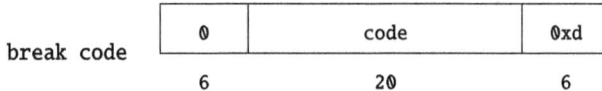

Bewirkt die Ausnahme code. Ausnahme 1 ist für den Debugger reserviert.

No operation

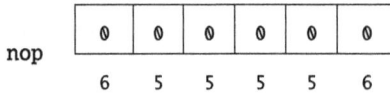

Tut nichts.

A.11   Schlussbetrachtungen

Das Programmieren in Assemblersprache bedeutet für den Programmierer, viele nützliche Eigenschaften höherer Programmiersprachen – wie etwa Datentypen und Kontrollstrukturen – gegen die vollständige Kontrolle über die vom Computer ausgeführten Befehle einzutauschen. Bei manchen Anwendungen können externe Einschränkungen wie die Antwortzeit oder die Programmlänge den Programmierer dazu zwingen, sehr genau auf jeden Befehl zu achten. Der Preis hierfür sind Assemblerprogramme, die im Vergleich zu Programmen in höheren Programmiersprachen länger, mit größerem Aufwand zu schreiben und schwieriger zu warten sind.

Zudem reduzieren drei Trends die Notwendigkeit, Programme in Assemblersprache zu schreiben. Der erste Trend ist die Verbesserung von Compilern. Moderne Compiler erzeugen Code, der gewöhnlich mit dem besten handgeschriebenen Code vergleichbar ist – und manchmal ist er sogar besser. Der zweite Trend ist die Einführung neuer Prozessoren, die nicht nur schneller sind, sondern auch schwierig händisch zu programmieren, etwa im Falle von Prozessoren, die mehrere Befehle simultan ausführen. Hinzu kommt, dass die rasante Entwicklung moderner Computer Programme in höheren Programmiersprachen favorisiert, die nicht an eine bestimmte Architektur gebunden sind. Drittens beobachten wir einen Trend hin zu immer komplexeren Anwendungen, die durch komplexe grafische Schnittstellen charakterisiert sind und viel mehr Funktionalitäten bieten als ihre Vorgänger. Große Anwendungen werden von

Teams von Programmierern geschrieben und benötigen die Modularität und die Funktionen zur Semantikprüfung, über die höhere Programmiersprachen verfügen.

A.12 Aufgaben

Aufgabe A.1

[5] <A.5> In Abschnitt A.1 wird beschrieben, wie der Speicher in den meisten MIPS-Systemen partitioniert ist. Schlagen Sie eine andere Möglichkeit für die Speicheraufteilung vor, die dieselben Ziele erfüllt.

Aufgabe A.2

[20] <A.6> Schreiben Sie den Code für fact so um, dass weniger Befehle verwendet werden.

Aufgabe A.3

[5] <A.7> Ist es immer sicher für ein Anwendungsprogramm, die Register $k0 und $k1 zu verwenden?

Aufgabe A.4

[25] <A.7> In Abschnitt A.7 wurde ein Code für einen sehr einfachen Exception-Handler angegeben. Ein echtes Problem bei diesem Handler besteht darin, dass er Interrupts für eine lange Zeitspanne deaktiviert. Das bedeutet, dass Interrupts von einem schnellen I/O-Gerät verlorengehen können. Schreiben Sie einen besseren Exception-Handler, bei dem Interrupts möglich sind und diese so schnell wie möglich aktiviert.

Aufgabe A.5

[15] <A.7> Der einfache Exception-Handler springt immer zu dem Befehl zurück, der auf die Ausnahme folgt. Dies funktioniert gut, solange sich der Befehl, der die Ausnahme verursacht, nicht im Delay-Slot eines Zweiges befindet. In diesem Fall ist der nächste Befehl das Rücksprungziel. Schreiben Sie einen besseren Exception-Handler, der das EPC-Register verwendet um festzustellen, welcher Befehl nach der Ausnahme ausgeführt werden soll.

Aufgabe A.6

[5] <A.9> Schreiben und testen Sie unter Verwendung von SPIM ein Programm, das wiederholt Ganzzahlen einliest und sie zu einer fortlaufenden

Summe aufaddiert. Das Programm soll anhalten, wenn es eine Null als Eingabe erhält, und die Summe an dieser Stelle ausgeben. Verwenden Sie die auf
Seite 696 ff. beschriebenen SPIM-Systemaufrufe.

Aufgabe A.7

[5] <A.9> Schreiben und testen Sie unter Verwendung von SPIM ein Pro-
gramm, das drei Ganzzahlen einliest und die Summe der beiden größeren
Zahlen ausgibt. Verwenden Sie die auf Seite 696 ff. beschriebenen SPIM-
Systemaufrufe.

Aufgabe A.8

[5] <A.9> Schreiben und testen Sie unter Verwendung von SPIM ein Programm, das mittels Systemaufrufen eine positive Ganzzahl einliest. Wenn die
Eingabe nicht positiv ist, soll das Programm mit der Meldung „Ungültige Eingabe" beendet werden; andernfalls soll es die Zahlwörter der Stellen der Ganzzahl, jeweils getrennt durch ein Leerzeichen, ausgeben. Wenn der Anwender also beispielsweise „728" eingegeben hat, soll die Ausgabe „Sieben Zwei
Acht" sein.

Aufgabe A.9

[5] <A.25> Schreiben und testen Sie ein Programm in MIPS-Assemblersprache, das die ersten 100 Primzahlen berechnet und ausgibt. Die Zahl n
ist eine Primzahl, wenn sie, außer durch 1 und n, durch keine Zahl ohne Rest
teilbar ist. Sie sollten zwei Routinen implementieren:

- `test_prime` (n) – Gibt 1 zurück, falls n eine Primzahl ist; andernfalls 0.
- `main` () – Iteriert über die Menge der ganzen Zahlen und testet jeweils, ob
  die Zahl eine Primzahl ist. Die ersten 100 Primzahlen werden ausgegeben.

Testen Sie Ihr Programm, indem Sie es auf SPIM laufen lassen.

Aufgabe A.10

[10] <A.6, A.9> Schreiben und testen Sie unter Verwendung von SPIM ein rekursives Programm, um das klassische Knobelspiel „Die Türme von Hanoi" zu
lösen. (Dies wird die Verwendung von Kellerrahmen nötig machen, um Rekursionen zu unterstützen.) Das Spiel besteht aus drei Stäben (start, finish, extra)
und n gelochten Scheiben, wobei typische Werte von n etwa bis acht gehen.
Scheibe 1 ist kleiner als Scheibe 2, die wiederum kleiner ist als Scheibe 3
usw., sodass Scheibe n die größte ist. Anfangs befinden sich alle Scheiben auf
Stab 1 (start), und zwar ganz unten die größte, dann die zweitgrößte usw., ganz
oben schließlich die kleinste. Ziel ist es, alle Scheiben auf Stab 2 (finish) um-
zuschichten, wobei bei jedem Zug nur eine Scheibe bewegt werden darf und
diese immer oben auf einen der beiden anderen Stapel gelegt werden muss.

Zusätzlich gibt es eine Bedingung: Die abgelegte Scheibe muss immer kleiner sein als die Scheibe, auf die sie gelegt wird.

Sie können das folgende C-Programm als Hilfestellung verwenden, um Ihr Programm in Assemblersprache zu schreiben.

```
void hanoi(int n, int start, int finish, int extra){
    if(n != 0){
        hanoi(n-1, start, extra, finish);
        print_string("Verlagere Scheibe");
        print_int(n);
        print_string("von Stab");
        print_int(start);
        print_string("nach Stab");
        print_int(finish);
        print_string(".\n");
        hanoi(n-1, extra, finish, start);
    }
}
main(){
    int n;
    print_string("Anzahl der Scheiben eingeben>");
    n = read_int();
    hanoi(n, 1, 2, 3);
    return 0;
}
```

B Grundlagen des Logikdesigns

B.1 Einführung

Dieser Anhang bietet eine kurze Einführung in die Grundlagen des Logikdesigns. Er kann weder eine Vorlesung über Logikdesign ersetzen, noch wird er Sie befähigen, signifikante funktionsfähige Logiksysteme zu entwerfen. Doch wenn Sie bisher kaum Berührung mit diesem Thema hatten, wird Ihnen der Anhang das notwendige Grundlagenwissen vermitteln, um den im Buch behandelten Stoff zu verstehen. Auch wenn Sie verstehen wollen, wieso Computer so aufgebaut sind wie sie sind, wird Ihnen das hier präsentierte Material als hilfreiche Einführung dienen.

In Abschnitt B.2 werden zunächst die elementaren Logikbausteine eingeführt: die *Gatter*. In Abschnitt B.3 werden diese dann verwendet, um einfache Systeme der *kombinatorischen Logik* zu konstruieren, die keinen Speicher beinhalten. Wenn Sie bereits mit logischen bzw. digitalen Systemen in Berührung gekommen sind, werden Sie mit dem Stoff in diesen beiden Abschnitten wahrscheinlich schon vertraut sein. In Abschnitt B.5 wird gezeigt, wie auf Basis dieser Konzepte eine ALU für den MIPS-Prozessor entworfen werden kann. Abschnitt B.6 befasst sich mit der Konstruktion eines schnellen Addierers. Wenn dieses Thema für Sie nicht von Interesse ist, können Sie diesen Abschnitt problemlos überspringen. Abschnitt B.7 bietet eine kurze Einführung in die Problematik der Takterzeugung, was notwendig ist, wenn man verstehen will, wie Speicherelemente arbeiten. Diese werden in Abschnitt B.8 eingeführt, und in Abschnitt B.9 wird die Betrachtung auf Speicher mit wahlfreiem Zugriff (RAMs) ausgedehnt. Dabei werden zum einen die Eigenschaften beschrieben, die wichtig sind, um ihre Verwendung zu verstehen (siehe Kapitel 4); zum anderen wird der Hintergrund beleuchtet, der die Motivation für viele Aspekte des Designs der Speicherhierarchie liefert (siehe Kapitel 5). Abschnitt B.10 beschreibt das Design und die Verwendung von endlichen Automaten, also im Prinzip von sequentiellen Logikblöcken. Für das Verständnis des Online-Abschnitts D ist der Stoff der Abschnitte B.2 bis B.10 unverzichtbar. Falls Sie sich nur für die in Kapitel 4 behandelte Steuerung interessieren, genügt es, die Anhänge zu überfliegen, doch Sie sollten zumindest einigermaßen vertraut mit den behandelten Themen sein. Die einzige Ausnahme ist Abschnitt B.11, der für Leser gedacht ist, die sich eingehender mit Methoden der Takterzeugung befassen wollen. Dort werden die Grundlagen der flankengesteuerten Takterzeugung erklärt, andere Konzepte der Takterzeugung eingeführt und das Problem der Synchronisation asynchroner Eingänge kurz beschrieben.

https://doi.org/10.1515/9783111352732-008

Überall wo es sich anbietet, enthält dieser Abschnitt kurze Segmente, die demonstrieren sollen, wie die Logik in der Hardwarebeschreibungssprache Verilog dargestellt werden kann, die in Abschnitt B.4 eingeführt wird.

B.2 Gatter, Wahrheitstabellen und logische Gleichungen

Die Elektronik in einem modernen Computer ist digital. Digitale Elektronik arbeitet mit nur zwei Spannungszuständen: „high" (hoch) und „low" (niedrig). Alle anderen Spannungswerte sind temporär und treten nur beim Übergang zwischen den relevanten Spannungszuständen auf. (Wie wir in diesem Abschnitt noch diskutieren werden, besteht ein möglicher Fallstrick beim Entwurf digitaler Systeme darin, dass ein Signal aufgenommen wird, während es nicht eindeutig hoch oder niedrig ist.) Die Tatsache, dass Computer digital sind, ist auch der entscheidende Grund dafür, dass sie mit binären Zahlen arbeiten, denn das Binärsystem ist offensichtlich perfekt geeignet für die der Elektronik inhärente Abstraktion. Da die Bezeichnungen für die beiden Spannungswerte und ihre Beziehungen innerhalb der Logik nicht ganz einheitlich sind, wollen wir im Folgenden nicht von den Spannungswerten sprechen, sondern von Signalen. Diese sind entweder logisch wahr, wofür auch das Symbol 1 verwendet wird, oder logisch falsch, was auch mit 0 bezeichnet wird. Die Werte 0 und 1 werden *komplementär* oder *invers* zueinander genannt.

> **kombinatorische Logik** Ein logisches System, dessen Bausteine keinen Speicher enthalten und daher bei gleichem Eingang den gleichen Ausgang berechnen.

In Abhängigkeit davon, ob Speicher enthalten sind, werden zwei Typen von Logikbausteinen unterschieden. Bausteine ohne Speicher werden *kombinatorische Logik* (oder *Schaltnetze*) genannt. Der Ausgang eines Schaltnetzes hängt nur vom aktuellen Eingang ab. In Bausteinen mit Speicher kann der Ausgang dagegen sowohl von den Eingängen als auch von dem Wert im Speicher abhängen, der als *Zustand* des Logikbausteins bezeichnet wird. In diesem und dem nächsten Abschnitt werden wir uns auf die **kombinatorische Logik** konzentrieren. Nachdem wir dann in Abschnitt B.8 verschiedene Speicherelemente beschrieben haben, werden wir uns mit dem Design **sequentieller Logik,** auch Schaltwerke genannt, beschäftigen, bei der auch der Zustand des vorherigen Elements berücksichtigt wird.

> **sequentielle Logik** Eine Gruppe von Logikbausteinen, die Speicher enthalten und deren Werte daher sowohl von den Eingängen als auch von den aktuellen Speicherinhalten abhängen.

Wahrheitstabellen

Da ein Schaltbaustein keinen Speicher enthält, kann er vollständig spezifiziert werden, indem für jeden möglichen Satz an Eingangswerten die Ausgangswerte berechnet werden. Eine solche Beschreibung wird üblicherweise in Form einer *Wahrheitstabelle* gegeben. Für einen Logikbaustein mit n Eingängen hat die Wahrheitstabellen 2^n Zeilen, was sich aus der Anzahl der möglichen Kombinationen von Eingangswerten ergibt. Jede Zeile spezifiziert die Werte aller Ausgänge für die jeweilige Kombination an Eingängen.

Beispiel: Wahrheitstabellen

Betrachten wir eine logische Funktion mit den drei Eingängen A, B, C und den drei Ausgängen D, E, F. Die Funktion ist wie folgt definiert: D ist wahr, wenn wenigstens ein Eingang wahr ist, E ist wahr, wenn genau zwei Eingänge wahr sind und F ist nur dann wahr, wenn alle drei Eingänge wahr sind. Wie sieht die Wahrheitstabelle für diese Funktion aus?

Lösung: Die Wahrheitstabelle umfasst $2^3 = 8$ Zeilen:

Eingang A	Eingang B	Eingang C	Ausgang D	Ausgang E	Ausgang F
0	0	0	0	0	0
0	0	1	1	0	0
0	1	0	1	0	0
0	1	1	1	1	0
1	0	0	1	0	0
1	0	1	1	1	0
1	1	0	1	1	0
1	1	1	1	0	1

Jede Schaltlogikfunktion kann durch eine Wahrheitstabelle vollständig beschrieben werden, allerdings können diese Tabellen schnell sehr groß werden und sind dann nicht mehr leicht zu verstehen. Manchmal wollen wir eine logische Funktion konstruieren, die für viele Eingangskombinationen 0 ergibt. Dann werden wir der Einfachheit halber nur diejenigen Zeilen der Wahrheitstabelle angeben, in denen die Ausgänge nicht null sind. Diese Vorgehensweise wird in Kapitel 4 und in Anhang D (online) verwendet.

Boolesche Algebra

Ein anderer Ansatz besteht darin, die Logikfunktion durch logische Gleichungen auszudrücken. Dies geschieht mithilfe der *booleschen Algebra* (benannt nach George Boole, einem Mathematiker aus dem 19. Jahrhundert). In der booleschen Algebra können Variablen nur die Werte 0 und 1 annehmen, und im Rahmen der üblichen Formulierung gibt es drei Operatoren:

- Der OR-Operator („oder") wird durch das Symbol + ausgedrückt, also etwa $A + B$. Das Ergebnis einer OR-Operation ist 1, wenn eine der beiden Variablen 1 ist. Die OR-Operation wird auch *logische Summe* genannt, da ihr Ergebnis 1 ist, wenn einer ihrer Operanden 1 ist.

- Der AND-Operator („und") wird durch das Symbol · ausgedrückt, also etwa $A \cdot B$. Das Ergebnis einer AND-Operation ist nur dann 1, wenn beide Eingänge 1 sind. Die AND-Operation wird auch *logisches Produkt* genannt, weil ihr Ergebnis nur dann 1 ist, wenn beide Operanden 1 sind.

- Der monadische Operator NOT wird in der Form $\overline{A}$ geschrieben. Sein Ergebnis ist genau dann 1, wenn der Eingang 0 ist. Angewendet auf einen logischen Wert bewirkt der NOT-Operator die Negation oder Inversion dieses Wertes (d. h., wenn der Eingang 0 ist, ist der Ausgang 1, und umgekehrt).

Im Rahmen der booleschen Algebra gibt es verschiedene Gesetze, die beim Umformen logischer Gleichungen hilfreich sind.

- Identitätsgesetz: $A + 0 = A$ und $A \cdot 1 = A$
- Einsgesetz und Nullgesetz: $A + 1 = 1$ und $A \cdot 0 = 0$
- Komplementärgesetze: $A + \overline{A} = 1$ und $A \cdot \overline{A} = 0$
- Kommutativgesetze: $A + B = B + A$ und $A \cdot B = B \cdot A$
- Assoziativgesetze: $A + (B + C) = (A + B) + C$ und $A \cdot (B \cdot C) = (A \cdot B) \cdot C$
- Distributivgesetze: $A \cdot (B+C) = (A \cdot B)+(A \cdot C)$ und $A+(B \cdot C) = (A+B) \cdot (A+C)$

Zudem gibt es zwei weitere nützliche Theoreme, die sogenannten DeMorgan'schen Gesetze, die in den Übungsaufgaben ausführlicher diskutiert werden.

Jeder Satz logischer Funktionen kann durch eine Reihe von Gleichungen ausgedrückt werden, wobei auf der linken Seite jeder Gleichung ein Ausgang steht und auf der rechten Seite eine Formel, bestehend aus den Variablen und den drei oben angegebenen Operatoren.

Beispiel: Logische Gleichungen

Wie sehen die logischen Gleichungen für die im vorherigen Beispiel beschriebenen logischen Funktionen D, E und F aus?

Lösung: Die Gleichung für D lautet

$$D = A + B + C$$

und die für F ist

$$F = A \cdot B \cdot C$$

Nicht ganz so einfach ist die Sache für E. Gehen wir sie von zwei Seiten an: Was muss wahr sein, damit E wahr ist (zwei der drei Eingänge müssen wahr sein), und was kann nicht wahr sein (es dürfen nicht alle drei wahr sein)? Wir können E also wie folgt schreiben:

$$E = ((A \cdot B) + (A \cdot C) + (B \cdot C)) \cdot (\overline{A \cdot B \cdot C})$$

Alternativ können wir E herleiten, indem wir davon ausgehen, dass E nur wahr ist, wenn genau zwei der Eingänge wahr sind. Wir können E daher als OR-Verknüpfung der drei möglichen Terme mit zwei wahren und einem falschen Eingang schreiben:

$$E = (A \cdot B \cdot \overline{C}) + (A \cdot C \cdot \overline{B}) + (B \cdot C \cdot \overline{A})$$

Der Beweis, dass die beiden Ausdrücke für E äquivalent sind, wird im Rahmen der Übungen geführt.

In Verilog werden Schaltnetze wann immer möglich mit der assign-Anweisung beschrieben (siehe S. 756). Damit kann E unter Verwendung des exklusiven OR von Verilog als `assign E = (A ^ B ^ C) * (A + B + C) * (A * B * C)` definiert werden, womit wir eine weitere Möglichkeit zur Beschreibung dieser Funktion haben. D und F haben sehr einfache Darstellungen, die ganz ähnlich aussehen, wie der entsprechende C-Code: `D = A | B | C` und `F = A & B & C`.

Gatter

Logikbausteine bestehen aus **Gattern**, welche die grundlegenden logischen Funktionen implementieren. Ein AND-Gatter beispielsweise implementiert die AND-Funktion, und ein OR-Gatter implementiert die OR-Funktion. Da beide Funktionen sowohl kommutativ als auch assoziativ sind, können die entsprechenden Gatter mehrere Eingänge haben, und der Ausgang ist die AND- bzw. die OR-Verknüpfung aller Eingänge. Die logische Funktion NOT wird durch einen Inverter implementiert, der nur einen einzigen Eingang hat. Abbildung B.1 zeigt die Standarddarstellung dieser drei Logikbausteine.

Gatter Eine Anordnung, die grundlegende logische Funktionen wie AND oder OR implementiert.

Abb. B.1: Standarddarstellung für AND-Gatter, OR-Gatter und Inverter (von links nach rechts). Die Signale auf der linken Seite des Symbols sind jeweils die Eingänge, während der Ausgang rechts erscheint. AND- und OR-Gatter haben zwei Eingänge, Inverter nur einen.

Anstatt Inverter explizit zu zeichnen, ist es gängige Praxis, kleine Kreise zu den Ein- und Ausgängen hinzuzufügen, wenn der entsprechende logische Wert invertiert werden soll. Abbildung B.2 zeigt beispielsweise das logische Diagramm für die Funktion $\overline{A} + B$. In der linken Teilabbildung werden explizit Inverter verwendet, während im rechten Teil die reduzierte Darstellung zu sehen ist. Diese logische Funktion kann im Übrigen zu $A \cdot \overline{B}$ vereinfacht werden, was in Verilog als `A & ~ B` geschrieben wird.

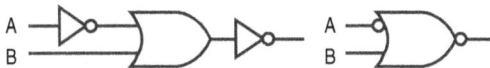

Abb. B.2: Implementierung von $\overline{A} + B$ durch Logikgatter. Links sind die Inverter explizit gezeichnet, rechts sind sie durch die kleinen Kreise an einem Eingang und am Ausgang symbolisiert.

Jede beliebige logische Funktion kann aus AND-Gattern, OR-Gattern und Invertern zusammengesetzt werden. In mehreren Übungsaufgaben werden Sie

Gelegenheit haben, sich an der Implementierung gebräuchlicher Logikfunktionen mithilfe von Gattern zu versuchen.

Tatsächlich kann jede beliebige logische Funktion sogar aus einem einzigen Gattertyp konstruiert werden, wenn es sich bei diesem um ein invertierendes Gatter handelt. Es gibt zwei solche Typen, das **NOR-Gatter** und das **NAND-Gatter**. Ersteres entspricht einem invertierten AND-Gatter und das zweite einem invertierten OR-Gatter. NOR- und NAND-Gatter werden aufgrund ihrer Eigenschaft, alleiniger Baustein für jede logische Funktion sein zu können, *universell* genannt. In den Übungsaufgaben wird dieses Konzept ausführlicher betrachtet.

NOR-Gatter Ein invertiertes OR-Gatter.

NAND-Gatter Ein invertiertes NAND-Gatter.

Selbsttest

Sind die beiden folgenden logischen Ausdrücke äquivalent? Wenn nicht, zeigen Sie dies durch ein Gegenbeispiel.

- $(A \cdot B \cdot \overline{C}) + (A \cdot C \cdot \overline{B}) + (B \cdot C \cdot \overline{A})$
- $B \cdot (A \cdot \overline{C} + C \cdot \overline{A})$

B.3 Kombinatorische Logik

In diesem Abschnitt betrachten wir eine Reihe von größeren Logikbausteinen, von denen wir starken Gebrauch machen. Außerdem diskutieren wir das Design von strukturierter Logik, das aus einer logischen Gleichung oder einer Wahrheitstabelle durch ein Übersetzungsprogramm automatisch generiert werden kann. Abschließend befassen wir uns mit dem Konzept eines Arrays aus Logikbausteinen.

Decoder

Decoder Ein Logikbaustein, der einen Eingang von n Bit und 2^n Ausgänge hat, wobei für jede Eingangskombination nur ein Ausgang logisch 1 ist.

Ein Logikbaustein, den wir für den Aufbau größerer Komponenten verwenden werden, ist der **Decoder.** Der gebräuchlichste Typ des Decoders hat einen Eingang von n Bit und 2^n Ausgänge, wobei für jede Eingangskombination nur ein Ausgang logisch 1 ist. Dieser Decoder setzt den n-Bit-Eingang in ein Signal um, das dem binären Wert des n-Bit-Eingangs entspricht. Die Ausgänge sind gewöhnlich nummeriert, etwa mit Out0, Out1, ..., Out$2^n - 1$. Wenn der Eingangswert i ist, dann ist Out$i$ wahr und alle anderen Ausgänge sind falsch. Abbildung B.3 zeigt einen 3-Bit-Decoder und die zugehörige Wahrheitstabelle. Dieser Decoder wird auch als *3-zu-8-Decoder* bezeichnet, da er 3 Eingänge und 8 (2^3) Ausgänge hat. Es gibt außerdem einen als *Encoder* bezeichneten Logikbaustein, der die zum Decoder inverse Funktion ausführt und der demnach aus 2^n Eingängen einen n-Bit-Ausgang erzeugt.

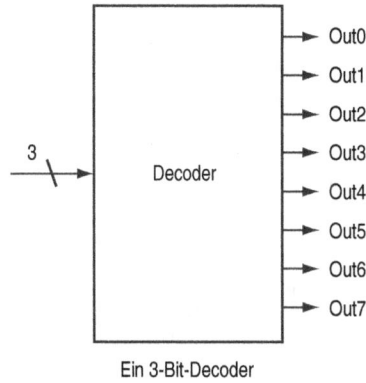

Ein 3-Bit-Decoder

In12	In11	In10	Out7	Out6	Out5	Out4	Out3	Out2	Out1	Out0
0	0	0	0	0	0	0	0	0	0	1
0	0	1	0	0	0	0	0	0	1	0
0	1	0	0	0	0	0	0	1	0	0
0	1	1	0	0	0	0	1	0	0	0
1	0	0	0	0	0	1	0	0	0	0
1	0	1	0	0	1	0	0	0	0	0
1	1	0	0	1	0	0	0	0	0	0
1	1	1	1	0	0	0	0	0	0	0

Abb. B.3: Ein 3-Bit-Decoder hat drei Eingänge, bezeichnet mit In12, In11 und In10, sowie $2^3 = 8$ Ausgänge, bezeichnet mit Out0 bis Out7. Wahr ist nur der Ausgang, der dem binären Wert des Eingangs entspricht (siehe Wahrheitstabelle). Die 3 am Eingang des Decoders besagt, dass das Eingangssignal eine Breite von 3 Bit hat.

Multiplexer

Eine elementare logische Funktion, die in Kapitel 4 sehr oft verwendet wird, ist der *Multiplexer*. Eine prägnantere Bezeichnung für den Multiplexer wäre *Selektor*, denn sein Ausgang ist einer von mehreren Eingangswerten, und er wird durch ein Steuersignal selektiert. Betrachten wir zunächst den Multiplexer mit zwei Dateneingängen. Der linke Teil von Abbildung B.4 zeigt diesen Multiplexer, der zusätzlich zu den beiden Dateneingängen einen Eingang für den **Selektorwert** (oder *Steuerwert*) hat. Der Selektorwert bestimmt, welcher der Eingangswerte der Ausgangswert wird. Die logische Funktion, die durch einen Multiplexer mit zwei Dateneingängen berechnet wird und die im rechten Teil von Abbildung B.4 mithilfe von Gattern dargestellt ist, kann in der Form $C = (A \cdot S) + (B \cdot S)$ geschrieben werden.

Selektorwert Das Steuersignal, das verwendet wird, um einen der Eingangswerte eines Multiplexers als dessen Ausgang auszuwählen.

    Multiplexer können beliebig viele Dateneingänge haben. Wenn es nur zwei gibt, besteht der Selektor aus einem einzelnen Signal, das den einen Eingang selektiert, wenn es wahr (1) ist, und den anderen, wenn es falsch (0) ist. Bei n Dateneingängen sind $\lceil \log_2 n \rceil$ Selektoreingänge nötig. In diesem Fall besteht der Multiplexers grundsätzlich aus drei Teilen:

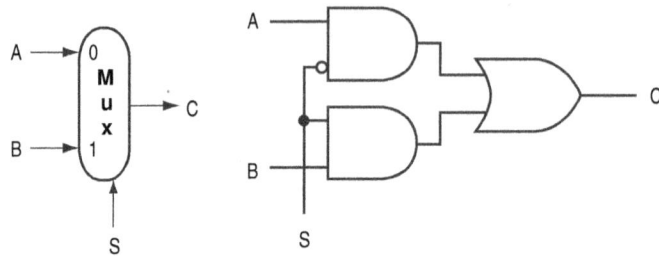

Abb. B.4: Ein Multiplexer mit zwei Eingängen (links) und seine Implementierung mit Gattern (rechts). Der Multiplexer hat zwei Dateneingänge (A und B), numeriert mit 0 und 1, einen Selektoreingang (S) und einen Ausgang (C). Das Implementieren von Multiplexern in Verilog erfordert etwas mehr Arbeit, besonders wenn sie mehr als zwei Eingänge haben; siehe Seite 756 ff.

1. Einem Decoder, der n Signale generiert, von denen jedes auf einen anderen Eingang weist.

2. Ein Array aus n AND-Gattern, von denen jedes einen der Eingänge mit einem Signal aus dem Decoder kombiniert.

3. Ein einzelnes großes OR-Gatter, das die Ausgänge der AND-Gatter einbaut.

Um die Eingänge den Selektorwerten zuzuordnen, werden die Dateneingänge oft numerisch bezeichnet (z. B. mit $0, 1, 2, \dots n - 1$) und die Selektoreingänge als binäre Zahlen interpretiert. Manchmal wird auch ein Multiplexer mit nicht-decodierten Selektorsignalen verwendet.

In Verilog können Multiplexer leicht mithilfe von *if*-Ausdrücken dargestellt werden. Für größere Multiplexer sind *case*-Anweisungen besser geeignet, wobei Sorgfalt bei der Synthese der Schaltlogik geboten ist.

Zwei-Ebenen-Logik und PLAs

Wie bereits angemerkt, kann jede beliebige logische Funktion allein unter Verwendung der Funktionen AND, OR und NOT implementiert werden. Tatsächlich gilt sogar eine noch strengere Aussage. Jede logische Funktion kann in einer kanonischen Form geschrieben werden, bei der jeder Eingang entweder eine wahre Variable oder deren Komplement ist und bei der es nur zwei Ebenen von Gattern gibt – eine AND- und eine OR-Ebene –, wobei eine Invertierung am finalen Ausgang möglich ist. Eine solche Darstellung wird *Zwei-Ebenen-Logik* genannt, und es gibt zwei Varianten davon: die **Produktsumme** und das **Summenprodukt**. Die Produktsummendarstellung ist eine logische Summe (OR) der Produkte (Terme mit dem AND-Operator), und das Summenprodukt ist genau das Gegenteil. In unserem vorherigen Beispiel hatten wir zwei Gleichungen für den Ausgang E hergeleitet:

Produktsumme Eine Form der logischen Darstellung, die eine logische Summe (OR) von Produkten (Terme mit dem AND-Operator) benutzt.

$$E = ((A \cdot B) + (A \cdot C) + (B \cdot C)) \cdot (\overline{A \cdot B \cdot C})$$

und

$$E = (A \cdot B \cdot \overline{C}) + (A \cdot C \cdot \overline{B}) + (B \cdot C \cdot \overline{A})$$

Die zweite dieser Gleichungen ist in Produktsummenform: Sie hat zwei logische Ebenen und Invertierungen erfolgen nur an den individuellen Variablen. Die erste Gleichung hat dagegen drei logische Ebenen.

Anmerkung: Wir können E auch als Summenprodukt schreiben:

$$E = \overline{(\overline{A} + \overline{B} + C) \cdot (\overline{A} + \overline{C} + B) \cdot (\overline{B} + \overline{C} + A)}$$

Diese Form kann mithilfe der *de-Morgan'schen Gesetze* hergeleitet werden, die in den Übungsaufgaben behandelt werden.

In diesem Buch wird die Produktsummenform verwendet. Es ist leicht einzusehen, dass jede beliebige logische Funktion als eine Summe von Produkten dargestellt werden kann, indem man eine solche Darstellung aus der Wahrheitstabelle der Funktion konstruiert. Jeder Eintrag der Tabelle, für den die Funktion wahr ist, entspricht einem Produktterm. Der Produktterm besteht aus einem logischen Produkt aller Eingänge oder den Komplementen der Eingänge, in Abhängigkeit davon, ob in der Wahrheitstabelle für diese Variable eine 0 oder eine 1 steht. Die logische Funktion ist die logische Summe der Produktterme, bei denen die Funktion wahr ist. Dies lässt sich am besten anhand eines Beispiels verstehen.

Beispiel: Produktsumme

Gesucht ist die Produktsummendarstellung von D für die folgende Wahrheitstabelle:

Eingang A	Eingang B	Eingang C	Ausgang D
0	0	0	0
0	0	1	1
0	1	0	1
0	1	1	0
1	0	0	1
1	0	1	0
1	1	0	0
1	1	1	1

Lösung: Es gibt vier Produktterme, da die Funktion für vier verschiedene Eingangskombinationen wahr (1) ist. Dies sind:

$\overline{A} \cdot \overline{B} \cdot C$

$\overline{A} \cdot B \cdot C$

$A \cdot \overline{B} \cdot \overline{C}$

$A \cdot B \cdot C$

Somit können wir die Funktion für D als die Summe dieser Terme schreiben:

$$D = (\overline{A} \cdot \overline{B} \cdot C) + (\overline{A} \cdot B \cdot C) + (A \cdot \overline{B} \cdot \overline{C}) + (A \cdot B \cdot C)$$

Man beachte, dass nur diejenigen Einträge der Wahrheitstabelle Terme in der Gleichung generieren, für die die Funktion wahr ist.

PLA Ein Logikbaustein, der aus mehreren Eingängen, deren Komplementen und zwei Logikstufen besteht. Die erste generiert Produktterme der Eingänge und Komplemente, während die zweite Summenterme aus den Produkttermen bildet. PLAs implementieren also logische Funktionen durch Summen von Produkten.

Produktterme Eine Menge von logischen Eingängen, die durch Konjunktion (AND) verknüpft sind. Sie bilden die erste Logikstufe eines PLA.

Wir können diese Beziehung zwischen einer Wahrheitstabelle und einer Zwei-Ebenen-Darstellung ausnutzen, um für jede beliebige Menge logischer Funktionen eine Implementierung auf Gatterebene zu erhalten. Eine Menge logischer Funktionen entspricht einer Wahrheitstabelle mit mehreren Ausgangsspalten, wie wir sie in dem Beispiel auf Seite 739 hatten.

Die Produktsummendarstellung entspricht einer weit verbreiteten Implementierung der strukturierten Logik, die unter der Bezeichnung **programmierbares logisches Array,** kurz **PLA,** bekannt ist. Ein PLA hat eine Menge von Eingängen und zugehörigen Eingangskomplementen (was mit Invertern implementiert werden kann) sowie zwei Logikstufen. Die erste Stufe ist ein Array aus AND-Gattern, das eine Menge von **Produkttermen** (auch **Mintermen** genannt) bildet, wobei jeder Produktterm aus einer beliebigen Menge von Eingängen und deren Komplementen bestehen kann. Die zweite Stufe ist ein Array aus OR-Gattern, von denen jedes eine logische Summe beliebig vieler Produktterme bildet. Abbildung B.5 zeigt die grundlegende Form eines PLA.

Ein PLA kann die Wahrheitstabelle als eine Menge von logischen Funktionen mit mehreren Ein- und Ausgängen direkt implementieren. Da jeder Eintrag, für den der Ausgang wahr ist, einen Produktterm erfordert, wird es eine

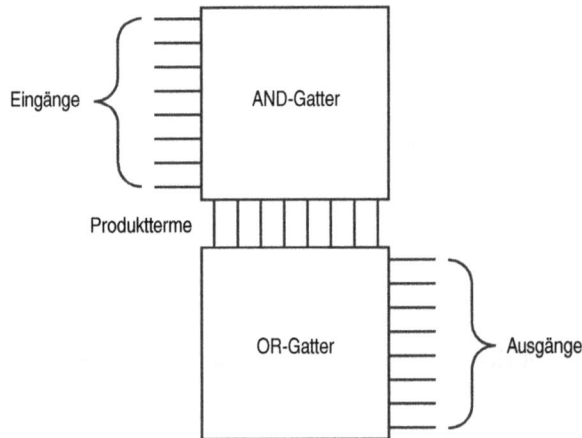

Abb. B.5: Die allgemeine Form eines PLA besteht aus einem Array aus AND-Gattern, gefolgt von einem Array aus OR-Gattern. Jeder Bestandteil des AND-Gatter-Arrays ist ein Produktterm, der aus beliebig vielen Eingängen und deren Komplementen besteht. Jeder Bestandteil des OR-Gatter-Arrays ist ein Summenterm, der aus einer beliebigen Anzahl dieser Produktterme besteht.

entsprechende Zeile im PLA geben. Jeder Ausgang entspricht einer potentiellen Zeile von OR-Gattern in der zweiten Stufe. Die Anzahl der OR-Gatter entspricht der Anzahl der Einträge in der Wahrheitstabelle, für die der Ausgang wahr ist. Die Gesamtgröße eines PLA wie in Abbildung B.5 ist gleich der Summe aus der Größe des AND-Gatter-Arrays (auch als *AND-Ebene* bezeichnet) und der Größe des OR-Gatter-Arrays (der *OR-Ebene*). In Abbildung B.5 sehen wir, dass die Größe der AND-Ebene gleich der Anzahl der Eingänge mal der Anzahl der verschiedenen Produktterme ist, und die Größe der OR-Ebene entspricht der Anzahl der Ausgänge mal der Anzahl der Produktterme.

Ein PLA hat zwei Eigenschaften, die es zu einem nützlichen Werkzeug machen, um eine Menge von logischen Funktionen zu implementieren. Erstens haben auf ihnen nur diejenigen Einträge der Wahrheitstabelle irgendein logisches Gatter, die für wenigstens einen Ausgang einen wahren Wert erzeugen. Zweitens hat jeder Produktterm nur einen Eintrag im PLA, auch wenn er in mehreren Ausgängen verwendet wird. Schauen wir uns ein Beispiel an.

Beispiel: PLAs

Betrachten wir noch einmal das Beispiel auf Seite 739. Wie sieht eine PLA-Implementierung für die logischen Funktionen D, E und F aus?

Lösung: Hier die Wahrheitstabelle, die wir zuvor bereits konstruiert hatten:

Eingang A	Eingang B	Eingang C	Ausgang D	Ausgang E	Ausgang F
0	0	0	0	0	0
0	0	1	1	0	0
0	1	0	1	0	0
0	1	1	1	1	0
1	0	0	1	0	0
1	0	1	1	1	0
1	1	0	1	1	0
1	1	1	1	0	1

Da es sieben verschiedene Produktterme mit mindestens einer 1 bei den Ausgängen gibt, wird die AND-Ebene sieben Spalten haben. Die Anzahl der Zeilen in der AND-Ebene ist drei (da es drei Eingänge gibt), und auch die OR-Ebene hat drei Zeilen (da es drei Ausgänge gibt). Abbildung B.6 zeigt das resultierende PLA, wobei die Produktterme den Einträgen der Wahrheitstabelle von oben nach unten entsprechen.

Anstatt sämtliche Gatter zu zeichnen, wie wir es in Abbildung B.6 gemacht haben, geben Designer oft einfach nur die Positionen der AND- und OR-Gatter an. Punkte werden an den Schnittpunkten zwischen den Signalleitungen der Produktterme und den Ein- und Ausgangsleitungen verwendet, wenn ein entsprechendes AND- oder OR-Gatter erforderlich ist. Abbildung B.7 zeigt, wie

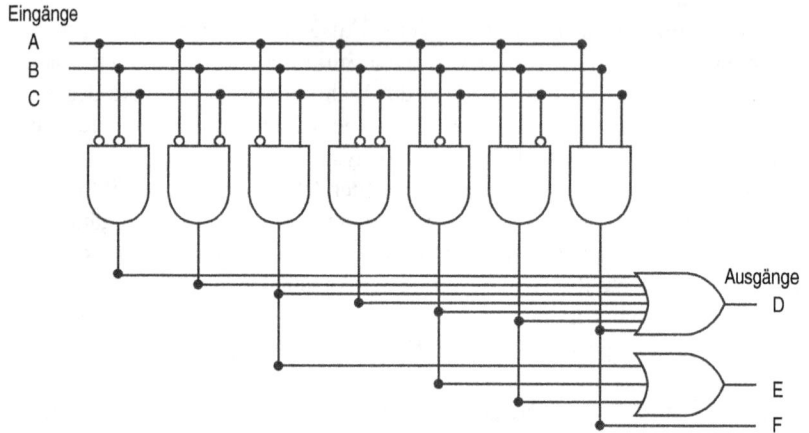

Abb. B.6: Das PLA für das Implementieren der im Beispiel beschriebenen Funktion.

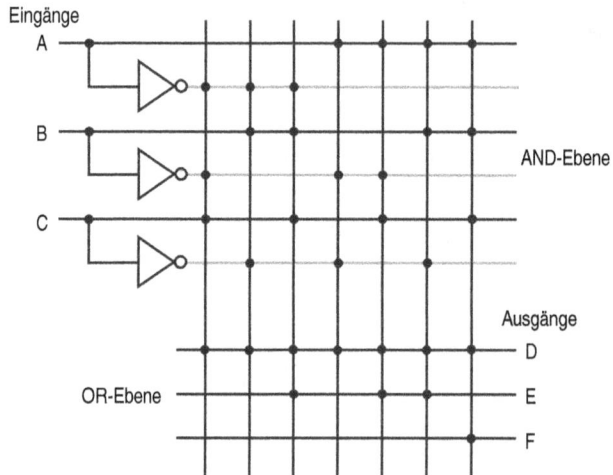

Abb. B.7: Zeichnung eines PLA, bei der Punkte verwendet werden, um die Komponenten der Produkt- und Summenterme anzuzeigen. Anstatt Inverter auf den Gattern zu verwenden, verlaufen normalerweise alle Eingänge über die Breite der AND-Ebene sowohl in der tatsächlichen als auch in der Komplementform. Ein Punkt in der AND-Ebene zeigt an, dass der Eingang (oder sein Komplement) im Produktterm vorkommt. Ein Punkt in der OR-Ebene zeigt an, dass der entsprechende Produktterm im zugehörigen Ausgang erscheint.

das PAL aus Abbildung B.6 aussehen würde, wenn es auf diese Weise gezeichnet wird. Die Inhalte eines PLAs sind fest, nachdem das PLA einmal kreiert wurde, doch es gibt auch PLA-ähnliche Strukturen, sogenannte PALs, die elektronisch programmiert werden können.

ROMs

Ein weiterer Logikbaustein, der verwendet werden kann, um eine Menge logischer Funktionen zu implementieren, ist das **ROM** (read-only memory, dt. Festwertspeicher). Ein ROM wird Speicher genannt, weil er aus einer Menge von Stellen besteht, die gelesen werden können. Allerdings sind die Inhalte an diesen Stelle festgelegt, was normalerweise zum Zeitpunkt der Herstellung des ROMs erfolgt. Es gibt auch programmierbare ROMs (**PROMs**), die elektronisch programmiert werden können, wenn der Designer ihre Inhalte kennt. Darüber hinaus gibt es löschbare PROMs (EPROMs, engl. erasable ROMs), die durch einen langsamen Löschprozess mittels UV-Licht gelöscht werden können. Diese werden als read-only-Speicher benutzt, außer in der Design- und Debugging-Phase.

Ein ROM hat eine Menge von Eingangsadressleitungen und eine Menge von Ausgängen. Die Anzahl der adressierbaren Einträge in einem ROM bestimmt die Anzahl der Adressleitungen: Wenn das ROM 2^m adressierbare Einträge hat (das ist die *Höhe* des ROMs), dann gibt es m Eingangsleitungen. Die Anzahl der Bits in jedem adressierbaren Eintrag wird als die *Breite* des ROMs bezeichnet. Die Gesamtanzahl der Bits auf dem ROM ist gleich der Höhe mal der Breite. Höhe und Breite zusammen werden auch als die *Form* des ROMs bezeichnet.

Ein ROM kann eine Menge logischer Funktionen direkt basierend auf der Wahrheitstabelle codieren. Wenn es zum Beispiel n Funktionen mit m Eingängen gibt, brauchen wir ein ROM mit m Adressleitungen (und 2^m Einträgen), wobei jeder Eintrag n Bit breit ist. Die Einträge im Eingangsteil der Wahrheitstabelle repräsentieren die Adressen der Einträge auf dem ROM, während jene im Ausgangsteil der Wahrheitstabelle den Inhalt des ROMs konstituieren. Wenn die Wahrheitstabelle so organisiert ist, dass die Folge der Einträge im Eingangsteil eine Sequenz von Binärzahlen bildet (was für alle der bisher betrachteten Wahrheitstabellen der Fall ist), dann liefert der Ausgangsteil den ROM-Inhalt ebenfalls in dieser Reihenfolge. In dem Beispiel ab Seite 747 gab es drei Eingänge und drei Ausgänge. Dies führt zu einem ROM mit $2^3 = 8$ Einträgen von je 3 Bit Breite. Die Inhalte dieser Einträge, aufsteigend geordnet nach Adressen, sind durch den Ausgangsteil der zugehörigen Wahrheitstabelle direkt gegeben.

ROMs und PLAs sind eng miteinander verwandt. Ein ROM ist vollständig decodiert: Es enthält ein vollständiges Ausgangswort für jede mögliche Eingangskombination. Ein PLA ist nur teilweise decodiert. Das bedeutet, dass ein ROM stets mehr Einträge haben wird. Für die Wahrheitstabelle des vorherigen Beispiels umfasst das ROM Einträge für alle acht möglichen Eingänge, während das PLA nur sieben aktive Produktterme hat. Mit wachsender Anzahl der Eingänge steigt die Anzahl der Einträge auf dem ROM exponentiell. Für die meisten realen logischen Funktionen hingegen wächst die Anzahl der Produktterme sehr viele langsamer (siehe die Beispiele im Online-Anhang D).

ROM Ein Speicher, dessen Inhalte zur Entwurfszeit festgelegt werden und später nur gelesen werden können. Solche Speicher werden benutzt, um eine Menge logischer Funktionen zu implementieren, wobei deren Terme als Adresseingänge und die Ausgänge Bits der Speicherwörter verwendet werden.

PROM Eine Form des Festwertspeichers, der programmiert werden kann, wenn der Inhalt bekannt ist.

Dieser Unterschied macht PLAs allgemein effizienter für das Implementieren logischer Funktionen. ROMs haben den Vorteil, dass sie in der Lage sind, jede beliebige logische Funktion mit der passenden Zahl von Ein- und Ausgängen zu implementieren. Dieser Vorteil macht es einfacher, den ROM-Inhalt zu ändern, wenn sich die logische Funktion ändert, denn die Größe des ROM bleibt erhalten.

Neben ROMs und PLAs übertragen moderne Logiksysteme auch kleine Blöcke kombinatorischer Logik in ein Array aus Gattern, die automatisch positioniert und verdrahtet werden können. Obwohl manche kleine Gatter-Arrays oft nicht flächeneffizient sind, haben sie für kleine logische Funktionen weniger Overhead als die rigiden Strukturen von ROMs und PLAs und werden deshalb mitunter vorgezogen.

Für das Logikdesign eines vor Ort programmierbaren Schaltkreises fällt die Wahl häufig auf eine feldprogrammierbare logische Schaltung, wie wir sie ausführlicher in Abschnitt B.12 behandeln werden.

Don't-Cares

Beim Implementieren von Schaltnetzen gibt es Situationen, in denen wir uns nicht darum kümmern (engl. don't care), was der Wert irgendeines Ausgangs ist, entweder weil ein anderer Ausgang wahr ist oder weil eine Teilmenge der Eingangskombinationen die Werte an den Ausgängen bestimmt. Solche Situationen werden *Don't-Cares* genannt. Die Bedeutung von Don't-Cares liegt darin, dass sie es einfacher machen, die Implementierung einer logischen Funktion zu optimieren.

Es gibt zwei Typen von Don't-Cares, Ausgangs-Don't-Cares und Eingangs-Don't-Cares, die beide in einer Wahrheitstabelle dargestellt werden können. *Ausgangs-Don't-Cares* treten auf, wenn wir uns nicht um den Wert eines Ausgangs für eine bestimmte Eingangskombination kümmern. Im Ausgangsteil der Wahrheitstabelle steht dann an der entsprechenden Stelle ein X. Wenn ein Ausgang für eine bestimmte Eingangskombination ein Don't-Care ist, hat der Designer oder das Optimierungsprogramm die Freiheit, für diese den Ausgang wahr oder falsch zu setzen. Ein *Eingangs-Don't-Care* tritt auf, wenn ein Ausgang nur von einigen der Eingänge abhängt. Im Eingangsteil der Wahrheitstabelle steht dann ebenfalls ein X.

Beispiel: Don't-Cares

Betrachten wir eine logische Funktion mit den Eingängen A, B und C, die wie folgt definiert sind:

- Falls A oder C wahr ist, ist der Ausgang D wahr, egal welchen Wert B hat.
- Falls A oder B wahr ist, ist der Ausgang E wahr, egal welchen Wert C hat.
- Ausgang F ist wahr, falls genau einer der Eingänge wahr ist, allerdings kümmern wir uns nicht um den Wert von F, wenn D und E beide wahr sind.

Lösung: Die vollständige Wahrheitstabelle ohne Don't-Cares sieht so aus:

Eingang A	Eingang B	Eingang C	Ausgang D	Ausgang E	Ausgang F
0	0	0	0	0	0
0	0	1	1	0	1
0	1	0	0	1	1
0	1	1	1	1	0
1	0	0	1	1	1
1	0	1	1	1	0
1	1	0	1	1	0
1	1	1	1	1	0

Dies erfordert ohne Optimierung sieben Produktterme. Mit Ausgangs-Don't-Cares sieht die Wahrheitstabelle so aus:

Eingang A	Eingang B	Eingang C	Ausgang D	Ausgang E	Ausgang F
0	0	0	0	0	0
0	0	1	1	0	1
0	1	0	0	1	1
0	1	1	1	1	X
1	0	0	1	1	X
1	0	1	1	1	X
1	1	0	1	1	X
1	1	1	1	1	X

Wenn wir auch die Eingangs-Don't-Cares verwenden, lässt sich die Wahrheitstabelle weiter vereinfachen, und wir erhalten Folgendes:

Eingang A	Eingang B	Eingang C	Ausgang D	Ausgang E	Ausgang F
0	0	0	0	0	0
0	0	1	1	0	1
0	1	0	0	1	1
X	1	1	1	1	X
1	X	X	1	1	X

Diese vereinfachte Wahrheitstabelle erfordert ein PLA mit vier Mintermen. Alternativ kann sie durch Gatter implementiert werden, und zwar mit einem AND-Gatter mit zwei Eingängen und drei OR-Gattern (zwei mit drei Eingängen und eines mit zwei Eingängen). Dagegen hatte die ursprüngliche Wahrheitstabelle sieben Minterme und es wären vier AND-Terme nötig gewesen.

Das logische Minimieren ist entscheidend, um effiziente Implementierungen zu erreichen. Ein nützliches Werkzeug, um dies manuell durchzuführen, ist das *Karnaugh-Diagramm*. Bei diesem handelt es sich um eine grafische Darstellung der Wahrheitstabelle, bei der die Produktterme, die kombiniert werden können, leicht zu erkennen sind. Allerdings ist die manuelle Optimierung signifikanter logischer Funktionen mithilfe von Karnaugh-Diagrammen aufgrund von deren Größe und Komplexität nicht praktikabel. Doch zum Glück ist der Prozess des logischen Minimieren sehr formal und kann daher gut von Design-Tools durchgeführt werden. Diese Tools nutzen die Don't-Cares aus, weshalb es wichtig ist, sie zu spezifizieren.

Arrays aus Logikbausteinen

Viele Operationen, die mit Daten durchgeführt werden, müssen mit einem ganzen Datenwort (32 Bit) gemacht werden. Daher hätten wir häufig gern ein Array von Logikbausteinen, die wir einfach darstellen können, indem wir anzeigen, dass eine gegebene Operation auf eine ganze Gruppe von Eingängen anzuwenden ist. Innerhalb der Maschine wollen wir meistens ein Paar von *Bussen* zur Auswahl haben. Ein **Bus** ist eine Gruppe von Datenleitungen, die zusammen als ein einziges logisches Signal betrachtet werden. (Der Begriff wird auch für eine Menge geteilter Leitungen mit mehreren Quellen und Verwendungen benutzt.)

Bus Beim Logikdesign eine Gruppe von Datenleitungen, die als ein einziges logisches Signal behandelt wird; auch eine Gruppe von Leitungen mit mehreren Quellen und Verwendungen.

Im MIPS-Befehlssatz kann beispielsweise das Ergebnis eines Befehls, das in ein Register geschrieben wird, aus zwei verschiedenen Quellen stammen. Ein Multiplexer wird verwendet um auszuwählen, welcher der beiden (je 32 breiten) Busse in das Ergebnisregister geschrieben wird. Der 1-Bit-Multiplexer, den wir weiter vorn vorgestellt hatten, muss 32-mal repliziert werden.

In Abbildungen zeigen wir durch eine dickere Linie an, dass ein Signal ein Bus ist und keine einzelne 1-Bit-Leitung. Die meisten Busse sind 32 Bit breit; bei denjenigen, für die das nicht der Fall ist, ist die Breite explizit angegeben. Wir zeigen dann eine Logikeinheit, deren Ein- und Ausgänge Busse sind, was bedeutet, dass die Einheit so oft repliziert werden muss, dass die Breite des Eingangs hineinpasst. Abbildung B.8 zeigt, wie wir einen Multiplexer zeichnen, der zwischen zwei 32-Bit-Bussen wählt, und wie dies mit Multiplexern von 1 Bit Breite aussieht. Manchmal müssen wir ein Array von Logikbausteinen konstruieren, bei dem die Eingänge für manche Bausteine des Arrays die Ausgänge vorheriger Bausteine sind. So wird beispielsweise eine mehrere Bit breite ALU konstruiert. In solchen Fällen müssen wir explizit zeigen, wie breitere Arrays geschaffen werden können, da die einzelnen Bausteine des Array nicht mehr unabhängig sind, wie es für den 32-Bit-Multiplexer der Fall war.

Selbsttest

Die Parität ist eine Funktion, deren Ausgang von der Anzahl der Einsen im Eingang abhängt. Bei einer geraden Paritätsfunktion ist der Ausgang 1, wenn der Eingang eine gerade Anzahl von Einsen hat. Angenommen, ein ROM soll verwendet werden, um eine gerade Paritätsfunktion mit einem 4-Bit-Eingang zu implementieren. Welche der Spalten A, B, C oder D repräsentiert die Inhalte des ROM?

Adresse	A	B	C	D
0	0	1	0	1
1	0	1	1	0
2	0	1	0	1
3	0	1	1	0
4	0	1	0	1
5	0	1	1	0
6	0	1	0	1
7	0	1	1	0
8	1	0	0	1
9	1	0	1	0
10	1	0	0	1
11	1	0	1	0
12	1	0	0	1
13	1	0	1	0
14	1	0	0	1
15	1	0	1	0

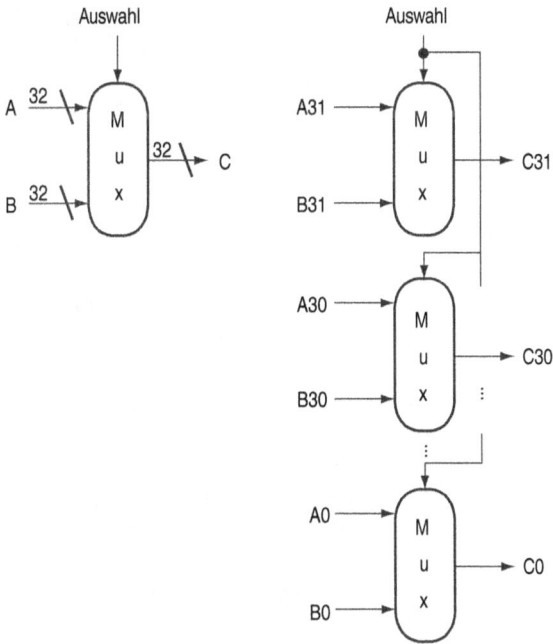

Abb. B.8: Ein Multiplexer wird 32-mal gruppiert, um eine Wahl zwischen zwei 32-Bit-Eingängen zu treffen. Man beachte, dass es weiterhin nur ein Datenauswahlsignal gibt, das für alle 32 1-Bit-Multiplexer verwendet wird.

B.4   Hardwarebeschreibungssprachen

Heute werden Prozessoren und ähnliche Hardware größtenteils unter Verwendung von **Hardwarebeschreibungssprachen** entworfen. Eine solche Sprache dient zwei Zwecken. Erstens bietet sie eine abstrakte Beschreibung der Hardware, um das Design zu simulieren und zu debuggen. Zweitens kann diese Beschreibung unter Verwendung von Werkzeugen für die logische Synthese und die Harwarecompilation in eine Hardwareimplementierung überführt werden.

In diesem Abschnitt führen wir die Hardwarebeschreibungssprache Verilog ein und zeigen, wie sie beim Logikentwurf verwendet werden kann. Im Rest dieses Anhangs werden wir dann den Einsatz von Verilog auf sequentielle Logik ausdehnen. In den Online-Abschnitten zu Kapitel 4 wird Verilog zur Beschreibung von Prozessorimplementierungen verwendet, und in den Online-Abschnitten zu Kapitel 5 werden Implementierungen von Cache-Controllern mit Verilog beschrieben.

Verilog ist eine der beiden dominierenden Hardwarebeschreibungssprachen; die andere ist **VHDL.** Verilog wird etwas stärker in der Industrie eingesetzt und basiert auf C, während VHDL auf Ada basiert. Für Leser, die allgemein mit C vertraut sind, werden die Grundlagen von Verilog, die wir in diesem Anhang verwenden, leicht verständlich sein. Leser, die bereits mit VHDL vertraut sind, werden die Konzepte einfach finden, vorausgesetzt, sie kennen sich mit der Syntax von C aus.

Mit Verilog kann sowohl das Verhalten als auch die Struktur eines digitalen Systems spezifiziert werden. Die **Verhaltensspezifikation** beschreibt die funktionale Arbeitsweise des Systems, während die **Strukturspezifikation** detailliert beschreibt, wie das System organisiert ist, wobei meist eine hierarchischen Beschreibung verwendet wird. Eine Strukturspezifikation kann genutzt werden, um ein Hardwaresystem anhand einer Hierarchie von grundlegenden Elementen wir Gattern und Schaltern zu beschreiben. Wir können Verilog daher verwenden, um den genauen Inhalt der Wahrheitstabellen und des Datenpfads aus dem letzten Abschnitt zu beschreiben.

Seit dem Aufkommen von **Hardware-Synthesetools** verwenden die meisten Designer Verilog nur für die Strukturspezifikation des Datenpfads und verlassen sich auf die logische Synthese, um die Steuerung aus einer Verhaltensspezifikation zu generieren. Zusätzlich bieten die meisten CAD-Systeme umfangreiche Bibliotheken für standardisierte Teile wie ALUs, Multiplexer, Registerfiles, Speicher und programmierbare Logikbausteine sowie für grundlegende Gatter.

Um mittels Bibliotheken und logischer Synthese ein akzeptables Ergebnis zu erhalten, ist es notwendig, beim Schreiben der Spezifikation die endgültige Synthese und den gewünschten Effekt im Blick zu behalten. Für einfache Designs bedeutet dies in erster Linie, für Klarheit zu sorgen, was als kombinatorische Logik implementiert werden soll und was sequentielle Logik erfordert. Bei den meisten Beispielen in diesem Abschnitt und im Rest des Anhangs haben wir den Verilog-Code mit Blick auf die letztendliche Synthese geschrieben.

Hardwarebeschreibungssprache Eine Programmiersprache zur Beschreibung von Hardware; sie wird verwendet, um Simulationen eines Hardwaredesign zu generieren, sowie als Eingang für Synthesetools, die reale Hardware erzeugen können.

Verilog Eine der beiden am häufigsten eingesetzten Hardwarebeschreibungssprachen.

VHDL Eine der beiden am häufigsten eingesetzten Hardwarebeschreibungssprachen.

Verhaltensspezifikation Beschreibung der funktionalen Arbeitsweise eines digitalen Systems.

Strukturspezifikation Legt anhand von hierarchischen Beziehungen der Elemente fest, wie ein digitales System organisiert ist.

Hardware-Synthesetool Software für das computergestützte Design, die auf Grundlage der Verhaltensspezifikation eines digitalen Systems ein Design auf Gatterebene generieren kann.

Datentypen und Operatoren in Verilog

Es gibt zwei primäre Datentypen in Verilog:

1. Ein **wire** spezifiziert ein Schaltsignal.

2. Ein **reg** (Register) hält einen Wert, der zeitlich variieren kann. Ein reg muss nicht notwendigerweise einem tatsächlichen Register in einer Implementierung entsprechen, was aber oft der Fall ist.

wire In Verilog Spezifikation für ein Schaltsignal.

reg Ein Reister in Verilog.

Ein mit X bezeichnetes reg oder wire von 32 Bit Breite wird wie ein Feld deklariert: `reg [31:0]` X bzw. `wire [31:0]` X. Damit ist auch der Index von 0 gesetzt, um das Bit mit dem niedrigsten Stellenwert zu markieren. Oft kommt es vor, dass auf ein Unterfeld eines reg oder wire zugegriffen werden soll. Dazu kann die Notation `[starting bit: ending bit]` verwendet werden, mit der eine Menge benachbarter Bits in einem reg oder wire angesprochen wird. Die beiden Indizes müssen konstante Werte sein.

Ein Array von Registern wird für eine Struktur wie ein Registerfile oder einen Speicher verwendet. Die Deklaration

```
reg [31:0] registerfile[0:31]
```

spezifiziert also ein variables Registerfile, das äquivalent mit einem MIPS-Registerfile ist, bei dem Register 0 das erste ist. Wenn wir auf ein Array zugreifen, können wir wie bei C mit der Notation `registerfile[regnum]` ein einzelnes Element referenzieren.

Die möglichen Werte für ein reg oder wire in Verilog sind

- 0 oder 1, was für die logischen Werte wahr und falsch steht.

- X steht für „unbekannt"; der Anfangswert, der jedem reg und jedem unverbundenen wire gegeben wird.

- Z repräsentiert den hochohmigen Zustand in Tri-State-Gattern, die in diesem Anhang nicht behandelt werden.

Konstante Werte können als Dezimalzahlen oder auch binär, oktal oder hexadezimal spezifiziert werden. Oft wollen wir genau sagen können, wie groß ein konstantes Feld in Bit ist. Dies geschieht, indem dem Wert eine Dezimalzahl vorangestellt wird, die seine Größe in Bit spezifiziert. Hier zwei Beispiele:

- `4'b0100` spezifiziert eine aus 4 Bit bestehende Konstante mit dem Wert 4, ebenso `4'd4`.

- `- 8 'h4` spezifiziert eine aus 8 Bit bestehende Konstante mit dem Wert -4 (in Zweierkomplementdarstellung).

Werte können auch verkettet werden, indem sie in geschweifte Klammern gesetzt und durch Kommas getrennt werden. Die Notation `{x{bit field}}` repliziert `bit field` x-mal. Auch hierfür zwei Beispiele:

- `{16{2'b01}}` erzeugt einen 32-Bit-Wert mit dem Muster $0101\ldots01$.

- `{A[31:16],B[15:0]}` erzeugt einen Wert, dessen obere 16 Bit aus A und dessen untere 16 Bit aus B kommen.

Verilog bietet den vollständigen Satz der ein- und zweistelligen Operatoren von C, darunter arithmetische Operatoren (+, −, *, /), logische Operatoren (&, |, ~), Vergleichsoperatoren (==, !=, >, <, <=, >=), Schiebeoperatoren (<<, >>) und den bedingten Operator (?, wird in der Form `condition ? expr1 :expr2` verwendet und gibt `expr1` zurück, falls die Bedingung wahr ist und `expr2`, falls sie falsch ist). Zusätzlich hat Verilog eine Reihe von einstelligen logischen Reduktionsoperatoren (&, |, ^), die ein einzelnes Bit als Ergebnis haben, wobei der logische Operator auf alle Bits des Operanden angewendet wird. Beispielsweise gibt `&A` den Wert zurück, den man durch Anwendung von AND auf alle Bits von A zusammen erhält, und `^A` liefert die Reduktion, die man erhält, wenn man das exklusive OR auf alle Bits von `A` anwendet.

Selbsttest

Welche der folgenden Varianten definieren exakt denselben Wert?

1. `8'bimoooo`
2. `8'hF0`
3. `8'd240`
4. `{{4{1'b1}},{4{1'b0}}}`
5. `{4'b1,4'b0)`

Struktur eines Verilog-Programms

Die Struktur eines Verilog-Programms ist eine Menge von Modulen, die alles Mögliche repräsentieren können, von einer Gruppe von logischen Gattern bis hin zu einem vollständigen System. Module ähneln den Klassen in C++, auch wenn sie nicht annähernd so mächtig sind. Ein Modul spezifiziert seine Eingangs- und Ausgangsports, welche die ein- und ausgehenden Verbindungen eines Moduls beschreiben. Ein Modul kann auch zusätzliche Variablen deklarieren. Der Rumpf eines Moduls besteht aus den folgenden Komponenten:

- `initial`-Konstrukte, die `reg`-Variablen initialisieren können;
- kontinuierliche Zuweisungen, nur für die Definition von Schaltnetzen;
- `always`-Konstrukte, für die Definition sowohl von Schaltnetzen als auch von Schaltwerken;
- Instanzen von anderen Modulen, die verwendet werden, um das zu definierende Modul zu implementieren.

Darstellung komplexer Schaltnetze in Verilog

Eine kontinuierliche Zuweisung, die durch das Schlüsselwort `assign` angezeigt wird, wirkt wie eine Funktion in einem Schaltnetz: Der Wert wird kontinuierlich dem Ausgang zugewiesen und eine Änderung in den Eingangswerten

```
module half_adder (A,B,Sum,Carry);
   input A,B; // zwei 1-Bit-Eingänge
   output Sum, Carry; // zwei 1-Bit-Ausgänge
   assign Sum = A ^ B; // Summe ist A oder B
   assign Carry = A & B; // Carry ist A und B
endmodule
```

Abb. B.9: Ein Verilog-Modul, der unter Verwendung kontinuierlicher Zuordnung einen Halbaddierer definiert.

spiegelt sich unmittelbar im Ausgangswert wider. Für wires sind nur kontinuierliche Zuweisungen möglich. Unter Verwendung von kontinuierlichen Zuweisungen können wir ein Modul definieren, das einen Halbaddierer implementiert (siehe Abbildung B.9).

Assign-Anweisungen sind ein sicherer Weg, um mit Verilog Schaltnetze zu generieren. Für komplexere Strukturen sind sie allerdings unbequem oder gar mühsam zu handhaben. Es ist auch möglich, den `always`-Block eines Moduls zu verwenden, um ein Element eines Schaltnetzes zu beschreiben; allerdings sollte man dabei vorsichtig zu Werke gehen. Die Verwendung eines `always`-Blocks gestattet es, Verilog-Kontrollstrukturen wie *if-then-else, case, for* oder *repeat* zu verwenden. Diese entsprechen, abgesehen von kleineren Abweichungen, den entsprechenden C-Anweisungen.

Ein `always`-Block spezifiziert eine optionale Liste (beginnend mit einem @) von Signalen, für die der Block sensitiv ist. Der `always`-Block wird erneut ausgewertet, wenn eines der aufgelisteten Signale seinen Wert ändert; wenn die Liste weggelassen ist, wird der `always`-Block permanent neu ausgewertet. Wenn ein `always`-Block ein Schaltnetz spezifiziert, sollte die **Sensitivitätsliste** alle Eingangssignale umfassen. Wenn mehrere Verilog-Anweisungen in einem `always`-Block auszuführen sind, sind diese von den Schlüsselwörtern `begin` und `end` eingeschlossen, was der Funktion des { and } in C entspricht. Ein `always`-Block sieht somit folgendermaßen aus:

> **Sensitivitätsliste** Spezifiziert, wann ein always-Block neu ausgewertet werden soll.

```
always @(Liste von Signalen, die Neu-Auswertung bewirken)
begin
  Verilog-Anweisungen einschließlich assign und anderen
  Kontrollstrukturen
end
```

`reg`-Variablen können nur innerhalb eines `always`-Blocks zugewiesen werden, wobei eine prozedurale Zuweisung verwendet wird. (Diese ist zu unterscheiden von der kontinuierlichen Zuweisung, wie wir sie zuvor betrachtet haben.) Es gibt zwei verschiedene Typen von prozeduralen Zuweisungen. Der Zuweisungsoperator = funktioniert wie in C, d. h., die rechte Seite wird ausgewertet, und das Ergebnis wird der linken Seite zugewiesen. Wie bei C wird diese Zuweisung abgeschlossen, bevor die nächste Anweisung ausgeführt wird.

```
module Mult4tol (In1,In2,In3,In4,Sel,Out);
    input [31:0] In1, In2, In3, In4; //vier 32-Bit-Eingänge
    input [1:0] Sel; // Selektorsignal
    output reg [31:0] Out; // 32-Bit-Ausgang
    always @(In1, In2, In3, In4, Sel)
    case (Sel) // ein 4-> Multiplexer
        0: Out <= In1;
        1: Out <= In2;
        2: Out <= In3;
        default: Out <= In4;
    endcase
endmodule
```

Abb. B.10: Verilog-Definition eines 4-zu-1-Multiplexers mit 32-Bit-Eingängen unter Verwendung einer case-Anweisung. Diese wirkt wie eine switch-Anweisung in C, außer dass in Verilog nur der mit dem selektierten Fall assoziierte Code ausgeführt wird (so als ob jeder Fall ein break am Ende hätte).

blockierendes Assignement Eine Zuweisung, die vor der Ausführung der nächsten Anweisung abgeschlossen wird.

nicht blockierendes Assignement Eine Zuweisung, die nach Auswertung der rechten Seite fortgesetzt wird, sodass der Wert der linken Seite erst zugewiesen wird, nachdem alle rechten Seiten ausgewertet wurden.

Aus diesem Grund wird der Zuweisungsoperator = **blockierendes Assignement** genannt. Das Blockieren kann beim Generieren von Schaltwerken nützlich sein, worauf wir in Kürze zurückkommen werden. Die andere (**nicht blockierende**) Form der Zuweisung wird mit <= bezeichnet. Dabei werden alle rechten Seiten der Assignements in einer always-Gruppe ausgewertet und die Assignements simultan ausgeführt. Als ein erstes Beispiel für ein Schaltnetz, das mit einem always-Block implementiert wird, zeigt Abbildung B.10 einen 4-zu-1-Multiplexer, wobei ein case-Konstrukt verwendet wird, damit die Implementierung einfach zu schreiben ist. Das case-Konstrukt sieht wie eine switch-Anweisung in C aus. Abbildung B.11 zeigt eine Definition für eine MIPS-ALU, die ebenfalls eine case-Anweisung benutzt.

Da nur reg-Variablen innerhalb von always-Blöcken zugewiesen werden können, muss, wenn ein Schaltnetz mit einem always-Block beschrieben wird, sichergestellt sein, dass reg nicht in ein Register synthetisiert. In der folgenden Anmerkung werden mehrere hiermit verbundene Fallstricke benannt.

Anmerkung: Kontinuierliches Assignment führt immer zu Schaltnetzen, doch andere Verilog-Strukturen, selbst wenn sie sich in always-Blöcken befinden, können unerwartete Ergebnisse bei der logischen Synthese verursachen. Das am häufigsten auftretende Problem ist, dass ein Schaltwerk realisiert wird, indem ein Latch oder Register implementiert wird. Das Ergebnis ist eine Implementierung, die langsamer und teurer ist als wahrscheinlich beabsichtigt. Um sicherzugehen, dass die von Ihnen als Schaltnetz intendierte Logik tatsächlich in dieser Form synthetisiert wird, sollten Sie die folgenden Punkte beachten:

1. Platzieren Sie Schaltnetze immer in einer kontinuierlichen Zuweisung oder in einem always-Block.

2. Stellen Sie sicher, dass alle als Eingänge verwendeten Signale in der Sensitivitätsliste eines always-Blocks erscheinen.

```
module MIPSALU (ALUctl, A, B, ALUOut, Zero);
   input [3:0] ALUctl;
   input [31:0] A,B;
   output reg [31:0] ALUOut;
   output Zero;
   assign Zero=(ALUOut==0); //Zero ist wahr, wenn ALUOut 0
   always @(ALUctl, A, B) //neu auswerten, falls geändert
      case (ALUctl)
         0: ALUOut <= A & B;
         1: ALUOut <= A | B;
         2: ALUOut <= A + B;
         6: ALUOut <= A - B;
         7: ALUOut <= A < B ? 1:0;
         12: ALUOut <= ~(A | B); // Ergebnis ist nor
         default:ALUOut <= 0;
                      //Default 0, sollte nicht eintreten
      endcase
endmodule
```

Abb. B.11: Verilog-Definition einer MIPS-ALU. Diese kann mit einer Modulbibliothek synthetisiert werden, welche die elementaren arithmetischen und logischen Operationen enthält.

3. Vergewissern Sie sich, dass jeder Pfad durch einen `always`-Block einen Wert der exakt gleichen Menge von Bits zuweist.

Der letzte Punkt ist am einfachsten zu überblicken; schauen Sie sich das Beispiel in Abbildung B.23 an und überzeugen Sie sich, dass diese Eigenschaft erfüllt ist.

Selbsttest

Angenommen, alle Werte sind anfangs null, was sind dann die Werte von A und B nach dem Ausführen des folgenden Verilog-Codes innerhalb eines `always`-Blocks?

```
C = 1;
A <= C;
B = C;
```

B.5   Konstruktion einer einfachen Arithmetikeinheit

Die Arithmetikeinheit (ALU) ist die Muskulatur des Computers, der Bestandteil, der die arithmetischen Operationen wie Addition und Subtraktion oder logische Operationen wie AND und OR ausführt. In diesem Abschnitt wird aus vier Hardwarebausteinen (AND-Gatter, OR-Gatter, Inverter und Multiplexer) eine ALU konstruiert, um zu veranschaulichen, wie Schaltnetze arbeiten.

Im nächsten Abschnitt werden wir uns dann ansehen, wie die Addition durch
ausgeklügelte Designs schneller gemacht werden kann.

Da das MIPS-Wort 32 Bit breit ist, brauchen wir eine 32 Bit breite ALU.
Unser Ansatz besteht darin, 32 1-Bit-ALUs zu verbinden, um die gewünschte
ALU aufzubauen. Wir beginnen daher mit der Konstruktion einer 1-Bit-ALU.

Eine 1-Bit-ALU

Die logischen Operationen sind am einfachsten, da sie direkt durch die Hardwarekomponenten in Abbildung B.1 abgedeckt werden.

Der 1-Bit-Logikbaustein für AND und OR sieht wie in Abbildung B.12 aus.
Der Multiplexer rechts wählt dann entweder a AND b oder a OR b, je nachdem, ob der Wert von *Operation* 0 oder 1 ist. Die Leitung, die den Multiplexer
steuert, ist grau dargestellt, um sie von den übrigen Leitungen zu unterscheiden.
Man beachte, dass Steuer- und Ausgangsleitungen des Multiplexers umbenannt
wurden, damit die Bezeichnungen die Funktion der ALU widerspiegeln.

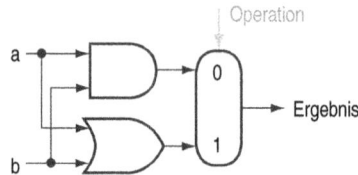

Abb. B.12: Die 1-Bit-Logikeinheit für AND und OR.

Die nächste Funktion, die zu realisieren ist, ist die Addition. Ein Addierer muss
zwei Eingänge für die Operanden haben und einen 1-Bit-Ausgang für die Summe. Einen zweiten Ausgang muss es für den Übertrag geben, bezeichnet mit
CarryOut. Da später der Übertrag von einem benachbarten Addierer als Eingang berücksichtigt werden soll, brauchen wir einen dritten Eingang, den wir
mit *CarryIn* bezeichnen. Abbildung B.13 zeigt die Ein- und Ausgänge eines 1-
Bit-Addierers. Da wir wissen, was die Addition tut, können wir die Ausgänge
dieser Blackbox basierend auf den Eingängen spezifizieren (siehe Tabelle B.1).

Tab. B.1: Spezifikation der Ein- und Ausgänge für einen 1-Bit-Addierer.

Eingang a	Eingang b	CarryIn	CarryOut	Summe	Kommentar
0	0	0	0	0	$0+0+0=00_B$
0	0	1	0	1	$0+0+1=01_B$
0	1	0	0	1	$0+1+0=01_B$
0	1	1	1	0	$0+1+1=10_B$
1	0	0	0	1	$1+0+0=01_B$
1	0	1	1	0	$1+0+1=10_B$
1	1	0	1	0	$1+1+0=10_B$
1	1	1	1	1	$1+1+1=11_B$

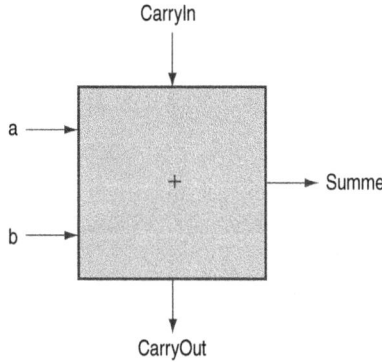

Abb. B.13: Ein 1-Bit-Addierer. Dieser Addierer wird auch Volladdierer genannt. Eine andere Bezeichnung ist (3,2)-Addierer, weil er drei Eingänge und zwei Ausgänge hat. Ein Addierer, der nur die Eingänge a und b hat, heißt (2,2)-Addierer oder auch Halbaddierer.

Wir können die Ausgangsfunktionen CarryOut und Summe als logische Gleichungen darstellen, und diese Gleichungen wiederum können mit logischen Gattern implementiert werden. Nehmen wir uns zunächst CarryOut vor. Tabelle B.2 zeigt die Werte der Eingänge, wenn CarryOut 1 ist.

Tab. B.2: Werte der Eingänge, wenn CarryOut 1 ist.

Eingang a	Eingang b	CarryIn
0	1	1
1	0	1
1	1	0
1	1	1

Diese Wahrheitstabelle können wir in eine logische Gleichung überführen:

$$CarryOut = (b \cdot CarryIn) + (a \cdot CarryIn) + (a \cdot b) + (a \cdot b \cdot CarryIn)$$

Wenn $(a \cdot b \cdot CarryIn)$ wahr ist, dann müssen die drei anderen Terme auch alle wahr sein. Daher können wir diesen letzten Term weglassen; die Gleichung vereinfacht sich dann zu

$$CarryOut = (b \cdot CarryIn) + (a \cdot CarryIn) + (a \cdot b)$$

Abbildung B.14 zeigt, dass die Hardware innerhalb der Addierer-Blackbox für CarryOut aus drei AND-Gattern und einem OR-Gatter besteht. Die drei AND-Gatter entsprechen exakt den Termen in der oben angegebenen Formel für CarryOut, und das OR-Gatter addiert diese drei Terme.

Das Summenbit wird gesetzt, wenn entweder genau ein Eingang 1 ist oder wenn alle drei Eingänge 1 sind. Die Summe ergibt sich aus einer komplexen booleschen Gleichung ($\overline{a}$ bedeutet hierbei NOT a):

$$Summe = (a \cdot \overline{b} \cdot \overline{CarryIn}) + (\overline{a} \cdot b \cdot \overline{CarryIn}) + (\overline{a} \cdot \overline{b} \cdot CarryIn) + (a \cdot b \cdot CarryIn)$$

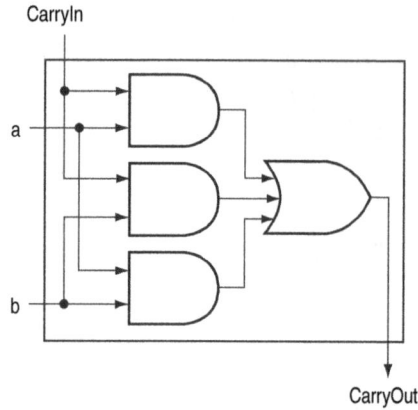

Abb. B.14: Addierer-Hardware für das CarryOut-Signal. Der Rest der Addierer-Hardware ist die Logik für den Summenausgang, der durch die Gleichung unten auf Seite 761 gegeben ist.

Das Zeichnen der Logik für das Summenbit in der Addierer-Blackbox bleibt dem Leser in einer der Übungsaufgaben überlassen.

Abbildung B.15 zeigt eine 1-Bit-ALU, die man durch Kombination des Addierers mit den bereits vorgestellten Komponenten erhält. Manchmal wollen Designer auch, dass die ALU ein paar weitere einfache Operationen ausführt, beispielsweise das Generieren von 0. Die einfachste Möglichkeit, um eine Operation hinzuzufügen, besteht darin, den durch die Operation-Line gesteuerten Multiplexer zu erweitern und für das erwähnte Beispiel 0 direkt mit dem neuen Eingang dieses erweiterten Multiplexers zu verbinden.

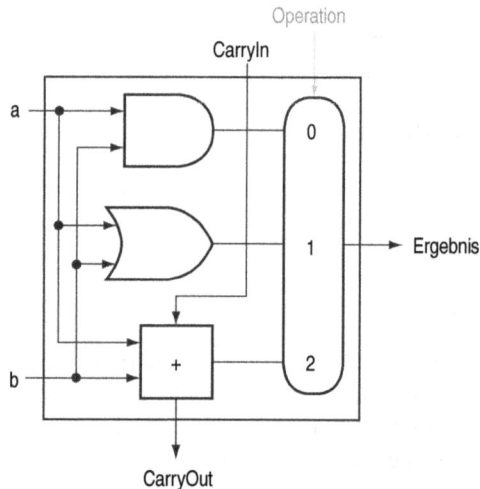

Abb. B.15: Eine 1-Bit-ALU, die AND, OR und Additionen ausführt (siehe Abbildung B.14).

Eine 32-Bit-ALU

Nachdem wir nun die 1-Bit-ALU fertiggestellt haben, können wir die vollständige 32-Bit-ALU aufbauen, indem wir benachbarte „Blackboxen" verbinden. Dies ist schematisch in Abbildung B.16 gezeigt, wobei xi das i-te Bit bezeichnet. Ähnlich wie ein einziger Stein in einem stillen See Wellen hervorrufen kann, die bis ans Ufer reichen, kann sich ein einzelner CarryOut des Bits mit dem niedrigsten Stellenwert (Ergebnis0) über den gesamten Addierer hinweg auswirken und letztlich einen CarryOut des Bits mit dem höchsten Stellenwert verursachen (Ergebnis 31). Aus diesem Grund wird ein Addierer, der durch direktes Verbinden der Überträge der einzelnen 1-Bit-Addierer aufgebaut wird, als *Ripple-Carry-Addierer* bezeichnet. Wir werden später noch eine schnellere Möglichkeit kennenlernen, um die 1-Bit-Addierer zu verbinden.

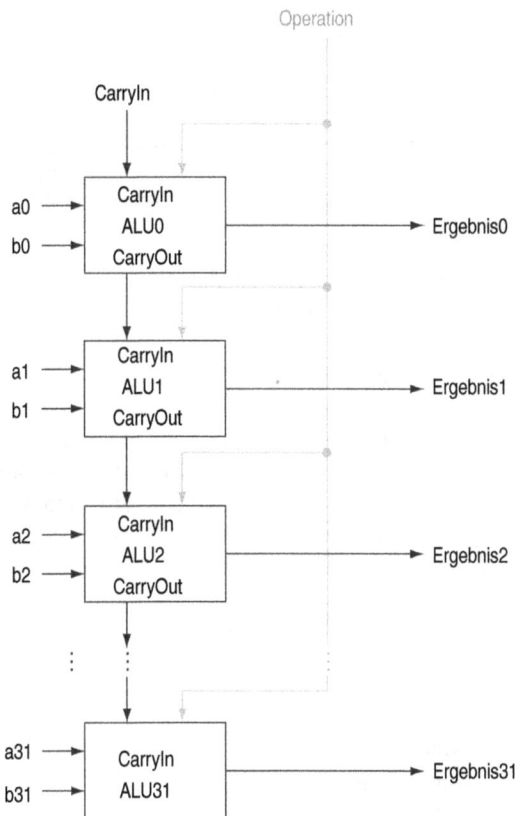

Abb. B.16: Eine 32-Bit-ALU, konstruiert aus 32 1-Bit-ALUs. Der CarryOut des Bits mit dem niedrigsten Stellenwert wird mit dem CarryIn des nächsthöheren verbunden usw. Diese Form der Organisation wird Ripple-Carry genannt.

Eine Subtraktion ist dasselbe wie das Addieren der negativen Version eines Operanden, und genau so führt ein Addierer eine Subtraktion aus. Es sei dar-

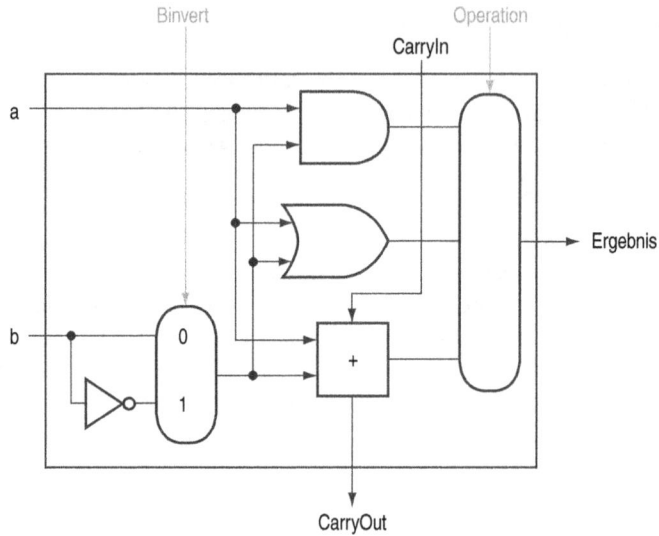

Abb. B.17: Eine 1-Bit-ALU, die AND, OR sowie eine Addition von a und b oder von a und $\overline{b}$ **ausführt.** Indem wir $\overline{b}$ wählen (Binvert=1) und im Bit mit dem niedrigsten Stellenwert CarryIn auf 1 setzen, erhalten wir die Zweierkomplementsubtraktion a minus b anstatt die Addition von b zu a.

an erinnert, dass das Schnellverfahren für das Negieren jedes Bits (auch *Einerkomplement* genannt) darin besteht, jedes Bit zu invertieren und dann 1 zu addieren. Zum Invertieren der einzelnen Bits fügen wir einfach einen 2-zu-1-Multiplexer hinzu, der zwischen b und $\overline{b}$ wählt (siehe Abbildung B.17).

Angenommen, wir verbinden wie in Abbildung B.16 skizziert 32 dieser 1-Bit-ALUs. Der zusätzliche Multiplexer bietet die Option, zwischen b und seinem invertierten Wert zu wählen, was von Binvert abhängt. Doch das ist nur ein Schritt beim Negieren einer Zweierkomplementzahl. Man beachte, dass das Bit mit dem niedrigsten Stellenwert ebenfalls ein CarryIn-Signal hat, obwohl es für die Addition unnötig ist. Was passiert, wenn wir diesen CarryIn auf 1 anstatt auf 0 setzen? Der Addierer wird dann a + b + 1 berechnen. Indem wir die invertierte Version von b wählen, bekommen wir genau das, was wir wollen:

$$a + \overline{b} + 1 = a + (\overline{b} + 1) = a + (-b) = a - b$$

Die Einfachheit des Hardwaredesigns eines Zweierkomplement-Addierers erklärt, warum die Zweierkomplementdarstellung zu einem universellen Standard für die Integer-Computerarithmetik geworden ist.

Eine MIPS-ALU benötigt auch eine NOR-Funktion. Anstatt ein separates Gatter für NOR hinzuzufügen, können wir – wie auch schon für die Subtraktion – einen großen Teil der Hardware wiederverwenden, die bereits Bestandteil unserer ALU ist. Dazu nutzen wir die folgende Gesetzmäßigkeit von NOR aus:

$$\overline{(a + b)} = \overline{a} \cdot \overline{b}$$

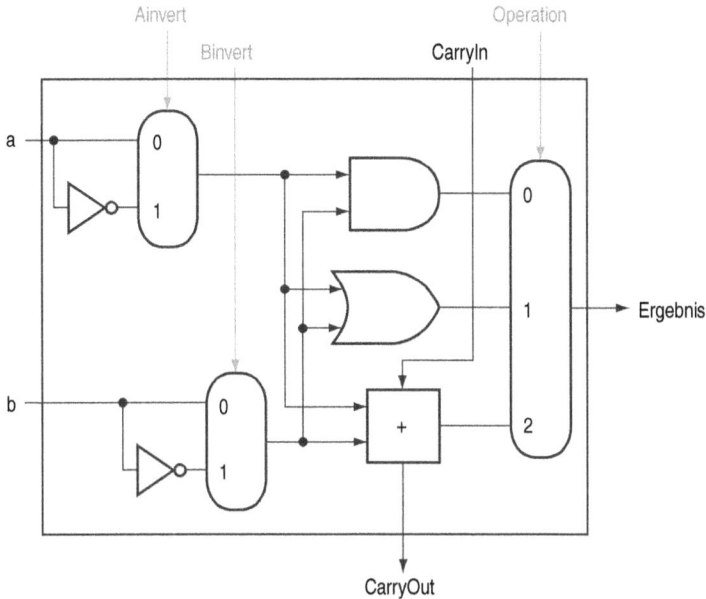

Abb. B.18: Eine 1-Bit-ALU, die AND, OR sowie die Addition von a und b oder von ā und b̄ ausführt. Wenn wir ā (Ainvert=1) und b̄ (Binvert=1) wählen, erhalten wir a NOR b anstatt a AND b.

Das heißt, NOT (a OR b) ist äquivalent mit NOT a AND NOT b. Das ist die DeMorgan'sche Regel, die in den Übungsaufgaben noch genauer beleuchtet wird.

Da wir AND und NOT b schon haben, müssen wir nur noch NOT a zu unserer ALU hinzufügen, was in Abbildung B.18 gezeigt ist.

Anpassen der 32-Bit-ALU an MIPS

Diese vier Operationen – Addition, Subtraktion, AND, OR – finden sich in der ALU nahezu aller Computer, und die Operationen der meisten MIPS-Befehle lassen sich mit dieser ALU ausführen. Dennoch ist das Design der ALU unvollständig.

Ein Befehl, der noch unterstützt werden muss, ist set on less than (slt). Diese Operation ergibt 1, falls rs < rt, und andernfalls 0. Folglich setzt slt alle Bits 0, bis auf das Bit mit dem niedrigsten Stellenwert, das in Abhängigkeit vom Ergebnis des Vergleichs gesetzt wird. Um die ALU dazu zu bringen, slt auszuführen, müssen wir zunächst den in Abbildung B.17 gezeigten Multiplexer um einen Eingang für das slt-Ergebnis erweitern. Wir nennen diesen neuen Eingang *less* und verwenden ihn ausschließlich für slt.

Der obere Teil von Abbildung B.19 zeigt die neue 1-Bit-ALU mit dem erweiterten Multiplexer. Gemäß der oben formulierten Beschreibung von slt müssen wir für die oberen 31 Bits der ALU den less-Eingang mit 0 verbin-

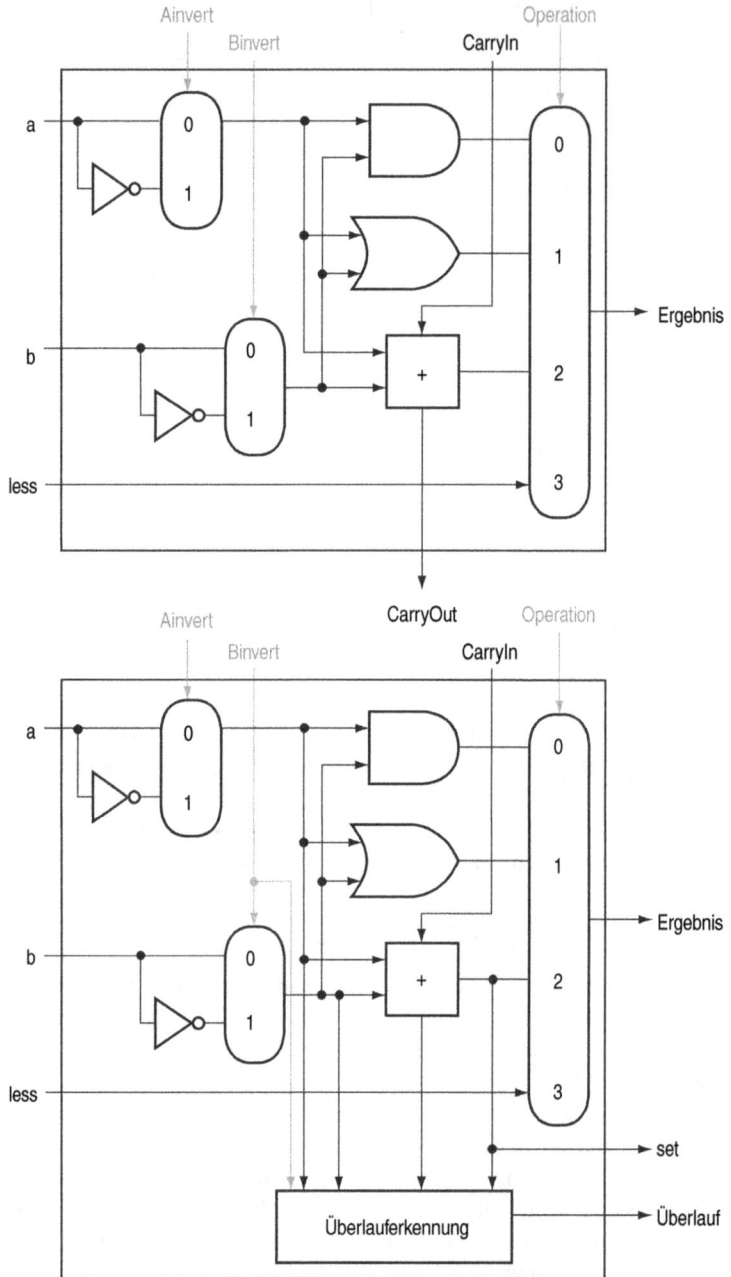

Abb. B.19: Oben: Eine 1-Bit-ALU, die AND, OR sowie die Addition von a und b oder a und b ausführt. Unten: Eine 1-Bit-ALU für das höchste Bit. Der obere Teil enthält einen direkten Eingang, der verbunden ist, um die slt-Operation auszuführen (siehe Abbildung B.20). Im unteren Teil gibt es für den less-than-Vergleich einen direkten Ausgang am Addierer, bezeichnet mit set. (In Aufgabe B.24 wird diskutiert, wie der Überlauf mit weniger Eingängen berechnet werden kann.)

den, da diese immer auf 0 gesetzt werden. Überlegen müssen wir nur noch, wie das *Bit dem niedrigsten Stellenwert* verglichen und gesetzt werden kann.

Was passiert, wenn wir b von a subtrahieren? Wenn die Differenz negativ ist, dann ist a < b, denn es gilt:

$$(a - b) < 0 \Rightarrow ((a - b) + b) < (0 + b)$$
$$\Rightarrow a < b$$

Wir wollen, dass für eine `slt`-Operation das Bit mit dem niedrigsten Stellenwert eine 1 ist, falls a < b, also wenn a − b negativ ist, und 0, wenn die Differenz positiv ist. Dieses gewünschte Ergebnis entspricht genau den Werten des Vorzeichenbits: 1 bedeutet negativ und 0 bedeutet positiv. Demnach müssen wir nur das Vorzeichenbit aus dem Addierer mit dem niedrigsten Bit verbinden, um `slt` zu erhalten.

Leider ist der Ergebnisausgang aus dem ALU-Bit mit dem höchsten Stellenwert oben in Abbildung B.19 für die `slt`-Operation *nicht* der Ausgang des Addierers; der ALU-Ausgang für die `slt`-Operation ist offensichtlich der Eingangswert less.

Wir brauchen also eine neue 1-Bit-ALU für das Bit mit dem höchsten Stellenwert, die ein zusätzliches Ausgangsbit hat: den Addiererausgang. Der untere Teil von Abbildung B.19 zeigt das Design. Hier ist der neue Ausgang des Addierers, der nur für `slt` benutzt wird, mit *set* bezeichnet. Solange wir eine spezielle ALU für das höchste Bit brauchten, haben wir die Überlauferkennung hinzugefügt, da diese ebenfalls mit diesem Bit verbunden ist.

Leider ist der less-than-Test aufgrund des Überlaufs noch etwas komplizierter als eben beschrieben. Darauf wird im Rahmen der Übungsaufgaben eingegangen. Abbildung B.20 zeigt die 32-Bit-ALU.

Man beachte, dass immer, wenn die ALU subtrahieren soll, sowohl Carry-In als auch Binvert auf 1 gesetzt werden muss. Für Additionen oder logische Operationen wollen wir, dass beide Steuerleitungen 0 sind. Wir können daher die Steuerung der ALU vereinfachen, indem wir CarryIn und Binvert zu einer einzigen Leitung zusammenfassen, die wir *Bnegate* nennen.

Um die ALU noch weiter an den MIPS-Befehlssatz anzupassen, müssen wir außerdem dafür sorgen, dass Befehle für bedingte Verzweigungen unterstützt werden. Ein solcher Befehl verzweigt, je nachdem, ob zwei Register gleich oder ungleich sind. Die einfachste Möglichkeit, um mit der ALU auf Gleichheit zu testen, besteht darin, b von a zu subtrahieren und dann zu prüfen, ob das Ergebnis 0 ist, denn es gilt offensichtlich

$$(a - b = 0) \Rightarrow a = b$$

Das heißt, wenn wir Hardware hinzufügen, mit der wir testen können, ob das Ergebnis 0 ist, dann können wir auf Gleichheit testen. Am einfachsten geschieht das, indem wir OR auf die Gesamtheit der Ausgänge anwenden und dieses Signal dann durch einen Inverter schicken:

$$\text{null} = \overline{\text{Ergebnis31} + \text{Ergebnis30} + \ldots + \text{Ergebnis2} + \text{Ergebnis1} + \text{Ergebnis0}}$$

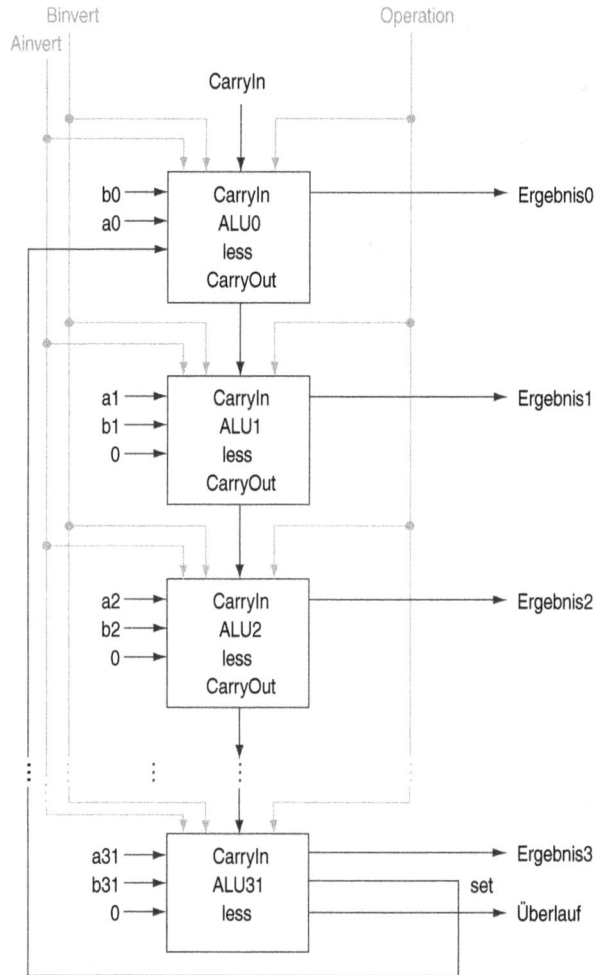

Abb. B.20: Eine 32-Bit-ALU, bestehend aus 31 Kopien der 1-Bit-ALU, die im oberen Teil von Abbildung B.19 sizziert ist, sowie einer 1-Bit-ALU wie im unteren Teil dieser Abbildung. Die less-Eingänge sind mit 0 verbunden, außer der ALU für das Bit mit dem kleinsten Stellenwert. Diese ist mit dem set-Ausgang der ALU für das höchste Bit verbunden. Wenn die ALU a − b ausführt und wir für den Multiplexer in Abbildung B.19 den Eingang 3 wählen, dann ist das Ergebnis 0...001 für a < b und 0 sonst.

Abbildung B.21 zeigt die überarbeitete 32-Bit-ALU. Wir können uns die Kombination der 1-Bit-Ainvert-Leitung, der 1-Bit-Binvert-Leitung und der 2-Bit-Operationsleitung als 4-Bit-Steuerleitung für die ALU vorstellen, die dieser mitteilt, dass sie Additionen, Subtraktionen, AND-, OR und set-less-than-Operationen ausführen soll. Tabelle B.3 zeigt die ALU-Steuerleitungen und die entsprechende ALU-Operation.

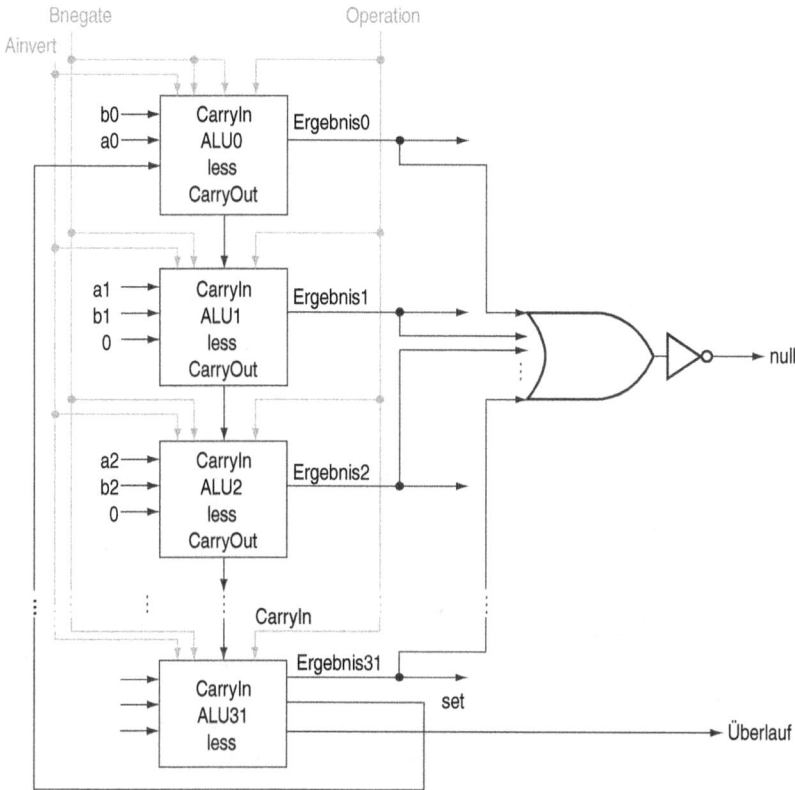

Abb. B.21: Die finale 32-Bit-ALU. Gegenüber der Version in Abbildung B.20 ist ein null-Detektor hinzugekommen.

Tab. B.3: Die Werte der ALU-Steuerleitungen und die zugehörigen ALU-Operationen.

ALU-Steuerleitungen	Funktion
0000	AND
0001	OR
0010	addieren
0110	subtrahieren
0111	set on less than
1100	NOR

Nachdem wir uns nun angesehen haben, was sich in einer 32-Bit-ALU befindet, werden wir im weiteren Verlauf das universelle Symbol für eine vollständige ALU verwenden, welches in Abbildung B.22 gezeigt ist.

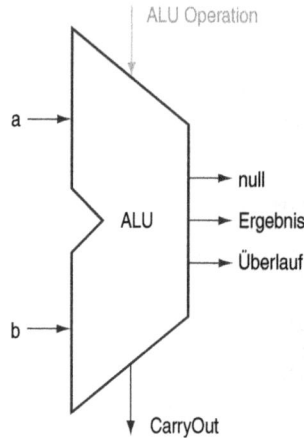

Abb. B.22: Das Symbol, das gewöhnlich verwendet wird, um eine ALU wie die in Abbildung B.21 darzustellen. Da es auch für die Darstellung von Addierern verwendet wird, ist es üblich, entweder die Bezeichnung ALU oder Addierer zu ergänzen.

Definition der MIPS-ALU in Verilog

Abbildung B.23 zeigt, wie eine MIPS-ALU in Verilog spezifiziert werden kann. Eine solche Spezifikation würde wahrscheinlich unter Verwendung einer Standardbibliothek kompiliert, die einen Addierer zur Verfügung stellen würde, welcher instanziiert werden kann. Der Vollständigkeit halber zeigen wir in Abbildung B.24 die ALU-Steuerung für MIPS, die in Kapitel 4 verwendet wird, um eine Verilog-Version des MIPS-Datenpfads zu bauen.

Die nächste Frage lautet, wie schnell diese ALU zwei 32-Bit-Operanden addieren kann. Wir können die Eingänge a und b bestimmen, aber der CarryIn-Eingang hängt von der Operation im benachbarten 1-Bit-Addierer ab. Wenn wir den gesamten Weg durch die Kette der Abhängigkeiten nachverfolgen, verbinden wir das höchste Bit mit dem niedrigsten, sodass das höchste Bit der Summe auf die *sequentielle* Auswertung aller 32 1-Bit-Addierer warten muss. Diese Kette ist zu langsam, um sie in zeitkritischer Hardware sinnvoll einsetzen zu können. Im nächsten Abschnitt wird untersucht, wie die Addition beschleunigt werden kann.

Selbsttest

Wie kann die ALU modifiziert werden, damit sie zusätzlich die Operation NOT (a AND b) unterstützt?

1. Es ist keine Änderung nötig. Man kann NAND schnell mithilfe der vorhandenen ALU berechnen, denn es gilt $(\overline{a \cdot b}) = \overline{a} + \overline{b}$ und wir haben bereits NOT a, NOT b und OR.

2. Man muss den großen Multiplexer um einen weiteren Eingang ergänzen und neue Logik einbauen, um NAND zu berechnen.

```
module MIPSALU (ALUctl, A, B, ALUOut, Zero);
  input [3:0] ALUctl;
  input [31:0] A,B;
  output reg [31:0] ALUOut;
  output Zero;
  assign Zero=(ALUOut==0); //Zero ist wahr, falls ALUOut 0
  always @(ALUctl, A, B)
    begin //neu auswerten, wenn diese sich ändern
      case (ALUctl)
        0: ALUOut <= A & B;
        1: ALUOut <= A | B;
        2: ALUOut <= A + B;
        6: ALUOut <= A - B;
        7: ALUOut <= A < B ? 1 : 0;
        12: ALUOut <= ~(A | B); // Ergebnis ist nor
        default: ALUOut <= 0;
      endcase
    end
endmodule
```

Abb. B.23: Verhaltensdefinition einer MIPS-ALU in Verilog.

```
module ALUcontrol (ALUOp, FuncCode, ALUCtl);
  input [1:0] ALUOp;
  input [5:0] FuncCode;
  output [3:0] reg ALUCtl;
  always case (FuncCode)
  32: ALUOp<=2; // addieren
  34: ALUOp<=6; // subtrahieren
  36: ALUOp<=0; // and
  37: ALUOp<=1; // or
  39: ALUOp<=12; // nor
  42: ALUOp<=7; // slt
  default: ALUop<=15; sollte nicht eintreten
  endcase
endmodule
```

Abb. B.24: Die Steuerung der MIPS-ALU: ein einfaches Stück Schaltlogik.

B.6 Schnellere Addition: Carry-Lookahead-Addierer

Die entscheidende Idee für das Beschleunigen der Addition ist die frühere Bestimmung des Übertrags in die Bits höherer Ordnung. Es gibt eine ganze Reihe von Verfahren für das Antizipieren des Übertrags, wobei das ungünstigste Szenario eine $\log_2$-Abhängigkeit von der Anzahl der Bits im Addierer ist. Diese vorgreifenden Signale sind schneller, weil sie durch weniger Gatter in der Sequenz gehen; allerdings sind mehr Gatter nötig, um den Übertrag richtig vorherzubestimmen.

Der Schlüssel zum Verständnis von Fast-Carry-Verfahren ist die Einsicht, dass Hardware – anders als Software – parallel arbeitet, wann immer sich die Eingänge ändern.

Fast-Carry durch „unendliche" Hardware

Wie bereits erwähnt, kann jede Gleichung in zwei logischen Ebenen repräsentiert werden. Da die einzigen externen Eingänge die beiden Operanden und der CarryIn in das niedrigste Bit des Addierers sind, könnten wir theoretisch die CarryIn-Werte aller übrigen Bits des Addierers in nur zwei logischen Ebenen berechnen.

Beispielsweise ist der CarryIn für Bit 2 des Addierers gerade der CarryOut von Bit 1, sodass wir folgende Formel notieren können:

$$\text{CarryIn2} = (b1 \cdot \text{CarryIn1}) + (a1 \cdot \text{CarryIn1}) + (a1 \cdot b1)$$

Entsprechend ist CarryIn1 definiert als

$$\text{CarryIn1} = (b0 \cdot \text{CarryIn0}) + (a0 \cdot \text{CarryIn0}) + (a0 \cdot b0)$$

Mit der Abkürzung ci für CarryIni können wir diese Formeln wie folgt umschreiben:

$$c2 = (b1 \cdot c1) + (a1 \cdot c1) + (a1 \cdot b1)$$
$$c1 = (b0 \cdot c0) + (a0 \cdot c0) + (a0 \cdot b0)$$

Indem wir die Definition für c1 in die erste Gleichung einsetzen, erhalten wir

$$c2 = (a1 \cdot a0 \cdot b0) + (a1 \cdot a0 \cdot c0) + (a1 \cdot b0 \cdot c0)$$
$$+ (b1 \cdot a0 \cdot b0) + (b1 \cdot a0 \cdot c0) + (b1 \cdot b0 \cdot c0) + (a1 \cdot b1)$$

Sie können sich vorstellen, wie lang die Gleichung wird, wenn wir zu den höheren Bits des Addierers kommen – sie wächst sehr schnell mit der Anzahl der Bits. Diese Komplexität schlägt sich in den Hardwarekosten für Fast-Carry nieder, was dieses einfache Verfahren für breite Addierer inakzeptabel teuer macht.

Fast-Carry durch Verwenden der ersten Abstraktionsebene: Propagation und Generation

Die meisten Fast-Carry-Verfahren limitieren die Komplexität der Gleichungen, um die Hardware einfach zu halten, während gleichzeitig eine substanzielle Beschleunigung mittels Ripple-Carry erreicht wird. Eines dieser Verfahren wird *Carry-Lookahead-Addierer* genannt. In Kapitel 1 hatten wir gesagt, dass Computer mit Komplexität zurecht kommen, indem sie Abstraktionsebenen verwenden. Bei der Implementierung eines Carry-Lookahead-Addierers wird genau davon Gebrauch gemacht.

Schreiben wir die ursprüngliche Gleichung zunächst ein wenig um:

$$c_{i+1} = (b_i \cdot c_i) + (a_i \cdot c_i) + (a_i \cdot b_i)$$
$$= (a_i \cdot b_i) + (a_i + b_i) \cdot c_i$$

Wenn wir diese Rekursionsformel verwenden, um die Gleichung für c2 auszuschreiben, erkennen wir einige Muster:

$$c2 = (a1 \cdot b1) + (a1 \cdot b1) \cdot ((a0 \cdot b0) + (a0 + b0) \cdot c0)$$

Man beachte insbesondere das wiederholte Auftreten der Ausdrücke $(a_i \cdot b_i)$ und $(a_i + b_i)$ in dieser Formel. Diese beiden wichtigen Faktoren werden *Generator* (g_i) und *Propagator* (p_i) genannt:

$$g_i = a_i \cdot b_i$$
$$p_i = a_i + b_i$$

Setzen wir dies in die Definition von c_{i+1} ein, so erhalten wir

$$c_{i+1} = g_i + p_i \cdot c_i$$

Um genauer zu verstehen, woher die Signale ihre Namen haben, nehmen wir an, g_i sei 1. Dann ist

$$c_{i+1} = g_i + p_i \cdot c_i = 1 + p_i \cdot c_i = 1$$

Das heißt, der Addierer *generiert* unabhängig vom Wert des CarryIn (c_i) einen CarryOut (c_{i+1}). Nun nehmen wir an, g_i sei 0 und p_i sei 1. Dann ist

$$c_{i+1} = g_i + p_i \cdot c_i = 0 + 1 \cdot c_i = c_i$$

Das heißt, der Addierer *propagiert* CarryIn zu einem CarryOut. Zusammengefasst also: $CarryIn_{i+1}$ ist 1, wenn entweder $g_i = 1$ oder wenn sowohl p_i als auch $CarryIn_i$ 1 ist.

Als Analogie können wir uns eine Reihe von aufgestellten Dominosteinen vorstellen. Der letzte Stein kann zum Umfallen gebracht werden, indem man einen weit von ihm entfernten anderen Stein anstupst, vorausgesetzt, es gibt nirgendwo in der Rehe eine zu große Lücke. Ganz ähnlich kann ein CarryOut wahr gemacht werden, indem irgendwo weit weg generiert wird, vorausgesetzt alle Propagatoren dazwischen sind wahr.

Basierend auf den Definitionen von Propagatoren und Generatoren als unserer ersten Abstraktionsebene, können wir die CarryIn-Signale mit weniger Aufwand ausdrücken. Für 4 Bits sieht das folgendermaßen aus:

$$c1 = g0 + (p0 \cdot c0)$$
$$c2 = g1 + (p1 \cdot g0) + (p1 \cdot p0 \cdot c0)$$
$$c3 = g2 + (p2 \cdot g1) + (p2 \cdot p1 \cdot g0) + (p2 \cdot p1 \cdot p0 \cdot c0)$$
$$c4 = g3 + (p3 \cdot g2) + (p3 \cdot p2 \cdot g1) + (p3 \cdot p2 \cdot p1 \cdot g0)$$
$$+ (p3 \cdot p2 \cdot p1 \cdot p0 \cdot c0)$$

Diese Gleichungen stellen dar, was der gesunde Menschenverstand erwarten würde: CarryIni ist 1, falls irgendein früherer Addierer einen Übertrag generiert hat und alle dazwischen liegenden Addierer einen Übertrag weiterleiten. In Abbildung B.25 werden Rohrinstallationen als Analogie verwendet, um das Carry-Lookahead-Verfahren zu erklären.

Doch auch diese vereinfachte Form führt noch auf zu lange Gleichungen und damit selbst für einen 16-Bit-Addierer auf Logik von beträchtlichem Umfang. Versuchen wir es also mit einer zweiten Abstraktionsebene.

Fast-Carry durch Verwenden der zweiten Abstraktionsebene

Betrachten wir zunächst den 4-Bit-Addierer mit seiner Carry-Lookahead-Logik in Form eines einzigen Bausteins. Wenn wir solche Bausteine in Ripple-Carry-Manier zu einem 16-Bit-Addierer verbinden, wird das Addieren schneller als mit dem Original bei etwas mehr Hardware.

Um schneller zu werden, benötigen wir Carry-Lookahead auf einer höheren Ebene. Um das Carry-Lookahead für einen 4-Bit-Addierer durchzuführen, benötigen wir Propagator- und Generatorsignale auf dieser höheren Ebene. Für die 4-Bit-Blöcke sind dies

$$P0 = p3 \cdot p2 \cdot p1 \cdot p0$$
$$P1 = p7 \cdot p6 \cdot p5 \cdot p4$$
$$P2 = p11 \cdot p10 \cdot p9 \cdot p8$$
$$P3 = p15 \cdot p14 \cdot p13 \cdot p12$$

Das bedeutet, dass das „Super"-Propagatorsignal für die 4-Bit-Abstraktion (Pi) ist nur dann wahr ist, wenn jedes der Bits in der Gruppe einen Übertrag propagiert.

Für das „Super"-Generatorsignal (Gi) interessiert uns nur, ob es einen Carry-Out des höchstens Bits der 4-Bit-Gruppe gibt. Dies ist offenbar der Fall, wenn der Generator für das höchste Bit wahr ist, aber auch, wenn ein früherer Gene-

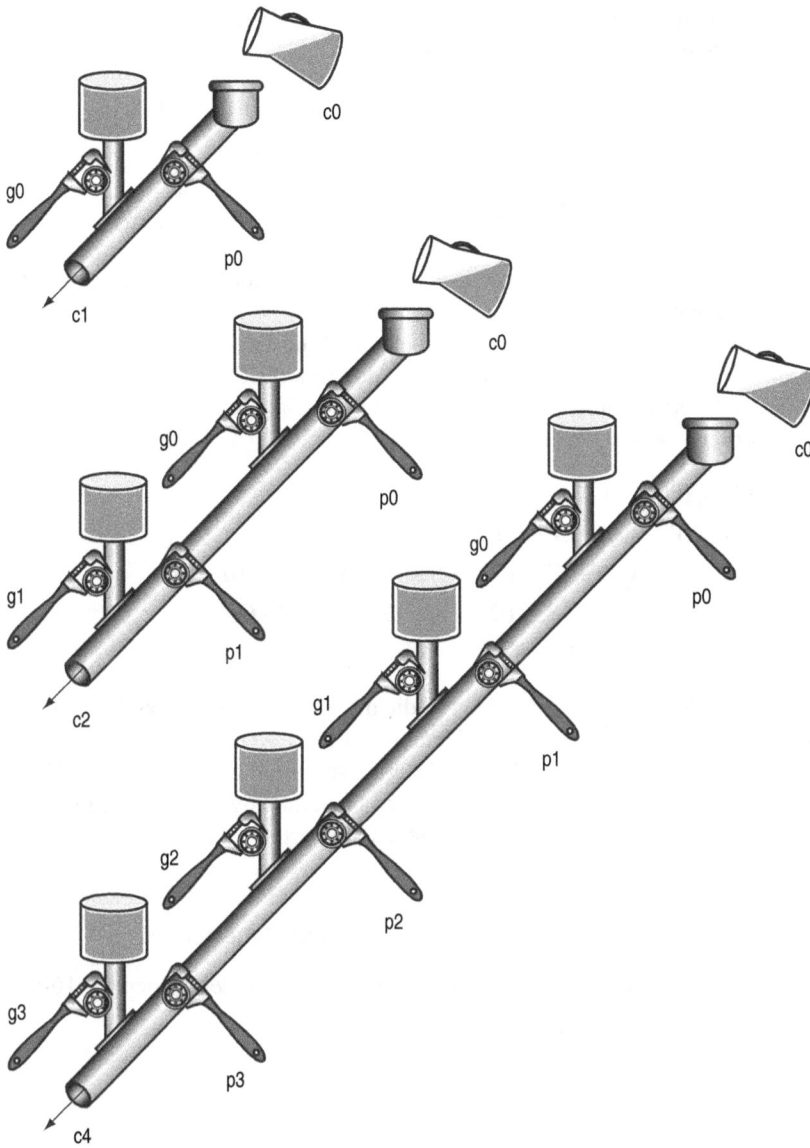

Abb. B.25: Rohrinstallationen, bestehend aus Rohren und Ventilen, als Analogie für Carry-Lookahead bei 1 Bit, 2 Bit und 4 Bit. Die Rohrzangen dienen zum Öffnen und Schließen der Ventile. In den Behältern befindet sich Wasser. Der Ausgang von Rohr ($ci + 1$) wird voll sein, wenn entweder der nächste generierte Wert (gi) aufgedreht wird oder wenn der propagierte Wert pi an ist und weiter oben in der Leitung Wasser ist, entweder „generiert" oder „propagiert" mit Wasser von oben. CarryIn ($c0$) kann zu einem CarryOut führen, ohne dass einer der Generatoren dabei geholfen hat, sondern allein durch Hilfe *aller* Propagatoren.

rator wahr ist *und* wenn alle dazwischen liegenden Propagatoren einschließlich dem des höchsten Bits ebenfalls wahr sind:

$G0 = g3 + (p3 \cdot g2) + (p3 \cdot p2 \cdot g1) + (p3 \cdot p2 \cdot p1 \cdot g0)$

$G2 = g7 + (p7 \cdot g6) + (p7 \cdot p6 \cdot g5) + (p7 \cdot p6 \cdot p5 \cdot g4)$

$G3 = g11 + (p11 \cdot g10) + (p11 \cdot p10 \cdot g9) + (p11 \cdot p10 \cdot p9 \cdot g8)$

$G4 = g15 + (p15 \cdot g14) + (p15 \cdot p14 \cdot g13) + (p15 \cdot p14 \cdot p13 \cdot g12)$

Abbildung B.26 zeigt die entsprechend aktualisierte Rohrinstallation, in der P0 und G0 eingezeichnet sind.

Auf dieser höheren Abstraktionsebene sind die Gleichungen für den CarryIn in jeder 4-Bit-Gruppe des 16-Bit-Addierers (C1, C2, C3, C4 in Abbildung B.27) sehr ähnlich wie die CarryOut-Gleichungen für jedes Bit des 4-Bit-Addierers (c1, c2, c3, c4) auf Seite 774:

$C1 = G0 + (P0 \cdot c0)$

$C2 = G1 + (P1 \cdot G0) + (P1 \cdot P0 \cdot c0)$

$C3 = G2 + (P2 \cdot G1) + (P2 \cdot P1 \cdot G0) + (P2 \cdot P1 \cdot P0 \cdot c0)$

$C4 = G3 + (P3 \cdot G2) + (P3 \cdot P2 \cdot G1) + (P3 \cdot P2 \cdot P1 \cdot G0)$
$\quad + (P3 \cdot P2 \cdot P1 \cdot P0 \cdot c0)$

Abbildung B.27 zeigt 4-Bit-Addierer, die mit einer solchen Carry-Lookahead-Einheit verbunden sind. In den Übungsaufgaben werden die Geschwindigkeitsunterschiede zwischen diesen Übertragsverfahren näher beleuchtet. Ebenso werden Notationen für Propagator- und Generatorsignale mit mehreren Bit sowie das Design eines 64-Bit-Addierers diskutiert.

Beispiel: Beide Ebene des Propagierens und Generierens

Wir wollen die Werte von gi, pi, Pi und Gi für die beiden folgenden 16-Bit-Zahlen bestimmen:

a:	0001	1010	0011	0011_B
b:	1110	0101	1110	1011_B

Außerdem wollen wir wissen, was CarryOut15 (C4) ist.

Lösung: Das Ausrichten der Bits macht es einfach, die Werte von $gi = ai \cdot bi$ und $pi = ai + bi$ zu sehen:

a:	0001	1010	0011	0011
b:	1110	0101	1110	1011
gi:	0000	0000	0010	0011
pi:	1111	1111	1111	1011

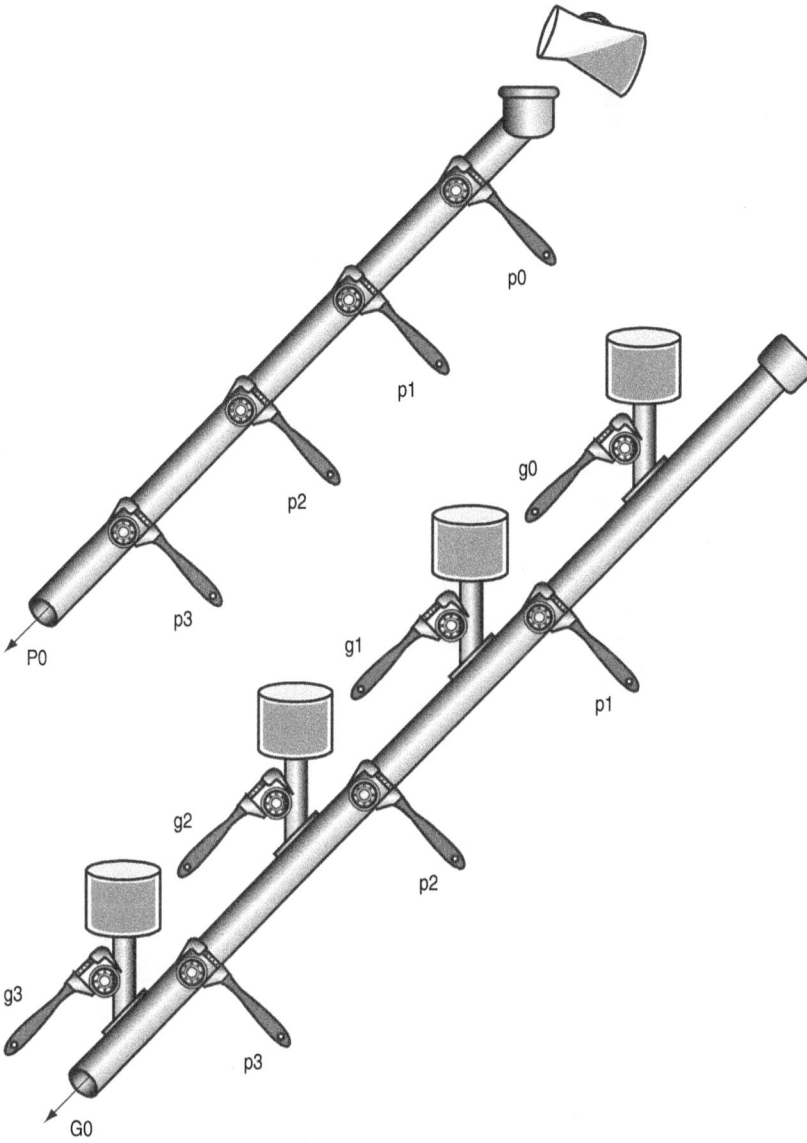

Abb. B.26: Rohrinstallation als Analogie für die nächste Ebene der Carry-Lookahead-Signale P0 und G0. P0 ist nur offen, wenn alle vier Propagatoren (pi) offen sind. In G0 fließt nur dann Wasser, wenn wenigstens einer der Generatoren (gi) offen ist und ab diesem abwärts alle Propagatoren offen sind.

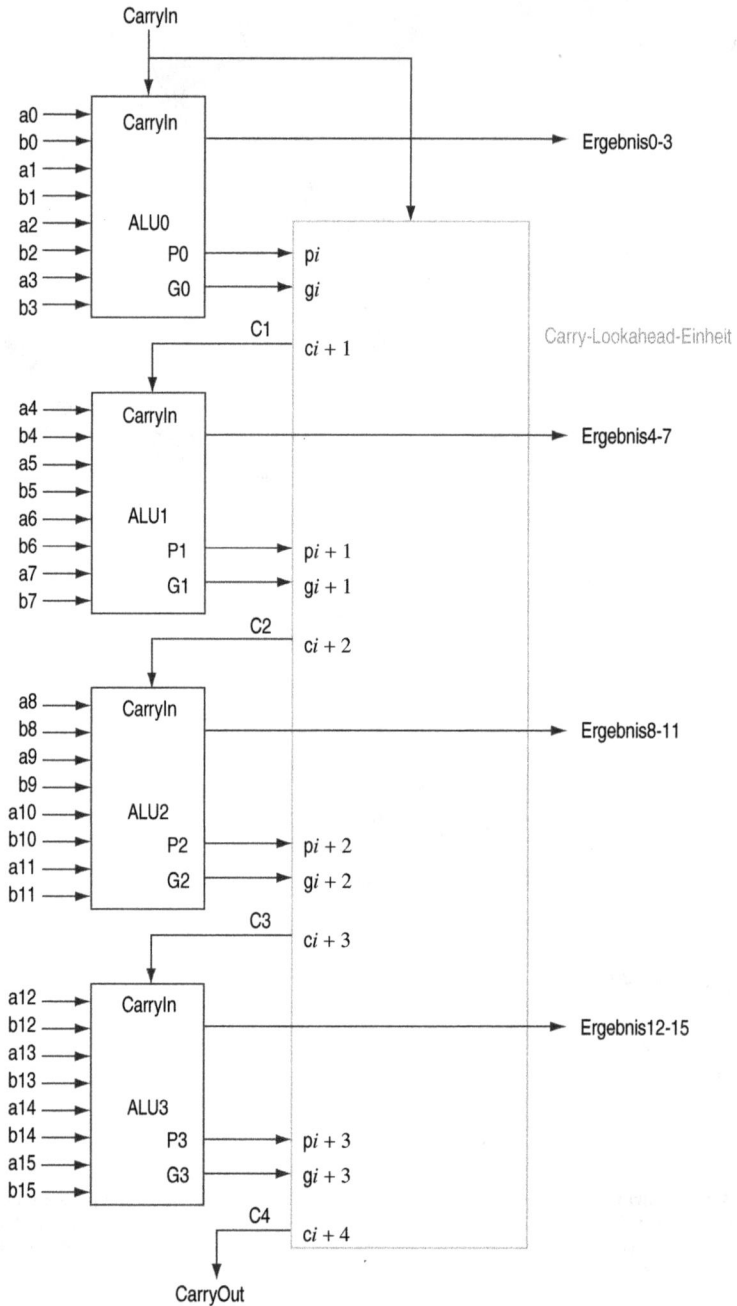

Abb. B.27: Vier 4-Bit ALUs, die mittels Carry-Lookahead einen 16-Bit-Addierer bilden. Man beachte, dass die Überträge von der Carry-Lookahead-Einheit kommen und nicht von den 4-Bit-ALUs.

Die Bits haben hierbei von links nach rechts die Nummern 15 bis 0. Die „Super"-Propagatoren sind einfach die AND-Verknüpfungen der Propagatoren der niedrigeren Ebene:

$P3 = 1 \cdot 1 \cdot 1 \cdot 1 = 1$

$P2 = 1 \cdot 1 \cdot 1 \cdot 1 = 1$

$P1 = 1 \cdot 1 \cdot 1 \cdot 1 = 1$

$P0 = 1 \cdot 0 \cdot 1 \cdot 1 = 0$

Die „Super"-Generatoren sind komplexer:

$G0 = g3 + (p3 \cdot g2) + (p3 \cdot p2 \cdot g1) + (p3 \cdot p2 \cdot p1 \cdot g0)$

$\quad = 0 + (1 \cdot 0) + (1 \cdot 0 \cdot 1) + (1 \cdot 0 \cdot 1 \cdot 1) = 0 + 0 + 0 + 0 = 0$

$G1 = g7 + (p7 \cdot g6) + (p7 \cdot p6 \cdot g5) + (p7 \cdot p6 \cdot p5 \cdot g4)$

$\quad = 0 + (1 \cdot 0) + (1 \cdot 1 \cdot 1) + (1 \cdot 1 \cdot 1 \cdot 0) = 0 + 1 + 0 + 0 = 1$

$G2 = g11 + (p11 \cdot g10) + (p11 \cdot p10 \cdot g9) + (p11 \cdot p10 \cdot p9 \cdot g8)$

$\quad = 0 + (1 \cdot 0) + (1 \cdot 1 \cdot 0) + (1 \cdot 1 \cdot 1 \cdot 0) = 0 + 0 + 0 + 0 = 0$

$G3 = g15 + (p15 \cdot g14) + (p15 \cdot p14 \cdot g13) + (p15 \cdot p14 \cdot p13 \cdot g12)$

$\quad = 0 + (1 \cdot 0) + (1 \cdot 1 \cdot 0) + (1 \cdot 1 \cdot 1 \cdot 0) = 0 + 0 + 0 + 0 = 0$

Schließlich ist CarryOut15

$C4 = G3 + (P3 \cdot G2) + (P3 \cdot P2 \cdot G1) + (P3 \cdot P2 \cdot P1 \cdot G0)$

$\quad + (P3 \cdot P2 \cdot P1 \cdot P0 \cdot c0)$

$\quad = 0 + (1 \cdot 0) + (1 \cdot 1 \cdot 1) + (1 \cdot 1 \cdot 1 \cdot 0) + (1 \cdot 1 \cdot 1 \cdot 0 \cdot 0)$

$\quad = 0 + 0 + 1 + 0 + 0 = 1$

Es gibt also einen CarryOut, wenn diese beiden 16-Bit-Zahlen addiert werden.

Der Grund, warum Carry-Lookahead den Umgang mit Überträgen schneller machen kann, ist, dass jede Logik mit dem Auswerten in dem Moment beginnt, in dem der Taktzyklus beginnt, und dass sich das Ergebnis nicht mehr ändern wird, sobald sich die Ausgänge der einzelnen Gatter nicht mehr ändern. Indem man die Abkürzung nimmt und weniger Gatter durchläuft, um das CarryIn-Signal zu senden, erreicht man, dass die Ausgänge der Gatter früher aufhören sich zu ändern, und folglich sinkt die Zeit, die der Addierer benötigt.

Um die Bedeutung von Carry-Lookahead zu unterstreichen, wollen wir dessen Performanz im Vergleich zu der von Ripple-Carry betrachten.

Beispiel: Ripple-Carry vs. Carry-Lookahead

Eine einfache Möglichkeit, um die Zeit für logische Schaltungen zu modellieren, geht von der Annahme aus, dass für jedes AND- und jedes OR-Gatter dieselbe Zeit nötig ist, um ein Signal durch dieses hindurch zu schicken. Die Zeit wird dann geschätzt, indem einfach die Gatter entlang des Weges durch den Logikbaustein gezählt werden. Vergleichen wir die Anzahl der *Gatterverzögerungen* für die Wege in zwei verschiedenen 16-Bit-Addierern, von denen einer Ripple-Carry und einer Carry-Lookahead mit zwei Ebenen benutzt.

Lösung: Abbildung B.14 zeigt, dass das CarryOut-Signal zwei Gatterverzögerungen pro Bit braucht. Damit ist die Anzahl der Gatterverzögerungen zwischen einem CarryIn in das niedrigste Bit und dem CarryOut des höchsten Bits $16 \times 2 = 32$.

Für Carry-Lookahead ist der CarryOut des höchsten Bits gerade C4, wie im vorherigen Beispiel definiert. Es sind zwei Logikebenen nötig, um C4 durch Pi und Gi (dem OR mehrerer AND-Terme) zu spezifizieren. Pi wird in einer Logikebene (AND) unter Verwendung von pi spezifiziert, und Gi wird in zwei Ebenen unter Verwendung von pi und gi spezifiziert. Somit ist der ungünstigste Fall für dieses nächste Abstraktionsniveau der Fall zweier Logikebenen. pi und gi sind jeweils eine Logikebene, definiert durch ai und bi. Wenn wir für jede Logikebene in diesen Gleichungen eine Gatterverzögerung annehmen, ist der ungünstigste Fall $2 + 2 + 1 = 5$ Gatterverzögerungen.

Die 16-Bit-Addition ist also mit einem Carry-Lookahead-Addierer sechsmal schneller, wenn man den Weg vom CarryIn zum CarryOut als sehr einfache Schätzung der Hardwaregeschwindigkeit zugrunde legt.

Zusammenfassung

Carry-Lookahead bietet einen schnelleren Weg als zu warten, dass sich die Überträge durch alle 32 1-Bit-Addierer ausgebreitet haben. Dieser schnellere Weg ist durch zwei Signale festgelegt, den Generator und den Propagator. Ersteres generiert einen Übertrag unabhängig vom CarryIn, und das zweite gibt einen Übertrag weiter. Carry-Lookahead liefert zudem ein weiteres Beispiel dafür, wie wichtig Abstraktion beim Computerdesign ist, um mit Komplexität fertig zu werden.

Selbsttest

Wenn man die oben vorgestellte einfache Schätzung der Hardwaregeschwindigkeit anhand der Gatterverzögerungen anwendet, wie ist dann die Performanz einer 8-Bit-Ripple-Carry-Addition gegenüber der einer 64-Bit-Addition mit Carry-Lookahead?

1. Ein 64-Bit-Carry-Lookahead-Addierer ist dreimal so schnell: 8-Bit-Additionen haben 16 Gatterverzögerungen und 64-Bit-Additionen haben 7 Gatterverzögerungen.
2. Sie sind ungefähr gleich schnell, da 64-Bit-Additionen in dem 16-Bit-Addierer mehr Logikebenen brauchen.
3. 8-Bit-Additionen sind schneller, selbst mit Carry-Lookahead.

Anmerkungen: 1) Wir haben uns nun um alle arithmetischen und logischen Operationen des Kernbefehlssatzes von MIPS gekümmert – bis auf eine: der ALU in Abbildung B.20 fehlt die Unterstützung von Schiebebefehlen. Es wäre möglich, den ALU-Multiplexer um ein Links- oder Rechtsschieben um ein Bit zu erweitern. Doch Hardwaredesigner haben eine als *Barrel-Shifter* bezeichnete Schaltung ersonnen, mit der Schiebeoperationen um 1 bis 31 Bits möglich sind, wofür nicht mehr Zeit nötig ist als für das Addieren zweier 32-Bit-Zahlen. Daher wird das Schieben normalerweise außerhalb der ALU vorgenommen.

2) Die logische Gleichung für den Summenausgang des vollständigen Addierers (Seite 761) kann einfacher formuliert werden, wenn man ein mächtigeres Gatter als AND und OR verwendet. Ein XOR-Gatter ist wahr, wenn die beiden Operanden unterschiedliche Werte haben, d. h.

$$x \neq y \Rightarrow 1 \text{ und } x == y \Rightarrow 0$$

Bei manchen Technologien ist XOR effizienter als zwei Ebenen von AND- und OR-Gattern. Unter Verwendung des Symbols $\oplus$ für das exklusive Oder (XOR) lautet die neue Gleichung

$$\text{Summe} = a \oplus b \oplus \text{CarryIn}$$

Auch haben wir die ALU auf traditionelle Weise gezeichnet, also unter Verwendung von Gattern. Computer werden heute in CMOS-Transistoren entworfen, bei denen es sich im Wesentlichen um Schalter handelt. CMOS-ALUs und Barrel-Shifter nutzen diese Schalter aus und haben viel weniger Multiplexer als in unserem Design zu sehen sind, aber die Entwurfsprinzipien sind ähnlich.

3) Das Verwenden von Klein- und Großbuchstaben zur Unterscheidung in der Hierarchie von Generator- und Propagatorsymbolen, bricht in sich zusammen, wenn wir mehr als zwei Ebenen haben wollen. Eine alternative Notation, die skalierbar ist, verwendet $g_{i..j}$ und $p_{i..j}$ für die entsprechenden Signale von Bit i bis Bit j. Das heißt, $g_{1..1}$ ist das Generator-Signal für Bit 1, $g_{4..1}$ für Bit 4 bis 1 und $g_{16..1}$ für Bit 16 bis 1.

B.7 Taktsignale

Bevor wir uns der Diskussion von Speicherelementen und Schaltwerken zuwenden, wollen wir uns kurz mit Taktsignalen befassen. Dieser kurze Abschnitt stellt eine Einführung in die Thematik dar und ähnelt der Diskussion in Abschnitt 4.2. Eine ausführlichere Darstellung von **Taktverfahren** wird in Abschnitt B.11 gegeben.

Taktsignale sind in Schaltwerken notwendig um zu entscheiden, wann ein Element aktualisiert werden muss. Ein Taktsignal ist einfach ein frei laufendes Signal mit einer festen *Taktzeit*; die *Taktfrequenz* ist die Inverse der Taktzeit. In Abbildung B.28 ist die *Taktzeit* oder *Taktdauer* in zwei Abschnitte unterteilt. In einem ist das Taktsignal hoch, in dem anderen niedrig. In diesem Buch verwenden wir nur **flankengesteuerte Taktverfahren.** Das bedeutet, dass sich

Taktverfahren Das Verfahren, mit dem bestimmt wird, wann Daten relativ zum Takt gültig und stabil sind.

flankengesteuertes Taktverfahren Ein Taktverfahren, bei dem alle Zustandsänderungen an einer Taktflanke erfolgen.

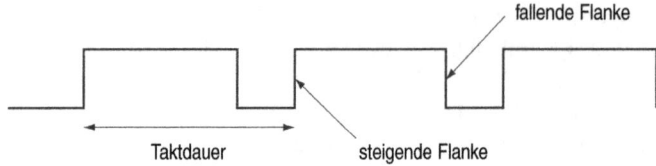

Abb. B.28: Ein Taktsignal oszilliert zwischen einem hohen und einem niedrigen Wert. Die Taktdauer ist die für einen vollständigen Zyklus benötigte Zeit. Bei einem flankengesteuerten Design ist entweder die ansteigende oder die abfallende Flanke des Takts aktiv und veranlasst, dass der Zustand geändert wird.

Zustandselement Ein Speicherelement.

synchrones System Ein Speichersystem, das Taktsignale verwendet und bei dem Datensignale nur gelesen werden, wenn das Taktsignal anzeigt, dass diese stabil sind.

alle Zustände nur an den Taktflanken ändern. Wir verwenden die flankengesteuerte Terminologie auch deshalb, weil die Takterzeugung so einfacher zu erklären ist. Ob sie für eine gegebene Technologie tatsächlich die beste Wahl ist, ist von Fall zu Fall verschieden.

Bei einem flankengesteuerten Verfahren ist entweder die ansteigende oder die abfallende Flanke des Takts *aktiv* und bewirkt Zustandsänderungen. Wie wir im nächsten Abschnitt sehen werden, sind die **Zustandselemente** bei einem flankengesteuerten Design so implementiert, dass sich die Inhalte der Zustandselemente nur an der aktiven Taktflanke ändern. Welche der beiden Flanken als die aktive gewählt wird, hängt unter anderem von der Technologie der Implementierung ab und hat keine Auswirkungen auf die am Logikdesign beteiligten Konzepte.

Die Taktflanke wirkt als Abtastsignal, das dafür sorgt, dass der Wert am Dateneingang eines Zustandselements in diesem abgelegt wird. „Flankengesteuert" bedeutet, dass das Abtasten im Wesentlichen instantan erfolgt, was Probleme eliminiert, die auftreten können, wenn Signale zu leicht unterschiedlichen Zeiten abgetastet werden.

Die wichtigste Einschränkung in einem getakteten oder **synchronen** System ist, dass die Signale, die in Zustandselemente geschrieben werden, *gültig* sein müssen, wenn die aktive Flanke eintrifft. Ein Signal ist gültig, falls es stabil ist (d. h., wenn es sich nicht ändert); der Wert wird sich erst wieder ändern, wenn sich die Eingänge ändern. Da Schaltnetze keine Rückkopplung haben, werden die Ausgänge, wenn sich die Eingänge nicht ändern, schließlich gültig.

Abbildung B.29 zeigt die Beziehung zwischen den Zustandselementen und den kombinatorischen Logikblöcken in einem synchronen, sequentiellen Logikdesign. Die Zustandselemente, deren Ausgänge sich nur an der Taktflanke ändern, liefern gültige Eingangssignale in die logische Schaltung. Um sicherzustellen, dass die an der aktiven Taktflanke in das Zustandselement geschriebenen Werte gültig sind, muss das Taktsignal eine ausreichend lange Periode haben, damit sich alle Signale in der logischen Schaltung stabilisieren. Diese Werte werden dann abgetastet, um sie in den Zustandselementen zu speichern. Diese Bedingung setzt eine untere Grenze für die Länge der Taktdauer, die ausreichend groß sein muss, um die Gültigkeit der Eingangssignale in alle Zustandselement zu gewährleisten.

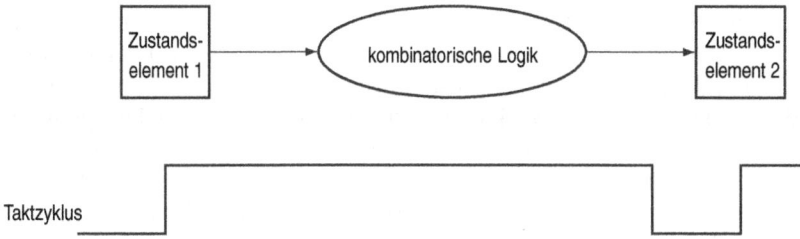

Abb. B.29: Die Eingänge in einen kombinatorischen Logikblock kommen aus einem Zustandselement und die Ausgänge werden in ein weiteres Zustandselement geschrieben. Die Taktflanke bestimmt, wann die Inhalte der Zustandselemente aktualisiert werden.

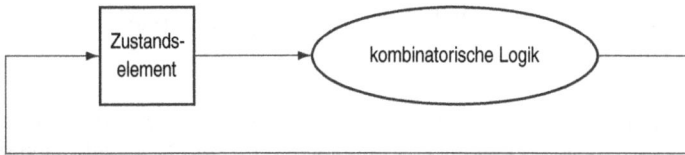

Abb. B.30: Ein flankengesteuertes Verfahren erlaubt es, dass ein Zustandselement im selben Taktzyklus gelesen und geschrieben wird, ohne dass dadurch ein Wettlauf entsteht, was zu unbestimmten Werten führen könnte. Selbstverständlich muss der Taktzyklus weiterhin groß genug sein, damit die Eingangswerte stabil sind, wenn die aktive Taktflanke eintrifft.

Im Rest dieses Abschnitts werden wir, wie auch in Kapitel 4, das Taktsignal gewöhnlich weglassen, da wir voraussetzen, dass alle Zustandselemente an derselben Taktflanke aktualisiert werden. Manche Zustandselemente werden an jeder Taktflanke geschrieben, andere dagegen nur unter bestimmten Bedingungen (etwa wenn ein Register aktualisiert wird). Im letzteren Fall werden wir ein Schreibsignal für dieses Zustandselement haben. Das Schreibsignal muss noch mit dem Taktsignal synchronisiert werden, damit die Aktualisierung an der Taktflanke nur bei aktivem Schreibsignal erfolgt. Wie das geschieht und wie es eingesetzt wird, werden wir im nächsten Abschnitt besprechen.

Ein weiterer Vorteil flankengesteuerter Verfahren ist, dass es möglich ist, ein Zustandselement zu haben, das sowohl Eingang als auch Ausgang derselben logischen Schaltung ist (siehe Abbildung B.30). In der Praxis ist darauf zu achten, dass in einer solchen Situation ein Wettlauf vermieden wird und dass sichergestellt ist, dass die Taktdauer lang genug ist. Dieses Thema wird in Abschnitt B.11 vertieft.

Nachdem wir nun diskutiert haben, wie die Takterzeugung verwendet wird, um Zustandselemente zu aktualisieren, können wir uns der Frage zuwenden, wie diese Zustandselemente aufgebaut sind.

Anmerkung: Manchmal finden es Designer hilfreich, eine kleine Anzahl von Zustandselementen zu haben, die sich an der anderen Taktflanke ändern, als es für die Mehrheit der Zustandselemente der Fall ist. Wenn man das tut, ist größte Sorgfalt geboten, da diese Vorgehensweise Auswirkungen auf die Ein-

Registerfile Ein Zu-
standselement, das aus
mehreren Registern be-
steht, die gelesen und in
die geschrieben werden
kann, indem die Adresse
des Registers angegeben
wird, auf das zugegriffen
werden soll.

gänge und Ausgänge des Zustandselements hat. Aber warum machen Designer
es dann überhaupt? Betrachten wir den Fall, dass der Umfang der kombinatorischen Logik vor und hinter dem Zustandselement hinreichend klein ist, sodass
jede mit einem halben Taktzyklus anstatt dem üblichen ganzen Taktzyklus zu
arbeiten. Dann kann das Zustandselement an der Taktflanke des Halbzyklus
geschrieben werden, da die Ein- und Ausgänge alle nach einem Halbzyklus
verwendbar sind. Ein weit verbreiteter Anwendungsfall für diese Technik sind
Registerfiles, für die das Lesen oder Schreiben oft in der Hälfte des normalen
Taktzyklus erledigt werden kann. In Kapitel 4 wird von dieser Idee Gebrauch
gemacht, um den Overhead beim Pipelining zu reduzieren.

B.8 Speicherelemente: Flip-Flops, Latches und Register

In diesem und im nächsten Abschnitt diskutieren wir die grundlegenden Prinzipien hinter Speicherelementen, angefangen mit Flip-Flops und Latches über
Registerfiles bis hin zu Speichern. Alle Speicherelemente bewahren Zustände
auf: Der Ausgang eines Speicherelements hängt sowohl von den Eingängen ab,
als auch von dem Wert, der sich in dem Speicherelement befindet. Somit enthalten alle Logikbausteine, die ein Speicherelement haben, Zustände und sind
sequenziell.

Der einfachste Typ von Speicherelementen ist *ungetaktet*, d. h., er hat keinen
Takteingang. Obwohl wir in diesem Buch nur getaktete Speicherelemente verwenden, wollen wir an dieser Stelle zunächst ungetaktete Latches betrachten,
die die einfachsten Speicherelement sind. Abbildung B.31 zeigt ein *S-R-Latch*
(set-reset-Latch), das aus zwei NOR-Gattern (OR-Gatter mit invertiertem Ausgang) aufgebaut ist. Die Ausgänge Q und $\overline{Q}$ repräsentieren den Wert des gespeicherten Zustands bzw. dessen Komplement. Wenn weder S noch R logisch
1 ist, arbeiten die kreuzweise gekoppelten NOR-Gatter als Invertierer und speichern die vorherigen Werte von Q und $\overline{Q}$.

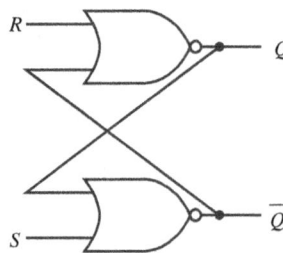

**Abb. B.31: Ein Paar kreuzweise gekoppelter NOR-Gatter kann einen internen Wert spei-
chern.** Der am Ausgang Q gespeicherte Wert wird rückgekoppelt, indem er invertiert wird (was $\overline{Q}$
ergibt), und dann wird $\overline{Q}$ wieder nach Q invertiert. Wenn entweder R oder $\overline{Q}$ logisch 1 ist, ist Q
logisch 0 und umgekehrt.

Wenn beispielsweise der Ausgang Q wahr ist, dann erzeugt der untere Inverter für $\overline{Q}$ „falsch", was dann der Eingang in den oberen Inverter wird, der wiederum „wahr" für Q erzeugt, usw. Wenn S logisch 1 ist, dann wird der Ausgang logisch 1 und $\overline{Q}$ logisch 0 sein; wenn dagegen R logisch 1 ist, dann ist der Ausgang $\overline{Q}$ logisch 1 und Q ist logisch 0. Sind S und R beide logisch 0 , werden die letzten Werte von Q und $\overline{Q}$ weiter in der kreuzweise gekoppelten Struktur gespeichert. Das gleichzeitige Setzen von S und R auf 1 kann zu einer fehlerhaften Arbeitsweise führen: In Abhängigkeit davon, wie S und R auf 0 gesetzt werden, kann das Latch oszillieren oder metastabil werden, was in Abschnitt B.11 ausführlicher beschrieben wird.

Diese kreuzweise gekoppelte Struktur ist die Grundlage für komplexere Speicherelemente, die es uns erlauben, Datensignale zu speichern. Diese Elemente enthalten zusätzliche Gatter, die zum Speichern der Signalwerte verwendet werden und dafür sorgen, dass der Zustand nur in Verbindung mit dem Taktsignal aktualisiert wird. Der nächste Abschnitt zeigt, wie diese Elemente aufgebaut sind.

Flip-Flops und Latches

Flip-Flops und **Latches** sind die einfachsten Speicherelemente. Bei beiden ist der Ausgang gleich dem Wert des innerhalb des Elements gespeicherten Zustands. Außerdem sind sämtliche Latches und Flip-Flops, die wir von nun an betrachten werden, im Unterschied zu den weiter vorn beschriebenen S-R-Latches getaktet, d. h., sie haben einen Takteingang und die Zustandsänderung wird durch diesen Takt angetrieben. Der Unterschied zwischen einem Flip-Flop und einem Latch ist der Punkt, an dem der Takt tatsächlich eine Zustandsänderung auslöst. Bei einem getakteten Latch ändert sich der Zustand, wann immer sich die passenden Eingänge ändern und der Takt logisch 1 ist; dagegen ändert sich der Zustand bei einem Flip-Flop nur an einer Taktflanke. Da wir in diesem Buch ausschließlich flankengesteuerte Verfahren der Takterzeugung verwenden, bei denen der Zustand nur an Taktflanken geändert wird, benötigen wir eigentlich nur Flip-Flops. Da diese aber oft aus Latches aufgebaut sind, beginnen wir mit der Beschreibung der Arbeitsweise einfacher Latches und diskutieren anschließend die Arbeitsweise von Flip-Flops, die auf diesen basieren.

Für Computeranwendungen besteht die Funktion von Flip-Flops und Latches darin, ein Signal zu speichern. Ein *D-Latch* oder **D-Flip-Flop** speichert den Wert seines Dateneingangssignals im internen Speicher. Zwar gibt es noch viele andere Typen von Latches und Flip-Flops, aber der D-Typ ist der einzige Grundbaustein, den wir benötigen. Ein D-Latch hat zwei Eingänge und zwei Ausgänge. Die Eingänge sind der zu speichernde Datenwert (bezeichnet mit *D*) und ein Taktsignal (bezeichnet mit *C*), das anzeigt, wann das Latch den Wert am *D*-Eingang lesen und ihn speichern soll. Die Ausgänge sind einfach der Wert des internen Zustands (Q) und dessen Komplement ($\overline{Q}$). Wenn der Takteingang *C* logisch 1 ist, sagt man, das Latch ist *offen*, und der Wert des

Flip-Flop Ein Speicherelement, bei dem der Ausgang gleich dem Wert des in dem Element gespeicherten Werts ist und dessen interner Wert nur an einer Taktflanke geändert wird.

Latch Ein Speicherelement, bei dem der Ausgang gleich dem in dem Element gespeicherten Wert ist und dessen Zustand bei aktiver Taktphase immer geändert wird, wenn sich die entsprechenden Eingänge ändern.

D-Flip-Flop Ein Flip-Flop mit einem Dateneingang, der den Wert des Eingangssignals an der Taktflanke im internen Speicher speichert.

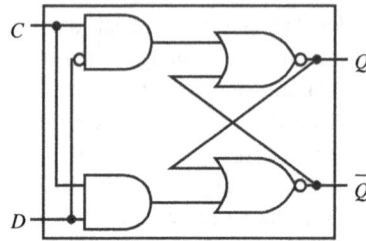

Abb. B.32: Ein D-Latch, das mit NOR-Gattern implementiert wird. Ein NOR-Gatter wirkt als Inverter, falls der andere Eingang 0 ist. Somit bewirkt das kreuzgekoppelte Paar von NOR-Gattern, dass der Zustandswert gespeichert wird, bis der Takteingang C auf logisch 1 gesetzt wird. Dann ersetzt der Wert von Eingang D den Wert von Q und wird gespeichert. Der Wert von Eingang D muss stabil sein, wenn das Taktsignal auf logisch 1 umschaltet.

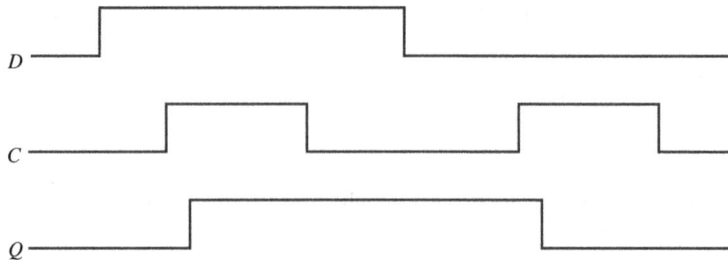

Abb. B.33: Arbeitsweise eines D-Latches. Hierbei wird angenommen, dass der Ausgang anfangs auf logisch 0 ist. Wenn der Takteingang C logisch 1 ist, ist das Latch offen und der Ausgang Q nimmt sofort den Wert von Eingang D an.

Ausgangs (Q) erhält den Wert von D. Ist der Takteingang C logisch 0, dann wird das Latch als *geschlossen* bezeichnet, und der Ausgang hat den Wert, der gespeichert wurde, als das Latch das letzte Mal offen war.

Abbildung B.32 zeigt, wie ein D-Latch mit zwei zusätzlichen Gattern implementiert werden kann, die zu den beiden kreuzweise gekoppelten NOR-Gattern hinzukommen. Da sich bei offenem Latch der Wert von Q ändert, wenn D sich ändert, wird diese Struktur auch *transparentes Latch* genannt. Abbildung B.33 zeigt, wie dieses D-Latch arbeitet, wobei angenommen wird, dass Q anfangs falsch ist und sich zuerst D ändert.

Wie bereits erwähnt, verwenden wir als Grundbausteine Flip-Flops und keine Latches. Flip-Flops sind nicht transparent: Ihre Ausgänge ändern sich *nur* an den Taktflanken. Ein Flip-Flop kann entweder so gebaut sein, dass es an der ansteigenden (positiven) Flanke auslöst, oder so, dass dies an der fallenden (negativen) Flanke erfolgt. Abbildung B.34 zeigt den Aufbau eines D-Flip-Flops, das aus einem Paar von D-Latches besteht und an der fallenden Flanke auslöst. Bei einem D-Flip-Flop wird der Ausgang gespeichert, wenn die Taktflanke erscheint. Abbildung B.35 zeigt, wie dieses Flip-Flop arbeitet.

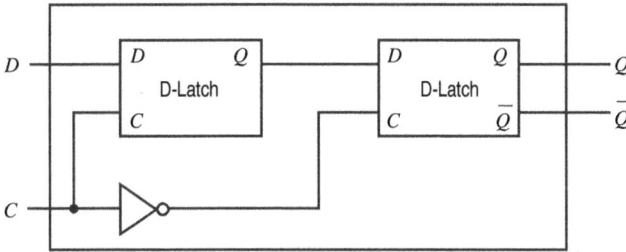

Abb. B.34: Ein D-Flip-Flop, das an der fallenden Taktflanke auslöst. Das erste Latch, bezeichnet als Master, ist offen und folgt dem Eingang D, wenn der Takteingang C logisch 1 ist. Wenn der Takteingang fällt, wird das erste Latch geschlossen, aber das zweite, der sogenannte Slave, ist offen und sein Eingang erhält seinen Wert vom Ausgang des Master-Latchs.

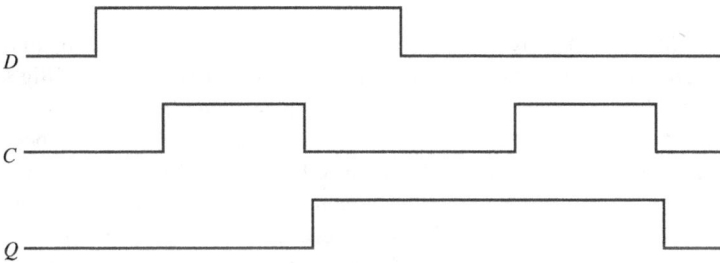

Abb. B.35: Arbeitsweise eines D-Flip-Flops, das an der fallenden Taktflanke auslöst. Es wird angenommen, dass der Ausgang anfangs auf logisch 1 ist. Wenn sich der Takteingang von logisch 1 auf 0 ändert, speichert Ausgang Q den Wert von Eingang D. Vergleichen Sie dieses Verhalten mit dem, welches das in Abbildung B.33 gezeigte getaktete D-Latch aufweist. Bei einem getakteten Latch ändern sich der gespeicherte Wert und der Ausgang Q stets, wenn C logisch 1 ist, anstatt nur, wenn sich C ändert.

Der folgende Code ist eine Beschreibung in Verilog für ein D-Flip-Flop, das bei ansteigender Taktflanke auslöst. C bezeichnet den Takteingang und D den Dateneingang.

```
module DFF(clock,D,Q,Qbar);
    input clock, D;
    output reg Q; // Q ist ein reg, da es in einem
                         always-Block zugeordnet wird
    output Qbar;
    assign Qbar = ~ Q; // Qbar ist immer die Inverse von Q
    always @(posedge clock) // bei ansteigendem Taktsignal
                         // Aktionen immer ausführen
    Q = D;
endmodule
```

Da der D-Eingang an der Taktflanke abgetastet wird, muss er für ein gewisses Zeitintervall vor und nach der Flanke gültig sein. Die minimale Zeitdauer,

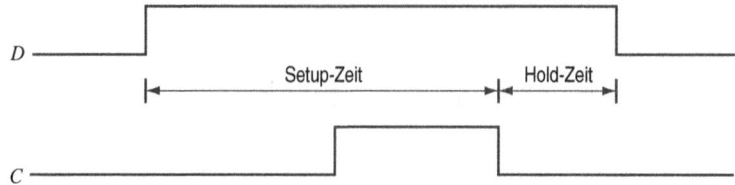

Abb. B.36: Anforderungen an die Setup- und Hold-Zeit für ein D-Flip-Flop, das bei fallender Taktflanke auslöst. Der Eingang muss während einer gewissen Zeitdauer vor und nach der Taktflanke stabil sein. Das Minimum der Zeitdauer vor der Tanktflanke wird Setup-Zeit genannt und das Mininimum der Zeitdauer nach der Taktflanke Hold-Zeit. Die Verletzung dieser Mindestanforderungen kann zu einer Situation führen, in der der Ausgang des Flip-Flops nicht vorhersagbar ist, was in Abschnitt B.11 näher ausgeführt wird. Hold-Zeiten sind oft null oder zumindest sehr klein und machen daher keinen Ärger.

Setup-Zeit Die Zeitdauer, während der der Eingang in ein Speichergerät vor der Taktflanke mindestens gültig sein muss.

Hold-Zeit Die Zeitdauer, während der der Eingang nach der Taktflanke mindestens gültig sein muss.

während der der Eingang vor der Taktflanke gültig sein muss, wird **Setup-Zeit** genannt, und die minimale Zeitdauer, während der sie danach gültig sein muss, wird **Hold-Zeit** genannt. Die Eingänge eines jeden Flip-Flops müssen also während eines Zeitfensters gültig sein, das bei t_{setup} (vor der Flanke) beginnt und bei t_{hold} (nach der Flanke) endet (siehe Abbildung B.36). In Abschnitt B.11 geht es ausführlicher um Nebenbedingungen für die Takterzeugung, unter anderem auch um die Propagation der Verzögerung durch ein Flip-Flop.

Wir können ein Array aus D-Flip-Flops für den Aufbau eines Registers verwenden, das ein Datum aus mehreren Bits hält, also etwa ein Byte oder Wort. Wir haben Register ausgiebig in unseren Datenpfaden in Kapitel 4 verwendet.

Registerfiles

Eine Struktur, die zentral für unseren Datenpfad ist, ist das *Registerfile*. Dieses besteht aus einer Menge von Registern, die gelesen und geschrieben werden können, indem eine Registernummer geliefert wird, auf die zugegriffen wird. Ein Register kann mit einem Decoder für jeden Lese- bzw. Schreibport sowie mit einem Array von Registern, aufgebaut aus D-Flip-Flops, implementiert werden. Da durch das Lesen eines Registers kein Zustand geändert wird, müssen wir nur jeweils eine Registernummer als Eingang unterstützen, und der einzige Ausgang ist das in diesem Register enthaltene Datum. Um ein Register zu schreiben, brauchen wir drei Eingänge: eine Registernummer, das zu schreibende Datum und einen Takteingang, der das Schreiben in das Register steuert. In Kapitel 4 haben wir ein Registerfile verwendet, das zwei Leseports und zwei Schreibports hat. Dieses Registerfile ist schematisch in Abbildung B.37 dargestellt. Die Leseports können mit einem Paar Multiplexern implementiert werden, deren Breite jeweils der Anzahl der Bits in den Registern des Registerfiles entspricht. Abbildung B.38 zeigt die Implementierung der beiden Register-Leseports für ein 32 Bit breites Registerfile.

Die Implementierung eines Schreibports ist etwas komplexer, da wir nur die Inhalte des vorgesehenen Registers ändern können. Um dies zu tun, können

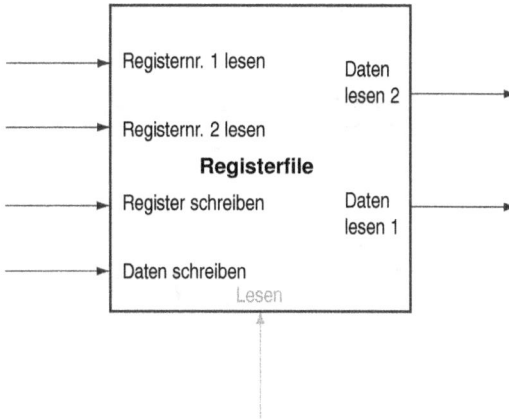

Abb. B.37: Ein Registerfile mit zwei Leseports und einem Schreibport hat fünf Eingänge und zwei Ausgänge. Der Steuereingang Lesen ist grau dargestellt.

wir einen Decoder verwenden, um ein Signal zu erzeugen, mit dem festgestellt werden kann, welches Register geschrieben werden soll. Abbildung B.39 zeigt, wie der Schreibport für ein Registerfile implementiert wird. Es ist wichtig, daran zu erinnern, dass sich das Flip-Flop nur an der Taktflanke ändert. In Kapitel 4 hatten wir uns die Mühe gemacht, Signale für das Registerfile explizit aufzuschreiben und angenommen, dass der in Abbildung B.38 gezeigte Takt implizit eingebaut ist.

Was passiert, wenn ein Register innerhalb eines Taktzyklus schreibt und liest? Da das Schreiben des Registers an der Taktflanke erfolgt, wird das Register während der Zeit, in der es gelesen wird, gültig sein, wie wir zuvor in Abbildung B.29 gesehen hatten. Der zurückgegebene Wert ist derjenige, der in einem früheren Taktzyklus geschrieben wurde. Wenn wir wollen, dass bei einem Lesezugriff der aktuell geschriebene Wert zurückgegeben wird, ist dafür zusätzliche Logik im Registerfile oder außerhalb davon nötig. In Kapitel 4 wird von solcher Logik ausgiebig Gebrauch gemacht.

Spezifikation sequentieller Logik in Verilog

Um in Verilog sequentielle Logik zu spezifizieren, müssen wir verstehen, wie man einen Takt generiert, wie man das Schreiben eines Wertes in ein Register beschreibt und wie die sequentielle Steuerung spezifiziert wird. Beginnen wir mit dem Takt. Ein Taktsignal ist in Verilog kein vordefiniertes Objekt; vielmehr wird der Takt erzeugt, indem die Verilog-Notation #n vor einer Anweisung verwendet wird. Dies bewirkt eine Verzögerung von n Zeitschritten, bevor die Anweisung ausgeführt wird. Bei den meisten Verilog-Simulatoren ist es auch möglich, ein Taktsignal als externen Eingang zu generieren, was es dem Anwender erlaubt, die Anzahl der Taktzyklen für eine Simulation zur Simulationszeit festzulegen.

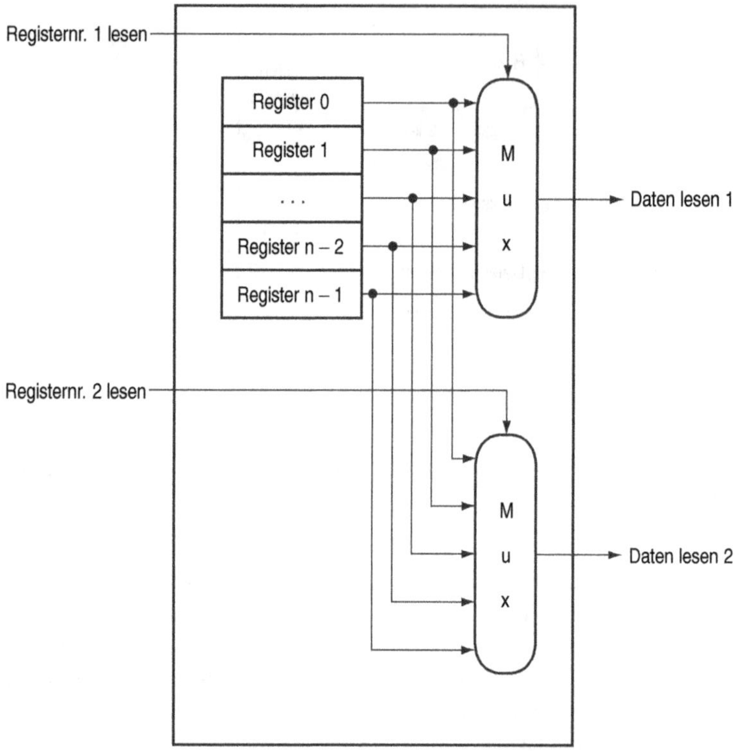

Abb. B.38: Die Implementierung zweier Leseports für ein Registerfile mit *n* Registern kann mit zwei *n*-zu-1-Multiplexern von jeweils 32 Bit Breite erfolgen. Das Signal für das Lesen der Register wird als das Auswahlsignal für den Multiplexer benutzt. Abbildung B.39 zeigt die Implementierung des Schreibports.

Der Code in Abbildung B.40 implementiert ein einfaches Taktsignal, das für eine Simulationseinheit 1 ist und dann umschaltet. Wir verwenden die Fähigkeit zur Verzögerung und die blockierende Zuweisung, um das Taktsignal zu implementieren.

Als nächstes müssen wir die Arbeitsweise eines flankengesteuerten Registers spezifizieren. In Verilog geschieht das, in dem man in einem `always`-Block eine Sensitivitätsliste verwendet und als Auslöser entweder die positive oder die negative Flanke einer binären Variable spezifiziert, die mit `posedge` bzw. `negedge` bezeichnet wird. Der folgende Verilog-Code bewirkt, dass der Wert b an der positiven Taktflanke in Register A geschrieben wird:

Wie stets in diesem Abschnitt und auch in den Verilog-Abschnitten in Kapitel 4 nehmen wir ein Design an, bei dem das Auslösen an der positiven Flanke erfolgt. Abbildung B.41 zeigt eine Verilog-Spezifikation eines MIPS-Registerfiles, bei dem zweimal gelesen und einmal geschrieben wird, wobei nur das Schreiben getaktet ist.

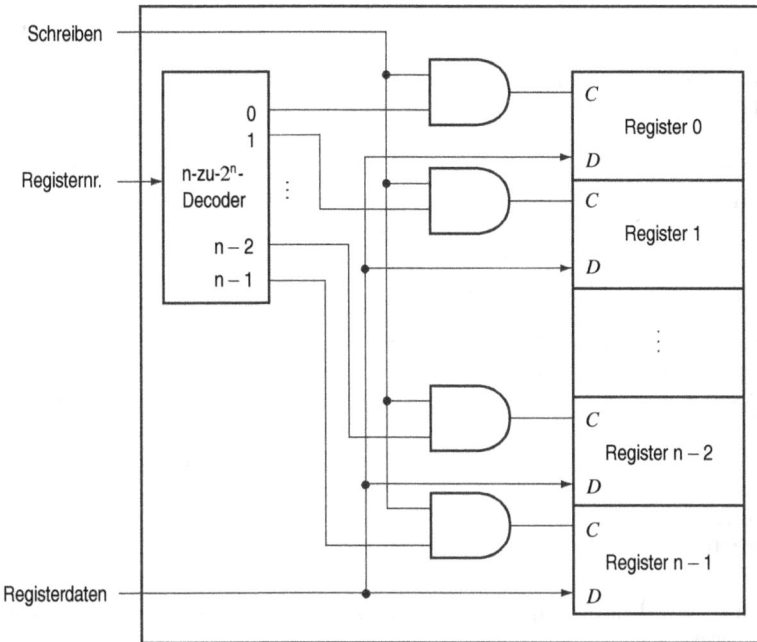

Abb. B.39: Der Schreibport für ein Registerfile wird mit einem Decoder implementiert, der mit einem Schreibsignal für das Generieren des C-Eingangs in das Register verwendet wird. Alle drei Eingänge (Reg.-Nr., Daten, Schreibsignal) unterliegen Bedingungen an die Setup- und die Hold-Zeit, um sicherzustellen, dass das richtige Datum in das Registerfile geschrieben wird.

```
reg clock; // clock ist ein Register
always
#1 clock = 1; #1 clock = 0;
```

Abb. B.40: Spezifikation eines Taktsignals.

Selbsttest

In der Verilog-Spezifikation in Abbildung B.41 werden die Ausgangsports, die den gelesenen Registern entsprechen, kontinuierlich zugewiesen, aber das gelesene Register wird in einem **always**-Block zugewiesen. Was ist der Grund hierfür?

(a) Es gibt keinen speziellen Grund, es handelt sich einfach um eine Konvention.

(b) Weil Data1 und Data2 Ausgangsports sind und WriteDate ein Eingangsport ist.

(c) Weil das Schreiben ein Ereignis ist, bei dem es eine Rückkopplung gibt, was beim Lesen nicht der Fall ist.

```
                    reg [31:0] A;
                    wire [31:0] b;
                    always @(posedge clock) A <= b;
module registerfile (Read1,Read2,WriteReg,WriteData,
RegWrite,Data1,Data2,clock);
  input [5:0] Read1,Read2,WriteReg; // Registernummern
  input [31:0] WriteData; // zu schreibende Daten
  input RegWrite; // Schreibcontrol
    clock; // Taktsignal für das Schreiben
  output [31:0] Data1, Data2;
  reg [31:0] RF [31:0]; // 32 Register, je 32 Bit lang
  assign Data1 = RF[Read1];
  assign Data2 = RF[Read2];
  always begin // schreibe neuen Wert ins Register, falls
                     RegWrite logisch 1 ist
    @(posedge clock) if (RegWrite) RF[WriteReg] <=
WriteData;
    end
endmodule
```

Abb. B.41: Verhaltensspezifikation in Verilog für ein MIPS-Register-File. Für dieses Registerfile erfolgt das Schreiben an der ansteigenden Taktflanke.

B.9   Speicherelemente: SRAMs und DRAMs

SRAM Ein Speicher, in dem Daten statisch (wie in einem Flip-Flop) anstatt dynamisch (wie in einem DRAM) gespeichert werden. SRAMs sind schneller als DRAMs, haben aber eine geringere Speicherdichte und sind teurer pro Bit.

Register und Registerfiles sind die Grundbausteine für kleine Speicher, größere Speicher dagegen werden entweder aus **SRAMs** (statische RAMs) oder DRAMs (dynamische RAMs) aufgebaut. Wir betrachten zuerst SRAMs, die etwas einfacher sind, und wenden uns anschließend den DRAMs zu.

SRAMS

SRAMs sind nichts weiter als integrierte Schaltkreise bzw. Speicherarrays mit (meist) einem einzelnen Zugriffsport, über den entweder ein Lese- oder ein Schreibzugriff möglich ist. SRAMs haben eine feste Zugriffszeit auf jedes Datum, wobei sich die Charakteristiken von Lese- und Schreibzugriffen oft unterscheiden. Ein SRAM-Chip hat eine spezielle Konfiguration hinsichtlich der Zahl der adressierbaren Stellen sowie der Breite jeder adressierbaren Stelle. Beispielsweise gibt es für einen $4M \times 8$-SRAM 4M Einträge von jeweils 8 Bit Breite. Somit muss er 22 Adressleitungen (denn $4M = 2^{22}$), eine 8-Bit-Datenausgangsleitung und eine 8-Bit-Dateneingangsleitung haben. Wie bei ROMs wird die Anzahl der adressierbaren Speicherplätze auch *Höhe* genannt und die Anzahl der Bits pro Einheit *Breite*. Aus verschiedenen technischen Gründen sind die neuesten und schnellsten SRAMs typischerweise in schmalen Konfigurationen verfügbar: $\times 1$ und $\times 2$. Abbildung B.42 zeigt die Ein- und Ausgangssignale für ein $2M \times 16$ SRAM.

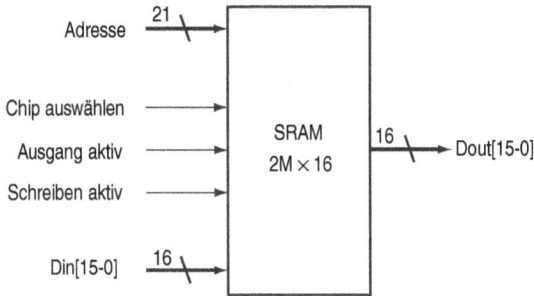

Abb. B.42: Ein 2M × 16-SRAM mit 21 Adressleitungen (2M = 2^{21}) **und 16 Dateneingängen, den drei Steuerleitungen und 16 Datenausgängen.**

Um einen Lese- oder Schreibzugriff zu initiieren, muss das Auswahlsignal des Chips aktiviert werden. Für Lesezugriffe muss außerdem das Ausgangssignal aktiviert werden, das bestimmt, ob das über die Adresse ausgewählte Datum tatsächlich auf die Pins geleitet wird. Das Aktivieren des Ausgangs ist nützlich, um mehrere Speicher mit einem Bus mit einem einzigen Ausgang zu verbinden. Die Zugriffszeit für das Lesen wird üblicherweise spezifiziert als die Verzögerung gegenüber dem Zeitpunkt der Aktivierung des Ausgangs, und die Adressleitungen sind gültig, bis die Daten auf der Ausgangsleitung sind. Typische Lesezugriffszeiten für SRAMs variierten 2004 zwischen 2 bis 4 ns bei den schnellsten CMOS-Bauelementen, die tendenziell etwas kleiner und schmaler sind, und 8 bis 20 ns bei den größten, die 2004 mehr als 32 Millionen Bit an Daten hatten. Die Nachfrage nach SRAMs mit geringerer Leistung für Konsumerprodukte und digitale Geräte ist in den letzten Jahren stark angestiegen. Diese SRAMs haben einen viel kleineren Stand-by-Verbrauch, doch sind sie typischerweise um einen Faktor zwischen 5 und 10 langsamer. Vergleichsweise neu sind synchrone SRAMs, ähnlich den synchronen DRAMs, die wir im nächsten Abschnitt diskutieren werden.

Für Schreibzugriffe müssen wir die zu schreibenden Daten sowie die Adresse und die Signale bereitstellen, welche bewirken, dass das Schreiben erfolgt. Wenn sowohl ‚Schreiben aktiv‘ als auch ‚Chip auswählen‘ wahr sind, werden die Daten an den Dateneingängen in die durch die Adresse spezifizierte Zelle geschrieben. Wie bei D-Flip-Flops und Latches gibt es Anforderungen an die Setup- und die Hold-Zeit. Das Signal ‚Schreiben aktiv‘ ist keine Taktflanke, sondern ein Puls, für den eine Mindestbreite gefordert ist. Die Zeit für einen vollständigen Schreibzugriff wird durch die Kombination von Setup-Zeit, Hold-Zeit und Pulsbreite des Signals ‚Schreiben aktiv‘ bestimmt.

Große SRAMs können nicht auf dieselbe Art wie Registerfiles aufgebaut werden, denn während der für Letztere benötigte 32-zu-1-Multiplexer praktikabel ist, wäre für ein 64K × 1-RAM ein 64K-zu-1-Multiplexer nötig, was vollkommen unpraktikabel ist. Anstatt solche riesigen Multiplexer zu verwenden, implementiert man große Speicher mit geteilten Ausgangsleitungen, auch

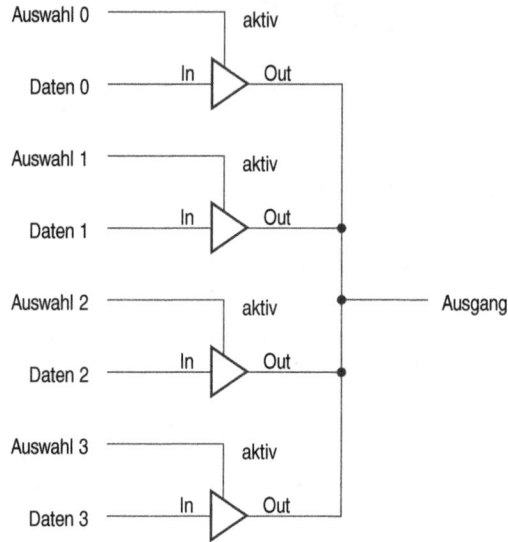

Abb. B.43: Vier Tri-State-Buffer werden benutzt, um einen Multiplexer zu bilden. Es kann immer nur eines der vier Auswahlsignale logisch 1 sein. Der Ausgang eines Tri-State-Buffers, bei dem ‚Ausgang aktiv‘ logisch 0 ist, ist im Hochimpedanzzustand, was es einem anderen Tri-State-Buffer, bei dem ‚Ausgang aktiv‘ logisch 1 ist, erlaubt, die geteilte Ausgangsleitung zu nehmen.

bezeichnet als *Bitlines*, die mehrere Zellen des Speicherarrays ansprechen können. Um mehrere Quellen auf einer Leitung zu erlauben, werden sogenannte *Tri-State-Buffer* (Schaltungselemente, die einen dritten Zustand haben). Ein Tri-State-Buffer hat zwei Eingänge – für ein Datensignal und ‚Ausgang aktiv‘ – und einen Ausgang, der drei Zustände haben kann: logisch 1, logisch 0 und den *Hochimpedanzzustand*. Der Ausgang eines Tri-State-Buffers ist gleich dem Dateneingangssignal, entweder logisch 1 oder logisch 0, wenn ‚Ausgang aktiv‘ logisch 1 ist, andernfalls ist er in seinem Hochimpedanzzustand, was es einem anderen Tri-State-Buffer mit ‚Ausgang aktiv‘ logisch 1 erlaubt, den Wert eines geteilten Ausgangs zu bestimmen.

Abbildung B.43 zeigt eine Menge von Tri-State-Buffern, die zu einem Multiplexer mit decodiertem Eingang verbunden sind. Es ist entscheidend, dass für wenigstens einen der Tri-State-Buffer ‚Ausgang aktiv‘ logisch 1 ist, denn andernfalls könnten die Tri-State-Buffer versuchen, die Ausgangsleitung unterschiedlich zu setzen. Wenn Tri-State-Buffer in den einzelnen Zellen des SRAM verwendet werden, kann jede Zelle, die mit einem bestimmten Ausgang korrespondiert, die entsprechende Ausgangsleitung teilen. Eine Anordnung von Tri-State-Buffern ist eine effizientere Implementierung als ein großer zentralisierter Multiplexer. Die Tri-State-Buffer sind in die Flip-Flops eingebaut, die die Basiszellen des SRAM bilden. Abbildung B.44 zeigt, wie ein kleines 4×2-SRAM gebaut werden kann, indem D-Latches mit einen als ‚aktiv‘ gekennzeichneten Eingang verwendet werden, die den Tri-State-Ausgang steuern.

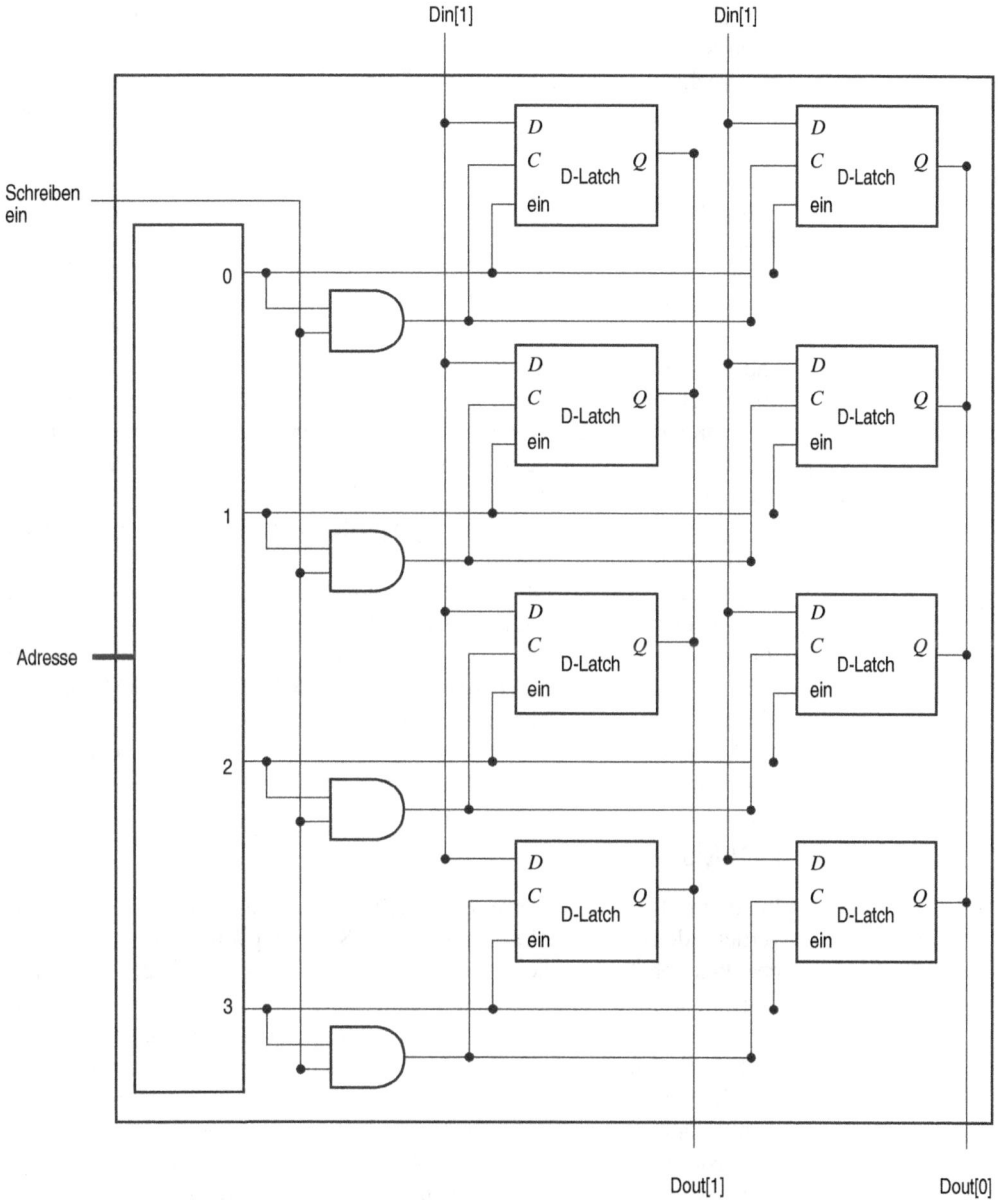

Abb. B.44: Die grundsätzliche Struktur eines 4×2**-SRAM besteht aus einem Decoder, der auswählt, welches Paar von Zellen aktiviert wird.** Die aktivierten Zellen verwenden einen Tri-State-Ausgang, der mit vertikalen Bitlines verbunden ist, über die die angeforderten Daten geliefert werden. Die Adresse für die Auswahl der Zelle wird über eine der horizontalen Adressleitungen gesendet, die als Wordlines bezeichnet werden. Der Einfachheit halber wurden die Signale ‚Ausgang aktiv' und ‚Chip gewählt' nicht mit eingezeichnet, sie könnten aber ganz einfach durch ein paar AND-Gatter hinzugefügt werden.

Das Design in Abbildung B.44 beseitigt die Notwendigkeit für einen riesigen Multiplexer; jedoch ist noch immer ein sehr großer Decoder und eine entsprechend große Zahl von Wordlines nötig. Für ein 4M × 8-SRAM bräuchten wir zum Beispiel einen 22-zu-4M-Decoder und 4M Wordlines (dies sind die Leitungen, die verwendet werden, um die einzelnen Flip-Flops zu aktivieren). Um dieses Problem zu umgehen, sind große Speicher als rechteckige Arrays angeordnet und verwenden einen zweistufigen Decodierprozess. Abbildung B.45 zeigt, wie ein 4M × 8-SRAM mit zweistufigem Decodieren intern organisiert werden kann. Wie wir sehen werden, ist der zweistufige Decodierprozess sehr wichtig, um die Arbeitsweise von DRAMs zu verstehen.

Eine vergleichsweise neue Entwicklung sind synchrone SRAMs (SSRAMs) und synchrone DRAMs (SDRAMs). Das entscheidende Leistungsmerkmal von synchronen RAMs ist ihre Fähigkeit, *Bündel* (engl. burst) von Daten mit aufeinanderfolgenden Adressen als Array oder Zeile zu übertragen. Das Bündel ist definiert durch die Startadresse, die in der üblichen Weise geliefert wird, und die Burst-Länge. Der Geschwindigkeitsvorteil synchroner RAMs resultiert aus der Fähigkeit, die Bits innerhalb des Bündels zu übertragen, ohne dass hierfür zusätzliche Adressbits spezifiziert werden müssen. Stattdessen wird ein Takt benutzt, um die aufeinanderfolgenden Bits eines Bündels zu übertragen. Dass es nicht mehr nötig ist, für die Übertragung die Adressen innerhalb des Bündels zu spezifizieren, verbessert die Transferrate der Datenblöcke signifikant. Dank dieser Fähigkeit sind synchrone SRAMs und DRAMs schnell das Mittel der Wahl geworden, um daraus Speichersysteme für Computer zu bauen. Ausführlicher diskutieren wir die Verwendung von synchronen DRAMs in einem Speichersystem im nächsten Abschnitt sowie in Kapitel 5.

DRAMs

In einem SRAM wird der in einer Zelle gespeicherte Wert durch ein Paar invertierende Gatter gehalten, und solange Spannung anliegt, kann der Wert unbegrenzt gehalten werden. In einem DRAM hingegen liegt der in einer Zelle gespeicherte Wert in Form einer Ladung in einem Kondensator vor. Mit einem einzelnen Transistor wird dann auf diese gespeicherte Ladung zugegriffen, entweder um den Wert auszulesen oder um ihn zu überschreiben. Da DRAMs nur einen einzigen Transistor pro gespeichertem Bit verwenden, sind sie viel dichter und billiger pro Bit. Im Vergleich dazu sind bei SRAMs vier bis sechs Transistoren pro Bit nötig. Da DRAMs die Ladung auf einem Kondensator speichern, kann diese allerdings nicht unendlich lange gehalten werden, weshalb ein periodisches *Auffrischen* (engl. refresh) notwendig ist. Dieses Auffrischen ist der Grund, weshalb man diese Speicherstruktur *dynamisch* nennt, im Gegensatz zum statischen Aufbewahren in einem SRAM.

Um eine Zelle aufzufrischen, wird einfach ihr Inhalt gelesen und zurückgeschrieben. Die Ladung kann für einige Millisekunden gehalten werden, was bis etwa einer Million Taktzyklen entsprechen kann. Die heute verbreiteten Single-Chip-Speichercontroller behandeln die Refresh-Funktion oft unabhängig vom

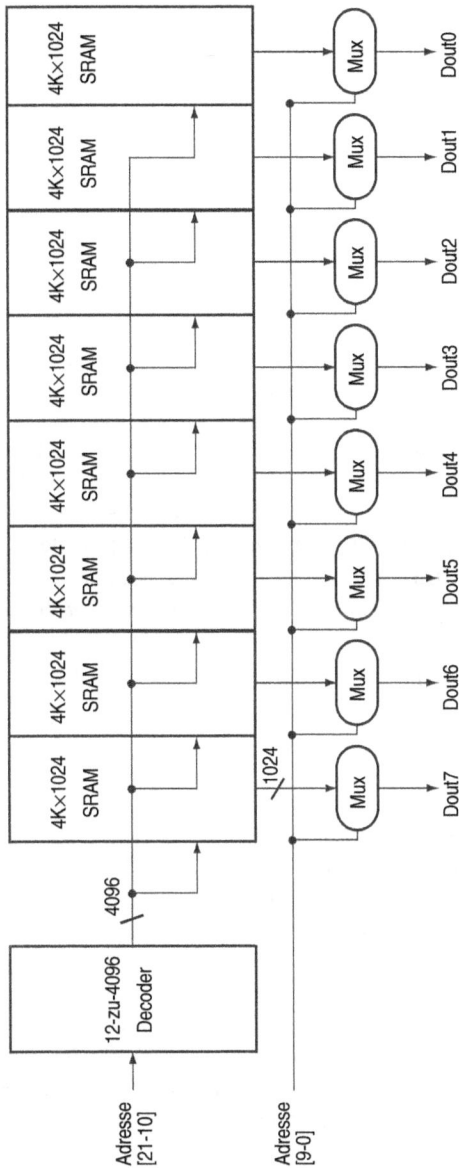

Abb. B.45: Typische Organisation eines 4M × 8M-SRAM als Array von 4K × 1024-Arrays.
Der erste Decoder generiert die Adressen für acht 4K × 1024-Arrays; dann werden Multiplexer
verwendet, um 1 Bit aus jedem 1024 Bit breiten Array auszuwählen. Dies ist ein viel einfacheres
Design als ein einstufiges Decodieren, das entweder einen riesigen Decoder oder einen riesigen
Multiplexer erfordern würde. In der Praxis würde ein modernes SRAM dieser Größe wahrschein-
lich eine noch größere Zahl von Blöcken verwenden, die alle etwas kleiner wären.

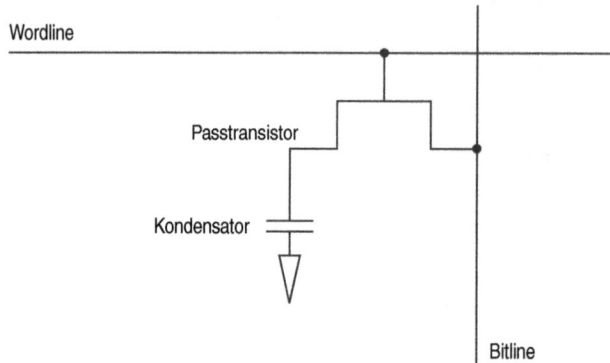

Abb. B.46: Eine Eintransistor-DRAM-Zelle enthält einen Kondensator, der die Zellinhalte speichert, und einen Transistor, der für den Zugriff auf die Zelle verwendet wird.

Prozessor. Wenn jedes Bit einzeln aus dem DRAM und dann zurückgeschrieben werden müsste, dann müssten größere DRAMs, die mehrere Megabyte enthalten, ununterbrochen aufgefrischt werden, sodass gar keine Zeit mehr bliebe, um auf sie zuzugreifen. Doch zum Glück verwenden DRAMs außerdem eine zweistufige Struktur zum Decodieren, was es uns erlaubt, eine komplette Zeile aufzufrischen (diese teilt eine gemeinsame Wordline), wobei auf einen Lesezyklus unmittelbar ein Schreibzyklus folgt. Typischerweise verbrauchen Refresh-Operationen 1 bis 2 Prozent der aktiven Zyklen des DRAMs, sodass die verbleibenden 98 bis 99 Prozent für das Lesen und Schreiben von Daten zur Verfügung stehen.

Anmerkung: Wie wird das in einer DRAM-Zelle gespeicherte Signal ausgelesen und geschrieben? Der Transistor in der Zelle ist ein Schalter, ein sogenannter *Passtransistor*, der es ermöglicht, auf den im Kondensator gespeicherten Wert lesend oder schreibend zuzugreifen. Abbildung B.46 zeigt, wie eine Eintransistorzelle aussieht. Der Passtransistor wirkt wie ein Schalter: Wird das Signal auf der Wordline auf logisch 1 gesetzt, dann wird der Schalter geschlossen, was den Kondensator mit der Bitline verbindet. Im Falle einer Schreiboperation wird der zu schreibende Wert auf der Bitline platziert. Ist der Wert 1, dann wird der Kondensator geladen; ist der Wert 0, dann wird er entladen. Das Auslesen ist etwas komplexer, weil das DRAM eine sehr kleine Ladung detektieren muss, die in dem Kondensator gespeichert ist. Vor dem Aktivieren der Bitline für einen Lesezugriff wird diese auf eine Spannung gebracht, deren Wert in der Mitte zwischen niedrig und hoch liegt. Dann wird durch Aktivierung der Wordline die Ladung auf dem Kondensator auf die Bitline ausgelesen. Dies bringt die Bitline dazu, sich etwas in Richtung hoch oder niedrig zu ändern, und diese Änderung wird mit einem Leseverstärker detektiert, der kleine Spannungsänderungen wahrnehmen kann.

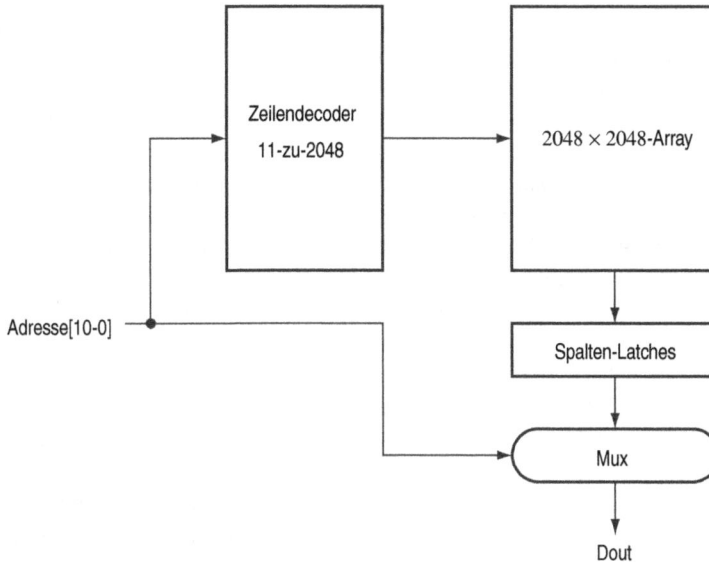

Abb. B.47: Ein 4M × 1-DRAM ist mit einem 2048 × 2048-Array gebaut. Der zeilenweise Zugriff verwendet 11 Bits für die Auswahl einer Zeile, die dann in 2048 1-Bit-Latches verriegelt wird. Ein Multiplexer wählt das Ausgangsbit aus diesen 2048 Latches.

DRAMs verwenden einen zweistufigen Decoder, bestehend aus einem *Zeilenzugriff* und einem *Spaltenzugriff*, der auf den Zeilenzugriff folgt. Beim Zeilenzugriff wird eine der Zeilen ausgewählt und die entsprechende Wordline aktiviert. Die Inhalte aller Spalten in der aktiven Zeile werden dann in einer Menge von Latches gespeichert. Beim Spaltenzugriff werden dann die Daten aus den Spalten-Latches ausgewählt. Um Pins einzusparen und die Packagekosten zu reduzieren, werden dieselben Adresslinien für Zeilen- und Spaltenadressen verwendet. Zwei Signale, bezeichnet als RAS (row access strobe) und CAS (column access strobe), werden verwendet, um dem DRAM anzuzeigen, dass entweder eine Zeile oder eine Spalte geliefert wird. Ein Refresh wird ausgeführt, indem die Spalten in Spalten-Latches ausgelesen und anschließend wieder zurückgeschrieben werden. Damit wird also eine ganze Zeile in einem Zyklus aufgefrischt. Das zweistufige Adressierungsschema, verbunden mit der internen Verschaltung, macht die Zugriffszeiten für DRAMs wesentlich länger (um den Faktor 5 bis 10) als bei SRAMs. Im Jahr 2004 lagen typische DRAM-Zugriffszeiten bei 45 bis 65 ns; 256 Mbit-DRAMs waren weit verbreitet und im Verbraucherbereich wurden die ersten 1 GB-DRAMs verfügbar. Die deutlich geringeren Kosten pro Bit machen DRAMs zum Speicherbaustein der Wahl für Arbeitsspeicher, während sich SRAMs aufgrund der schnelleren Zugriffszeiten für Caches anbieten.

Vielleicht haben Sie bemerkt, dass ein 64M × 4-DRAM bei jedem Zeilenzugriff tatsächlich auf 8K Bits zugreift und dann beim anschließenden Spaltenzugriff alle bis auf vier davon verwirft. DRAM-Designer haben die interne Struktur des DRAM als eine Möglichkeit ausgenutzt, höhere Bandbreiten aus einem DRAM herauszuholen. Dies geschieht, indem erlaubt wird, dass sich die Spaltenadresse ändert, ohne die Zeilenadresse zu ändern, was zu einem Zugriff auf andere Bits in den Spalten-Latches führt. Um diesen Prozess schneller und genauer zu machen, werden die Adresseingänge getaktet – Ergebnis sind synchrone DRAMs bzw. SRAMs, die heute die dominierende Form sind.

Etwa ab 1999 wurden meist SDRAMs als Speicherchips für die meisten Cache-basierten Arbeitsspeicher verwendet. Diese bieten einen schnellen Zugriff auf eine Serie von Bits innerhalb einer Zeile, indem sequenziell alle Bits eines Bündels unter der Steuerung eines Taktsignals übertragen werden. 2004 waren DDR-RAMs (double data rate RAMs) die am häufigsten genutzte Form von DRAMs. Die doppelte Datenrate wird dadurch erreicht, dass die Datenübertragung sowohl an der ansteigenden als auch der abfallenden Flanke eines extern angelegten Takts erfolgt. Wie in Kapitel 5 erörtert wird, kann diese Hochgeschwindigkeitsübertragung ausgenutzt werden, um die im Arbeitsspeicher verfügbare Bandbreite zu erhöhen und so die Anforderungen von Seiten des Prozessors und der Caches besser zu erfüllen.

Fehlerkorrektur

Da in großen Speichern grundsätzlich die Möglichkeit besteht, dass Daten beschädigt werden, verwenden die meisten Computersysteme Fehlerkorrekturcodes, um eventuelle Schäden aufzudecken. Eine einfache und häufig verwendete Variante solcher Codes sind *Paritätscodes*. Bei einem Paritätscode werden die Einsen in einem Wort gezählt, und man sagt, das Wort habe (un)gerade Parität, wenn dies eine (un)gerade Zahl ergibt. Immer, wenn ein Wort in den Speicher geschrieben wird, wird auch das Paritätsbit geschrieben (1 für gerade, 0 für ungerade). Beim späteren Auslesen des Wortes wird entsprechend auch das Paritätsbit ausgelesen und geprüft. Wenn sich die Parität des Speicherworts und das Paritätsbit unterscheiden, muss ein Fehler aufgetreten sein.

Ein 1-Bit-Paritätsschema kann höchstens ein fehlerhaftes Bit in einem Datum entdecken, und wenn es beispielsweise 2 fehlerhafte Bits gibt, dann wird ein 1-Bit-Paritätsschema gar keinen Fehler erkennen, da die Parität für Daten mit zwei Fehlern dieselbe ist wie für fehlerfreie Daten. (Genauer gesagt kann ein 1-Bit-Paritätsschema jede ungerade Zahl von Fehlern entdecken, allerdings ist die Wahrscheinlichkeit für drei Fehler viel geringer als für zwei Fehler, weshalb ein 1-Bit-Paritätsschema in der Praxis darauf limitiert ist, Fehler von nur einem Bit zu detektieren.) Selbstverständlich liefert ein Paritätscode keine Information darüber, welches Bit eines Datums fehlerhaft ist.

Fehlererkennungscode Ein Code, der feststellen kann, dass ein Fehler in den Daten vorliegt, jedoch nicht, wo genau sich der Fehler befindet. Eine Fehlerkorrektur ist durch einen solchen Code also nicht möglich.

Bei einem 1-Bit-Paritätsschema handelt es sich um einen **Fehlererkennungscode**. Es gibt aber auch *Fehlerkorrekturcodes*, die nicht nur detektieren, sondern zudem das Korrigieren von Fehlern ermöglichen. Für große Arbeitsspeicher verwenden viele Systeme einen Code, der die Erkennung von bis zu zwei fehlerhaften Bits und die Korrektur eines fehlerhaften Bits erlauben.

Bei diesen Codes werden mehr Bits für das Codieren der Daten verwendet. Beispielsweise erfordern typische Codes für Arbeitsspeicher 7 oder 8 Bits für je 128 Bits an Daten.

Anmerkung: Ein 1-Bit-Paritätscode ist ein *Abstand-2-Code*, womit Folgendes gemeint ist: Wenn wir die Daten plus das Paritätsbit betrachten, dann ist keine Änderung von nur einem Bit möglich, die eine andere zulässige Kombination aus Daten plus Paritätsbit erzeugt. Wenn wir ein Datenbit ändern, dann ist anschließend die Parität falsch, und wenn wir das Paritätsbit ändern, passt es nicht mehr zu den Daten. Wenn wir dagegen zwei Bits ändern (entweder zwei beliebige Datenbits oder ein Datenbit und das Paritätsbit), dann wird die Parität auch nach der Änderung zu den Daten passen und es wird kein Fehler detektiert. Es gibt also einen Abstand von zwei (Änderungen) zwischen zwei verschiedenen legalen Kombinationen von Parität und Daten.

Um mehr als einen Fehler zu detektieren oder einen Fehler zu korrigieren, brauchen wir einen *Abstand-3-Code*. Dieser hat die Eigenschaft, dass jede legale Kombination der Bits im Fehlerkorrekturcode und den Daten mindestens 3 Bits hat, in denen sie sich von anderen legalen Kombinationen unterscheidet. Angenommen, wir haben einen solchen Code und es gibt einen Fehler in den Daten. In diesem Fall sind Code plus Daten ein Bit von einer legalen Kombination entfernt und wir können die Daten korrigieren, indem wir sie in diese Kombination überführen. Wenn es zwei Fehler gibt, können wir erkennen, dass es einen Fehler gibt, aber wir können die Fehler nicht korrigieren. Schauen wir uns dazu ein Beispiel an. Die folgende Tabelle zeigt die Datenwörter und einen Abstand-3-Fehlerkorrekturcode für ein aus 4 Bit bestehendes Datum.

Datenwort	Codebits	Daten	Codebits
0000	000	1000	111
0001	011	1001	100
0010	101	1010	010
0011	110	1011	001
0100	110	1100	001
0101	101	1101	010
0110	011	1110	100
0111	000	1111	111

Um zu sehen, wie das Verfahren funktioniert, suchen wir uns das Datenwort 0110 aus, dessen Fehlerkorrekturcode 011 ist. Es gibt in diesem Fall die folgenden vier Möglichkeiten für 1-Bit-Fehler: 1110, 0010, 0100 und 0111. Schauen wir uns nun das Datum mit demselben Code (011) an. Dies ist der Eintrag mit dem Wert 0001. Falls der Fehlerkorrekturdecodierer eines der vier möglichen Datenwörter mit einem Fehler empfängt, muss er entscheiden, ob er es in 0110 oder 0100 korrigiert. Während diese vier Wörter jeweils nur ein Bit haben, das gegenüber dem korrekten Muster 0110 geändert ist, sind es immer zwei Bits, die es von der alternativen Korrektur in 0001 unterscheidet. Daher kann das Fehlerkorrekturverfahren leicht entscheiden, dass es in 0110 korrigieren muss, da das Auftreten von nur einem Fehler deutlich wahrscheinlicher ist. Um zu sehen, dass zwei Fehler detektiert werden können, müssen wir lediglich beachten, dass alle Kombinationen mit zwei veränderten Bits andere Codes haben. Die eine Kombination, die denselben Code verwendet, hat drei andere Bits, aber wenn wir einen 2-Bit-Fehler korrigieren würden, würden wir auf den falschen Wert korrigieren, weil der Decodierer annehmen wird, dass nur ein Fehler aufgetreten ist. Wenn wir 1-Bit-Fehler korrigieren und 2-Bit-Fehler detektieren, aber nicht falsch korrigieren wollen, brauchen wir einen Abstand-4-Code.

Obwohl wir bei unserer Erklärung zwischen Code und Daten unterschieden haben, ist es in Wirklichkeit so, dass Fehlerkorrekturcodes die Kombination aus Code und Daten als ein längeres Wort betrachten (in unserem Beispiel aus sieben Bits bestehend). Somit behandelt er Fehler in den Codebits auf dieselbe Weise wie Fehler in den Datenbits.

Im betrachteten Beispiel sind drei Codebits für vier Datenbits erforderlich, doch die Anzahl der notwendigen Bits wächst nur langsam, wenn die Wortlänge wächst. Für einen Abstand-3-Code braucht ein 64-Bit-Wort sieben Bits und ein 128-Bit-Wort acht Bits. Dieser Typ von Code heißt *Hamming-Code*, benannt nach Richard Hamming, der eine Methode für das Erzeugen solcher Codes beschrieben hat.

B.10   Endliche Automaten

endlicher Automat Eine sequentielle Logikfunktion, bestehend aus mehreren Ein- und Ausgängen, einer Nächster-Zustand-Funktion, die den aktuellen Zustand und die Eingänge in einen neuen Zustand überführt, und einer Ausgangsfunktion, die den aktuellen Zustand und gegebenenfalls die Eingänge in eine Menge möglicher Ausgänge überführt.

Nächster-Zustand-Funktion Eine kombinatorische Funktion, die anhand der Eingänge und des aktuellen Zustands den nächsten Zustand eines endlichen Automaten bestimmt.

Wie wir bereits festgestellt hatten, können digitale logische Systeme in Schaltnetze (kombinatorische Logik) und Schaltwerke (sequentielle Logik) unterteilt werden. Schaltnetze enthalten in internen Speicherelementen gespeicherte Zustände. Ihr Verhalten hängt nicht nur von den Eingängen, sondern auch von den Inhalten des internen Speicher, also vom Zustand des Systems ab. Aus diesem Grund kann ein Schaltwerk nicht durch eine Wahrheitstabelle beschrieben werden. Stattdessen erfolgt die Beschreibung mithilfe eines **endlichen Automaten** (auch Zustandsautomat oder Zustandsmaschine genannt). Ein endlicher Automat besteht aus einer Menge von Zuständen und zwei Funktionen, der **Nächster-Zustand-Funktion** und der *Ausgangsfunktion*. Die Menge der Zustände wird gebildet aus den möglichen Werten des internen Speichers. Wenn der Speicher n Bits umfasst, gibt es also $2n$ Zustände. Die Nächster-Zustand-Funktion ist eine kombinatorische Funktion, die aus den gegebenen Eingängen und dem aktuellen Zustand den nächsten Zustand des Systems bestimmt. Die Ausgangsfunktion erzeugt eine Menge von Ausgängen aus dem aktuellen Zustand und den Eingängen. In Abbildung B.48 ist dies schematisch dargestellt.

Die Zustandsmaschinen, die wir hier und in Kapitel 4 behandeln, sind *synchron*. Das bedeutet, dass sich der Zustand zusammen mit dem Takt ändert und mit jedem Taktzyklus ein neuer Zustand berechnet wird. Die Zustandselemente werden also nur an den Taktflanken aktualisiert. Wir verwenden diesen Ansatz

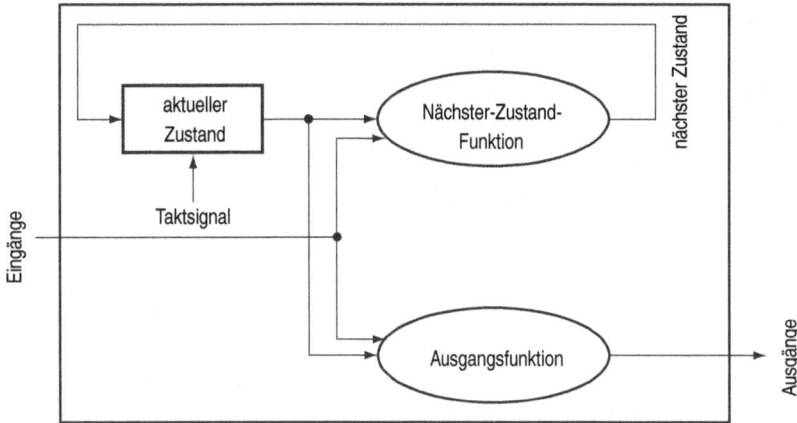

Abb. B.48: Eine Zustandsmaschine besteht aus einem internen Speicher, der einen Zustand und zwei logische Funktionen enthält: die Nächster-Zustand-Funktion und die Ausgangsfunktion. Oft beschränkt sich die Ausgangsfunktion darauf, nur den aktuellen Zustand als ihren Eingang zu nehmen, was keinen Einfluss auf die Leistung einer sequentiellen Maschine hat, sich aber auf ihre internen Abläufe auswirkt.

in diesem Abschnitt sowie in Kapitel 4 ausschließlich, weshalb wir normalerweise darauf verzichten, den Takt explizit zu zeigen. In Kapitel 4 werden Zustandsmaschinen verwendet, um die Arbeit des Prozessors sowie die Aktionen des Datenpfads zu steuern.

Um zu illustrieren, wie ein endlicher Automat arbeitet und wie er aufgebaut ist, wollen wir uns ein einfaches und klassisches Beispiel anschauen, nämlich die Steuerung einer Ampel. (Die Kapitel 4 und 5 enthalten ausführliche Beispiele für die Verwendung von endlichen Automaten bei der Prozessorsteuerung.) Wenn ein endlicher Automat als Controller verwendet wird, hängt die Ausgangsfunktion nur vom aktuellen Zustand ab. Ein solcher endlicher Automat wird *Moore-Automat* genannt, und es ist derjenige Typ eines endlichen Automaten, den wir in diesem Buch durchgängig benutzen. Wenn die Ausgangsfunktion dagegen sowohl vom aktuellen Zustand, als auch vom aktuellen Eingang abhängt, spricht man von einem *Mealy-Automaten*. Diese beiden Typen von Automaten sind in ihren Fähigkeiten gleichwertig und können mechanisch ineinander überführt werden. Der wesentliche Vorteil eines Moore-Automaten ist seine höhere Geschwindigkeit, während ein Mealy-Automat oft kleiner ist, da er weniger Zustände braucht als ein Moore-Automat. In Kapitel 5 werden die Unterschiede genauer diskutiert; zudem wird eine Verilog-Version für die Steuerung mithilfe eines Mealy-Automaten vorgestellt.

Das Beispiel, das wir hier untersuchen wollen, ist die Steuerung einer Ampelanlage, die an einer Kreuzung zwischen einer Nord-Süd- und einer Ost-West-Route steht. Der Einfachheit halber betrachten wir zunächst nur die Signale Grün und Rot; in einer der Aufgaben wird die Ampel dann durch Gelb komplettiert. Wir wollen, dass die Lichter in beiden Richtungen nicht schneller als im Abstand von 30 Sekunden umschalten, und verwenden daher einen Takt von 0,033 Hz. Es gibt zwei Ausgangssignale:

- *NSAmpel:* Wenn dieses Signal logisch 1 ist, zeigt die Ampel in Nord-Süd-Richtung Grün; ist es logisch 0, dann zeigt sie Rot.

- *OWAmpel:* Wenn dieses Signal logisch 1 ist, zeigt die Ampel in Ost-West-Richtung Grün; ist es logisch 0, dann zeigt sie Rot.

Daneben gibt es zwei Eingänge:

- *NSAuto:* Zeigt an, dass sich über einem der Detektoren, die in die Fahrbahndecke vor den Nord-Süd-Ampeln (beide Richtungen) eingelassen sind, ein Auto befindet.

- *OWAuto:* Zeigt an, dass sich über einem der Detektoren, die in die Fahrbahndecke vor den Ost-West-Ampeln (beide Richtungen) eingelassen sind, ein Auto befindet.

Die Ampel sollte nur dann von Grün auf Rot umschalten, wenn in der anderen Richtung ein Auto wartet; andernfalls bleibt sie so lange Grün, bis das letzte Auto die Kreuzung überquert hat. Um diese einfache Regelung zu implementieren, benötigen wir zwei Zustände:

- *NSgrün:* Die Ampel zeigt in Nord-Süd-Richtung Grün.

- *OWgrün:* Die Ampel zeigt in Ost-West-Richtung Grün.

Außerdem brauchen wir eine Nächster-Zustand-Funktion, die durch eine Tabelle spezifiziert werden kann:

	NSAuto	OWAuto	Nächster Zustand
NSgrün	0	0	NSgrün
NSgrün	0	1	OWgrün
NSgrün	1	0	NSgrün
NSgrün	1	1	OWgrün
OWgrün	0	0	OWgrün
OWgrün	0	1	OWgrün
OWgrün	1	0	NSgrün
OWgrün	1	1	NSgrün

Was wir nicht direkt spezifiziert hatten, ist, was passiert, wenn sich aus beiden Richtungen ein Auto der Kreuzung nähert. Für diesen Fall können wir der Tabelle entnehmen, dass die Nächster-Zustand-Funktion den Zustand wechselt. Auf diese Weise ist sichergestellt, dass ein stetiger Strom an Fahrzeugen in der einen Richtung den Verkehr in der anderen Richtung nicht lahmlegen kann.

Um den endlichen Automaten zu vervollständigen, muss noch die Ausgangsfunktion spezifiziert werden:

	NSAmpel	OWAmpel
NSgrün	1	0
OWgrün	0	1

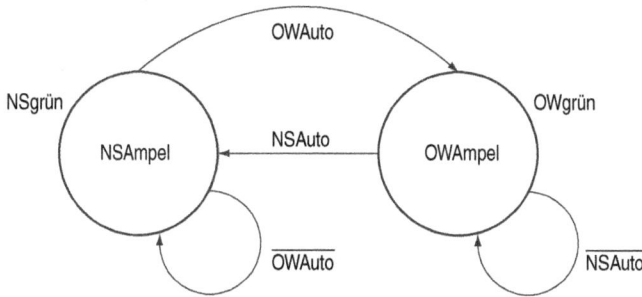

Abb. B.49: Schema einer Ampelsteuerung mit zwei Zuständen. Die logischen Funktionen bei den Zustandsübergängen wurden vereinfacht. Beispielsweise ist der Übergang von NSgrün nach OWgrün laut Tabelle ($\overline{\text{NSAuto}}$ · OWAuto) + (NSAuto · OWAuto), was äquivalent mit OWAuto ist.

Bevor wir untersuchen, wie dieser endliche Automat implementiert wird, wollen wir uns eine grafische Darstellung anschauen, wie sie für endliche Automaten oft benutzt wird. Zustände werden hier durch Knoten repräsentiert; in den Knoten stehen die Ausgänge, die für den jeweiligen Zustand aktiv sind. Für die Nächster-Zustand-Funktion werden gerichtete Pfeile verwendet, wobei die Beschriftungen an den Pfeilen die Eingangsbedingung spezifizieren. Abbildung B.49 zeigt die grafische Darstellung für unseren endlichen Automaten.

Implementiert werden kann ein endlicher Automat mit einem Register, das den aktuellen Zustand hält, und einem kombinatorischen Logikblock, der die Nächster-Zustand-Funktion sowie die Ausgangsfunktion berechnet. Abbildung B.50 zeigt, wie ein endlicher Automat mit Zuständen von vier Bit und somit 16 Zuständen aussehen könnte. Um den endlichen Automaten auf diese Weise zu implementieren, müssten wir den Zuständen zunächst Zustandsnummern zuordnen. Beispielsweise könnten wir NSgrün dem Zustand 0 zuordnen und OWgrün dem Zustand 0. Das Zustandsregister enthält ein einzelnes Bit. Die Nächster-Zustand-Funktion ist dann gegeben durch

NächsterZustand = ($\overline{\text{JetztZustand}}$ · OWAuto) + (JetztZustand · $\overline{\text{NSAuto}}$)

wobei JetztZustand aus den Inhalten des Zustandsregisters (0 oder 1) besteht und NächsterZustand der Ausgang der Nächster-Zustand-Funktion ist, der am Ende des Taktzyklus ins Zustandsregister geschrieben wird. Die Ausgangsfunktion ist ebenfalls einfach:

NSAmpel = $\overline{\text{JetztZustand}}$

OWAmpel = JetztZustand

Der kombinatorische Logikblock wird oft unter Verwendung von Logikstrukturen wie PLAs implementiert. Ein PLA kann automatisch aus den Tabellen für den nächsten Zustand und die Ausgangsfunktion konstruiert werden. Tatsächlich gibt es CAD-Programme, die aus einer grafischen oder verbalen Beschreibung eines endlichen Automaten automatisch eine optimierte Implementierung generieren. In den Kapiteln 4 und 5 werden endliche Automaten für die

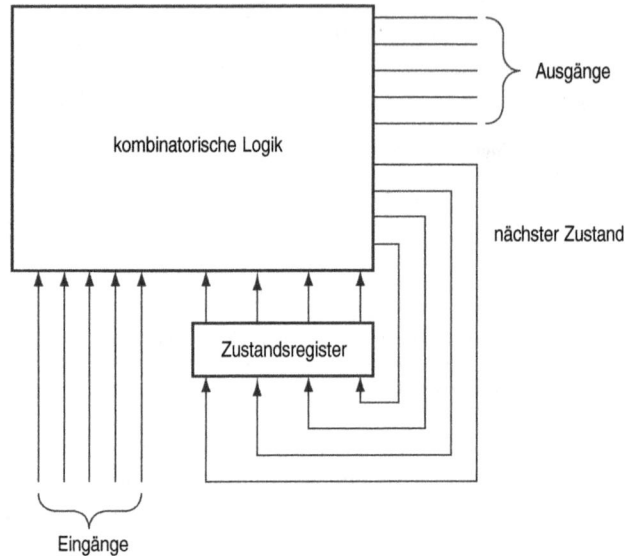

Abb. B.50: Ein endlicher Automat wird mit einem Zustandsregister implementiert, das den aktuellen Zustand und einen kombinatorischen Logikblock umfasst, um die Nächster-Zustand-Funktion und die Ausgangsfunktion zu berechnen. Die beiden Funktionen werden oft getrennt behandelt und mit zwei separaten Logikblöcken implementiert, wodurch weniger Gates nötig sein können.

Prozessorsteuerung verwendet. Im Online-Anhang D wird die genaue Implementierung dieser Controller mit PLAs wie auch mit ROMs vorgestellt.

Abbildung B.51 zeigte eine für diese Synthese entworfene Verilog-Version. Man beachte, dass für diese einfache Steuerung ein Mealy-Automat nicht hilfreich ist, aber die Art und Weise der Spezifikation wird in Kapitel 5 verwendet, um eine Steuerung zu implementieren, bei der es sich um einen Mealy-Automaten handelt und die weniger Zustände hat als die als Moore-Automat ausgelegte Steuerung.

Selbsttest

Was ist die kleinste Anzahl von Zuständen in einem Moore-Automaten, bei der ein Mealy-Automat weniger Zustände haben kann?

(a) Zwei, denn es kann einen Mealy-Automaten mit einem Zustand geben, der dasselbe tut.

(b) Drei, denn es ist ein einfacher Moore-Automat denkbar, der zu einem von zwei möglichen Zustände geht und dann immer wieder zurück zum ursprünglichen Zustand. Für einen solchen einfachen Automaten ist ein Mealy-Automat mit zwei Zuständen möglich.

(c) Man braucht mindestens vier Zustände, damit der Vorteil eines Mealy-Automaten gegenüber einem Moore-Automaten zum Tragen kommt.

```
module Ampel(OWAuto, NSAuto, OWAmpel, NSAmpel, Taktsignal);

input OWAuto, NSAuto, Taktsignal;
output OWAmpel, NSAmpel;

reg state;

initial state=0; // setze Anfangszustand
// die beiden folgenden Anweisungen setzen die Ausgänge,
   die nur auf der Zustandsvariable basieren
assign NSAmpel = ~ state; // NSAmpel an falls state=0;
assign OWAmpel = state; // OWAmpel an falls state=1;

always @(posedge clock) // alle Zustandsaktualisierungen
                        bei positiver Taktflanke
   case (state)
     0: state = OWAuto; // Zustandsänderung nur für OWAuto
     1: state = NSAuto; // Zustandsänderung nur für NSAuto
   endcase
endmodule
```

Abb. B.51: Eine Verilog-Version einer Ampelsteuerung.

B.11 Verfahren der Takterzeugung

In diesem Abschnitt wie auch allgemein in diesem Buch verwenden wir flankengesteuerte Verfahren der Takterzeugung. Dieser Typ der Takterzeugung hat den Vorteil, dass er leichter zu erklären und zu verstehen ist als zustandsgesteuerte Verfahren. In diesem Abschnitt erklären wir diese Methodologie etwas ausführlicher und geben außerdem eine Einführung in die zustandsgesteuerte Methodologie. Wir beschließen diesen Abschnitt mit einer kurzen Erörterung der Thematik asynchrone Signale und Synchronisation, die für das digitale Design von großer Bedeutung ist.

Das Anliegen dieses Abschnitts besteht darin, die wichtigsten Konzepte der Takterzeugung einzuführen, wobei wir einige vereinfachende Annahme treffen werden. Dass wir hier ein flankengesteuertes Verfahren verwenden, liegt daran, dass es einfacher zu erklären ist und weniger Regeln für ein korrektes Funktionieren erforderlich sind. Wenn wir annehmen, dass alle Takte gleichzeitig eintreffen, können wir insbesondere sicher sein, dass ein System mit flankengesteuerten Registern zwischen kombinatorischen Logikblöcken korrekt ohne Wettlauf arbeiten kann. Ein *Wettlauf* tritt auf, wenn die Inhalte eines Zustandselements von der relativen Geschwindigkeit der verschiedenen Logikelemente abhängt. Bei einem flankengesteuerten Design muss der Taktzyklus lang genug sein für den Weg von einem Flip-Flop durch die kombinatorische Logik bis zu einem anderen Flip-Flop, wobei er die Anforderung an die Setup-Zeit

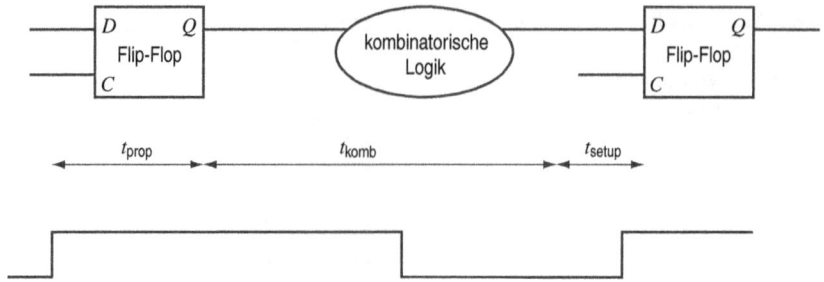

Abb. B.52: Bei einem flankengesteuerten Design muss der Takt lang genug sein, damit die Signale während der geforderten Setup-Zeit vor der nächsten Taktflanke gültig sind. Die Zeit für die Propagation vom Eingang zu einem Ausgang des Flip-Flops ist t_{prop}. Das Signal braucht dann die Zeit t_{komb}, um durch den Block von Schaltnetzen zu gehen, und muss über die Zeit t_{setup} vor der nächsten Taktflanke gültig sein.

erfüllen muss. Abbildung B.52 zeigt dies für ein System, das Flip-Flops mit ansteigender Taktflanke benutzt. In einem solchen System muss die Taktdauer mindestens so groß sein wie

$$t_{prop} + t_{komb} + t_{setup}$$

für die ungünstigsten Werte dieser drei Verzögerungen, die wie folgt definiert sind:

- t_{prop} ist die Zeit, die ein Signal benötigt, um durch ein Flip-Flop zu propagieren.

- t_{komb} ist die längste Verzögerung für die gesamte kombinatorische Logik (die per Definition von zwei Flip-Flops umgeben ist).

- t_{setup} ist die Zeit vor der ansteigenden Flanke, während der der Eingang in ein Flip-Flop gültig sein muss.

Wir treffen eine vereinfachende Annahme, nämlich dass die Anforderungen der Hold-Zeit erfüllt sind, was bei moderner Logik fast nie ein Problem ist.

Taktversatz Die Differenz zwischen den Zeitpunkten, zu denen zwei Zustandselemente eine Taktflanke sehen.

Eine zusätzliche Komplikation, die bei flankengesteuerten Designs berücksichtigt werden muss, ist der **Taktversatz.** Darunter versteht man die Differenz (als absolute Zeit) zwischen den Zeitpunkten, zu denen zwei Zustandselemente eine Taktflanke sehen. Zu einem Taktversatz kommt es, weil das Taktsignal oft zwei verschiedene Wege nimmt, um zwei verschiedene Zustandselemente zu erreichen, und dadurch kommt es zu leicht unterschiedlichen Verzögerungen. Wenn der Taktversatz hinreichend groß ist, kann es passieren, das sich ein Zustandselement ändert und dadurch den Eingang in ein anderes Flip-Flop veranlasst, sich zu ändern, bevor die Taktflanke von dem zweiten Flip-Flop gesehen wird.

Abbildung B.53 illustriert das Problem, wobei die Setup-Zeit und Verzögerung wegen der Propagation durch das Flip-Flop vernachlässigt wurde. Um eine fehlerhafte Arbeitsweise zu vermeiden, wird die Taktdauer so erhöht, dass

Abb. B.53: Schematische Darstellung der Entstehung eines Wettlaufs, der zu einer fehlerhaften Arbeitsweise führt. Wegen dem Unterschied der Zeitpunkte, zu denen die beiden Flip-Flops den Takt sehen, kann das im ersten Flip-Flop gespeicherte Signal vorauseilen und den Eingang in das zweite Flip-Flop ändern, bevor der Takt dort ankommt.

der maximale Taktversatz berücksichtigt wird. Die Taktdauer muss also länger sein als

$$t_{\text{prop}} + t_{\text{komb}} + t_{\text{setup}} + t_{\text{versatz}}$$

Unter dieser Nebenbedingung für die Taktdauer können die beiden Takte auch in der umgekehrten Reihenfolge eintreffen, wobei der zweite um t_{versatz} früher ankommt, ohne dass dies die korrekte Arbeitsweise beeinträchtigt. Designer können Versatzprobleme reduzieren, indem sie die Differenz in den Ankunftszeiten durch sorgfältiges Routing minimieren. Darüber hinaus ist es schlau, etwas Spielraum zu schaffen, indem der Takt etwas länger gewählt wird, als durch die Mindestanforderung vorgegeben. Dies ermöglicht eine gewisse Variabilität bei den Komponenten und bei der Stromversorgung. Da sich der Taktversatz auch auf die Anforderungen an die Hold-Zeit auswirken kann, ist es wichtig, diesen weitestmöglich zu reduzieren.

Flankengesteuerte Designs haben zwei Nachteile: Erstens erfordern sie zusätzliche Logik und zweitens sind sie manchmal langsamer. Wir müssen nur das D-Flip-Flop mit dem zustandsgesteuerten Latch vergleichen, das wir für die Konstruktion des Flip-Flops verwendet haben, um zu sehen, dass für das flankengesteuerte Design mehr Logik erforderlich ist. Eine Alternative bieten **zustandsgesteuerte** Verfahren der Takterzeugung. Da Zustandsänderungen bei einer zustandsgesteuerten Methode nicht instantan erfolgen, ist diese etwas komplexer und erfordert zusätzliche Sorgfalt, damit sie korrekt arbeitet.

zustandsgesteuerte Taktverfahren Methoden, bei denen Zustandsänderungen entweder bei hoch oder bei niedrig erfolgen, jedoch nicht instantan wie bei flankengesteuerten Designs.

Zustandsgesteuerte Takterzeugung

Bei der zustandsgesteuerten Takterzeugung ändert sich der Zustand, wenn das Signal entweder hoch oder niedrig ist, aber nicht instantan, wie dies bei flankengesteuerten Verfahren der Fall ist. Wegen der nicht-instantanen Änderung kann es leicht zu Wettläufen kommen. Um die korrekte Arbeitsweise eines zustandsgesteuerten Designs bei hinreichend langsamem Takt sicherzustellen, verwenden Designer einen *Zweiphasentakt,* der aus zwei nichtüberlappenden Signalen besteht. Da sich die beiden, üblicherweise mit Φ_1 und Φ_2 bezeichneten Signale nicht überlappen, ist zu jedem gegebenen Zeitpunkt immer höchstens eines der Signale hoch (siehe Abbildung B.54). Wir können diese beiden Taktsignale verwenden, um daraus ein System zu bauen, das zustandsgesteuer-

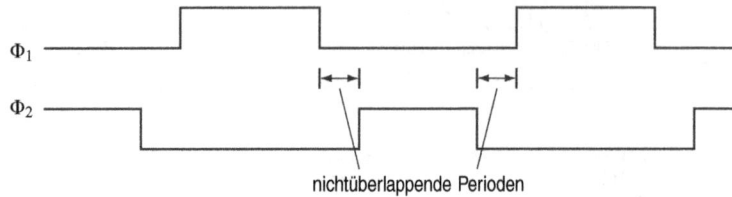

Abb. B.54: Ein Taktschema mit zwei Phasen, das den Zyklus von jedem Takt und die nicht-überlappenden Perioden zeigt.

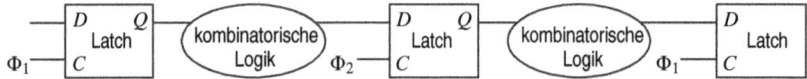

Abb. B.55: Schema eines Zweiphasentakts mit abwechselnden Latches, das zeigt, wie das System für die beiden Phasen arbeitet. Der Ausgang eines Latches ist auf der entgegengesetzten Phase zu seinem C-Eingang stabil. Somit hat der erste Logikblock während Φ_2 einen stabilen Eingang, und sein Ausgang wird durch Φ_2 verriegelt. Der zweite Logikblock arbeitet genau in der umgekehrten Richtung, mit stabilen Eingängen während Φ_1. Somit bestimmen also die Verzögerungen in den Logikblöcken die Mindestdauer, während der die jeweiligen Takte logisch 1 sein müssen. Die Größe der nichtüberlappenden Periode wird durch den maximalen Taktversatz und die minimale Verzögerung der einzelnen Blöcke bestimmt.

te Latches enthält, aber genau wie flankengesteuerte Designs frei ist von allen Bedingungen, die Wettläufe auslösen.

Ein einfaches Design eines solchen Systems erhält man, wenn man abwechselnd Latches verwendet, die auf Φ_1 offen sind, und solche, die auf Φ_2 offen sind. Da die beiden Signale nie gleichzeitig logisch 1 sind, kann es nicht zu einem Wettlauf kommen. Wenn der Eingang eines Schaltnetzblocks ein Φ_1-Takt ist, dann wird dessen Ausgang durch einen Φ_2-Takt verriegelt, wenn das Eingangs-Latch geschlossen ist und folglich einen gültigen Ausgang hat. Abbildung B.55 zeigt, wie ein System mit Zweiphasentakt und alternierenden Latches arbeitet. Wie bei einem flankengesteuerten Design müssen wir auf den Taktversatz achten, insbesondere zwischen den beiden Phasen. Indem wir das Ausmaß des Nichtüberlappens zwischen den beiden Phasen erhöhen, können wir den Bereich verkleinern, in dem es zu Fehlern kommen kann. Damit ist sichergestellt, dass das System korrekt arbeitet, sofern jede Phase lang genug und der nichtüberlappende Bereich ausreichend groß ist.

Asynchrone Eingänge und Synchronisatoren

Mit einem einzelnen Takt oder einem Zweiphasentakt können wir Bedingungen eliminieren, unter denen Wettläufe entstehen, wenn Probleme mit dem Taktversatz vermieden werden. Leider ist es nicht praktikabel, ein ganzes System dazu zu bringen, dass es mit einem einzelnen Takt funktioniert, und dabei den Taktversatz klein zu halten. Während die CPU einen einzelnen Takt verwendet, werden I/O-Geräte wahrscheinlich ihren eigenen Takt haben. Ein

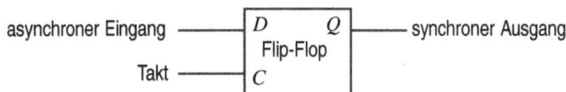

Abb. B.56: Ein aus einem D-Flip-Flop gebauter Synchronisator wird verwendet, um ein asynchrones Signal aufzunehmen und einen Ausgang zu generieren, der mit dem Takt synchron ist. Dieser „Synchronisator" wird allerdings nicht richtig funktionieren.

asynchrones Gerät kann über Handshaking mit der CPU kommunizieren. Um den asynchronen Eingang in ein synchrones Signal zu übersetzen, das sich verwenden lässt, um den Zustand eines Systems zu ändern, müssen wir einen *Synchronisator* mit dem asynchronen Signal und dem Takt als Eingang verwenden, dessen Ausgang ein mit dem Eingangstakt synchrones Signal ist.

Unser erster Versuch, einen Synchronisator zu bauen, verwendet ein flankengesteuertes D-Flip-Flop, dessen D-Eingang ein asynchrones Signal ist (siehe Abbildung B.56). Da wir mit einem Handshaking-Protokoll kommunizieren, spielt es keine Rolle, ob wir den Zustand, der logisch 1 ist, auf einem Takt oder dem nächsten detektieren, denn das Signal wird auf 1 gehalten, bis es bestätigt wurde. Man könnte also denken, dass diese einfache Struktur genügt, um das Signal genau abzutasten, doch es gibt noch ein kleines Problem.

Das Problem ist eine Situation, die als **Metastabilität** bezeichnet wird. Angenommen, das asynchrone Signal wechselt an den Flanken zwischen hoch und niedrig. Offensichtlich ist es nicht möglich zu wissen, ob das Signal als hoch oder niedrig eingefroren wird. Damit könnten wir leben, doch leider ist die Sache schlimmer: Wenn das abgetastete Signal für die geforderte Setup- und Hold-Zeit nicht stabil ist, kann das System in einen *metastabilen* Zustand übergehen. In einem solchen Zustand hat das System keinen legitimen Wert, also hoch oder niedrig, sondern er wird in dem Bereich dazwischen liegen. Darüber hinaus ist nicht gewährleistet, das das Flip-Flop diesen Zustand innerhalb einer begrenzten Zeit wieder verlässt. Manche Logikblöcke, die auf den Ausgang des Flip-Flops schauen, sehen diesen als 0, andere dagegen als 1. Eine solche Situation wird als **Synchronisierungsfehler** bezeichnet.

In einem rein synchronen System können Synchronisierungsfehler vermieden werden, indem sichergestellt wird, dass Setup- und Hold-Zeit immer zusammentreffen; aber das ist unmöglich, wenn der Eingang asynchron ist. Die einzig mögliche Lösung besteht dann darin, lange genug zu warten, bevor der Ausgang des Flip-Flops angeschaut wird, denn so kann man einigermaßen sicher sein, dass der Ausgang stabil ist und der metastabile Zustand verlassen wurde, falls er überhaupt eingenommen wurde. Aber wie lange ist lange genug? Nun, die Wahrscheinlichkeit, dass das Flip-Flop in dem metastabilen Zustand bleibt, fällt exponentiell, weshalb nach sehr kurzer Zeit die Wahrscheinlichkeit, dass sich das Flip-Flop in einem metastabilen Zustand befindet, sehr klein ist – allerdings wird sie nie 0 sein! Also wird lange genug gewartet, damit die Wahrscheinlichkeit für einen Synchronisierungsfehler sehr klein wird und die Zeit zwischen zwei Fehlern Jahre oder sogar Tausende von Jahren beträgt.

Metastabilität Eine Situation, die eintritt, wenn ein Signal abgetastet wird, während es für die geforderte Setup- und Hold-Zeit nicht stabil ist. Dies kann dazu führen, dass der abgetastete Wert in den Zwischenbereich zwischen hoch und niedrig fällt.

Synchronisierungsfehler Eine Situation, bei der ein Flip-Flop in einen metastabilen Zustand eintritt und einige Logikblöcke den Ausgang des Flip-Flops als 0 sehen, andere dagegen als 1.

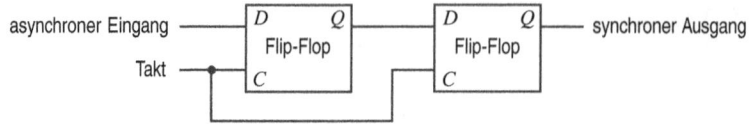

Abb. B.57: Dieser Synchronisator wird korrekt arbeiten, wenn die Periode der Metastabilität, die wir absichern wollen, kleiner als die Taktperiode ist. Der Ausgang des ersten Flip-Flops kann zwar metastabil sein, doch er wird bis zum zweiten Takt, also wenn das zweite D-Flip-Flop das Signal abtastet, von keinem anderen logischen Element gesehen. Dann aber sollte er nicht mehr in einem metastabilen Zustand sein.

Bei den meisten Flip-Flops wird die Wahrscheinlichkeit für einen Synchronisierungsfehler sehr klein, wenn die Wartezeit ein Vielfaches der Setup-Zeit beträgt. Wenn die Taktdauer länger ist als die potentielle Dauer der Metastabilität (was wahrscheinlich ist), dann kann ein sicherer Synchronisator mit zwei D-Flip-Flops gebaut werden (siehe Abbildung B.57).

Selbsttest

Angenommen, wir haben ein Design mit sehr großem Taktversatz, und zwar größer als die **Propagationszeit.** Ist es bei einem solchen Design immer möglich, den Takt ausreichend stark zu reduzieren, um die korrekte Arbeitsweise der Logik sicherzustellen?

(a) Ja, wenn der Takt langsam genug ist, können die Signale immer propagieren und das Design wird auch dann funktionieren, wenn der Taktversatz sehr groß ist.

(b) Nein, denn es kann sein, dass zwei Register dieselbe Taktflanke so weit voneinander entfernt sehen, dass ein Register getriggert wurde, dessen Ausgangswerte dann propagiert sind und von einem zweiten Register mit derselben Taktflanke gesehen werden.

B.12   Field Programmable Devices (FPD)

Mit einem konfigurierbaren oder semikonfigurierbaren Chip können Designer die Flexibilität der zugrunde liegenden Struktur ausnutzen, um auf einfache Weise kombinatorische oder sequentielle Logik zu implementieren. Wie kann ein Designer, der keinen konfigurierbaren oder semikonfigurierbaren integrierten Schaltkreis verwenden will, ein komplexes Stück Logik implementieren, das Nutzen aus dem zur Verfügung stehenden, sehr hohen Integrationsgrad zieht? Die meistverwendete Komponente für das Design von kombinatorischer und sequentieller Logik ist das **Field Programmable Device (FPD).** Ein FPD ist ein integrierter Schaltkreis, der kombinatorische Logik und eventuell Speicherbausteine enthält, die vom Endanwender konfiguriert werden können.

FPDs lassen sich in zwei Kategorien unterteilen: zum einen **programmierbare Logikbausteine** (Abk. **PLD** für engl. field programmable logic device),

Propagationszeit Die Zeit, die ein Wert benötigt, um vom Eingang zu einem Ausgang des Flip-Flops zu propagieren.

FPD Ein integrierter Schaltkreis, der kombinatorische Logik und eventuell Speicherbausteine enthält, die vom Endanwender konfiguriert werden können.

PLD Ein integrierter Schaltkreis, der kombintorische Logik enthält, deren Funktion vom Endanwender konfiguriert wird.

die rein kombinatorisch sind, und zum anderen vor Ort („im Feld") **programmierbare Gatter-Anordnungen** (Abk. **FPGA** für engl. field programmable gate arrays), die kombinatorische Logik und Flip-Flops enthalten. PLDs gibt es in zwei Formen. Sogenannte **einfache PLDs** (Abk. **SPLD** für engl. simple PLD) sind entweder PLAs oder **PALs** (programmable array logic). Demgegenüber erlauben komplexe PLDs mehr als einen Logikblock sowie konfigurierbare Verbindungen zwischen den einzelnen Blöcken. Wenn von einem PLA in einem PLD die Rede ist, dann ist damit ein PLA mit nutzerprogrammierbarer AND- und OR-Ebene gemeint. Ein PAL ist ein Sonderfall eines PLA, bei dem die OR-Ebene fest ist.

Bevor wir näher auf FPGAs eingehen, ist es sinnvoll, zunächst zu erläutern, wie FPDs konfiguriert werden. Beim Konfigurieren geht es im Wesentlichen um die Frage, wo Verbindungen herzustellen bzw. entfernen sind. Gatter- und Registerstrukturen sind statisch, doch die Verbindungen sind konfigurierbar. Dabei ist zu beachten, dass der Nutzer durch das Konfigurieren der Verbindungen darüber bestimmt, welche logischen Funktionen implementiert werden. Betrachten wir ein konfigurierbares PLA. In diesem Fall entscheidet der Anwender darüber, welche logischen Funktionen in dem PLA berechnet werden, indem er festlegt, wo es in der AND- und der OR-Ebene Verbindungen gibt. In FPDs sind Verbindungen entweder permanent oder rekonfigurierbar. Permanente Verbindungen gehen einher mit dem Anlegen oder Zerstören einer Verbindung zwischen zwei Leitungen. Moderne FPDs verwenden eine als **Antifuse** bezeichnete Technologie, die es gestattet, eine Verbindung zur Programmierzeit anzulegen, die dann permanent ist. Die ältere Methode zum Konfigurieren von CMOS-FPDs verwendet ein SRAM. Das SRAM wird beim Anschalten heruntergeladen, und die Inhalte regeln die Einstellungen der Schalter, die dann bestimmen, welche Verbindungen geschlossen sind. Diese Methode hat den Vorteil, dass das FPD leicht rekonfiguriert werden kann, indem der Inhalt des SRAMs geändert wird. Es gibt allerdings auch zwei Nachteile: Erstens ist die Konfiguration flüchtig und muss beim Einschalten immer neu geladen werden, zweitens wird durch die Verwendung von aktiven Transistoren für die Schalter der Widerstand solcher Verbindungen leicht erhöht.

FPGAs enthalten Logikblöcke und Speicherelemente, die gewöhnlich in einer zweidimensionalen Anordnung strukturiert sind, wobei die Korridore, welche die Zeilen und Spalten separieren, für die globale Verschaltung zwischen den Zellen der Anordnung verwendet werden. Jede Zelle ist eine Kombination von Gattern und Flip-Flops, die dazu programmiert werden kann, eine bestimmte Funktion auszuführen. Neuere FPGAs enthalten mehr ausgeklügelte Blöcke, wie etwa Blöcke von Addierern und RAM-Blöcke, die verwendet werden können, um Registerfiles zu bauen. Einige wenige große FPGAs enthalten sogar 32-Bit-Risc-Cores.

Zusätzlich zur Programmierung der einzelnen Zellen auf die Ausführung bestimmter Aufgaben können auch die Verbindungen zwischen Zellen programmiert werden, was moderne FPGAs mit Hunderten von Blöcken und Hunderttausenden von Gattern ermöglicht, die für komplexe logische Funktionen

FPGA Ein konfigurierbarer integrierter Schaltkreis, der kombinatorische Logikblöcke und Flip-Flops enthält.

SPLD Eine einfache programmierbare logische Schaltung, enthält gewöhnlich eine einzelne PAL oder PLA.

PAL Logische Schaltung aus einer programmierbaren AND-Schicht, gefolgt von einer festen OR-Schicht.

Antifuse Eine Struktur in einem integrierten Schaltkreis, die beim Programmieren eine permanente Verbindung zwischen zwei Leitungen herstellt.

genutzt werden können. Die interne Verschaltung ist eine der größten Herausforderungen bei konfigurierbaren Chips, und das gilt umso mehr für FPGAs, da
Zellen für das strukturierte Design keine natürlichen Dekompositionseinheiten
darstellen. Bei vielen FPGAs sind 90 % der Fläche für die interne Verschaltung
reserviert und nur 10 % für die Logik und für Speicherblöcke.

Ebenso, wie für den Entwurf eines konfigurierbaren oder semikonfigurierbaren Chips CAD-Tools erforderlich sind, werden diese auch für FPDs verwendet. Es wurden auch auf FPGAs abzielende Synthesetools entwickelt, mit
denen Systeme auf der Basis von Struktur- und Verhaltensspezifikationen in
Verilog generiert werden können.

B.13 Schlussbetrachtungen

Dieser Anhang stellt eine Einführung in die Grundlagen des Logikdesigns dar.
Wenn Sie diese durchgearbeitet haben, werden Sie in der Lage sein, den Stoff
der Kapitel 4 und 5 zu bewältigen, die beide ausführlich von den in diesem
Anhang vorgestellten Konzepten Gebrauch machen.

B.14 Aufgaben

Aufgabe B.1

[10] <B.2> Zusätzlich zu den grundlegenden Gesetzen, die wir in diesem Abschnitt besprochen haben, gibt es zwei wichtige Theoreme, die sogenannten
de-Morganschen Regeln;

$$\overline{A + B} = \overline{A} \cdot \overline{B} \quad \text{und} \quad \overline{A \cdot B} = \overline{A} + \overline{B}$$

Beweisen Sie diese Theoreme mit einer Wahrheitstabelle der Form

A	B	$\overline{A}$	$\overline{B}$	$\overline{A+B}$	$A \cdot B$	$\overline{A \cdot B}$	$A + B$
0	0	1	1	1	1	1	1
0	1	1	0	0	0	1	1
1	0	0	1	0	0	1	1
1	1	0	0	0	0	0	0

Aufgabe B.2

[15] <B.2> Beweisen Sie, dass die beiden Gleichungen für E in dem Beispiel
auf Seite 740 äquivalent mit der Verwendung der de-Morganschen Regeln und
den Axiomen auf Seite 740 sind.

Aufgabe B.3

[10] <B.2> Zeigen Sie, dass es für eine Funktion mit n Eingängen $2n$ Einträge
in der Wahrheitstabelle gibt.

Aufgabe B.4

[10] <B.2> Eine logische Funktion, die für eine Vielzahl von Zwecken verwendet wird, ist das exklusive Oder (XOR). Der Ausgang einer XOR-Funktion mit zwei Eingängen ist genau dann wahr, wenn genau einer der Eingänge wahr ist. Schreiben Sie die Wahrheitstabelle für eine XOR-Funktion mit zwei Eingängen auf und implementieren Sie diese Funktion unter Verwendung von AND-Gattern, OR-Gattern und Invertern.

Aufgabe B.5

[15] <B.2> Beweisen Sie, dass das NOR-Gatter universell ist, indem Sie zeigen, wie AND-, OR- und NOT-Funktionen mithilfe eines NOR-Gatters mit zwei Eingängen aufgebaut werden können.

Aufgabe B.6

[15] <B.2> Beweisen Sie, dass das NAND-Gatter universell ist, indem Sie zeigen, wie AND-, OR- und NOT-Funktionen mithilfe eines NAND-Gatters mit zwei Eingängen aufgebaut werden können.

Aufgabe B.7

[10] <B.2, B.3> Konstruieren Sie die Wahrheitstabelle für eine Funktion ungerader Parität mit vier Eingängen.

Aufgabe B.8

[10] <B.2, B.3> Implementieren Sie die Funktion ungerader Parität mit vier Eingängen unter Verwendung von AND- und OR-Gattern mit Invertern an den Ein- und Ausgängen.

Aufgabe B.9

[10] <B.2, B.3> Implementieren Sie die Funktion ungerader Parität mit vier Eingängen unter Verwendung eines PLA.

Aufgabe B.10

[15] <B.2, B.3> Beweisen Sie, dass ein Multiplexer mit zwei Eingängen ebenfalls universell ist, indem Sie zeigen, wie das NAND-Gatter (oder das NOR-Gatter) mit einem Multiplexer aufgebaut werden kann.

Aufgabe B.11

[10] <4.2, B.2, B.3> Angenommen, X besteht aus drei Bits, bezeichnet mit x2 x1 x0. Schreiben Sie für jede der folgenden vier Bedingungen eine logische Funktion auf, die genau dann wahr ist, wenn die Bedingung wahr ist.

- X enthält nur eine Null.
- X enthält eine gerade Anzahl von Nullen.
- X, interpretiert als vorzeichenlose Binärzahl, ist kleiner als 4.
- X, interpretiert als Zahl mit Vorzeichen (Zweierkomplement), ist negativ.

Aufgabe B.12

[5] <4.2, B.2, B.3> Implementieren Sie die in der vorherigen Aufgabe beschriebenen vier Funktionen unter Verwendung eines PLA.

Aufgabe B.13

[5] <4.2, B.2, B.3> Angenommen, X besteht aus drei Bits, bezeichnet mit $x2$ $x1$ $x0$, und Y besteht aus drei Bits, bezeichnet mit $y2$ $y1$ $y0$. Schreiben Sie für jede der folgenden Bedingungen eine logische Funktion auf, die genau dann wahr ist, wenn die Bedingung wahr ist.

- X < Y, wobei X und Y als vorzeichenlose Binärzahlen interpretiert werden sollen.
- X < Y, wobei X und Y als Zahlen mit Vorzeichen (Zweierkomplement) interpretiert werden sollen.
- X = Y.

Verwenden Sie einen hierarchischen Ansatz, der sich auf eine größere Zahl von Bits erweitern lässt.

Aufgabe B.14

[5] <B.2, B.3> Implementieren Sie ein schaltendes Netzwerk, das zwei Dateneingänge (A und B), zwei Datenausgänge (C und D) sowie einen Steuereingang (S) hat. Wenn S gleich 1 ist, ist das Netzwerk im Durchlassmodus; C sollte dann gleich A und D gleich B sein. Wenn S gleich 0 ist, ist das Netzwerk im Kreuzmodus; C sollte dann gleich B und D gleich A sein.

Aufgabe B.15

[15] <B.2, B.3> Leiten Sie ausgehend von der Produktsummendarstellung die auf Seite 744 angegebene Summenproduktdarstellung her. Sie werden dabei die de-Morganschen Regeln benötigen.

Aufgabe B.16

[30] <B.2, B.3> Geben Sie einen Algorithmus an, mit dem die Produktsummendarstellung einer beliebigen logischen Gleichung mit AND, OR und NOT konstruiert werden kann. Der Algorithmus soll rekursiv sein und während des Verfahrens soll keine Wahrheitstabelle konstruiert werden.

Aufgabe B.17

[5] <B.2, B.3> Schreiben Sie eine Wahrheitstabelle für einen Multiplexer (mit Eingängen A, B und S sowie dem Ausgang C) auf, in der Don't-Cares verwendet werden, um die Tabelle zu vereinfachen.

Aufgabe B.18

[5] <B.3> Wie sieht die Funktion aus, die durch den folgenden Verilog-Code implementiert wird?

```
module FUNC1 (I0, I1, S, out);
      input I0, I1;
      input S;
      output out;
      out = S? I1: I0;
endmodule
module FUNC2 (out,ctl,clk,reset);
      output [7:0] out;
      input ctl, clk, reset;
      reg [7:0] out;
      always @(posedge clk)
      if (reset) begin
                  out <= 8'b0 ;
      end
      else if (ctl) begin
                  out <= out + 1;
      end
      else begin
            out <= out - 1;
      end
endmodule
```

Aufgabe B.19

[5] <B.4> Der Verilog-Code auf Seite 787 ist für ein D-Flip-Flop. Wie sieht der Verilog-Code für ein D-Latch aus?

Aufgabe B.20

[10] <B.3, B.4> Schreiben Sie ein Verilogmodul für die Implementierung eines 2-zu-4-Decoders (und/oder eines entsprechenden Encoders).

Aufgabe B.21

[10] <B.3, B.4> Schreiben Sie ein Verilogmodul für die Implementierung eines Akkumulators, der durch das folgende Diagramm gegeben ist. Nehmen Sie ein flankengesteuertes Register und asynchrones Rst an.

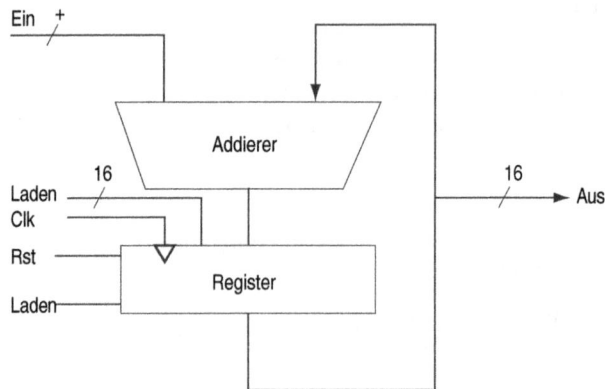

Aufgabe B.22

[20] <C.3, B.4, B.5> In Abschnitt 3.3 werden die grundsätzliche Arbeitsweise und mögliche Implementierungen von Multiplizieren vorgestellt. Eine Basiseinheit für eine solche Implementierung ist eine Schiebe-Addier-Einheit. Schreiben Sie eine Verilog-Implementierung für diese Einheit auf. Zeigen Sie, wie Sie diese verwenden können, um einen 32-Bit-Multiplizierer aufzubauen.

Aufgabe B.23

[20] <C.3, B.4, B.5> Führen Sie die vorherige Aufgabe für einen vorzeichenlosen Dividierer anstelle des Multiplizierers durch.

Aufgabe B.24

[15] <B.5> Unsere ALU unterstützt set on less than (slt), indem sie einfach das Vorzeichenbit des Addierers verwendet. Versuchen wir es mit einer set-on-less-than-Operation, welche die Werte -7_D und 6_D verwendet. Damit das Beispiel leichter nachzuvollziehen ist, wollen wir die binäre Darstellung auf 4 Bits beschränken: 1001_B und 0110_B.

$$1001_B - 0110_B = 1001_B + 1010_B = 0011_B$$

Dieses Ergebnis legt nahe, dass $-7 > 6$ gelten würde, was offensichtlich falsch ist. Der Grund ist, dass wir den Überlauf in unsere Überlegungen einbeziehen müssen. Modifizieren Sie die 1-Bit-ALU in Abbildung B.19 so, dass slt korrekt behandelt wird.

Aufgabe B.25

[20] <B.6> Ein einfacher Test auf Überlauf besteht darin, nachzuschauen, ob der CarryIn in das höchste Bit ungleich dem CarryOut des höchsten Bits ist. Zeigen Sie, dass dieser Test dasselbe ergibt wie in Tabelle 3.1 dargestellt.

Aufgabe B.26

[5] <B.6> Verwenden Sie eine neue Notation, um die auf Seite 776 angegebenen Gleichungen für eine Carry-Lookahead-Logik umzuformulieren. Erstens sollen Sie dabei die Namen für die CarryIn-Signale der einzelnen Bits des Addierer verwenden, also c4, c8, c12, ... anstatt C1, C2, C3, ... Außerdem soll die Bezeichnung $P_{j,j}$ für ein Propagatorsignal für die Bits i bis j verwendet werden, und entsprechend $G_{j,j}$ für ein Generatorsignal für die Bits i bis j. Damit kann beispielsweise die Gleichung

$$C2 = G1 + (P1 \cdot G0) + (P1 \cdot P0 \cdot c0)$$

umgeschrieben werden in

$$c8 = G_{7,4} + (P_{7,4} \cdot G_{3,0}) + (P_{7,4} \cdot P_{3,0} \cdot c0)$$

Diese allgemeinere Notation ist von Nutzen, wenn es darum geht, breitere Addierer zu entwerfen.

Aufgabe B.27

[15] <B.6> Verwenden Sie die in der vorherigen Aufgabe eingeführte Notation und 16-Bit-Addierer als Bausteine, um die Gleichungen für die Carry-Lookahead-Logik eines 64-Bit-Addierers aufzuschreiben. Fügen Sie Ihrer Lösung eine Skizze, ähnlich wie in Abbildung B.27 bei.

Aufgabe B.28

[10] <B.6> In dieser Aufgabe soll die relative Performanz verschiedener Addierer berechnet werden. Nehmen Sie an, dass die Hardware, die einer Gleichung mit ausschließlich OR- oder AND-Termen entspricht, wie etwa die Gleichungen für pi und gi auf S. 773, eine Zeiteinheit T benötigt. Gleichungen, die aus einem OR mehrerer AND-Terme bestehen (etwa die Gleichungen für c1, c2, c3 und c4 auf S. 774), würden also zwei Zeiteinheiten, d. h. 2T, brauchen: Eine Zeiteinheit ist nötig, um die AND-Terme zu erzeugen, und eine weitere, um das OR-Ergebnis zu bestimmen. Berechnen Sie den Aufwand in Zeiteinheiten für 4-Bit-Addierer zum einen mit Ripple-Carry und zum anderen mit Carry-Lookahead sowie das entsprechende Performanzverhältnis. Wenn die in den Gleichungen auftretenden Terme ihrerseits durch weitere Gleichungen definiert sind, dann müssen Sie geeignete Verzögerungen für diese Zwischenschritte hinzunehmen und rekursiv fortfahren, bis die tatsächlichen Eingangsbits des Addierers in einer Gleichung verwendet werden. Fertigen Sie auch hierfür eine Zeichnung an, in der für jeden Addierer die berechneten Verzögerungen eingetragen sind, und heben Sie darin den Pfad mit der ungünstigsten Verzögerung hervor.

Aufgabe B.29

[15] <B.6> Diese Aufgabe ist ähnlich wie die vorherige. Zu berechnen sind diesmal die relativen Geschwindigkeiten von 16-Bit-Addierern a) mit ausschließlich Ripple-Carry, b) mit Ripple-Carry von 4-Bit-Gruppen, die ihrerseits Carry-Lookahead verwenden, und c) mit dem Carry-Lookahead-Verfahren von Seite 772.

Aufgabe B.30

[15] <B.6> Diese Aufgabe ist ähnlich wie die beiden vorherigen. Zu berechnen sind diesmal die relativen Geschwindigkeiten von 64-Bit-Addierern a) mit ausschließlich Ripple-Carry, b) mit Ripple-Carry von 4-Bit-Gruppen, die ihrerseits Carry-Lookahead verwenden, c) mit Ripple-Carry von 16-Bit-Gruppen, die ebenfalls Carry-Lookahead verwenden, und d) mit dem Carry-Lookahead-Verfahren von Aufgabe B.27.

Aufgabe B.31

[10] <B.6> Anstatt uns einen Addierer als ein Bauelement vorzustellen, das zwei Zahlen addiert und dann die Überträge verbindet, können wir ihn auch als Stück Hardware betrachten, das drei Eingangswerte (a_i, b_i, c_i) und daraus zwei Ausgangswerte (s, c_i+1) produziert. Wenn es darum geht, zwei Zahlen zu addieren, können wir mit dieser Feststellung wenig anfangen. Wenn es aber mehr als zwei Operanden gibt, ist es möglich, sie für eine Reduzierung der Kosten für den Übertrag auszunutzen. Die Idee ist, zwei unabhängige Summen zu bilden, die wir mit S' (Summenbits) und C' (Carry-Bits) bezeichnen. Am Ende des Prozesses müssen wir S' und C' nur noch mit einem normalen Addierer zusammenfügen. Diese Vorgehensweise, bei der die Propagation des Übertrags bis zum Ende einer Summation von Zahlen verzögert wird, nennt man *Carry-Save-Addition*. Der Block rechts unten in Abbildung B.58 zeigt die Organisation, bei der zwei Ebenen von Carry-Save-Addierern mit einem einzelnen normalen Addierer verbunden sind.

Berechnen Sie die Verzögerungen beim Addieren von vier 16-Bit-Zahlen bei Verwendung von Carry-Lookahead-Volladdierern im Vergleich zu Carry-Save, bei dem ein Carry-Lookahead-Addierer die finale Summe bildet. (Die Zeiteinheit T bleibt dieselbe wie in Aufgabe B.28.)

Aufgabe B.32

[20] <B.6> Der vielleicht häufigste Fall, bei dem viele Zahlen in einem Computer gleichzeitig addiert werden sollen, tritt im Zusammenhang mit dem Versuch auf, das Multiplizieren zu beschleunigen, indem man viele Addierer verwendet, um viele Zahlen in einem einzigen Taktzyklus zu addieren. Verglichen mit dem Multiplikationsalghorithmus in Kapitel 3 kann ein Carry-Save-Verfahren mit vielen Addierern mehr als zehnmal so schnell addieren. In dieser

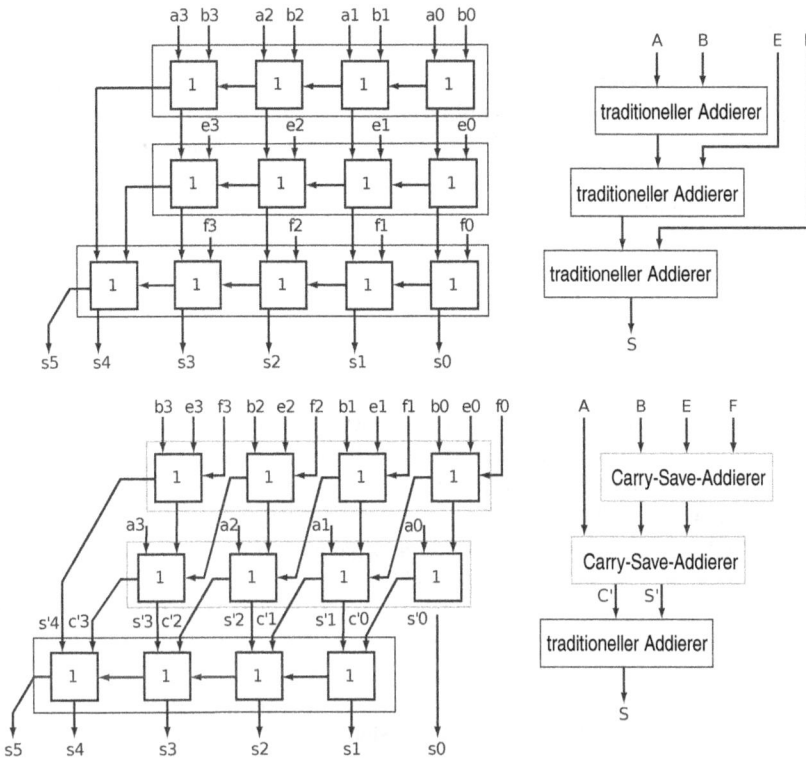

Abb. B.58: Traditionelles Ripple-Carry (oben) und Carry-Save-Addition (unten) von vier 4-Bit-Zahlen. Die Details sind jeweils auf der linken Seite dargestellt, wobei die individuellen Signale in Kleinbuchstaben angegeben sind. Die rechte Seite zeigt die Blöcke auf der höheren Abstraktionsebene, wobei für die kollektiven Signale Großbuchstaben verwendet werden. Man beachte, dass für die Summe von vier n-Bit-Zahlen $n + 2$ Bits notwendig sein können.

Aufgabe sollen die Kosten und die Geschwindigkeit für einen Multiplizierer abgeschätzt werden, der zwei positive 16-Bit-Zahlen multipliziert. Angenommen, es gibt 16 Zwischenergebnisse M15, M14, ..., M0, die sogenannten *Partialprodukte*, die den Multiplikanden UND-verknüpft mit den Multiplikator-Bits m15, m14, ..., m0 enthalten. Die Idee ist, Carry-Save-Addierer zu verwenden, um die n Operanden in $2n/3$ parallele Dreiergruppen zu überführen und dies zu wiederholen, bis man schließlich zwei große Zahlen hat, die man mit einem traditionellen Addierer addieren kann.

Zeigen Sie zunächst, wie die Blockorganisation der 16-Bit-Carry-Save-Addierer aussehen muss, um diese 16 Terme zu addieren (siehe die rechte Seite in Abbildung B.58). Berechnen Sie dann die Verzögerungen beim Addieren dieser 16 Zahlen. Vergleichen Sie diese Zeit mit dem iterativen Multiplikationsverfahren in Kapitel 3, allerdings unter der Annahme von nur 16 Iterationen mit einem 16-Bit-Addierer, der vollständiges Carry-Lookahead benutzt, wofür die Geschwindigkeit in Aufgabe B.29 berechnet wurde.

Aufgabe B.33

[10] <B.6> Es kommt vor, dass wir eine Menge von Zahlen gleichzeitig addieren wollen. Angenommen, Sie wollen vier 4-Bit-Zahlen (A, B, E, F) mit 1-Bit-Volladdierern addieren. Carry-Lookahead wollen wir vorübergehend ausklammern. Sie würden die 1-Bit-Addierer wahrscheinlich gemäß der im oberen Teil von Abbildung B.58 gezeigten Organisation verbinden. Unter der traditionellen Organisationsweise ist eine neue Anordnung von Volladdierern zu sehen. Versuchen Sie, mit diesen unterschiedlichen Anordnungen jeweils vier Zahlen zu addieren, um zu bestätigen, dass Sie dasselbe Ergebnis erhalten.

Aufgabe B.34

[5] <B.6> Zeigen Sie zunächst, wie die Blockorganisation der 16-Bit-Carry-Save-Addierer aussehen muss, um diese 16 Terme zu addieren (siehe die rechte Seite in Abbildung B.58). Nehmen Sie an, dass die Zeitverzögerung durch jeden 1-Bit-Addierer 2T ist. Berechnen Sie die Zeit für das Addieren von vier 4-Bit-Zahlen zum einen mit der oberen Organisation in Abbildung B.58 und zum anderen mit der unteren Organisation.

Aufgabe B.35

[5] <B.8> Wenn ein Ablaufplan vorliegt, in dem die an einem Dateneingang D und am Eingang C für das Taktsignal stattfindenden Änderungen beschrieben sind, dann würde man meistens erwarten, dass es Unterschiede zwischen der Wellenform (Q) an einem D-Latch-Ausgang und der an einem Flip-Flop-Ausgang gibt. Beschreiben Sie in wenigen Sätzen, unter welchen Umständen (z. B. die Natur der Eingänge betreffend) keine Unterschiede zwischen den Wellenformen am Ausgang zu erwarten sind.

Aufgabe B.36

[5] <B.8> Abbildung B.38 illustriert die Implementierung des Registerfiles für den MIPS-Datenpfad. Angenommen, es soll ein neues Registerfile gebaut werden, aber es gibt nur zwei Register und nur einen Leseport; außerdem hat jedes Register nur 2 Bits an Daten. Modifizieren Sie die Abbildung so, dass jede Leitung nur einem Bit an Daten entspricht (im Unterschied zu der ursprünglichen Version, in der manche Leitungen 5 Bit und andere 32 Bit entsprechen). Modifizieren Sie außerdem die Register, die D-Flip-Flops verwenden. Sie können darauf verzichten zu zeigen, wie ein D-Flip-Flop oder ein Multiplexer implementiert wird.

Aufgabe B.37

[10] <B.10> Stellen Sie sich vor, ein Freund bittet Sie, ein „elektronisches Auge" zu bauen, das er als Sicherheitsattrappe verwenden möchte. Das Gerät

besteht aus drei in Reihe geschalteten Lichtern, die durch die Ausgänge Links, Mitte und Rechts gesteuert werden. Sind diese logisch 1, dann soll jeweils ein Licht leuchten, wobei zu jedem Zeitpunkt immer nur ein Licht an sein soll. Dieses Licht soll abwechselnd von links nach rechts und dann wieder von rechts nach links „wandern", um so potentielle Einbrecher abzuschrecken, die glauben sollen, dass das „elektronische Auge" ihre Aktivitäten beobachtet. Zeichnen Sie eine grafische Darstellung des endlichen Automaten, der verwendet wird, um das „elektronische Auge" zu spezifizieren. Nehmen Sie an, dass die Geschwindigkeit der Augenbewegung durch die Taktrate gesteuert wird (die nicht zu groß sein sollte) und beachten Sie, dass es im Grunde keine Eingänge gibt.

Aufgabe B.38

[10] <B.10> Ordnen Sie den Zuständen des endlichen Automaten, den Sie in der vorherigen Aufgabe konstruiert haben, Zustandsnummern zu und schreiben Sie für jeden Ausgang einschließlich der Nächster-Zustand-Bits einen Satz logischer Gleichungen auf.

Aufgabe B.39

[15] <B.2, B.8, B.10> Konstruieren Sie unter Verwendung von drei D-Flip-Flops und einer Auswahl an Gattern einen 3-Bit-Zähler. Als Eingänge gibt es ein Signal, das den Zähler auf 0 zurücksetzt (bezeichnet mit *reset*), und ein Signal, das den Zähler inkrementiert (bezeichnet mit *inc*). Die Ausgänge sollen den Zähler liefern. Wenn der Zähler den Wert 7 hat und inkrementiert wird, dann soll er auf null springen.

Aufgabe B.40

[20] <B.10> Ein *Gray-Code* ist eine Folge von Binärzahlen mit der Eigenschaft, dass sich von einem Element der Folge zum nächsten immer höchstens ein Bit ändert. Ein Beispiel für einen Gray-Code mit 3 Bit ist 000, 001, 011, 010, 110, 111, 101, 100. Konstruieren Sie aus drei Flip-Flops und einem PLA einen mit drei Bits arbeitenden Gray-Code-Zähler, der zwei Eingänge hat: den reset-Eingang, der den Zähler auf 000 setzt, und den inc-Eingang, der den Zähler zum nächsten Wert in der Sequenz gehen lässt. Beachten Sie, dass der Code zyklisch ist, sodass der auf 100 folgende Wert 000 ist.

Aufgabe B.41

[25] <B.10> In dieser Aufgabe wenden wir uns noch einmal dem Beispiel auf Seite 803 zu, in dem wir eine Ampelsteuerung betrachtet hatten. Wir wollen ein gelbes Licht hinzufügen und ändern zu diesem Zweck die Taktfrequenz auf 0.25 Hz, was einer Taktdauer von 4 Sekunden entspricht. Dies soll die Dauer der Gelbphase sein. Um zu vermeiden, dass Rot und Grün zu schnell um-

schalten, fügen wir einen 30-Sekunden-Timer hinzu. Dieser hat einen einzigen Eingang, den wir als *TimerReset* bezeichnen und der das Neustarten des Timers bewirkt, sowie einen einzigen Ausgang, bezeichnet als *TimerSignal*, der anzeigt, dass das 30-Sekunden-Intervall abgelaufen ist. Außerdem müssen wir unsere Ampel so umdefinieren, dass sie eine Gelbphase umfasst. Das tun wir, indem wir zwei Ausgangssignale für jedes Licht hinzufügen: grün und gelb. Wenn der Ausgang NSgrün logisch 1 ist, steht die Ampel auf Grün; wenn NSgelb logisch 1 ist, steht sie auf Gelb. Sind beide Signale aus, dann zeigt die Ampel Rot. Setzen Sie das grüne und das gelbe Signal nicht gleichzeitig auf 1 – insbesondere amerikanische Fahrer wären mit Sicherheit verwirrt. Zeichnen Sie eine grafische Darstellung für den endlichen Automaten mit dieser verbesserten Steuerung. Wählen Sie für die Zustände Namen, die sich von den Namen der Ausgänge unterscheiden.

Aufgabe B.42

[15] <B.10> Schreiben Sie die Tabellen für die Nächster-Zustand-Funktion und die Ausgangsfunktion der Ampelsteuerung aus der vorherigen Aufgabe auf.

Aufgabe B.43

[15] <B.2, B.10> Ordnen Sie den Zuständen in dem Beispiel in Aufgabe B.41 Zustandsnummern zu und verwenden Sie die Tabellen aus der vorherigen Aufgabe, um für jeden Ausgang, einschließlich der Nächster-Zustand-Ausgänge einen Satz logischer Gleichungen aufzuschreiben.

Aufgabe B.44

[15] <B.3, B.10> Implementieren Sie die logischen Gleichungen der vorherigen Aufgabe als PLA.

Antworten zu den Selbsttests

Abschnitt B.2, Seite 742: Nein. Bei $A = 1, C = 1, B = 0$ ist der erste Ausdruck wahr, der zweite dagegen falsch.
Abschnitt B.3, Seite 752: Spalte C
Abschnitt B.4, Seite 756: Alle Varianten liefern denselben Wert.
Abschnitt B.4, Seite 759: $A = 0, B = 1$
Abschnitt B.5, Seite 770: Antwort 2 ist richtig.
Abschnitt B.6, Seite 780: Antwort 1 ist richtig.
Abschnitt B.8, Seite 791: Die Begründung (c) ist richtig.
Abschnitt B.10, Seite 806: Antwort (b) ist richtig.
Abschnitt B.11, Seite 812: Antwort (b) ist richtig.

Fachbegriffe
Englisch — Deutsch

Englisch — Deutsch

address	Adresse	bubble	Pipelineleerlauf
address mapping	Adressabbildung	bypassing	Bypassing
address translation	Adressübersetzung	cache memory	Cache-Speicher
addressing mode	Adressierungsart	cache miss	Cache-Fehlzugriff
aliasing	Aliasing	callee	aufgerufene Proze-
alignment	Ausrichtung an		dur
restriction	Wortgrenzen	caller	aufrufende Prozedur
Amdahl's Law	Amdahl'sches	capacity miss	Speicherüberlas-
	Gesetz		tungs-Fehlzugriff
antidependence	Namensabhängigkeit	clock cycle	Taktzyklus
architectural	Architekturregister	clock period	Taktintervall
registers		clocking	Taktverfahren
artificial	künstliche	methodology	
intelligence	Intelligenz	cloud computing	Cloud Computing
assembler	Assembler	cluster	Cluster
basic block	Grundblock	coarse-grained	grobkörniges
benchmark	Benchmark	multithreading	Multithreading
biased notation	Charakteristik	cold-start miss	Kaltstart-Fehlzugriff
binary digit	Binärziffer, Bit	collision miss	Kollisions-Fehl-
branch taken	Sprung ausgeführt		zugriff
– not taken	– nicht ausgeführt	combinational	Schaltnetz
branch delay slot	Verzögerung nach	element	
	Sprungbefehl	commit unit	Freigabeeinheit
branch hazard	Verzweigungs-	compiler	Compiler
	konflikt	compulsory miss	Kaltstart-Fehlzugriff
branch history table	Sprungverlaufs-	conditional branch	bedingte Verzwei-
	tabelle		gung
branch prediction	Sprungvorhersage	conflict miss	Adresskonflikt-
branch target	Sprungzieladresse		Fehlzugriff
address		context switch	Kontextwechsel
branch target buffer	Sprungzielpuffer	control	Steuerwerk

https://doi.org/10.1515/9783111352732-009

control hazard	Steuerkonflikt	hardware	hardwareseitiges
control signal	Steuersignal	multithreading	Multithreading
correlating predictor	Korrelationsprädik-tor	heap	Halde
data hazard	Datenkonflikt	hexadecimal	Hexadezimalzahl
data-level parallelism	Parallelität auf Datenebene	high-level programming language	höhere Programmiersprache
datapath	Datenpfad	hit rate	Trefferrate
delayed branch	verzögerter Sprung	hit time	Zugriffszeit bei Treffer
dependability	Verlässlichkeit	implementation	Implementierung
die	Die (Stück eines Wafers)	in-order commit	Freigeben in Programmreihenfolge
domain specific architecture	domänenspezifische Architektur	input device	Eingabegerät
double precision	doppelte Genauigkeit	instruction	Befehl
		instruction count	Befehlszähler
		instruction format	Befehlsformat
dynamic branch prediction	dynamische Sprungvorhersage	instruction mix	Befehlsmix
dynamically linked library (DLL)	dynamisch gebundene Bibliothek	instruction set	Befehlssatz
		instruction-level parallelism	Parallelität auf Befehlsebene
edge-triggered clocking	flankengesteuertes Taktverfahren	integrated circuit	integrierter Schaltkreis
embedded computer	eingebetteter Rechner	interrupt	Interrupt
		issue packet	Zuordnungspaket
error detection code	Fehlererkennungscode	issue slot	Zuordnungsfach
		jump address table	Sprungadresstabelle
exception	Ausnahmeverarbeitung	kernel mode	Kernel-Modus
		linker	Binder
executable file	ausführbare Programmdatei	liquid crystal display (LCD)	Flüssigkristallanzeige
failure	Ausfall	loader	Lader
false sharing	unechte gemeinsame Nutzung	local area network	lokales Netz
		loop unrolling	Schleifenabrollen
fine-grained multithreading	feinkörniges Multithreading	machine language	Maschinensprache
		machine learning	maschinelles Lernen
finite-state machine	endlicher Automat	magnetic disk	Festplatte
flash memory	Flash-Speicher	main memory	Hauptspeicher
floating point number	Gleitkommazahl	memory	Speicher
		memory hierarchy	Speicherhierarchie
flush	Leeren der Pipeline	miss penalty	Fehlzugriffsaufwand
forwarding	Forwarding	miss rate	Fehlzugriffsrate
frame buffer	Bildspeicher	most significant bit	höchstwertiges Bit
frame pointer	Rahmenzeiger	multicore microprocessor	Multikernprozessor
fully associative cache	vollassoziativer Cache	multilevel cache	Cache-Speicherhierarchie
general-purpose register	Allzweckregister	multiple issue	Mehrfachzuordnung
		multiprocessor	Multiprozessor
handler	Verarbeitungsroutine	nonblocking cache	nicht-blockierender Cache
hard disk	Festplatte		

nonvolatile memory	nichtflüchtiger Speicher	sign extension	Vorzeichenerweiterung
object oriented language	objektorientierte Sprache	silicon	Silizium
one's complement	Einerkomplement	simultaneous multithreading	simultanes Multithreading
opcode	Opcode	single precision	einfache Genauigkeit
operating system	Betriebssystem		
out-of-order execution	Out-of-order-Ausführung	single-cycle implementation	Eintaktausführung
output device	Ausgabegerät	speculation	Spekulation
overflow	Überlauf	spilling	Registerauslagerung
page fault	Seitenfehler	split cache	getrennte Caches
page table	Seitentabelle	stack	Keller
PC-relative addressing	befehlszählerrelative Adressierung	stack pointer	Kellerzeiger
		stall	Pipelineverzögerung
personal computer	Personalcomputer	state element	Zustandselement
personal mobile device	Mobilgerät	stored program concept	Von-Neumann-Konzept
physical address	physikalische Adresse	strong scaling	starke Skalierung
		structural hazard	Strukturkonflikt
pipeline stall	Pipelineleerlauf	supercomputer	Supercomputer
pipelining	Pipelining	supervisor mode	Supervisor-Modus
pixel	Pixel	swap space	Austauschspeicher
prefetching	Prefetching	symbol table	Symboltabelle
procedure	Prozedur	system call	Systemaufruf
procedure frame	Prozeduraufrufrahmen	system software	Systemsoftware
		task-level parallelism	Parallelität auf Aufgabenebene
process-level parallelism	Parallelität auf Prozessebene	thread	Thread („Faden")
program counter	Befehlszähler	throughput	Durchsatz
protection	Schutzmechanismen	tournament branch predictor	Hybridprädiktor
pseudoinstruction	Pseudobefehl		
recorded buffer	Rückordnungspuffer	track	Spur
reference bit	Referenzbit	transistor	Transistor
register file	Registerfile	truth table	Wahrheitstabelle
register renaming	Registerumbenennung	two's complement	Zweierkomplement
		underflow	Unterlauf
reliability	Zuverlässigkeit	virtual address	virtuelle Adresse
reservation station	Reservierungsstation	virtual memory	virtueller Speicher
response time	Antwortzeit	volatile memory	flüchtiger Speicher
return address	Rücksprungadresse	wafer	Wafer
rotational latency	Umdrehungslatenz	weak scaling	schwache Skalierung
secondary memory	Sekundärspeicher		
sector	Sektor	wide area network	Weitverkehrsnetz
segmentation	Segmentierung	workload	Arbeitslast
semiconductor	Halbleiter	write buffer	Schreibpuffer
server	Server	write-through	Durchschreibtechnik
set-associative cache	satzassoziativer Cache	write-back	Rückschreibtechnik
sign	Vorzeichen	yield	Ausbeute

Deutsch — Englisch

Adressabbildung	address mapping
Adresse	address
Adressierungsart	addressing mode
Adresskonflikt-Fehlzugriff	conflict miss
Adressübersetzung	address translation
Aliasing	aliasing
Allzweckregister	general-purpose register
Amdahl'sches Gesetz	Amdahl's Law
Antwortzeit	response time
Arbeitslast	workload
Architekturregister	architectural registers
Assembler	assembler
aufgerufene Prozedur	callee
aufrufende Prozedur	caller
Ausbeute	yield
ausführbare Programmdatei	executable file
Ausgabegerät	output device
Ausnahmeverarbeitung	exception
Ausrichtung an Wortgrenzen	alignment restriction
Austauschspeicher	swap space
bedingte Verzweigung	conditional branch
Befehl	instruction
Befehlsformat	instruction format
Befehlsmix	instruction mix
Befehlssatz	instruction set
Befehlssatzarchitektur	instruction set architecture
Befehlszähler	instruction count
befehlszählerrelative Adressierung	PC-relative addressing
Benchmark	benchmark
Betriebssystem	operating system
Bildspeicher	frame buffer
Binärziffer	binary digit
Binder	linker
Bypassing	bypassing
Cache-Fehlzugriff	cache miss
Cache-Speicher	cache memory

Cache-Speicherhierarchie	multilevel cache
Charakteristik	biased notaion
Cloud Computing	cloud computing
Cluster	cluster
Compiler	compiler
Datenkonflikt	data hazard
Datenpfad	datapath
Die (Stück eines Wafers)	die
doppelte Genauigkeit	double precision
domänenspezifische Architektur	domain specific architecture
Durchsatz	throughput
Durchschreiben	write-through
dynamisch gebundene Bibliothek	dynamically linked library
dynamische Sprungvorhersage	dynamic branch prediction
Einerkomplement	one's complement
einfache Genauigkeit	single precision
Eingabegerät	input device
eingebetteter Rechner	embedded computer
Eintaktausführung	single-cycle implementation
endlicher Automat	finite-state machine
Fehlererkennungscode	error detection code
Fehlzugriffsaufwand	miss penalty
Fehlzugriffsrate	miss rate
feinkörniges Multithreading	fine-grained multithreading
Festplatte	hard disk, magnetic disk
flankengesteuertes Taktverfahren	edge-triggered clocking
Flash-Speicher	flash memory
flüchtiger Speicher	volatile memory
Flüssigkristallanzeige	liquid crystal display
Forwarding	forwarding
Freigabeeinheit	commit unit
Freigeben in Programmreihenfolge	in-order commit

getrennte Caches	split cache	niedrigstwertiges Bit	least significant bit
Gleitkommazahlen	floating point numbers	objektorientierte Sprache	object oriented language
grobkörniges Multithreading	coarse-grained multithreading	Opcode	opcode
Grundblock	basic block	Out-of-order-Ausführung	out-of-order execution
Halbleiter	semiconductor	Parallelität auf Aufgabenebene	task-level parallelism
Halde	heap	Parallelität auf Befehlsebene	instruction-level parallelism
hardwareseitiges Multithreading	hardware multi-threading	Parallelität auf Datenebene	data-level parallelism
Hauptspeicher	main memory	Parallelität auf Prozessebene	process-level parallelism
Hexadezimalzahlen	hexadecimal	Personalcomputer	personal computer
höchstwertiges Bit	most significant bit	physikalische Adresse	physical address
höhere Program-miersprache	high-level program-ming language	Pipelineleerlauf	pipeline stall, bubble
Hybridprädiktor tournament	branch predictor	Pipelining	pipelining
Implementierung	implementation	Pixel	pixel
integrierter Schaltkreis	integrated circuit	Prefetching	prefetching
Interrupt	interrupt	Prozedur	procedure
Kaltstart-Fehlzugriff	compulsory miss	Prozeduraufruf-rahmen	procedure frame
Keller	stack	Pseudobefehl	pseudoinstruction
Kellerzeiger	stack pointer	Rahmenzeiger	frame pointer
Kernel-Modus	kernel mode	Referenzbit	reference bit
Kollisions-Fehlzugriff	collision miss	Registerfile	register file
Kontextwechsel	context switch	Registerumbe-nennung	register renaming
Korrelationsprä-diktor	correlating predictor	Reservierungs-station	reservation station
künstliche Intelligenz	artificial intelligence	Rückordnungspuffer	recorded buffer
Lader	loader	Rückschreiben	write-back
Leeren der Pipeline	flush	Rücksprungadresse	return address
Leitwerk	control	satzassoziativer Cache	set-associative cache
lokales Netz (LAN)	local area network	Schaltnetz	combinational element
maschinelles Lernen	machine learning	Schaltwerk	sequential element
Maschinensprache	machine language	Schleifenabrollen	loop unrolling
Mehrfachzuordnung	multiple issue	Schreibpuffer	write buffer
Mobilgerät	personal mobile device	schwache Skalie-rung	weak scaling
Multikernprozessor	multicore micro-processor	Segmentierung	segmentation
Multiprozessor	multiprocessor	Seitenfehler	page fault
Namensabhängig-keit	antidependence	Seitentabelle	page table
nicht-blockierender Cache	nonblocking cache	Sektor	sector
nichtflüchtiger Speicher	nonvolatile memory		

Sekundärspeicher	secondary memory
Server	server
Silizium	silicon
simultanes Multithreading	simultaneous multithreading
Speicher	memory
Speicherhierarchie	memory hierarchy
Speicherüberlastungs-Fehlzugriff	capacity miss
Spekulation	speculation
Sprung ausgeführt	branch taken
– nicht ausgeführt	– not taken
Sprungadresstabelle	jump address table
Sprungvorhersage	branch prediction
Sprungzieladresse	branch target address
Sprungzielpuffer	branch target buffer
Spur	track
starke Skalierung	strong scaling
Steuerkonflikt	control hazard
Steuersignal	control signal
Steuerwerk	control
Strukturkonflikt	structural hazard
Supercomputer	supercomputer
Supervisor-Modus	supervisor mode
Symboltabelle	symbol table
Systemaufruf	system call
Systemsoftware	system software
Taktintervall	clock period
Taktverfahren	clocking methodology
Taktzyklus	clock cycle
Thread („Faden")	thread
Transistor	transistor

Trefferrate	hit rate
Überlauf	overflow
Umdrehungslatenz	rotational latency
unechte gemeinsame Nutzung	false sharing
Unterbrechung	interrupt
Unterlauf	underflow
Verarbeitungsroutine	handler
Verlässlichkeit	dependability
verzögerter Sprung	delayed branch
Verzögerung nach Sprungbefehl	branch delay slot
Verzweigungskonflikt	branch hazard
virtuelle Adresse	virtual address
virtueller Speicher	virtual memory
vollassoziativer Cache	fully associative cache
Von-Neumann-Konzept	stored program concept
Vorzeichenerweiterung	sign extension
Wafer	wafer
Wahrheitstabelle	truth table
Weitverkehrsnetz (WAN)	wide area network
Zugriffszeit bei Treffer	hit time
Zuordnungsfächer	issue slot
Zuordnungspaket	issue packet
Zustandselement	state element
Zweierkomplement	two's complement

Stichwortverzeichnis

https://doi.org/10.1515/9783111352732-010

MIPS Referenzdaten ①

Befehlssatz (Kern)

Name / Kürzel		Format	Operation (in Verilog)		Opcode / funct (hex)
Add	add	R	R[rd] = R[rs] + R[rt]	(1)	$0/20_{hex}$
Add Immediate	addi	I	R[rt] = R[rs] + SignExtImm	(1,2)	8_{hex}
Add Imm. Unsigned	addiu	I	R[rt] = R[rs] + SignExtImm	(2)	9_{hex}
Add Unsigned	addu	R	R[rd] = R[rs] + R[rt]		$0/21_{hex}$
And	and	R	R[rd] = R[rs] & R[rt]		$0/24_{hex}$
And Immediate	andi	I	R[rt] = R[rs] & ZeroExtImm	(3)	c_{hex}
Branch On Equal	beq	I	if(R[rs]==R[rt]) PC=PC+4+BranchAddr	(4)	4_{hex}
Branch On Not Equal	bne	I	if(R[rs]!=R[rt]) PC=PC+4+BranchAddr	(4)	5_{hex}
Jump	j	J	PC=JumpAddr	(5)	2_{hex}
Jump And Link	jal	J	R[31]=PC+8;PC=JumpAddr	(5)	3_{hex}
Jump Register	jr	R	PC=R[rs]		$0/08_{hex}$
Load Byte Unsigned	lbu	I	R[rt]={24'b0,M[R[rs] +SignExtImm](7:0)}	(2)	24_{hex}
Load Halfword Unsigned	lhu	I	R[rt]={16'b0,M[R[rs] +SignExtImm](15:0)}	(2)	25_{hex}
Load Linked	ll	I	R[rt] = M[R[rs]+SignExtImm]	(2,7)	30_{hex}
Load Upper Imm.	lui	I	R[rt] = {imm, 16'b0}		f_{hex}
Load Word	lw	I	R[rt] = M[R[rs]+SignExtImm]	(2)	23_{hex}
Nor	nor	R	R[rd] = ~ (R[rs] | R[rt])		$0/27_{hex}$
Or	or	R	R[rd] = R[rs]	R[rt]		$0/25_{hex}$
Or Immediate	ori	I	R[rt] = R[rs]	ZeroExtImm	(3)	d_{hex}
Set Less Than	slt	R	R[rd] = (R[rs] < R[rt]) ? 1 : 0		$0/2a_{hex}$
Set Less Than Imm.	slti	I	R[rt] = (R[rs] < SignExtImm)? 1:0	(2)	a_{hex}
Set Less Than Imm. Unsigned	sltiu	I	R[rt] = (R[rs] < SignExtImm) ? 1 : 0	(2,6)	b_{hex}
Set Less Than Unsig.	sltu	R	R[rd] = (R[rs] < R[rt]) ? 1 : 0	(6)	$0/2b_{hex}$
Shift Left Logical	sll	R	R[rd] = R[rt] << shamt		$0/00_{hex}$
Shift Right Logical	srl	R	R[rd] = R[rt] >> shamt		$0/02_{hex}$
Store Byte	sb	I	M[R[rs]+SignExtImm](7:0) = R[rt](7:0)	(2)	28_{hex}
Store Conditional	sc	I	M[R[rs]+SignExtImm] = R[rt]; R[rt] = (atomic) ? 1:0	(2,7)	38_{hex}
Store Halfword	sh	I	M[R[rs]+SignExtImm](15:0) = R[rt](15:0)	(2)	29_{hex}
Store Word	sw	I	M[R[rs]+SignExtImm] = R[rt]	(2)	$2b_{hex}$
Subtract	sub	R	R[rd] = R[rs] - R[rt]	(1)	$0 / 22_{hex}$
Subtract Unsigned	subu	R	R[rd] = R[rs] - R[rt]		$0 / 23_{hex}$

(1) kann Überlauf verursachen
(2) SignExtImm = { 16{immediate[15]}, immediate }
(3) ZeroExtImm = { 16{1b'0}, immediate }
(4) BranchAddr = { 14{immediate[15]}, immediate, 2'b0 }
(5) JumpAddr = { PC+4[31:28], address, 2'b0 }
(6) Operanden als vorzeichenlose Zahlen angesehen
(7) Atomic test&set-Paar R[rt] = 1 if atomic, 0 if not atomic

Grundlegende Befehlsformate

R	opcode	rs	rt	rd	shamt	funct
	31 26	25 21	20 16	15 11	10 6	5 0

I	opcode	rs	rt	immediate
	31 26	25 21	20 16	15 0

J	opcode	address
	31 26	25 0

Arithmetischer Befehlssatz (Kern) ②

Name / Kürzel		Format	Operation		Opcode / FMT / FT / funct (hex)
Branch On FP True	bc1t	FI	if(FPcond)PC=PC+4+BranchAddr	(4)	11/8/1/--
Branch On FP False	bc1f	FI	if(!FPcond)PC=PC+4+BranchAddr	(4)	11/8/0/--
Divide	div	R	Lo=R[rs]/R[rt]; Hi=R[rs]%R[rt]		0/--/--/1a
Divide Unsigned	divu	R	Lo=R[rs]/R[rt]; Hi=R[rs]%R[rt]	(6)	0/--/--/1b
FP Add Single	add.s	FR	F[fd]= F[fs] + F[ft]		11/10/--/0
FP Add Double	add.d	FR	{F[fd],F[fd+1]} = {F[fs],F[fs+1]} + {F[ft],F[ft+1]}		11/11/--/0
FP Compare Single	c.x.s*	FR	FPcond = (F[fs] op F[ft]) ? 1 : 0		11/10/--/y
FP Compare Double	c.x.d*	FR	FPcond = ({F[fs],F[fs+1]} op {F[ft],F[ft+1]}) ? 1 : 0		11/11/--/y

* (x is eq, lt, or le) (op is ==, <, or <=) (y is 32, 3c, or 3e)

FP Divide Single	div.s	FR	F[fd] = F[fs] / F[ft]		11/10/--/3
FP Divide Double	div.d	FR	{F[fd],F[fd+1]} = {F[fs],F[fs+1]} / {F[ft],F[ft+1]}		11/11/--/3
FP Multiply Single	mul.s	FR	F[fd] = F[fs] * F[ft]		11/10/--/2
FP Multiply Double	mul.d	FR	{F[fd],F[fd+1]} = {F[fs],F[fs+1]} * {F[ft],F[ft+1]}		11/11/--/2
FP Subtract Single	sub.s	FR	F[fd]=F[fs] - F[ft]		11/10/--/1
FP Subtract Double	sub.d	FR	{F[fd],F[fd+1]} = {F[fs],F[fs+1]} - {F[ft],F[ft+1]}		11/11/--/1
Load FP Single	lwc1	I	F[rt]=M[R[rs]+SignExtImm]	(2)	31/--/--/--
Load FP Double	ldc1	I	F[rt]=M[R[rs]+SignExtImm]; F[rt+1]=M[R[rs]+SignExtImm+4]	(2)	35/--/--/--
Move From Hi	mfhi	R	R[rd] = Hi		0 /--/--/10
Move From Lo	mflo	R	R[rd] = Lo		0 /--/--/12
Move From Control	mfc0	R	R[rd] = CR[rs]		10 /0/--/0
Multiply	mult	R	{Hi,Lo} = R[rs] * R[rt]		0/--/--/18
Multiply Unsigned	multu	R	{Hi,Lo} = R[rs] * R[rt]	(6)	0/--/--/19
Shift Right Arith.	sra	R	R[rd] = R[rt] >>> shamt		0/--/--/3
Store FP Single	swc1	I	M[R[rs]+SignExtImm] = F[rt]	(2)	39/--/--/--
Store FP Double	sdc1	I	M[R[rs]+SignExtImm] = F[rt]; M[R[rs]+SignExtImm+4] = F[rt+1]	(2)	3d/--/--/--

Befehlsformate für Gleitkommaoperationen

FR	opcode	fmt	ft	fs	fd	funct
	31 26	25 21	20 16	15 11	10 6	5 0

FI	opcode	fmt	ft	immediate
	31 26	25 21	20 16	15 0

Pseudobefehle

Name	Kürzel	Operation
Branch Less Than	blt	if(R[rs]<R[rt]) PC = Label
Branch Greater Than	bgt	if(R[rs]>R[rt]) PC = Label
Branch Less Than or Equal	ble	if(R[rs]<=R[rt]) PC = Label
Branch Greater Than or Equal	bge	if(R[rs]>=R[rt]) PC = Label
Load Immediate	li	R[rd] = immediate
Move	move	R[rd] = R[rs]

Register

Name	Nummer	Verwendung	Erhalten während eines Aufrufs?
$zero	0	Konstante 0	n.a.
$at	1	reserviert für den Assembler	nein
$v0-$v1	2-3	Funktionsergebnisse und Werte von Ausdrücken	nein
$a0-$a3	4-7	Funktionsargumente	nein
$t0-$t7	8-15	temporäres Register	nein
$s0-$s7	16-23	temporäres Register, wird gehalten	ja
$t8-$t9	24-25	temporäres Register	nein
$k0-$k1	26-27	reserviert für Betriebssystem	nein
$gp	28	globaler Zeiger	ja
$sp	29	Kellerzeiger	ja
$fp	30	Rahmenzeiger	ja
$ra	31	Rücksprungadresse	nein

© 2021 by Elsevier, Inc. Aus Patterson and Hennessy, *Computer Organization and Design,* 6th ed. Übersetzt und bearbeitet mit freundl. Genehmigung von Elsevier

Opcodes ③

MIPS opcode (31:26)	(1) MIPS funct (5:0)	(2) MIPS funct (5:0)	binär	dezimal	hexadezimal	ASCII-Zeichen	dezimal	hexadezimal	ASCII-Zeichen
(1)	sll	add.f	00 0000	0	0	NUL	64	40	@
		sub.f	00 0001	1	1	SOH	65	41	A
j	srl	mul.f	00 0010	2	2	STX	66	42	B
jal	sra	div.f	00 0011	3	3	ETX	67	43	C
beq	sllv	sqrt.f	00 0100	4	4	EOT	68	44	D
bne		abs.f	00 0101	5	5	ENQ	69	45	E
blez	srlv	mov.f	00 0110	6	6	ACK	70	46	F
bgtz	srav	neg.f	00 0111	7	7	BEL	71	47	G
addi	jr		00 1000	8	8	BS	72	48	H
addiu	jalr		00 1001	9	9	HT	73	49	I
slti	movz		00 1010	10	a	LF	74	4a	J
sltiu	movn		00 1011	11	b	VT	75	4b	K
andi	syscall	round.w.f	00 1100	12	c	FF	76	4c	L
ori	break	trunc.w.f	00 1101	13	d	CR	77	4d	M
xori		ceil.w.f	00 1110	14	e	SO	78	4e	N
lui	sync	floor.w.f	00 1111	15	f	SI	79	4f	O
	mfhi		01 0000	16	10	DLE	80	50	P
(2)	mthi		01 0001	17	11	DC1	81	51	Q
	mflo	movz.f	01 0010	18	12	DC2	82	52	R
	mtlo	movn.f	01 0011	19	13	DC3	83	53	S
			01 0100	20	14	DC4	84	54	T
			01 0101	21	15	NAK	85	55	U
			01 0110	22	16	SYN	86	56	V
			01 0111	23	17	ETB	87	57	W
	mult		01 1000	24	18	CAN	88	58	X
	multu		01 1001	25	19	EM	89	59	Y
	div		01 1010	26	1a	SUB	90	5a	Z
	divu		01 1011	27	1b	ESC	91	5b	[
			01 1100	28	1c	FS	92	5c	\
			01 1101	29	1d	GS	93	5d	]
			01 1110	30	1e	RS	94	5e	^
			01 1111	31	1f	US	95	5f	_
lb	add	cvt.s.f	10 0000	32	20	Space	96	60	`
lh	addu	cvt.d.f	10 0001	33	21	!	97	61	a
lwl	sub		10 0010	34	22	"	98	62	b
lw	subu		10 0011	35	23	#	99	63	c
lbu	and	cvt.w.f	10 0100	36	24	$	100	64	d
lhu	or		10 0101	37	25	%	101	65	e
lwr	xor		10 0110	38	26	&	102	66	f
	nor		10 0111	39	27	'	103	67	g
sb			10 1000	40	28	(	104	68	h
sh			10 1001	41	29	)	105	69	i
swl	slt		10 1010	42	2a	*	106	6a	j
sw	sltu		10 1011	43	2b	+	107	6b	k
			10 1100	44	2c	,	108	6c	l
			10 1101	45	2d	-	109	6d	m
swr			10 1110	46	2e	.	110	6e	n
cache			10 1111	47	2f	/	111	6f	o
ll	tge	c.f.f	11 0000	48	30	0	112	70	p
lwc1	tgeu	c.un.f	11 0001	49	31	1	113	71	q
lwc2	tlt	c.eq.f	11 0010	50	32	2	114	72	r
pref	tltu	c.ueq.f	11 0011	51	33	3	115	73	s
	teq	c.olt.f	11 0100	52	34	4	116	74	t
ldc1		c.ult.f	11 0101	53	35	5	117	75	u
ldc2	tne	c.ole.f	11 0110	54	36	6	118	76	v
		c.ule.f	11 0111	55	37	7	119	77	w
sc		c.sf.f	11 1000	56	38	8	120	78	x
swc1		c.ngle.f	11 1001	57	39	9	121	79	y
swc2		c.seq.f	11 1010	58	3a	:	122	7a	z
		c.ngl.f	11 1011	59	3b	;	123	7b	{
		c.lt.f	11 1100	60	3c	<	124	7c	|
sdc1		c.nge.f	11 1101	61	3d	=	125	7d	}
sdc2		c.le.f	11 1110	62	3e	>	126	7e	~
		c.ngt.f	11 1111	63	3f	?	127	7f	DEL

(1) opcode(31:26) == 0
(2) opcode(31:26) == 17_{ten} (11_{hex}); if fmt(25:21)==16_{ten} (10_{hex})f= s (single);
if fmt(25:21)==17_{ten} (11_{hex})f= d (double)

IEEE 754 Gleitkomma-Standard ④

$(-1)^S \cdot (1 + \text{Mantisse}) \cdot 2^{(\text{Exponent - Bias})}$

einfache Genauigkeit: Bias = 127
doppelte Genauigkeit: Bias = 1023

IEEE Formate einfach genau (s.p.) und doppelt genau (d.p.)

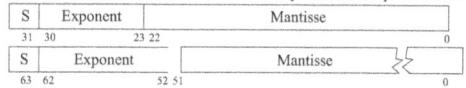

S	Exponent		Mantisse

31 30   23 22   0

S	Exponent	Mantisse

63 62   52 51   0

IEEE 754 Symbole

Exponent	Mantisse	Exponent
0	0	± 0
0	≠0	± Denorm
1 bis max - 1	beliebig	
max	0	±∞
max	≠0	NaN

s.p. max=255, d.p. max=2047

Speicherallokation

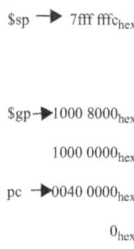

$sp → 7fff fffc_{hex}   Stapel

$gp → 1000 8000_{hex}   dynam. Daten

1000 0000_{hex}   statische Daten

pc → 0040 0000_{hex}   Text

0_{hex} reserviert

Stapelrahmen

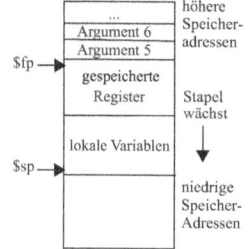

```
                            ...              höhere
                        Argument 6          Speicher-
                        Argument 5          adressen
$fp →
                       gespeicherte          Stapel
                         Register            wächst
                       lokale Variablen
$sp →
                                             niedrige
                                             Speicher-
                                             Adressen
```

Datenausrichtung

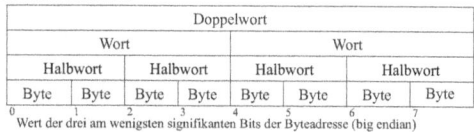

Doppelwort							
Wort				Wort			
Halbwort		Halbwort		Halbwort		Halbwort	
Byte	Byte	Byte	Byte	Byte	Byte	Byte	Byte

0   1   2   3   4   5   6   7
Wert der drei am wenigsten signifikanten Bits der Byteadresse (big endian)

Register für die Ausnahmebehandlung: Ursache und Status

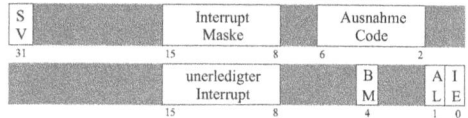

S V		Interrupt Maske		Ausnahme Code	

31   15   8   6   2

	unerledigter Interrupt		B M		A L	I E

15   8   4   1   0

SV=Sprungverzögerung, BM=Benutzermodus, AL=Ausnahme-Level, IE=Interrupt Enable

Ausnahmecodes

Nr.	Name	Ursache	Nr.	Name	Ursache
0	Int	Interrupt (Hardware)	9	Bp	Breakpoint
4	AdEL	Adressierungsfehler (Laden oder Befehl holen)	10	RI	reservierter Befehl
5	AdES	Adressierungsfehler (Speichern)	11	CpU	Coprozessor unimplementiert
6	IBE	Busfehler (Befehl holen)	12	Ov	arithmetischer Überlauf
7	DBE	Busfehler (Laden)	13	Tr	Trap
8	Sys	Systemaufruf-Ausnahme	15	FPE	Gleitkomma-Ausnahme

Präfixe

Größe	Präfix	Symbol	Größe	Präfix	Symbol	Größe	Präfix	Symbol	Größe	Präfix	Symbol
1000^1	Kilo	K	2^{10}	Kibi	Ki	1000^6	Exa	E	2^{60}	Ebi	Ei
1000^2	Mega	M	2^{20}	Mebi	Mi	1000^7	Zetta	Z	2^{70}	Zebi	Zi
1000^3	Giga	G	2^{30}	Gibi	Gi	1000^8	Yotta	Y	2^{80}	Yobi	Yi
1000^4	Tera	T	2^{40}	Tebi	Ti	1000^9	Ronna	R	2^{90}	Robi	Ri
1000^5	Peta	P	2^{50}	Pebi	Pi	1000^{10}	Quecca	Q	2^{100}	Quebi	Qi

© 2021 by Elsevier, Inc. Aus Patterson and Hennessy, *Computer Organization and Design*, 6th ed. Übersetzt und bearbeitet mit freundl. Genehmigung von Elsevier

www.ingramcontent.com/pod-product-compliance
Lightning Source LLC
Chambersburg PA
CBHW081207220326
41598CB00037B/6697